2026

건설안전기사 필기
11개년 과년도

- 한국산업인력공단의 출제기준 완벽하게 분석하였음
- 핵심이론 요약하여 수록하였음
- 계산문제는 풀이과정과 공식을 상세하게 정리
- 상세한 해설을 수록하여 이해가 쉽도록 하였음
- 최신 과년도 기출문제 수록 하였음

경 국 현 저

한번에
합격

명인북스
Myungin Books

머리말

본 서는 오랜 기간 산업현장에서의 실무경험과 대학에서의 강의 경험을 통해 터득한 교육노하우를 접목하여 건설안전기사를 준비하는 수험생들에게 단기간에 가장 효율적인 학습이 되도록 구성하였고 수험생들이 최단 시간에 자격증을 취득할 수 있도록 기획하였으며 최신 과년도 기출문제를 수록하여 본서로 공부하고 건설안전기사 자격증 시험에 합격할 수 있도록 과년도 기출문제 해설에 최선을 다하였어요.

본 교재의 특징

- ▶ 수험자가 단기간에 완성할 수 있도록 한국산업인력공단의 출제 기준안에 맞도록 체계적으로 정리하였어요.
- ▶ 연도별 과년도 기출문제를 체계적으로 학습하기 쉽도록 정리하였어요.
- ▶ 계산문제는 공식과 풀이과정을 상세하게 정리하였어요.
- ▶ 수험생 스스로 문제를 해결할 수 있도록 상세하게 해설을 수록하였어요.

본 교재를 충분히 활용하여 건설안전기사 자격시험에 합격되시기를 기원하며 차후 변경되는 출제경향 및 과년도 문제 등을 추가로 수록하여 계속 보완하도록 하겠습니다.

끝으로 본서를 출간함에 있어 도움을 주시고 지도하여 주신 모든 선·후배님들께 감사를 드리며 본 수험서의 발행에 힘써주신 명인북스 박한용 대표님, 그리고 임직원 여러분께 진심으로 감사를 드리며 무궁한 발전을 기원합니다.

지은이 경국현

출제기준(필기)

직무분야	안전관리	중직무분야	안전관리	자격종목	건설안전기사	적용기간	2026.1.1.~ 2030.12.31.

○직무내용 : 건설현장의 생산성 향상과 인적·물적 손실을 최소화하기 위한 안전계획을 수립하고, 그에 따른 작업환경의 점검 및 개선, 현장 근로자의 교육계획 수립 및 실시, 작업환경 순회감독 등 안전관리 업무를 통해 인명과 재산을 보호하고, 사고 발생시 효과적이며 신속한 처리 및 재발 방지를 위한 대책 안을 수립, 이행하는 등 안전에 관한 기술적인 관리 업무를 수행하는 직무이다.

필기검정방법	객관식	문제수	100	시험시간	2시간 30분

필기과목명	출제문제수	주요항목	세부항목	세세항목
산업재해예방 및 안전보건교육	20	1. 산업재해예방 계획 수립	1. 안전관리	1. 안전과 위험의 개념 2. 안전보건관리 제이론 3. 생산성과 경제적 안전도 5. KOSHA GUIDE 6. 안전보건예산 편성 및 계상
			2. 안전보건관리 체제 및 운용	1. 안전보건관리조직 구성 2. 산업안전보건위원회 운영 3. 안전보건경영시스템 4. 안전보건관리규정
		2. 안전보호구 관리	1. 보호구 및 안전장구 관리	1. 보호구의 개요 2. 보호구의 종류별 특성 3. 보호구의 성능기준 및 시험 방법 4. 안전보건표지의 종류, 용도 및 적용 5. 안전보건표지의 색채 및 색도기준
		3. 산업안전심리	1. 산업심리와 심리검사	1. 심리검사의 종류　2. 심리학적 요인 3. 지각과 정서　　　4. 동기·좌절·갈등 5. 불안과 스트레스
			2. 직업적성과 배치	1. 직업적성의 분류 2. 적성검사의 종류 3. 직무분석 및 직무평가 4. 선발 및 배치 5. 인사관리의 기초
			3. 인간의 특성과 안전과의 관계	1. 안전사고 요인 2. 산업안전심리의 요소 3. 착상심리　　　　4. 착오 5. 착시　　　　　　6. 착각현상
		4. 인간의 행동과학	1. 조직과 인간행동	1. 인간관계 2. 사회행동의 기초 3. 인간관계 메커니즘 4. 집단행동 5. 인간의 일반적인 행동 특성
			2. 재해 빈발성 및 행동과학	1. 사고 경향　　　　2. 성격의 유형 3. 재해 빈발성　　　4. 동기 부여 5. 주의와 부주의

필 기 과목명	출제 문제수	주요항목	세 부 항 목	세 세 항 목
산업 재해 예방 및 안전 보건 교육	20	4. 인간의 행동과학	3. 집단관리와 리더십	1. 리더십의 유형 2. 리더십과 헤드십 3. 사기와 집단역학
			4. 생체리듬과 피로	1. 피로의 증상 및 대책 2. 피로의 측정법 3. 작업강도와 피로 4. 생체리듬 5. 위험일
		5. 안전보건교육 내 용 및 방법	1. 교육의 필요성과 목적	1. 교육목적 2. 교육의 개념 3. 학습지도 이론 4. 교육심리학의 이해
			2. 교육방법	1. 교육훈련기법 2. 안전보건교육방법(TWI, OJ.T, OFF J.T 등) 3. 학습목적의 3요소 4. 교육법의 4단계 5. 교육훈련의 평가방법
			3. 교육실시 방법	1. 강의법　　　　　2. 토의법 3. 실연법　　　　　4. 프로그램학습법 5. 모의법　　　　　6. 시청각교육법 등
			4. 안전보건교육계획 수립 및 실시	1. 안전보건교육의 기본방향 2. 안전보건교육의 단계별 교육과정 3. 안전보건교육 계획
			5. 교육내용	1. 근로자 정기안전보건 교육내용 2. 관리감독자 정기안전보건 교육내용 3. 신규채용시와 작업내용변경시 안전보건 　교육내용 4. 특별교육대상 작업별 교육 내용
		6. 산업안전관계 법규	1. 산업안전보건법령	1. 산업안전보건법 2. 산업안전보건법 시행령 3. 산업안전보건법 시행규칙 4. 산업안전보건기준 관한 규칙 5. 관련 고시 및 지침에 관한 사항
인간 공학 및 위험성	20	1. 안전과 인간공학	1. 인간공학의 정의	1. 정의 및 목적 2. 배경 및 필요성 3. 작업관리와 인간공학 4. 사업장에서의 인간공학 적용분야
			2. 인간-기계체계	1. 인간-기계 시스템의 정의 및 유형 2. 시스템의 특성
			3. 체계설계와 인간요소	1. 목표 및 성능명세의 결정 2. 기본설계 3. 계면설계 4. 촉진물 설계 5. 시험 및 평가 6. 감성공학
			4. 인간요소와 휴먼에러	1. 인간실수의 분류 2. 형태적 특성 3. 인간실수 확률에 대한 추정기법 4. 인간실수 예방기법

필 기 과목명	출제 문제수	주요항목	세 부 항 목	세 세 항 목
인간 공학 및 위험성	20	2. 위험성 파악·결정	1. 위험성 평가	1. 위험성 평가의 정의 및 개요 2. 평가대상 선정 3. 평가항목 4. 관련법에 관한 사항
			2. 시스템 위험성 추정 및 결정	1. 시스템 위험성 분석 및 관리 2. 위험분석 기법 3. 결함수 분석 4. 정성적, 정량적 분석 5. 신뢰도 계산
		3. 위험성 감소 대책 수립·실행	1. 위험성 감소대책 수립 및 실행	1. 위험성 개선대책(공학적·관리적)의 종류 2. 허용가능한 위험수준 분석 3. 감소대책에 따른 효과 분석 능력
		4. 근골격계질환 예방관리	1. 근골격계 유해요인	1. 근골격계 질환의 정의 및 유형 2. 근골격계 부담작업의 범위
			2. 인간공학적 유해요인 평가	1. OWAS 2. RULA 3. REBA 등
			3. 근골격계 유해요인 관리	1. 작업관리의 목적 2. 방법연구 및 작업측정 3. 문제해결절차 4. 작업개선안의 원리 및 도출 방법
		5. 유해요인 관리	1. 물리적 유해요인 관리	1. 물리적 유해요인 파악 2. 물리적 유해요인 노출기준 3. 물믈리적 유해요인 관리대책 수립
			2. 화학적 유해요인 관리	1. 화학적 유해요인 파악 2. 화학적 유해요인 노출기준 3. 화학적 유해요인 관리대책 수립
			3. 생물학적 유해요인 관리	1. 생물학적 유해요인 파악 2. 생물학적 유해요인 노출기준 3. 생물학적 유해요인 관리대책 수립
		6. 작업환경 관리	1. 인체계측 및 체계제어	1. 인체계측 및 응용원칙 2. 신체반응의 측정 3. 표시장치 및 제어장치 4. 통제표시비 5. 양립성 6. 수공구
			2. 신체활동의 생리학적	1. 신체반응의 측정 2. 신체역학 3. 신체활동의 에너지 소비 4. 동작의 속도와 정확성
			3. 작업 공간 및 작업자세	1. 부품배치의 원칙 2. 활동분석 3. 개별 작업 공간 설계지침
			4. 작업측정	1. 표준시간 및 연구 2. work sampling의 원리 및 절차 3. 표준자료 (MTM, Work factor 등)

필 기 과목명	출제 문제수	주요항목	세 부 항 목	세 세 항 목
인간 공학 및 위험성	20	6. 작업환경 관리	5. 작업환경과 인간공학	1. 빛과 소음의 특성 2. 열교환과정과 열압박 3. 진동과 가속도 4. 실효온도와 Oxford 지수 5. 이상환경(고열, 한랭, 기압, 고도 등) 및 노출에 따른 사고와 부상 6. 사무/VDT 작업 설계 및 관리
			6. 중량물 취급 작업	1. 중량물 취급 방법 2. NIOSH Lifting Equation
건설 재료	20	1. 건설재료 일반	1. 건설재료의 발달	1. 구조물과 건설재료 2. 건설재료의 생산과 발달과정
			2. 건설재료의 분류 및 특성	1. 건설재료의 분류 2. 건설재료의 특성 3. 새로운 재료 및 특성
			3. 불연성재료의 분류 및 성능	1. 불연·준불연·난연재료의 종류 2. 불연·준불연·난연재료의 성능
			4. 건설현장 유해·위험 물질 관리	1. 건설현장 유해·위험물질 파악 2. 건설현장 유해·위험물질 관련 정보제공 3. 건설현장 유해·위험물질 관리 4. 건설현장 유해·위험물질 사고 대응 5. 유해·위험물질 종류 및 성능
		2. 각종 건설재료의 특성, 용도, 규격 에 관한 사항	1. 목재	1. 목재일반 2. 목재제품
			2. 점토재	1. 일반적인 사항 2. 점토제품
			3. 시멘트 및 콘크리트	1. 시멘트의 종류 및 성질 2. 시멘트의 배합 등 사용법 3. 시멘트 제품 4. 콘크리트 일반사항 5. 골재
			4. 강재	1. 강재의 종류 및 특성 2. 철근의 종류 및 특성
			5. 미장재	1. 미장재의 종류 및 특성 2. 제조법 및 사용법
			6. 합성수지	1. 합성수지의 종류 및 특성 2. 합성수지 제품
			7. 도료 및 접착제	1. 도료 및 접착제의 종류 및 특성 2. 도료 및 접착제의 용도
			8. 석재	1. 석재의 종류 및 특성 2. 석재제품
			9. 단열재 및 흡음재	1. 단열재의 종류 및 특성 2. 흡음재의 종류 및 특성
			10. 방수	1. 방수재료의 종류 및 특성 2. 방수 재료별 용도
			11. 기타재료	1. 유리 2. 벽지 3. 금속재료 4. 기타 건설재료

필기 과목명	출제 문제수	주요항목	세 부 항 목	세 세 항 목
건설 시공	20	1. 시공일반	1. 공사시공방식	1. 직영공사　　　　2. 도급의 종류 3. 도급방식　　　　4. 도급업자의 선정 5. 입찰집행　　　　6. 공사계약 7. 시방서
			2. 공사계획	1. 제반확인절차　　2. 공사기간의 결정 3. 공사계획　　　　4. 재료계획 5. 노무계획
			3. 공사현장관리	1. 공사 및 공정관리　2. 품질관리 3. 안전 및 환경관리
			4. 건설공사 특성분석	1. 건설공사 특수성 분석 2. 안전관리 고려사항 확인 3. 관련 공사자료 활용
			5. 건설공사 전기작업 안전관리	1. 건설공사 전기작업 위험성 파악 2. 건설공사 정전작업 수행 지원 3. 건설공사 활선작업 수행 지원 4. 건설공사 충전전로 근접작업 안전 확보 5. 건설공사 감전 시 응급조치
			6. 건설기계·운송장비 안전관리	1. 건설기계·운송장비 위험요인 파악 2. 건설기계·운송장비 안전대책 제시 3. 건설현장 보행자 안전 확보
		2. 가설공사	1. 가설공사	1. 가설공사의 종류 2. 가설공사의 설치기준
		3. 토공사	1. 흙막이 가시설	1. 공법의 종류 및 특성 2. 흙막이 지보공
			2. 토공 및 기계	1. 토공기계의 종류 및 선정 2. 토공기계의 운용계획
			3. 흙파기	1. 기초 터파기　　　2. 배수 3. 되메우기 및 잔토처리
			4. 계측관리	1. 계측기의 종류　　2. 계측기의 용도
			5. 기타 토공사	1. 흙깎기, 흙쌓기, 운반 등 기타 토공사
		4. 기초 공사	1. 지정 및 기초	1. 지정　　　　　　2. 기초
		5. 철근콘크리트 공사	1. 콘크리트공사	1. 시멘트　　　　　2. 골재 3. 물　　　　　　　4. 혼화재료
			2. 철근공사	1. 재료시험 2. 가공도 3. 철근가공 4. 철근의 이음, 정착길이 및 배근 간격, 피복두께 5. 철근의 조립 6. 철근 이음 방법
			3. 거푸집공사	1. 거푸집, 동바리 2. 긴결재, 격리재, 박리제, 전용회수 3. 거푸집의 종류 4. 거푸집의 설치 5. 거푸집의 해체

필기 과목명	출제 문제수	주요항목	세부항목	세세항목
건설 시공	20	6. 철골공사	1. 철골작업공작	1. 공장작업 2. 원척도, 본뜨기 등 3. 절단 및 가공 4. 공장조립법 5. 접합방법 6. 녹막이칠 7. 운반
			2. 철골세우기	1. 현장세우기 준비 2. 세우기용 기계설비 3. 세우기 4. 접합방법 5. 현장 도장
		7. 해체공사	1. 해체공사	1. 해체작업용 기계·기구 2. 해체공법
건설 공사 안전 관리	20	1. 건설공사 특성분석	1. 건설공사 특수성 분석	1. 안전관리 계획 수립 2. 공사장 작업환경 특수성 3. 계약조건의 특수성
			2. 안전관리 고려사항 확인	1. 설계도서 검토 2. 안전관리 조직 3. 시공 및 재해사례검토
		2. 건설공사 위험성	1. 건설공사 유해· 위험요인 파악	1. 유해·위험요인 선정 2. 안전보건자료 3. 유해위험방지계획서
			2. 건설공사 위험성 추정·결정	1. 위험성 추정 및 평가 방법 2. 위험성 결정 관련 지침 활용
		3. 건설업	1. 건설업 산업안전 보건관리비 규정	1. 건설업산업안전보건관리비의 계상 및 사용기준 2. 건설업산업안전보건관리비 대상액 작성요령 3. 건설업산업안전보건관리비의 항목별 사용내역
		4. 건설현장 안전시설관리	1. 안전시설 설치 및 관리	1. 추락 방지용 안전시설 2. 붕괴 방지용 안전시설 3. 낙하, 비래방지용 안전시설
			2. 건설공구 및 장비 안전 수칙	1. 건설공구의 종류 및 안전수칙 2. 건설장비의 종류 및 안전수칙
		5. 비계·거푸집 가시설 위험방지	1. 건설 가시설물 설치 및 관리	1. 비계 2. 작업통로 및 발판 3. 거푸집 및 동바리 4. 흙막이
		6. 공사 및 작업 종류별 안전	1. 양중 및 해체 공사	1. 양중공사 시 안전수칙 2. 해체공사 시 안전수칙
			2. 콘크리트 및 PC 공사	1. 콘크리트공사 시 안전수칙 2. PC공사 시 안전수칙
			3. 운반 및 하역작업	1. 운반작업 시 안전수칙 2. 하역작업 시 안전수칙

차 례

2015년 시행

건설안전기사

제1과목 / 산업안전관리론

01 다음은 재해발생에 관한 이론이다. 각각의 재해발생 이론의 단계를 잘못 나열한 것은?

① Heinrich 이론 : 사회적 환경 및 유전적 요소 → 개인적 결함 → 불안전한 행동 및 불안전한 상태 → 사고 → 재해

② Bird 이론 : 제어(관리)의 부족 → 기본원인(기원) → 직접원인(징후) → 접촉(사고) → 재해(손실)

③ Adams 이론 : 기초원인 → 작전적 에러 → 전술적 에러 → 사고 → 재해

④ Weaver 이론 : 유전과 환경 → 인간의 결함 → 불안전한 행동과 상태 → 사고 → 재해(상해)

해설 adams 이론
1) 1단계 : 관리구조
2) 2단계 : 작전적 에러
3) 3단계 : 전술적 에러
4) 4단계 : 사고
5) 5단계 : 상해 또는 손실

02 A 사업장에서는 산업재해로 인한 인적 · 물적 손실을 줄이기 위하여 안전행동 실천운동(5C 운동)을 실시하고자 한다. 다음 중 5C 운동에 해당하지 않는 것은?

① Control

② Correctness

③ Cleaning

④ Checking

해설 5C 운동(안전행동 실천운동)
1) Correctness : 복장단정
2) Clearance : 정리정돈
3) Cleaning : 청소청결
4) Cheacking : 점검확인
5) Concentration : 전심전력

03 다음 중 일반적인 재해조사 항목과 가장 거리가 먼 것은?

① 사고의 형태

② 피해자 가족사항

③ 기인물 및 가해물

④ 불안전한 행동 및 상태

해설 재해조사 · 항목내용
1) 발생년월일, 시간, 장소
2) 피해자의 성명, 성별, 연령, 경험
3) 피해자의 직업, 직종
4) 피해자의 상병의 정도, 부위, 성질
5) 기인물, 가해물, 사고의 형태
6) 불안전한 행동 및 불안전한 상태
7) 관리적 요소의 결함 등

---

04 다음 중 산업안전보건법령상 안전보건개선계획에 관한 설명으로 틀린 것은?

① 지방고용노동관서의 장은 안전보건개선계획서의 적정 여부를 검토하여 그 결과를 사업주에게 통보하여야 한다.

② 지방고용노동관서의 장은 안전보건개선계획서의 적정여부 검토 결과에 따라 필요하다고 인정하면 해당 계획서의 보완을 명할 수 있다.

③ 안전보건개선계획서에는 시설, 안전·보건관리체제, 안전·보건교육, 산업재해 예방 및 작업환경의 개선을 위하여 필요한 사항이 포함되어야 한다.

④ 안전보건개선계획의 수립·시행명령을 받은 사업주는 고용노동부장관이 정하는 바에 따라 안전보건개선 계획서를 작성하여 그 명령을 받은 날부터 30일 이내에 관할 지방고용노동관서의 장에게 제출하여야 한다.

해설 안전보건개선계획서 제출시기(시행규칙 제131조 ③항) 안전보건개선계획서를 작성하여 그 명령을 받은 날부터 60일 이내에 제출할 것

05 다음 중 TBM 활동의 5단계 추진법을 가장 올바른 순서대로 나열한 것은?

① 도입 – 위험예지훈련 – 작업지시 – 점검정비 – 확인

② 도입 – 점검정비 – 작업지시 – 위험예지훈련 – 확인

③ 도입 – 확인 – 위험예지훈련 – 작업지시 – 점검정비

④ 도입 – 작업지시 – 위험예지훈련 – 점검정비 – 확인

해설 TBM의 실시순서 5단계
1) 제1단계 : 도입
2) 제2단계 : 점검정비
3) 제3단계 : 작업지시
4) 제4단계 : 위험예지훈련
5) 제5단계 : 확인

06 1년간 연근로시간이 240,000시간의 사업장에서 4건의 휴업재해가 발생하여 100일의 휴업일수를 기록했다. 이 사업장의 강도율을 약 얼마인가? (단, 근로자 1인당 연간근로일수는 300일이다.)

① 0.34   ② 34
③ 0.75   ④ 0.075

해설 강도율 $= \dfrac{근로손실일수}{연근로시간수} \times 1,000$

$= \dfrac{100 \times 300/365}{240,000} \times 1,000$

$= 0.34$

07 다음 중 점검시기에 따른 안전점검의 종류에 해당하지 않는 것은?

① 정기점검   ② 수시점검
③ 임시점검   ④ 특수점검

해설 점검시기에 의한 안전점검의 종류
1) 수시점검(일상점검)
2) 정기점검(계획점검)
3) 임시점검
4) 특별점검

08 다음 중 재해손실비용에 있어 간접손실비용에 해당하는 것은?

① 요양급여
② 직업재활급여
③ 상병보상연금
④ 생산중단손실비용

해설 1) 직접손실비(법정보상비) : 요양급여, 직업재활급여, 상병보상연금

2) 간접손실비 : 생산중단손실비용

길잡이 하인리히 방식

∴총재해 cost=직접비+간접비
(직접비 : 간접비 = 1 : 4)
1) 직접비
① 휴업보상비 : 평균임금의 70%에 상당하는 금액
② 장해보상비 : 신체장애가 남은 경우에 장해 등급에 의한 금액
③ 요양보상비 : 요양비의 전액
④ 장의비 : 평균임금의 120일분에 상당하는 금액
⑤ 유족보상비 : 평균임금의 1300일분에 상당하는 금액
⑥ 장해특별보상비, 유족특별보상비, 상병보상연금 등
2) 간접비 : 재산손실, 생산중단 등으로 기업이 입은 손실
① 인적 손실 : 본인 및 제3자에 관한 것을 포함한 시간손실
② 물적 손실 : 기계, 공구, 재료, 시설의 복구에 소비된 시간손실 및 재산손실
③ 생산 손실 : 생산 감소, 생산 중단, 판매 감소 등에 의한 손실
④ 특수 손실 : 근로자의 신규 채용, 교육훈련비, 섭외비 등에 의한 손실

---

09 시설물의 안전관리에 관한 특별법에 따라 관리주체는 시설물의 안전 및 유지관리계획은 소관 시설물별로 매년 수립·시행하여야 하는데 이때 안전 및 유지관리계획에 반드시 포함되어야 하는 사항으로 볼 수 없는 것은?

① 긴급상황 발생 시 조치체계에 관한 사항
② 안전과 유지관리에 필요한 비용에 관한 사항
③ 보호구 및 보호장치의 적용 기준에 관한 사항
④ 안전점검 또는 정밀안전진단 실시계획 및 보수·보강 계획에 관한 사항

해설 안전 및 유지관리계획에 포함되는 사항(시설물의 안전관리에 관한 특별법 시행령 제5조)
1) ①, ②, ④항
2) 시설물의 적정한 안전과 유지관리를 위한 조직·인원 및 장비의 확보에 관한 사항
3) 시설물의 설계·시공·감리 및 유지관리 등에 관련된 설계도서의 수집 및 보존에 관한 사항

---

10 근로자가 25kg의 제품을 운반하던 중에 발에 떨어져 신체 장해등급 14등급의 재해를 당하였다. 재해의 발생형태, 기인물, 가해물을 모두 올바르게 나타낸 것은?

① 기인물 : 발, 가해물 : 제품
재해발생형태 : 낙하
② 기인물 : 발, 가해물 : 발
재해발생형태 : 추락
③ 기인물 : 제품, 가해물 : 제품
재해발생형태 : 낙하
④ 기인물 : 제품, 가해물 : 발
재해발생형태 : 낙하

해설 1) 기인물 : 제품(불안전한 상태에 있는 물체)
2) 가해물 : 제품(직접 사람에게 접촉되어 위해를 가한 물체)
3) 재해형태 : 낙하(물체가 주체가 되어 사람에게 떨어져서 위해를 가하는 것)

---

11 다음 중 산업안전보건법령상 산업안전보건위원회의 심의·의결사항으로 볼 수 없는 것은?

① 산업재해 예방계획의 수립에 관한 사항
② 근로자의 건강진단 등 건강관리에 관한 사항
③ 재해자에 관한 치료 및 재해보상에 관한 사항
④ 안전보건관리규정의 작성 및 변경에 관한 사항

■ 정답 ■ 09.③ 10.③ 11.③

해설 1) 산업재해 예방계획의 수립에 관한 사항
2) 안전보건관리규정의 작성 및 그 변경에 관한 사항
3) 근로자의 안전·보건교육에 관한 사항
4) 작업환경의 측정 등 작업환경의 점검 및 개선에 관한 사항
5) 근로자의 건강진단 등 건강관리에 관한 사항
6) 중대재해의 원인 조사 및 재발 방지대책 수립에 관한 사항
7) 산업재해에 관한 통계의 기록 및 유지에 관한 사항
8) 유해하거나 위험한 기계·기구와 그 밖의 설비를 도입한 경우 안전·보건조치에 관한 사항

12 다음 중 산업안전보건법에서 정의하고 있는 "산업재해"의 내용으로 옳은 것은?

① 근로자가 업무에 관계되는 건설물·설비·원재료·가스·증기·분진 등에 의하거나 작업 그 밖의 업무로 인하여 사망 또는 부상하거나 질병에 걸리는 것을 말한다.
② 물질 또는 타인과 접촉하였거나 각종의 물체 및 작업 조건에 노출 또는 사람의 작업행동으로 인하여 사람이 부상하거나 사망이 수반되는 것을 말한다.
③ 근로자가 산업 활동의 정상적인 업무 진행을 방해하거나 또는 방해를 유발하는 부상 또는 질병이 발생하는 것을 말한다.
④ 근로자가 산업현장에서 결함이 있는 작업조건 및 부적성의 작업방법에 의해 초래되는 계획되지 않은 사건이 일어나는 것을 말한다.

해설 산업재해의 정의
1) 근로자가 업무에 관계되는 건설물·설비·원재료·가스·증기·분진 등에 의하거나,
2) 작업 그 밖의 업무로 인하여,
3) 사망 또는 부상이거나 질병에 걸리는 것을 말한다.

13 다음 중 고무제안전화의 사용 장소에 따른 구분에 해당 하지 않는 것은?

① 일반용　　② 내유용
③ 내알카리용　　④ 내진용

해설 고무제 안전화의 구분 및 사용장소

구분	사용장소
1. 일반용	일반작업장
2. 내유용	탄화수소류의 윤활유 등을 취급하는 작업장
3. 내산용	무기산을 취급하는 작업장
4. 내알칼리용	알칼리를 취급하는 작업장
5. 내산·알칼리 겸용	무기산 및 알칼리를 취급하는 작업장

14 다음 중 산업안전보건법령상 자율안전확인대상 기계·기구에 해당하지 않는 것은?

① 연삭기
② 곤돌라
③ 컨베이어
④ 산업용 로봇

해설 자율안전확인대상 기계·기구 및 설비
1) ①, ③, ④항
2) 산업용 로봇
3) 혼합기
4) 파쇄기 또는 분쇄기
5) 식품가공용 기계(파쇄·절단·혼합·제면기만 해당)
6) 공작기계
7) 고정형 목재가공용 기계(둥근톱, 대패, 루타기, 띠톱, 모떼기 기계만 해당)
8) 인쇄기
9) 기압조절실(chamber)

15 다음 중 재해사례연구의 진행단계를 올바르게 나열한 것은?

① 재해 상황의 파악 → 사실의 확인 → 문제점의 발견 → 문제점의 결정 → 대책의 수립
② 사실의 확인 → 재해 상황의 파악 → 문제점의 발견 → 문제점의 결정 → 대책의 수립
③ 문제점의 발견 → 재해 상황의 파악 → 사실의 확인 → 문제점의 결정 → 대책의 수립
④ 문제점의 발견 → 문제점의 결정 → 재해 상황의 파악 → 사실의 확인 → 대책의 수립

해설 재해사례연구의 진행단계
  1) 전제조건 : 재해상황의 파악
  2) 1단계 : 사실의 확인
  3) 2단계 : 문제점 발견
  4) 3단계 : 근본적 문제점 결정
  5) 4단계 : 대책수립

16 안전관리조직 중 Line-staff 조직의 단점에 해당되는 것은?

① 안전정보가 불충분하다.
② 생산부문은 안전에 대한 책임과 권한이 없다.
③ 명령계통과 조언 권고적 참여가 혼동되기 쉽다.
④ 생산부문에 협력하여 안전명령을 전달, 실시하여 안전과 생산을 별도로 취급하기 쉽다.

해설 Line-staff 혼합형 : line형과 staff형의 장점을 취한 절충식 조직형태로 안전업무를 전문으로 담당하는 staff부분을 두고 생산 line의 각 층에도 겸임 또는 전임의 안전담당자를 두어서 안전대책은 staff부분에서 기획하고, 이것을 line을 통해서 실시하도록 한 조직방식이다.

17 다음 중 산업안전보건법령상 안전 · 보건 표지의 종류에서 안내표지에 해당하지 않는 것은?

① 들것
② 녹십자표시
③ 비상용기구
④ 귀마개착용

해설 귀마개 착용 : 지시표시

18 다음 중 위험예지훈련의 4라운드 기법에서 문제점을, 발견하고 중요 문제를 결정하는 단계는?

① 현상파악   ② 본질추구
③ 목표달성   ④ 대책수립

해설 위험예지훈련의 4Round(4단계)
  1) 1R-현상파악 : 잠재위험요인을 발견하는 단계 (BS적용)
  2) 2R-본질추구 : 가장 위험한 요인(위험 포인트)을 합의로 결정하는 단계(요약)
  3) 3R-대책수립 : 구체적인 대책을 수립하는 단계(BS적용)
  4) 4R-행동목표 설정 : 행동계획을 정하고 수립한 대책 가운데서 질이 높은 항목에 합의하는 단계(요약)

19 다음 중 하인리히의 사고예방대책 기본원리 5단계에 있어 "시정방법의 선정" 바로 이전 단계에서 행하여지는 사항은?

① 분석 · 평가   ② 안전관리 조직
③ 현상파악   ④ 시정책의 적용

해설 하인리히의 사고예방대책 기본원리 5단계
  1) 1단계 - 안전관리 조직
  2) 2단계 - 사실의 발견
  3) 3단계 - 분석 · 평가
  4) 4단계 - 시정책 선정
  5) 5단계 - 시정책 적용

■ 정답 ■   15.①   16.③   17.④   18.②   19.①

20 산업안전보건법에 따라 공정안전보고서에 포함되어야 하는 사항 중 공정안전자료의 세부내용에 해당하는 것은?

① 공정위험성평가서
② 안전운전지침서
③ 건물 · 설비의 배치도
④ 도급업체 안전관리계획

해설 1) 공정안전보고서의 내용(시행령 제33조의 7)
　　① 공정안전자료
　　② 공정위험성평가서
　　③ 안전운전계획
　　④ 비상조치계획
　　2) 공정안전자료의 세부내용(시행규칙 제130조의 2)
　　① 취급 · 저장하고 있거나 취급 · 저장하고자 하는 유해 · 위험물질의 종류 및 수량
　　② 유해 · 위험물질에 대한 물질안전보건자료
　　③ 유해 · 위험설비의 목록 및 사양
　　④ 유해 · 위험설비의 운전방법을 알 수 있는 공정도면
　　⑤ 각종 건물설비의 배치도
　　⑥ 방폭지역 구분도 및 전기단선도
　　⑦ 위험설비의 안전설계 · 제작 및 설치관련 지침서

제2과목 / 산업심리 및 교육

21 다음 중 데이비스(K.Davis)의 동기부여이론에서 인간의 "능력(ability)"을 나타내는 것은?

① 지식(knowledge)×기능(skill)
② 지식(knowledge)×태도(attitude)
③ 기능(skill)×상황(situation)
④ 상황(situation)×태도(attitude)

해설 데이비스(Davis)의 동기부여이론
1) 인간의 성과×물리적인 성과=경영의 성과
2) 인간의 성과=능력×동기유발
3) 능력=지식×기능
4) 동기유발=상황×태도

22 다음 중 인간의 행동에 영향을 미치는 물리적 성격의 작업조건과 가장 거리가 먼 것은?

① 조명　　② 소음
③ 환경　　④ 휴식

해설 휴식 : 인간의 행동에 영향을 미치는 물리적 성격의 작업조건과 관계가 없다.

23 다음 중 집단역학에서 소시오메트리(sociometry)에 관한 설명으로 틀린 것은?

① 구성원 상호간의 선호도를 기초로 집단 내부의 동태적 상호관계를 분석하는 기법이다.
② 소시오그램은 집단 내의 하위 집단들과 내부의 세부 집단과 비세력집단을 구분할 수 없다.
③ 소시오메트리 연구조사에서 수집된 자료들은 소시오그램과 소시오메트릭스 등으로 분석한다.
④ 소시오메트릭스는 소시오그램에서 나타나는 집단 구성원들 간의 관계를 수치에 의하여 계량적으로 분석할 수 있다.

해설 소시오메트리(sociometry) : 집단의 구조를 밝혀내어 집단 내에서 개인간의 인기의 정도, 지위, 좋아하고 싫어하는 정도, 하위집단의 구성여부와 형태, 집단의 충성도, 집단의 응집력을 연구조사 하여 행동지도의 자료로 삶는 것을 말한다.

24 다음 중 교육지도방법에 있어 프로그램학습과 거리가 먼 것은?

① Skinner의 조작적 조건형성 원리에 의해 개발된 것으로 자율적 학습이 특징이다.
② 학습내용 습득여부를 즉각적으로 피드백 받을 수 있다.
③ 교재개발에 많은 시간과 노력이 드는 것이 단점이다.
④ 개별학습이므로 훈련시간이 최대한으로 지연된다는 것이 최대 단점이다.

해설 1) **프로그램학습법** : 수업프로그램이 프로그램학습의 원리에 의해서 만들어지고 학생의 자기학습속도에 따른 학습이 허용되어 있는 상태에서 학습자가 프로그램자료를 가지고 단독으로 학습토록 하는 교육방법
2) **프로그램 학습법의 특징**

적용의 경우	제약조건(단점)
① 수업의 모든 단계 ② 학교수업, 방송수업, 직업훈련의 경우 ③ 학생들의 개인차가 최대한으로 조절되어야 하는 경우 ④ 학생들이 자기에게 허용된 어느 시간에나 학습이 가능할 경우 ⑤ 보충학습의 경우	① 한번 개발한 프로그램 자료를 개조하기가 어렵다. ② 학생들의 사회성이 결여되기 쉽다. ③ 개발비가 높다.

25 신호등이 녹색에서 적색으로 바뀌어도 차가 움직이기까지 아직 시간이 있다고 생각하여 건널목을 건넜을 경우 이는 어떠한 부주의에 속하는가?

① 억측판단   ② 의식의 우회
③ 생략행위   ④ 의식수준의 저하

해설 **억측판단** : 자기 멋대로 희망적 관찰에 의거하여 주관적인 판단에 의해 행동에 옮기는 것을 말한다.

26 다음 중 산업안전보건법령상 산업안전·보건 관련 교육 과정 중 사업 내 안전·보건교육에 있어 교육대상별 교육 시간이 올바르게 연결된 것은?

① 일용근로자의 채용 시 교육 : 2시간이상
② 일용근로자의 작업내용 변경 시 교육 : 1시간 이상
③ 사무직 종사 근로자의 정기교육 : 매분기 2시간 이상
④ 관리감독자의 지위에 있는 사람의 정기교육 : 연간 8시간 이상

해설 1) **일용근로자의 채용시 교육** : 1시간 이상
2) **사무직 종사 근로자의 정기교육** : 매분기 3시간 이상
3) **관리감독자의 정기교육** : 연간 16시간 이상

27 다음 중 인사선발을 위한 심리검사에서 갖추어야 할 요건으로만 나열된 것은?

① 신뢰도, 대표성
② 대표성, 타당도
③ 신뢰도, 타당도
④ 대표성, 규모성

해설 **심리검사의 구비조건**
1) 표준화   2) 객관성
3) 규준   4) 신뢰성
5) 타당성

28 안전교육방법 중 수업의 도입이나 초기단계에 적용하며, 단시간에 많은 내용을 교육하는 경우에 사용되는 방법으로 가장 적절한 것은?

① 시범   ② 강의법
③ 반복법   ④ 토의법

해설 강의법의 특징

적용의 경우	제한조건(단점)
① 수업의 도입이나 초기단계	① 학생의 참여가 제한됨
② 학교수업이나 현장훈련의 경우	② 학생들의 진척상황이나 성정도를 점검하기가 곤란
③ 작은 시간에 내용이 많은 경우	③ 학생들의 주의 집중도나 흥미의 정도가 낮음
④ 한 교사가 비교적 많은 사람을 상대하는 경우	
⑤ 비교적 모든 교과에 가능	

서 주어야만 조건화, 즉시 강화가 잘 된다는 원리이다.

2) **강도의 원리** : 조건 반사적인 행동이 이루어지려면 먼저 준 자극의 정도에 비하 적어도 같거나 그보다 강한 자극을 주어야 바람직한 결과를 낳게 된다.

3) **일관성의 원리** : 조건자극은 일관된 자극물을 사용하여야 한다는 원리이다.

4) **계속성의 원리** : 자극과 반응과의 관계를 반복하여 횟수를 거듭할수록 조건화가 잘 형성된다는 원리이다.

---

29 다음 중 단조로운 업무가 장시간 지속될 때 작업자의 감각기능 및 판단능력이 둔화 또는 마비되는 현상은?

① 착각현상 ② 망각현상
③ 피로현상 ④ 감각차단현상

해설 감각차단현상
1) 원인 : 단조로운 업무가 장시간 지속될 때
2) 현상 : 작업자의 감각기능 및 판단능력이 둔화 또는 마비되는 현상

30 다음 중 O.J.T(On the Job Training)의 형태가 아닌 것은?

① 집단토론 ② 직무순환
③ 도제식 교육 ④ 현장 직무교육

해설 OJT(현장중심교육) : 직속상사가 현장에서 업무상의 개별교육이나 지도훈련을 하는 교육형태

31 학습이론 중 S-R 이론에서 조건반사설에 의한 학습이론의 원리에 해당되지 않는 것은?

① 시간의 원리 ② 기억의 원리
③ 일관성의 원리 ④ 계속성의 원리

해설 조건반사설에 의한 학습이론의 원리
1) **시간의 원리** : 조건자극(종소리)이 무조건자극(음식물)보다 시간적으로 동시 또는 조금 앞서

32 다음 중 인간 착오의 메커니즘으로 볼 수 없는 것은?

① 위치의 착오 ② 패턴의 착오
③ 느낌의 착오 ④ 형(形)의 착오

해설 착오의 메커니즘(mechanism)
1) 위치의 착오 2) 패턴의 착오
3) 형(形)의 착오 4) 순서의 착오
5) 잘못 기억

33 다음 중 산업안전보건법령상 사업 내 안전·보건교육에 있어 "채용 시의 교육 및 작업내용 변경 시의 교육내용"에 해당하지 않은 것은?(단, 기타 산업안전보건법 및 일반관리에 관한 사항은 제외한다.)

① 물질안전보건자료에 관한 사항
② 정리정돈 및 청소에 관한 사항
③ 사고 발생시 긴급조치에 관한 사항
④ 유해·위험 작업환경 관리에 관한 사항

해설 채용시 및 작업내용 변경시의 교육(시행규칙 별표8의 2)
1) ①, ②, ③항
2) 기계·기구의 위험성과 작업의 순서 및 동선에 관한 사항
3) 작업 개시 전 점검에 관한 사항
4) 산업보건 및 직업병 예방에 관한 사항
5) 산업안전보건법 및 일반관리에 관한 사항

■ 정답 ■ 29.④ 30.① 31.② 32.③ 33.④

34 다음 중 스트레스에 대한 설명으로 적합하지 못한 것은?

① 스트레스는 환경의 요구가 지나쳐 개인의 능력한계를 벗어날 때 발생한다.
② 스트레스 요인에는 소음, 진동, 열 등과 같은 환경 영향뿐만 아니라 개인적인 심리적 요인들도 포함된다.
③ 사람이 스트레스를 받게 되면 감각기관과 신경이 예민해진다.
④ 역기능 스트레스는 스트레스의 반응이 긍정적이고, 건전한 결과로 나타나는 현상이다.

해설 역기능 스트레스 : 스트레스의 반응이 부정적이고 불건전한 결과로 나타나는 현상이다.

35 작업자의 정신적 피로를 관찰할 수 있는 변화 중 가장 적절하지 않은 것은?

① 대사기능의 변화
② 작업태도의 변화
③ 사고활동의 변화
④ 작업동작경로의 변화

해설 피로의 종류
1) **정신적 피로** : 작업태도, 자세, 사고활동, 작업동작 경로 등의 변화
2) **육체적 피로** : 대사기능, 감각기능, 순환기 기능, 반사기능 등의 변화

36 인간관계 메커니즘 중에서 남의 행동이나 판단을 표본으로 하여 그것과 같거나 또는 그것에 가까운 행동 또는 판단을 취하려는 것을 무엇이라 하는가?

① 투사(projection)
② 암시(suggestion)
③ 모방(initation)
④ 동일화(identification)

해설 인간관계의 메커니즘
1) **동일화**(identification) : 다른 사람의 행동 양식이나 태도를 투입시키거나, 다른 사람 가운데서 자기와 비슷한 것을 발견하는 것
2) **투사**(projection) : 자기 속의 억압된 의식을 다른 사람의 의식으로 만드는 것
3) **커뮤니케이션**(communication) : 갖가지 행동 양식이나 기호를 매개로 하여 어떤 사람으로부터 다른 사람에게 전달되는 과정
4) **모방**(imitation) : 남의 행동이나 판단을 표본으로 하여 그것과 같거나 또는 그것에 가까운 행동 또는 판단을 취하려는 것
5) **암시**(suggestion) : 다른 사람으로부터의 판단이나 행동을 무비판적으로 논리적, 사실적 근거 없이 받아들이는 것

37 다음 중 산업안전심리의 5대 요소에 속하지 않는 것은?

① 시간
② 감정
③ 습관
④ 동기

해설 안전심리의 5대 요소
1) **습관** : 여러 번 거듭되는 동안 몸에 배어 굳어버린 버릇
2) **습성** : 오랜 습관으로 인하여 굳어져 버린 성질로 본능, 학습, 조건반사 등에 의해 형성
3) **동기** : 사람의 마음을 움직여 어떤 행동을 하게 하는 원동력
4) **기질** : 감정의 경향으로 나타난 개인의 성질
5) **감정** : 어떤 대상이나 상태에 따라 나타나는 슬픔, 기쁨, 불쾌감 등에 해당되는 마음의 현상

38 다음 중 구체적 사물을 제시하거나 경험시킴으로써 효과를 보게 되는 학습지도의 원리는?

① 개별화의 원리
② 사회화의 원리
③ 직관의 원리
④ 통합의 원리

해설 학습지도의 원리
1) **자기활동의 원리(자발성의 원리)** : 학습자 자신이 스스로 자발적으로 학습에 참여하는데 중점

을 둔 원리이다.

2) **개별화의 원리** : 학습자가 지니고 있는 각자의 요구와 능력 등에 알맞은 학습활동의 기회를 마련해 주어야 한다는 원리이다.

3) **사회화의 원리** : 학습내용을 현실사회의 사상과 문제를 기반으로 하여 학교에서 경험한 것과 사회에서 경험한 것을 교류시키고 공동학습을 통해서 협력적이고 우호적인 학습을 진행하는 원리이다.

4) **통합의 원리** : 학습을 총합적인 전체로서 지도하자는 원리로, 동시학습(concomitant learning) 원리와 같다.

5) **직관의 원리** : 구체적인 사물을 직접 제시하거나 경험시킴으로써 큰 효과를 볼 수 있다는 원리이다.

39 인간의 동작특성을 외적조건과 내적조건으로 구분할 때 다음 중 내적조건에 해당하는 것은?

① 기온
② 대상물의 크기
③ 경력
④ 대상물의 동적성질

해설 인간의 동작특성
1) 외적조건
① 동적조건 : 대상물의 동적성질→최대요인
② 정적조건 : 높이, 깊이, 크기 등
③ 환경조건 : 기온, 습도, 소음 등
2) 내적조건
① 경력(Career)
② 개인차
③ 생리적 조건 : 피로, 긴장 등

40 다음은 교육훈련 프로그램을 만들기 위한 각 단계에 해당하는 내용이다. 가장 우선시 되어야 하는 것은?

① 직무평가를 실시한다.
② 요구분석을 실시한다.
③ 적절한 훈련방법을 파악한다.

④ 종업원이 자신의 직무에 대하여 어떤 생각을 갖고 있는지 조사한다.

해설 교육훈련 프로그램을 작성하기 위한 첫번째 단계 : 요구분석 실시

제3목 / 인간공학 및 시스템안전공학

41 다음 중 모든 시스템 안전 프로그램에서의 최초단계 해석으로 시스템내의 위험요소가 어떤 위험 상태에 있는가를 정성적으로 평가하는 분석방법은?

① PHA   ② FHA
③ FMEA   ④ FTA

해설 1) PHA(Preliminary Hazards Analysis) : 대부분 시스템 안전 프로그램에 있어서 최초단계의 분석으로, 시스템 내의 위험한 요소가 얼마나 위험한 상태에 있는가를 정성적으로 평가하는 것이다.
2) PHA의 목적 : 시스템의 개발 단계에 있어서 시스템 고유의 위험상태를 식별하고 예상되는 재해의 위험수준을 결정하는 데 있다.

42 다음 중 의자를 설계하는데 있어 적용할 수 있는 일반적인 인간공학적 원칙으로 가장 적절하지 않은 것은?

① 조절을 용이하게 한다.
② 요부 전만을 유지할 수 있도록 한다.
③ 등근육의 정적 부하를 높이도록 한다.
④ 추간판에 가해지는 압력을 줄일 수 있도록 한다.

해설 의자설계의 일반원리
1) 디스크 압력을 줄인다.
2) 등근육의 정적부하 및 자세고정을 줄인다. (정적부하와 고정된 작업자세를 피하여야 한다)

■ 정답 ■ 39.③ 40.② 41.① 42.③

3) 의자의 높이는 오금 높이와 같거나 낮아야 한다.
4) 좌면의 높이는 조절이 가능해야 한다.
5) 등받이의 굴곡은 요추의 굴곡(전완곡)과 일치해야 한다.

43 다음 중 일반적인 화학설비에 대한 안전성 평가(safety assessment) 절차에 있어 안전대책 단계에 해당되지 않는 것은?

① 보전
② 설비 대책
③ 위험도 평가
④ 관리적 대책

해설 (1) 안전성 평가의 기본원칙 6단계
　　1) 1단계 : 관계 자료의 정비검토
　　2) 2단계 : 정성적 평가
　　3) 3단계 : 정량적 평가
　　4) 4단계 : 안전대책
　　5) 5단계 : 재해정보에 의한 재평가
　　6) 제6단계 : FTA에 의한 재평가
　(2) 제4단계 : 안전대책
　　1) 설비대책 : 안전장치 및 방재장치에 대한 대책
　　2) 관리적 대책 : 인원배치, 교육훈련 및 보전에 관한 대책

44 다음 중 인간 에러(human error)에 관한 설명으로 틀린 것은?

① omission error : 필요한 작업 또는 절차를 수행하지 않는데 기인한 에러
② commission error : 필요한 작업 또는 절차의 수행 지연으로 인한 에러
③ extraneous error : 불필요한 작업 또는 절차를 수행함으로써 기인한 에러
④ sequential error : 필요한 작업 또는 절차의 순서 착오로 인한 에러

해설 1) omission error : 필요한 task또는 절차를 수행하지 않는 데 기인한 과오

2) time error : 필요한 task 또는 절차의 수행지연으로 인한 과오
3) commission error : 필요한 task 또는 절차의 불확실한 수행으로 인한 과오
4) sequential error : 필요한 task 또는 절차의 순서착오로 인한 과오
5) extraneous error : 불필요한 task 또는 절차를 수행함으로써 기인한 과오

45 다음 중 인간공학에 있어서 일반적인 인간 -기계 체계(Man-Machine System)의 구분으로 가장 적합한 것은?

① 인간 체계, 기계 체계, 전기 체계
② 전기 체계, 유압 체계, 내연기관 체계
③ 수동 체계, 반기계 체계, 반자동 체계
④ 자동화 체계, 기계화 체계, 수동 체계

해설 인간 · 기계체계의 유형
　　1) 수동 체계
　　2) 기계화 체계
　　3) 자동화 체계

46 다음 중 인간의 제어 및 조정능력을 나타내는 법칙인 Fitts law와 관련된 변수가 아닌 것은?

① 표적의 너비
② 표적의 색상
③ 시작점에서 표적까지의 거리
④ 작업의 난이도(Index of Difficulty)

해설 Fitts 법칙의 수식 : 동작시간은 과녁이 일정할 때는 거리의 로그 함수이고, 거리가 일정할 때는 동작거리의 로그함수이다.

$$\therefore MT = a + b\log_2 \frac{2D}{W}$$

여기서, MT : 동작시간
　　　　a, b : 실험상수
　　　　D : 동작시발점에서 과녁중심까지의 거리
　　　　W : 과녁의 폭

■ 정답 ■ 43.③ 44.② 45.④ 46.②

47 다음 중 일반적으로 보통 기계작업이나 편지 고르기에 가장 적합한 조명수준은?

① 30fc
② 100fc
③ 300fc
④ 500fc

해설 추천 조명수준

작업조건	foot-candle	특정한 임무
높은 정확도를 요구하는 세밀한 작업	1,000	수술대, 아주 세밀한 조립작업
	500	아주 힘든 검사작업
	300	세밀한 조립작업
오랜 시간 계속하는 세밀한 작업	200	힘든 끝손질 및 검사작업, 세밀한 제도, 치과작업, 세밀한 기계조작
	150	초벌 제도, 사무 기기조작
오랜 시간 계속하는 천천히 하는 작업	100	보통 기계 작업, 편지고르기
	70	공부, 바느질, 독서, 타자, 칠판에 쓴 글씨 읽기
	50	스케치, 상품포장
정상작업	30	드릴, 리벳, 줄질 및 변소
	20	초벌 기계 작업, 계단, 복도
	10	출하, 입하작업, 강당
자세히 보지 않아도 되는 작업	5	창고, 극장복도

48 다음 중 정보전달에 있어서 시각적 표시장치보다 청각적 표시장치를 사용하는 것이 바람직한 경우는?

① 정보의 내용이 긴 경우
② 정보의 내용이 복잡한 경우
③ 정보의 내용이 후에 재참조되지 않는 경우
④ 정보의 내용이 즉각적인 행동을 요구하지 않는 경우

해설 표시장치의 선택(청각장치와 시각장치의 선택)

청각장치사용	시각장치사용
1) 전언이 간단하고 짧다.	1) 전언이 복잡하고 길다.
2) 전언이 후에 재참조되지 않는다.	2) 전언이 후에 재참조된다.
3) 전언이 즉각적인 사상(event)을 이룬다.	3) 전언이 공간적인 위치를 다룬다.
4) 전언이 즉각적인 행동을 요구한다.	4) 전언이 즉각적인 행동을 요구하지 않는다.
5) 수신자가 시각계통이 과부하 상태일 때	5) 수신자의 청각계통이 과부하 상태일 때
6) 수신장소가 너무 밝거나 암조의 유지가 필요할 때	6) 수신장소가 너무 시끄러울 때
7) 직무상 수신자가 자주 움직이는 경우	7) 직무상 수신자가 한 곳에 머무르는 경우

49 산업안전보건법령에 따라 제조업 중 유해·위험방지 계획서 제출대상 사업의 사업주가 유해·위험방지 계획서를 제출하고자 할 때 첨부하여야 하는 서류에 해당하지 않는 것은? (단, 기타 고용노동부장관이 정하는 도면 및 서류 등은 제외한다.)

① 공사개요서
② 기계·설비의 배치도면
③ 기계·설비의 개요를 나타내는 서류
④ 원재료 및 제품의 취급, 제조 등의 작업방법의 개요

해설 제조업 등의 유해·위험방지계획서에 첨부되어야 할 서류(시행규칙 제121조)
1) 건축물 각 층의 평면도
2) 기계·설비의 개요를 나타내는 서류
3) 기계·설비의 배치도면
4) 원재료 및 제품의 취급, 제조 등의 작업 방법의 개요
5) 그 밖에 고용노동부장관이 정하는 도면 및 서류

■ 정답 ■ 47.② 48.③ 49.①

50 FT도에 사용되는 다음 기호의 명칭으로 옳은 것은?

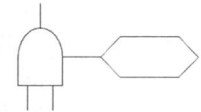

① 부정게이트
② 수정기호
③ 위험지속기호
④ 배타적 OR 게이트

해설 **위험지속기호** : 입력사상이 생겨서 어느 일정시간 지속하였을 때에 출력사상이 생긴다. (「위험지속시간」 과 같이 기입)

51 다음 중 결함수분석(FTA)에 관한 설명으로 틀린 것은?

① 연역적 방법이다.
② 버텀-업(Bottom-Up) 방식이다.
③ 기능적 결함의 원인을 분석하는데 용이하다.
④ 계량적 데이터가 축적되면 정량적 분석이 가능하다.

해설 **FTA의 특징**
1) 간단한 FT도의 작성으로 정성적 해석 가능
2) 재해의 정량적 예측기능(정량적으로 재해발생 확률 계산)
3) 연역적 해석가능(Top down형식)
4) 컴퓨터 처리가능

52 작업자세로 인한 부하를 분석하기 위하여 인체 주요 관절의 힘과 모멘트를 정역학적으로 분석하려고 할 때, 분석에 반드시 필요한 인체 관련 자료가 아닌 것은?

① 관절 각도
② 관절의 종류
③ 분절(segment) 무게

④ 분절(segment) 무게 중심

해설 인체 주요관절의 힘과 모멘트를 정역학적 분석시 필요한 인체관련 자료
1) 관절각도
2) 분절(segment) 무게 및 무게중심

53 다음 중 정성적 표시장치를 설명한 것으로 적절하지 않은 것은?

① 연속적으로 변하는 변수의 대략적인 값이나 변화추세, 변화율 등을 알고자 할 때 사용된다.
② 정성적 표시장치의 근본 자료 자체는 정량적인 것이다.
③ 색채 부호가 부적합한 경우에는 계기판 표시구간을 형상 부호화하여 나타낸다.
④ 전력계에서와 같이 기계적 혹은 전자적으로 숫자가 표시된다.

해설 ④항, **정량적 표시장치** : 전력계에서와 같이 기계적 혹은 전자적으로 숫자가 표시된다.

54 한 대의 기계를 100시간 동안 연속 사용한 경우 6회의 고장이 발생하였고, 이때의 총고장수리시간이 15시간이었다. 이 기계의 MTBF(Mean time between failure)는 약 얼마인가?

① 2.51 ② 14.17
③ 15.25 ④ 16.67

해설 1) λ(고장률)$=\dfrac{\text{고장건수}}{\text{가동시간}}$

2) 가동시간
 = 기계연속사용시간 − 총고장수리시간
 = 100−15 = 85시간

3) MTBF(**평균고장간격**)$=\dfrac{1}{\lambda}=\dfrac{1}{6/85}$
 $=14.17$

■ 정답 ■ 50.③ 51.② 52.② 53.④ 54.②

55 다음 중 HAZOP 기법에서 사용하는 가이드워드와 그 의미가 잘못 연결된 것은?

① As well as : 성질상의 증가
② More/Less : 정량적인 증가 또는 감소
③ Part of : 성질상의 감소
④ Other than : 기타 환경적인 요인

해설 위험 및 운전성 검토(HAZOP)에서 사용되는 유인어(guidewords) : 간단한 용어(말)로서 창조적 사고를 유도하고 자극하여 이상을 발견하고, 의도를 한정하기 위해 사용된다. 즉, 다음과 같은 의미를 나타낸다.
1) NO 또는 NOT : 설계의도의 완전한 부정
2) More 또는 Less : 양(압력, 반응, flow, rate, 온도 등)의 증가 또는 감소
3) As well As : 성질상의 증가(설계의도와 운전조건이 어떤 부가적인 행위와 함께 일어남)
4) Part of : 일부변경, 성질상의 감소(어떤 의도는 성취되나 어떤 의도는 성취되지 않음)
5) Reverse : 설계의도의 논리적인 역
6) Other than : 완전한 대체(통상 운전과 다르게 되는 상태)

56 다음 중 광원의 밝기에 비례하고, 거리의 제곱에 반비례 하며, 반사체의 반사율과는 상관없이 일정한 값을 갖는 것은?

① 광도   ② 휘도
③ 조도   ④ 휘광

해설 조도 : 거리의 제곱에 반비례하고 광도에 비례한다.

$$\therefore \ 조도 = \frac{광도}{(거리)^2}$$

57 다음 설명은 어떤 설계 응용 원칙을 적용한 사례인가?

> 제어 버튼의 설계에서 조작자와의 거리를 여성의 5백분위수를 이용하여 설계하였다.

① 극단적 설계원칙
② 가변적 설계원칙
③ 평균적 설계원칙
④ 양립적 설계원칙

해설 극단적 설계원칙
1) 최대 집단치 설계 : 문틀 높이, 비상탈출구 크기, 지지 장치의 강도(그네, 줄사다리 등)
2) 최소집단치 설계 : 제어버튼과 조작자 사이의 거리, 제어장치 조작에 필요한 힘 등
3) 집단관련 특성분포 : 남성의 제95백분위수, 여성의 제5백분위수를 사용한다.

58 프레스기의 안전장치 수명은 지수분포를 따르며 평균 수명은 1,000시간이다. 새로 구입한 안전장치가 향후 500시간 동안 고장 없이 작동할 확률(ⓐ)과 이미 1000시간을 사용한 안전장치가 향후 500시간 이상 견딜 확률(ⓑ)은 각각 얼마인가?

① ⓐ : 0.606, ⓑ : 0.606
② ⓐ : 0.707, ⓑ : 0.707
③ ⓐ : 0.808, ⓑ : 0.808
④ ⓐ : 0.909, ⓑ : 0.909

해설 1) 평균수명(MTTF) : 1000시간, 가동시간(t) : 500시간
2) 고장없이 작동할 확률(R_t)
$$\therefore \ R_t = e^{-(t/to)} = e^{-(500/1000)} = 0.606$$

59 발생확률이 각각 0.05, 0.08 인 두 결함사상이 AND 조합으로 연결된 시스템을 FTA로 분석하였을 때 이 시스템의 신뢰도는 약 얼마인가?

① 0.004   ② 0.126

③ 0.874   ④ 0.996

해설 1) FT도를 작성하여 정상사상의 발생확률(F_t) 을 구한다.

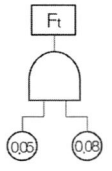

$$\therefore F_t = 0.05 \times 0.08 = 4 \times 10^{-3}$$

2) 신뢰도(R_t)

$$\therefore R_t = 1 - F_t = 1 - 4 \times 10^{-3} = 0.996$$

60 다음 중 인간공학적 설계 대상에 해당되지 않는 것은?

① 물건(Objects)

② 기계(Machinery)

③ 환경(Environment)

④ 보전(Maintenance)

해설 **인간공학** : 인간이 편리하게 사용할 수 있도록 기계·기구(물건 등 포함) 및 설비·환경을 설계하는 과정

제4목 / 건설시공학

61 거푸집의 콘크리트 측압에 대한 설명으로 옳은 것은?

① 묽은 콘크리트 일수록 측압이 작다.

② 온도가 낮을수록 측압은 작다.

③ 콘크리트의 붓기 속도가 빠를수록 측압이 크다.

④ 거푸집의 강성이 클수록 측압이 작다.

해설 1) 묽은 콘크리트일수록 측압이 크다.
2) 온도가 낮을수록 측압이 크다.
3) 거푸집의 강성이 클수록 측압이 크다.

62 콘크리트의 진동다짐 진동기의 사용에 대한 설명으로 틀린 것은?

① 진동기는 될 수 있는 대로 수직방향으로 사용한다.

② 묽은 반죽에서 진동다짐은 별 효과가 없다.

③ 진동의 효과는 봉의 직경, 진동수, 진폭 등에 따라 다르며, 진동수가 큰 것일수록 다짐효과가 크다.

④ 진동기는 신속하게 꽂아놓고 신속하게 뽑는다.

해설 ④항, 진동기를 빼낼 때는 서서히 뽑아 구멍이 남지 않도록 한다.

63 터널 폼에 대한 설명으로 틀린 것은?

① 거푸집의 전용횟수는 약 10회 정도이다.

② 노무 절감, 공기단축이 가능하다.

③ 벽체 및 슬래브거푸집을 일체로 제작한 거푸집이다.

④ 이 폼의 종류에는 트윈 쉘(twin shell)과 모노 쉘(mono shell)이 있다.

해설 터널폼(tunnel form)의 경제적인 전용횟수
: 100회 정도

64 철근 용접이음 방식 중 Cad Welding 이음의 장점이 아닌 것은?

① 실시간 육안검사 가능
② 기후의 영향이 적고 화재위험 감소
③ 각종 이형철근에 대한 적용범위가 넓음
④ 예열 및 냉각이 필요없고 용접시간이 짧음

해설 용접이음부의 검사 : 용접이음부의 내부결함은 육안검사로는 어렵고 비파괴검사(침투탐상검사, 초음파탐상검사 등)를 실시하여야 한다.

65 한중 콘크리트의 제조에 대한 설명으로 틀린 것은?

① 콘크리트의 비빔온도는 기상조건 및 시공조건 등을 고려하여 정한다.
② 재료를 가열하는 경우, 물 또는 골재를 가열하는 것을 원칙으로 하며, 골재는 직접 불꽃에 대어 가열한다.
③ 타설 시의 콘크리트 온도는 5℃ 이상, 20℃ 미만으로 한다.
④ 빙설이 혼입된 골재, 동결상태의 골재는 원칙적으로 비빔에 사용하지 않는다.

해설 재료를 가열하는 경우 : 기온이 5~20℃ 이하일 때는 물을 가열하고, 0℃ 이하가 되면 물과 모래를 가열하며, −10℃ 이하가 되면 물, 모래, 자갈 모두 가열하여 사용하며 가열온도는 60℃ 이하로 한다. 가열시는 직접 불꽃을 대어서는 안 된다.

66 철골용접이음 후 용접부의 내부결함 검출을 위하여 실시하는 검사로써 빠르고 경제적이어서 현장에서 주로 사용하는 초음파를 이용한 비파괴 검사법은?

① MT(Magnetic particle Testing)
② UT(Ultrasonic Testing)
③ RT(Radiography Testing)
④ PT(Liquid Penetrant Testing)

해설 초음파탐상검사(UT, ultrasonic testing) : 초음파를 피검사재에 보내어 그 음향적 성질을 이용하여 결함을 유무를 검사하는 비파괴검사법이다.

67 철근콘크리트 공사의 일정계획에 영향을 주는 주요 요인이 아닌 것은?

① 요구 품질 및 정밀도 수준
② 거푸집의 존치기간 및 전용횟수
③ 시공상세도 작성 기간
④ 강우, 강설, 바람 등의 기후 조건

해설 ③항, 시공 상세도 작성기간 : 철근콘크리트 공사 일정 계획·수립 전이므로 일정계획에 영향을 주지 않는다.

68 콘크리트 구조물의 보수·보강법 중 구조보강 공법에 해당되지 않는 것은?

① 표면처리 공법   ② 주입공법
③ 강재보강 공법   ④ 단면증대 공법

해설 콘크리트 구조물의 보수·보강공법
1) **구조 보강공법** : 주입공법, 강재브강공법, 단면증대공법 등
2) **표면처리공법** : 균열선을 따라 콘크리트 표면에 시멘트 페이스트(cement paste)로 피막을 형성하는 일반적인 보수공법이다.

■ 정답 ■ 64.① 65.② 66.② 67.③ 68.①

69 CM 제도에 대한 설명으로 틀린 것은?

① 대리인형 CM(CM for fee) 방식은 프로젝트 전반에 걸쳐 발주자의 컨설턴트 역할을 수행한다.
② 시공자형 CM(CM at risk) 방식은 공사관리자의 능력에 의해 사업의 성패가 좌우된다.
③ 대리인형 CM(CM for fee) 방식에 있어서 독립된 공종별 수급자는 공사관리자와 공사계약을 한다.
④ 시공자형 CM(CM at risk) 방식에 있어서 CM조직이 직접 공사를 수행하기도 한다.

해설 **CM(건설관리)** : 설계, 시공을 통합 관리하여 주문자를 위해 서비스하는 전문가 집단의 관리 기법이다.
  1) **CM for fee** : 용역형 건설사업관리
    ① 서비스를 제공하고 그에 상응하는 용역비(fee)를 지급받는 자문 혹은 대행인(agency)으로서 역할을 수행한다.
    ② CM이 발주자의 대리인으로서 참여하는 계약형태로 용역서비스에 대한 대가(fee)를 받는 CM형태이다.
  2) **CM at risk** : 시공책임형 건설사업관리

70 콘크리트블록 쌓기에 대한 설명으로 틀린 것은?

① 보강근은 모르타르 또는 그라우트를 사춤하기 전에 배근하고 고정한다.
② 블록은 살두께가 작은 편을 위로 하여 쌓는다.
③ 인방블록은 창문틀의 좌우 옆 턱에 200mm 이상 물린다.
④ 모서리 등 기준이 되는 부분을 정확하게 쌓은 다음 수평실을 친다.

해설 ②항, 블록은 살 두께가 두꺼운 편을 위로 가도록 쌓는다.

71 원가구성 항목 중 직접공사비에 속하지 않는 것은?

① 외주비 ② 노무비
③ 경비 ④ 일반관리비

해설 **건설공사의 원가 계산**
  1) **공사비 구성체계**
    ① **공사원가**=직접공사비+간접공사비
    ② **총원가**=공사원가+일반관리비
    ③ **총공사비(견적가격)**=총원가+이윤(=총원가×이윤율%)
  2) **직접공사비** : 자재비(재료비)+노무비+외주비+경비
    ① **자재비(재료비)** : 공사목적물의 실체를 형성하는 직접재료비와 공사목적물의 실체를 형성하지는 않으나 공사에 보조적으로 소비되는 간접재료비로 구성된다.
    ② **노무비** : 크게 직접노무비와 간접노무비로 나누며 직접노무비는 작업에 종사하는 종업원, 노무자의 기본급, 제수당, 퇴직급여 등이 포함된다.
    ③ **외주비** : 건축물의 일부를 위탁하고 그 비용을 지급하는 것이다.
    ④ **경비** : 현장에서 발생하는 순공사비 이외의 비용이다.

72 강관말뚝지정의 장점에 해당되지 않는 것은?

① 강한 타격에도 견디며 다져진 중간지층의 관통도 가능하다.
② 지지력이 크고 이음이 안전하고 강하며 확실하므로 장척말뚝에 적당하다.
③ 상부구조와의 결합이 용이하다.
④ 방부력이 뛰어나 내구성이 우수하다.

해설 강관말뚝지정은 흙에 묻히면 부식에 의해 내구성이 떨어진다.

---

73 다음과 같은 조건의 굴삭기로 2시간 작업할 경우의 작업량은 얼마인가?

> 버켓용량 0.8m³, 사이클타임 40초, 작업효율 0.8, 굴삭계수 0.7, 굴삭토의 용적변화계수 1.1

① 128.5m³   ② 107.7m³
③ 88.7m³   ④ 66.5m³

해설 굴삭기 작업량

$$= \frac{0.8m^3}{40sec} \times 2hr \times \frac{3600sec}{1hr} 0.8 \times 0.7 \times 1.1$$
$$= 88.7m^3$$

74 석공사에서 대리석붙이기에 관한 내용으로 틀린 것은?

① 대리석을 실내보다는 주로 외장용으로 많이 사용한다.
② 대리석 붙이기 연결철물은 10# ~ 20#의 황동쇠선을 사용한다.
③ 대리석 붙이기 최하단은 충격에 쉽게 파손되므로 충진재를 넣는다.
④ 대리석은 시멘트 모르타르로 붙이면 알칼리성분에 의하여 변색 · 오염될 수 있다.

해설 ①항, 대리석은 주로 실내용으로 많이 사용한다.

75 철골 공사 중 현장에서 보수도장이 필요한 부위에 해당되지 않는 것은?

① 현장 용접 부위
② 현장접합 재료의 손상부위
③ 조립상 표면접합이 되는 면
④ 운반 또는 양중 시 생긴 손상부위

해설 조립상 표면접합이 되는 면은 도장하지 않는다.

76 흙의 휴식각에 대한 설명으로 틀린 것은?

① 터파기의 경사는 휴식각의 2배 정도로 한다.
② 습윤 상태에서의 휴식각은 모래 30 ~ 45°, 흙 25~45° 정도이다.
③ 흙의 흘러내림이 자연 정지될 때 흙의 경사면과 수평면이 이루는 각도를 말한다.
④ 흙의 휴식각은 흙의 마찰력, 응집력 등에 관계되나 함수량과는 관계없이 동일하다.

해설 흙의 휴식각에는 흙의 마찰력 외에 응집력, 부착력이 작용하게 되며, 이러한 힘은 함수량에 따라 변하게 된다.

77 철골구조의 내화피복에 대한 설명으로 틀린 것은?

① 조적공법은 용접철망을 부착하여 경량모르타르, 퍼라이트 모르타르와 플라스터 등을 바름하는 공법이다.
② 뿜칠공법은 철골표면에 접착제를 혼합한 내화피복재를 뿜어서 내화피복을 한다.
③ 성형판 공법은 내화단열성이 우수한 각종 성형판을 철골주위에 접착제와 철물 등을 설치하고 그 위에 붙이는 공법으로 주로 기둥과 보의 내화피복에 사용된다.
④ 타설공법은 아직 굳지 않은 경량콘크리트나 기포모르타르 등을 강재주위어 거푸집을 설치하여 타설한 후 경화시켜 철골을 내화피복하는 공법이다.

해설 철골구조의 내화피복공법
  1) 락울(rockwool)뿜질공법
    ① 습식 공법 : 락울에 시멘트와 접착재를 가해 물로 비벼 뿜는 공법
    ② 건식 공법 : 뿜칠건을 사용하여 혼합수를 노즐의 선단으로부터 분사해서 분무모양으로 락울과 함께 해서 뿜어 붙이는 공법
  2) **성형판붙임 공법** : ALC판, 규산칼슘판, 펄라이트판 등을 철골에 부착해서 내화성능을 발휘시키는 공법

■ 정답 ■ **73.**③ **74.**① **75.**③ **76.**④ **77.**①

3) **프리패브 공법** : 철골바탕에 ALC판을 붙이는 공법
4) 기타, 콘크리트타설 공법, 합성내화피복 공법 등

78 토공사용 기계로서 흙을 깎으면서 동시에 기체 내에 담아 운반하고 깔기작업을 겸할 수 있으며, 작업거리는 100~ 1,500m 정도의 중장거리용으로 쓰이는 것은?

① 파워쇼벨
② 트렌처
③ 캐리올 스크레이퍼
④ 그레이더

해설 **캐리올 스크레이퍼** : 굴착기와 운반기를 조합한 토공만능기로서 굴착, 싣기, 운반, 하역 등의 작업을 하나의 기계로서 연속적으로 행할 수 있는 건설기계이다.

79 흙막이 지지공법 중 수평버팀대 공법의 장·단점에 대한 내용으로 틀린 것은?

① 토질에 대해 영향을 적게 받는다.
② 가설구조물이 적어 중장비작업이나 토량제거작업의 능률이 좋다.
③ 인근 대지로 공사범위가 넘어가지 않는다.
④ 강재를 전용함에 따라 재료비가 비교적 적게 든다.

해설 ②항, 가설구조물 때문에 중장비작업의 능률이 원활하지 못하다.

80 흙막이 붕괴원인 중 히빙(Heaving)파괴가 일어나는 주원인은?

① 흙막이벽의 재료차이
② 지하수의 부력차이
③ 지하수위의 깊이차이
④ 흙막이벽 내외부 흙의 중량차이

해설 **히빙현상**
1) **히빙(heaving)** : 연약성 점토지반의 굴착시 흙막이벽 뒷쪽 흙의 중량과 상재하중이 굴착부 바닥의 지지력 이상이 되면 흙막이벽 근입부분의 지반이동이 발생하여 굴착부 저면(바닥)이 솟아오르는 현상
2) **대책**
   ① 흙막이벽의 근입깊이를 깊게 한다.
   ② 굴착주변의 상재하중을 제거한다.
   ③ 흙막이벽 재료를 강도가 높은 것을 사용하고 버팀대의 수를 증대시킨다.

제5과목 / 건설재료학

---

81 1,000℃ 이상의 고온에서도 견디는 섬유로 본래 공업용 가열로의 내화 단열재로 사용되었으나 최근에는 철골의 내화 피복재로 쓰이는 단열재는?

① 펄라이트판   ② 세라믹 파이버
③ 규산칼슘판   ④ 경량기포콘크리트

해설 **세라믹 파이버** : 본문설명

82 보통 F.R.P 판이라고 하며, 내외장재, 가구재 등으로 사용되며 구조재로도 사용가능한 것은?

① 아크릴판
② 강화 폴리에스테르판
③ 페놀수지판
④ 경질염화비닐판

해설 **FRP(강화 폴리에스테르)** : 가는 유리섬유에 불포화 폴리에스테르수지를 넣어 상온 가압하여 성형한 강화플라스틱이다.

■정답■ 78.③ 79.② 80.④ 81.② 82.②

83 소석회에 모래, 해초풀, 여물 등을 혼합하여 바르는 미장재료로서 목조바탕, 콘크리트블록 및 벽돌 바탕 등에 사용되는 것은?

① 회반죽
② 돌로마이트 플라스터
③ 석고 플라스터
④ 시멘트 모르타르

해설 회반죽
　1) 공기중에서 CO_2와 반응하여 경화하는 기경성 외장재료이다.
　2) 회반죽 : 소석회+모래+여물+해초풀

84 콘크리트에 발생하는 크리프에 대한 설명으로 틀린 것은?

① 시멘트 페이스트가 묽을수록 크리프는 크다.
② 작용응력이 클수록 크리프는 크다.
③ 재하재령이 느릴수록 크리프는 크다.
④ 물시멘트비가 클수록 크리프는 크다.

해설 크리프 현상
　1) 일정한 하중이 장기간 가해질 때 하중의 증가가 없어도 변형이 증대되는 현상을 크리프라 한다.
　2) 콘크리트에서 크리프(creep)가 커지는 경우
　　① 재령이 짧을수록
　　② 부재의 단면치수가 작을수록
　　③ 외부습도가 낮을수록
　　④ 대기온도가 높을수록
　　⑤ 배합이 적절치 않고 물·시멘트비가 클수록
　　⑥ 단위시멘트량이 많을수록

85 목재의 방부제에 대한 설명 중 틀린 것은?

① PCP는 방부력이 매우 우수하나, 자극적인 냄새가 난다.
② 크레오소트유는 방부성은 우수하나, 악취가 나고 외관이 좋지 않다.

③ 아스팔트는 가열용해하여 목재에 도포하면 미관이 뛰어나 자주 활용된다.
④ 유성페이트는 방부, 방습효과가 있고, 착색이 자유롭다.

해설 아스팔트(asphalt) : 가열하여 목재에 도포하면 흑색으로 착색되어 페인트칠이 불가능하므로 보이지 않는 곳에만 사용한다.

86 각종 벽돌에 대한 설명 중 틀린 것은?

① 내화벽돌은 내화점토를 원료로 하여 소성한 벽돌로서 내화도는 $1,500 \sim 2,000℃$의 범위이다.
② 다공벽돌은 점토에 톱밥, 겨, 탄가루 등을 혼합, 소성한 것으로 방음, 흡음성이 좋다.
③ 이형벽돌은 형상, 치수가 규격에서 정한 바와 다른 벽돌로서 특수한 구조체에 사용될 목적으로 제조된다.
④ 포도벽돌은 벽돌에 오지물을 칠해 소성한 벽돌로서, 건물의 내외장 또는 장식물의 치장에 쓰인다.

해설 ④항, 포도벽돌 : 도로 및 바닥면 포장용으로 쓰인다.

87 비철금속에 관한 설명 중 옳은 것은?

① 동은 맑은 물에는 침식되지 않으나 해수에는 침식된다.
② 황동은 청동과 비교하여 주조성과 내식성이 더욱 우수하다.
③ 알루미늄은 동에 비해 융점이 높기 때문에 용해주조도가 좋지 않다.
④ 순도가 높은 알루미늄일수록 내식성과 전·연성이 작아진다.

해설 ②항, 청동은 황동보다는 내식성이 강하고 주조하기 쉽다.
　③항, 알루미늄은 동(융점 1083℃)보다 융점(660℃)이 낮다.

■ 정답 ■　83.①　84.③　85.③　86.④　87.①

④항, 순도가 높은 알루미늄일수록 내식성과 전성·연성이 커진다.

88 콘크리트 배합시 시멘트 1m³, 물 2,000L 인 경우 물-시멘트비는?(단, 시멘트의 밀도는 3.15g/cm³이다.)

① 약 15.7%
② 약 20.5%
③ 약 50.4%
④ 약 63.5%

해설 1) **시멘트의 중량** = 밀도×부피

$$= 3.15 \text{g/cm}^2 \times 1\text{m}^3 \times \frac{1 \times 10^6 \text{cm}^3}{1\text{m}^3}$$

$$= 3.15 \times 10^6 \text{g}$$

2) **물의중량** : 물 2,000L

$$= 2 \times 10^6 \text{cm}^3 = 2 \times 10^6 \text{g}$$

3) **물·시멘트비**(W/C)

$$= \frac{물의중량}{시멘트중량} \times 100$$

$$= \frac{2 \times 10^6 \text{g}}{3.15 \times 10^6 \text{g}} \times 100 = 63.49\%$$

89 건축 구조재료의 요구성능에는 역학적 성능, 화학적 성능, 내화성능 등이 있는데 그 중 역학적 성능에 해당되지 않는 것은?

① 내열성
② 강도
③ 강성
④ 내피로성

해설 1) **역학적 성능** : 강도, 강성, 내피로성
2) **내화성능** : 내열성

90 알루미나시멘트에 관한 설명 중 틀린 것은?

① 강도 발현속도가 매우 빠르다.
② 수화작용시 발열량이 매우 크다.
③ 매스콘크리트, 수밀콘크리트에 사용된다.
④ 보크사이트와 석회석을 원료로 한다.

해설 알루미나시멘트는 발열량(수화열)이 대단히 커서 −10℃의 동기(冬期)공사 및 긴급공사에 사용된다.

91 블론 아스팔트를 용제에 녹인 것으로 액상을 하고 있으며 아스팔트 방수의 바탕처리재로 이용되는 것은?

① 아스팔트 프라이머
② 아스팔트 펠트
③ 아스팔트 유제
④ 피치

해설 1) **아스팔트 프라이머**(asphalt primer) : 블론 아스팔트를 휘발성용제에 녹인 흑갈색의 액체로 방수층의 바탕처리재료로 사용된다.
2) **아스팔트 펠트**(asphalt felt) : 유기질 섬유(양모, 마사, 목면, 폐지 등)를 펠트(felt)상으로 만든 원지에 연질의 스트레이트 아스팔트를 침투시켜 롤러로 압착하여 만든다.(아스팔트방수 중간층재료로 사용)
3) **아스팔트 유제**(asphalt emulsion) : 유화제(rot 유, 교질점토, 지방산 비누, 가성석회 등의 알칼리성 용제)를 사용하여 아스팔트 미립자를 수중에 분산시킨 다갈색의 액체이다. (도로포장용, 방수도료 등에 사용)

92 다음 금속 중 방사선 차폐성이 높아 병원의 방사선실 주변에 채용되는 재료는?

① 강판
② 납
③ 주석
④ 니켈

해설 **납(Pb)의 물리적 성질**
1) 비중(11.4)이 크고 연질이며 연성, 전성이 크다.
2) 인장강도가 극히 작다.
3) X선 등 방사선 차단효과가 크다(콘크리트의 100배 이상)

---

93 ALC(Autoclaved Lightweight Concreate) 제조시 기포제로 사용되는 것은?

① 알루미늄 분말
② 플라이애쉬
③ 규산백토
④ 실리카 시멘트

해설 ALC(autoclaved Lightweight Concrete, 경량기포콘크리트)

1) ALC : 생석회와 규사를 고온, 고압하에서 양생하면 수열(水熱)반응을 일으키고 이 반응에 의해 만들어진 건축 재료에 기포를 넣어 경량화한 경량기포콘크리트를 약칭해서 ALC라고 한다.
2) 수열반응에 의해서 생성된 규산석회의 결정은 강고하고 안정된 것이나 생석회 대신 시멘트의 석회석(CaO 60%함유)을 사용하기도 한다.
3) 발포제는 알루미늄 분말을 사용한다.

94 석재에 관한 설명 중 틀린 것은?

① 석회암은 석질이 치밀하나 내화성이 부족하다.
② 현무암은 석질이 치밀하여 토대석, 석축에 쓰인다.
③ 테라조는 대리석을 종석으로한 인조석의 일종이다.
④ 화강암은 석회, 시멘트의 원료로 사용된다.

해설 1) 화강암 : 외장 및 내장재, 구조재, 콘크리트 골재 등에 사용된다.
2) 석회암 : 석회, 시멘트의 원료로 사용된다.

95 수직면으로 도장하였을 경우 도장직후에 도막이 흘러내리는 현상의 발생 원인과 가장 거리가 먼 것은?

① 얇게 도장하였을 때
② 지나친 희석으로 점도가 낮을 때
③ 저온으로 건조시간이 길 때

④ airless 도장시 팁이 크거나 2차압이 낮아 분무가 잘 안되었을 때

해설 도장 직후 도막의 흘러내림 현상의 발생원인

1) ②, ③, ④항
2) 도료를 일시에 두껍게 도포하였을 때
3) 신너의 과다 또는 휘발성이 늦은 신너를 사용하였을 때
4) 도장기의 조정불량

96 목재의 일반적 성질에 관한 설명으로 틀린 것은?

① 섬유포화점 이상의 함수상태에서는 함수율의 증감에도 신축을 일으키지 않는다.
② 섬유포화점 이상의 함수상태에서는 함수율이 증가할수록 강도는 감소한다.
③ 기건상태란 통상 대기의 온도·습도와 평형한 목재의 수분 함유 상태를 말한다.
④ 섬유방향에 따라서 전기전도율은 다르다.

해설 목재의 섬유포화점

1) 목재의 섬유포화점에서의 함수율 : 30%
2) 목재는 섬유포화점 이하에서 함수율의 감소에 따라 강도는 증가하고 탄성은 감소한다.

97 열가소성 수지 중 내마모성이 있어 우레타고무, 도료 및 접착제로 사용되는 수지는?

① 실리콘수지
② 에폭시수지
③ 멜라민수지
④ 폴리우레탄수지

해설 폴리우레탄수지

1) 열경화성수지로 열절연성이 크고 내마모성, 내약품성 등이 있다.
2) 접착제, 보온보냉성, 내수피막 등에 사용된다.

98 멜라민수지 접착제에 관한 설명 중 틀린 것은?

① 내수성이 크다.
② 순백색 또는 투명백색이다.
③ 멜라민과 포름알데히드로 제조된다.
④ 고무나 유리접착에 적당하다.

해설 멜라민수지
1) 성질 : 무색투명하고 경도가 크고 내약품성, 내용제성, 내열성이 우수하다.
2) 용도 : 접착제(목재에 대한 접착성 우수, 고무나 유리접착용으로 부적당), 마감재, 가구재, 전기부품 등에 쓰인다.

99 점토 제품의 성형에 있어 가장 중요한 성질은?

① 흡수성   ② 점성
③ 가소성   ④ 강성

해설 점토의 가소성
1) 양질의 점토는 습윤 상태에서 현저한 가소성을 나타낸다.
2) 점토입자가 미세할수록 가소성은 작아진다(양질의 점토일수록 가소성이 크다.)
3) 알루미나(Al_2O_3)가 많은 점토는 가소성이 좋다.

100 석재에 관한 설명으로 옳지 않은 것은?

① 대리석은 석회암이 변화되어 결정화된 것으로 치밀, 견고하고 외관이 아름답다.
② 화강암은 건축 내·외장재로 많이 쓰이며 견고하고 대형재가 생산되므로 구조재로 사용된다.
③ 응회석은 다공질이고 내화도가 높으므로 특수 장식재나 경량골재, 내화재 등에 사용된다.
④ 안산암은 크롬, 철강으로 된 흑록색의 치밀한 석질의 화성암으로 건축 장식재로 이용된다.

해설 안산암의 성질
1) 강도, 경도, 비중이 크다.
2) 내화성이 우수하고 석질이 극히 치밀한 화성암으로 구조용 석재로 이용된다.

제6과목 / 건설안전기술

101 안전난간대에 폭목(toe board)을 대는 이유는?

① 작업자의 손을 보호하기 위하여
② 작업자의 작업능률을 높이기 위하여
③ 안전난간대의 강도를 높이기 위하여
④ 공구 등 물체가 작업발판에서 지상으로 낙하되지 않도록 하기 위하여

해설 1) 폭목(toe board) : 발끝막이판
2) 발끝막이판의 높이 : 바닥면 등에서 10cm 이상

102 차량계 건설기계 작업 시 기계의 전도, 전락 등에 의한 근로자의 위험을 방지하기 위한 유의사항과 거리가 먼 것은?

① 변속기능의 유지
② 갓길의 붕괴방지
③ 도로의 폭 유지
④ 지반의 부동침하방지

해설 차량계건설기계의 전도·전락 등에 의한 위험 방지 조치 사항
1) 갓길의 붕괴방지
2) 지반의 부동침하방지
3) 도로폭의 유지
4) 유도자 배치

103 장비가 위치한 지면보다 낮은 장소를 굴착하는데 적합한 장비는?

① 백호우   ② 파워쇼벨
③ 트럭크레인   ④ 진폴

해설 Back hoe(백호우)
    1) 중기가 위치한 지면보다 낮은 곳의 땅을 굴착하는데 적합하다.
    2) 경질지반 기초굴착, 지하층굴착, 도랑파기굴착, 수중굴착 등에 쓰인다.

104 철골건립준비를 할 때 준수하여야 할 사항과 가장 거리가 먼 것은?

① 지상 작업장에서 건립준비 및 기계기구를 배치할 경우에는 낙하물의 위험이 없는 평탄한 장소를 선정하여 정비하고 경사지에는 작업대나 임시발판 등을 설치하는 등 안전조치를 한 후 작업하여야 한다.
② 건립작업에 다소 지장이 있다하더라도 수목은 제거하여서는 안된다.
③ 사용전에 기계기구에 대한 정비 및 보수를 철저히 실시하여야 한다.
④ 기계에 부착된 앵커 등 고정장치와 기초구조 등을 확인하여야 한다.

해설 ②항, 건립작업에 다소 지장이 있을 경우 수목을 제거하거나 이설하여야 한다.

105 비계에서 벽 고정을 하고 기둥과 기둥을 수평재나 가새로 연결하는 가장 큰 이유는?

① 작업자의 추락재해를 방지하기 위해
② 좌굴을 방지하기 위해
③ 인장파괴를 방지하기 위해
④ 해체를 용이하게 하기 위해

해설 비계의 좌굴 방지법
    1) 비계의 벽을 고정할 것
    2) 비계기둥과 기둥을 수평재(띠장)나 가새로 연결할 것

106 가설통로를 설치하는 경우 경사는 최대 몇 도 이하로 하여야 하는가?

① 20   ② 25
③ 30   ④ 35

해설 가설통로의 구조(안전보건규칙) : 가설통로 설치시 준수사항
    1) 견고한 구조로 할 것
    2) 경사는 30° 이하로 할 것(다만, 계단을 설치하거나 높이 2m 미만의 가설통로로서 튼튼한 손잡이를 설치한 때에는 그러하지 아니하다)
    3) 경사가 15°를 초과하는 때에는 미끄러지지 않는 구조로 할 것
    4) 추락의 위험이 있는 장소에는 안전난간을 설치할 것(작업상 부득이한 때에는 필요한 부분에 한하여 임시로 이를 해체할 수 있다)
    5) 수직갱에 가설된 통로의 길이가 15m 이상인 때에는 10m 이내마다 계단참을 설치할 것
    6) 건설공사에서 사용하는 높이 8m이상인 비계다리에는 7m 이내마다 계단을 설치할 것

107 흙막이 공법 선정시 고려사항으로 틀린 것은?

① 흙막이 해체를 고려
② 안전하고 경제적인 공법 선택
③ 차수성이 낮은 공법 선택
④ 지반성상에 적합한 공법 선택

해설 ③항, 치수성이 높은 공법 선택

108 토사붕괴에 따른 재해를 방지하기 위한 흙막이 지보공설비가 아닌 것은?

① 흙막이판   ② 말뚝
③ 턴버클   ④ 띠장

해설 턴버클(turn buckle) : 인장재(줄)를 팽팽히 당겨 조이는 나사 있는 탕개쇠로 거푸집 연결시 철선을 조이는데 사용하는 긴장기

■ 정답 ■   103.①   104.②   105.②   106.③   107.③   108.③

109 흙막이공의 파괴 원인 중 하나인 보일링(boiling) 현상에 관한 설명으로 틀린 것은?

① 지하수위가 높은 지반을 굴착할 때 주로 발생한다.
② 연약 사질토 지반에서 주로 발생한다.
③ 시트파일(sheet pile) 등의 저면에 분사현상이 발생한다.
④ 연약 점토지반에서 굴착면의 융기로 발생한다.

> **해설** **보일링**(boiling) : 보일링이란 굴착부와 흙막이벽 뒤쪽 흙의 지하수위차가 있을경우 수두차(水頭差)에 의하여 침투압이 생겨 흙막이벽 근입부분을 침식하는 동시에 모래가 액상화(液狀化)되어 솟아오르는 현상

110 다음 중 양중기에 해당되지 않는 것은?

① 어스드릴　　② 크레인
③ 리프트　　④ 곤돌라

> **해설** **양중기의 종류**
> 1) 크레인[호이스트(hoist) 포함]
> 2) 이동식 크레인
> 3) 리프트(이삿짐운반용 리프트는 적재하중이 0.1톤 이상인 것)
> 4) 곤돌라
> 5) 승강기

111 히빙(Heaving)현상 방지대책으로 틀린 것은?

① 소단굴착을 실시하여 소단부 흙의 중량이 바닥을 누르게 한다.
② 흙막이 벽체 배면의 지반을 개량하여 흙의 전단강도를 높인다.
③ 부풀어 솟아오르는 바닥면의 토사를 제거한다.
④ 흙막이 벽체의 근입깊이를 깊게 한다.

> **해설** **히빙 방지대책**
> 1) ①, ②, ④항
> 2) 강성이 큰 흙막이를 설치한다.
> 3) 흙막이 배면에 어스앵커를 설치한다.

112 건축물의 해체공사에 대한 설명으로 틀린 것은?

① 압쇄기와 대형 브레이커(Breaker)는 파워쇼벨 등에 설치하여 사용한다.
② 철제 햄머(Hammer)는 크레인 등에 설치하여 사용한다.
③ 핸드 브레이커(Hand breaker) 사용 시 수직보다는 경사를 주어 파쇄하는 것이 좋다.
④ 절단톱의 회전날에는 접촉방지 커버를 설치하여야 한다.

> **해설** ③항, 핸드 브레이커 사용시는 수직으로 힘을 주어 파쇄하는 것이 좋다.

113 추락방지용 방망 중 그물코의 크기가 5cm 인 매듭방망신품의 인장강도는 최소 몇 kg 이상이어야 하는가?

① 60　　② 110
③ 150　　④ 200

> **해설** **방망사의 강도**
> (1) 방망사의 신품에 대한 인장강도
>
> | 그물코의 크기 (단위 : cm) | 방망의 종류(단위 : kg) | |
> |---|---|---|
> | | 매듭 없는 방망 | 매듭 방망 |
> | 10 | 240 | 200 |
> | 5 | | 110 |
>
> (2) 방망사의 폐기시 인장강도
>
> | 그물코의 크기 (단위 : cm) | 방망의 종류(단위 : kg) | |
> |---|---|---|
> | | 매듭 없는 방망 | 매듭 방망 |
> | 10 | 150 | 135 |
> | 5 | | 60 |

114 강풍 시 타워크레인의 운전작업을 중지해야 하는 순간풍속기준은?

① 순간풍속이 초당 10m 초과
② 순간풍속이 초당 15m 초과
③ 순간풍속이 초당 20m 초과
④ 순간풍속이 초당 30m 초과

해설 1) 타워크레인의 운전작업을 중지해야 할 순간
　풍속 : 15m/sec 초과시
　2) 타워크레인의 설치·수리·점검 또는 해체작업
　을 중지해야 할 순간풍속 : 10m/sec 초과시

115 달비계의 최대 적재하중을 정함에 있어서 활용하는 안전계수의 기준으로 옳은 것은? (단, 곤돌라의 달비계를 제외한다.)

① 달기 와이어로프 : 5 이상
② 달기 강선 : 5 이상
③ 달기 체인 : 3 이상
④ 달기 훅 : 5 이상

해설 달비계(곤돌라의 달비계는 제외)의 안전계수
　(안전보건규칙)
　1) 달기와이어로프 및 달기강선의 안전계수 : 10이
　　상
　2) 달기체인 및 달기훅의 안전계수 : 5이상
　3) 달기강대와 달비계의 하부 및 상부지점의 안전
　　계수 : 강재의 경우 2.5 이상, 목재의 경우 5이
　　상

116 해체공사에 있어서 발생되는 진동공해에 대한 설명으로 틀린 것은?

① 진동수의 범위는 1~90 Hz 이다.
② 일반적으로 연직진동이 수평진동 보다 작다.
③ 진동의 전파거리는 예외적인 것을 제외하면 진동원에서부터 100m 이내이다.
④ 지표에 있어 진동의 크기는 일반적으로 지진의 진도계급이라고 하는 미진에서 강진

의 범위에 있다.

해설 ②항, 수평진동이 연직진동보다 작다.

117 건설업 산업안전보건 관리비 중 계상비용에 해당되지 않는 것은?

① 외부비계, 작업발판 등의 가설구조물 설치 소요비
② 근로자 건강관리비
③ 건설재해예방 기술지도비
④ 개인보호구 및 안전장구 구입비

해설 ①항, 외부비계, 작업발판, 가설계단 등의 시설
　비는 안전관리비 사용내역에서 저외되는 항목
　이다.

118 달비계에 사용하는 와이어로프의 사용금지 기준으로 틀린 것은?

① 이음매가 있는 것
② 열과 전기 충격에 의해 손상된 것
③ 지름의 감소가 공칭지름의 7%를 초과하는 것
④ 와이어로프의 한 꼬임에서 끊어진 소선의 수가 7% 이상인 것

해설 달비계 설치시 주의사항
　1) 이음매가 있는 와이어로프 등의 사용금지사항
　1) 이음매가 있는 것
　2) 와이어로프의 한 꼬임에서 끊어진 소선(필러선 제외)의 수가 10%이상(비전로프의 경우에는 끊어진 소선의 수가 와이어로프 호칭지름의 6배 길이 이내에서 4개 이상이거나 호칭지름의 30배 길이 이내에서 8개 이상)인 것
　3) 지름의 감소가 공칭지름의 7%를 초과하는 것
　4) 꼬인 것
　5) 심하게 변형 또는 부식된 것
　6) 열과 전기충격에 의해 손상된 것

119 연약 점토지반 개량에 있어 적합하지 않은 공법은?

① 샌드드레인(Sand drain) 공법
② 생석회 말뚝(Chemico pile) 공법
③ 페이퍼드레인(Paper drain) 공법
④ 바이브로 플로테이션(Vibro flotation) 공법

해설 **바이브로 플로테이션 공법** : 사질토 지반개량에 적용

120 다음 중 방망에 표시해야할 사항이 아닌 것은?

① 제조자명   ② 제조년월
③ 재봉 치수   ④ 방망의 신축성

해설 **방망의 표시사항**
 1) 제조자명 2) 제조년월
 3) 재봉치수 4) 그물코
 5) 신품인 때의 방망의 강도

제1과목 / 산업안전관리론

01 사고예방대책의 기본 원리 중 시정책의 선정에 관한 사항으로 적절하지 않은 것은?

① 기술적 개선
② 사고조사 및 점검
③ 안전관리 행정 업무의 개선
④ 기술 교육을 위한 훈련의 개선

해설 ①항, 사고조사 및 점검 : 제2단계 – 사실의 발견

02 산업안전보건법령상 안전·보건표지 중 금지표지의 종류에 해당하지 않는 것은?

① 접근금지
② 차량통행금지
③ 사용금지
④ 탑승금지

해설 금지표시의 종류
1) ②, ③, ④항
2) 출입금지
3) 보행금지
4) 금연
5) 화기금지
6) 물체이동금지

03 다음 중 일반적으로 산업재해의 통계적 원인, 분석시 활용되는 기법과 가장 거리가 먼 것은?

① 관리도(Control Chart)
② 파레토도(Pareto Diagram)
③ 특성요인도(Characteristic Diag-ram)
④ FMEA(Failure Mode & Effect Analysis)

해설 통계적 원인분석방법
1) ①, ②, ③항
2) 클로즈분석

> **길잡이** FMEA : 고장의 형태와 영향분석

04 다음 중 위험예지훈련의 기법으로 활용하는 브레인스토밍(Brain St-orming)에 관한 설명으로 틀린 것은?

① 발언은 누구나 자유분방하게 하도록 한다.
② 타인의 아이디어는 수정하여 발언할 수 없다.
③ 가능한 한 무엇이든 많이 발언하도록 한다.
④ 발표된 의견에 대하여는 서로 비판을 하지 않도록 한다.

해설 ②항, 타인의 의견은 수정하여 발건할 수 있다.
: 수정 발언

---

05 다음과 같은 재해가 발생하였을 경우 재해의 원인분석으로 옳은 것은?

> 건설현장에서 근로자가 비계에서 마감 작업을 하던 중 바닥으로 떨어져 사망하였다.

① 기인물 : 비계, 가해물 : 마감작업,
　사고유형 : 낙하
② 기인물 : 바닥, 가해물 : 비계,
　사고유형 : 추락
③ 기인물 : 비계, 가해물 : 바닥,
　사교유형 : 낙하
④ 기인물 : 비계, 가해물 : 바닥,
　사고유형 : 추락

해설 1) **기인물** : 불안전상태에 있는 물체·환경포함
　　　　　 –비계
　　 2) **가해물** : 직접 사람에게 접촉되어 위해를 가한
　　　　　 물체 – 바닥
　　 3) **재해형태** : 추락 – 글노자가 비게에서 바닥으
　　　　　 로 떨어짐

06 다음 중 안전조직을 구성할 때의 고려할 사항으로 가장 적합한 것은?

① 회사의 특성과 규모에 부합된 조직으로 설계한다.
② 기업의 규모와 관계없이 생산조직과 분리된 조직이 되도록 한다.
③ 조직 구성원의 책임과 권한에 대하여 서로 중첩되도록 한다.
④ 안전에 관한 지시나 명령이 작업현장에 전달되기 전에는 스탭의 기능이 반드시 축소해야 한다.

해설 **안전관리조직의 구비조건**
　　 1) 회사의 특성과 규모에 부합되게 조직되어야 한다.
　　 2) 조직의 기능이 충분히 발휘될 수 있는 제도적 체계가 갖추어져야 한다.
　　 3) 조직을 구성하는 관리자의 책임과 권한이 분명해야 한다. ．
　　 4) 생산라인과 밀착된 조직이어야 한다.

07 다음 중 상해의 종류에 해당하지 않는 것은?

① 찰과성　　　　　② 타박상
③ 중독·질식　　　④ 이상온도노출

해설 (1) **상해의 종류**
　　　 1) ①, ②, ③항
　　　 2) 골절, 동상, 부종, 찔림(자상), 절단, 베임(창상), 화상, 뇌진탕, 익사, 피부염, 청력장해, 시력장해 등
　　 (2) **재해의 형태(사고의 유형)**
　　　 1) ④항
　　　 2) 추락, 전도, 충돌, 낙하·비래, 협착, 감전, 폭발, 붕괴·도괴, 파열, 화재, 무리한 동작, 유해물 접촉 등

08 다음 중 방진마스크의 일반적인 구조로 적합하지 않은 것은?

① 배기밸브는 방진마스크의 내부와 외부의 압력이 같을 경우 항상 열려 있도록 할 것
② 흡기밸브는 미약한 호흡에 대하여 확실하고 예민하게 작동하도록 할 것
③ 안면부여과식 마스크는 여과재를 안면에 밀착시킬 수 있어야 할 것
④ 머리끈은 적당한 길이 및 탄력성을 갖고 길이를 쉽게 조절할 수 있을 것

09 다음 중 산업안전보건법령상 산업안전보건위원회의 심의 또는 의결사항에 해당하지 않는 것은?

① 산업재해 예방계획의 수립에 관한 사항
② 근로자의 건강진단 등 건강관리에 관한 사항
③ 안전장치 및 보호구 구입시의 적격품 여부 확인에 관한 사항
④ 중대재해로 분류되는 산업재해의 원인 조사 및 재발 방지대책의 수립에 관한 사항

해설 산업안전보건위원회의 심의 · 의결사항
1) ①, ②, ④항
2) 안전보건관리규정의 작성 및 변경에 관한 사항
3) 근로자의 안전 · 보건교육에 관한 사항
4) 작업환경측정 등 작업환경의 점검 및 개선에 관한 사항
5) 산업재해에 관한 통계의 기록 및 유지에 관한 사항

10 다음 중 산업안전보건법령상의 양중기의 종류에 해당하지 않는 것은?

① 호이스트　　　　② 이동식 크레인
③ 곤돌라　　　　　④ 컨베이어

해설 양중기의 종류
1) 크레인(hoist 포함)
2) 이동식 크레인
3) 리프트(이삿짐운반용 리프트는 적재하중이 0.1톤 이상인 것)
4) 곤돌라
5) 승강기

11 다음 중 재해의 발생 원인을 관리적인 면에서 분류한 것과 가장 관계가 먼 것은?

① 기술적 원인　　　② 인적 원인
③ 교육적 원인　　　④ 작업관리상 원인

해설 인적원인 : 직접원인

12 산업안전보건법령상 사업주는 사업장의 안전 · 보건을 유지하기 위하여 안전 · 보건관리규정을 작성하여 게시 또는 비치하고 이를 근로자에게 알려야 하는데 이 규정 내에 반드시 포함 되어야 할 사항과 가장 거리가 먼 것은?

① 산업재해 사례 및 보상에 관한 사항
② 안전 · 보건 관리조직과 그 직무에 관한 사항

③ 사고 조사 및 대책 수립에 관한 사항
④ 작업장 보건관리에 관한 사항

해설 안전 · 보건관리규정에 포함시켜야 할 사항(법 제20조)
1) ②, ③, ④항
2) 안전보건교육에 관한 사항
3) 작업장 안전관리에 관한 사항

13 다음 중 웨버(D.A.Weaver)의 사고발생 도미노 이론에서 "작전적 에러"를 찾아내기 위한 질문의 유형과 가장 거리가 먼 것은?

① what　　　　　② why
③ where　　　　　④ whether

해설 웨버(Weaver)의 사고발생 도미노 이론 : 웨버는 불완전한 행동이나 상태, 사고, 상해는 모두 운영과오의 징후일 뿐이라고 주장하여 다음의 여부를 중심으로 문제해결을 도모해야 한다고 하였다.
1) What : 무엇이 불안전한 상태이며 불안전한 행동인가? 즉, 사고의 원인은 무엇인가?
2) Why : 왜 불안전한 행동 또는 상태가 용납되는가?
3) Whether : 감독과 경영 중에서 어느 쪽이 사고방지에 대한 안전지식을 갖고 있는가?

14 전년도 A건설기업의 재해발생으로 인한 산업재해보상보험금의 보상비용이 5천만원이었다. 하인리히 방식을 적용하여 재해손실비용을 산정할 경우 총재해손실비용은 얼마이겠는가?

① 2억원　　　　　② 2억 5천만원
③ 3억원　　　　　④ 3억5천만원

해설 총재해 cost = 직접비+간접비
　　　　　　 = 5천만+5천만×4
　　　　　　 = 2억5천만원

■ 정답 ■　10.④　11.②　12.①　13.③　14.②

15 다음 중 시설물의 안전관리에 관한 특별법상 안전점검의 종류에 해당하지 않는 것은?

① 정기점검
② 정밀점검
③ 임시점검
④ 긴급점검

해설 안전점검의 종류(시설물 안전관리에 관한 특별법 제6조)
1) 정기점검
2) 정밀점검
3) 긴급점검

16 정해진 기준에 따라 측정·검사를 행하고 정해진 조건하에서 운전시험을 실시하여 그 기계의 전체적인 기능을 판단하고자하는 점검을 무슨 점검이라 하는가?

① 외관점검   ② 작동점검
③ 기능점검   ④ 종합점검

해설 점검방법
1) **외관점검** : 기기의 적정한 배치, 설치상태, 변형, 균열, 손상, 부식, 볼트의 여유 등의 유무를 외관에서 시각 및 촉각 등에 의해 조사하고 점검기준에 의해 양부를 확인하는 것이다.
2) **기능점검** : 간단한 조작을 행하여 대상기기의 기능의 양부를 확인하는 것이다.
3) **작동점검** : 안전장치나 누설차단장치 등을 정해진 순서에 의해 작동시켜 작동상황의 양부를 확인하는 것이다.
4) **종합점검** : 본문 설명

17 다음 중 재해조사시 유의사항과 가장 거리가 먼 것은?

① 사실만을 수집한다.
② 목격자의 증언 사실 이외의 추측의 말은 참고로만 한다.
③ 타인의 의견은 혼란을 초래함으로 사고조사

는 1인으로 한다.
④ 조사는 신속하게 행하고, 긴급 조치하여 2차 재해의 방지를 도모한다.

해설 재해조사시 유의사항
1) 사실을 수집한다(이유는 뒤에 확인)
2) 목격자 등이 증언하는 사실 이외의 추측의 말은 참고로만 한다.
3) 조사는 신속히 행하고 긴급 조치하여 2차 재해의 방지를 도모한다.
4) 사람, 기계설비 양면의 재해요인을 모두 도출한다.
5) 객관적인 입장에서 공정하게 조사하며, 조사는 2인 이상이 한다.
6) 책임추궁보다 재발방지를 우선하는 기본태도를 갖는다.
7) 피해자에 대한 구급조치를 우선한다.

18 다음 중 산업안전보건법령상 건설현장에서 사용하는 크레인의 안전검사의 주기로 옳은 것은?

① 최초로 설치한 날부터 1개월마다 실시
② 최초로 설치한 날부터 3개월마다 실시
③ 최초로 설치한 날부터 6개월마다 실시
④ 최초로 설치한 날부터 1년마다 실시

해설 안전검사의 주기
1) **크레인, 리프트 및 곤돌라** : 사업장에 설치가 끝난 날부터 3년 이내에 최초 안전검사를 실시하되, 그 이후부터 매 2년(건설현장에서 사용하는 것은 최초로 설치한 날부터 매 6개월)
2) **그 밖의 유해·위험기계 등** : 사업장에 설치가 끝난 날부터 3년 이내에 최초 안전검사를 실시하되, 그 이후부터 매 2년(공정안전보고서를 제출하여 확인을 받은 압력용기는 4년)

19 산업안전보건법령상 고용노동부장관은 산업재해를 예방하기 위하여 필요하다고 인정할 때에 대통령령이 정하는 사업장의 산업재해발생건수, 재해율 등을 공표할 수 있도록 하였는데 이에 관한 공표 대상 사업장의 기준으로 틀린 것은?

① 연간 산업재해율이 규모별 같은 업종의 평균재해율 이상인 모든 사업장
② 관련 법상 중대산업사고가 발생한 사업장
③ 관련 법상 산업재해의 발생에 관한 보고를 최근 3년 이내 2회 이상 하지 아니한 사업장
④ 산업재해로 연간 사망재해자가 2명 이상 발생한 사업장으로서 사망만인율이 규모별 같은 업종의 평균 사망만인율 이상인 사업장

> **해설** 공표대상사업장(시행령 제8조의 4)
> 1) ②, ③, ④항
> 2) 연간 산업재해율이 규모별 같은 업종의 평균재해율 이상인 사업장 중 상위 10%이내에 해당되는 사업장

20 위험예지훈련 4라운드(Round) 중 목표설정 단계의 내용을 가장 적당한 것은?

① 위험 요인을 찾아내고, 가장 위험한 것을 합의하여 결정한다.
② 가장 우수한 대책에 대하여 합의하고, 행동계획을 결정한다.
③ 브레인스토밍을 실시하여 어떤 위험이 존재하는가를 파악한다.
④ 가장 위험한 요인에 대하여 브레인스토밍 등을 통하여 대책을 세운다.

> **해설** 위험예지훈련의 문제해결 4라운드(4Round)
> 1) 1R-현상파악 : 잠재위험요인을 발견하는 단계 (BS)
> 2) 2R-본질추구 : 가장 위험한 요인(위험 포인트)을 합의로 결정하는 단계(요약)
> 3) 3R-대책수립 : 대책을 수립하는 단계(BS 적

용)
> 4) 4R-행동목표 설정 : 행동계획을 정하고 수립한 대책 가운데서 질이 높은 항동에 합의하는 단계(요약)

제2과목 / 산업심리 및 교육

21 집단의 응집성이 높아지는 조건에 해당하는 것은?

① 가입하기 쉬울수록
② 집단의 구성원이 많을수록
③ 외부의 위협이 없을수록
④ 함께 보내는 시간이 많을수록

> **해설** 집단의 응집성 : 집단은 함께 보내는 시간이 많을수록 동조효과에 의해 응집성이 높아진다.

22 학습평가 도구의 기준 중 "측정의 결과에 비해 누가 보아도 일치되는 의견이 나올 수 있는 성질"은 어떤 특성에 관한 설명인가?

① 타당성   ② 신뢰성
③ 객관성   ④ 실용성

> **해설** 학습평가도구의 기본적인 기준
> 1) **타당도** : 측정하고자 하는 본러의 목적과 일치하느냐의 정도를 나타내는 기준이다.
> 2) **신뢰도** : 신용도로서 측정의 오차가 얼마나 적으냐를 나타내는 것이다.
> 3) **개관도** : 측정의 결과에 대해 누가 보아도 일치된 의견이 나올 수 있는 성질기다.
> 4) **실용도** : 사용에 편리하고 쉽게 적용시킬 수 있는 기준이 실용도가 높은 것이다.

23 학습경험 조직의 원리와 가장 거리가 먼 것은?

① 가능성의 원리
② 계속성의 원리
③ 계열성의 원리
④ 통합성의 원리

해설 학습경험조직의 원리
1) 계속성의 원리 2) 계열성의 원리
3) 통합성의 원리 4) 균형성의 원리
5) 다양성의 원리
6) 건전성의 원리(보편성의 원리)

24 매슬로우(Maslow)의 욕구위계를 바르게 나열한 것은?

① 생리적 욕구 – 사회적 욕구 – 안전의 욕구
– 인정받으려는 욕구 – 자아실현의 욕구
② 생리적 욕구 – 안전의 욕구 – 사회적 욕구
– 인정받으려는 욕구 – 자아실현의 욕구
③ 안전의 욕구 – 생리적 욕구 – 사회적 욕구
– 인정받으려는 욕구 – 자아실현의 욕구
④ 안전의 욕구 – 생리적 욕구 – 사회적 욕구
– 자아실현의 욕구 – 인정받으려는 욕구

해설 매슬로우(Maslow)의 욕구 5단계
1) 1단계–생리적 욕구(신체적 욕구) : 기아, 갈등, 호흡, 배설, 성욕 등 기본적 욕구
2) 2단계–안전의 욕구 : 안전을 구하려는 욕구
3) 3단계–사회적 욕구(친화욕구) : 애정, 소속에 대한 욕구
4) 4단계–인정받으려는 욕구(자기존경의 욕구, 승인욕구) : 자존심, 명예, 성취, 지위 등에 대한 욕구
5) 5단계–자아실현의 욕구(성취욕구) : 잠재적인 능력을 실현하고자 하는 욕구

25 휴먼에러를 행위적 관점에서 분류할 때 해당하지 않는 것은?

① 입력 오류(input error)
② 순서 오류(sequential error)
③ 시간지연 오류(time error)
④ 생략 오류(omission error)

해설 심리적인 분류(Swain) : Error의 원인을 불확정, 시간지연, 순서착오의 세 가지로 나누어 분류한다.
1) omission error(부작위 실수, 생략과오) : 필요한 task또는 절차를 수행하지 않는 데 기인한 error
2) time error(시간적 과오, 지연오류) : 필요한 task 또는 절차의 수행지연으로 인한 error
3) commission error(작위 실수, 수행적 과오) : 필요한 task 또는 절차의 불확실한 수행으로 인한 error
4) sequential error(순서적 과오) : 필요한 task 또는 절차의 순서착오로 인한 error
5) extraneous error(불필요한 과오) : 불필요한 task 또는 절차를 수행함으로써 기인한 error

26 다음 설명에 해당하는 주의의 특성은?

공간적으로 보면 시선의 주시점만 인지하는 기능으로 한 지점에 주의를 집중하면 다른 곳의 주의는 약해진다.

① 선택성   ② 방향성
③ 변동성   ④ 일점집중

해설 주의의 특징
1) 선택성 : 여러 종류의 자극을 자각할 때 소수의 특정한 것에 한하여 선택하는 기능
2) 방향성 : 주시점만 인지하는 기능
3) 변동성 : 주위에는 주기적으로 부주의의 리듬이 존재

■정답 ■ 23.① 24.② 25.① 26.②

27 직무수행평가를 위해 개발된 척도 중 척도상의 점수에 그 점수를 설명하는 구체적 직무행동 내용이 제시된 것은?

① 행동기준평정척도(BARS)
② 행동관찰척도(BOS)
③ 행동기술척도(BDS)
④ 행동·내용척도(BCS)

28 다음 중 시청각적 교육방법의 특징과 가장 거리가 먼 것은?

① 교재의 구조화를 기할 수 있다.
② 대규모 수업체제의 구성이 어렵다.
③ 학습의 다양성과 능률화를 기할 수 있다.
④ 학습자에게 공통경험을 형성시켜 줄 수 있다.

해설 시청각 교육의 특징
1) 교수의 효율성 증대
2) 교재의 구조화
3) 대량 수업체제 확정
4) 교수의 평준화

29 다음 중 능률과 안전을 위한 기계의 통제 수단이 될 수 없는 것은?

① 반응에 의한 통제
② 개폐에 의한 통제
③ 양(量)의 조절에 의한 통제
④ 생산 원가에 의한 통제

해설 통제장치의 유형
1) 양의 조절에 의한 통제 : 연속조절(knob, crank, handle, lever, pedal 등)
2) 개폐에 의한 통제 : 불연속 조절(수독식 푸시버튼, 발 푸시버튼, 토글스위치, 로터리 스위치 등)
3) 반응에 의한 통제 : 자동경보 시스템

30 안전지식교육의 내용이 아닌 것은?

① 재해발생의 원인을 이해시킨다.
② 안전의 5요소에 잠재된 위험을 이해시킨다.
③ 작업에 필요한 법규, 규정, 기준과 수칙을 습득시킨다.
④ 표준작업방법대로 작업을 행하도록 한다.

해설 ④항, 표준작업방법대로 작업실시 : 안전기능교육

31 다음은 리더가 가지고 있는 어떤 권력의 예시에 해당하는가?

> 종업원의 바람직하지 않은 행동들에 대해 해고, 임금삭감, 견책, 등을 사용하여 처벌한다.

① 보상권력　　　② 강압권력
③ 합법권력　　　④ 전문권력

해설 강압적 권한 : 부하직원들을 처벌할 수 있는 권한

32 작업자 자신이 자기의 부주의 이외에 제반 오류의 원인을 생각함으로써 개선을 하도록 하는 과오원인 제거 기법은?

① TBM　　　② STOP
③ BS　　　④ ECR

해설 ECR(Error Cause Removal) : 과오원인 제거

33 허세이(Alfred Bay Hershey)의 피로회복법에서 단조로움이나 권태감에 의해 발생되는 피로에 대한 대책으로 가장 적합한 것은?

① 동작의 교대 방법 등을 가르친다.
② 불필요한 신체적 마찰을 배제한다.
③ 작업장의 온도, 습도, 통풍 등을 조절한다.
④ 용의주도한 작업 계획을 수립, 이행한다.

해설 허세이(Alfred Bay Hershey)의 피로회복법
1) 신체활동에 의한 피로 : 활동을 국한하는 목적 이외의 동작을 배제, 기계력의 사용, 작업의 교

대, 작업중의 휴식

2) **신체적 긴장에 의한 피로** : 운동 또는 휴식에 의한 긴장을 푸는 일

3) **정신적 노력에 의한 피로** : 휴식, 양성훈련

4) **환경과의 관계에 의한 피로** : 작업장에서의 부적절한 제관계를 배제하는 일, 가정생활의 위생에 관한 교육 및 운동의 필요에 관한 계몽

5) **정신적 긴장에 의한 피로** : 주도면밀하고, 현명하고, 동정적인 작업계획을 세우고 불필요한 마찰을 배제하는 일

6) **단조감·권태감** : 일의 가치를 가르치는 일, 동작의 교대를 가르치는 일, 휴식

7) **영양 및 배설의 불충분** : 조식, 중식 및 종업시 등의 관습의 감시, 건강식품의 준비, 신체의 위생에 관한 교육 및 운동의 필요에 관한 계몽

8) **질병에 의한 피로** : 속히 유효적절한 의료를 밝게 하는 일, 보건상 유해한 작업상의 조건을 개선하는 일, 적당한 예방법을 가르치는 일

9) **기후에 의한 피로** : 온도, 습도, 통풍의 조절

34 작업을 배우고 싶은 의욕을 갖도록 하는 작업지도교육 단계는?

① 제1단계 : 학습할 준비를 시킨다.
② 제2단계 : 작업을 설명한다.
③ 제3단계 : 작업을 시켜본다.
④ 제4단계 : 가르친 뒤 살펴본다.

해설 **작업지도 기법의 4단계**
   (1) 1단계 : 학습할 준비를 시킨다(학습준비)
      1) 마음을 안정시킨다.
      2) 무슨 작업을 할 것인가를 말해준다.
      3) 작업에 대해 알고 있는 정도를 확인한다.
      4) 작업을 배우고 싶은 의욕을 갖게 한다.
      5) 정확한 위치에 자리 잡게 한다.
   (2) 제2단계 – 작업을 설명한다(작업설명)
      1) 주요단계를 하나씩 설명해주고 시범해 보이고 그려 보인다.
      2) 급소를 강조한다.
      3) 확실하게, 빠짐없이, 끈기있게 지도한다.
      4) 이해할 수 있는 능력 이상으로 강요하지 않는다.
   (3) 제3단계 – 작업을 시켜본다(실습)
   (4) 제4단계 – 가르친 뒤를 살펴본다(결과시찰).

35 직무수행에 대한 예측변인 개발 시 작업표본(work sample)의 제한점으로 볼 수 없는 것은?

① 주로 기계를 다루는 직무에 효과적이다.
② 훈련생보다 경력자 선발에 적합하다.
③ 실시하는데 시간과 비용이 많이 든다.
④ 집단검사로 감독의 통제가 요구된다.

해설 ④항, **집단검사로 감독의 통제요구** : 작업표준의 제한점과 관계 없음

36 다음 중 성실하며 성공적인 지도자(leader)의 공통적인 소유 속성과 가장 거리가 먼 것은?

① 강력한 조직능력
② 실패에 대한 자신감
③ 뛰어난 업무수행능력
④ 자신 및 상사에 대한 긍정적인 태도

해설 **성실한 지도자가 공통적으로 갖는 속성**
   1) 업무수행능력 및 판단능력
   2) 강력한 조직능력 및 강한 출세욕구
   3) 자신에 대한 긍정적 태도
   4) 상사에 대한 긍정적 태도
   5) 조직의 목표에 대한 충성심
   6) 실패에 대한 두려움
   7) 원만한 사교성
   8) 매우 활동적이며 공격적인 도전
   9) 자신의 건강과 체력 단련
   10) 부모로부터의 정서적 독립

37 다음 중 적성배치에 따른 효과와 가장 거리가 먼 것은?

① 자아실현 기회부여
② 근로의욕의 고취
③ 재해사고의 예방
④ 표준작업 습관화

해설 ④항, **표준작업 습관화** : 태도교육

■ 정답 ■ 34.① 35.④ 36.② 37.④

38 다음 중 스트레스에 대하여 반응하는데 있어서 개인 차이의 이유로 적합하지 않은 것은?

① 자기 존중감의 차이
② 성(性)의 차이
③ 작업시간의 차이
④ 강인성의 차이

39 안전교육의 실시방법 중 토의법과 특징과 가장 거리가 먼 것은?

① 개방적인 의사소통과 협조적인 분위기 속에서 학습자의 적극적 참여가 가능하다.
② 집단 활동의 기술을 개발하고 민주적 태도를 배울 수 있다.
③ 정해진 시간에 다양한 지식을 많은 학습자를 대상으로 동시 전달이 가능하다.
④ 준비와 계획 단계뿐만 아니라 진행 과정에서도 많은 시간이 소요된다.

해설 ③항, 강의식 교육의 특징

40 다음 중 Off JT(Off Job Training)의 특징으로 옳은 것은?

① 개개인에게 적절한 지도훈련이 가능하다.
② 직장의 설정에 맞게 실제적 훈련이 가능하다.
③ 훈련에 필요한 업무의 계속성이 끊어지지 않는다.
④ 전문가를 강사로 초빙하는 것이 가능하다.

해설 1) OJT : ①, ②, ③항(개별교육)
　　　 2) off-JT : ④항(집단교육)

제3목 / 인간공학 및 시스템안전공학

41 다음 중 실효온도(Effective Temperature)에 관한 설명으로 틀린 것은?

① 체온계로 입안의 온도를 측정한 값을 기준으로 한다.
② 실제로 감각되는 온도로서 실감온도라고 한다.
③ 온도, 습도 및 공기 유동이 인체에 미치는 열효과를 나타낸 것이다.
④ 상대습도 100% 일 때의 건구온도에서 느끼는 것과 동일한 온감이다.

해설 실효온도 : 체온계로 피부온도를 측정하여 기준으로 한다.

42 다음 중 보전효과의 평가로 설비종합효율을 계산하는 식으로 옳은 것은?

① 설비종합효율 = 속도가동률 × 정미가동률
② 설비종합효율 = 시간가동률 × 성능가동률 × 양품률
③ 설비종합효율 = (부하시간-정지 시간)/부하시간
④ 설비종합효율 = 정미가동률 × 시간가동률 × 양품률

해설 설비종합효율=시간가동률×성능가동률×양품률

---

43 염산을 취급하는 A 업체에서는 신설 설비에 관한 안전성 평가를 실시해야 한다. 다음 중 정성적 평가단계에 있어 설계와 관련된 주요 진단 항목에 해당하는 것은?

① 공장 내의 배치
② 제조공정의 개요
③ 재평가 방법 및 계획
④ 안전·보건교육 훈련계획

해설 정성적 평가의 주요진단항목

1.설계관계	2. 운전관계
① 입지조건	① 원재료, 중간체제품
② 공장 내 배치	② 공정
③ 건조물	③ 수송, 저장 등
④ 소방설비	④ 공정기기

44 그림과 같이 FT도에서 활용하는 논리게이트의 명칭으로 옳은 것은?

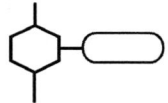

① 억제 게이트
② 제어 게이트
③ 배타적 OR 게이트
④ 우선적 AND 게이트

해설 억제 게이트(inhibit gate) : 수정기호(modifier)의 일종으로서 억제 모디파이어(inhibit modifier)라고 하며, 실질적으로 수정기호를 병용해서 게이트의 역할을 한다.
1) 입력사상이 일어난 조건이 만족되어야 출력사상이 생긴다. (조건이 만족되지 않으면 출력은 생기지 않는다)
2) 조건은 수정기호 안에 쓴다.

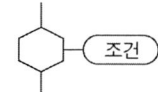

45 인간의 위치 동작에 있어 눈으로 보지 않고 손을 수평면상에서 움직이는 경우 짧은 거리는 지나치고, 긴 거리는 못 미치는 경향이 있는데 이를 무엇이라고 하는가?

① 사정효과(Range effect)
② 간격효과(Distance effect)
③ 손동작효과(Hand action effect)
④ 반응효과(Reaction effect)

해설 사정효과 : 본문 설명

46 주어진 자극에 대해 인간이 갖는 변화감지역을 표현하는 데에는 웨버(Weber)의 법칙을 이용한다. 이 때 웨버(Weber) 비의 관계식으로 옳은 것은? (단, 변화감지역을 $\triangle I$, 표준자극을 I라 한다.)

① 웨버(Weber) 비 $= \dfrac{\triangle I}{I}$

② 웨버(Weber) 비 $= \dfrac{I}{\triangle I}$

③ 웨버(Weber) 비 $= \triangle I \times I$

④ 웨버(Weber) 비 $= \dfrac{\triangle I - I}{\triangle I}$

해설 Weber의 법칙 : 특정감각기관의 변화감지역($\triangle$I)은 사용되는 표준자극(I)에 비례한다는 관계를 Weber의 법칙이라 한다.(Weber비가 작을수록 분별력이 좋아진다.)
$$\therefore \frac{\triangle L}{I} = const (일정)$$

47 다음 중 동작경제의 원칙에 있어 "신체사용에 관한 원칙"에 해당하지 않는 것은?

① 두 손의 동작은 동시에 시작해서 동시에 끝나야 한다.
② 손의 동작은 유연하고 연속적인 동작이어야 한다.
③ 공구, 재료 및 제어장치는 사용하기 가까운 곳에 배치해야 한다.
④ 동작이 급작스럽게 크게 바뀌는 직선 동작은 피해야 한다.

해설 ③항, 작업량 절약의 원칙

48 실린더 블록에 사용하는 가스켓의 수명은 평균 10,000시간이며, 표준편차는 200시간으로 정규분포를 따른다. 사용시간이 9,600시간일 경우 이 가스켓의 신뢰도는 약 얼마인가? (단, 표준정규분포상 $Z_1=0.8413$, $Z_2=0.9772$이다.)

① 84.13%　　② 88.73%
③ 92.72%　　④ 97.72%

해설 정규분포 표준화공식
$$Z = \frac{\text{변수}(x) - \text{평균}(\mu)}{\text{표준편차}(\sigma)}$$
$$\Pr(x \geq 9600)$$
$$= \Pr\left(Z \geq \frac{9,600 - 10,000}{200}\right)$$
$$= \Pr(Z \geq -2)$$
$$= \Pr(Z \leq 2) = 0.9772 = 97.72\%$$

49 다음 중 인간공학을 나타내는 용어로 적절하지 않은 것은?

① ergonomics
② human factors
③ human engineering
④ customize engineering

해설 인간공학 용어의 분류
1) human engineering : 인간공학
2) human-factors engineering : 인간요소공학
3) man-machine system engineering : 인간·기계체계공학
4) ergonomics : 작업경제학

50 다음 중 결함수분석의 기대효과와 가장 관계가 먼 것은?

① 사고원인 규명의 간편화
② 시간에 따른 원인 분석
③ 사고원인 분석의 정량화
④ 시스템의 결함 진단

해설 FTA의 활용에 따른 기대효과
1) 사고원인 규명의 간편화
2) 사고원인 분석의 일반화
3) 사고원인 분석의 정량화
4) 노력시간의 절감
5) 시스템의 결함 진단
6) 안전점검표의 작성

51 인체 계측 중 운전 또는 워드 작업과 같이 인체의 각 부분이 서로 조화를 이루며 움직이는 자세에서의 인체지수를 측정하는 것을 무엇이라 하는가?

① 구조적 치수　　② 정적 치수
③ 외곽 치수　　④ 기능적 치수

해설 인체계측의 방법
1) 구조적 치수(정적 인체계측)
　① 체위를 정지한 상태에서의 기본자세(선 자세, 앉은 자세 등)에 관한 신체 각 부를 계측하는 것이다.
　② 여러 가지 설계의 표준이 되는 기초적 치수를 결정하는 데 그 목적이 있다.
2) 기능적 치수(동적 인체계측)
　① 상지나 하지의 운동이나 체위의 움직임에 따른 상태에서 계측하는 것이다.
　② 설계의 작업, 생활조건에 밀접한 관계를 갖는 현실성 있는 인체치수를 구하는 것이다.

52 말소리의 질에 대한 객관적 측정 방법으로 명료도 지수를 사용하고 있다. 그림에서와 같은 경우 명료도 지수는 약 얼마인가?

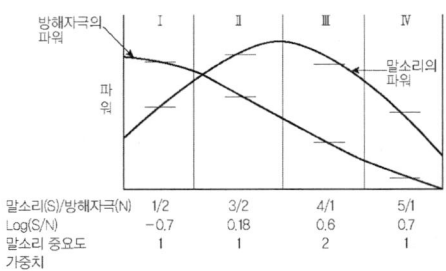

말소리(S)/방해자극(N)	1/2	3/2	4/1	5/1
Log(S/N)	-0.7	0.18	0.6	0.7
말소리 중요도 가중치	1	1	2	1

① 0.38 ② 0.68
③ 1.38 ④ 5.68

해설 **명료도지수**
=(-0.7×1)+(0.18×1)+(0.6×2)+(0.7×1)
=1.38

53 휴식 중 에너지소비량은 1.5kcal /min 이고, 어떤 작업의 평균 에너지소비량이 6 kcal/min이라고 할 때 60분간 총 작업시간 내에 포함되어야 하는 휴식시간은 약 몇 분인가? (단, 기초대사를 포함한 작업에 대한 평균 에너지소비량은 상한의 5kcal/min이다.)

① 10.3 ② 11.3
③ 12.3 ④ 13.3

해설 **휴식시간(R)**
$$R = \frac{60(E-5)}{E-1.5} = \frac{60 \times (6-5)}{6-1.5} = 13.3분$$

54 Rasmussen은 행동을 세 가지로 분류하였는데, 그 분류에 해당하지 않는 것은?

① 숙련 기반 행동(skill-based be-havior)
② 지식 기반 행동(knowledge-based behavior)
③ 경험 기반 행동(experience-based behavior)
④ 규칙 기반 행동(rule-based behavior)

해설 **Rasmussen에 의한 행동의 분류**
1) 숙련 기반 행동   2) 지식 기반 행동
3) 규칙 기반 행동

55 다음 중 복잡한 시스템을 설계, 가동하기 전의 구상단계에서 시스템의 근본적인 위험성을 평가하는 가장 기초적인 위험도 분석기법은?

① 예비위험분석(PHA)
② 결함수 분석법(FTA)
③ 운용 안전성 분석(OSA)
④ 고장의 형과 영향분석(FMEA)

해설 **PHA(예비사고분석)** : 시스템안전 프로그램에 있어서 최초단계(구상단계, 개발단계 등)의 분석법으로 시스템 내의 위험요소가 얼마나 위험상태에 있는가를 정성적으로 평가하는 기법이다.

56 다음 중 FTA에서 활용하는 최소 컷셋 (Minimal cut sets)에 관한 설명으로 옳은 것은?

① 해당 시스템에 관한 신뢰도를 나타낸다.
② 컷셋 중에 타 컷셋을 포함하고 있는 것을 배제하고 남은 컷셋들을 의미한다.
③ 어느 고장이나 에러를 일으키지 않으면 재해가 일어나지 않는 시스템의 신뢰성이다.
④ 기본사상이 일어나지 않을 때 정상사상(Top event)이 일어나지 않는 기본사상의 집합이다.

해설 **컷셋과 미니멀 컷**
1) **컷셋**(cut sets) : 정상사상을 일으키는 기본사상(통상사상, 생략사상 포함)의 집합을 컷이라 한다.
2) **미니멀 컷**(minimal cut sets) : 정상사상을 일으키기 위해 필요한 최소한의 컷을 말한다. (시스템의 위험성을 나타냄)

■정답■ **52.**③ **53.**④ **54.**③ **55.**① **56.**②

57 다음은 유해·위험방지계획서의 제출에 관한 설명이다. ( ) 안의 내용으로 옳은 것은?

> 산업안전보건법령상 제출대상 사업으로 제조업의 경우 유해·위험방지계획서를 제출하려면 관련 서류를 첨부하여 해당 작업 시작 (㉠) 까지, 건설업의 경우 해당 공사의 착공 (㉡) 까지 관련 기관에 제출하여야 한다.

① ㉠ : 15일 전, ㉡ : 전날
② ㉠ : 15일 전, ㉡ : 7일 전
③ ㉠ : 7일 전, ㉡ : 전날
④ ㉠ : 7일 전, ㉡ : 3일 전

해설 유해·위험방지계획서와 첨부서류 제출시기
1) 제조업 : 해당 작업시작 15일전까지
2) 건설업 : 착공전일까지

58 다음 중 청각적 표시장치의 설계에 관한 설명으로 가장 거리가 먼 것은?

① 신호를 멀리 보내고자 할 때에는 낮은 주파수를 사용하는 것이 바람직하다.
② 배경 소음의 주파수와 다른 주파수의 신호를 사용하는 것이 바람직하다.
③ 신호가 장애물을 돌아가야 할 때에는 높은 주파수를 사용하는 것이 바람직하다.
④ 경보는 청취자에게 위급 상황에 대한 정보를 제공하는 것이 바람직하다.

해설 신호가 장애물을 통과할 때 : 500Hz이하의 낮은 주파수를 사용한다.

59 다음 중 시스템 안전계획(SSPP, System Safety Program Plan)에 포함되어야 할 사항으로 가장 거리가 먼 것은?

① 안전조직
② 안전성의 평가
③ 안전자료의 수집과 갱신

④ 시스템의 신뢰성 분석비용

해설 시스템안전프로그램계획(SSPP, system safety program plan)의 내용
1) 계획의 개요   2) 안전조직
3) 계약조건
4) 관련부문과의 조정
5) 안전기준   6) 안전해석
7) 안전성의 평가
8) 안전데이터의 수집 및 분석
9) 경과 및 결과의 분석

60 다음 중 감각적으로 물리현상에 왜곡하는 지각현상에 해당하는 것은?

① 주의산만   ② 착각
③ 피로   ④ 무관심

해설 착각 : 감각적으로 물리현상을 왜곡하는 지각현상

제4목 / 건설시공학

61 네모돌을 수평줄눈이 부분적으로만 연속되게 쌓고, 일부 상하 세로줄눈이 통하게 쌓는 돌쌓기 방식을 무엇이라 하는가?

① 완자쌓기   ② 마름돌쌓기
③ 막돌쌓기   ④ 바른층쌓기

해설 돌쌓기 방식
1) 완자쌓기(허튼층 쌓기) : 논문설명
2) 마름돌쌓기 : 돌면이나 맞댐면을 일정한 모양으로 가공하여 줄눈 바르게 쌓는 방식
3) 막돌쌓기 : 자연석, 둥근돌 및 막돌을 사용하여 다듬지 않고 쌓는 방식
4) 바른층 쌓기(층지어 쌓기) : 돌 한켜, 한켜를 수평·직선으로 되게 쌓는 방식

---

62 건설현장 개설 후 공사착공을 위한 공사계획수립 시 가장 먼저 해야 할 사항은?

① 현장투입직원조직 편성
② 공정표작성
③ 실행예산의 편성 및 통제계획
④ 하도급업체 선정

해설 **공사계획수립시 가장 우선적으로 조치할 사항**
: 현장원(현장투입 직원)편성

63 철골세우기용 기계설비가 아닌 것은?

① 가이데릭
② 스티프레그데릭
③ 진폴
④ 드래그라인

해설 (1) **철골세우기용 기계설비**
　　1) ①, ②, ③항
　　2) 크레인
　　(2) **드래그라인** : 크레인형 굴삭기

64 기초공사에서 잡석지정을 하는 목적에 해당되지 않는 것은?

① 구조물의 안정을 유지하게 한다.
② 이완된 지표면을 다진다.
③ 철근의 피복두께를 확보한다.
④ 버림콘크리트의 양을 절약할 수 있다.

해설 **잡석지정**
　　1) **잡석지정** : 기초파기를 한 밑바닥에 10~30cm 정도의 잡석을 나란히 깔고 쇄석, 틈막이 자갈 등으로 틈새를 메우고 견고하게 다진 것이다.
　　2) **잡석지정 목적** : ①, ②, ④항

65 벽돌쌓기에서 도면 또는 공사시방서에서 정한 바가 없을 때에 적용하는 쌓기법으로 옳은 것은?

① 미식 쌓기
② 영롱 쌓기
③ 불식 쌓기
④ 영식 쌓기

해설 **벽돌쌓기의 방식**
　　1) **영식쌓기** : 한켜는 마구리쌓기, 다음켜는 길이쌓기로 하고 마구리쌓기켜의 벽 끝에 이오토막을 사용한다. (가장 튼튼한 쌓기법)
　　2) **네덜란드식(화란식)쌓기** : 한켜는 마구리쌓기, 다음 켜는 길이쌓기로 하고 길이쌓기켜의 벽 끝에 칠오토막을 사용한다.
　　3) **불식쌓기** : 매켜에 길이와 마구리쌓기가 번갈아 나오게 한다.
　　4) **미식쌓기** : 5켜는 길이쌓기로 하고 한켜는 마구리쌓기로 한다.

66 강관틀비계에서 두꺼운 콘크리트판 등의 견고한 기초 위에 설치하게 되는 틀의 기둥관 1개당의 수직하중 한도는 얼마인가?

① 16,500N
② 24,500N
③ 32,500N
④ 38,500N

해설 **강관틀비계에서 틀의 기둥관 1개당 수직하중** : 강도 24.5kN

67 콘크리트의 양생에 관한 설명 중 틀린 것은?

① 콘크리트 표면의 건조에 의한 내부콘크리트 중의 수분 증발 방지를 위해 습윤양생을 실시한다.
② 동해를 방지하기 위해 5℃ 이상을 유지한다.
③ 거푸집판이 건조될 우려가 있는 경우에라도 살수는 금하여야 한다.
④ 응결 중 진동 등의 외력을 방지해야 한다.

해설 ③항, 거푸집판이 건조될 우려가 있는 경우에는 경화에 필요한 수분유지를 위해 살수한다.

■ 정답 ■ 62.① 63.④ 64.③ 65.④ 66.② 67.③

68 발주자가 직접 설계와 시공에 참여하고 프로젝트 관련자들이 상호 신뢰를 바탕으로 Team을 구성해서 프로젝트의 성공과 상호이익 확보를 공동 목표로 하여 프로젝트 추진하는 공사수행 방식은?

① PM 방식(Project Management)
② 파트너링 방식(Partnering)
③ CM 방식(Construction Management)
④ BOT 방식(Build Operate Transfer)

해설 파트너링 방식(Partnering) : 본문 설명

69 결함부위로 균열의 집중을 유도하기 위해 균열이 생길만한 구조물의 부재에 미리 결함부위를 만들어 두는 것을 무엇이라 하는가?

① 신축줄눈   ② 침하줄눈
③ 시공줄눈   ④ 조절줄눈

해설 콘크리트의 이음(joint)
　1) **컨스트럭션 조인트**(construction, 시공줄눈) : 시공에 있어서 콘크리트를 한번에 계속하여 타설하지 못하는 경우에 생기는 줄눈이다.
　2) **콜드 조인트**(cold joint) : 시공과중 중 응결이 시작 된 콘크리트에 새로운 콘크리트를 이어칠 때 일체화가 저해되어 생기는 줄눈이다.
　3) **컨트롤 조인트**(control joint, 조절줄눈) : 바닥판의 수축에 의한 표면 균열방지를 목적으로 설치하는 줄눈이다.
　4) **익스팬드 조인트**(expand joint, 신축줄눈) : 기초의 부동침하와 온도, 습도 등의 변화에 따라 신축팽창을 흡수시킬 목적으로 설치하는 줄눈이다.

70 벽돌공사에서 한중시공일 때의 보양조치로 가장 타당한 것은? (단, 평균기온이 −7℃이하인 경우)

① 내후성이 강한 덮개로 덮어서 조적조를 눈, 비로부터 보호해야 한다.
② 내후성이 강한 덮개로 완전히 덮어서 조적조를 24시간 동안 보호해야 한다.
③ 보온덮개로 완전히 덮거나 다른 방한시설로 조적조를 24시간 동안 보호해야 한다.
④ 울타리와 보조열원, 전기담요, 적외선 발열램프 등을 이용하여 조적조를 동결온도 이상으로 유지하여야 한다.

해설 벽돌공사 한중시공시(−7℃이하) 보양조치 : ④항

71 콘크리트의 측압에 영향을 주는 요소에 대한 설명으로 틀린 것은?

① 콘크리트 타설속도가 빠를수록 측압은 커진다.
② 콘크리트온도가 낮으면 경화속도가 느려 측압은 작아진다.
③ 벽 두께가 얇을수록 측압은 작아진다.
④ 콘크리트의 슬럼프값이 클수록 측압은 커진다.

해설 ②항, 콘크리트 온도가 낮으면 측압은 커진다.

72 지반개량공법 중 강제압밀공법에 해당하지 않는 것은?

① 프리로딩공법
② 페이퍼드레인공법
③ 고결공법
④ 샌드드레인공법

해설 1) **강제압밀공법** : 프리로딩공법, 페이퍼드레인공법, 샌드드레인공법, 성토공법 등
　2) **고결공법** : 화학적 또는 열적인 처리에 의해 흙 입자간의 결합력을 증대시켜 지반의 안정을 얻는 공법

■ 정답 ■　68.②　69.④　70.④　71.②　72.③

73 철골공사에서 발생할 수 있는 용접불량에 해당되지 않는 것은?

① 스캘럽(scallop)
② 언더컷(under cut)
③ 오버랩(over lap)
④ 피트(pit)

해설 1) 용접결함 : ②, ③, ④항
　　 2) 스캘럽(scallop) : 용접선이 교차를 이루는 것을 피하기 위해서 모재에 설치한 부채꼴을 말한다.

74 지하수위 저하공법 중 강제배수공법이 아닌 것은?

① 표면배수공법
② 전기침투공법
③ well point 공법
④ 진공 Deep well 공법

해설 강제배수공법
　　 1) 전기침투공법 : 전기삼투현상을 이용한 배수공법이다.
　　 2) 웰포인트공법 : 사질토반에 양수관(well point)을 0.6~1m 간격으로 박고 진공펌프를 사용하여 강제적으로 지하수를 배수하는 공법이다.
　　 3) 진공 deep wall 공법 등

75 도급업자의 선정방식 중 공개경쟁입찰에 대한 설명으로 틀린 것은?

① 입찰참가자가 많아지면 사무가 번잡하고 경비가 많이 든다.
② 부적격업자에게 낙찰될 우려가 없다.
③ 담합의 우려가 적다.
④ 경쟁으로 인해 공사비가 절감된다.

해설 공개경쟁입찰의 특징
　　 1) 장점
　　　 ① 도급업자에게 균등한 기회부여
　　　 ② 담합의 우려가 적음
　　　 ③ 입찰자의 선정이 공정
　　　 ④ 공사비 절감
　　 2) 단점
　　　 ① 입찰자가 많으므로 입찰수속이 복잡(사무가 번잡)
　　　 ② 부적격자 낙찰 우려
　　　 ③ 과대경쟁으로 조잡한 공사 우려

76 철근콘크리트 공사에서 가스압접을 하는 이점에 해당되지 않는 것은?

① 철근조립부가 단순하게 정리되어 콘크리트 타설이 용이하다.
② 불량부분의 검사가 용이하다.
③ 겹친이음이 없어 경제적이다.
④ 철근의 조직변화가 적다.

해설 ②항, 불량부분의 검사가 어렵다.

77 철골구조의 녹막이 칠 작업을 실시하는 곳은?

① 콘크리트에 매입되지 않는 부분
② 고력볼트 마찰 접합부의 마찰면
③ 폐쇄형 단면을 한 부재의 밀폐된 면
④ 조립상 표면접합이 되는 면

해설 녹막이 칠을 할 필요가 없는 부분
　　 1) 콘크리트에 밀착 또는 매입되는 부분
　　 2) 조립에 의해 서로 밀착되는 면
　　 3) 현장용접을 하는 부위 및 그곳에 인접하는 양측 10mm 이내(용접부에서 50mm 이내)
　　 4) 고장력 볼트 마찰접합부의 마찰면
　　 5) 폐쇄형 단면을 한 부재의 밀폐된 내면
　　 6) 기계깎기 마무리면

78 설계도와 시방서가 명확하지 않거나 또는 설계는 명확하지만 공사비 총액을 산출하기 곤란하고 발주자가 양질의 공사를 기대할 때에 채택될 수 있는 가장 타당한 방식은?

① 실비정산 보수가산식 도급
② 단가 도급
③ 정액 도급
④ 턴키 도급

해설 실비청산보수가산도급방식 : 건축주가 시공자에게 공사를 위임하고 공사에 소요되는 실비와 보수 즉 공사비와 미리 정해 놓은 보수를 시공자에게 지불하는 방식
1) **장점** : 도급자는 비율 보수가 보장되므로 우수한 공사를 할 수 있다.
2) **단점** : 공사기간이 연장되고 공사비가 상승될 수 있다.

79 철근콘크리트 구조에서 철근의 정착 위치로 틀린 것은?

① 기둥의 주근은 기초에 정착한다.
② 작은 보의 주근은 기둥에 정착한다.
③ 지중보의 주근은 기초에 정착한다.
④ 벽체의 주근은 기둥 또는 큰보에 정착한다.

해설 철근의 정착위치
1) **기둥의 주근** : 기초에 정착한다.
2) **보의 주근** : 기둥에 정착한다.
3) **작은 보의 주근** : 큰 보에 정착한다.
4) **직교하는 단부 보 밑에 기둥이 없을 때** : 상호간에 정착한다.
5) **벽 철근** : 기둥, 보, 기초 또는 바닥판에 정착한다.
6) **바닥 철근** : 보 또는 벽체에 정착한다.
7) **지중보의 주근** : 기초 또는 기둥에 정착한다.

80 철근의 정착에 대한 설명 중 틀린 것은?

① 철근을 정착하지 않으면 구조체가 큰 외력을 받을 때 철근과 콘크리트가 분리될 수 있다.
② 큰 인장력을 받는 곳일수록 철근의 정착길이는 길다.
③ 후크의 길이는 정착길이에 포함하여 산정한다.
④ 철근의 정착은 기둥이나 보의 중심을 벗어난 위치에 둔다.

해설 이음의 겹침길이 : 이음·정착길이는 갈고리 중심간의 거리를 한다. (이음길이에 hook 부분은 포함되지 않음)

제5과목 / 건설재료학

81 도막방수에 사용되지 않는 재료는?

① 염화비닐 도막재
② 아크릴고무 도막재
③ 고무아스팔트 도막재
④ 우레탄고무 도막재

해설 도막방수에 사용되는 재료
1) 아크릴고무 도막제
2) 고무아스팔트 도막제
3) 우레탄 도막제

■정답 ■ 78.① 79.② 80.③ 81.①

82 목재에 관한 설명으로 틀린 것은?

① 심재가 변재보다 비중, 내후성 및 강도가 크다.
② 섬유포화점은 보통 함수율이 30% 정도일 때를 말한다.
③ 변재는 심재부보다 신축변형량이 크다.
④ 함수율이 증가하면 압축, 휨, 인장강도가 증가한다.

해설 ④항, 섬유포화점(30%정도) 이상에서는 함수율이 증가하여도 감도는 일정하며 섬유포화점 이하에서 함수율의 감소에 따라 강도는 증가하고 탄성은 감소한다.

83 프리플레이스트 콘크리트에 사용되는 골재에 관한 설명 중 틀린 것은?

① 굵은 골재의 최소 치수는 15mm 이상, 굵은 골재의 최대 치수는 부재단면 최소치수의 1/4 이하, 철근 콘크리트의 경우 철근 순간격의 2/3 이하로 하여야 한다.
② 굵은 골재의 최대 치수와 최소 치수와의 차이를 적게 하면 굵은 골재의 실적률이 커지고 주입모르타르의 소요량이 적어진다.
③ 대규모 프리플레이스트 콘크리트를 대상으로 할 경우, 굵은 골재의 최소 치수를 크게 하는 것이 효과적이다.
④ 골재의 적절한 입도 분포를 위해 일반적으로 굵은 골재의 최대 치수는 최소 치수의 2 ~ 4배 정도로 한다.

해설 ②항, 굵은골재의 최대 치수와 최소 치수와의 차이를 적게 할 경우
　1) 굵은골재의 실적률은 작아진다.
　2) 주입모르타르의 양은 많아진다.

84 아스팔트 접착제에 관한 설명 중 틀린 것은?

① 아스팔트 접착제는 아스팔트를 주체로 하여 이에 용제를 가하고 광물질 분말을 첨가한 풀 모양의 접착제이다.
② 아스팔트 타일, 시트, 루핑 등의 접착용으로 사용한다.
③ 접착성은 양호하지만 습기를 방지하지 못한다.
④ 화약약품에 대한 내성이 크다.

해설 아스팔트 접착제
　1) 아스팔트에 용제(메틸벤젠, 벤졸, 납사 등)를 가하고 광물질 분말을 첨가한 풀모양의 접착제이다.
　2) 아스팔트타일, 비닐타일, 비닐시트, 루핑, 펠트, 발포단열재 등의 접착에 사용한다.
　3) 내수·내알칼리성 및 작업성이 좋고 내화학약품성이 우수하다.
　4) 점도를 조절해야 하고 내유성·내용제성 등이 적다.

85 목재의 가공품 중 펄프를 접착제로 제판하여 양면을 열압건조시킨 것으로 비중이 0.8 이상이며 수장판으로 사용하는 것은?

① 경질섬유판
② 파키트리보드
③ 반경질섬유판
④ 연질섬유판

해설 섬유판
　1) **연질섬유판** : 비중 0.4미만의 보드(board)
　2) **반경질섬유판** : 비중 0.4~0.8 정도의 보드
　3) **경질섬유판** : 비중 0.8이상의 보드

86 강의 열처리 중에서 조직을 개선하고 결정을 미세화하기 위해 800 ~ 1,000℃로 가열하여 소정의 시간까지 유지한 후에 대기 중에서 냉각시키는 처리는?

① 담금질(quenching)
② 뜨임(tempering)
③ 불림(normalizing)
④ 풀림(annealing)

해설 강의 열처리 방법 및 효과
  1) 강의 열처리 방법
    ① **풀림** : 강을 800~1000℃로 가열 후 로속에서 서서히 냉각시키는 방법
    ② **불림** : 강을 800~1000℃로 가열 후 대기 중에서 냉각시키는 방식
    ③ **담금질** : 강을 가열한 후 물 또는 기름속에서 급랭시키는 방식
    ④ **뜨임질** : 불림·담금질한 강을 200~600℃로 가열한 후 공기중에서 냉각시키는 방식
  2) 강의 열처리 효과
    ① **풀림** : 신도(연신율)증대, 인장강도 감소
    ② **불림** : 취도(취성) 감소
    ③ **담금질** : 강도 및 경도 증대, 신도 및 단면수축률 감소
    ④ **뜨임질** : 강도 및 경도 감소, 신도 및 단면수축률, 충격값 증대

87 도료의 저장 중 온도의 상승 및 저하의 반복작용에 의해 도료 내에 작은 결정이 무수히 발생하며 도장시 도막에 좁쌀모양이 생기는 현상은?

① skinning
② seeding
③ bodying
④ sagging

해설 도료·도막의 겨함
  1) skinning(피막) : 도료의 표면에 살얼음처럼 또는 가죽으로 한 겹 덮인 것처럼 되는 것
  2) sedding(시딩) : 본문설명
  3) libing(주름) : 도막에 주름 같은 무늬가 나타나는 현상

4) bubble(기포) : 도막에 기포가 생기는 현상
5) 기타 bleeding(번짐), blushung(백화) 등

88 석재의 명칭에 따른 용도가 틀린 것은?

① 팽창질석 – 단열보온재
② 점판암 – 지붕재
③ 중정석 – X선 차단 콘크리트용 골재
④ 트래버틴(travertine) - 외부바닥 장식재

해설 트래버틴(travertine)
  1) 벌레에 침식된 듯한 구멍이 있는 무늬를 가진 특수 대리석의 일종이다.
  2) 특수 내장용 장식재로 사용된다.

89 굳지 않은 콘크리트의 성질을 표시하는 용어 중 컨시스턴시에 의한 부어넣기의 난이도 정도 및 재료분리에 저항하는 정도를 나타내는 것은?

① 플라스티시티
② 피니셔빌리티
③ 펌퍼빌리티
④ 워커빌티리

해설 콘크리트의 성질을 표시하는 용어
  1) 워커빌리티(workability, 시공연도) : 콘크리트의 반죽질기(consistency)에 의한 작업의 난이도 및 재료분리에 저항하는 정도를 나타내는 성질
  2) 콘시스턴시(consistency, 반죽질기) : 주로 수량의 다수에 의해서 변화하는 콘크리트의 유동성의 정도
  3) 플라스티시티(plasticity, 성형성) : 거푸집의 형상에 순응하여 채우기 쉽고 분리가 일어나지 않는 성질
  4) 피니셔빌리티(finishability, 마무리성) : 굵은 골재의 최대치수, 잔골재율, 잔골재의 입도, 반죽질기 등에 의한 콘크리트 표면의 마무리 정도를 나타내는 성질

90 실리카 시멘트(silica cement)의 특징에 대한 설명으로 틀린 것은?

① 저온에서는 응결이 느려진다.
② 공극 충전 효과가 없어 수밀성 콘크리트를 얻기 어렵다.
③ 콘크리트의 워커빌리티를 좋게 한다.
④ 화학적 저항성이 크므로 주로 단면이 큰 구조물, 해안공사 등에 사용된다.

해설 **실리카 시멘트(포졸란시멘트)의 특성**
  1) 조기강도는 포틀랜드시멘트보다 약간 낮으나 장기강도는 약간 크다.
  2) 수밀성이 좋고 내구성이 있는 콘크리트를 만들 수 있다.
  3) 해수 등에 대한 화학저항이 크다.
  4) 워커빌리티가 좋아지고 블리딩을 감소시킨다.
  5) 비중이 작고 장기양생이 필요하다.
  6) 경화조건에 의한 수축이 크고 균열이 생기기 쉽다.

91 석재의 종류와 용도가 잘못 연결된 것은?

① 화산암 – 경량골재
② 화강암 – 콘크리트용 골재
③ 대리석 – 조각재
④ 응회암 – 건축용 구조재

해설 **응회암** : 기초석, 조적석재 등

92 KS F 2526에 따른 콘크리트용 골재의 유해물 함유량(질량 백분율 %) 허용값으로 틀린 것은?

① 굵은 골재 기준의 점토덩어리 : 0.25%
② 잔골재 기준의 석탄 및 갈탄(콘크리트의 표면이 중요한 부분) : 3.0%
③ 굵은 골재 기준의 연한석편 : 5.0%
④ 잔골재 기준의 염화물(NaCl 환산량) : 0.04%

해설 **석탄 및 갈탄**
  1) 콘크리트 표면이 중요한 부분 : 잔골재 0.5% 이하, 굵은골재 0.5% 이하
  2) 그 밖의 부분 : 잔골재 1.0% 이하, 굵은골재 1.0% 이하

93 미장공사용 재료에 대한 설명으로 틀린 것은?

① 돌로마이트 플라스터는 소석회보다 점성이 낮아 풀이 필요하며 건조수축이 적은 특징이 있다.
② 회반죽 바름은 소석회를 사용한다.
③ 회반죽 바름에 사용하는 해초풀은 채취 후 1 ~ 2년 경과된 것이 좋다.
④ 석고플라스터는 경화 · 건조시 치수 안정성이 우수하다.

해설 **돌라마이트 플라스터**
  1) 미장재료 중 점도가 가장 크고 풀이 필요 없다.
  2) 경화시 건조수축이 커서 균열이 생기기 쉽다.

94 초고층 건축물의 외벽시스템에 적용되고 있는 커튼월의 연결부 줄눈에 사용되는 실링재의 요구 성능으로 틀린 것은?

① 줄눈을 구성하는 각종부재에 잘 부착하는 것
② 줄눈 주변부에 오염현상을 발생시키지 않는 것
③ 줄눈부의 방수기능을 잘 유지하는 것
④ 줄눈에 발생하는 무브먼트(Move- ment)에 잘 저항하는 것

해설 **실링재의 요구 성능**
  1) 접착력, 부착력이 클 것
  2) 수밀 · 기밀성이 풍부하여 방수성이 있을 것
  3) 침식과 오염이 되지 않을 것

95 목재를 방부처리하는 방법 중 가장 간단한 것은?

① 주입법   ② 침지법
③ 도포법   ④ 표면탄화법

해설 **목재의 방부제 처리법**
    1) **도포법** : 방부제를 목재 표면에 도포하는 방법이다. (가장 많이 사용)
    2) **주입법** : 방부제를 목재 중에 주입하는 방법으로, 상압주입법, 가압주입법이 있다.
    3) **침지법** : 목재를 방부제 용액 중에 침지시키는 방법이다.

96 다음 열가소성 수지 중 열변형 온도가 가장 큰 것은?

① 폴리염화비닐(PVC)
② 폴리스티렌(PS)
③ 폴리카보네이트(PC)
④ 폴리에틸렌(PE)

해설 1) **열가소성수지의 열변형온도** : 60 ~ 140℃ 정도
      ① 폴리열화비닐수지(PVC) : 70℃정도
      ② 폴리카보네이트(PC) : 150℃정도
    2) **열경화성수지 열변형온도** : 110 ~ 130℃ 정도

97 건설자재의 환경성에 대한 일정기준을 정하여 에너지절약, 유해물질 저감, 자원의 절약 등을 유도하기 위하여 제품에 부여하는 인증제도로 옳은 것은?

① 환경표지   ② NEP인증
③ GD마크   ④ KS마크

해설 1) **환경표지** : 본문 설명
    2) **NEP**(new excellent product) : 신제품 인증
    3) **GD**(good design) : 마크
    4) **KS**(korea industrial standard) : 마크

98 다음과 같은 특성을 가진 플라스틱의 종류는?

> · 가열하면 연화 또는 융해하여 가소성이 되고, 냉각하면 경화하는 재료이다.
> · 분자구조가 쇄상구조로 이루어져 있다.

① 멜라민수지   ② 아크릴수지
③ 요소수지   ④ 페놀수지

해설 1) **아크릴수지** : 열가소성수지(가열하면 연화 · 융해하여 가소성이 되고 냉각하면 경화하는 수지)
    2) **멜라민수지 · 요소수지 · 페놀수지** : 열경화성수지(고형체로 된 후 열을 가하여도 연화되지 않는 수지)

99 점토에 관한 설명 중 틀린 것은?

① 점토의 색상은 철산화물 또는 석회물질에 의해 나타난다.
② 점토의 가소성은 점토입자가 미세할수록 좋다.
③ 압축강도와 인장강도는 거의 비슷하다.
④ 소성수축은 점토 내 휘발분의 양, 조직, 용융도 등이 영향을 준다.

해설 **점토의 강도**
    1) **인장강도** : 미립점토의 인장강도 3~10 kg/cm^2, 모래 섞인 점토의 인장강도 1~2 kg/cm^2
    2) **압축강도** : 인장강도의 5배 정도이다.

100 플라스틱 재료의 일반적인 성질에 대한 설명 중 틀린 것은?

① 플라스틱은 일반적으로 투명 또는 백색의 물질이므로 적합한 안료나 염료를 첨가함에 따라 상당히 광범위하게 채색이 가능하다.
② 플라스틱의 내수성 및 내투습성은 극히 양호하며, 가장 좋은 것은 폴리초산비닐이다.
③ 플라스틱은 상호간 계면접착이 잘되며, 금속, 콘크리트, 목재, 유리 등 다른 재료에도 잘 부착된다.
④ 플라스틱은 일반적으로 전기절연성이 상당히 양호하다.

해설 내수성 및 내투습성이 극히 양호한 플라스틱 : 폴리에틸렌수지

제6과목 / 건설안전기술

101 다음은 달비계 또는 높이 5m 이상의 비계를 조립·해체하거나 변경하는 작업을 하는 경우의 준수사항이다. 빈칸에 알맞은 숫자는?

> 비계재료의 연결·해체작업을 하는 경우에는 폭 ( )cm 이상의 발판을 설치하고 근로자로 하여금 안전대를 사용하도록 하는 등 추락을 방지하기 위한 조치를 할 것

① 15
② 20
③ 25
④ 30

해설 비계재료의 연결·해체작업시 설치하는 발판
폭 : 20cm이상
• 슬레이트 지붕 위 설치 작업 발판폭 : 30cm
• 그밖의 작업발판폭 : 40cm

102 다음 중 토사붕괴의 내적원인인 것은?

① 절토 및 성토 높이 증가
② 사면법면의 기울기 증가
③ 토석의 강도저하
④ 공사에 의한 진동 및 반복 하중 증가

해설 토사붕괴의 원인(고용노동부고시)
1) 외적요인
   ① 사면, 법면의 경사 및 구배의 증가
   ② 절토 및 성토 높이의 증가
   ③ 공사에 의한 진동 및 반복하중의 증가
   ④ 지표수 및 지하수의 침투에 의한 토사중량 증가
   ⑤ 지진, 차량, 구조물의 하중
2) 내적요인
   ① 절토사면의 토질, 암석
   ② 성토사면의 토질
   ③ 토석의 강도저하

103 철륜 표면에 다수의 돌기를 붙여 접지면적을 작게 하여 접지압을 증가시킨 롤러로서 고함수비 점성토 지반의 다짐작업에 적합한 롤러는?

① 탠덤롤러
② 로드롤러
③ 타이어롤러
④ 탬핑롤러

해설 탬핑롤러 : 롤러의 표면에 돌기를 만들어 부착한 것으로 돌기가 전압층에 매입되어 풍화암을 파쇄하고 흙속의 간극수압을 제거하는 롤러이다.

104 건설업 산업안전보건관리비 중 안전시설비로 사용할 수 없는 것은?

① 안전통로
② 비계에 추가 설치하는 추락방지용 안전난간
③ 사다리 전도방지장치
④ 통로의 낙하물 방호선반

해설 안전발판, 안전통로, 안전계단 등과 같이 공사수행에 필요한 가시설들은 안전관리로 사용불가이다.

---

105 토공기계 중 클램쉘(clam shell)의 용도에 대해 가장 잘 설명한 것은?

① 단단한 지반에 작업하기 쉽고 작업속도가 빠르며 특히 암반굴착에 적합하다.
② 수면하의 자갈, 실트 혹은 모래를 굴착하고 준설선에 많이 사용된다.
③ 상당히 넓고 얕은 범위의 점토질 지반 굴착에 적합하다.
④ 기계위치보다 높은 곳의 굴착, 비탈면 절취에 적합하다.

해설 클램쉘(clamshell)
  1) 크레인 붐의 선단에서 버킷을 와이어로프로 매달아 바로 아래로 떨어뜨려 흙을 떠 올리는 굴착기이다.
  2) 수직굴착·수중굴착에 사용한다.

106 사면 보호 공법 중 구조물에 의한 보호 공법에 해당되지 않는 것은?

① 현장타설 콘크리트 격자공
② 식생구멍공
③ 블록공
④ 돌쌓기공

해설 1) 구조물에 의한 사면 보호공법
  ① 현장타설 콘크리트 공법(콘크리트 틀에 의한 공법)
  ② 콘크리트 블록과 돌쌓기 공법(표면 돌 붙임 공법)
  ③ 소일시멘트공법
  2) 식생에 의한 사면보호공법
  3) 떼입공법 등

107 추락재해 방지를 위한 방망의 그물코 규격 기준으로 옳은 것은?

① 사각 또는 마름모로서 크기가 5센티미터 이하
② 사각 또는 마름모로서 크기가 10센티미터 이하
③ 사각 또는 마름모로서 크기가 15센티미터 이하
④ 사각 또는 마름모로서 크기가 20센티미터 이하

해설 방망의 그물코 규격기준 : 사각 또는 마름모로서 크기가 10cm 이하

108 건설업 유해위험방지계획서 제출 시 첨부서류에 해당되지 않는 것은?

① 공사개요서
② 산업안전보건관리비 사용계획
③ 재해발생 위험 시 연락 및 대피방법
④ 특수공사계획

해설 유해·위험방지계획서 첨부서류
  1) 공사개요 및 안전보건관리계획
  ① 공사 개요서(별지 제45호 서식)
  ② 공사현장의 주변 현황 및 주변과의 관계를 나타내는 도면(매설물 현황을 포함한다.)
  ③ 건설물, 사용 기계설비 등의 배치를 나타내는 도면
  ④ 전체 공정표
  ⑤ 산업안전보건관리비 사용계획(별지 제46호 서식)
  ⑥ 안전관리 조직표
  ⑦ 재해 발생 위험 시 연락 및 대피방법

109 인력운반 작업에 대한 안전 준수사항으로 가장 거리가 먼 것은?

① 보조기구를 효과적으로 사용한다.
② 물건을 들어올릴 때는 팔과 구륜을 이용하며 척추는 곧게 한다.
③ 긴 물건은 뒤쪽으로 높이고 원통인 물건은 굴려서 운반한다.
④ 무거운 물건은 공동작업을 실시한다.

해설 ③항, 긴 물건은 앞쪽으로 높이고 뒤쪽은 낮추어 운반한다.

110 안전계수가 4이고 2,000kg/cm²의 인장강도를 갖는 강선의 최대허용응력은?

① 500kg/cm²
② 1,000kg/cm²
③ 1,500kg/cm²
④ 2,000kg/cm²

해설 안전계수 $= \dfrac{\text{파괴하중(인장강도)}}{\text{허용응력}}$

허용응력 $= \dfrac{\text{인장강도}}{\text{안전계수}} = \dfrac{2000\text{kg/cm}^2}{4}$
$= 500\text{kg/cm}^2$

111 달비계의 와이어로프의 사용금지 기준에 해당하지 않는 것은?

① 와이어로프의 한 꼬임에서 끊어진 소선의 수가 10% 이상인 것
② 지름의 감소가 공칭지름의 7%를 초과하는 것
③ 심하게 변형되거나 부식된 것
④ 균열이 있는 것

해설 부적격한 와이어로프의 사용금지사항
1) 이음매가 있는 것
2) 와이어로프의 한 꼬임에서 끊어진 소선(필러선 제외)의 수가 10%이상인 것
3) 지름의 감소가 공칭지름의 7%를 초과하는 것
4) 꼬인 것
5) 심하게 변형 또는 부식된 것
6) 열과 전기충격에 의해 손상된 것

112 강관틀비계의 벽이음에 대한 조립간격 기준으로 옳은 것은? (단, 높이가 5m 미만인 경우 제외)

① 수직방향 5m, 수평방향 5m 이내
② 수직방향 6m, 수평방향 6m 이내
③ 수직방향 6m, 수평방향 8m 이내
④ 수직방향 8m, 수평방향 6m 이내

해설 벽이음에 대한 조립간격

구분	수직방향	수평방향
통나무비계	5.5m	7.5m
강관비계	5m	5m
강관틀비계	6m	8m

113 터널공사에서 발파작업 시 안전대책으로 틀린 것은?

① 발파전 도화선 연결상태, 저항치 조사 등의 목적으로 도통시험 실시 및 발파기의 작동상태를 사전에 점검
② 동력선은 발원점으로부터 최소 15m 이상 후방으로 옮길 것
③ 지질, 암의 절리 등에 따라 화약량 검토 및 시방기준과 대비하여 안전조치 실시
④ 발파용 점화회선은 타동력선 및 조명회선과 한곳으로 통합하여 관리

해설 ④항, 발파용 점화회선은 타동력선 및 조명회선과 분리하여 관리

114 다음은 타워크레인을 와이어로프로 지지하는 경우의 준수해야 할 기준이다. 빈칸에 들어갈 알맞은 내용을 순서대로 옳게 나타낸 것은?

와이어로프 설치각도는 수평면에서 (　)도 이내로 하되, 지지점은 (　)개소 이상으로 하고, 같은 각도로 설치할 것

① 45, 4
② 45, 5
③ 60, 4
④ 60, 5

해설 타워크레인을 와이어로프로 지지하는 경우 준수사항(안전보건규칙 제142조 제③항)
1) 와이어로프를 고정하기 위한 전용 지지프레임을 사용할 것
2) 와이어로프 설치각도는 수평면에서 60도 이내

■정답■　110.①　111.④　112.③　113.④　114.③

로 하되, 지지점은 4개소 이상으로 하고, 같은 각도로 설치할 것

3) 와이어로프와 그 고정 부위는 충분한 강도와 장력을 갖도록 설치하고, 와이어로프를 클립·샤클(shackle) 등의 고정기구를 사용하여 견고하게 고정시켜 풀리지 아니하도록 하며, 사용 중에는 충분한 강도와 장력을 유지하도록 할 것

4) 와이어로프가 가공전선(架空電線)에 근접하지 않도록 할 것

115 콘크리트 타설시 거푸집 측압에 대한 설명 중 틀린 것은?

① 타설속도가 빠를수록 측압이 커진다.
② 거푸집의 투수성이 낮을수록 측압은 커진다.
③ 타설높이가 높을수록 측압이 커진다.
④ 콘크리트의 온도가 높을수록 측압이 커진다.

해설 ④항, 콘크리트의 온도가 낮을수록 측압이 커진다.

116 훅걸이용 와이어로프 등이 훅으로부터 벗겨지는 것을 방지하기 위한 장치는?

① 해지장치
② 권과방지장치
③ 과부하방지장치
④ 턴버클

해설 해지장치 : 훅걸이용 와이어로프 등이 훅으로부터 벗겨지는 것을 방지하기 위한 크레인의 방호장치

117 철골작업을 중지하여야 하는 기준으로 옳은 것은?

① 1시간당 강설량이 1센티미터 이상인 경우
② 풍속이 초당 15미터 이상인 경우
③ 진도 3이상의 지진이 발생한 경우

④ 1시간당 강우량이 1센티미터 이°상인 경우

해설 철골작업을 중지해야 하는 기상조건
1) 풍속이 10m/sec 이상인 경우
2) 강우량이 1mm/hr 이상인 경우
3) 강설량이 1cm/hr 이상인 경우

118 건립 중 강풍에 의한 풍압 등 외압에 대한 내력이 설계에 고려되었는지 확인하여야 하는 철골구조물에 해당하지 않는 것은?

① 이음부가 현장용접인 건물
② 높이 15m 인 건물
③ 기둥이 타이플레이트(tie plate)형인 구조물
④ 구조물의 폭과 높이의 비가 1:5인 건물

해설 철골공사시 철공의 자립도 검토사항 : 구조안전의 위험성이 큰 다음 항목의 철골구조물은 건립 중 강풍에 의한 풍압 등 외압에 대한 내력이 설계에 고려되었는지 확인할 것
1) 높이 20m 이상의 구조물
2) 구조물의 폭과 높이의 비가 1:4 이상인 구조물
3) 단면구조에 현저한 차이가 있는 구조물
4) 연면적당 철골량이 $50\text{kg}/\text{m}^2$ 이하인 구조물
5) 기둥이 타이 플레이트(tie plate)형인 구조물
6) 이음부가 현장용접인 구조물

119 가설통로를 설치하는 경우의 준수해야 할 기준으로 틀린 것은?

① 건설공사에 사용하는 높이 8m 이상인 비계다리에는 5m 이내마다 계단참을 설치할 것
② 수직갱에 가설된 통로의 길이가 15m 이상인 경우에는 10m 이내마다 계단참을 설치할 것
③ 경사가 15°를 초과하는 경우에는 미끄러지지 아니하는 구조로 할 것
④ 추락할 위험이 있는 장소에는 안전난간을 설치할 것

해설 ①항, 건설공사에 사용하는 높이 3m 이상인 비

계다리에는 7m 이내마다 계단참을 설치할 것

120 지반조사 중 예비조사 단계에서 흙막이 구조물의 종류에 맞는 형식을 선정하기 위한 조사항목과 거리가 먼 것은?

① 흙막이 벽 축조여부판단 및 굴착에 따른 안정이 충분히 확보될 수 있는지 여부
② 인근 지반의 지반조사자료나 시공자료의 수집
③ 기상조건변동에 따른 영향 검토
④ 주변의 환경(하천, 지표지질, 도로, 교통 등)

해설 ①항, 흙막이 구조물의 종류에 맞는 형식을 선정하기 위한 조사항목과 관계가 없다.

의 용수 전용 댐, 지방상수도 전용댐 건설 등의 공사
6) 깊이 10미터 이상인 굴착공사

제1과목 / 산업안전관리론

01 다음 중 산업안전보건법령에 따라 건설업 중 유해·위험방지계획서를 작성하여 고용노동부 장관에게 제출하여야 하는 공사에 해당하지 않는 것은?

① 터널 건설 공사
② 깊이 10미터 이상인 굴착공사
③ 최대지간 길이가 31미터 이상인 교량건설 공사
④ 다목적댐, 발전용댐 및 저수용량 2천만톤 이상의 용수전용댐, 지방상수도 전용 댐 건설 공사

해설 건설업 중 유해위험방지계획서 제출대상 사업장(시행규칙 제120조 제4항)
1) 지상높이가 31미터 이상인 건축물 또는 인공구조물, 연면적 3만 제곱미터 이상인 건축물 또는 연면적 5천 제곱미터 이상의 문화 및 집회시설(전시장 및 동물원·식물원은 제외), 판매시설, 운수시설(고속철도의 역사 및 집·배송시설은 제외), 종교시설, 의료시설 중 종합병원, 숙박시설 중 관광숙박시설, 지하도상가 또는 냉동·냉장 창고시설의 건설·개조 또는 해체(이하 "건설등"이라 함)
2) 연면적 5천 제곱미터 이상의 냉동·냉장 창고시설의 설비공사 및 단열공사
3) 최대 지간길이가 50미터 이상인 교량건설 등 공사
4) 터널 건설 등의 공사
5) 다목적댐, 발전용댐 및 저수용량 2천만톤 이상

02 산업안전보건법령상 산업안전보건위원회의 구성에 있어 사용자 위원에 해당하지 않는 것은?

① 안전관리자
② 명예산업안전감독관
③ 해당 사업의 대표자가 지명한 9인 이내 해당 사업장 부서의 장
④ 보건관리자의 업무를 위탁한 경우 대행기관의 해당 사업장 담당자

해설 명예산업안전감독관 : 근로자위원

03 다음 중 일상점검내용을 작업 전,작업 중, 작업 종료로 구분할 때 "작업 중 점검 내용"으로 볼 수 없는 것은?

① 품질의 이상유무
② 안전수칙의 준수여부
③ 이상소음의 발생유무
④ 방호장치의 작동여부

해설 ④항, 방호장치의 작동여부 : 작업 전 점검내용

04 산업안전보건법령상의 안전·보건표지 중 지시표지의 종류가 아닌 것은?

① 안전대 착용 ② 귀마개 착용
③ 안전복 착용 ④ 안전장갑 착용

해설 지시표시의 종류
1) 보안경 착용
2) 방독마스크 착용
3) 방진마스크 착용
4) 보안면 착용
5) 안전모 착용
6) 귀마개 착용
7) 안전화 착용
8) 안전장갑 착용
9) 안전복 착용

05 산업안전보건법령상 안전검사 대상 유해 · 위험기계 · 기구에 해당하지 않는 것은?

① 리프트 ② 압력용기
③ 곤돌라 ④ 교류아크 용접기

해설 안전검사대상 유해 · 위험기계 · 설비 등(시행령 제28조의 6)
1) 프레스
2) 전단기
3) 크레인(이동식 크레인과 정격하중 2톤 미만인 호이스트는 제외)
4) 리프트
5) 압력용기
6) 곤돌라
7) 국소배기장치(이동식은 제외)
8) 원심기(산업용에 한정)
9) 롤러기(밀폐구조는 제외)
10) 사출성형기(형체결력 294kN 미만은 제외)
11) 고소작업대(화물자동차 또는 특수자동차에 탑재한 고소작업대로 한정)
12) 컨베이어
13) 산업용 로봇

06 공사규모가 70억원인 건설공사 현장에서 1일 200명의 근로자가 매일 10시간씩 근무를 하고 있다. 이 현장의 무재해 운동의 1배 목표를 30만 시간이라 할 때 무재해 1배 목표는 며칠 후에 달성하는가? (단, 일요일이나 공휴일은 없는 것으로 간주하며, 이 현장의 평균 결근율은 5%로 가정한다.)

① 1580일 ② 1500일
③ 158일 ④ 80일

해설 무재해 1배 목표일수

$$= \frac{300,000시간}{200 \times 10시간/일 \times 0.95(출근율)}$$
$$= 157.89 ≒ 158일$$

07 다음 중 재해 사례의 연구의 진행단계에 있어 제3단계인 "근본적 문제점의 결정에 관한 사항"으로 가장 적합한 것은?

① 사례 연구의 전제조건으로서 발생일시 및 장소 등 재해 상황의 주된 항목에 관해서 파악한다.
② 파악된 사실로부터 판단하여 관계법규, 사내규정 등을 적용하여 문제점을 발견한다.
③ 재해가 발생할 때까지의 경과 중 재해와 관계가 있는 사실 및 재해요인으로 알려진 사실을 객관적으로 확인한다.
④ 재해의 중심이 된 문제점에 관하여 어떤 관리적 책임의 결함이 있는지를 여러 가지 안전보건의 키(key)에 대하여 분석한다.

해설 재해 사례연구의 진행단계 중 제3단계, 근본문제점 결정
1) 문제점 가운데 재해의 중심이 된 근본적 문제점을 결정한 후 재해원인을 분석한다.
2) 재해 문제점에 대하여 관리적 책임의 결함이 있는지의 여부를 안전보건의 키(key)에 대하여 분석한다.

■ 정답 ■ 04.① 05.④ 06.③ 07.④

08 다음 중 산업안전보건법에서 정의한 용어에 대한 설명으로 틀린 것은?

① "사업주"란 근로자를 사용하여 사업을 하는 자를 말한다.
② "근로자대표"란 근로자와 사업주로조직된 노동조합이 있는 경우에는 그 노동조합을, 근로자와 사업주로 조직된 노동조합이 없는 경우에는 사업주가 지정한 근로자를 대표하는 자를 말한다.
③ "작업환경측정"이란 작업환경 실태를 파악하지 위하여 해당 근로자 또는 작업장에 대하여 사업주가 측정계획을 수립한 후 시료(試料)를 채취하고 분석·평가하는 것을 말한다.
④ "산업재해"란 근로자가 업무에 관계되는 건설물·설비·원재료·가스·증기·분진 등에 의하거나 작업 또는 그 밖의 업무로 인하여 사망 또는 부상하거나 질병에 걸리는 것을 말한다.

해설 "근로자대표"란 근로자의 과반수로 조직된 노동조합이 있는 경우에는 그 노동조합을, 근로자의 과반수로 조직된 노동조합이 없는 경우에는 근로자의 과반수를 대표하는 자를 말한다.

09 안전관리의 수준을 평가하는데 사고가 일어나는 시점을 전후하여 평가를 한다. 다음 중 사고가 일어나기 전의 수준을 평가하는 사전 평가활동에 해당하는 것은?

① 재해율 통계
② 안전활동율 관리
③ 재해손실 비용 산정
④ Safe-T-Score 산정

해설 1) 사전 평가활동 : 안전활동률 관리
2) 사후 평가활동 : 재해율 통계, 재해손실 비용 산정, Safe T. Score 산정 등

10 하인리히(H.W.Heinrich)의 사고 발생 연쇄성 이론에서 "직접원인"은 아담스(E.Adams)의 사고 발생 연쇄성 이론의 무엇과 일치하는가?

① 작전적 에러
② 전술적 에러
③ 유전적 요소
④ 사회적 환경

해설 하인리히와 아담스의 사고연쇄성이론 비교

단계	하인리히	아담스
1단계	사회적 환경 및 유전적 요소	관리구조
2단계	개인적 결함	작전적 (전략적)에러
3단계	불안전한 행동 및 불안전한 상태(직접원인)	전술적 에러
4단계	사고	사고
5단계	재해	상해 또는 손실

11 다음 중 시설물의 안전관리에 관한 특별법령상 제시된 등급별 정기점검의실시 시기로 틀린 것은?

① A 등급인 경우 반기에 1회 이상이다.
② B 등급인 경우 반기에 1회 이상이다.
③ C 등급인 경우 1년에 3회 이상이다.
④ D 등급인 경우 1년에 3회 이상이다.

해설 안전등급별 정기점검의 실시시기
1) A, B, C등급 : 반기에 1회 이상
2) D, E등급 : 1년에 3회 이상

12 다음 중 안전관리조직의 구비조건으로 가장 적합하지 않은 것은?

① 생산라인이나 현장과는 엄격히 분리된 조직이어야 한다.
② 회사의 특성과 규모에 부합되게 조직되어야 한다.
③ 조직을 구성하는 관리자의 책임과 권한이 분명해야 한다.
④ 조직의 기능을 충분히 발휘할 수 있도록 제도적 체계가 갖추어져야 한다.

■ **정답** ■ 08.② 09.② 10.② 11.③ 12.①

해설 ①항, 생산라인이나 현장과 밀착된 조직이어야 한다.

13 다음 중 산업현장에서 산업재해가 발생하였을 때의 조치사항을 가장 올바른 순서대로 나열한 것은?

㉠ 현장보존	㉡ 피해자의 구조
㉢ 2차 재해방지	㉣ 피재기계의 정지
㉤ 관계자에게 통보	㉥ 피해자의 응급조치

① ㉡ → ㉢ → ㉤ → ㉣ → ㉥ → ㉠
② ㉣ → ㉡ → ㉥ → ㉤ → ㉢ → ㉠
③ ㉣ → ㉥ → ㉢ → ㉡ → ㉤ → ㉠
④ ㉤ → ㉢ → ㉣ → ㉡ → ㉥ → ㉠

해설 산업재해 발생시 조치사항
1) 1순위 : 피재기계의 정지 및 피해확산방지
2) 2순위 : 피해자의 구조-피해자의 응급조치
3) 3순위 : 관계자에게 통보
4) 4순위 : 2차 재해방지
5) 5순위 : 현장보존

14 위험예지훈련 진행방법 중 "대책수립"은 몇 라운드에 해당되는가?

① 제1라운드   ② 제2라운드
③ 제3라운드   ④ 제4라운드

해설 위험예지훈련의 4R(라운드)
1) 1R : 현상파악
2) 2R : 본질추구
3) 3R : 대책수립
4) 4R : 목표달성

15 다음 중 재해방지를 위한 대책 선정시 안전대책에 해당하지 않는 것은?

① 경제적 대책   ② 기술적 대책
③ 교육적 대책   ④ 관리적 대책

해설 안전대책
1) 기술적 대책
2) 교육적 대책
3) 관리적 대책

16 다음 중 안전보건관리규정의 작성 시 유의사항으로 틀린 것은?

① 규정된 기준은 법정기준을 상회하여서는 안 된다.
② 관리자의 직무와 권한에 대한 부분은 명확하게 한다.
③ 작성 또는 개정시 현장의 의견을 충분히 반영시킨다.
④ 정상 및 이상시의 사고발생에 대한 조치 사항을 포함시킨다.

해설 안전관리규정 작성상의 유의사항
1) 규정된 기준은 법정기준을 상회하도록 할 것
2) 관리자층의 직무와 권한, 근로자에게 강제 또는 요청할 부분을 명확히 할 것
3) 관계법령의 제·개정에 따라 즉시 개정이 되도록 할 것
4) 라인(line)활용에 쉬운 규정이 되도록 할 것
5) 작성 또는 개정시에 현장의 의견을 충분히 반영시킬 것
6) 규정 내용은 정상시는 물론 이상시 사고 및 재해발생시의 조치에 관하여도 규정할 것

17 재해의 발생원인을 기술적 원인, 관리적 원인, 교육적 원인으로 구분할 때 다음 중 기술적 원인과 가장 거리가 먼 것은?

① 생산 공정의 부적절
② 구조, 재료의 부적합
③ 안전장치의 기능 제거
④ 건물, 설비의 설계 불량

해설 ③항, 안전장치의 기능제거 : 불안전한 행동(직접원인)

■정답■   13.②   14.③   15.①   16.①   17.③

18 다음 중 산업안전보건법령상 안전인증 대상의 안전화 종류에 해당하지 않는 것은?

① 경화안전화
② 발등안전화
③ 정전기안전화
④ 화학물질용안전화

해설 **안전인증대상 안전화**
　1) 발등안전화　　2) 정전기안전화
　3) 화학물질용 안전화

19 재해 코스트 계산방식에 있어 시몬즈법을 사용할 경우 비보험 코스트의 항목으로 틀린 사항은? (단, A, B, C, D는 장해 정도별 비보험 코스트의 평균치를 의미한다.)

① A × 휴업상해건수
② B × 통상상해 건수
③ C × 응급조치건수
④ D × 중상해건수

해설 **시몬즈의 재해손실비**
　총재해 cost=보험코스트+비보험코스트
　1) 보험코스트(납입보험료)=지급보상비 + 제경비 + 이익금
　2) 비보험코스트=(휴업상해건수×A)+(통원상해건수×B)+(응급조치건수×C)+(무상해사고건수×D)
　여기서, A,B,C,D는 장해 정도별에 의한 비보험코스트의 평균치

20 다음과 같은 재해의 원인분석을 올바르게 나열한 것은?

> 근로자가 운반 작업을 하던 도중에 2층 계단에서 미끄러져 계단을 굴러 떨어져 바닥에 머리를 다쳤다.

① 가해물 : 계단, 기인물 : 바닥, 재해형태 : 추락

② 가해물 : 바닥, 기인물 : 계단, 재해형태 : 낙하
③ 가해물 : 짐, 기인물 : 계단, 재해형태 : 비래
④ 가해물 : 바닥, 기인물 : 계단, 재해형태 : 전도전락

해설 1) **기인물**(불안전한 상태에 있는 물체) : 계단
　2) **가해물**(사람에게 접체되어 위하를 가한 물체) : 바닥
　3) **재해형태** : 전도추락(전락)

제2과목 / 산업심리 및 교육

21 부주의 현상 중 심신이 피로하거나 단조로운 작업을 반복할 경우 나타나는 의식수준의 저하 현상은 의식수준의 어느 단계에서 발생하는가?

① Phase Ⅰ　　　② Phase Ⅱ
③ Phase Ⅲ　　　④ Phase Ⅳ 이상

해설 **의식수준의 단계**

단계	의식의상태	주의작용	생리적상태	신뢰성
Phase0	무의식, 실신	없음	수면, 뇌발작	0
Phase Ⅰ	정상 이하 의식 몽롱함	부주의	피로, 단조, 졸음, 술취함	0.9이하
Phase Ⅱ	정상 이완상태	수동적 마음이 안쪽으로 향함	안정기거, 휴식시, 장례즈업시	0.99~0.99999
Phase Ⅲ	정상 상쾌한 상태	능동적 앞으로 향하는 주의야도 넓다.	적극 활동시	0.999999이상
Phase Ⅳ	초정상 과긴장상태	일점으로 응집 판단정지	긴급 방위 반응, 당황해서 panic	0.9이하

■ 정답 ■　18.①　19.④　20.④　21.①

22 다음 중 새로운 자료나 교재를 제시하고, 거기에서의 문제점을 피교육자로 하여금 제기하게 하거나, 의견을 여러 가지 방법으로 발표하게 하고, 다시 깊게 파고 들어서 토의하는 방법은?

① 포럼(Forum)
② 심포지엄(Symposium)
③ 버즈세션(Buzz Session)
④ 패널 디스커션(Panel Discussion)

해설 토의법의 종류
1) forum(공개토론회) : 새로운 자료나 교재를 제시하고 거기서의 문제점을 피교육자로 하여금 제기케 하거나 의견을 여러가지 방법으로 발표하게 하여 다시 깊이 파고들어 토의를 행하는 방법
2) symposium : 몇 사람의 전문가에 의하여 과제에 관한 견해를 발표한 뒤 참가자로 하여금 의견이나 질문을 하게 하여 토의하는 방법
3) buzz session : 6-6회의라고도 하며, 먼저 사회자와 기록계를 선출한 후 나머지 사람은 6명씩의 소집단으로 구분하고, 소집단별로 각각 사회자를 선발하여 6분간씩 자유토의를 행하여 의견을 종합하는 방법
4) panel discussion : 패널맴버(교육과제에 정통한 전문가 4~5명)가 피교육자 앞에서 자유로이 토의하고 뒤에 피교육자 전원이 참가하여 사회자의 사회에 따라 토의하는 방법

23 매슬로우(Maslow)의 욕구이론에 관한 설명으로 틀린 것은?

① 행동은 충족되지 않은 욕구에 의해 결정되고 좌우된다.
② 기본적 욕구는 환경적 또는 후천적인 성질을 지닌다.
③ 개인 가장 기본적인 욕구로부터 시작하여 위계상 상위 욕구로 올라가면서 자신의 욕구를 체계적으로 충족시킨다.
④ 위계(位階)에서 생존을 위해 기본이 되는 욕구들이 우선적으로 충족되어야 한다.

해설 ②항, 기본적 욕구는 본능적 또는 선천적인 성질을 지닌다.

24 다음 중 안전태도교육의 내용 및 목표와 가장 거리가 먼 것은?

① 표준 작업 방법의 습관화
② 보호구 취급과 관리 자세 확립
③ 방호 장치 관리 기능 습득
④ 안전에 대한 가치관 형성

해설 안전태도교육의 내용
1) 작업동작 및 표준 작업 방법의 습관화
2) 공구, 보호구 등의 관리 및 취급태도의 확립
3) 점검 및 검사(작업 전후)요령의 정확화 및 습관화

25 OFF-JT(Off the Job Training)와 비교하여 OJT(On the Job Training)의 장점이 아닌 것은?

① 직장의 실정에 맞는 구체적이고 실제적인 지도 교육이 가능하다.
② 동기부여가 쉽다.
③ 훈련에 필요한 업무의 계속성이 끊어지지 않는다.
④ 다수를 대상으로 일괄적으로, 조직적으로 교육할 수 있다.

해설 OJT와 off-JT의 특징

O·J·T (현장중심교육)	off J·T (현장외 중심교육)
① 개개인에게 적합한 지도 훈련이 가능	① 다수의 근로자에게 조직적 훈련이 가능
② 직장의 실정에 맞는 실제적 훈련을 할 수 있다.	② 훈련에만 전념하게 된다.
③ 훈련 필요한 업무의 계속성이 끊어지지 않음	③ 특별설비기구를 이용할 수 있음
④ 즉시 업무에 연결되는 관계로 신체와 관련 있음	④ 전문가를 강사로 초청할 수 있음
⑤ 효과가 곧 업무에 나타나며 훈련의 좋고 나쁨에 따라 개선이 용이함	⑤ 각 직장의 근로자가 많은 지식이나 경험을 교류할 수 있음
⑥ 교육을 통한 훈련 효과에 의해 상호 신뢰 이해도가 높아짐	⑥ 교육훈련 목표에 대해서 집단적 노력이 흐트러질 수도 있음

■ 정답 ■ 22.① 23.② 24.③ 25.④

26 다음은 무엇에 관한 설명인가?

> 다른 사람으로부터의 판단이나 행동을 무비판적으로 받아들이는 것

① 모방(Imitation)
② 암시(Suggestion)
③ 투사(Projection)
④ 동일화(Identification)

해설 인간관계의 메커니즘(mechanism)
  1) **동일화**(identification) : 다른 사람의 행동 양식이나 태도를 투입시키거나, 다른 사람 가운데서 자기와 비슷한 것을 발견하는 것을 말한다.
  2) **투사**(投射 : projection) : 자기 속의 억압된 것을 다른 사람의 것으로 생각하는 것을 투사(또는 투출)라고 한다.
  3) **커뮤니케이션**(communication) : 갖가지 행동 양식이나 기호를 매개로 하여 어떤 사람으로부터 다른 사람에게 전달되는 과정을 말한다.
  4) **모방**(imitation) : 남의 행동이나 판단을 표본으로 하여 그것과 같거나 또는 그것에 가까운 행동 또는 판단을 취하려는 것이다.
  5) **암시**(suggestion) : 다른 사람으로부터의 판단이나 행동을 무비판적 논리적, 사실적 근거 없이 받아들이는 것을 말한다.

27 다음 중 교육훈련의 전이타당도를 높이기 위한 방법과 가장 거리가 먼 것은?

① 훈련상황과 직무상황 간의 유사성을 최소화한다.
② 훈련내용과 직무내용 간에 튼튼한 고리를 만든다.
③ 피훈련자들이 배운 원리를 완전히 이해할 수 있도록 해 준다.
④ 피훈련자들이 훈련에서 배운 기술, 과제 등을 가능한 풍부하게 경험할 수 있도록 해 준다.

해설 ①항, 훈련상황과 직무상황 간의 유사성을 최대화한다.

28 다음 중 직무기술서(job description)에 포함되어야 하는 내용과 가장 거리가 먼 것은?

① 직무의 직종
② 수행되는 과업
③ 직무수행 방법
④ 작업자에게 요구되는 능력

해설 직무기술서에 포함되는 내용
  1) 직무의 직종
  2) 수해되는 과업
  3) 직무수행방법

29 다음 중 안전교육의 기본방향과 가장 거리가 먼 것은?

① 사고 사례 중심의 안전교육
② 안전작업(표준작업)을 위한 안전교육
③ 안전의식 향상을 위한 안전교육
④ 작업량 향상을 위한 안전교육

해설 안전교육의 기본방향 : 기업의 규모나 특성에 따라 안전교육 방향을 설정하는 데 차이가 있으나 원칙적으로 다음 3가지를 기본방향으로 정하고 있다.
  1) 사고 사례 중심의 안전교육
  2) 안전(표준)작업을 위한 안전교육
  3) 안전의식 향상을 위한 안전교육

30 다음 중 생체리듬(Biorhythm)의 종류에 해당하지 않는 것은?

① 지적 리듬
② 신체 리듬
③ 감성 리듬
④ 신경 리듬

해설 바이오리듬의 종류
  1) **육체적 리듬**(physical cycle) : 주기 23일(식욕, 소화력, 활동력, 지구력), 청색표시
  2) **지성적 리듬**(intellectual cycle) : 주기 33일(상상력, 사고력, 기억력, 인지, 단단), 녹색표시
  3) **감성적 리듬**(sensitivity cycle) : 주기 28일(감정, 주의심, 창조력, 예감 및 통찰력)적색표시

31 다음 중 목표설정 이론에서 밝혀진 효과적인 목표의 특징과 가장 거리가 먼 것은?

① 목표는 측정 가능해야 한다.
② 목표는 구체적이어야 한다.
③ 목표는 이상적이어야 한다.
④ 목표는 그 달성에 필요한 시간의 제한을 명시해야 한다.

해설 **록크(Locke)의 목표설정이론**
1) 의식적인 목표, 혹은 의도와 업무수행간의 관계성에 초점을 두고 있다.
2) 목표와 의도란 특별히 미래의 목적과 관련시켜 개인이 의식적으로 무엇인가를 하려는 것이다.
3) 효과적인 목표달성에 요구되는 요인
　① 목표는 측정 가능해야 하고 구체적이어야 한다.
　② 목표는 난이도가 높아야 한다.
　③ 목표는 그 달성에 필요한 시간의 제한을 명시해야 한다.

32 다음 중 인간의 사회 행동에 대한 기본 형태와 가장 거리가 먼 것은?

① 도피　　　② 협력
③ 대립　　　④ 습관

해설 **사회 행동의 기본 형태**
1) 협력 : 조력, 분업
2) 대립 : 공격, 경쟁
3) 도피 : 고립, 정신병, 자살

33 리더의 기능수행과 리더로서의 지위 획득 및 유지가 리더 개인의 성격이나 자질에 의존한다는 리더십 이론은?

① 행동이론　　　② 상황이론
③ 특성이론　　　④ 관리이론

해설 **리더십 이론**
1) 특성이론 : 리더의 개인적 특성 중에서 어떠한 특성들이 성공적인 리더가 되는데 기여하는가를 찾아내고자 하는 리더십 이론

2) 상황이론 : 리더십이 수행되는 과정에서 특정한 환경조건이 주어지며 이러한 환경과 사람과의 상호작용에 의해 리더십이 이루어진다는 이론
3) 2차원 이론 : 리더의 행동에는 독재적 경향의 "생산 및 과업지향" 리더십과 민주적 경향의 "인간지향"리더십의 2가지 형태가 있다고 주장하는 이론

34 소시오메트리(sociometry)에 관한 설명으로 옳은 것은?

① 구성원 상호간의 선호도를 기초로 집단 내부의 동태적 상호관계를 분석하는 기법이다.
② 구성원들이 서로에게 매력적으로 끌리어 목표를 효율적으로 달성하는 정도를 도식화한 것이다.
③ 리더십을 인간 중심과 과업 중심으로 나누어 이를 계량화하고, 리더의 행동경향을 표현, 분류하는 기법이다.
④ 리더의 유형을 분류하는데 있어 리더들이 자기가 싫어하는 동료에 대한 평가를 점수로 환산하여 비교, 분석하는 기법이다.

해설 **소시오메트리(sociometry)** : 구성원 상호간의 선호도를 기초로 집단 내부의 동태적 상호관계를 분석하는 기법이다.

35 스트레스(stress)에 영향을 주는 요인 중 환경이나, 외부를 통해서 일어나는 자극 요인에 해당하는 것은?

① 자존심의 손상
② 현실에의 부적응
③ 도전의 좌절과 자만심의 상충
④ 직장에서의 대인관계 갈등과 대립

해설 **스트레스의 주요요인**
1) 외적자극요인
　① 경제적인 어려움
　② 대인관계상의 갈등과 대립

③ 가족관계상의 갈등
④ 가족의 죽음이나 질병
⑤ 자신의 건강문제
⑥ 상대적인 박탈감
  2) 내적 자극요인
    ① 자존심의 손상과 공격방어심리
    ② 출세욕의 좌절감과 자만심의 상충
    ③ 지나친 과거에의 집착과 허탈
    ④ 업무상의 죄책감
    ⑤ 지나친 경쟁심과 재물에 대한 욕심
    ⑥ 남에게 의지하고자 하는 심리
    ⑦ 가족 간의 대화단절 의견의 불일치

36 집단이 가지는 효과로 두 개 이상의 서로 다른 개체가 힘을 합쳐 둘이 지닌 힘 이상의 효과를 내는 현상은?

① 응집성 효과　　② 시너지 효과
③ 자생적 효과　　④ 동조 효과

해설 시너지(synergy)효과 : 두 개 이상의 서로 다른 개체가 힘을 합쳐 둘이 지닌 힘 이상의 효과를 내는 현상

37 심리검사 종류에 관한 설명으로 옳은 것은?

① 기계적성 검사 : 기계를 다루는 데 있어 예민성 색채 시각, 청각적 예민성을 측정한다.
② 성격 검사 : 인지능력이 직무수행을 얼마나 예측하는지 측정한다.
③ 지능 검사 : 제시된 진술문에 대하여 어느정도 동의하는지에 관해 응답하고, 이를 척도 점수로 측정한다.
④ 신체능력 검사 : 근력, 순발력, 전반적인 신체 조정능력, 체력 등을 측정한다.

38 다음 현상이 생기기 쉬운 조건이 아닌 것은?

> 암실 내에서 정지된 작은 광점을 응시하고 있으면 그 고아점이 움직이는 것 같이 여러 방향으로 퍼져나가는 것처럼 보이는 현상

① 광점이 작을 것
② 대상이 단순할 것
③ 광의 강도가 클 것
④ 시야의 다른 부분이 어두울 것

해설 1) 자동운동 : 암실 내에서 정지된 소광점을 응시하고 있으면 그 광점이 움직이는 것을 볼 수 있는데 이것을 자동운동이라 한다.
  2) 자동운동이 생기기 쉬운 조건
    ① 광점이 작을 것
    ② 시야의 다른 부분이 어두울 것
    ③ 광의 강도가 작을 것
    ④ 대상이 단순할 것

39 다음 중 알고 있는 지식을 심화시키거나 어떠한 자료에 대해 보다 명료한 생각을 갖도록 하기 위하여 실시하는 교육방법으로 가장 적합한 것은?

① Lecture method
② Discussion method
③ Performance method
④ Project method

해설 discussion method(토의법)적용의 경우
  1) 수업의 중간이나 마지막 단계
  2) 학교 수업이나 직업훈련의 특정분야
  3) 알고 있는 지식을 심화시키거나 어떠한 자료에 대해 보다 명료한 생각을 갖도록 하는 경우
  4) 팀워크가 필요한 경우

---

40 관리감독자 훈련(TWI)에 관한 내용이 아닌 것은?

① Job Synergy   ② Job Method
③ Job Relation   ④ Job Instruction

해설 TWI(Training Within Industry) : 현장 제일선 감독자를 위한 교육방법으로 교육내용 및 교육방법은 다음과 같다.
1) TWI 교육내용
   ① JI(Job Instruction) : 작업을 가르치는 기법(작업지도기법)
   ② JM(Job Method) : 작업의 개선방법(작업개선 기법)
   ③ JR(Job Relation) : 사람을 다루는 법(인간관계관리 기법)
   ④ JS(Job Safety) : 작업안전 기법
2) **교육시간 및 교육방법** : 전체의 교육시간은 10시간으로 1일 2시간씩 5일에 걸쳐 행하며 한 클래스는 10명이다. 교육방법은 토의법을 의식적으로 취한다.

제3목 / 인간공학 및 시스템안전공학

41 다음 중 국부적 근육활동의 전기적 활성도를 기록하는 방법은?

① 뇌전도(EEG)   ② 심전도(ECG)
③ 안전도(EOG)   ④ 근전도(EMG)

해설 1) **근전도**(EMG, electromyogram) : 근육활동 전위차의 기록
2) **뇌전도**(EEG, electroencephalogram) : 신경활동 전위차의 기록
3) **심전도**(ECG, electrocardiogram) : 심장근 활동 전위차의 기록
4) **안전도**(EOG, electrooculogram) : 안구(眼球) 운동 전위차의 기록

42 기계 시스템은 영구적으로 사용하며, 조작자는 한 시간마다 수위치만 작동하면 되는데 인간오류확률(HEP)은 0.001이다. 2시간에서 4시간까지 인간-기계 시스템의 신뢰도는 약 얼마인가?

① 91.5%   ② 96.6%
③ 98.7%   ④ 99.8%

해설 1) 인간 · 기계시스템 신뢰도(R_t)
$$R_t = (1-HEP)^n = (1-0.001)^{4-2} = 0.998 = 99.8\%$$

> 길잡이 제2방법
> $R_t = e^{-\lambda t}$
> $\quad = e^{-0.001 \times (4-2)} = 0.998 = 99.8\%$

43 선업안전보건법에 따라 유해 · 위험방지계획서 제출 대상 사업장에 해당하는 1차 금속제조업의 유해 · 위험방지계획서에 첨부되어야 하는 서류에 해당하지 않는 것은? (단, 그 밖에 고용노동부장관이 정하는 도면 및 서류는 제외한다.)

① 건축물 각 층의 평면도
② 기계 · 설비의 배치도면
③ 위생시설물 설치 및 관리대책
④ 기계 · 설비의 개요를 나타내는 서류

해설 **제조업 등의 유해 · 위험방지계획서에 첨부되어야 할 서류**(시행규칙 제121조)
1) 건축물 각 층의 평면도
2) 기계 · 설비의 개요를 나타내는 서류
3) 기계 · 설비의 배치도면
4) 원재료 및 제품의 취급, 제조 등의 작업 방법의 개요
5) 그 밖에 고용노동부장관이 정하는 도면 및 서류

■ 정답 ■ 40.① 41.④ 42.④ 43.③

44 다음 중 FTA에서 시스템의 기능을 살리는 데 필요한 최소 요인의 집합을 무엇이라 하는가?

① critical set
② minimal gate
③ minimal path
④ Boolean indicated cut set

해설 패스셋과 미니멀 패스
  1) 패스셋(path sets) : 정상사상이 일어나지 않는 기본사상의 집합을 말한다.
  2) 미니멀 패스(minimal path sets) : 필요한 최소한의 패스를 말한다.(시스템의 신뢰성을 나타냄)

45 시식별에 영향을 미치는 인자 중 자동차를 운전하면서 도로변의 물체를 보는 경우에 주된 영향을 미치는 것은?

① 휘광
② 조도
③ 노출시간
④ 과녁 이동

해설 자동차 운전 중에 도로변의 물체를 보는 경우에 주된 영향을 미치는 것 : 과녁 이동

46 다음 중 FMEA의 장점이라 할 수 있는 것은?

① 두 가지 이상의 요소가 동시에 고장나는 경우에 분석이 용이하다.
② 물적, 인적요소 모드가 분석대상이 된다.
③ 서식이 간단하고 비교적 적은 노력으로 분석이 가능하다.
④ 분석방법에 대한 논리적 배경이 강하다.

해설 FMEA의 장점 및 단점
  1) 장점
    ① 서식이 간단하다.
    ② 비전문가도 특별한 훈련 없이 분석할 수 있다.
  2) 단점
    ① 논리성이 부족하다.

② 동시에 2가지 이상의 요소가 고장날 경우에는 분석이 곤란하다.
③ 인적원인을 분석하는 데는 곤란하다.

47 금속세정작업장에서 실시하는 안전성 평가 단계를 다음과 같이 5가지로 구분할 때 다음 중 4단계에 해당하는 것은?

- 재평가   - 안전대책
- 정량적 평가   - 정성적 평가
- 관계 자료의 작성준비

① 안전대책
② 정성적 평가
③ 정량적 평가
④ 재평가

해설 안전성 평가의 5단계
  1) 1단계 : 관계 자료의 작성준비
  2) 2단계 : 정성적 평가
  3) 3단계 : 정량적 평가
  4) 4단계 : 안전대책
  5) 5단계 : 재평가

48 다음 중 청각적 표시의 원리를 설명한 것으로 틀린 것은?

① 양립성(compatibility)이란 가능한 한 사용자가 알고 있거나 자연스러운 신호차원과 코드를 선택하는 것을 말한다.
② 근사성(approximation)이란 복잡한 정보를 나타내고자 할 때 2단계 신호를 고려하는 것을 말한다.
③ 분리성(dissociability)이란 주의신호와 지정신호를 분리하여 나타낸 것을 말한다.
④ 검약성(parsimony)이란 조작자에 대한 입력신호는 필요한 정보만을 제공하는 것을 말한다.

해설 분리성
  1) 청각신호는 기존 입력(유의적 입력이든 소음이든)과 쉽게 식별되는 것이어야 한다.
  2) 두 가지 이상의 채널을 듣고 있다면 각 채널의 주파수가 분리되어 있어야 식별할 수 있다.

49 다음 중 "MIL-STD-882B"의 위험성평가 매트릭스(Matrix) 분류에 속하지 않는 것은?

① 전혀 발생하지 않은(Impossible)
② 거의 발생하지 않은(Remote)
③ 가끔 발생하는(Occasional)
④ 자주 발생하는(Frequent)

해설 위험의 정성적 확률 등급
　　1) A : 자주 발생하는(frequent)
　　2) B : 보통 발생하는(reasonably probable)
　　3) C : 가끔 발생하는(occasional)
　　4) D : 거의 발생하지 않는(remote)

50 인간의 오류모형에서 "알고 있음에도 의도적으로 따르지 않거나 무시한 경우"를 무엇이라 하는가?

① 실수(Slip)　　　② 위반(Violation)
③ 건망증(Lapse)　④ 착오(Mistake)

해설 위반(violation) : 알고 있음에도 의도적으로 따르지 않거나 무시한 경우

51 다음 중 인간이 현존하는 기계를 능가하는 기능이 아닌 것은?

① 원칙을 적용하여 다양한 문제를 해결한다.
② 관찰을 통해서 특수화하고 연역적으로 추리한다.
③ 주위의 이상하거나 예기치 못한 사건들을 감지한다.
④ 어떤 운용방법이 실패할 경우 새로운 다른 방법을 선택할 수 있다.

해설 ②항, 관찰을 통하여 특수화하고 연역적으로 추리하는 기능 : 기계가 인간을 능가하는 기능

길잡이 인간과 기계의 상대적 재능	
인간이 우수한 기능	기계가 우수한 기능
① 저 에너지 자극(시각, 청각, 후각 등)감지	① 인간 감지범위 밖의 자극(X선, 초음파 등)감지
② 복잡 다양한 자극 형태 식별	② 인간 및 기계에 대한 모니터 기능
③ 예기치 못한 사건 감지 (예감, 느낌)	③ 드물게 발생하는 사상 감지
④ 대량정보를 오래 보관	④ 암호화된 정보를 신속하게 대량보관
⑤ 귀납적 추리	⑤ 연역적 추리
⑥ 과부하 상황에서는 중요한 일에만 전념	⑥ 과부하시 효율적으로 작동
⑦ 임기응변 융통성 원칙적용, 주관적 추산 독창력 발휘 등의 기능	⑦ 정량적 정보처리, 장시간 중량작업, 반복작업, 동시에 여러 가지 작업 수행

52 다음 FT도에서 정상사상(Top event)이 발생하는 최소컷셋의 P(T)는 약 얼마인가?

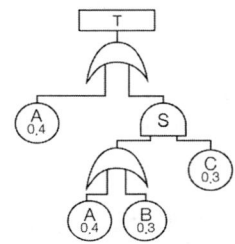

① 0.311　　　　　② 0.454
③ 0.504　　　　　④ 0.928

해설 $T = 1 - (1-0.4)(1-0.3 \times 0.3)$
　　　$= 0.454$

53 다음 중 일반적으로 은행의 접수대 높이나 공원의 벤치를 설계할 때 가장 적합한 인체측정 자료의 응용원칙은?

① 평균치를 이용한 설계
② 최대치수를 이용한 설계
③ 최소치수를 이용한 설계
④ 조절식 설계

해설 인간계측자료의 응용원칙

1) **최대치수와 최소치수** : 최대치수 또는 최소치수를 기준으로 하여 설계한다. (극단에 속하는 사람을 위한 설계)

2) **조절범위(조절식)** : 체격이 다른 여러 사람에게 맞도록 만드는 것 이다.(조절할 수 있도록 범위를 두는 설계)

3) **평균치를 기준으로 한 설계** : 최대치수나 최소치수, 조절식으로 하기가 곤란할 때 평균치를 기준으로 하여 설계한다.(평균적인 사람을 위한 설계)

54 다음 중 인간-기계 체제(Man-machine system)의 연구 목적으로 가장 적절한 것은?

① 정보 저장의 거대화
② 운전시 피로의 평준화
③ 시스템 신뢰성의 최소화
④ 안전의 극대화 및 생산능률의 향상

해설 인간-기계체계(인공공학)의 주목적 : 안전의 극대화 및 생산 능률의 향상

> **길잡이** 인간공학의 목적
> 1) 첫째 : 안전성 향상과 사고방지
> 2) 둘째 : 작업(또는 기계 조작)의 능률성과 생산성 향상
> 3) 셋째 : 환경의 쾌적성

55 50phon의 기준음을 들려준 후 70 phon의 소리를 듣는다면 작업자는 주관적으로 몇 배의 소리로 인식하는가?

① 1.4배
② 2배
③ 3배
④ 4배

해설 sone치 $= 2^{(phon-40)/10}$
1) $sone = 2^{(50-40)/10} = 2$
2) $sone = 2^{(70-40)/10} = 2^3 = 8$
3) $\frac{8}{2} = 4$배

56 FT도에 사용되는 다음 게이트의 명칭은?

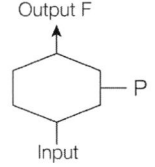

① 부정 게이트
② 배타적 OR 게이트
③ 억제 게이트
④ 우선적 AND 게이트

해설 억제게이트(inhibit gate) : 수정기호(modifier)의 일종으로서 억제 모디파이어(inhibit modifier)라고 하며, 실질적으로 수정기호를 병용해서 게이트의 역할을 한다.

1) 입력사상이 일어난 조건이 만족되어야 출력사상이 생긴다. (조건이 만족되지 않으면 출력은 생기지 않는다)
2) 조건은 수정기호 안에 쓴다

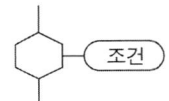

57 다음 시스템의 신뢰도는? (단, p는 부품 I의 신뢰도를 나타낸다.)

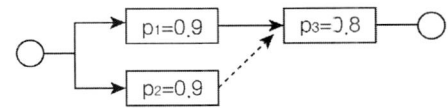

① 97.2%
② 94.4%
③ 86.4%
④ 79.2%

해설 $R = [1-(1-0.9)(1-0.9)] \times 0.8$
$= 0.792 = 79.2\%$

58 다음 중 시스템의 수명곡선에서 초기고장 기간에 발생하는 고장의 원인으로 볼 수 없는 것은?

① 사용자의 과오
② 빈약한 제조기술
③ 불충분한 품질관리
④ 표준 이하의 재료를 사용

해설 ①항, 사용자의 과오 : 우발고장

59 다음 중 60~90Hz 정도에서 나타날 수 있는 전신진동 장해는?

① 두개골 공명　　② 메스꺼움
③ 복부 공명　　　④ 안구 공명

해설 신체부위별 고유 진동수
　　1) 3~4Hz : 경부(목 부위)
　　2) 5Hz : 어깨
　　3) 20~30Hz : 머리와 어깨 사이
　　4) 60~90Hz : 안구

60 다음 중 부품배치의 원칙에 해당하지 않는 것은?

① 희소성의 원칙
② 사용 빈도의 원칙
③ 기능별 배치의 원칙
④ 사용 순서의 원칙

해설 부품의 4원칙
　　1) 중요성의 원칙
　　2) 사용 빈도의 원칙
　　3) 기능별배치의 원칙
　　4) 사용 순서의 원칙

제4목 / 건설시공학

61 지반 조사에 관한 설명 중 옳지 않은 것은?

① 각종 지반 조사를 먼저 실시한 후 기존의 조사 자료와 대조하여 본다.
② 과거 또는 현재의 지층 표면의 변천 사항을 조사한다.
③ 상수면의 위치와 지하 유수 방향을 조사한다,.
④ 지하 매설물 유무와 위치를 파악한다.

해설 ①항, 기존의 조사 자료를 먼저 검토한 후에 지반조사를 실시한다.

62 대규모 공사시 한 현장 안에서 여러 지역별로 공사를 분리하여 공사를 발주하는 방식은?

① 공정별 분할도급
② 공구별 분할도급
③ 전문공종별 분할도급
④ 직종별, 공종별 분할도급

해설 분할도급 : 공사를 세분하여(공종별, 공정별, 공구별 등)각기 따로 도급자를 선정하여 도급계약을 맺는 방식
　　1) **전문공종별 분할도급** : 시설공사 중 설비공사(전기, 난방 등)를 주체공사와 분리하여 전문공 사업자와 계약하는 방식
　　2) **공정별 분할도급** : 정지, 기초, 구체, 마무리 공사 등 의 과정별로 나누어 도급을 주는 방식
　　3) **공구별 분할도급** : 대규모 공사에서 지역별, 공구별로 분리하여 도급하는 방식
　　4) **직종별·공종별 분할도급** : 전문직별 또는 각 공종별로 세분하여 도급하는 방식

---

63 콘크리트용 골재에 대한 설명 중 옳지 않은 것은?

① 골재는 청정, 견경, 내구성 및 내화성이 있어야 한다.
② 골재에 포함된 부식토, 석탄 등의 유기물은 콘크리트의 경화를 방해하여 콘크리트 강도를 떨어뜨리게 한다.
③ 실트, 점토, 운모 등의 미립분은 골재와 시멘트의 부착을 좋게 한다.
④ 골재의 강도는 콘크리트 중에 경화한 모르타르의 강도 이상이 요구된다.

해설 ③항, 실트, 점토, 운모 등의 미립분은 골재와 시멘트의 부착을 나쁘게 한다.

> **길잡이** 골재의 품질
> 1) 청정, 견고, 내구성 및 내화성이 있을 것
> 2) 입형(粒形, 알모양)은 구형으로 표면이 거친 것이 좋음
> 3) 입도가 적당할 것(세조립이 적당히 포함된 것)
> 4) 경화된 시멘트풀 강도 이상일 것
> 5) 유기불순물을 포함하지 않을 것

64 속빈 콘크리트블록의 규격 중 기본블록치수가 아닌 것은?(단, 단위 : mm)

① 390 × 190 × 190
② 390 × 190 × 150
③ 390 × 190 × 100
④ 390 × 190 × 80

해설 속빈 콘크리트블록의 치수(mm)

형상	치수			허용치	
	길이	높이	두께	길이·두께	높이
기본블록	390	190	210 190 150 100	±2	±3
이형블록	길이, 높이 및 두께의 최소 크기를 90mm 이상으로 한다. 또, 가로근 삽입 블록, 모서리 블록과 같이 기본 블록과 동일한 크기인 것의 치수 및 허용치는 기본 블록에 따른다.				

65 고층 건축물 시공 시 적용되는 거푸집에 대한 설명으로 옳지 않은 것은?

① ACS(Automatic climbing system)거푸집은 거푸집에 부착된 유압장치 시스템을 이용하여 상승한다.
② ACS(Automatic climbing system)거푸집은 초고층 건축물 시공 시 코어 선행 시공에 유리하다.
③ 알루미늄거푸집의 주요 시공 부위는 내부벽체, 슬래브, 계단실 벽체이며, 슬래브 필러 시스템이 있어서 해체가 간편하다.
④ 알루미늄 거푸집은 녹이 슬지 않는 장점이 있으나 전용횟수가 적다.

해설 알루미늄(Al)은 알칼리성인 콘크리트에 부식성이 크다.

66 토공기계 중 흙의 적재, 운반, 정지의 기능을 가지고 있는 장비로써 일반적으로 중거리 정지공사에 많이 사용되는 장비는?

① 파워 쇼벨
② 캐리올 스크레이퍼
③ 앵글 도저
④ 탬퍼

해설 캐리올 스크레이퍼 : 흙의 굴착, 싣기, 운반, 하역 등의 작업을 연속적으로 행할 수 있는 토공 만능기이다.

67 철근콘크리트공사에서 철근과 철근의 순간격은 굵은골재 최대치수에 최소 몇 배 이상으로 하여야 하는가?

① 1배
② $\frac{4}{3}$ 배
③ $\frac{5}{3}$ 배
④ 2배

해설 철근과 철근의 순간격 : 굵은골재 최대치수 $\times \frac{4}{3}$ 이상

68 기초굴착 방법 중 굴착 공에 철근망을 삽입하고 콘크리트를 타설하여 말뚝을 형성하는 공법으로 안정액으로 벤토나이트 용액을 사용하고 표층부에서만 케이싱을 사용하는 것은?

① 리버스 서큘레이션 공법
② 베노토공법
③ 심초공법
④ 어스드릴공법

해설 어스드릴 공법 : 본문 설명

69 밑창 콘크리트 지정공사에서 밑창콘크리트 설계기준강도로 옳은 것은? (단, 설계도서에서 별도로 정한 바가 없는 경우)

① 12 MPa 이상
② 13.5 MPa 이상
③ 14.5 MPa 이상
④ 15 MPa 이상

해설 밑창 콘크리트 설계기준강도 : 15MPa 이상

70 강제 널말뚝(steel sheet pile)공법에 관한 설명으로 옳지 않은 것은?

① 도심지에서는 소음, 진동 때문에 무진동 유압장비에 의해 실시해야 한다.
② 강제 널말뚝에는 U형, Z형, H형, 박스형 등이 있다.
③ 타입 시에는 지반의 체적변형이 작아 항타가 쉽고 이음부를 볼트나 용접접합에 의해서 말뚝의 길이를 자유로이 늘일 수 있다.
④ 비교적 연약지반이며 지하수가 많은 지반에는 적용이 불가능하다.

해설 강제 널말뚝은 지수성이 높은 장점을 가지고 있기 때문에 지하수가 많은 지반에 사용한다.

71 석재 사용상의 주의사항 중 옳지 않은 것은?

① 동일건축물에는 동일석재로 시공하도록 한다.
② 석재를 다듬어 사용할 때는 그 질이 균질한 것을 사용하여야 한다.
③ 인장 및 휨모멘트를 받는 곳에 보강용으로 사용한다.
④ 외벽, 도로포장용 석재는 연석 사용을 피한다.

해설 석재는 휨·인장강도가 부족하므로 항상 압축을 받는 장소에만 사용한다.

72 다음 설명에 해당하는 공정표의 종류로 옳은 것은?

한 공종의 작업이 하나의 숫자로 표기되고 컴퓨터에 적용하지 용이한 이점 때문에 많이 사용되고 있다. 각 작업은 node로 표기하고 더미의 사용이 불필요하며 화살표는 단순히 작업의 선후관계만을 나타낸다.

① 횡선식 공정표　② CPM
③ PDM　④ LOB

해설 PDM(Precedence Method) : 본문 설명

73 가치공학(Value Engineering)적 사고방식 중 옳지 않은 것은?

① 풍부한 경험과 직관 위주의 사고
② 기능 중심의 사고
③ 사용자 중심의 사고
④ 생애비용을 고려한 최소의 총비용

해설 가치공학(VE)
1) VE(Value engineering, 가치공학) : 건설현장에서 필요한 기능을 품질저하 없이 유지하며 가장 적은 비용으로 공사를 관리하는 원가절감

기법

2) VE 대상
① 건설업제와 직접관련이 있을 것
② 일체 공사에서 반복이 많을 것
③ 금액, 기간 등의 규모가 클 것

74 철골 부재 조립 시 구멍의 위치가 다소 다를 때 구멍을 맞추기 위한 작업은?

① 송곳뚫기(Drilling)
② 리밍(Reaming)
③ 펀칭(Punching)
④ 리벳치기(Riveting)

해설 리밍(리머가공, reaming) : 드릴로 뚫은 구멍의 내면을 리머로 다듬질하는 작업

75 다음 설명에 해당하는 용접결함으로 옳은 것은?

> A. 용접 시 튀어나온 슬래그가 굳은 현상을 의미하는 것
> B. 용접금속과 모재가 융합되지 않고 겹쳐지는 것을 의미하는 용접불량

① A : 슬래그(slag) 감싸기, B : 피트(pit)
② A : 언더컷(under cut), B : 오버랩(overlap)
③ A : 피트(pit), B : 스패터(spatter)
④ A : 스패터(spatter), B : 오버랩(overlap)

해설 용접결함
1) 균열(crack) : 공기구멍 또는 선상조직, 용접의 구속, 살 붙임 불량 등으로 생기는 결함
2) 슬래그 섞임(slag inclusion, 슬래그 감싸돌기) : 용접에서 용융금속이 급속하게 냉각되면 슬래그의 일부분이 달아나지 못하고 용착 금속 내에 혼입되는 결함
3) 피트(pit) : 공기의 구멍이 발생함으로서 용접부의 표면에 생기는 작은 구멍
4) 공기구멍(blow hole=gas pocket) : 용접금속의 내부에 생기는 구멍으로 주로 용융금속이 응고할 때 방출되어야 할 가스가 남아서 생기

는 결함
5) 언더 컷(under cut) : 용접상부(모재표면과 용접표면이 교차되는 점)에 따라 모재가 녹아 용착금속이 채워지지 않고 홈으로 남게 되는 부분
6) 오버 랩(over lap, 겹치기) : 용접금소과 모재가 융합되지 않고 겹쳐지는 결함
7) 위핑 홀(weeping hole) : 용졉부 내에 생기는 미세한 구멍
8) 스패터(spatter) : 용접 중 튀어나오는 슬래그 및 금속입자
9) 기타 결함 : 외관 비틀림 결함, 불용착(녹아 붙기 불량)변형, 용접치수의 불규칙, 용입부족 등

76 철근콘크리트 말뚝머리와 기초와의접합에 대한 설명으로 옳지 않은 것은?

① 두부를 커팅기계로 정리할 경우 본체에 균열이 생김으로 응력손실이 발생하여 설계내력을 상실하게 된다.
② 말뚝머리 길이가 짧은 경우는 기초저면까지 보강하여 시공한다.
③ 말뚝머리 철근은 기초에 30cm 이상의 길이로 정착한다.
④ 말뚝머리와 기초와의 확실한 정착을 위해 파일앵커링을 시공한다.

해설 1) 콘크리트 말뚝의 머리(두부)는 파일 커터 등을 사용해서 본체에 균열이 생기지 않도록 절단해야 한다.
2) 말뚝을 절단할 때 본체에 균열이 생기면 응력이 손실되거나 철근이 부식되어 설계내력을 상실하게 된다.

■ 정답 ■ 74.② 75.④ 76.①

77 제치장 콘크리트(exposed concrete)에 관한 설명으로 옳지 않은 것은?

① 구조물에 균열과 이로 인한 백화가 나타난 경우 재시공 및 보수가 쉽다.
② 타설 콘크리트면 자체가 치장이 되게 마무리한 자연 그대로의 콘크리트를 말한다.
③ 재료의 절약은 물론 구조물 자중을 경감할 수 있다.
④ 거푸집이 견고하고 흠이 없도록 정확성을 기해야 하기 때문에 상당한 비용과 노력비가 증대한다.

해설 ①항, 구조물의 균열로 인해 백화가 나타난 경우 재시공 및 보수가 어렵다.

78 콘크리트 부어넣기에서 진동기를 사용하는 가장 큰 목적은?

① 콘크리트 타설의 용이함
② 콘크리트 응결, 경화 촉진
③ 콘크리트의 밀실화 유지
④ 콘크리트의 재료 분리 촉진

해설 진동기 사용목적 : 콘크리트에 빠른 충격을 주어 콘크리트를 밀실하게 안정시키기 위함

79 기본벽돌(190×90×57)을 기준으로 1.5B 쌓기 할 때 벽돌 2,000매 쌓는 데 필요한 모르타르량으로 옳은 것은?

① 0.35㎥
② 0.7㎥
③ 0.45㎥
④ 0.8㎥

80 철골구조의 베이스 플레이트를 완전 밀착시키기 위한 기초상부고름질법에 속하지 않는 것은?

① 고정매입법
② 전면바름법
③ 나중채워넣기중심바름법
④ 나중채워넣기법

해설 기초상부 고름질(기둥밑창 고르기) : 철골세우기에서 기초상부는 베이스판을 완전수평으로 밀착시키기 위해서 30~50mm 두께로 모르타르를 펴 바른다.
1) 전면바름 마무리법
2) 나중채워넣기 중심바름법
3) 나중채워넣기 십자(+)바름법
4) 나중채워넣기법

제5과목 / 건설재료학

81 유성페인트나 바니시와 비교한 합성수지 도료의 전반적인 특성에 관한 설명으로 옳지 않은 것은?

① 도막이 단단하지 못한 편이다.
② 건조 시간이 빠른 편이다.
③ 내산, 내알칼리성을 가지고 있다.
④ 방화성이 더 우수한 편이다.

해설 합성수지도료의 특성
1) 건조시간이 빠르고 도막이 단단하다.
2) 도막은 인화할 염려가 없어서 더욱 방화성이 있다.
3) 내산·내알칼리성이 있어 콘크리트나 플라스터(plaster)면에 바를 수 있다.
4) 투명한 합성수지를 사용하면 더욱 선명한 색을 낼 수 있다.

82 다음 각종 금속의 성질에 관한 설명으로 옳지 않은 것은?

① 납은 융점이 높아 가공은 어려우나, 내알칼리성이 커서 콘크리트 중에 매입하여도 침식되지 않는다.
② 주석은 인체에 무해하며 유기산에 침식되지 않는다.
③ 동은 건조한 공기중에서는 산화하지 않으나, 습기가 있거나 탄산가스가 있으면 녹이 발생한다.
④ 아연은 인장강도나 연신율이 낮기 때문에 열간 가공하여 결정을 미세화하여 가공성을 높일 수 있다.

해설 납(Pb)
　1) 물리적 성질
　　① 비중(11.4)이 크고, 연질이며 연성, 전성이 크다.
　　② 인장강도가 극히 작다(주물은 1.25 kg/mm^2, 상온압연재는 1.7~2.3 kg/mm^2)
　　③ X선의 차단효과가 크다(콘크리트의 100배 이상)
　2) 화학적 성질
　　① 공기 중에서 습기(H_2O)와 CO_2에 의하여 표면이 산화하여 $PbCO_3 \cdot Pb(OH)_2$의 염기성 탄산납을 만들어 내부를 보호한다.
　　② 염산, 황산, 농질산에는 침해되지 않으나 묽은질산에는 녹는다(부통태 현상).
　　③ 알칼리에 약하므로 콘크리트와 접촉되는 곳은 아스팔트 등으로 보호한다.

83 목재의 결점 중 벌채시의 충경이나 그 밖의 생리적 원인으로 인하여 세로축에 직각으로 섬유가 절단된 형태를 의미하는 것은?

① 수지낭　　　② 미숙재
③ 컴프레션페일러　　④ 옹이

해설 compression failure(압축파괴) : 본문 설명

84 목재의 열적 성질에 관한 설명 중 옳지 않은 것은?

① 겉보기비중이 작은 목재일수톤 열전도율은 작다.
② 섬유에 평행한 방향의 열전도율이 섬유 직각방향의 열전도율보다 작다.
③ 목재는 불에 타는 단점이 있으나 열전도율이 낮아 여러 가지 용도로 사용되고 있다.
④ 가벼운 목재일수록 착화되기 쉽다.

해설 2항, 섬유에 평행한 방향의 열전도율이 섬유 직각방향(엇결 또는 나뭇결 방향)보다 1.5~2배 정도 크다.

85 강(鋼)과 비교한 알루미늄의 특징에 대한 내용 중 옳지 않은 것은?

① 강도가 작다.
② 전기 전도율이 높다.
③ 열팽장률이 작다.
④ 비중이 작다.

해설 알루미늄(Al)은 열팽창률이 철(Fe)의 2배 정도로 크다.

86 역청재료의 침입도 시험에서 중량 100g의 표준침이 5초 동안에 10mm 관입했다면 이 재료의 침입도는?

① 1　　　　② 10
③ 100　　　④ 1,000

해설 1) 침입도 1도 : 관입량 0.1mm(표준조건 : 25℃, 표준침의 중량 100g, 5초 동안 시험)
　2) 침입도 $= \dfrac{10}{0.1} = 100$

■ 정답 ■　82.①　83.③　84.②　85.③　86.③

87 목재의 내화성에 관한 설명 중 옳지 않은 것은?

① 목재의 발화 온도는 450℃이상이다.
② 목재의 밀도가 작을수록 착화가 어렵다.
③ 수산화나트륨 도포도 목재의 방화에 효과적이다.
④ 목재의 대단명화는 안전한 목재 방화법이다.

해설 ②항, 목재는 밀도가 작을수록 열전도율이 작고 착화가 용이하다.

88 일반적으로 단열재에 습기나 물기가 침투하면 어떤 현상이 발생하는가?

① 열전도율이 높아져 단열성능이 좋아진다.
② 열전도율이 높아져 단열성능이 나빠진다.
③ 열전도율이 낮아져 단열성능이 좋아진다.
④ 열전도율이 낮아져 단열성능이 나빠진다.

해설 단열재에 습기가 물기가 침투할 경우 : 열전도율이 높아져 단열성능이 나빠진다.

89 유리섬유를 폴리에스테르수지에 혼입하여 가압 · 성형한 판으로 내구성이 좋아 내 · 외수장재로 사용하는 것은?

① 아크릴평판
② 멜라민치장판
③ 폴리스티렌투평판
④ 폴리에스테르강화판

해설 폴리에스테르 강화판(유리섬유보강플라스틱, FRP)
1) 제법 : 가는 유리섬유에 불포화폴리에스테르수지를 넣어 상온·가압하여 성형한 것으로서 건축재료로서는 섬유를 불규칙하게 넣어 사용한다.
2) 용도
① 설비재료(세면기, 변기 등), 내외수장재료로 사용

② 항공기, 차량 등의 구조재 및 욕조, 창호재 등으로 사용

90 다음 중 자연에서 용제가 증발하여 표면에 피막이 형성되어 굳는 도료는?

① 유성조합페인트
② 염화비닐수지에나멜
③ 에폭시수지 도료
④ 알키드수지 도료

해설 염화비닐수지에나멜 : 염화비닐수지바니시에 안료를 혼합하고 용제로 희석시켜 사용한다.

91 타일의 소지(素地)중 규산을 화학성분으로 한 석영 · 수정 등의 광물로서 도자기 속에 넣으면 점성을 제거하는 효과가 있으며, 소지 속에서 미분화하는 것은?

① 고령토   ② 점토
③ 규석   ④ 납석

해설 소지원료
1) 규석 : 본문 설명
2) 고령토 : 알루미나의 무수규산의 함수 화합물로서 바위 속의 장석의 풍화에 의해 생긴다.
3) 점토 : 천연사의 미세한 입자의 집착제로서 유기물질을 많이 포함하고 있다.
4) 납석 : 주성분은 산화알루미늄(Al_2O_3)이다.

92 점토제품에서 SK번호란 무엇을 뜻하는가?

① 소성온도를 표시
② 점토원료를 표시
③ 점토제품의 종류를 표시
④ 점토제품 제법 순서를 표시

해설 SK : 점토제품의 소성온도를 나타냄

■ 정답 ■ 87.② 88.② 89.④ 90.② 91.③ 92.①

93 건성유에 연백 또는 안료를 더하여 만들 것으로 주로 유성페인트의 바탕만들기에 사용되는 퍼티는?

① 하드오일 퍼티　　② 오일 퍼티
③ 페인트 퍼티　　　④ 캐슈수지 퍼티

해설 페인트 퍼티(paint putty) : 본문 설명

94 깬 자갈을 사용한 콘크리트가 동일한 시공연도의 보통 콘크리트 보다 유리한 점은?

① 시멘트 페이스트와의 부착력 증가
② 수밀성 증가
③ 내구성 증가
④ 단위수량 감소

해설 깬 자갈(쇄석)을 사용한 콘크리트 : 골재의 표면이 거칠어서 시멘트 페이스트와의 부착면적이 커지고 강도가 증대된다.

95 시멘트 클링커 화합물에 대한 설명으로 옳지 않은 것은?

① C_3S양이 많을수록 조강성을 나타낸다.
② C_3S의 양이 많을수록 강도의 발현이 서서히 된다.
③ 재령 1년에서 C_4AF의 강도는 매우 낮다.
④ 시멘트의 수축률을 감소시키기 위해서는 C_3A를 증가시켜야 한다.

해설 ④항, 시멘트의 수축률을 감소시키기 위해서는 C_3A(알루민산 3석회)를 감소시켜야 한다.

> **길잡이** 시멘트 구성 화합물의 특성
> 1) C_3S : 시멘트의 초기강도를 좌우하며 시멘트 중 함유율이 5%이하이다.
> 2) C_2S : 시멘트의 후기강도에 영향을 주고 수화열이 낮다.
> 3) C_3A : 수화작용이 빠르고 발열량이 많다.
> 4) C_4AF : 수화작용, 수화열, 조기강도가 낮으며 시멘트 중 함유율이 33~37%이다.

96 건축용 코킹재의 일반적인 특징에 관한 설명으로 옳지 않은 것은?

① 수축률이 크다.
② 내부의 점성이 지속된다.
③ 내산·내알칼리성이 있다.
④ 각종 재료에 접착이 잘 된다.

해설 코킹재의 특징
1) 공기에 접하는 부분은 유연한 피막이 생기고 내부를 보호하며 내부의 점성이 지속되고 수축률이 작다.
2) 외기온도의 변화와 태양광선에 변질되지 않고 항상 적당한 점성을 유지하며 내후성이 있다.
3) 피막은 내수성과 발수성이 있다.
4) 내산·내알칼리성이 있다.
5) 각종 재료에 접착이 잘 되고 침식과 오염이 되지 않는다.

97 고로슬래그 분말을 시멘트 혼화재로 사용한 콘크리트의 성질에 대한 설명 중 옳지 않은 것은?

① 초기강도는 낮지만 슬래그의 잠재 수경성 때문에 장기강도는 크다.
② 해수, 하수 등의 화학점 침식에 대한 저항성이 크다.
③ 슬래그 수화에 의한 포졸란반응으로 공극 충전효과 및 알칼리 골재반응 억제효과가 크다.
④ 슬래그를 함유하고 있어 건조수축에 대한 저항성이 크다.

해설 ④항, 슬래그를 함유하고 있어 건조수축에 대한 저항성이 작다.

98 다음 시멘트 중 안전성이 좋고 발열량이 적으며 내침식성, 내구성이 좋아 댐공사, 방사능차폐용 등으로 사용되는 것은?

① 조강 포틀랜드 시멘트
② 보통 포틀랜드 시멘트
③ 알루미나 시멘트
④ 중용열 포틀랜드 시멘트

해설 **중용열 포틀랜드시멘트**
　1) **중용열 포틀랜드시멘트** : 수화열을 적게 하기 위해 C_3A_9(알루민산삼석회)의 양을 8%이하, C_3S(규산삼석회)의 양을 30% 이하로 만든 시멘트이다.
　2) **특성 및 용도**
　　① 조기강도는 작고 장기강도는 크다.
　　② 화학저항성이 크다.
　　③ 내산성 및 내구성이 우수하다.
　　④ 포틀랜드시멘트 중에서 건조수축이 가장 적다.
　　⑤ 댐 및 콘크리트 포장, 방사능 차폐용 등에 사용된다.

99 표면건조포화상태의 잔골재 500g을 건조시켜 기건상태에서 측정한 결과 460g, 절대건조상태에서 측정한 결과 440g이었다. 흡수율(%)은?

① 8% 　　　　② 8.7%
③ 12% 　　　 ④ 13.6%

해설 **흡수율**

$$= \frac{\text{표건상태중량} - \text{절건상태중량}}{\text{절건상태중량}} \times 100$$

$$= \frac{500 - 440}{440} \times 100 = 13.6\%$$

100 플라스틱 재료에 관한 설명으로 옳지 않은 것은?

① 실리콘수지는 내열성, 내한성이 우수한 수지로 콘크리트의 발수성 방수도료에 적당하다.
② 불포화 폴리에스테르수지는 유리섬유로 보강하여 사용되는 경우가 많다.
③ 아크릴수지는 투명도가 높아 유기유리로 불린다.
④ 멜라민수지는 내수, 내약품성은 우수하나 표면경도가 낮다.

해설 **멜라민 수지(melamine resin)**
　1) **성질**
　　① 무색투명하고 착색이 자유롭다.
　　② 경도 및 기계적 강도가 크다.
　　③ 내약품성, 내열성, 전기절연성, 내노화성 등이 우수하다.
　2) **용도**
　　① 마감재, 기구재, 판재류, 식기류 등에 사용
　　② 전화기 등 전기부품 등에 사용

제6과목 / 건설안전기술

101 산업안전보건기준에 관한 규칙에서 규정한 양중기의 정류에 해당하지 않는 것은?

① 이동식 크레인
② 승강기
③ 리프트(Lift)
④ 하이랜드(High land)

해설 **양중기의 종류**
　1) 크레인(hoist 포함)
　2) 이동식 크레인
　3) 리프트(이삿짐운반용 리프트는 적재하중이 0.1톤 이상인 것)
　4) 곤돌라
　5) 승강기

---

102 다음은 거푸집동바리 등을 조립하는 경우의 준수사항이다. 빈 칸 안에 알맞은 내용을 순서대로 옳게 나열한 것은?

> 동바리로 사용하는 강관(파이프서포트 제외)에 대하여는 다음 각목의 정하는 바에 의할 것
>
> 가. 높이 ( ) 이내마다 수평연결재를 ( ) 방향으로 만들고 수평연결재의 변위를 방지할 것

① 1m, 1개
② 1m, 2개
③ 2m, 1개
④ 2m, 2개

해설 **동바리로 사용하는 강관(파이프서포트는 제외)의 설치기준**
  1) 높이 2m 이내마다 수평연결재를 2개 방향으로 만들고 수평연결재의 변위를 방지할 것
  2) 멍에 등을 상단에 올릴 때에는 해당 상단에 강재의 단판을 붙여 보 또는 멍에에 고정시킬 것

103 터널 출입구 부근의 지반의 붕괴 또는 토석의 낙하에 의하여 근로자가 위험해질 우려가 있을 경우에 위험을 방지하기 위해 필요한 조치에 해당하는 것은?

① 물의 분사
② 보링에 의한 가스제거
③ 흙막이 지보공 설치
④ 감시인의 배치

해설 **터널 등의 출입구 부근의 지반 붕괴 및 토석 낙하에 의한 위험방지 조치사항**
  1) 흙막이지보공 설치
  2) 방호망 설치

104 중량물 운반시 크레인에 매달아 올릴 수 있는 최대 하중으로부터 달아올리기 기구의 중량에 상당하는 하중을 제외한 하중을 무엇이라 하는가?

① 정격 하중
② 적재 하중
③ 임계 하중
④ 작업 하중

해설 **정격하중** : 크레인의 권상(호이스트)하중에서 훅크, 그래브 또는 버킷 등 달기 기구의 중량에 상당하는 하중을 뺀 하중, 단 지브가 있는 크레인 등으로서 경사각의 위치에 따라 권상능력이 달라지는 것은 그 위치에서의 권상하중으로부터 달기기구의 중량을 뺀 하중

105 산업안전보건기준에 관한 규칙에 따른 굴착면의 기울기 기준으로 옳지 않은 것은?

① 경암 − 1 : 0.5
② 보통흙 모래 − 1 : 1.5
③ 풍화암 − 1 : 1.0
④ 연암 − 1 : 1.0

해설 **굴착작업시 굴착면의 기울기 기준**

구분	지반의 종류	구배
보통 흙	모래	1 : 1.8
	그 밖에 흙	1 : 1.2
암반	풍화암	1 : 1.0
	연암	1 : 1.0
	경암	1 : 0.5

106 아파트의 외벽 도장 작업 시 추락방지를 위해 주로 수직 구명줄에 부착하여 사용하는 보호장구로 옳은 것은?

① 1개 걸이 전용
② 추락방지대
③ 2개 절리 전용
④ U자 걸이 전용

해설 **안전대에 사용하는 용어의 정의**
  1) **벨트** : 신체지지의 목적으로 허리에 착용하는 띠모양의 부품
  2) **안전그네** : 신체지지의 목적으로 전신에 착용하는 띠 모양의 부품
  3) **U자걸이** : 안전대의 죔줄을 구조물 등에 U자모양으로 돌린 뒤, 훅 또는 카라비너를 D링에, 신축조절기를 각 링 등에 연결하여 신체의 안전

을 꾀하는 방법
4) **1개걸이** : 죔줄의 한쪽 끝을 D링에 고정시키고 훅 또는 카라비너를 구조물 또는 구명줄에 고정시켜 추락에 의한 위험을 방지하기 위한 방법
5) **안전블록** : 안전그네와 연결하여 추락발생시 추락을 억제할 수 있는 자동잠금장치가 갖추어져 있고 죔줄이 자동적으로 수축하는 금속장치
6) **추락방지대** : 신체의 추락을 방지하기 위해 자동잠김 장치를 갖추고 죔줄과 수직 구명줄에 연결된 금속장치

107 표준관입시험에서 30cm 관입에 필요한 타격회수(N)가 50 이상일 때 모래의 상대밀도는 어떤 상태인가?

① 몹시 느슨하다.
② 느슨하다.
③ 보통이다.
④ 대단히 조밀하다.

해설 **표준관입시험**(standard penetration test) : 사질지반의 토질시험방법으로 63.5kg의 추를 70~80cm 높이에서 떨어뜨려 30cm 관통시킬 때의 타격횟수(N)를 측정하여 흙의 경·연 정도를 판정한다.
1) 사질지반의 상대밀도 등 토질조사시 신뢰성이 높다.
2) 타격횟수(N값)와 모래의 상태

N값	모래의 상태
0~5	몹시 느슨하다.
5~10	느슨하다.(연약한 지반)
10~30	보통
50이상	다진상태(밀실한 상태)

108 강관비계(외줄·쌍줄 및 돌출비계)의 벽이음 및 버팀 설치에 관한 기준으로 옳은 것은?

① 인장재와 압축재와의 간격은 70cm 이내로 할 것
② 단관비계의 수직방향 조립간격은 7m 이하

로 할 것
③ 틀비계의 수평방향 조립간격은 10m 이하로 할 것
④ 강관·통나무 등의 재료를 사용하여 견고한 것으로 할 것

해설 **외줄비계, 쌍줄비계 또는 돌출비계** : 다음 각 목의 정하는 바에 따라 벽이음 및 버팀을 설치할 것
1) 강관비계의 조립간격은 다음[표]의 기준에 적합하도록 할 것

강관비계의 종류	조립간격(단위 : m)	
	수직방향	수평방향
단관비계	5	5
틀비계(높이가 5m미만의 것은 제외)	6	8

2) 강관·통나무 등의 재료를 사용하여 견고한 것으로 할 것
3) 인장재와 압축재로 구성되어 있는 때에는 인장재와 압축재의 간격을 1m 이내로 할 것

109 철골 건립기계 선정시 사전 검토사항과 가장 거리가 먼 것은?

① 입지조건   ② 인양물 종류
③ 건물형태   ④ 작업반경

해설 **철골 건립기계 선정시 사전 검토사항**
1) 입지조건
2) 작업반경
3) 건물형태

110 건립 중 강풍에 의한 풍압 등 외압에 대한 내력이 설계에 고려되었는지 확인하여야 하는 철골구조물이 아닌 것은?

① 높이 20m 이상인 구조물
② 폭과 높이의 비가 1 : 4 이상인 구조물
③ 연면적 당 철골량이 60kg/m² 이상인 구조물
④ 이음부가 현정용접인 구조물

해설 철골공사시 철공의 자립도 검토사항 : 구조안전의 위험성이 큰 다음 항목의 철골구조물은 건립 중 강풍에 의한 풍압 등 외압에 대한 내력이 설계에 고려되었는지 확인할 것
1) 높이 20m 이상의 구조물
2) 구조물의 폭과 높이의 비가 1 : 4 이상인 구조물
3) 단면구조에 현저한 차이가 있는 구조물
4) 연면적당 철골량이 50kg/m² 이하인 구조물
5) 기둥이 타이 플레이트(tie plate)형인 구조물
6) 이음부가 현장용접인 구조물

111 작업으로 인하여 물체가 떨어지거나 날아올 위험이 있는 경우 필요한 조치와 가장 거리가 먼 것은?

① 투하설비 설치
② 낙하물 방지망 설치
③ 수직보호망 설치
④ 출입금지구역 설정

해설 물체가 낙하ㆍ비래할 위험이 있을 경우 위험방지 조치사항
1) 낙하물 방지망, 수직보호망 또는 방호선반의 설치
2) 출입금지구역의 설정
3) 안전모 등 보호구의 착용

112 인접구조물보다 깊은 위치에 근접하여 지하구조물을 건설할 경우에 인접건물의 기초 등을 보호하기 위해 실시하는 기초보강공법은?

① 어스앵커공법
② 언더피닝공법
③ C.I.P공법
④ 지하연속벽공법

해설 언더피닝공법 : 본문 설명

113 차량계 건설기계의 전도 등을 방지하기 위한 조치와 거리가 먼 것은?

① 차체에 견고한 헤드가드를 갖춘다.
② 지반의 부동침하를 방지한다.
③ 갓길의 붕괴를 방지한다.
④ 충분한 도로의 폭을 유지한다.

해설 차량계 건설기계의 전도 등의 방지 : 차량계 건설기계의 전도(넘어짐) 또는 전락(굴러 떨어짐) 등에 의한 근로자의 위험방지 조치사항
1) 갓길(노견)의 붕괴방지
2) 지반의 부동침하방지
3) 도로의 폭 유지
4) 유도자 배치

114 그물코 크기가 가로, 세로 각각 10cm인 매듭방망 방망사의 신품에 대해 등송인장시험을 하였을 경우 그 강도가 최소 얼마 이상이어야 하는가?

① 150kg
② 200kg
③ 220kg
④ 240kg

해설 방망사의 신품에 대한 인장강도

그물코의 크기 (단위 : cm)	방망의 종류(단위 : kg)	
	매듭 없는 방망	매듭 방망
10	240	200
5		110

115 달비계란 와이어로프 등을 이용하여 상부지점으로부터 작업자가 승강할 수 있는 시설인데, 이 달비계의 작업발판의 폭은 최소 얼마 이상으로 유지하여야 하는가?

① 25cm
② 30cm
③ 35cm
④ 40cm

해설 달비계의 작업발판의 폭 : 40cm 이상

■ 정답 ■ 111.① 112.② 113.① 114.② 115.④

116 항타기 및 항발기의 권상용 와이어로프의 사용 금지 기준에 해당되지 않는 것은?

① 와이어로프의 한 꼬임에서 끊어진 소선의 수가 8% 이상인 것
② 지름의 감소가 공칭지름의 7%를 초과라는 것
③ 심하게 변형되거나 부식된 것
④ 이음매가 있는 것

[해설] 항타기·항발기의 권상용 와이어로프 등의 사용금지사항
  1) 이음매가 있는 것
  2) 와이어로프의 한 꼬임에서 끊어진 소선(필러선 제외)의 수가 10%이상인 것
  3) 지름의 감소가 공칭지름의 7%를 초과하는 것
  4) 꼬인 것
  5) 심하게 변형 또는 부식된 것
  6) 열과 전기충격에 의해 손상된 것

117 이동식 비계를 조립하여 사용할 때 밑변 최소폭의 길이가 2m라면 이 비계의 사용가능한 최대 높이는?

① 4m   ② 8m
③ 10m   ④ 14m

[해설] 이동식 비계의 높이
  =밑변 최소폭×4배 이하 =2m×4=8m 이하

118 다음은 강관비계의 구조에 관한 사항이다. 빈 칸에 들어갈 내용을 순서대로 옳게 나열한 것은?

띠장간격은 2.0m 이하로 설치하고, 비계기둥의 제일 윗부분으로부터 31m 되는 지점 밑부분의 비계기둥은 (   )의 강관으로 묶어 세울 것

① 1.5m, 2개   ② 1.5m, 3개
③ 2.0m, 2개   ④ 2.0m, 3개

[해설] 강관비계의 구조 : 강관을 사용하여 비계를 구성할 때의 준수사항
  1) 비계기둥의 간격은 띠장방향에서는 1.85m, 장선방향에서는 1.5m 이하로 할 것
  2) 띠장간격은 2m 이하로 설치할 것
  3) 비계기둥의 최고부로부터 31m 되는 지점 밑부분의 비계기둥은 2본의 강관으로 묶어울 것(브라켓 등으로 보강하여 그 이상의 강도가 유지되는 경우에는 그러하지 아니하다)
  4) 비계기둥 간의 적재하중은 400kg을 초과하지 아니하도록 할 것

119 가설통로의 설치에 관한 기준으로 옳지 않은 것은?

① 일반적으로 경사는 30° 이하로 한다.
② 건설공사에 사용하는 높이 8m 이상의 비계다리에는 7m이내마다 계단참을 설치하여야 한다.
③ 작업상 부득이한 때에는 필요한 부분에 한하여 안전난간을 임시로 해체할 수 있다.
④ 수직갱에 가설된 통로의 길이가 10m 이상인 때에는 5m이내마다 계단참을 설치하여야 한다.

[해설] ④항, 수직갱에 가설된 통로의 길이가 15m 이상인 때에는 10m 이내마다 계단참을 설치할 것

120 운반작업 시 주의사항으로 옳지 않은 것은?

① 단독으로 긴 물건을 어깨에 메고 운반할 때에는 뒤쪽을 위로 올린 상태로 운반한다.
② 운반시의 시선은 진행방향을 향하고 뒷걸음 운반을 하여서는 안된다.
③ 무서운 물건을 운반할 때 무게 중심이 높은 하물은 인력으로 운반하지 않는다.
④ 어깨높이보다 높은 위치에서 하물을 들고 운반하여서는 안된다.

[해설] ①항, 단독으로 긴 물건을 어깨에 메고 운반할 때에는 앞쪽을 위로 올린 상태로 운반한다.

■정답■ 116.① 117.② 118.③ 119.④ 120.①

2016년 시행

건설안전기사

제1과목 / 산업안전관리론

01 산업안전보건법령상 안전인증대상 방호장치에 해당하는 것은?

① 교류 아크용접기용 자동전격방지 기
② 동력식 수동대패용 칼날접촉방지장치
③ 절연용 방호구 및 활선작업용 기 구
④ 아세틸렌 용접장치용 또는 가스집 합 용접장치용 안전기

해설 안전인증대상 및 자율안전확인대상방호장치

안전인증대상 방호장치	자율안전확인대상 방호장치
① 프레스 및 전단기 방호장치	① 아세틸렌 용접장치용 또는 가스집합용접 장치용 : 안전기
② 양중기용 과부하 방지장치	② 교류아크 용접기용 : 자동전격방지기
③ 보일러 압력방출용 안전밸브	③ 롤러기 : 급정지장치
④ 압력용기 압력방출용 안전밸브	④ 연삭기 : 덮개
⑤ 압력용기 압력방출용 파열판	⑤ 목재가공용 둥근 톱 : 반발예방장치 및 날접촉예방장치
⑥ 절연용 방호구 및 활선작업용 기구	⑥ 동력식 수동 대패용 : 칼날접촉방지장치
⑦ 방폭구조 전기기계·기구 및 부품	⑦ 산업용 로봇 : 안전매트
⑧ 추락·낙하 및 붕괴 등의 위험방호에 필요한 가설기자재로서 고용노동부장관이 정하여 고시하는 것	

02 산업안전보건법상 조립·해체 작업장 입구에 설치하여야 할 출입금지 표지의 색채로 가장 적당한 것은?

① 바탕 : 노란색, 기본모형 : 검정색,
   관련부호 : 검정색, 그림 : 검정색
② 바탕 : 흰색 기본모형 : 빨간색,
   관련부호 : 검정색, 그림 : 검정색
③ 바탕 : 흰색, 기본모형 : 녹색,
   관련부호 : 녹색, 그림 : 검정색
④ 바탕 : 파란색, 기본모형 : 빨간색,
   관련부호 : 흰색, 그림 : 검정색

해설 출입금지 표지 색채
   1) 바탕 : 흰색
   2) 기본모형 : 빨간색(색도기준 : 7.5R 4/14)
   3) 관련부호 및 그림 : 검정색

03 산업안전보건법령상 중대재해에 해당되지 않는 것은?

① 사망자가 2명 발생한 재해
② 부상자가 동시에 7명 발생한 재해
③ 직업성질병자가 동시에 11명 발생 한 재해
④ 3개월 이상의 요양이 필요한 부상 자가 동시에 3명 발생한 재해

해설 중대재해의 정의(시행규칙 제22조 제1항)
   1) 사망자가 1명 이상 발생한 재해
   2) 3개월 이상의 요양이 필요한 부상자가 2명 이상 발생한 재해
   3) 부상자 또는 직업성질병자가 동시에 10명 이상 발생한 재해

04 산업안전보건법령상 건설업의 경우 공사금액이 얼마 이상인 사업장에 산업안전보건위원회를 설치·운영하여야 하는가?

① 80억원
② 120억원
③ 150억원
④ 700억원

해설 산업안전보건위원회를 설치·운영해야 할 건설업의 규모
1) 공사금액 120억원 이상
2) 토목공사업에 해당하는 공사의 경우에는 150억원 이상

05 재해의 간접원인 중 기초원인에 해당하는 것은?

① 불안전한 상태
② 관리적 원인
③ 신체적 원인
④ 불안전한 행동

해설 재해원인
1) 직접원인(1차원인)
   ① 인적원인 : 불안전한 행동
   ② 물적원인 : 불안전한 상태
2) 간접원인
   ① 기초원인 : 학교교육적 원인, 관리적원인
   ② 2차원인 : 신체적원인, 정신적원인, 안전교육적 원인, 기술적원인

06 방독마스크의 선정 방법으로 적합하지 않는 것은?

① 전면형은 되도록 시야가 좁을 것
② 착용자 자신이 스스로 안면과 방독마스크 안면부와의 밀착성 여부를 수시로 확인할 수 있을 것
③ 머리끈은 적당한 길이 및 탄력성을 갖고 길이를 쉽게 조절할 수 있을 것
④ 정화통 내부의 흡착제는 견고하게 충진되고 충격에 의해 외부로 노출되지 않을 것

해설 전면형은 되도록 시야가 넓을 것

07 직계식 안전조직의 특징이 아닌 것은?

① 명령과 보고가 간단 명료하다.
② 안전정보의 수집이 빠르고 전문적이다.
③ 각종 지시 및 조치사항이 신속하게 이루어진다.
④ 안전업무가 생산현장 라인을 통하여 시행된다.

해설 안전정보의 수집이 빠르고 전문적이다 : 참모식 (staff형) 특징

08 재해조사 발생 시 정확한 사고원인 파악을 위해 재해조사를 직접 실시하는 자가 아닌 것은?

① 사업주
② 현장관리감독자
③ 안전관리자
④ 노동조합 간부

해설 재해조사자
1) 현장관리감독자
2) 안전관리자
3) 노동조합 간부
4) 산업안전보건위원회 위원
5) 안전관리전문가(학식경험자) 등

09 근로자수가 400명, 주당 45시간씩 연간 50주를 근무하였고, 연간재해건수는 210건으로 근로손실일수가 800일이었다. 이 사업장의 강도율은 약 얼마인가?(단, 근로자의 출근율은 95%로 계산한다.)

① 0.42
② 0.52
③ 0.88
④ 0.94

해설 강도율 $= \dfrac{\text{근로손실일수}}{\text{연근로시간수}} \times 1,000$

$= \dfrac{800}{400 \times 45 \times 50 \times 0.95} \times 1,000$

$= 0.94$

10 무재해운동 추진기법으로 볼 수 없는 것은?

① 위험예지훈련
② 지적확인
③ 터치 앤 콜
④ 직무위급도분석

해설 무재해운동 추진기법
1) 위험예지훈련
2) 지적확인
3) 터치 앤 콜(touch & call)
4) TBM(tool box meating)

11 하인리히(H.W.Heinrich)의 재해발생과 관련한 도미노 이론에 포함되지 않는 단계는?

① 사고
② 개인적 결함
③ 제어의 부족
④ 사회적 환경 및 유전적 요소

해설 하인리히의 사고연쇄성 이론(도미노현상)
1) 1단계 : 사회적환경 및 유전적 요소
2) 2단계 : 개인적 결함
3) 3단계 : 불안전한 행동 및 불안전한 상태
4) 4단계 : 사고
5) 5단계 : 재해

12 건설업 산업안전보건관리비 계상에 관한 관련 규정은 산업재해보상보험법의 적용을 받는 공사 중 총공사금액이 얼마 이상인 공사에 적용하는가?

① 2,000만원
② 1억원
③ 120억원
④ 150억원

해설 안전관리비 적용범위 : 산업재해보상보험법의 적용을 받는 공사중 총공사금액이 2,000만원 이상인 건설공사

13 안전보건개선계획서의 수립·시행명령을 받은 사업주는 그 명령을 받은 날부터 안전보건개선계획서를 작성하여 며칠 이내에 관할 지방고용노동관서의 장에게 제출해야 하는가?

① 15일
② 30일
③ 60일
④ 90일

해설 안전보건개선계획서 제출시기(시행규칙 제131조 제3항) : 안전보건개선계획의 수립·시행명령을 받은 사업주는 고용노동부장관이 정하는 바에 따라 안전보건개선계획서를 작성하여 그 명령을 받은 날부터 60일 이내에 관할 지방고용노동관서의 장에게 제출하여야 한다.

14 사업장의 안전·보건관리계획 수립 시 기본적인 고려요소로 가장 적절한 것은?

① 대기업의 경우 표준계획서를 작성하여 모든 사업장에 동일하게 적용시킨다.
② 계획의 실시 중에는 변동이 없어야 한다.
③ 계획의 목표는 점진적인 높은 수준으로 한다.
④ 사고발생 후의 수습대책에 중점을 둔다.

해설 안전·보전관리계획 수립시 유의사항
1) 사업장의 실태에 맞도록 독자적으로 수립하되, 실현가능성이 있도록 한다.
2) 직장단위로 구체적 계획을 작성한다.
3) 계획상의 재해감소목표는 점진적으로 수준을 높이도록 한다.
4) 근본적인 안전대책을 강구한다.
5) 복수적인 계획안을 내어 그중에서 선택한다.
6) 현재의 문제점을 검토하기 위해 자료를 조사·수립한다.
7) 적극적인 선취안전을 취해 새로운 착상과 정보를 활용한다.
8) 계획에서 실시까지의 미비점, 잘못된 점을 피드백(feed back)할 수 있는 조정 기능을 갖고 있다.
9) 계획안이 효과적으로 실시되도록 라인·스태프(line-staff)관계자에게 충분히 납득시킨다.

■ 정답 ■ 10.④ 11.③ 12.① 13.③ 14.③

15 재해손실비의 평가방식 중 시몬즈 방식에서 비보험 코스트에 반영되는 항목에 해당하지 않는 것은?

① 휴업상해 건수
② 통원상해 건수
③ 응급조치 건수
④ 무손실사고 건수

해설 시몬즈의 재해손실비
 총재해 cost=보험코스트+비보험코스트
 1) **보험코스트(납입보험료)** = 지급보상비+ 제경비 + 이익금
 2) **비보험코스트** = (휴업상해건수×A) + (통원상해건수×B) + (응급조치건수×C) + (무상해사고건수×D)
 여기서, A,B,C,D는 장해 정도별에 의한 비보험코스트의 평균치

16 사업장 무재해운동 추진 및 운영에 관한 규칙에 있어 특정 목표배수를 달성하여 그 다음 배수달성을 위한 새로운 목표를 재설정하는 경우 무재해 목표 설정기준으로 틀린 것은?

① 업종은 무재해 목표를 달성한 시점에서의 업종을 적용한다.
② 무재해 목표를 달성한 시점 이후부터 즉시 다음 배수를 기산하며 업종과 규모에 따라 새로운 무재해 목표시간을 재설정한다.
③ 건설업의 규모는 재개시 시점에 해당하는 총공사금액을 적용한다.
④ 규모는 재개시 시점에 해당하는 달로부터 최근 6개월간의 평균 상시 근로자수를 적용한다.

해설 ④항, 규모는 제개시 시점에 해당하는 달로부터 최근 1년간의 평균 상시근로자를 적용한다. 다만, 사업장의 요청이 있거나 산정이 곤란한 경우는 직전 사업연도 연평균 상시 근로자수를 적용할 수 있다.

17 안전점검의 종류 중 주기적으로 일정한 기간을 정하여 일정한 시설이나 물건, 기계 등에 대하여 점검하는 방법을 무엇이라 하는가?

① 정기점검　　　② 일상점검
③ 특별점검　　　④ 임시점검

해설 안전점검의 종류
 1) **수시점검** : 작업 전, 중, 후에 실시하는 점검
 2) **정기점검** : 일정기간마다 정기적으로 실시하는 점검
 3) **임시점검** : 이상 발견 시 임시토 실시하거나 정기점검과 정기점검 사이에 실시하는 점검
 4) **특별점검**
 ① 기계·기구 및 설비의 신설·변경 및 수리 시 등 실시
 ② 천재지변 발생 후 실시
 ③ 안전강조 기간 내 실시

18 재해사례연구법(Accident Analysis and control Method)에서 활용하는 안전관리 열쇠 중 작업에 관계되는 것이 아닌 것은?

① 적성배치　　　② 작업순서
③ 이상시 조치　　④ 작업방법 개선

해설 재해사례연구법에서 안전관리 열쇠 중 작업에 관계되는 사항
 1) 작업순서　2) 이상시 조치　3) 작업방법 개선

19 산업안전보건법상 산업재해가 발생한 때에 사업주가 기록·보존하여야 하는 사항이 아닌 것은?

① 사업장의 개요 및 근로자의 인적사항
② 재해 발생의 일시 및 장소
③ 재해 발생의 원인 및 과정
④ 재해원인 수사요청 기록 및 근무상황일지

해설 산업재해 발생시 기록·보존하여야 할 사항(시행규칙 제4조의 2)
 1) 사업장의 개요 및 근로자의 인적사항

2) 재해발생의 일시 및 장소
3) 재해발생의 원인 및 과정
4) 재해 재발방지계획

20 안전관리는 PDCA 사이클 4단계를 거쳐 지속적인 관리를 수행하여야 하는데 다음 중 PDCA 사이클의 4단계를 잘못 나타낸 것은?

① P : Plan   ② D : Do
③ C : Check   ④ A : Analysis

해설 안전관리사이클(P → D → C → A)
  1) Plan(계획) : 목표를 정하고 달성하는 방법을 계획한다.
  2) Do(실시) : 교육, 훈련을 하고 실행에 옮기는 것이다.
  3) Check(검토) : 결과를 검토하는 것이다.
  4) Action(조치) : 검토한 결과에 의해 조치를 취하는 것이다.

제2과목 / 산업심리 및 교육

21 다음 중 카운슬링(counseling)의 순서로 가장 올바른 것은?

① 장면 구성 → 내담자와의 대화 → 감정표출 → 감정의 명확화 → 의견 재분석
② 장면 구성 → 내담자와의 대화 → 의견 재분석 → 감정 표출 → 감정의 명확화
③ 내담자와의 대화 → 장면 구성 → 감정 표출 → 감정의 명확화 → 의견 재분석
④ 내담자와의 대화 → 장면 구성 → 의견 재분석 → 감정 표출 → 감정의 명확화

해설 1) 카운슬링의 순서
  ∴ 장면구성 – 내담자 대화 – 의견재분석 – 감정표출 – 감정의 명확화
  2) 개인적인 카운슬링 방법

① **직접충고** : 안전수칙 불이행시 적합, 지시적 방법
② **설득적 방법** : 비지시적 방법
③ **설명적 방법** : 비지시적 방

22 에빙하우스(Ebbinghaus)의 연구결과 망각율이 50%를 초과하게 되는 최초의 경과시간은?

① 30분   ② 1시간
③ 1일   ④ 2일

해설 파지와 망각
  ① 파지 : 획득된 행동이나 내용이 지속되는 것이다.
  ② 망각 : 획득된 행동이나 내용이 지속되지 않고 소실되는 것이다.

23 다음 중 산업안전보건법 시행규칙상 사업 내 안전·보건교육에 있어 건설업 일용근로자의 작업 내용 변경시의 최소 교육시간으로 옳은 것은?

① 1시간   ② 2시간
③ 3시간   ④ 4시간

해설 사업 내 안전보건교육(시행규칙 별표8)

교육과정	교육대상	교육시간
1. 정기교육	1) 사무직·판매직 근로자	매반기 6시간 이상
	2) 사무직·판매직 근로자 외의 근로자	매반기 12시간 이상
2. 채용시 교육	1) 일용직 근로자 및 근로계약기간이 1주일 이하인 기간제 근로자	1시간 이상
	2) 근로계약기간이 1주일 초과 1개월 이하인 기간제 근로자	4시간 이상
	3) 그 밖에 근로자	8시간 이상
3. 작업내용 변경시 교육	1) 일용근로자 및 근로계약기간에 1주일 이하인 기간제 근로자	1시간 이상
	2) 그 밖에 근로자	2시간 이상

교육과정	교육대상	교육시간
4. 특별교육	1) 특별교육대상 작업에 종사하는 일용근로자 및 근로계약기간이 1주일 이하인 기간제 근로자	2시간 이상
	2) 특별교육대상 작업중 타워크레인 신호작업에 종사하는 일용근로자 및 근로계약기간이 1주일 이하인 기간제 근로자	8시간 이상
	3) 특별교육대상 작업에 종사하는 일용근로자 및 근로계약기간이 1주일 이하인 기간제 근로자를 제외한 근로자	• 16시간 이상(최초 작업에 종사하기 전 4시간 이상 실시하고 12시간은 3개월 이내에서 분할하여 실시 가능) • 단기간 작업, 간헐적 작업인 경우 2시간 이상
5. 건설업 기초 안전·보건 교육	건설일용근로자	4시간 이상

24 창의력이란 '문제를 해결하기 위하여 정보나 지식을 독특한 방법으로 조합하여 참신하고 유용한 아이디어를 생성해 내는 능력'이다. 창의력을 발휘하려면 3가지 요소가 필요한데 다음 중 이와 관련된 요소가 아닌 것은?

① 전문지식   ② 상상력
③ 업무몰입도   ④ 내적동기

해설 창의력을 발휘하기 위한 3가지 요소
   1) 내적동기
   2) 전문지식
   3) 상상력

25 다음 중 심포지엄(symposium)에 관한 설명으로 가장 적절한 것은?

① 먼저 사례를 발표하고 문제적 사실들과 그의 상호 관계에 대하여 검토고 대책을 토의하는 방법
② 몇 사람의 전문가에 의하여 과제에 관한 견해를 발표한 뒤에 참가자로 하여금 의견이나 질문을 하게 하여 토의하는 방법

③ 새로운 교재를 제시하고 거기에서의 문제점을 피교육자로 하여금 제기하게 하거나, 의견을 여러 가지 방법으로 발표하게 하고 다시 깊이 파고들어서 토의하는 방법
④ 패널 멤버가 피교육자 앞에서 자유로이 토의하고, 뒤에 피교육자 전원이 참가하여 사회자의 사회에 따라 토의하는 방법

해설 토의식의 종류
   1) forum(공개토론회) : 새로운 자료나 교재를 제시하고 거기서의 문제점을 피교육자로 하여금 제기케 하거나 의견을 여러 가지 방법으로 발표하게 하여 다시 깊이 파고들어 토의를 행하는 방법
   2) symposium : 몇 사람의 전문가에 의하여 과제에 관한 견해를 발표한 뒤 참가자로 하여금 의견이나 질문을 하게 하여 토의하는 방법
   3) panel discussion : 패널멤버(교육과제에 정통한 전문가 4~5명)가 피교육자 앞에서 자유로이 토의하고 뒤에 피교육자 전원이 참가하여 사회자의 사회에 따라 토의하는 방법
   4) 버즈세션(buzz session) : 6-6회의라고도 하며, 먼저 사회자와 기록계를 선출한 후 나머지 사람은 6명씩의 소집단으로 구분하고, 소집단별로 각각 사회자를 선발 하여 6분간씩 자유토의를 행하여 의견을 종합하는 방법

26 다음 중 부주의가 발생하는 경우에 있어 자동차를 운전할 때 신호가 바뀌기 전에 신호가 바뀔 것을 예상하고 자동차를 출발시키는 행동과 관련된 것은?

① 억측판단   ② 근도반응
③ 착시현상   ④ 의식의 우회

해설 억측판단
   1) 억측판단 : 자기 주관적인 판단
   2) 억측판단이 발생하는 배경
    ① 희망적인 관측 : 그때도 그랬으니까 괜찮겠지 하는 관측
    ② 정보나 지식의 불확실 : 위험에 대한 정보의 불확실 및 지식의 부족
    ③ 과거의 선입견 : 과거에 그 행위로 성공한

경험의 선입관
④ **초조한 심정** : 일을 빨리 끝내고 싶은 초조
한 심정

27 다음 중 작업장에서의 사고예방을 위한 조치로 틀린 것은?

① 모든 사고는 사고 자료가 연구될 수 있도록
철저히 조사되고 자세히 보고되어야 한다.
② 안전의식고취 운동에서의 포스터는 처참한
장면과 함께 부정적인 문구의 사용이 효과
적이다.
③ 안전장치는 생산을 방해해서는 안 되고, 그
것이 제 위치에 있지 않으면 기계가 작동되
지 않도록 설계되어야 한다.
④ 감독자와 근로자는 특수한 기술뿐만 아니라
안전에 대한 태도교육을 받아야 한다.

해설 포스터의 처참한 장면과 부정적인 문구는 안전
의식 고취에 역화를 초래할 수 있다.

28 다음 중 심리검사의 특징 중 측정하고자 하는 것을 실제로 잘 측정하는지의 여부를 판별하는 것을 무엇이라 하는가?

① 표준화   ② 신뢰성
③ 객관성   ④ 타당성

해설 심리검사의 구비조건
1) **표준화** : 검사관리를 위한 조건 및 검사절차의
일관성과 통일성을 표준화
2) **객관성** : 체험하는 과정에서 채점자의 편견이나
주관성 배제
3) **규준(norms)** : 검사결과를 해석하기 위한 비교
할 수 있는 참조 또는 비교의 틀
4) **신뢰성** : 검사응답의 일관성(반복성)
5) **타당성** : 측정하고자 하는 것을 실제로 잘 측정
하는가 여부를 판별하는 것

29 다음 중 안전태도교육 과정을 올바른 순서대로 나열한 것은?

① 청취 → 모범 → 이해 → 평가 → 장려 ·
처벌
② 청취 → 평가 → 이해 → 모범 → 장려 ·
처벌
③ 청취 → 이해 → 모범 → 평가 → 장려 ·
처벌
④ 청취 → 평가 → 모범 → 이해 → 장려 ·
처벌

해설 안전태도교육의 기본과정
1) 청취(들어본다) → 2) 이해 → 3) 모범(시범) →
4) 평가

30 다음 중 합리화의 유형에 있어 자기의 실패나 결함을 다른 대상에게 책임을 전가시키는 유형으로 자신의 잘못에 대해 조상 탓을 하거나 축구 선수가 공을 잘못 찬 후 신발 탓을 하는 등에 해당하는 것은?

① 신포도형   ② 투사형
③ 망상형   ④ 달콤한 레몬형

해설 1) **합리화** : 자기의 난처한 입장이나 실패 및 결
점을 그럴듯한 이유를 들어 남의 비난을 받지
않도록 하며 또한 자위도 하는 행동기제이다.
2) **합리화의 유형**
① **신포도형** : 목표달성에 실패하였을 때 자기
는 처음부터 원하지 않은 일이라고 변명하
는 유형
② **투사형** : 자신의 잘못에 대해 조상탓을 하거
나 축구선수가 공을 잘못찬 후 신발 탓을 하
는 유형
③ **망상형** : 지나친 합리화를 도모하는 형태
④ **달콤한 레몬형** : 「이것이야 말로 내가 바라
는 것이다」라고 변명하는 등 현재의 상태
를 과시하는 유형

31 다음 중 피로의 검사방법에 있어 인지역치를 이용한 생리적 방법은?

① 광전비색계
② 뇌전도(EEG)
③ 근전도(EMG)
④ 점멸융합주파수(flicker fusion frequency)

해설 플리커 값(flicker) : 점멸융합주파수
(flicker fusion frequency)
1) 정신적 부담이 대뇌피질의 피로수준에 미치고 있는 영향을 측정하는 방법이다.
2) 인지역치(認知閾値)를 이용한 피로의 생리적 측정법이다.

32 다음 중 직무분석 방법으로 가장 적합하지 않은 것은?

① 면접법   ② 관찰법
③ 실험법   ④ 설문지법

해설 직무분석 방법
1) 면접방식
2) 관찰방식
3) 설문지법
4) 혼합방식

33 다음 중 강의법에서 도입단계의 내용으로 적절하지 않은 것은?

① 동기를 유발한다.
② 주제의 단원을 알려준다.
③ 수강생의 주의를 집중시킨다.
④ 핵심이 되는 점을 가르쳐 준다.

해설 ④항, 「핵심이 되는 점을 가르쳐 준다」 : 제시단계

길잡이 교육법의 4단계
1) **제1단계-도입(준비)** : 배우고자 하는 마음가짐을 일으키도록 도입한다.
2) **제2단계-제시(설명)** : 상대의 능력에 따라 교육하고 내용을 확실하게 이해시키고 납득시켜 다시 기능으로서 습득시킨다.
3) **제3단계-적용(응용)** : 이해시킨 내용을 구체적인 문제 또는 실제 문제로 활용시키거나 응용시킨다.(작업습관을 확립하는 단계)
4) **제4단계-확인(총괄)** : 교육내용을 정확하게 이해하고 습득하였는지의 여부를 확인한다.

34 다음 중 허츠버그(Herzberg)가 직무확충의 원리로서 제시한 내용과 거리가 가장 먼 것은?

① 책임을 지고 일하는 동안에는 통제를 추가한다.
② 자신의 일에 대해서 책임을 더 지도록 한다.
③ 직무에서 자유를 제공하기 위하여 부가적 권위를 부여한다.
④ 전문가가 될 수 있도록 전문화된 과제들을 부과한다.

해설 ①항, 책임을 지고 일하는 동안에는 통제를 하지 않는다.

길잡이 작업만족도(job satisfaction)를 가져오는 방법
1) 수행되어야 할 활동의 수를 증가시킨다.
2) 작업자 자신의 작업물에 대한 검사 책임을 준다.
3) 어떤 특정한 부품보다는 완전한 한 단위에 대한 책임을 부여한다.
4) 작업자 자신이 사용할 작업방법을 선택할 수 있는 기회를 준다.
5) 작업순환 또는 생산공정의 작업조들에게 더 큰 책임을 지운다.

35 다음 중 학습목적의 3요소가 아닌 것은?

① 목표(goal)
② 주제(subject)
③ 학습정도(level of learning)
④ 학습방법(method of learning)

해설 학습목적의 3요소
1) **목표(Goal)** : 학습목적의 핵심으로 학습을 통하여 달성하려는 지표
2) **주제(Subject)** : 목표달성을 위한 테마
3) **학습 정도(Level of Learning)** : 학습범위와 내용의 정도

36 다음 중 비공식 집단에 관한 설명으로 가장 거리가 먼 것은?

① 비공식 집단은 조직구성원의 태도, 행동 및 생산성에 지대한 영향력을 행사한다.
② 가장 응집력이 강하고 우세한 비공식 집단은 수직적 동료집단이다.
③ 혼합적 혹은 우선적 동료집단은 각기 상이한 부서에 근무하는 직위가 다른 성원들로 구성된다.
④ 비공식 집단은 관리영역 밖에 존재하고 조직도상에 나타나지 않는다.

해설 ②항, 응집력이 강하고 비공식 집단은 수평적 동료집단이다.

> **길잡이** 비공식집단의 특성
> 1) 규모가 과히 크지 않다.
> 2) 경영통제권이나 관리경영 밖에 존재한다.
> 3) 직접적이고 빈번한 개인 간의 접촉을 필요로 한다.
> 4) 동료애의 욕구가 있으며, 응집력이 크다.

37 다음 중 교육지도의 원칙과 가장 거리가 먼 것은?

① 한 번에 한 가지씩 교육을 실시한다.
② 쉬운 것부터 어려운 것으로 실시한다.
③ 과거부터 현재, 미래의 순서로 실시한다.
④ 적게 사용하는 것에서 많이 사용하는 순서로 실시한다.

해설 교육지도의 원칙
1) 피교육자 중심교육(상대방 입장에서 교육)
2) 동기부여
3) 쉬운 부분에서 어려운 부분으로 진행
4) 반복
5) 한 번에 하나씩 교육
6) 인상의 강화(오래 기억)
7) 5관의 활용
8) 기능적인 이해

38 다음 중 리더로서의 일반적인 구비요건과 가장 거리가 먼 것은?

① 화합성
② 통찰력
③ 개인의 이익 추구성
④ 정서적 안전성 및 활발성

해설 리더의 구비요건
1) **화합성** : 리더는 구성원들의 정서적 요구에 대한 호응력을 가져야 하며, 부하직원으로 부터 집단의 한 구성원으로 수용될 수 있어야 한다.
2) **통찰력** : 리더 자신과 조직이 처해 있는 현재의 입장과 장래의 전망을 살펴볼 수 있어야 한다.
3) **정서적 안정성 및 활발성** : 정서적으로 안정되어 항상 마음의 균형과 침착성을 잃지 않아야 하며, 그에게로 향하는 공격, 노기, 냉담 등의 문제를 처리할 수 있는 역량을 갖추어야 하고, 명랑하고 열의가 있으며 표현능력이 있어야 한다.

39 다음 중 부주의에 의한 사고 방지에 있어서 정신적 측면의 대책 사항과 가장 거리가 먼 것은?

① 적응력 향상
② 스트레스 해소
③ 작업의욕 고취
④ 주의력 집중 훈련

해설 적응력 향상 : 신체적 측면의 대책

40 다음 중 ATT(American Telephone & Telegram) 교육훈련기법의 내용으로 적절하지 않은 것은?

① 인사관계
② 고객관계
③ 회의의 주관
④ 종업원의 향상

해설 ATT(American Telephone & Telegram Co.)
1) **교육대상** : 대상계층이 한정되어 있지 않고, 한 번 훈련을 받은 관리자는 그 부하인 감독자에 대해 지도원이 될 수 있다.
2) **교육내용** : 계획적 감독, 작업의 계획 및 인원배치 작업의 감독, 공구와 자료보고 및 기록, 개인작업의 개선, 종업원의 향상, 인사관계, 훈련, 고객관계, 안전부대 군인의 복무조정 등
3) **교육방법** : 코스는 1차 훈련(1일 8시간씩 2주간), 2차 과정에서는 문제가 발생할 때마다 하도록 되어있으며, 진행방법은 통상 토의식에 의하여 지도자의 유도로 과제에 대한 의견을 제시하도록 하여 결론을 내려가는 방식을 취한다.

제3목 / 인간공학 및 시스템안전공학

41 안전·보건표지에서 경고표지는 삼각형, 안내표지는 사각형, 지시표지는 원형 등으로 부호가 고안되어 있다. 이처럼 부호가 이미 고안되어 이를 사용자가 배워야 하는 브호를 무엇이라 하는가?

① 묘사적 부호
② 추상즈 쿠호
③ 임의적 부호
④ 사실즈 쿠호

해설 시각적 암호, 부호 및 기호의 우형
1) **묘사적 부호** : 사물의 행동을 단순하고 정확하게 묘사하는 것
(예 : 위험표지판의 해골과 뼈, 도보표지판의 걷는 사람)
2) **추상적 부호** : 전언(傳言)의 기본요소를 도시적으로 압축한 부호로서, 원 개념과는 약간의 유사성이 있을 뿐이다.
3) **임의적 부호** : 부호가 이미 고안되어 있으므로 이를 배워야 하는 부호
(예 : 교통표지판의 삼각형-주의, 원형-규제, 사각형-안내표시)

42 다음 중 욕조곡선에서의 고장 형태에서 일정한 형태의 고장율이 나타나는 구간은?

① 초기 고장구간
② 마모 고장구간
③ 피로 고장구간
④ 우발 고장구간

해설 고장율의 유형(욕조곡선에서의 고장형태)
1) 초기고장구간 : 감소형
2) 우발고장구간 : 일정형
3) 마모고장구간 : 증가형

43 다음 중 소음에 대한 대책으로 가장 적합하지 않은 것은?

① 소음원의 통제
② 소음의 격리
③ 소음의 분배
④ 적절한 배치

해설 **소음대책**
1) 소음원의 제거(가장 적극적 대책)
2) 소음원의 통제
3) 소음의 격리
4) 적절한 배치(layout)
5) 차폐장치 및 흡음재료 사용
6) 음향처리제 사용
7) 방음보호구 사용
8) BGM(back ground music)

44 인간의 생리적 부담 척도 중 국소적 근육 활동의 척도로 가장 적합한 것은?

① 혈압
② 맥박수
③ 근전도
④ 점멸융합 주파수

해설 근전도(EMG) : 국소적 근육활동의 척도(근육 활동 전위차의 기록)

45 다음 중 화학설비에 대한 안전성 평가에 있어 정량적 평가항목에 해당되지 않는 것은?

① 공정
② 취급물질
③ 압력
④ 화학설비용량

해설 화학설비에 대한 안전성평가시 정량적 평가(3단계)
1) 정량적평가 5과목 : 화학설비의 취급물질, 용량, 온도, 압력, 조작
2) 급수에 따른 점수 : A급 10점, B급 5점, C급 2점, D급 0점
3) 합산 결과에 따른 위험도의 등급

등급	점수	내용
등급 I 등급 II	16점 이상 11~15점 이하	· 위험도가 높다. · 주위사항, 다른 설비와 관련해서 평가
등급 III	10점 이하	· 위험도가 낮다.

길잡이 **화학설비의 안전성평가 5단계**
1) 1단계 : 관계자료의 작성준비
2) 2단계 : 정성적 평가
3) 3단계 : 정량적 평가
4) 4단계 : 안전대책
5) 5단계 : 재평가

46 어떤 결함수를 분석하여 minimal cut set을 구한 결과 다음과 같았다. 각 기본사상의 발생확률을 qi, i=1,2,3 이라 할 때 정상사상의 발생확률함수로 옳은 것은?

$$k_1 = [1,2] \quad k_2 = [1,3] \quad k_3 = [2,3]$$

① $q_1 q_2 + q_1 q_2 - q_2 q_3$
② $q_1 q_2 + q_1 q_3 - q_2 q_3$
③ $q_1 q_2 + q_1 q_3 + q_2 q_3 - q_1 q_2 q_3$
④ $q_1 q_2 + q_1 q_3 + q_2 q_3 - 2 q_1 q_2 q_3$

47 다음 중 진동의 영향을 가장 많이 받는 인간의 성능은?

① 추적(tracking) 능력
② 감시(monitoring) 작업
③ 반응시간(reaction time)
④ 형태식별(pattern recognition)

해설 진동이 인간성능에 끼치는 영향
1) 진동은 진폭에 비례하여 시력을 손상하여 10~25Hz의 경우 가장 심각하다.
2) 진동은 진폭에 비례하며 추적능력을 손상하여 5Hz 이하로 낮은 진동수에 가장 심하다.
3) 반응시간, 감시, 형태식별 등 중앙신경 처리에 달린 임무는 진동의 영향을 덜 받는다.
4) 안정되고 정확한 근육조절을 요하는 작업은 진동에 의해서 저하된다.

■ 정답 ■ 44.③ 45.① 46.④ 47.①

48 한 대의 기계를 10시간 가동하는 동안 4회의 고장이 발생하였고, 이때의 고장수리시간이 다음 표와 같을 때 MTTR (Mean Time To Repair)은 얼마인가?

가동시간(hour)	수리시간(hour)
$T_1 = 2.7$	$T_a = 0.1$
$T_2 = 1.8$	$T_b = 0.2$
$T_3 = 1.5$	$T_c = 0.3$
$T_4 = 2.3$	$T_d = 0.3$

① 0.225시간/회
② 0.325시간/회
③ 0.425시간/회
④ 0.525시간/회

해설 1) MTTR(mean trime to repair ; 평균수리시간) : 총 수리시간을 그 기간의 수리회수로 나눈 시간을 말한다.

2) $MTTR = \dfrac{총\ 수리시간}{수리회수}$

$= \dfrac{(0.1+0.2+0.3+0.3)시간}{4회}$

$= 0.225시간/회$

49 매직넘버라고도 하며, 인간이 절대식별시 작업기억 중에 유지할 수 있는 항목의 최대수를 나타낸 것은?

① 3±1   ② 7±2
③ 10±1   ④ 20±2

해설 매직넘버(magic number)
1) Miller가 제시한 것으로 사람이 절대적 기준으로 확인할 수 있는 단일차원확인의 전형적 범위로서 7±2(5~9)를 매직넘버(기억한계)라 한다.
2) 매직넘버는 인간의 절대식별시 작업기억중에 유지할 수 있는 항목의 최대수(기억한계)를 나타낸 것이다.

50 다음 중 청각적 표시장치보다 시각적 표시장치를 이용하는 경우가 더 유리한 경우는?

① 메시지가 간단한 경우
② 메시지가 추후에 재참조되지 않는 경우
③ 직무상 수신자가 자주 움직이는 경우
④ 메시지가 즉각적인 행동을 요구하지 않는 경우

해설 표시장치의 선택(청각장치와 시각장치의 선택)

청각장치사용	시각장치사용
1) 전언이 간단하고 짧다.	1) 전언이 복잡하고 길다.
2) 전언이 후에 재참조되지 않는다.	2) 전언이 후에 재참조된다.
3) 전언이 즉각적인 사상(event)을 이룬다.	3) 전언이 공간적인 위치를 다룬다.
4) 전언이 즉각적인 행동을 요구한다.	4) 전언이 즉각적인 행동을 요구하지 않는다.
5) 수신자가 시각계통이 과부하 상태일 때	5) 수신자의 청각계통이 과부하 상태일 때
6) 수신장소가 너무 밝거나 암조의 유지가 필요할 때	6) 수신장소가 너무 시끄러울 때
7) 직무상 수신자가 자주 움직이는 경우	7) 직무상 수신자가 한 곳에 머무르는 경우

51 인간-기계 시스템에서 시스템의 설계를 다음과 같이 구분할 때 제3단계인 기본설계에 해당 되지 않는 것은?

1단계 : 시스템의 목표와 성능 명세 결정
2단계 : 시스템의 정의
3단계 : 기본설계
4단계 : 인터페이스설계
5단계 : 보조물 설계
6단계 : 시험 및 평가

① 화면 설계   ② 작업 설계
③ 직무 분석   ④ 기능 할당

해설 기본설계(제3단계)
1) 인간, 하드웨어 및 소프트웨어 어 대한 기능할당
2) 작업설계(직무설계)

3) 과업분석(직무분석)
4) 인간 퍼포먼스(performance)요건

52 다음 중 FTA(Fault Tree Analysis)에 관한 설명으로 가장 적절한 것은?

① 복잡하고, 대형화된 시스템의 신뢰성 분석에는 적절하지 않다.
② 시스템 각 구성요소의 기능을 정상인가 또는 고장인가로 점진적으로 구분 짓는다.
③ "그것이 발생하기 위해서는 무엇이 필요한가?" 라는 것은 연역적이다.
④ 사건들을 일련의 이분(binary) 의사 결정분기들로 모형화한다.

해설 FTA(결함수분석법)
1) 고장원인이 무엇인가 하는 연역적 사고방식으로 톱 다운(top–down)접근방법이다.
2) 시스템의 고장을 결함수 차트(chart)로 탐색해 나감으로서 어떤 부품들이 고장의 원인이었는가를 찾아내는 해석기법이다.
3) FTA는 복잡하고 대형화된 시스템의 신뢰성분석 및 안전성분석에 많이 이용되는 기법이다.

53 다음 중 인간 신뢰도(Human Reliability)의 평가 방법으로 가장 적합하지 않은 것은?

① HCR   ② THERP
③ SLIM   ④ FMECA

해설 FMECA : FMEA(고장형과 영향분석법)에 CA(치명도분석)를 병용시켜서 고장형태가 시스템이나 기계에 미치는 영향을 정량적으로 평가하는 안전해석기법이다(인간 신뢰도 분석 곤란)

54 다음 중 Fitts의 법칙에 관한 설명으로 옳은 것은?

① 표적이 크고 이동거리가 길수록 이동시간이 증가한다.
② 표적이 작고 이동거리가 길수록 이동시간이 증가한다.
③ 표적이 크고 이동거리가 짧을수록 이동시간이 증가한다.
④ 표적이 작고 이동거리가 짧을수록 이동시간이 증가한다.

해설 Fitts의 법칙
1) 손과 발 등의 동작시간 혹은 이동시간 (movement time)은 목표지점까지의 손, 발의 이동거리에 비례하고 목표물(표적)의 크기(폭)에 반비례한다.
(이동시간은 표적이 작고 이동거리가 길수록 증가한다)
2) 관계식

$$MT = a + b \log_2 \frac{2A}{W}$$

여기서, MT : 동작시간 또는 이동시간
A : 목표물까지의 거리
W : 목표물의 폭

55 다음 중 인간공학을 기업에 적용할 때의 기대효과로 볼 수 없는 것은?

① 노사 간의 신뢰 저하
② 제품과 작업의 질 향상
③ 작업자의 건강 및 안전 향상
④ 이직률 및 작업손실시간의 감소

해설 인간공학의 기대효과(기여도)
1) ②, ③, ④항
2) 성능향상 및 훈련비용의 절감
3) 인력이용률의 향상 및 사용자의 수용도 향상
4) 생산 및 정비유지의 경제성 증대
5) 사고 및 오용으로부터의 손실 감소

■ 정답 ■ 52.③ 53.④ 54.② 55.①

56 FMEA에서 고장의 발생확률 β가 다음 값의 범위일 경우 고장의 영향으로 옳은 것은?

$$0.10 \leq \beta < 1.00$$

① 손실의 영향이 없음
② 실제 손실이 예상됨
③ 실제 손실이 발생됨
④ 손실 발생의 가능성이 있음

해설 FMEA에서 고장의 발생확률에 의한 고장의 영향

발생확률(β)	고장의 영향
$\beta = 1.00$	· 실제의 손실 : 실제손실이 발생됨
$0.10 \leq \beta < 1.00$	· 예상되는 손실 : 실제손실이 예상됨
$0 \leq \beta < 0.10$	· 가능한 손실 : 손실발생의 가능성이 있음
$\beta = 0$	· 영향 없음 : 손실의 영향이 없음

57 다음 중 산업안전보건법 시행규칙상 유해·위험방지 계획서의 제출 기관으로 옳은 것은?

① 대한산업안전협회
② 안전관리대행기관
③ 한국건설기술인협회
④ 한국산업안전보건공단

해설 유해위험방지계획서 제출기관(시행규칙 제 121조) : 한국산업안전보건공단

58 자동차 엔진의 수명은 지수분포를 따르는 경우 신뢰도를 95%를 유지시키면서 8,000시간을 사용하기 위한 적합한 고장률은 약 얼마인가?

① 3.4×10^{-6}/시간
② 6.4×10^{-6}/시간
③ 8.2×10^{-6}/시간
④ 9.5×10^{-6}/시간

해설 1) $R_t = e^{-\lambda t}$
$\ln R_t = -\lambda t$
$\lambda = -\dfrac{\ln R_t}{t}$

여기서, R_t : 신뢰도(고장없이 작동할 확률)
λ : 고장율
t : 가동시간

2) $\lambda = -\dfrac{\ln R_t}{t}$
$= -\dfrac{\ln 0.95}{8000} = 6.4 \times 10^{-5}$/시간

59 다음 중 중(重)작업의 경우 작업대의 높이로 가장 적절한 것은?

① 허리 높이보다 0~10cm 정도 낮게
② 팔꿈치 높이보다 10~20cm 정도 높게
③ 팔꿈치 높이보다 15~20cm 정도 낮게
④ 어깨 높이보다 30~40cm 정도 높게

해설 입식작업대의 높이
1) 경작업 : 팔꿈치 높이보다 5~10cm정도 낮게 설계
2) 중량물을 취급하는 중작업 : 팔꿈치 높이보다 15~20cm(10~20cm) 정도 낮게 설치

60 재해예방 측면에서 시스템의 FT에서 상부측 정상사상의 가장 가까운 쪽에 OR 게이트를 인터록이나 안전장치 등을 활용하여 AND게이트로 바꿔주면 이 시스템의 재해율에는 어떠한 현상이 나타나겠는가?

① 재해율에는 변화가 없다.
② 재해율의 급격한 증가가 발생한다.
③ 재해율의 급격한 감소가 발생한다.
④ 재해율의 점진적인 증가가 발생한다.

해설 정상사상의 가장 가까운 쪽으로 OR게이트를 AND gate로 바꾸면 정상사상 발생률이 낮아지므로 재해율이 급격히 감소된다.

■ 정답 ■ 56.② 57.④ 58.② 59.③ 60.③

제4목 / 건설시공학

61 불량품, 결점, 고장 등의 발생건수를 현상과 원인별로 분류하고, 여러 가지 데이터를 항목별로 분류해서 문제의 크기 순서로 나열하여, 그 크기를 막대그래프로 표기한 품질관리 도구는?

① 파레토그램　　② 특성요인도
③ 히스토그램　　④ 체크시트

해설 품질관리(QC, Quality Control) 활동의 7가지 도구(QC 7가지 수법)
　1) **히스토그램**(histogram) : 길이, 무게, 강도 등과 같이 계량치의 데이터가 어떠한 분포를 하고 있는지 알아보기 위하여 작성하는 주상(柱狀) 기둥그래프(막대그래프)이다.
　2) **특성요인도** : 결과에 원인이 어떻게 관계하고 있는가를 생선뼈 모양으로 나타낸 그림이다.
　3) **파레토도**(pareto diagram) : 시공불량의 내용이나 원인을 분류 항목으로 나누어 크기 순서대로 나열해 놓은 그림이다.
　4) **관리도** : 공정의 상태를 나타내는 특성치에 관해서 그려진 꺾은선 그래프이다.
　5) **산점도**(산포도, scatter diagram) : 서로 대응되는 두 종류의 데이터의 상호관계를 보는 것이다.
　6) **체크시트** : 불량수, 결점수 등 셀 수 있는 데이터를 분류하여 항목별로 나누었을 때 어디에 집중되어 있는가를 알기 쉽도록 한 그림 또는 표이다.
　7) **층별** : 데이터의 특성을 적당한 범주마다 얼마간의 그룹으로 나누어 도표로 나타낸 것이다.

62 석축쌓기 공법에 해당하지 않는 것은?

① 건쌓기　　② 메쌓기
③ 찰쌓기　　④ 막쌓기

해설 석축쌓기 공법
　1) **건쌓기**(건성쌓기) : 돌, 석축 등을 모르타르나 콘크리트 등을 쓰지 않고 잘 물려서 그냥 쌓는 돌쌓기법
　2) **찰쌓기** : 돌과 돌 사이의 맞댐면에 모르타르를 다져넣고 뒷면(뒷고임)에도 모르타르나 콘크리트를 채워넣는 돌쌓기법
　3) **메쌓기** : 돌의 맞댐면을 다듬어 잘 맞닿게 하고 배(胴)고임돌을 고여 고정시키고 그 빈틈을 잔돌로 채우고, 넓고 큰 돌을 골라 끝 고임돌로 하고 다시 그 빈틈을 잔돌로 채우는 방법

63 철근콘크리트 공사 중 거푸집 해체를 위한 검사가 아닌 것은?

① 각종 배관슬리브, 매설물, 인서트, 단열재 등 부착 여부
② 수직, 수평부재의 존치기간 준수 여부
③ 소요의 강도 확보 이전에 지주의 교환 여부
④ 거푸집 해체용 압축강도 확인시험 실시 여부

해설 ①항 : 거푸집 조립시 검사사항

64 지하실 방수공법 중 바깥방수의 단점으로 옳지 않은 것은?

① 하자보수가 용이하다.
② 바탕처리를 따로 만들어야 한다.
③ 안방수에 비해 비용이 고가이다.
④ 시공방법이 복잡하여 공기가 많이 소요된다.

해설 바깥방수는 보수가 용이하지 않고 어렵다.

65 현대 건축시공의 변화에 따른 특징과 거리가 먼 것은?

① 인공지능 빌딩의 출현
② 건설 시공법의 습식화
③ 도심지 지하 심층화에 따른 신기술 발달
④ 건축 구성재 및 부품의 PC화·규격화

해설 ②항, 건설시공법의 건식화

■ 정답 ■　61.①　62.④　63.①　64.①　65.②

66 토공사에 사용되는 각종 건설기계에 관한 설명으로 옳은 것은?

① 클램쉘은 협소한 장소의 흙을 퍼 올리는 장비로서, 연한 지반에 적합하다.
② 파워쇼벨은 위치한 지면보다 낮은 곳의 굴착에 적합하다.
③ 드래그셔블은 버킷으로 토사를 굴삭하며 적재하는 기계로서 로더(loader)라고 불린다.
④ 드래그라인은 좁은 범위의 경질지반 굴착에 적합하다.

해설 1) **파워쇼벨** : 중기가 위치한 지면보다 높은 곳의 굴착에 적합하다.
2) **드래그 셔블** : 백호우(back hoe)라고도 하며 중기가 위치한 지면보다 낮은 곳의 땅을 굴착하는데 적합하다.
3) **드래그라인** : 지반보다 낮은 연질지반의 넓은 굴착에 적합하다.

67 철골 부재가공 시 절단면의 상태가 가장 양호하게 되는 절단 방법은?

① 전단 절단
② 가스 절단
③ 전기 아크 절단
④ 톱 절단

해설 **철골의 절단방법**
1) 톱에 의한 절단(절단면의 상태가 가장 양호)
2) 절단력(shear)을 이용한 절단
3) 가스절단

68 철골 내화피복공법의 종류와 사용되는 재료가 올바르게 연결되지 않은 것은?

① 타설공법 – 경량콘크리트
② 뿜칠공법 – 암면 흡음판
③ 조절공법 – 경량콘크리트 블록
④ 성형판붙임공법 – ALC판

해설 **뿜칠공법**
1) **습식공법** : 록크울에 시멘트와 접착제를 가해 물로 비버 뿜는 공법
2) **건식공법** : 뿜칠건을 사용하여 혼합수를 노즐의 선단으로부터 분사해서 분무모양으로 록크울과 함께 해서 뿜어 붙이는 공법

69 건설현장의 두께가 두꺼운 철골구조물 용접결함확인을 위한 비파괴검사 중 모재의 결함 및 두께측정이 가능한 것은?

① 방사선투과검사(Radiographic Test)
② 초음파탐상검사(Ultrasonic Test)
③ 자기탐상검사(Magnetic Particle Test)
④ 액체침투탐상검사(Liquid Penetration Test)

해설 **초음파탐상시험**
1) 용접부위에 초음파를 투입하여 용접부 내부결함을 검사하는 방법이다
2) 검사속도가 빠르고 모재의 결함 및 두께 측정이 가능하나 복잡한 부위 및 두꺼운 부재(5mm이상) 검사는 어렵다

70 다음 네트워크 공정표에서 결합점 ②에서의 가장 늦은 완료 시각은?

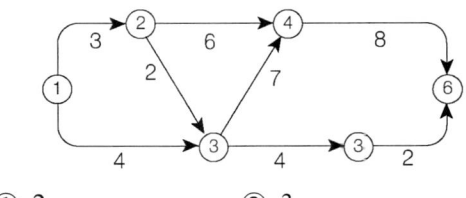

① 2　　　　② 3
③ 4　　　　④ 5

해설 결합점 ②에서의 가장 늦은 완료시각(LFT) : 3

71 강제 널말뚝(steel sheet pile)공법에 대한 설명으로 옳지 않은 것은?

① 무소음 설치가 어렵다.
② 타입 시에 지반의 체적변형이 작아 항타가 쉽다.
③ 강제 널말뚝에는 U형, Z형, H형 등이 있다.
④ 관입, 철거 시 주변 지반침하가 일어나지 않는다.

해설 강재널말뚝은 관입, 철거시 진동에 의해 지반침하를 가져올 수 있으므로 주의를 요한다.

72 벽돌공사에 관한 일반적인 주의사항으로 옳지 않은 것은?

① 벽돌은 품질, 등급별로 정리하여 사용하는 순서별로 쌓아둔다.
② 규준틀에 의하여 벽돌나누기를 정확히 하고 토막벽돌이 생기지 않게 한다.
③ 내력벽 쌓기에서는 세워쌓기나 옆쌓기로 쌓는 것이 좋다.
④ 벽돌벽은 균일한 높이로 쌓아 올라간다.

해설 **세워쌓기**(옆세워쌓기, 길이세워 쌓기)는 벽체의 일부 또는 창대·아치 등에 쓰이고 옆쌓기는 창문틀 쌓기 공법에 사용된다.

73 말뚝지정 중 강재말뚝에 관한 설명으로 옳지 않은 것은?

① 자재의 이음 부위가 안전하여 소요길이의 조정이 자유롭다.
② 기성콘크리트말뚝에 비해 중량으로 운반이 쉽지 않다.
③ 지중에서의 부식 우려가 높다.
④ 상부구조물과의 결합이 용이하다.

해설 강재말뚝은 기성콘크리트말뚝보다 경량이다.

74 가스압접에 관한 설명 중 옳지 않은 것은?

① 접합온도는 대략 1200~1300℃ 이다
② 압접 작업은 철근을 완전히 조립하기 전에 행한다.
③ 철근의 지름이나 종류가 다른 것을 압접하는 것이 좋다.
④ 기둥, 보 등의 압접 위치는 한 곳에 집중되지 않게 한다.

해설 철근의 지름이나 종류가 다른 것은 가스압접보다는 전기용접이 유리하다

75 보강 콘크리트 블록조 공사에서 원칙적으로 기초 및 테두리보에서 위층의 테두리보까지 잇지 않고 배근하는 것은?

① 세로근 　　　　② 가로근
③ 철선 　　　　　④ 수평횡근

해설 **보강콘크리트 블록조 공사**
　1) **세로근**
　　① 세로근은 원칙적으로 기초·테두리보에서 윗층의 테두리보까지 잇지 않고 배근한다.
　　② 세로근을 이음을 엇갈리게 하고 철근을 보에 장착하는 길이는 40d(d :철근지름)이상으로 한다.
　2) **가로근**
　　① 모서리 가로근의 단부는 수평방향으로 구부려져 세로근의 바깥쪽으로 두른다.
　　② 가로근의 정착길이는 40d 이상으로 한다.
　　③ 가로근의 이음은 서로 엇갈리게 하고 이음 길이는 25d 이상으로 한다.
　　④ 가로근의 간격은 60~80cm(블록 3켜~4켜)로 한다.

76 지반의 누수방지 또는 지반개량을 위하여 지반내부의 틈 또는 굵은 알 사이의 공극에 시멘트 페이스트 또는 교질규산염이 생기는 약액 등을 주입하여 흙의 투수성을 저하하는 공법은?

① 샌드드레인 공법
② 동결 공법
③ 그라우팅 공법
④ 웰포인트 공법

해설 1) 샌드드레인(sand drain)공법 : 적당한 간격으로 모래말뚝을 형성하고 그 지반위에 하중을 가하여 지반중의 물을 유출시키는 공법이다.
2) 동결공법 : 파이프(pile)를 박고 액체질소나 프레온 가스를 주입하여 지반을 동결시켜 지하수를 차단하는 공법이다.
3) 그라우트(grout)공법 : 지반내부의 공극에 시멘트죽 또는 약액을 주입하여 고결시키는 공법이다(고결안정 공법)
4) 웰포인트(well point)공법 : 투수성이 좋은 사질(砂質)지반에 사용되는 강제 탈수 공법이다.

77 현장타설 콘크리트말뚝 중 외관과 내관의 2중관을 소정의 위치까지 박은 다음, 내관은 빼내고 관내에 콘크리트를 부어 넣고 내관을 넣어 다지며 외관을 서서히 빼 올리면서 콘크리트 구근을 만드는 말뚝은?

① 페데스탈 파일
② 시트 파일
③ P.I.P 파일
④ C.I.P 파일

해설 1) 페데스탈 말뚝(pedestal pile) : 지중에 2중관(내관, 외관)을 때려 박은 후 내관을 빼내어 콘크리트를 부어넣고 다시 내관을 집어넣어 다져서 구근을 만든 다음 공간에 콘크리트를 채우고 난 후 외관을 빼내어 말뚝을 형성한다.
2) CIP(cast-in-place pile) : 스크류오거머신(screw auger machine)으로 땅속에 구멍을 뚫어 철근을 조립한 후 모르타르 주입용 파이프를 밑창까지 꽂은 다음 구멍에 자갈을 다져 넣고 모르타르를 주입하여 콘크리트 기둥을 만

든 것이다.(지하수가 없는 경질인 지층에 사용)
3) PIP(packed-in-place pile) : 스크류오거를 땅 속에 넣어 오거(auger)를 뽑아 올리면서 오거의 중심 관 선단으로부터 모르타르나 잔자갈 콘크리트를 주입하여 말뚝을 형성하는 공법이다.

78 갱폼(Gang Form)의 특징으로 옳지 않은 것은?

① 조립, 분해없이 설치와 탈형만 함에 따라 인력절감이 가능하다.
② 콘크리트 이음부위(joint) 감소로 마감이 단순해지고 비용이 절감된다.
③ 경량으로 취급이 용이하다.
④ 제작장소 및 해체 후 보관장소가 필요하다.

해설 갱폼의 장점·단점

장점	1) 조립해체가 생략되고 설치와 탈형만 함으로 인력절감 2) 콘크리트 이음부위 감소로 마감단순화 및 비용절감 3) 기능공의 기능도에 좌우되지 않음 4) 1개 현장 사용후 합판 교체하여 재사용 가능
단점	1) 장비 필요, 초기투자비 과다 2) 거푸집 조립시간 필요(취급 어려움) 3) 기능공의 교육 및 숙달기간 필요

79 철근콘크리트공사의 염해방지대책으로 옳지 않은 것은?

① 철근피복두께를 충분히 확보한다.
② 콘크리트중의 염소이온을 적게 한다.
③ 수밀콘크리트를 만들고 콜드조인트가 없게 시공한다.
④ 물시멘트비(W/C)가 높은 콘크리트를 타설한다.

해설 ④항, 물시멘트비(W/C)가 낮은 콘크리트를 사용한다.

80 콘크리트 타설시 일반적인 주의사항으로 옳지 않은 것은?

① 운반거리가 가까운 곳으로부터 타설을 시작한다.
② 자유낙하 높이를 작게 한다.
③ 콘크리트를 수직으로 낙하한다.
④ 거푸집, 철근에 콘크리트를 충돌시키지 않는다.

해설 ①항, 운반거리가 먼 곳으로부터 타설을 시작한다.

제5과목 / 건설재료학

---

81 녹방지용 안료와 관계 없는 것은?

① 연단
② 징크로 메이트
③ 크롬산아연
④ 탄산칼슘

해설 **녹방지용 안료(방청도료)**
1) 광병단 도료(Pb_3O_4 ; 연단)
2) 방청산화철 도료
3) 알루미늄 도료
4) 역청질 도료(아스팔트, 타르 피치 등)
5) 징크로베이트 도료(크롬산아연을 안료로하고 알키드수지를 전색제로 함)
6) 워시프라이머
7) 규산염 도료 등

82 비닐벽지에 관한 설명으로 옳지 않은 것은?

① 시공이 용이하다.
② 오염이 되더라도 청소가 용이하다.
③ 통기성 부족으로 결로의 우려가 있다.
④ 타 벽지에 비해 경제적으로 가격이 비싸다.

해설 비닐 벽지는 타벽지에 비해 경제적으로 가격이 싸다

83 화강암의 색상에 관한 설명으로 옳지 않은 것은?

① 전반적인 색상은 밝은 회백색이다.
② 흑운모, 각섬석, 휘석 등은 검은색을 띤다.
③ 산화철을 포함하면 미홍색을 띤다.
④ 화강암의 색은 주로 석영에 좌우된다.

해설 **화강암의 색** : 주로 장석의 색조에 의해 좌우되며 석영의 색조에는 크게 영향을 받지 않는다.

84 콘크리트 구조물의 강도 보강용 섬유소재로 적당하지 않은 것은?

① 나일론 섬유
② 유리섬유
③ 탄소섬유
④ 아라미드 섬유

해설 **콘크리트 구조물 강도 보강용 섬유소재**
1) 나일론 섬유   2) 유리섬유
3) 탄소섬유
4) 아라미드(alamide)섬유
5) 강섬유   6) 천연섬유
7) 비닐론 섬유
8) 폴리프로필렌 섬유 등
[참고] 본문제는 「전항정답」

85 다음 유리 중 결로 현상의 발생이 가장 적은 것은?

① 보통유리
② 후판유리
③ 복층유리
④ 형판유리

해설 1) **복층유리** : 2장 또는 3장의 유리를 일정한 간격을 띄고 둘레에는 틀을 끼워서 내부를 기밀하게 만들고 여기에 깨끗한 공기 등의 건조기체를 넣어 만든 판유리로 이중유리 또는 겹유리라고도 한다.
2) **특징**
   ① 단열·방서·방음효과가 크다.
   ② 결로방지용으로 우수하다.

■정답■ 80.① 81.④ 82.④ 83.④ 84.전항정답 85.③

86 수성페인트에 합성수지와 유화제를 섞은 페인트는?

① 에멀션 페인트　　② 조합 페인트
③ 견련 페인트　　　④ 방청 페인트

해설 에멀션페인트(emlusion paint)
　1) 수성페인트와 유성페인트의 특징을 겸비한 유화 액상의 페인트이다.
　2) 수성페인트 합성수지와 유화제를 섞어서 만든다.
　3) 용도 : 시공된 지 얼마 되지 않은 콘크리트 면에 사용한다.

87 블로운 아스팔트(blown asphalt)를 휘발성 용제에 녹이고 광물분말 등을 가하여 만든 것으로 방수, 접합부 충전 등에 쓰이는 아스팔트 제품은?

① 아스팔트 코팅(asphalt coating)
② 아스팔트 그라우트(asphalt grout)
③ 아스팔트 시멘트(asphalt cement)
④ 아스팔트 콘크리트(asphalt concrete)

해설 아스팔트 코팅(asphalt coating)
　1) 블로운 아스팔트를 휘발성 용제(휘발유 등)에 녹이고 광물성 분말 등을 가하여 만든다.
　2) 용도 : 방수제 또는 접합부 충전제 등으로 사용한다.

88 고로시멘트의 특징에 대한 설명으로 옳지 않은 것은?

① 해수에 대한 내식성이 작다.
② 초기강도는 작으나 장기강도는 크다.
③ 잠재수경성의 성질을 가지고 있다.
④ 수화열량이 적어 매스콘크리트용으로 사용이 가능하다.

해설 고로 시멘트 : 고로에서 선철을 만들 때 나오는 광재를 공기 중에서 냉각시키고 잘게 부순 것에 포틀랜드시멘트 클링커를 혼합한 다음 석고를

적당히 섞어서 분쇄하여 분말로 한 것으로 그 특성은 다음과 같다.
　1) 수화열이 적고 수축률이 적어서 댐공사 등에 적합하다
　2) 비중이 적다
　3) 단기강도가 적고 장기강도는 크다.
　4) 콘크리트의 블리딩이 적어진다.
　5) 해수에 대한 저항성이 크다.

89 목재의 방부 처리법 중 압력용기 속에 목재를 넣어서 처리하는 방법으로 가장 신속하고 효과적인 것은?

① 침지법　　　　② 표면탄화법
③ 가압주입법　　④ 생리적 주입법

해설 목재의 방부법
　1) **침지법** : 방부제 용액에 목재를 얼마동안 침지하는 것으로 용액을 가열하면 15mm까지 침투한다.
　2) **표면탄화법** : 목재의 표면을 두께 3~10mm 정도 태워서 탄화시키는 방법이다(효과 지수성 부족)
　3) **주입법**
　　① **상압주입법** : 상압(1atm)어서 방부제 용액에 목재를 침지하는 방법이다.
　　② **가압주입법** : 압력용기속에 목재를 넣어 고압(7~12atm)하에서 방부제를 주입하는 방법이다.
　　③ **생리적 주입법** : 벌목전에 나무뿌리에 약액을 주입하여 수간에 이행시키는 방법이다 (효과 매우 적음)

90 마루판 재료 중 파키트리 보드를 3~5장씩 상호 접합하여 각판으로 만들어 방습처리 한 것으로 모르타르나 철물을 사용하여 콘크리트 마루바닥용으로 사용되는 것은?

① 파키트리 패널　　② 파키크리 블록
③ 플로링 보드　　　④ 플로링 블록

해설 **마루판류(flooring board)**

1) **플로링보드(flooring board)** : 판재(board)를 대패질로 마감하고 양측 면을 제혀쪽매로 하여 접착하기 좋게 한 것으로 두께 9mm, 폭 60mm, 길이 600mm 정도가 가장 많이 쓰인다.

2) **파키트리보드(parquetry board)** : 목재판을 두께가 9~15mm, 폭 60mm, 길이는 폭의 3~5배로 한 판재로, 양 측면을 제혀쪽매로 하고 표면은 상대 패로 마감한다.

3) **파키트리패널(parquetry panel)** : 파키트리보드판(두께 15mm)을 접착제나 파정(波釘)으로 4매씩 접합하여 24cm 각판으로 만든 마루판재로서 건조변형 및 마모성이 적다.

4) **파키트리블록(parquetry block)** : 파키트리 보드판을 3~5매씩 접합하여 18cm 각판이나 30cm 각판으로 만들어 방수 처리한 것이다.

5) **플로링블록(flooring block)** : 플로링판의 길이를 그 나비의 정수비로 하여 3장 또는 5장씩 붙여서 길이와 나비를 같게 4면 제혀쪽매로 만든 정사각형의 블록이다.

91 건축물의 창호나 조인트의 충전재로서 사용되는 실(seal) 재에 대한 설명 중 옳지 않은 것은?

① 퍼티 : 탄산칼슘, 연백, 아연화 등의 충전재를 각종 건성유로 반죽한 것을 말한다.

② 유성 코킹재 : 석면, 탄산칼슘 등의 충전재와 천연유지 등을 혼합한 것을 말하며 접착성, 가소성이 풍부하다.

③ 2액형 실링재 : 휘발성분이 거의 없어 충전 후의 체적변화가 적고 온도변화에 따른 안정성도 우수하다.

④ 아스팔트성 코킹재 : 전색재로서 유지나 수지대신에 블로운 아스팔트를 사용한 것으로 고온에 강하다.

해설 **아스팔트 코킹재**(부재의 접합부에 충전하여 접합부를 기밀·수밀케 하는 재료)

1) 아스팔트를 주재료로 하며 석면 등을 충전재로 하여 만든 재료이다

2) 값은 저렴하나 고온에 용융하므로 세로면의 시공에는 적합하지 않다

3) 노화되기 쉬우므로 용도가 한정되어 있다.

92 킨즈시멘트 제조 시 무수석고의 경화를 촉진시키기 위해 사용하는 혼화재료는?

① 규산백토
② 플라이애쉬
③ 화산회
④ 백반

해설 **킨스시멘트(keene's cement)** : 경석고 플라스터라고도 하며 경석고에 명반(백반)등의 촉진제를 배합한 것으로 약간 붉은 빛을 띤 백색을 나타내는 플라스터이다.

1) 석고계 플라스터 중 가장 경질이며, 경화한 것은 현저히 강도가 크고 표면의 경도가 커서 광택성을 갖고 있으며 방습적인 매끈한 면을 갖는다.

2) 산성을 나타내어 금속재료를 부식시킨다.

3) 점도가 있어서 바르기 쉬우며, 벽바름 재료나 바닥바름 재료로 쓰인다.

93 목재 제품 중 합판에 관한 설명으로 옳지 않은 것은?

① 방향에 따른 강도차가 적다.
② 곡면가공을 하여도 균열이 생기지 않는다.
③ 여러 가지 아름다운 무늬를 얻을 수 있다.
④ 함수율 변화에 의한 신축변형이 크다.

해설 합판은 단판을 서로 직교시켜서 붙인 것이므로 잘 갈라지지 않으며 방향에 따른 강도의 차가 적고 함수율 변화에 의한 신축변형도 적다.

94 미장재료의 경화에 대한 설명 중 옳지 않은 것은?

① 회반죽은 공기 중의 탄산가스와의 화학반응으로 경화한다.
② 이수석고($CaSO_4 \cdot 2H_2O$)는 물을 첨가해도 경화하지 않는다.
③ 돌로마이트 플라스터는 물과의 화학반응으로 경화한다.
④ 시멘트 모르타르는 물과의 화학반응으로 경화한다.

해설 돌로마이트 플라스터[$Ca(OH)_2 \cdot Mg(OH)_2$; 마그네시아 석회] : 공기중에서 탄산가스(CO_2)와 화학반응하여 경화하는 기경성 미장재료이다.

95 경량형강에 대한 설명으로 옳지 않은 것은?

① 단면이 작은 얇은 강판을 냉간성형하여 만든 것이다.
② 조립 또는 도장 및 가공 등의 목적으로 측판에 구멍을 뚫어서는 안된다.
③ 가설구조물 등에 많이 사용된다.
④ 휨내력은 우수하나 판 두께가 얇아 국부좌굴이나 녹막이 등에 주의할 필요가 있다

해설 경량형강은 조립 또는 도장 및 가공을 위하여 측판에 적당한 구멍을 뚫기도 하는데 이것은 응력상 지장이 없을 뿐만 아니라 자중을 감소시키는 데에도 도움이 된다.

96 자갈 시료의 표면수를 포함한 질량이 2,100g이고 표면건조내부포화상태의 질량이 2,090g이며 절대건조상태의 질량이 2,070g이라면 흡수율과 표면수율은 약 몇 %인가?

① 흡수율 : 0.48%, 표면수율 : 0.48%
② 흡수율 : 0.48%, 표면수율 : 1.45%
③ 흡수율 : 0.97%, 표면수율 : 0.48%
④ 흡수율 : 0.97%, 표면수율 : 1.45%

해설 1) 흡수율
$$= \frac{\text{표건상태중량} - \text{절건상태중량}}{\text{절건상태중량}} \times 100$$
$$= \frac{2090 - 2070}{2070} \times 100 = 0.97\%$$

2) 표면수율
$$= \frac{\text{습윤상태중량} - \text{표건상태중량}}{\text{표건상태중량}} \times 100$$
$$= \frac{2100 - 2090}{2090} \times 100 = 0.48\%$$

97 콘크리트용 골재의 요구성능에 관한 설명으로 옳지 않은 것은?

① 골재의 강도는 경화한 시멘트페이스트 강도보다 클 것
② 골재의 표면은 매끄러울 것
③ 골재의 입형이 둥글고 입도가 고를 것
④ 먼지 또는 유기불순물을 포함하지 않을 것

해설 골재의 표면은 거칠 것

98 스테인리스 강재의 종류 중에서 건축재로 가장 많이 사용되고 내외장과 설비 등 모든 용도에 적합한 것은?

① STS 304
② STS 316
③ STS 430
④ STS 410

해설 STS(스테인리스강)304 : 내외장과 설비 등 모든 용도에 적합하고 건축재로 가장 많이 사용된다.

■ 정답 ■　**94**.③　**95**.②　**96**.③　**97**.②　**98**.①

99 경량기포콘크리트(Autoclaved Light-weight Concrete)에 관한 설명 중 옳지 않은 것은?

① 단열성이 낮아 결로가 발생한다.
② 강도가 낮아 주로 비내력용으로 사용된다.
③ 내화성능을 일부 보유하고 있다.
④ 다공질이기 때문에 흡수성이 높다.

해설 ALC(autoclaved lightweight concrete) : 경량 기포콘크리트
1) ALC : 발포제에 의하여 콘크리트 내부에 무수한 기포를 독립적으로 분산시켜 중량을 가볍게 한 기포콘크리트(고온·고압으로 증기양생하여 제조)
2) 특징
① 기건비중이 보통콘크리트의 약 1/4정도이다.
② 불연재인 동시에 내화재료이다.
③ 흡수율이 크다.(시공직전의 블록이나 패널은 기건상태를 유지해야 한다.)
④ 동결해에 대한 저항성이 크며 내약품성이 증대된다.

100 금속재료의 일반적 성질에 대한 설명으로 옳지 않은 것은?

① 강도와 탄성계수가 크다.
② 경도 및 내마모성이 크다.
③ 열전도율이 작고 부식성이 크다.
④ 비중이 큰 편이다.

해설 금속재료는 열전도율이 크다(열과 전기의 양도체)

길잡이 금속재료의 공통적인 금속성 특성
1) 고체상태에서의 결정이다.
2) 금속광택을 가지고 있으며 빛에 불투명하다.
3) 연성, 전성이 풍부하다.
4) 열과 전기의 양도체이다.
5) 소성변형을 할 수 있다
6) 내 마멸성이 크고 경도가 높다.

제6과목 / 건설안전기술

101 구축물에 안전진단 등 안전성 평가를 실시하여 근로자에게 미칠 위험성을 미리 제거하여야 하는 경우가 아닌 것은?

① 구축물 또는 이와 유사한 시설물의 인근에서 굴착·항타작업 등으로 침하·균열 등이 발생하여 붕괴의 위험이 예상될 경우
② 구조물, 건축물, 그 밖의 시설물이 그 자체의 무게·적설·풍압 또는 그 밖에 부가되는 하중 등으로 붕괴 등의 위험이 있을 경우
③ 화재 등으로 구축물 또는 이와 유사한 시설물의 내력(耐力)이 심하게 저하되었을 경우
④ 구축물의 구조체가 과도한 안전측으로 설계가 되었을 경우

해설 구축물 또는 이와 유사한 시설물 등의 안전성 평가 : 다음 각 호에 해당하는 경우에는 안전진단 등 안전성 평가를 실시하여 위험성을 미리 제거할 것
1) 구축물 또는 이와 유사한 시설물의 인근에서 굴착·항타작업 등으로 침하·균열 등이 발생하여 붕괴의 위험이 예상될 경우
2) 구축물 또는 이와 유사한 시설물에 지진·동해·부동침하 등으로 균열·비틀림 등이 발생하였을 경우
3) 구축물 또는 이와 유사한 시설물에 설계 당시보다 과다한 중량이 부과되어 안전성을 검토하여야 할 경우
4) 화재 등으로 구축물 또는 이와 유사한 시설물의 내력이 현저히 저하된 경우
5) 오랜 기간 사용하지 아니하던 구축물 또는 이와 유사한 시설물을 재사용하게 되어 안전성을 검토하여야 할 경우
6) 그 밖의 잠재위험이 예상될 경우

---

102 가설구조물에서 많이 발생하는 중대 재해의 유형으로 가장 거리가 먼 것은?

① 도괴재해
② 낙하물에 의한 재해
③ 굴착기계와의 접촉에 의한 재해
④ 추락재해

103 철골작업을 중지하여야 하는 조건에 해당되지 않는 것은?

① 풍속이 초당 10m 이상인 경우
② 지진이 진도 4 이상의 경우
③ 강우량 시간당 1mm 이상의 경우
④ 강설량 시간당 1cm 이상의 경우

104 터널작업에 있어서 자동경보장치가 설치된 경우에 이 자동경보장치에 대하여 당일의 작업시작 전 점검하여야 할 사항이 아닌 것은?

① 계기의 이상 유무
② 검지부의 이상 유무
③ 경보장치의 작동 상태
④ 환기 또는 조명시설의 이상 유무

105 토석붕괴 방지방법에 대한 설명으로 옳지 않은 것은?

① 말뚝(강관, H형강, 철근콘크리트)을 박아 지반을 강화시킨다.
② 활동의 가능성이 있는 토석은 제거한다.
③ 지표수가 침투되지 않도록 배수시키고 지하수위 저하를 위해 수평보링을 하여 배수시킨다.
④ 활동에 의한 붕괴를 방지하기 위해 비탈면, 법면의 상단을 다진다.

106 점토질 지반의 침하 및 압밀 재해를 막기 위하여 실시하는 지반개량 탈수공법으로 적당하지 않은 것은?

① 샌드드레인 공법 ② 생석회 공법
③ 진동 공법   ④ 페이퍼드레인 공법

해설 **점토질지반의 개량공법**
1) 샌드드레인(sand drain)공법
2) 페이퍼드레인(paper drain)공법
3) 프리로딩(pre-loading)공법
4) 치환공법
5) 생석회공법

107 다음 설명에서 제시된 산업안전보건법에서 말하는 고용노동부령으로 정하는 공사에 해당하지 않는 것은?

건설업 중 고용노동부령으로 정하는 공사를 착공하려는 사업주는 고용노동부령으로 정하는 자격을 갖춘 자의 의견을 들은 후 유해·위험방지계획서를 작성하여 고용노동부령으로 정하는 바에 따라 고용노동부장관에게 제출하여야 한다.

① 지상높이가 31m 인 건축물의 건설·개조 또는 해체
② 최대 지간길이가 50m 인 교량건설 등의 공사
③ 깊이가 8m 인 굴착공사
④ 터널 건설공사

해설 **건설업 중 유해위험방지계획서 제출대상 사업장**(시행규칙 제120조 제2항)
1) 지상높이가 31미터 이상인 건축물 또는 인공구조물, 연면적 3만 제곱미터 이상인 건축물 또는 연면적 5천 제곱미터 이상의 문화 및 집회시설(전시장 및 동물원·식물원은 제외), 판매시설, 운수시설(고속철도의 역사 및 집배송시설은 제외), 종교시설, 의료시설 중 종합병원, 숙박시설 중 관광숙박시설, 지하도상가 또는 냉동·냉장 창고시설의 건설·개조 또는 해체(이하

"건설등"이라 함)
2) 연면적 5천 제곱미터 이상의 냉동·냉장 창고시설의 설비공사 및 단열공사
3) 최대 지간길이가 50미터 이상인 교량건설 등 공사
4) 터널 건설 등의 공사
5) 다목적댐, 발전용댐 및 저수용량 2천만톤 이상의 용수 전용 댐, 지방상수도 전용댐 건설 등의 공사
6) 깊이 10미터 이상인 굴착공사

108 건물외부에 낙하물 방지망을 설치할 겨우 수평면과의 가장 적절한 각도는?

① 5° 이상, 10° 이하
② 10° 이상, 15° 이하
③ 15° 이상, 20° 이하
④ 20° 이상, 30° 이하

해설 낙하물방지망 또는 방호선반 설치시 준수사항
1) 설치 높이는 10m 이내마다 설치하고, 내민 길이는 벽면으로부터 2m 이상으로 할 것
2) 수평면과의 각도는 20°내지 30°를 유지할 것

109 굴착기계의 운행 시 안전대책으로 옳지 않은 것은?

① 버킷에 사람의 탑승을 허용해서는 안된다.
② 운전반경 내에 사람이 있을 때 회전은 10rpm이하의 느린 속도로 하여야 한다.
③ 장비의 주차 시 경사지나 굴착작업장으로부터 충분히 이격시켜 주차한다.
④ 전선이나 구조물 등에 인접하여 붐을 선회해야 될 작업에는 사전에 회전반경, 높이제하나 등 방호조치를 강구한다.

해설 ②항, 운전반경 내에 사람이 있을 때는 운전을 중지하여야 한다.

110 사급자재비가 30억, 직접노무비가 35억, 관급자재비가 20억인 빌딩신축공사를 할 경우 계상해야할 산업안전보건관리비는 얼마인가? (단, 공사종류는 일반건설공사(갑)임)

① 122,000,000원
② 146,640,000원
③ 153,850,000원
④ 159,800,000원

해설 1) 대상액 = 사급자재비 + 관급자재비 + 직접노무비
2) 안전관리비 = 대상액 $\times \dfrac{x(\%)}{100}$

$$= 85억 \times \frac{1.97}{100}$$

$$= 1억6천7백4십5만원$$

[참고] 본 문제는 안전관리비계상기준표가 개정되기 전의 비율(일반건설공사 갑 : 1.88%)로 계산하면 정답이 있으나 개정된 비율로 계산하면 답이 없으므로 전항정답으로 간주함

$$안전관리비 = 85억 \times \frac{1.88}{100}$$

$$= 1억5천9백8십만원$$

111 차량계 하역운반기계를 사용하는 작업에 있어 고려되어야 할 사항과 가장 거리가 먼 것은?

① 작업지휘자의 배치
② 유도자의 배치
③ 갓길 붕괴 방지 조치
④ 안전관리자의 선임

해설 차량계 하역운반기계의 전도(넘어짐), 전락(굴러 떨어짐) 등에 의한 근로자의 위험방지 조치 사항
1) 유도자 배치
2) 지반의 부동침하 방지
3) 갓길(노견)의 붕괴 방지

---

112 흙막이벽의 근입깊이를 깊게 하고, 전면의 굴착부분을 남겨두어 흙의 중량으로 대항하게 하거나, 굴착예정부분의 일부를 미리 굴착하여 기초콘크리트를 타설하는 등의 대책과 가장 관계 깊은 것은?

① 히빙현상이 있을 때
② 파이핑현상이 있을 때
③ 지하수위가 높을 때
④ 굴착깊이가 깊을 때

해설 히빙(Heaving) : 히빙이란 굴착이 진행됨에 따라 흙막이벽 뒤쪽 흙의 중량과 상부재하 하중이 굴착부 바닥의 지지력 이상이 되면 흙막이벽 근입(根入)부분의 지반 이동이 발생하여 굴착부 저면이 솟아오르는 현상이다. 이 현상이 발생하면 흙막이벽의 근입부분이 파괴되면서 흙막이벽 전체가 붕괴는 경우가 많다.

113 유해 · 위험방지 계획서 제출 시 첨부서류에 해당하지 않는 것은?

① 교통처리계획
② 안전관리 조직표
③ 공사개요서
④ 공사현장의 주변현황 및 주변과의 관계를 나타내는 도면

해설 건설공사 유해위험방지계획서에 첨부서류(시행규칙 별표 15)
　　1) 공사개요 및 안전보건관리계획
　　　① 공사 개요서
　　　② 공사현장의 주변 현황 및 주변과의 관계를 나타내는 도면
　　　③ 건설물, 사용 기계설비 등의 배치를 나타내는 도면
　　　④ 전체 공정표
　　　⑤ 산업안전보건관리비 사용계획
　　　⑥ 안전관리 조직표
　　　⑦ 재해 발생 위험 시 연락 및 대피방법

114 다음 중 건설재해대책의 사면보호공법에 해당하지 않는 것은?

① 쉴드공
② 식생공
③ 뿜어 붙이기공
④ 블럭공

해설 토공사시 사면(비탈면)보호공법
　　1) 식생공법(떼붙임 공법)
　　2) 시멘트모르타르 뿜어붙이기 공법
　　3) 블록 쌓기 공법
　　4) 콘크리트 타설공법
　　5) 흙가마니 쌓기공법

115 근로자의 추락 등의 위험을 방지하기 위한 안전난간의 설치기준으로 옳지 않은 것은?

① 상부 난간대와 중간 난간대는 난간 길이 전체에 걸쳐 바닥면등과 평행을 유지할 것
② 발끝막이판은 바닥면등으로브터 20cm 이하의 높이를 유지할 것
③ 난간대는 지름 2.7cm 이상의 금속제 파이프나 그 이상의 강도가 있는 재료일 것
④ 안전난간은 구조적으로 가장 취약한 지점에서 가장 취약한 방향으로 작용하는 100kg 이상의 하중에 견딜 수 있는 튼튼한 구조일 것

해설 발끝막이판은 바닥면 등으로부터 10cm 이상의 높이를 유지할 것

116 콘크리트 타설작업의 안전대책으로 옳지 않은 것은?

① 작업 시작전 거푸집동바리 등의 변형, 변위 및 지반침하 유무를 점검한다.
② 작업 중 감시자를 배치하여 거푸집동바리등의 변형, 변위 유무를 확인한다.
③ 슬래브콘크리트 타설은 한쪽부터 순차적으로 타설하여 붕괴 재해를 방지해야한다.
④ 설계도서상 콘크리트 양생기간을 준수하여 거푸집동바리 등을 해체한다.

해설 **콘크리트의 타설작업시 준수해야 할 사항**
1) 당일의 작업을 시작하기 전에 당해 작업에 관한 거푸집동바리 등의 변형·변위 및 지반의 침하유무 등을 점검하고 이상을 발견한 때에는 이를 보수할 것
2) 작업 중에는 거푸집 동바리 등의 변형·변위 및 침하유무 등을 감시할 수 있는 감시자를 배치하여 이상을 발견한 때에는 작업을 중지시키고 근로자를 대피시킬 것
3) 콘크리트의 타설 작업시 거푸집 붕괴의 위험이 발생할 우려가 있는 때에는 충분한 보강 조치를 할 것
4) 설계 도서상의 콘크리트 양생기간을 준수하여 거푸집동바리 등을 해체할 것
5) 콘크리트를 타설하는 경우에는 편심이 발생하지 않도록 골고루 분산하여 타설할 것

117 크레인을 사용하여 작업을 하는 때 작업시작 전 점검사항이 아닌 것은?

① 권과방지장치·브레이크·클러치 및 운전장치의 기능
② 방호장치의 이상유무
③ 와이어로프가 통하고 있는 곳의 상태
④ 주행로의 상측 및 트롤리가 횡행하는 레일의 상태

해설 **크레인의 작업시작 전 점검사항**
1) 권과방지장치, 브레이크, 클러치 및 운전 장치 기능

2) 주행로의 상측 및 트롤리가 횡행하는 레일의 상태
3) 와이어로프가 통하고 있는 곳의 상태

118 외줄비계·쌍줄비계 또는 돌출비계는 벽이음 및 버팀을 설치하여야 하는데 강관비계 중 단관비계로 설치할 때의 조립간격으로 옳은 것은? (단, 수직방향, 수평방향의 순서임)

① 4m, 4m   ② 5m, 5m
③ 5.5m, 7.5m   ④ 6m, 8m

해설 **강관비계의 조립간격**(안전보건규칙 별표5)

강관비계의 종류	조립간격(단위 : m)	
	수직방향	수평방향
단관비계	5	5
틀비계(높이가 5m미만의 것은 제외)	6	8

119 달비계(곤돌라의 달비계는 제외)의 최대적재 하중을 정할 때 사용하는 안전계수의 기준으로 옳은 것은?

① 달기체인의 안전계수는 10 이상
② 달기강대와 달비계의 하부 및 상부지점의 안전계수는 목재의 경우 2.5 이상
③ 달기와이어로프의 안전계수는 5 이상
④ 달기강선의 안전계수는 10 이상

해설 **달비계(곤돌라의 달비계는 제외)를 작업발판으로 사용할 때 최대적재하중을 정함에 있어서의 안전계수**

$$\therefore 안전계수 = \frac{절단하중}{최대사용하중}$$

1) 달기와이어로프 및 달기강선의 안전계수 : 10이상
2) 달기체인 및 달기훅의 안전계수 : 5이상
3) 달기강대와 달비계의 하부 및 상부지점의 안전계수
① 강재의 경우 2.5 이상
② 목재의 경우 5이상

■정답■ 116.③ 117.② 118.② 119.④

120 다음 토공기계 중 굴착기계와 가장 관계있는 것은?

① Clam shell
② Road Roller
③ Shovel loader
④ Belt conveyer

해설 쇼벨계 굴착기계
　　1) 파워쇼벨(power shovel)
　　2) 백호우(back hoe)
　　3) 드래그라인(drag line)
　　4) 크램셀(clam shell)

제1과목 / 산업안전관리론

01 연간 안전보건관리계획의 초안 작성자로 가장 적합한 사람은?

① 경영자   ② 관리감독자
③ 안전스탭   ④ 근로자대표

해설 안전보건관리계획서 초안작성자 : 안전스탭(안전관리자, 보건관리자)

02 산업안전보건법상 안전보건개선계획의 수립·시행명령을 받은 사업주는 고용노동부장관이 정하는 바에 따라 안전계획서를 작성하여 그 명령을 받은 날부터 며칠 이내에 관할 지방고용노동관서의 장에게 제출해야 하는가?

① 15일   ② 30일
③ 45일   ④ 60일

해설 안전보건개선계획서 제출시기 : 안전보건개선계획서를 작성하여 그 명령을 받은 날부터 60일 이내에 관할 지방고용노동관서의 장에게 제출하여야 한다.

03 무재해운동 추진의 3대 기둥으로 볼 수 없는 것은?

① 최고경영자의 경영자세
② 노동조합의 협의체 구성
③ 직장 소집단 자주 활동의 활발화
④ 관리감독자에 의한 안전보건의 추진

해설 무재해운동의 추진 3기둥(무재해운동의 3요소)
  1) 최고경영자의 엄격한 안전경영자세
  2) 관리감독자에 의한 안전보건의 추진(라인화의 철저)
  3) 직장 소집단 자주활동의 활발화

04 산업안전보건법상 고용노동부장관이 사업장의 산업재해 발생건수, 재해율 또는 그 순위 등을 공표할 수 있는 사업장이 아닌 것은?

① 중대산업사고가 발생한 사업장
② 산업재해의 발생에 관한 보고를 최근 2년 이내 1회 이상 하지 않은 사업장
③ 연간 사업재해율이 규모별 같은 업종의 평균재해율 이상인 사업장 중 상위 10%이내에 해당되는 사업장
④ 산업재해로 연간 사망재해자가 2명 이상 발생한 사업장으로서 사망만인율이 규모별 같은 업종의 평균 사망만인율 이상인 사업장

해설 사업장의 산업재해발생건수, 재해율 또는 그 순위 등을 공표할 수 있는 대상사업장(시행령 제8조의 4)
  1) ①, ③, ④항
  2) 산업재해의 발생에 관한 보고를 최근 3년 이내 2회 이상 하지 않은 사업장

05 500명의 상시 근로자가 있는 사업장에서 1년간 발생한 근로손실일수가 1200일이고, 이 사업장의 도수율이 9일 때, 종합재해지수(FSI)는 얼마인가? (단, 근로자는 1일 8시간씩 연간 300일을 근무하였다.)

① 2.0 ② 2.5
③ 2.7 ④ 3.0

해설
$$FSI = \sqrt{도수율 \times 강도율}$$
$$= \sqrt{9 \times \left(\frac{1,200}{500 \times 8 \times 300} \times 1,000 \right)}$$
$$= 3.0$$

06 재해 손실비의 평가방식 중 시몬즈(Simonds)방식에서 재해의 종류에 관한 설명으로 틀린 것은?

① 무상해사고는 의료조치를 필요로 하지 않는 상해사고를 말한다.
② 휴업상해는 영구 일부 노동불능 및 일시전 노동 불능 상해를 말한다.
③ 응급조치상해는 응급조치 또는 8시간 이상의 휴업의료 조치 상해를 말한다.
④ 통원상해는 일시 일부 노동불능 및 의사의 통원 조치를 요하는 상해를 말한다.

해설 응급조치상해는 응급조치상해 또는 8시간미만 휴업 의료조치상해를 말한다.

07 재해사례연구법 중 사실의 확인 단계에서 사용하기 가장 적절한 분석기법은?

① 크로스분석도 ② 특성요인도
③ 관리도 ④ 파레토도

해설 재해사례연구법 중 제1단계 사실의 확인단계
1) **분석기법** : 특성요인도
2) **조사항목**
  ① 사람에 관한 것
  ② 물건에 관한 것
  ③ 관리에 관한 것

08 시설물의 안전관리에 관한 특별법상 안전점검의 구분에 해당하지 않는 것은?

① 특별점검 ② 정기점검
③ 정밀점검 ④ 긴급점검

해설 **안전점검의 실시**(시설물 안전관리에 관한 특별법 제6조)
1) 관리주체는 시설물의 기능과 안전을 유지하기 위하여 안전점검 및 정밀안전진단 지침에 따라 소관 시설물에 대한 안전점검을 실시하여야 한다.
2) **안전점검** : 정기점검·정밀점검 및 긴급점검으로 구분하여 실시한다.

09 버드(Bird)에 의한 재해발생비율 1 : 10 : 30 : 600 중 10에 해당되는 내용은?

① 중상 또는 폐질
② 물적만의 사고
③ 인적만의 사고
④ 물적, 인적사고

해설 버드의 재해구성비율

∴ 중상 또는 폐질 : 경상 : 무상해사고 : 무상해무사고 = 1 : 10 : 30 : 60

10 호흡용 보호구와 각각의 사용환경에 대한 연결이 옳지 않은 것은?

① 송기마스크 – 산소결핍장소의 분진 및 유독 가스
② 공기호흡기 – 산소결핍장소의 분진 및 유독 가스
③ 방독마스크 – 산소결핍장소의 유독가스
④ 방진마스크 – 산소비결핍장소의 분진

해설 방독마스크 : 산소비결핍장소의 유독가스

11 안전·보건표지의 색채 중 파란색을 사용해야 하는 경우는?

① 주의표지
② 정지신호
③ 특정행위의 지시
④ 차량 통행표지

해설 안전표지의 색채·색도기준 및 용도(시행규칙 별표3)

색채	색도기준	용도	사용예
빨간색	7.5R 4/14	금지	정지신호, 소화설비 및 그 장소, 유해행위 금지
		경고	화학물질 취급장소에서의 유해·위험 경고
노란색	5Y 8.5/12	경고	화학물질 취급장소에서의 유해·위험 경고, 그 밖의 위험경고, 주의표지 또는 기계방호물
파란색	2.5PB 4/10	지시	특정 해위의 지시 및 사실의 고지
녹색	2.5G 4/10	안내	비상구 및 피난소, 사람 또는 차량의 통행표지
흰색	N 9.5		파란색 또는 녹색에 대한 보조색
검은색	N 0.5		문자 및 빨간색 또는 노란색에 대한 보조색

12 작업으로 인하여 물체가 떨어지거나 날아올 위험이 있는 경우에 사업주의 일반적인 조치사항이 아닌 것은?

① 격벽 설치
② 출입금지구역의 설정
③ 방호선반의 설치
④ 낙하물 방지망 설치

해설 물체가 떨어지거나 날아올 위험이 있는 경우 위험방지 조치사항(안전보건규칙 제14조)
  1) 낙하물방지망·수직보호망 또는 방호선반의 설치
  2) 출입금지구역의 설정
  3) 보호구의 착용

13 점검시기에 의한 구분에 있어 안전점검의 종류가 아닌 것은?

① 집중점검   ② 수시점검
③ 특별점검   ④ 계획점검

해설 점검시기(주기)에 의한 구분 시 안전검검의 종류
  1) **수시점검(일상점검)** : 작업 전, 중, 후에 실시하는 점검
  2) **정기점검(계획점검)** : 일정기간마다 정기적으로 실시하는 점검
  3) **임시점검** : 이상 발견 시 임시로 실시하거나 정기점검과 정기점검 사이에 실시하는 점검
  4) **특별점검**
     ① 기계·기구 및 설비의 신설·변경 및 수리 시 등 실시
     ② 천재지변 발생 후 실시
     ③ 안전강조 기간 내 실시

14 하비(Harvey)가 제창한 3E 대책은 하인리히(Heinrich)의 사고예방대책의 기본원리 5단계 중 어느 단계와 연관되는가?

① 조직   ② 사실의 발견
③ 분석 및 평가   ④ 시정책의 적용

■ 정답 ■   10.③   11.③   12.①   13.①   14.④

해설 1) 사고예방대책의 기본원리 5단계
① 1단계 : 조직(안전보건관리 체제)
② 2단계 : 사실의 발견(위험요인 색출)
③ 3단계 : 분석평가(직접·간접원인 규명)
④ 4단계 : 시정책 선정(개선책 선정)
⑤ 5단계 : 시정책 적용(Harvey의 3E 적용)
2) 하비(Harvey)의 3E
① Engineering : 기술
② Education : 교육
③ Enforcement : 규제, 독려

15 근로자가 벽돌을 손수레에 운반 중 벽돌이 떨어져 발을 다쳤다. 이 때 ㉠ 기인물과 ㉡ 가해물로 옳은 것은?

① ㉠ 손수레, ㉡ 손수레
② ㉠ 손수레, ㉡ 벽돌
③ ㉠ 벽돌, ㉡ 벽돌
④ ㉠ 벽돌, ㉡ 손수레

해설 「근로자가 벽돌을 손수레에 운반 중 벽돌이 떨어져 발을 다쳤다.」
1) 기인물(불안전상태에 있는 물체, 환경포함) : 벽돌
2) 가해물(직접 사람에게 접촉되어 위해를 가한 물체) : 벽돌

16 재해예방의 4원칙과 거리가 먼 것은?

① 예방가능의 원칙 ② 필연발생의 원칙
③ 손실우연의 원칙 ④ 대책선정의 원칙

해설 재해예방의 4원칙
1) 손실우연의 원칙 : 사고에 의해 생기는 손실(상해)의 종류와 정도는 우연적이다.
2) 원인계기의 원칙 : 모든 재해는 필연적인 원인에 의해서 발생되며 재해발생은 직접원인만이 아니고 많은 간접원인의 연쇄로 발생되는 것이다.
3) 예방가능의 원칙 : 재해는 원칙적으로 모든 방지가 가능하다.
4) 대책선정의 원칙 : 가장 효과적인 재해방지 대책의 선정은 이들 원인의 정호가한 분석

에 의해서 얻어진다.

17 한 사람, 한 사람이 스스로 위험요인을 발견, 파악하여 단시간에 행동목표를 정하여 지적확인을 하며, 특히 비정상적인 작업의 안전을 확보하기 위한 위험예지 훈련은?

① 삼각 위험예지훈련
② 1인 위험예지훈련
③ 원 포인트 위험에지훈련
④ 자문자답카드 위험예지훈련

해설 위험예지 응용기법
1) 삼각위험예지훈련 : 위험예지훈련을 보다 빠르고 간편하게 전원 참여로 말하거나, 쓰는 것이 미숙한 작업자를 위한 방법이다.
2) 1인 위험예지훈련 : 한사람 한사람이 같은 도해로 4라운드까지 1인위험예지훈련을 실시한후 리더의 사회로 결과에 대하여 서로 토론함으로서 위험요소를 파악한 후 해결능력을 향상시키는 방법이다.
3) one point 위험예지훈련 : 위험예지훈련 4R 중 2R, 3R, 4R를 모두 one point로 요약하여 실시하는 TBM 위험예지훈련이다.
4) 자문자답카드 위험예지훈련 : 본문설명

18 산업안전보건법상 안전검사를 받아야 하는 자는 안전검사 신청서를 검사 주기 만료일 며칠 전에 안전검사기관에 제출해야 하는가? (단, 전자문서에 의한 제출을 포함한다.)

① 15일 ② 30일
③ 45일 ④ 60일

해설 안전검사의 신청 등(시행규칙 제 73조의 2)
1) 안전검사를 받아야 하는 자는 안전검사 신청서를 검사주기 만료일 30일 전에 안전검사기관에 제출(전자문서에 의한 제출 포함)에 제출하여야 한다.
2) 안전검사 신청을 받은 안전검사기관은 30일 이내에 해당 기계·기구 및 설비별로 안전검사를 하여야 한다.

19 안전관리조직의 형태 중 참모형 안전조직의 특징으로 가장 거리가 먼 것은?

① 안전을 전담하는 부서가 있다.
② 100명 이하의 기업에 적합하다.
③ 생산 부분은 안전에 대한 책임과 권한이 없다.
④ 생산라인과의 견해 차이로 안전지시가 용이하지 않으며, 안전과 생산을 별개로 취급하기 쉽다.

해설 1) **직계형(line형) 조직의 규모** : 100명이하의 사업장에 적합
2) **참모형(staff형) 조직의 규모** : 100명이상 500명 미만의 중규모 사업장에 적합
3) **직계·참모 혼합형 조직의 규모** : 1,000명 이상의 대규모사업장에 적합

20 사고예방대책의 기본원리 5단계 중 3단계 분석 평가 내용에 해당하는 것은?

① 위험 확인
② 현장 조사
③ 사고 및 활동 기록 검토
④ 기술의 개선 및 인사조정

해설 사고예방대책의 기본원리 5단계

단계	과정	내용
1단계	조직	① 경영자의 안전목표 ② 안전관리자의 임명 ③ 안전의 라인 및 참모 조직구성 ④ 안전활동 방침 및 계획수립 ⑤ 조직을 통한 안전활동
2단계	사실의 발견	① 사고 및 안전활동 기록 검토 ② 작업분석 ③ 안전점검 및 안전진단 ④ 사고조사 ⑤ 안전회의 및 토의 ⑥ 근로자의 제안 및 여론조사 ⑦ 관찰 및 보고서의 연구 등을 통하여 불안전 요소 발견

단계	과정	내용
3단계	분석 평가	① 사고보고서 및 현장조사 ② 사고기록 및 인적 물적 조건의 분석 ③ 작업공정 분석 ④ 교육훈련 분석 등을 통하여 사고의 직접원인 및 간접원인 규명
4단계	시정책 선정	① 기술적 개선 ② 인사조정(배치조정) ③ 교육훈련의 개선 ④ 안전행정의 개선 ⑤ 규정 및 수칙 작업표준 제도의 개선 ⑥ 확인 및 통제체제 개선
5단계	시정책 적용	① 기술적(engineering)대책 ② 교육적(education)대책 ③ 단속적(enforcement) 대책

제2과목 / 산업심리 및 교육

21 다음 용어의 설명 중 맞는 것은?

① 리스크테이킹이란 한 지점에 주의를 집중할 때 다른 곳의 주의가 약해져 발생한 위험을 말한다.
② 부주의란 목적수행을 위한 행동전개 과정 중 목적에서 벗어나는 실미적, 신체적 변화의 현상을 말한다.
③ 역할갈등이란 개인에게 여러 개의 역할기대가 있을 경우 그 중의 어떤 역할기대는 불응, 거부하는 것을 말한다.
④ 투사란 다른 사람으로부터의 판단이나 행동에 대하여 무비판적으로 논리적, 사실적 근거 없이 수용하는 것을 말한다.

해설 1) **리스크테이킹(risk taking)** : 객관적인 위험을 자기 편한 대로 판단하여 의지결정을 하고 행동에 옮기는 현상으로 안전태도가 양호한자는 리스크 테이킹 정도가 작다
2) **역할갈등** : 작업중에는 상반된 역할이 기대되는

경우가 있으며 그럴 때 갈등이 생기게 된다.
3) **투사**(projection) : 자기 속에 억압된 것을 다른 사람의 것으로 생각하는 것을 말한다.

22 주의의 특성으로 볼 수 없는 것은?

① 타당성   ② 변동성
③ 선택성   ④ 방향성

해설 주의의 특징
1) **선택성** : 여러 종류의 자극을 자각할 때 소수의 특정한 것에 한하여 선택하는 기능
2) **방향성** : 주시점만 인지하는 기능
3) **변동성** : 주위에는 주기적으로 부주의의 리듬이 존재

23 인간관계를 효과적으로 맺기 위한 원칙과 가장 거리가 먼 것은?

① 상대방을 있는 그대로 인정한다.
② 상대방에게 지속적인 관심을 보인다.
③ 취미나 오락 등 같거나 유사한 활동에 참여한다.
④ 상대방으로 하여금 당신이 그를 좋아한다는 것을 숨긴다.

해설 ④항, 상대방으로 하여금 당신이 그를 좋아한다는 것을 표시한다(나타낸다)

24 강의법의 장점으로 볼 수 없는 것은?

① 강의 시간에 대한 조정이 용이하다.
② 학습자의 개성과 능력을 최대화 할 수 있다.
③ 난해한 문제에 대하여 평이하게 설명이 가능하다.
④ 다수의 인원에서 동시에 많은 지식과 정보의 전달이 가능하다.

해설 강의법의 장점 및 단점
1) 장점
① 사실, 사상을 시간, 장소에 제한 없이 제시할 수 있다(시간에 대한 계획과 통제가 용이

하다)
② 여러 가지 수업매체를 동시에 활용할 수 있다
③ 강사가 임의로 시간을 조절할 수 있고, 강조할 점을 수시로 강조할 수 있다.
④ 학생의 다소에 제한을 받지 않는다.
⑤ 학습자의 태도, 정서 등의 감화를 위한 학습에 효과적이다.
2) 단점
① 개인의 학습속도에 맞추기 어렵다.
② 대부분이 일방통행적인 지식의 배합형식이다.
③ 학습자의 참여와 흥미를 지속시키기 위한 기회가 거의 없다.
④ 한정된 학습과제에만 가능하다.

25 과거의 학습경험을 통해서 학습된 행동이 현재와 미래에 지속되는 것을 무엇이라 하는가?

① 파지   ② 기명
③ 재생   ④ 재인

해설 파지와 망각
1) **파지** : 획득된 행동이나 내용이 지속되는 현상
2) **망각** : 획득된 행동이나 내용이 지속되지 않고 소멸되는 현상

26 수퍼(Super, D.E)의 역할이론 중 작업에 대하여 상반된 역할이 기대되는 경우에 해당하는 것은?

① 역할 갈등(Role conflict)
② 역할 연기(Role playing)
③ 역할 조성(Role shaping)
④ 역할 기대(Role expectation)

해설 수퍼의 역할이론
1) **역할연기**(role playing) : 자아탐색(self-exploration)인 동시에 자아실현(self-realization)의 수단이다.
2) **역할기대**(role expectation) : 자기의 역할을 기대하고 감수하는 사람은 그 직업에 충실한 것이다.

■ 정답 ■ **22.**① **23.**④ **24.**② **25.**① **26.**①

3) **역할조성**(role shaping) : 개인에게 여러 개의 역할 기대가 있을 경우 그 중의 어떤 역할 기대는 불응, 거부하는 수도 있으며, 혹은 다른 역할을 해내기 위해 다른일을 구할 때도 있다.
4) **역할갈등**(role conflict) : 직업 중에는 상반된 역할이 기대되는 경우가 있으며, 그럴 때 갈등이 생기게 된다.

27 비공식 집단의 활동 및 특성을 가장 잘 설명하고 있는 것은?

① 대체로 규모가 크다.
② 관리자에 의해 주도된다.
③ 항상 태업이나 생산저하를 조장시킨다.
④ 직접적이고 빈번한 개인 간의 접촉을 필요로 한다.

해설 비공식집단의 특성
1) 규모가 과히 크지 않다.
2) 경영통제권이나 관리경영 밖에 존재한다.
3) 직접적이고 빈번한 개인간의 접촉을 필요로 한다.
4) 동료애의 욕구가 있으며, 응집력이 크다.

28 인간의 적응기제(adjustment mechanism) 중 방어적 기제에 해당하는 것은?

① 보상　　② 고립
③ 퇴행　　④ 억압

해설 적응기제
1) **방어적 기제** : 보상, 합리화, 동일시, 승화 등
2) **도피적 기제** : 고립, 퇴행, 억압, 백일몽 등

29 사고 경향성 이론에 관한 설명으로 틀린 것은?

① 어떤 특정한 환경에서 훨씬 더 사고를 일으키기 쉽다.
② 어떠한 사람이 다른 사람보다 사고를 더 잘 일으킨다는 이론이다.

③ 사고를 많이 내는 여러 명의 특성을 측정하여 사고를 예방하는 것이다.
④ 검증하기 위한 효과적인 방법은 다른 두 시기 동안에 같은 사람의 사고기록을 비교하는 것이다.

해설 사고경향성 이론
1) 사고의 대부분은 소수의 근로자에 의해서 발생되며, 사고를 낸 사람이 또 다시 사고를 발생시키는 경향이 있다.
2) 사고경향성인 사람 : 소심한 성격, 도전적 성격

30 인간의 착오를 일으키는 원인 중 하나인 인지과정의 착오 원인이 아닌 것은?

① 정서적 불안정
② 감각 차단현상
③ 정보량 저장의 한계
④ 작업조건의 잘못 판단

해설 착오요인(대뇌의 휴먼에러)
1) **인지과정 착오**
① 생리, 심리적 능력의 한계
② 정보량 저장능력의 한계
③ 감각차단현상(단조로운 업무, 반복작업시 발생)
④ 정서불안정(공포, 불안, 불만)
2) **판단과정 착오**
① 능력부족
② 정보부족
③ 자기합리화
④ 환경조건의 불비
3) **조치과정 착오**

31 리더십을 결정하는 주요한 3가지 요소와 가장 거리가 먼 것은?

① 부하의 특성과 행동
② 리더의 특성과 행동
③ 집단과 집단간의 관계
④ 리더십이 발생하는 상황의 특성

해설 리더십을 결정하는 3가지 주요한 요소
1) 부하의 특성과 행동
2) 리더의 특성과 행동
3) 리더십이 발생하는 상황의 특성

32 "예측변인 준거와 얼마나 관련되어 있느냐"를 나타낸 타당도를 무엇이라 하는가?

① 내용타당도
② 준거관련타당도
③ 수렴타당도
④ 구성개념타당도

해설 준거관련타당도 : 예측변인준거와 얼마나 관련되어 있는가를 나타낸 타당도이다.

33 프로그램 학습법(programmed self-instruction method)의 단점에 해당하는 것은?

① 보충학습이 어렵다.
② 수강생의 시간적 활용이 어렵다.
③ 수강생의 사회성이 결여되기 쉽다.
④ 수강생의 개인적인 차이를 조절할 수 없다.

해설 프로그램 학습법의 특징

적용의 경우	제약조건(단점)
① 수업의 모든 단계 ② 학교수업, 방송수업, 직업훈련의 경우 ③ 학생들의 개인차가 최대한으로 조절되어야 하는 경우 ④ 학생들이 자기에게 허용된 어느 시간에나 학습이 가능할 경우 ⑤ 보충학습의 경우	① 한번 개발한 프로그램 자료를 개조하기가 어렵다. ② 학생들의 사회성이 결여되기 쉽다. ③ 개발비가 높다.

34 동기이론과 관련 학자의 연결이 잘못된 것은?

① ERG이론 : 알더퍼(Alderfer)
② 욕구위계이론 : 매슬로우(Maslow)
③ 위생-동기이론 : 맥그리거(McGregor)
④ 성취동기이론 : 맥클레랜드(McClelland)

해설 위생-동기이론 : 허즈버그(Herzberg)

35 산업안전심리의 5대 요소가 아닌 것은?

① 동기(Motive)
② 기질(Temper)
③ 감정(Emotion)
④ 지능(Intelligence)

해설 산업안전심리의 5대요소 : 1) 습관 2) 습성 3) 동기 4) 기질 5) 감정

36 교육방법 중 O.J.T(On the Job Training)에 속하지 않는 것은?

① 코칭
② 강의법
③ 직무순환
④ 멘토링

해설 OJT와 off-JT
1) OJT(On the Job Training, 현장 중심교육) : 직속 상사가 현장에서 업무상의 개별교육이나 지도훈련을 하는 교육형태
2) off-JT(off the Job Training, 현장 외 중심교육) : 계층별 또는 직능별 등과 같이 공통된 교육대상자를 현장 외의 한 장소에 모아 집체교육 훈련을 실시하는 교육형태(강의법)

37 피로의 측정 방법 중 생리학적 측정에 해당하는 것은?

① 혈액농도
② 동작분석
③ 대뇌활동
④ 연속반응시간

해설 피로의 측정법
1) 생리학적 방법 : 근전도(EMG), 산소소비량 및 에너지대사율, 피부전기반사(GSR), 프릿가값 (융합점멸주파수 : 대뇌활동측정) 등

2) **화학적 방법** : 혈색소농도, 혈액수준, 혈단백, 응형시간, 혈액, 요전해질, 요단백, 요교질, 배설량 등

3) **심리학적 방법** : 피부(전위)저장, 동작분석, 연속반응시간, 행동기록, 정신작업, 전신자각증상, 집중유지기능 등

38 인간의 동작에 영향을 주는 요인을 외적조건과 내적조건으로 분류할 때 외적조건에 해당하지 않는 것은?

① 높이, 폭, 길이, 크기 등의 조건
② 근무경력, 적성, 개성 등의 조건
③ 대상물의 동적 성질에 따른 조건
④ 기온, 습도, 조명, 소음 등의 조건

해설 인간의 동작을 좌우하는 요인(인간동작 특성)
1) 외적조건
　① 동적조건 : 대상물의 동적성질(최대요인)
　② 정적조건 : 높이, 깊이, 크기 등
　③ 환경조건 : 기온, 습도, 소음 등
2) 내적조건 : 경력, 개인차, 생리적 조건

39 교육훈련 및 안전교육의 기본원리와 방향을 설명한 것 중 거리가 먼 것은?

① 동기를 부여할 것
② 반복적으로 교육할 것
③ 교육자 중심으로 할 것
④ 쉬운 곳에서 시작하여 어려운 곳으로 유도할 것

해설 학습(교육)지도의 원칙
1) 피교육자 중심교육(상대방 입장에서 교육)
2) 동기부여
3) 쉬운 부분에서 어려운 부분으로 진행
4) 반복
5) 한 번에 하나씩 교육
6) 인상의 강화(오래기억)
7) 5관의 활용(시각-청각-촉각-미각-후각)
8) 기능적인 이해

40 안전교육의 목적으로 볼 수 없는 것은?

① 생산성 및 품질향상 기여
② 직·간접적 경제적 손실방지
③ 작업자를 산업재해로부터 미연 방지
④ 안전한 태도 습관화를 위한 반복 교육

해설 안전교육의 목적
1) 인간정신(의식)의 안전화
2) 행동(동작)의 안전화
3) 작업환경의 안전화
4) 설비와 물자의 안전화

제3목 / 인간공학 및 시스템안전공학

41 기계설비가 설계 사양대로 성능을 발휘하기 위한 적정 윤활의 원칙이 아닌 것은?

① 적량의 규정
② 주유방법의 통일화
③ 올바른 윤활법의 채용
④ 윤활기간의 올바른 준수

해설 윤활의 원칙
1) **적량**(適量) : 적량의 규정
2) **적유**(適油) : 설비가 꼭 필요로 하는 윤활제의 선택
3) **적법**(適法) : 올바른 윤활법의 채용
4) **적시**(適時) : 윤활기간의 올바른 준수

42 FTA에서 특정 조합의 기본사상들이 동시에 결함을 발생하였을 때 정상사상을 일으키는 기본사상의 집합을 무엇이라 하는가?

① cut set　　　② error set
③ path set　　　④ success set

해설 1) cut set : 정상사상을 일으키는 기본사상의 집합
2) path set : 정상사상을 일으키지 않는 기본사상의 집합

---

43 FT도에 사용하는 기호에서 3개의 입력현상 중 임의의 시간에 2개가 발생하면 출력이 생기는 기호의 명칭은?

① 억제 게이트
② 조합 AND 게이트
③ 배타적 OR 게이트
④ 우선적 AND 게이트

해설 수정기호(⟨ 조건 ⟩) : 다음에 나타나는 조건을 기입한다.
1) **우선적 AND Gate** : 입력사상 가운데 어느 사상이 다른 사상보다 먼저 일어났을 때에 출력사상이 생긴다. 예를 들면 「A는 B보다 먼저」와 같이 기입한다.
2) **짜맞춤 AND Gate** : 3개 이상의 입력사상 가운데 어느 것이든 2개가 일어나면 출력사상이 생긴다. 예를 들면 「어느 것이든 2개」라고 기입한다.
3) **위험지속기호** : 입력사상이 생겨서 어느 일정시간 지속하였을 때에 출력사상이 생긴다. 예를 들면 「위험지속시간」과 같이 기입한다.
4) **배타적 OR Gate** : OR Gate로 2개 이상의 입력이 동시에 존재할 때에는 출력사상이 생기지 않는다. 예를 들면 「동시에 발생하지 않는다」라고 기입한다.

44 정보의 촉각적 암호화 방법으로만 구성된 것은?

① 점자, 진동, 온도
② 초인종, 점멸등, 점자
③ 신호등, 경보음, 점멸등
④ 연기, 온도, 모스(Morse)부호

해설 1) **촉각적 표시장치** : 주로 손과 손가락을 기본정보 수용기로 이용한다.
2) **촉각적 암호화 방법** : 점자, 진동, 온도

45 다음의 그림과 같이 FTA로 분석된 시스템에서 현재 모든 기본사상에 대한 부품이 고장난 상태이다. 부품 X_1부터 부품 X_5까지 순서대로 복구한다면 어느 부품을 수리 완료하는 순간부터 시스템은 정상가동이 되겠는가?

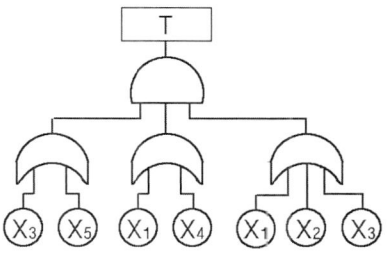

① X_1
② X_2
③ X_3
④ X_4

해설 부품 X_1, X_2, X_3까지 복구되면 3개의 중간사상 중 마지막에 있는 1개의 사상이 발생되지 않으며 정상사상이 발생되지 않으므로 시스템이 정상가동된다.

46 시스템 안전분석 방법 중 예비위험분석(PHA) 단계에서 식별하는 4가지 범주에 속하지 않는 것은?

① 위기상태
② 무시가능상태
③ 파국적상태
④ 예비조처상태

해설 예비위험분석(PHA)에서 식별하는 4가지 범주 (Category)
1) 파국적(catastrophic)
2) 중대(critical)
3) 한계적(marginal)
4) 무시가능(negligible)

47 다음 그림과 같이 7개의 기기로 구성된 시스템의 신뢰도는 약 얼마인가?

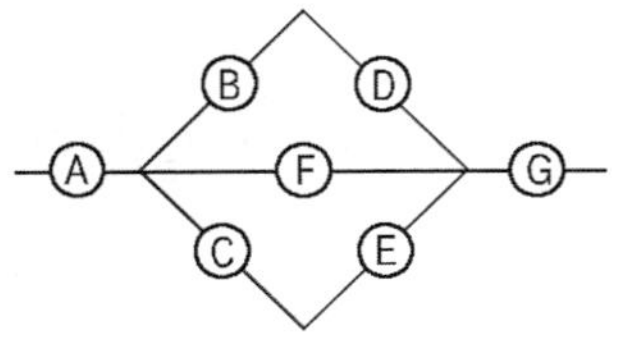

[신뢰도]
A = G : 0.75
B = C = D = E : 0.8
F : 0.9

① 0.5427　　　　② 0.6234
③ 0.5552　　　　④ 0.9740

해설
$$R = A \times [1 - (B \cdot D)(1 - F)(1 - C \cdot E)] \times G$$
$$= 0.75 \times [1 - (1 - 0.8 \times 0.8)(1 - 0.9)$$
$$(1 - 0.8 \times 0.8)] \times 0.75$$
$$= 0.5521$$

48 인지 및 인식의 오류를 예방하기 위해 목표와 관련하여 작동을 계획해야 하는데 특수하고 친숙하지 않은 상황에서 발생하며, 부적절한 분석이나 의사결정을 잘못하여 발생하는 오류는?

① 기능에 기초한 행동(Skill - based Begavior)
② 규칙에 기초한 행동(Rule - based Begavior)
③ 사고에 기초한 행동(Accident - based Begavior)
④ 지식에 기초한 행동(Knowledge - based Begavior)

해설 지식에 기초한 행동 : 본문설명

49 실내에서 사용하는 습구흑구온도(WBGT : Wet Bulb Globe Temperature)지수는? (단, NWB는 자연습구, GT는 흑구온도, DB는 건구온도이다.)

① WBGT = 0.6NWB + 0.4GT
② WBGT = 0.7NWB + 0.3GT
③ WBGT = 0.6NWB + 0.3GT + 0.1DB
④ WBGT = 0.7NWB + 0.2GT + 0.1DB

해설 1) 실내 및 태양이 내리쬐지 않는 실외에서 습구흑구온도지수(WBGT)
WBGT = (0.7×NWB)+(0.3×GT)
2) 태양이 내리쬐는 실외의 습구흑구온도지수 (WBGT)
WBGT = (0.7×NWB)+(0.2×GT)+(0.1×DB)

50 화학설비에 대한 안전성 평가방법 중 공장의 입지조건이나 공장 내 배치에 관한 사항은 어느 단계에서 하는가?

① 제1단계 : 관계자료의 작성 준비
② 제2단계 : 정성적 평가
③ 제3단계 : 정량적 평가
④ 제4단계 : 안전대책

해설 정성적 평가(제2단계)의 주요진단항목

1. 설계관계	2. 운전관계
① 입지조건	① 원재료, 중간체제품
② 공장 내 배치	② 공정
③ 건조물	③ 수송, 저장 등
④ 소방설비	④ 공정기기

51 실험실 환경에서 수행하는 인간공학 연구의 장·단점에 대한 설명으로 맞는 것은?

① 변수의 통제가 용이하다.
② 주위 환경의 간섭에 영향 받기 쉽다.
③ 실험 참가자의 안전을 확보하기가 어렵다.
④ 피실험자의 자연스러운 반응을 기대할 수 있다.

해설 실험실 환경에서 수행하는 인간공학 연구의 장점
   1) 변수의 통제 용이
   2) 실험조건조절 용이
   3) 피실험자의 안전성 확보
   4) 비용절감

52 다음 중 성격이 다른 정보의 제어 유형은?

① action
② selection
③ setting
④ data entry

53 위험 및 운전성 검토(HAZOP)에서 사용되는 가이드 워드 중에서 성질상의 감소를 의미하는 것은?

① Part of
② More less
③ No/Not
④ Other than

해설 유인어(guide words) : 간단한 용어(말)로서 창조적 사고를 유도하고 자극하여 이상을 발견하고, 의도를 한정하기 위해 사용된다. 즉, 다음과 같은 의미를 나타낸다.
   1) NO또는 NOT : 설계의도의 완전한 부정
   2) More 또는 Less : 양(압력, 반응, flow, rate, 온도 등)의 증가 또는 감소
   3) As well As : 성질상의 증가(설계의도와 운전조건이 어떤 부가적인 행위와 함께 일어남)
   4) Part of : 일부변경, 성질상의 감소(어떤 의도는 성취되나 어떤 의도는 성취되지 않음)
   5) Reverse : 설계의도의 논리적인 역
   6) Other than : 완전한 대체(통상 운전과 다르게 되는 상태)

54 국내 규정상 1일 노출회수가 100일 때 최대 음압수준이 몇 dB(A)를 초과하는 충격소음에 노출되어서는 아니 되는가?

① 110
② 120
③ 130
④ 140

해설 충격소음작업(안전보건규칙 제512조)
   1) 120dB을 초과하는 소음이 1일 1만회 이상 발생하는 작업
   2) 130dB을 초과하는 소음이 1일 1천회 이상 발생하는 작업
   3) 140dB을 초과하는 소음이 1일 1백회 이상 발생하는 작업

55 산업안전보건법에 따라 유해위험방지계획서의 제출대상 사업은 해당 사업으로서 전기계약용량이 얼마 이상인 사업을 말하는가?

① 150kW
② 200kW
③ 300kW
④ 500kW

해설 유해위험방지계획서 제출대상 사업 : 전기계약용량이 300kW이상인 제조업 등의 사업

56 특정한 목적을 위해 시각적 암호, 부호 및 기호를 의도적으로 사용할 때에 반드시 고려하여야 할 사항과 가장 거리가 먼 것은?

① 검출성
② 판별성
③ 양립성
④ 심각성

해설 암호체계 사용상의 일반적인 지침
   1) 암호의 검출성 : 검출이 가능해야 한다.
   2) 암호의 변별성 : 다른 암호표시와 구별되어야 한다.
   3) 부호의 양립성 : 양립성이란 자극들 간의, 반응들 간의, 또는 자극-반응 조합의 관계를 말하는 것으로 인간의 기대와 모순되지 않는다.
   4) 부호의 의미 : 사용자가 그 뜻을 분명히 알아야 한다.
   5) 암호의 표준화 : 암호를 표준화하여야 한다.
   6) 다차원 암호의 사용 : 2가지 이상의 암호차원을 조합해서 사용하면 정보전달이 촉진된다.

57 전신육체적 작업에 대한 개략적 휴식시간의 산출공식으로 맞는 것은? (단, R은 휴식시간(분), E는 작업의 에너지소비율(kcal/분)이다.)

① $R = E \times \dfrac{60-4}{E-2}$

② $R = 60 \times \dfrac{E-4}{E-1.5}$

③ $R = 60 \times (E-4) \times (E-2)$

④ $R = E \times (60-4) \times (E-1.5)$

해설 휴식시간$(R) = \dfrac{60 \times (E-4)}{E-1.5}$

58 첨단 경보시스템의 고장율은 0이다. 계의 효과로 조작자 오류율은 0.01t/hr이며, 인간의 실수율은 균질homogeneous)한 것으로 가정한다. 또한, 이 시스템의 스위치 조작자는 1시간마다 스위치를 작동해야 하는데 인간오류확률(HEP : Human Error Probability)이 0.001인 경우에 2시간에서 6시간 사이에 인간-기계 시스템의 신뢰도 약 얼마인가?

① 0.938   ② 0.948
③ 0.957   ④ 0.967

해설 1) 인간실수활률(HEP)

$$HEP = \dfrac{인간의\,실수수}{전체실수\,발생\,기회수}$$

2) 신뢰도=1-HEP

59 인간공학의 궁극적인 목적과 가장 관계가 깊은 것은?

① 경제성 향상
② 인간 능력의 극대화
③ 설비의 가동율 향상
④ 안정성 및 효율성 향상

해설 인간공학의 주목적 : 안전의 최대화와 능률의 극대화

60 여러 사람이 사용하는 의자의 좌면높이는 어떤 기준으로 설계하는 것이 가장 적절한가?

① 5% 오금높이
② 50% 오금높이
③ 75% 오금높이
④ 95% 오금높이

해설 조절식의 적용

1) 조절식은 자동차 좌석의 전후조절, 사무실 의자의 상하조절 등에 응용된다.
2) 조절식을 설계할 때에는 통상 5%치에서 95%까지 90%범위를 수용대상으로 설계하는 것이 관례이다.

길잡이 인간계측자료의 응용원칙

1) 최대치수와 최소치수 : 최대치수 또는 최소치수를 기준으로 하여 설계한다. (극단에 속하는 사람을 위한 설계)
2) 조절범위(조절식) : 체격이 다른 여러 사람에게 맞도록 만드는 것 이다.(조절할 수 있도록 범위를 두는 설계)
3) 평균치를 기준으로 한 설계 : 최대치수나 최소치수, 조절식으로 하기가 곤란할 때 평균치를 기준으로 하여 설계한다.(평균적인 사람을 위한 설계)

제4목 / 건설시공학

61 콘크리트의 시공성과 관계 없는 것은?

① 반발경도   ② 슬럼프
③ 슬럼프 플로   ④ 공기량

해설 1) 콘크리트의 시공성 : 슬럼프(slump), 슬럼프 플로(slump flow), 공기량 등
2) 반발경도법 : 콘크리트 표면을 타격하여 해머의 반발정도(반발경도)로 강도를 추정하는 시험법으로 반발경도는 콘크리트 시공성과 관계가 없다.

■정답■ 57.② 58.③ 59.④ 60.① 61.①

62 석공사 앵커긴결공법에 관한 설명으로 옳지 않은 것은?

① 연결철물의 장착을 위한 세트 앵커용 구멍 45mm 정도 천공하고 캡이 구조체보다 5mm 정도 깊게 삽입하여 외부의 충격에 대처한다.
② 연결철물용 앵커와 석재는 접착용 에폭시를 사용하여 고정한다.
③ 연결철물은 석재의 상하 및 양단에 설치하여 하부의 것은 지지용으로, 상부의 것은 고정용으로 사용한다.
④ 판석재와 철재가 직접 접촉하는 부분에는 적절한 완충재를 사용한다.

해설 1) **앵커긴결공법** : 석재의 붙임에 모르타르를 사용하지 않고 앵커, 볼트, 연결철물을 사용하여 석재와 구조체를 연결시키는 방법이다.
2) 석재에 연결철물의 장착을 위한 앵커용 구멍을 뚫어 앵커를 석재에 고정한다.

63 네트워크 공정표의 주공정(Critical Path)에 관한 설명으로 옳지 않은 것은?

① TF가 0(Zero)인 작업을 주공정작업이라 하고, 이들을 연결한 공정을 주공정이라 한다.
② 총 공기는 공사착수에서부터 공사완공까지의 소요시간의 합계이며, 최장시간이 소요되는 경로이다.
③ 주공정은 고정적이거나 절대적인 것이 아니고 공사 진행상황에 따라 가변적이다.
④ 주공정에 대한 공기단축은 불가능하다.

해설 1) **주공정**(cp ; critical path) : 개시결합점에서 종료 결합점에 이르는 가장 긴시간을 의미한다.
2) **MCX**(minium cost expediting)
① 공기단축기법으로 주공정(cp)상의 요소작업 중 비용구배가 가장 작은 요소작업부터 단위시간 씩 단축해가며 이로 인해 변경되는 주공정(cp)이 발생되면 변경된 경로의 단축

해야 할 요소작업을 결정한다.
② 공기단축시 주의할 것은 변경된 주공정(cp)을 호가인하는 것이다.

64 철골기둥의 이음부분 면을 절삭가공기를 사용하여 마감하고 충분히 밀착시킨 이음에 해당하는 용어는?

① 밀 스케일(mill scale)
② 스캘럽(scallop)
③ 스패터(spatter)
④ 메탈터치(metal touch)

해설 1) **밀 스케일**(mill scale) : 철강저를 가열, 압연, 가공 등을 할 때 표면에 붙은 산화철로 된 찌꺼기
2) **스캘럽**(scallop) : 용접선이 교차를 이루는 것을 피하기 위해서 모재에 설치한 부채꼴 모양
3) **스패터**(spatter) : 아크용접, 가스용접에서 용접 중 튀어나오는 슬랙 또는 금속입자
4) **메탈터치**(metal touch) : 본문설명

65 보강콘크리트 블록조에 관한 설명으로 옳지 않은 것은?

① 블록은 살 두께가 두꺼운 쪽을 위로하여 쌓는다.
② 보강블록은 모르타르, 콘크리트 사춤이 용이하도록 원칙적으로 막힌줄눈 쌓기로 한다.
③ 블록 1일 쌓기 높이는 6~7켜 이하로 한다.
④ 2층 건축물이 경우 세로근은 원칙으로 기초, 테두리보에서 윗층의 테두리보까지 잇지 않고 배근한다.

해설 보강블록은 원칙적으로 통줄눈 쌓기로 한다.

66 거푸집 조립 시 긴결재로 사용하지 않는 것은?

① 폼타이(Form tie)
② 플랫타이(Flat tie)
③ 철재 동바리(Steel support)
④ 컬럼밴드(Column band)

해설 거푸집의 긴결재
1) **폼타이**(form tie) : 거푸집판을 일정한 간격으로 유지시켜 주는 동시에 콘크리트의 측압을 최종적으로 지지하는 열할을 하는 부재이다.
2) **플랫타이**(flat tie) : 철재 패널폼에 사용하는 폼 타이로서 타이를 웨지판(wedge pin)을 패널폼에 고정한다.
3) **컬럼밴드**(column band) : 기둥거푸집의 고정 및 측압버팀용으로 쓰인다(합판거푸집에 사용)

67 콘크리트 타설 시 이음부에 관한 설명으로 옳지 않은 것은?

① 보, 바닥슬래브 및 지붕슬래브의 수직 타설 이음부는 스팬의 중앙 부근에 주근과 수평 방향으로 설치한다.
② 기둥 및 벽의 수평 타설이음부는 바닥슬래브, 보의 하단에 설치하거나 바닥슬래브, 보, 기초보의 상단에 설치한다.
③ 콘크리트의 타설이음면은 레이턴스나 취약한 콘크리트 등을 제거하여 새로 타설하는 콘크리트와 일체가 되도록 처리한다.
④ 타설이음부의 콘크리트는 살수 등에 의해 습윤시킨다. 다만, 타설이음면의 물은 콘크리트 타설 전에 고압공기 등에 의해 제거한다.

해설 ①항, 보, 바닥슬래브(바닥판) 및 지붕슬래브의 이음은 간사이(span)의 중앙부근에서 수직으로 한다.

68 정지 및 배토기계에 해당하지 않는 것은?

① 불도저
② 파워셔블
③ 모터그레이더
④ 스크레이퍼

해설 파워셔블(power shovel) : 굴착용 기계로 중기가 위치한 지면보다 높은 곳의 땅을 굴착하는데 적합하다.

69 철근콘크리트 구조의 철근 선조립 공법 순서로 옳은 것은?

① 시공도 → 공장절단 → 가공 → 이음·조립 → 운반 → 현장부재양중 → 이음·설치
② 공장절단 → 시공도 → 가공 → 이음조립 → 이음·설치 → 운반 → 현장부재양중
③ 시공도 → 가공 → 공장절단 → 운반 → 이음·조립 → 현장부재양중 → 이음·설치
④ 공장절단 → 시공도 → 운반 → 가공 → 이음·조립 → 현장부재양중 → 이음·설치

해설 철근 선조립 공법순서
1) 시공도 → 2)공장절단 → 3)가공 → 4)이음·조립 → 5)운반 → 6)현장부재양중 → 7)이음·설치

70 말뚝기초 재하시험의 종류가 아닌 것은?

① 표준관입재하시험
② 동재하시험
③ 수직재하시험
④ 수평재하시험

해설 말뚝기초 재하시험의 종류
1) 동재하시험
2) 수직재하시험
3) 수평재하시험

■ 정답 ■ 66.③ 67.① 68.② 69.① 70.①

71 시공의 품질관리를 위하여 사용하는 통계적 도구가 아닌 것은?

① 작업표준   ② 파레토도
③ 관리도   ④ 산포도

해설 품질관리(QC, Quality Control) 활동의 7가지 도구(QC 7가지 수법)
1) 히스토그램(histogram) : 길이, 무게, 강도 등과 같이 계량치의 데이터가 어떠한 분포를 하고 있는지 알아보기 위하여 작성하는 주상(柱狀) 기둥그래프(막대그래프)이다.
2) 특성요인도 : 결과에 원인이 어떻게 관계하고 있는가를 생선뼈 모양으로 나타낸 그림이다.
3) 파레토도(pareto diagram) : 시공불량의 내용이나 원인을 분류 항목으로 나누어 크기 순서대로 나열해 놓은 그림이다.
4) 관리도 : 공정의 상태를 나타내는 특성치에 관해서 그려진 꺾은선 그래프이다.
5) 산점도(산포도, scatter diagram) : 서로 대응되는 두 종류의 데이터의 상호관계를 보는 것이다.
6) 체크시트 : 불량수, 결점수 등 셀 수 있는 데이터를 분류하여 항목별로 나누었을 때 어디에 집중되어 있는가를 알기 쉽도록 한 그림 또는 표이다.
7) 층별 : 데이터의 특성을 적당한 범주마다 얼마간의 그룹으로 나누어 도표로 나타낸 것이다.

72 기초공사 중 말뚝지정에 관한 설명으로 옳지 않은 것은?

① 나무말뚝은 소나무, 낙엽송 등 부패에 강한 생나무를 주로 사용한다.
② 기성 콘크리트 말뚝으로는 심플렉스 파일, 컴프레솔 파일, 페데스탈 파일 등이 있다.
③ 강재말뚝은 중량이 가볍고, 휨저항이 크며 길이조절이 가능하다.
④ 무리말뚝의 말뚝 한 개가 받는 지지력은 단일말뚝의 지지력보다 감소되는 것이 보통이다.

해설 심플렉스 파일, 컴프레솔 파일, 페데스탈 파일 등은 제자리콘크리트말뚝 에 해당된다.

73 수직응력 $\sigma = 0.2$MPa, 접착력 $c = 0.05$ MPa, 내부마찰각 $\varnothing = 20°$의 흙으로 구성된 사면의 전단강도는?

① 0.08MPa   ② 0.12MPa
③ 0.16MPa   ④ 0.2MPa

해설 사면의 전단강도(S)
$$S = C + \sigma \tan\phi$$
$$= 0.05 + 0.2\tan 20 = 0.12 MPa$$

여기서,
C : 점착력(MPa)
σ : 전단면(파괴면)에 작용하는 수직응력(MPa)
ϕ : 내부마찰각(°)

74 철골공사에서 용접작업 종료 후 용접부의 안전성을 확인하기 위해 실시하는 비파괴 검사의 종류에 해당되지 않는 것은?

① 방사선 검사   ② 침투 탐상 검사
③ 반발 경도 검사   ④ 초음파 탐상 검사

해설 용접검사
1) 용접착수전 검사 : 트임새 모양 모아대기법, 구속법, 자세의 적부
2) 용접작업중 검사 : 용접봉, 운봉, 전류
3) 용접완료후 검사 : 외관검사, 비파괴검사(방사선투과검사, 초음파탐상시험, 자기분말탐상법)

75 사질지반일 경우 지반 저부에서 상부를 향하여 흐르는 물의 압력이 모래의 자중 이상으로 되면 모래입자가 심하게 교란되는 현상은?

① 파이핑(piping)   ② 보링(boring)
③ 보일링(boiling)   ④ 히빙(heaving)

해설 보일링(boiling) 현상
1) 보일링 : 투수성이 좋은 사질지반에서 흙막이벽 두시면의 수위가 높아서 지하수가 흙막이벽을 돌아서 굴착부 저면이 모래와 같이 액상화되어 솟아오르는 현상

■ 정답 ■ **71.**① **72.**② **73.**② **74.**③ **75.**③

2) **지반조건** : 지하수위가 높은 사질토
3) **대책**
　① 굴착배면의 지하수위를 낮춘다.
　② 흙막이벽(토류벽)의 근입깊이를 깊게 한다.
　③ 흙막이벽 하단부에 버팀대를 보강한다.
　④ 흙막이벽 선단에 코어 및 필터 층을 설치한다.

76 거푸집 측압에 영향을 주는 요인에 관한 설명으로 옳지 않은 것은?

① 콘크리트 타설 속도가 빠를수록 측압이 크다.
② 단면이 클수록 측압이 크다.
③ 슬럼프가 클수록 측압이 크다.
④ 철근량이 많을수록 측압이 크다.

해설 철근량이 적을수록 측압이 크다.

77 경량형강과 합판으로 구성되며 표준형태의 거푸집을 변형시키지 않고 조립함으로써 현장제작에 소요되는 인력을 줄여 생산성을 향상시키고 자재의 전용횟수를 증대시키는 목적으로 사용되는 거푸집은?

① 목재패널　　　② 합판패널
③ 위플폼　　　　④ 유로폼

해설 유로폼(euro from)
1) **유로폼** : 공장에서 경량형강과 합판을 사용하여 벽판이나 바닥판용 거푸집을 제작한 것으로 현장에서 못을 쓰지 않고 간단히 조립할 수 있는 거푸집이다.
2) **특징**
　① 현장제작에 소요되는 인력을 줄여 생산성을 향상시킨다.
　② 조립·해체 작업이 간단하며 공기가 단축되고 경비가 절약된다.
　③ 거푸집 사용횟수를 증대시킬 수 있다.

78 공사계약방식에서 공사실시 방식에 의한 계약제도가 아닌 것은?

① 일식도급
② 분할도급
③ 실비정산보수가산도급
④ 공동도급

해설 1) **공사실시방식에 의한 도급계약제도** : 일식도급, 분할도급, 공동도급
2) **공사비지불방식에 의한 도급계약제도** : 단가도급, 정액도급, 실비청산보수가산도급방식

79 한켜는 길이로 쌓고 다음켜는 마구리 쌓기로 하는 것으로 통줄눈이 생기지 않고 모서리 벽 끝에 이오토막을 사용하는 가장 튼튼한 쌓기 방식은?

① 영식 쌓기
② 화란식 쌓기
③ 불식 쌓기
④ 미식 쌓기

해설 벽돌쌓기의 종류
1) **영식쌓기** : 한켜는 길이쌓기, 다음켜는 마무리 쌓기로 하고, 마무리쌓기켜의 벽 끝에 이오토막(0.25)을 사용한다.(벽돌쌓기법 중 가장 튼튼한 쌓기법)
2) **화란(네덜란드)식 쌓기** : 한켜는 길이 쌓기, 다음켜는 마무리 쌓기로 하고, 길이쌓기켜의 벽 끝에 칠오토막(0.75)을 사용한다.
3) **불식(프랑스식)쌓기** : 매켜에 길이쌓기와 마구리 쌓기가 번갈아 나오는 쌓기방식이다.
4) **미식쌓기** : 5켜는 길이쌓기로 하고 한켜는 마구리쌓기로 하는 쌓기방식이다.

■ 정답 ■　**76.**④　**77.**④　**78.**③　**79.**①

80 철골부재 용접 시 주의사항 중 옳지 않은 것은?

① 용접할 모재의 표면에 있는 녹, 페인트, 유분 등은 제거하고 작업한다.
② 기온이 0℃이하로 될 때에는 접하지 않도록 한다.
③ 용접 시 발생하는 가스 등으로 질식 또는 중독되지 않도록 환기 또는 기타 필요한 조치를 해야 한다.
④ 용접할 소재는 정확한 시공과 정밀도를 위하여 치수에 여분을 두지 말아야 한다.

해설 용접할 소재는 용접열에 의한 수축변형이 생기고 또 마무리 자리도 고려해야 되므로 치수에 여분을 두어야 한다.

제5과목 / 건설재료학

81 적외선을 반사하는 도막을 코팅하여 방사율을 낮춘 고단열 유리로 일반적으로 복층유리로 제조되는 것은?

① 로이(Low-E)유리
② 망입유리
③ 강화유리
④ 배강도유리

해설 1) **로이(Low-E)유리** : 본문설명
2) **망입유리** : 유리내부에 금속망을 삽입하고 압착 성형한 판유리로서 철망유리 또는 그물유리라고도 한다.
3) **강화유리** : 평면 및 곡면의 판유리를 열처리(약 600℃까지 가면) 하루 냉각공기를 양면을 급냉각화하여 강도를 높인 안전유리를 말한다.

82 콘크리트에 관한 설명으로 옳지 않은 것은?

① 콘크리트의 강도는 대체로 물시멘트비에 의해 결정된다.
② 콘크리트는 장기간 화재를 당해도 결정수를 방출할 뿐이므로 강도상 영향은 없다.
③ 콘크리트는 알칼리성이므로 철근콘크리트의 경우 철근을 방청하는 큰 장점이 있다.
④ 콘크리트는 온도가 내려가면 경화가 늦으므로 동절기에 타설할 경우에는 충분히 양생하여야 한다.

해설 **콘크리트의 장점 및 단점**
1) **장점**
① 압축강도가 크다.
② 내화성, 내구성, 내전성, 내수성, 차음성 등이 좋다
③ 강과의 접착이 잘 되고 강알칼리성이 있어 방청력이 크다.
④ 크기에 제한을 받지 않으므로 임의의 크기, 모형의 구조물을 만들 수 가 있다.
2) **단점**
① 자체중량이 비교적 크고, 압축강도에 비하여 인장강도와 휨강도가 즈다 (철근을 사용하여 보강한다.)
② 경화시에 수축균열이 발생하기 쉽다.

83 다음 중 외벽용 타일 붙임재로로 가장 적합한 것은?

① 시멘트 모르타르
② 아크릴 에멀젼
③ 합성고무 라텍스
④ 에폭시 합성고무 라텍스

해설 외벽용 타일 붙임 재료 : 시멘트 모르타르

---

84 초고층 인텔리젼트 빌딩이나, 핵융합로 등과 같이 강력한 자기장이 발생할 가능성이 있는 철골 구조물의 강재나, 철근 콘크리트용 봉강으로 사용되는 것은?

① 초고장력강
② 비정질(Amorphous)금속
③ 구조용 비자성강
④ 고크롬강

해설 **구조용 비자성강** : 강력한 자기장이 발생할 가능성이 있는 건축물의 강재나 봉강으로 사용된다.

85 목재 섬유포화점의 함수율은 대략 얼마 정도인가?

① 10%   ② 20%
③ 30%   ④ 40%

해설 1) **기건재와 전건재의 함수율**
    ① 기건재(공기중에서 건조한 상태) :
       12~18%(보통 15% 정도)
    ② 전건재 : 함수율 0%
  2) **섬유포화점의 함수율** : 25~30% 정도

86 플라스틱 재료에 관한 설명으로 옳지 않은 것은?

① 아크릴수지의 성형품은 색조가 선명하고 광택이 있어 아름다우나 내용제성이 약하므로 상처나기 쉽다.
② 폴리에틸렌수지는 상온에서 유백색의 탄성이 있는 수지로서 얇은 시트로 이용된다.
③ 실리콘수지는 발포제로서 보드상으로 성형하여 단열재로 널리 사용된다.
④ 염화비닐수지는 P.V.C라고 칭하며 내산·내알칼리성 및 내후성이 우수하다.

해설 **실리콘 수지**
  1) 내열성 및 내한성이 매우 뛰어나다

2) 용도
  ① 건축물의 방수제, 콘크리트의 발수성 방수도료 등에 사용
  ② 실리콘고무 : 가스켓(gasket), 패킹 등에 사용
  ③ 실리콘수지 : 성형품, 접착제, 전기절연재료 등에 사용

87 목재의 물리적인 성질에 관한 설명으로 옳지 않은 것은?

① 목재의 섬유 방향의 강도는 인장 > 압축 > 전단 순이다.
② 목재의 기건 상태에서의 함수율은 13~17% 정도이다.
③ 보통 사용상태에서는 목재의 흡습팽창은 열팽창에 비해 영향이 적다.
④ 목재의 화재 연화온도는 260℃ 정도이다.

해설 ③항, 보통 사용상태에서는 목재의 흡습팽창은 열팽창에 비해 영향이 크다.

88 콘크리트 슬럼프 시험에 관한 설명 중 옳지 않은 것은?

① 슬럼프 콘의 치수는 윗지름 10cm, 밑지름 30cm, 높이가 20cm 이다.
② 수밀한 철판을 수평으로 놓고 슬럼프 콘을 놓는다.
③ 혼합한 콘크리트를 1/3씩 3층으로 나누어 채운다.
④ 매 회마다 표준철봉으로 25회 다진다.

해설 1) **슬럼프 시험방법**(슬럼프콘의 치수 : 윗지름 10cm, 밑지름 20cm, 높이 30cm)
  ① 수밀성 평판을 수평으로 설치하고 슬럼프콘을 평판 중앙에 밀착시킨다.
  ② 비빈 콘크리트를 슬럼프콘 안에 용적으로 1/3씩 3층으로 나누어 부어넣는다.
  ③ 다짐대(길이 50cm, $\phi16$ 정도의 철봉)로 그 층의 깊이 만큼(1층은 다짐대가 평판

에 닿지 않도록 하고, 2·3층은 전층에 닿지 않을 정도) 각각 25회씩 균등하게 찔러 다진다.
④ ②,③의 방법으로 하여 콘크리트 윗면이 수평이 되도록 고른다.
⑤ 슬럼프콘을 수직으로 가만히 들어올려 벗기고 측정자로 콘크리트가 미끌어 내린 높이를 측정한다.
2) **슬럼프값** : 슬럼프콘에 다져넣는 높이에서 슬럼프콘을 벗겨 콘크리트가 무너져 내린 높이를 cm로 표시한 것이다.

89 보통 콘크리트와 비교한 AE콘크리트의 성질에 관한 설명으로 옳지 않은 것은?

① 콘크리트의 워커빌리티가 양호하다.
② 동일 물시멘트비인 경우 압축강도가 높다.
③ 동결 융해에 대한 저항성이 크다.
④ 블리딩 등의 재료분리가 적다.

해설 동일 물시멘트비인 경우 AE콘크리트는 보통콘크리트보다 압축강도가 낮다.

90 미장재료로써 내수성 및 강도가 큰 수경성 재료는?

① 소석회
② 시멘트 모르타르
③ 진흙
④ 돌로마이트 플라스터

해설 응결·경화방식에 따른 미장재료의 분류
1) **수경성 미장재료(팽창성)** : 물(H_2O)과 수화반응에 의해 경화하는 미장재료이다.
① **시멘트 모르타르** : 시멘트 + 모래 + 물
② **석고 플라스터** : 석고 + 모래 + 여물 + 물
③ **경석고 플라스터** : 무수석고+모래+여물+물
④ **인조석 바름** : 시멘트모르타르+인조석
⑤ **테라조(terrazzo)현장바름** : 백시멘트+안료+종석(대리석, 화강석 등)
2) **기경성 미장재료수축성** : 공기중에서 경화하는 미장재료이며 종류는 다음과 같다.
① **진흙** : 진흙+짚여물_물
② **회반죽** : 소석회+모래+여물+해초풀
③ **회사벽** : 석회죽(lime cream)-모래(필요시 시멘트 또는 여물 혼입)
④ **돌로마이트 플라스터** : 돌로마이트 석회(마그네시아 석회)+모래+여물+ 물

91 강재의 열처리 방법이 아닌 것은?

① 단조
② 불림
③ 담금질
④ 뜨임질

해설 강의 열처리 방법
1) **풀림** : 강을 800~1,000℃로 가결 후 로속에서 서서히 냉각시키는 방법
2) **불림** : 강을 800~1,000℃로 가결 후 대기중에서 냉각시키는 방식
3) **담금질** : 강을 가열한 후 물 뜨는 기름속에서 급랭시키는 방식
4) **뜨임질** : 불림·담금질한 강을 200 ~ 600℃로 가열한 후 공기중에서 냉각시키는 방식

92 다음 중 시멘트 풍화의 척도로 사용되는 것은?

① 불용해 잔분
② 강열감량
③ 수경률
④ 규산율

해설 강열감량
1) 시멘트를 1,000℃의 강한 열을 가했을 때의 감량을 강열감량이라 하며, 주로 시멘트 속에 포함된 물(H_2O)과 탄산가스(CO_2)의 양이다
2) 시멘트가 풍화하면 감열감량이 증가하기 때문에 시멘트가 풍화한 정도를 판정하는데 이용된다.

93 다음 미장재료 중 건조 시 무수축성의 성질을 가진 재료는?

① 시멘트 모르타르
② 돌로마이트 플라스터
③ 회반죽
④ 석고 플라스터

해설 **석고플라스터 특성**
1) 수화작용에 의해 경화하는 수경성 재료이다.
2) 경화속도가 빠르다.
3) 경화·건조시 수축균열이 적어 치수 안전성을 갖는다.(경화시 팽창하기 때문에 균열의 발생이 적다.)
4) 가열하면 결정수를 방출하여 온도상승을 억제하기 때문에 내화성이 있다.(화재시 화열과 열의 확산을 지연시킴)
5) 물에 용해되는 성질이 있어 물을 사용하는 장소에는 부적합하다.

94 미장재료 중 비교적 강도가 크고, 응결시간이 길며 부착은 양호하나, 강재를 녹슬게 하는 성분도 포함하는 것은?

① 돌로마이트 플라스터
② 스탁코
③ 회반죽
④ 경석고 플라스터

해설 1) **경석고** : 천연 석고를 400~500℃ 에서 가열하면 무수석고($CaSO_4$)가 되며, 무수석고에 명반, 붕사, 규사, 점토 등을 소량 가하거나 불순석고를 가하여 다시 고온(500~1,000℃)으로 소성하여 경화성이 있는 경석고를 만든다.
2) **킨스시멘트**(keene's cement) : 경석고 플라스터라고도 하며 경석고에 명반 등의 촉진제를 배합한 것으로 약간 붉은 빛을 띤 백색을 나타내는 플라스터이다.
　① 석계 플라스터 중 가장 경질이며, 경화한 것은 현저히 강도가 크고 표면 경도가 커서 광택성을 갖고 있으며 방습적인 매끈한 면을 갖는다.
　② 산성을 나타내어 금속재료를 부식시킨다.
　③ 점도가 있어서 바르기 쉬우며, 벽바름 재료나 바닥바름 재료로 쓰인다.

95 건축용 접착제에 관한 설명으로 옳지 않은 것은?

① 아교는 내수성이 부족한 편이다.

② 카세인은 우유를 주원료로 하여 만든 접착제이다.
③ 초산비닐수지 에멀젼은 목공용으로 사용된다.
④ 에폭시 수지는 금속접착제로 적합하지 않다.

해설 **에폭시수지 접착제**
1) 내산성, 내알칼리성, 내수성, 내약품성, 전기절연성 등이 우수하다.
2) 강도 등의 기계적 성질도 뛰어나다.
3) **용도** : 금속접착에 적당하고 플라스틱, 도자기, 유리, 석재, 콘크리트 등의 접착에 사용되는 만능형 접착제이다.

96 콘크리트 혼화재 중 하나인 플라이애시가 콘크리트에 미치는 작용에 관한 설명으로 옳지 않은 것은?

① 콘크리트 내부의 알칼리성을 감소시키기 때문에 중성화를 촉진시킬 염려가 있다.
② 콘크리트 수화초기시의 발열량을 감소시키고 장기적으로 시멘트의 석회와 결합하여 장기강도를 증진시키는 효과가 있다.
③ 입자가 구형이므로 유동성이 증가되어 단위수량을 감소시키므로 콘크리트의 워커빌리티의 개선, 펌핑성을 향상시킨다.
④ 알칼리 골재반응에 의한 팽창을 증가시키고 콘크리트의 수밀성을 약화시킨다.

해설 플라이애시는 알칼리 골재반응에 의한 팽창을 억제하는 효과가 있다.

> **길잡이** **플라이애시가 콘크리트에 미치는 영향**
> 1) 유동성의 개선
> 2) 장기강도의 개선
> 3) 수화열의 감소
> 4) 콘크리트의 수밀성의 향상
> 5) 알칼리 골재반응의 억제
> 6) 황산염에 대한 저항성 증대

■ **정답** ■　94.④　95.④　96.④

97 목재의 절대건조비중이 0.45일 때 목재 내부의 공극율은 대략 얼마인가?

① 10% ② 30%
③ 50% ④ 70%

해설 목재내부의 곡극률(v)

$$V = \left(1 - \frac{r}{1.54}\right) \times 100$$

$$= \left(1 - \frac{0.45}{1.54}\right) \times 100 = 70.78\%$$

98 페놀수지 접착제에 관한 설명으로 옳지 않은 것은?

① 유리나 금속의 접착에 적합하다.
② 내열·내수성이 우수한 편이다.
③ 기온 20℃이하에서는 충분한 접착력을 발휘하기 어렵다.
④ 완전히 경화하면 적동색을 띤다.

해설 페놀수지 접착제
1) 특성
① 내수성, 내열성, 내한성 등이 우수하다.
② 상온에서 경화하는 것도 있으나 20℃ 이하에서는 충분히 접착력을 발휘할 수 없고 60~110℃ 정도로 가열하여 사용한다.
2) 용도 : 합판 목재제품 등에 사용되며 유리나 금속의 접착에는 적당하지 않다.

99 장부가 구멍에 들어 끼어 돌게 만든 철물로서 회천창에 사용되는 것은?

① 크레센트 ② 스프링힌지
③ 지도리 ④ 도어체크

해설 1) 크리센트(crecent) : 오리내리창을 걸어 잠그는데 사용한다.
2) 스프링힌지(spring hinge) : 용수철정첩(자유정첩)을 말한다.
3) 지도리 : 본문설명
4) 도어체크(door check) : 문과 문틀(여닫이)에 장치하여 문을 열면 저절로 닫혀지는 장치가

되어 있는 창호철물로 도어 클러저(door closer)라고도 한다.

100 콘크리트의 수밀성에 미치는 요인에 대한 설명 중 옳은 것은?

① 물시멘트비 : 물시멘트비를 크게 할수록 수밀성이 커진다.
② 굵은골재 최대치수 : 굵은골재의 최대치수가 클수록 수밀성은 커진다.
③ 양생방법 : 초기재령에서 급격히 건조하면 수밀성은 작아진다.
④ 혼화재료 : AE제를 사용하면 수밀성이 작아진다.

해설 1) 물시멘트비 : 물시멘트비를 작게할수록 수밀성이 커진다.
2) 굵은골재의최대치수 : 굵은골재의 최대치수가 작을수록 수밀성은 커진다.
3) 혼해 재료 : AE제를 사용하면 수밀성이 커진다.

제6과목 / 건설안전기술

101 다음 기계 중 양중기에 포함되지 않는 것은?

① 리포트 ② 곤돌라
③ 크레인 ④ 트롤리컨베이어

해설 양중기의 종류
1) 크레인(hoist 포함)
2) 이동식 크레인
3) 리프트(이삿짐운반용 리프트는 적재하중이 0.1톤 이상인 것)
4) 곤돌라
5) 승강기

■ 정답 ■ 97.④ 98.① 99.③ 100.③ 101.④

102 구조물 해체작업으로 사용되는 공법이 아닌 것은?

① 압쇄공법　② 잭공법
③ 절단공법　④ 진공공법

해설 구조물 해체공법
1) 압쇄공법
2) 잭공법
3) 절단공법
4) 대형브레이커 공법
5) 핸드브레이커 공법
6) 전도공법
7) 화약 발파공법
8) 철해머 공법
9) 팽창압공법
10) 쐐기타입공법
11) 화염공법
12) 통전공법

103 재해사고를 방지하기 위하여 크레인에 설치된 방호장치와 거리가 먼 것은?

① 공기정화장치　② 비상정지장치
③ 제동장치　④ 권과방지장치

해설 크레인의 방호장치
1) 과부하방지장치
2) 권과방지장치
3) 비상정지장치
4) 제동장치

104 산업안전보건관리비의 효율적인 집행을 위하여 고용노동부장관이 정할 수 있는 기준에 해당되지 않는 것은?

① 안전·보건에 관한 협의체 구성 및 운영
② 공사의 진척 정도에 따른 사용기준
③ 사업의 규모별 사용방법 및 구체적인 내용
④ 사업의 종류별 사용방법 및 구체적인 내용

해설 안전·보건에 관한 협의체 구성 및 운영 : 도급사업의 안전·보건 조치 사항

105 시스템 동바리를 조립하는 경우 수직재와 받침 철물 연결부의 겹침 길이 기준으로 옳은 것은?

① 받침철물 전체길이의 1/2 이상
② 받침철물 전체길이의 1/3 이상
③ 받침철물 전체길이의 1/4 이상
④ 받침철물 전체길이의 1/5 이상

해설 1) 시스템 동바리 : 규격화·부품화된 수직재, 수평재 및 가새재 등의 부재를 현장에서 조립하여 거푸집으로 지지하는 동바리 형식을 말한다.
2) 시스템 동바리 설치방법
① 수평재는 수직재와 직각으로 설치하여야 하며, 흔들리지 않도록 견고하게 설치할 것
② 연결철물을 사용하여 수직재를 견고하게 연결하고, 연결 부위가 탈락 또는 꺾어지지 않도록 할 것
③ 수직 및 수평하중에 의한 동바리 본체의 변위가 발생하지 않도록 각각의 단위 수직재 및 수평재에는 가새재를 견고하게 설치하도록 할 것
④ 동바리 최상단과 최하단의 수직재와 받침철물은 서로 밀착되도록 설치하고 수직재와 받침철물의 연결부의 겹침길이는 받침철물 전체길이의 3분의 1이상 되도록 할 것

106 기계가 위치한 지면보다 높은 장소의 땅을 굴착하는데 적합하며 산지에서의 토공사 및 암반으로부터의 점토질까지 굴착할 수 있는 건설장비의 명칭은?

① 파워쇼벨　② 불도저
③ 파일드라이버　④ 크레인

해설 파워쇼벨(power shovel)
1) 중기가 위치한 지면보다 높은 장소 굴착시 적합
2) 굳은 점토 굴착, 깨진 돌이나 자갈 등의 옮겨쌓기 등에 사용

■ 정답 ■ 102.④　103.①　104.①　105.②　106.①

144

107 단관비계를 조립하는 경우 벽이음 및 버팀을 설치할 때의 수평방향 조립간격 기준으로 옳은 것은?

① 3m ② 5m
③ 6m ④ 8m

해설 강관비계의 조립간격(안전보건규칙 별표5)

강관비계의 종류	조립간격(단위 : m)	
	수직방향	수평방향
단관비계	5	5
틀비계 (높이가 5m미만의 것은 제외)	6	8

108 토질시험 중 액체 상태의 흙이 건조되어 가면서 액성, 소성, 반고체, 고체 상태의 경계선과 관련된 시험의 명칭은?

① 아터버그 한계시험
② 압밀 시험
③ 삼축압축시험
④ 투수시험

해설 아터버그 한계(atterberg limits) : 함수량의 변화에 따라 축축한 상태로부터 건조되어가는 사이에 일어나는 4개의 과정(액성·소성·반고체·고체) 각각의 상태로 변화하는 한계

109 차량계 건설기계를 사용하여 작업하고자 할 때 작업계획서에 포함되어야 할 사항에 해당되지 않는 것은?

① 사용하는 차량계 건설기계의 종류 및 성능
② 차량계 건설기계의 운행경로
③ 차량계 건설기계에 의한 작업방법
④ 차량계 건설기계의 유지보수방법

해설 차량계 건설기계 작업시 작업계획서에 포함되어야 할 사항
1) 사용하는 차량계 건설기계의 종류 및 성능
2) 차량계 건설기계의 운행경로
3) 차량계 건설기계에 의한 작업방법

110 콘크리트 타설작업을 하는 경우에 준수해야할 사항으로 옳지 않은 것은?

① 당일의 작업을 시작하기 전에 해당 작업에 관한 거푸집동바리 등의 변형·변위 및 지반의 침하 유무 등을 점검하고 이상이 있으면 보수할 것
② 작업 중에는 거푸집동바리 등의 변형·변위 및 침하 유무 등을 감시할 수 있는 감시자를 배치하여 이상이 있으면 작업을 빠른 시간 내 우선 완료하고 근로자를 디피시킬 것
③ 콘크리트 타설작업 시 거푸집붕괴의 위험이 발생할 우려가 있으면 충분한 보강조치를 할 것
④ 콘크리트를 타설하는 경우에는 편심이 발생하지 않도록 골고루 분산하여 타설할 것

해설 콘크리트 타설작업시 준수해야할 사항
1) ①, ③, ④항
2) 작업 중에는 거푸집동바리 등의 변형·변위 및 침하유무 등을 감시할 수 있는 감시자를 배치하여 이상을 발견한 때에는 작업을 중지시키고 근로자를 대피시킬 것
3) 설계 도서상의 콘크리트 양생기간을 준수하여 거푸집동바리 등을 해체할 것

111 흙막이 가시설 공사시 사용되는 각 계측기 설치 목적으로 옳지 않은 것은?

① 지표침하계 – 지표면 침하량 측정
② 수위계 – 지반 내 지하수위의 변화 측정
③ 하중계 – 상부 적재하중 변화 측정
④ 지중경사계 – 지중의 수평 변위량 측정

해설 하중계(load cell) : 버팀보(지주) 또는 어스앵커(earth anchor)등의 실제 축하중 변화상태를 측정(부재의 안전상태를 파악하는 기기)

112 산업안전보건기준에 관한 규칙에 따른 암반 중 풍화암 굴착 시 굴착면의 기울기 기준으로 옳은 것은?

① 1 : 1.5
② 1 : 1.1
③ 1 : 1.0
④ 1 : 0.5

해설 굴착작업시 굴착면의 기울기 기준

구분	지반의 종류	구배
보통 흙	모래	1 : 1.8
	그 밖에 흙	1 : 1.2
암반	풍화암	1 : 1.0
	연암	1 : 1.0
	경암	1 : 0.5

113 철골작업 시 철골부재에서 근로자가 수직방향으로 이동하는 경우에 설치하여야 하는 고정된 승강로의 최소 답단 간격은 얼마 이내인가?

① 20cm
② 25cm
③ 30cm
④ 40cm

해설 철골작업시 승강로 및 작업발판의 설치
1) 근로자가 수직방향으로 이동하는 철골부재에는 답단(踏段)간격이 30cm 이내인 고정된 승강로를 설치할 것
2) 수평방향 철골과 수직방향 철골이 연결되는 부분에는 연결작업을 위하여 작업발판 등을 설치할 것

114 유해·위험방지계획서를 제출해야 할 대상 공사의 조건으로 옳지 않은 것은?

① 터널 건설등의 공사
② 최대지간 길이가 50m이상인 교량건설등 공사
③ 다목적댐·발전용댐 및 저수용량 2천만톤 이상의 용수전용댐, 지방상수도 전용 댐 건설등의 공사
④ 깊이가 5m 이상인 굴착공사

해설 건설업 중 유해위험방지계획서 제출대상 사업장(시행규칙 제120조 제2항)
1) 지상높이가 31미터 이상인 건축물 또는 인공구조물, 연면적 3만 제곱미터 이상인 건축물 또는 연면적 5천 제곱미터 이상의 문화 및 집회시설(전시장 및 동물원·식물원은 제외), 판매시설, 운수시설(고속철도의 역사 및 집·배송시설은 제외), 종교시설, 의료시설 중 종합병원, 숙박시설 중 관광숙박시설, 지하도상가 또는 냉동·냉장 창고시설의 건설·개조 또는 해체(이하 "건설등"이라 함)
2) 연면적 5천 제곱미터 이상의 냉동·냉장 창고시설의 설비공사 및 단열공사
3) 최대 지간길이가 50미터 이상인 교량건설 등 공사
4) 터널 건설 등의 공사
5) 다목적댐, 발전용댐 및 저수용량 2천만톤 이상의 용수 전용 댐, 지방상수도 전용댐 건설 등의 공사
6) 깊이 10미터 이상인 굴착공사

115 철골보 인양 시 준수해야 할 사항으로 옳지 않은 것은?

① 인양 와이어로프의 매달기 각도는 양변 60°를 기준으로 한다.
② 크램프로 부재를 체결할 때는 크램프의 정격용량 이상 매달지 않아야 한다.
③ 크램프는 부재를 수평으로 하는 한 곳의 위치에만 사용하여야 한다.
④ 인양 와이어로프는 후크의 중심에 걸어야 한다.

해설 ③항, 크램프는 부재를 수평으로 하는 두곳의 위치에 사용하여야 하며, 부재 양단방향은 등간격이어야 한다.

116 지표면에서 소정의 위치까지 파내려간 후 구조물을 축조하고 되메운 후 지표면을 원상태로 복구시키는 공법은?

① NATM 공법
② 개착식 터널공법
③ TBM 공법
④ 침매공법

해설 1) 개착식 터널공법 : 본문설명
2) NATM 공법(New Austrain Tunnel Method, 무지보공 터널굴착공법) : 암반을 천공하고 화약을 충진하여 발파한 후 스틸리브(Steel rib) 및 와이어메시(Wire mesh)를 설치하고 숏크리트(Shotcrete)를 타설하여 시공하는 터널공법
3) TBM 공법(Tunnel Boring Machine) : 터널굴착기계를 이용한 터널굴착공법

117 콘크리트 타설시 거푸집 측압에 대한 설명으로 옳지 않은 것은?

① 기온이 높을수록 측압은 크다.
② 타설속도가 클수록 측압은 크다.
③ 슬럼프가 클수록 측압은 크다.
④ 다짐이 과할수록 측압은 크다.

해설 ①항, 기온이 낮을수록 측압은 크다.

> **길잡이** 콘크리트 타설시 거푸집의 측압에 미치는 영향
> 1) 슬럼프가 클수록 크다(물-시멘트 비가 클수록 크다)
> 2) 기온이 낮을수록 크다(대기 중에 습도가 높을수록 크다)
> 3) 콘크리트의 치어붓기 속도가 클수록 크다.
> 4) 거푸집의 수밀성이 높을수록 크다.
> 5) 콘크리트의 다지기가 강할수록 크다(진동기 사용시 측압은 30% 정도 증가)
> 6) 거푸집의 수평단면이 클수록 크다(벽두께가 클수록 크다.)
> 7) 거푸집의 강성이 클수록 크다.
> 8) 거푸집 표면이 매끄러울수록 크다.

> 9) 콘크리트의 비중이 클수록 크다(단위중량이 클수록 크다)
> 10) 묽은 콘크리트일수록 크다.
> 11) 철근량이 적을수록 크다.
> 측압은 생콘크리트의 높이가 높을수록 커지는 것이나, 일정한 높이에 이르면 측압의 증대는 없게 된다.

118 신품의 추락방지망 중 그물코의 크기 10cm인 매듭방망의 인장강도 기준으로 옳은 것은?

① 110kg 이상
② 200kg 이상
③ 360kg 이상
④ 400kg 이상

해설 방망사의 강도
1) 방망사의 신품에 대한 인장강도

그물코의 크기 (단위 : cm)	방망의 종류(단위 : kg)	
	매듭 없는 방망	매듭 방망
10	240	200
5		110

2) 방망사의 폐기시 인장강도

그물코의 크기 (단위 : cm)	방망의 종류(단위 : kg)	
	매듭 없는 방망	매듭 방망
10	150	135
5		60

119 건립 중 강풍에 의한 풍압 등 외압에 대한 내력이 설계에 고려되었는지 확인하여야 하는 철골구조물의 기준으로 옳지 않은 것은?

① 높이 20m 이상의 구조물
② 구조물의 폭과 높이의 비가 1 : 4이상인 구조물
③ 이음부가 공장 제작인 구조물
④ 연면적당 철골량이 50kg/m² 이하인 구조물

■ 정답 ■ 116.② 117.① 118.② 119.③

[해설] 철골공사시 철공의 자립도 검토사항 : 구조안전
의 위험성이 큰 다음 항목의 철골구조물은 건립
중 강풍에 의한 풍압 등 외압에 대한 내력이 설
계에 고려되었는지 확인할 것
1) 높이 20m 이상의 구조물
2) 구조물의 폭과 높이의 비가 1 : 4 이상인 구조
물
3) 단면구조에 현저한 차이가 있는 구조물
4) 연면적당 철골량이 50kg/m² 이하인 구조물
5) 기둥이 타이 플레이트(tie plate)형인 구조물
6) 이음부가 현장용접인 구조물

120 항타기 또는 항발기에 사용되는 권상용
와이어로프의 안전계수는 최소 얼마 이상이어
야 하는가?

① 3   ② 4
③ 5   ④ 6

[해설] 항타기 또는 항발기의 권상용 와이어로프의 안
전계수(안전보건규칙 제211조) : 5이상

제1과목 / 산업안전관리론

01 1,000명 이상의 대규모 사업장에서 가장 적합한 안전관리조직의 형태는?

① 경영형
② 라인형
③ 스탭형
④ 라인·스탭형

해설 안전관리조직의 형태 및 규모
1) line형 : 100명 이하의 소규모 사업장
2) staff형 : 100명 이상 500명(또는 1,000명)미만의 중규모 사업장
3) line-staff 혼합형 : 1,000명 이상의 대규모 사업장

02 재해사례연구의 진행단계로 옳은 것은?

① 재해 상황의 파악 → 사실의 확인 → 문제점 발견 → 근본적 문제점 결정 → 대책수립
② 사실의 확인 → 재해 상황의 파악 → 근본적 문제점 결정 → 문제점 발견 → 대책수립
③ 문제점 발견 → 사실의 확인 → 재해 상황의 파악 → 근본적 문제점 결정 → 대책수립
④ 재해 상황의 파악 → 문제점 발견 → 근본적 문제점 결정 → 대책수립 → 사실의 확인

해설 재해사례연구의 진행단계
1) 전제조건 : 재해상황의 파악
2) 1단계 : 사실의 확인
3) 2단계 : 문제점의 발견
4) 3단계 : 근본적 문제점의 결정
5) 4단계 : 대책의 수립

03 다음과 같은 재해사례의 분석으로 옳은 것은?

작업자가 벽돌을 손으로 운반하던 중 떨어뜨려 벽돌이 발등에 부딪쳐 발을 다쳤다.

① 사고유형 : 낙하, 기인물 : 벽돌, 가해물 : 벽돌
② 사고유형 : 충돌, 기인물 : 손, 가해물 : 벽돌
③ 사고유형 : 비래, 기인물 : 손, 가해물 : 벽돌
④ 사고유형 : 추락, 기인물 : 손, 가해물 : 벽돌

해설 재해발생의 메카니즘(재해사례분석)
1) 기인물 : 불안전상태에 있는 물체(환경포함)
2) 가해물 : 직접 사람에게 접촉되어 위해를 가한 물체
3) 사고의 형(재해형태) : 물체와 사람과의 접촉현상(추락, 전도, 충돌, 낙하 및 비래, 협착, 감전, 폭발, 붕괴 및 도괴, 파열, 화재, 이상온도 접촉, 유해물 접촉 등)

04 다음에서 설명하는 법칙은 무엇인가?

어떤 공장에서 330회의 전도 사고가 일어났을 때, 그 가운데 300회는 무상해 사고, 29회는 경상, 중상 또는 사망 1회의 비율로 사고가 발생한다.

① 버드 법칙
② 하인리히 법칙
③ 더글라스 법칙
④ 자베타키스 법칙

해설 1) 하인리히의 재해구성비율
중상 또는 사망 : 경상 : 무상해사고
= 1 : 29 : 300

---

2) 버드의 재해구성비율
   중상 또는 폐질 : 경상 : 무상해사고 : 무상해무
   사고 = 1 : 10 : 30 : 600

05 안전모의 성능시험에 해당하지 않는 것은?

① 내수성시험   ② 내전압성시험
③ 난연성시험   ④ 압박시험

해설 안전모의 성능시험항목

안전인증	자율안전확인
1. 내수성 시험 2. 내전압성 시험 3. 금속용융물 분사방호 시험	1. 내관통성 시험 2. 충격흡수성 시험 3. 난연성 시험 4. 턱끈풀림 시험 5. 측면변형방호 시험

06 산업안전보건법상 안전보건총괄책임자의 직무에 해당되지 않는 것은?

① 중대재해 발생 시 작업의 중지
② 도급사업 시의 안전·보건 조치
③ 해당 사업장 안전교육계획의 수립 및 실시
④ 수급인의 산업안전보건관리비의 집행 감독 및 그 사용에 관한 수급인 간의 협의·조정

해설 안전보건총괄책임자의 직무(시행령 제24조)
   1) 산업재해가 발생할 급박한 위험이 있을 때 또는 중대재해 발생시 작업의 중지 및 재개
   2) 도급사업시의 안전·보건조치
   3) 수급인의 산업안전보건관리비의 집행 감독 및 그 사용에 관한 수급인 간의 협의·조정
   4) 안전인증대상 기계·기구 등과 자율안전확인대상 기계·기구 등의 사용여부확인
   5) 위험성 평가의 실시에 관한 사항

07 무재해 운동의 3원칙 중 잠재적인인 위험요인을 발견·해결하기 위하여 전원이 협력하여 각자의 위치에서 의욕적으로 문제해결을 실천하는 것을 의미하는 것은?

① 무의 원칙   ② 선취의 원칙
③ 실천의 원칙   ④ 참가의 원칙

해설 무재해운동이념 3원칙
   1) **무의 원칙** : 사망, 휴업 및 불휴재해는 물론 일체의 장래위험요인을 사전에 발견, 파악, 해결함으로써 근원적인 산업재해를 없애는 것을 말한다.
   2) **참가의 원칙** : 재해 및 일체의 위험요인을 발견, 해결하기 위해 전원이 무재해운동에 참가하여 문제 해결 등을 실천하는 것을 말한다.
   3) **선취해결의 원칙** : 선취란 궁극의 목표로서 무재해, 무질병의 직장을 실현하기 위해 일체의 위험요인을 행동하기 전에 발견, 파악, 해결하여 재해를 예방하거나 방지하는 것을 말한다.

08 산업안전보건법상 안전보건관리규정을 작성해야 할 사업의 사업주는 안전보건 관리규정을 작성하여야 할 사유가 발생한 날부터 며칠 이내에 작성해야 하는가?

① 15   ② 30
③ 60   ④ 90

해설 안전보건관리규정의 작성 등(시행규칙 제26조)
   : 사업주는 안전보건관리규정 을 작성하여야 할 사유가 발생한 날부터 30일이내에 안전보건관리규정의 세부내용(별표 6의 3)을 포함한 안전보건관리규정을 작성하여야 한다.

09 산업안전보건법상 고용노동부장관이 안전·보전진단을 명할 수 있는 사업장이 아닌 것은?

① 2년간 사업장의 연간 산업재해율이 같은 업종의 규모별 평균 산업재해율보다 낮은 사업장
② 사업주가 안전·보건조치의무를 이행하지 아니하여 발생한 중대재해 발생 사업장
③ 안전보건개선계획 수립·시행명령을 받은 사업장
④ 추락·폭발·붕괴 등 재해발생 위험이 현저히 높은 사업장으로서 지방고용노동관서의 장이 안전·보건진단이 필요하다고 인정하는 사업장

해설 안전·보건진단 대상사업장 : ②, ③, ④항 3개 항 뿐이다.

10 산업안전보건법상 공기압축기를 가동하는때의 작업시작 전 점검사항의 점검내용에 해당하지 않는 것은?

① 윤활유의 상태
② 압력방출장치의 기능
③ 회전부의 덮개 또는 울
④ 비상정지장치 기능의 이상 유무

해설 공기압축기를 가동할 때 작업시작전 점검사항 (안전보건규칙 별표3)
1) ①, ②, ③항
2) 공기저장 압력용기의 외관상태
3) 드레인밸브의 조작 및 배수
4) 언로드밸브의 기능
5) 그 밖의 연결부위의 이상유무

11 산업안전보건법상 안전·보건표지 중 지시표지의 보조색은?

① 파란색   ② 흰색
③ 녹색   ④ 노란색

해설 지시표지의 색채
1) 바탕은 파랑(색도기준 : 2.5PB4/10), 관련 그림은 흰색
2) 흰색(색도기준 : N9.5) : 파란색 또는 녹색에 대한 보조색

12 건설기술 진흥법상 안전관리계획을 수립해야 하는 기술공사에 해당하지 않는 것은?

① 높이가 21m인 비계를 사용하는 건설공사
② 지하 15m를 굴착하는 건설공사
③ 15층 건축물의 리모델링
④ 항타 및 항발기가 사용되는 건설공사

해설 안전관리계획서 수립대상공사(건설기술진흥법)
1) "시설물 안전관리에 관한 특별법"에서 정하는 1·2종 시설물의 건설공사
2) 지하 10m 이상 굴착공사
3) 폭발물 사용공사로서 20m 안에 시설물이 있는 100안의 양육가축에 영향이 예상되는 건설공사
4) 10층 이상 16층 미만 건축물의 건설공사 또는 10층 이상인 건축물의 리모델링 또는 해체공사
5) 건설기계 중 항타 및 항발기가 사용되는 공사
6) 발주자가 특히 안전관리가 필요하다고 인접하는 건설공사

13 산업안전보건법상 사업주의 의무에 해당하지 않는 것은?

① 산업재해 예방을 위한 기준 준수
② 산업장의 안전·보건에 관한 정보를 근로자에게 제공
③ 유해하거나 위험한 기계·기구·설비 및 방호장치·보호구 등의 안전성 평가 및 개선
④ 근로자의 신체적 피로와 정신적 스트레스 등을 줄일 수 있는 쾌적한 작업환경을 조성하고 근로조건을 개선

해설 사업주의 의무(법 제5조) : 다음 각호의 사항을 이행함으로써 근로자의 안전과 건강을 유지·증진시키는 한편, 국가의 산업재해 예방시책에 따라

야 한다.
1) 이법과 이법에 따른 명령으로 정하는 산업재해 예방을 위한 기준을 지킬 것
2) 근로자의 신체적 피로와 정신적 스트레스 등을 줄일 수 있는 쾌적한 작업환경을 조성하고 근로조건을 개선할 것
3) 해당 사업장의 안전·보건에 관한 정보를 근로자에게 제공할 것

> **길잡이 정부의 책무**
> 1) 산업안전·보건정책의 수립·집행·조정 및 통제
> 2) 사업장에 대한 재해 예방 지원 및 지도
> 3) 유해하거나 위험한 기계·기구·설비 및 방호장치·보호구 등의 안전성 평가 및 개선
> 4) 유해하거나 위험한 기계·기구·설비 및 물질 등에 대한 안전·보건상의 조치기준 작성 및 지도·작성
> 5) 사업의 자율적인 안전·보건 경영체제 확립을 위한 지원

14 재해 발생 시 조치순서로 가장 적절한 것은?

① 산업재해발생 → 재해조사 → 긴급처리 → 대책수립 → 원인강구 → 대책실시계획 → 실시 → 평가
② 산업재해발생 → 긴급처리 → 재해조사 → 원인강구 → 대책수립 → 대책실시계획 → 실시 → 평가
③ 산업재해발생 → 재해조사 → 긴급처리 → 원인강구 → 대책수립 → 대책실시계획 → 실시 → 평가
④ 산업재해발생 → 긴급처리 → 재해조사 → 대책수립 → 원인강구 → 대책실시계획 → 실시 → 평가

해설 산업재해발생시 조치사항
1. 긴급처리 → 2. 재해조사 → 3. 원인강구 → 4. 대책수립 → 5. 대책실시계획 → 6. 실시 → 7. 평가

15 시몬즈(Simonds)의 총재해 코스트 계산 방식 중 비보험 코스트 항목에 해당하지 않는 것은?

① 사망재해 건수　② 통원상해 건수
③ 응급조치 건수　④ 무상해 사고 건수

해설 시몬즈의 재해손실비
총재해 cost=보험코스트+비보험코스트
1) **보험코스트(납입보험료)**=지급보상비 + 제경비 + 이익금
2) **비보험코스트**=(휴업상해건수×A)+(통원상해건수×B)+(응급조치건수×C)+(무상해사고건수×D)

여기서, A,B,C,D는 장해 정도별에 의한 비보험코스트의 평균치

> **길잡이 재해의 종류**(사망 및 영구 전노동 불능은 제외)
> 1) **휴업상해** : 영구 일부노동 불능 및 일시 전노동 불능
> 2) **통원상해** : 일시 일부노동 불능 및 의사의 통원조치가 필요한 상해
> 3) **응급조치상해** : 8시간 미만 휴업 의료조치 상해
> 4) **무상해사고** : 의료조치 불필요, 20달러 이상 재산손실 또는 8시간 이상 시간손실이 발생한 사고

16 에너지 접촉형태로 분류한 사고유형 중 에너지가 폭주하여 일어나는 유형에 해당하는 것은?

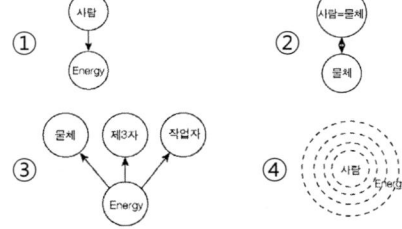

해설 에너지 폭주에 의한 사고유형 : 에너지 폭주에 의해 작업자 및 제3자에 상해를 입히고 물체에 손상을 준다.

17 무재해운동 추진기법 중 다음에서 설명하는 것은?

> 작업현장에서 그때 그 장소의 상황에 즉응하여 실시하는 위험예지활동으로서 즉시즉응법이라고도 한다.

① TBM(Tool Box Meeting)
② 원 포인트 위험예지훈련
③ 삼각위험 예지훈련
④ 터치 앤드 콜(Touch and Call)

해설 위험예지훈련 응용기법
1) **TBM 역할연기 훈련** : 하나의 팀이 TBM에서 위험예지활동에 대하여 역할 연기하는 것을 다른 팀이 관찰하여 연기 종료 후 전원이 강평하는 식으로 서로 교대하여 TBM 위험예지를 체험·학습하는 훈련이다.
2) **one point 위험예지훈련** : 위험예지훈련 4R 중 2R, 3R, 4R를 모두 one point로 요약하여 실시하는 TBM 위험예지훈련이다.
3) **삼각위험예지훈련** : 위험예지훈련을 보다 빠르고 간편하게 전원 참여로 말하거나, 쓰는 것이 미숙한 작업자를 위한 방법이다.
4) **단시간 미팅 즉시즉응훈련** : 단시간에 활기에 넘친 충실한 위험예지활동을 포함한 TBM을 그때 그 장소에 즉응하여 전원이 역할 연습하여 체험·학습하는 것이다.

18 산업안전보건법상 지방고용노동관서의 장이 사업주에게 안전관리자나 보건관리자를 정수 이상으로 증원하게 하거나 교체하여 임명할 것을 명령할 수 있는 사유에 해당되는 것은?

① 사망재해가 연간 1건 발생한 경우
② 중대재해가 연간 3건 발생한 경우
③ 관리자가 질병의 사유로 3개월 이상 해당직무를 수행할 수 없게 된 경우
④ 해당 사업장의 연간재해율이 같은 업종의 평균재해율의 1.5배 이상인 경우

해설 지방고용노동관서의 장이 안전관리자의 증원·교체 임명할 것을 명령할 수 있는 경우
1) 해당 사업장의 연간재해율이 같은 업종의 2배 이상인 경우
2) 중대재해가 연간 2건 이상 발생한 경우
3) 안전관리자가 질병이나 그 밖의 사유로 3개월 이상 직무를 수행할 수 없게 된 경우
4) 화학적 인자로 인한 직업성질병자가 연간 3명 이상 발생한 경우(직업성질병자 발생일은 요양급여의 결정일로 함)

19 재해예방의 4원칙에 해당하지 않는 것은?

① 예방가능의 원칙 ② 원인계기의 원칙
③ 손실필연의 원칙 ④ 대책선정의 원칙

해설 재해예방의 4원칙
1) **손실우연의 원칙** : 사고에 의해 생기는 손실(상해)의 종류와 정도는 우연적이다.
2) **원인계기의 원칙** : 모든 재해는 필연적인 원인에 의해서 발생되며 재해발생은 직접원인만이 아니고 많은 간접원인의 연쇄로 발생되는 것이다.
3) **예방가능의 원칙** : 재해는 원칙적으로 모든 방지가 가능하다.
4) **대책선정의 원칙** : 가장 효과적인 재해방지대책의 선정은 이들 원인의 정확한 분석에 의해서 얻어진다.

20 1년간 연 근로시간이 240,000시간이 공장에서 3건의 휴업재해가 발생하여 219일의 휴업일수를 기록한 경우의 강도율은? (단, 연간 근로일수는 300일이다.)

① 750   ② 75
③ 0.75   ④ 0.075

해설 강도율 $= \dfrac{\text{근로손실일수}}{\text{연근로총시간수}} \times 1,000$

$= \dfrac{219 \times \frac{300}{365}}{240,000} \times 1,000 = 0.75$

제2과목 / 산업심리 및 교육

21 작업에 대한 평균 에너지소비량을 분당 5kcal로 할 경우 휴식시간 R의 산출 공식으로 맞는 것은? (단, E는 작업 시 평균 에너지소비량[kcal/min], 1시간의 휴식시간 중 에너지소비량은 1.5[kcal /min], 총작업 시간은 60분이다.)

① $R = \dfrac{60(E-5)}{E-1.5}$

② $R = \dfrac{50(E-5)}{E-15}$

③ $R = \dfrac{60(E-4)}{E-5}$

④ $R = \dfrac{50(5-15)}{E-4}$

해설 휴식시간 산출

$$R = \frac{60(E-4)}{E-1.5}$$

여기서, ┌ R : 휴식시간(분)
│ E : 작업시 평균에너지소비량
│   (kcal/분)
└ 총 작업시간 : 60분 휴식시간 중의 에너지소비량 : 1.5(kcal/분)
작업에 대한 평균에너지 소비량(4 또는 5kcal/min)

22 교육훈련의 4단계 기법을 맞게 나열한 것은?

① 도입 – 적용 – 실연 – 제시
② 도입 – 확인 – 제시 – 실습
③ 적용 – 실연 – 도입 – 확인
④ 도입 – 제시 – 적용 – 확인

해설 교육법의 4단계
1) **제1단계–도입(준비)** : 배우고자 하는 마음가짐을 일으키도록 도입한다.
2) **제2단계–제시(설명)** : 상대의 능력에 따라 교육하고 내용을 확실하게 이해시키고 납득시켜 다시 기능으로서 습득한다.
3) **제3단계–적용(응용)** : 이해시킨 내용을 구체적인 문제 또는 실제 문제로 활용시키거나 응용시킨다.
4) **제4단계–확인(총괄)** : 교육내용을 정확하게 이해하고 습득하였는지의 여부를 확인한다.

23 헤드십에 관한 설명 중 맞는 것은?

① 권위주의적이기보다는 민주주의적 지휘형태를 따른다.
② 리더십 중 최고의 통솔력을 발휘하는 리더십이다.
③ 공식적인 규정에 의거하여 권한의 귀속 범위가 결정된다.
④ 전문적 지식을 발휘해 조직 구성원들을 결집시키는 리더십이다.

해설

구분	헤드십	리더십
1. 권한 부여 및 행사	·위에서 위임하여 임명	·아래에서 동의에 의해 선출
2. 권한근거	·법적 또는 공식적	·개인능력
3. 상관과 부하와의 관계 및 책임귀속	지배적 상사	·개인적경향·상사와 부하
4. 부하와의 사회적 간격	·넓다	·좁다
5. 지휘형태	·권위주의적	·민주주의적

24 관리 그리드(Managerial Grid)이론에 따른 리더십의 유형 중 과업에는 높은 관심을 보이고 인간관계 유지에는 낮은 관심을 보이는 리더십의 유형은?

① 과업형 ② 무기력형
③ 이상형 ④ 무관심형

해설 관리그리드 이론

1) **무관심형** : 생산과 인간에 대한 관심이 모두 낮은 무관심한 유형 (1.1형)
2) **인기형** : 인간에 대한 관심은 매우 높고 생산에 대한 관심은 매우 낮은 유형 (1.9형)
3) **과업형** : 생산(과업)에 대한 관심은 매우 높지만 인간에 대한 관심은 매우 낮은 유형(인간적 요소보다 과업수행에 대한 능력을 중요시하는 리더유형) (9.1형)
4) **타업형(중간형)** : 과업의 생산성과 인간적 요소를 절충한 유형 (5.5형)
5) **이상형(팀형)** : 인간에 대한 관심과 생산에 대한 관심이 모두 높은 유형 (9.9형)

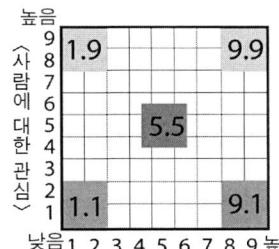

[그림] 관리그리드

25 Taylor의 과학적 관리와 거리가 먼 것은?

① 시간 - 동작 연구를 적용하였다.
② 생산의 효율성을 상당히 향상시켰다.
③ 인간중심의 관점으로 일을 재설계한다.
④ 인센티브를 도입함으로써 작업자들을 동기화시킬 수 있다.

해설 테일러(F.W Taylor)의 과학적 관리법

1) "시간과 동작연구"를 통해 인간노동력을 과학적으로 합리화시켜 생산능률을 향상시켰다.
2) 생산능률(생산성 향상)만을 중시하여 인간을 도구화 하였다.

26 교육방법 중 하나인 사례연구법의 장점으로 볼 수 없는 것은?

① 의사소통 기술이 향상된다.
② 무의식적인 내용의 표현 기회를 준다.
③ 문제를 다양한 관점에서 바라보게 된다.
④ 강의법에 비해 현실적인 문제에 대한 학습이 가능하다.

해설 사례연구법의 장점 · 단점

1) 장점
   ① 흥미와 학습동기유발
   ② 현실적인 문제의 학습가능
   ③ 관찰, 분석력 및 판단, 응용력 향상
   ④ 사고방향에 대한 태도변형(문제를 다양한 관점에서 바라봄)
2) 단점
   ① 적절한 사례확보 곤란
   ② 원칙 · 규정의 체계적 습득 곤란
   ④ 학습 진보측정 곤란

27 교육훈련 평가의 목적과 관계가 가장 먼 것은?

① 문제해결을 위하여
② 작업자의 적정배치를 위하여
③ 지도 방법을 개선하기 위하여
④ 학습지도를 효과적으로 하기 위하여

해설 교육훈련 평가의 목적

1) 작업자의 적정배치
2) 지도방법의 개선
3) 학습지도의 효과적

28 레빈(Lewin)은 인간의 행동관계를 B = f(P·E)라는 공식으로 설명하였다. 여기서 B가 나타내는 뜻으로 맞는 것은?

① 인간의 개념
② 안전 동기부여
③ 인간의 행동
④ 인간 주변의 환경

해설 레빈(K. Lewin)의 법칙 : Lewin은 인간의 행동(B)은 그 사람이 가진 자질 즉, 개체(P)와 심리학적 환경(E)과의 상호 함수관계에 있다고 하였다.

$$\therefore B = f(P \cdot E)$$

여기서, ┌ 1) B(Behavior) : 인간의 행동
　　　　├ 2) f(function, 함수관계) : 적성 기타 P와 E에 영향을 미칠 수 있는 조건
　　　　├ 3) P(Person, 개체) : 연령, 경험, 심신상태, 성격, 지능 등 인간의 조건
　　　　└ 4) E(Environment, 심리적 환경) : 인간관계, 작업환경 등 환경조건

29 학습전이가 일어나기 가장 쉽고, 좋은 상황은?

① 정보가 많은 대단위로 제시될 때
② 훈련 상황이 실제 작업장면과 유사할 때
③ 한 가지가 아닌 다양한 훈련기법이 사용될 때
④ "사람 – 직무 – 조직"을 분리시키기 위한 조치들을 시행할 때

해설 학습전이의 조건
　1) **학습정도의 요인** : 선행학습의 정도에 따라 전이의 기능 정도가 다르다.
　2) **유사성의 요인** : 선행학습과 후행학습에 유사성이 있어야 한다는 것으로 자극의 유사성, 반응의 유사성, 원리의 유사성이 있다.
　3) **시간적 간격의 요인** : 선행학습과 후행학습의 시간간격에 따라 전이의 효과가 다르다.
　4) **학습자의 지능요인** : 학습자의 지능정도에 따라 전이효과가 달라진다.
　5) **학습자의 태도요인** : 학습자의 주의력 및 능력, 특히 태도에 따라 전이의 정도가 다르다.

30 다음과 같은 학습의 원칙을 지니고 있는 훈련기법은?

> 관찰에 의한 학습, 실행에 의한 학습, 피드백에 의한 학습 분석과 개념화를 통한 학습

① 역할연기법
② 사례연구법
③ 유사실험범
④ 프로그램 학습법

해설 **역할연기법** : 참석자에게 어떤 역할을 주어서 실제로 시켜 봄으로써 훈련이나 평가에 사용하는 교육기법으로, 절충능력이나 협조성을 높여서 태도의 변용에도 도움을 준다.
　(1) 장점
　　① 흥미유발, 문제에 적극적으로 참가
　　② 자기태도 반성, 창조성이 생기고 발표력 향상
　　③ 문제배경에 대한 통찰력을 높임으로써 감수성 향상
　　④ 각자의 장·단점 파악
　(2) 단점
　　① 높은 수준의 의사결정에 대한 훈련 곤란
　　② 목적 불명확, 다른 방법과 병용하여야 함
　　③ 훈련장소 확보 곤란

31 Off.J.T의 특징이 아닌 것은?

① 우수한 강사를 확보할 수 있다.
② 교재, 시설 등을 효과적으로 이용할 수 있다.
③ 개개인의 능력 및 적성에 적합한 세부교육이 가능하다.
④ 다수의 대상자를 일괄적, 체계적으로 교육을 시킬 수 있다.

해설 O·J·T와 off J·T의 특징

O·J·T (현장중심교육)	off J·T (현장외 중심교육)
① 개개인에게 적합한 지도 훈련을 할 수 있다.	① 다수의 근로자에게 조직적 훈련이 가능하다.
② 직장의 실정에 맞는 실체적 훈련을 할 수 있다.	② 훈련에만 전념하게 된다.
③ 훈련 필요한 업무의 계속성이 끊어지지 않는다.	③ 특별설비기구를이용할 수 있다.
④ 즉시 업무에 연결되는 관계로 신체와 관련이 있다.	④ 전문가를 강사로 초청할 수 있다.
⑤ 효과가 곧 업무에 나타나며 훈련의 좋고 나쁨에 따라 개선이 용이하다.	⑤ 각 직장의 근로자가 많은 지식이나 경험을 교류할 수 있다.
⑥ 교육을 통한 훈련 효과에 의해 상호 신뢰 이해도가 높아진다.	⑥ 교육훈련 목표에 대해서 집단적 노력이 흐트러질 수도 있다.

32 재해 빈발자 중 기능의 부족이나 환경에 익숙하지 못하기 때문에 재해가 자주 발생되는 사람을 의미하는 것은?

① 상황성 누발자   ② 습관성 누발자
③ 소질성 누발자   ④ 미숙성 누발자

해설 사고경향성자(재해누발자)의 유형
　1) **상황성 누발자** : 작업의 어려움, 기계설비의 결함, 환경상 주력의 집중곤란, 심신의 근심 등 때문에 재해를 누발하는 자이다.
　2) **습관성 누발자** : 재해의 경험으로 겁쟁이가 되거나 신경과민이 되어 재해를 누발하는 자와 일종의 슬럼프 상태에 빠져서 재해를 누발하는 것이다.
　3) **소질성 누발자** : 재해의 소질적 요인을 가지고 있기 때문에 재해를 누발하는 자이다.
　4) **미숙성 누발자** : 기능 미숙이나 환경에 익숙하지 못하기 때문에 재해를 누발하는 자이다.

33 산업안전보건법령상 사업 내 안전·보건교육에 있어 특별안전·보건교육 대상 작업에 해당하지 않는 것은?

① 굴착면의 높이가 5m 되는 암석의 골착작업

② 5m 인 구축물을 대상으로 콘크리트 파쇄기를 사용하여 하는 파쇄작업

③ 흙막이 지보공의 보강 또는 동바리를 설치하거나 하는 파쇄작업

④ 휴대용 목재가공기계를 3대 보유한 사업장에서 해당 기계로 하는 작업

해설 1) 목재가공용기계를 5대 이상 보유한 사업장에서 해당기계로 작업을 할 때는 특별안전보건교육을 실시하여야 한다.
　2) 단, 목재 가공용 기계는 둥근톱기계, 띠톱기계, 대패기계, 모떼기 기계 및 라우터 만 해당되며, 휴대용은 제외한다.

34 운동의 시지각이 아닌 것은?

① 자동 운동(自動 運動)
② 유도 운동(誘導 運動)
③ 항상 운동(恒常 運動)
④ 가현 운동(假現 運動)

해설 운동의 시지각(착시현상)
　1) **자동운동** : 암실 내에서 정지된 소광점을 응시하고 있으면 그 광점이 움직이는 것을 볼 수 있는데 이것을 자동운동이라 한다.
　2) **유도운동** : 실제로 움직이지 않는 것이 어느 기준의 이동에 유도되어 움직이는 것처럼 느껴지는 현상을 말한다.
　3) **가현운동(β)** : 객관적으로 정지하고 있는 대상물이 급속히 나타나거나 스명하는 것으로 인하여 일어나는 운동으로 마치 대상물이 운동하는 것처럼 인식되는 현상을 말한다.(영화영상의 방법)

35 시각 정보 등을 받아들일 때 주의를 기울이면 시선이 집중되는 곳의 정보는 잘 받아들이나 주변부의 정보는 놓치기 쉬운 것은 주의력의 어떤 특성과 관련이 있는가?

① 주의의 선택성   ② 주의의 변동성
③ 주의의 방향성   ④ 주의의 시분할성

■ 정답 ■   32.④   33.④   34.③   35.①

해설 **주의의 특징**
1) **선택성** : 여러 종류의 자극을 자각할 때 소수의 특정한 것에 한하여 선택하는 기능
2) **방향성** : 주시점만 인지하는 기능
3) **변동성** : 주위에는 주기적으로 부주의의 리듬이 존재

36 인간이 충족시키고자 추구하는 욕구에 있어 가장 강력한 욕구는?

① 안전의 욕구
② 생리적 욕구
③ 자아실현의 욕구
④ 애정 및 귀속의 욕구

해설 **매슬로우(Maslow)의 욕구 5단계**
1) **1단계-생리적 욕구(신체적 욕구)** : 기아, 갈등, 호흡, 배설, 성욕 등 기본적 욕구
2) **2단계-안전의 욕구** : 안전을 구하려는 욕구
3) **3단계-사회적 욕구(친화욕구)** : 애정, 소속에 대한 욕구
4) **4단계-인정받으려는 욕구(자기존경의 욕구, 승인욕구)** : 자존심, 명예, 성취, 지위 등에 대한 욕구
5) **5단계-자아실현의 욕구(성취욕구)** : 잠재적인 능력을 실현하고자 하는 욕구

37 작업장의 정리정돈 태만 등 생략행위를 유발하는 심리적 요인에 해당하는 것은?

① 폐합의 요인
② 간결성의 원리
③ Risk taking의 원리
④ 주의의 일점집중 현상

해설 **간결성의 원리**
1) 최소의 에너지(또는 노력)에 의해 어떤 목적에 쉽게 이르고자 하는 경향
2) 착각, 과오, 생략, 단락 등의 행위를 유발하는 심리적 요인

38 태도교육을 통한 안전태도교육의 특징으로 적절하지 않은 것은?

① 청취한다.
② 모범을 보인다.
③ 권장, 평가한다.
④ 벌은 주지 않고 칭찬만 한다.

해설 1) **안전태도교육의 원칙**
① 청취한다.
② 이해하고 납득한다.
③ 항상 모범을 보여준다.
④ 권장한다.
⑤ 처벌한다.
⑥ 좋은 지도자를 얻도록 힘쓴다.
⑦ 적정배치를 한다.
⑧ 평가한다.
2) **안전태도교육의 기본과정**
① 들어본다(청취) → ② 이해시킨다 → ③ 시범을 보인다 → ④ 평가한다.

39 Maslow의 욕구위계와 Alderfer의 욕구위계에 대한 설명으로 틀린 것은?

① Maslow의 욕구위계 중 가장 상위에 있는 욕구는 자아실현의 욕구이다.
② Maslow는 욕구의 위계성을 강조하여 하위의 욕구가 충족된 후에 상위욕구가 생긴다고 주장하였다.
③ Alderfer는 Maslow와 달리 여러 개의 욕구가 동시에 활성화될 수 있다고 주장하였다.
④ Alderfer의 생존욕구는 Maslow의 생리적욕구, 물리적 안전, 그리고 대인관계에서의 안전의 개념과 유사하다.

해설 **Alderfer의 생존욕구(존재욕구)** :
Maslow의 생리적욕구(1단계)와 안전욕구(2단계)와 관계된다.

40 조직에서 의사소통망은 조직 내의 구성원들 간에 정보를 교환하는 경로구조를 의미하는데, 이 의사소통망의 유형이 아닌 것은?

① 원형
② X자형
③ 사슬형
④ 수레바퀴형

해설 1) **의사소통이란** : 누가 누구와 의사소통을 할 수 있는가를 사전에 지시해 주는 사전에 결정된 유형을 말한다.
2) **의사소통망의 유형** : 원형, 사슬형, 수레바퀴형 등

제3목 / 인간공학 및 시스템안전공학

41 정신작업의 생리적 척도가 아닌 것은?

① EEG
② EMG
③ 심박수
④ 부정맥

해설 1) **정신작업의 생리적 척도**
① **EEG**(electro encephalogram) : 뇌전도 (수면뇌파)
② **심박수** : 심장의 박동수(맥박수와 일치)
③ **부정맥** : 심장박동에 불규칙 한 것
2) **EMG**(electro myograme ; 근전도) : 근육활동 전위차의 기록

42 화학설비의 안전성 평가단계 중 "관계 자료의 작성준비"에 있어 관계 자료의 조사항목과 가장 관계가 먼 것은?

① 온도, 압력
② 화학설비 배치도
③ 공정기기목록
④ 입지에 관한 도표

해설 **관계 자료의 조사항목**(화학설비의 안전성평가 제1단계 : 관계자료의 작성준비)
1) 입지조건과 관련된 지질도, 풍배도(風配圖) 등의 입지에 관한 도표

2) 화학설비 배치도 : 설비 내의 기기, 건조물, 기타 시설의 배치도
3) 건조물의 평면도, 입면도 및 단면도
4) 기계실 및 전기실의 평면도, 단면도 및 입면도
5) 원재료, 중간체, 제품 등의 물리적, 화학적 성질 및 인체에 미치는 영향
6) 제조공정의 개요
7) 제조공정상 일어나는 화학반응
8) 공정계통도
9) 공정기기목록
10) 배관, 계장계통도
11) 안전설비의 종류와 설치장스
12) 운전요령, 요원배치계획, 안전보건교육 훈련계획

> **길잡이** **화학설비의 안전성평가 5단계**
> 1) 1단계 : 관계 자료의 작성준비
> 2) 2단계 : 정성적 평가(설비관계, 운전관계)
> 3) 3단계 : 정량적 평가(5항목 : 온도, 압력, 용량, 조작, 취급물질)
> 4) 4단계 : 안전대책(설비대책, 관리적 대책)
> 5) 5단계 : 재평가(재해정보에 의한 재평가)

43 인간공학 연구방법 중 실제의 제품이나 시스템이 추구하는 특성 및 수준이 달성 되는지를 비교하고 분석하는 것은 어떤 연구에 속하는가?

① 조사연구
② 실험연구
③ 분석연구
④ 평가연구

해설 **인간공학 연구방법**
1) **조사연구** : 집단(사람)의 속성에 관한 특성을 탐구한다.
2) **실험연구** : 어떤 변수가 행동에 미치는 영향을 시험하는 것이 목적이다.
3) **평가연구** : 본문 설명

---

44 인간의 눈의 부위 중에서 실제로 빛을 수용하여 두뇌로 전달하는 역할을 하는 부분은?

① 망막
② 각막
③ 눈동자
④ 수정체

해설 1) **망막** : 인간의 눈의 부위 중에서 실제로 빛을 수용하여 두뇌로 전달하는 역할을 하는 부분(상이 맺히는 곳)
2) **각막** : 빛이 통과하는 곳
3) **수정체** : 빛을 굴절시켜 망막에 상이 맺히는 역할(카메라 렌즈 역할)
4) **모양체** : 수정체의 두께를 조절하는 근육
5) **홍체** : 눈으로 들어가는 빛의 양을 조절(카메라 조리개 역할)

45 운용위험분석(OHA)의 내용으로 틀린 것은?

① 위험 혹은 안전장치의 제공, 안전방호구를 제거하기 위한 설계변경이 준비되어야 한다.
② 운용위험분석(OHA)은 일반적으로 결함위험분석(FHA)이나 예비위험분석(PHA)보다 일반적으로 복잡하다.
③ 운용위험분석(OHA)은 시스템이 저장되고 실행됨에 따라 발생하는 작동시스템의 기능 등의 위험에 초점을 맞춘다.
④ 안전의 기본적 관련사항으로 시스템의 서비스, 훈련, 취급, 저장, 수송하기 위한 특수한 절차가 준비되어야 한다.

해설 ②항, OHA는 FHA나 PHA보다 일반적으로 간략하다.

46 소음에 의한 청력손실이 가장 크게 나타나는 주파수대는?

① 2,000Hz
② 10,000Hz
③ 4,000Hz
④ 20,000Hz

해설 유해주파수 : 4,000Hz

47 제조업의 유해·위험방지계획서 제출 대상 사업장에서 제출하여야 하는 유해·위험방지계획서의 첨부서류와 가장거리가 먼 것은?

① 공사개요서
② 기계·설비의 배치도면
③ 건축물 각 층의 평면도
④ 원재료 및 제품의 취급, 제조 등의 작업방법의 개요

해설 유해위험방지계획서 제출시 첨부서류(시행규칙 제121조)
1) 건축물 각 층의 평면도
2) 기계·설비의 개요를 나타내는 서류
3) 기계·설비의 배치도면
4) 원재료 및 제품의 취급, 제조 등의 작업방법의 개요
5) 그 밖에 고용노동부장관이 정하는 도면 및 서류

48 체계 설계 과정의 주요 단계가 다음과 같을 때 인간·하드웨어·소프트웨어의 기능 할당, 인간성능 요건 명세, 직무분석, 작업설계 등의 활동하는 단계는?

– 목표 및 성능 명세 결정
– 체계의 정의
– 기본 설계
– 계면 설계
– 촉진물 설계
– 시험 및 평가

① 계면 설계
② 체계의 정의
③ 기본 설계
④ 촉진물 설계

해설 체계설계 과정
1) 1단계-목표 및 성능병세결정
① 시스템을 설계하려면 먼저 그 목표 또는 존재이유가 있어야 한다.
② 시스템이 목표에 부합되도록 해야할 일을 세부내용을 정하는 것이 이 시스템의 성능 명세(규격) 이다.

2) **2단계-체계의 정의** : 시스템의 목표와 성능명세에 맞추어 시스템이 실행해야 할 기능을 정의하는 일이다.

3) **3단계-기본설계** : 본문 설명

4) **4단계-계면설계** : 인간·기계 및 인간·소프트웨어 계면의 특성에 주목하여, 여기에는 작업공간, 표시장치·제어장치, 콘솔, 컴퓨터 다이얼로그 등이 포함된다.

5) **5단계-촉진물 설계** : 용인되는 인간 퍼포먼스를 촉진할 수 있는 재료(사용설명서, 퍼포먼스 보조수단, 훈련용 기구 및 프로그램 등 포함)를 계획하는 것이다.

6) **6단계-시험(검사) 및 평가** : 평가란 시스템 개발 생성물(하드웨어, 절차, 인력 등)이 수행해야 할 것을 수행하는지를 입증하기 위한 척도로 정의한다.

49 은행창구나 슈퍼마켓의 계산대를 설계하는 데 가장 적합한 인체측정 자료의 응용원칙은?

① 가변적(조절식) 설계원칙
② 평균치를 이용한 설계원칙
③ 최소 집단치를 이용한 설계원칙
④ 최대 집단치를 이용한 설계원칙

해설 인체계측자료의 응용원칙

1) **최대치수와 최소치수** : 최대치수 또는 최소치수를 기준으로 하여 설계한다. (극단에 속하는 사람을 위한 설계)[예] 최대치수 : 문, 통로, 탈출구 , 최소치수 : 선반의 높이, 조종장치까지의 거리 등

2) **조절범위(조절식)** : 체격이 다른 여러 사람에게 맞도록 만드는 것 이다.(조절할 수 있도록 범위를 두는 설계) [예] 자동차 좌석의 전후조절, 사무실의자의 상하조절

3) **평균치를 기준으로 한 설계** : 최대치수나 최소치수, 조절식으로 하기가 곤란할 때 평균치를 기준으로 하여 설계한다.(평균적인 사람을 위한 설계) [예] 은행창구나 슈퍼마켓의 계산대 등

50 단순반복 작업으로 인하여 발성되는 건강장애 즉, CTDs의 발생요인이 아닌 것은?

① 긴 작업주기
② 과도한 힘의 요구
③ 장시간의 진동
④ 부적합한 작업자세

해설 CTDs(cumulative trauma disorders ; 누적외상증)

1) 특정 신체부위를 반복적으로 사용함으로써 통증이 생기는 만성적인 병의 총칭이다.

2) CTDs의 발생요인
① 장시간의 진동
② 과도한 힘의 요구
③ 부적잡한 작업자세

51 그림과 같이 여러 구성요소가 직렬과 병렬로 혼합 연결되어 있을 때, 시스템의 신뢰도는 약 얼마인가? (단, 숫자는 각 구성요소의 신뢰도이다.)

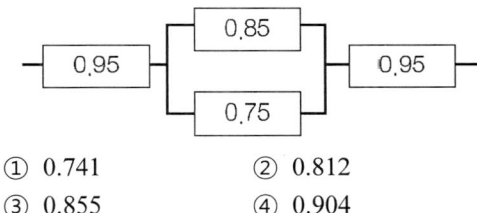

① 0.741
② 0.812
③ 0.855
④ 0.904

해설 $R = 0.95 \times [1-(1-0.85)(1-0.75)] \times 0.95$
$= 0.869$

52 다음 중 FT의 작성방법에 관한 설명으로 틀린 것은?

① 정성·정량적으로 해석·평가하기 전에는 FT를 간소화해야 한다.
② 정상(Top)사상과 기본사상과의 관계는 논리게이트를 이용해 도해한다.
③ FT를 작성하려면, 먼저 분석대상 시스템을 완전히 이해하여야 한다.
④ FT 작성을 쉽게 하기 위해서는 정상(Top)사상을 최대한 광범위하게 정의한다.

해설 **FT의 작성방법** : 먼저 분석대상 시스템을 완전히 이해하고 다음과 같은 순서로 FT를 작성한다.
1) 분석현상이 되는 시스템을 정의한다(분석대상의 범위가 너무 광범위 하게 선정하면 분석에 어려움이 있고 너무 좁게 잡으면 시스템을 분석할 수 없는 경우가 생길 수 있으므로 중점항목을 명시한다)
2) 정상사상의 원인이 되는 기본사상(1차 및 2차사상)을 분석한다.
3) 정상사상과 기본사상과의 관계는 논리게이트를 이용하여 도해한다.
4) 2, 3 단계에 결정되니 사상이 전개가 가능하면 그 단계를 되풀이하여 더 이상 분석이 필요 없을 때까지 계속 진행한다.
5) FT를 간소화 한다.
6) 정성적·정량적으로 해석·평가한다.

53 그림과 같은 FT도에 대한 최소 컷셋(minimal cut sets)으로 맞는 것은? (단, Fussell의 알고리즘을 따른다.)

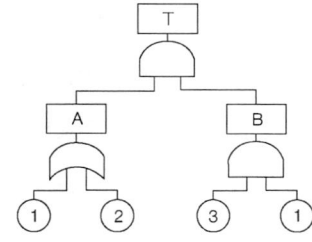

① {1, 2}   ② {1, 3}
③ {2, 3}   ④ {1, 2, 3}

해설 $T \rightarrow AB \rightarrow \begin{matrix} ①B \\ ②B \end{matrix} \rightarrow \begin{matrix} ①③① \\ ②③① \end{matrix} \rightarrow ①③$
$\qquad\qquad\qquad$ [컷 셋]$\quad$ [최소컷 셋]

54 다음 설명에 해당하는 인간의 오류모형은?

> 상황이나 목표의 해석은 정확하나 의도와는 다른 행동을 한 경우

① 실수(Slip)   ② 착오(Mistake)
③ 위반(Violation)   ④ 건망증(Lapse)

해설 **인간오류의 모형**
1) **실수(Slips)**
① 상황이나 목표의 해석은 정확하나 의도와는 다른 행동을 한 경우이다.
② 올바른 의도를 잘못 실행하는 것이다.
2) **과실(lapses)** : 필요한 행동의 수행으로 무심코 놓치는 것이다.
3) **상황착각** : 엉뚱한 장면 혹은 상황에서의 행동을 하는 것이다(다른 상황에서는 올바른 행동을 함)
4) **규칙위반** : 규칙을 잘못 적용하는 것이다.
5) **건망증** : 단기기억의 한계로 인해 기억을 잊어서 해야 할 일을 못해서 발생하는 에러이다.

55 결함수분석(FTA)에 의한 재해사례의 연구순서가 다음과 같을 때 올바른 순서대로 나열한 것은?

> ㉠ FT(Fault Tree)도 작성
> ㉡ 개선안 실시계획
> ㉢ 톱 사상의 선정
> ㉣ 사상마다 재해원인 및 요인 규명
> ㉤ 개선계획 작성

① ㉣ → ㉤ → ㉢ → ㉠ → ㉡
② ㉡ → ㉣ → ㉢ → ㉤ → ㉠
③ ㉢ → ㉣ → ㉠ → ㉤ → ㉡
④ ㉤ → ㉢ → ㉡ → ㉠ → ㉣

해설 FTA에 의한 재해사례의 연구순서
1) 1step : 톱사상의 선정
2) 2step : 사상마다 재해원인·요인의 규명
3) 3step : FT도의 작성
4) 4step : 개선계획의 작성
5) 5step : 개선안의 실시계획

56 경보사이렌으로부터 10m 떨어진 곳에서 음압수준이 140dB이면 100m 떨어진 곳에서 음의 강도는 얼마인가?

① 100dB   ② 110dB
③ 120dB   ④ 140dB

해설
$$dB_2 = dB_1 - 20\log\left(\frac{d_2}{d_1}\right)$$
$$= 140 - 20\log\left(\frac{100}{10}\right)$$
$$= 120dB$$

57 FTA에서 사용하는 수정게이트의 종류에서 3개의 입력현상 중 2개가 발생할 경우 출력이 생기는 것은?

① 위험지속기호
② 조합 AND 게이트
③ 배타적 OR 게이트
④ 우선적 AND 게이트

해설 수정게이트의 종류
① **우선적 AND Gate** : 입력사상 가운데 어느 사상이 다른 사상보다 먼저 일어났을 때에 출력사상이 생긴다. 「A는 B보다 먼저」와 같이 기입
② **짜맞춤 AND Gate** : 3개 이상의 입력사상 가운데 어느 것이든 2개가 일어나면 출력사상이 생긴다. 「어느 것이든 2개」라고 기입
③ **위험지속기호** : 입력사상이 생겨서 어느 일정시간 지속하였을 때에 출력사상이 생긴다. 「위험지속시간」과 같이 기입
④ **배타적 OR Gate** : OR Gate로 2개 이상의 입력이 동시에 존재할 때에는 출력사상이 생기지 않는다. 「동시에 발생하지 않는다」라고 기입

58 착석식 작업대의 높이 설계를 할 경우에 고려해야 할 사항과 관계가 먼 것은?

① 대퇴여유   ② 작업대의 두께
③ 의자의 높이   ④ 작업대의 형태

해설 착석식 작업대 높이
1) 착석식 작업대의 높이 설계시 고려해야 할 사항
   ① 의자의 높이
   ② 작업대의 두께
   ③ 대퇴여유
2) 작업의 성격에 따라서 작업대의 최적높이가 달라지며 일반적으로 섬세한 작업일수록 높아야 하고 거친 작업에서는 약간 낮은 편이 좋다.
3) 의자높이, 작업대높이, 발걸이 등은 조절할 수 있도록 하는 것이 좋다.

59 기업에서 보전효과 측정을 위해 일반적으로 사용되는 평가요소를 잘못 나타낸 것은?

① 제품단위당보전비 = $\dfrac{총보전비}{제품수량}$

② 설비고장도수율 = $\dfrac{설비가동시간}{설비고장건수}$

③ 계획공사율 = $\dfrac{계획공사공수(工數)}{전공수(全工數)}$

④ 운전1시간당보전비 = $\dfrac{총보전비}{설비운전시간}$

해설 설비고장도수율 = $\dfrac{설비고장건수}{설비가동시간}$

60 실내 면(面)의 추천 반사율이 가장 높은 것은?

① 벽   ② 가구
③ 바닥   ④ 천장

해설 옥내 최적 반사율
1) 천장 : 80~90%
2) 벽, 창문 발(blind) : 40~60%
3) 가구, 사무기기, 책상 : 25~45%
4) 바닥 : 20~40%

■ 정답 ■ 56.③ 57.② 58.④ 59.② 60.④

제4목 / 건설시공학

61 특수콘크리트에 관한 설명 중 옳지 않은 것은?

① 한중콘크리트는 동해를 받지 않도록 시멘트를 가열하여 사용한다.
② 경량콘크리트는 자중이 적고, 단열효과가 우수하다.
③ 중량콘크리트는 방사선 차폐용으로 사용된다.
④ 매스콘크리트는 수화열이 적은 시멘트를 사용한다.

해설 한중콘크리트 : 동해를 받지 않도록 하기 위해서는 물, 골재를 가열하며 온도는 40℃ 이하로 한다.

62 벽돌벽 두께 1.0B, 벽높이 2.5m, 길이 8m인 벽면에 소용되는 점토벽돌의 매수는 얼마인가? (단, 규격은 190 × 90 × 57mm, 할증은 3%로 하며, 소수점 이하 결과는 올림하여 정수매로 표기)

① 2980매   ② 3070매
③ 3278매   ④ 3542매

해설 1) 1.0B 쌓기 기준 면적당 소요 매수
   : 149장/m^2
2) 소요벽돌매수
   = 149장/$m^2 \times$ 2.5m×8m×1.03(할증률)
   = 3069.4 = 3070

63 순환수와 함께 지반을 굴착하고 배출시키면서 공 내에 철근망을 삽입, 콘크리트를 타설하여 말뚝기초를 형성하는 현장타설 말뚝공법은?

① S.I.P(Soil cement Injected Pile)
② D.R.A(Double Rod Auger)
③ R.C.D(Reverse Circulation Drill)
④ S.I.G(Super Injection Grouting)

해설 RCD(Reverse Crirculation Dril) ; 리버스서큘레이션 공법
1) 물을 이용하여 수압에 의해 공벽면을 안정시키고 스탠드라이프 이외에는 케이싱을 사용하지 않는다.
2) 비트를 회전시켜 굴착이나 배토를 하며 배출한 이수는 토사를 침전시켜 순환시킨다.
3) 굴착완료 후에는 철근망을 삽입하고 트레미관을 통하여 콘크리트를 타설한다.

64 지정 및 기초공사 용어에 관한 설명으로 옳지 않은 것은?

① 드레인 재료 : 지반개량을 목적으로 간극수 유출을 촉진하는 수로로서의 역할을 하는 재료
② 슬라임 : 지반을 천공할 때 천공벽 또는 공저에 모인 침전물
③ 히빙 : 굴착면 저면이 부풀어 오르는 현상
④ 원위치 시험 : 현지의 지반과 유사한 지반에서 행하는 시험

해설 원위치 시험 : 흙의 물리적 역학적 성질을 샘플링(sampling)하지 않고 현장지반 내에서 직접 측정하는 시험이다.

65 폼타이, 컬럼밴드 등을 의미하며, 거푸집을 고정하여 작업 중의 콘크리트 측압을 최종적으로 부담하는 것은?

① 박리제   ② 간격재
③ 격리재   ④ 긴결재

해설 거푸집의 부재
① 긴장재(긴결재 formtie) : 콘크리트를 부어 넣을 때 거푸집의 벌어짐을 방지하는 것
② 간격재(spacer) : 철근과 거푸집의 간격을 유

지(피복 간격 유지)

③ **박리제**(formoil) : 거푸집의 박리를 용이하게 하는 것으로 동·식물성유, 파라핀, 석유 등

④ **격리제**(separator) : 거푸집의 상호간의 간격을 유지시켜 주는 긴결재

⑤ **캠버**(camber) : 처짐을 고려하여 보나 슬래브 중앙부를 1/300~1/500 정도 미리 추켜올림, 높이 조절용 쐐기

⑥ **인서트**(incert) : 달대를 매달기 위해 사전에 매설시키는 수장철물

⑦ **파이프서포트** : 바닥 거푸집을 지지하는데 쓰이는 철제 지주

---

66 지반보다 높은 곳의 굴착에 적합하며, 굴착은 디퍼(dipper)가 행하는 토공사용 기계로 적합한 것은?

① 불도저(bulldozer)
② 클램셸(clamshell)
③ 스크레이퍼(scraper)
④ 파워쇼벨(power shovel)

해설 1) **불도저**(bull dozer) : 블레이드를 트랙터 앞 부분에 90˚로 설치하여 블레이드를 상하로 조정하면서 임의의 각도로 기울일 수 없게 한 것으로 스트레이트 불도저라고도 한다(앵글도저에 비해 블레이드 용량이 크고 직선 송토작업, 거친 배수로 매몰 작업 등에 적합.)

2) **클램셸**(clam shell) : 붐의 선단에서 크램 셸버킷을 와이어로프로 매달아 바로 아래로 떨어뜨려 흙을 퍼 올리는 토공기계이다.

3) **스크레이퍼**(scraper)
① 흙의 굴착, 싣기, 운반, 하역 등의 일관작업을 연속적으로 행할 수 있는 토공 만능기이다.
② 작업거리는 100~200m의 중거리 정지공사에 적합하다(비행장이나 도로의 신설 등 대규모 정지작업에 사용).

4) **파워쇼벨**(power shovel) : 본문설명

---

67 모재표면 위에 플럭스를 살포하여, 플럭스 속에 용접봉을 꽂아 넣는 자동 아크용접은?

① 일렉트로 슬래그(Electro slag)용접
② 서브머지드 아크(Submerged arc)용접
③ 피복 아크 용접
④ CO_2 아크 용접

해설 1) **일렉트로 슬래그**(electro slag)**용접** : 용융된 슬래그와 용융금속이 용접부에서 흘러나오지 않도록 둘러싸고, 용융된 슬래그 풀에 용접봉을 연속적으로 공급하여, 주로 용융 슬래그의 저항열에 의하여 용접봉과 모재를 용융시켜 위로 용접하는 방법이다.

2) **서브머지드 아크**(submerged arc)**용접** : 이음의 표면에 쌓아올린 미세한 입상의 플럭스 속에 비피복 전극 와이어를 집어넣고, 모재와의 사이에 생기는 아크열로 용접하는 방법으로 잠호용접이라고도 한다.

3) **피복아크용접** : 피복제를 칠한 용접봉과 피용접물과의 사이에 발생한 아크열을 이용하여 용접하는 방법이다.

4) **CO2 아크용접** : 용가재로 작용하는 소모성 와이어를 일정한 속도로 용융지에 송급하는 전류를 통해 와이어와 모재사이에 아크를 일으켜 용접을 하는 방법이다.

---

68 네트워크공정표의 용어에 관한 설명으로 옳지 않은 것은?

① Event : 작업의 결합점, 개시점 또는 종료점
② Activity : 네트워크 중 둘 이상의 작업을 잇는 경로
③ Slack : 결합점이 가지는 여유시간
④ Float : 작업의 여유시간

해설 **Activity**(활동, 요소작업) : 프로젝트(project)를 구성하는 작업단위

---

69 소규모 건축물의 구조기준에 따라 조적조로 담을 쌓을 경우 최대 높이 기준으로 옳은 것은?

① 2m 이하   ② 2.5m 이하
③ 3m 이하   ④ 3.5m 이하

해설 소규모 건축물의 구조기준에서 조적조로 담을 쌓을 경우 최대높이 : 3m 이하

70 철골 내화피복 공법 중 습식공법이 아닌 것은?

① 타설공법
② 미장공법
③ 뿜칠공법
④ 성형판 붙임공법

해설 철골 내화피복공법의 종류
1) 타설공법
2) 미장공법
3) 뿜칠공법
4) 성형판붙임공법(건식공법)
5) 복합내화피복(Membrene 공법)
6) 합성 내화피복

71 석공사 건식공법의 종류가 아닌 것은?

① 앵커긴결공법
② 개량압착공법
③ 강제트러스 지지공법
④ GPC공법

해설 석공사 공법
1) **건식공법** : 앵커(Anchor) 긴결공법, 강재 트러스(truss) 공법, 오픈 조인트(open joint) 공법
2) **유닛공법** : GPC 공법
   주 GPC : 화강석 판재를 배열한 후 석재 뒷면에 고정철물을 고정시킨후 콘크리트를 타설하여 양생한 패널
3) **습식 공법** : 모르타르로 석재와 구조체를 일체화

72 경량철골공사에서 녹막이도장에 관한 설명으로 옳지 않은 것은?

① 경량 철골구조물에 이용되는 강재는 판 두께가 얇아서 녹막이 조치가 필요하다.
② 강재는 물의 고임에 의해 부식될 수 있기 때문에 부재배치에 충분히 주의하고, 필요에 따라 물구멍을 설치하는 등 부재를 건조상태로 유지한다.
③ 녹막이도장의 도막은 노화, 타격 등에 의한 화학적, 기계적 열화에 따라 재도장을 할 수 있다.
④ 재도장이 곤란한 건축물 및 녹이 발생하기 쉬운 환경에 있는 건축물의 녹막이는 녹막이 용융아연도금을 활용한다.

해설 경량 철골구조물에 이용되는 강재는 녹막이 조치를 하여야 한다.

73 대규모공사에서 지역별로 공사를 분리하여 발주하는 방식이며 공사기일단축, 시공기술 향상 및 공사의 높은 성과를 기대할 수 있어 유리한 도급방법은?

① 전문공종별 분할도급
② 공정별 분할도급
③ 공구별 분할도급
④ 직종별 공종별 분할도급

해설 분할도급 : 공사를 세분하여(공종별, 공정별, 공구별 등)각기 따로 도급자를 선정하여 도급계약을 맺는 방식
1) **전문공종별 분할도급** : 시설공사 중 설비공사(전기, 난방 등)를 주체공사와 분리하여 전문공사업자와 계약하는 방식
2) **공정별 분할도급** : 정지, 기초, 구체, 마무리 공사 등 의 과정별로 나누어 도급을 주는 방식
3) **공구별 분할도급** : 대규모 공사에서 지역별, 공구별로 분리하여 도급하는 방식
4) **직종별 · 공종별 분할도급** : 전문직별 또는 각 공종별로 세분하여 도급하는 방식

74 일반적으로 사질지반의 지하수위를 낮추기 위해 이용하는 것으로 펌프를 통해 강제로 지하수를 뽑아내는 공법은?

① 웰포인트 공법
② 샌드드레인 공법
③ 치환 공법
④ 주입 공법

해설 **웰포인트(well point) 공법** : 투수성이 좋은 사질지반에 사용되는 강제 탈수공법이다.

75 콘크리트 타설 후 블리딩 현상으로 콘크리트 표면에 물과 함께 떠오르는 미세한 물질은 무엇인가?

① 피이닝(Peening)
② 블로우 홀(Blow hole)
③ 레이턴스(Laitance)
④ 버블쉬트(Bubble sheet)

해설 **블리딩 및 레이턴스**
1) **블리딩(bleeding)** : 콘크리트 타설 후 시멘트, 골재등의 침하에 따라 물이 분리 상승되어 표면에 떠오르는 현상
2) **레이턴스(laitance)** : 블리딩에 의해 떠오른 미립물이 물의 증발에 따라 콘크리트 표면에 얇은 막으로 침적되는 현상

76 착공단계에서의 공사계획을 수립할 때 우선 고려하지 않아도 되는 것은?

① 현장 직원의 조직편성
② 예정 공정표의 작성
③ 시공상세도의 작성
④ 실행예산편성

해설 1) **시공계획의 내용 및 순서**
① 현장원 편성(가장 먼저 실시) → ② 공정표 작성 → ③ 실행예산 편성 → ④ 하도급자의 선정 → ⑤ 가설준비물 결정 → ⑥ 재료선정 및 결정 → ⑦ 재해방지대책 및 의료대책

2) **현치도(원척도)작성 및 시공도 작성** : 시공계획이 아닌 본 공사 진행중에 필요한 도면

77 AE제의 사용목적과 가장 거리가 먼 것은?

① 초기강도 및 경화속도의 증진
② 동결융해 저항성의 증대
③ 워커빌리티 개선으로 시공이 용이
④ 내구성 및 수밀성의 증대

해설 **AE제의 사용목적**
1) 내구성 향상(가장 중요한 목적)
2) 워커빌리티 향상
3) 물-시멘트비(W/C)감소
4) 동결융해의 저항성 증대

78 흙막이 공법 중 슬러리월(slurry wall)공법에 관한 설명으로 옳지 않은 것은?

① 진동, 소음이 적다.
② 인접건물의 경계선까지 시공이 가능하다.
③ 차수효과가 양호하다.
④ 기계, 부대설비가 소형이어서 소규모 현장의 시공에 적당하다.

해설 1) **지하연속벽 공법(slurry wall)** : 벤토나이트 이수(泥水)를 사용해서 지반을 굴착하여 여기에 철근망을 삽입하고 콘크리트를 타설하여 지중에 철근콘크리트 연속벽체를 형성하는 공법
2) **지하연속벽 공법의 특징**
① 무진동, 무소음 공법이다.
② 인접건물에 근접시공이 가능하다.
③ 차수성이 높다.
④ 벽체 강성이 높다(연약지반으 변형 및 이면 침하를 최소한으로 억제할 수 있음)
⑤ 형상치수가 자유롭다.
⑥ 공사비가 고가이고 고도의 기술경험이 필요하다.

■ 정답 ■ 74.① 75.③ 76.③ 77.① 78.④

79 슬래브에서 4변 고정인 경우 철근배근을 가장 많이 하여야 하는 부분은?

① 단변 방향의 주간대
② 단변 방향의 주열대
③ 장변 방향의 주간대
④ 장변 방향의 주열대

해설 슬래브의 4변이 고정일 때 철근배근을 가장 많이 하는 부분 : 단변 방향의 주열대

80 다음 중 시스템 거푸집이 아닌 것은?

① 터널폼   ② 슬립폼
③ 유로폼   ④ 슬라이딩폼

해설 시스템 거푸집의 종류
   1) ①, ②, ④항
   2) 갱폼(gang form)
   3) 크라이빙 폼(climbing form)

제5과목 / 건설재료학

---

81 목재의 섬유방향 강도에 대한 일반적인 대소관계를 옳게 표기한 것은?

① 압축강도 > 휨강도 > 인장강도 > 전단강도
② 전단강도 > 인장강도 > 압축강도 > 휨강도
③ 인장강도 > 휨강도 > 압축강도 > 전단강도
④ 휨강도 > 압축강도 > 인장강도 > 전단강도

해설 목재강도의 크기순서
∴ 인장강도 〉 휨강도 〉 압축강도 〉 전단강도
   1) **인장 및 압축강도** : 섬유의 평행방향에 대한 강도가 가장 크고, 섬유의 직각방향에 대한 것이 가장작다(직각방향의 인장강도는 평행방향 강도의 약 20 ~25% 정도)
   2) **휨강도** : 휨강도는 압축강도의 약 75배 정도이다.
   3) **전단강도** : 세로방향 인장강도의 1/10정도이다.

82 콘크리트의 방수성, 내약품성, 변형성능의 향상을 목적으로 다량의 고분자재료를 혼입시킨 시멘트는?

① 내황산염포틀랜드시멘트
② 초속경시멘트
③ 폴리머시멘트
④ 알루미나시멘트

해설 폴리머시멘트
   1) 포틀랜드시멘트에 폴리머(polymer)를 혼입한 시멘트이다.
   2) 폴리머(polymer) : 고분자 재료 중 고무류의 라텍스(latex), 열가소성 합성수지가 사용된다.
   3) 폴리머시멘트는 방수성, 내약품성, 내충격성, 내마모성 및 접착성을 향상시킬 목적으로 만든 것이다.

83 점토제품 시공 후 발생하는 백화에 관한 설명으로 옳지 않은 것은?

① 타일 등의 시유소성한 제품은 시멘트 중의 경화체가 백화의 주된 요인이 된다.
② 작업성이 나쁠수록 모르타르의 수밀성이 저하되어 투수성이 커지게 되고, 투수성이 커지면 백화 발생이 커지게 된다.
③ 점토제품의 흡수율이 크면 모르타르 중의 함유수를 흡수하여 백화 발생을 억제한다.
④ 물시멘트비가 크게 되면 잉여수가 증대되고, 이 잉여수가 증발할 때 가용 성분의 용출을 발생시켜 백화 발생의 원인이 된다.

해설 ③항, 점토제품의 흡수율이 크면 모르타르 중의 함유수를 배출하여 백화발생을 촉진한다.

---

84 소석회에 모래, 해초풀, 여물 등을 혼합하여 바르는 미장재료로서 목조바탕, 콘크리트 블록 및 벽돌 바탕 등에 사용되는 것은?

① 회반죽
② 돌로마이트 플라스터
③ 시멘트 모르타르
④ 석고 플라스터

해설 회반죽 : 소석회+여물+해초풀+모래 (초벌, 재벌에만 섞고 정벌바름에는 섞지 않음)
　1) 소석회는 건조·경화시 수축성이 크기 때문에 삼여물로 균열을 분산, 미세화시킨다.
　2) 회반죽은 점성이 없으므로 해초풀을 끓여서 체로 거른 풀물을 사용한다. (반죽시에는 풀을 혼합하지 않음)
　3) 회반죽에 석고를 약간 혼합하면 수축균열을 감소시키고 경화속도 및 강도 등이 증대된다.

85 목재의 결점에 해당되지 않는 것은?

① 옹이　　　　　② 수심
③ 껍질박이　　　④ 지선

해설 목재의 결점(흠)
　1) 옹이 : 가지가 줄기의 조직에 말려들어간 것
　2) 껍질박이 : 수목이 성장도중 수목 세로방향의 외상으로 수피의 일부가 목재 내부에 말려들어간 것
　3) 지선 : 목질부 내에서 수지가 흘러나오는 선이 생겨 계속 진이 흘러나오는 것
　4) 갈라짐 : 불균일한 건조 및 수축에 의해서 생기는 것

86 경량콘크리트의 골재로서 슬래그(slag)를 사용하기 전에 물축임하는 이유로 가장 적당한 것은?

① 시멘트 모르타르와의 접착력을 좋게 하기 위해
② 유기 불순물이나 진흙을 씻어내기 위해
③ 콘크리트의 자체 무게를 줄이기 위해

④ 시멘트가 수화하는데 필요한 수량을 확보하기 위해

해설 골재에 물축임을 하는 이유 : 시멘트의 수화에 필요한 수량을 확보하기 위해

87 다음 중 목재의 건조 목적이 아닌 것은?

① 전기절연성의 감소
② 목재수축에 의한 손상 방지
③ 목재강도의 증가
④ 균류에 의한 부식 방지

해설 목재의 건조목적
　1) 수축, 균열, 변형 방지
　2) 변색 및 부패 방지
　3) 강도와 내구성 증진 및 가공성 용이
　4) 방부제 주입 용이
　5) 열전도성 개선 및 전기절연성 증가

88 미장용 혼화재료 중 착색을 목적으로 하는 착색제에 속하지 않는 것은?

① 염화칼슘　　　② 합성산화철
③ 카본블랙　　　④ 이산화망간

해설 염화칼슘 : 급결제

89 서중콘크리트 타설시 슬럼프 저하나 수분의 급격한 증발 등의 우려가 있다. 이러한 문제점을 해결하기 위한 재료상 대책으로 옳은 것은?

① 단위수량을 증가시킨다.
② 고온의 시멘트를 사용한다.
③ 콘크리트의 운반 및 부어넣는 시간을 되도록 길게 한다.
④ 혼화재료는 AE감수제 지연형을 사용한다.

해설 서중콘크리트 타설시 슬럼프저하나 수분 증발 등의 문제점을 해결하기 위한 재료상 대책
　1) 단위수량을 감소시킨다.
　2) 시멘트, 골재, 물 등은 가능한 낮의 온도의 것을

■ 정답 ■　84.①　85.②　86.④　87.①　88.①　89.④

사용한다.
3) 콘크리트의 운반 및 부어넣는 시간은 되도록 짧게 한다.
4) 혼화재료는 공사시방서에 정한바가 없을 때에는 AE 감수제에 지연형 또는 감수제 지연형을 사용한다.

90 상온에서 인장강도가 3600kg/cm²인 강재가 500℃로 가열되었을 때 강재의 인장강도는 얼마 정도인가?

① 약 1,200kg/cm² ② 약 1,800kg/cm²
③ 약 2,400kg/cm² ④ 약 3,600kg/cm²

해설 강재의 인장강도 : 온도 500℃ 전후시 상온강도의 1/2 정도로 줄어든다.

$$3,600\text{kg/cm}^2 \times \frac{1}{2} = 1,800\text{kg/cm}^2$$

91 목재의 절대건조비중이 0.8일 때 이 목재의 공극율은?

① 약 42% ② 약 48%
③ 약 52% ④ 약 58%

해설 목재의 공극률(V)

$$V = \left(1 - \frac{r}{1.54}\right) \times 100\%$$
$$= \left(1 - \frac{0.8}{1.54}\right) \times 100 = 48.05\%$$

여기서, ┌r : 절건비중
        └1.54 : 목재의 진 비중

92 골재의 함수상태에 관한 설명으로 옳지 않은 것은?

① 유효흡수량이란 절건상태와 기건상태의 골재내에 함유된 수량의 차를 말한다.
② 함수량이란 습윤상태의 골재의 내외에 함유하는 전체수량을 말한다.
③ 흡수량이란 표면건조 내부포수상태의 골재

중에 포함하는 수량을 말한다.
④ 표면수량이란 함수량과 흡수량의 차를 말한다.

해설 골재의 함수량
1) **전함수량** = 습윤상태수량 − 절건상태수량(흡수량 + 표면수량)
2) **표면수량** = 습윤상태수량 − 표건상태수량
3) **흡수량** = 전함수량 − 표면수량(기건흡수량 + 유효흡수량 또는 표건상태수량 − 절건상태중량)
4) **유효흡수량** = 표건상태수량 − 기건상태수량
5) **기건흡수량** = 기건상태수량 − 절건상태수량

93 소지의 질에 의한 타일의 구분에서 흡수율이 가장 낮은 것은?

① 토기질 타일 ② 석기질 타일
③ 자기질 타일 ④ 도기질 타일

해설 점토제품의 흡수율의 크기순서
∴ 토기질타일 〉도기질타일 〉석기질타일 〉자기질타일

94 에폭시수지에 관한 설명으로 옳지 않은 것은?

① 에폭시수지 접착제는 급경성으로 내알칼리성 등의 내화학성이나 접착력이 크다.
② 에폭시수지 접착제는 금속, 서재, 도자기, 글라스, 콘크리트, 플라스틱재 등의 접착에 모두 사용된다.
③ 에폭시수지 도료는 충격 및 마모에 약해 내부 방청용으로 사용된다.
④ 경화시 휘발성이 없으므로 용적의 감소가 극히 적다.

해설 에폭시수지 도료 특징 및 용도
1) ①, ②, ④항
2) 에폭시수지 도료는 충격 및 마모에 강해 외부 방청용으로 사용된다.
3) 경도가 크고 굴곡성 및 내마모성이 우수하다.

■ 정답 ■ 90.② 91.② 92.① 93.③ 94.③

95 건물의 외장용 도료로 가장 적합하지 않은 것은?

① 유성페인트   ② 수성페인트
③ 페놀수지 도료   ④ 유성바니시

해설 유성바니시
1) 수지를 건성유(중합유, 보일류 등)에 가열 · 용해시킨 후 휘발성용제로 희석시킨 것이다.
2) 유성페인트보다 내후성이 작아서 옥외에는 별로 사용하지 않는다.

96 다음 도료 중 광택이 없는 것은?

① 수성페인트   ② 유성페인트
③ 래커   ④ 에나멜페인트

해설 수성페인트(water paint)
1) 수성페인트 : 물을 용제로 하는 도료를 총칭한 것으로 안료를 적은 양의 물로 용해하여 수용성 교착제(아교, 카세인, 아라비아고무 등)와 혼합하여 제조한다.
2) 특성
① 취급이 간단하고 건조가 빠르다.
② 작업성, 내알칼리성이 좋으나 광택이 없다.

97 각 창호철물에 대한 설명 중 옳지 않은 것은?

① 피벗 힌지(pivot hinge) : 경첩대신 축을 사용하여 여닫이문을 회전시킨다.
② 나이트 래치(night latch) : 외부에서는 열쇠, 내부에서는 작은 손잡이를 틀어 열 수 있는 실린더장치로 된 것이다.
③ 크레센트(crescent) : 여닫이문의 상하단에 붙어 경첩과 같은 역할을 한다.
④ 레버터리 힌지(lavatory hinge) : 스프링 힌지의 일종으로 공중용 화장실 등에 사용된다.

해설 크레센트(crescent) : 오르내리창을 걸어 잠그는데 사용한다.

98 프리즘(prism)판 유리는 어느 용도에 가장 적합한가?

① 지하실채광용   ② 방도용
③ 흡음용   ④ 방화용

해설 프리즘 유리(prism glass)
1) 투과광선의 방향을 변화시키거나 집중 또는 확산시킬 목적으로 만든 유리로 데크유리(deck glass), 톱 라이트 유리(top light glass), 포도유리라고도 한다.
2) 지하실, 지붕 등의 채광용으로 사용된다.

99 리녹신에 수지, 고무물질, 코르크분말 등을 섞어 마포(hemp cloth) 등에 발라 두꺼운 종이모양으로 압면 · 성형한 제품은?

① 스펀지 시트   ② 리놀륨
③ 비닐 시트   ④ 아스팔트 타일

해설 리놀륨(linoleunm)
1) **제법** : 리녹신(아마인유의 산화물)에 수지를 가하여 리놀륨시멘트를 만들고 여기에 코르크분말, 톱밥, 안료 등을 섞어 마포에 도포한 후 롤러로 열압하여 성형한 제품이다.
2) **성질** : 내구력이 비교적 크고 탄력성, 내수성 등이 있다.
3) **용도** : 바닥이나 벽의 수장재로 사용

100 콘크리트의 건조수축에 관한 설명으로 옳지 않은 것은?

① 시멘트의 제조성분에 따라 수축량이 다르다.
② 골재의 성질에 따라 수축량이 다르다.
③ 시멘트량의 다소에 따라 수축량이 다르다.
④ 된비빔일수록 수축량이 많다.

해설 콘크리트의 건조수축
1) 시멘트의 화학성분이나 분말도에 따라 건조수축량은 변화한다.
2) 콘크리트의 건조수축을 작게 하기 위해서 배합시 가능한 한 단위수량을 적게 한다.

■ **정답** ■   95.④   96.①   97.③   98.①   99.②   100.④

3) 사암이나 점판암을 골재로 이용한 콘크리트는 수축량이 크고, 석영, 석회암을 이용한 것은 작다.
4) 골재 중에 포함된 미립분이나 실트는 일반적으로 건조수축을 증대시킨다.
5) 콘크리트의 습윤양생기간은 건조수축에 크게 영향을 주며 이 기간이 길면 길수록 건조수축은 커진다.
6) 골재의 크기가 일정할 때 슬럼프값이 클수록 건조수축은 커진다.
7) 공기량이 같은 조건하에서 단위 골재량이 클수록 건조수축은 작다.
8) 물-시멘트비(W/C)가 같은 경우 건축수축은 사용단위 시멘트양이 클수록 크다.

제6과목 / 건설안전기술

101 흙속의 전단응력을 증대시키는 원인이 아닌 것은?

① 굴착에 의한 흙의 일부 제거
② 지진, 폭파에 의한 진동
③ 함수비의 감소에 따른 흙의 단위체적 중량의 감소
④ 외력의 작용

해설 흙 속의 전단응력을 증대시키는 원인
1) 외력(건물하중, 눈·비 등)의 작용
2) 함수비 증가로 흙 자체의 단위중량 증가
3) 균열내에 작용하는 수압
4) 인장응력에 의한 균열발생
5) 지진, 폭파 등에 의한 진동
6) 지하 공동의 형성(투수, 침식 등), 씽크홀의 침하 등

102 차량계 하역운반기계를 사용하여 작업을 할 때에 그 기계의 전도 또는 전락 등에 의한 근로자의 위험을 방지하기 위해 취해야 할 조치와 거리가 먼 것은?

① 갓길의 붕괴방지
② 지반의 침하방지
③ 유도자 배치
④ 브레이크 및 클러치 등의 기능 점검

해설 차량계 하역운반기계의 전도(넘어짐), 전락(굴러 떨어짐) 등에 의한 근로자의 위험방지 조치 사항
1) 유도자 배치
2) 지반의 부동침하 방지
3) 갓긴(노견)의 붕괴 방지

103 동바리로 사용하는 파이프서포트에서 높이 2m 이내마다 수평연결재를 2개 방향으로 연결해야 하는 경우에 해당하는 파이프 서포트 설치높이 기준은?

① 높이 2m 초과시
② 높이 2.5m 초과시
③ 높이 3m 초과시
④ 높이 3.5m 초과시

해설 동바리로 사용하는 파이프서포트의 설치기준
① 파이프서포트를 3개 이상이어서 사용하지 아니하도록 할 것
② 파이프서포트를 이어서 사용할 때에는 4개 이상의 볼트 또는 전용철물을 사용하여 이을 것
③ 높이가 3.5m를 초과할 때에는 높이 2m 이내마다 수평연결재를 2개 방향으로 만들고 수평연결재의 변위를 방지할 것

---

104 항타기 또는 항발기의 사용 시 준수사항으로 옳지 않은 것은?

① 해머의 운동에 의하여 증기호스 또는 공기호스와 해머의 접속부가 파손되거나 벗겨지는 것을 방지하기 위하여 그 접속부가 아닌 부위를 선정하여 증기호스 또는 공기호스를 해머에 고정시킬 것

② 증기나 공기를 차단하는 장치를 작업지휘자가 쉽게 조작할 수 있는 위치에 설치할 것

③ 항타기나 항발기의 권상장치의 드럼에 권상용 와이어로프가 꼬인 경우에는 와이어로프에 하중을 걸어서는 아니 된다.

④ 항타기나 항발기의 권상장치에 하중을 건 상태로 정지하여 두는 경우에는 쐐기장치 또는 역회전방지용 브레이크를 사용하여 제동하는 등 확실하게 정지시켜 두어야 한다.

해설 증기 또는 압축공기를 동력원으로 하는 항타기·항발기의 사용시 준수사항

　1) 해머의 운동에 의하여 증기호스 또는 공기호스와 해머와의 접속부가 파손되거나 벗겨지는 것을 방지하기 위하여 당해 접속부 외의 부위를 선정하여 증기호스 또는 공기호스를 해머에 고정시킬 것

　2) 증기 또는 공기를 차단하는 장치를 해머의 운전자가 쉽게 조작할 수 있는 위치에 설치할 것

105 물이 결빙되는 위치로 지속적으로 유입되는 조건에서 온도가 하강함에 따라 토중수가 얼어 생성된 결빙크기가 계속 커져 지표면이 부풀어 오르는 현상은?

① 압밀침하(consolidation settlement)

② 연화(frost boil)

③ 동상(frost heave)

④ 지반경화(hardening)

해설 1) **압밀침하** : 물로 포화된 점토에 다지기를 하면 물이 배출되지 않는 한 흙이 압축되며 압축하중으로 지반이 침하하는데 이로 인하여 간극수압이 높아져 물이 배출되면서 흙의 간

극이 감소하는 현상

　2) **연화** : 강의 재질을 연하게 하거나, 기계가공성 등을 증가시키기 위해 하는 열처리

　3) **동상** : 본문 설명

　4) **지반경화** : 사질토 및 점성토지반이 외부요인에 의해 굳는 현상

106 사업주는 리프트를 조립 또는 해체작업을 하는 경우 작업을 지휘하는 자를 선임하여야 한다. 이 때 작업을 지휘하는 자가 이행하여야 할 사항으로 가장 거리가 먼 것은?

① 작업방법과 근로자의 배치를 결정하고 해당 작업을 지휘하는 일

② 재료의 결함유무 또는 기구 및 공구의 기능을 점검하고 불량품을 제거하는 일

③ 운전방법 또는 고장 났을 때의 처치방법 등을 근로자에게 주지시키는 일

④ 작업 중 안전대 등 보호구의 착용상황을 감시하는 일

해설 리프트의 조립 등 작업시 작업지휘자의 이행사항(다음 3개 항목만 있음)

　1) 작업방법과 근로자의 배치를 결정하고 당해 작업을 지휘하는 일

　2) 재료의 결함유무 또는 기구 및 공구의 기능을 점검하고 불량품을 제거하는 일

　3) 작업 중 안전대 등 보호구의 착용상황을 감시하는 일

107 달비계용 달기 체인의 사용금지기준으로 옳지 않은 것은?

① 달기 체인의 길이가 달기 체인이 제조된 때의 길이의 3퍼센트를 초과한 것

② 링의 단면지름이 달기 체인이 제조된 때의 해당 링의 지름의 10퍼센트를 초과하여 감소한 것

③ 균열이 있는 것

④ 심하게 변형된 것

해설 ①항, 달기체인의 길이가 달기체인이 제조될 때의 길이의 5%를 초과한 것

108 최고 51m 높이의 강관비계를 세우려고 한다. 지상에서 몇 미터까지의 비계기둥을 2개로 묶어 세워야 하는가?

① 10m ② 20m
③ 31m ④ 51m

해설 비계기둥을 2본의 강관으로 묶어 세워야 할 비계기둥의 높이(h)

h=비계기둥 최고높이-31
=51-31=20m

길잡이 강관비계의 구조
1) 비계기둥의 간격은 띠장방향에서는 1.85m 이하
2) 띠장간격은 2m 이하로 설치할 것
3) 비계기둥의 제일 윗부분으로부터 31m 되는 지점 밑부분의 비계기둥은 2개의 강관으로 묶어세울 것(브라켓 등으로 보강하여 그 이상의 강도가 유지되는 경우에는 그러하지 아니하다)
4) 비계기둥 간의 적재하중은 400kg을 초과하지 아니하도록 할 것

109 대상액 50억원 이상의 공사종류에 따른 산업안전보건관리비 계상기준으로 옳지 않은 것은?

① 건축공사 : 1.97%
② 토목공사 : 2.10%
③ 중건설공사 : 2.44%
④ 특수 건설공사 : 1.20%

해설 공사종류별 규모 및 안전관리비 계상 기준표(별표1)

공사종류 \ 대상액	5억원 미만	5억원 이상 50억원 미만		50억원 이상
		비율(X)	기초액(C)	
건축공사	2.93%	1.86%	5,349,000원	1.97%
토목공사	3.09%	1.99%	5,499,000원	2.10%
중건설공사	3.43%	2.35%	5,400,000원	2.44%
특수 건설공사	1.85%	1.20%	3,250,000원	1.27%

110 위험성평가에 활용하는 안전보건정보에 해당되지 않는 것은?

① 사업장 근로자수와 금년 퇴직자 수
② 작업표준, 작업절차 등에 관한 정보
③ 기계·기구, 설비 등의 사양서
④ 물질안전보건자료(MSDS)

해설 사업장 근로자수와 금년 퇴직자 수 등은 위험성평가에 필요한 안전보건정보에 해당되지 않는다.

길잡이 위험성 평가 실시내용(시행규칙 제92조의 11)
1) 위험성평가 대상의 유해위험요인
2) 위험성 결정의 내용
3) 위험성결정에 따른 조치의 내용
4) 그밖에 위험성평가의 실시내용을 확인하기 위하여 필요한 사항(고용노동부고시)

111 안전대의 종류는 사용구분에 따라 벨트식과 안전그네식으로 구분되는데 이 중 안전그네식에만 적용하는 것은?

① 추락방지대, 안전블록
② 1개 걸이용, U자 걸이용
③ 1개 걸이용, 추락방지대
④ U자 걸이용, 안전블록

해설 안전대의 종류

종류	사용구분	[비고]
벨트식 안전그네식	1개걸이용	추락방지대 및 안전블록은 안전그네식에만 적용
	U자걸이용	
	추락방지대	
	안전블록	

112 구축물이 풍압·지진 등에 의하여 붕괴 또는 전도하는 위험을 예방하기 위한 조치와 가장 거리가 먼 것은?

① 설계도서에 따라 시공했는지 확인
② 건설공사 시방서에 따라 시공했는지 확인
③ 「건축물의 구조기준 등에 관한 규칙」에 따른 구조기준을 준수했는지 확인
④ 보호구 및 방호장치의 성능검정 합격품을 사용했는지 확인

해설 구축물 또는 이와 유사한 시설물 등의 안전유지 (안전보건규칙 제51조) : 구축물 또는 이와 유사한 시설물에 대하여 자중(自重), 적재하중, 적설, 풍압, 지진이나 진동 및 충격 등에 의하여 붕괴·전도·도괴·폭발하는 등의 위험을 예방하기 위하여 다음 각 호의 조치를 하여야 한다.
1) 설계도서에 따라 시공했는지 확인
2) 건설공사 시방서에 따라 시공했는지 확인
3) 「건축물의 구조기준 등에 관한 규칙」에 따른 구조기준을 준수했는지 확인

113 산업안전보건관리비사용과 관련하여 산업안전보건법령에 따른 재해예방 전문지도기관의 지도를 받아야 하는 경우는? (단, 재해예방전문지도기관의 지도를 필요로 하는 산업안전보건법령 상 공사금액기준을 만족한 것으로 가정)

① 공사기간이 3개월 이상인 공사
② 육지와 연결되지 아니한 섬지역(제주특별자치도 제외)에서 이루어지는 공사
③ 안전관리자의 자격을 가진 사람을 선임하여 안전관리자의 업무만을 전담하도록 하는 공사
④ 유해·위험방지계획서를 제출하여야 하는 공사

해설 재해예방전문기관의 지도(시행령 제59조)
1) 안전관리비의 사용방법·재해예방조치 등에 관해 재해예방전문기관의 지도를 받아야 할

대상공사 : 공사금액이 1억 원이상 120억 원(토목공사업은 150억 원)미만인 공사
2) 재해예방전문기관의 지도를 받지 않아도 되는 공사
① 공사기간이 1개월 미만인 공사
② 육지와 연결되지 않은 섬지역(제주도는 제외)에서 이루어지는 공사
③ 안전관리자를 선임하여 안전관리자의 직무만을 전담하도록 하는 공사
④ 유해위험방지계획서를 제출해야 하는 공사

114 본 터널(main tunnel)을 시공하기 전에 터널에서 약간 떨어진 곳에 지질조사, 환기, 배수, 운반 등의 상태를 알아보기 위하여 설치하는 터널은?

① 파일럿(pilot)터널
② 프리패브(prefab) 터널
③ 사이드(side) 터널
④ 쉴드(shield) 터널

해설 1) 파일럿 터널(pilot tunnel) : 본문설명
2) 쉴드 터널(shield tunnel) : 철제로 된 원통형의 쉴드를 원하는 깊이의 지하로 들어갈 수 있게 하는 수직구 안에 투입해 커터헤드(cutter head)를 회전시켜 지반을 구축한 다음 공장에서 제작된 콘크리트 구조물인 세그먼트를 조립해 터널을 완성하는 공법이다.

115 콘크리트의 측압에 관한 설명으로 옳은 것은?

① 거푸집 수밀성이 크면 측압은 작다.
② 철근의 양이 적으면 측압은 작다.
③ 외기의 온도가 낮을수록 측압은 크다.
④ 부어넣기 속도가 빠르면 측압은 작아진다.

해설 1) 거푸집 수밀성이 크면 측압은 크다
2) 철근량이 적으면 측압은 크다
3) 온도가 낮을수록 측압은 크다
4) 부어넣기 속도가 빠르면 측압은 커진다.

116 연약지반에서 발생하는 히빙(Heaving) 현상에 관한 설명 중 옳지 않은 것은?

① 저면에 액상화 현상이 나타난다.
② 배면의 토사가 붕괴된다.
③ 지보공이 파괴된다.
④ 굴착저면이 솟아오른다.

해설 1) **히빙현상**
  ① 지보공이 파괴된다.
  ② 배면의 토사가 붕괴된다.
  ③ 굴착저면이 솟아오른다.
2) **보일링 현상**
  ① 저면에 액상화현상(Quick sand)이 일어난다.
  ② 굴착면과 배면토의 수두차에 의한 침투압이 발생한다.

117 산업안전보건법령에서 규정하고 있는 차량계 건설기계에 해당되지 않는 것은?

① 불도저
② 어스드릴
③ 타워크레인
④ 콘크리트 펌프카

해설 **차량계 건설기계의 종류**
1) 도저형 건설기계 : 불도저, 스트레이트도저, 틸트도저, 앵글도저, 버킷도저 등
2) 모터그레이더
3) 로더 : 포크 등 부착물 종류에 따른 용도 변경 형식을 포함
4) 스크레이퍼
5) 크레인형 굴착기계 : 클램셸, 드래그라인 등
6) 굴삭기 : 브레이커, 크러셔, 드릴 등 부착물 종류에 따른 용도 변경 형식을 포함
7) 항타기 및 항발기
8) 천공용 건설기계 : 어스드릴, 어스오거, 크롤러드릴, 점보드릴 등
9) 지반 압밀침하용 건설기계 : 샌드드레인머신, 페이퍼드레인머신, 팩드레인머신 등
10) 지반 다짐용 건설기계 : 타이어롤러, 매커덤롤러, 탠덤롤러 등
11) 준설용 건설기계 : 버킷준설선, 그래브준설선,

펌프준설선 등
12) 콘크리트 펌프카
13) 덤프트럭
14) 콘크리트 믹서 트럭
15) 도로포장용 건설기계 : 아스팔트 살포기, 콘크리트 살포기, 아스팔트 피니셔, 콘크리트 피니셔 등

118 토류벽의 붕괴예방에 관한 조치 중 옳지 않은 것은?

① 웰 포인트(well point)공법 등에 의해 수위를 저하시킨다.
② 근입깊이를 가급적 짧게 한다.
③ 어스앵커(earth anchor)시공을 한다.
④ 토류벽 인접지반에 중량물 적치를 피한다.

해설 ②항, 근입깊이를 가급적 길게 한다.

119 관리감독자의 유해·위험방지 업무에서 달비계 또는 높이 5m 이상의 비계를 조립·해체하거나 변경하는 작업과 관련된 직무수행 내용과 가장 거리가 먼 것은?

① 재료의 결함 유무를 점검하고 불량품을 제거하는 일
② 기구·공구·안전대 및 안전모 등의 기능을 점검하고 불량품을 제거하는 일
③ 작업방법 및 근로자 배치를 결정하고 작업진행상태를 감시하는 일
④ 작업에 종사하는 근로자의 보안경 및 안전장갑의 착용 상황을 감시하는 일

해설 **달비계 또는 높이 5m 이상의 비계를 조립·해체하거나 변경하는 작업을 하는 경우 관리감독자의 직무수행내용**(안전보건규칙 별표2)
1) 재료의 결함 유무를 점검하고 불량품을 제거하는 일
2) 기구·공구·안전대 및 안전모 등의 기능을 점검하고 불량품을 제거하는 일
3) 작업방법 및 근로자의 배치를 결정하고 작업진

■ **정답** ■ 116.① 117.③ 118.② 119.④

행상태를 감시하는 일
4) 안전대 및 안전모 등의 착용상황을 감시하는 일

120 가설계단 및 계단참을 설치하는 경우 매 m²당 몇 kg 이상의 하중에 견딜 수 있는 강도를 가진 구조로 설치하여야 하는가?

① 200kg　　　② 300kg
③ 400kg　　　④ 500kg

해설 **계단의 강도** : 계단 및 계단참을 설치할 때에는 500kg/m²이상의 하중에 견딜 수 있는 강도를 가진 구조로 설치하여야 하며, 안전율(파괴응력/허용응력)은 4이상으로 할 것

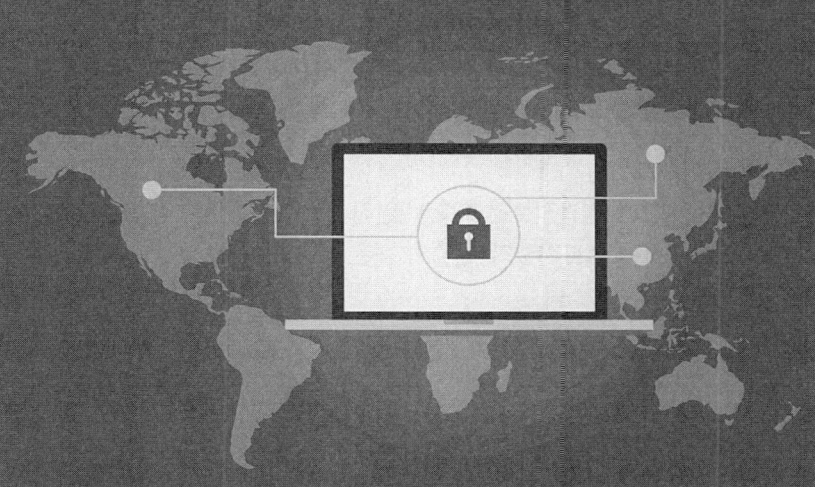

2017년 시행

건설안전기사

제1과목 / 산업안전관리론

01 산업안전보건법령상 안전 · 보건표지 중 색채와 색도기준의 연결이 옳은 것은?

① 흰색 : N0.5
② 녹색 : 5G 5.5/6
③ 빨간색 : 5R 4/12
④ 파란색 : 2.5PB 4/10

해설 안전표지의 색채·색도 기준 및 용도

색채	색도기준	용도	사용 예
빨간색	7.5R 4/14	금지	정지신호, 소화설비 및 그 장소, 유해행위의 금지
		경고	화학물질 취급장소에서의 유해 · 위험물질 경고
노란색	5Y 8.5/12	경고	화학물질 취급장소에서의 유해 · 위험 경고, 그 밖의 위험경고, 주의표지 또는 기계 방호물
파란색	2.5PB 4/10	지시	특정행위의 지시 및 사실의 고지
녹색	2.5G 4/10	안내	비상구 및 피난소, 사람 또는 차량의 통행표지
흰색	N 9.5		파란색 또는 녹색에 대한 보조색
검정색	N 0.5		문자 및 빨간색 또는 노란색에 대한 보조색

02 위험예지훈련 4R 방식 중 위험 포인트를 결정하여 지적 확인하는 단계로 옳은 것은?

① 1단계(현상파악)
② 2단계(본질추구)
③ 3단계(대책수립)
④ 4단계(목표설정)

해설 위험예지훈련 4R
1) 1R : 현상파악
2) 2R : 본질추구
3) 3R : 대책수립
4) 4R : 행동목표설정

03 버드(Frank-Bird)의 새로운 도미노 이론으로 연결이 옳은 것은?

① 제어의 부족→기본 원인→직접 원인→사고→상해
② 관리구조→작전적 에러→전술적 에러→사고→상해
③ 유전과 환경→인간의 결함→불안전한 행동 및 상태→재해→상해
④ 유전적 요인 및 사회적 환경→개인적 결함→불안전한 행동 및 상태→사고→상해

해설 버드의 사고연쇄성 이론 5단계
1) 1단계 : 통제의 부족 – 관리 소홀(경영)
2) 2단계 : 기본적인 –기원(원인론)
3) 3단계 : 직접원인 – 징후
4) 4단계 : 사고 – 접촉
5) 5단계 : 상해 – 손해 – 손실

■ 정답 ■   01.④   02.②   03.①

04 산업안전보건기준에 관한 규칙에 따른 고소작업대를 사용하여 작업을 할 때 작업 시작 전 점검사항에 해당하지 않는 것은?

① 작업면의 기울기 또는 요철 유무
② 아웃트리거 또는 바퀴의 이상 유무
③ 충전장치를 포함한 홀더 등의 결합상태의 이상 유무
④ 비상정지장치 및 비상하강 방지장치 기능의 이상 유무

해설 고소작업대를 사용하여 작업을 할 때 작업시작 전 점검사항
1) ①, ②, ④항
2) 과부하방지장치의 작동유무(와이어로프 또는 체인구동방식의 경우)
3) 활선작업용 장치의 경우 흠, 균열, 파손 등 그 밖의 손상유무

05 산업재해의 발생빈도를 나타내는 것으로 연간 총 근로시간 합계 100만 시간당 재해발생 건수에 해당되는 것은?

① 도수율 　　　　② 강도율
③ 연천인율 　　　④ 종합재해지수

해설 도수율
1) **정의** : 연 근로시간 100만(10^6)시간당 발생하는 재해건수를 나타낸다.
2) 공식
$$도수율 = \frac{재해건수}{연근로시간} \times 10^6$$

06 산업안전보건법령상 안전보건관리규정을 작성해야 하는 사업의 사업주는 안전보건관리규정을 작성해야 할 사유가 발생한 날부터 며칠 이내에 작성해야 하는가?

① 15일 　　　　② 30일
③ 60일 　　　　④ 90일

해설 안전보건관리규정 : 규정을 작성해야 할 사유가 발생한 날부터 30일 이내에 규정의 세부 내용을 포함한 안전보건관리규정을 작성하여야 한다.

07 산업재해의 발생형태에 따른 분류 중 단순연쇄형에 해당하는 것은? (단, ○는 재해발생의 각종요소를 나타낸다.)

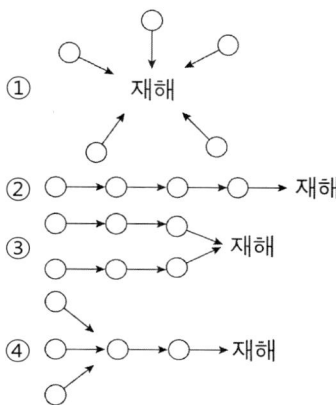

해설 ①항 : 집중형 (단순자극형)
②항 : 단순연쇄형
③항 : 복합연쇄형
④항 : 복합형 (집중형+연쇄형)

08 연평균 근로자수가 500명인 사업장에 1년간 3명의 사상자가 발생한 경우 이 작업장의 연천인율은?

① 4 　　　　　② 5
③ 6 　　　　　④ 7

해설 연천인율$= \dfrac{사상자수}{연근로자수} \times 1,000$
$= \dfrac{3}{500} \times 1,000 = 6$

09 산업안전보건법령상 해당 사업장의 연간 재해율이 같은 업종의 평균재해율의 2배 이상인 경우 사업주에게 관리자를 정수 이상으로 증원하게 하거나 교체하여 임명할 것을 명할 수 있는 자는?

① 시·도지사
② 고용노동부장관
③ 국토교통부장관
④ 지방고용노동관서의 장

해설 안전관리자 등의 증원·교체임명 명령(시행규칙 제 15조) : 지방고용노동관서의 장은 다음 각 호에 해당하는 사유가 발생한 경우 사업주에게 안전관리자나 보건관리자를 정수 이상으로 증원하거나 교체하여 임명할 것을 명할 수 있다.
1) 해당 사업장의 연간재해율이 같은 업종의 평균 재해율의 2배 이상인 경우
2) 중대재해가 연간 3건 이상 발생한 경우
3) 관리자가 질병이나 그 밖의 사유로 3개월 이상 직무를 수행할 수 없게 된 경우
4) 화학적인자로 인한 직업성질병자가 연간 3명 이상 발생한 경우

10 중대재해 발생사실을 알게 된 경우 지체 없이 관할 지방고용노동관서의 장에게 보고해야하는 사항이 아닌 것은? (단, 천재지변 등 부득이한 사유가 발생한 경우는 제외한다.)

① 발생개요   ② 피해상황
③ 조치 및 전망   ④ 재해손실비용

해설 중대재해 발생보고(시행규칙 제 4조) : 중대재해가 발생한 사실을 알게 된 경우에는 지체없이 다음 각 호의 사항을 관할 지방고용노동관서의 장에게 전화·팩스, 또는 그 밖의 방법으로 보고하여야 한다.
1) 발생개요
2) 피해상황
3) 조치 및 전망
4) 그 밖의 중요한 사항

11 사고예방대책의 기본원리 5단계 중 제2단계는?

① 안전조직
② 사실의 발견
③ 분석 평가
④ 시정책 적용

해설 하인리히의 사고예방대책 기본원리 5단계
1) 1단계 – 안전관리 조직
2) 2단계 – 사실의 발견
3) 3단계 – 분석·평가
4) 4단계 – 시정책 선정
5) 5단계 – 시정책 적용

12 산업안전보건법령상 안전인증대상 기계·기구 등에 해당하지 않는 것은?

① 크레인   ② 곤돌라
③ 컨베이어   ④ 사출성형기

해설 안전인증대상 및 자율안전확인대상 기계·기구

안전인증대상 기계·기구	자율안전확인대상 기계·기구
① 프레스 ② 절단기 및 절곡기 ③ 크레인 ④ 리프트 ⑤ 압력용기 ⑥ 롤러기 ⑦ 사출성형기 ⑧ 고소작업대 ⑨ 곤돌라	① 연삭기 또는 연마기 (휴대형은 제외) ② 산업용 로봇 ③ 혼합기 ④ 파쇄기 또는 분쇄기 ⑤ 컨베이어 ⑥ 식품가공용기계(파쇄·절단·혼합·제면기만 해당) ⑦ 자동차정비용리프트 ⑧ 인쇄기 ⑨ 공작기계(선반, 드릴기, 평삭·형삭기, 밀링만 해당) ⑩ 고정형 목재가공용 기계(둥근톱, 대패, 루타기, 띠톱, 모떼기 기계만 해당)

13 매슬로우의 욕구 5단계 이론 중 2단계에 해당하는 것은?

① 생리적 욕구
② 사회적(애정적) 욕구
③ 안전에 대한 욕구
④ 존경과 긍지에 대한 욕구

[해설] 매슬로우의 욕구 5단계
  1) 1단계 : 생리적 욕구
  2) 2단계 : 안전의 욕구
  3) 3단계 : 사회적 욕구
  4) 4단계 : 인정받으려는 욕구
  5) 5단계 : 자아실현의 욕구

14 무재해 운동 기본이념의 3원칙이 아닌 것은?

① 무의 원칙　　　② 상황의 원칙
③ 참가의 원칙　　④ 선취의 원칙

[해설] 무재해운동이념 3원칙
  1) **무의 원칙** : 사망, 휴업 및 불휴재해는 물론 일체의 잠재위험요인을 사전에 발견, 파악, 해결함으로써 근원적인 산업재해를 없애는 것을 말한다.
  2) **참가의 원칙** : 재해 및 일체의 위험요인을 발견, 해결하기 위해 전원이 무재해운동에 참가하여 문제 해결 등을 실천하는 것을 말한다.
  3) **선취해결의 원칙** : 선취란 궁극의 목표로서 무재해, 무질병의 직장을 실현하기 위해 일체의 위험요인을 행동하기 전에 발견, 파악, 해결하여 재해를 예방하거나 방지하는 것을 말한다.

15 산업안전보건기준에 관한 규칙에 따른 근로자가 상시 작업하는 장소의 작업면의 최소 조도기준으로 옳은 것은? (단, 갱내 작업장과 감광재료를 취급하는 작업장은 제외한다.)

① 초정밀작업 : 1,000럭스 이상
② 정밀작업 : 500럭스 이상
③ 보통작업 : 150럭스 이상
④ 그 밖의 작업 : 50럭스 이상

[해설] 작업면의 조도기준
  1) **초정밀작업** : 750 럭스 이상
  2) **정밀작업** : 300 럭스 이상
  3) **보통작업** : 150럭스 이상
  4) **그 밖의 작업** : 75럭스 이상

16 안전관리조직의 형태 중 라인·스탭형에 대한 설명으로 옳은 것은?

① 1,000명 이상의 대규모 사업장에 적합하다.
② 명령과 보고가 상하관계로 간단명료하다.
③ 안전에 대한 전문적인 지식이나 정보가 불충분하다.
④ 생산부분은 안전에 대한 책임과 권한이 없다.

[해설] ①항 : 라인·스탭형
  ②항 : 라인형
  ③항 : 라인형
  ④항 : 스탭형

17 재해손실비 중 직접비가 아닌 것은?

① 휴업 보상비　　② 요양 보상비
③ 장의비　　　　④ 영업손실비

[해설] 재해손실비 중 직접비 : 휴업보상비, 요양보상비, 장의비, 장해보상비, 유족보상비, 상병 보상연금 등

18 방독마스크 정화통의 종류와 외부 측면 색상의 연결이 옳은 것은?

① 유기화합물용 – 노랑색
② 할로겐용 – 회색
③ 아황산용 – 녹색
④ 암모니아용 – 갈색

■ 정답 ■　13.③　14.②　15.③　16.①　17.④　18.②

해설 **정화통의 외부 측면의 표시색**

종류	표시색
유기화합물용 정화통	갈색
할로겐용 정화통	회색
황화수소용 정화통	
시안화수소용 정화통	
아황산용 정화통	노란색
암모니아용 정화통	녹색
복합용 및 겸용의 정화통	• 복합용의 경우 : 해당가스 모두 표시(2층 분리) • 겸용의 경우 : 백색과 해당가스모두 표시(2층 분리)

19 재해발생의 주요 원인 중 불안전한 행동에 해당하지 않는 것은?

① 불안전한 속도 조작
② 안전장치 기능 제거
③ 보호구 미착용 후 작업
④ 결함 있는 기계설비 및 장비

해설 **직접원인** : 불안전한 행동 및 불안전한 상태

1. 불안전한 행동	2. 불안전한 상태
① 위험장소 접근	① 물 자체 결함
② 안전장치의 기능 제거	② 안전 방호장치 결함
③ 복장 보호구의 잘못 사용	③ 복장 보호구의 결함
④ 기계 기구 잘못 사용	④ 물의 배치 및 작업장소 결함
⑤ 운전 중인 기계장치의 손질	⑤ 작업환경의 결함
⑥ 불안전한 속도 조작	⑥ 생산 공정의 결함
⑦ 위험물 취급 부주의	⑦ 경계표시, 설비의 결함
⑧ 불안전한 상태방치	
⑨ 불안전한 자세동작	
⑩ 감독 및 연락 불충분	

20 산업안전보건법령상 시스템 통합 및 관리업의 경우 안전보건관리규정을 작성해야 할 사업의 규모로 옳은 것은?

① 상시 근로자 10명 이상을 사용하는 사업장
② 상시 근로자 50명 이상을 사용하는 사업장
③ 상시 근로자 100명 이상을 사용하는 사업장
④ 상시 근로자 300명 이상을 사용하는 사업장

해설 **안전보건관리규정을 작성하여야 할 사업의 종류 및 규모**(시행규칙 별표 6의2)

사업의 종류	규모
1. 농업 2. 어업 3. 소프트우어 개발 및 공급업 4. 컴퓨터 프로그래밍, 시스템 통합 및 관리업 5. 정보서비스업 6. 금융 및 보험업 7. 임대업 ; 부동산 제외 8. 전문, 과학 및 기술 서비스업 (연구개발업은 제외한다) 9. 사업지원 서비스업 10. 사회복지 서비스업	상시 근로자 300명 이상을 사용하는 사업장
11. 제1호부터 제10호까지의 사업을 제외한 사업	상시 근로자 100명 이상을 사용하는 사업장

제2과목 / 산업심리 및 교육

21 집중발상법(brainstorming)의 기본 규칙들 중 틀린 것은?

① 아이디어는 많을수록 좋다.
② 떠오르는 아이디어는 어떤 것이든 관계없이 표현토록 한다.
③ 아이디어 산출과정에서, 모드 아이디어는 어떤 방식으로든 평가해야 한다.
④ 구성원들은 가능한 한 다른 사람의 아이디어를 수정하고 확장하려고 노력해야 한다.

해설 **브레인스토밍**(BS, brain storming)**의 4원칙**
1) **비평금지** : 좋다, 나쁘다고 비평하지 않는다.
2) **자유분방** : 마음대로 편안히 발언한다.
3) **대량발언** : 무엇이건 좋으니 많이 발언한다.
4) **수정발안** : 타인의 아이디어에 수정하거나 덧붙여 말하여도 좋다.

22 판단과정에서의 착오 원인이 아닌 것은?

① 능력부족   ② 정보부족
③ 감각차단   ④ 자기합리화

해설 착오요인(대뇌의 휴먼에러)
  1) 인지과정 착오
    ① 생리, 심리적 능력의 한계
    ② 정보량 저장능력의 한계
    ③ 감각차단현상(단조로운 업무, 반복작업시 발생)
    ④ 정서불안정(공포, 불안, 불만)
  2) 판단과정 착오
    ① 능력부족
    ② 정보부족
    ③ 자기합리화
    ④ 환경조건의 불비
  3) 조치과정 착오

23 산업안전보건법상 일용직 근로자를 제외한 근로자 신규 채용 시 실시해야 하는 안전·보건교육 시간으로 맞는 것은?

① 8시간 이상
② 매분기 3시간
③ 16시간 이상
④ 매분기 6시간

해설 사업 내 안전보건교육(시행규칙 별표8)

교육과정	교육대상	교육시간
1. 정기교육	1) 사무직·판매직 근로자	매반기 6시간 이상
	2) 사무직·판매직 근로자 외의 근로자	매반기 12시간 이상
2. 채용시 교육	1) 일용직 근로자 및 근로계약기간이 1주일 이하인 기간제 근로자	1시간 이상
	2) 근로계약기간이 1주일 초과 1개월 이하인 기간제 근로자	4시간 이상
	3) 그 밖에 근로자	8시간 이상
3. 작업내용 변경시 교육	1) 일용근로자 및 근로계약기간에 1주일 이하인 기간제 근로자	1시간 이상
	2) 그 밖에 근로자	2시간 이상

교육과정	교육대상	교육시간
4. 특별교육	1) 특별교육대상 작업에 종사하는 일용근로자 및 근로계약기간이 1주일 이하인 기간제 근로자	2시간 이상
	2) 특별교육대상 작업중 타워크레인 신호작업에 종사하는 일용근로자 및 근로계약기간이 1주일 이하인 기간제 근로자	8시간 이상
	3) 특별교육대상 작업에 종사하는 일용근로자 및 근로계약기간이 1주일 이하인 기간제 근로자를 제외한 근로자	• 16시간 이상(최초 작업에 종사하기 전 4시간 이상 실시하고 12시간은 3개월 이내에서 분할하여 실시 가능) • 단기간 작업, 간헐적 작업인 경우 2시간 이상
5. 건설업 기초 안전·보건 교육	건설일용근로자	4시간 이상

24 피로 단계 중 이상발한, 구갈, 두통, 탈력감이 있고, 특히 관절이나 근육통이 수반되어 신체를 움직이기 귀찮아지는 단계는?

① 잠재기   ② 현재기
③ 진행기   ④ 축적피로기

25 생체리듬에 관한 설명으로 틀린 것은?

① 각각의 리듬이 (-)로 최대인 점이 위험일이다.
② 육체적 리듬은 "P"로 나타내며, 23일을 주기로 반복된다.
③ 감성적 리듬은 "S"로 나타내며, 28일을 주기로 반복된다.
④ 지성적 리듬은 "T"로 나타내며, 33일을 주기로 반복된다.

해설 위험일(critical day)
  1) 리듬이 (+)에서 (-)로 변경되고 (-)에서 (+)로 변경될 때를 위험일이라 하며 한 달에 6일정도 일어난다.
  2) 위험일에는 뇌졸중이 5.4배, 심장질환 발작이 5.1배, 자살은 6.8배 정도 더 많이 발생된다.

■ 정답 ■   22.③   23.①   24.②   25.①

26 직무에 적합한 근로자를 위한 심리검사는 합리적 타당성을 갖추어야 한다. 이러한 합리적 타당성을 얻는 방법으로만 나열된 것은?

① 구인 타당도, 공인 타당도
② 구인 타당도, 내용 타당도
③ 예언적 타당도, 공인 타당도
④ 예언적 타당도, 안면 타당도

해설 1) **구인타당도** : 검사도구가 측정하고자 하는 개념이나 이론을 재대로 측정하고 있는지에 대한 타당도이다.
2) **내용타당도** : 검사문항이 측정하려고 하는 내용을 얼마나 잘 대표하고 있느냐를 나타내는 타당도이다.

27 성공적인 리더가 가지는 중요한 관리기술이 아닌 것은?

① 매 순간 신속하게 의사결정을 한다.
② 집단의 목표를 구성원과 함께 정한다.
③ 구성원이 집단과 어울리도록 협조한다.
④ 자신이 아니라 집단에 대해 많은 관심을 가진다.

해설 성공적인 리더는 매순간 신중하게 의사결정을 한다.

28 인간은 지각 과정에서 자극의 정보를 조직화하는 과정을 거치게 된다. 시각 정보의 조직화를 의미하는 용어는?

① 유추(analogy)
② 게스탈트(gestalt)
③ 인지(congnition)
④ 근접성(proximity)

해설 1) **게스탈트 이론** : 시각, 지각이론에서 시장하여 형태주의 심리이론으로 발전하였다.
2) **게스탈트**(gestalt) : "개인에 의해 지각된 자신의 행동 동기"이다.

29 부주의 발생의 외적 조건에 해당되지 않는 것은?

① 의식의 우회
② 높은 작업강도
③ 작업순서의 부적당
④ 주위 환경조건의 불량

해설 ①항, 의식의 우회 : 내적요인

30 안전교육 지도방법 중 O.J.T(On the Job Training)의 장점이 아닌 것은?

① 동기부여가 쉽다.
② 교육효과가 업무에 신속히 반영된다.
③ 다수의 대상자를 일괄적이고 조직적으로 교육할 수 있다.
④ 직장의 실태에 맞춘 구체적이고 실제적인 교육이 가능하다.

해설 OJT와 off-JT의 특징

O·J·T (현장중심교육)	off J·T (현장 외 중심교육)
① 개개인에게 적합한 지도 훈련을 할 수 있다.	① 다수의 근로자에게 조직적 훈련이 가능하다.
② 직장의 실정에 맞는 실체적 훈련을 할 수 있다.	② 훈련에만 전념하게 된다.
③ 훈련 필요한 업무의 계속성이 끊어지지 않는다.	③ 특별설비기구를 이용할 수 있다.
④ 즉시 업무에 연결되는 관계로 신체와 관련이 있다.	④ 전문가를 강사로 초청할 수 있다.
⑤ 효과가 곧 업무에 나타나며 훈련의 좋고 나쁨에 따라 개선이 용이하다.	⑤ 각 직장의 근로자가 많은 지식이나 경험을 교류할 수 있다.
⑥ 교육을 통한 훈련 효과에 의해 상호 신뢰 이해도가 높아진다.	⑥ 교육훈련 목표에 대해서 집단적 노력이 흐트러질 수도 있다.

31 인간의 행동에 대하여 심리학자 레윈(K.Lewin)은 다음과 같은 식으로 표현했다. 이때 각 요소에 대한 내용으로 틀린 것은?

> [식]
> $$B = f(P \cdot E)$$

① B : Behavior(행동)
② f : Function(함수관계)
③ P : Person(개체)
④ E : Engineering(기술)

해설 레빈(K. Lewin)의 법칙 : Lewin은 인간의 행동(B)은 그 사람이 가진 자질 즉, 개체(P)와 심리학적 환경(E)과의 상호 함수관계에 있다고 하였다.

$$\therefore B = f(P \cdot E)$$

여기서, ┌ 1) B(Behavior) : 인간의 행동
2) f(function, 함수관계) : 적성 기타 P와 E에 영향을 미칠 수 있는 조건
3) P(Person, 개체) : 연령, 경험, 심신상태, 성격, 지능 등 인간의 조건
└ 4) E(Environment, 심리적 환경) : 인간관계, 작업환경 등 환경조건

32 동기유발(motivation)방법이 아닌 것은?

① 결과의 지식을 알려준다.
② 안전의 참 가치를 인식시킨다.
③ 상벌제도를 효과적으로 활용한다.
④ 동기유발의 수준을 최대로 높인다.

해설 안전동기의 유발방법
1) 안전의 기본이념(참 가치)를 인식시킬 것
2) 안전목표를 명확히 설정할 것
3) 결과를 알려줄 것(KR법 : Knowledge Results)
4) 상과 벌을 줄 것(상벌제도를 합리적으로 시행)
5) 경쟁과 협동을 유도할 것
6) 동기유발의 최적수준(적정수준)을 유지할 것

33 프로그램 학습법(Programmed self-instruction method)의 장점이 아닌 것은?

① 학습자의 사회성을 높이는데 유리하다.
② 한 강사가 많은 수의 학습자를 지도할 수 있다.
③ 지능, 학습적성, 학습속도 등 개인차를 충분히 고려할 수 있다.
④ 매 반응마다 피드백이 주어지기 때문에 학습자가 흥미를 갖는다.

해설 프로그램 학습법의 특징

적용의 경우	제약조건(단점)
① 수업의 모든 단계 ② 학교수업, 방송수업, 직업훈련의 경우 ③ 학생들의 개인차가 최대한으로 조절되어야 하는 경우 ④ 학생들이 자기에게 허용된 어느 시간에나 학습이 가능할 경우 ⑤ 보충학습의 경우	① 한 번 개발한 프로그램 자료를 개조하기가 어렵다. ② 학생들의 사회성이 결여되기 쉽다. ③ 개발비가 높다.

34 시행착오설에 의한 학습법칙에 해당하는 것은?

① 시간의 법칙
② 계속성의 법칙
③ 일관성의 법칙
④ 준비성의 법칙

해설 시행착오의 있어서의 학습법칙
1) **연습의 법칙**(law or exercise) : 코든 학습과정은 많은 연습과 반복을 통해서 바람직한 행동의 변화를 가져오게 된다는 법칙으로, 빈도의 법칙(law of frequency)이 라고도 한다.
2) **효과의 법칙**(law of frequency) : 학습의 결과가 학습자에게 쾌감을 주면 줄수록 반응은 강화되고 반대로 고통이나 불쾌감을 주면 악화된다는 법칙으로 결과의 법칙이라고도 한다.
3) **준비성의 법칙**(law of readiness) : 특정한 학습을 행하는데 필요한 기초적인 능력을 충분히 갖춘 뒤에 학습을 행함으로서 효과적인 학습을 이룩할 수 있다는 법칙이다.

■ 정답 ■ 31.④ 32.④ 33.① 34.④

35 산업안전보건법령상 사업 내 안전 · 보건 교육에 있어 건설 일용근로자의 건설업 기초안전 · 보건교육의 교육시간으로 맞는 것은?

① 1시간　　　　② 2시간
③ 4시간　　　　④ 8시간

해설 건설업 기초안전보건교육의 교육시간 : 4시간

36 스트레스의 개인적 원인 중 한 직무의 역할 수행이 다른 역할과 모순되는 현상을 무엇이라고 하는가?

① 역할연기　　　② 역할기대
③ 역할조성　　　④ 역할갈등

해설 **역할이론(Super)**
　　1) **역할연기**(role playing) : 자아탐색 (self-exploration)인 동시에 자아실현 (self-realization) 의 수단이다.
　　2) **역할기대** (role expectation) :자기의 역할을 기대하고 감수하는 사람은 그 직업에 충실한 것이다.
　　3) **역할조성**(role shaping) : 개인에게 여러 개의 역할 기대가 있을 경우 그 중의 어떤 역할 기대는 불응, 거부하는 수도 있으며, 혹은 다른 역할을 해내게 위해 다른 일을 구할 때도 있다.
　　4) **역할갈등**(role conflict) : 직업 중에는 상반된 역할이 기대되는 경우가 있으며, 그럴 때 갈등이 생기게 된다.

37 이상적인 상황 하에서 방어적인 행동 특징을 보이는 집단행동은?

① 군중　　　　　② 패닉
③ 모브　　　　　④ 심리적 전염

해설 1) **모브**(mob) : 이상적인 상황 하에서 공격적인 행동 특징을 보이는 집단행동
　　2) **패닉**(panic) : 방어적인 행동 특징을 보이는 집단 행동

38 강의법에 관한 설명으로 맞는 것은?

① 학생들의 참여가 제약된다.
② 일부의 교과에만 적용이 가능하다.
③ 학급 인원수의 크기에 제약을 받는다.
④ 수업의 중간이나 마지막 단계에 적용한다.

해설 **강의법의 특징**

적용의 경우	제약조건
① 수업의 도입이나 초기 단계	① 학생들의 참여가 제약됨
② 학교 수업이나 현장 훈련의 경우	② 학생들의 진척 상황이나 성취 정도를 점검하기가 곤란
③ 한 교사가 비교적 많은 사람을 상대해 야 할 경우	③ 학생들의 주의 집중도가 흥미의 정도가 낮음

39 교육의 본질적 면에서 본 교육의 기능과 관련이 없는 것은?

① 사회적 기능
② 보수적 기능
③ 개인 완성으로서의 기능
④ 문화전달과 창조적 기능

해설 **보수적 기능**은 교육의 기능과 관련성이 없다.

40 교육에 있어서 학습평가의 기본 기준에 해당되지 않는 것은?

① 타당도　　　　② 신뢰도
③ 주관도　　　　④ 실용도

해설 **학습평가도구의 기분적인 기준**
　　1) **타당도** : 측정하고자 하는 본래의 목적과 일치하느냐의 정도를 나타내는 기준이다.
　　2) **신뢰도** : 신용도로서 측정의 오차가 얼마나 적으냐를 나타내는 것이다.
　　3) **객관도** : 측정의 결과에 대해 누가 보아도 일치된 의견이 나올 수 있는 설정이다.
　　4) **실용도** : 사용에 편리하고 쉽게 적용시킬 수 있는 기준이 실용도가 높은 것이다.

제3목 / 인간공학 및 시스템안전공학

41 조종 장치의 우발작동을 방지하는 방법 중 틀린 것은?

① 오목한 곳에 둔다.
② 조종 장치를 덮거나 방호해서는 안 된다.
③ 작동을 위해서 힘이 요구되는 조종 장치에는 저항을 제공한다.
④ 순서적 작동이 요구되는 작업일 때 순서를 지나치지 않도록 잠김 장치를 설치한다.

해설 ②항, 조종장치를 덮거나 방호조치를 하여야 한다.

42 손이나 특정 신체부위에 발생하는 누적손상 장애(CTDs)의 발생인자와 가장 거리가 먼 것은?

① 무리한 힘   ② 다습한 환경
③ 장시간의 진동   ④ 반복도가 높은 작업

해설 누적손상장애(CTDs)의 발생요인
1) 무리한 힘의 사용
2) 진동 및 온도(저온)
3) 반복도가 높은 작업
4) 부적절한 작업 자세
5) 날카로운 면과 신체 접촉

43 프레스에 설치된 안전장치의 수명은 지수분포를 따르며 평균수명은 100시간이다. 새로 구입한 안전장치가 50시간 동안 고장 없이 작동할 확률(A)과 이미 100시간을 사용한 안전장치가 앞으로 100시간 이상 견딜 확률(B)은 약 얼마인가?

① A : 0.368, B : 0.368
② A : 0.607, B : 0.368
③ A : 0.368, B : 0.607
④ A : 0.607, B : 0.607

해설 1) $A(Rt) = e^{-(t/t_0)}$
$$= e^{-(50/100)} = 0.607$$
2) $B(Rt) = e^{-(t/t_0)}$
$$= e^{-(100/100)} = 0.368$$
여기서, ┌ t : 가동시간
         └ t_0 : 평균수명

44 화학설비의 안전성 평가의 5단계 중 제2단계에 속하는 것은?

① 작성준비   ② 정량적 평가
③ 안전대책   ④ 정성적 평가

해설 안전성 평가의 기본원칙 6단계
1) 1단계 : 관계자료의 정비검토
2) 2단계 : 정성적 평가
3) 3단계 : 정량적 평가
4) 4단계 : 안전대책
5) 5단계 : 재해정보에 의한 저평가
6) 6단계 : FTA에 의한 재평가

45 그림과 같이 FTA로 분석된 시스템에서 현재 모든 기본사상에 대한 부품이 고장난 상태이다. 부품 X_1부터 부품 X_5까지 순서대로 복구한다면 어느 부품을 수리 완료하는 순간부터 시스템은 정상가동이 되겠는가?

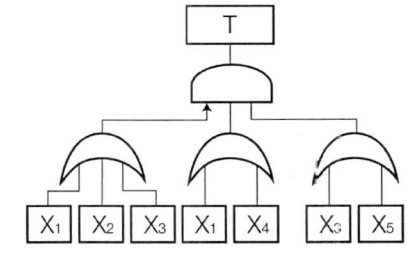

① 부품 X_2 ② 부품 X_3
③ 부품 X_4 ④ 부품 X_5

해설 시스템이 정상가동 하기 위해서는 T가 발생되지 않아야 하며, FT도 가장 하위에 있는 부품 X_1, X_2, X_3 의 수리가 완료되면 T가 발생되지 않게 되므로 정상가동이 가능하게 된다.

46 설비보전에서 평균수리시간의 의미로 맞는 것은?

① MTTR　　　② MTBF
③ MTTF　　　④ MTBP

해설 MTTF와 MTTR
1) MTTF(mean time to failure) : 평균 수명 또는 고장발생까지의 동작시간 평균이라고도 하며, 하나의 고장에서부터 다음 고장까지의 평균 동작시간을 말한다.
$$\therefore \ \text{MTTF} = \frac{1}{\lambda(\text{고장률})}$$
2) MTTR(mean time to repair) : 평균수리시간 (총수리시간을 그 기간의 수리회수로 나눈 시간)
3) MTBF(mean time between failure) : 평균고장 간격
$$\therefore \ \text{MTBF} = \text{MTTF} + \text{MTTR}$$

47 통화이해도를 측정하는 지표로서, 각 옥타브(octave)대의 음성과 잡음의 데시벨(dB) 값에 가중치를 곱하여 합계를 구하는 것을 무엇이라 하는가?

① 명료도 지수
② 통화 간섭 수준
③ 이해도 점수
④ 소음 기준 곡선

해설 명료도 지수
1) 각 옥타브 대의 음성과 소음의 dB값에 가중치를 곱하여 합계를 구한 값이다.
2) 통화이해도를 추정할 수 있는 근거로 명료도 지수를 사용한다.

48 일반적으로 보통 작업자의 정상적인 시선으로 가장 적합한 것은?

① 수평선을 기준으로 위쪽 5° 정도
② 수평선을 기준으로 위쪽 15° 정도
③ 수평선을 기준으로 아래쪽 5° 정도
④ 수평선을 기준으로 아래쪽 15° 정도

해설 작업자의 정상적인 시선 : 수평선을 기준으로 아래쪽 15°정도 (하방시야 : 15°)

49 FT도에 사용되는 다음 기호의 명칭으로 옳은 것은?

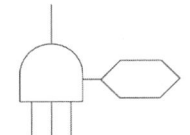

① 억제게이트
② 조합AND게이트
③ 부정게이트
④ 배타적OR게이트

해설 수정 기호(──〈조건〉)
1) 우선적 AND Gate : 입력사상 가운데 어느 사상이 다른 사상보다 먼저 일어났을 때에 출력사상이 생긴다. 예를 들어 「A는 B보다 먼저」와 같이 기입한다.
2) 짜 맞춤 (조합) AND Gate : 3개 이상의 입력사상 가운데 어느 것이든 2개가 일어나면 출력사상이 생긴다. 예를 들면 「어느 것이든 2개」라고 기입한다.
3) 위험지속기호 : 입력사상이 생겨서 어느 일정시간 지속하였을 때에 출력 사상이 생긴다. 예를 들면 「위험지속시간」과 같이 기입한다.
4) 배타적 OR Gate : OR Gate로 2개 이상의 입력이 동시에 존재할 때에는 출력사상이 생기지 않는다. 예를 들면 「동시에 발생하지 않는다.」라고 기입한다.

50 일반적으로 위험(Risk)은 3가지 기본요소로 표현되며 3요소(Triplets)로 정의된다. 3요소에 해당되지 않는 것은?

① 사고 시나리오(S_i)
② 사고 발생 확률(P_i)
③ 시스템 불이용도(Q_i)
④ 파급효과 또는 손실(X_i)

해설 위험 (Risk)의 기본 3요소
1) 사고 시나리오 (Si)
2) 사고 발생확률 (Pi)
3) 파급효과 또는 손실 (Xi)

51 다음 FT도에서 최소 컷셋을 올바르게 구한 것은?

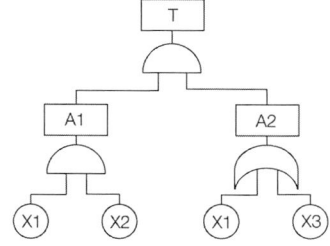

① (X1, X2)
② (X1, X3)
③ (X2, X3)
④ (X1, X2, X3)

해설 $T \rightarrow A_1 \cdot A_2 \rightarrow X_1 \cdot X_2 \cdot A_2 \rightarrow \begin{matrix} X_1 \cdot X_2 \cdot X_1 \\ X_1 \cdot X_2 \cdot X_3 \end{matrix}$

$\rightarrow \begin{matrix} X_1 \cdot X_2 \\ X_1 \cdot X_2 \cdot X_3 \end{matrix}$ (컷셋) $\rightarrow \begin{matrix} X_1 \cdot X_2 \\ \text{(최소컷셋)} \end{matrix}$

52 시스템이 저장되어 이동되고 실행됨에 따라 발생하는 작동시스템의 기능이나 과업, 활동으로부터 발생되는 위험에 초점을 맞춘 위험분석 차트는?

① 결함수분석(FTA : Fault Tree Analysis)
② 사상수분석(ETA : Event Tree Analysis)
③ 결함위험분석(FHA : Fault Hazard Analysis)
④ 운용위험분석 (OHA : Operating Hazard Analysis)

해설 1) **결함수분석(FTA)** : 연역적, 정량적분석
2) **사상수분석(ETA)** : 귀납적, 정량적분석
3) **결함위험분석 (FHA)** : 귀납적, 서브시스템(sub system)분석에 이용
4) **운용위험분석 (OHA)** : 본문설명

53 자동화시스템에서 인간의 기능으로 적절하지 않은 것은?

① 설비보전
② 작업계획 수립
③ 조정 장치로 기계를 통제
④ 모니터로 작업 상황 감시

해설 **자동화시스템**
1) 기계자체가 감지, 정보처리 및 의사결정, 행동을 포함한 모든 임무를 수행하는 체계
2) **인간의 역할**
① 감시(모니터로 작업상황 감시)
② 프로그램화(작업계획 수립)
③ 정비유지(설비보전)

54 의자 설계에 대한 조건 중 틀린 것은?

① 좌판의 깊이는 작업자의 등이 등받이에 닿을 수 있도록 설계한다.
② 좌판은 엉덩이가 앞으로 미끄러지지 않는 재질과 구조로 설계한다.
③ 좌판의 넓이는 작은 사람에게 적합하도록, 깊이는 큰 사람에게 적합하도록 설계한다.
④ 등받이는 충분한 넓이를 가지고 요추 부위부터 어깨부위까지 편안하게 지지하도록 설계한다.

해설 ③항, 좌판의 넓이는 큰 사람에게 적합하도록, 깊이는 작은 사람에게 적합하도록 설계한다.

■ 정답 ■ 50.③ 51.① 52.④ 53.③ 54.③

55 시스템 분석 및 설계에 있어서 인간공학의 가치와 가장 거리가 먼 것은?

① 훈련비용의 절감
② 인력 이용률의 향상
③ 생산 및 보전의 경제성 감소
④ 사고 및 오용으로부터의 손실 감소

해설 체계 설계과정에서의 인간공학의 기여도
1) 성능의 향상
2) 인력의 이용율의 향상
3) 사용자의 수용도 향상
4) 생산 및 정비유지의 경제성 증대
5) 훈련 비용의 절감
6) 사고 및 오용(誤用) 으로 부터의 손실 감소

56 산업안전보건법령상 유해·위험방지계획서 제출 대상 사업은 기계 및 가구를 제외한 금속가공제품 제조업으로서 전기 계약용량이 얼마 이상인 사업을 말하는가?

① 50kW
② 100kW
③ 200kW
④ 300kW

해설 유해위험방지계획서 제출대상 사업의 전기 계약 용량 : 300KW이상

57 건구온도 30℃, 습구온도 35℃일 때의 옥스퍼드(Oxford)지수는 얼마인가?

① 20.75℃
② 24.58℃
③ 32.78℃
④ 34.25℃

해설 Oxford 지수 $= 0.85W + 0.15D$
$= 0.85 \times 35 + 0.15 \times 30 = 34.25℃$

58 작업자가 용이하게 기계·기구를 식별하도록 암호화(Coding)를 한다. 암호화 방법이 아닌 것은?

① 강도
② 형상

③ 크기
④ 색채

해설 정보의 암호화 방법 : 형상 (모양), 크기, 색채, 밝기 등

59 반사형 없이 모든 방향으로 빛을 발하는 점광원에서 5m 떨어진 곳의 조도가 120lux라면 2m 떨어진 곳의 조도는?

① 150lux
② 192.2lux
③ 750lux
④ 3,000lux

해설 조도 $= 120 \times \dfrac{5^2}{2^2} = 750 lux$

60 육체작업의 생리학적 부하측정 척도가 아닌 것은?

① 맥박수
② 산소소비량
③ 근전도
④ 점멸융합주파수

해설 점멸융합주파수 : 정신활동의 부담 측정 방법

제4목 / 건설시공학

61 ALC 블록공사에 관한 내용으로 옳지 않은 것은?

① 쌓기 모르타르는 교반기를 사용하여 배합하며, 1시간 이내에 사용해야 한다.
② 줄눈의 두께는 3~5mm 정도로 한다.
③ 하루 쌓기 높이는 1.8m를 표준으로 하며, 최대 2.4m 이내로 한다.
④ 연속되는 벽면의 일부를 트이게 하여 나중 쌓기로 할 경우 그 부분을 층단 떼어쌓기로 한다.

해설 줄눈의 두께 : 1~3mm 정도

■정답■ 55.③ 56.④ 57.④ 58.① 59.③ 60.④ 61.②

62 네트워크공정표에서 후속작업의 가장 빠른 개시시간(EST)에 영향을 주지 않는 범위 내에서 한 작업이 가질 수 있는 여유시간을 의미하는 것은?

① 전체여유(TF)　　② 자유여유(FF)
③ 간섭여유(IF)　　④ 종속여유(DF)

해설 자유여유(FF)
　　FF = 후속작업의 EST - 그 작업의 EFT
　　여기서, ┌ EST : 작업을 시작하는 가장 빠른 시각
　　　　　　└ EFT : 작업을 끝낼 수 있는 가장 빠른 시각

63 철근을 피복하는 이유와 가장 거리가 먼 것은?

① 철근의 순간격 유지
② 철근의 좌굴방지
③ 철근과 콘크리트의 부착응력 확보
④ 화재, 중성화 등으로부터 철근 보호

해설 1) 철근의 순간격 : 구조물의 단면에 배근되는 철근과 철근 사이의 수직, 수평으로 이격시켜야 하는 최소한의 수치 (철근바깥쪽과 바깥쪽 사이의 거리)
　　2) 철근의 간격(안목간격) : 다음 3가지 중 가장 큰 값을 철근의 최소배근 간격으로 한다.
　　　① 철근지름의 1.5배 이상
　　　② 2.5cm(25mm) 이상
　　　③ 최대자갈지름의 1.25배 이상

64 일반적인 공사의 시공속도에 관한 설명으로 옳지 않은 것은?

① 시공속도를 느리게 할수록 직접비는 증가된다.
② 급속공사를 강행할수록 품질은 나빠진다.
③ 시공속도는 간접비와 직접비의 합이 최소가 되도록 함이 가장 적절하다.
④ 시공속도를 빠르게 할수록 간접비는 감소된다.

해설 시공속도를 빠르게 할수록 직접비는 증가되고 간접비는 감소된다.

65 석재 사용상 주의사항으로 옳지 않은 것은?

① 압축 및 인장응력을 크게 받는 것에 사용한다.
② 석재는 중량이 크고 운반에 제한이 따르므로 최대치수를 정한다.
③ 되도록 흡수율이 낮은 석재를 사용한다.
④ 가공 시 예각은 피한다.

해설 석재는 인장강도가 약하고 압축강도가 크므로 압축력을 받는 곳에 사용한다.

66 철골부재 절단 방법 중 가장 정밀한 절단 방법으로 앵글커터(angle cutter) 등으로 작업하는 것은?

① 가스절단　　② 전단절단
③ 톱절단　　　④ 전기절단

해설 철골의 절단방법
　　1) 절단력(shear)을 이용하여 자르는 방법
　　2) 톱에 의한 절단 (가장 정밀한 방법)
　　3) 가스절단

67 철근콘크리트 공사에 있어서 철근이 D19, 굵은골재의 최대치수는 25mm일 때 철근과 철근의 순간격으로 옳은 것은?

① 37.5mm 이상　　② 33.3mm 이상
③ 29.5mm 이상　　④ 27.8mm 이상

해설 철근의 순간격 : 다음 중 가장 큰 값을 순간격으로 한다.
　　1) 철근지름 ×1.5배 =19×1.5=28.5mm이상
　　2) 25mm이상
　　3) 최대자갈지름×1.25
　　　=25×1.25=31.25mm 이상

■ 정답 ■　62.②　63.①　64.①　65.①　66.③　67.②

193

68 지정공사 시 사용되는 모래의 장기허용 압축강도의 범위로 옳은 것은?

① 장기 허용압축강도 $10{\sim}20t/m^2$
② 장기 허용압축강도 $20{\sim}40t/m^2$
③ 장기 허용압축강도 $40{\sim}60t/m^2$
④ 장기 허용압축강도 $60{\sim}80t/m^2$

해설 모래의 장기허용 압축강도 범위 : $20{\sim}40t/m^2$

69 조적공사 시 점토벽돌 외부에 발생하는 백화현상을 방지하기 위한 대책이 아닌 것은?

① 10% 이하의 흡수율을 가진 양질의 벽돌을 사용한다.
② 벽돌면 상부에 빗물막이를 설치한다.
③ 쌓기 후 전용발수제를 발라 벽면에 수분흡수를 방지한다.
④ 염분을 함유한 모래나 석회질이 섞인 모래를 사용한다.

해설 ④항, 석회질이 섞인 모래를 사용하는 것은 백화현상의 원인이 되는 것이다

70 특수 거푸집 가운데 무량판구조 또는 평판구조와 가장 관계가 깊은 거푸집은?

① 워플폼　　　② 슬라이딩폼
③ 메탈폼　　　④ 갱폼

해설 1) **와플폼** : 무량판구조, 평판구조에서 사용하는 특수상자모양으로 된 기성제 거푸집으로 돔팬(dome pan)이라고도 한다.
2) **슬라이딩 폼** : 원형 철판거푸집을 요크(york)로 서서히 끌어올리면서 연속적으로 콘크리트를 타설하는 수직활동 거푸집이다. (사일로, 굴뚝 등에 사용)
3) **메탈폼** : 강재 금속제의 콘크리트용 거푸집으로 제물치장콘트리트구조에 많이 사용된다.
4) **갱폼** : 옹벽, 피어(pier) 등에 사용하는 거푸집이다

71 지하 흙막이벽을 시공할 때 말뚝구멍을 하나 걸러 뚫고 콘크리트를 부어넣은 후 다시 그 사이를 뚫어 콘크리트를 부어 넣어 말뚝을 만드는 공법은?

① 베노토 공법　　② 어스드릴 공법
③ 칼웰드 공법　　④ 이코스파일 공법

해설 굴착공법
1) **베노토공법** : 직경이 1~1.2m의 지반 천공기를 써서 케이싱(casing)을 삽입하여 기초 피어를 만드는 공법이다.
2) **어스드릴 공법** : 끝이 뾰족한 강재 샤프트(shaft)의 주변에 나사 형으로 된 날이 연속된 천공기를 지중에 틀어박아 토사를 들어내고 구멍을 파서 기초 피어를 제작하는 공법으로 굴착속도가 빠르다
3) **칼 웰드 공법** : 특수 드릴링 버킷 (driling bucket)을 말뚝구멍 속에서 회전시켜 천공하는 공법이다.
4) **이코스파일 공법** : 지수벽(止水壁)을 만드는 공법으로 도시소음방지나 근접 건물의 침하 우려시 유효한 공법이다.

72 다음 모살용접(Fillet Welding)의 단면상 이론 목 두께에 해당하는 것은?

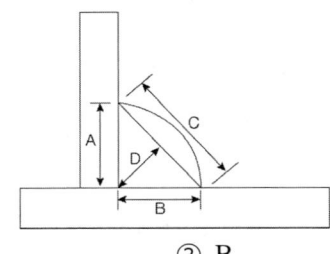

① A　　　　　② B
③ C　　　　　④ D

해설 모살용접 : 목 두께의 방향이 모체의 면과 45° 각을 이루는 용접을 말한다. (그림에서 B는 다리길이, D는 이론 목 두께를 나타낸다)

73 건설공사 현장의 철근재료 실험항목에 속하지 않는 것은?

① 압축강도시험 ② 인장강도시험
③ 휨시험 ④ 연신율시험

해설 철근재료 시험항목
　1) 인장강도 시험
　2) 연신율 시험
　3) 휨 강도

74 직영공사에 관한 설명으로 옳은 것은?

① 직영으로 운영하므로 공사비가 감소된다.
② 의사소통이 원활하므로 공사기간이 단축된다.
③ 특수한 상황에 비교적 신속하게 대처할 수 있다.
④ 입찰이나 계약 등 복잡한 수속이 필요하다.

해설 1) **직영공사** : 건축주가 공사계획을 세우고 일체의 공사를 건축주 책임으로 시행하는 공사이다
　2) **장점**
　　① 임기응변으로 처리가 가능하다 (특수한 상황에 신속하게 대처)
　　② 입찰이나 계약 등의 복잡한 수속이 필요 없다
　3) **단점**
　　① 공사기간이 연장되고 공사비가 증대 된다
　　② 시공 및 안전관리 능력이 부족하다

75 철골공사에서 베이스 플레이트 설치 기준에 관한 설명으로 옳지 않은 것은?

① 이동식 공법에 사용하는 모르타르는 무수축 모르타르로 한다.
② 앵커볼트 설치 시 베이스플레이트 위치의 콘크리트는 설계도면 레벨보다 30mm~50mm낮게 타설한다.
③ 베이스플레이트 설치 후 그라우팅 처리한다.

④ 베이스 모르타르의 양생은 철골 설치 전 1일 정도면 충분하다.

해설 베이스 모르타르(base mortar) : 철골주의 밑 창판과 기초 사이에 까는 높이 조절용 모르타르이다

76 콘크리트공사용 재료의 취급 및 저장에 관한 설명으로 옳지 않은 것은?

① 시멘트는 종류별로 구분하여 풍화되지 않도록 저장한다.
② 골재는 잔골재, 굵은골재 및 각 종류별로 저장하고, 먼저, 흙 등의 유해물의 혼입을 막도록 한다.
③ 골재는 잔·굵은 입자가 잘 분리되도록 취급하고, 물빠짐이 좋은 장소에 저장한다.
④ 혼화재료는 품질의 변화가 일어나지 않도록 저장하고 또한 종류별로 저장한다.

해설 ③항, 잔골재나 굵은 골재나 대소의 알 (입자)이 분리되지 않고 적당히 혼합되어 있는 것이 좋다

77 다음 조건에 따른 백호의 단위시간당 추정 굴삭량으로 옳은 것은?

버켓용량 0.5m³, 사이클타임 20초, 작업효율 0.9, 굴삭계수 0.7, 굴삭토의 용적변화계수 1.25

① 94.5m³ ② 80.5m³
③ 76.3m³ ④ 70.9m³

해설 굴삭량
$$= \frac{0.5m^3}{20sec \times \frac{1hr}{3600sec}} \times 0.9 \times 0.7 \times 1.25$$
$$= 70.88m^3/hr$$

78 탑다운공법(top-down)에 관한 설명으로 옳지 않은 것은?

① 역타공법이라고도 한다.
② 굴토작업이 슬래브 하부에서 진행되므로 작업능률 및 작업환경 조건이 개선되며, 공사비가 절감된다.
③ 건물의 지하구조체에 시공이음이 많아 건물 방수에 대한 우려가 크다.
④ 지상과 지하를 동시에 시공할 수 있으므로 공기를 절감할 수 있다.

> **해설** 역타공법(top down)의 특징
> 1) 지하와 지상층 병행작업으로 공사기간이 단축된다.
> 2) 소음, 진동이 적다.
> 3) 공사비가 고가이다.

79 기초의 종류에 관한 설명으로 옳은 것은?

① 온통기초 – 기둥하나에 기초판이 하나인 기초
② 복합기초 – 2개 이상의 기둥을 1개의 기초판으로 받치게 한 기초
③ 독립기초 – 조적조의 벽기초, 철근콘크리트의 연결기초
④ 연속기초 – 건물 하부 전체 또는 지하실 전체를 기초판으로 구성한 기초

> **해설** 기초의 종류
> 1) 푸팅(footing)기초 : 슬래브(slab)의 형식에 따라 다음과 같이 구분한다.
>   ① 독립기초 : 단일기둥을 하나의 기초에 연결하여 지지하는 방식
>   ② 복합기초 : 2개 이상의 기둥을 하나의 기초에 연결하여 지지하는 방식
>   ③ 연속기초(줄기초) : 연속된 기초판이 기둥 또는 벽의 하중을 지지하는 방식
> 2) 온통기초 (전체기초)
>   ① 건물하부 전체를 하나의 기초판으로 지지하는 방식
>   ② 독립기초보다 구조·설계가 복잡하나 연약지반의 부동침하에 효과적

80 지하 합벽거푸집에서 측압에 대비하여 버팀대를 삼각형으로 일체화한 공법은?

① 1회용 리브라스 거푸집
② 와플 거푸집(waffle form)
③ 무폼타이 거푸집(tie-less formwork)
④ 단열 거푸집

> **해설** 무폼타이 거푸집 (tie-less formwork)
> 1) 폼타이가 없이 콘크리트의 측압을 지지하기 위한 브레이스 프레임 (brace frame)을 사용하는 공법으로 브레이스 프레임 공법이라고도 한다.
> 2) 대형화한 갱폼에 측압을 부담하기 위한 브레이스프레임을 부착하고 이 프레임을 기타설한 콘크리트 슬래브에 매입한 앵커에 고정하여 측압을 부담하게 하는 거푸집 공법이다.

제5과목 / 건설재료학

81 각종 혼화 재료에 관한 설명으로 옳지 않은 것은?

① 플라이애시는 콘크리트의 장기강도를 증진하는 효과는 있으나 수밀성은 감소된다.
② 감수제를 이용하여 시멘트의 분산작용의 효과를 얻을 수 있다.
③ 염화칼슘은 경화촉진을 목적으로 이용되는 혼화제이다.
④ 발포제는 시멘트에 혼입시켜 화학반응에 의해 발생하는 가스를 이용하여 기포를 발생시키는 혼화제이다.

> **해설** ①항, 플라이애시는 수밀성이 증대된다.

> **길잡이** 플라이애시 시멘트 : 포틀랜드시멘트
> 에 플라이애시(분탄 보일러 연소시 부
> 유하는 회분)를 혼합하여 만든 시멘트
> 로 그 특성은 다음과 같다.
> 1) 초기 수화열이 낮다. (매스콘크리트용으
> 로 적합)
> 2) 조기강도는 작지만 장기강도는 크다.
> 3) 화학저항이 크다.

82 석재의 일반적인 성질에 관한 설명으로 옳지 않은 것은?

① 화강암의 내구연한은 75~200년 정도로서 다른 석재에 비하여 비교적 수명이 길다.
② 흡수율은 동결과 융해에 대한 내구성의 지표가 된다.
③ 인장강도는 압축강도의 1/10~1/30 정도이다.
④ 비중이 클수록 강도가 크며, 공극률이 클수록 내화성이 작다.

해설 ④항, 석재는 공극률이 클수록 내화성이 크다

83 어떤 재료의 초기 탄성변형량이 2.0cm 이고 크리프(creep) 변형량이 4.0cm 라면 이 재료의 크리프 계수는 얼마인가?

① 0.5
② 1.0
③ 2.0
④ 4.0

해설 크리프 계수 $= \dfrac{\text{크리프 변형량}}{\text{탄성 변형량}}$

$= \dfrac{4.0}{2.0} = 2.0$

84 한중콘크리트에 관한 설명으로 옳지 않은 것은? (단, 콘크리트표준시방서 기준)

① 한중콘크리트에는 공기연행 콘크리트를 사용하는 것을 원칙으로 한다.
② 단위수량은 초기동해를 적게 하기 위하여 소요의 워커빌리티를 유지할 수 있는 범위 내에서 되도록 적게 정하여야 한다.
③ 물-결합재비는 원칙적으로 50% 이하로 하여야 한다.
④ 배합강도 및 물-결합재비는 적산온도 방식에 의해 결정할 수 있다.

해설 한중콘크리트
1) 한중콘크리트 : 동결위험이 있는 기간(겨울) 중에 시공하는 콘크리트(치어붓기후 28일 간의 예상 평균기온이 약 3℃0 하인 경우에 적용)
2) 한중콘크리트 시공시의 주의사항
① 물시멘트비(W/C)를 60% 이하로 가급적 작게 한다.
② 압축강도는 초기양생 기간 내에 약 50kg/cm^2 정도가 얻어지도록 한다.

85 목재의 성질에 관한 설명으로 옳지 않은 것은?

① 물속에 담가 둔 목재, 땅속 깊이 묻은 목재 등은 산소부족으로 균의 생육이 정지되고 썩지 않는다.
② 목재의 함유수분 중 자유수는 목재의 물리적 또는 기계적 성질에 많은 영향을 끼친다.
③ 목재는 열전도도가 아주 낮아 여러 가지 보온재료로 사용된다.
④ 목재는 섬유포화점 이상의 함수상태에서는 함수율의 증감에도 불구하고 신축을 일으키지 않는다.

해설 목재 중에 포함된 수분 중 목재의 물리적 또는 기계적 성질에 영향을 주는 수분은 자유수(유리수)가 아니고 세포벽에 침투하고 있는 세포수이다.

---

86 점토의 공학적 특성에 관한 설명으로 옳지 않은 것은?

① 인장강도는 점토의 조직에 관계하며 입자의 크기가 큰 영향을 준다.
② 점토제품의 색상은 철산화물 또는 석회질물질에 의해 나타난다.
③ 점토를 가공 소성하여 냉각하면 금속성의 강성을 나타낸다.
④ 사질점토는 적갈색으로 내화성이 높은 특성이 있다.

해설 ④항, **사질점토** : 적갈색으로 내화성이 부족한 특성이 있다.

87 포틀랜드시멘트 클링커에 철용광로에서 나온 슬래그를 급랭하여 혼합하고 이에 응결시간 조절용 석고를 첨가하여 분쇄한 것으로, 수화열량이 적어 매스콘크리트용으로도 사용할 수 있는 시멘트는?

① 알루미나시멘트
② 보통포틀랜드시멘트
③ 조강시멘트
④ 고로시멘트

해설 **고로 시멘트** : 고로에서 선철을 만들 때 나오는 광재를 공기 중에서 냉각시키고 잘게 부순 것에 포틀랜드 시멘트 클링커를 혼합한 다음 석고를 적당히 섞어서 분쇄하여 분말로 한 것으로 그 특성은 다음과 같다.
1) 수화열이 적고 수축률이 적어서 댐공사 등에 적합하다.
2) 비중이 적다.
3) 단기강도가 적고 장기강도는 크다.
4) 콘크리트의 블리딩이 적어진다.

88 서중콘크리트에 대한 설명으로 옳지 않은 것은?

① 시멘트는 고온의 것을 사용하지 않아야 하고 골재 및 물은 가능한 한 낮은 온도의 것을 사용한다.
② 표면활성제는 공사시방서에 정한 바가 없을 때에는 AE감수제 지연형 등을 사용한다.
③ 콘크리트를 부어 넣은 후 수분의 급격한 증발이나 직사광선에 의한 온도 상승을 막고 습윤상태가 유지되도록 양생한다.
④ 거푸집 해체시기 검토를 위하여 적산온도를 활용한다.

해설 1) **서중콘크리트** : 하루 평균 기온이 25℃ 또는 최고온도가 30℃를 초과할 때 시공하는 콘크리트
2) **적산온도 (성숙도)** : 콘크리트의 양생시간과 양생온도의 곱으로 표시되며 수화반응율과 초기강도의 추정에 사용된다.

89 주제와 경화제로 이루어진 2성분형이 대부분으로 금속, 플라스틱, 도자기, 콘크리트의 접합에 이용되고 내구력, 내수성, 내약품성이 매우 우수하여 만능형 접착제로 불리는 것은?

① 에폭시수지 접착제
② 페놀수지 접착제
③ 아크릴수지 접착제
④ 폴리에스테르수지 접착제

해설 **에폭시수지 접착제**
1) 내산성, 내알칼리성, 내수성, 내약품성, 전기절연성 등이 우수하다.
2) 강도 등의 기계적 성질도 뛰어나다
3) **용도** : 금속접착에 적당하고 플라스틱, 도자기, 유리, 석재, 콘크리트 등의 접착에 사용되는 만능형 접착제이다.

90 목재의 역학적 성질에서 가력방향이 섬유와 평행할 경우, 목재의 강도 중 크기가 가장 작은 것은?

① 압축강도
② 휨강도
③ 인장강도
④ 전단강도

해설 섬유에 평행한 경우 목재의 강도크기순서
인장강도 〉 휨강도 〉 압축강도 〉 전단강도

91 미장공사의 바탕조건으로 옳지 않은 것은?

① 미장층보다 강도는 크지만 강성은 작을 것
② 미장층과 유해한 화학반응을 하지 않을 것
③ 미장층의 경화, 건조에 지장을 주지 않을 것
④ 미장층의 시공에 적합한 흡수성을 가질 것

해설 바탕은 미장층보다 강도 및 강성이 클 것

92 비철금속의 성질 또는 용도에 관한 설명 중 옳지 않은 것은?

① 동은 전연성이 풍부하므로 가공하기 쉽다.
② 납은 산이나 알칼리에 강하므로 콘크리트에 침식되지 않는다.
③ 아연은 이온화경향이 크고 철에 의해 침식된다.
④ 대부분의 구조용 특수강은 니켈을 함유한다.

해설 납(Pb)의 성질
1) 물리적 성질
　① 인장강도가 극히 작다.
　　(주물은 1.25kg/mm^2, 상온압연재는 1.7～2.3kg/mm^2)
　② X선의 차단효과가 크다. (콘크리트의 100배 이상)
2) 화학적 성질
　① 공기중에서 습기(H_2O)와 CO_2에 의하여 표면이 산화하여 $PbCO_3 \cdot Pb(OH)_2$의 염기성 탄산납을 만들어 내부를 보호한다.
　② 염산, 황산, 농질산에는 침해되지 않으나 묽은 질산에는 녹는다. (부동태 현상)
　③ 알칼리에 약하므로 콘크리트와 접촉되는 것은 아스팔트 등으로 보호한다.

93 건축용 뿜칠마감재의 조성에 관한 설명 중 옳지 않은 것은?

① 안료 : 내알칼리성, 내후성, 착색력, 색조의 안정
② 유동화제 : 재료를 유동화시키는 재료(물이나 유기용제 등)
③ 골재 : 치수안정성을 향상시키고 흡음성, 단열성 등의 성능개선(모래, 석분, 펄프입자, 질석 등)
④ 결합재 : 바탕재의 강도를 유지하기 위한 재료(골재, 시멘트 등)

해설 ④항, 결합재 : 마감재에 필요한 강도를 발위시키기 위한 재료

94 합성수지계 접착제 중 내수성이 가장 좋지 않은 접착제는?

① 에폭시수지 접착제
② 초산비닐수지 접착제
③ 멜라민수지 접착제
④ 요소수지 접착제

해설 초산비닐수지 접착제
1) 작업성이 좋고 값이 싸다.
2) 목재가구 및 창호, 종이나 천의 도배에 사용된다.
3) 내수성 및 내열성이 작다.

95 발포제로서 보드상으로 성형하여 단열재로 널리 사용되며 건축물의 천장재, 블라인드 등에 널리 쓰이는 열가소성 수지는?

① 알키드 수지　　② 요소 수지
③ 폴리스티렌 수지　④ 실리콘 수지

해설 폴리스티렌 수지
1) 성질
　① 성형품은 내수성, 내약품성, 전기절연성, 가공성 등이 우수하다

② 유기용제 등에 침해되기 쉽다.
2) **용도**
① 발포제품은 단열재로 널리 쓰임
② 건축물의 천장재, 블라인드, 건축벽의 타일, 전기용품, 냉장고의 내부상자 등에 사용

96 재료의 기계적 성질 중 작은 변형에도 파괴되는 성질을 무엇이라 하는가?

① 강성　　　　② 소성
③ 탄성　　　　④ 취성

해설 1) **강성** : 재료가 외력을 받아도 잘 변형되지 않는 성질
2) **소성** : 재료가 외력이 작용하면 변형이 생기며 외력을 제거하여도 재료가 원상으로 돌아가지 않고 변형된 그대로의 상태로 남아 있는 성질
3) **탄성** : 재료에 외력이 작용하면 변형이 생기며 이 외력을 제거하면 재료가 원상으로 되돌아가는 성질
4) **취성** : 재료가 외력을 받아도 변형되지 않거나 극히 미미한 변형을 수반하고 파괴되는 성질

97 은백색의 굳은 금속원소로서 불순물이 포함되면 강해지는 경향이 있으며, 스테인리스강보다 우수한 내식성을 갖는 합금은?

① 티타늄과 그 합금
② 연과 그 합금
③ 주석과 그 합금
④ 니켈과 그 합금

해설 **티타늄** (titanium)
1) 은백색의 굳은 금속으로 티탄(titan)이라고도 한다.
2) 고순도의 티탄은 연하지만 불순물이 포함되면 재료가 강해지는 효과가 있다.
3) 가볍고 융점이 비교적 높다.
4) 열팽창계수가 적으며 열전도율이 낮고 전기저항이 높다

5) 산 알칼리, 각종 염화물 용액, 유기산 등에 대해 뛰어난 내식성을 나타낸다.
6) **티탄합금** : 티탄에 알루미늄, 크롬, 철, 망간, 몰리브덴, 바나듐을 첨가한 합금으로 가볍고 내식성, 내열성이 뛰어나다.

98 다음 미장재료 중 여물(hair)이 필요 없는 것은?

① 돌로마이트 플라스터
② 경석고 플라스터
③ 회반죽
④ 회사벽

해설 **경석고 플라스터** : 킨스시멘트(Keene's cement)라고도 하며 무수석고에 명반 등의 촉진재를 배합한 플라스터이다

99 시멘트의 성질에 관한 설명 중 옳지 않은 것은?

① 포틀랜드시멘트의 3가지 주요 성분은 실리카(SiO_2), 알루미나(Al_2O_3), 석회 (CaO)이다.
② 시멘트는 응결경화 시 수축성 균열이 생겨 변형이 일어난다.
③ 슬래그의 함유량이 많은 고로시멘트는 수화열의 발생량이 많다.
④ 시멘트의 응결 및 강도 증진은 분말도가 클수록 빨라진다.

해설 1) **고로시멘트** : 고로에서 선철을 만들 때 나오는 광재를 공기중에서 냉각시키고 잘게 부순 것에 포틀랜드시멘트 클링커에 혼합한 다음 석고를 섞어서 분쇄하여 분말로 만든 것이다.
2) 고로시멘트는 수화열의 발생량이 적어서 댐공사 등에 사용된다.

■ 정답 ■ 96.④　97.①　98.②　99.③

100 유성 목재방부제로서 악취가 나고, 흑갈색으로 외관이 미려하지 않아 토대, 기둥 등에 이용되는 것은?

① 크레오소트 오일
② 황산동 1% 용액
③ 염화아연 4% 용액
④ 불화소다 2% 용액

해설 크레오소트유(Creosote oil) 특성
   1) 방부력이 우수하고 침투성이 양호하다
   2) 도포부분은 갈색이고 페인트를 칠하면 침출되기 쉽다
   3) 염가이어서 많이 쓰거나 냄새가 강해 실내에서는 사용할 수 없다

제6과목 / 건설안전기술

---

101 작업발판 및 통로의 끝이나 개구부로서 근로자가 추락할 위험이 있는 장소에서 난간 등의 설치가 매우 곤란하거나 작업의 필요상 임시로 난간 등을 해체하여야 하는 경우에 설치하여야 하는 것은?

① 구명구
② 수직보호망
③ 추락방호망
④ 석면포

해설 개구부 등의 방호조치(안전보건규칙 제 43조)
   1) 안전난간, 울타리, 수직형 추락방호망 설치
   2) 덮개 설치
   3) (난간 설치 곤란 시 등) 추락방호망 설치
   4) 안전대 착용

102 지반조사의 목적에 해당되지 않는 것은?

① 토질의 성질 파악
② 지층의 분포 파악
③ 지하수위 및 피압수 파악
④ 구조물의 편심에 의한 적절한 침하 유도

해설 지반조사의 목적
   1) ①, ②, ③항
   2) 경제적 설계 및 시공시 안전 확보
   3) 공사장 주변 구조물의 보호
   4) 지하 매설물의 보호

103 풍화암의 굴착면 붕괴에 따른 재해를 예방하기 위한 굴착면의 적정한 기울기 기준은?

① 1 : 1.5   ② 1 : 1.0
③ 1 : 0.5   ④ 1 : 0.3

해설 굴착작업시 굴착면의 기울기 기준

구분	지반의 종류	구배
보통 흙	모래	1 : 1.8
	그 밖에 흙	1 : 1.2
암반	풍화암	1 : 1.0
	연암	1 : 1.0
	경암	1 : 0.5

104 크레인 등 건설장비의 가공전선로 접근시 안전대책으로 거리가 먼 것은?

① 안전 이격거리를 유지하고 작업한다.
② 장비의 조립, 준비시부터 가공전선로에 대한 감전 방지 수단을 강구한다.
③ 장비 사용 현장의 장애물, 위험물 등을 점검 후 작업계획을 수립한다.
④ 장비를 가공전선로 밑에 보관한다.

해설 장비는 가공전선로 밑을 피하여 보관한다.

---

105 다음 중 차량계 건설기계에 속하지 않는 것은?

① 불도저　　　　② 스크레이퍼
③ 타워크레인　　④ 항타기

해설 차량계 건설기계의 종류(별표 6)
　　1) 도저형 건설기계 : 불도저, 스트레이트도저, 틸트도저, 앵글도저, 버킷도저 등
　　2) 모터그레이더
　　3) 로더 : 포크 등 부착물 종류에 따른 용도 변경 형식을 포함
　　4) 스크레이퍼
　　5) 크레인형 굴착기계 : 클램셀, 드래그라인 등
　　6) 굴삭기 : 브레이커, 크러셔, 드릴 등 부착물 종류에 따른 용도 변경 형식을 포함
　　7) 항타기 및 항발기
　　8) 천공용 건설기계 : 어스드릴, 어스오거, 크롤러드릴, 점보드릴 등
　　9) 지반 압밀침하용 건설기계 : 샌드드레인머신, 페이퍼드레인머신, 팩드레인머신 등
　　10) 지반 다짐용 건설기계 : 타이어롤러, 매커덤롤러, 탠덤롤러 등
　　11) 준설용 건설기계 : 버킷준설선, 그래브준설선, 펌프준설선 등
　　12) 콘크리트 펌프카
　　13) 덤프트럭
　　14) 콘크리트 믹서 트럭
　　15) 도로포장용 건설기계 : 아스팔트 살포기, 콘크리트 살포기, 아스팔트 피니셔, 콘크리트 피니셔 등

106 건설공사 시공단계에 있어서 안전관리의 문제점에 해당되는 것은?

① 발주자의 조사, 설계 발주능력 미흡
② 용역자의 조사, 설계능력 부실
③ 발주자의 감독 소홀
④ 사용자의 시설 운영관리 능력 부족

해설 내용 중 ①항, ②항은 시공전 단계, ④항은 시공 후의 안전 관리 문제점에 해당된다.

107 산업안전보건관리비 계상 및 사용기준에 따른 공사 종류별 계상기준으로 옳은 것은? (단, 철도 · 궤도신설공사이고, 대상액이 5억원 미만인 경우)

① 1.85%　　　　② 2.45%
③ 3.09%　　　　④ 3.43%

해설 공사종류별 규모 및 안전 관리비 계상 기준표 (별표1)

대상액 공사종류	5억원 미만	5억원 이상 50억원 미만 비율 (X)	5억원 이상 50억원 미만 기초액 (C)	50억원 이상
건축공사	2.93%	1.86%	5,349,000원	1.97%
토목공사	3.09%	1.99%	5,499,000원	2.10%
중건설공사	3.43%	2.35%	5,400,000원	2.44%
특수 건설공사	1.85%	1.20%	3,250,000원	1.27%

[참고] 안전관리비 계상 기준표 : 25.1.1. 개정

108 유해위험방지 계획서를 제출하려고 할 때 그 첨부서류와 가장 거리가 먼 것은?

① 공사개요서
② 산업안전보건관리비 작성요령
③ 전체공정표
④ 재해 발생 위험 시 연락 및 대피방법

해설 유해 · 위험 방지 계획서 첨부 서류(규칙 별표 15)
　　1) 공사 개요 및 안전보건관리계획
　　　① 공사 개요서(별지 제 45호 서식)
　　　② 공사현장의 주변 현황 및 주변과의 관계를 나타내는 도면(매설물 현황 포함)
　　　③ 건설물, 사용 기계설비 등의 배치를 나타내는 도면
　　　④ 전체 공정표
　　　⑤ 산업안전보건관리비 사용계획(별지 제 46호 서식)
　　　⑥ 안전관리 조직표
　　　⑦ 재해 발생 위험 시 연락 및 대피방법
　　2) 작업 공사 종류별 유해·위험방지계획

■ 정답 ■　105.③　106.③　107.②　108.②

109 흙막이 지보공을 설치하였을 때 정기적으로 점검하여 이상 발견 시 즉시 보수하여야 할 사항이 아닌 것은?

① 굴착 깊이의 정도
② 버팀대의 긴압의 정도
③ 부재의 접속부·부착부 및 교차부의 상태
④ 부재의 손상·변형·부식·변위 및 탈락의 유무와 상태

해설 흙막이지보공 설치시 정기적 점검사항
① 부재의 손상·변형·부식·변위 및 탈락의 유무와 상태
② 버팀대의 긴압의 정도
③ 부재의 접속부·부착부 교차부의 상태
④ 침하의 정도

> 길잡이 터널지보공 설치시 수시점검사항
> ① 부재의 손상·변형·부식·변위 및 탈락의 유무 및 상태
> ② 부재의 긴압의 정도
> ③ 부재의 접속부 및 교차부의 상태
> ④ 기둥침하의 유무 및 상태

110 크레인의 운전실 또는 운전대를 통하는 통로의 끝과 건설물 등의 벽체의 간격은 최대 얼마 이하로 하여야 하는가?

① 0.2m
② 0.3m
③ 0.4m
④ 0.5m

해설 건설물 등의 벽체와 통로의 간격 등 (안전보건규칙 제 145조) : 다음 각 호의 간격을 0.3m 이하로 할 것. (다만, 추락이 위험이 없는 경우는 그 간격을 0.3m 이하로 유지하지 않을 수 있음)
1) 크레인의 운전실 또는 운전대를 통하는 통로의 끝과 건설물 등의 벽체의 간격
2) 크레인 거더(girder)의 통로 끝과 크레인 거더의 간격
3) 크레인 거더의 통로로 통하는 통로의 끝과 건설물 등의 벽체의 간격

111 달비계를 설치할 때 작업발판의 폭은 최소 얼마 이상으로 하여야 하는가?

① 30cm
② 40cm
③ 50cm
④ 60cm

해설 달비계 설치 시 작업발판의 폭 : 40cm 이상

112 산소결핍이라 함은 공기 중 산소농도가 몇 퍼센트(%) 미만일 때를 의미하는가?

① 20%
② 18%
③ 15%
④ 10%

해설 산소결핍 : 공기 중 산소 농도가 18% 미만인 상태를 말한다.

113 크레인을 사용하여 작업을 할 때 작업시작 전에 점검하여야 하는 사항에 해당하지 않는 것은?

① 권과방지장치·브레이크·클러치 및 운전장치의 기능
② 주행로의 상측 및 트롤리가 횡행하는 레일의 상태
③ 와이어로프가 통하고 있는 곳의 상태
④ 압력방출장치의 기능

해설 크레인의 작업시작 전 점검사항
1) 권과방지장치, 브레이크, 클러치 및 운전 장치 기능
2) 주행로의 상측 및 트롤리가 횡행하는 레일의 상태
3) 와이어로프가 통하고 있는 곳의 상태

114 그물코의 크기가 10cm인 매듭없는 방망사 신품의 인장강도는 최소 얼마 이상이어야 하는가?

① 240kg
② 320kg
③ 400kg
④ 500kg

■ 정답 ■ 109.① 110.② 111.② 112.② 113.④ 114.①

해설 방망사의 강도

(1) 방망사의 신품에 대한 인장강도

그물코의 크기 (단위 : cm)	방망의 종류(단위 : kg)	
	매듭 없는 방망	매듭 방망
10	240	200
5		110

(2) 방망사의 폐기시 인장강도

그물코의 크기 (단위 : cm)	방망의 종류(단위 : kg)	
	매듭 없는 방망	매듭 방망
10	150	135
5		60

115 흙막이 공법을 흙막이 지지방식에 의한 분류와 구조방식에 의한 분류로 나눌 때 다음 중 지지방식에 의한 분류에 해당하는 것은?

① 수평 버팀대식 흙막이 공법
② H-Pile 공법
③ 지하연속벽 공법
④ Top down method 공법

해설 흙막이 공법의 종류

구 분	공법 종류
흙막이 지지방식에 의한 분류	1) 자립공법 2) 버팀대 공법 　(빗버팀대식, 수평버팀대식) 3) 어스앵커공법 4) 타이로드 공법
흙막이 구조방식에 의한 분류	1) H-Pile 공법(H 말뚝, 흙막이 토류판 공법) 2) 버팀대공법(강널말뚝공법, 강관널말뚝공법) 3) Slurry Wall(지하연속벽공법, 다이어프램 월) 　(주열식 지하연속벽, 벽식 지하 연속법) 4) 톱다운 공법(역타 공법)

116 항타기 및 항발기에 관한 설명으로 옳지 않은 것은?

① 도괴방지를 위해 시설 또는 가설물 등에 설치하는 때에는 그 내력을 확인하고 내력이 부족하면 그 내력을 보강해야 한다.
② 와이어로프의 한 꼬임에서 끊어진 소선(필러선을 제외한다)의 수가 10% 이상인 것은 권상용 와이어로프로 사용을 금한다.
③ 지름 감소가 공칭지름의 7%를 초과하는 것은 권상용 와이어로프로 사용을 금한다.
④ 권상용 와이어로프의 안전계수가 4이상이 아니면 이를 사용하여서는 아니 된다

해설 ④항, 권상용 와이어로프의 안전계수가 5이상이 아니면 이를 사용하여서는 아니된다.

117 굴착과 싣기를 동시에 할 수 있는 토목기계가 아닌 것은?

① Power shovel　② Tractor shovel
③ Back hoe　④ Motor grader

해설 모터그레이더(moter grader) : 토공 기계의 대패 ·지면을 절삭하여 평활하게 다듬는 것이 목적인 토공 기계

118 다음은 강관을 사용하여 비계를 구성하는 경우에 대한 내용이다. 다음 (　)안에 들어갈 내용으로 옳은 것은?

비계기둥의 간격은 띠장 방향에서는 (　), 장선방향에서는 1.5m이하로 할 것

① 1.0m 이하　② 1.5m 이하
③ 1.85m 이하　④ 2m 이하

해설 강관비계의 구조

1) 비계기둥의 간격은 띠장방향에서는 1.85m 이하, 장선방향에서는 1.5m 이하로 할 것. 다만, 선박 및 보트 건조작업의 경우 안전성

에 대한 구조검토를 실시하고 조립도를 작
성하면 띠장방향 및 장선방향으로 각각
2.7m이하로 할 수 있음
2) 띠장간격은 2m 이하로 설치할 것
3) 비계기둥의 최고부로부터 31m 되는 지점
밑부분의 비계기둥은 2개의 강관으로 묶어
세울 것(브라켓 등으로 보강하여 2개의 강
관으로 묶을 경우 그 이상의 강도가 유지되
는 경우에는 그러하지 아니하다.)
4) 비계 기둥간의 적재하중은 400kg을 초과
하지 아니하도록 할 것

119 콘크리트 타설 시 거푸집의 측압에 영향을 미치는 인자들에 관한 설명으로 옳지 않은 것은?

① 슬럼프가 클수록 작다.
② 타설속도가 빠를수록 크다.
③ 거푸집 속의 콘크리트 온도가 낮을수록 크다.
④ 콘크리트의 타설높이가 높을수록 크다.

해설 ①항, 슬럼프가 클수록 크다.

길잡이 **콘크리트 타설시 거푸집의 측압에 미치는 영향**

1) 슬럼프가 클수록 크다(물–시멘트 비가 클수록 크다)
2) 기온이 낮을수록 크다(대기 중에 습도가 높을수록 크다)
3) 콘크리트의 치어붓기 속도가 클수록 크다.
4) 거푸집의 수밀성이 높을수록 크다.
5) 콘크리트의 다지기가 강할수록 크다(진동기 사용시 측압은 30% 정도 증가)
6) 거푸집의 수평단면이 클수록 크다(벽 두께가 클수록 크다.)
7) 거푸집의 강성이 클수록 크다.
8) 거푸집 표면이 매끄러울수록 크다.
9) 콘크리트의 비중이 클수록 크다(단위중량이 클수록 크다)
10) 묽은 콘크리트일수록 크다.
11) 철근량이 적을수록 크다.
12) 측압은 생콘크리트의 높이가 높을수록 커지는 것이나, 일정한 높이에 이르면 측압의 증대는 없게 된다.

---

120 흙의 투수계수에 영향을 주는 인자에 관한 설명으로 옳지 않은 것은?

① 공극비 : 공극비가 클수록 투수계수는 작다.
② 포화도 : 포화도가 클수록 투수계수도 크다.
③ 유체의 점성계수 : 점성계수가 클수록 투수계수는 작다.
④ 유체의 밀도 : 유체의 밀도가 클수록 투수계수는 크다.

해설 **공극비** : 공극비가 클수록 투수계수는 크다.

■ 정답 ■ 119.① 120.①

제1과목 / 산업안전관리론

01 산업안전보건법령상 안전·보건표지의 종류중 금지표지에 해당하지 않는 것은?

① 탑승금지 ② 금연
③ 사용금지 ④ 접촉금지

해설 1. 금지표지의 종류
1) 출입금지   2) 보행금지
3) 차량통행금지   4) 사용금지
5) 탑승금지   6) 금연
7) 화기금지   8) 물체이동금지

02 산업안전보건법령상 안전검사 대상 유해·위험기계등의 기준 중 틀린 것은?

① 롤러기(밀폐형 구조는 제외)
② 국소 배기장치(이동식은 제외)
③ 사출성형기(형 체결력 294 kN 미만은 제외)
④ 크레인(정격하중이 2톤 이상인 것은 제외)

해설 안전검사대상 유해 · 위험기계 · 설비 등
(시행령 제28조의 6)
1) 프레스
2) 전단기
3) 크레인(이동식 크레인과 정격하중 2톤 미만인 호이스트는 제외)
4) 리프트
5) 압력용기
6) 곤돌라
7) 국소배기장치(이동식은 제외)

8) 원심기(산업용에 한정)
9) 롤러기(밀폐구조는 제외)
10) 사출성형기(형체결력 294kN 미만은 제외)
11) 고소작업대(화물자동차 또는 특수자동차에 탑재한 고소작업대로 한정)
12) 컨베이어
13) 산업용 로봇

03 산업안전보건법상 산업안전보건위원회의 심의 · 의결사항이 아닌 것은?

① 산업재해 예방계획의 수립에 관한 사항
② 근로자의 건강진단 등 건강관리에 관한 사항
③ 재해자에 관한 치료 및 재해보상에 관한 사항
④ 안전보건관리규정의 작성 및 변경에 관한 사항

해설 산업안전보건위원회의 심의 · 의결사항
1) ①, ②, ④항
2) 근로자의 안전 · 보건교육에 관한 사항
3) 산업재해에 관한 통계의 기록 및 유지에 관한 사항
4) 중대재해의 원인 조사 및 재발 방지대책 수립에 관한 사항
5) 유해하거나 위험한 기계 · 기구와 그 밖의 설비를 도입한 경우 안전 · 보건조치에 관한 사항

■ 정답 ■   01.④   02.④   03.③

04 시설물의 안전관리에 관한 특별법상 안전점검 실시의 구분에 해당하지 않는 것은?

① 정기점검   ② 정밀점검
③ 긴급점검   ④ 임시점검

해설 안전점검의 종류(시설물 안전관리에 관한 특별법 제6조)
  1) 정기점검
  2) 정밀점검
  3) 긴급점검

05 무재해운동을 추진하기 위한 중요한 세 개의 기둥에 해당하지 않는 것은?

① 본질추구
② 소집단 자주활동의 활성화
③ 최고경영자의 경영자세
④ 관리감독자(Line)의 적극적 추진

해설 무재해운동의 추진 3기둥(무재해운동의 3요소)
  1) 최고경영자의 엄격한 안전경영자세
  2) 관리감독자에 의한 안전보건의 추진(라인화의 철저)
  3) 직장 소집단 자주활동의 활발화

06 객관적인 위험을 작업자 나름대로 판정하여 위험을 수용하고 행동에 옮기는 것은?

① Risk Assessment
② Risk taking
③ Risk control
④ Risk playing

해설 리스크테이킹(risk taking: 위험감행)
  1) 위험을 감지해서 위험의 크기를 평가하는 것을 위험지각(risk perception) 또는 위험인지 (risk congnition)라 하는데, 위험을 지각한 뒤 행동에 옮기는 것을 위험감행이라 한다.
  2) 안전태도가 불량한 사람은 리스크테이킹의 빈도가 높다

07 산업안전보건법상 사업주의 의무에 해당하는 것은?

① 산업안전·보건정책의 수립·집행·조정 및 통제
② 사업장에 대한 재해 예방 지원 및 지도
③ 산업재해에 관한 조사 및 통계의 유지·관리
④ 해당 사업장의 안전·보건에 관한 정보를 근로자에게 제공

해설 사업주의 의무(법 제5조) : 다음 Z호의 사항을 이행함으로써 근로자의 안전과 건강을 유지·증진시키는 한편, 국가의 산업재하 예방시책에 따라야 한다.
  1) 이법과 이법에 따른 명령으로 정하는 산업재해 예방을 위한 기준을 지킬 것
  2) 근로자의 신체적 피로와 정신적 스트레스 등을 줄일 수 있는 쾌적한 작업환경을 조성하고 근로조건을 개선할 것
  3) 해당 사업장의 안전·보건에 관한 정보를 근로자에게 제공할 것

> **길잡이** 정부의 책무
> 1) 산업안전·보건정책의 수립·집행·조정 및 통제
> 2) 사업장에 대한 재해 예방 지원 및 지도
> 3) 유해하거나 위험한 기계·기구·설비 및 방호장치·보호구 등의 안전성 평가 및 개선
> 4) 유해하거나 위험한 기계·기구·설비 및 물질 등에 대한 안전·보건상의 조치기준 작성 및 지도·작성
> 5) 사업의 자율적인 안전·보건 경영체제 확립을 위한 지원

08 A사업장에서 무상해, 무사고 위험순간이 300건 발생하였다면 버드(Frank Bird)의 재해구성 비율에 따르면 경상은 몇 건이 발생하겠는가?

① 5   ② 10
③ 15   ④ 20

해설 버드의 재해구성 비율

중상·폐질 : 경상 : 무상해사고 : 무상해무사고
(위험순간) = 1 : 10 : 30 : 600

10 : 600
x : 300

$x = \dfrac{10 \times 300}{600} = 5건$

09 산업안전보건법령상 안전관리자의 업무가 아닌 것은?

① 해당 사업장 안전교육계획의 수립 및 안전교육 실시에 관한 보좌 및 조언·지도
② 사업장 순회점검·지도 및 조치의 건의
③ 법 또는 법에 따른 명령으로 정한 안전에 관한 사항의 이행에 관한 보좌 및 조언·지도
④ 작업장 내에서 사용되는 전체 환기장치 및 국소 배기장치 등에 관한 설비의 점검과 작업방법의 공학적 개선에 관한 보좌 및 조언·지도

해설 ④항, 보건관리자의 업무

10 보행 중 작업자가 바닥에 미끄러지면서 주변의 상자와 머리를 부딪침으로서 머리에 상처를 입은 경우 이 사고의 기인물은?

① 바닥　② 상자
③ 머리　④ 바닥과 상자

해설 1) 기인물 : 바닥
2) 가해물 : 상자
3) 재해형태 : 충돌

11 산업안전보건법령상 사업주가 산업재해가 발생하였을 때에 기록·보전하여야 하는 사항이 아닌 것은?

① 피해상황
② 재해발생의 일시 및 장소
③ 재해발생의 원인 및 과정
④ 재해 재발방지 계획

해설 산업재해 발생의 기록 보전할 사항(시행규칙 제4조의 2)
1) 사업장의 개요 및 근로자의 인적사항
2) 재해발생의 일시 및 장소
3) 재해발생의 원인 및 과정
4) 재해 재발방지 계획

12 추락 및 감전 위험방지용 안전모의 성능기준 중 일반구조 기준으로 틀린 것은?

① 턱끈의 폭은 10mm 이상일 것
② 안전모의 수평간격은 1mm 이내일 것
③ 안전모는 모체, 착장체 및 턱끈을 가질 것
④ 안전모의 착용높이는 85mm 이상이고 외부 수직거리는 80mm 미만일 것

해설 안전모의 수평간격 : 5mm 이상

13 재해발생의 원인 중 간접 원인에 해당되지 않는 것은?

① 기술적 원인
② 불안전한 상태
③ 관리적 원인
④ 교육적 원인

해설 재해발생의 원인
1) 직접원인
① 인적원인 : 불안전한 행동
② 물적원인 : 불안전한 상태
2) 간접원인 : 기술적원인, 관리적원인, 교육적원인

14 산업안전보건법령상 산업안전보건위원회 사용자위원의 구성기준으로 틀린 것은? (단, 상시 근로자 100명 이상을 사용하는 사업장이다.)

① 안전관리자 1명
② 명예산업안전감독관 1명
③ 해당 사업의 대표자
④ 해당 사업의 대표자가 지명하는 9명 이내의 해당 사업장 부서의 장

해설 **산업안전보건위원회의 구성**(시행령 제25조의2
: 근로자 사용자 동수로 구성

1) **근로자 위원**
① 근로자대표(근로자 과반수를 대표하는 자, 근로자 과반수로 조직된 노동조합의 대표자 또는 노동단체의 대표자)
② 근로자대표가 지명하는 1인 이상의 명예산업안전감독관(명예산업안전감독관이 위촉되어 있는 경우에 한함)
③ 근로자대표가 지명하는 9인 이내의 당해 사업장의 근로자(명예산업안전감독관이 지명되어 있는 경우에는 그 수를 제외한 수의 근로자)

2) **사용자 위원**
① 당해 사업의 대표자(동일 사업 내에 지역을 달리하는 사업장은 그 사업장의 최고 책임자)
② 안전관리자 1인(안전관리대행기관에 위탁한 사업장은 대행기관의 당해 사업장 담당자)
③ 보건관리자 1인(보건관리대행기관에 위탁한 사업장은 대행기관의 당해 사업장 담당자)
④ 산업보건의 (선임되어 있는 경우에 한함)
⑤ 해당 사업의 대표자가 지명하는 9인 이내의 당해 사업장 부서의 장

15 재해 손실비 평가방식 중 하인리히 방식에 있어 간접비에 해당되지 않는 것은?

① 시설복구비용
② 교육훈련비용
③ 장의비용
④ 생산손실비용

해설 **하인리히의 재해손실비**
총재해 cost = 직접비 + 간접비
(직접비 : 간접비 = 1 : 4)
1) **직접비** : 휴업보상비, 장해보상비, 요양보상비, 장의비, 유족보상비, 상병보상연금 등)
2) **간접비**
① **인적손실** : 본인 및 제3자에 관한 것을 포함한 시간손실
② **물적손실** : 기계, 공구, 재료, 시설의 복구에 소비된 시간손실 및 재산손실
③ **생산손실** : 생산감소, 생산중단, 판매감소 등에 의한 손실
④ **기타손실** : 교육훈련비, 병상위문금, 여비 및 교통비, 입원중의 잡비, 장의비용 등

16 위험예지훈련 4라운드 기법 진행방법 중 본질추구는 몇 라운드에 해당되는가?

① 제1라운드
② 제2라운드
③ 제3라운드
④ 제4라운드

해설 **위험예지훈련 4R**
1) 1R : 현상파악
2) 2R : 본질추구
3) 3R : 대책수립
4) 4R : 행동목표설정

17 연평균 근로자수가 1100명인 사업장에서 한 해 동안에 17명의 사상자가 발생하였을 경우 연천인율은 약 얼마인가? (단, 근로자는 1일 8시간, 연간 250일을 근무하였다.)

① 7.73
② 13.24
③ 15.45
④ 18.55

해설 **연천인율** $= \dfrac{\text{사상자수}}{\text{연평균근로자수}} \times 1000$

$= \dfrac{17}{1,100} \times 1,000 = 15.45$

18 산업안전보건법령상 안전·보건표지 속에 그림 또는 부호의 크기는 안전·보건표지의 크기와 비례하여야 하며, 안전·보건표지 전체 규격의 최소 몇 % 이상이 되어야 하는가?

① 10 ② 20
③ 30 ④ 40

해설 안전보건표지속의 그림 또는 부호의 크기 : 안전보건표지의 크기와 비례하여야 하며 안전보건표지 전체규격의 30%이상이 되어야 한다.

19 테일러(F.W.Taylor)가 제창한 기능형 조직(functional organization)에서 발전된 조직의 형태로 중규모(100인~500인)사업장에 적합한 안전관리 조직의 유형은?

① 라인형
② 스태프형
③ 라인-스태프 혼합형
④ 프로젝트형

해설 1) 라인형 (Line ; 직계형) : 소규모(100명 이하) 사업장에 적합
　　　2) 스태프형(staff ; 참모형) : 중규모(100~500명)사업장에 적합
　　　3) 라인-스태프 혼합형(line-staff) : 대규모(1000명이상) 사업장에 적합

20 재해의 통계적 원인분석 방법 중 다음에서 설명하는 것은?

> 2개 이상의 문제 관계를 분석하는데 사용하는 것으로 데이터를 집계하고, 표로 표시하여 요인별 결과내역을 교차한 그림을 작성, 분석하는 방법

① 파레토도(pareto diagram)
② 특성 요인도(cause and effect diagram)
③ 관리도(control diagram)
④ 크로스도(cross diagram)

해설 통계적 원인분석방법
　　　1) **파레토도** : 사고의 유형, 기인물 등 분류항목을 큰 순서대로 도표화하여 분석하는 방법이다.
　　　2) **특성요인도** : 특성과 요인을 도표로 하여 어골상(魚骨狀)으로 세분화한다.
　　　3) **클로즈 분석** : 본문 설명
　　　4) **관리도** : 재해발생건수 등의 추이를 파악하고 목표관리를 행하는데 필요한 월별재해발생수를 그래프화하여 관리선을 설정·관리하는 방법이다.

제2과목 / 산업심리 및 교육

---

21 생리적 피로와 심리적 피로에 대한 설명으로 틀린 것은?

① 심리적 피로와 생리적 피로는 항상 동반해서 발생한다.
② 심리적 피로는 계속되는 작업에서 수행감소를 주관적으로 지각하는 것을 의미한다.
③ 생리적 피로는 근육조직의 산소고갈로 발생하는 신체능력 감소 및 생리적 손상이다.
④ 작업 수행이 감소하더라도 피로를 느끼지 않을 수 있고, 수행이 잘 되더라도 피로를 느낄 수 있다.

해설 ①항, 심리적 피로와 생리적 피로가 항상 동반해서 발생하지는 않는다.

---

22 인간의 생리적 욕구에 대한 의식적 통제가 어려운 것부터 차례대로 나열한 것 중 맞는 것은?

① 안전의 욕구 → 해갈의 욕구 → 배설의 욕구 → 호흡의 욕구
② 호흡의 욕구 → 안전의 욕구 → 해갈의 욕구 → 배설의 욕구
③ 배설의 욕구 → 호흡의 욕구 → 안전의 욕구 → 해갈의 욕구
④ 해갈의 욕구 → 배설의 욕구 → 호흡의 욕구 → 안전의 욕구

해설 의식적 통제가 어려운 생리적 욕구의 순서
1) 호흡욕구 → 2) 안전욕구 → 3) 해갈욕구 → 4) 배설욕구 → 5) 수면욕구 → 6) 식욕 → 7) 활동욕구

23 정신상태 불량으로 일어나는 안전사고요인 중 개성적 결함요소에 해당하는 것은?

① 극도의 피로
② 과도한 자존심
③ 근육운동의 부적합
④ 육체적 능력의 초과

해설 1) 정신상태 불량에 대한 개성적 결함요소 (성격결함)
① 약한 마음(심약)
② 과도한 자존심과 자만심
③ 사치 및 허영심
④ 다혈질, 도전적 성격
⑤ 인내력 부족
⑥ 고집 및 과도한 집착성
⑦ 감정의 장기 지속성
⑧ 태만(나태)
⑨ 경솔성(성급함)
⑩ 이기성 및 배타성
2) 정신력과 관계되는 생리적 현상
① 시력 및 청각의 이상
② 신경계통의 이상
③ 육체적 능력의 초과
④ 근육운동의 부적합
⑤ 극도의 피로

24 안전·보건교육의 목적이 아닌 것은?

① 행동의 안전화
② 작업환경의 안전화
③ 의식의 안전화
④ 노무관리의 적정화

해설 안전교육의 목적
1) 인간정신(의식)의 안전화
2) 행동(동작)의 안전화
3) 작업환경의 안전화
4) 설비와 물자의 안전화

25 안전교육의 형태와 방법 중 Off.J.T(Off the Job Training)의 특징이 아닌 것은?

① 외부의 전문가를 강사로 초청할 수 있다.
② 다수의 근로자에게 조직적 훈련이 가능하다.
③ 공통된 대상자를 대상으로 일관적으로 교육할 수 있다.
④ 업무 및 사내의 특성에 맞춘 구체적이고 실제적인 지도교육이 가능하다.

해설 OJT와 off-JT의 특징

O·J·T (현장중심교육)	off J·T (현장외 중심교육)
① 개개인에게 적합한 지도 훈련이 가능	① 다수의 근로자에게 조직적 훈련이 가능
② 직장의 실정에 맞는 실체적 훈련을 할 수 있다.	② 훈련에만 전념하게 된다.
③ 훈련 필요한 업무의 계속성이 끊어지지 않음	③ 특별설비기구를 이용할 수 있음
④ 즉시 업무에 연결되는 관계로 신체와 관련 있음	④ 전문가를 강사로 초청할 수 있음
⑤ 효과가 곧 업무에 나타나며 훈련의 좋고 나쁨에 따라 개선이 용이함	⑤ 각 직장의 근로자가 많은 지식이나 경험을 교류할 수 있음
⑥ 교육을 통한 훈련 효과에 의해 상호 신뢰 이해도가 높아짐	⑥ 교육훈련 목표에 대해서 집단적 노력이 흐트러질 수도 있음

26 리더십의 권한에 있어 조직이 리더에게 부여하는 권한이 아닌 것은?

① 위임된 권한　② 강압적 권한
③ 보상적 권한　④ 합법적 권한

해설 리더십의 권한
1) 조직이 지도자에게 부여한 권한
① 보상적 권한
② 강압적 권한
③ 합법적 권한
2) 지도자 자신이 자신에게 부여한 권한
① 전문성의 권한
② 위임된 권한

27 통제적 집단행동과 관련성이 없는 것은?

① 관습　② 유행
③ 패닉　④ 제도적 행동

해설 집단행동
1) **통제 있는 집단행동** : 규칙이나 규율과 같은 룰(rule)이 존재한다.
① **관습** : 풍습(folks-ways), mores(풍습에 도덕적인 제재가 추가된 사회적인 관습), 예의(ritual)금기(taboo : 금지적 기능을 가지는 관습) 등으로 나누어진다.
② **제도적 행동**(institutional behavior) : 합리적으로 성원의 행동을 통제하고 표준화함으로써 집단의 안정을 유지하려는 것이다.
③ **유행**(fashion) : 공통적인 행동양식이나 태도 등을 말한다.
2) **비통제의 집단행동** : 성원의 감정, 정서에 의해 좌우되고 연속성이 희박하다.
① **군중**(crowd) : 성원 사이에 지위나 역할의 분화가 없고, 성원 각자는 책임감을 가지지 않으며 비판력도 가지지 않는다.
② **모브**(mob) : 폭동과 같은 것을 말하며, 군중보다 한층 합의성이 없고 감정만에 의해서 행동한다.
③ **패닉**(panic) : 이상적인 상황에서도 모브가 공격적일 때 패닉은 방어적 특징이다.
④ **심리적 전염**(mental epidemin) : 유행과 비슷하면서 행동양식이 이상적이며,

비합리성이 강한 것으로, 어떤 사상이 상당한 기간을 걸쳐 광범위하게 논리적, 사고적 근거 없이 무비판하게 받아들여지는 것을 의미한다.

28 강의법에 대한 장점으로 볼 수 없는 것은?

① 피교육자의 참여도가 높다.
② 전체적인 교육내용을 제시하는데 적합하다.
③ 짧은 시간 내에 많은 양의 교육이 가능하다.
④ 새로운 과업 및 작업단위의 도입단계에 유효하다.

해설 ①항, 피교육자의 참여도가 낮다

29 의사소통 과정의 4가지 구성요소에 해당하지 않는 것은?

① 채널　② 효과
③ 메시지　④ 수신자

해설 의사소통의 구성요소
1) 송신자　2) 수신자
3) 메시지　4) 채널
5) 환경　6) 잡음

30 허츠버그(Herzberg)의 욕구이론 중 위생요인이 아닌 것은?

① 임금　② 승진
③ 존경　④ 지위

해설 허즈버그(Herzberg)의 위생요인 및 동기요인
1) **위생요인** : 직무환경에 관계된 내용으로 기업정책, 개인 상호간의 관계(친교, 대인관계), 감독형태, 작업조건, 임금(급료), 보수지위, 안전 등이 있다
2) **동기요인** : 직무내용(일의내용)에 관한 것으로 목표달성에 대한 성취감, 안정감, 도전감, 책임감, 성장과 발전, 작업자체 등이 있다(자아실현을 하려는 인간의 독특한 경향 반영)

31 안전교육의 내용을 지식교육, 기능교육 및 태도교육 순서로 구분하여 맞게 나열한 것은?

① 시청각 교육 – 안전작업 동작지도 – 현장실습 교육
② 현장실습 교육 – 안전작업 동작지도 – 시청각 교육
③ 안전작업 동작지도 – 시청각 교육 – 현장실습 교육
④ 시청각 교육 – 현장실습 교육 – 안전작업 동작지도

해설 안전교육의 3단계
1) 제1단계 – 지식교육 : 강의, 시청각 교육을 통한 지식의 전달과 이해
2) 제2단계 – 기능교육 : 시범, 실습, 현장실습교육, 견학을 통한 이해와 경험 체득
3) 제3단계 – 태도교육 : 생활지도, 작업동작지도 등을 통한 안전의 습관화

32 교육지도의 효율성을 높이는 원리인 훈련 전이 《transfer of training》에 관한 설명으로 틀린 것은?

① 훈련 상황이 가급적 실제 상황과 유사할수록 전이효과는 높아진다.
② 훈련 전이란 훈련 기간에 학습된 내용이 실무 상황으로 옮겨져서 사용되는 정도이다.
③ 실제 직무수행에서 훈련된 행동이 나타날 때 보상이 따르면 전이효과는 더 높아진다.
④ 훈련생은 훈련 과정에 대해서 사전정보가 없을수록 왜곡된 반응을 보이지 않는다.

해설 ④항, 훈련생은 훈련과정에 대해서 사전정보가 없을수록 왜곡된 반응을 보인다.

길잡이 학습전이의 조건
1) **학습정도의 요인** : 선행학습의 정도에 따라 전이의 가능정도가 다르다
2) **유사성의 요인** : 선행학습과 후행학습에 유사성이 있어야 한다는 것으로 자극의 유사성, 반응의 유사성, 원리의 유사성이 있다.
3) **시간적 간격의 요인** : 선행학습과 후행학습의 시간간격에 따라 전이의 효과가 다르다.
4) **학습자의 지능요인** : 학습자의 지능정도에 따라 전이효과가 달라진다.
5) **학습자의 태도요인** : 학습자의 주의력 및 능력, 특히 태도에 따라 전이의 정도가 다르다.

33 강의법 교육과 비교하여 모의법(Simulation Method) 교육의 특징으로 맞는 것은?

① 시간의 소비가 거의 없다.
② 시설의 유지비가 저렴하다.
③ 학생 대비 교사의 비율이 적다.
④ 단위시간당 교육비가 많이 든다.

해설 모의법의 특징

적응의 경우	제약조건(단점)
① 수업의 모든 단계 ② 학교 수업 및 직업훈련 등 ③ 실제사태는 위험성이 따를 경우 ④ 직접조작을 중요시하는 경우	① 단위교육비 가 비싸고 시간의 소비가 많다 ② 시설의 유지비가 높다. ③ 다른 방법에 비하여 학생 대 교사의 비율이 높다.

34 의식수준이 정상적 상태이지만 생리적 상태가 안정을 취하거나 휴식할 때에 해당하는 것은?

① phase Ⅰ
② phase Ⅱ
③ phase Ⅲ
④ phase Ⅳ

해설 의식수준의 단계

단계	의식의상태	주의작용	생리적상태	신뢰성
Phase 0	무의식, 실신	없음	수면, 뇌발작	0
Phase I	정상 이하 의식 몽롱함	부주의	피로, 단조, 졸음, 술취함	0.90 이하
Phase II	정상 이완상태	수동적 마음이 안쪽으로 향함	안정기거, 휴식시, 장례작업시	0.99 ~0.99999
Phase III	정상 상쾌한 상태	능동적 앞으로 향하는 주의시 야도 넓다.	적극 활동시	0.999999이상
Phase IV	초정상 과긴장상태	일점으로 응집 판단정지	긴급 방위 반응, 당황해서 panic	0.90 이하

35 라스무센의 정보처리모형은 원인 차원의 휴먼에러 분류에 적용되고 있다. 이 모형에서 정의하고 있는 인간의 행동 단계 중 다음의 특징을 갖는 것은?

- 생소하거나 특수한 상황에서 발생하는 행동 이다.
- 부적절한 추론이나 의사결정에 의해 오류가 발생한다.

① 규칙기반행동　　② 인지기반행동
③ 지식기반행동　　④ 숙련기반행동

해설 지식기반행동 : 본문설명

36 교육의 3 요소 중에서 "교육의 매개체"에 해당하는 것은?

① 강사　　　　　② 선배
③ 교재　　　　　④ 수강생

해설 교육의 3요소
　1) 주체 : 교도자, 강사, 교사 등
　2) 객체 : 학생, 수강자, 피교육자 등
　3) 매개체 : 교재

37 교육지도의 5단계가 다음과 같을 때 맞게 나열한 것은?

| ㉠ 가설의 설정　　㉡ 결론 |
| ㉢ 원리의 제시　　㉣ 관련된 개념의 분석 |
| ㉤ 자료의 평가 |

① ㉢→㉣→㉠→㉤→㉡
② ㉠→㉢→㉣→㉤→㉡
③ ㉢→㉠→㉤→㉣→㉡
④ ㉠→㉢→㉤→㉣→㉡

해설 교육지도의 5단계
　1) 1단계 : 원리의 제시
　2) 2단계 : 관련된 개념의 분석
　3) 3단계 : 가설의 설정
　4) 4단계 : 자료의 평가
　5) 5단계 : 결론

38 부주의에 의한 사고방지대책에 있어 기능 및 작업측면의 대책에 해당하는 것은?

① 적성배치
② 안전의식의 제고
③ 주의력 집중 훈련
④ 작업환경과 설비의 안전화

해설 적성배치
　1) 부주의 발생원인 중 내적원인인 소질적 조건에 대한 방지대책이다.
　2) 기능 및 작업측면의 대책이다.

39 직업의 적성 가운데 사무적 적성에 해당하는 것은?

① 기계적 이해　　② 공간의 시각화
③ 손과 팔의 솜씨　　④ 지각의 정확도

해설 직업적성의 분류
　1) 기계적 적성
　　① 손과 팔의 솜씨 : 빨리 그리고 정확히 잔 일이나 큰일을 해내는 능력
　　② 공간 시각화 : 형상이나 크기의 관계를

확실히 판단하여 각 부분을 뜯어서 다시 맞추어 통일된 형태가 되도록 손으로 조작하는 과정

③ 기계적 이해 : 공간시각화, 지각속도, 추리, 기술적 지식, 기술적 경험 등의 복합적 인자가 합쳐져서 만들어진 적성

2) 사무적 적성
① 지능
② 손과 팔의 솜씨
③ 지각속도 및 정확도

40 집단구성원에 의해 선출된 지도자의 지위·임무는?

① 헤드십 (headship)
② 리더십 (leadership)
③ 멤버십 (membership)
④ 매니저십 (managership)

해설 선출방식에 따른 리더십의 분류
1) Head ship : 집단 구성원이 아닌 외부에 의해 선출(임명)된 지도자료 명목상의 리더십이라고도 한다.
2) Leadership : 집단구성원에 의해 내부적으로 선출된 지도자로 사실상의 리더십을 말한다.

제3목 / 인간공학 및 시스템안전공학

41 다음 설명 중 ( )안에 알맞은 용어가 올바르게 짝지어진 것은?

(㉠) : FAT와 동일의 논리적 방법을 사용하여 관리, 설계, 생산, 보전 등에 대한 넓은 범위에 걸쳐 안전성을 확보하려는 시스템안전 프로그램
(㉡) : 사고 시나리오에서 연속된 사건들의 발생경로를 파악하고 평가하기 위한 귀납적이고 정량적인 시스템안전 프로그램

① ㉠ : PHA, ㉡ : ETA
② ㉠ : ETA, ㉡ : MORT
③ ㉠ : MORT, ㉡ : ETA
④ ㉠ : MORT, ㉡ : PHA

해설 1) MORT (경영소홀 및 위험수분석) : 광범위한 안전도모 및 고도의 안전발생
2) ETA (사상수분석법) : 귀납적, 정량적 분석법

42 고령자의 정보처리 과업을 설계할 경우 지켜야 할 지침으로 틀린 것은?

① 표시 신호를 더 크게 하거나 밝게 한다.
② 개념, 공간, 운동 양립성을 높은 수준으로 유지한다.
③ 정보처리 능력에 한계가 있으므로 시분할 요구량을 늘린다.
④ 제어표시장치를 설계할 때 불필요한 세부내용을 줄인다.

해설 ③항, 정보처리 능력에 한계가 있으므로 시분할 요구량을 줄인다.

---

43 신호검출이론에 대한 설명으로 틀린 것은?

① 신호와 소음을 쉽게 식별할 수 없는 상황에 적용된다.
② 일반적인 상황에서 신호 검출을 간섭하는 소음이 있다.
③ 통제된 실험실에서 얻은 결과를 현장에 그대로 적용 가능하다.
④ 긍정(hit), 허위(false alarm), 누락(miss), 부정(correct rejection)의 네 가지 결과로 나눌 수 있다.

해설 ③항, 통제된 실험실에서 얻은 결과는 현장에 그대로 적용되지 않는다.

> 길잡이 **신호검출이론(SDT)**
> 인간이 자극을 감지하여 신호를 판단할 경우 소음이나 잡음이 있는 상황에서 이루어질 때 잡음이 신호감출에 미치는 영향에 대한 이론을 말한다.

44 결함수분석법에서 path set 에 관한 설명으로 맞는 것은?

① 시스템의 약점을 표현한 것이다.
② Top사상을 발생시키는 조합이다.
③ 시스템이 고장 나지 않도록 하는 사상의 조합이다.
④ 시스템고장율 유발시키는 필요불가결한 기본사상들의 집합이다.

해설 1) 컷셋과 미니멀 컷
   ① **컷셋 (cut sets)** : 정상사상을 일으키는 기본사상(통상사상, 생략사상, 포함)의 집합을 컷이라 한다.
   ② **미니멀 컷**(minimal cut sets) : 정상사상을 일으키기 위해 필요한 최소한의 컷을 말한다(시스템의 위험성을 나타냄).
  2) 패스셋과 미니멀 패스
   ① **패스셋**(path sets) : 정상사상이 일어나지 않는 기본사상의 집합을 말한다.

   ② **미니멀 패스**(minimal path sets) : 필요한 최소한의 패스를 말한다(시스템의 신뢰성을 나타냄).

45 산업안전보건법상 유해·위험방지계획서를 제출한 사업주는 건설공사 중 얼마 이내마다 관련법에 따라 유해·위험방지계획서의 내용과 실제공사 내용이 부합하는지의 여부 등을 확인받아야 하는가?

① 1개월　　　　② 3개월
③ 6개월　　　　④ 12개월

해설 **확인을 받아야 할 사항**(시행규칙 제 124조) : 유해위험방지계획서를 제출한 사업주는 해당 건설물 기계 기구 및 설비의 시운전단계에서 건설공사 중 6개월 이내마다 다음 각 호의 사항에 관하여 공단의 확인을 받아야 한다.
  1) 유해위험방지계획서의 내용과 실제공사 내용이 부합하는지 여부
  2) 유해 위험방지계획서 변경 내용의 적정성
  3) 추가적인 유해위험요인의 존재여부

46 다음 설명에 해당하는 설비보전방식의 유형은?

> 설비보전 정보와 신기술을 기초로 신뢰성, 조작성, 보전성, 안전성, 경제성 등이 우수한 설비의 선정, 조달 또는 설계를 통하여 궁극적으로 설비의 설계, 제작 단계에서 보전활동이 불필요한 체제를 목표로 한 설비보전 방법을 말한다.

① 개량보전　　　② 보전예방
③ 사후보전　　　④ 일상보전

해설 **설비보전방식의 유형**
  1) **예방보전** : 설비를 항상 정상, 양호한 상태로 유지하기 위한 정기검사와 초기단계에서 성능의 저하나 고장을 제거하거나 조정 또는 수복(修復)하기 위한 설비의 보수활동을 의미한다.

■ 정답 ■　43.③　44.③　45.③　46.②

2) **일상보전** : 설비의 열화를 방지하고 그 진행을 지연시켜 수명을 연장하기 위한 설비의 점검, 청소, 주유, 교체 등의 활동을 의미한다.

3) **개량보전** : 고장을 미연에 방지하기 위해 설비를 개조하거나 설계에서부터 시정조치를 취하고 설비의 체질개선을 도모하는 설비보전 방법을 의미한다.

4) **보전예방** : 본문설명

5) **사후보전** : 수리를 행하는 설비보전방법을 의미한다.

6) **예지보전** : 설비의 이상 상태를 검출, 측정 또는 감시하여 열화의 정도가 사용한도에 이른 시점에서 분해, 검사, 부품교환, 수리하는 설비보전 방법을 의미한다.

47 그림과 같은 시스템의 전체 신뢰도는 약 얼마인가? (단, 네모 안의 수치는 각 구성요소의 신뢰도이다.)

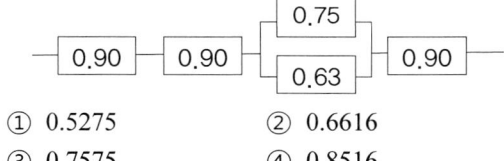

① 0.5275　　　　② 0.6616
③ 0.7575　　　　④ 0.8516

해설 R = 0.9 × 0.9 × [1−(1−0.75)(1−0.63)]
　　　　 × 0.9 = 0.6616

48 근섬유의 직경이 작아서 큰 힘을 발휘하지 못하지만 장시간 지속시키고 피로가 쉽게 발생하지 않는 골격근의 근섬유는 무엇인가?

① Type S 근섬유
② Type Ⅱ 근섬유
③ Type F 근섬유
④ Type Ⅲ 근섬유

해설 Type S 근섬유
　1) 근섬유의 직경이 작아서 큰 힘을 발휘하지 못하지만 장시간 지속 시킨다
　2) 피로가 쉽게 발생하지 않는다.

49 결함수분석법(FTA)에서의 미니멀 컷셋과 미니멀 패스셋에 관한 설명으로 맞는 것은?

① 미니멀 컷셋은 시스템의 신뢰성을 표시하는 것이다.

② 미니멀 패스셋은 시스템의 위험성을 표시하는 것이다.

③ 미니멀 패스셋은 시스템의 고장을 발생시키는 최소의 패스셋이다.

④ 미니멀 컷셋은 정상사상(top event)을 일으키기 위한 최소한의 컷셋이다.

해설 1) **컷셋과 미니멀 컷**
　① **컷셋**(cut sets) : 정상사상을 일으키는 기본사상(통상사상, 생략사상 포함)의 집합을 컷이라 한다.
　② **미니멀 컷**(minimal cut sets) : 정상사상을 일으키기 위해 필요한 최소한의 컷을 말한다. (시스템의 위험성을 나타냄)
　2) **패스셋과 미니멀 패스**
　① **패스셋**(path sets) : 정상사상이 일어나지 않는 기본사상의 집합을 말한다.
　② **미니멀 패스**(minimal path sets) : 필요한 최소한의 패스를 말한다.(시스템의 신뢰성을 나타냄)

50 인간-기계시스템에 관한 내용으로 틀린 것은?

① 인간 성능의 고려는 개발의 첫 단계에서부터 시작되어야 한다.

② 기능 할당 시에 인간 기능에 대한 초기의 주의가 필요하다.

③ 평가 초점은 인간 성능의 수용가능한 수준이 되도록 시스템을 개선하는 것이다.

④ 인간 − 컴퓨터 인터페이스 설계는 인간보다 기계의 효율이 우선적으로 고려되어야 한다.

해설 ④항, 인간 − 컴퓨터 인터페이스 설계는 기계의 효용보다 인간이 우선적으로 그려져야 한다.

51 반사율이 85%, 글자의 밝기가 400cd/m² 인 VDT 화면에 350lx의 조명이 있다면 대비는 약 얼마인가?

① − 2.8 　　　　② − 4.2
③ − 5.0 　　　　④ − 6.0

[해설] 1) 반사율 (%) $= \dfrac{\text{광속발산도}}{\text{소요조명}} \times 100$

$= \dfrac{cd/m^2 \times \pi}{lux}$

① 배경의 광속발산도 (L_b)

$L_b(cd/m^2) = \dfrac{\text{반사율} \times \text{소요조명}}{\pi}$

$= \dfrac{0.85 \times 350}{3.14} = 94.75cd/m^2$

② 표적의 광속발산도(L_t)

$L_t = 400 + 94.75 = 494.75cd/m^2$

2) 대비 $= \dfrac{L_b - L_t}{L_b} \times 100$

$= \dfrac{94.75 - 494.75}{94.75} \times 100 = -4.22\%$

52 자극과 반응의 실험에서 자극 A 가 나타날 경우 1로 반응하고 자극 B가 나타날 경우 2로 반응하는 것으로 하고, 100회 반복하여 표와 같은 결과를 얻었다. 제대로 전달된 정보량을 계산하면 약 얼마인가?

반응\자극	1	2
A	50	−
B	10	40

① 0.610 　　　　② 0.871
③ 1.000 　　　　④ 1.361

[해설] 자극과 반응의 예

반응\자극	1	2	계
A	50		50
B	10	40	50
계	60	40	

1) 자극 보정량
$$H(x) = 0.5\log_2\left(\dfrac{1}{0.5}\right) + 0.5\log_2\left(\dfrac{1}{0.5}\right) = 1.0$$

2) 반응 정보량
$$H(y) = 0.6\log_2\left(\dfrac{1}{0.6}\right) + 0.4\log_2\left(\dfrac{1}{0.4}\right) = 0.9709$$

$$H(x,y) = 0.5\log_2\left(\dfrac{1}{0.5}\right) + 0.1\log_2\left(\dfrac{1}{0.1}\right) + 0.4\log_2\left(\dfrac{1}{0.4}\right)$$
$$= 1.3609$$

3) 전달된 정보량 [$T(x,y)$]
$$T(x,y) = H(x) + H(y) - H(x,y)$$
$$= 1.0 + 0.9709 - 1.3609 = 0.610$$

53 의자 설계의 인간공학적 원리로 틀린 것은?

① 쉽게 조절할 수 있도록 한다.
② 추간판의 압력을 줄일 수 있도록 한다.
③ 둥근육의 정적 부하를 줄일 수 있도록 한다.
④ 고정된 자세로 장시간 유지할 수 있도록 한다.

[해설] 1) 일정한 자세를 계속 유지하도록 설계된 의자는 신체에 부담을 주기 때문에 의자설계원리에 위배된다.
2) 의자설계시 고려해야 할 사항
① 등받이의 굴곡은 전단곡(요추의 굴곡)과 일치하여야 한다.
② 정적인 부하와 고정된 작업자세를 피해야 한다.
③ 좌면의 높이는 신장에 따라 조절 가능해야 한다.
④ 의자의 높이는 오금높이와 같거나 오금높이보다 낮아야 한다.

54 A 제지회사의 유아용 화장지 생산 공정에서 작업자의 불안전한 행동을 유발하는 상황이 자주 발생하고 있다. 이를 해결하기 위한 개선의 ECRS에 해당하지 않는 것은?

① Combine 　　　　② Standard
③ Eliminate 　　　　④ Rearrange

■ 정답 ■ 　51.② 　52.① 　53.④ 　54.②

해설 1) **작업방법의 개선원칙(ECRS)** : 작업분석방
법, 새로운 작업방법의 개발원칙
① 제거(eliminate)
② 결합(combine)
③ 재조정(rearrange)
④ 단순화(simplify)
2) **작업개선단계**
① 1단계 : 작업분해
② 2단계 : 세부내용 검토
③ 3단계 : 작업분석
④ 4단계 : 새로운 방법의 적용

55 병렬 시스템에 대한 특성이 아닌 것은?

① 요소의 수가 많을수록 고장의 기회는 줄어
든다.
② 요소의 중복도가 늘어날수록 시스템의 수명
은 길어진다.
③ 요소의 어느 하나라도 정상이면 시스템은
정상이다.
④ 시스템의 수명은 요소 중에서 수명이 가장
짧은 것으로 정해진다.

해설 ④항, 병렬계의 수명은 요소 중에서 수명이 가
장 긴 것으로 정해진다.

> **길잡이** **직렬계의 특성**
> 1) 요소(要素)중 어느 하나가 고장이면 계
> (系)는 고장이다.
> 2) 요소의 수가 적을수록 신뢰도는 높아진다.
> 3) 요소의 수가 많을수록 수명이 짧아진다.
> 4) 계의 수명은 요소 중에서 수명이 가장 짧
> 은 것으로 정하여진다.

56 부품에 고장이 있더라도 플레이너 공작기계를 가장 안전하게 운전할 수 있는 방법은?

① fail - soft
② fail - active
③ fail - passive
④ fail – operational

해설 페일 세이프 구조의 기능면에서의 분류
1) fail passive : 성분의 고장시 기계 장치는 정

지상태로 돌아간다.
2) fail operaional : 병렬 여분계의 성분을 구성
한 경우이며, 성분의 고장이 있어도 다음 정기
점검 시까지는 운전이 가능하다.
3) fail active : 성분의 고장시 기계 장치는
경보를 나타내며 단 시간에 역전이 된다.

57 FTA 에서 사용하는 다음 사상기호에 대한 설명으로 맞는 것은?

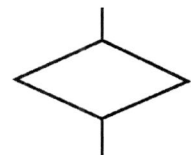

① 시스템 분석에서 좀 더 발전시켜야 하는 사
상
② 시스템의 정상적인 가동상태에서 일어날 것
이 기대되는 사상
③ 불충분한 자료로 결론을 내릴 수 없어 더
이상 전개 할 수 없는 사상
④ 주어진 시스템의 기본사상으로 고장원인이
분석되었기 때문에 더 이상 분석할 필요가
없는 사상

해설 **생략사상(추적가능한 최후사상)** : 사상과 원인
과의 관계를 충분히 알 수 없거나 또는 필요한
정보를 얻을 수 없기 때문이 더것이상 전개할
수 없는 최후적 사상을 나타낼 때 사용한다(말
단사상)

58 자극 - 반응 조합의 관계에서 인간의 기대와 모순되지 않는 성질을 무엇이라 하는가?

① 양립성
② 적응성
③ 변별성
④ 신뢰성

해설 **양립성** : 정보입력 및 처리와 각련된 양립성은
인간의 기대와 모순되지 않는 자극들 간의 반응
들 간의 또는 자극 반응 조합의 관계를 말하는
것으로 다음의 3가지가 있다.
1) **공간적 양립성** : 표시장치나 조종장치에서 물리

적 형태나 공간적인 배치의 양립성
2) **운동 양립성** : 표시 및 조종장치, 체계반응에 대한 운동방향의 양립성
3) **개념적 양립성** : 사람들이 가지고 있는 개념적 연상(어떤 암호체계에서 청색이 정상을 나타내듯이)의 양립성

59 적절한 온도의 작업환경에서 추운 환경으로 변할 때, 우리의 신체가 수행하는 조절작용이 아닌 것은?

① 발한(發汗)이 시작된다.
② 피부의 온도가 내려간다.
③ 직장온도가 약간 올라간다.
④ 혈액의 많은 양이 몸의 중심부를 순환한다.

해설 온도변화에 대한 신체의 조정작용(인체적응)

적온에서 고온환경으로 변할 때	적온에서 한냉환경으로 변할 때
① 많은 양의 혈액이 피부를 경유하여 피부온도가 올라간다. ② 직장온도가 내려간다. ③ 발한이 시작된다.	① 많은 양의 혈액이 몸의 중심부를 순환하며 피부온도는 내려간다. ② 직장온도가 약간 올라간다. ③ 소름이 돋고 몸이 떨린다.

60 시각적 부호의 유형과 내용으로 틀린 것은?

① 임의적 부호 – 주의를 나타내는 삼각형
② 명시적 부호 – 위험표지판의 해골과 뼈
③ 묘사적 부호 – 보도 표지판의 걷는 사람
④ 추상적 부호 – 별자리를 나타내는 12궁도

해설 시각적 암호 부호 및 기호의 유형
1) **묘사적 부호** : 사물의 행동을 단순하고 정확하게 묘사하는 것
(예 : 위험표지판의 해골과 뼈, 도로표지 판의 걷는 사람)
2) **추상적 부호** : 전언(傳言)의 기본요소를 도식적으로 압축한 부호로서 원 개념과는 약간의 유사성이 있을 뿐이다
3) **임의적 부호** : 부호가 이미 고안되어 있으므로 이를 배워야 하는 부호

(예 : 교통표지판의 삼각형 – 주의, 원형 – 규제, 사각형 – 안내표시)

제4목 / 건설시공학

61 토공사용 장비에 해당되지 않는 것은?

① 로더 (loader)
② 파워쇼벨(power shovel》
③ 가이데릭 (guy derrick)
④ 클램쉘(clamshell)

해설 1) **토공사용 장비** : 파워쇼벨, 백호우, 드라그라인, 크렙쉘, 로더, 불도저, 스크레이퍼 등
2) **철골세우기용 장비** : 데릭(가이데릭,스티프레그데릭, 진폴데릭), 크레인 등

62 갱폼(Gang Form)에 관한 설명으로 옳지 않은 것은?

① 타워크레인, 이동식 크레인 같은 양중장비가 필요하다.
② 벽과 바닥의 콘크리트 타설을 한번에 가능하게 하기 위하여 벽체 및 슬래브거푸집을 일체로 제작한다.
③ 공사초기 제작기간이 길고 투자비가 큰 편이다.
④ 경제적인 전용횟수는 30~40회 정도이다.

해설 갱폼의 장점 · 단점

장점	1) 조립해체가 생략되고 설치와 탈형만 함으로 인력절감 2) 콘크리트 이음부위 감소로 마감단순화 및 비용절감 3) 기능공의 기능도에 좌우되지 않음 4) 1개 현장 사용후 합판 교체하여 재사용 가능
단점	1) 장비 필요, 초기투자비 과다 2) 거푸집 조립시간 필요(취급 어려움) 3) 기능공의 교육 및 숙달기간 필요

■ 정답 ■   59.①   60.②   61.③   62.②

길잡이 **터널폼**(tunnel form)
> 벽식 철근콘크리트 구조를 사용할 경우 벽과 바닥의 콘크리트 타설을 한 번에 가능하게 하기 위하여 벽체용 거푸집과 슬래브 거푸집을 일체로 제작하여 한 번에 설치하고 해체할 수 있도록 한 거푸집이다.

63 주문받은 건설업자가 대상 계획의 기업, 금융, 토지조달, 설계, 시공 등을 포괄하는 도급 계약방식을 무엇이라 하는가?

① 실비청산 보수가산도급
② 정액도급
③ 공동도급
④ 턴키도급

해설 **턴키도급**
> 1) 건설업자가 대상계획의 기업, 금융, 토지조달, 설계, 시공, 기계, 기구설치, 시운전까지 주문자가 필요로 하는 모든 것을 조달하여 인도하는 도급계약 방식이다.
> 2) 새로운 프랜트 공사와 특정공사 등에만 적용하고 있으며 해외공사 발주시에 주로 채택된다.

64 시공의 품질관리를 위한 7가지 도구에 해당되지 않는 것은?

① 파레토그램
② LOB기법
③ 특성요인도
④ 체크시트

해설 **품질관리**(QC, Quality Control) 활동의 7가지 도구(QC 7가지 수법)
> 1) **히스토그램**(histogram) : 길이, 무게, 강도 등과 같이 계량치의 데이터가 어떠한 분포를 하고 있는지 알아보기 위하여 작성하는 주상(柱狀) 기둥그래프(막대그래프)이다.
> 2) **특성요인도** : 결과에 원인이 어떻게 관계하고 있는가를 생선뼈 모양으로 나타낸 그림이다.
> 3) **파레토도**(pareto diagram) : 시공불량의 내용이나 원인을 분류 항목으로 나누어 크기 순서대로 나열해 놓은 그림이다.

4) **관리도** : 공정의 상태를 나타내는 특성치에 관해서 그려진 꺾은선 그래프이다.
5) **산점도**(산포도, scatter diagram) : 서로 대응되는 두 종류의 데이터의 상호관계를 보는 것이다.
6) **체크시트** : 본문설명
7) **층별** : 데이터의 특성을 적당한 범주마다 얼마간의 그룹으로 나누어 도표로 나타낸 것이다.

65 건설공사의 입찰 및 계약의 순서로 옳은 것은?

① 입찰통지→입찰→개찰→낙찰→현장설명 →계약
② 입찰통지→현장설명→입찰→개찰→낙찰 →계약
③ 입찰통지→입찰→현장설명→개찰→낙찰 →계약
④ 현장설명→입찰통지→입찰→개찰→낙찰 →계약

해설 **입찰순서**

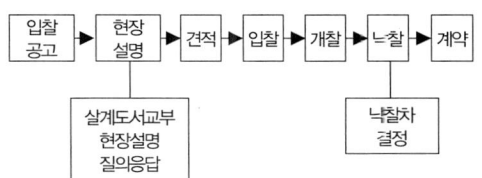

66 거푸집의 강도 및 강성에 대한 구조계산 시 고려할 사항과 가장 거리가 먼 것은?

① 동바리 자중
② 작업 하중
③ 콘크리트 측압
④ 콘크리트 자중

해설 1) **바닥판, 보, 밑 등 수평부재**(연직방향하중)
> ① 작업하중
> ② 충격하중
> ③ 생 콘크리트의 자중
> 2) **벽, 기둥 보 옆 등 수직부재**
> ① 생 콘크리트의 자중
> ② 생 콘크리트의 측압

---

67 다음 중 철골구조의 내화피복공법이 아닌 것은?

① 락울(rockwool)뿜칠 공법
② 성형판붙임공법
③ 콘크리트 타설공법
④ 메탈라스(metal lath)공법

해설 철골구조의 내화피복공법
　1) 락울(rockwool)뿜질공법
　　① 습식 공법 : 락울에 시멘트와 접착재를 가해 물로 비벼 뿜는 공법
　　② 건식 공법 : 뿜칠건을 사용하여 혼합수를 노즐의 선단으로부터 분사해서 분무모양으로 락울과 함께 해서 뿜어 붙이는 공법
　2) **성형판붙임 공법** : ALC판, 규산칼슘판, 펄라이트판 등을 철골에 부착해서 내화성능을 발휘시키는 공법
　3) **프리패브 공법** : 철골바탕에 ALC판을 붙이는 공법
　4) 기타, 콘크리트타설 공법, 합성내화피복 공법 등

68 리버스 서큘레이션 드릴(RCD)공법의 특징으로 옳지 않은 것은?

① 드릴 로드 끝에서 물을 빨아올리면서 말뚝구멍을 굴착하는 공법이다.
② 지름 0.8~3.0m, 심도 60m 이상의 말뚝을 형성한다.
③ 시공 시 소량의 물로 가능하며, 해상작업이 불가능하다.
④ 세사층 굴착이 가능하나 드릴파이프 직경보다 큰 호박돌이 존재할 경우 굴착이 곤란하다.

해설 리버스서큘레이션 공법
　1) 리버스서큘레이션 말뚝(revers circulation pile) : 굴착구멍 내에 지하수위보다 2m 이상 높게 물을 채워 굴착면에 2t/m² 이상의 정수압에 의해 벽면붕괴를 방지하며 굴착 후 형성시킨 제자리콘크리트 말뚝

　2) 리버스서큘레이션 공법의 특징
　　① 벤토나이트 용액으로 구멍벽이 무너지는 것을 방지하면서 굴착하므로 케이싱이 필요 없다.
　　② 점토, 실트층 등에 적용된다.
　　③ 시공심도는 통상 30~70m 정도까지로 한다(최고 100~200m 가능)
　　④ 시공직경(0.9~3m)을 크게 할 수 있다.
　　⑤ 무진동, 무소음이다.
　　⑥ 단점 : 누수대책이 필요하고 조약돌 등의 토질은 굴착이 곤란하다.

69 토류구조물의 각 부재와 인근 구조물의 각 지점 등의 응력변화를 측정하여 이상변형을 파악하는 계측기는?

① 경사계(inclino meter)
② 변형률계(strain gauge)
③ 간극수압계 (piezometer)
④ 진동측정계(vibro meter)

해설 스트레인게이지(strain gauge;변형률계)
기계나 구조물의 표면에 접착해 두면 그 표면에서 생기는 미세한 치수의 변화, 즉 스트레인(strain)을 측정하는 것이다. 금속저항소자의 저항치 변화에 따라 피측정물의 표면의 변형을 측정하는 것이다.

70 지정에 관한 설명으로 옳지 않은 것은?

① 잡석지정 – 기초 콘크리트 타설시 흙의 혼입을 방지하기 위해 사용한다.
② 모래지정 – 지반이 단단하며 건물이 경량일 때 사용한다.
③ 자갈지정 – 굳은 지반에 사용되는 지정이다.
④ 밑창 콘크리트 지정 – 잡석이나 자갈위 기초부분의 먹매김을 위해 사용한다.

해설 모래지정 : 지반이 연약하고 건물의 무게가 비교적 가벼울 경우 지반을 파내고 모래를 물다짐 한 것이다

■ 정답 ■　67.④　68.③　69.②　70.②

71 아래 부재를 대상으로 콘크리트 압축강도를 시험할 경우 거푸집널의 해체가 가능한 콘크리트 압축강도의 기준으로 옳은 것은?(단, 콘크리트표준시방서 기준)

> 슬래브 및 보의 밑면

① 설계기준압축강도의 3/4배 이상 또한, 최소 5MPa 이상
② 설계기준압축강도의 2/3배 이상 또한, 최소 5MPa 이상
③ 설계기준압축강도의 3/4배 이상 또한, 최소 14MPa 이상
④ 설계기준압축강도의 2/3배 이상 또한, 최소 14MPa 이상

해설 거푸집널의 해체가 가능한 콘크리트 압축강도

부위	압축강도	비고
수평재 거푸집 (비닥, 보밑)	설계기준강도의 2/3이상 또는 14MPa 이상	1) 3일,7일,28일 압축강도시험 2) 슈미트레터시험 3) 적당온도
수직재 거푸집 (벽, 보옆, 기둥)	5MPa 이상	

72 벽돌공사에 관한 설명으로 옳은 것은?

① 연속되는 벽면의 일부를 트이게 하여 나중 쌓기로 할 때에는 그 부분을 층단 들여쌓기로 한다.
② 모르타르는 벽돌강도 이하의 것을 사용한다.
③ 1일 쌓기 높이는 1.5 ~ 3.0m를 표준으로 한다.
④ 세로줄눈은 통줄눈이 구조적으로 우수하다.

해설 층단들여쌓기
1) 연속되는 벽면의 일부를 동시에 쌓지 못할 때 층단 들여 쌓기를 한다.
2) 긴 벽돌벽 쌓기의 경우 벽 일부를 한번에 쌓지 못하게 될 때 벽 중간에서 점점 쌓는 길이를 줄여 마무리하는 방법이다.

73 ALC의 특징에 관한 설명으로 옳지 않은 것은?

① 흡수율이 낮은 편이며, 동해에 대해 방수·방습처리가 불필요하다.
② 열전도율은 보통콘크리트의 약 1/10 정도로 단열성이 우수하다.
③ 건조수축률이 작으므로 균열 발생이 적다.
④ 경량으로 인력에 의한 취급이 가능하고, 필요에 따라 현장에서 절단 및 가공이 용이하다.

해설 ALC (경량기포콘크리트)
1) ALC : 발포제에 의하여 콘크리트 내부에 무수한 기포를 독립적으로 분산시켜 중량을 가볍게 한 기포콘크리트(고온, 고압으로 증기양생하여 제조)
2) 특징
① 기건 비중이 보통 콘크리트의 약 1/4정도이다.
② 공극을 다량 함유하여 열전도율이 보통 콘크리트보다 낮으며 단열성도 우수하다.
③ 불연재인 동시에 내화재로이다.
④ 경량에어서 인력에 의한 취급이 용이하다.
⑤ 흡수율이 크대(시공직전의 블록이나 패널은 기건상태를 유지해야 한다).
⑥ 동결해에 대한 저항성이 크며 내약품성이 증대된다.
⑦ 용적변화가 적고 백화의 발생도 적다.

74 콘크리트 충전강관구조(CFT)에 관한 설명으로 옳지 않은 것은?

① 일반형강에 비하여 국부좌굴에 불리하다.
② 콘크리트 충전 시 내부의 콘크리트와 외부 강관의 역학적 거동에서 함성구조라 볼 수 있다.
③ 콘크리트 충전 시 별도의 거푸집이 필요하지 않다.
④ 접합부 용접기술이 발달한 일본 등에서 활성화되어 있다.

■ 정답 ■ 71.④ 72.① 73.① 74.①

해설 콘크리트 충전강관구조(CFT; concreate filled steel tube)
1) 강관에 콘크리트를 채운 것으로 건축물의 뼈대 역할을 한다.
2) 다른 강관에 비해 좌굴에 강하다.

75 돌붙임 앵커 긴결공법 중 파스너 설치방식이 아닌 것은?

① 논 그라우팅 싱글 파스너 방식
② 논 그라우팅 더블 파스너 방식
③ 그라우팅 더블 파스너 방식
④ 그라우팅 트리플 파스너 방식

해설 앵커긴결공법 : 석재의 불입(돌불입)에 모르타르를 사용하지 않고 엥커, 볼트, 연결철물 등을 사용하여 석재와 구조체를 연결시키는 방법이다.

76 철골공사에서 용접 결함을 뜻하지 않는 용어는?

① 피트(Pit)
② 블로우 홀(Blow hole)
③ 오버 랩(Over lap)
④ 가우징 (Gouging)

해설 가스가우징(gas gouging) : 철골공사에서 홈을 파기위한 목적으로 한 화구(火口)로서 산소 아세틸렌 불꽃을 이용하여 녹여 깎은재의 뒷부분을 깨끗이 깎는 것을 말한다.

77 다음 [보기]의 블록쌓기 시공순서로 옳은 것은?

> [보기]
> A. 접착면 청소   B. 세로규준틀 설치
> C. 규준쌓기   D. 중간부쌓기
> E. 줄눈누르기 및 파기
> F. 치장줄눈

① A－D－B－C－F－E
② A－B－D－C－F－E
③ A－C－B－D－E－F
④ A－B－C－D－E－F

해설 블록쌓기 시공순서
1) 접착면 청소
2) 세로규준토 설치
3) 규준쌓기
4) 중간부 쌓기
5) 줄눈누르기 및 파기
6) 치장줄눈

78 흙에 접하거나 옥외공기에 직접 노출되는 현장치기 콘크리트로서 D16이하 철근의 최소 피복두께는?

① 20 mm
② 40 mm
③ 60 mm
④ 80 mm

해설 철근의 최소피복두께 기준(현장치기 콘크리트)
1) 수중에 치는 콘크리트 : 100mm
2) 흙에 영구히 묻혀있는 콘크리트 : 80mm
3) 흙에 접하거나 옥외 공기에 직접 노출되는 콘크리트
   ① D29 이상 철근 : 60mm
   ② D25 이하의 철근 : 50mm
   ③ D16 이하의 철근, 지름 16mm 이하 철선 : 40mm
4) 옥외 공기나 흙에 직접 접하지 않는 콘크리트

① 슬래브, 벽체, 장선	D35 초과 철근	40mm
	D35 이하 철근	20mm
② 보, 기둥 (콘크리트의 설계기준 압축강도가 40 MPa 이상인 경우 규정된 값에서 10mm 이상 저감시킬 수 있음)		40mm
③ 쉘, 절판부대		20mm

■ 정답 ■ 75.④ 76.④ 77.④ 78.②

79 지반조사의 방법에 해당되지 않는 것은?

① 보링(Boring)
② 사운딩(Sounding)
③ 언더피닝(Under pinning)
④ 샘플링(Sampling)

해설 지반조사방법
  1) 지하탐사법
    ① 탐사간 짚어보기 : 쇠꽂이 찔러보기 (sound rod)
    ② 터파보기(trial pit, 시험파기) : 가장 정확한 지하탐사법
    ③ 물리적 지하탐사(탄성파식, 전기저항식) : 광대한 대지의 심층구조파악
  2) 보링(boring ; 관입시험) : 오우거보링, 회전식 보링, 충격식보링, 수세식 보링
  3) 사운딩(sounding)
    ① 표준관입시험
    ② 베인시험
    ③ 스웨덴식 사운딩시험
    ④ 화란식 관입시험
  4) 샘플링 (sampling ; 시료채취) : 교란 시료채취, 불교란시료채취
  5) 지배력시험(재하시험) : 평판재하시험, 말뚝재하시험 등

80 철골용접 부위의 비파괴검사에 관한 설명으로 옳지 않은 것은?

① 방사선검사는 필름의 밀착성이 좋지 않은 건축물에서도 검출이 우수하다.
② 침투탐상검사는 액체의 모세관현상율 이용한다.
③ 초음파탐상검사는 인간의 귀로 들을 수 없는 주파수를 갖는 초음파를 사용하여 결함을 검출하는 방법이다.
④ 외관검사는 용접을 한 용접공이나 용접관리 기술자가 하는 것이 원칙이다.

해설 방사선 투과법 : X선, γ선을 용접부에 투과하고 그 상태를 필름형상을 담아 내부결함을 검출하는 방법이다.

제5과목 / 건설재료학

81 다음 중 내열성이 좋아서 내열식기에 사용하기에 가장 적합한 유리는?

① 소다석회유리   ② 칼륨연 유리
③ 붕규산 유리   ④ 물유리

해설 붕규산유리
  1) 일반성질
    ① 가장 용융하기가 어렵다(경글라스)
    ② 내산성 및 전기절연성이 크다
    ③ 배열성이 좋고 팽창성이 작다
  2) 용도 : 내연기구, 내열식기, 고주파용 및 전기절연용 등으로 사용된다.

82 철재의 표면 부식방지 처리법으로 옳지 않은 것은?

① 유성페인트, 광명단을 도포
② 시멘트 모르타르로 피복
③ 마그네시아 시멘트 모르타르로 피복
④ 아스팔트, 콜타르를 도포

해설 1) 마그네시아 시멘트는 마그네시아가 주성분인 백색 또는 담황색의 시멘트로 금속을 부식시킬 수 있기 때문에 철재 부식방지재로 사용하지 않는다.
  2) 마그네시아 시멘트 : 소성한 산화마그네시아에 염화마그네시아수용액을 가해 만든 시멘트이다

83 내화벽돌의 내화도의 범위로 가장 적절한 것은?

① 500 ~ 1000℃
② 1500 ~ 2000℃
③ 2500 ~ 3000℃
④ 3500 ~ 4000℃

■ 정답 ■ **79**.③ **80**.① **81**.③ **82**.③ **83**.②

해설 내화벽돌의 내화도 : 1500~2000℃ (1580~ 2000℃; SK26~42)
1) **저급품** : 1580~1650℃(SK26~29)
2) **중급품** : 1670~1730℃(SK30~33)
3) **고급품** : 1750~2000℃(SK34~42)

84 굳지 않은 콘크리트의 성질을 표시한 용어가 아닌 것은?

① 워커빌리티(workability)
② 펌퍼빌리티(pumpability》
③ 플라스티시티(plasticity)
④ 크리프(creep》

해설 **콘크리트의 성질을 표시하는 용어**
1) **워커빌리티**(workability, 시공연도) : 콘크리트의 반죽질기(consistency)에 의한 작업의 난이도 및 재료분리에 저항하는 정도를 나타내는 성질
2) **콘시스턴시**(consistency, 반죽질기) : 주로 수량의 다수에 의해서 변화하는 콘크리트의 유동성의 정도
3) **플라스티시티**(plasticity, 성형성) : 거푸집의 형상에 순응하여 채우기 쉽고 분리가 일어나지 않는 성질
4) **피니셔빌리티**(finishability, 마무리성) : 굵은 골재의 최대치수, 잔골재율, 잔골재의 입도, 반죽질기 등에 의한 콘크리트 표면의 마무리 정도를 나타내는 성질

85 목재를 작은 조각으로 하여 충분히 건조시킨 후 합성수지와 같은 유기질의 접착제를 첨가하여 열압 제판한 목재 가공품은?

① 섬유판(Fiber board)
② 파티클 보드(Particle board)
③ 코르크판(Cork board)
④ 집성목재(Glulam)

해설 **파티클보드**(particle board) : 목재를 주원료로 하여 접착제로 성형, 열압하여 재판한 목재 가공품이다.

1) 두께는 비교적 자유로이 선택할 수 있다.
2) 강도에 방향성이 없고 큰 면적의 판을 만들 수 있다.
3) 방충 방부성이 크다.
4) 표면이 평활하고 경도(敬禱)가 크다.
5) 가공성이 양호하다.
6) 균일한 판을 대량으로 제조할 수 있다.

86 자갈의 절대건조상태 질량이 400g, 습윤상태 질량이 413g, 표면건조내부포수상태 질량이 410g 일 때 흡수율은 몇 %인가?

① 2.5%
② 1.5%
③ 1.25%
④ 0.75%

해설 흡수율

$$= \frac{\text{표건상태질량} - \text{절건상태질량}}{\text{절건상태질량}} \times 100$$

$$= \frac{410 - 400}{400} = 2.5\%$$

87 건축재료의 요구성능 중 마감재료에서 필요성이 가장 적은 항목은?

① 화학적 성능　　② 역학적 성능
③ 내구성능　　　④ 방화·내화 성능

해설 1) **마감재료** : 타일, 유리, 도료, 보드류, 금속판, 섬유판, 석고판 등
2) **역학적 성질** : 탄성, 소성, 강도, 강성, 인성, 허용응력도 등
3) 역학적 성능은 마감재료에 요구되는 사항과 관계가 없다.

■ **정답** ■　84.④　85.②　86.①　87.②

88 시멘트의 분말도에 관한 설명으로 옳지 않은 것은?

① 시멘트 분말도의 측정은 블레인시험으로 행한다.
② 비표면적이 클수록 초기강도의 발현이 빠르다.
③ 분말도가 지나치게 크면 풍화되기 쉽다.
④ 분말도가 큰 시멘트일수록 수화열이 낮다.

해설 ④항 분말도가 큰 시멘트일수록 수화열이 높다. 수화작용이 촉진되어 응결이 빨라진다.

89 골재의 단위용적질량을 계산할 때 골재는 어느 상태를 기준으로 하는가? (단, 굵은골재가 아닌 경우)

① 습윤상태
② 기건상태
③ 절대건조상태
④ 표면건조내부포수상태

해설 1) 골재의 단위용적질량(kg/L) : 절대건조상태 (절건상태)를 기준으로 재단한다.

2) 실적률(d) = $\dfrac{w}{p} \times 100(\%)$

여기서, P : 골재의 비중
W : 단위용적중량(kg/L)

90 급경성으로 내알칼리성 등의 내화학성이나 접착력이 크고 내수성이 우수한 합성수지 접착제로 금속, 석재, 도자기, 유리, 콘크리트, 플라스틱재 등의 접착에 사용되는 것은?

① 에폭시수지 접착제
② 멜라민수지 접착제
③ 요소수지 접착제
④ 플리에스테르수지 접착제

해설 에폭시수지 접착제
1) 특성
① 기본점성이 크며 급경성이다.

② 내산성 내알칼리성 내수성 내약품성 전기절연성 등이 우수하다.
③ 강도 등의 기계적 성질도 뛰어나다.
2) 용도 : 금속접착에 적당하고 플라스틱 도자기 유리 석재 콘크리트 등의 접착에 사용되는 만능형 접착제이다.

91 목재의 일반적 성질에 관한 설명으로 틀린 것은?

① 섬유포화점 이상의 함수상태에서는 함수율의 증감에도 신축을 일으키지 않는다.
② 섬유포화점 이상의 함수상태에서는 함수율이 증가할수록 강도는 감소한다.
③ 기건상태란 통상 대기의 온도·습도와 평형한 목재의 수분 함유 상태를 말한다.
④ 섬유방향에 따라서 전기전도율은 다르다.

해설 목재의 섬유포화점
1) 목재의 섬유포화점에서의 함수율 : 30%
2) 목재는 섬유포화점 이하에서 함수율의 감소에 따라 강도는 증가하고 탄성은 감소한다.

92 다음 각 접착제에 관한 설명으로 옳지 않은 것은?

① 페놀수지 접착제는 용제형과 에멀젼형이 있고 멜라민, 초산비닐 등과 공중합시킨 것도 있다.
② 요소수지 접착제는 내열성이 200℃이고 내수성이 매우 크며 전기절연성도 우수하다.
③ 멜라민수지 접착제는 열경화성수지 접착제로 내수성이 우수하여 내수합판용으로 사용된다.
④ 비닐수지 접착제는 값이 저렴하고 작업성이 좋으며, 에멀젼형은 카세인의 대용품으로 사용된다.

해설 요소수지 접착제
1) 내열성이 있지만 100℃ 이하에서 연속사용이 가능하다.
2) 내수성, 전기절연성이 우수하다.

■ 정답 ■ 88.④ 89.③ 90.① 91.② 92.②

93 콘크리트의 워커빌리티에 영향을 주는 인자에 관한 설명으로 옳지 않은 것은?

① 골재의 입도가 적당하면 워커빌리티가 좋다.
② 시멘트의 성질에 따라 워커빌리티가 달라진다.
③ 단위수량이 증가할수록 재료분리를 예방할 수 있다.
④ AE제를 혼입하면 워커빌리티가 좋게 된다.

해설 1) **워커빌리티**(workability, 시공연도) : 콘크리트의 반죽질기에 의한 작업의 난이도 및 재료분리에 저항하는 정도를 나타내는 성질이다.
2) 단위수량을 적게 하여야 재료분리를 예방할 수 있다.

94 강의 가공과 처리에 관한 설명으로 옳지 않은 것은?

① 소정의 성질을 얻기 위해 가열과 냉각을 조합반복하여 행한 조작을 열처리라고 한다.
② 열처리에는 단조, 불림, 풀림 등의 처리방식이 있다.
③ 압연은 구조용 강재의 가공에 주로 쓰인다.
④ 압출가공은 재료의 움직이는 방향에 따라 전방압출과 후방압출로 분류할 수 있다.

해설 열처리에는 불림, 풀림, 담금질, 뜨임질 등의 처리방식이 있다

95 구조용 집성재의 품질기준에 따른 구조용 집성재의 접착강도 시험에 해당되지 않는 것은?

① 침지 박리 시험   ② 블록 전단 시험
③ 삶음 박리 시험   ④ 할렬 인장 시험

해설 구조용 집성재의 품질기준에 따른 시험항목
1) 침지박리시험
2) 블록전단시험

3) 삶음박리시험
4) 감압가압시험
5) 함수율 시험
6) A형 B형 C형 휨시험
7) 인장시험

96 매스콘크리트의 균열을 방지 또는 감소시키기 위한 대책으로 옳은 것은?

① 중용열 포틀랜드시멘트를 사용한다.
② 수밀하게 타설하기 위해 슬럼프값은 될 수 있는 한 크게 한다.
③ 혼화제로서 조기 강도발현을 위해 응결경화 촉진제를 사용한다.
④ 골재치수를 작게 함으로써 시멘트량을 증가시켜 고강도화를 꾀한다.

해설 매스콘크리트
1) 매스콘크리트 : 부재 또는 구조물의 치수가 커서 시멘트의 수화열에 의한 온도의 상승을 고려하여 시공한 콘크리트를 말한다.
2) 매스콘크리트의 균열방지 또는 감소대책
① 중용열포틀랜드 시멘트를 사용한다.
② 슬럼프값는 될 수 있는 한 작게 한다.
③ 혼화제로는 장기강도를 크게 하기 위하여 플라이애시나 포졸란 등을 사용한다.
④ 단위시멘트량을 감소시킨다.

97 KS L 4201에 따른 점토벽들 1종의 압축강도는 최소 얼마 이상인가?

① 15.62 MPa   ② 18.55 MPa
③ 20.59 MPa   ④ 24.50 MPa

해설 점토벽돌의 품질

종별	압축강도(N/mm²)	흡수율(%)
1종	24.50이상	10이하
2종	20.59이상	13이하
3종	10.78이상	15이하

[주] 1Pa=1N/m²=1×10⁻⁶MP

■ 정답 ■ 93.③ 94.② 95.④ 96.① 97.④

98 풀 또는 여물을 사용하지 않고 물로 연화하여 사용하는 것으로 공기 중의 탄산가스와 결합하여 경화하는 미장재료는?

① 회반죽
② 돌로마이트 플라스터
③ 혼합 석고플라스터
④ 보드용 석고플라스터

해설 돌로마이트 플라스터
  1) 돌로바이트 플라스터 : 돌로마이트 석회 + 모래 + 여물 + 물
  2) 특성
    ① 공기중에 탄산가스와 결합하여 경화하는 기경성 미장재료이다
    ② 미장재료 중 점도가 가장 크고 풀이 필요 없으며 응결시간이 길어 바르기도 좋다 (변색, 냄새, 곰팡이가 없다)
    ③ 경화시 건조수축이 커서 균열이 생기기 쉽다(물에 약한 것이 결점)
    ④ 회반죽에 비해 강도가 높다

99 목재의 심재와 변재를 비교한 설명 중 옳지 않은 것은?

① 심재가 변재보다 다량의 수액을 포함하고 있어 비중이 작다.
② 심재가 변재보다 신축이 적다.
③ 심재가 변재보다 내후성, 내구성이 크다.
④ 일반적으로 심재가 변재보다 강도가 크다.

해설 변재와 심재

변재	심재
1. 목재의 표피 가까이 위치 2. 담색 3. 역할 : 수액의 전달과 양분 저장 4. 수분을 많이 함유 5. 수축변형이 크고 내구성이 작다.	1. 목재의 수심 가까이 위치 2. 암색 3. 변재가 변화되어 세포가 고화된 것 4. 수분을 적게 함유 5. 변형이 적고 내구성이 크다.

100 다음 벽지에 관한 설명으로 옳은 것은?

① 종이벽지는 자연적 감각 및 방음효과가 우수하다.
② 비닐벽지는 물청소가 가능하고 시공이 용이하며, 색상과 디자인이 다양하다.
③ 직물벽지는 벽지 표면을 코팅 처리함으로서 내오염, 내수, 내마찰성이 우수하다.
④ 초경벽지는 먼지를 많이 흡수하고 퇴색하기 쉽지만 단열 효과 및 통기성이 우수하다.

해설 비닐벽지(실크벽지)
  1) 질감이나 색상이 다양하고 방습효과가 뛰어나다.
  2) 물청소가 가능하고 시공이 용이하다.
  3) 비닐벽지는 발표벽지, 비닐실크벽지로 세분화한다.

제6과목 / 건설안전기술

101 로드(rod)·유압잭(jack) 등을 이용하여 거푸집을 연속적으로 이동시키면서 콘크리트를 타설할 때 사용되는 것으로 silo 공사 등에 적합한 거푸집은?

① 메탈폼
② 슬라이딩폼
③ 워플폼
④ 페코빔

해설 슬라이딩폼(sliding form) : 원형철판거푸집을 요크(yoke)로 서서히 끌어올리면서 연속적으로 콘크리트를 타설하는 수직활동 거푸집(사일로, 굴뚝 등에 사용)

102 가설통로의 구조에 관한 기준으로 옳지 않은 것은?

① 경사가 15°를 초과하는 경우에는 미끄러지지 아니하는 구조로 할 것
② 경사는 20° 이하로 할 것
③ 추락의 위험이 있는 장소에는 안전난간을 설치할 것
④ 수직갱에 가설된 통로의 길이가 15m 이상인 경우에는 10m 이내마다 계단참을 설치할 것

해설 **가설통로의 구조**(안전보건규칙) : 가설통로 설치시 준수사항
1) 견고한 구조로 할 것
2) 경사는 30°이하로 할 것(다만, 계단을 설치하거나 높이 2m 미만의 가설통로로서 튼튼한 손잡이를 설치한 때에는 그러하지 아니하다)
3) 경사가 15°를 초과하는 때에는 미끄러지지 않는 구조로 할 것
4) 추락의 위험이 있는 장소에는 안전난간을 설치할 것(작업상 부득이한 때에는 필요한 부분에 한하여 임시로 이를 해체할 수 있다)
5) 수직갱에 가설된 통로의 길이가 15m 이상인 때에는 10m 이내마다 계단참을 설치할 것
6) 건설공사에서 사용하는 높이 8m이상인 비계다리에는 7m 이내마다 계단을 설치할 것

103 타워크레인을 자립고(自立高)이상의 높이로 설치할 때 지지벽체가 없어 와이어로프로 지지하는 경우의 준수사항으로 옳지 않은 것은?

① 와이어로프롤 고정하기 위한 전용 지지프레임을 사용할 것
② 와이어로프 설치각도는 수평면에서 60°이내로 하되, 지지점은 4개소 이상으로 하고, 같은 각도로 설치할 것
③ 와이어로프와 그 고정부위는 충분한 강도와 장력을 갖도록 설치하되, 와이어로프를 클립·샤클(shackle) 등의 기구를 사용하여 고

정하지 않도록 유의할 것
④ 와이어로프가 가공전선(架空他線)에 근접하지 않도록 할 것

해설 **타워크레인을 와이어로프로 지지하는 경우 준수사항**(안전보건규칙 제142조 제③항)
1) 와이어로프를 고정하기 위한 전용 지지프레임을 사용할 것
2) 와이어로프 설치각도는 수평면에서 60도 이내로 하되, 지지점은 4개소 이상으로 하고, 같은 각도로 설치할 것
3) 와이어로프와 그 고정 부위는 충분한 강도와 장력을 갖도록 설치하고, 와이어로프를 클립·샤클(shackle) 등의 고정기구를 사용하여 견고하게 고정시켜 풀리지 아니하도록 하며, 사용 중에는 충분한 강도와 장력을 유지하도록 할 것
4) 와이어로프가 가공전선(架空電線)에 근접하지 않도록 할 것

104 동바리로 사용하는 파이프 서포트는 최대 몇 개 이상 이어서 사용하지 않아야 하는가?

① 2개
② 3개
③ 4개
④ 5개

해설 **동바리로 사용하는 파이프서포터의 설치 기준**
1) 파이프서포트를 3개 이상이어서 사용하지 아니하도록 할 것
2) 파이프서포트를 이어서 사용할 때에는 4개 이상의 볼트 또는 전용철물을 사용하여 이을 것
3) 높이가 3.5m를 초과하는 경우 높이 2m 이내마다 수평연결재를 2개 방향으로 만들고 수평연결재의 변위를 방지할 것

■ 정답 ■ 102.② 103.③ 104.②

105 다음 설명에 해당하는 안전대와 관련된 용어로 옳은 것은?(단, 보호구 안전인증 고시 기준)

> 신체지지의 목적으로 전신에 착용하는 띠 모양의 것으로서 상체 등 신체 일부분만 지지하는 것은 제외한다.

① 안전그네   ② 벨트
③ 죔줄   ④ 버클

해설 안전그네 : 신체지지의 목적으로 전신에 착용하는 띠모양의 부품

106 말비계를 조립하여 사용할 때의 준수사항으로 옳지 않은 것은?

① 지주부재의 하단에는 미끄럼 방지장치를 한다.
② 지주부재와 수평면과의 기울기는 75° 이하로 한다.
③ 말비계의 높이가 2m를 초과할 경우에는 작업발판의 폭을 30cm 이상으로 한다.
④ 지주부재와 지주부재 사이를 고정시키는 보조부재를 설치한다.

해설 말비계의 높이가 2m를 초과하는 경우에는 작업발판의 폭을 40cm 이상으로 할 것

107 양중기에 사용하는 와이어로프에서 화물의 하중을 직접 지지하는 달기와이어로프 또는 달기체인의 안전계수 기준은?

① 3이상   ② 4이상
③ 5이상   ④ 10이상

해설 와이어로프 등 달기구의 안전계수
  1) 근로자가 탑승하는 운반구를 지지하는 달기와이어로프 또는 달기체인의 경우 : 10이상
  2) 화물의 하중을 직접 지지하는 달기와이어로프 또는 달기체인의 경우 : 5이상

  3) 훅, 샤클, 클램프, 리프팅 빔의 경우 : 3이상
  4) 그밖의 경우 : 4이상

108 흙막이 지보공의 안전조치로 옳지 않은 것은?

① 굴착배면에 배수로 미설치
② 지하매설물에 대한 조사 실시
③ 조립도의 작성 및 작업순서 준수
④ 흙막이 지보공에 대한 조사 및 점검 철저

해설 ①항, 굴착배면에 배수로 미설치 : 흙막이 지보공 안전조치사항과 관련이 없다

109 흙막이 계측기의 종류 중 주변 지반의 변형을 측정하는 기계는?

① Tilt meter   ② Inclino meter
③ Strain gauge   ④ Load cell

해설 Inclino meter(경사계) : 흙막이 벽의 수평변위 측정기계

110 화물취급작업과 관련한 위험방지를 위해 조치하여야 할 사항으로 옳지 않은 것은?

① 작업장 및 통로의 위험한 부분에는 안전하게 작업할 수 있는 조명을 유지할 것
② 차량 등에서 화물을 내리는 작업을 하는 경우에 해당 작업에 종사하는 근로자에게 쌓여 있는 화물 중간에서 화물을 빼내도록 하지 말 것
③ 육상에서의 통로 및 작업장소로서 다리 또는 선거 갑문을 넘는 보도 등의 위험한 부분에는 안전난간 또는 울타리 등을 설치할 것
④ 부두 또는 안벽의 선을 따라 통로를 설치하는 경우에는 폭을 50cm 이상으로 할 것

해설 ④항, 부두 또는 안벽의 선을 따라 통로를 설치하는 경우에는 폭을 90cm 이상으로 할 것

■ 정답 ■   105.①   106.③   107.③   108.①   109.②   110.④

111 건설현장에 설치하는 사다리식 통로의 설치기준으로 옳지 않은 것은?

① 발판과 벽과의 사이는 15cm 이상의 간격을 유지할 것
② 발판의 간격은 일정하게 할 것
③ 사다리의 상단은 걸쳐놓은 지점으로부터 60cm 이상 올라가도록 할 것
④ 사다리식 통로의 길이가 10m 이상인 경우에는 3m 이내마다 계단참을 설치할 것

해설 사다리식 통로의 길이가 10m 이상인 경우에는 5m 이내마다 계단참을 설치할 것

112 철골 작업 시 기상조건에 따라 안전상 작업을 중지하여야 하는 경우에 해당되는 기준으로 옳은 것은?

① 강우량이 시간당 5mm 이상인 경우
② 강우량이 시간당 10 mm 이상인 경우
③ 풍속이 초당 10m 이상인 경우
④ 강설량이 시간당 20mm 이상인 경우

해설 철골작업을 중지해야 할 기상조건
1) 풍속 : 10m/sec 이상
2) 강우량 : 1mm/hr 이상
3) 강설량 : 1cm/hr 이상

113 공정율이 65%인 건설현장의 경우 공사 진척에 따른 산업안전보건관리비의 최소 사용 기준으로 옳은 것은?

① 40% 이상　　② 50% 이상
③ 60% 이상　　④ 70% 이상

해설 공사진척에 따른 안전관리비 사용기준

공정률	50%이상 70%미만	70%이상 90%미만	90%이상
사용기준	50%이상	70%이상	90%이상

114 항타기 또는 항발기의 권상용 와이어로프의 사용금지기준에 해당하지 않는 것은?

① 이음매가 없는 것
② 지름의 감소가 공칭지름의 7%를 초과하는 것
③ 꼬인 것
④ 열과 전기충격에 의해 손상된 것

해설 항타기, 항발기의 권상용와이어로프의 사용금지사항
1) 이음매가 있는 것
2) 와이어로프의 한꼬임에서 끊어진 소설의 수가 10% 이상인 것
3) 지름의 감소가 공정지름의 7%를 초과하는 것
4) 꼬인 것
5) 심하게 변형되거나 부식된 것
6) 열과 전기충격에 의해 손상된 것

115 설치·이전하는 경우 안전인증을 받아야 하는 기계·기구에 해당되지 않는 것은?

① 크레인　　② 리프트
③ 곤돌라　　④ 고소작업대

해설 1) 설치, 이전하는 경우 안전인증을 받아야하는 기계 기구
① 크레인
② 리프트
③ 곤돌라
2) 주요 구조부분을 변경하는 경우 안전인증을 받아야 하는 기계 기구
① 프레스
② 전단기 및 절곡기
③ 크레인
④ 리프트
⑤ 압력용기
⑥ 롤러기
⑦ 사출성형기
⑧ 고소작업대
⑨ 곤돌라
⑩ 기계톱

116 터널공사의 전기발파작업에 관한 설명으로 옳지 않은 것은?

① 전선은 점화하기 전에 화약류를 충진한 장소로부터 30m 이상 떨어진 안전한 장소에서 도통시험 및 저항시험을 하여야 한다.
② 점화는 충분한 허용량을 갖는 발파기를 사용하고 규정된 스위치를 반드시 사용하여야 한다.
③ 발파 후 발파기와 발파모선의 연결을 유지한 채 그 단부를 절연시킨다.
④ 점화는 선임된 발파책임자가 행하고 발파기의 핸들을 점화할 때 이외는 시건장치를 하거나 모선을 분리하여야 하며 발파책임자의 엄중한 관리하에 두어야 한다.

해설 ③항, 발파 후 즉시 발파모선을 발파기로부터 분리하고 그 단부를 절연시킨 후 재점화가 되지 않도록 하여야 한다.

117 건설업의 산업안전보건관리비 사용항목에 해당되지 않는 것은?

① 안전시설비
② 근로자 건강관리비
③ 운반기계 수리비
④ 안전진단비

해설 안전관리비의 사용항목
1) 안전관리자등의 인건비 및 각종업무수당
2) 안전시설비
3) 개인보호구 및 안전장구 구입비
4) 사업장의 안전진단비
5) 안전보건교육비 및 행사비
6) 근로자의 건강관리비
7) 건설재해예방 기술지도비
8) 본사 사용비

118 거푸집동바리 등을 조립 또는 해체하는 작업을 하는 경우의 준수사항으로 옳지 않은 것은?

① 재료, 기구 또는 공구 등을 올리거나 내리는 경우에는 근로자로 하여금 달줄·달포대 등의 사용을 금하도록 할 것
② 낙하·충격에 의한 돌발적 재해를 방지하기 위하여 버팀목을 설치하고 거푸집동바리등을 인양장비에 매단 후에 작업을 하도록 하는 등 필요한 조치를 할 것
③ 비, 눈, 그 밖의 기상상태의 불안정으로 날씨가 몹시 나쁜 경우에는 그 작업을 중지할 것
④ 해당 작업을 하는 구역에는 관계 근로자가 아닌 사람의 출입을 금지할 것

해설 ①항, 재료 기구 또는 공구 등을 올리거나 내리는 경우에는 근로자로 하여금 달줄 또는 달포대 등을 사용하도록 할 것

119 차량계 하역운반기계 등에 화물을 적재하는 경우에 준수해야 할 사항으로 옳지 않은 것은?

① 하중이 한쪽으로 치우치도록 하여 공간상 효율적으로 적재할 것
② 구내운반차 또는 화물자동차의 경우 화물의 붕괴 또는 낙하에 의한 위험을 방지하기 위하여 화물에 로프를 거는 등 필요한 조치를 할 것
③ 운전자의 시야를 가리지 않도록 화물을 적재할 것
④ 화물을 적재하는 경우 최대적재량을 초과하지 않을 것

해설 ①항, 하중이 한쪽으로 치우치지 않도록 적재할 것

120 유해·위험방지계획서 첨부서류에 해당
되지 않는 것은?

① 안전관리를 위한 교육자료
② 안전관리 조직표
③ 건설물, 사용 기계설비 등의 배치를 나타내
   는 도면
④ 재해 발생 위험 시 연락 및 대피

해설 유해 위험방지계획서 첨부서류
　1) 공사개요 및 안전보건관리계획
　　① 공사개요서(별지 제45호 서식)
　　② 공사현장의 주변 현황 및 주변과의 관계
　　　를 나타내는 도면(매설물 현황을 포함한
　　　다)
　　③ 건설물, 사용 기계설비 등의 배치를 나타
　　　내는 도면
　　④ 전체공정표
　　⑤ 산업안전보건관리비 사용계획(별지 제
　　　46호 서식)
　　⑥ 안전관리 조직표
　　⑦ 재해발생위험시 연락 및 대피방법
　2) 작업공사 종류별 유해, 위험방지계획

제1과목 / 산업안전관리론

01 산업안전보건법령상 안전검사 대상 유해·위험 기계 등이 아닌 것은?

① 압력용기
② 원심기(산업용)
③ 국소 배기장치(이동식)
④ 크레인(정격 하중이 2톤 이상인 것)

[해설] 안전검사 대상 유해·위험기계·기구·설비 등
1) 프레스
2) 전단기
3) 크레인(이동식 크레인과 정격하중 2톤 미만인 호이스트는 제외)
4) 리프트
5) 압력용기
6) 곤돌라
7) 국소배기장치(이동식은 제외)
8) 원심기(산업용에 한정)
9) 롤러기(밀폐형 구조는 제외)
10) 사출성형기[형 체결력 294 킬로뉴톤(kN)미만은 제외]
11) 고소작업대(화물자동차 또는 특수자동차에 탑재한 고소작업대로 한정)
12) 컨베이어
13) 산업용 로봇

02 산업안전보건법령상 고용노동부장관이 사업주에게 안전·보건진단을 받아 안전보건개선계획을 수립·제출하도록 명할 수 있는 사업장의 기준 중 틀린 것은?

① 작업환경 불량, 화재·폭발 또는 누출사고 등으로 사회적 물의를 일으킨 사업장
② 산업재해율이 같은 업종 평균 산업재해율의 2배 이상인 사업장
③ 사업주가 안전·보건조치의무를 이행하지 아니하여 중대재해가 발생한 사업장
④ 상시 근로자 1천명 이상 사업장의 경우 직업병에 걸린 사람이 연간 2명 이상 발생한 사업장

[해설] 안전·보건진단을 받아 안전보건개선계획을 수립해야 할 대상사업장
1) 사업주가 필요한 안전조치·보건조치를 이행하지 아니하여 중대재해가 발생한 사업장
2) 산업재해발생률이 같은 업종 평균 산업재해발생률의 2배 이상인 사업장
3) 직업병 질병자가 연간 2명 이상(상시 근로자 1,000명 이상 사업장의 경우는 3명 이상) 발생한 사업장
4) 작업환경불량, 화재·폭발 또는 누출사고 등으로 사업장 주변까지 피해가 확산된 사업장으로서 고용노동부령으로 정하는 사업장

> **[길잡이]** 안전보건개선계획 수립대상사업장
> 1) 산업재해율이 같은 업종의 규모별 평균 산업재해율보다 높은 사업장
> 2) 사업주가 안전보건조치 의무를 이행하지 아니하여 중대재해가 발생한 사업장
> 3) 유해인자의 노출기준을 초과한 사업장
> 4) 대통령령으로 정하는 수 이상의 직업성 질병자가 발생한 사업장

■ 정답 ■ 01.③ 02.④

길잡이 안전보건개선계획에 포함되는 내용
1) 시설
2) 안전 · 보건관리체계
3) 안전 · 보건교육
4) 산업재해예방 및 작업환경의 개선을 위하여 필요한 사항

03 산업안전보건법령상 다음 그림에 해당하는 안전·보건표지의 명칭으로 옳은 것은?

① 접근금지　　② 이동금지
③ 보행금지　　④ 출입금지

해설 보행금지 : 사람이 걸어다녀서는 안될 장소

04 100인 이하의 소규모 사업장에 적합한 안전보건관리조직의 형태는?

① 라인(Line)형
② 스탭(Staff)형
③ 라운드(Round)형
④ 라인-스탭(Line-Staff)의 복합형

해설 안전관리 조직의 형태
1) 라인형
① 생산 또는 현장라인(line)에서 생산 및 안전업무를 동시에 실시하는 조직형태이다.
② 100명 이하의 소규모 사업장에 적합
2) 스탭형
① 안전관리를 담당하는 스탭(안전담당참모진)을 두고 안전관리에 관한 계획, 조사, 검토, 보고 등을 행하는 조직 형태이다.
② 100명 이상 500명(또는 1000명) 미만의 중규모 사업장에 적합
3) 라인 · 스탭 혼합형
① 안전업무를 전담하는 스탭부분을 두고 생산라인에도 안전을 전담하는 관리감독자를 두

어서 안전계획 및 안전대책은 스탭진에서 기획하고, 이것을 생산라인을 통하여 실시하도록 한 형태이다.
② 1000명 이상의 대규모 사업장에 적합

05 위험예지훈련의 4라운드 기법에서 문제점을 발견하고 중요 문제를 결정하는 단계는?

① 현상파악　　② 본질추구
③ 목표설정　　④ 대책수립

해설 위험예지훈련의 4Round
1) **1R-현상파악** : 잠재위험요인을 발견하는 단계 (BS적용)
2) **2R-본질추구** : 가장 위험한 요인(위험 포인트)을 합의로 결정하는 단계
3) **3R-대책수립** : 구체적인 대책을 수립하는 단계(BS적용)
4) **4R-행동목표 설정** : 행동계획을 정하고 수립한 대책 가운데서 질이 높은 항목에 합의하는 단계(요약)

06 산업안전보건법령상 안전관리자가 수행하여야 할 업무가 아닌 것은?

① 안전·보건에 관한 노사협의체에서 심의·의결한 업무
② 해당 사업장 안전교육계획의 수립 및 안전교육 실시에 관한 보좌 및 조언·지도
③ 산업재해에 관한 통계의 유지·관리·분석을 위한 보좌 및 조언·지도
④ 지휘 · 감독하는 작업과 관련된 기계·기구 또는 설비의 안전·보건 점검 및 이상 유무의 확인

해설 안전관리자의 직무내용
1) 산업안전보건위원회 또는 안전보건에 관한 노사협의체에서 심의 · 의결한 직무와 당해 사업장의 안전보건관리규정 및 취업규칙에 정한 직무
2) 안전인증대상기계 · 기구 등과 자율안전확인대상기계 · 기구 등의 구입시 적격품의 선정

에 관한 보좌 및 조언·지도

3) 해당 사업장 안전교육계획의 수립 및 안전 교육 실시에 관한 보좌 및 조언·지도

4) 사업장 순회점검, 지도 및 조치의 건의

5) 산업재해 발생의 원인조사 분석 및 재발방 지를 위한 기술적 보좌 및 조언·지도

6) 산업재해에 관한 통계의 유지·관리·분석 을 위한 보좌 및 조언·지도(안전 분야에 한 함)

7) 법 또는 법에 따른 명령으로 정한 안전에 관 한 사항의 이행에 관한 보좌 및 조언·지도

8) 위험성 평가에 따른 보좌 및 조언·지도

9) 업무수행 내용의 기록·유지

10) 그 밖에 안전에 관한 사항으로서 고용노동 부 장관이 정하는 사항

07 물체의 낙하 또는 비래에 의한 위험을 방 지 또는 경감하고, 머리부위 감전에 의한 위험 을 방지하기 위한 안전모의 종류(기호)로 옳은 것은?

① A   ② AE

③ AB   ④ ABE

해설 안전모의 종류

1) AB형 : 낙하 및 비래, 추락 방지용

2) AE형 : 낙하 및 비래, 감전 방지용

3) ABE형 : 낙하 및 비래(A), 추락(B), 감전(E) 방 지형

08 연평균 200명의 근로자가 작업하는 사업 장에서 연간 3건의 재해가 발생하여 사망이 1 명, 50일의 요양이 필요한 인원이 1명 있었다 면 이때의 강도율은?

① 13.61   ② 15.71

③ 17.61   ④ 19.71

해설   강도율 $= \dfrac{\text{근로손실일수}}{\text{연근로시간수}} \times 1000$

$= \dfrac{7500 + \left(50 \times \dfrac{300}{365}\right)}{200 \times 2400} \times 1000 = 15.71$

09 재해사례연구의 주된 목적 중 틀린 것 은?

① 재해요인을 체계적으로 규명하여 이에 대한 대책을 세우기 위함

② 재해요인을 조사하여 책임 소자를 명확히 하기 위함

③ 재해 방지의 원칙을 습득해서 이것을 일상 안전 보건활동에 실천하기 위함

④ 참가자의 안전보건활동에 관한 견해나 생각 을 깊게 하고, 태도를 바꾸게 하기 위함

해설 재해사례연구의 주된 목적

1) ①, ③, ④항

2) 책임추궁보다 재해의 재발방지를 위함

10 하인리히의 재해손실비의 평가방식에 있 어서 간접비에 해당하지 않는 것은?

① 사망 시 장의비용

② 신규직원 섭외비용

③ 재해로 인한 본인의 시간손실비용

④ 시설복구로 소비된 재산손실비용

해설 사망시 장의비용(120일) : 직접비

> **길잡이** 하인리히의 재해손실비
>
> ∴ 총재해 cost=직접비+간접비
>   (직접비 : 간접비=1 : 4)
>
> 1) **직접비** : 법령으로 정한 피해자에게 지급되 는 산재보상비(휴업보상비, 장해보상비, 요양보상비, 장의비, 유족보상비, 상병보 상연금 등)
>
> 2) **간접비** : 재산손실, 생산중단 등에 의해 기 업이 입은 손실로서 정확한 산출이 어려운 때에는 직접비의 4배로 산정하여 계산한 다. (인적손실, 물적손실, 생산손실, 기타 손실)

11 작업자가 불안전한 작업대에서 작업 중 추락하여 지면에 머리가 부딪혀 다친 경우의 기인물과 가해물로 옳은 것은?

① 기인물 – 지면, 가해물 – 작업대
② 기인물 – 지면, 가해물 – 지면
③ 기인물 – 작업대, 가해물 – 작업대
④ 기인물 – 작업대, 가해물 – 지면

해설 1) **기인물** : 불안전한 상태에 있는 물체·환경 등(작업대)
   2) **가해물** : 직접 사람에게 접촉되어 위해를 가한 물체 등(지면)

12 재해예방의 4원칙에 대한 설명으로 틀린 것은?

① 재해발생에는 반드시 손실을 수반한다.
② 재해의 발생은 반드시 그 원인이 존재한다.
③ 재해예방을 위한 가능한 안전대책은 반드시 존재한다.
④ 재해는 원칙적으로 원인만 제거되면 예방이 가능하다.

해설 **재해예방 4원칙**
   1) **손실우연의 원칙** : 사고로 인한 손실(상해)의 종류 및 정도는 유연적이다.
   2) **원인 연계의 원칙** : 재해 발생은 반드시 원인이 있다.
   3) **예방 가능의 원칙** : 사고는 예방이 가능하다.
   4) **대책 선정의 원칙** : 사고예방을 위한 안전대책이 선정되고 적용되어야 한다.

13 산업안전보건법상 산업안전보건위원회의 심의·의결사항이 아닌 것은?

① 안전보건관리규정의 작성 및 변경에 관한 사항
② 작업환경측정 등 작업환경의 점검 및 개선에 관한 사항
③ 사업장 경영체계 구성 및 운영에 관한 사항

④ 유해하거나 위험한 기계·기구와 그 밖의 설비를 도입한 경우 안전·보건조치에 관한 사항

해설 **산업안전보건위원회의 심의 · 의결사항**
   1) ①, ②, ④항
   2) 산업재해 예방계획의 수립에 관한 사항
   3) 근로자의 안전 · 보건 교육에 관한 사항
   4) 근로자의 건강진단 등 건강관리에 관한 사항
   5) 중대재해의 원인조사 및 재발방지대책 수립에 관한 사항

14 재해사례연구의 진행단계로 옳은 것은?

① 재해상황의 파악→사실의 확인→문제점의 발견→근본적 문제점의 결정→대책수립
② 재해상황의 파악→문제점의 발견→근본적 문제점의 결정→사실의 확인→대책수립
③ 문제점의 발견→재해상황의 파악→근본적 문제점의 결정→사실의 확인→대책수립
④ 문제점의 발견→재해상황의 파악→사실의 확인→근본적 문제점의 결정→대책수립

해설 **재해사례연구의 진행단계**
   1) **전제조건** : 재해상황의 파악
   2) **1단계-사실의 확인** : 사례의 해결에 필요한 정보를 정확히 파악한다.
   3) **2단계-문제점의 발견** : 사실에서 판단하고 기준에서 벗어난 문제점을 발견한다.
   4) **3단계-근본적 문제점의 결정** : 문제점 가운데 재해의 중심이 된 근본적 문제점을 결정하고 다음으로 재해원인을 결정한다.
   5) **4단계-대책수립** : 사례를 해결하기 위해 대책을 세운다.

15 점검시기에 따른 안전점검의 종류가 아닌 것은?

① 정기점검   ② 수시점검
③ 임시점검   ④ 특수점검

해설 **안전점검의 종류**
   1) **수시점검** : 작업 전, 중, 후에 실시하는 점검

2) **정시점검** : 일정기간마다 정기적으로 실시하는 점검

3) **임시점검** : 이상 발견 시 임시로 실시하거나 정기점검과 정기점검 사이에 실시하는 점검

4) **특별점검**
① 기계·기구 및 설비의 신설시·변경시 및 수리시 등 실시
② 천재지변 발생 후 실시
③ 안전강조 기간 내 실시

16 무재해운동의 기본이념 3원칙이 아닌 것은?

① 무의 원칙
② 관리의 원칙
③ 참가의 원칙
④ 선취의 원칙

해설 **무재해운동 기본 이념의 3원칙**

1) **무의 원칙** : 직장 내의 모든 잠재 위험요인을 사전에 발견, 파악, 제거함으로서 근원적으로 산업재해를 없애는 것

2) **선취(해결)의 원칙** : 무재해와 무질병의 직장을 실현하기 위하여 직장의 위험요인을 행동하기 전에 발견, 파악, 해결함으로서 재해발생을 사전에 예방하거나 방지하는 것

3) **참가의 원칙** : 잠재적 위험요인을 제거하는 데 노사 전원이 참가하여 각자의 입장에서 적극적으로 스스로의 직무를 수행함과 동시에 문제해결의 행동을 실천하자는 것

17 사고의 용어 중 Near Accident에 대한 설명으로 옳은 것은?

① 사고가 일어나더라도 손실을 수반하지 않은 경우

② 사고가 일어날 경우 인적재해가 발생하 는 경우

③ 사고가 일어날 경우 물적재해가 발생하 는 경우

④ 사고가 일어나더라도 일정 비용 이하의 손실만 수반하는 경우

해설 **Near accident(무해상 무사고)**

1) 사고가 일어나더라도 인명이나 물적 등 일체의

피해가 없는 사고
2) 앗차사고, 위험순간 등의 사고

18 버드의 재해구성 비율 이론에 따라 중상이 5건 발생한 경우 경상이 발생할 건수는?

① 150
② 145
③ 100
④ 50

해설 1) **버드의 재해구성비율**

중상 또는 폐질 : 경상 : 무상해사고 : 무상해 무사고 = 1 : 10 : 36 : 600

2) 중상 : 경상 = 1 : 10

$$경상 = 중상 \times \frac{10}{1} = 5 \times \frac{10}{1} = 50 일$$

19 산업안전보건법령상 사업장의 산업재해 발생건수, 재해율 또는 그 순위를 공표할 수 있는 공표대상 사업장의 기준 중 틀린 것은? (단, 고용노동부장관이 산업재해를 예방하기 위하여 필요하다고 인정할 때이다.)

① 중대산업사고가 발생한 사업장

② 산업재해의 발생에 관한 보고를 최근 3년 이내 2회 이상 하지 않은 사업장

③ 중대재해가 발생한 사업장으로서 해당 중대재해 발생연도의 연간 산업재해율이 규모별 같은 업종의 평균 재해율 이상인 사업장 중 상위 20% 이내에 해당되는 사업장

④ 산업재해로 연간 사망재해자가 2명 이상 발생한 사업장으로서 사망만인율이 규모별 같은 업종의 평균 사망만인율 이상인 사업장

해설 **공표대상 사업장(시행령 제8조의4)**

1) 연간산업재해율이 규모별 같은 업종의 평균 재해율 이상인 사업장 중 상위 10% 이내에 해당되는 사업장

2) 산업재해로 연간 사망재해자가 2명 이상 발생한 사업장으로서 사망만인율(연간 상시

근로자가 1만 명당 발생하는 사망자수)이 규모별 같은 업종의 평균사망만인율 이상인 사업장

3) 산업재해의 발생에 관한 보고를 최근 3년 이내 2회 이상 하지 않은 사업장

4) 중대산업사고가 발생한 사업장

[주] 중대산업사고 : 유해·위험설비로부터의 위험물질 누출, 화재, 폭발 등으로 인하여 사업장 내의 근로자에게 즉시 피해를 주거나 사업장 인근지역에 피해를 줄 수 있는 사고

20 산업안전보건법령상 안전보건관리규정의 작성대상 사업의 사업주는 안전보건 관리규정을 작성하여야 할 사유가 발생 한 날부터 며칠 이내에 안전보건관리규정의 세부 내용을 포함한 안전보건관리 규정을 작성하여야 하는가?

① 10

② 15

③ 20

④ 30

해설 **안전보건관리규정의 작성 시기** : 안전보건관리규정을 작성하여야 할 사유가 발생한 날부터 30일 이내에 안전보건관리규정의 세부내용(시행규칙 별표 6의3)을 포함한 안전보건관리규정을 작성하여야 한다.

제2과목 / 산업심리 및 교육

---

21 부주의에 의한 사고방지대책 중 정신적 대책과 가장 거리가 먼 것은?

① 적성배치

② 주의력 집중훈련

③ 표준작업의 습관화

④ 스트레스 해소 대책

해설 **표준작업의 습관화** : 산업심리 및 교육

22 교육훈련 지도방법의 4단계 순서로 맞는 것은?

① 도입→제시→적용→확인

② 제시→도입→적용→확인

③ 적용→제시→도입→확인

④ 도입→적용→확인→제시

해설 **교육법 4단계**

1) **제1단계-도입(준비)** : 배우고자 하는 마음가짐을 일으키도록 도입한다.

2) **제2단계-제시(설명)** : 상대의 능력에 따라 교육하고 내용을 확실하게 이해시키고 납득시켜 다시 기능으로서 습득시킨다.

3) **제3단계-적용(응용)** : 이해시킨 내용을 구체적인 문제 또는 실제 문제로 활용시키거나 응용시킨다.

4) **제4단계-확인(총괄)** : 교육내용을 정확하게 이해하고 습득하였는지의 여부를 확인한다.

23 착오의 원인에 있어 인지과정의 착오에 속하는 것은?

① 합리화의 부족

② 환경조건 불비

③ 작업자의 기능 미숙

④ 생리적·심리적 능력의 부족

해설 **착오요인(대뇌의 휴먼에러)**

1) **인지과정 착오**
   ① 생리, 심리적 능력의 한계
   ② 정보량 저장능력의 한계
   ③ 감각차단현상
   ④ 정서불안정(공포, 불안, 불만)

2) **판단과정 착오**
   ① 능력부족
   ② 정보부족
   ③ 자기합리화
   ④ 환경조건의 불비

3) **조치과정 착오** : 기술부족

24 인간의 심리 중에는 안전수단이 생략되어 불안전 행위를 나타내는 경우가 있다. 안전수단이 생략되는 경우가 아닌 것은?

① 작업규율이 엄할 때
② 의식과잉이 있을 때
③ 주변의 영향이 있을 때
④ 피로하거나 과로했을 때

해설 작업규율이 엄할 때는 안전수단이 생략될 수 없다.

25 허츠버그(Herzberg)의 2요인 이론 중 동기요인(motivator)에 해당하지 않는 것은?

① 성취　　　　② 작업 조건
③ 인정　　　　④ 작업 자체

해설 허즈버그(Herzberg)의 2요인
　1) **위생요인** : 기업정책, 개인 상호간의 관계(친교, 대인관계), 감독형태, 작업조건, 임금(급료), 보수지위, 안전 등 직무환경에 관계된 곳
　2) **동기요인** : 성취감, 안정감, 도전감, 책임감, 성장과 발전, 기업자체 등 직무내용(일의 내용)에 관한 것

26 지도자(leader)의 권한 중 지도자 자신에 의해 생성되는 권한은?

① 보상적 권한　　② 합법적 권한
③ 강압적 권한　　④ 전문성의 권한

해설 지도자의 권한
　1) **조직이 지도자에게 부여한 권한**
　　① **보상적 권한** : 지도자가 부하들에게 보상할 수 있는 능력으로 인해 부하직원들을 통제할 수 있으며 부하들의 행동에 대해 영향을 끼칠 수 있는 권한이다.
　　② **강압적 권한** : 부하직원들을 처벌할 수 있는 권한이다.
　　③ **합법적 권한** : 조직의 규정에 의해 지도자의 권한이 공식화된 것을 말한다.
　2) **지도자 자신이 자신에게 부여한 권리** : 부하직

원들이 지도자를 존경하며 자진해서 따르는 것이다.
　① **전문성의 권한** : 지도자가 목표수행에 필요한 전문적인 지식을 갖고 업무수행을 하므로 부하직원들이 자발적으로 지도자를 따르게 된다.
　② **위임된 권한** : 집단의 목표를 성취하기 위해 부하직원들이 지도자가 정한 목표를 자진해서 자신의 것으로 받아들여 지도자와 함께 일하는 것이다.

27 직무동기 이론 중 기대이론에서 성과를 나타냈을 때 보상이 있을 것이라는 수단성을 높이려면 유의해야 할 점이 있는데, 이에 해당되지 않는 것은?

① 보상의 약속을 철저히 지킨다.
② 신뢰할만한 성과의 측정방법을 사용한다.
③ 보상에 대한 객관적인 기준을 사전에 명확히 제시한다.
④ 직무수행을 위한 충분한 정보와 자원을 공급받는다.

해설 **기대이론** : 구성원 개인의 동기부여(motivation)의 강도를 성과에 대한 기대와 성과의 유의성에 의해 설명하는 이론으로 가치이론이라고도 한다.

28 생체리듬과 피로에 관한 설명 중 틀린 것은?

① 생체상의 변화는 하루 중에 일정한 시간간격을 두고 교환된다.
② 인간의 생체리듬은 낮에는 체온, 혈압, 맥박수 등이 상승하고 밤에는 저하된다.
③ 생체리듬에서 중요한 점은 낮에는 신체활동이 유리하며, 밤에는 휴식이 더욱 효율적이라는 것이다.
④ 몸이 흥분한 상태일 때는 부교감신경이 우세하고 수면을 취하거나 휴식을 할 때는 교감신경이 우세하다.

■ 정답 ■　24.①　25.②　26.④　27.④　28.④

해설 1) 몸이 흥분한 상태일 때는 교감신경이 우세하고 수면을 취하거나 휴식을 할 때는 부교감신경이 우수하다.
2) **교감신경과 부교감신경** : 자신의 의지와는 상관없이 움직이는 신장운동, 호흡운동 등을 계속하는데 필요한 기능을 조절하는 것은 자율신경이며 자율신경 가운데 이러한 움직임을 쉬게 하는 것이 부교감신경이며 활성화시키는 것은 교감신경이다.

29 참가자 앞에서 소수의 전문가들이 과제에 관한 견해를 발표하고 토론한 뒤 참가자 전원이 참가하여 사회자의 사회에 따라 토의하는 방법은?

① 포럼   ② 심포지엄
③ 패널 디스커션   ④ 버즈 세션

해설 토의식의 종류
1) forum(공개토론회) : 새로운 자료나 교재를 제시하고 거기서의 문제점을 피교육자로 하여금 제기케 하거나 의견을 여러 가지 방법으로 발표하게 하여 다시 깊이 파고들어 토의를 행하는 방법
2) symposium : 몇 사람의 전문가에 의하여 과제에 관한 견해를 발표한 뒤 참가자로 하여금 의견이나 질문을 하게 하여 토의하는 방법
3) panel discussion : 패널 맴버(교육과제에 정통한 전문가 4~5명)가 피교육자 앞에서 자유로이 토의하고 뒤에 피교육자 전원이 참가하여 사회자의 사회에 따라 토의하는 방법
4) 버즈세션(buzz session) : 6-6 회의라고도 하며, 먼저 사회자와 기록계를 선출한 후 나머지 사람은 6명씩의 소집단으로 구분하고, 소집단별로 각각 사회자를 선발하여 6분씩 자유토의를 행하여 의견을 종합하는 방법

30 맥그리거(Douglas Mcgregor)의 X·Y이론에서 Y이론에 관한 설명으로 틀린 것은?

① 인간은 서로 신뢰하는 관계를 가지고 있다.
② 인간은 문제해결에 많은 상상력과 재능이 있다.
③ 인간은 스스로의 일을 책임하에 자주적으로 행한다.
④ 인간은 원래부터 강제 통제하고 방향을 제시할 때 적절한 노력을 한다.

해설 맥그리거의 X·Y이론

X이론	Y이론
1) 인간 불신감	1) 상호신뢰감
2) 성악설	2) 성선설
3) 인간은 본래 게으르고 태만하여 남의 지배받기를 즐긴다.	3) 인간은 부지런하고 근면, 적극적이며 자주적이다.
4) 물질욕구 (저차적 욕구)	4) 정신욕구 (고차적 욕구)
5) 명령통제에 의한 관리	5) 목표통합과 자기 통제에 의한 자율관리
6) 저개발국형	6) 선진국형

31 Skinner의 학습이론은 강화이론이라고 한다. 강화에 대한 설명으로 틀린 것은?

① 처벌은 더 강한 처벌에 의해서만 그 효과가 지속되는 부작용이 있다.
② 부분강화에 의하면 학습은 서서히 진행되지만, 빠른 속도로 학습효과가 사라진다.
③ 부적강화란 반응 후 처벌이나 비난 등의 해로운 자극이 주어져서 반응발생율이 감소하는 것이다.
④ 정적강화란 반응 후 음식이나 칭찬 등의 이로운 자극을 주었을 때 반응발생율이 높아지는 것이다.

해설 부분강화 : 원하는 반응 중 일부만 강화하는 절차로서 그 반응을 계속 유지시키는데 연속강화보다 효과적이다.

32 인간이 환경을 지각(perception)할 때 가장 먼저 일어나는 요인은?

① 해석   ② 기대
③ 선택   ④ 조직화

해설 선택 : 인간이 환경을 지각할 대 가장 먼저 일어나는 요인이다.

33 다음 설명에 해당하는 안전교육방법은?

[다음]
ATP라고도 하며, 당초 일부 회사의 톱 매니지먼트(top management)에 대하여만 행하여졌으나, 그 후 널리 보급되었으며, 정책의 수립, 조직, 통제 및 운영 등의 교육내용을 다룬다.

① TWI(Training Within Industry)
② CCS(Civil Communication Section)
③ MTP(Management Training Program)
④ ATT(American Telephone Telegram Co.)

해설 CCS(Civil Communication Section) : ATP라고도 함
  1) **교육대상** : 당초 일부회사의 톱 매니지먼트에 대해서만 행하였던 것이 널리 보급 됨
  2) **교육내용** : 정책의 수립, 조직, 통제 및 운영 등
  3) **교육방법** : 강의법+토의법, 매주 4일, 4시간씩 8주간(합계128시간) 실시

34 교육 전용 시설 또는 그 밖에 교육을 실시하기에 적합한 시설에서 실시하는 교육 방법은?

① 집합교육
② 통신교육
③ 현장교육
④ on-line 교육

해설 집합교육 : 본문설명

35 새로운 자료나 교재를 제시하고 문제점을 피교육자로 하여금 제기하게 하거나 그것에 관한 피교육자의 의견을 여러 가지 방법으로 발표하게 하고, 청중과 토론자간에 활발한 의견 개진과 충돌로 바람직한 합의를 토출혜내는 교육 실시 방법은?

① 포럼(Forum)
② 심포지엄(Symposium)
③ 패널 디스커션(Panel Discussion)
④ 자유토의법(Free Discussion Method)

해설 문제29 해설 참조

36 조직에 있어 구성원들의 역할에 대한 기대와 행동은 항상 일치하지는 않는다. 역할 기대와 실제 역할 행동 간에 차이가 생기면 역할 갈등이 발생하는데, 역할 갈등의 원인으로 가장 거리가 먼 것은?

① 역할 마찰
② 역할 민첩성
③ 역할 부적합
④ 역할 모호성

해설 역할 갈등의 원인
  1) 역할 마찰
  2) 역할 부적합
  3) 역할 모호성

37 안전보건교육을 향상시키기 위한 학습지도의 원리에 해당되지 않는 것은?

① 통합의 원리
② 동기유발의 원리
③ 개별화의 원리
④ 자기활동의 원리

해설 학습지도의 원리
  1) 자기활동의 원리
  2) 개별화의 원리
  3) 사회화의 원리
  4) 통합의 원리
  5) 직관의 원리

■ 정답 ■ 33.② 34.① 35.① 36.② 37.②

38 O.J.T(On the Job Training)의 장점이 아닌 것은?

① 직장의 실정에 맞게 실제적 훈련이 가능하다.
② 대상자의 개인별 능력에 따라 훈련의 진도를 조정하기가 쉽다.
③ 교육훈련 대상자가 교육훈련에만 몰두할 수 있어 학습효과가 높다.
④ 교육을 통한 훈련효과에 의해 상호신뢰 이해도가 높아진다.

해설 OJT와 off-JT의 특징

OJT	off-JT
① 개개인에게 적합한 지도훈련을 할 수 있다.	① 다수의 근로자에게 조직훈련이 가능하다.
② 직장의 실정에 맞는 실제적 훈련을 할 수 있다.	② 훈련에만 전념하게 된다.
③ 훈련에 필요한 업무의 계속성이 끊어지지 않는다.	③ 특별설비 기구를 이용할 수 있다.
④ 즉시 업무에 연결되는 관계로 신체와 관련이 있다.	④ 전문가를 강사로 초청할 수 있다.
⑤ 효과가 곧 업무에 나타나며 훈련의 좋고 나쁨에 따라 개선이 용이하다.	⑤ 각 직장의 근로자가 많은 지식이나 경험을 교류할 수 있다.
⑥ 교육을 통한 훈련 효과에 의해 상호신뢰 이해도가 높아진다.	⑥ 교육 훈련 목표에 대해서 집단적 노력이 흐트러질 수 있다.

39 상황성 누발자의 재해유발원인으로 가장 적절한 것은?

① 소심한 성격
② 주의력의 산만
③ 기계설비의 결함
④ 침착성 및 도덕성의 결여

해설 사고경향성자의 유형
1) **상황성 누발자** : 작업의 어려움, 기계설비의 결함, 환경상 주의력의 집중곤란, 심신의 근심 등 때문에 재해유발
2) **소질성 누발자** : 재해의 소질적 요인(주의력 산만, 도덕성 결여, 감각운동 부적합 등) 때문에 재해유발
3) **습관성 누발자** : 재해의 경험으로 겁쟁이가 되거나 신경과민이 되어 재해를 유발하거나 슬럼프 상태에 빠져서 재해유발
4) **미숙성 누발자** : 기능미숙, 환경에 익숙하지 못하기 때문에 재해유발

40 시간 연구를 통해서 근로자들에게 차별성 과급제를 적용하면 효율적이라고 주장한 과학적 관리법의 창시자는?

① 게젤(A.L.Gesell)
② 테일러(F.Taylor)
③ 웨슬리(D.Wechsler)
④ 샤인(Edgar H. Schein)

해설 테일러(F·Taylon) : 과학적인 방법에 의해 전 생산과정을 최소단위로 분해하여 각 요소 동작의 형태 순서, 소요시간 등을 시간연구와 동작연구에 의하여 표준화하고 차별능률급제를 채용하는 등 과학적 관리법을 개발해 내었다.

해설 Oxford 자수(습건자수 : WD)
$$WD = 0.85W+0.15D$$
$$= 0.85\times20+0.15\times24$$
$$= 20.6℃$$

제3목 / 인간공학 및 시스템안전공학

41 화학물 취급회사의 안전담당자 최OO는 화재 발생 시 대피안내방송을 음성 합성기로 전달하고자 한다. 최OO가 활용할 수 있는 음성 합성 체계유형에 대한 설명으로 맞는 것은?

① 최OO는 경고안내문을 낭독하는 본인의 실제 음성 파형을 모형화하는 음성 정수화 방법을 활용할 수 있다.
② 최OO는 경고안내문을 낭독할 때, 본인음성의 질을 가장 우수하게 합성할 수 있는 불규칙에 의한 합성법을 활용할 수 있다.
③ 최OO는 발음모형의 적절한 모수들을 경고안내문을 낭독 시 본인이 실제 발음할 때에 결정하는 분석-합성에 의한 합성법을 적용할 수 있다.
④ 최OO는 규칙에 의한 합성법을 사용하여 경고안내문을 낭독하는 본인의 실제 음성으로부터 발음모형 모수들의 변화를 암호화할 수 있다.

해설 음성합성 체계유형
1) 정수화 녹음 : 음성신호를 고속으로 표본 추출하여 표본에 대한 정보를 보관하고 있다가 필요한 때에 음성으로 재해독
2) 분석 합성법 : 음성이 분석되어 발음 모형을 제어하는데 필요한 모수들의 변화한 암호화
3) 규칙 합성법 : 발음 모형의 적절한 모수들을 발음할 때에 결정

42 건습구온도계에서 건구온도가 24℃이고, 습구온도가 20℃일 때, Oxford 지수는 얼마인가?

① 20.6℃ ② 21.0℃
③ 23.0℃ ④ 23.4℃

43 A자동차에서 근무하는 K씨는 지게차로 철강판을 하역하는 업무를 한다. 지게차 운전으로 K씨에게 노출된 직업성 질환의 위험요인과 동일한 위험 진동에 노출된 작업자는?

① 연마기 작업자
② 착암기 작업자
③ 진동 수공구 작업자
④ 대형운송차량 운전자

해설 지게차나 대형운송차량은 차량계하역운반기계로 운전자가 동일한 직업성질환의 위험요인에 노출될 가능성이 크다.

44 인간공학의 정의로 가장 적합한 것은?

① 인간의 과오가 시스템에 미치는 영향을 최대화하기 위한 학문분야
② 인간, 기계, 물자, 환경으로 구성된 복잡한 체계의 효율을 최대로 활용하기 위하여 인간의 한계 능력을 최대화하는 학문분야
③ 인간의 특성과 한계 능력을 분석 평가하여 이를 복잡한 체계의 설계에 응용하여 효율을 최대로 활용할 수 있도록 하는 학문 분야
④ 인간, 기계, 물자, 환경으로 구성된 복잡한 체계의 효율을 최대로 활용하기 위하여 인간의 생리적, 심리적 조건을 시스템에 맞추는 학문분야

해설 인간공학의 정의
1) 인간의 특성과 한계능력을 분석 평가하여 이를 복잡한 체계의 설계에 응용하여 효율을 최대로 활용할 수 있도록 하는 학문분야
2) 인간공학이란 일을 인간에게 맞도록 연구하는 과학임

45 중복사상이 있는 FT(Fault Tree)에서 모든 컷셋(cut set)을 구한 경우에 최소 컷셋 (minimal cut set)의 설명으로 맞는 것은?

① 모든 컷셋이 바로 최소 컷셋이다.
② 모든 컷셋에서 중복되는 컷셋만이 최소컷셋이다.
③ 최소 컷셋은 시스템의 고장을 방지하는 기본 고장들의 집합이다.
④ 중복되는 사상의 컷셋 중 다른 컷셋에 포함되는 셋을 제거한 컷셋과 중복되지 않는 사상의 컷셋을 합한 것이 최소 컷셋이다.

해설 컷셋과 미니멀 컷셋(최소 컷셋)
1) 컷셋(cut sets) : 정상사상을 일으키는 기본사상(통상사상, 생략사상 포함)의 집합을 컷이라 한다.
2) 미니멀 컷(minimal cut sets) : 정상사상을 일으키기 위해 필요한 최소한의 컷을 말한다. (시스템의 위험성을 나타냄)

46 위험관리 단계에서 발생빈도보다는 손실에 중점을 두며, 기업 간 의존도, 한 가지 사고가 여러 가지 손실을 수반하는 것에 대해 유의하여 안전에 미치는 영향의 강도를 평가하는 단계는?

① 위험의 파악 단계
② 위험의 처리 단계
③ 위험의 분석 및 평가 단계
④ 위험의 발견, 확인, 측정방법 단계

해설 위험관리의 단계
1) 위험의 파악단계 : 위험을 관리하기 위한 출발점으로 조직에 대한 중요 위험 등을 파악하는 단계이다.
2) 위험의 분석 및 평가단계 : 위험의 빈도와 손실규모를 예측하여 경영의 안전에 미치는 영향의 강도를 평가하는 단계로 다음 사항에 유의한다.
① 발생빈도보다는 손실규모에 중점을 둔다.
② 한 가지 사고가 여러 가지 손실을 수반하지 않는가에 대해 유의 한다.
③ 기업 간의 의존도가 어느 정도인지 유의 한다.
3) 위험의 처리단계 : 다음 2가지 위험처리방법이 있다.
① 위험의 제어방법 : 회피, 손실제어, 위험분리, 책임전가 등
② 재정적 처리방법 : 보유, 전가 등
4) 위험의 발견, 확인, 측정방법 단계
① 내부정보원 : 대차대조표, 손익계산서, 과서손실기록, 연차보고서, 계양서류, 광고문서, 점검표, 인터뷰, 차트 등을 이용한다.
② 외부정보원 : 업계의 과거 손실기록, 전문기관지, 세미나, 실태조사표 등을 활용한다.

47 인간-기계 시스템을 3가지로 분류한 설명으로 틀린 것은?

① 자동 시스템에서는 인간요소를 고려하여야 한다.
② 기계 시스템에서는 동력기계화 체계와 고도로 통합된 부품으로 구성된다.
③ 자동 시스템에서 인간은 감시, 정비유지, 프로그램 등의 작업을 담당한다.
④ 수동 시스템에서 기계는 동력원을 제공하고 인간의 통제하에서 제품을 생산한다.

해설 인간·기계체계의 유형
1) 수동체계
① 인간과 공구가 직접 연결된 체계
② 인간의 신체적인 힘을 동원력으로 사용
2) 기계화체계(반자동체계)
① 인간이 기계의 표시장치를 보고 조정 장치를 통하여 통제하는 체계
② 인간(운전자)의 조종에 의해 운용되며 융통성이 없는 체계의 형태
3) 자동체계
① 기계자체가 감지, 정보처리 및 의사결정, 행동을 포함한 모든 임무를 수행하는 체계
② 인간은 감시(monitor), 프로그램, 정비유지 등의 기능을 수행함

48 인체측정에 대한 설명으로 맞는 것은?

① 신체측정은 동적측정과 정적측정이 있다.
② 인체측정학은 신체의 생화학적 특징을 다룬다.
③ 자세에 따른 신체치수의 변화는 없다고 가정한다.
④ 측정항목에는 주로 무게, 직경, 두께, 길이 등이 포함된다.

해설 인체계측의 방법
  1) 구조적 치수(정적 인체계측)
    ① 체위를 정지한 상태에서의 기본자세(선 자세, 앉은 자세 등)에 관한 신체 각 부를 계측하는 것이다.
    ② 여러 가지 설계의 표준이 되는 기초적 치수를 결정하는 데 그 목적이 있다.
  2) 기능적 치수(동적 인체계측)
    ① 상지나 하지의 운동이나 체위의 움직임에 따른 상태에서 계측하는 것이다
    ② 설계의 작업, 생활조건에 밀접한 관계를 갖는 현실성 있는 인체치수를 구하는 것이다.

49 위험상황을 해결하기 위한 위험처리기술에 해당하는 것은?

① Combine(결합)
② Reduction(위험감축)
③ Simplify(작업의 단순화)
④ Rearrange(작업순서의 변경 및 재배열)

해설 위험처리기술(위험처리방법)
  1) 보류(retention)
  2) 감축(reduction)
  3) 회피(avoidance)
  4) 전가(transfer)

50 컷셋과 패스셋에 관한 설명으로 맞는 것은?

① 동일한 시스템에서 패스셋의 거수와 컷셋의 개수는 같다.
② 패스셋은 동시에 발생했을 때 정상사상을 유발하는 사상들의 집합이다.
③ 일반적으로 시스템에서 최소 컷셋의 개수가 늘어나면 위험 수준이 높아진다.
④ 최소 컷셋은 어떤 고장이나 실수를 일으키지 않으면 재해는 일어나지 않는다고 하는 것이다.

해설 컷과 패스
  1) 컷셋과 미니멀 컷(최소 컷셋)
    ① 컷셋(cut sets) : 정상사상을 일으키는 기본사상(통상사상, 생략사상 포함)의 집합을 컷이라 한다.
    ② 미니멀 컷(minimal cut sets) : 정상사상을 일으키기 위해 필요한 최소한의 컷을 말한다. (시스템의 위험성을 나타냄)
  2) 패스 셋과 미니멀 패스
    ① 패스 셋 : 정상사상이 일어나지 않는 기본사상의 집합을 말한다.
    ② 미니멀 패스 : 필요 최소한의 패스를 말한다.(시스템의 신뢰성을 나타냄)

51 산업안전보건법령상 유해·위험방지계획서를 제출할 때에는 사업장 별로 관련 서류를 첨부하여 해당 작업 시작 며칠 전까지 해당 기관에 제출하여야 하는가?

① 7일   ② 15일
③ 30일   ④ 60일

해설 1) 제조업 등 유해·위험방지계획서 제출시기 : 관련서류 첨부하여 해당작업 시작 15일전까지 공단에 2부 제출
  2) 건설공사 유해·위험방지계획서 제출시기 : 관련 서류 첨부하여 해당공사 착공 전날까지 공단에 2부 제출

■ 정답 ■ 48.① 49.② 50.③ 51.②

52 FTA에 사용되는 논리 게이트 중 여러 개의 입력 사상이 정해진 순서에 따라 순차적으로 발생해야만 결과가 출력되는 것은?

① 억제 게이트
② 조합 AND 게이트
③ 배타적 OR 게이트
④ 우선적 AND 게이트

[해설] 수정기호(———<조건>) : 다음에 나타나는 조건을 기입한다.
1) **우선적 AND Gate** : 입력사상 가운데 어느 사상이 다른 사상보다 먼저 일어났을 때에 출력사상이 생긴다. 예를 들면 「A는 B보다 먼저」 와 같이 기입한다.
2) **짜 맞춤(조합) AND Gate)** : 3개 이상의 입력사상 가운데 어느 것이든 2개가 일어나면 출력사상이 생긴다. 예를 들면 「어느 것이든 2개」 라고 기입한다.
3) **위험지속기호** : 입력사상이 생겨서 어느 일정시간 지속하였을 때에 출력사상이 생긴다. 예를 들면 「위험지속시간」과 같이 기입한다.
4) **배타적 OR Gate** : OR Gate로 2개 이상의 입력이 동시에 존재할 때에는 출력사상이 생기지 않는다. 예를 들면 「동시에 발생하지 않는다.」 라고 기입한다.

53 사무실 의자나 책상에 적용할 인체 측정 자료의 설계 원칙으로 가장 적합한 것은?

① 평균치 설계   ② 조절식 설계
③ 최대치 설계   ④ 최소치 설계

[해설] 인체 계측자료의 응용원칙 예
1) **극단치 설계**
   ① **최대집단치** : 출입문, 통로, 의자 사이의 간격 등
   ② **최소집단치** : 선반의 높이, 조종장치까지의 거리, 버스나 전철의 손잡이 등
2) **조절식 설계** : 사무실 의자의 높낮이 조절, 자동차 좌석의 전후조절 등
3) **평균치 설계** : 가게나 은행의 계산대 등

54 좋은 코딩 시스템의 요건에 해당하지 않는 것은?

① 코드의 검출성
② 코드의 식별성
③ 코드의 표준화
④ 단순차원 코드의 사용

[해설] 코딩시스템(coding system)의 요건
1) 코드의 검출성
2) 코드의 식별성
3) 코드의 표준화

55 기계를 10000시간 작동시키는 동안 부품에서 3번의 고장이 발생하였다. 3번의 수리를 하는 동안 6시간의 시간이 소요되었다면 가용도는 약 얼마인가?

① 0.9994   ② 0.9995
③ 0.9996   ④ 0.9997

[해설] 1) $\lambda(\text{고장률}) = \dfrac{\text{고장건수}}{\text{고장시간}}$

$$= \frac{3}{10000} = 3 \times 10^{-4}$$

$MTTF(\text{평균수명}) = \dfrac{1}{\lambda}$

$$= \frac{1}{3 \times 10^{-4}} = 3333.33$$

2) MTTR(평균수리시간)

$$= \frac{\text{총수리시간}}{\text{수리회수}} = \frac{6}{3} = 2$$

3) 가용도(availability : 이용률, A)

$$A = \frac{MTTF}{MTTF + MTTR}$$

$$= \frac{3333.33}{3333.33 + 2} = 0.9994$$

56 인간의 과오를 정량적으로 평가하기 위한 기법으로서 인간의 과오율 추정법 등 5개의 스텝으로 되어 있는 기법은?

① FTA   ② FMEA
③ THERP   ④ MORT

해설 THERP(Technique of Human Error Rate Prediction)
1) THERP(인간과오율 예측기법) : 인간의 과오를 정량적으로 평가하기 위한 안전해석 기법이다.
2) 인간과오의 분류 시스템과 그 확률을 계산함으로서 원래 제품의 결함을 감소시키고 사고의 원인 가운데 인간의 과오에 기인한 근원에 대한 분석 및 안전 공학적 대책수립에 사용하는 안전해석 기법이다.

57 위험도분석(CA.Criticality Analysis)에서 설비고장에 따른 위험도를 4가지로 분류하고 있다. 이 중 생명의 상실로 이어질 염려가 있는 고장의 분류에 해당하는 것은?

① category Ⅰ
② category Ⅱ
③ category Ⅲ
④ category Ⅳ

해설 CA(치명도분석 또는 위험도 분석, criticality analysis)
1) 고장이 직접 시스템의 손실과 사상에 연결되는 높은 위험도(또는 치명도)를 가진 요소나 고장의 형태에 따른 분석법이다.
2) 고장형의 위험도 분류
　① category Ⅰ : 생명의 상실로 이어질 염려가 있는 고장
　② category Ⅱ : 작업의 실패로 이어질 염려가 있는 고장
　③ category Ⅲ : 운용의 지연 또는 손실로 이어질 고장
　④ category Ⅳ : 극단적인 계획외의 관리로 이어질 고장

58 "원래의 신호 정보를 새로운 형태로 변화시켜 표시하는 것"은 어떤 것의 정의인가?

① 차원   ② 표시양식
③ 코딩   ④ 묘사정보

해설 코딩(coding)
1) 원래의 신호정보를 새로운 형태로 변화시켜 표시하는 것
2) 주어진 명령을 컴퓨터가 이해할 수 있는 언어로 입력하는 것

59 PCB납땜작업을 하는 작업자가 8시간 근무시간을 기준으로 수행하고 있고, 대사량을 측정한 결과 분당 산소소비량이 1.3L/min으로 측정되었다. Murrell방식을 적용하여 이 작업자의 노동활동에 대한 설명으로 틀린 것은?

① 납땜 작업의 분당 에너지 소비량은 6.5kcal/min이다.
② 작업자는 NIOSH가 권장하는 평균에너지 소비량을 따른다.
③ 작업자는 8시간의 작업시간 중 이론적으로 144분의 휴식시간이 필요하다.
④ 납땜작업을 시작할 때 발생한 작업자의 산소 결핍은 작업이 끝나야 해소된다.

해설 1) 산소 1L소비 : 5kcal 에너지 방출
　　분당에너지 소비량
　　= 1.3L/min × 5kcal/L
　　= 6.5kcal/min
2) 휴식시간(R) = $\dfrac{60 \times (E-5)}{E-1.5}$

　　= $\dfrac{60 \times (6.5-5)}{6.5-1.5}$ = 18min/hr

3) 8시간 근무시간 중 총 휴식시간
　　=18min/hr×8hr=144min

60 그림과 같은 압력탱크 용기에 연결된 두 대의 안전밸브의 신뢰도를 구하고자 한다. 2개의 밸브 중 하나만 작동되어도 안전하다고 하고, 안전밸브 하나의 신뢰도를 r이라 할 때 안전밸브 전체의 신뢰도는?

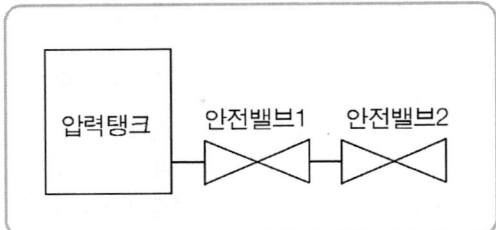

① r^2
② $2r - r^2$
③ $r(1 - r)$
④ $(1 - r)^2$

해설 2개의 밸브 중 하나만 작동되어도 안전하므로 병렬연결의 신뢰도를 구한다.

$$R = 1 - (1-r)(1+r)$$
$$= 1 - (1 - r - r + r^2)$$
$$= 1 - 1 + 2r - r^2$$
$$= 2r - r^2$$

제4목 / 건설시공학

61 공동도급방식의 장점에 해당하지 않는 것은?

① 위험의 분산
② 시공의 확실성
③ 기술 자본의 증대
④ 이윤 증대

해설 공동도급
1) 장점
   ① 소자본으로 대규모공사 도급가능
   ② 기술, 자본, 위험부담의 분산 및 감소
   ③ 기술의 확충, 강화 및 경험의 증대
   ④ 공사계획과 시공이행의 확실
2) 단점
   ① 각 업체의 업무방식에서 오는 혼란
   ② 현장관리의 곤란
   ③ 일식도급보다 경비 증대

62 다음 각 도급공사에 관한 설명으로 옳지 않은 것은?

① 분할도급은 전문공종별, 공정별, 공구별 분할도급으로 나눌 수 있으며 이 경우 재료는 건축주가 직접 조달하여 지급하고 노무만을 도급하는 것이다.
② 공동도급이란 대규모 공사에 대하여 여러 개의 건설회사가 공동출자 기업체를 조직하여 도급하는 방식이다.
③ 공구별 분할도급은 대규모 공사에서 지역별로 분리하여 발주하는 방식이다.
④ 일식도급은 한 공사 전부를 도급자에게 맡겨 재료, 노무, 현장시공업무 일체를 일괄하여 시행시키는 방법이다.

해설 분할도급은 전문공종별, 공정별, 공구별 등으로 공사를 세분하여 각기 따로 도급자를 선정하여 도급계약을 맺는 방식으로 재료, 노무 등 모든 것을 도급하는 것이다.

63 건식 석재공사에 관한 설명으로 옳지 않은 것은?

① 촉구멍 깊이는 기준보다 3mm이상 더 깊이 천공한다.
② 석재는 두께 30mm이상을 사용한다.
③ 석재의 하부는 고정용으로, 석재의 상부는 지지용으로 설치한다.
④ 모든 구조재 또는 트러스 철물은 반드시 녹막이 처리한다.

해설 ③항, 석재의 하부는 지지용으로, 석재의 상부는 고정용으로 설치한다.

64 철근이음에 관한 설명으로 옳지 않은 것은?

① 철근의 이음부는 구조내력상 취약점이 되는 곳이다.
② 이음위치는 되도록 응력이 큰 곳을 피하도록 한다.
③ 이음이 한 곳에 집중되지 않도록 엇갈리게 교대로 분산시켜야 한다.
④ 응력 전달이 원활하도록 한 곳에서 철근 수의 반 이상을 이어야 한다.

해설 철근이음 시 주의 사항
1) 이음은 응력이 큰 곳은 피하고 동일개소에 이음이 집중되지 않게 할 것
2) D29(ϕ28) 이상은 겹침 이음을 하지 않을 것
3) 보의 상단근은 중앙에서, 하단근은 단부에서 이음할 것
4) 기둥주근의 이음은 기둥높이의 2/3이내에서 이음할 것

65 CIP(Cast In Place prepacked pile)공법에 관한 설명으로 옳지 않은 것은?

① 주열식 강성체로서 토류벽 역할을 한다.
② 소음 및 진동이 적다.
③ 협소한 장소에는 시공이 불가능하다.
④ 굴착을 깊게 하면 수직도가 떨어진다.

해설 CIP(cast-in-place pile) : 스크류오거머신(screw auger machine)으로 땅속에 구멍을 뚫어 철근을 조립한 후 모르타르 주입용 파이프를 밑창까지 꽂은 다음 구멍에 자갈을 다져넣고 모르타르를 주입하여 콘크리트 기둥을 만든 것이다.(지하수가 없는 경질인 지층에 사용) CIP는 지름이 크고 길이가 짧은 제자리 콘크리트 말뚝에 이용되며 협소한 장소에도 시공이 가능하다.

66 네트워크 공정표에 사용되는 용어에 관한 설명으로 옳지 않은 것은?

① 크리티컬 패스(Critical path) : 개시 결합점에서 종료 결합점에 이르는 가장 긴 경로
② 더미(Dummy) : 결합점이 가지는 여유시간
③ 플로트(Float) : 작업의 여유시간
④ 디펜던트 플로트(Dependent Float) : 후속작업의 토탈 플로트에 영향을 주는 플로트

해설 더미(Dummy ; 점선화살표) : 화살표형 네트워크(Network)에서 시간이나 자원이 필요하지 않은 명목상의 활동(Dummy activity)을 말한다. 가공의 작업으로 작업의 상호관계를 그림으로 표시하기 위한 것으로 파선을 이용함

67 철근의 이음 방법에 해당되지 않는 것은?

① 겹침이음
② 병렬이음
③ 기계식이음
④ 용접이음

해설 철근이음의 종류
1) 겹침이음
2) 용접이음
3) 기계적이음
4) 가스압점

68 철골공사의 모살용접에 관한 설명으로 옳지 않은 것은?

① 모살용접의 유효면적은 유효길이에 유효목두께를 곱한 것으로 한다.
② 모살용접의 유효길이는 모살용접의 총길이에서 2배의 모살사이즈를 공제한 값으로 해야 한다.
③ 모살용접의 유효목두께는 모살사이즈의 0.3배로 한다.
④ 구멍모살과 슬롯 모살용접의 유효길이는 목두께의 중심을 잇는 용접 중심선의 길이로 한다.

해설 **모살용접**

1) 겹침이음이나 T이음에서와 같이 모재의 면과 비드 두께방향이 45°가 되는 용접이다.
2) 두 부재를 경사지게 용접하는 것으로 단속용접과 연속용접이 있다.
3) **모살용점의 유효목두께** : 다리길이 (siz)의 0.7배

69 기계를 설치한 지반보다 낮은 장소, 넓은 범위의 굴착이 가능하며 주로 수로, 골재채취용으로 많이 사용되는 토공사용 굴착기계는?

① 모터 그레이터
② 파워쇼벨
③ 글램셸
④ 드래그 라인

해설 **드래그라인**

1) 지반보다 낮은 연질지반의 넓은 범위의 굴착에 적합하다.
2) 8m정도의 기초 흙파기, 깊은 곳 굴착, 골재채취용 등에 사용된다.

70 거푸집 구조설계시 고려해야 하는 연직하중에서 무시해도 되는 요소는?

① 작업 하중
② 거푸집 중량
③ 콘크리트 자중
④ 충격하중

해설 **거푸집 설계시 고려하중**

1) **연직방향하중(바닥판, 보밑 등 수평부재)** : 작업하중, 충격하중, 생콘크리트의 자중
2) **횡방향하중(벽, 기둥, 보옆 등 수직부재)** : 생콘크리트의 자중, 생콘크리트의 측압

71 지내력시험을 한 결과 침하곡선이 그림과 같이 항복 상황을 나타냈을 때 이 지반의 단기하중에 대한 허용 지내력은 얼마인가? (단, 허용지내력은 m²당 하중의 단위를 기준으로 함)

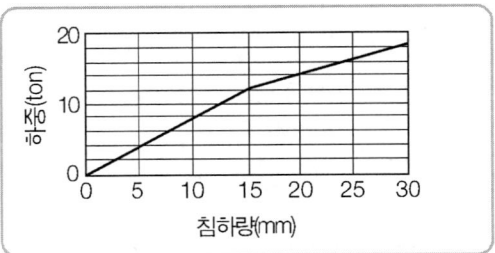

① 6ton/m²
② 7ton/m²
③ 12ton/m²
④ 14ton/m²

해설
1) **단기하중에 대한 허용지내력** : 총 침하량이 20mm에 도달하였을 때, 침하량이 20mm 이하더라도 침하곡선에 항복 상황을 나타낼 때로 한다.
2) 그림에서 항복 상황을 나타내는 하중은 12 ton/m²이며 바로 단기하중에 대한 허용지내력을 나타내는 것이다.

72 레디믹스트 콘크리트 운반 차량에 특수보온시설을 하여야 할 외기온도 기준으로 옳은 것은?

① 30℃이상 또는 0℃이하
② 30℃이상 또는 −2℃이하
③ 25℃이상 또는 0℃이하
④ 25℃이상 또는 −2℃이하

해설 외기온도가 30℃이상 또는 0℃ 이하일 경우 : 레디믹스트 콘크리트 운반차량에 특수보온시설을 하도록 할 것

73 철골작업 중 녹막이칠을 피해야할 부위에 해당되지 않는 것은?

① 콘크리트에 매립되는 부분
② 현장에서 깎기 마무리가 필요한 부분
③ 현장용접 예정부위에 인접하는 양측 50cm 이내
④ 고력볼트 마찰접합부의 마찰면

해설 **녹막이칠을 할 필요가 없는 부분**
　　1) 콘크리트에 밀착 또는 매입되는 부분
　　2) 조리에 의해 서로 밀착되는 면
　　3) 현장용접을 하는 부위 및 그곳에 인접하는 양측 100mm 이내
　　　　(용접부에서 50mm이내)
　　4) 고장력 볼트 마찰접합부의 마찰면
　　5) 폐쇄형 단면을 한 부재의 밀폐된 내면
　　6) 기계깎기 마무리면

74 기성콘크리트 말뚝에 표기된 PHC-A · 450-12의 각 기호에 대한 설명으로 옳지 않는 것은?

① PHC – 원심력 고강도 프리스트레스트 콘크리트 말뚝
② A – A종
③ 450 – 말뚝바깥지름
④ 12 – 말뚝삽입 간격

해설 ④항, 12–말뚝길이(m)

75 콘크리트 블록에서 A종 블록의 압축강도 기준은?

① 2N/mm²이상　　② 4N/mm²이상
③ 6N/mm²이상　　④ 8N/mm²이상

해설 **콘크리트 블록의 압축강도**

구분	A종블록	B종블록	C종블록
압축강도 (N/mm²)	4이상	6이상	8이상

76 벽돌치장면의 청소방법 중 옳지 않은 것은?

① 벽돌 치장면에 부착된 모르타르 등의 오염은 물과 솔을 사용하여 제거하며 필요에 따라 온수를 사용하는 것이 좋다.
② 세제세척은 물 또는 온수에 중성세제를 사용하여 세정한다.
③ 산세척은 다른 방법으로 오염물을 제거하기 곤란한 장소에 적용하고, 그 범위는 가능한 작게 한다.
④ 산세척은 오염물을 제거한 후 물세척을 하지 않는 것이 좋다.

해설 ④항. 산세척은 오염물을 제거한 후 물세척을 하여야한다.

77 슬라이딩 폼(Sliding form)에 관한 설명으로 옳지 않은 것은?

① 1일 5~10m 정도 수직시공이 가능하므로 시공속도가 빠르다.
② 타설작업과 마감작업을 병행할 수 없어 공정이 복잡하다.
③ 구조물 형태에 따른 사용 계약이 있다.
④ 형상 및 치수가 정확하며 시공오차가 적다.

해설 **슬라이팅 폼(sliding form)**
　　1) 슬라이딩 폼 : 원형 철판거푸집을 요크(york)로 서서히 끌어올리면서 연속적으로 콘크리트를 타설하는 수직활동 거푸집이다.
　　2) 특징
　　　① 공기를 1/3 정도로 단축할 수 있다.
　　　② 내·외부에 비계발판이 필요없다.
　　　③ 연속 타설로 콘크리트의 일체성을 확보하기가 용이하다.
　　　④ 굴뚝, 사일로(silo) 등 평면 현상이 일정하고 돌출부가 없는 높은 구조물에 사용한다.

■ 정답 ■　**73.**③　**74.**④　**75.**②　**76.**④　**77.**②

78 다음 기초의 종류 중 기초슬래브의 형식에 따른 분류가 아닌 것은?

① 직접기초　　　② 복합기초
③ 독립기초　　　④ 줄기초

해설 푸딩(footing)기초 : 슬래브(slab)의 형식에 따라 다음과 같이 구분한다.
　　1) **독립기초** : 단일기둥을 하나의 기초에 연결하여 지지하는 방식
　　2) **복합기초** : 2개 이상의 기둥을 하나의 기초에 연결하여 지지하는 방식
　　3) **연속기초(줄기초)** : 연속된 기초판이 기둥 또는 벽의 하중을 지지하는 방식

79 콘크리트의 배합설계 있어 구조물의 종류가 무근 콘크리트인 경우 굵은 골재의 최대치수로 옳은 것은?

① 30mm, 부재 최소 치수의 1/4을 초과해서는 안 됨
② 35mm, 부재 최소 치수의 1/4을 초과해서는 안 됨
③ 40mm, 부재 최소 치수의 1/4을 초과해서는 안 됨
④ 50mm, 부재 최소 치수의 1/4을 초과해서는 안 됨

해설 굵은 골재 최대치수의 결정

구조물의 종류	굵은골재 최대치수(mm)
1. 일반적인 경우	·20 또는 25
2. 단면이 큰 경우	·40
3. 무근 콘크리트	·40 ·부재치수의 1/4을 초과해서는 안됨

80 철골공사에서 강재의 기계적 성질, 화학성분, 외관 및 치수공차 등 재원과 제조회사 확인으로 제품의 품질확보를 위해 공인된 시험기관에서 발행하는 검사증명서는?

① Mill sheet
② Full size drawing
③ 표준 시방서
④ Shop drawing

해설 Mill sheet(밀 시트)
　　1) 본문 설명
　　2) 제품에 대한 정보기록증, 정품에 한하여 나오는 증서로서 제품에 대한 성분분석 및 물성치를 확인시켜주는 서류이다.

제5과목 / 건설재료학

---

81 중용열 포틀랜드시멘트에 관한 설명으로 옳지 않은 것은?

① C_3S나 C_3A가 적고, 장기강도를 지배하는 C_2S를 많이 함유한 시멘트이다.
② 내황산염성이 작기 때문에 댐공사에는 사용이 불가능하다.
③ 수화속도를 지연시켜 수화열을 작게 한 시멘트이다.
④ 건조수축이 작고 건축용 매스콘크리트에 사용된다.

해설 중용열 포틀랜드시멘트
　　1) **중용열 포틀랜드시멘트** : 수화열을 적게 하기 위해 C_3A(알루민산삼석회)의 양을 8% 이하, C_3S(규산삼석회)의 양을 30% 이하로 만든 시멘트다.
　　2) **특성 및 용도**
　　　① 조기강도는 작고 장기강도는 크다.

---

② 화학저항성이 크다.
③ 내산성 및 내구성이 우수하다.
④ 포틀랜드시멘트 중에서 건조수축이 가장 적다.
⑤ 댐 및 콘크리트 포장, 방사능 차폐용 등에 사용된다.

주지 않는다.
③ 표면을 평활, 청결하게 하고 가능한 한 건조 상태로 유지한다.
④ 큰 변형을 준 것은 가능한 한 풀림하여 사용한다.

해설 **금속재의 방식 방법**
1) ②, ③, ④항
2) 가능한 한 이종(異種)금속을 인접 또는 접촉시켜 사용하지 말 것
3) 부분적으로 녹이 나면 즉시 지거할 것

82 미장재료 중 고온소성의 무수석고를 특별한 화학처리를 한 것으로 킨즈시멘트 라고도 불리우는 것은?

① 경석고 플라스터
② 혼합석고 플라스터
③ 보드용 플라스터
④ 돌로마이트 플라스터

해설 **경석고 프라스터** : 경석고에 명반 등의 촉진제를 배합한 것으로 킨스시멘트라고도 한다.
1) 강도가 크고 표면의 경도가 커서 광택성을 갖고 있으며 방습적인 매끈한 면을 갖는다.
2) 산성을 나타내며 금속재료를 부식시킨다.

85 재료배합 시 간수($MgCl_2$)를 사용하여 백화 현상이 많이 발생되는 재료는?

① 돌로마이트 플라스터
② 무수석고
③ 마그네시아 시멘트
④ 실리카 시멘트

해설 **마그네시아 시멘트**
1) 원재료인 마크네시아(MgO)를 염화마그네슘($MgCl_2$) 용액으로 반죽을 하면 일종의 산 염화물이 되어 응결경화한다.
2) 습기가 많은 장소에서는 경화하지 않고 공기 중에서만 경화한다.
(기경성 미장재료)

83 미장공사에서 사용되는 바름재료 중 여물에 관한 설명으로 옳지 않은 것은?

① 바름에 있어서 재료에 끈기를 주어 흘러내림을 방지한다.
② 흙손질을 용이하게 하는 효과가 있다.
③ 바름 중에는 보수성을 향상시키고, 바름 후에는 건조에 따라 생기는 균열을 방지한다.
④ 여물의 섬유는 질기고 굵으며 색이 짙고 빳빳한 것일수록 양질의 제품이다.

해설 ④항. 여물의 섬유는 질기고 가늘며 부드럽고 색이 흰색일수록 양질의 제품이다.

86 목재용 유성 방부제의 대표적인 것으로 방부성이 우수하나, 악취가 나고 흑갈색으로 외관이 불미하여 눈에 보이지 않는 토대, 기둥, 도리 등에 이용되는 것은?

① 유성페인트
② 크레오소트 오일
③ 염화아연 4%용액
④ 불화소다 2%용액

해설 **크레오소트유(creosote oil)의 특성**
1) 방부력이 우수하고 침투성이 양호하다.
2) 염가이어서 많이 쓰인다.
3) 도포부분은 갈색이고 페인트를 칠하면 침출되기 쉽다.
4) 냄새가 강해 실내에서는 사용할 수 없다.

84 금속재의 방식 방법으로 옳지 않은 것은?

① 상이한 금속은 두 금속을 인접 또는 접촉시켜 사용한다.
② 균질의 것을 선택하고 사용할 때 큰 변형을

---

87 콘크리트의 중성화에 관한 설명으로 옳지 않은 것은?

① 콘크리트 중의 수산화석회가 탄산가스에 의해서 중화되는 현상이다.
② 물시멘트비가 크면 클수록 중성화의 진행속도는 빠르다.
③ 중성화되면 콘크리트는 알칼리성이 된다.
④ 중성화되면 콘크리트 내 철근은 녹이 슬기 쉽다.

해설 **콘크리트의 중성화** : 콘크리트는 공기 중의 탄산가스(CO_2)에 의해 수산화칼슘[$Ca(OH)_2$]이 탄산칼슘($CaCO_3$)으로 변화하여 알칼리성을 잃어가는데 이런 현상을 콘크리트의 중성화라 한다.
$$Ca(OH)_2 + CO_2 \rightarrow CaCO_3 + H_2O$$

88 다음 중 도장공사에 사용되는 투명도료는?

① 오일바니쉬　　　②에나멜페인트
③ 레커에나멜　　　④합성수지페인트

해설 **유성 바니쉬(oil varnish)**
1) 유용성 수지를 건성유에 가열 용해하여 이것을 휘발성 용제로 희석한 것이다.
2) 무색 또는 담갈색의 투명 도료로서 목재부 도장에 사용한다.
3) 유성페인트보다 내후성이 작아서 옥외에는 별로 사용하지 않는다.

89 합성수지에 관한 설명으로 옳지 않은 것은?

① 투광률이 비교적 큰 것이 있어 유리대용의 효과를 가진 것이 있다.
② 착색이 자유로우며 형태와 표면이 매끈하고 미관이 좋다.
③ 흡수율, 투수율이 작으므로 방수효과가 좋다.
④ 경도가 높아서 마멸되기 쉬운 곳에 사용하면 효과적이다.

해설 합성수지는 경도 및 내마모성이 작다.

90 도장공사에 사용되는 유성도료에 관한 설명으로 옳지 않은 것은?

① 아마인유 등의 건조성 지방유를 가열 연화시켜 건조제를 첨가한 것을 보일유라 한다.
② 보일유와 안료를 혼합한 것이 유성페인트이다.
③ 유성페인트는 내알칼리성이 우수하다.
④ 유성페인트는 내후성이 우수하다.

해설 유성페인트는 내알칼리성이 떨어진다.

91 플라스틱 제품 중 비닐 레더(vinyl leather)에 관한 설명으로 옳지 않은 것은?

① 색채, 모양, 무늬 등을 자유롭게 할 수 있다.
② 면포로 된 것은 찢어지지 않고 튼튼하다.
③ 두께는 0.5~1mm이고, 길이는 10m두루마리로 만든다.
④ 커튼, 테이블크로스, 방수막으로 사용된다.

해설 **비닐레터(vinyl leather)**
1) 염화비닐에 가소제를 넣어 잘 이겨서 안료와 안정제를 혼합한 후 이를 바탕이 되는 면포와 함께 캘린더 롤러에 통과시켜 만든 것이다.
2) 용도 : 벽지, 천장지와 가구 등에 많이 이용된다.

92 목재의 치수표시로 제재치수(Dressed size)와 마무리 치수(Finishing size)에 관한 설명으로 옳은 것은?

① 창호재와 가구재 치수는 제재치수로 한다.
② 구조재는 단면을 표시한 지정치수에 특기가 없으면 마무리 치수로 한다.
③ 제재치수는 제재된 목재의 실제 치수를 말한다.
④ 수장재는 단면을 표시한 지정치수에 특기가 없으면 마무리 치수로 한다.

■ 정답 ■　87.③　88.①　89.④　90.③　91.④　92.③

해설 **목재의 제재치수와 마무리 치수**
1) **제재치수** : 목재의 단면을 표시한 지정치수는 특기가 없을 때에는 구조재, 수장재 모두 제재치수로 한다. 제재치수는 제재된 목재의 실제치수를 말한다.
2) **마무리치수** : 창호재, 가구재치수는 마무리 치수로 한다.

93 굵은 골재의 단위용적중량이 1.7kg/L, 절건밀도가 2.65g/cm³일 때, 이 골재의 공극률은?

① 25% ② 28%
③ 36% ④ 42%

해설 **공극률[v]**

$$= \left(1 - \frac{W}{\rho}\right) \times 100\% = \left(1 - \frac{1.7}{2.65}\right) \times 100$$
$$= 35.85\%$$

여기서, ┌ W : 골재의 단위용적중량(kg/L)
└ P : 골재의 비중

94 다음 미장재료 중 시공 후 강재의 초기 부식을 유발하는 재료와 가장 거리가 먼 것은?

① 마그네시아 시멘트
② 시멘트 모르타르
③ 경석고 플라스터
④ 보드용석고 플라스터

해설 **강재의 초기부식 유발재료**
1) 마그네시아 시멘트
[$Mg_3Cl_2(OH)_4 \cdot 4H_2O$: 염화수산화마그네슘]
2) 경석고 플라스터(킨스시멘트)
3) 보드용석고 플라스터

95 열가소성수지 제품으로 전기절연성, 가공성이 우수하며 발포제품은 저온 단열재로서 널리 쓰이는 것은?

① 폴리스티렌수지
② 폴리프로필렌수지
③ 폴리에틸렌수지
④ ABS수지

해설 **폴리스틸렌수지(polystyren)**
1) 성질
① 성형품은 내수성, 내약품성, 전기절연성, 가공성 등이 우수하다.
② 유기용제 등에 침해되기 쉽다.
2) 용도
① 발포제품은 단열재로 널리 쓰임
② 건축물의 천장재, 블라인드 건축벽의 타일, 전기용품, 냉장고의 내부상자 등에 사용

96 콘크리트의 유동성 증대를 목적으로 사용하는 유동화제의 주성분이 아닌 것은?

① 나프탈렌설폰산염계 축합물
② 폴리알킬아릴설폰산계 축합물
③ 멜라민설폰산염계 축합물
④ 변성 리그닌설폰산계 축합물

해설 **유동화재(고성능 감수제)**
1) 나프탈렌설폰산염계
2) 멜라민설폰산염계
3) 변성 리그닌설폰산계
4) 방향족다환축합물 설폰산염계

97 목재의 용적변화, 팽창수축에 관한 설명으로 옳지 않은 것은?

① 변재는 일반적으로 심재보다 용적변화가 크다
② 비중이 큰 목재일수록 팽창 수축이 적다
③ 연륜에 접선 방향(널결)이 연륜에 직각 방향(곧은결)보다 수축이 크다.
④ 급속하게 건조된 목재는 완만히 건조된 목재보다 수축이 크다.

해설 ②항. 비중이 큰 목재일수록 퍼창 수축이 크다.

■ 정답 ■ 93.③ 94.② 95.① 96.② 97.②

98 알루미늄 창호의 특징으로 가장 거리가 먼 것은?

① 공작이 자유롭고 기밀성이 우수하다.
② 도장 등 색상의 자유도가 있다.
③ 이종금속과 접촉하면 부식되고 알칼리에 약하다.
④ 내화성이 높아 방화문으로 주로 사용된다.

해설 알루미늄(AI)은 융점이 낮아서 내화성도 낮다.

99 목재의 강도에 관한 설명으로 옳지 않은 것은?

① 목재의 건조는 중량을 경감시키지만 강도에는 영향을 끼치지 않는다.
② 벌목의 계절은 목재의 강도에 영향을 끼친다.
③ 일반적으로 응력의 방향이 섬유방향에 평행인 경우 압축 강도가 인장강도보다 작다.
④ 섬유포화점 이하에서는 함수율 감소에 따라 강도가 증대한다.

해설 목재의 건조목적
  1) 강도와 내구성 증진 및 가공성 용이
  2) 수축, 균열, 변형방지
  3) 열전도성 개선 및 전기절연성 증가
  4) 변색 및 부패방지와 방부제주입 용이

100 콘크리트의 열적성질 및 내구성에 관한 설명으로 옳지 않은 것은?

① 콘크리트의 열팽창계수는 상온의 범위에서 $1 \times 10^{-5}/℃$ 전후이며 500℃에 이르면 가열 전에 비하여 약 40%의 강도발현을 나타낸다.
② 콘크리트의 내동해성을 확보하기 위해서는 흡수율이 적은 골재를 이용하는 것이 좋다.
③ 콘크리트에 염화물이온이 일정량 이상 존재하면 철근표면의 부동태피막이 파괴되어

철근부식을 유발하기 쉽다.
④ 공기량이 동일한 경우 경화콘크리트의 기포간극계수가 작을수록 내동해성은 저하된다.

해설 ④항, 공기량이 동일한 경우 경화콘크리트의 기포간극계수가 작을수록 내동해성은 증대된다.

제6과목 / 건설안전기술

101 화물의 하중을 직접 지지하는 경우 양중기의 와이어로프에 대한 최대허용하중은? (단, 1줄걸이 기준)

① 최대허용하중$=\dfrac{절단하중}{2}$

② 최대허용하중$=\dfrac{절단하중}{3}$

③ 최대허용하중$=\dfrac{절단하중}{4}$

④ 최대허용하중$=\dfrac{절단하중}{5}$

해설 1) 화물의 하중을 직접 지지하는 경우 양중기 와이어로프의 안전계수 : 5이상

  2) 안전계수$=\dfrac{절단하중}{최대사용하중}$

  최대사용하중(허용하중)$=\dfrac{절단하중}{안전계수}$
                       $=\dfrac{절단하중}{5}$

---

102 철골공사 시 구조물의 건립 후에 가설 부재나 부품을 부착하는 것은 고소 작업 등 위험한 작업이 수반됨에 따라 사전안전성 확보를 위해 미리 공작도에 반영하여야 하는 항목이 있는데 이에 해당되지 않는 것은?

① 주변 고압전주
② 외부비계받이
③ 기둥 승강용 트랩
④ 방망 설치용 부재

해설 철골공사시 공작도에 포함시켜야 할 항목(고용노동부고시)
1) 외부비계받이 및 화물승강설비 및 화물승강설비용 브래킷
2) 기둥 승강용 트랩
3) 방망 설치용 부재
4) 구명줄 설치용 고리
5) 건립에 필요한 와이어 걸이용 고리
6) 난간 설치용 부재
7) 기둥 및 보 중앙의 안전대 설치용 고리
8) 비계연결용 부재
9) 방호선반 설치용 부재
10) 양중기 설치용 보강재

103 차량계 하역운반기계, 차량계 건설기계의 안전조치사항 중 옳지 않은 것은?

① 최대제한속도가 시속 10km를 초과하는 차량계 건설기계를 사용하여 작업을 하는 경우 미리 작업장소의 지형 및 지반상태 등에 적합한 제한속도를 정하고, 운전자로 하여금 준수하도록 할 것
② 차량계 건설기계의 운전자가 운전위치를 이탈하는 경우 해당 운전자로 하여금 포크 및 버킷 등의 하역장치를 가장 높은 위치에 두도록 할 것
③ 차량계 하역운반기계 등에 화물을 적재하는 경우 하중이 한쪽으로 치우치지 않도록 적재할 것

④ 차량계 건설기계를 사용하여 작업을 하는 경우 승차석이 아닌 위치에 근로자를 탑승시키지 말 것

해설 차량계하역운반기계 등, 차량계 건설기계의 운전자가 운전위치 이탈시 준수사항
1) 포크, 버킷, 디퍼 등의 장치를 가장 낮은 위치 또는 지면에 내려둘 것
2) 원동기를 정지시키고 브레이크를 확실히 거는 등 갑작스러운 주행이나 이탈을 방지하기 위한 조치를 할 것
3) 운전석을 이탈하는 경우에는 시동키를 운전대에서 분리시킬 것 단, 운전석에 잠금장치를 하는 등 운전자가 아닌 사람이 운전하지 못하도록 조치한 경우에는 제외

104 공사진척에 따른 공정율이 다음과 같을 때 안전관리비 사용기준으로 옳은 것은?

> 공정율 : 70퍼센트 이상, 90퍼센트 미만

① 50퍼센트 이상
② 60퍼센트 이상
③ 70퍼센트 이상
④ 80퍼센트 이상

해설 공사진척에 따른 안전관리비 사용기준(고용노동부고시)

공정률	50%이상 70%미만	70%이상 90%미만	90%이상
사용기준	50%이상	70%이상	90%이상

105 표준안전난간의 설치 장소가 아닌 것은?

① 흙막이 지보공의 상부
② 중량물 취급 개구부
③ 작업대
④ 리프트 입구

해설 **표준안전난간의 설치장소**(고용노동부고시)
1) 흙막이 지보공상부
2) 중량물 취급 개구부
3) 작업대
4) 가설계단의 통로

106 시스템비계를 사용하여 비계를 구성하는 경우의 준수사항으로 옳지 않은 것은?

① 수직재·수평재·가새재를 견고하게 연결한는 구조가 되도록 할 것
② 비계 밑단의 수직재와 받침철물은 밀착되도록 설치하고, 수직재와 받침철물의 연결부의 겹침길이는 받침철물 전체길이의 4분의 1이상이 되도록 할 것
③ 수평재는 수직재와 직각으로 설치하여야 하며, 체결 후 흔들림이 없도록 견고하게 설치할 것
④ 수직재와 수직재의 연결철물은 이탈되지 않도록 견고한 구조로 할 것

해설 **시스템비계를 사용하여 비계를 구성하는 경우의 준수사항**(시스템비계의 구조)
1) ①, ③, ④항
2) 비계 밑단의 수직재와 받침철물은 밀착되도록 설치하고, 수직재와 받침철물의 연결부의 겹침길이는 받침철물 전체길이의 1/3이상이 되도록 할 것
3) 벽 연결재의 설치간격은 제조사가 정한 기준에 따라 설치할 것

107 강관비계 조립 시 준수사항으로 옳지 않은 것은?

① 비계기둥에는 미끄러지거나 침하하는 것을 방지하기 위하여 밑받침철물을 사용하거나 깔판·깔목 등을 사용하여 밑둥잡이를 설치하는 등의 조치를 할 것
② 강관의 접속부 또는 교차부(交叉部)는 적합한 부속철물을 사용하여 접속하거나 단단

히 묶을 것
③ 교차 가새의 설치를 금하고 한방향 가새로 설치할 것
④ 가공전로(架空電路)에 근접하여 비계를 설치하는 경우에는 가공전로를 이설(移設)하거나 가공전로에 절연용 방호구를 장착하는 등 가공전로와의 접촉을 방지하기 위한 조치를 할 것

해설 **강관비계 조립 시 준수사항**
1) ①, ②, ④항
2) 교차가새로 보강할 것
3) 외줄비계, 쌍줄비계 또는 돌출비계에 대하여는 다음 각목의 정하는 바에 따라 벽이음 및 버팀을 설치할 것
   ① 강관비계의 조립간격은 별표 5의 기중에 적합하도록 할 것
   ② 강관·통나무 등의 재료를 사용하여 견고한 것으로 할 것
   ③ 인장재와 압축재로 구성되어 있는 때에는 인장재와 압축재의 간격을 1m 이내로 할 것

길잡이 **강관비계의 조립간격**
(안전보건규칙 별표5)

강관비계의 종류	조립간격(단위 : m)	
	수직방향	수평방향
단관비계	5	5
틀비계 (높이가 5m미만의 것은 제외)	6	8

108 토사 붕괴의 외적 원인으로 볼 수 없는 것은?

① 사면, 법면의 경사 증가
② 절토 및 성토높이의 증가
③ 토사의 강도저하
④ 공사에 의한 진동 및 반복하중의 증가

해설 **토사붕괴의 원인**(고용노동부고시)
1) 외적요인
   ① 사면, 법면의 경사 및 구배의 증가

② 절토 및 성토 높이의 증가
③ 공사에 의한 진동 및 반복하중의 증가
④ 지표수 및 지하수의 침투에 의한 토사중량 증가
⑤ 지진, 차량, 구조물의 하중
2) 내적요인
① 절토사면의 토질, 암석
② 성토사면의 토질
③ 토석의 강도저하

109 토공 작업 시 굴착과 싣기를 동시에 할 수 있는 토공장비가 아닌 것은?

① 모터 그레이더(Motor grader)
② 파워 셔블(Power shovel)
③ 백호우(Back hoe)
④ 트랙터 셔블(Tractor shovel)

해설 모터그레이더(motor grader) : 토공기계의 대패라고 하며, 지면을 절삭하여 평활 하에 다듬는 것이 목적인 토공기계이다.

110 발파작업 시 폭발, 붕괴재해예방을 위해 준수하여야 할 사항으로 옳지 않은 것은?

① 발파공의 장전구는 마찰, 충격에 강한 강봉을 사용한다.
② 화약이나 폭약을 장전하는 경우에는 화기를 사용하거나 흡연을 하지 않도록 한다.
③ 발파공의 충진재료는 점토, 모래 등 발화성 또는 인화성의 위험이 없는 재료를 사용한다.
④ 얼어붙은 다이나마이트를 화기에 접근시키지 않는다.

해설 발파공의 장전구는 마찰·충격·정전기 등에 의한 폭발의 위험이 없는 안전한 것을 사용할 것

111 유해·위험방지 계획서 제출 시 첨부서류가 아닌 것은?

① 공사현장의 주변 현황 및 주변과의 관계를 나타내는 도면
② 공사개요서
③ 전체공정표
④ 작업인부의 배치를 나타내는 도면 및 서류

해설 유해·위험방지계획서 첨부서류
1) ①, ②, ③항
2) 건설물, 사용 기계설비 등의 배치를 나타내는 도면
3) 산업안전보건관리비 사용계획
4) 안전관리조직표
5) 재해발생 위험시 연락 및 대피방법

112 건립 중 강풍에 의한 풍압 등 외압에 대한 내력이 설계에 고려되었는지 확인하여야 할 철골구조물이 아닌 것은?

① 구조물의 폭과 높이의 비가 1:4이상인 구조물
② 이음부가 현장용접인 구조물
③ 높이 10m이상의 구조물
④ 단면구조에 현저한 차이가 있는 구조물

해설 철골공사시 철골의 자립도 검토사항 : 구조안전의 위험성이 큰 다음 항목의 철골구조물은 건립 중 강풍에 의한 풍압 등 외압에 대한 내력이 설계에 고려되었는지 확인할 것
1) 높이 20m 이상의 구조물
2) 구조물의 폭과 높이의 비가 1:4이상인 구조물
3) 단면구조에 현저한 차이가 있는 구조물
4) 연면적당 철골량이 50kg/m² 이하인 구조물
5) 기둥이 타이 플레이트(tie plate)형인 구조물
6) 이음부가 현장용접인 구조물

113 다음은 말비계를 조립하여 사용하는 경우에 관한 준수사항이다. ( )안에 들어갈 내용으로 옳은 것은?

> • 지주부재와 수평면의 기울기를 (A)°이하로 하고 지주부재와 지주부재 사이를 고정시키는 보조부재를 설치할 것
> • 말비계의 높이가 2m를 초과하는 경우에는 작업발판의 폭을 (B)cm이상으로 할 것

① A : 75, B : 30
② A : 75, B : 40
③ A : 85, B : 30
④ A : 85, B : 40

해설 말비계를 조립하여 사용 시 준수사항(안전보건규칙)
1) 지주부재의 하단에는 미끄럼 방지장치를 하고, 양측 끝부분에 올라서서 작업하지 아니하도록 할 것
2) 지주부재와 수평면과의 기울기를 75°이하로 하고, 지주부재 사이를 고정시키는 보조부재를 설치할 것
3) 말비계의 높이가 2m를 초과할 경우에는 작업발판의 폭을 40cm이상으로 할 것

114 흙막이 지보공을 설치하였을 때에 정기적으로 점검하고 이상을 발견하면 즉시 보수하여야 하는 사항과 거리가 먼 것은?

① 부재의 손상·변형·부식·변위 및 탈락의 유무와 상태
② 부재의 접속부·부착부 및 교착부의 상태
③ 침하의 정도
④ 설계상 부재의 경제성 검토

해설 흙막이지보공 설치 시 붕괴 등의 위험방지를 위한 정기점검사항
1) 부재의 손상·변형·부식·변위 및 탈락의 유무와 상태
2) 버팀대의 긴압의 정도

3) 부재의 접속부·부착부 및 교착부의 상태
4) 침하의 정도

115 건설현장에서 사용되는 작업발판 일체형 거푸집의 종류에 해당되지 않는 것은?

① 갱폼(gang form)
② 슬립폼(slip form)
③ 클라이밍 폼(climbing form)
④ 테이블 폼(table form)

해설 **작업발판 일체형 거푸집** : 거푸집의 설치·해체·철근 조립, 콘크리트 타설, 콘크리트 면처리 작업 등을 위하여 거푸집을 작업발판과 일체로 제작하여 사용하는 것으로서 다음 각 호의 거푸집을 말한다.
1) 갱 폼(gang form)
2) 슬립 폼(slip form)
3) 클라이밍 폼(climbing form)
4) 터널 라이닝 폼(tunnel lining form)
5) 그 밖에 거푸집과 작업발판이 일체로 제작된 거푸집 등

116 부두·안벽 등 하역작업을 하는 장소에서 부두 또는 안벽의 선을 따라 통로를 설치하는 경우에 그 폭을 최소 얼마 이상으로 하여야 하는가?

① 90cm
② 100cm
③ 120cm
④ 150cm

해설 **부두·안벽 등 하역작업을 하는 장소에 대한 조치사항**(하역작업장의 조치기준)
1) 작업장 및 통로의 위험한 부분에는 안전하게 작업할 수 있는 조명을 유지할 것
2) 부두 또는 안벽의 선을 따라 통로를 설치하는 때에는 폭을 90cm 이상으로 할 것
3) 육상에서의 통로 및 작업장소로서 다리 또는 선거의 갑문을 넘는 보도 등의 위험한 부분에는 안전난간 또는 울 등을 설치할 것

■ 정답 ■ 113.② 114.④ 115.④ 116.①

117 가설통로를 설치하는 경우 준수해야할 기준으로 옳지 않은 것은?

① 경사는 30°이하로 할 것
② 경사가 25°를 초과하는 경우에는 미끄러지지 아니하는 구조로 할 것
③ 건설공사에 사용하는 높이 8m이상인 비계다리에는 7m이내마다 계단참을 설치할 것
④ 수직갱에 가설된 통로의 길이가 15m이상인 때에는 10m이내마다 계단참을 설치할 것

해설 가설통로 설치 시 준수사항
  1) ①, ③, ④항
  2) 경사가 15°를 초과하는 경우에는 미끄러지지 아니하는 구조로 할 것
  3) 추락할 위험이 있는 장소에는 안전난간을 설치할 것
  4) 견고한 구조로 할 것

118 구축하고자 하는 지하구조물이 인접구조물보다 깊은 위치에 근접하여 건설할 경우에 주변지반과 인접건축물 기초의 침하에 대한 우려 때문에 실시하는 기초보강공법은?

① H-말뚝 토류판공법
② S.C.W공법
③ 지하연속벽공법
④ 언더피닝공법

해설 언더피닝 공법(underpinning) : 기존 건물 가까이에 구조물을 축조할 때 기존 건물의 지반과 기초를 보강하는 공법

119 항만하역작업에서의 선박승강설비 설치기준으로 옳지 않은 것은?

① 200톤급 이상의 선박에서 하역작업을 하는 경우에 근로자들이 안전하게 오르내릴 수 있는 현문(舷門) 사다리를 설치하여야 하며, 이 사다리 밑에 안전망을 설치하여야 한다.
② 현문 사다리는 견고한 재료로 제작된 것으로 너비는 55cm이상이어야 한다.
③ 현문 사다리의 양측에는 82cm이상의 높이로 방책을 설치하여야 한다.
④ 현문 사다리는 근로자의 통행에단 사용하여야하며, 화물용 발판 또는 화물용 보판으로 사용하도록 해서는 아니 된다.

해설 300톤급 이상의 선박에서 하역작업을 할 경우 조치할 사항
  1) 근로자들이 안전하게 승강할 수 있는 현문사다리를 설치할 것
  2) 현문사다리 밑에는 안전망을 설치할 것
  3) 현문사다리의 너비는 55cm 이상이어야 하고, 양측에 82cm 이상의 높이로 방책을 설치할 것

120 지반의 종류가 다음과 같을 때 굴착면의 기울기 기준으로 옳은 것은?

보통흙 : 모래

① 1 : 0.5 ~ 1 : 1 ② 1 : 18
③ 1 : 1.0 ④ 1 : 05

해설 굴착면의 구배기준

구분	지반의 종류	구배
보통 흙	모래	1 : 1.8
	그 밖에 흙	1 : 1.2
암반	풍화암	1 : 1.0
	연암	1 : 1.0
	경암	1 : 0.5

2018년 시행

건설안전기사

제1과목 / 산업안전관리론

01 재해예방의 4원칙이 아닌 것은?

① 손실필연의 원칙
② 원인계기의 원칙
③ 예방가능의 원칙
④ 대책선정의 원칙

해설 재해예방의 4원칙
　　1) 손실우연의 원칙
　　2) 원인계기의 원칙
　　3) 예방 가능의 원칙
　　4) 대책선정의 원칙

02 안전대의 완성품 및 각 부품의 동하중 시험 성능기준 중 충격흡수장치의 최대전달 충격력은 몇 kN이하 이어야 하는가?

① 6　　　　　　　② 7.84
③ 11.28　　　　　④ 15

해설 안전대 완성품 및 부품의 동하중 시험 성능기준

구분	명칭	시험성능기준
완성품	· 1개걸이용 · u자걸이용 · 추락방지대 · 안전블록	① 시험몸통에서 빠지지 말 것 ② 최대전달충격력은 6.0 kN이하 일 것 ③ u자걸이용, 안전블록, 추락방지대의 감속 거리는 1,000mm 이하일 것 ④ 시험후 좀줄과 시험몸통간의 수직각이 50° 미만일 것

구분	명칭	시험성능기준
부품	· 안전블록	① 파손되지 않을 것 ② 최대전달충격력은 6.0kN이하 일 것 ③ 억제거리는 2,000mm이하일 것
	· 충격흡수 장치	① 최대전달충격력은 6.0kN이하 일 것 ② 감속거리는 1,000mm이하일 것

03 재해발생의 주요원인 중 불안전한 행동이 아닌 것은?

① 권한 없이 행한 조작
② 보호구 미착용
③ 안전장치의 기능제거
④ 숙련도 부족

해설 ④항, 숙련도 부족 : 교육적 원인

04 산업안전보건법령상 안전·보건표지의 종류 중 지시표지의 종류가 아닌 것은?

① 보안경 착용
② 안전장갑 착용
③ 방진마스크 착용
④ 방열복 착용

해설 지시표지의 종류 : ① 보안경 착용 ② 안전장갑 착용 ③ 방진마스크 착용 ④ 방독마스크 착용 ⑤ 보안면 착용 ⑥ 안전모 착용 ⑦ 귀마개착용 ⑧ 안전화 착용 ⑨ 안전복 착용

■ 정답 ■　01.①　02.①　03.④　04.④

05 산업안전보건법령상 안전인증대상 기계
·기구 등에 해당하지 않는 것은?

① 곤돌라
② 고소 작업대
③ 활선작업용 기구
④ 교류 아크용접기용 자동전격방지기

해설 ④ 항, 교류아크용접기용 자동전격방지기 : 자
율안전확인대상 방호장치

06 안전보건관리조직 중 라인·스탭(Line·
Staff)의 복합형 조직의 특징으로 옳은 것은?

① 명령계통과 조언 권고적 참여가 혼동되기
쉽다.
② 생산부분은 안전에 대한 책임과 권한이 없
다.
③ 안전에 대한 정보가 불충분하다.
④ 안전과 생산을 별도로 취급하기 쉽다.

해설 라인·스탭의 복합형 조직의 단점
1) 명령계통과 조언 권고적 참여가 혼동되기 쉽다.
2) 라인이 스탭에만 의존하거나 또는 활용치 않는
경우가 있다.
3) 스탭의 월권행위의 경우가 있다.

07 산업안전보건법령상 건설현장에서 사용
하는 크레인의 안전검사의 주기로 옳은 것은?

① 최초로 설치한 날부터 1개월마다 실시
② 최초로 설치한 날부터 3개월마다 실시
③ 최초로 설치한 날부터 6개월마다 실시
④ 최초로 설치한 날부터 1년마다 실시

해설 안전검사대상 유해·위험기계 등의 검사주기
(시행규칙 제73조의 3)
1) 크레인(이동식크레인은 제외), 리프트(이
삿짐 운반용 리프트는 제외) 및 곤돌라 :
사업장이 설치가 끝난 날부터 3년 이내에
최초 안전검사를 실시하되, 그 이후부터
2년마다(건설현장에 사용하는 것은 최초

로 설치한 날부터 6개월 마다)
2) 이동식크레인, 이삿짐운반용 리프트 및 고
소작업대 : 신규등록 이후 3년 이내에 최초
안전검사를 실시하되, 그 이후부터 3년마다
3) 프레스, 전단기, 압력용기, 국소배기장치, 원심
기, 화학설비 및 그 부속설비, 건조설비 및 그
부속설비, 롤러기, 사출성형기, 컨베이어 및
산업용 로봇(11종) : 사업장에 설치가 끝난
날부터 3년 이내에 최초 안전검사를 실시하
되, 그 이후부터 2년마다 (공정안전보고서
를 제출하여 확인을 받은 압력용기는 4년마
다)

08 재해 손실비의 평가방식 중 시몬즈(Simons)
방식에서 비보험 코스트의 산정 항목에 해당하지
않는 것은?

① 사망 사고 건수
② 무상해 사고 건수
③ 통원 상해 건수
④ 응급 조치 건수

해설 사망사고 건수와 영구전노동불능사고 건수는
비보험 코스 산정항목에서 제외한다.

> **길잡이** 시몬즈의 재해손실비
> ∴총재해 cost=보험코스트+비보험코스트
> ① 보험코스트(납입보험료)=지급보상비+제
> 경비+이익금
> ② 비보험코스트=(휴업상해건수×A)+(통원
> 상해건수×B)+(응급조치 건수×C)+(무
> 상해사고건수×D)
> 여기서, A,B,C,D는 장해 정도별에 의한 비
> 보험코스트의 평균치

09 아담스(Adams)의 재해 발생과정 이론의 단계별 순서로 옳은 것은?

① 관리구조 결함→전술적 에러→작전적 에러 →사고→재해
② 관리구조 결함→작전적 에러→전술적 에러 →사고→재해
③ 전술적 에러→관리구조 결함→작전적 에러 →사고→재해
④ 작전적 에러→관리구조 결함→전술적 에러 →사고→재해

해설 아담스(Adams)의 사고연쇄성 이론(경영시스템 내의 사고발생원인)
  1) 1단계 - **관리구조** : 경영시스템(목적, 조직, 운영 등)
  2) 2단계 - **작전적 에러** : 회사 운영실수
  3) 3단계 - **전술적 에러** : 관리·기술적 실수
  4) 4단계 - **사고** : 앗차 실수(near miss), 무상해 사고
  5) 5단계 - **상해·피해** : 부상, 손해, 재산피해

10 사고예방대책의 기본 원리 5단계 중 2단계의 조치사항이 아닌 것은?

① 자료수집
② 제도적인 개선안
③ 점검, 검사 및 조사 실시
④ 작업분석, 위험확인

해설 ② 항, 제도적인 개선안 : 제4단계 - 시정책의 선정(개선책 선정)

11 산업안전보건법령상 건설업 중 고용노동부령으로 정하는 자격을 갖춘 자의 의견을 들은 후 유해·위험방지계획서를 작성하여 고용노동부장관에게 제출하여야 하는 대상 사업장의 기준 중 다음 (   )안에 알맞은 것은?

연면적 (   )m²이상의 냉동·냉장창고 시설의 설비공사 및 단열공사

① 3000　　　　② 5000
③ 7000　　　　④ 10000

해설 건설업 중 유해위험방지계획서 제출대상 사업장(시행규칙 제120조 제4항)
  1) 지상높이가 31미터 이상인 건축물 또는 인공구조물, 연면적 3만 제곱미터 이상인 건축물 또는 연면적 5천 제곱미터 이상의 문화 및 집회시설(전시장 및 동물원·식물원은 제외), 판매시설, 운수시설(고속철도의 역사 및 집·배송시설은 제외), 종교시설, 의료시설 중 종합병원, 숙박시설 중 관광숙박시설, 지하도상가 또는 냉동·냉장 창고시설의 건설·개조 또는 해체(이하 "건설 등"이라 함)
  2) 연면적 5천 제곱미터 이상의 냉동·냉장 창고시설의 설비공사 및 단열공사
  3) 최대 지간길이가 50미터 이상인 교량건설 등 공사
  4) 터널 건설 등의 공사
  5) 다목적댐, 발전용댐 및 저수용량 2천만톤 이상의 용수 전용 댐, 지방상수도 전용댐 건설 등의 공사
  6) 깊이 10미터 이상인 굴착공사

12 시설물의 안전관리에 관한 특별법상 국토교통부장관은 시설물이 안전하게 유지관리 될 수 있도록 하기 위하여 몇 년마다 시설물의 안전 및 유지관리에 관한 기본계획을 수립·시행하여야 하는가?

① 1년　　　　② 2년
③ 3년　　　　④ 5년

해설 시설물의 안전 및 유지관리에 관한 기본계획 : 5년마다 수립·시행

13 산업안전보건법상 산업안전보건위원회의 심의·의결사항이 아닌 것은?

① 산업재해 예방계획의 수립에 관한 사항
② 근로자의 건강진단 등 건강관리에 관한 사항
③ 중대재해로 분류되는 산업재해의 원인 조사 및 재발 방지대책의 수립에 관한 사항
④ 안전장치 및 보호구 구입 시의 적격품 여부 확인에 관한 사항

해설 산업안전보건위원회의 심의·의결사항
1) ①, ②, ③항
2) 안전보건관리규정의 작성 및 그 변경에 관한 사항
3) 근로자의 안전·보건교육에 관한 사항
4) 작업환경의 측정 등 작업환경의 점검 및 개선에 관한 사항
5) 산업재해에 관한 통계의 기록 및 유지에 관한 사항

14 재해의 원인분석방법 중 통계적 원인분석 방법으로 사고의 유형, 기인물 등 분류 항목을 큰 순서대로 도표화하는 것은?

① 특성요인도
② 크로스도
③ 파레토도
④ 관리도

해설 통계적 원인분석 방법
1) **파레토도** : 사고의 유형, 기인물 등 분류항목을 큰 순서대로 도표화하여 분석하는 방법이다.
2) **특성요인도** : 특성과 요인을 도표로 하여 어골상(魚骨狀)으로 세분화한다.
3) **클로즈 분석** : 데이터를 집계하고 표로 표시하여 요인별 결과내역을 교차한 크로즈 그림을 작성하여 분석한다. (2개 이상의 문제 관계를 분석하는데 이용)
4) **관리도** : 재해발생건수 등의 추이를 파악하고 목표관리를 행하는데 필요한 월별재해발생수를 그래프화하여 관리선을 설정·관리하는 방법이다.

15 재해발생의 간접 원인 중 2차 원인이 아닌 것은?

① 안전 교육적 원인 ② 신체적 원인
③ 학교 교육적 원인 ④ 정신적 원인

해설 재해원인
1) **간접원인** : 재해의 가장 깊은 곳에 존재하는 재해원인
  ① 기초원인 : 학교교육적 원인, 관리적원인
  ② 2차원인 : 신체적원인, 정신적원인, 안전교육적 원인, 기술적 원인
2) **직접원인(1차원인)** : 시간적으로 사고 발생에 가장 가까운 재해원인이다.
  ① 물적원인 : 불안전한 상태(설비 및 환경 등의 불량)
  ② 인적원인 : 불안전한 행동

16 안전관리에 있어 5C 운동(안전행동 실천 운동)이 아닌 것은?

① 정리정돈   ② 통제관리
③ 청소청결   ④ 전심전력

해설 사업장 5C 운동
1) 청소청결(cleaning)
2) 정리정돈(clearance)
3) 전심전력(concentration)
4) 복장단정(correctness)
5) 점검확인(checking)

17 산업안전보건법령상 안전보건관리규정을 작성하여야 할 사업의 사업주는 안전보건관리규정을 작성하여야 할 사유가 발생한 날부터 며칠 이내에 안전보건관리규정의 세부 내용을 포함한 안전보건관리규정을 작성하여야 하는가?

① 7일   ② 14일
③ 30일   ④ 60일

해설 안전보건관리규정의 작성 : 규정을 작성하여야 할 사유가 발생한 날부터 30일 이내에 작성할 것

18 강도율 1.25, 도수율 10인 사업장의 평균 강도율은?

① 8
② 10
③ 12.5
④ 125

해설 평균강도율 $= \dfrac{강도율}{도수율} \times 1000$

$= \dfrac{1.25}{10} \times 1000 = 125$

19 산업안전보건법상 안전·보건표지의 종류와 형태 기준 중 안내표지의 종류가 아닌 것은?

① 금연
② 들것
③ 비상용기구
④ 세안장치

해설 **안내표지 종류**

1) 녹십자 표지,   2) 응급구호
3) 들 것   4) 세안장치
5) 비상용기구   6) 비상구
7) 좌측비상구   8) 우측비상구

20 산업안전보건법령상 안전관리자가 수행하여야 할 업무가 아닌 것은? (단, 그밖에 안전에 관한 사항으로서 고용 노동부장관이 정하는 사항은 제외한다.)

① 사업장 순회점검·지도 및 조치의 건의
② 해당 사업장 안전교육계획의 수립 및 안전교육 실시에 관한 보좌 및 조언·지도
③ 산업재해 발생의 원인 조사·분석 및 재발방지를 위한 기술적 보좌 및 조언·지도
④ 해당 작업의 작업장의 정리·정돈 및 통로 확보에 대한 확인·감독

해설 **안전관리자의 업무내용**

1) 산업안전보건위원회 및 노사협의체에서 심의·의결한 직무와 당해 사업장의 안전 보건관리규정 및 취업규칙에서 정한 업무
2) 안전인증대상 기계·기구 및 자율안전확인대상

기계·기구 등의 구입시 적격품의 선정에 관한 보좌 및 조언·지도
3) 위험성평가에 관한 보좌 및 조언·지도
4) 해당사업장 안전교육계획의 수립 및 안전교육 실시에 관한 보좌 및 조언·지도
5) 사업장 순회점검, 지도 및 조치의 건의
6) 산업재해 발생의 원인조사 및 재발방지를 위한 기술적 보좌 및 조언·지도
7) 산업재해에 관한 통계의 유지·관리분석을 위한 보좌 및 조언·지도(안전분야에 한함)
8) 법 또는 법에 따른 명령으로 정한 안전에 관한 사항의 이행에 관한 보좌 및 조언·지도
9) 업무수행 내용의 기록·유지
10) 그밖에 안전한 관한 사항으로서 고용노동부장관이 정하는 사항

제2과목 / 산업심리 및 교육

---

21 맥그리거(McGregor)의 XY이론 중 X이론에 해당하는 것은?

① 성선설
② 상호 신뢰감
③ 고차원적 욕구
④ 명령 통제에 의한 관리

해설 **맥그리거의 X·Y이론**

X이론	Y이론
인간 불신감	상호신뢰감
성악설	성선설
인간은 본래 게으르고 태만하여 남의 지배 받기를 즐긴다.	인간은 부지런하고 근면, 적극적이며 자주적이다.
물질욕구 (저차적 욕구)	정신욕구 (고차적 욕구)
명령통제에 의한 관리	목표통합과 자기 통제에 의한 자율관리
저개발국형	선진국형

22 교육훈련 평가의 4단계를 맞게 나열한 것은?

① 반응단계→학습단계→행동단계→결과단계
② 반응단계→행동단계→학습단계→결과단계
③ 학습단계→반응단계→행동단계→결과단계
④ 학습단계→행동단계→반응단계→결과단계

해설 교육훈련평가의 4단계
1) 반응단계(1단계) : 훈련을 어떻게 생각하고 있는가?
2) 학습단계(2단계) : 어떠한 원칙과 사실 및 기술 등을 배웠는가?
3) 행동단계(3단계) : 직무수행상 어떠한 행동의 변화를 가져왔는가?
4) 결과단계(4단계) : 코스트절감, 품질개선, 안전관리, 생산증대 등에 어떠한 결과를 가져왔는가?

23 호손 실험(Hawthorne experiment)의 결과 작업자의 작업능률에 영향을 미치는 주요 원인으로 밝혀진 것은?

① 인간관계   ② 작업조건
③ 작업환경   ④ 생산기술

해설 호오손(Hawthorne)실험
1) 실험연구자 : 메이오(Mayo)
2) 실험연구결과 : 작업능률(생산성향상)은 물리적 「작업조건」 보다는 인간의 심리적인 태도, 감정을 규제하고 있는 「인간관계」에 의해서 결정됨을 밝혔다.

24 인간의 오류 모형에서 착오(mistake)의 발생원인 및 특성에 해당하는 것은?

① 목표와 결과의 불일치로 쉽게 발견된다.
② 주의 산만이나 주의 결핍에 의해 발생할 수 있다.
③ 상황을 잘못 해석하거나 목표에 대한 이해가 부족한 경우 발생한다.
④ 목표 해석은 제대로 하였으나 의도와 다른 행동을 하는 경우 발생한다.

해설 인간의 오류모형
1) **착오**(mistake) : 상황해석을 잘못하거나 목표를 잘못이해하고 착각하는 경우에 발생한다.
2) **실수**(slip) : 상황이나 목표해석은 제대로 하였으나 의도와 다른 행동을 하는 경우게 발생한다.
3) **위반**(violation) : 정해진 규칙을 알고 있음에도 고의로 따르지 않거나 무시하는 행위이다.
4) **건망증**(lapse) : 여러 과정이 연계적으로 일어나는 행동 중에서 일부를 잊어버리고 하지 않거나 또는 기억의 실패에 의해서 발생하는 오류이다.

25 안전교육의 방법 중 전개단계에서 가장 효과적인 수업방법은?

① 토의법   ② 시범
③ 강의법   ④ 자율학습법

해설 수업단계별 최적의 수업방법
1) **도입** : 강의법, 시범
2) **전개** : 반복법, 토의법, 실연법
3) **정리** : 반복법, 토의법, 실연법, 자율학습법
4) **프로그램 학습법, 학생상호학습법, 모의학습법**
   : 수업의 모든 단계에 적합

26 부주의의 현상 중 의식의 으회에 대한 원인으로 가장 적절한 것은?

① 특수한 질병
② 단조로운 작업
③ 작업도중의 걱정, 고뇌, 욕구쿨만
④ 자극이 너무 약하거나 너무 강할 때

해설 부주의 현상
1) **의식의 단절** : 지속적인 의식의 흐름에 단절이 생기고 공백의 상태가 나타나는 것으로 특수한 질병이 있는 경우에 나타난다(의식수준 :

Phase 0)
2) **의식의 우회** : 의식의 흐름이 옆으로 빗나가 발생하는 경우로서 작업도중 걱정, 고뇌, 욕구불만 등에 의해 다른 것에 정신을 빼앗기는 경우이다(의식수준 : Phase 0)

3) **의식수준의 저하** : 혼미한 정신상태에서 심신이 피로할 경우나 단조로운 반복작업시 일어나기 쉽다(의식수준 : Phase Ⅰ이하).

4) **의식의 과잉** : 지나친 의욕에 의해서 생기는 부주의 현상으로 긴급사태시 순간적으로 긴장이 한 방향으로만 쏠리게 되는 경우이다. (의식수준 : Phase Ⅳ).

27 학습지도의 형태 중 토의법의 유형에 해당되지 않는 것은?

① 포럼(forum)
② 구안법
③ 버즈 세션(buzz session)
④ 패널 디스커션(panel discussion)

해설 1) **토의법의 종류** : 포럼(공개토론회), 심포지움, 버즈세션, 패널 디스커션 등
2) **구안법**(project method) : 학습자 스스로가 계획을 세워서 수행하는 학습활동으로 이루어지는 교육형태

28 이용 가능한 정보나 기술에 관한 정보원으로서의 역할을 수행하는 리더의 유형에 해당하는 것은?

① 집행자로서의 리더
② 전문가로서의 리더
③ 집단대표로서의 리더
④ 개개인의 책임대행자로서의 리더

해설 ②항, **전문가로서의 리더** : 본문설명

29 학습목적의 3요소가 아닌 것은?

① 목표
② 학습성과

③ 주제
④ 학습정도

해설 **학습목적의 3요소**
1) **목표** : 학습을 통하여 달성하려는 지표
2) **주제** : 목표달성을 위한 테마(thema)를 의미한다.
3) **학습정도** : 학습범위와 내용의 정도를 말한다.

30 산업안전보건법상 사업 내 산업안전·보건 관련 교육에 있어 건설 일용근로자의 건설업 기초안전·보건교육시간으로 맞는 것은?

① 1시간
② 2시간
③ 3시간
④ 4시간

해설 사업 내 안전보건교육(시행규칙 별표8)

교육과정	교육대상	교육시간
1. 정기교육	1) 사무직·판매직 근로자	매반기 6시간 이상
	2) 사무직·판매직 근로자 외의 근로자	매반기 12시간 이상
2. 채용시 교육	1) 일용직 근로자 및 근로계약기간이 1주일 이하인 기간제 근로자	1시간 이상
	2) 근로계약기간이 1주일 초과 1개월 이하인 기간제 근로자	4시간 이상
	3) 그 밖에 근로자	8시간 이상
3. 작업내용 변경시 교육	1) 일용근로자 및 근로계약기간에 1주일 이하인 기간제 근로자	1시간 이상
	2) 그 밖에 근로자	2시간 이상
4. 특별교육	1) 특별교육대상 작업에 종사하는 일용근로자 및 근로계약기간이 1주일 이하인 기간제 근로자	2시간 이상
	2) 특별교육대상 작업중 타워크레인 신호작업에 종사하는 일용근로자 및 근로계약기간이 1주일 이하인 기간제 근로자	8시간 이상
	3) 특별교육대상 작업에 종사하는 일용근로자 및 근로계약기간이 1주일 이하인 기간제 근로자를 제외한 근로자	• 16시간 이상(최초 작업에 종사하기 전 4시간 이상 실시하고 12시간은 3개월 이내에서 분할하여 실시 가능) • 단기간 작업, 간헐적 작업인 경우 2시간 이상
5. 건설업 기초 안전·보건 교육	건설일용근로자	4시간 이상

31 안전사고와 관련하여 소질적 사고 요인이 아닌 것은?

① 지능　　　　　② 작업자세
③ 성격　　　　　④ 시각기능

해설 소질적인 사고요인
　　1) **지능** : 지능이 낮을수록 또는 높을수록 사고발
　　　　생률이 높다. (ChisIli와 Brown설)
　　2) **성격** : 성격 결함자가 사고를 발생시킨다.
　　3) **시각기능** : 시각기능에 결함이 있는 재(Tiffin.
　　　　J)와 두 눈의 시력이 불균형인 재(Fletcher. E.
　　　　D)에게 재해가 많이 발생된다.

32 안전교육방법 중 Off-J.T.(Off the Job Training)교육의 특징이 아닌 것은?

① 훈련에만 전념하게 된다.
② 전문가를 강사로 활용할 수 있다.
③ 개개인에게 적절한 지도훈련이 가능하다.
④ 다수의 근로자에게 조직적 훈련이 가능하다.

해설 OJT와 off-JT

O · J · T (현장중심교육)	off J · T (현장 외 중심교육)
① 개개인에 적합한 지도 훈련을 할 수 있다.	① 다수의 근로자에게 조직적 훈련이 가능하다.
② 직장의 실정에 맞는 실제적 훈련을 할 수 있다.	② 훈련에만 전념하게 된다.
③ 훈련 필요한 업무의 계속성이 끊어지지 않는다.	③ 특별설비기구를 이용할 수 있다.
④ 즉시 업무에 연결되는 관계로 신체와 관련이 있다.	④ 전문가를 강사로 초청할 수 있다.
⑤ 효과가 곧 업무에 나타나며 훈련의 좋고 나쁨에 따라 개선이 용이하다.	⑤ 각 직장의 근로자가 많은 지식이나 경험을 교류할 수 있다.
⑥ 교육을 통한 훈련 효과에 의해 상호 신뢰 이해도가 높아진다.	⑥ 교육훈련 목표에 대해서 집단적 노력이 흐트러질 수도 있다.

33 다른 사람의 행동 양식이나 태도를 자기에게 투입하거나 그와 반대로 다른 사람 가운데서 자기의 행동 양식이나 태도와 비슷한 것을 발견하는 것을 무엇이라 하는가?

① 모방(Imitation)
② 투사(Projection)
③ 암시(Suggestion)
④ 동일시(Identification)

해설 인간관계의 메커니즘(mechanism)
　　1) **동일화**(identification) : 다른 사람의 행동 양식이나 태도를 투입시키거나, 다른 사람 가운데서 자기와 비슷한 것을 발견하는 것을 말한다.
　　2) **투사**(投射 : projection) : 자기 속의 억압된 것을 다른 사람의 것으로 생각하는 것을 투사(또는 투출)라고 한다.
　　3) **커뮤니케이션**(communication) : 갖가지 행동 양식이나 기호를 매개로 하여 어떤 사람으로부터 다른 사람에게 전달되는 과정을 말한다.
　　4) **모방**(imitation) : 남의 행동이나 판단을 표본으로 하여 그것과 같거나 또는 그것에 가까운 행동 또는 판단을 취하려는 것이다.
　　5) **암시**(suggestion) : 다른 사람으로부터의 판단이나 행동을 무비판적으로 논리적, 사실적 근거 없이 받아들이는 것을 말한다.

34 시행착오설에 의한 학습법칙에 해당하지 않는 것은?

① 효과의 법칙　　② 일관성의 법칙
③ 연습의 법칙　　④ 준비성의 법칙

해설 시행착오설에 있어서의 학습법칙
　　1) **연습의 법칙**(law or exercise) : 모든 학습과정은 많은 연습과 반복을 통해서 바람직한 행동의 변화를 가져오게 된다는 법칙으로, 빈도의 법칙(law of frequency)이라고도 한다.
　　2) **효과의 법칙**(law of frequency) : 학습의 결과가 학습자에게 쾌감을 주면 줄수록 반응은 강화되고 반대로 고통이나 불쾌감을 주면 악화된다는 법칙으로 결과의 법칙이라고도 한다.
　　3) **준비성의 법칙**(law of readiness) : 특정한 학

습을 행하는데 필요한 기초적인 능력을 충분히 갖춘 뒤에 학습을 행함으로서 효과적인 학습을 이룩할 수 있다는 법칙이다.

35 적성검사의 종류 중 시각적 판단검사의 세부검사 내용에 해당하지 않는 것은?

① 회전검사　　② 형태 비교검사
③ 공구 판단검사　　④ 명칭 판단검사

[해설] 적성검사의 종류

구 분	세부 검사 내용
(1) 시각적 판단검사	① 언어의 판단검사 ② 형태 비교검사 ③ 평면도 판단검사 ④ 입체도 판단검사 ⑤ 공구 판단검사 ⑥ 명칭 판단검사
(2) 정확도 및 기민성검사(정밀성검사)	① 교환검사 ② 회전검사 ③ 조립검사 ④ 분해검사
(3) 계산에 의한 검사	① 계산검사 ② 수학 응용검사 ③ 기록검사
(4) 속도검사	타점 속도 검사
(5) 설문지에 의한 컴퓨터 방식	① 설문지법 ② 색채법 ③ 설문지에 의한 컴퓨터 방식

36 피로의 증상과 가장 거리가 먼 것은?

① 식욕의 증대
② 불쾌감의 증가
③ 흥미의 상실
④ 작업능률의 감퇴

[해설] 피로의 증상
1) ②, ③, ④ 항
2) 식욕의 감소

37 직업 적성검사에 대한 설명으로 틀린 것은?

① 적성검사는 작업행동을 예언하는 것을 목적으로도 사용한다.
② 직업 적성검사는 직무 수행에 필요한 잠재적인 특수능력을 측정하는 도구이다.
③ 직업 적성검사를 이용하여 훈련 및 승진대상자를 평가하는데 사용할 수 있다.
④ 직업 적성은 단기적 집중 직업훈련을 통해서 개발이 가능하므로 신중하게 사용해야 한다.

[해설] 1) **직업적성** : 적당한 교육훈련을 받음으로써 어느 특정한 작업을 효과적으로 수행하여 만족을 얻을 수 있다고 예측되는 능력이나 성격특성을 말한다.
2) 직업적성은 장기적 집중 직업훈련을 통해서 개발이 가능하므로 신중하게 사용해야 한다.

38 인간의 행동은 내적요인과 외적요인이 있다. 지각선택에 영향을 미치는 외적요인이 아닌 것은?

① 대비(Contrast)　　② 재현(Repetition)
③ 강조(Intensity)　　④ 개성(Personality)

[해설] 인간행동
1) **내적요인** : 개성
2) **외적요인** : 대비, 재현, 강조

39 헤드십의 특성에 관한 설명 중 맞는 것은?

① 민주적 리더십을 발휘하기 쉽다.
② 책임귀속이 상사와 부하 모두에게 있다.
③ 권한 근거가 공식적인 법과 규정에 의한 것이다.
④ 구성원의 동의를 통하여 발휘하는 리더십이다.

해설 헤드십과 리더십의 구분

구분	헤드십	리더십
1. 권한부여 및 행사	위에서 위임하여 임명	아래로부터 동의에 의한 선출
2. 권한근거	법적 또는 공식적	개인능력
3. 상관과 부하의 관계	지배적	개인적인 경향
4. 지휘형태	권위주의적	민주주의적
5. 부하와의 사회적 간격	넓다	좁다

40 집단 안전교육과 개별 안전교육 및 안전교육을 위한 카운슬링 등 3가지 안전교육 방법 중 개별안전 교육방법에 해당되는 것이 아닌 것은?

① 일을 통한 안전교육
② 상급자에 의한 안전교육
③ 문답방식에 의한 안전교육
④ 안전기능 교육의 추가지도

해설 개별안전 교육방법
  1) 일을 통한 안전교육
  2) 상급자에 의한 안전교육
  3) 안전기능교육의 추가지도

제3목 / 인간공학 및 시스템안전공학

41 동작경제의 원칙에 해당하지 않는 것은?

① 공구의 기능을 각각 분리하여 사용하도록 한다.
② 두 팔의 동작은 동시에 서로 반대방향으로 대칭적으로 움직이도록 한다.
③ 공구나 재료는 작업동작이 원활하게 수행되도록 그 위치를 정해준다.
④ 가능하다면 쉽고도 자연스러운 리듬이 작업동작에 생기도록 작업을 배치한다.

해설 ①항, 공구의 기능을 결합하여서 사용하도록 한다.

42 다음 시스템의 신뢰도는 얼마인가? (단, 각 요소의 신뢰도는 a, b가 각각 0.8, c, d가 각각 0.6이다.)

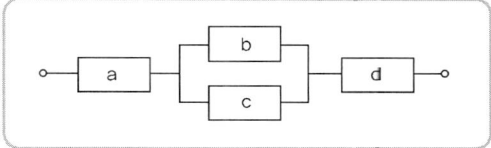

① 0.2245   ② 0.3754
③ 0.4416   ④ 0.5755

해설 $R=a\times[1-(1-b)(1-c)]\times d$
$=0.8\times[1-(1-0.8)(1-0.6)]\times0.6$
$=0.4416$

43 FMEA의 특징에 대한 설명으로 틀린 것은?

① 서브시스템 분석 시 FTA보다 효과적이다.
② 시스템 해석기법은 정성적·귀납적 분석법 등에 사용된다.
③ 각 요소간 영향 해석이 어려워 2가지 이상 동시 고장은 해석이 곤란하다.
④ 양식이 비교적 간단하고 적은 노력으로 특별한 훈련 없이 해석이 가능하다.

해설 **FMEA(고장의 형태와 영향분석)**
  1) **시스템 해석기법** : 정석적·귀납적 분석
  2) **장점 및 단점**

장점	① 서식간단 ② 쉽게 분석할 수 있음
단점	① 논리성 부족 ② 2가지 이상 고장은 분석곤란 ③ 인적원인 분석 곤란

44 기계설비 고장 유형 중 기계의 초기결함을 찾아내 고장률을 안정시키는 기간은?

① 마모고장 기간
② 우발고장 기간
③ 에이징(aging) 기간
④ 디버깅(debugging) 기간

해설 **고장률의 유형**
  1) **초기고장** : 불량제조나 생산과정에서의 품질관리 미비로 생기는 고장으로 점검 작업이나 시운전 등에 의해 사전에 방지할 수 있는 고장
    ① 디버깅(debugging)기간 : 결함을 찾아내 고장률을 안정시키는 기간
    ② 번인(burn in) 기간 : 실제로 장시간 움직여 보고 그동안 고장 난 것을 제거하는 고정기간
  2) **우발고장** : 예측할 수 없을 때 생기는 고장으로 시운전이나 점검작업으로는 방지할 수 없는 고장
  3) **마모고장** : 수명이 다해서 생기는 고장으로 안전진단 및 적당한 보수(정비)에 의해서 방지할 수 있는 고장

45 동작의 합리화를 위한 물리적 조건으로 적절하지 않은 것은?

① 고유 진동을 이용한다.
② 접촉 면적을 크게 한다.
③ 대체로 마찰력을 감소시킨다.
④ 인체표면에 가해지는 힘을 적게 한다.

해설 ②항, 접촉면을 작게 한다.

46 경계 및 경보신호의 설계지침으로 틀린 것은?

① 주의를 환기시키기 위하여 변조된 신호를 사용한다.
② 배경소음의 진동수와 다른 진동수의 신호를 사용한다.
③ 귀는 중음역에 민감하므로 500 ~ 3000Hz의 진동수를 사용한다.
④ 300m이상의 장거리용으로는 1000Hz를 초과하는 진동수를 사용한다.

해설 ④항, **300m이상의 장거리용** : 1000Hz이하의 진동수 사용

47 휴먼 에러 예방 대책 중 인적 요인에 대한 대책이 아닌 것은?

① 설비 및 환경 개선
② 소집단 활동의 활성화
③ 작업에 대한 교육 및 훈련
④ 전문인력의 적재적소 배치

해설 **휴먼에러의 인적요인에 대한 대책**
  ① 소집단 활동의 활성화
  ② 작업에 대한 교육 및 훈련
  ③ 전문인력의 적재적소 배치
  ④ 안전행동을 위한 동기부여

■ 정답 ■　43.①　44.④　45.②　46.④　47.①

48 운동관계의 양립성을 고려하여 동목 (moving scale)형 표시장치를 바람직하게 설계한 것은?

① 눈금과 손잡이가 같은 방향으로 회전하도록 설계한다.
② 눈금의 숫자는 우측으로 감소하도록 설계한다.
③ 꼭지의 시계 방향 회전이 지시치를 감소시키도록 설계한다.
④ 위의 세 가지 요건을 동시에 만족시키도록 설계한다.

해설 동목형 표시장치 : 눈금이 움직이는 방향과 손잡이의 회전방향이 같을 때 오차가 적어진다.

49 에너지 대사율(RMR)에 대한 설명으로 틀린 것은?

① $RMR = \dfrac{운동대사량}{기초대사량}$
② 보통 작업시 RMR은 4∼7임
③ 가벼운 작업시 RMR은 0∼2임
④ $RMR = \dfrac{운동시산소소모량 - 안정시산소소모량}{기초대사량(산소소비량)}$

해설 작업강도에 따른 에너지대사율
1) 가벼운작업(輕작업) : 0∼2RMR
2) 보통작업(中작업) : 2∼4RMR
3) 힘든작업(重작업) : 4∼7RMR
4) 매우 힘든작업(超重작업) : 7RMR이상

50 일반적으로 작업장에서 구성요소를 배치할 때, 공간의 배치 원칙에 속하지 않는 것은?

① 사용빈도의 원칙 ② 중요도의 원칙
③ 공정개선의 원칙 ④ 기능성의 원칙

해설 부품배치의 4원칙
1) 사용빈도의 원칙 2) 중요성의 원칙
3) 기능별 배치의 원칙 4) 사용순서의 원칙

51 산업안전보건법령상 유해하거나 위험한 장소에서 사용하는 기계·기구 및 설비를 설치·이전하는 경우 유해·위험방지계획서를 작성, 제출하여야 하는 대상이 아닌 것은?

① 화학설비 ② 금속 용해로
③ 건조설비 ④ 전기용접장치

해설 유해·위험방지계획서 작성 대상 기계기구 및 설비
1) 금속이나 그 밖의 광물의 용해로
2) 화학설비
3) 건조설비
4) 가스집합용접장치
5) 허가대상·관리대상 유해물질 및 분진작업 관련 설비

52 정량적 표시장치에 관한 설명으로 맞는 것은?

① 정확한 값을 읽어야 하는 경우 일반적으로 디지털보다 아날로그 표시장치가 유리하다.
② 동목(moving scale)형 아날로그 표시장치는 표시장치의 면적을 최소화할 수 있는 장점이 있다.
③ 연속적으로 변화하는 양을 나타내는 데에는 일반적으로 아날로그보다 디지털 표시장치가 유리하다.
④ 동침(moving pointer)형 아날로그 표시장치는 바늘의 진행 방향과 증감 속도에 대한 인식적인 암시 신호를 얻는 것이 불가능한 단점이 있다.

해설 정량적 표시장치
①항, 정확한 값을 읽어야 할 경우에는 아날로그보다 디지털표시장치가 유리하다.
③항, 연속적으로 변화하는 양을 나타내는 데에는 디지털보다 아날로그가 유리하다.
④항, 동침형 아날로그 표시장치는 바늘의 움직이는 속도나 방향으로 진행방향과 증감속도에 대한 인식적인 암시신호를 얻을 수 있는 장점이 있다.

2018

53 신뢰성과 보전성 개선을 목적으로 한 효과적인 보전기록자료에 해당하는 것은?

① 자재관리표　② 주유지시서
③ 재고관리표　④ MTBF 분석표

해설 신뢰성과 보전성 개선을 목적으로 한 가장 효과적인 보전기록자료
1) MTBF 분석표
2) 설비이력카드
3) 고장원인대책표

54 FTA(Fault Tree Analysis)에 사용되는 논리 기호와 명칭이 올바르게 연결된 것은?

① 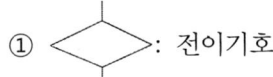 : 전이기호

② 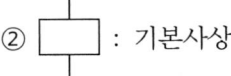 : 기본사상

③ 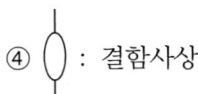 : 통상사상

④ : 결함사상

해설 ① : 생략사상
② : 결함사상
④ : 기본사상

55 들기 작업 시 요통재해예방을 위하여 고려할 요소와 가장 거리가 먼 것은?

① 들기 빈도
② 작업자 신장
③ 손잡이 형상
④ 허리 비대칭 각도

해설 들기 작업시 요통재해예방을 위하여 고려할 요소
1) 들기빈도(들어올리는 횟수)
2) 손잡이 형상
3) 허리비대칭 각도

56 다음 시스템에 대하여 톱사상(top event)에 도달할 수 있는 최소 컷셋(minimal cut sets)을 구할 때 올바른 집합은? (단, X_1, X_2, X_3, X_4는 각 부품의 고장 확률을 의미하며 집합{X_1, X_2}는 X_1부품과 X_2부품이 동시에 고장 나는 경우를 의미한다.)

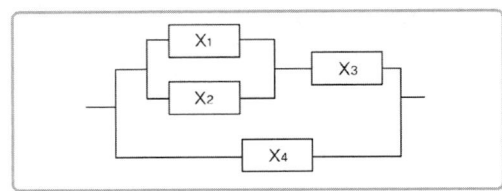

① {X_1, X_2}, {X_3, X_4}
② {X_1, X_3}, {X_2, X_4}
③ {X_1, X_2, X_4}, {X_3, X_4}
④ {X_1, X_3, X_4}, {X_2, X_3, X_4}

해설 1) 회로도를 FT로 변경시켜 그린다.
① 회로도에서 $X_1 \cdot X_2 \cdot X_3$의 조합을 A로 하고 $X_1 \cdot X_2$의 조합을 B로 한다.
② 회로도에서 병렬은 FT도에서는 AND로 그리고, 직렬은 OR로 그린다.

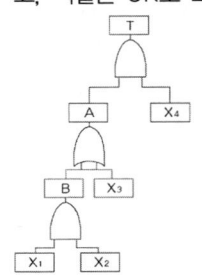

2) 상기 FT에 대한 최소켓셋을 구한다.
$$T \rightarrow A \cdot X_4 \rightarrow \frac{B \cdot X_4}{X_3 \cdot X_4} \rightarrow \frac{X_1 \cdot X_2 \cdot X_4}{X_3 \cdot X_4}$$
(최소컷셋)

■ 정답 ■　53.④　54.③　55.②　56.③

57 보기의 실내면에서 빛의 반사율이 낮은 곳에서부터 높은 순서대로 나열한 것은?

> [보기]
> A : 바닥   B : 천정   C : 가구   D : 벽

① A < B < C < D
② A < C < B < D
③ A < C < D < B
④ A < D< C < B

해설 옥내 최적 반사율
1) 천장 : 80~90%
2) 벽, 창문 발(blind) : 40~60%
3) 가구, 사무기기, 책상 : 25~45%
4) 바닥 : 20~40%

58 HAZOP 기법에서 사용하는 가이드워드와 그 의미가 잘못 연결된 것은?

① Other than : 기타 환경적인 요인
② No/Not : 디자인 의도의 완전한 부정
③ Reverse : 디자인 의도의 논리적 반대
④ More/Less : 정량적인 증가 또는 감소

해설 ① 항, Other than : 완전한 대체(통상 운전과 다르게 되는 상태)

59 A사의 안전관리자는 자사 화학 설비의 안전성 평가를 위해 제2단계인 정성적 평가를 진행하기 위하여 평가 항목 대상을 분류하였다. 주요 평가 항목 중에서 설계관계항목이 아닌 것은?

① 건조물   ② 공장 내 배치
③ 입지조건   ④ 원재료, 중간제품

해설 정성적 평가 항목

1. 설계관계	2. 운전관계
① 입지조건	① 원재료, 중간체제품
② 공장 내 배치	② 공정
③ 건조물	③ 수송, 저장 등
④ 소방설비	④ 공정기기

60 반사율이 60%인 작업 대상물에 대하여 근로자가 검사작업을 수행할 때 휘도(luminance)가 90fL이라면 이 작업에서의 소요조명(fc)은 얼마인가?

① 75   ② 150
③ 300   ④ 300

해설 소요조명$(fc) = \dfrac{광속발산도}{반사율} \times 100$

$= \dfrac{90}{60} \times 100$

$= 150\,fc$

제4목 / 건설시공학

61 건설공사의 시공계획 수립 시 작성할 필요가 없는 것은?

① 현치도
② 공정표
③ 실행예산의 편성 및 조정
④ 재해방지계획

해설 시공계획 수립시 작성 내용
1) 현장원(공사책임자, 현장 주임, 사무주임)의 편성(가장 먼저 수립)
2) 공정표의 작성
3) 실행예산의 편성
4) 하도급업자의 선정
5) 가설준비물의 결정
6) 재료의 선정 및 결정
7) 재해방지 대책 및 의료대책

62 콘크리트 구조물의 품질관리에서 활용되는 비파괴검사 방법과 가장 거리가 먼 것은?

① 슈미트해머법
② 방사선 투과법
③ 초음파법
④ 자기분말 탐상법

해설 콘크리트 구조물의 비파괴검사방법
1) 슈미트해머법(Schumidt hammer법 ; 타격법, 반발경도법)
2) 방사선투과법
3) 초음파법(음속법)
4) 진동법
5) 인발법

63 시트 파일(steel sheet pile)공법의 주된 이점이 아닌 것은?

① 타입시 지반의 체적 변형이 커서 항타가 어렵다.
② 용접접합 등에 의해 파일의 길이연장이 가능하다.
③ 몇 회씩 재사용이 가능하다.
④ 적당한 보호처리를 하면 물 위나 아래에서 수명이 길다.

해설 ①항, 타입시 지반의 체적변형이 작아서 항타가 용이하다.

64 흙의 함수율을 구하기 위한 식으로 옳은 것은?

① $\dfrac{\text{물 의 용적}}{\text{토 립자 의 용적}} \times 100(\%)$

② $\dfrac{\text{물 의 중량}}{\text{토 립자 의 중량}} \times 100(\%)$

③ $\dfrac{\text{물 의 용적}}{\text{흙 전체 의 용적}} \times 100(\%)$

④ $\dfrac{\text{물 의 중량}}{\text{흙 전체 의 중량}} \times 100(\%)$

해설 흙의 함수율과 함수비
1) **함수율**(moisture ratio) : 흙 속의 물 중량과 흙 전체 중량과의 비를 백분율로 나타낸 것이다.

$$\text{함수율} = \dfrac{\text{함수중량}}{\text{흙의 전체중량}} \times 100$$

2) **함수비**(moisture content) : 흙의 공극 중에 물이 차지하는 정도를 나타내는 것으로, 공극 중 물의 무게와 흙 입자만의 건조 무게의 중량비를 백분율로 나타낸다.

$$\text{함수비} = \dfrac{\text{함수중량}}{\text{흙의 건조중량}} \times 100$$

65 블록의 하루 쌓기 높이는 최대 얼마를 표준으로 하는가?

① 1.5m 이내   ② 1.7m 이내
③ 1.9m 이내   ④ 2.1m 이내

해설 블록 쌓기시 유의사항
1) 블록 1일 쌓기 높이는 1.2m(6켜)를 표준으로 하고 최대 1.5m(7켜) 이내로 한다.
2) 블록은 빈속의 경사에 의한 살 두께가 두꺼운 편을 위로 가도록 쌓는다.
3) 줄눈은 가로, 세로 모두 10mm를 표준으로 하고 6mm이하가 되지 않도록 한다.
4) 단순조적 블록쌓기의 세로줄눈은 막힌줄눈으로 한다.

66 경량형강공사에 사용되는 부재 중 지붕에서 지붕내력을 받는 경사진 구조부재로서 트러스와 달리 하현재가 없는 것은?

① 스터드   ② 윈드 칼럼
③ 아웃리거   ④ 래프터

해설 래프터(rafter) : 본문설명

■정답■ 62.④ 63.① 64.④ 65.① 66.④

67 벽돌쌓기 시 일반사항에 관한 설명으로 옳지 않은 것은?

① 가로 및 세로줄눈의 너비는 도면 또는 공사시방서에서 정한 바가 없을 때에는 10mm를 표준으로 한다.

② 벽돌쌓기는 도면 또는 공사시방서에서 정한 바가 없을 때에는 영식 쌓기 또는 화란식 쌓기로 한다.

③ 세로줄눈은 통줄눈이 되도록 유도하여, 미관을 향상시키도록 한다.

④ 벽돌벽이 블록벽과 서로 직각으로 만날때에는 연결철물을 만들어 블록 3단마다 보강하여 쌓는다.

해설 ③항, 세로줄눈은 통줄눈이 되지 않도록 한다.

68 비산먼지 발생사업 신고 적용대상 규모기준으로 옳은 것은?

① 건축물 축조공사로 연면적 1000m²이상

② 굴정공사로 총 연장 300m 이상 또는 굴착토사량 300m³ 이상

③ 토공사/정지공사로 공사면적 합계 1500m² 이상

④ 토목공사로 구조물 용적합계 2000m³이상

해설 비산먼지 발생사업 신고대상사업
1) **건축물축조공사** : 연면적 1000m²이상인 공사만 해당 다만, 굴정공사는 총 연장 200m이상 굴착토사량 200m³이상인 공사만 해당
2) **토목공사** : 구조물 용적합계가 1,000m³ 이상이거나 공사면적이 1,000m³ 이상 또는 총연장이 200m 이상인 공사만 해당
3) **조경공사** : 면적의 합계가 5,000m²이상인 공사만 해당
4) **지반조성공사중 건축을 해체공사** : 연면적이 3,000m²이상인 공사만 해당
5) **토공사 및 정지공사** : 공사면적의 합계가 1,000m²이상인 공사만 해당(농지정리를 위한 공사는 제외)

69 말뚝박기 기계 중 디젤해머(Diesel hammer)에 관한 설명으로 옳지 않은 것은?

① 타격 정밀도가 높다.

② 타격 시의 압축·폭발 타격력을 이용하는 공법이다.

③ 타격 시 소음이 작아 도심지 공사에 적용된다.

④ 램의 낙하 높이 조정이 곤란하다.

해설 ③항, 타격이 소음이 크다.

70 상하기복형으로 협소한 공간에서 작업이 용이하고 장애물이 있을 때 효과적인 장비로서 초고층건축물 공사에 많이 사용되는 장비는?

① 호이스트카
② 타워크레인
③ 러핑크레인
④ 데릭

해설 러핑크레인(luffing crane) : 도심 속의 좁은 공간에서 사용하기가 용이한 크레인으로 초고층건축물 공사에 많이 사용된다.

71 해체 및 이동에 편리하도록 제작된 수평활동 시스템 거푸집으로서 터널, 교량, 지하철 등에 주로 적용되는 거푸집은?

① 유로 폼(Euro Form)
② 트래블링 폼(Traveling Form)
③ 워플 폼(Waffle Form)
④ 갱 폼(Gang Form)

해설 1) **유로폼** : 벽판이나 바닥판용 거푸집
2) **트래블링폼(수평이동거푸집)** : 본문설명
3) **워플 폼** : 특수상자모양으로 된 기성제거푸집 [돔팬(dome pan)]
4) **갱폼** : 옹벽, 피어(pier) 등에 사용하는 거푸집

72 외관 검사 결과 불합격된 철근 가스압접 이음부의 조치 내용으로 옳지 않은 것은?

① 심하게 구부러졌을 때는 재가열하여 수정한다.
② 압접면의 엇갈림이 규정값을 초과했을 때는 재가열하여 수정한다.
③ 형태가 심하게 불량하거나 또는 압접부에 유해하다고 인정되는 결함이 생긴 경우는 압접부를 잘라내고 재압접한다.
④ 철근중심축의 편심량이 규정값을 초과했을 때는 압접부를 떼어내고 재압접한다.

해설 외관검사결과 불합격된 압접부의 수정
1) ①, ③, ④ 항
2) 압접면의 엇갈림이 규정값을 초과하였을 때는 압접부를 잘라내고 재압접한다.
3) 압접돌출부의 지름 또는 길이가 규정값을 미치지 못하였을 경우 재가열하여 압력을 가하여 소정의 압접돌출부를 만든다.

73 보링방법 중 연속적으로 시료를 채취할 수 있어 지층의 변화를 비교적 정확히 알 수 있는 것은?

① 수세식 보링   ② 충격식 보링
③ 회전식 보링   ④ 압입식 보링

해설 보링(Boring)
1) 오우거 보링 : 작업현장에서 인력으로 간단하게 실시할 수 있는 방법
2) 기계식 보링 : ① 충격식 ② 수세식
③ 회전식(가장 정확한 방법)

74 철골보와 콘크리트 슬래브를 연결하는 전단연결재(shear connector)의 역할을 하는 부재의 명칭은?

① 리인포싱 바(reinforcing bar)
② 턴버클(turn buckle)
③ 메탈 서포트(metal support)

④ 스터드(stud)

해설 1) **리인포싱 바**(reinforcing bar) : 철근
2) **턴버클**(turn buckle) : 밧줄, 체인, 철사 등을 죄는데 사용하는 죔기구
3) **메탈서포트**(metal support) : 금속 지지대
4) **스터드**(stud) : 본문설명

75 다음은 표준시방서에 따른 철근의 이음에 관한 내용이다. 빈 칸에 공통으로 들어갈 내용으로 옳은 것은?

( )를 초과하는 철근은 겹침이음을 할 수 없다. 다만, 서로 다른 크기의 철근을 압축부에서 겹침 이음하는 경우
( )이하의 철근과 ( )를 초과하는 철근은 겹침이음을 할 수 있다.

① D25   ② D29
③ D32   ④ D35

해설 철근의 이음
1) D35를 초과하는 철근은 겹침이음을 할 수 없다.
2) 다만, 서로 다른 크기의 철근을 압축부에서 겹침이음하는 경우 D35이하의 철근과 D35를 초과하는 철근은 겹침이음을 할 수 있다.

76 건축주가 시공회사의 신용, 자산, 공사경력, 보유기술 등을 고려하여 그 공사에 가장 적격한 단일 업체에게 입찰시키는 방법은?

① 일반공개입찰   ② 특명입찰
③ 지명경쟁입찰   ④ 대안입찰

해설 도급업자 선정방법(입찰방식)
1) **수의계약(특명입찰)** : 공사 시공에 가장 적합한 1명의 업자를 선정하여 입찰시키는 수의계약방식(후속공사, 추가공사 등에 채용)
2) **공개경쟁입찰** : 게시판, 신문 등에 공사의 종류, 내용, 입찰규정 등을 널리 공고하여 공개적으로 입찰하는 방식(민주적이며, 관청공사에 많이 채용)

■ 정답 ■ 72.② 73.③ 74.④ 75.④ 76.②

3) 지명경쟁입찰 : 공사에 가장 적합하다고 인정되는 시공업자(3~7명 정도)를 지명하여 경쟁입찰에 붙이는 방식

77 프리팩트말뚝공사 중 CIP(Cast in place pile)말뚝의 강성을 확보하기 위한 방법이 아닌 것은?

① 구멍에 삽입하는 철근의 조립은 원형철근 조립으로 당초 설계치수보다 작게 하여 콘크리트 타설을 쉽게 하여야 한다.
② 공벽붕괴방지를 위한 케이싱을 설치하고 구멍을 뚫어야 하며, 콘크리트 타설 후에 양생되기 전에 인발한다.
③ 구멍깊이는 풍화암 이하까지 뚫어 말뚝 선단이 충분한 지지력이 나오도록 시공한다.
④ 콘크리트 타설 시 재료분리가 발생하지 않도록 한다.

해설 CIP(연속주열식 말뚝) : 현장타설말뚝으로 소정직경으로 천공 후 철근을 넣고 주입식 몰탈에 의해 말뚝을 형성시키는 공법

78 수평이동이 가능하여 건물의 층수가 적은 긴평면에 사용되며 회전범위가 270°인 특징을 갖고 있는 철골 세우기용 장비는?

① 가이데릭(Guy derrick)
② 스티프레그 데릭(Stiff-leg derrick)
③ 트럭 크레인(Truck crane)
④ 플레이트 스트레이닝 롤(Plate straining roll)

해설 스티프레그데릭(stiff leg derrick)
1) 수평이동이 용이하고, 건물이 저층이며 길이가 길고 넓은 면적의 건물(공장, 창고 등)이나 당김줄(guy line)을 맬 수 없을 때 편리하다.
2) 붐(boom)의 길이는 마스트(mast)보다 길다.
3) 회전범위는 270°이나 실제 붐의 작업범위는 180° 정도이다.

79 콘크리트의 재료로 사용되는 골재에 관한 설명으로 옳지 않은 것은?

① 골재는 밀도가 크고, 내구성이 커서 풍화가 잘 되지 않아야 한다.
② 콘크리트나 모르타르를 만들 때 물, 시멘트와 함께 혼합하는 모래, 자갈 및 부순돌 기타 유사한 재료를 골재라고 한다.
③ 콘크리트 중 골재가 차지하는 용적은 절대용적으로 50%를 넘지 않도록 한다.
④ 일반적으로 골재의 강도는 시멘트 페이스트 강도 이상이 되어야 한다.

해설 콘크리트 중 골재의 절대용적 : 70~80%

80 석재붙임을 위한 앵커긴결공법에서 일반적으로 사용하지 않는 재료는?

① 앵커
② 볼트
③ 연결철물
④ 모르타르

해설 석공사 앵커 긴결공법 : 모르타르를 사용하지 않으므로 백화현상, 공기지연 등의 문제가 발생하지 않는다.

제5과목 / 건설재료학

81 다음과 같은 특성을 가진 플라스틱의 종류는?

> · 가열하면 연화 또는 융해하여 가소성이 되고, 냉각하면 경화하는 재료이다.
> · 분자구조가 쇄상구조로 이루어져 있다.

① 멜라민수지　　② 아크릴수지
③ 요소수지　　　④ 페놀수지

해설 아크릴 수지(acrylic resim)
　1) 투명도가 높아 유기유리라는 명칭을 가지고 있다.
　2) 착색이 자유로우며 내충격 강도가 무기유리의 10배 정도이다.
　3) 용도
　　① 채광판, 도어판, 칸막이판 등에 사용
　　② 평판, 골판 등의 각종 형태의 성형품 제조
　　③ 조명기구, 도료, 접착제 등에 사용
　　④ 고문화재 표면박락(剝落)방지제

82 경질이며 흡습성이 적은 특성이 있으며 도로나 마룻바닥에 까는 두꺼운 벽돌로서 연료로 연와토 등을 쓰고 식염유로 시유소성한 벽돌은?

① 검정벽돌　　　② 광재벽돌
③ 날벽돌　　　　④ 포도벽돌

해설 1) **검정벽돌** : 불완전연소로 구운 벽돌
　2) **광재벽돌** : 광재에 석회를 물 반죽하여 경화시킨 중량벽돌(방사선 차폐용)
　3) **날벽돌** : 굽지 않은 날흙의 벽돌
　4) **포도벽돌** : 본문설명

83 건물 바닥용 제품에 해당되지 않는 것은?

① 염화비닐 타일
② 아스팔트 타일
③ 시멘트 사이딩 보드
④ 리놀륨

해설 시멘트 사이딩 보드 : 벽체용

84 ALC(Autoclaved Lightweight Concrete)에 관한 설명으로 옳지 않은 것은?

① 규산질, 석회질 원료를 주원료로 하여 기포제와 발포제를 첨가하여 만든다.
② 경량이며 내화성이 상대적으로 우수하다.
③ 별도의 마감 없이도 수분이 차단되어 주로 외벽에 사용된다.
④ 동일용도의 건축자재 중 상대적으로 우수한 단열성능을 가지고 있다.

해설 ALC(경량기포콘크리트) : 흡수율이 커서 방수용 외벽에는 사용되지 않는다.

85 도막방수재 및 실링재로써 이용이 증가되고 있는 합성수지로서 기포성 보온재로도 사용되는 것은?

① 실리콘수지
② 폴리우레탄수지
③ 폴리에틸렌수지
④ 멜라민수지

해설 폴리우레탄 수지
　1) 내약품성이 있으며 열전열성이 크고 내열성이 우수하다.
　2) 보온보냉재, 내수피막, 접착제, 도료 등에 사용된다.

■ 정답 ■　81.②　82.④　83.③　84.③　85.②

86 건설용 강재(철근 등)의 재료시험 항목에서 일반적으로 제외되는 것은?

① 압축강도 시험
② 인장강도 시험
③ 굽힘 시험
④ 연신율 시험

해설 **강재 재료시험 항목** : 인장강도 시험, 굽힘시험, 연신율 시험, 경도시험, 인성시험 등

87 알루미늄의 특성으로 옳지 않은 것은?

① 순도가 높을수록 내식성이 좋지 않다.
② 알칼리나 해수에 침식되기 쉽다.
③ 콘크리트에 접하거나 흙 중에 매몰된 경우에 부식되기 쉽다.
④ 내화성이 부족하다.

해설 **알루미늄(Al)의 내식성**
　1) 공기중에서 Al_2O_3의 산화막을 만들어 내부를 보호한다.
　2) 순도가 높을수록 내식성이 우수하다.

88 콘크리트용 골재의 요구품질에 관한 조건으로 옳지 않은 것은?

① 시멘트 페이스트 이상의 강도를 가진 단단하고 강한 것
② 운모가 함유된 것
③ 연속적인 입도분포를 가진 것
④ 표면이 거칠고 구형에 가까운 것

해설 **콘크리트용 골재의 품질**
　1) 골재는 견강(堅强)하고 물리적, 화학적으로 안정되어야 하며, 내화성 및 내구성을 가져야 한다.
　2) 골재는 청정(淸淨)해야 한다.
　3) 골재의 형태는 표면이 거칠고 구형(球形)이나 입방체에 가까운 것이 좋다.
　4) 골재는 경화한 시멘트풀 강도 이상일 것

89 아스팔트 루핑의 생산에 사용되는 아스팔트는?

① 록 아스팔트
② 유제 아스팔트
③ 컷백 아스팔트
④ 블로운 아스팔트

해설 **아스팔트 루핑** : 아스팔트펠트의 양면에 아스팔트 컴파운드(블로운 아스팔트에 동·식물과 같은 유기질을 혼합한 것)를 피복한 다음 그 위에 활석 또는 운석의 미분말을 부착하여 제조한다.

90 1종 점토벽돌의 흡수율 기준으로 옳은 것은?

① 5% 이하
② 10% 이하
③ 12% 이하
④ 15% 이하

해설 **점토소성 벽돌의 품질** : 압축강도가 크고 흡수율이 적고 형상이 양호하며 균열 등의 결함이 없어야 한다.

등급	압축강도(kg/cm²)	흡수율(%)
1종	24.5 이상	10이하
2종	20.59 이상	13이하
3종	0.78N/mm² 이상	15이하

91 골재의 함수상태에서 유효흡수량의 정의로 옳은 것은?

① 습윤상태와 절대건조상태의 수량의 차이
② 표면건조포화상태와 기건상태의 수량의 차이
③ 기건상태와 절대건조상태의 수량의 차이
④ 습윤상태와 표면건조포화상태의 수량의 차이

해설 **골재의 함수량**
　1) **전함수량** = 습윤상태수량 – 절건상태수량(흡수량 + 표면수량)
　2) **표면수량** = 습윤상태수량 – 표건상태수량
　3) **흡수량** = 전함수량 – 표면수량(기건흡수량 + 유효흡수량 또는 표건상태중량 – 절건상태중량)
　4) **유효흡수량** = 표건상태수량 – 기건상태수량
　5) **기건흡수량** = 기건상태수량 – 절건상태수량

92 콘크리트의 블리딩 현상에 의한 성능저하와 가장 거리가 먼 것은?

① 골재와 시멘트 페이스트의 부착력 저하
② 철근과 시멘트 페이스트의 부착력 저하
③ 콘크리트의 수밀성 저하
④ 콘크리트의 응결성 저하

해설 블리딩 현상에 의한 콘크리트 성능저하
1) ①, ②, ③항
2) 상부의 콘크리트를 다공질화 하여 품질저하
3) 콘크리트의 내구성 저하

93 목재 및 기타 식물의 섬유질소편에 합성수지접착제를 도포하여 가열압착 성형한 판상제품은?

① 합판
② 시멘트목질판
③ 집성목재
④ 파티클보드

해설 파티클보드 : 목재를 소편(小片 : chip)으로 만들어 건조시킨 다음 수지를 합침하여 가압·경화시킨 판재품(폐재, 부산물 등 저가치재를 이용하여 만든 넓은 면적의 판상제품)으로 칩 보드(chip board)라고도 한다.

94 강재 탄소의 함유량이 0%에서 0.8%로 증가함에 따른 제반물성 변화에 대한 설명으로 옳지 않은 것은?

① 인장강도는 증가한다.
② 항복점은 커진다.
③ 신율은 증가한다.
④ 경도는 증가한다.

해설 탄소함유량에 의한 탄소강의 특성
1) 강은 탄소함유량이 많을수록 강도는 증대되고 신도(연신율)는 감소된다.
2) 탄소함유량이 0.9%~1.0% 함유시 인장강도는 최대로 증대되고 이를 넘으면 감소된다.
3) 경도는 탄소함유량이 0.9% 함유시 최대가 되며 그 이상에서는 일정하다.

95 에너지절약, 유해물질 저감, 자원의 절약 등을 유도하기 위한 목적으로 건설자재의 환경성에 대한 일정기준을 정하여 부품에 부여하는 인증제도로 옳은 것은?

① 환경표지
② NEP인증
③ GD마크
④ KS마크

해설
1) 환경표시 : 본문설명
2) NEP인증 : 신제품 인증
3) GD마크 : 우수디자인마크
4) KS마크 : 산업표준마크

96 석재 시공 시 유의하여야 할 사항으로 옳지 않은 것은?

① 외벽 특히 콘크리트 표면 첨부용 석재는 연석을 사용하여야 한다.
② 동일건축물에는 동일석재로 시공하도록 한다.
③ 석재를 구조재로 사용할 경우 직압력재로 사용하여야 한다.
④ 중량이 큰 것은 높은 곳에 사용하지 않도록 한다.

해설 ①항, 외부 특히 콘크리트 표면 첨부용 석재는 경석을 사용한다.

97 수직면으로 도장하였을 경우 도장직후에 도막이 흘러내리는 현상의 발생 원인과 가장 거리가 먼 것은?

① 얇게 도장하였을 때
② 지나친 희석으로 점도가 낮을 때
③ 저온으로 건조시간이 길 때
④ airless 도장시 팁이 크거나 2차압이 낮아분무가 잘 안되었을 때

해설 ① 항, 두껍게 도장하였을 때 도막이 흘러내리는 현상이 발생한다.

답 92.④ 93.④ 94.③ 95.① 96.① 97.①

98 콘크리트의 워커빌리티(workability)에 관한 설명으로 옳지 않은 것은?

① 과도하게 비빔시간이 길면 시멘트의 수화를 촉진하여 워커빌리티가 나빠진다.
② 단위수량을 너무 증가시키면 재료분리가 생기기 쉽기 때문에 워커빌리티가 좋아진다고 볼 수 없다.
③ AE제를 혼입하면 워커빌리티가 좋아진다.
④ 깬자갈이나 깬모래를 사용할 경우, 잔골재율을 작게 하고 단위수량을 감소시키면 워커빌리티가 좋아진다.

해설 골재 : 입형이 둥글둥글한 자연모래(강모래)가 모가진 부순모래(깬모래)보다 워커빌리티가 좋아진다.

99 에폭시수지 접착제에 관한 설명으로 옳지 않은 것은?

① 비스페놀과 에피클로로하이드린의 반응에 의해 얻을 수 있다.
② 내수성, 내습성, 전기절연성이 우수하다.
③ 접착제의 성능을 지배하는 것은 경화제라고 할 수 있다.
④ 피막이 단단하지 못하나 유연성이 매우 우수하다.

해설 에폭시수지 접착제
  1) 내산성, 내알칼리성, 내수성, 내약품성, 전기절연성 등이 우수하다.
  2) 강도 등의 기계적 성질도 뛰어나다.
  3) 용도 : 금속접착에 적당하고 플라스틱, 도자기, 유리, 석재, 콘크리트 등의 접착에 사용되는 만능형 접착제이다.

100 목재에서 흡착수만이 최대한도로 존재하고 있는 상태인 섬유포화점의 함수율은 중량비로 몇 % 정도인가?

① 15% 정도
② 20% 정도
③ 30% 정도
④ 40% 정도

해설 섬유포화점의 함수율 : 30%정도

제6과목 / 건설안전기술

101 강관을 사용하여 비계를 구성하는 경우 준수해야 할 사항으로 옳지 않은 것은?

① 비계기둥의 간격은 띠장 방향에서는 1.85m 이하, 장선(長線)방향에서는 1.5m 이하로 할 것
② 띠장 간격은 2m 이하로 설치할 것
③ 비계기둥의 제일 윗부분으로부터 31m되는 지점 밑부분의 비계기둥은 3개의 강관으로 묶어 세울 것
④ 비계기둥 간의 적재하중은 400kg을 초과하지 않도록 할 것

해설 강관비계의 구조
  1) 비계기둥의 간격은 띠장방향에서는 1.85m, 장선방향에서는 1.5m 이하로 할 것. 다만, 선박 및 보트 건조작업의 경우 안전성에 대한 구조검토를 실시하고 조립도를 작성하면 띠장방향 및 장선방향으로 각각 2.7m 이하로 할 수 있음
  2) 띠장간격은 2m 이하로 설치할 것
  3) 비계기둥의 최고부로부터 31m 되는 지점 밑부분의 비계기둥은 2본의 강관으로 묶어세울 것 (브라켓 등으로 보강하여 그 이상의 강도가 유지되는 경우에는 제외)
  4) 비계기둥 간의 적재하중은 400kg을 초과하지 아니하도록 할 것

102 이동식비계 조립 및 사용 시 준수사항으로 옳지 않은 것은?

① 비계의 최상부에서 작업을 하는 경우에는 안전난간을 설치할 것
② 승강용사다리는 견고하게 설치할 것
③ 작업발판은 항상 수평을 유지하고 작업발판 위에서 작업을 위한 거리가 부족할 경우에는 받침대 또는 사다리를 사용할 것
④ 작업발판의 최대적재하중은 250kg을 초과하지 않도록 할 것

■ 정답 ■ 98.④ 99.④ 100.③ 101.③ 102.③

해설 **이동식비계를 조립하여 작업을 할 때 준수사항**
1) 이동식 비계의 바퀴에는 뜻밖의 갑작스러운 이동을 방지하기 위하여 브레이크·쐐기 등으로 바퀴를 고정시킨 다음 비계의 일부를 견고한 시설물에 잡아매는 등의 조치를 할 것
2) 승강용사다리는 견고하게 설치할 것
3) 비계의 최상부에서 작업을 할 때에는 안전 난간을 설치할 것
4) 작업발판은 항상 수평으로 유지하고 작업발판 위에서 안전난간을 딛고 작업을 하거나 받침대 또는 사다리를 사용하여 작업하지 않도록 할 것
5) 작업발판의 최대적재하중은 250kg을 초과하지 않도록 할 것

103 미리 작업장소의 지형 및 지반상태 등에 적합한 제한속도를 정하지 않아도 되는 차량계 건설기계의 속도 기준은?

① 최대 제한 속도가 10km/h 이하
② 최대 제한 속도가 20km/h 이하
③ 최대 제한 속도가 30km/h 이하
④ 최대 제한 속도가 40km/h 이하

해설 **차량계건설기계의 속도기준** : 최대 제한속도가 10km/hr이하

104 터널공사에서 발파작업 시 안전대책으로 옳지 않은 것은?

① 발파전 도화선 연결상태, 저항치 조사 등의 목적으로 도통시험 실시 및 발파기의 작동 상태에 대한 사전점검 실시
② 모든 동력선은 발원점으로부터 최소한 15m 이상 후방으로 옮길 것
③ 지질, 암의 절리 등에 따라 화약량에 대한 검토 및 시방기준과 대비하여 안전조치 실시
④ 발파용 점화회선은 타동력선 및 조명회선과

한곳으로 통합하여 관리

해설 ④ 항, 발파용 점화회선은 타동력선 및 조명회선과 분리하여 관리

105 건립 중 강풍에 의한 풍압 등 외압에 대한 내력이 설계에 고려되었는지 확인하여야 하는 철골 구조물이 아닌 것은?

① 단면이 일정한 구조물
② 기둥이 타이플레이트형인 구조물
③ 이음부가 현장용접인 구조물
④ 구조물의 폭과 높이의 비가 1 : 4이상인 구조물

해설 **철골구조물이 외압에 대한 내력이 설계에 고려되었는지 확인할 사항**
1) 높이 20m 이상의 구조물
2) 구조물의 폭과 높이의 비가 1 : 4 이상인 구조물
3) 단면구조에 현저한 차이가 있는 구조물
4) 연면적당 철골량이 50kg/m^2 이하인 구조물
5) 기둥이 타이 플레이트(tie plate)형인 구조물
6) 이음부가 현장용접인 구조물

106 화물운반하역 작업 중 걸이작업에 관한 설명으로 옳지 않은 것은?

① 와이어로프 등은 크레인의 후크 중심에 걸어야 한다.
② 인양 물체의 안정을 위하여 2줄 걸이 이상을 사용하여야 한다.
③ 매다는 각도는 60° 이상으로 하여야 한다.
④ 근로자를 매달린 물체위에 탑승시키지 않아야 한다.

해설 **매다는 각도** : 60°이내

■ 정답 ■ 103.① 104.④ 105.① 106.③

107 타워크레인을 와이어로프로 지지하는 경우에 준수해야 할 사항으로 옳지 않은 것은?

① 와이어로프를 고정하기 위한 전용 지지프레임을 사용할 것
② 와이어로프 설치각도는 수평면에서 60°이상으로 하되, 지지점은 4개소 미만으로 할 것
③ 와이어로프와 그 고정부위는 충분한 강도와 장력을 갖도록 설치할 것
④ 와이어로프가 가공전선에 근접하지 않도록 할 것

해설 와이어로프의 설치각도 : 수평면에서 60°이내로 하되, 지지점은 4개소 이상으로 하고, 같은 각도로 설치할 것

108 작업중이던 미장공이 상부에서 떨어지는 공구에 의해 상해를 입었다면 어느 부분에 대한 결함이 있었겠는가?

① 작업대 설치
② 작업방법
③ 낙하물 방지시설 설치
④ 비계설치

해설 상부에서 떨어지는 공구에 의해 상해를 입었으므로 낙하물 방지시설(낙하물 방지망, 방호선반 등)을 설치하지 않았거나 낙하물 방지시설에 결함이 있었기 때문에 사고가 발생한 것이다.

109 유해·위험 방지를 위한 방호조치를 하지 아니하고는 양도, 대여, 설치 또는 사용에 제공하거나, 양도·대여를 목적으로 진열해서는 아니 되는 기계·기구에 해당하지 않는 것은?

① 지게차   ② 공기압축기
③ 원심기   ④ 덤프트럭

해설 방호조치를 하여야 할 유해·위험기계·기구 등 및 방호장치

유해·위험기계·기구	방호장치
1. 예초기	· 날접촉예방장치
2. 원심기	· 회전체 접촉예방장치
3. 공기압축기	· 압력방출장치
4. 금속절단기	· 날접촉예방장치
5. 지게차	· 헤드가드, 백러스트, 전조등, 후미등, 안전벨트
6. 포장기계	· 구동부 방호 연동장치

110 달비계의 최대 적재하중을 정함에 있어서 활용하는 안전계수의 기준으로 옳은 것은? (단, 곤돌라의 달비계를 제외한다.)

① 달기 와이어로프 : 5이상
② 달기 강선 : 5이상
③ 달기 체인 : 3이상
④ 달기 훅 : 5이상

해설 달비계(곤돌라의 달비계는 제외)를 작업발판으로 사용할 때 최대적재하중을 정함에 있어서의 안전계수

1) 달기와이어로프 및 달기강선의 안전계수 : 10이상
2) 달기체인 및 달기훅의 안전계수 : 5이상
3) 달기강대와 달비계의 하부 및 상부지점의 안전계수 : 강재의 경우 2.5이상, 목재의 경우 5이상

111 사업의 종류가 건설업이고, 공사금액이 850억원 일 경우 산업안전보건법령에 따른 안전관리자를 최소 몇 명 이상 두어야 하는가? (단, 상시근로자는 600명으로 가정)

① 1명 이상   ② 2명 이상
③ 3명 이상   ④ 4명 이상

해설 건설업의 규모에 따른 안전관리자의 수
[시행령 별표 3]

규모	안전관리자수
1. 공사금액이 50억원(관계수급인은 100억원) 이상 120억원 미만(토목공사업은 150억원 미만	1명 이상
2. 공사금액이 120억원(토목공사업은 150억원) 이상 800억원 미만	1명 이상
3. 공사금액 800억원 이상 1500억원 미만 • 전체공사기간 중 전후 15에 해당하는 기간	2명 이상 1명 이상
4. 공사금액 1500억원 이상 2200억원 미만 • 전체공사기간 중 전후 15에 해당하는 기간 • 안전관리자의 수가 3명 이상인 경우 • 3명 중 1명은 건설안전기술사, 건설안전기사, 산업안전기사 자격 취득 후 7년 이상 경력자, 건설안전산업기사, 산업안전산업기사 자격 취득 후 10년 이상 경력자 등이 포함될 것	3명 이상 2명 이상
5. 공사금액 2200억원 이상 3천억원 미만 • 전체 공사기간 중 전후 15에 해당하는 기간	4명 이상 2명 이상

112 이동식 크레인을 사용하여 작업을 할 때 작업시작 전 점검사항이 아닌 것은?

① 주행로의 상측 및 트롤리(trolley)가 횡행하는 레일의 상태
② 권과방지장치 그 밖의 경보장치의 기능
③ 브레이크·클러치 및 조정장치의 기능
④ 와이어로프가 통하고 있는 곳 및 작업장소의 지반상태

해설 이동식크레인의 작업시작 전 점검사항
1) 권과방지장치 그밖의 경보장치의 기능
2) 브레이크·클러치 및 조정장치의 기능
3) 와이어로프가 통하고 있는 곳 및 작업장소의 지반상태

113 선박에서 하역작업 시 근로자들이 안전하게 오르내릴 수 있는 현문 사다리 및 안전망을 설치하여야 하는 것은 선박이 최소 몇 톤급 이상일 경우인가?

① 500톤급
② 300톤급
③ 200톤급
④ 100톤급

해설 300톤급 이상의 선박에서 하역작업을 할 경우 조치할 사항
① 근로자들이 안전하게 승강할 수 있는 현문사다리를 설치할 것
② 현문사다리 밑에는 안전망을 설치할 것
③ 현문사다리의 너비는 55cm 이상이어야 하고, 양측에 82cm 이상의 높이로 방책을 설치할 것

114 건설업 산업안전보건관리비 중 안전시설비로 사용할 수 없는 것은?

① 안전통로
② 비계에 추가 설치하는 추락방지용 안전난간
③ 사다리 전도방지장치
④ 통로의 낙하물 방호선반

해설 안전통로 : 안전시설이 아니므로 안전관리비 사용내역에서 제외

115 흙막이 지보공을 조립하는 경우 미리 조립도를 작성하여야 하는데 이 조립도에 명시되어야 할 사항과 가장 거리가 먼 것은?

① 부재의 배치
② 부재의 치수
③ 부재의 긴압정도
④ 설치방법과 순서

해설 흙막이지보공 조립시 조립도에 포함되는 내용
1) 부재의 배치
2) 부재의 치수
3) 부재의 재질
4) 부재의 설치방법과 순서

■ **정답** ■ 112.① 113.② 114.① 115.③

116 다음 보기의 ( )안에 알맞은 내용은?

> 동바리로 사용하는 파이프 서포트의 높이가 ( )m를 초과하는 경우에는 높이 2m 이내 마다 수평연결재를 2개 방향으로 만들고 수 평연결재의 변위를 방지할 것

① 3
② 3.5
③ 4
④ 4.5

해설 동바리로 사용하는 파이프서포트의 설치기준
1) 파이프서포트를 3개 이상 이어서 사용하지 아니 하도록 할 것
2) 파이프서포트를 이어서 사용할 때에는 4개 이 상의 볼트 또는 전용철물을 사용하여 이을 것
3) 높이가 3.5m를 초과할 때에는 높이 2m 이내마 다 수평연결재를 2개 방향으로 만들고 수평연 결재의 변위를 방지할 것

117 보통 흙의 건지를 다음 그림과 같이 굴 착하고자 한다. 굴착면의 기울기를 1 : 0.5로 하고자 할 경우 L의 길이로 옳은 것은?

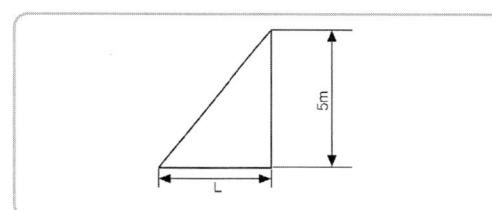

① 2m
② 2.5m
③ 5m
④ 10m

해설 $1 : 0.5 = 5 : L$

$$L = 5 \times \frac{0.5}{1} = 2.5m$$

118 거푸집동바리 등을 조립하는 경우에 준 수하여야 할 사항으로 옳지 않은 것은?

① 깔목의 사용, 콘크리트 타설, 말뚝박기 등 동바리의 침하를 방지하기 위한 조치를 할 것

② 개구부 상부에 동바리를 설치하는 경우에는 상부하중을 견딜 수 있는 견고한 받침대를 설치할 것

③ 거푸집이 곡면인 경우에는 버팀대의 부착 등 그 거푸집의 부상(浮上)을 방지하기 위 한 조치를 할 것

④ 동바리의 이음은 맞댄이음이나 장부이음을 피할 것

해설 동바리 이음 : 맞댄이음 또는 장부이음으로 하 고 같은 품질의 재료를 사용할 것

119 터널붕괴를 방지하기 위한 지보공에 대 한 점검사항과 가장 거리가 먼 것은?

① 부재의 긴압 정도
② 부재의 손상·변형·부식·변위 탈락의 유무 및 상태
③ 기둥침하의 유무 및 상태
④ 경보장치의 작동상태

해설 터널지보공 설치시 수시점검사항
1) 부재의 손상·변형·부식·변의 및 탈락의 유무 및 상태
2) 부재의 긴압의 정도
3) 부재의 접속부 및 교차부의 상태
4) 기둥침하의 유무 및 상태

120 터널 등의 건설작업을 하는 경우에 낙 반 등에 의하여 근로자가 위험해질 우려가 있는 경우에 필요한 조치와 가장 거리가 먼 것은?

① 터널 지보공을 설치한다.
② 록볼트를 설치한다.
③ 환기, 조명시설을 설치한다.
④ 부석을 제거한다.

해설 터널건설작업시 낙반 등에 의한 위험방지 조치 사항
1) 터널지보공 설치
2) 록 볼트의 설치
3) 부석의 제거

2018

제1과목 / 산업안전관리론

01 산업안전보건법령상 재해발생 원인 중 설비적 요인이 아닌 것은?

① 기계·설비의 설계상 결함
② 방호장치의 불량
③ 작업표준화의 부족
④ 작업환경 조건의 불량

해설 재해발생원인(산업재해조사표 : 시행규칙 별지 제1호 서식)

재해발생 원인	세부내용
1) 인적요인	① 무의식 행동 ② 착오 ③ 피로 ④ 연령 ⑤ 커뮤니케이션 등
2) 설비적 요인	① 기계·설비의 설계상 결함 ② 방호장치의 불량 ③ 작업표준화의 부족 ④ 점검·정비의 부족 등
3) 작업·환경적 요인	① 작업정보의 부적절 ② 작업자세·동작의 결함 ③ 작업방법의 부적절 ④ 작업환경 조건의 불량 등
4) 관리적 요인	① 관리조직의 결함 ② 규정·매뉴얼의 불비·불철저 ③ 안전교육의 부족 ④ 지도감독의 부족 등

02 위험예지훈련에 대한 설명으로 틀린 것은?

① 직장이나 작업의 상황 속 잠재 위험요인을 도출한다.
② 직장 내에서 최대 인원의 단위로 토의하고 생각하며 이해한다.
③ 행동하기에 앞서 해결하는 것을 습관화하는 훈련이다.
④ 위험의 포인트나 중점실시 사항을 지적 확인한다.

해설 ②항, 직장 내에서 최소인원(5~7명)의 단위로 토의하고 생각하며 이해한다.

03 재해발생의 간접원인 중 교육적 원인이 아닌 것은?

① 안전수칙의 오해 ② 경험훈련의 미숙
③ 안전지식의 부족 ④ 작업지시 부적당

해설 재해발생의 간접원인

항목	세부항목
1. 기술적 원인	① 건물, 기계장치 설계 불량 ② 구조, 재료의 부적합 ③ 생산 공정의 부적당 ④ 점검, 정비보존 불량
2. 교육적 원인	① 안전의식의 부족 ② 안전수칙의 오해 ③ 경험훈련의 미숙 ④ 작업방법의 교육 불충분 ⑤ 유해위험 작업의 교육 불충분
3. 작업관리상의 원인	① 안전관리 조직결함 ② 안전수칙 미제정 ③ 작업준비 불충분 ④ 인원배치 부적당 ⑤ 작업지시 부적당

---

04 산업안전보건법령상 산업안전보건관리비 사용명세서의 공사종료 후 보존기간은?

① 6개월간　　② 1년간
③ 2년간　　④ 3년간

해설 사용명세서 작성 및 보존 : 산업안전보건관리비 사용명세서는 매월(공사가 1개월 이내에 종료되는 사업의 경우에는 해당공사 종료시)작성하고 공사종료 후 1년간 보존하여야 한다.

05 재해예방의 4원칙이 아닌 것은?

① 손실우연의 법칙　② 예방교육의 원칙
③ 원인계기의 원칙　④ 예방가능의 원칙

해설 재해예방의 4원칙
　1) 손실우연의 원칙
　2) 원인계기의 원칙
　3) 예방가능의 원칙
　4) 대책선정의 원칙

06 안전·보건표지의 종류 중 응급구호 표지의 분류로 옳은 것은?

① 경고표지　　② 지시표지
③ 금지표지　　④ 안내표지

해설 안내표지의 종류
　1) 녹십자표지　2) 응급구호표지
　3) 들것　　4) 세안장치
　5) 비상용기구　6) 비상구
　7) 좌측비상구　8) 우측비상구

07 산업안전보건법령상　안전·보건진단을 받아 안전보건개선계획을 수립·제출하도록 명할 수 있는 사업장이 아닌 것은?

① 근로자가 안전수칙을 준수하지 않아 중대재해가 발생한 사업장
② 산업재해율이 같은 업종 평균 산업재해율의 2배 이상인 사업장

③ 작업환경 불량, 화재·폭발 또는 누출사고 등으로 사회적 물의를 일으킨 사업장
④ 직업병에 걸린 사람이 연간 2명 이상(상시 근로자 1천명 이상 사업장의 경우 3명 이상) 발생한 사업장

해설 안전·보건진단을 받아 안전보건개선계획을 수립해야 할 대상사업장
　1) 사업주가 필요한 안전·보건조치를 이행하지 아니하여 중대재해가 발생한 사업장
　2) 산업재해발생률이 같은 업종 평균 산업재해율의 2배 이상인 사업장
　3) 직업성질병자가 연간 2명 이상(상시 근로자가 1000명 이상 사업장의 경우는 3명 이상)인 사업장
　4) 작업환경불량, 화재·폭발 또는 누출사고 등으로 사업장 주변까지 피해가 확산된 사업장으로서 고용노동부령으로 정하는 사업장

08 산업안전보건기준에 관한 기준에 따른 크레인, 이동식 크레인, 리프트(간이리프트 포함)를 사용하여 작업을 할 때 작업시작 전에 공통적으로 점검해야 하는 사항은?

① 바퀴의 이상 유무
② 전선 및 접속부 상태
③ 브레이크 및 클러치의 기능
④ 작업면의 기울기 또는 요철 유무

해설 1) 크레인의 작업시작 전 점검사항
　①권과방지장치, 브레이크, 클러치 및 운전 장치 기능
　②주행로의 상측 및 트롤리가 횡행하는 레일의 상태
　③와이어로프가 통하고 있는 곳의 상태
　2) 이동식크레인의 작업시작 전 점검사항
　①권과방지나 그 밖의 경보장치의 기능
　②브레이크, 클러치 및 조정장치의 기능
　③와이어로프가 통하고 있는 곳 및 작업장소의 지반상태
　3) 리프트의 작업시작 전 점검사항
　①방호장치, 브레이크 및 클러치의 기능
　②와이어로프가 통하고 있는 곳의 상태

■ 정답 ■　04.②　05.②　06.④　07.①　08.③

> **길잡이** 크레인·이동식크레인·리프트의 작
> 업시작 전 공통적 점검사항
> 1) 브레이크·클러치의 기능
> 2) 와이어로프가 통하고 있는 곳의 상태

09 산업안전보건법령상 안전·보건에 관한 노사협의체 구성의 근로자위원으로 구성기준 중 틀린 것은?

① 근로자대표가 지명하는 안전관리자 1명
② 근로자대표가 지명하는 명예감독관 1명
③ 도급 또는 하도급 사업을 포함한 전체 사업의 근로자대표
④ 공사금액이 20억원 이상인 도급 또는 하도급 사업의 근로자대표

해설 노사협의체의 구성
1) 근로자위원
    ① 도급 또는 하도급 사업을 포함한 전체 사업의 근로자대표
    ② 근로자대표가 지명하는 명예감독관 1명. 다만, 명예감독관이 위촉되어 있지 아니한 경우에는 근로자대표가 지명하는 해당 사업장 근로자 1명
    ③ 공사금액이 20억원 이상인 도급 또는 하도급 사업의 근로자대표
2) 사용자위원
    ① 해당 사업의 대표자
    ② 안전관리자 1명
    ③ 보건관리자 1명(보건관리자 선임대상 건설업으로 한정)
    ④ 공사금액이 20억원 이상인 도급 또는 하도급 사업의 사업주

10 산업안전보건법령상 안전검사 대상 유해·위험기계 등이 아닌 것은?

① 리프트   ② 전단기
③ 압력용기   ④ 밀폐형 구조 롤러기

해설 안전검사대상 유해·위험기계·설비 등
1) 프레스

2) 전단기
3) 크레인(이동식 크레인과 정격하중 2톤 미만인 호이스트는 제외)
4) 리프트
5) 압력용기
6) 곤돌라
7) 국소배기장치(이동식은 제외)
8) 원심기(산업용에 한정)
9) 롤러기(밀폐구조는 제외)
10) 사출성형기(형체결력 294kN 미만은 제외)
11) 고소작업대(화물자동차 또는 특수자동차에 탑재한 고소작업대로 한정)
12) 컨베이어
13) 산업용 로봇

11 강도율의 근로손실일수 산정기준에 대한 설명으로 옳은 것은?

① 사망, 영구 전노동 불능의 근로손실일수는 7500일이다.
② 사망, 영구 전노동 불능상태 신체장해등급은 1~2등급이다.
③ 영구 일부 노동불능 신체장해등급은 3~14등급이다.
④ 일시 전노동 불능은 휴업일수에 $\frac{280}{365}$ 을 곱한다.

해설 근로손실일수의 산정기준(국제기준)
1) 사망 및 영구전노동불능(신체장해등급 : 1~3급) : 7500일
2) 영구일부노동불능(신체장해등급 : 4~14급)

신체장애등급	근로손실일수
4급	5500일
5급	4000일
6급	3000일
7급	2200일
8급	1500일
9급	1000일
10급	600일
11급	400일
12급	200일
13급	100일
14급	50일

③ 일시전노동불능(휴업일수)

$$근로손실일수 = 휴업일수 \times \frac{300}{365}$$

12 맥그리거의 X, Y이론 중 X이론의 관리처방에 해당되는 것은?

① 자체평가제도의 활성화
② 분권화와 권한의 위임
③ 권위주의적 리더십의 확립
④ 조직구조의 평면화

해설 맥그리거의 X · Y이론

X이론의 관리처방	Y이론의 관리처방
1. 경제적 보상체제의 강화	1. 민주적 리더십의 확립
2. 권위주의적 리더십의 확보	2. 분권화의 권한과 위임
3. 면밀한 감독과 엄격한 통제	3. 목표에 의한 관리
4. 상부책임제도의 강화	4. 직무확장
5. 조직구성의 고층성	5. 비공식적 조직의 활용
	6. 자체평가제도의 활성화

13 재해손실비의 산정방식 중 버드(Frank Bird)방식의 구성비율로 옳은 것은? (단, 구성은 보험비 : 비보험 재산비용 : 기타 재산비용이다.)

① 1 : 5 ~ 50 : 1 ~ 3
② 1 : 1 ~ 3 : 7 ~ 15
③ 1 : 1 ~ 10 : 1 ~ 5
④ 1 : 2 ~ 10 : 5 ~ 50

해설 버드(Brids)의 재해손실비 산정방식 : 간접비를 빙산원리에 의해 두 개의 범주로 나누어 하나는 쉽게 측정할 수 있고 동시에 보험에 가입되어 있지 않은 재산손실비용으로, 다른 하나는 양을 측정하기 어렵고 보험에 들지 않은 기타비용으로 하여 다음의 비율로 재해cost를 산정한다.

보험비 : 비보험재산비용 : 비보험 기타 재산비용
= 1 : 5~50 : 1~3
1) 보험비 : 의료 및 보상비
2) 비보험 재산비용 : 건물손실로 기구 및 비손실 제품 및 재료손실, 조업중단 및 지연

3) 비보험 기타 재산비용 : 시간조사, 교육, 임대 등 기타 항목

14 산업안전보건법령상 안전인증대상 방호장치에 해당하는 것은?

① 교류 아크용접기용 자동전극방지기
② 동력식 수동대패용 칼날 접촉 방지장치
③ 절연용 방호구 및 활선작업용 기구
④ 아세틸렌 용접장치용 또는 가스집합 용접장치용 안전기

해설 안전인증대상 및 자율안전확인대상방호장치

안전인증대상 방호장치	자율안전확인대상 방호장치
① 프레스 및 전단기 방호장치	① 아세틸렌 용접장치용 또는 가스집합용접 장치용 : 안전기
② 양중기용 과부하 방지장치	② 교류아크 용접기용 : 자동전격방지기
③ 보일러 압력방출용 안전밸브	③ 롤러기 : 급정지장치
④ 압력용기 압력방출용 안전밸브	④ 연삭기 : 덮개
⑤ 압력용기 압력방출용 파열판	⑤ 목재가공용 둥근 톱 : 반발예방장치 및 날접촉예방장치
⑥ 절연용 방호구 및 활선작업용 기구	⑥ 동력식 수동 대패용 : 칼날접촉방지장치
⑦ 방폭구조 전기기계 · 기구 및 부품	⑦ 산업용 로봇 : 안전매트
⑧ 추락 · 낙하 및 붕괴 등의 위험방호에 필요한 기설기자재로서 고용노동부장관이 정하여 고시하는 것	

15 산업안전보건법령상 안전보건총괄책임자의 직무가 아닌 것은?

① 위험성평가의 실시에 관한 사항
② 수급인의 산업안전보건관리비의 집행 감독
③ 자율안전확인대상 기계 · 기구 등의 사용 여부 확인
④ 해당 사업장 안전교육계획의 수립

해설 안전보건총괄책임자의 직무
1) 작업의 중지 및 재개
2) 도급사업 시의 안전 · 보건 조치

3) 수급인의 산업안전보건관리비의 집행 감독 및 그 사용에 관한 수급인 간의 협의·조정
4) 안전인증대상 기계·기구등과 자율안전확인대상 기계·기구 등의 사용 여부 확인
5) 위험성 평가의 실시에 관한 사항

16 산소가 결핍되어 있는 장소에서 사용하는 마스크는?

① 방진 마스크
② 송기 마스크
③ 방독 마스크
④ 특급 방진 마스크

해설 호흡용 보호구의 종류 및 사용 예

종류	사용 예
1. 방진마스크	산소 비결핍 장소의 분진
2. 방독마스크	산고 비겹필 장소의 유독가스
3. 송기마스크	산소 결핍 장소의 분진 및 유독가스
4. 전동식 호흡보호구	산소 결핍 장소의 분진 및 유독가스

17 재해조사 시 유의사항으로 틀린 것은?

① 조사는 현장이 변경되기 전에 실시한다.
② 목격자 증언 이외의 추측의 말은 참고로만 한다.
③ 사람과 설비 양면의 재해요인을 모두 도출한다.
④ 조사는 혼란을 방지하기 위하여 단독으로 실시한다.

해설 조사는 2인 이상이 하며 객관적인 입장에서 공정하게 조사한다.

18 안전보건관리조직에 있어 100명 미만의 조직에 적합하며, 안전에 관한 지시나 조치가 철저하고 빠르게 전달되나 전문적인 지식과 기술이 부족한 조직의 형태는?

① 라인·스탭형
② 스탭형
③ 라인형
④ 관리형

해설 안전관리조직의 형태 및 규모
1) line형 : 100명 이하의 소규모 사업장
2) staff형 : 100명 이상 500명(또는 1,000명)미만의 중규모 사업장
3) line—staff 혼합형 : 1,000명 이상의 대규모 사업장

19 건설기술 진흥법령상 건설사고조사위원회는 위원장 1명을 포함한 몇 명 이내의 위원으로 구성하는가?

① 12명
② 11명
③ 10명
④ 9명

해설 건설사고조사위원회의 구성
1) 건설사고조사위원회 : 위원장 1명을 포함한 12명 이내의 위원으로 구성한다.
2) 건설사고조사위원회의 위원 : 다음 각 호에 해당하는 사람 중에서 해당 건설사고조사위원회를 구성·운영하는 국토교통부장관, 발주청 또는 인·허가기관의 장이 임명하거나 위촉한다.
① 건설공사 업무와 관련된 공무원
② 건설공사 업무와 관련된 단체 및 연구기관 등의 임직원
③ 건설공사 업무에 관한 학식과 경험이 풍부한 사람

20 버드(Bird)의 신연쇄성 이론의 재해발생과정 중 직접원인의 징후로 불안전한 행동과 불안전한 상태는 몇 단계인가?

① 1단계
② 2단계
③ 3단계
④ 4단계

해설 버드의 사고연쇄성 이론 5단계
1) 1단계 : 통제의 부족-관리 소홀(경영)
2) 2단계 : 기본적인-기원(원인론)
3) 3단계 : 직접원인-징후
4) 4단계 : 사고-접촉
5) 5단계 : 상해-손해-손실

■ 정답 ■ 16.② 17.④ 18.③ 19.① 20.③

제2과목 / 산업심리 및 교육

21 하버드 학파의 학습지도법에 해당하지 않는 것은?

① 지시(Order)
② 준비(Preparation)
③ 교시(Presentation)
④ 총괄(Generalization)

해설 하버드 학파의 5단계 교수법
1) 1단계 : 준비시킨다(preparation)
2) 2단계 : 교시한다(presentation)
3) 3단계 : 연합한다(association)
4) 4단계 : 총괄시킨다(generalization)
5) 5단계 : 응용시킨다(application)

22 인간의 주의력은 다양한 특성을 가지고 있는 것으로 알려져 있다. 주의력의 특성과 그에 대한 설명으로 맞는 것은?

① 지속성 : 인간의 주의력은 2시간 이상 지속된다.
② 변동성 : 인간은 주의 집중은 내향과 외향의 변동이 반복된다.
③ 방향성 : 인간이 주의력을 집중하는 방향은 상하 좌우에 따라 영향을 받는다.
④ 선택성 : 인간의 주의력은 한계가 있어 여러 작업에 대해 선택적으로 배분된다.

해설 주의력의 특성
1) **주의력 중복집중의 곤란(선택성)** : 주의는 동시에 2개 방향에 집중하지 못한다. (많은 것에 동시에 주의를 기울일 수 없다.)
2) **주의력의 단속성(변동성)** : 고도의 주의는 장시간 지속할 수 없다. (주의 집중은 리듬을 가지고 변한다.)
3) **주의력의 방향성** : 한 지점에 주의를 집중하면 다른 곳의 주의는 약해진다. (주의는 중심에서 좌우로 벗어나면 급격히 저하된다.)

길잡이 주의의 특징
① 선택성 : 여러 종류의 자극을 지각할 때 소수의 특정한 것에 한하여 선택하는 기능
② 방향성 : 주시점만 인지하는 기능
③ 변동성 : 주위에는 주기적으로 부주의의 리듬이 존재

23 교육 및 훈련 방법 중 다음의 특징을 갖는 방법은?

[다음]
– 다른 방법에 비해 경제적이다.
– 교육 대상 집단 내 수준차로 인해 교육의 효과가 감소할 가능성이 있다.
– 상대적으로 피드백이 부족하다.

① 강의법
② 사례연구법
③ 세미나법
④ 감수성 훈련

해설 강의법의 특징(장·단점)
1) 장점
① 사실, 사상을 시간, 장소에 제한 없이 제시할 수 있다(시간에 대한 계획과 통제가 용이하다)
② 여러 가지 수업매체를 동시에 활용할 수 있다
③ 강사가 임의로 시간을 조절할 수 있고, 강조할 점을 수시로 강조할 수 있다.
④ 학생의 다소에 제한을 받지 않는다.
⑤ 학습자의 태도, 정서 등의 강화를 위한 학습에 효과적이다.
2) 단점
① 개인의 학습속도에 맞추기 어렵다.
② 대부분이 일방통행적인 지식의 배합형식이다.
③ 학습자의 참여와 흥미를 지속시키기 위한 기회가 거의 없다.
④ 한정된 학습과제에만 가능하다.

24 심리검사의 구비 요건이 아닌 것은?

① 표준화　　　　② 신뢰성
③ 규격화　　　　④ 타당성

해설 **관리검사의 구비조건**
　　1) **표준화** : 검사관리를 위한 조건 및 검사절차의 일관성과 통일성을 표준화
　　2) **객관성** : 체험하는 과정에서 채점자의 편견이나 주관성 배제
　　3) **규준(norms)** : 검사결과를 해석하기 위한 비교할 수 있는 참조 또는 비교의 틀
　　4) **신뢰성** : 검사응답의 일관성(반복성)
　　5) **타당성** : 측정하고자 하는 것을 실제로 잘 측정하는가 여부를 판별하는 것

25 스트레스(stress)에 영향을 주는 요인 중 환경이나 외적 요인에 해당하는 것은?

① 자존심의 손상
② 현실에의 부적응
③ 도전의 좌절과 자만심의 상충
④ 직장에서의 대인관계 갈등과 대립

해설 **스트레스의 주요요인**
　　1) 외적 자극요인
　　　① 경제적인 어려움
　　　② 대인관계상의 갈등과 대립
　　　③ 가족관계상의 갈등
　　　④ 가족의 죽음이나 질병
　　　⑤ 자신의 건강문제
　　　⑥ 상대적인 박탈감
　　2) 내적 자극요인
　　　① 자존심의 손상과 공격방어심리
　　　② 출세욕의 좌절감과 자만심의 상충
　　　③ 지나친 과거에의 집착과 허탈
　　　④ 업무상의 죄책감
　　　⑤ 지나친 경쟁심과 재물에 대한 욕심
　　　⑥ 남에게 의지하고자 하는 심리
　　　⑦ 가족 간의 대화단절 의견의 불일치

26 어떤 과업을 성취할 수 있는 자신의 능력에 대한 스스로의 믿음을 무엇이라 하는가?

① 자기통제(self-control)
② 자아존중감(self-esteem)
③ 자기효능감(self-efficacy)
④ 통제소재(locus of control)

해설 ① **자기통제** : 목표를 달성하기 위해 스스로 자신의 행동을 조절하는 것
　　② **자아존중감** : 자기 자신을 가치 있고 긍정적인 존재로 평가하는 개념
　　③ **자기효능감** : 어떤 과업을 성취할 수 있는 자신의 능력에 대한 스스로의 믿음
　　④ **통제소재(통제위치)** : 개인이 사건을 통제해서 영향을 미칠 수 있는 정도

27 생체리듬(Biorhythm)에 대한 설명으로 맞는 것은?

① 각각의 리듬이 (−)에서의 최저점에 이르렀을 때를 위험일이라 한다.
② 감성적 리듬은 영문으로 S라 표시하며, 23일을 주기로 반복된다.
③ 육체적 리듬은 영문으로 P라 표시하며, 28일을 주기로 반복된다.
④ 지성적 리듬은 영문으로 I라 표시하며, 33일을 주기로 반복된다.

해설 **바이오리듬의 종류**
　　1) **육체적 리듬**(physical cycle) : 주기23일(식욕, 소화력, 활동력, 지구력), 청색표시
　　2) **지성적 리듬**(intellectual cycle) : 주기 33일(상상력, 사고력, 기억력, 인지, 판단), 녹색표시
　　3) **감성적 리듬**(sensitivity cycle) :주기 28일(감정, 주의심, 창조력, 예감 및 통찰력)적색표시

■ 정답 ■　24.③　25.④　26.③　27.④

28 강의식 교육에 있어 일반적으로 가장 많은 시간이 소요되는 단계는?

① 도입   ② 제시
③ 적용   ④ 확인

해설 단계별 교육시간 : 단계별 교육의 시간배분은 단위시간을 1시간(60분)으로 했을 때 대략 다음과 같이 된다.

교육법의 4단계	강의식	토의식
1단계 - 도입(준비)	5분	5분
2단계 - 제시(설명)	40분	10분
3단계 - 적용(응용)	10분	40분
4단계 - 확인(총괄)	5분	5분

29 리더십에 대한 연구 방법 중 통솔력이 리더 개인의 특별한 성격과 자질에 의존한다고 설명하는 이론은?

① 특질접근법   ② 상황접근법
③ 행동접근법   ④ 제한된 특질접근법

해설 특질접근법 : 통솔력이 리더개인의 특별한 성격과 자질에 의존한다는 학설

30 안전태도교육의 기본과정으로 볼 수 없는 것은?

① 강요한다.   ② 모범을 보인다.
③ 평가를 한다.   ④ 이해 . 납득시킨다.

해설 1) 안전태도교육의 원칙
   ① 청취한다.
   ② 이해하고 납득한다.
   ③ 항상 모범을 보여준다.
   ④ 권장한다.
   ⑤ 처벌한다.
   ⑥ 좋은 지도자를 얻도록 힘쓴다.
   ⑦ 적정배치를 한다.
   ⑧ 평가한다.
 2) 안전태도교육의 기본과정
   ① 들어본다(청취) → ② 이해시킨다 → ③ 시범을 보인다 → ④ 평가한다.

31 조직이 리더에게 부여하는 권한으로 볼 수 없는 것은?

① 합법적 권한   ② 강압적 권한
③ 보상적 권한   ④ 전문성의 권한

해설 리더십의 권한
 1) 조직이 지도자에게 부여한 권한
   ① 보상적 권한
   ② 강압적 권한
   ③ 합법적 권한
 2) 지도자 자신이 자신에게 부여한 권한
   ① 전문성의 권한
   ② 위임된 권한

32 대상물에 대해 지름길을 사용하여 판단할 때 발생하는 지각의 오류가 아닌 것은?

① 후광효과   ② 최근효과
③ 결론효과   ④ 초두효과

해설 지각오류
   ① 후광효과 : 어떤 대상이나 사람에 대한 일반적인 견해가 그 대상이나 사람의 구체적인 특성을 평가하는데 영향을 미치는 현상
   ② 최근효과 : 정보가 차례대로 제시되는 경우 앞의 내용들 보다는 맨 나중에 제시된 내용을 보다 많이 기억하는 경향
   ③ 초두효과 : 비슷한 정보들이 계속해서 들어올 경우 가장 처음에 들어왔던 정보가 기억에 오래 남는 현상

33 엔드라고지 모델에 기초한 학습자로서의 성인의 특징과 가장 거리가 먼 것은?

① 성인들은 타인 주도적 학습을 선호한다.
② 성인들은 과제 중심적으로 학습하고자 한다.
③ 성인들은 다양한 경험을 가지고 학습에 참여한다.
④ 성인들은 왜 배워야 하는지에 대해 알고자 하는 욕구를 가지고 있다.

■ 정답 ■   28.②   29.①   30.①   31.④   32.③   33.①

2018

해설 엔드라고지 모델

1) 엔드라고지(Andragogy) : 성인과 이끄는 사람을 의미하며 성인학습자가 무엇을 어떻게 언제 배울 것인가 하는 의사결정을 스스로 할 수 있다고 보며 성인학습을 도와주는 기술로서의 과학을 의미하는 것이다.
2) 학습자로서의 성인의 특징
   ① 성인들은 자기 주도적 학습을 선호한다.
   ② 성인들은 과제 중심적으로 학습하고자 한다.
   ③ 성인들은 다양한 경험을 가지고 학습에 참여한다.
   ④ 성인들은 왜 배워야 하는지에 대해 알고자 하는 욕구를 가지고 있다.

34 안전교육의 목적과 가장 거리가 먼 것은?

① 환경의 안전화
② 경험의 안전화
③ 인간정신의 안전화
④ 설비와 물자의 안전화

해설 안전교육의 목적

1) 인간정신(의식)의 안전화
2) 행동(동작)의 안전화
3) 작업환경의 안전화
4) 설비와 물자의 안전화

35 피로의 측정법이 아닌 것은?

① 생리적 방법   ② 심리학적 방법
③ 물리학적 방법   ④ 생화학적 방법

해설 피로의 측정법

1) 생리학적 방법 : 근전도(EMG), 산소소비량 및 에너지대사율, 피부전기반사(GSR), 프릿가값(점멸융합주파수 : 대뇌활동측정) 등
2) 화학적 방법 : 혈색소농도, 혈액수준, 혈단백, 응혈시간, 혈액, 요전해질, 요단백, 요교질, 배설량 등
3) 심리학적 방법 : 피부(전위)저장, 동작분석, 연속반응시간, 행동기록, 정신작업, 전신자각증상, 집중유지기능 등

36 스트레스에 대한 설명으로 틀린 것은?

① 사람이 스트레스를 받게 되면 감각기관과 신경이 예민해진다.
② 스트레스 수준이 증가할수록 수행성과는 일정하게 감소한다.
③ 스트레스는 환경의 요구가 지나쳐 개인의 능력한계를 벗어날 때 발생한다.
④ 스트레스 요인에는 소음, 진동, 열 등과 같은 환경영향뿐만 아니라 개인적인 심리적 요인들도 포함된다.

해설 스트레스(Stress) : 인체에 어떠한 자극이건 간에 체내의 호르몬계를 중심으로 한 특유의 반응이 일어나는 것을 적은 증상군이라 하며 이런 적응 증상군의 상태를 스트레스라 한다.

37 인간본성을 파악하여 동기유발로 산업재해를 방지하기 위한 맥그리거의 XY이론에서 Y이론의 가정으로 틀린 것은?

① 목적에 투신하는 것은 성취와 관련된 보상과 함수관계에 있다.
② 근로에 육체적, 정신적 노력을 쏟는 것은 놀이나 휴식만큼 자연스럽다.
③ 대부분 사람들은 조건만 적당하면 책임뿐만 아니라 그것을 추구할 능력이 있다.
④ 현대 산업사회에서 인간은 게으르고 태만하며, 수동적이고 남의 지배를 받기를 즐긴다.

해설 맥그리거의 X · Y이론

1) X이론 : 저차적 욕구이론(물질욕구)
2) Y이론 : 고차적 욕구이론(정신욕구)

38 교육심리학에 있어 일반적으로 기억 과정의 순서를 나열한 것으로 맞는 것은?

① 파지 → 재생 → 재인 → 기명
② 파지 → 재생 → 기명 → 재인
③ 기명 → 파지 → 재생 → 재인

■ 정답 ■ 34.② 35.③ 36.② 37.④ 38.③

④ 기명 → 파지 → 재인 → 재생

해설 1) 기억의 과정 :

　　기명 → 파지 → 재생 → 재인

2) 용어의 의미

① **기억** : 과거의 경험이 어떠한 형태로 미래의 행동에 영향을 주는 작용이라고 할 수 있다.

② **기명** : 사물의 인상을 마음속에 간직하는 것을 말한다.

③ **파지** : 간직, 인상이 보존되는 것을 말한다.

④ **재생** : 보존된 인상이 다시 의식으로 떠오르는 것을 말한다.

⑤ **재인** : 과거에 경험했던 것과 같은 비슷한 상태에 부딪혔을 때 떠오르는 것을 말한다.

39 안전교육 중 지식교육의 교육내용이 아닌 것은?

① 안전규정 숙지를 위한 교육

② 안전장치(방호장치) 관리기능에 관한 교육

③ 기능·태도교육에 필요한 기초지식 주입을 위한 교육

④ 안전의식의 향상 및 안전에 대한 책임감 주입을 위한 교육

해설 안전교육의 단계별 교육내용

안전교육 3단계	교육내용
1. 지식 교육	① 안전의식의 향상 및 안전에 대한 책임감 주입 ② 안전규정 숙지를 위한 교육 ③ 기능교육, 태도교육에 필요한 기초지식을 주입
2. 기능 교육	① 전문적 기술 및 안전기술기능 ② 안전장치(방호 장치)관리기능 ③ 정비, 검사, 점검에 관한 기능
3. 태도 교육	① 작업동작 및 표준작업방법의 습관화 ② 공구, 보호구 등의 관리 및 취급태도의 확립 ③ 점검 및 검사(작업 전후)요령의 정확화 및 습관화 ④ 지시, 전달, 확인 등 언어·태도의 정확화 및 습관화

40 NIOSH의 직무 스트레스 모형에서 각 요인의 세부 항목으로 연결이 틀린 것은?

① 작업요인 – 작업속도

② 조직요인 – 교대근무

③ 환경요인 – 조명, 소음

④ 완충작용요인 – 대응능력

해설 직무스트레스 요인

1) 작업요인 : 작업속도, 교대근무

2) 조직요인 : 관리유형

3) 환경요인 : 조명 및 소음

제3목 / 인간공학 및 시스템안전공학

41 스트레스에 반응하는 신체의 변화로 맞는 것은?

① 혈소판이나 혈액응고 인자가 증가한다.

② 더 많은 산소를 얻기 위해 호흡이 느려진다.

③ 중요한 장기인 뇌·심장·근육으로 가는 혈류가 감소한다.

④ 상황 판단과 빠른 행동 대응을 위해 감각기관은 매우 둔감해진다.

해설 스트레스에 반응하는 신체의 변화

1) 혈소판이나 혈액응고 인자가 증가한다.

2) 더 많은 산소를 얻기 위해 호흡이 빨라진다.

3) 중요한 장기인 뇌·심장·근육으로 가는 혈류가 증가한다.

4) 상황판단과 빠른 행동 대응을 위해 감각기관은 매우 민감해진다.

42 결함수분석법(FTA)의 특징으로 볼 수 없는 것은?

① Top Down 형식
② 특정사상에 대한 해석
③ 정성적 해석의 불가능
④ 논리기호를 사용한 해석

해설 **FTA의 특징**
1) 간단한 FT도의 작성으로 정성적 해석 가능
2) 논리기호(AND · OR기호)를 사용한 연역적 해석(Top down형식)
3) 재해의 정량적 해석 가능(재해발생확률 계산)
4) 컴퓨터 처리 기능 등

43 시스템의 수명 및 신뢰성에 관한 설명으로 틀린 것은?

① 병렬설계 및 디레이팅 기술로 시스템의 신뢰성을 증가시킬 수 있다.
② 직렬시스템에서는 부품들 중 최소 수명을 갖는 부품에 의해 시스템 수명이 정해진다.
③ 수리가 가능한 시스템의 평균 수명(MTBF)은 평균 고장율(λ)과 정비례 관계가 성립한다.
④ 수리가 불가능한 구성요소로 병렬구조를 갖는 설비는 중복도가 늘어날수록 시스템 수명이 길어진다.

해설 **시스템의 평균수명(MTBF)** : 평균고장율(λ)과 반비례가 성립한다.

$$MTBF = \frac{1}{\lambda} = \frac{\text{고장건수}}{\text{시간}}$$

44 음향기기 부품 생산공장에서 안전업무를 담당하는 OOO대리는 공장 내부에 경보등을 설치하는 과정에서 도움이 될 만한 몇 가지 지식을 적용하고자 한다. 적용 지식 중 맞는 것은?

① 신호 대 배경의 휘도대비가 작을 때는 백색 신호가 효과적이다.

② 광원의 노출시간이 1초보다 작으면 광속발산도는 작아야 한다.
③ 표적의 크기가 커짐에 따라 광도의 역치가 안정되는 노출시간은 증가한다.
④ 배경광 중 점멸 잡음광의 비율이 10% 이상이면 점멸등은 사용하지 않는 것이 좋다.

해설 **신호 및 경보 등의 빛의 검출성에 영향을 끼치는 인자**
1) **광원의 크기, 광속발산도 및 노출시간** : 광속발산도의 역치(threshold)가 안정되는 노출시간은 표적의 크기나 면적에 따라 감소한다.
2) **색광(효과척도가 빠른 순서)** : 적색−녹색−황색−백색(신호대 배경의 휘도비가 작을 경우 : 적색 신호가 효과적)
3) **전멸속도** : 점멸속도는 점멸−융합주파수보다 훨씬 적어야 한다. (초당 3~10회의 점멸속도, 지속시간 0.05초 이상이 적당)
4) **배경광** : 배경의 불꽃이 신호등과 비슷한 때는 신호광의 식별이 곤란해진다. (배경광 중 점멸 잡음광의 비율이 10%이면 점멸등을 사용하지 않는 것이 좋음)

45 제한된 실내 공간에서 소음문제의 음원에 관한 대책이 아닌 것은?

① 저소음 기계로 대체한다.
② 소음 발생원을 밀폐한다.
③ 방음 보호구를 착용한다.
④ 소음 발생원을 제거한다.

해설 **음원에 대한 소음대책**
1) 발생원에서의 저감
 ① 저소음형 기계로 대체
 ② 충돌 및 공명방지
2) 소음원 밀폐, 방음 덮개(cover) 설치
3) 소음 발생원 제거(가장 적극적 대책)
4) 소음기 사용

■ 정답 ■ 42.③ 43.③ 44.④ 45.③

46 인간이 기계와 비교하여 정보처리 및 결정의 측면에서 상대적으로 우수한 것은? (단, 인공지능은 제외한다.)

① 연역적 추리
② 정량적 정보처리
③ 관찰을 통한 일반화
④ 정보의 신속한 보관

해설 인간과 기계의 상대적 재능

인간이 우수한 기능	기계가 우수한 기능
① 저 에너지 자극(시각, 청각, 후각 등)감지	① 인간 감지범위 밖의 자극(X선, 초음파 등)감지
② 복잡 다양한 자극 형태 식별	② 인간 및 기계에 대한 모니터 기능
③ 예기치 못한 사건 감지 (예감, 느낌)	③ 드물게 발생하는 사상 감지
④ 다량정보를 오래 보관	④ 암호화된 정보를 신속하게 대량보관
⑤ 귀납적 추리	⑤ 연역적 추리
⑥ 과부하 상황에서는 중요한 일에만 전념	⑥ 과부하시 효율적으로 작동
⑦ 임기응변, 융통성 원칙 적용, 관찰을 통한 일반화, 주관적 추산 독창력 발휘 등의 기능	⑦ 정량적 정보처리, 장시간 중량작업, 반복작업, 동시에 여러 가지 작업수행

47 사업장에서 인간공학의 적용분야로 가장 거리가 먼 것은?

① 제품설계
② 설비의 고장률
③ 재해·질병 예방
④ 장비·공구·설비의 배치

해설 인간공학 적용분야
1) 제품설계 및 사용성 평가
2) 재해 및 작업관련 질병예방
3) 작업장내 조사 및 연구
4) 장비·공구·설비 등의 배치

48 작업공간의 포락면(包絡面)에 대한 설명으로 맞는 것은?

① 개인이 그 안에서 일하는 일차원 공간이다.
② 작업복 등은 포락면에 영향을 미치지 않는다.
③ 가장 작은 포락면은 몸통을 움직이는 공간이다.
④ 작업의 성질에 따라 포락면의 경계가 달라진다.

해설 작업공간 포락면
1) 한 장소에 앉아서 수행하는 작업활동에서 사람이 작업하는데 사용하는 공간을 포락면이라 한다.
2) 작업의 성질에 따라 포락면의 경계가 달라진다.

49 다음 그림과 같은 직·병렬 시스템의 신뢰도는? (단, 병렬 각 구성요소의 신뢰도는 R이고, 직렬 구성요소의 신뢰도는 M이다.)

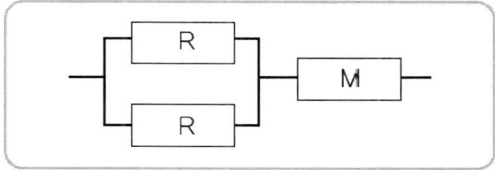

① MR^3
② $R^2(1-MR)$
③ $M(R^2+R)-1$
④ $M(2R-R^2)$

해설 시스템 신뢰도(R_t)
$$R_t = [1-(1-R)(1-R)] \times M$$
$$= [1-(1-R-R+R^2)] \times M = M(2R-R^2)$$

50 다음의 FT도에서 사상 A의 발생 확률 값은?

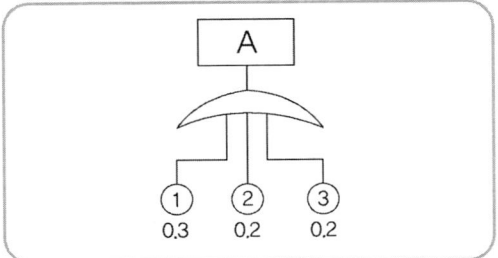

① 게이트 기호가 OR이므로 0.012
② 게이트 기호가 AND이므로 0.012
③ 게이트 기호가 OR 이므로 0.552
④ 게이트 기호가 AND이므로 0.552

해설 1) **논리게이트 기호** : OR 게이트
　　2) A=1−(1−0.3)(1−0.2)(1−0.2)
　　　　=0.552

51 입력 B_1과 B_2의 어느 한쪽이 일어나면 출력 A가 생기는 경우를 논리합의 관계라 한다. 이때 입력과 출력 사이에는 무슨 게이트로 연결되는가?

① OR 게이트
② 억제 게이트
③ AND 게이트
④ 부정 게이트

해설 논리기호

AND gate	출력 입력	출력 X의 사상이 일어나기 위해서는 모든 입력 A, B, C의 사상이 일어나지 않으면 안된다는 논리조작을 나타낸다. 즉, 모든 입력사상이 공존할 때만이 출력사상이 발생한다.
OR gate	출력	입력사상 A, B중 어느 하나가 일어나도 출력X의 사상이 일어난다고 하는 논리 조작을 나타낸다. 즉, 입력사상 중 어느 것이나 하나가 존재할 때 출력사상이 발생한다.

52 음성통신에 있어 소음환경과 관련하여 성격이 다른 지수는?

① AI(Articulation Index) : 명료도 지수
② MAA(Minimum Audible Angle) : 최소 가청각도
③ PSIL(Preferred-Octave Speech Interference Level) : 음성간섭수준
④ PNC(Preferred Noise Criteria Curves) : 선호 소음판단 기준곡선

해설 1) **실내소음의 평가법** : 다음 지수 등은 실내소음을 평가하는 방법으로 이용된다.
　　　① AI(Articulation Index) : 명료도 지수
　　　② PNC(Preferred Noise Criteria) : 신호소음판단기준 곡선
　　　③ PSIL(Preferred-octave Speech Interference Level) : 선호옥타브 음성간섭수준
　　　④ SIL(Speech Interference Level) : 회화방해수준(음성간섭수준)
　　　⑤ 기타 A보정음압수준(LA), NC곡선, NR곡선 (Noise Rating Curves)
　　2) MAA : 최소가청각도

53 안전교육을 받지 못한 신입직업이 작업 중 전극을 반대로 끼우려고 시도했으나, 플러그의 모양이 반대로는 끼울 수 없도록 설계되어 있어서 사고를 예방할 수 있었다. 작업자가 범한 오류와 이와 같은 사고 예방을 위해 적용된 안전설계 원칙으로 가장 적합한 것은?

① 누락(omission)오류, fail safe 설계원칙
② 누락(omission)오류, fool proof 설계원칙
③ 작위(commission)오류, fail safe 설계원칙
④ 작위(commission)오류, fool proof 설계원칙

해설 1) **휴먼에러의 심리적 분류**
　　　① Omission error(부작위 실수, 생략과오) : 필요한 task또는 절차를 수행하지 않는 데 기인한 error
　　　② Time error(시간적 과오, 지연오류) : 필요한

■ 정답 ■　50.③　51.① 　52.② 　53.④

task 또는 절차의 수행지연으로 인한 error

③ Comission error(작위 실수, 수행적 과오) : 필요한 task 또는 절차의 불확실한 수행으로 인한 error

④ Sequential error(순서적 과오) : 필요한 task 또는 절차의 순서착오로 인한 error

⑤ Extraneous error(불필요한 과오) : 불필요한 task 또는 절차를 수행함으로써 기인한 error

2) fail safe와 fool proof

① 페일 세이프(fail safe) : 인간이나 기계에 과오 (error)나 동작상의 실수가 있더라도 사고방지를 위해서 2중, 3중으로 통제를 가하도록 한 체계를 말함

② 풀프루프(fool proof) : 인간의 실수가 있어도 안전장치가 설치되어 사고나 재해로 연결되지 않는 구조를 말함

54 인간실수확률에 대한 추정기법으로 가장 적절하지 않은 것은?

① CIT(Critical Incident Technique) : 위급사건 기법

② FMEA(Mailure Mode and Effect Analysis) : 고장형태 영향분석

③ TCRAM(Task Criticality Rating Analysis Method) : 직무위급도 분석법

④ THERP(Technique for Human Error Rate Prediction) : 인간 실수율 예측기법

해설 인간실수확률에 대한 추정기법
1) 위급사건기법(CIT)
2) 직급위급도 분석(TCRAM)
3) 인간실수율예측기법(THERP)
4) 조작자행동나무(OAT)
5) (간헐적 사건)결함수분석법(FTA)
6) (인간신뢰도예측)컴퓨터 모의실험

55 어떤 소리가 1000Hz, 60dB인 음과 같은 높이임에도 4배 더 크게 들린다면, 이 소리의 음압수준은 얼마인가?

① 70dB   ② 80dB

③ 90dB   ④ 100dB

해설 1) 1000Hz, 60dB : 60phon
$sone = 2^{(60-40)/10} = 2^2 = 4sone$
2) $4sone \times 4배 = 16sone$
$phon = 33.3\log s + 40$
$= 33.3\log 16 + 40 = 80phon$
3) 80phon : 1000Hz에서 음압수준 80dB

56 산업안전보건법령에 따라 제조업 등 유해·위험 방지계획서를 작성하고자 할 때 관련 규정에 따라 1명 이상 포함시켜야 하는 사람의 자격으로 적합하지 않은 것은?

① 한국산업안전보건공단이 실시하는 관련 교육을 8시간 이수한 사람

② 기계, 재료, 화학, 전기, 전자, 안전관리 또는 환경분야 기술사 자격을 취득한 사람

③ 관련분야 기사 자격을 취득한 사람으로서 해당 분야에서 3년 이상 근무한 경력이 있는 사람

④ 기계안전, 전기안전, 화공안전분야의 산업안전지도사 또는 산업보건지도사 자격을 취득한 사람

해설 제조업 유해·위험방지계획서 작성시 의견을 들어야 할 자격을 갖춘 자
1) ②, ③, ④항
2) 산업기사 자격을 취득한 사람으로서 해당분야에서 7년 근무한 경력이 있는 자

57 A회사에서는 새로운 기계를 설계하면서 레버를 위로 올리면 압력이 올라가도록 하고, 오른쪽 스위치를 눌렀을 때 오른쪽 전등이 켜지도록 하였다면, 이것은 각각 어떤 유형의 양립성을 고려한 것인가?

① 레버 – 공간양립성, 스위치 – 개념양립성
② 레버 – 운동양립성, 스위치 – 개념양립성
③ 레버 – 개념양립성, 스위치 – 운동양립성
④ 레버 – 운동양립성, 스위치 – 공간양립성

해설 양립성(compatibility)
1) 양립성 : 정보입력 및 처리와 관련한 양립성은 인간의 기대와 모순되지 않는 자극들 간의, 반응들 간의 또는 자극·반응 조합의 관계를 말하는 것으로 다음의 3가지가 있다.
2) 양립성의 종류
 ① 공간적 양립성 : 표시장치나 조종 장치에서 물리적 형태나 공간적인 배치의 양립성
 ② 운동 양립성 : 표시 및 조종 장치, 체계반응에 대한 운동방향의 양립성
 ③ 개념적 양립성 : 사람들이 가지고 있는 개념적 연상(어떤 암호체계에서 청색이 정상을 나타내듯이)의 양립성

58 FMEA에서 고장 평점을 결정하는 5가지 평가요소에 해당하지 않는 것은?

① 생산능력의 범위
② 고장발생의 빈도
③ 고장방지의 가능성
④ 영향을 미치는 시스템의 범위

해설 FMEA의 고장평점을 결정하는 5가지 평가요소
1) C_1 : 기능적 고장 영향의 중요도
2) C_2 : 영향을 미치는 시스템의 범위
3) C_3 : 고장발생의 빈도
4) C_4 : 고장방지의 가능성
5) C_5 : 신규설계의 정도

길잡이 고장평정법 : 5가지 평가요소의 전부 또는 2~3개를 사용하여 고장평점 C_s를 계산하고 이에 대응하는 고장등급을 결정하는 방법이다.

59 작업장 배치 시 유의사항으로 적절하지 않은 것은?

① 작업의 흐름에 따라 기계를 배치한다.
② 생산효율 증대를 위해 기계설비 주위에 재료나 반제품을 충분히 놓아둔다.
③ 공장내외는 안전한 통로를 두어야 하며, 통로는 선을 그어 작업장과 명확히 구별하도록 한다.
④ 비상시에 쉽게 대비할 수 있는 통로를 마련하고 사고 진압을 위한 활동통로가 반드시 마련되어야 한다.

해설 ②항, 생산효율 증대를 위해 기계설비 주위에 재료나 반제품 등을 쌓아 놓아서는 아니된다.

60 현재 시험문제와 같이 4지택일형 문제의 정보량은 얼마인가?

① 2bit ② 4bit
③ 2byte ④ 4byte

해설 정보량(H)=$\log_2 n$
=$\log_2 4$=2bit

제4목 / 건설시공학

61 LOB(Line of Balance)기법을 옳게 설명한 것은?

① 세로축에 작업명을 순서에 따라 배열하고 가로축에 날짜를 표기한 다음, 각 작업의 시작과 끝을 연결한 횡선의 길이로 작업 길이를 표시한 기법

② 종래의 건축공사에 있어서 낭비요인을 배제하고, 작업의 고밀도화와 인원, 기계, 자재의 효율화를 꾀함으로써 공기의 단축과 원가절감을 이루는 기법

③ 반복작업에서 각 작업조의 생산성을 유지시키면서 그 생산성을 기울기로 하는 직선으로 각 반복작업의 진행을 표시하여 전체공사를 도식화하는 기법

④ 공구별로 직렬 연결된 작업을 다수 반복하여 사용하는 기법

해설 LOB(line of blance)기법
1) 반복작업이 많은 공사에서 생산성을 기울기로 하는 직선으로 표시하여 도식화하는 기법이다.
2) LOB도표에서 세로축은 단위작업의 반복되는 수를 나타내고 가로축은 공사기간을 나타낸다.

62 거푸집 해체 시 확인해야 할 사항이 아닌 것은?

① 거푸집의 내공 치수
② 수직, 수평부재의 존치기간 준수여부
③ 소요강도 확보 이전에 지주의 교환 여부
④ 거푸집해체용 압축강도 확인시험 실시 여부

해설 ①항, 거푸집의 내공치수는 거푸집 해체시 확인사항과 관계가 없다.

길잡이 거푸집 해체작업시 주의사항
1) 거푸집의 제거는 보 옆이나 기둥을 먼저 하고 보 밑이나 슬래브를 나중에 한다.
2) 진동, 충격 등을 주지 않고 콘크리트가 손상되지 않도록 한다.
3) 높은 곳 작업시에는 낙하사고에 유의해야 한다.
4) 터널폼은 크레인에 연결시켜 충분히 지지한 후 제거한다.
5) 지주(받침기둥)를 바꾸어 세우기 할 때는 상부의 작업을 제한하여 적재하중을 적게 하고, 집중하중을 받는 부분의 지주는 그대로 둔다.
6) 제거한 거푸집은 재사용할 수 있도록 적당한 장소에 정리하여 둔다.

63 공동도급방식의 장점에 관한 설명으로 옳지 않은 것은?

① 각 회사의 상호신뢰와 협조로서 긍정적인 효과를 거둘 수 있다.
② 공사의 진행이 수월하며 위험부담이 분산된다.
③ 기술의 확충, 강화 및 경험의 증대 효과를 얻을 수 있다.
④ 시공이 우수하고 공사비를 절약할 수 있다.

해설 공동도급 : 2명 이상의 도급업자가 공동출자하여 기업체를 조직해서 협동으로 공사를 도급하는 방식
1) 장점
① 소자본으로 대규모 공사 도급이 가능
② 기술, 자본, 위험부담의 분산 및 감소
③ 기술의 확충, 강화 및 경험의 증대
④ 공사계획과 시공이행의 확실
2) 단점
① 각 업체의 업무 방식에서 오는 혼란
② 현장관리의 곤란
③ 일식도급보다 경비 증대

64 벽돌쌓기에 관한 설명으로 옳지 않은 것은?

① 붉은 벽돌은 쌓기 전 벽돌을 완전히 건조시켜야 한다.
② 하루 벽돌의 쌓는 높이는 1.2m를 표준으로 하고 최대 1.5m 이내로 한다.
③ 벽돌벽이 블록벽과 서로 직각으로 만날 때는 연결철물을 만들어 블록 3단마다 보강하며 쌓는다.
④ 연속되는 벽면의 일부를 트이게 하여 나중 쌓기로 할 때에는 그 부분을 층단 들여쌓기로 한다.

해설 ①항, 붉은 벽돌은 쌓기 전 모르타르가 잘 부착되도록 충분히 물 축이기를 하여야 한다.

65 철근의 피복두께 확보 목적과 가장 거리가 먼 것은?

① 내화성 확보   ② 내구성 확보
③ 구조내력의 확보   ④ 블리딩 현상 방지

해설 철근의 피복두께
  1) **피복두께** : 콘크리트 표면에서 제일 외측에 가까운 철근표면까지의 거리
  2) **철근의 피복두께 계획시 고려사항** (철근피복의 목적)
    ① 내화성 확보
    ② 내구성 확보
    ③ 구조내력확보
    ④ 시공상 유동성 확보

66 수평, 수직적으로 반복된 구조물을 시공이음 없이 균일한 형상으로 시공하기 위하여 요크(yoke), 로드(rod), 유압잭(jack)을 이용하여 거푸집을 연속적으로 이동시키면서 콘크리트를 타설할 수 있는 시스템거푸집은?

① 슬라이딩 폼   ② 갱폼
③ 터널폼   ④ 트레블링 폼

해설 1) **슬라이딩 폼**(sliding form) : 수직활동거푸집
  2) **트래블링 폼**(travelling form) : 연속아치(arch)에 사용하는 수평이동 거푸집

67 보통콘크리트와 비교한 경량콘크리트의 특징이 아닌 것은?

① 자중이 작고 건물중량이 경감된다.
② 강도가 작은 편이다.
③ 건조수축이 작다.
④ 내화성이 크고 열전도율이 작으며 방음효과가 크다.

해설 경량콘크리트
  1) **종류** : 신더콘크리트(cinder, 석탄이 타고 남은 찌꺼기를 골재로 한 경량콘크리트), 톱밥콘크리트, 다공콘크리트 등
  2) **특징**
    ① 다공질로 흡수율이 커서 강도가 작고 동해에 대한 저항성이 약하다.
    ② 건조수축이 크다.
    ③ 내화성이 크고 열전도율이 작으며 방음효과가 크다.
    ④ 자중이 적고 건물 중량이 경감된다.
    ⑤ 기건비중 ; 1.4~2.0, 단위중량 : 1400~2000 kg/m^3 정도

68 KS L 5201에 정의된 포틀랜드 시멘트의 종류가 아닌 것은?

① 고로 포틀랜드 시멘트
② 조강 포틀랜드 시멘트
③ 저열 포틀랜드 시멘트
④ 중용열 포틀랜드 시멘트

해설 포틀랜드시멘트 종류(KS L 5201)
  1) 보통포틀랜드시멘트
  2) 중용열포틀랜드시멘트
  3) 조강포틀랜드시멘트
  4) 저열포틀랜드시멘트
  5) 내황산염 포틀랜드시멘트

■ 정답 ■ 64.① 65.④ 66.① 67.③ 68.①

69 조적조의 벽체 상부에 철근 콘크리트 테두리 보를 설치하는 가장 중요한 이유는?

① 벽체에 개구부를 설치하기 위하여
② 조적조의 벽체와 일체가 되어 건물의 강도를 높이고 하중을 균등하게 전달하기 위하여
③ 조적조의 벽체의 수직하중을 특정부위에 집중시키고 벽돌 수량을 절감하기 위하여
④ 상층부 조적조 시공을 편리하게 하기 위하여

해설 테두리 보 설치목적 : 내력벽과 일체성 확보로 건물의 강도를 높이고 하중을 균등하게 전달하기 위하여 설치한다.

70 주변 건물이나 옹벽, 철탑 등 터파기 주위의 주요 구조물에 설치하여 구조물의 경사 변형상태를 측정하는 장비는?

① Piezo meter
② Tilt meter
③ Load cell
④ Strian gauge

해설 토공사에 사용되는 계측기기
1) 간극수압계 : 피에조미터(piezo meter)
2) 경사계 : 인클리노미터(inclino meter)
3) 인접구조물의 기울기 측정 : 타일미터(tilt meter)
4) 버팀대 변형 계측계 ; 스트레인 게이지(strain gauge)
5) 인접구조물의 균열측정 : 크랙게이지(crack gauge)
6) 지중침하계 ; 익스텐션 미터 (extension meter)
7) 지하수위계 : water level meter
8) 하중계 : 로드셀(load cell)
9) 토압측정계 : soil pressure gauge

71 지반개량 지정공사 중 응결공법이 아닌 것은?

① 플라스틱 드레인공법
② 시멘트 처리공법
③ 석회 처리공법
④ 심층혼합 처리공법

해설 응결공법(고결공법)
1) **약액주입공법**
① 지반 내에 주입관을 통해 약액을 주입하여 지반을 고결시키는 공법이다.
② 주입현탁액 : 시멘트, 아스팔트, 벤토나이트 등
2) **생석회 말뚝공법** : 생석회를 주입하여 흙속의 수분과 화학반응시 발열에 의해 수분을 증발시키는 공법이다.
3) **동결공법** : 액체 질소를 이용하여 흙을 동결시키는 공법이다.
4) 기타 심층혼합처리공법, 소결공법 등이 있다.

길잡이 플라스틱 드레인공법 : 점토지반에 사용, 탈수공법

72 다음 중 공기량 측정기에 해당하는 것은?

① 리바운드 기록지(Rebound check sheet)
② 디스펜서(Dispenser)
③ 워싱턴 미터(Washington meter)
④ 이넌데이터(Inundator)

해설 워싱턴미터 : 콘크리트 공기량 측정기

73 건축시공계획수립에 있어 우선순위에 따른 고려사항으로 가장 거리가 먼 것은?

① 공종별 재료량 및 품셈
② 재해방지대책
③ 공정표 작성
④ 원척도(原尺圖)의 제작

해설 시공계획의 내용 및 순서
① 현장원 편성(가장먼저 실시) → ② 공정표 작성 → ③ 실행예상편성 → ④ 하도급자의 선정 → ⑤ 가설준비물 결정 → ⑥ 재료선정 및 결정 → ⑦ 재해방지대책 및 의료대책

74 대규모 공사 시 한 현장 안에서 여러 지역별로 공사를 분리하여 공사를 발주하는 방식은?

① 공정별 분할도급
② 공구별 분할도급
③ 전문공정별 분할도급
④ 직종별, 공정별 분할도급

해설 분할도급
> 1) **전문공종별 분할도급** : 시설공사 중 설비공사(전기, 난방 등)를 주체공사와 분리하여 전문공사업자와 계약하는 방식
> 2) **공구별 분할도급** : 대규모 공사에서 지역별, 공구별로 분리하여 도급하는 방식
> 3) **공정별 분할도급** : 정지, 기초, 구체, 마무리공사 등 의 과정별로 나누어 도급을 주는 방식
> 4) **직종별 · 공종별 분할도급** : 전문직별 또는 각 공종별로 세분하여 도급하는 방식

75 다음 중 철골세우기용 기계가 아닌 것은?

① Stiff leg derrick
② Guy derrick
③ Penumatic hammer
④ Truck crane

해설 철골세우기용 장비
> 1) **크레인** : 이동식크레인, 타워크레인 등
> 2) **데릭** : 가이데릭, 스티프레그데릭(삼각데릭), 진폴데릭 등
> 3) **윈치(Winch)** : 기중기의 일종

76 기존에 구축된 건축물 가까이에서 건축공사를 실시할 경우 기존 건축물의 지반과 기초를 보강하는 공법은?

① 리버스 서큘레이션 공법
② 슬러리 월 공법
③ 언더피닝 공법

④ 탑다운 공법

해설 언더피닝 공법(underpinning) : 기존건물 가까이에 구조물을 축조할 때 기존건물의 지반과 기초를 보강하는 공법

77 철골구조의 녹막이 칠 작업을 실시하는 곳은?

① 콘크리트에 매입되지 않는 부분
② 고력볼트 마찰 접합부의 마찰면
③ 폐쇄형 단면을 한 부재의 밀폐된 면
④ 조립상 표면접합이 되는 면

해설 녹막이 칠을 할 필요가 없는 부분
> 1) 콘크리트에 밀착 또는 매입되는 부분
> 2) 조립에 의해 서로 밀착되는 면
> 3) 현장용접을 하는 부위 및 그곳에 인접하는 양측 10mm 이내
> (용접부에서 50mm 이내)
> 4) 고장력 볼트 마찰접합부의 마찰면
> 5) 폐쇄형 단면을 한 부재의 밀폐된 내면
> 6) 기계깎기 마무리면

78 콘크리트의 수화작용 및 워커빌리티에 영향을 미치는 요소에 관한 설명으로 옳지 않은 것은?

① 시멘트의 분말도가 클수록 수화작용이 빠르다.
② 단위수량을 증가시킬수록 재료분리가 감소하여 워커빌리티가 좋아진다.
③ 비빔시간이 길어질수록 수화작용을 촉진시켜 워커빌리티가 저하된다.
④ 쇄석의 사용은 워커빌리티를 저하시킨다.

해설 ②항, 단위수량을 증가시킬수록 재료분리가 쉽게 일어나고 워커빌리티도 나빠진다.

79 피어기초공사에 관한 설명으로 옳지 않은 것은?

① 중량구조물을 설치하는데 있어서 지반이 연약하거나 말뚝으로도 수직지지력이 부족하고 그 시공이 불가능한 경우와 기초지반의 교란을 최소화해야 할 경우에 채용한다.
② 굴착된 흙을 직접 탐사할 수 있고 지지층의 상태를 확인할 수 있다.
③ 무진동, 무소음공법이며, 여타 기초형식에 비하여 공기 및 비용이 적게 소요된다.
④ 피어기초를 채용한 국내의 초고층 건축물에는 63빌딩이 있다.

해설 피어기초공사 : 기계로 말뚝구멍을 굴착하고 여기에 철근콘크리트를 충전하는 제자리콘크리트 말뚝지정 공법이다.

80 지수 흙막이 벽으로 말뚝구멍을 하나 걸름으로 뚫고 콘크리트를 타설하여 만든 후, 말뚝과 말뚝 사이에 다음 말뚝구멍을 뚫어 흙막이 벽을 완성하는 공법은?

① 어스 드릴공법(Earth drill method)
② CIP 말뚝공법(Cast - in - place pile method)
③ 콤프레솔 파일공법(Compressol pile method)
④ 이코스 파일공법(Icos pile method)

해설 이코스 파일공법(Icos pile method)
　1) 웨더공법(Weather's method)이라고도 하며 흙막이로 효과가 좋다.
　2) 도시소음방지와 근접건물의 침하 우려시 유효한 공법이다.

제5과목 / 건설재료학

81 미장바탕이 갖추어야 할 조건에 관한 설명으로 옳지 않은 것은?

① 미장층보다 강도, 강성이 작을 것
② 미장층과 유효한 접착강도를 얻을 수 있을 것
③ 미장층의 경화, 건조에 지장을 주지 않을 것
④ 미장층과 유해한 화학반응을 하지 않을 것

해설 미장바탕은 미장층보다 강도 및 강성이 커야 한다.

82 양질의 도토 또는 장석분을 원료로 하며, 흡수율이 1% 이하로 거의 없고 소성온도가 약 1230~1430℃인 점토 제품은?

① 토기　　　　② 석기
③ 자기　　　　④ 도기

해설 점토소성 제품의 종류 및 특성

종류	원료	소성온도	흡수성	강도	특성	제품
토기	보통점토(전답의 흙)	790~1000	크다	취약	흡수성이 크고 깨지기 쉽다	벽돌, 기와, 토관
도기	도토(석영, 운모의 풍화물)	1100~1230	약간크다	견고	다공질로서 흡수성이 있고 질이 좋으며 두드리면 탁음이 난다.	타일, 테라코타, 위생용기
석기	양질점토(유기질 없음)	1160~1350	작다	치밀견고	흡수성이 극히 작고 경도와 강도가 크다.	벽돌, 타일, 토관, 테라코타
자기	양질점토 또는 장석분	1230~1460	아주작다	치밀견고	흡수성이 극히 작고 경도와 강도가 가장 크다.	타일, 위생도기

83 다음 중 도료의 건조제로 사용되지 않는 것은?

① 리사지　　　② 나프타
③ 연단　　　　④ 이산화망간

해설 **도료의 건조제**
1) 상온에서 기름에 용해되는 건조제 : 일산화납 (PbO ; 리사지), 연단(Pb_3O_4 : 광명단), 이산화망간(MnO_2), 초산염(아세트산염), 붕산(H_3BO_3), 망간(Mn) 등
2) 가열하여 기름에 용해되는 건조제 : 납(Pb), 망간(Mn), 코발트(Co) 등의 수지산 또는 지방산의 염류

84 방수공사에서 쓰이는 아스팔트의 양부(良否)를 판별하는 주요 성질과 거리가 먼 것은?

① 마모도　　　② 침입도
③ 신도(伸度)　　④ 연화점

해설 **아스팔트 품질결정요소**
1) ②, ③, ④항　　2) 비중
3) 인화점　　　　4) 감온성 등

85 비중이 크고 연성이 크며, 방사선실의 방사선 차폐용으로 사용되는 금속재료는?

① 주석　　　　② 납
③ 철　　　　　④ 크롬

해설 **납(Pb)**
1) 물리적 성질
　① 비중(11.4)이 크고, 연질이며 전·연성이 크다.
　② 인장강도가 극히 작다(주물은 1.25kg/mm², 상온압연재는 1.7~2.3kg/mm²)
　③ X선의 차단효과가 크다(콘크리트의 100배 이상)
2) 화학적 성질
　① 공기 중에서 습기(H_2O)와 CO_2에 의하여 표면이 산화하여 $PbCO_3 \cdot Pb(OH)_2$의 염기성 탄산납을 만들어 내부를 보호

한다.
　② 염산, 황산, 농질산에는 침해되지 않으나 묽은질산에는 녹는다(부동태 현상).
　③ 알칼리에 약하므로 콘크리트와 접촉되는 곳은 아스팔트 등으로 보호한다.
　④ 납을 가열하면 황색의 리사지(PbO)가 되고 다시 가열하면 광명단(Pb_3O_4)이 된다.

86 다음 중 콘크리트의 비파괴 시험에 해당되지 않는 것은?

① 방사선 투과 시험　② 초음파 시험
③ 침투탐상 시험　　④ 표면경도 시험

해설 **콘크리트의 비파괴 시험**
1) 방사선 투과시험
2) 초음파 시험
3) 표면경도 시험
4) 반발경도 시험(슈미트해머)

87 아스팔트 접착제에 관한 설명으로 옳지 않은 것은?

① 아스팔트 접착제는 아스팔트를 주체로 하여 이에 용제를 가하고 광물질 분말을 첨가한 풀 모양의 접착제이다.
② 아스팔트 타일, 시트, 루핑 등의 접착용으로 사용한다.
③ 화학약품에 대한 내성이 크다.
④ 접착성은 양호하지만 습기를 방지하지 못한다.

해설 **아스팔트 접착제**
1) 아스팔트에 용제(메틸벤젠, 벤졸, 납사 등)를 가하고 광물질 분말을 첨가한 풀모양의 접착제이다.
2) 아스팔트타일, 비닐타일, 비닐시트, 루핑, 펠트, 발포단열재 등의 접착에 사용한다.
3) 내수·내알칼리성 및 작업성이 좋고 내화확약품성이 우수하다.
4) 점도를 조절해야 하고 내유성·내용제성 등이 적다.

88 고로슬래그 분말을 혼화재로 사용한 콘크리트의 성질에 관한 설명으로 옳지 않은 것은?

① 초기강도는 낮지만 슬래그의 잠재 수경성 때문에 장기강도는 크다.
② 해수, 하수 등의 화학적 침식에 대한 저항성이 크다.
③ 슬래그 수화에 의한 포졸란반응으로 공극 충전효과 및 알칼리 골재반응 억제효과가 크다.
④ 슬래그를 함유하고 있어 건조수축에 대한 저항성이 크다.

해설 ④항, 슬래그를 함유하고 있어 건조수축에 대한 저항성이 작다.

89 다음 각 비철금속에 관한 설명으로 옳지 않은 것은?

① 알루미늄 – 융점이 낮기 때문에 용해주조도는 좋으나 내화성이 부족하다.
② 납 – 비중이 11.4로 아주 크고 연질이며 전·연성이 크다.
③ 구리 – 건조한 공기 중에서는 산화하지 않으나, 습기가 있거나 탄산가스가 있으면 녹이 발생한다.
④ 주석 – 주조성·단조성은 좋지 않으나 인장강도가 커서 선재(線材)로 주로 사용된다.

해설 주석(Sn)
1) 백색의 금속으로 유연성이 있으며 용융점 (232℃)이 낮고 부식에 대한 저항성이 크다
2) 주조성·단조성이 좋으며 인장강도가 작다.
3) 인체에 무해하여 식기·통조림통의 도금에 쓰이고 주로 합금(청동, 땜납 등)의 성분으로 첨가된다.

90 다음 중 특수유리와 사용장소의 조합이 적절하지 않은 것은?

① 진열용 창 – 무늬유리
② 병원의 일광욕실 – 자외선투과유리
③ 채광용 지붕 – 프리즘유리
④ 형틀 없는 문 – 강화유리

해설 1) **무늬유리** : 장식적 효과와 실내의장 겸 투시 방지를 위한유리
2) **광낸유리** : 진열장창, 고급건축물의 창유리문, 가구, 거울 등에 사용

91 건축용 코킹재의 일반적인 특징에 관한 설명으로 옳지 않은 것은?

① 수축률이 크다.
② 내부의 점성이 지속된다.
③ 내산·알칼리성이 있다.
④ 각종 재료에 접착이 잘 된다.

해설 **코킹재의 특징**
1) 공기에 접하는 부분은 유연한 피막이 생기고 내부를 보호하며 내부의 점성이 지속되고 수축률이 작다.
2) 외기온도의 변화와 태양광선에 변질되지 않고 항상 적당한 점성을 유지하며 내후성이 있다.
3) 피막은 내수성과 발수성이 있다.
4) 내산·내알칼리성이 있다.
5) 각종 재료에 접착이 잘 되고 침식과 오염이 되지 않는다.

92 콘크리트의 종류 중 방사선 차폐용으로 주로 사용되는 것은?

① 경량콘크리트　　② 한중콘크리트
③ 매스콘크리트　　④ 중량콘크리트

해설 1) **경량콘크리트** : 구조용, 철골철근콘크리트 피복용, 열차단용
2) **한중콘크리트** : 평균기온이 약 4℃이하에서 시공되는 콘크리트
3) **매스콘크리트** : 단면치수가 큰 부재로 된 구조물 용
4) **중량콘크리트** : 방사선 차폐용

■ 정답 ■ 88.④　89.④　90.①　91.①　92.④

93 목재 조직에 관한 설명으로 옳지 않은 것은?

① 추재의 세포막은 춘재의 세포막보다 두껍고 조직이 치밀하다.
② 변재는 심재보다 수축이 크다.
③ 변재는 수심의 주위에 둘러져 있는 생활기능이 줄어든 세포의 집합이다.
④ 침엽수의 수지구는 수지의 분비, 이동, 저장의 역할을 한다.

[해설] 심재와 변재
1) 심재(heart wood)
   ① 심재는 수심의 주위에 둘려져 잇는 생활기능이 줄어든 세포의 집합이다.
   ② 수액·수분이 적으며 변재보다 단단하여 강도가 크고 신축 등 변형이 적으며 내후성, 내구성이 있다.
2) 변재(sap wood)
   ① 변재는 심재외측과 수피 내측사이에 있는 생활세포의 집합으로 수액의 통로이며 양분의 저장소이다.
   ② 변형·부패에 대한 저항이 적다.

94 자갈 시료의 표면수를 포함한 중량이 2100g이고 표면건조내부포화상태의 중량이 2090g이며 절대건조상태의 중량이 2070g이라면 흡수율과 표면수율은 약 몇 %인가?

① 흡수율 : 0.48%, 표면수율 : 0.48%
② 흡수율 : 0.48%, 표면수율 : 1.45%
③ 흡수율 : 0.97%, 표면수율 : 0.48%
④ 흡수율 : 0.97%, 표면수율 : 1.45%

[해설] 1) 흡수율
$$= \frac{표건상태중량 - 절건상태중량}{절건상태중량} \times 100$$
$$= \frac{2090 - 2070}{2070} \times 100 = 0.97\%$$
2) 표면수율
$$= \frac{습윤상태중량 - 표건상태중량}{표건상태중량} \times 100$$

$$= \frac{2100 - 2090}{2090} \times 100 = 0.48\%$$

95 다음 각 미장재료에 관한 설명으로 옳지 않은 것은?

① 생석회에 물을 첨가하면 소석회가 된다.
② 돌로마이트 플라스터는 응결시간이 짧으므로 지연제를 첨가한다.
③ 회반죽은 소석회에 모래, 해초풀, 여물 등을 혼합한 것이다.
④ 반수석고는 가수 후 20~30분에 급속 경화한다.

[해설] 돌로마이트 플라스터
1) 미장재료 중 점도가 가장 크고 풀이 필요 없으며 응결시간이 길어 바르기가 좋다.
2) 경화시 건조수축이 커서 균열이 생기기 쉽다.

96 다음 중 점토로 만든 제품이 아닌 것은?

① 경량벽돌 ② 테라코타
③ 위생도기 ④ 파키트리 패널

[해설] 파키트리 패널(parquetry panel) : 목재제품으로 마루판재이다.

97 지붕 및 일반바닥에 가장 일반적으로 사용되는 것으로 주제와 경화제를 일정 비율 혼합하여 사용하는 2성분형과 주제와 경화제가 이미 혼합된 1성분형으로 나누어지는 도막방수재는?

① 우레탄고무계 도막재
② FRP 도막재
③ 고무아스팔트계 도막재
④ 클로로프렌고무계 도막재

[해설] 1) 우레탄 고무계 도막방수재 : 1성분형과 2성분형이 있으며 주로 2성분형이 사용된다.
   ① 2성분형 우레탄 방수재 : 상온에서 액상의

주제(프리폴리머)와 경화제(컴파운드)를 현장에서 혼합하여 도포하면 2가지 성분의 화학반응에 의해 경화하면서 고무탄성이 있는 방수층을 형성한다.
② 주제와 경화제의 혼합비율은 1 : 1~1 : 2의 범위이다.
2) **FRP 도막방수재** : 폴리에스테르 수지와 유리섬유 또는 섬유강화 플라스틱(FRP, fiber reinforced plastics)을 기본으로 하여 인장 및 신장률을 조정하여 제조한 것이다.
3) **고무 아스팔트계 도막방수재** : 천연 및 합성고무(네오프렌 고무 또는 스틸렌 부타디엔 고무)와 아스팔트로 만들어진 고농도의 고무화 아스팔트이다.
4) **클로로프렌 고무계 방수재** : 클로로프렌 고무(주성분)에 무기질 충전제, 안정제 등을 가하여 혼합한 후 반죽한 것을 유기용제에 녹여서 제조한 것으로 고무주걱 등으로 손쉽게 바를 수 있도록 한 방수재이다.

98 목재의 방부 처리법 중 압력용기 속에 목재를 넣어서 처리하는 방법으로 가장 신속하고 효과적인 것은?

① 침지법　② 표면탄화법
③ 가압주입법　④ 생리적 주입법

해설 **목재의 방부법**
1) **표면탄화법** : 목재의 표면을 3~10mm정도 태우는 방법
2) **방부제 사용법**
① 도포법 : 방부제를 목재표면에 도포하는 방법
② 주입법 : 방부제를 목재 중에 주입하는 방법(상압주입법, 가압주입법)
③ 침지법 : 방부제 용액 중에 침지하는 방법
④ 생리적 주입법 : 나무뿌리에 약액을 주입하여 수간에 이행시키는 방법

99 목재의 화재 시 온도별 대략적인 상태변화에 관한 설명으로 옳지 않은 것은?

① 100℃이상 : 분자 수준에서 분해
② 100~150℃ : 열 발생률이 커지고 불이 잘 꺼지지 않게 됨
③ 200℃이상 : 빠른 열분해
④ 260~350℃ : 열분해 가속화

해설 **목재의 연소성(목재의 화재시 성상)**
1) 100℃ 내외 : 수분이 증발하고 결분해를 시작하여 가스방출
2) 180℃ 전후 : 가연성가스가 인화되고 표면이 탄화되기 시작
3) 260~270℃ : 갈색으로 탄화되어 불꽃에 의해 착화(착화점 또는 화재위험 온도)
4) 400~450℃ : 화기 없이 자연발화(자연발화점)

100 플라이애쉬 시멘트에 관한 설명으로 옳은 것은?

① 수화할 때 불용성 규산칼슘 수화물을 생성한다.
② 화력발전소 등에서 완전연소한 미분탄의 회분과 포틀랜드시멘트를 혼합한 것이다.
③ 재령 1~2시간 안에 콘크리트 압축강도가 20MPa에 도달할 수 있다.
④ 용광로의 선철제작 부산물을 급랭시키고 파쇄하여 시멘트와 혼합한 것이다.

해설 **플라이애시시멘트(fly ash cement)**
1) **플라이애시시멘트** : 포틀랜드시멘트에 플라이애시(완전연소한 미분탄의 회분)를 혼합하여 만든 시멘트이다.
2) **플라이애시시멘트의 특성**
① 초기 수화열이 낮다(매스콘크리트용으로 적합)
② 조기강도는 작지만 장기강도는 크다.
③ 화학저항성이 크다.
④ 워커빌리티가 좋아진다.
⑤ 수밀성이 크다.

제6과목 / 건설안전기술

101 추락의 위험이 있는 개구부에 대한 방호조치와 거리가 먼 것은?

① 안전난간, 울타리, 수직형 추락방망 등으로 방호조치를 한다.
② 충분한 강도를 가진 구조의 덮개를 뒤집히거나 떨어지지 않도록 설치한다.
③ 어두운 장소에서도 식별이 가능한 개구부주의 표지를 부착한다.
④ 폭 30cm 이상의 발판을 설치한다.

해설 작업발판 및 통로의 끝이나 개구부 등에서의 추락재해방지 조치사항
1) 안전난간, 울타리, 수직형 추락방망 등 설치
2) 덮개설치
3) 개구부 표시
4) 안전방망 설치
5) 안전대 착용

102 로프길이 2m의 안전대를 착용한 근로자가 추락으로 인한 부상을 당하지 않기 위한 지면으로부터 안전대 고정점까지의 높이(H)의 기준점으로 옳은 것은? (단, 로프의 신율 30%, 근로자의 신장 180cm)

① H > 1.5m ② H > 2.5m
③ H > 3.5m ④ H > 4.5m

해설 1) 추락시 로프의 지지점에서 신체의 최하단까지의 거리(h)
h = 로프길이 + (로프길이 × 신장률) + (작업자신장 × 1/2)
= 2m + (2m × 0.3) + (0.18m × 1/2)
= 2.69m
2) 바닥면(지면)으로부터 안전대 고정점까지의 최소높이(H)
H > h = H > 3.5m

103 압쇄기를 사용하여 건물해체 시 그 순서로 가장 타당한 것은?

[보기]
A : 보 B : 기둥 C : 슬래브 D : 벽체

① A→B→C→D ② A→C→B→D
③ C→A→D→B ④ D→C→B→A

해설 압쇄기로 건물 해체시 순서
1) 슬래브(slab) → 2)보 → 3)벽체 → 4)기둥

104 차량계 건설기계를 사용하여 작업할 때에 그 기계가 넘어지거나 굴러떨어짐으로써 근로자가 위험해질 우려가 있는 경우에 조치하여야 할 사항과 거리가 먼 것은?

① 갓길의 붕괴 방지
② 작업반경 유지
③ 지반의 부동침하 방지
④ 도로 폭의 유지

해설 차량계 건설기계의 전도·전락 등에 의한 위험방지 조치 사항
1) 갓길의 붕괴방지
2) 지반의 부동침하방지
3) 도로 폭의 유지
4) 유도자 배치

105 취급·운반의 원칙으로 옳지 않은 것은?

① 곡선 운반을 할 것
② 운반 작업을 집중하여 시킬 것
③ 생산을 최고로 하는 운반을 생각할 것
④ 연속 운반을 할 것

해설 취급·운반의 5원칙
1) 직선운반을 할 것
2) 연속운반을 할 것
3) 운반작업을 집중화시킬 것
4) 생산을 최고로 하는 운반을 생각할 것
5) 최대한 시간과 경비를 절약할 수 있는 운반방법을 고려할 것

106 부두·안벽 등 하역작업을 하는 장소에서 부두 또는 안벽의 선을 따라 통로를 설치하는 경우에는 그 폭을 최소 얼마 이상으로 하여야 하는가?

① 80cm
② 90cm
③ 100cm
④ 120cm

해설 부두 또는 안벽의 선을 따라 통로를 설치하는 경우에는 폭을 90cm 이상으로 할 것

107 가설통로의 설치 기준으로 옳지 않은 것은?

① 추락할 위험이 있는 장소에는 안전난간을 설치할 것
② 경사가 10°를 초과하는 경우에는 미끄러지지 아니하는 구조로 할 것
③ 경사는 30°이하로 할 것
④ 건설공사에 사용하는 높이 8m 이상인 비계다리에는 7m 이내마다 계단참을 설치할 것

해설 가설통로의 구조 : 가설통로 설치시 준수사항
1) 견고한 구조로 할 것
2) 경사는 30° 이하로 할 것(다만, 계단을 설치하거나 높이 2m 미만의 가설통로로서 튼튼한 손잡이를 설치한 때에는 그러하지 아니하다)
3) 경사가 15°를 초과하는 때에는 미끄러지지 않는 구조로 할 것
4) 추락의 위험이 있는 장소에는 안전난간을 설치할 것(작업상 부득이한 때에는 필요한 부분에 한하여 임시로 이를 해체할 수 있다)
5) 수직갱에 가설된 통로의 길이가 15m 이상인 때에는 10m 이내마다 계단참을 설치할 것
6) 건설공사에서 사용하는 높이 8m이상인 비계다리에는 7m 이내마다 계단을 설치할 것

108 개착식 흙막이벽의 계측 내용에 해당되지 않는 것은?

① 경사측정
② 지하수위 측정
③ 변형률 측정
④ 내공변위 측정

해설 개착식 흙막이벽의 계측내용
1) 경사(기울기) 측정
2) 지하수위 및 간극수압 측정
3) 변형률 측정
4) 흙막이 부재응력 측정
5) 인접구조물 균열 측정

109 강관틀 비계를 조립하여 사용하는 경우 준수해야하는 사항으로 옳지 않은 것은?

① 길이가 띠장 방향으로 4m 이하이고 높이가 10m를 초과하는 경우에는 10m 이내마다 띠장 방향으로 버팀기둥을 설치할 것
② 높이가 20m를 초과하거나 중량물의 적재를 수반하는 작업을 할 경우에는 주틀 간의 간격을 1.8m 이하로 할 것
③ 주틀 간에 교차가새를 설치하고 최상층 및 10층 이내마다 수평재를 설치할 것
④ 수직방향으로 6m, 수평방향으로 8m,이내마다 벽이음을 할 것

해설 강관틀비계를 조립하여 사용할 때의 준수할 사항
1) 비계기둥의 밑둥에는 밑받침철물을 사용하여야 하며 밑받침에 고저차가 있는 경우에는 조절형 밑받침철물을 사용하여 각각의 강관틀비계가 항상 수평 및 수직을 유지하도록 할 것
2) 높이가 20m를 초과하거나 중량물의 적재를 수반하는 작업을 할 경우에는 주틀 간의 간격이 1.8m 이하로 할 것
3) 주틀 간의 교차가새를 설치 하고 최상층 및 5층 이내마다 수평재를 설치할 것
4) 수직방향으로 6m, 수평방향으로 8m 이내마다 벽이음을 할 것
5) 길이가 띠장방향으로 4m 이하이고 높이가 10m를 초과하는 경우에는 10m 이내마다 띠장방향으로 버팀기둥을 설치할 것

■ 정답 ■ 106.② 107.② 108.④ 109.③

110 말비계를 조립하여 사용하는 경우에 지주부재와 수평면의 기울기는 최대 몇 도 이하로 하여야 하는가?

① 30°
② 45°
③ 60°
④ 75°

해설 말비계를 조립하여 사용시 준수사항
1) 지주부재의 하단에는 미끄럼 방지장치를 하고, 양측 끝부분에 올라서서 작업하지 아니하도록 할 것
2) 지주부재와 수평면과의 기울기를 75° 이하로 하고, 지주부재와 지주부재 사이를 고정시키는 보조부재를 설치할 것
3) 말비계의 높이가 2m를 초과할 경우에는 작업발판의 폭을 40cm 이상으로 할 것

111 사면 보호 공법 중 구조물에 의한 보호공법에 해당되지 않는 것은?

① 식생구멍공
② 블록공
③ 돌쌓기공
④ 현장타설 콘크리트 격자공

해설 1) 구조물에 의한 사면 보호공법
① 현장타설 콘크리트 공법(콘크리트 틀에 의한 공법)
② 콘크리트 블록과 돌쌓기 공법(표면 돌 붙임 공법)
③ 소일시멘트공법
2) 식생에 의한 사면보호공법
3) 떼입공법 등

112 흙의 간극비를 나타낸 식으로 옳은 것은?

① $\dfrac{\text{공기} + \text{물의 체적}}{\text{흙} + \text{물의 체적}}$

② $\dfrac{\text{공기} + \text{물의 체적}}{\text{흙의 체적}}$

③ $\dfrac{\text{물의 체적}}{\text{물} + \text{흙의 체적}}$

④ $\dfrac{\text{공기} + \text{물의 체적}}{\text{공기} + \text{흙} + \text{물의 체적}}$

해설 1) 흙 = 토립자 + 공극(간극 : 물+공기)
2) 간극비(공극비) $= \dfrac{\text{공극의 용적}}{\text{흙입자의 용적}}$
$= \dfrac{\text{공기와 물의 부피}}{\text{흙입자의 부피}}$

113 건설업 산업안전보건관리비 계상 및 사용기준에 따른 안전관리비의 개인보호구 및 안전장구 구입비 항목에서 안전관리비로 사용이 가능한 경우는?

① 안전·보건관리자가 선임되지 않은 현장에서 안전·보건업무를 담당하는 현장관계자용 무전기, 카메라, 컴퓨터, 프린터 등 업무용 기기
② 혹한·혹서에 장기간 노출로 인해 건강장해를 일으킬 우려가 있는 경우 특정 근로자에게 지급되는 기능성 보호 장구
③ 근로자에게 일률적으로 지급하는 보냉·보온장구
④ 감리원이나 외부에서 방문하는 인사에게 지급하는 보호구

해설 개인보호구 및 안전장구 구입비 항목에서 안전관리비로 사용이 불가능한 경우
1) ①, ③, ④항
2) 근로자 보호목적으로 보기 어려운 피복, 장구, 용품 등
① 작업복, 방한복, 면장갑, 코팅장갑 등
② 근로자에게 일률적으로 지급하는 보냉, 보온장구,(핫팩, 장갑, 아이스조끼, 아이스팩 등)

114 철골기둥, 빔 및 트러스 등의 철골구조물을 일체화 또는 지상에서 조립하는 이유로 가장 타당한 것은?

① 고소작업의 감소
② 화기사용의 감소
③ 구조체 강성 증가
④ 운반물량의 감소

해설 철골구조물을 일체화 또는 지상에서 조립하는 이유 : 고소작업의 감소

115 다음은 산업안전보건법령에 따른 말비계를 설치하는 경우에 준수해야 할 사항이다. ( )에 들어갈 내용으로 옳은 것은?

> 작업발판은 폭을 ( )이상으로 하고 틈새가 없도록 할 것

① 15cm　② 20cm
③ 40cm　④ 60cm

해설 말비계의 구조
1) 작업발판은 폭을 40cm 이상으로 하고 틈새가 없도록 할 것
2) 작업발판의 재료는 뒤집히거나 떨어지지 않도록 비계의 보 등에 연결하거나 고정시킬 것
3) 비계가 흔들리거나 뒤집히는 것을 방지하기 위하여 비계의 보·작업발판 등에 버팀을 설치하는 등 필요한 조치를 할 것

116 강풍이 불어올 때 타워크레인의 운전작업을 중지하여야 하는 순간풍속의 기준으로 옳은 것은?

① 순간풍속이 초당 10m 초과
② 순간풍속이 초당 15m 초과
③ 순간풍속이 초당 25m 초과
④ 순간풍속이 초당 30m 초과

해설 강풍시 타워크레인의 작업제한
1) 순간풍속이 10m/sec를 초과하는 경우 : 타워크레인의 설치·수리·점검 또는 해체작업을 중지할 것
2) 순간풍속이 15m/sec를 초과하는 경우 : 타워크레인의 운전작업을 중지할 것

117 터널 지보공을 조립하거나 변경하는 경우에 조치하여야 하는 사항으로 옳지 않은 것은?

① 목재의 터널 지보공은 그 터널 지보공의 각 부재에 작용하는 긴압정도를 체크하여 그 정도가 최대한 차이나도록 한다.
② 강(鋼)아치 지보공의 조립은 연결볼트 및 띠장 등을 사용하여 주재 상호간을 튼튼하게 연결할 것
③ 기둥에는 침하를 방지하기 위하여 받침목을 사용하는 등의 조치를 할 것
④ 주재(主材)를 구성하는 1세트의 부재는 동일 평면 내에 배치할 것

해설 ①항, 목재의 터널지보공은 그 터널지보공의 각 부재의 긴압정도가 균등하게 되도록 할 것

118 콘크리트 타설작업 시 안전에 대한 유의사항으로 옳지 않은 것은?

① 콘크리트를 치는 도중에는 지보공·거푸집 등의 이상유무를 확인한다.
② 높은 곳으로부터 콘크리트를 타설할 때는 호퍼로 받아 거푸집내에 꽂아 넣는 슈트를 통해서 부어 넣어야 한다.
③ 진동기를 가능한 한 많이 사용할수록 거푸집에 작용하는 측압상 안전하다.
④ 콘크리트를 한 곳에만 치우쳐서 타설하지 않도록 주의한다.

해설 콘크리트 타설시 내부진동기를 사용하여 다지기를 할 때 유의사항

1) 진동기는 슬럼프값 15cm 이하에만 사용한다.
2) 퍼붓기 1회의 깊이는 60cm 미만으로 하고 진동기 사용간격은 60cm 이내로 한다.
3) 내부진동기는 수직으로 사용한다.
4) 진동기를 넣고 나서 뺄 때까지의 시간은 보통 5~15초가 적당하다.
5) 진동기를 가지고 거푸집 속의 콘크리트를 옆 방향으로 이동시켜서는 안 된다.
6) 진동기는 거푸집, 철근 또는 철골에 접촉되지 않도록 하고 뽑을 때에는 천천히 뽑아내어 콘크리트에 구멍이 남지 않도록 한다.

119 지반에서 나타나는 보일링(boiling)현상의 직접적인 원인으로 볼 수 있는 것은?

① 굴착부와 배면부의 지하수위의 수두차
② 굴착부와 배면부의 흙의 중량차
③ 굴착부와 배면부의 흙의 함수비차
④ 굴착부와 배면부의 흙의 토압차

해설 1) 보일링현상의 직접적인 원인 : 굴착부와 배면부(주변부)의 지하수위의 수두차
2) 보일링 현상 방지대책
   ① 주변부의 지하수위를 감소시킬 것
   ② 널말뚝을 깊게 박을 것

120 유해위험방지계획서 제출 대상 공사로 볼 수 없는 것은?

① 지상 높이가 31m 이상인 건축물의 건설공사
② 터널건설공사
③ 깊이 10m이상인 굴착공사
④ 교량의 전체길이가 40m 이상인 교량공사

해설 건설업 중 유해위험방지계획서 제출대상 사업장(시행규칙 제120조제4항)

1) 지상높이가 31미터 이상인 건축물 또는 인공구조물, 연면적 3만 제곱미터 이상인 건축물 또는 연면적 5천 제곱미터 이상의 문화 및 집회시설(전시장 및 동물원·식물원은 제외), 판매시설, 운수시설(고속철도의 역사 및 집·배송시설은 제외), 종교시설, 의료시설 중 종합병원, 숙박시설 중 관광숙박시설, 지하도상가 또는 냉동·냉장 창고시설의 건설·개조 또는 해체(이하 "건설등"이라 함)
2) 연면적 5천 제곱미터 이상의 냉동·냉장 창고시설의 설비공사 및 단열공사
3) 최대 지간길이가 50미터 이상인 교량건설 등 공사
4) 터널 건설 등의 공사
5) 다목적댐, 발전용댐 및 저수용량 2천만 톤 이상의 용수 전용 댐, 지방상수도 전용댐 건설 등의 공사
6) 깊이 10미터 이상인 굴착공사

흰색

④ 고압전기경고 : 바탕은 노란색, 기본모형 관련부호 및 그림은 검은색

해설 금연 : 바탕은 흰색, 기본모형은 빨간색, 관련부호 및 그림은 검정색

제1과목 / 산업안전관리론

01 재해 발생 건수 등의 추이를 파악하여 목표관리를 행하는데 필요한 월별 재해 발생건수를 그래프화 하여 관리선을 설정 관리하는 통계분석방법은?

① 파레토도   ② 특성요인도
③ 크로스도   ④ 관리도

해설 통계적 원인분석방법
1) **파레토도** : 사고의 유형, 기인물 등 분류항목을 큰 순서대로 도표화하여 분석하는 방법이다.
2) **특성요인도** : 특성과 요인을 도표로 하여 어골상(魚骨狀)으로 세분화한다.
3) **클로즈 분석** : 데이터를 집계하고 표로 표시하여 요인별 결과내역을 교차한 클로즈 그림을 작성하여 분석한다.
4) **관리도** : 재해발생건수 등의 추이를 파악하고 목표관리를 행하는데 필요한 월별재해발생수를 그래프화하여 관리선을 설정·관리하는 방법이다.

02 산업안전보건법령에 따른 안전·보건표지의 종류별 해당 색채기준 중 틀린 것은?

① 금연 : 바탕은 흰색, 기본모형은 검은색, 관련부호 및 그림은 빨간색
② 인화성물질경고 : 바탕은 무색, 기본모형은 빨간색(검은색도 가능)
③ 보안경착용 : 바탕은 파란색, 관련 그림은

03 A사업장에서는 산업재해로 인한 인적·물적 손실을 줄이기 위하여 안전행동 실천운동(5C 운동)을 실시하고자 한다. 5C 운동에 해당하지 않는 것은?

① Control   ② Correctness
③ Cleaning   ④ Checking

해설 5C 운동
1) Correctness : 복장단정
2) Cleaning : 청소청결
3) Checking : 점검확인
4) Clearance : 정리정돈
5) Concentration : 전심전력

04 산업안전보건법령에 따른 안전·보건표지 중 금지표지의 종류에 해당하지 않는 것은?

① 접근금지   ② 차량통행금지
③ 사용금지   ④ 탑승금지

해설 금지표지의 종류
1) ②, ③, ④항   2) 출입금지
3) 보행금지   4) 금연
5) 화기금지   6) 물체이동금지

---

05 건설기술 진흥법령에 따른 건설사고조사 위원회의 구성 기준 중 다음 (   )안에 알맞은 것은?

> 건설사고조사위원회는 위원장 1명을 포함한 (   )명 이내의 위원으로 구성한다.

① 12　　　　　② 11
③ 10　　　　　④ 9

해설 건설사고조사 위원회의 구성 기준 : 위원장 1명을 포함한 12명 이내의 위원으로 구성한다.

06 산업안전보건법령에 따른 건설업 중 유해·위험방지계획서를 작성하여 고용노동부장관에게 제출하여야 하는 공사의 기준 중 틀린 것은?

① 연면적 5000m²이상의 냉동·냉장창고 시설의 설비공사 및 단열공사
② 깊이 10m 이상인 굴착공사
③ 저수용량 2000만톤 이상의 용수 전용 댐 공사
④ 최대 지간길이가 31m 이상인 교량 건설공사

해설 건설업 중 유해위험방지계획서 제출대상 사업의 종류(시행규칙 제120조 제4항)
　1) 지상높이가 31미터 이상인 건축물 또는 인공구조물, 연면적 3만 제곱미터 이상인 건축물 또는 연면적 5천 제곱미터 이상의 문화 및 집회시설(전시장 및 동물원·식물원은 제외), 판매시설, 운수시설(고속철도의 역사 및 집·배송시설은 제외), 종교시설, 의료시설 중 종합병원, 숙박시설 중 관광숙박시설, 지하도상가 또는 냉동·냉장 창고시설의 건설·개조 또는 해체(이하 "건설등"이라 함)
　2) 연면적 5천 제곱미터 이상의 냉동·냉장 창고시설의 설비공사 및 단열공사
　3) 최대 지간길이가 50미터 이상인 교량건설 등 공사
　4) 터널 건설 등의 공사

　5) 다목적댐, 발전용댐 및 저수용량 2천만톤 이상의 용수 전용 댐, 지방상수도 전용댐 건설 등의 공사
　6) 깊이 10미터 이상인 굴착공사

07 재해의 간접원인 중 기초원인에 해당하는 것은?

① 불안전한 상태　　② 관리적 원인
③ 신체적 원인　　　④ 불안전한 행동

해설 재해원인
　1) **간접원인** : 재해의 가장 깊은 곳에 존재하는 재해원인
　　① **기초원인** : 학교교육적 원인, 관리적 원인
　　② **2차원인** : 신체적 원인, 정신적 원인, 안전교육적 원인, 기술적 원인
　2) **직접원인(1차원인)** : 시간적으로 사고 발생에 가장 가까운 재해원인이다.
　　① **물적원인** : 불안전한 상태(설비 및 환경 등의 불량)
　　② **인적원인** : 불안전한 행동

08 T.B.M 활동의 5단계 추진법의 진행순서로 옳은 것은?

① 도입 → 위험예지훈련 → 작업지시 → 점검정비 → 확인
② 도입 → 점검정비 → 작업지시 → 위험예지훈련 → 확인
③ 도입 → 확인 →위험예지훈련 → 작업지시 → 점검정비
④ 도입 → 작업지시 → 위험예지훈련 → 점검정비 → 확인

해설 TBM의 실시순서 5단계
　1) 제1단계 : 도입
　2) 제2단계 : 점검장비
　3) 제3단계 : 작업지시
　4) 제4단계 : 위험예지훈련
　5) 제5단계 : 확인

09 산업안전보건법령에 따른 안전보건총괄책임 지정 대상사업 기준 중 다음 (   )안에 알맞은 것은? (단, 선박 및 보트 건조업, 1차 금속 제조업 및 토사석 광업의 경우이다.)

수급인에게 고용된 근로자를 포함한 상시 근로자가 (㉠)명 이상인 사업 및 수급인의 공사금액을 포함한 해당 공사의 총 공사금액이 (㉡)억원 이상인 건설업

① ㉠ 50, ㉡ 10
② ㉠ 50, ㉡ 20
③ ㉠ 100, ㉡ 10
④ ㉠ 100, ㉡ 20

해설 안전보건총괄책임자 지정대상사업(시행령 제23조)

1) 수급인에게 고용된 근로자를 포함한 상시근로자가 100명(선박 및 보트 건조업, 1차금속제조업 및 토사석광업의 경우에는 50명)이상인 사업
2) 수급인의 공사금액을 포함한 해당공사의 총공사금액이 20억원 이상인 건설업

10 연평균 상시근로자 수가 500명인 사업장에서 36건의 재해가 발생한 경우 근로자 한 사람이 이 사업장에서 평생 근무할 경우 근로자에게 발생할 수 있는 재해는 몇 건으로 추정되는가? (단, 근로자는 평생 40년을 근무하며, 평생 잔업시간은 4000시간이고, 1일 8시간씩 연간 300일을 근무한다.)

① 2건　　　　② 3건
③ 4건　　　　④ 5건

해설 1) 평생근로시간수=(평생근로년수×연근로시간수) +평생잔업시간

=(40년×2400시간/년)+4000시간
=10만(100,000)시간

2) 환산도수율(평생근무 시 재해발생건수) : 평생 근로시간 10만 시간당 발생하는 재해건수

환산도수율
$$= \frac{재해건수}{연근로시간수} \times 평생근로시간수(10^5)$$
$$= \frac{36}{500 \times 8 \times 300} \times 10^5 = 3건$$

길잡이 환산도수율 산정식

환산도수율=도수율×$\frac{1}{10}$

$$= \left(\frac{재해건수}{연근로시간수} \times 10^6 \right) \times \frac{1}{10}$$

$$= \frac{재해건수}{연근로시간수} \times 10^5$$

11 산업안전보건법령에 따른 안전·보건에 관한 노사협의체의 사용자위원 구성기준 중 틀린 것은?

① 해당 사업의 대표자
② 안전관리자 1명
③ 공사금액이 20억원 이상인 도급 또는 하도급 사업의 사업주
④ 근로자대표가 지명하는 명예감독관 1명

해설 노사협의체의 구성

근로자위원	사용자위원
1. 도급 또는 하도급사업을 포함한 전체사업의 근로자대표 2. 근로자대표가 지명하는 명예감독관 1명(명예감독관이 위촉되어 있지 않은 경우는 근로자대표가 지명하는 해당사업장 근로자 1명) 3. 공사금액이 20억원 이상인 도급 또는 하도급 사업의 근로자 대표	1. 해당사업의 대표자 2. 안전관리자 1명 3. 보건관리자 1명(보건관리자 선임대상 건설업으로 한정) 4. 공사금액이 20억원 이상인 도급 또는 하도급 사업의 사업주

12 산업안전보건법령에 따른 안전·보건표지의 기본모형 중 다음 기본모형의 표시사항으로 옳은 것은? (단, 색도기준은 2.5PB 4/10이다.)

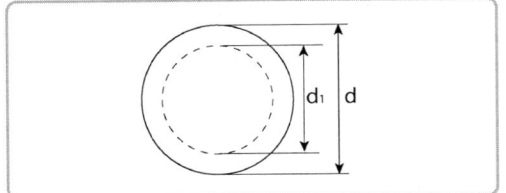

① 금지　　　　② 경고
③ 지시　　　　④ 안내

해설 **안전·보건표지의 기본도형**
　1) 금지표지 : ⊘
　2) 경고표지 : △ ◇
　3) 지시표지 : ◎
　4) 안내표지 : ◉ , ▭ , ▭

13 보호구 안전인증 고시에 따른 안전블록이 부착된 안전대의 구조기준 중 안전블록의 줄은 와이어로프인 경우 최소지름은 몇 mm이상이어야 하는가?

① 2　　　　　　② 4
③ 8　　　　　　④ 10

해설 **안전블록이 부착된 안전대의 구조**(보호구 안전인증 고시, 별표 9 안전대 성능기준)
　1) 안전블록을 부착하여 사용하는 안전대는 신체지지의 방법으로 안전그네만을 사용할 것
　2) 안전블록을 정격 사용길이가 명시될 것
　3) 안전블록의 줄은 합성섬유로프, 웨빙(webbing), 와이어로프이어야 하며, 와이어로프인 경우 최소지름이 4mm이상일 것

14 아담스(Edward Adams)의 사고 연쇄이론의 단계로 옳은 것은?

① 사회적 환경 및 유전적 요소 → 개인적 결함 → 불안전 행동 및 상태 → 사고 → 상해
② 통제의 부족 → 기본원인 → 직접원인 → 사고 → 상해
③ 관리구조 결함 → 작전적 에러 → 전술적 에러 → 사고 → 상해
④ 안전정책과 결정 → 불안전 행동 및 상태 → 물질에너지 기준이탈 → 사고 → 상해

해설 **아담스(Adams)의 사고연쇄성 이론**(경영시스템 내의 사고발생원인)
　1) 1단계 - **관리구조** : 경영시스템(목적, 조직, 운영 등)
　2) 2단계 - **작전적 에러** : 회사 운영실수
　3) 3단계 - **전술적 에러** : 관리·기술적 실수
　4) 4단계 - **사고** : 앗차 실수(near miss), 무상해 사고
　5) 5단계 - **상해·피해** : 부상, 손해, 재산피해

15 산업안전보건기준에 관한 규칙에 따른 이동식 크레인을 사용하여 작업을 할 때 작업시작 전 점검사항이 아닌 것은?

① 권과방지장치나 그 밖의 경보장치의 기능
② 브레이크·클러치 및 조정장치의 기능
③ 주행로의 상측 및 트롤리가 횡행하는 레일의 상태
④ 와이어로프가 통하고 있는 곳 및 작업장소의 지반상태

해설 **이동식크레인의 작업시작 전 점검사항**
　1) 권과방지장치 그밖의 경보장치의 기능
　2) 브레이크·클러치 및 조정장치의 기능
　3) 와이어로프가 통하고 있는 곳 및 작업장소의 지반상태

16 산업안전보건법령에 따른 안전보건관리규정을 작성하여야 할 사업의 사업주는 안전보건관리규정을 작성하여야 할 사유가 발생한 날부터 며칠 이내에 작성하여야 하는가?

① 15일 ② 30일
③ 50일 ④ 60일

해설 안전보건관리규정의 작성 : 사유가 발생한 날부터 30일 이내에 작성할 것

17 시설물의 안전 및 유지관리에 관한 특별법령에 따른 안전등급별 정기안전점검 및 정밀안전진단의 실시시기 기준 중 다음 ( )안에 알맞은 것은?

안전등급	정기안전점검	정밀안전진단
A등급	(㉠)이상	(㉡)년에 1회 이상

① ㉠ 반기에 1회, ㉡ 6
② ㉠ 반기에 1회, ㉡ 4
③ ㉠ 1년에 3회, ㉡ 6
④ ㉠ 1년에 3회, ㉡ 4

해설 1) 안전등급별 정기안전점검 실시시기

안전등급	실시시기
A, B, C 등급	반기에 1회 이상
D, E 등급	해빙기, 우기, 동절기 등 1년에 3회 이상

2) 안전등급별 정밀점검 및 정밀안전진단의 실시주기

안전등급	정밀점검		정밀안전진단
	건축물	그외시설물	
A등급	4년에 1회 이상	3년에 1회 이상	6년에 1회 이상
B,C등급	3년에 1회 이상	2년에 1회 이상	5년에 1회 이상
D,E등급	2년에 1회 이상	1년에 1회 이상	4년에 1회 이상

18 재해사례연구의 진행단계로 옳은 것은?

① 사실의 확인 → 재해 상황의 파악 → 문제점의 발견 → 문제점의 결정 → 대책의 수립
② 문제점의 발견 → 재해 상황의 파악 → 사실의 확인 → 문제점의 결정 → 대책의 수립
③ 재해 상황의 파악 → 사실의 확인 → 문제점의 발견 → 문제점의 결정 → 대책의 수립
④ 문제점의 발견 → 문제점의 결정 → 재해상황의 파악 → 사실의 확인 → 대책의 수립

해설 재해사례연구의 진행단계
1) 전제조건 : 재해상황의 파악
2) 1단계 : 사실의 확인
3) 2단계 : 문제점 발견
4) 3단계 : 근본적 문제점 결정
5) 4단계 : 대책수립

19 산업안전보건법령에 따른 지방고용노동관서의 장이 사업주에게 안전관리자·보건관리자 또는 안전보건관리담당자를 정수 이상으로 증원하게 하거나 교체하여 임명할 것을 명할 수 있는 기준 중 다음 ( )안에 알맞은 것은?

- 해당 사업장의 연간재해율이 같은 업종의 평균재해율의 (㉠)배 이상인 경우
- 중대재해가 연간 (㉡)건 이상 발생 한 경우
- 관리자가 질병이나 그 밖의 사유로 (㉢)개월 이상 직무를 수행할 수 없게 된 경우

① ㉠ 3, ㉡ 3, ㉢ 2
② ㉠ 3, ㉡ 3, ㉢ 3
③ ㉠ 2, ㉡ 3, ㉢ 2
④ ㉠ 2, ㉡ 3, ㉢ 3

2018

■ 정답 ■ 16.② 17.① 18.③ 19.④

해설 **안전관리자 등의 증원·교체임명 명령**(시행규칙 제15조)
1) 해당 사업장의 연간 재해율이 같은 업종의 2배 이상인 경우
2) 중대재해가 연간 3건 이상 발생한 경우
3) 안전관리자가 질병이나 그 밖의 사유로 3개월 이상 직무를 수행할 수 없게 된 경우
4) 화학적 인자로 인한 직업성질병자가 연간 3명 이상 발생한 경우(직업성질병자 발생일은 요양급여의 결정일로 함)

20 산업안전보건법령에 따른 안전인증기준에 적합한지를 확인하기 위하여 안전인증기관이 하는 심사의 종류가 아닌 것은?

① 서면심사   ② 예비심사
③ 제품심사   ④ 완성심사

해설 **안전인증 심사의 종류**
1) 예비심사   2) 서면심사
3) 기술능력 및 생산체계심사
4) 제품심사(개별제품심사, 형식별제품심사)

제2과목 / 산업심리 및 교육

21 학습의 전이란 학습한 결과가 다른 학습이나 반응에 영향을 주는 것을 의미한다. 이 전이의 이론에 해당되지 않는 것은?

① 일반화설   ② 동일요소설
③ 형태이조설   ④ 태도요인설

해설 **전이의 이론**
1) **동일요소설** : 선행 학습경험과 새로운 학습경험 사이에 같은 요소가 있을 때에는 서로의 사이에 연합 또는 연결의 현상이 일어난다는 설이다(E. L. Thorndike).
2) **일반화설** : 학습자가 하나의 경험을 하면 그

것으로 그치는 것이 아니고 다른 비슷한 상황에서 같은 방법이나 태도로 대하려는 경향이 있어서 이것이 효과를 가져와 전이가 이루어진다는 설이다(C. H. Judd).
3) **형태 이조설**(移調設) : 형태 심리학자들이 입증한 학설로 이것은 경험 할 때의 심리학적 사태가 대체로 비슷한 경우라면 먼저 학습할 때 머릿속에 형성 되었던 구조가 그대로 옮겨가기 때문에 전이가 이루어진다는 설이다.

22 Off Job Training의 특징으로 맞는 것은?

① 개개인에게 적절한 지도훈련이 가능하다.
② 전문가를 강사로 초빙하는 것이 가능하다.
③ 직장의 설정에 맞게 실제적 훈련이 가능하다.
④ 훈련에 필요한 업무의 계속성이 끊어지지 않는다.

해설 **OJT와 off-JT의 특징**

O·J·T (현장중심교육)	off J·T (현장외 중심교육)
① 개개인에게 적합한 지도훈련이 가능	① 다수의 근로자에게 조직적 훈련이 가능
② 직장의 실정에 맞는 실체적 훈련을 할 수 있다.	② 훈련에만 전념하게 된다.
③ 훈련 필요한 업무의 계속성이 끊어지지 않음	③ 특별설비기구를 이용할 수 있음
④ 즉시 업무에 연결되는 관계로 신체와 관련 있음	④ 전문가를 강사로 초청할 수 있음
⑤ 효과가 곧 업무에 나타나며 훈련의 좋고 나쁨에 따라 개선이 용이함	⑤ 각 직장의 근로자가 많은 지식이나 경험을 교류할 수 있음
⑥ 교육을 통한 훈련 효과에 의해 상호 신뢰 이해도가 높아짐	⑥ 교육훈련 목표에 대해서 집단적 노력이 흐트러질 수도 있음

23 단조로운 업무가 장시간 지속될 때 작업자의 감각기능 및 판단능력이 둔화 또는 마비되는 현상은?

① 착각현상   ② 망각현상
③ 피로현상   ④ 감각차단현상

해설 감각차단현상
  1) 원인 : 단조로운 업무가 장시간 지속될 때
  2) 현상 : 작업자의 감각기능 및 판단능력이 둔화 또는 마비되는 현상

24 개인적 차원에서의 스트레스 관리 대책으로 관계가 먼 것은?

① 긴장 이완법   ② 직무 재설계
③ 적절한 운동   ④ 적절한 시간관리

해설 개인적 차원에서의 스트레스 관리대책
  1) 긴장이완법
  2) 적절한 운동
  3) 적절한 시간관리

25 운동에 대한 착각현상이 아닌 것은?

① 자동운동(自動運動)
② 항상운동(恒常運動)
③ 유도운동(誘導運動)
④ 가현운동(假現運動)

해설 운동의 시지각(착각현상)
  1) 자동운동 : 암실 내에서 정지된 소광점을 응시하고 있으면 그 광점이 움직이는 것을 볼 수 있는데 이것을 자동운동이라 한다. 자동운동이 생기기 쉬운 조건은 다음과 같다.
    ① 광점이 작을 것
    ② 시야의 다른 부분이 어두울 것
    ③ 광의 강도가 작을 것
    ④ 대상이 단순할 것
  2) 유도운동 : 실제로 움직이지 않는 것이 어느 기준의 이동에 유도되어 움직이는 것처럼 느껴지는 현상을 말한다.
  3) 가현운동 : 객관적으로 정지하고 있는 대상

물이 급속히 나타나든가 소멸하는 것으로 인하여 일어나는 운동으로 마치 대상물이 운동하는 것처럼 인식되는 현상을 말한다. (β운동 : 영화영상의 방법).

26 산업심리의 5대 요소에 해당하지 않는 것은?

① 습관   ② 규범
③ 기질   ④ 동기

해설 안전심리의 5대 요소
  1) 습관 : 여러 번 거듭되는 동안 몸에 배어 굳어버린 버릇
  2) 습성 : 오랜 습관으로 인하여 굳어져 버린 성질로 본능, 학습, 조건반사 등에 의해 형성
  3) 동기 : 사람의 마음을 움직여 어떤 행동을 하게 하는 원동력
  4) 기질 : 감정의 경향으로 나타난 개인의 성질
  5) 감정 : 어떤 대상이나 상태에 따라 나타나는 슬픔, 기쁨, 불쾌감 등에 해당되는 마음의 현상

27 교육방법 중 토의법이 효과적으로 활용되는 경우가 아닌 것은?

① 피교육생들의 태도를 변화시키고자 할 때
② 인원이 토의를 할 수 있는 조정 수준일 때
③ 피교육생들 간에 학습능력의 차이가 클 때
④ 피교육생들이 토의 주제를 어느 정도 인지하고 있을 때

해설 토의법은 피교육생들 간에 학습능력이 비슷한 경우에 적용하는 교육법이다.

28 산업안전보건법령상 사업 내 안전·보건교육 중 건설업 일용근로자에 대한 건설업 기초안전·보건교육의 교육시간으로 맞는 것은?

① 1시간   ② 2시간
③ 3시간   ④ 4시간

해설 **사업 내 안전보건교육**(시행규칙 별표8)

교육과정	교육대상	교육시간
1. 정기교육	1) 사무직·판매직 근로자	매반기 6시간 이상
	2) 사무직·판매직 근로자 외의 근로자	매반기 12시간 이상
2. 채용시 교육	1) 일용직 근로자 및 근로계약기간이 1주일 이하인 기간제 근로자	1시간 이상
	2) 근로계약기간이 1주일 초과 1개월 이하인 기간제 근로자	4시간 이상
	3) 그 밖에 근로자	8시간 이상
3. 작업내용 변경시 교육	1) 일용근로자 및 근로계약기간에 1주일 이하인 기간제 근로자	1시간 이상
	2) 그 밖에 근로자	2시간 이상
4. 특별교육	1) 특별교육대상 작업에 종사하는 일용근로자 및 근로계약기간이 1주일 이하인 기간제 근로자	2시간 이상
	2) 특별교육대상 작업중 타워크레인 신호작업에 종사하는 일용근로자 및 근로계약기간이 1주일 이하인 기간제 근로자	8시간 이상
	3) 특별교육대상 작업에 종사하는 일용근로자 및 근로계약기간이 1주일 이하인 기간제 근로자를 제외한 근로자	• 16시간 이상(최초 작업에 종사하기 전 4시간 이상 실시하고 12시간은 3개월 이내에서 분할하여 실시 가능) • 단기간 작업, 간헐적 작업인 경우 2시간 이상
5. 건설업 기초 안전·보건 교육	건설일용근로자	4시간 이상

29 일반적인 교육지도의 원칙 중 가장 거리가 먼 것은?

① 반복적으로 교육할 것
② 학습자 중심으로 교육할 것
③ 어려운 것에서 시작하여 쉬운 것으로 유도할 것
④ 강조하고 싶은 사항에 대해 강한 인상을 심어줄 것

해설 **교육지도의 원칙**
1) 피교육자 중심교육(상대방 입장에서 교육)
2) 동기부여
3) 쉬운 부분에서 어려운 부분으로 진행
4) 반복

5) 한 번에 하나씩 교육
6) 인상의 강화(오래 기억)
7) 5관의 활용
8) 기능적인 이해

30 새로운 자료나 교재를 제시하고, 거기에서의 문제점을 피교육자로 하여금 제기하게 하거나, 의견을 여러 가지 방법으로 발표하게 하고, 다시 깊게 파고들어서 토의 하는 방법은?

① 포럼(Forum)
② 심포지엄(Symposium)
③ 버즈세션(Buzz Session)
④ 패널 디스커션(Panel Discussion)

해설 **토의법의 종류**
1) forum(공개토론회) : 새로운 자료나 교재를 제시하고 거기서의 문제점을 피교육자로 하여금 제기케 하거나 의견을 여러가지 방법으로 발표하게 하여 다시 깊이 파고들어 토의를 행하는 방법
2) symposium : 몇 사람의 전문가에 의하여 과제에 관한 견해를 발표한 뒤 참가자로 하여금 의견이나 질문을 하게 하여 토의하는 방법
3) buzz session : 6-6회의라고도 하며, 먼저 사회자와 기록계를 선출한 후 나머지 사람은 6명씩의 소집단으로 구분하고, 소집단별로 각각 사회자를 선발 하여 6분간씩 자유토의를 행하여 의견을 종합하는 방법
4) panel discussion : 패널맴버(교육과제에 정통한 전문가 4~5명)가 피교육자 앞에서 자유로이 토의하고 뒤에 피교육자 전원이 참가하여 사회자의 사회에 따라 토의하는 방법

31 레윈(Lewin)의 행동법칙 $B=f(P \cdot E)$에서 E가 의미하는 것은? (단, B는 인간의 행동, P는 개체를 의미한다.)

① Energy   ② Education
③ Environment   ④ Engineering

해설 레빈(Lewin)의 법칙 : Lewin은 인간의 행동(B)은 그 사람이 가진 자질, 극 개체(P)와 심리학적 환경(E)과의 상호 함수관계에 있다고 하

였다.

$$\therefore B = f(P \cdot E)$$

1) B : Behavior(인간의 행동)
2) f : function(함수관계)
3) P : Person(개체 : 연령, 경험, 심신상태, 서역, 지능 등)
4) E : Environment(심리적 환경 : 인간관계, 작업환경 등)

32 직무평가의 방법에 해당되지 않는 것은?

① 서열법　　　② 분류법
③ 투사법　　　④ 요소비교법

해설 직무평가의 방법
　1) 서열법(순위결정법) 2) 분류법
　3) 요인비교법　　4) 점수 산정법
　5) 직무성분법 등

33 현장의 관리감독자 교육을 위하여 가장 바람직한 교육방식은?

① 강의식(lecture method)
② 토의식(discussion method)
③ 시범(demonstration method)
④ 자율식(self-instruction method)

해설 1) 관리감독자 교육 : 토의식
　　 2) 근로자 교육 : 강의식, 시범, 자율식

34 호손(Hawthorne) 실험에서 작업자의 작업능률에 영향을 미치는 주요한 요인은 무엇인가?

① 작업 조건　　② 생산 기술
③ 입금 수준　　④ 인간 관계

해설 호손(Hawthorne)실험
　1) 실험연구자 : 메이오(Mayo)
　2) 실험연구결과 : 작업능률(생산성향상)은 물리적 「작업조건」 보다는 인간의 심리적인 태도, 감정을 규제하고 있는 「인간관계」에 의해서 결정됨을 밝혔다.

35 기술교육의 진행방법 중 듀이(John Dewey)의 5단계 사고 과정에 속하지 않는 것은?

① 응용시킨다.(Application)
② 시사를 받는다. (Suggestion)
③ 가설을 설정한다. (Hypothesis)
④ 머리로 생각한다. (Intellectualization)

해설 듀이(J. Dewey)의 사고과정의 5단계
　1) 시사를 받는다.
　2) 머리로 생각한다. (지식화 한다)
　3) 가설을 설정한다.
　4) 추론한다.
　5) 행동에 의하여 가설을 검토한다.

36 작업시의 정보 회로를 나열한 것으로 맞는 것은?

① 표시→감각→지각→판단→응답→출력→조작
② 응답→판단→표시→감각→지각→출력→조작
③ 감각→지각→판단→응답→표시→조작→출력
④ 지각→표시→감각→판단→즈작→응답→출력

해설 작업시의 정보회로 순서 : 표시 → 감각 → 지각 → 판단 → 응답 → 출력 → 조작

37 스트레스에 대하여 반응하는데 있어서 개인차이의 이유로 적합하지 않은 것은?

① 성(性)의 차이
② 강인성의 차이
③ 작업시간의 차이
④ 자기 존중감의 차이

해설 스트레스에 대하여 반응하는데 있어서 개인차이
　1) 성(性)의 차이
　2) 강인성의 차이
　3) 자기존중감의 차이

■ 정답 ■　32.③　33.②　34.④　35.①　36.①　37.③

38 리더십의 유형을 지휘 형태에 따라 구분할 때, 이에 해당하지 않는 것은?

① 권위적 리더십 ② 민주적 리더십
③ 방임적 리더십 ④ 경쟁적 리더십

해설 업무추친 방법(지휘 형태)에 의한 리더십의 분류
1) **권위형** : 지도자가 집단의 모든 권한 행사를 단독적으로 처리한다.
2) **민주형** : 집단의 토론, 회의 등에 의해 정책을 결정한다.
3) **자유 방임형** : 집단에 대하여 전혀 리더십을 발휘하지 않고 명목상의 리더 자리만을 지키는 유형으로 지도자가 집단 구성원에게 완전히 자유를 주는 경우이다.

39 맥그리거(McHregor)의 X, Y이론에 있어 X이론의 관리 처방으로 적절하지 않은 것은?

① 자체평가제도의 활성화
② 경제적 보상체제의 강화
③ 권위주의적 리더십의 확립
④ 면밀한 감독과 엄격한 통제

해설 맥그리거의 X · Y이론 관리처방

X이론의 관리처방	Y이론의 관리처방
① 경제적 보상체제의 강화	① 민주적 리더십의 확립
② 권위주의적 리더십의 확보	② 분권화의 권한과 위임
③ 면밀한 감독과 엄격한 통제	③ 목표에 의한 관리
④ 상부책임제도의 강화	④ 직무확장
⑤ 조직구성의 고층성	⑤ 비공식적 조직의 활용
⑥ 자체평가제도의 활성화	

40 파악하고자 하는 연구과제에 대한 언어를 매개로 구조화된 질의응답을 통하여 교육하는 기법은?

① 면접(interview)
② 카운슬링(counseling)
③ CCS(Civil Communication Section)

④ ATP(American Telephone&Telegram Co.)

해설 면접방법
1) **구조화된 면접방법** : 면접시 질문내용을 미리 결정하여 제시하는 면접방법이다.
2) **비구조화 면접방법** : 면접 진행상황에 따라 질문의 내용을 신축적으로 조립하는 면접방법이다.

제3목 / 인간공학 및 시스템안전공학

41 인체의 관절 중 경첩관절에 해당하는 것은?

① 손목관절 ② 엉덩관절
③ 어깨관절 ④ 팔꿉관절

해설 경첩관절
1) 두 관절면이 원주면과 원통면 접촉을 한다.
2) 예 : 팔꿉관절, 발목관절, 무릎관절

42 시스템 수명주기에 있어서 예비위험분석(PHA)이 이루어지는 단계에 해당하는 것은?

① 구상단계 ② 점검단계
③ 운전단계 ④ 생산단계

해설 시스템 수명주기의 단계
1) **구상단계** : 시작단계
   ① PHA(예비사고분석) : 이용
   ② 리스크(위험)분석 시행
   ③ SSPP(시스템 안전프로그램계획)
2) **정의단계** : 예비설계와 생산기술을 확인하는 단계
3) **개발단계** : 정의단계에 환경적 충격, 생산기술, 운용연구 등을 포함시키는 단계
   ① OHA(운용위험분석)이용
   ② FMEA(고장의 형태 및 영향분석)과 관련된 신뢰 성공학 적용
4) **생산단계** : 생산이 시작되면 품질관리부서는 생산물을 검사하고 조사하는 역할을 함
5) **운전단계** : 시스템을 운전하는 단계

■ **정답** ■ 38.④ 39.① 40.① 41.④ 42.①

43 100분 동안 8kcal/min으로 수행되는 삽질작업을 하는 40세의 남성 근로자에게 제공되어야 할 적합한 휴식시간은 얼마인가? (단, Murrel의 공식 적용)

① 10.00분
② 46.15분
③ 51.77분
④ 85.71분

해설 **휴식시간(r) (Murrel 공식)**

$$R = \frac{T(E-S)}{E-1.5}$$

$$= \frac{100(8-5)}{5-1.5} = 46.15분$$

여기서, ┌ T : 총 작업시간(min)
　　　　├ E : 작업 중 평균에너지소비량 (kcal/min)
　　　　├ S : 권장 평균
　　　　└ 1.5 : 휴식 시 에너지소비량 (kcal/min)

44 결함위험분석(FHA, Fault Hazard Analysis)의 적용 단계로 가장 적절한 것은?

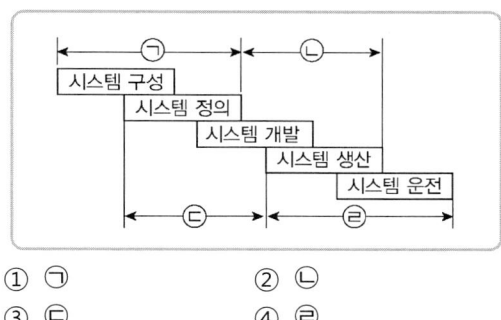

① ㉠
② ㉡
③ ㉢
④ ㉣

해설 **결함위험분석법(FHA)**
1) 시스템 개념을 공식화하는 가운데 PHA(예비위험분석)가 시스템의 구상단계에서 제일 먼저 실행된다.
2) FHA는 시스템의 정의와 개발단계에 실행된다.

45 FTA에 의한 재해사례 연구 순서에서 가장 먼저 실시하여야 하는 상황은?

① FT도의 작성
② 개선 계획의 작성
③ 톱(TOP)사상의 선정
④ 사상의 재해 원인의 규명

해설 **FTA에 의한 재해사례연구 순서**
1) 1단계 : 톱(TOP)사상의 선정
2) 2단계 : 사상의 재해 원인 규명
3) 3단계 : FT의 작성
4) 4단계 : 개선 계획의 작성

46 FTA에서 활용하는 최소 컷셋(Minimal cut sets)에 관한 설명으로 맞는 것은?

① 해당 시스템에 대한 신뢰도를 나타낸다.
② 컷셋 중에 타 컷셋을 포함하고 있는 것을 배제하고 남은 컷셋들을 의미한다.
③ 어느 고장이나 에러를 일으키지 않으면 재해가 일어나지 않는 시스템의 신뢰성이다.
④ 기본사상이 일어나지 않을 때 정상사상(Top event)이 일어나지 않는 기본사상의 집합이다.

해설 **컷셋과 미니멀 컷**
1) **컷셋**(cut sets) : 정상사상을 일으키는 기본사상(통상사상, 생략사상 포함)의 집합을 컷이라 한다.
2) **미니멀 컷**(minimal cut sets) : 정상사상을 일으키기 위해 필요한 최소한의 컷을 말한다. (시스템의 위험성을 나타냄)

47 조도에 관련된 척도 및 용어 정의로 틀린 것은?

① 조도의 거리가 증가할 때 거리의 제곱에 반비례한다.
② candela는 단위 시간당 한 발광점으로부터 투광되는 빛의 에너지양이다.
③ lux는 1cd의 점광원으로부터 1m떨어진 구면에 비추는 광의 밀도이다.
④ lambert는 완전 발산 및 반사하는 표면에 표준 촛불로 1m거리에서 조명될 때 조도와 같은 광도이다.

해설 광속발산도 : 단위면적당 표면에서 반사 또는 방출되는 빛의 양으로 휘도(brightness)라고도 한다.
　1) Lambert(L) : 완전발산 및 반사하는 표면이 표준촛불로 1cm 거리에서 조명될 때의 조도와 같은 광속발산도
　2) foot–Lambert(fL) : 완전발산 및 반사하는 표면이 1fL로 조명될 때의 조도와 같은 광속발산도

48 예비위험분석(PHA)에서 식별된 사고의 범주로 부적절한 것은?

① 중대(critical)
② 한계적(marginal)
③ 파국적(catastrophic)
④ 수용가능(acceptable)

해설 PHA(예비위험분석)의 4가지 주요 목표
　1) 시스템에 대한 모든 주요한 사고를 식별하고, 대충의 말로 표시할 것(사고 발생확률은 식별 초기에는 고려되지 않음)
　2) 사고를 유발하는 요인을 식별할 것
　3) 사고가 발생한다고 가정하고, 시스템에 생기는 결과를 식별하고 평가할 것
　4) 식별된 사고를 다음의 범주(category)로 분류할 것
　　① 파국적(catastrophic)
　　② 중대(critical)
　　③ 한계적(marginal)
　　④ 무시가능(negligible)

49 다음 중 불 대수 관계식으로 틀린 것은?

① $A(A+B) = A$
② $\overline{A \cdot B} = \overline{A} + \overline{B}$
③ $A + \overline{A} \cdot B = A + B$
④ $A + B = \overline{A} \cdot \overline{B}$

해설 ④항, A+B=B+A(불대수 교환법칙)

50 산업안전보건법령에 따라 유해·위험방지 계획서 제출 대상 사업장에 해당하는 1차 금속 제조업의 유해·위험방지계획서에 첨부되어야 하는 서류에 해당하지 않는 것은? (단, 그 밖에 고용노동부장관이 정하는 도면 및 서류는 제외한다.)

① 기계·설비의 배치도면
② 건축물 각 층의 평면도
③ 위생시설물 설치 및 관리대책
④ 기계·설비의 개요를 나타내는 서류

해설 제조업 등의 유해·위험방지계획서에 첨부되어야 할 서류(시행규칙 제121조)
　1) 건축물 각 층의 평면도
　2) 기계·설비의 개요를 나타내는 서류
　3) 기계·설비의 배치도면
　4) 원재료 및 제품의 취급, 제조 등의 작업 방법의 개요
　5) 그 밖에 고용노동부장관이 정하는 도면 및 서류

51 부품성능이 시스템 목표달성의 긴요도에 따라 우선순위를 설정하는 부품배치 원칙에 해당하는 것은?

① 중요성의 원칙
② 사용 빈도의 원칙
③ 사용 순서의 원칙
④ 기능별 배치의 원칙

해설 부품배치의 4원칙
　1) 중요성의 원칙 : 부품을 작동하는 성능이 체계

■ 정답 ■　47.④　48.④　49.④　50.③　51.①

의 목표달성에 긴요한 정도에 따라 우선순위를 설정한다.

2) **사용빈도의 원칙** : 부품을 사용하는 빈도에 따라 우선순위를 설정한다.

3) **기능별 배치의 원칙** : 기능적으로 관련된 부품들(표시장치, 조정장치 등)을 모아서 배치한다.

4) **사용순서의 원칙** : 사용되는 순서에 따라 장치들을 가까이에 배치한다.

52 일반적인 화학설비에 대한 안전성 평가 (safety assessment)절차에 있어 안전대책 단계에 해당되지 않는 것은?

① 위험도 평가　　② 보전
③ 관리적 대책　　④ 설비 대책

해설 (1) **안전성 평가의 기본원칙 6단계**
1) 1단계 : 관계자료의 정비검토
2) 2단계 : 정성적 평가
3) 3단계 : 정량적 평가
4) 4단계 : 안전대책
5) 5단계 : 재해정보에 의한 재평가
6) 제6단계 : FTA에 의한 재평가
(2) **제4단계 : 안전대책**
1) **설비대책** : 안전장치 및 방재장치에 대한 대책
2) **관리적 대책** : 인원배치, 교육훈련 및 보전에 관한 대책

53 수공구 설계의 기본 원리로 틀린 것은?

① 양손잡이를 모두 고려하여 설계한다.
② 손바닥 부위에 압박을 주는 손잡이 형태로 설계한다.
③ 손잡이의 길이는 95% 남성의 손 폭을 기준으로 한다.
④ 동력공구 손잡이는 최소 두 손가락 이상으로 작동하도록 설계한다.

해설 ②항, 손바닥 부위에 압박을 주지 않는 손잡이 형태로 설계한다 (조직에 가해지는 접촉스트레스를 피한다)

54 습구온도가 23℃이며, 건구온도가 31℃일 때의 Oxford 지수(건습지수)는 얼마인가?

① 2.42℃　　② 2.98℃
③ 24.2℃　　④ 29.8℃

해설 Oxford지수 = 0.85W+0.15D
= 0.85×23℃+0.15×31℃
= 24.2℃
여기서, W : 습구온도(℃)
D : 건구온도(℃)

55 인간이 현존하는 기계를 능가하는 기능이 아닌 것은? (단, 인공지능은 제외한다.)

① 원칙을 적용하여 다양한 문제를 해결한다.
② 관찰을 통해서 특수화하고 연역적으로 추리한다.
③ 주위의 이상하거나 예기치 못한 사건들을 감지한다.
④ 어떤 운용방법이 실패할 경우 새로운 다른 방법을 선택할 수 있다.

해설 ②항, 관찰을 통하여 특수화하고 연역적으로 추리하는 기능 : 기계가 인간을 능가하는 기능

길잡이 인간과 기계의 상대적 재능	
인간이 우수한 기능	**기계가 우수한 기능**
① 저 에너지 자극(시각, 청각, 후각 등)감지	① 인간 감지범위 밖의 자극(X선 초음파 등)감지
② 복잡 다양한 자극 형태 식별	② 인간 및 기계에 대한 모니터 기능
③ 예기치 못한 사건 감지 (예감, 느낌)	③ 드물게 발생하는 사상 감지
④ 대량정보를 오래 보관	④ 암호화된 정보를 신속하게 대량보관
⑤ 귀납적 추리	⑤ 연역적 추리
⑥ 과부하 상황에서는 중요한 일에만 전념	⑥ 과부하시 효율적으로 작동
⑦ 임기응변 융통성 원칙 적용 주관적 추산 독창력 발휘 등의 기능	⑦ 정량적 정보처리, 장시간 중량작업, 반복작업, 동시에 여러 가지 작업 수행

56 작업설계(job design)시 철학적으로 고려해야 할 사항 중 작업만족도(job satisfaction)를 얻기 위한 수단으로 볼 수 없는 것은?

① 작업감소(job reduce)
② 작업순환(job rotation)
③ 작업확대(job enlargement)
④ 작업윤택화(job enrichment)

해설 작업설계 시 철학적으로 고려할 사항 중 작업만족도를 얻기 위한 수단
　1) 작업순환
　2) 작업확대
　3) 작업윤택화

57 중이소골(ossicle)이 고막의 진동을 내이의 난원창(oval window)에 전달하는 과정에서 음파의 압력은 어느 정도 증폭되는가?

① 2배　　　　② 12배
③ 22배　　　④ 220배

해설 귀의 구조
　1) 외이 : 귓바퀴(소리모음), 외이도(소리 이동경로)
　2) 중이
　　① 고막 : 소리에 의해 최초로 진동하는 얇은 막
　　② 청소골 : 고막의 소리를 증폭시켜 내이로 전달(음파의 압력 : 22배로 증폭)
　　③ 유스타키오관 : 외이와 중이의 압력조절
　3) 내이 : 달팽이관, 전정기관(위치감각), 반고리관(회전감각)

58 양립성의 종류에 해당하지 않는 것은?

① 기능 양립성　　② 운동 양립성
③ 공간 양립성　　④ 개념 양립성

해설 양립성(compatibility)
　1) 양립성 : 정보입력 및 처리와 관련한 양립성은 인간의 기대와 모순되지 않는 자극들 간의, 반응들 간의 또는 자극반응 조합의 관계를 말하는 것이다.

　2) 양립성의 종류
　　① 공간적 양립성 : 표시장치와 조정장치에서 물리적 형태나 공간적인 배치의 양립성
　　② 운동 양립성 : 표시 및 조정장치, 체계반응에 대한 운동방향의 양립성
　　③ 개념적 양립성 : 사람들이 가지고 있는 개념적 연상(어떤 암호체계에서 청색이 정상을 나타내듯이)의 양립성
　　④ 인식 양립성

59 원자력 발전소 운전에서 발생 가능한 응급조치 중 성격이 다른 것은?

① 조작자가 표지(labe)를 잘못 읽어 틀린 스위치를 선택하였다.
② 조작자가 극도로 높은 압력 발생이후 처음 60초 이내에 올바르게 행동하지 못하였다.
③ 조작자는 절차서 단계 중 마지막 점검목록인 수동 점검 밸브를 적절한 형태로 복귀시키지 않았다.
④ 조작자가 하나의 절차적 단계에서 2개의 긴밀하게 결부된 밸브 중에서 하나를 올바르게 조작하지 못하였다.

해설 ③항, 수동점검 밸브를 적절한 형태로 복귀시키지 않은 것은 응급조치 사항은 아니다.

60 형광등과 물체의 거리가 50cm이고, 광도가 30fL일 때, 반사율은 얼마인가?

① 12%　　　　② 25%
③ 35%　　　　④ 42%

해설 반사율 : 반사되는 빛의 양인 휘도와 표면에 비치는 빛의 양인 조도의 비를 말한다.

　1) 조도 $= \dfrac{광도}{(거리)^2} = \dfrac{30fL}{(0.5m)^2} = 120fc$

　2) 반사율 $= \dfrac{휘도}{조도} \times 100 = \dfrac{20fL}{120fc} \times 100 = 25\%$

제4목 / 건설시공학

61 콘크리트 타설 후 진동다짐에 관한 설명으로 옳지 않은 것은?

① 진동기는 하층 콘크리트에 10cm정도 삽입하여 상하층 콘크리트를 일체화 시킨다.
② 진동기는 가능한 연직방향으로 찔러 넣는다.
③ 진동기를 빼낼 때는 서서히 뽑아 구멍이 남지 않도록 한다.
④ 된비빔 콘크리트의 경우 구조체의 철근에 진동을 주어 진동효과를 좋게 한다.

해설 진동기는 철근 또는 철골에 직접 접촉되지 않도록 해야 한다.

62 속빈 콘크리트블록의 규격 중 기본블록치수가 아닌 것은? (단, 단위 : mm)

① 390×190×190
② 390×190×150
③ 390×190×100
④ 390×190×80

해설 속빈 콘크리트블록의 치수(mm)

형상	치수			허용치	
	길이	높이	두께	길이·두께	높이
기본블록	390	190	210 190 150 100	±2	±3
이형블록	길이, 높이 및 두께의 최소 크기를 90mm 이상으로 한다. 또, 가로근 삽입 블록, 모서리 블록과 같이 기본 블록과 동일한 크기인 것의 치수 및 허용치는 기본 블록에 따른다.				

63 철골공사의 용접접합에서 플럭스(flux)를 옳게 설명한 것은?

① 용접 시 용접봉의 피복제 역할을 하는 분말상의 재료
② 압연강판의 층 사이에 균열이 성기는 현상
③ 용접작업의 종단부에 임시로 붙이는 보조판
④ 용접부에 생기는 미세한 구멍

해설 용접용어

1) 플럭스(flux) : 용접봉의 피복재 역할을 하는 분말상의 재료
2) 위빙(weaving≒weeping) : 용접봉을 용접방향과 직각으로 움직이면서 용적너비를 증가시키는 운동법
3) 스패터(spatter) : 용접 중 튀어나오는 슬래그 및 금속입자
4) 가스가우징(gas gouging) : 철골공사에서 홈을 파기 위한 목적으로 한 화구(火口)로서 산소아세틸렌 불꽃을 이용하여 녹여 깎은 재의 뒷부분을 깨끗이 깎는 것
5) 테르미트(thermit) : 알루미늄+산화철분(가열하여 철의 용접에 사용)

64 콘크리트 측압에 관한 설명으로 옳지 않은 것은?

① 콘크리트의 비중이 클수록 측압이 크다.
② 외기의 온도가 낮을수록 측압은 크다.
③ 거푸집의 강성이 작을수록 측압이 크다.
④ 진동다짐의 정도가 클수록 측압이 크다.

해설 ③항, 거푸집의 강성이 클수록 측압이 크다.

65 철근콘크리트 보강 블록공사에 관한 설명으로 옳지 않은 것은?

① 보강 블록조 쌓기에서 세로줄눈은 막힌줄눈으로 하는 것이 좋다.
② 블록을 쌓을 때 지나치게 물축이기 하면 팽창수축으로 벽체에 균열이 생기기 쉬우므로, 접착면에 적당히 물축여 모르타르 경화강도에 지장이 없도록 한다.
③ 보강블록공사 시 철근은 굵은 것보다 가는 철근을 많이 넣는 것이 좋다.
④ 벽체를 일체화시키기 위한 철근콘크리트조의 테두리 보의 춤은 내력벽 두께의 1.5배 이상으로 한다.

해설 ①항, 보강 블록조 쌓기에서 세로줄눈은 통줄눈으로 하는 것이 좋다.

66 공사관리계약(Construction Management Contract)방식의 장점이 아닌 것은?

① 시공 시 단계별 시공법을 적용할 수 있어 설계 및 시공기간을 단축시킬 수 있다.
② 설계과정에서 설계가 시공에 미치는 영향을 예측할 수 있어 설계도서의 현실성을 향상시킬 수 있다.
③ 기획 및 설계과정에서 발주자와 설계자간의 의견대립 없이 설계대안 및 특수공법의 적용이 가능하다.
④ 대리인형 CM(CM for fee)방식은 공사비와 품질에 직접적인 책임을 지는 공사관리계약 방식이다.

해설 CM계약의 종류
1) 대리인형(용역형 ; CM for fee 방식) : 발주자의 대행인(agent)으로서 프로젝트 성패의 책임을 지지 않는다.
2) 책임형(위험부담형 ; CM at risk방식) : 시공을 포함한 사업전반에 대한 책임을 진다.

67 다음 중 깊은 기초지정에 해당되는 것은?

① 잡석지정 ② 피어기초지정
③ 밑창콘크리트지정 ④ 긴주춧돌지정

해설 깊은 기초 지정
1) 말뚝기초 : 나무말뚝, 강재말뚝, 기성콘크리트말뚝
2) 피어기초 : 제자리 콘크리트 말뚝기초
3) 케이슨기초 : 우물통케이슨(open caisson), 박스케이슨(box caisson), 공기케이슨(pneumatic caisson)

68 당해 공사의 특수한 조건에 따라 표준시방서에 대하여 추가, 변경, 삭제를 규정한 시방서는?

① 안내시방서 ② 특기시방서
③ 자료시방서 ④ 공사시방서

해설 특기시방서 : 본문 설명

69 흙막이공사의 공법에 관한 설명으로 옳은 것은?

① 지하연속벽(Sluury wall)공법은 인접건물의 근접시공은 어려우나 수평방향의 연속성이 확보된다.
② 어스앵커공법은 지하 매설물 등으로 시공이 어려울 수 있으나 넓은 작업장 확보가 가능하다.
③ 버팀대(Strut)공법은 가설구조물을 설치하지만 토량제거 작업의 능률이 향상된다.
④ 강재 널말뚝(Steel sheet pile)공법은 철재판재를 사용하므로 수밀성이 부족하다.

해설 어스앵커공법(earth-anchor method)
1) 버팀대 대신 흙막이벽을 어스드릴(earth drill)로 구멍을 뚫은 후에 그 속에 철근이나 PC강선 등의 인장재를 넣고 그 주위를 모르타르로 그라우팅하여 굳힌 다음 외부에서 철근이나 PC강선 등에 인장력을 가해 정착

■ 정답 ■ 65.① 66.④ 67.② 68.② 69.②

시키는 흙막이 공법이다.
2) 어스앵커공법은 지하매설물 등에 의해 시공에 지장을 받을 수 있으나 넓은 작업장 확보가 가능하다.

70 콘크리트 골재의 비중에 따른 분류로써 초경량골재에 해당하는 것은?

① 중정석
② 퍼라이트
③ 강모래
④ 부순자갈

해설 **퍼라이트**
1) 퍼라이트 : 진주암, 흑요석, 송지석 등을 분쇄하여 입상으로 된 것을 가열 팽창시켜서 제조한 석재제품이다.
2) 특성
① 단열성, 내화성, 흡음성 등이 우수하다.
② 강도가 높고 물에 용해되지 않는다.
③ 경량으로 골재에 사용된다.

71 자연상태로서의 흙의 강도가 1MPa이고, 이긴상태로의 강도는 0.2MPa라면 이 흙의 예민비는?

① 0.2
② 2
③ 5
④ 10

해설 **흙의 예민비** $= \dfrac{\text{자연시료의 강도}}{\text{이긴시료의 강도}}$

$= \dfrac{1\text{MPa}}{0.2\text{MPa}} = 5$

72 철근 용접이음 방식 중 Cad Welding이음의 장점이 아닌 것은?

① 실시간 육안검사가 가능하다.
② 기후의 영향이 적고 화재위험이 감소된다.
③ 각종 이형철근에 대한 적용범위가 넓다.
④ 예열 및 냉각이 불필요하고 용접시간이 짧다.

해설 1) Cad welding이음 : 이음할 두 부재표면에 일정한 틈을 둔 슬리브(sleeve)를 설치하고

그 틈 사이에 합금과 화약혼합물을 넣고 화약을 폭발시켜서 녹은 합금에 의해 이음하는 방법이다.
2) cad welding이음부의 내부결함은 육안검사로는 어렵고 비파괴검사(침투탐상검사, 초음파탐상검사 등)를 실시하여야 한다.

73 공사계약 중 재계약 조건이 아닌 것은?

① 설계도면 및 시방서(specification)의 중대결함 및 오류에 기인한 경우
② 계약상 현장조건 및 시공조건이 상이(difference)한 경우
③ 계약사항에 중대한 변경이 있는 경우
④ 정당한 이유 없이 공사를 착수하지 않은 경우

해설 ④ 정당한 이유없이 공사를 착수하지 않은 경우 : 재계약 조건이 될 수 없음

74 발주자가 수급자에게 위탁하지 않고 직영공사로 공사를 수행하기에 가장 부적합한 공사는?

① 공사 중 설계변경이 빈번한 공사
② 아주 중요한 시설물공사
③ 군비밀상 부득이 한 공사
④ 공사현장 관리가 비교적 복잡한 공사

해설 **직영공사** : 건축주가 공사계획을 세우고 일체의 공사를 건축주 책임으로 시행하는 공사방식

75 강재 중 SN 355 B에서 각 기호의 의미를 잘못 나타낸 것은?

① S : Steel
② N : 일반 구조용 압연강재
③ 355 : 최저 항복강도 355N/mm²
④ B : 용접성에 있어 중간 정도의 품질

해설 N : 건축구조용 압연강재

■ 정답 ■ 70.② 71.③ 72.① 73.④ 74.④ 75.②

76 지반개량 공법 중 동다짐(Dynamic Compaction)공법의 특징으로 옳지 않은 것은?

① 시공 시 지반진동에 의한 공해문제가 발생하기도 한다.
② 지반 내의 암괴 등의 장애물이 있으면 적용이 불가능하다.
③ 특별한 약품이나 자재를 필요로 하지 않는다.
④ 깊은 심도의 지반개량에 대해서는 초대형 장비가 필요하다.

해설 동다짐 공법(동압밀공법, dynamic compaction method) 무거운 추를 자유낙하시켜 지반을 다지고 이때 발생잉여수를 배수시키는 공법이다.

77 철근콘크리트 구조물(5~6층)을 대상으로 한 벽, 지하외벽의 철근 고임대 및 간격재의 배치표준으로 옳은 것은?

① 상단은 보 밑에서 0.5m
② 중단은 상단에서 2.0m 이내
③ 횡간격은 0.5m 정도
④ 단부는 2.0m 이내

해설 벽, 지하외벽의 철근 고임대 및 간격재의 배치 간격의 표준
1) **상단** : 보 밑에서 0.5m이내
2) **중단** : 상단에서 1.5m 이내
3) **횡간격** : 1.5m
4) **단부** : 1.5m 이내

78 철골부재 공장제작에서 강재의 절단 방법으로 옳지 않은 것은?

① 기계 절단법
② 가스 절단법
③ 로터리 베니어 절단법
④ 프라즈마 절단법

해설 강재 절단법
1) 기계절단법
2) 가스절단법
3) 프라즈마 절단법

79 벽돌쌓기법 중에서 마구리를 세워 쌓는 방식으로 옳은 것은?

① 옆세워 쌓기   ② 허튼 쌓기
③ 영롱 쌓기   ④ 길이 쌓기

해설 옆세워 쌓기 : 벽돌의 마구리를 세워쌓는 방식

80 연약한 점토지반에서 지반의 강도가 굴착 규모에 비해 부족할 경우에 흙이 돌아 나오거나 굴착바닥면이 융기하는 현상은?

① 히빙   ② 보일링
③ 파이핑   ④ 틱소트로피

해설 히빙(Heaving)현상 : 굴착이 진행됨에 따라 흙막이벽 뒤쪽 흙의 중량과 상부재하 하중이 굴착부 바닥의 지지력 이상이 되면 흙막이벽 근입(根入)부분의 지반 이동이 발생하여 굴착부 저면이 솟아오르는 현상이다. 이 현상이 발생하면 흙막이벽의 근입부분이 파괴되면서 흙막이벽 전체가 붕괴는 경우가 많다.
1) **지반조건** ; 연약성 점토지반인 경우이다.
2) **현상**
   ① 지보공 파괴
   ② 배면 토사붕괴
   ③ 굴착저면의 솟아오름
3) **대책**
   ① 굴착주변의 상재하중을 제거한다.
   ② 시트 파일(Sheet pile)등의 근입심도를 검토한다.
   ③ 1.3m 이하 굴착시에는 버팀대(Strut)를 설치한다.
   ④ 버팀대, 브라켓, 흙막이를 점검한다.
   ⑤ 굴착주변을 탈수공법과 병행한다.
   ⑥ 굴착방식을 개선(Island Cut공법, 케이슨공법, 트렌치공법, 부분굴착공법 등)한다.

제5과목 / 건설재료학

81 평판성형되어 유리대체재료로서 사용되는 것으로 유기질 유리라고 불리우는 것은?

① 아크릴수지
② 페놀수지
③ 폴리에틸렌수지
④ 요소수지

해설 아크릴 수지(acrylic resim)
1) 투명도가 높아 유기유리라는 명칭을 가지고 있다.
2) 착색이 자유로우며 내충격 강도가 무기유리의 10배 정도이다.
3) 용도
① 채광판, 도어판, 칸막이판 등에 사용
② 평판, 골판 등의 각종 형태의 성형품 제조
③ 조명기구, 도료, 접착제 등에 사용
④ 고문화재 표면박락(剝落)방지제

82 콘크리트에 사용되는 신축이음(Expansion Joint)재료에 요구되는 성능 조건이 아닌 것은?

① 콘크리트의 수축에 순응할 수 있는 탄성
② 콘크리트의 팽창에 대한 저항성
③ 우수한 내구성 및 내부식성
④ 콘크리트 이음사이의 충분한 수밀성

해설 신축이음재료의 요구 성능조건
1) 콘크리트 수축에 순응할 수 있는 탄성이 있을 것
2) 콘크리트 팽창에 대한 저항성이 없을 것
3) 내구성 및 내부식성이 우수할 것
4) 콘크리트 이음사이의 충분한 수밀성이 있을 것

83 다음 제품의 품질시험으로 옳지 않은 것은?

① 기와 : 흡수율과 인장강도
② 타일 : 흡수율
③ 벽돌 : 흡수율과 압축강도
④ 내화벽돌 : 내화도

해설 기와 품질시험 : 흡수율, 내동해성

84 점토에 관한 설명으로 옳지 않은 것은?

① 가소성은 점토입자가 클수록 좋다.
② 소성된 점토제품의 색상은 철화합물, 망간화합물, 소성온도 등에 의해 나타난다.
③ 저온으로 소성된 제품은 화학변화를 일으키기 쉽다.
④ Fe_2O_3 등의 성분이 많으면 건조수축이 커서 고급 도자기 원료로 부적합하다.

해설 점토의 가소성
1) 양질의 점토일수록 가소성이 좋다.
2) 가소성이 너무 클 때는 모래 또는 샤모테(Schamotte) 등의 제점제를 섞어서 조절한다.

85 다음 중 이온화 경향이 가장 큰 금속은?

① Mg
② Al
③ Fe
④ Cu

해설 이온화 경향의 크기 순서 : K 〉 Ca 〉 Na 〉 Mg 〉 Al 〉 Zn 〉 Fe 〉 Ni 〉 Sn 〉 Pb〉 [H] 〉 Cu 〉 Hg 〉 Ag 〉 Pt 〉 Au

86 내화벽돌의 주원료 광물에 해당되는 것은?

① 형석
② 방해석
③ 활석
④ 납석

해설 내화벽돌의 주원료 광물 : 납석(kaolin ; $Al_2O_3 \cdot 4SiO_2 \cdot H_2O$)

87 바닥용으로 사용되는 모자이크 타일의 재질로서 가장 적당한 것은?

① 도기질　　　　② 자기질
③ 석기질　　　　④ 토기질

해설 모자이크 타일
　1) 소지의 질 : 자기질
　2) 용도 : 내·외장벽 및 바닥재

88 콘크리트 공기량에 관한 설명으로 옳지 않은 것은?

① AE 콘크리트의 공기량은 보통 3~6%를 표준으로 한다.
② 콘크리트를 진동시키면 공기량이 감소한다.
③ 콘크리트의 온도가 높으면 공기량이 줄어든다.
④ 비빔시간이 길면 길수록 공기량은 증가한다.

해설 ④항, 비빔시간이 길면 길수록 공기량은 감소한다.

89 목재의 심재와 변재에 관한 설명으로 옳지 않은 것은?

① 변재는 심재 외측과 수피 내측 사이에 있는 생활세포의 집합이다.
② 심재는 수액의 통로이며 양분의 저장소이다.
③ 심재는 변재보다 단단하여 강도가 크고 신축 등 변형이 적다.
④ 심재의 색깔은 짙으며 변재의 색깔은 비교적 엷다.

해설 변재와 심재

변재	심재
1. 목재의 표피 가까이 위치	1. 목재의 수심 가까이 위치
2. 담색	2. 암색
3. 역할 : 수액의 전달과 양분 저장	3. 변재가 변화되어 세포가 고화된 것
4. 수분을 많이 함유	4. 수분을 적게 함유
5. 수축변형이 크고 내구성이 작다.	5. 변형이 적고 내구성이 크다.

90 금속재료의 녹막이를 위하여 사용하는 바탕칠 도료는?

① 알루미늄페인트　② 광명단
③ 에나멜페인트　　④ 실리콘페인트

해설 광명단 도료
　1) 광명단(Pb_3O_4)을 보일드유에 녹인 유성페인트의 일종이다.
　2) 금속재료의 녹막이를 위하여 사용하는 바탕칠 도료이다.

91 콘크리트의 성질을 개선하기 위해 사용하는 각종 혼화제의 작용에 포함되지 않는 것은?

① 기포작용　　　　② 분산작용
③ 건조작용　　　　④ 습윤작용

해설 혼화제
　1) 혼화제 : 사용량이 적어 콘크리트의 배합계산에서 무시되는 혼화재료이다.
　2) 혼화제의 작용
　　① 기포작용
　　② 분산작용
　　③ 습윤작용
　3) 혼화제의 종류 : AE제(공기연행제), 분산제(감수제), 응결경화촉진제

> 길잡이 혼화재 : 사용량이 비교적 많아서 콘크리트 배합계산에서 고려되는 혼화재료
> ① 경화과정 중 팽창을 일으키는 것 : 팽창제
> ② 포졸란 작용이 있는 것 : 고로슬래그, 플라이애시
> ③ 증량제 : 폴리머 증량재, 광물질미분말

92 돌로마이트 플라스터에 관한 설명으로 옳지 않은 것은?

① 건조수축에 대한 저항성이 크다.
② 소석회에 비해 점성이 높고 작업성이 좋다.
③ 변색, 냄새, 곰팡이가 없으며 보수성이 크다.
④ 회반죽에 비해 조기강도 및 최종강도가 크다.

■ 정답 ■　87.②　88.④　89.②　90.②　91.③　92.①

해설 돌로마이트 플라스터

1) 돌로마이트 플라스터 : 돌로마이트석회(마그네시아석회)에 모래, 여물, 필요한 경우에는 시멘트를 혼합하여 반죽한 미장재료이다.

2) 특성
① 미장재료 중 점도가 가장 크고 풀이 필요 없으며 응결시간이 길어 바르기도 좋다. (변색, 냄새, 곰팡이가 없다.)
② 기경성 재료로 경화시 건조수축이 커서 균열이 생기기 쉽다. (물에 약한 것이 결점)
③ 회반죽에 비해 강도가 높다.

93 자연에서 용제가 증발해서 표면에 피막이 형성되어 굳는 도료는?

① 음성조합페인트
② 에폭시수지도료
③ 알키드수지
④ 염화비닐수지에나멜

해설 염화비닐수지에나멜 : 염화비닐수지바니시에 안료를 혼합하고 용제로 희석시켜 사용한다.

94 절대건조밀도가 2.6g/cm³ 이고 단위용적질량이 1,750kg/m³ 인 굵은 골재의 공극률은?

① 30.5% ② 32.7%
③ 34.7% ④ 36.2%

해설 공극률(V) : $\left(1 - \dfrac{W}{\rho}\right) \times 100$

$= \left(1 - \dfrac{1,750\text{kg}/\text{m}^3}{2.6\text{g}/\text{cm}^3 \times \left(\dfrac{100\text{cm}}{1\text{m}}\right)^3 \times \dfrac{1\text{kg}}{1000\text{g}}}\right) \times 100$

$= 32.7\%$

여기서, ┌ W : 골재의 단위용적당 중량(kg/m³)
　　　　└ P : 골재의 비중 또는 밀도(kg/m³)

95 시멘트의 분말도가 높을수록 나타나는 성질변화에 관한 설명으로 옳은 것은?

① 시멘트 입자 표면적의 증대로 수화반응이 늦다.
② 풍화작용에 대하여 내구적이다.
③ 건조수축이 적다.
④ 초기강도 발현이 빠르다.

해설 분말도가 높은 경우 일어나는 현상

1) 수화작용이 촉진되어 응결이 빨라진다.
2) 초기강도(조기강도)가 높아진다.
3) 워커빌리티(시공연도)가 좋아지며 블리딩이 적어진다.
4) 지나치게 분말도가 미세한 것은 풍화되기 쉽고 건조수축이 커져서 균열이 발생하기 쉽다.

96 아스팔트 방수시공을 할 때 바탕재와의 밀착용으로 사용하는 것은?

① 아스팔트 컴파운드
② 아스팔트 모르타르
③ 아스팔트 프라이머
④ 아스팔트 루핑

해설 아스팔트 프라이머(asphalt primer)

1) 블로운 아스팔트를 휘발성용제(휘발유 등)에 용해한 비교적 저점도의 흙갈색 액체이다.
2) 방수시공시 첫째 공정에 쓰는 바탕처리제이다.

97 유리섬유를 폴리에스테르수지에 혼입하여 가압·성형한 판으로 내구성이 좋아 내·외 수장재로 사용하는 것은?

① 아크릴평판
② 멜라민치장판
③ 폴리스티렌투명판
④ 폴리에스테르강화판

해설 폴리에스테르 강화판(유리섬유보강플라스틱, FRP)

1) 제법 : 가는 유리섬유에 불포화폴리에스테

■ 정답 ■ 93.④ 94.② 95.④ 96.③ 97.④

르수지를 넣어 상온·가압하여 성형한 것으로서 건축재료로서는 섬유를 불규칙하게 넣어 사용한다.

2) 용도
   ① 설비재료(세면기, 변기 등), 내외수장재료로 사용
   ② 항공기, 차량 등의 구조재 및 욕조, 창호재 등으로 사용

98 석재에 관한 설명으로 옳지 않은 것은?

① 석회암은 석질이 치밀하나 내화성이 부족하다.
② 현무암은 석질이 치밀하여 토대석, 석축에 쓰인다.
③ 테라조는 대리석을 종석으로한 인조석의 일종이다.
④ 화강암은 석회, 시멘트의 원료로 사용된다.

해설 1) **화강암** : 외장 및 내장재, 구조재, 콘크리트 골재 등에 사용된다.
2) **석회암** : 석회, 시멘트의 원료로 사용된다.

99 목재의 강도 중에서 가장 작은 것은?

① 섬유방향의 인장강도
② 섬유방향의 압축강도
③ 섬유 직각방향의 인장강도
④ 섬유방향의 휨강도

해설 **목재의 강도**
1) **목재강도의 크기순서** : 인장강도 〉 휨강도 〉 압축강도 〉 전단강도
2) **인장 및 압축강도** : 섬유의 평행방향에 대한 강도가 가장 크고, 섬유의 직각방향에 대한 것이 가장작다(직각방향의 인장강도는 평행방향 강도의 약 20~25% 정도)
3) **휨강도** : 휨강도는 압축강도의 약 1.75배 정도이다.
4) **전단강도** : 전단강도의 크기는 세로방향 인장강도의 1/10정도이며, 전단력은 섬유의 직각방향이 평행방향보다 강하다.

100 강재의 인장강도가 최대로 될 경우의 탄소함유량의 범위로 가장 가까운 것은?

① 0.04~0.2%
② 0.2~0.5%
③ 0.8~1.0%
④ 1.2~1.5%

해설 **탄소함유량에 의한 탄소강의 특성**
1) 강은 탄소함유량이 많을수록 강도는 증대되고 신도(연신율)는 감소된다.
2) 탄소함유량이 0.9%~1.0% 함유시 인장강도는 최대로 증대되고 이를 넘으면 감소된다.
3) 경도는 탄소함유량이 0.9% 함유시 최대가 되며 그 이상에서는 일정하다.

제6과목 / 건설안전기술

101 가설통로를 설치하는 경우 준수해야 할 기준으로 옳지 않은 것은?

① 견고한 구조로 할 것
② 경사는 30° 이하로 할 것
③ 추락할 위험이 있는 장소에는 안전난간을 설치할 것
④ 건설공사에 사용하는 높이 8m 이상인 비계다리에는 4m 이내마다 계단참을 설치할 것

해설 ④항, 건설공사에 사용하는 높이 8m 이상인 비계다리에는 7m 이내마다 계단참을 설치할 것

102 버팀도, 앵커 등의 축하중 변화상태를 측정하여 이들 부재의 지지효과 및 그 변화추이를 파악하는데 사용되는 계측기기는?

① water level meter
② load cell
③ piezo meter
④ strain gauge

해설 토공사에 사용되는 계측기기
1) 간극수압계 : 피에조 미터(piezo meter)
2) 경사계 : 인클리노 미터(inclino meter)
3) 인접구조물 기울기 측정 : 틸트 미터(tilt meter)
4) 버팀대 변형 측정계 : 스트레인게이지(strain gauge)
5) 인접구조물의 균열측정 : 크랙 게이지(crack gauge)
6) 지중침하계 : 익스텐션 미터(extension meter)
7) 지하수위계 : water level meter
8) 하중계 : 로드 셀(lad cell)
9) 토압측정계 : soil pressure gauge

103 건설업 산업안전보건관리비 계상에 관한 설명으로 옳지 않은 것은?

① 재료비와 직접노무비의 합계액을 계상대상으로 한다.
② 안전관리비 계상기준은 산업재해보상보험법의 적용을 받는 공사 중 총 공사금액 4천만원 이상인 공사에 적용한다.
③ 발주자 또는 자기공사자는 설계변경 등으로 대상액의 변동이 있는 경우라도 특별한 경우를 제외하고는 안전관리비를 조정 계상하지 않는다.
④ 「전기공사업법」제2조에 따른 전기공사로서 저압·고압 또는 특별고압 작업으로 이루어지는 공사로서 단가계약에 의하여 행하는 공사에 대하여는 총계약금액을 기준으로 적용한다.

해설 ③항, 발주자 또는 자기공사자는 설계변경 등으로 대상액의 변동이 있는 경우에 지체없이 안전관리비를 조정 계상하여야 한다.
㈜ 건설업 산업안전보건관리비 계상 및 사용기준 : 고용노동부고시 제2017-8호

104 거푸집 동바리의 침하를 방지하기 위한 직접적인 조치와 가장 거리가 먼 것은?

① 깔목의 사용 ② 수평연결재 사용
③ 콘크리트의 타설 ④ 말뚝박기

해설 거푸집동바리 조립시 준수사항(거푸집동바리 등의 안전조치)
1) 깔목의 사용, 콘크리트 타설(打設), 말뚝박기 등 동바리의 침하를 방지하기 위한 조치를 할 것
2) 개구부 상부에 동바리를 설치하는 때에는 상부하중을 견딜 수 있는 견고한 받침대를 설치할 것
3) 동바리의 상하고정 및 미끄러짐 방지조치를 하고, 하중의 지지상태를 유지할 것
4) 동바리의 이음은 맞댄이음 또는 장부이음으로 하고 같은 품질의 재료를 사용할 것
5) 강재와 강재와의 접속부 및 교차부는 볼트·클램프 등 전용철물을 사용하여 단단히 연결할 것
6) 거푸집이 곡면인 때에는 버팀대의 부착 등 그 거푸집의 부상(浮上)을 방지하기 위한 조치를 할 것

105 강관비계를 사용하여 비계를 구성하는 경우 준수해야할 기준으로 옳지 않은 것은?

① 비계기둥의 간격은 띠장 방향에서는 1.85m 이하, 장선(長線)방향에서는 1.5m 이하로 할 것
② 띠장 간격은 2m 이하로 설치할 것
③ 비계기둥의 제일 윗부분으로부터 31m되는 지점 밑부분의 비계기둥은 2개의 강관으로 묶어 세울 것
④ 비계기둥 간의 적재하중은 600kg을 초과하지 않도록 할 것

해설 강관비계의 구조 : 강관을 사용하여 비계를 구성할 때의 준수사항
1) 비계기둥의 간격은 띠장방향에서는 1.85m, 장선방향에서는 1.5m 이하로 할 것
2) 띠장간격은 2m 이하로 설치할 것

3) 비계기둥의 최고부로부터 31m 되는 지점 밑부분의 비계기둥은 2개의 강관으로 묶어세울 것 (브라켓 등으로 보강하여 그 이상의 강도가 유지되는 경우에는 그러하지 아니하다)
4) 비계기둥 간의 적재하중은 400kg을 초과하지 아니하도록 할 것

106 굴착공사에서 경사면의 안정성을 확인하기 위한 검토사항에 해당되지 않는 것은?

① 지질조사
② 토질시험
③ 풍화의 정도
④ 경보장치 작동상태

해설 **굴착공사 시 경사면의 안정성을 확인하기 위한 검토사항**
1) 지질조사
2) 토질시험
3) 풍화의 정도

107 차량계 하역운반기계를 사용하여 작업을 할 때 기계의 전도, 전락에 의해 근로자에게 위험을 미칠 우려가 있는 경우에 사업주가 조치하여야 할 사항 중 옳지 않은 것은?

① 운전자의 시야를 살짝 가리는 정도로 화물을 적재
② 하역운반기계를 유도하는 사람을 배치
③ 지반의 부동침하방지 조치
④ 갓길의 붕괴를 방지하기 위한 조치

해설 **차량계 하역운반기계의 전도, 전락 등에 의한 근로자의 위험방지 조치사항**
1) 유도자 배치
2) 지반의 부동침하 방지
3) 갓길(노견)의 붕괴 방지

108 옥외에 설치되어 있는 주행크레인에 대하여 이탈방지장치를 작동시키는 등 그 이탈을 방지하기 위한 조치를 하여야 하는 순간풍속에 대한 기준으로 옳은 것은?

① 순간풍속이 초당 10m를 초과하는 바람이 불어올 우려가 있는 경우
② 순간풍속이 초당 20m를 초과하는 바람이 불어올 우려가 있는 경우
③ 순간풍속이 초당 30m를 초과하는 바람이 불어올 우려가 있는 경우
④ 순간풍속이 초당 40m를 초과하는 바람이 불어올 우려가 있는 경우

해설 **주행크레인의 폭풍에 의한 이탈방지조치사항** : 순간풍속이 30m/sec를 초과하는 바람이 불어올 우려가 있는 경우 옥외에 설치되어 있는 주행크레인에 대하여 이탈방지장치를 작동시키는 등 이탈방지를 위한 조치를 할 것

109 동력을 사용하는 항타기 또는 항발기의 도괴를 방지하기 위하여 준수하여야 할 기준으로 옳지 않은 것은?

① 연약한 지반에 설치할 경우에는 각부나 가대의 침하를 방지하기 위하여 깔판·깔목 등을 사용한다.
② 평형추를 사용하여 안정시키는 경우에는 평형추의 이동을 방지하기 위하여 가대에 견고하게 부착시킨다.
③ 버팀대만으로 상단부분을 안정시키는 경우에는 버팀대는 3개 이상으로 한다.
④ 버팀줄만으로 상단부분을 안정시키는 경우에는 버팀줄을 2개 이상으로 한다.

해설 **항타기·항발기의 도괴를 방지하기 위하여 준수해야 할 사항**
1) 연약한 지반에 설치하는 때에는 각부 또는 가대의 침하를 방지하기 위하여 깔판, 깔목 등을 사용할 것
2) 시설 또는 가설물 등에 설치하는 때에는 그 내

력을 확인하고 내력이 부족한 때에는 그 내력을 보강할 것

3) 각부 또는 가대가 미끄러질 우려가 있는 때에는 말뚝 또는 쐐기 등을 사용하여 각부 또는 기대를 고정시킬 것

4) 궤도 또는 차로 디오하는 항타기 또는 항발기에 대하여 불시에 이동하는 것을 방지하기 위하여 레일클램프 및 쐐기 등으로 고정시킬 것

5) 버팀대만으로 상단부분을 안정시키는 때에는 버팀대는 3개 이상으로 하고 그 하단 부분은 견고한 버팀말뚝 또는 철골 등으로 고정시킬 것

6) 버팀줄만으로 상단부분을 안정시키는 때에는 버팀줄을 3개 이상으로 하고 같은 간격으로 배치할 것

7) 평형추를 사용하여 안정시키는 때에는 평형추의 이동을 방지하기 위하여 가대에 견고하게 부착시킬 것

110 철골작업 시 철골부재에서 근로자가 수직방향으로 이동하는 경우에 설치하여야하는 고정된 승강로의 최대 답단 간격은 얼마 이내인가?

① 20cm
② 25cm
③ 30cm
④ 40cm

[해설] 철골작업시 승강로 및 작업발판의 설치
1) 근로자가 수직방향으로 이동하는 철골부재에는 답단(踏段)간격이 30cm 이내인 고정된 승강로를 설치할 것
2) 수평방향 철골과 수직방향 철골이 연결되는 부분에는 연결작업을 위하여 작업발판 등을 설치할 것

111 터널굴착작업 작업계획서에 포함해야 할 사항으로 가장 거리가 먼 것은?

① 암석의 분할방법
② 터널지보공 및 복공(覆工)의 시공방법
③ 용수(湧水)의 처리방법
④ 환기 또는 조명시설을 설치할 때에는 그 방법

[해설] 터널굴착작업 시 작업계획서의 내용
1) 굴착의 방법
2) 터널지보공 및 복공의 시공방법과 용수의 처리방법
3) 환기 또는 조명시설을 하는 때에는 그 방법

112 유해·위험방지계획서를 제출해야 할 대상공사의 조건으로 옳지 않은 것은?

① 터널 건설등의 공사
② 최대지간 길이가 50m이상인 고량건설 등의 공사
③ 다목적댐, 발전용댐 및 저수용량 2천만톤 이상의 용수전용댐, 지방상수도 전용 댐건설 등의 공사
④ 깊이가 5m 이상인 굴착공사

[해설] 건설업 중 유해위험방지계획서 제출대상 사업장(시행규칙 제120조 제4항)
1) 지상높이가 31미터 이상인 건축물 또는 인공구조물, 연면적 3만 제곱미터 이상인 건축물 또는 연면적 5천 제곱미터 이상의 문화 및 집회시설(전시장 및 동물원·식물원은 제외), 판매시설, 운수시설(고속철도의 역사· 및 집·배송시설은 제외), 종교시설, 의료시설 중 종합병원, 숙박시설 중 관광숙박시설, 지하도상가 또는 냉동·냉장 창고시설의 건설·개조 또는 해체(이하 "건설등"이라 함)
2) 연면적 5천 제곱미터 이상의 냉동·냉장 창고시설의 설비공사 및 단열공사
3) 최대 지간길이가 50미터 이상인 교량건설 등 공사
4) 터널 건설 등의 공사
5) 다목적댐, 발전용댐 및 저수용량 2천만톤 이상의 용수 전용 댐, 지방상수도 전용댐 건설 등의 공사
6) 깊이 10미터 이상인 굴착공사

■ 정답 ■ 110.③ 111.① 112.④

113 철골보 인양 시 준수해야 할 사항으로 옳지 않은 것은?

① 인양 와이어로프의 매달기 각도는 양변 60°를 기준으로 한다.
② 크램프로 부재를 체결할 때는 크램프의 정격용량 이상 매달지 않아야 한다.
③ 크램프는 부재를 수평으로 하는 한 곳의 위치에만 사용하여야 한다.
④ 인양 와이어로프는 후크의 중심에 걸어야 한다.

해설 ③항, 크램프는 부재를 수평으로 하는 두곳의 위치에 사용하여야 하며, 부재 양단방향은 등간격이어야 한다.

114 구조물의 해체작업 시 해체 작업계획서에 포함하여야 할 사항으로 옳지 않은 것은?

① 해체의 방법 및 해체순서 도면
② 해체물의 처분계획
③ 주변 민원 처리계획
④ 사업장 내 연락방법

해설 해체 작업시 작업계획서의 작성내용(안전보건규칙 별표 4)
1) 해체의 방법 및 해체순서도면
2) 가설설비, 방호설비, 환기설비 및 살수·방화설비 등의 방법
3) 사업장내 연락방법
4) 해체물의 처분계획
5) 해체작업용 기계·기구 등의 작업계획서
6) 해체작업용 화약류 등의 사용계획서
7) 그밖에 안전·보건에 관련된 사항

115 콘크리트 타설 시 거푸집이 받는 측압에 관한 설명으로 옳지 않은 것은?

① 대기의 온도가 높을수록 크다.
② 슬럼프(slump)가 클수록 크다.
③ 타설속도가 빠를수록 크다.
④ 거푸집의 강성이 클수록 크다.

해설 ①항, 대기의 온도가 낮을수록 크다.

116 근로자의 위험방지를 위해 철골작업을 중지하여야 하는 기준으로 옳은 것은?

① 풍속이 초당 1m 이상인 경우
② 강우량이 시간당 1cm 이상인 경우
③ 강설량이 시간당 1cm 이상인 경우
④ 10분간 평균풍속이 초당 5m 이상인 경우

해설 철골작업을 중지해야 하는 기상조건
1) 풍속이 10m/sec 이상
2) 강우량이 1mm/hr 이상
3) 강설량이 1cm/hr 이상

117 깊이 10m이내에 있는 연약점토의 전단강도를 구하기 위한 가장 적당한 시험은?

① 베인 시험
② 표준관입시험
③ 평판재하시험
④ 블레인 시험

해설 베인테스트(Vane test) : 연약한 점토질(진흙) 지반에서 보링 구멍에 십자(+)날개형의 베인테스트(Vane tester)를 때려 박고 회전시켜 그 저항력에 의하여 지반의 점착력을 판별하는 방법이다.

118 건설현장 토사붕괴의 원인으로 옳지 않은 것은?

① 지하수위의 증가
② 지반 내부마찰각의 증가
③ 지반 점착력의 감소
④ 차량에 의한 진동하중 증가

해설 토사붕괴의 원인(고용노동부고시)
1) 외적요인
① 사면, 법면의 경사 및 구배의 증가
② 절토 및 성토 높이의 증가
③ 공사에 의한 진동 및 반복하중의 증가

④ 지표수 및 지하수의 침투에 의한 토사중량
　　증가

⑤ 지진, 차량, 구조물의 하중

2) 내적요인

　① 절토사면의 토질, 암석

　② 성토사면의 토질

　③ 토석의 강도저하

119 사다리식 통로 설치 시 사다리식 통로의 길이가 10m 이상인 경우에는 몇 m 이내마다 계단참을 설치해야 하는가?

① 5m 　　　　② 7m

③ 9m 　　　　④ 10m

해설 사다리식 통로의 길이가 10m 이상인 경우에는 5m 이내마다 계단참을 설치할 것

120 추락재해 방지를 위한 방망의 그물코 규격기준으로 옳은 것은?

① 사각 또는 마름모로서 크기가 5cm 이하

② 사각 또는 마름모로서 크기가 10cm 이하

③ 사각 또는 마름모로서 크기가 15cm 이하

④ 사각 또는 마름모로서 크기가 20cm 이하

해설 방망의 그물코 규격기준 : 사각 또는 마름모로서 크기가 10cm 이하

2018

2019년 시행

건설안전기사

제1과목 / 산업안전관리론

01 산업안전보건법령상 안전관리자를 2인 이상 선임하여야 하는 사업에 해당하지 않는 것은?

① 공사금액이 1000억인 건설업
② 상시 근로자가 500명인 통신업
③ 상시 근로자가 1500명인 운수업
④ 상시 근로자가 600명인 식료품 제조업

해설 안전관리자를 두어야 할 사업의 종류·규모, 안전관리자의 수

사업의 종류	규모	안전관리자 수
1. 토사석 광업 2. 식료품 제조업, 음료제조업 ⋮ 9. 비철금속 광물 제품 제조업 10. 1차 금속 제조업 ⋮ 22. 자동차 종합 수리업, 자동차 전문 수리업	상시근로자 50명이상 500명 미만	1명 이상
	상시근로자 500명 이상	2명 이상
24. 농업, 임업 및 어업 ⋮ 28. 운수 및 창고업 ⋮ 33. 우편 및 통신업 ⋮ 43. 기타 개인 서비스업	상시근로자 50명 이상 1,000명 미만	1명 이상
	상시 근로자 1,000명 이상	2명 이상

사업의 종류	규모	안전관리자 수
46. 건설업	1. 공사금액 50억원(관계수급인은 100억원) 이상 120억원 미만(토목공사업은 150억원 미만)	1명 이상
	2. 공사금액 120억원(토목공사업은 150억원)이상 800억원 미만	1명 이상
	3. 공사금액 800억원 이상 1500억원 미만	2명 이상
	•전체 공사시간 중 전후 15에 해당하는 기간	1명 이상

02 아담스(Adams)의 재해연쇄이론에서 작전적 에러(Operational Error)로 정의한 것은?

① 선천적 결함
② 불안전한 상태
③ 불안전한 행동
④ 경영자나 감독자의 행동

해설 아담스(Adams)의 사고연쇄성 이론
1) 1단계 : 관리구조 - 목적, 조직, 운영 등
2) 2단계 : 작전적(전략적) 에러 - 관리자 및 감독자의 행동에러(회사 운영실수)
3) 3단계 : 전술적 에러 - 관리·기술적 실수
4) 4단계 : 사고 - 사고의 발생(near miss, 무상해 사고)
5) 5단계 : 상해 또는 손실 - 대인, 대물(부상, 손해, 재산피해)

■ **정답** ■ 1.② 2.④

03 보호구 안전인증 고시에 따른 안전화 종류에 해당하지 않는 것은?

① 경화안전화　　② 발등안전화
③ 정전기안전화　④ 고무제안전화

해설 안전화의 종류(고용노동부 고시)

종류	사용구분
① 가죽제 안전화	물체의 낙하, 충격 및 날카로운 물체에 의한 바닥으로부터의 찔림에 의한 위험으로부터 발을 보호하기 위한 것
② 고무제 안전화	물체의 낙하, 충격 및 찔림에 의한 위험으로부터 발을 보호하고 아울러 방수 또는 내화학성을 겸한 것
③ 정전기 안전화 (정전화)	정전기의 인체 대전을 방지하기 위한 것
④ 발등 안전화 (방호 안전화)	물체의 낙하 및 충격으로부터 발 및 발등을 보호하기 위한 것
⑤ 절연화	저압의 전기에 감전을 방지하기 위한 것
⑥ 절연장화	고압에 의한 감전을 방지하고 아울러 방수를 겸한 것

04 천재지변 발생 직후 기계설비의 수리 등을 할 경우 또는 중대재해 발생 직후 등에 행하는 안전점검을 무엇이라 하는가?

① 임시점검　　② 자체점검
③ 수시점검　　④ 특별점검

해설 안전점검의 종류
1) **수시점검** : 작업 전, 중, 후에 실시하는 점검
2) **정기점검** : 일정기간마다 정기적으로 실시하는 점검
3) **특별점검**
　① 기계 · 기구 · 설비의 신설시 · 변경 내지 고장수리시 실시하는 점검
　② 천재지변발생 후 실시하는 점검
　③ 안전강조 기간 내에 실시하는 점검
4) **임시점검** : 이상 발견 시 임시로 실시하는 점검, 정기점검과 정기점검 사이에 실시하는 점검

05 재해사례연구를 할 때 유의해야 될 사항으로 틀린 것은?

① 과학적이어야 한다.
② 논리적인 분석이 가능해야 한다.
③ 주관적이고 정확성이 있어야 한다.
④ 신뢰성이 있는 자료수집이 있어야 한다.

해설 ③항, 객관적이고 정확성이 있어야 한다.

06 무재해운동 추진의 3대 기둥으로 볼 수 없는 것은?

① 최고경영자의 경영자세
② 노동조합의 협의체 구성
③ 직장 소집단 자주 활동이 활성화
④ 관리감독자에 의한 안전보건의 추진

해설 무재해 운동 추진의 3기둥(무재해 운동의 3요소)
1) 최고 경영자의 경영자세
2) 라인화의 철저(관리감독자에 의한 안전보건의 추진)
3) 직장(소집단)의 자주 활동의 활발화

> **길잡이** 무재해 운동 이념 3원칙
> 1) 무의 원칙
> 2) 참가의 원칙
> 3) 선취해결의 원칙

07 건설기술 진흥법상 안전관리계획을 수립해야 하는 건설공사에 해당하지 않는 것은?

① 15층 건축물의 리모델링
② 지하 15m를 굴착하는 건설공사
③ 항타 및 항발기가 사용되는 건설공사
④ 높이가 21m인 비계를 사용하는 건설공사

해설 안전관리계획을 수립해야 하는 건설공사(건설기술진흥법 시행령 제 98조)
1) 「시설물의 안전관리에 관한 특별법」에 따른 1종시설물 및 2종시설물의 건설공사
2) 지하 10m 이상을 굴착하는 건설공사, 이 경우

굴착 깊이 산정 시 집수정(集水井), 엘리베이터 피트 및 정화조 등의 굴착 부분은 제외하며, 토지에 높낮이 차가 있는 경우 굴착 깊이의 산정 방법은 「건축법 시행령」을 따른다.

3) 폭발물을 사용하는 건설공사로서 20m 안에 시설물이 있거나 100m 안에 사육하는 가축이 있어 해당 건설공사로 인한 영향을 받을 것이 예상되는 건설공사

4) 10층 이상 16층 미만인 건축물의 건설공사

5) 다음 각 목의 리모델링 또는 해체공사
① 10층 이상인 건축물의 리모델링 또는 해체공사
② 「주택법」에 따른 수직증축형 리모델링

6) 「건설기계관리법」에 따라 등록된 다음 각 목의 어느 하나에 해당하는 건설기계가 사용되는 건설공사
① 천공기(높이가 10m 이상인 것만 해당한다.)
② 항타 및 항발기
③ 타워 크레인

7) 가설구조물을 사용하는 건설공사

8) 상기 건설공사 외의 건설공사로서 다음 각 목의 어느 하나에 해당하는 공사
① 발주자가 안전관리가 특히 필요하다고 인정하는 건설공사
② 해당 지방자치단체의 조례로 정하는 건설공사 중에서 인·허가기관의 장이 안전관리가 특히 필요하다고 인정하는 건설공사
[주] 상기 건설공사의 경우 원자력시설공사는 제외하며 해당 건설공사가 「산업안전보건법」에 따른 유해·위험방지계획을 수립해야 하는 건설공사에 해당하는 경우에는 해당계획과 안전관리 계획을 통합하여 작성할 수 있다.

08 상시 근로자수가 100명인 사업장에서 1년간 6건의 재해로 인하여 10명의 부상자가 발생하였고, 이로 인한 근로손실일수는 120일, 휴업일수는 68일이었다. 이 사업장의 강도율은 약 얼마인가?(단, 1일 9시간씩 연간 290일 근무하였다.)

① 0.58 ② 0.67
③ 22.99 ④ 100

해설 강도율
$$= \frac{근로손실일수}{연근로시간수} \times 1000$$
$$= \frac{120+(68\times290/365)}{100\times9\times290} \times 1000$$
$$= 0.67$$

09 재해발생원인의 연쇄관계상 재해의 발생 원인을 관리적인 면에서 분류한 것과 가장 관계가 먼 것은?

① 인적 원인
② 기술적 원인
③ 교육적 원인
④ 작업관리상 원인

해설 재해원인
1) 직접원인
① 인적원인 : 불안전한 행동
② 물적원인 : 불안전한 상태
2) 관리적 원인(간접원인)
① 기술적 원인
② 교육적 원인
③ 작업관리상의 원인

10 하베이(Harvey)가 제시한 '안전의 3E'에 해당하지 않는 것은?

① Education ② Enforcement
③ Economy ④ Engineering

해설 하베이(Harvey)의 3E
1) Engeineering : 기술
2) Education : 교육
3) Enforcement : 독려, 규제

11 안전표지 종류 중 금지표지에 대한 설명으로 옳은 것은?

① 바탕은 노란색, 기본모양은 흰색, 관련부호 및 그림은 파랑색
② 바탕은 노란색, 기본모양은 흰색, 관련부호 및 그림은 검정색
③ 바탕은 흰색, 기본모양은 빨강색, 관련부호 및 그림은 파랑색
④ 바탕은 흰색, 기본모양은 빨강색, 관련부호 및 그림은 검정색

해설 산업안전표지의 종류와 색채
1) 금지표지 : 바탕은 흰색, 기본모형은 빨강색, 관련부호 및 그림은 검정색
2) 경고표지 : 바탕은 노란색, 기본모형 관련부호 및 그림은 검정색[다만, 인화성물질경고, 산화성물질경고, 폭발성물질경고, 급성독성물질경고, 부식성물질경고 및 발암성·변이원성·생식독성·전신독성·호흡기과민성물질 경고의 경우 바탕은 무색, 기본모형은 적색(흑색도 가능)]
3) 지시표지 : 바탕은 파랑, 관련그림은 흰색
4) 안내표지 : 바탕은 흰색, 기본모형 및 관련부호는 녹색 또는 바탕은 녹색, 관련부호 및 그림은 흰색
5) 관계자 외 출입금지 : 글자는 흰색바탕에 흑색, 다음 글자는 적색
 ① ○○○제조/사용/보관 중
 ② 석면취급/해체중
 ③ 발암물질 취급중

12 크레인(이동식은 제외한다)은 사업장에 설치한 날로부터 몇 년 이내에 최초 안전검사를 실시하여야 하는가?

① 1년 　　　　② 2년
③ 3년 　　　　④ 5년

해설 안전검사대상 유해·위험기계 등의 검사주기(시행규칙 제 73조의 3)
1) 크레인(이동식 크레인은 제외), 리프트(이삿짐운반용 리프트는 제외) 및 곤돌라 : 사업장이 설치가 끝난 날부터 3년 이내에 최초 안전검사를 실시하되, 그 이후부터 2년마다(건설현장에 사용하는 것은 최초로 설치한 날부터 6개월마다)
2) 이동식크레인, 이삿짐운반용 리프트 및 고소작업대 : 신규등록이후 3년 이내에 최초 안전검사를 실시하되, 그 이후부터 2년마다
3) 프레스, 전단기, 압력용기, 국소배기장치, 원심기, 화학설비 및 그 부속설비, 건조설비 및 그 부속설비, 롤러기 사출성형기, 컨베이어 및 산업용 로봇(11종) : 사업장에 설치가 끝난 날부터 3년 이내에 최초 안전검사를 실시하되, 그 이후부터 2년마다(공정안전보고서를 제출하여 확인을 받은 압력용기는 4년마다)

13 다음 중 소규모 사업장에 가장 적합한 안전관리조직의 형태는?

① 라인형 조직
② 스탭형 조직
③ 라인 – 스탭 혼합형 조직
④ 복합형 조직

해설 안전관리 조직의 형태에 따른 사업장 규모
1) line형(직계식) : 100명 미만의 소규모 사업장
2) staff형(참모식) : 100~500명의 중규모 사업장
3) line-staff형(복합식) : 1000명 이상의 대규모 사업장

14 위험예지훈련 4라운드(Round) 중 목표 설정 단계의 내용으로 가장 적절한 것은?

① 위험 요인을 찾아내고, 가장 위험한 것을 합의하여 결정한다.
② 가장 우수한 대책에 대하여 합의하고, 행동계획을 결정한다.
③ 브레인스토밍을 실시하여 어떤 위험이 존재하는가를 파악한다.
④ 가장 위험한 요인에 대하여 브레인스토밍 등을 통하여 대책을 세운다.

해설 위험예지훈련의 4라운드(Round)
  1) 1R(현상파악) : 어떤 위험이 잠재하고 있는지 사실을 파악하는 라운드(BS적용)
  2) 2R(본질추구) : 가장 위험한 요인(위험 포인트)을 합의로 결정하는 라운드(요약)
  3) 3R(대책수립) : 구체적인 대책을 수립하는 라운드(BS적용)
  4) 4R(목표달성─설정) : 수립한 대책 가운데 질이 높은 항목에 합의하는 라운드(요약)

15 안전보건관리계획의 개요에 관한 설명으로 틀린 것은?

① 타 관리계획과 균형이 되어야 한다.
② 안전보건의 저해요인을 확실히 파악해야 한다.
③ 계획의 목표는 점진적으로 낮은 수준의 것으로 한다.
④ 경영층의 기본방침을 명확하게 근로자에게 나타내야 한다.

해설 ③항, 계획의 목표는 점진적으로 낮은 수준에서 높은 수준으로 설정한다.

16 다음과 같은 재해가 발생하였을 경우 재해의 원인분석으로 옳은 것은?

> 건설현장에서 근로자가 비계에서 마감작업을 하던 중 바닥으로 떨어져 머리가 바닥에 부딪혀 사망하였다.

① 기인물 : 비계, 가해물 : 마감작업, 사고유형 : 낙하
② 기인물 : 바닥, 가해물 : 비계, 사고유형 : 추락
③ 기인물 : 비계, 가해물 : 바닥, 사고유형 : 낙하
④ 기인물 : 비계, 가해물 : 바닥, 사고유형 : 추락

해설 재해원인 분석
  1) 기인물 : 비계(물0전한 상태에 있는 물체, 환경 포함)
  2) 가해물 : 바닥(직접 사람에게 접촉되어 위해를 가한 물체)
  3) 사고유형 : 추락(사람이 주체가 되어 높은 곳에서 떨어지는 것)

17 사고예방대책의 기본원리 5단계 중 3단계의 분석평가에 대한 내용으로 옳은 것은?

① 위험 확인
② 현장 조사
③ 사고 및 활동 기록 검토
④ 기술의 개선 및 인사조정

해설 사고 예방대책의 기본원리(사고방지원리의 5단계)

단계별과정		내용
1단계	조직	① 경영층의 참여 ② 안전관리자의 임명 ③ 안전의 라인 및 참모 조직 구성 ④ 안전활동 방침 및 계획 수립 ⑤ 조직을 통한 안전활동
2단계	사실의 발견	① 사고 및 안전활동 기록 검토 ② 작업분석 ③ 안전점검 및 안전진단 ④ 사고조사 ⑤ 안전회의 및 토의 ⑥ 근로자의 제안 및 여론조사 ⑦ 관찰 및 보고서의 연구 등을 통하여 불안전요소 발견
3단계	분석평가	① 사고보고서 및 현장조사 ② 사고기록 및 인적 물적 조건의 분석 ③ 작업공정 분석 ④ 교육 훈련 분석 등을 통하여 사고의 직접원인 및 간접원인을 규명
4단계	시정방법의 선정	① 기술적 개선 ② 인사조정(배치조정) ③ 교육 훈련의 개선 ④ 안전행정의 개선 ⑤ 규정 및 수칙 작업표준 제도의 개선 ⑥ 확인 및 통제체제 개선
5단계	시정책의 적용 (3E적용)	① 기술적(engineering) 대책 ② 교육적(education) 대책 ③ 단속적(enforcement) 대책

■ 정답 ■ 15.③ 16.④ 17.②

18 재해손실비용에 있어 직접손실비용이 아닌 것은?

① 요양급여　　② 장해급여
③ 상병보상연금　④ 생산중단손실비용

해설 **재해손실비**
　1) **직접비** : 법령으로 정한 피해자에게 지급되는 산재보상비를 말한다.
　　① 휴업보상비 : 평균임금의 100분의 70에 상당하는 금액
　　② 장해보상비 : 신체장해가 남는 경우에 장해등급에 의한 금액
　　③ 요양보상비 : 요양비의 전액
　　④ 장의비 : 평균임금의 120일 분에 상당하는 금액
　　⑤ 유족보상비 : 평균임금의 1300일분에 상당하는 금액
　　⑥ 기타 유족특별보상비, 장해특별보상비, 상병보상연금 등

19 산업안전보건법상 지방고용노동관서의 장이 사업주에게 안전관리자나 보건관리자를 정수 이상으로 증원하게 하거나 교체하여 임명할 것을 명령할 수 있는 경우는?

① 사망재해가 연간 1건 발생한 경우
② 중대재해가 연간 3건 발생한 경우
③ 관리자가 질병의 사유로 3개월 이상 해당 직무를 수행할 수 없게 된 경우
④ 해당 사업장의 연간재해율이 같은 업종이 평균재해율의 1.5배 이상인 경우

해설 **안전관리자 등의 증원·교체 임명 명령**
　1) 해당 사업장의 연간재해율이 같은 업종의 평균재해율의 2배 이상인 경우
　2) 중대재해가 연간 2건 이상 발생한 경우
　3) 관리자가 질병이나 그 밖의 사유로 3개월 이상 직무를 수행할 수 없게 된 경우
　4) 화학적 인자로 인한 직업성질병자가 연간 3명 이상 발생한 경우, 이 경우 직업성질병자 발생일은 「산업재해보상보험법 시행규칙」에 따른 요양급여의 결정일로 한다.

20 산업안전보건법령에 따른 산업안전보건위원회의 구성에 있어 사용자 위원에 해당하지 않는 자는?

① 안전관리자
② 명예산업안전감독관
③ 해당 사업의 대표자가 지명한 9인 이내 해당 사업장 부서의 장
④ 보건관리자의 업무를 위탁한 경우 대행기관의 해당 사업장 담당자

해설 **위원회의 구성**
　1) **사용자 위원**
　　① 당해 사업의 대표자(사업장의 최고 책임자)
　　② 산업보건의(선임되어 있는 경우에 한함)
　　③ 안전관리자 1인, 보건관리자 1인
　　④ 당해 사업의 대표자가 지명하는 9인 이내의 당해 사업장 부서의 장
　2) **근로자 위원**
　　① 근로자 대표(노동조합이 있는 경우에는 노동조합의 대표자)
　　② 근로자 대표가 지명하는 근로자 9인 이내
　　③ 근로자 대표가 지명하는 1인 이상의 명예산업안전감독관(감독관이 위촉되어 있는 경우에 한함)

제2과목 / 산업심리 및 교육

21 현대 조직이론에서 작업자의 수직적 직무권한을 확대하는 방안에 해당하는 것은?

① 직무순환(job rotation)
② 직무분석(job analysis)
③ 직무확충(job enrichment)
④ 직무평가(job evaluation)

해설 **직무확충**(job enrichment) : 작업자의 수직적 직무권한을 확대하는 방안

22 주의(attention)에 대한 특성으로 가장 거리가 먼 것은?

① 고도의 주의는 장시간 지속할 수 없다.
② 주의와 반응의 목적은 대부분의 경우 서로 독립적이다.
③ 동시에 두 가지 일에 중복하여 집중하기 어렵다.
④ 여러 종류의 자극을 지각할 때 소수의 특정한 것을 선택하여 집중한다.

해설 1) 주의의 특징
　　① 선택성 : 여러 종류의 자각할 때 소수의 특정한 것에 한하여 선택하는 기능
　　② 방향성 : 주시점만 인지하는 기능
　　③ 변동성 : 주의에는 주기적으로 부주의의 리듬이 존재
　　2) 주의의 특성
　　① 주의력의 중복집중의 곤란 : 주의는 동시에 2개 방향에 집중하지 못한다.(선택성)
　　② 주의력의 단속성 : 고도의 주의는 장시간 지속할 수 없다.(변동성)
　　③ 한 지점에 주의를 집중하면 다른데 주의는 약해진다.(방향성)

23 O.J.T(On Job Training)의 특징에 관한 설명으로 틀린 것은?

① 다수의 근로자에게 조직적 훈련이 가능하다.
② 상호 신뢰 및 이해도가 높아진다.
③ 개개인에게 적절한 지도훈련이 가능하다.
④ 직장의 설정에 맞게 실제적 훈련이 가능하다.

해설 OJT(현장중심교육)와 offJT(현장 외 중심교육)의 특징

O.J.T	off.J.T
① 개개인에게 적합한 지도훈련이 가능	① 다수의 근로자에게 조직적 훈련이 가능
② 직장의 실정에 맞는 실체적 훈련을 할 수 있다	② 훈련에만 전념하게 된다.
③ 훈련에 필요한 업무의 계속성이 끊어지지 않음	③ 특별 설비 기구를 이용할 수 있음
④ 즉시 업무에 연결되는 관계로 신체와 관련 있음	④ 전문가를 강사로 초청할 수 있음
⑤ 효과가 곧 업무에 나타나며 훈련의 좋고 나쁨에 따라 개선이 용이함	⑤ 각 직장의 근로자가 많은 지식이나 경험을 교류할 수 있음
⑥ 교육을 통한 훈련 효과에 의해 상호 신뢰 이해도가 높아짐	⑥ 교육훈련 목표에 대해서 집단적 노력이 흐트러질 수도 있음

24 다음은 각기 다른 조직 형태의 특성을 설명한 것이다. 각 특징에 해당하는 조직 형태를 연결한 것으로 맞는 것은?

[다음]
a. 중규모 형태의 기업에서 시장 상황에 따라 인적 자원을 효과적으로 활용하기 위한 형태이다.
b. 목적 지향적이고 목적 달성을 위해 기존의 조직에 비해 효율적이며 유연하게 운영될 수 있다.

① a : 위원회 조직, b : 프로젝트 조직
② a : 사업부제 조직, b : 위원회 조직
③ a : 매트릭스형 조직, b : 사업부제 조직
④ a : 매트릭스형 조직, b : 프로젝트 조직

해설 조직형태
　　1) **매트릭스형 조직** : 중규모 기업에서 시장 상황에 따라 인적자원을 효과적으로 활용하는 조직형태
　　2) **프로젝트 조직** : 목적지향적이고 효율적이며 유연하게 운영하는 조직형태

25 적응기제(adjustment mechanism) 중 도피기제에 해당하는 것은?

① 투사 ② 보상
③ 승화 ④ 고립

해설 적응기제
  1) 방어적 기제 : 보상, 합리화, 동일시, 승화
  2) 도피적 기제 : 고립, 퇴행, 억압, 백일몽

26 토의식 교육지도에서 시간이 가장 많이 소요되는 단계는?

① 도입 ② 제시
③ 적용 ④ 확인

해설 단계별 교육시간(교육시간 : 60분)

교육법의 4단계	강의식	토의식
제1단계–도입(준비)	5분	5분
제2단계–제시(설명)	40분	10분
제3단계–적용(응용)	10분	40분
제4단계–확인(총괄)	5분	5분

27 어느 부서의 직원 6명의 선호 관계를 분석한 결과 다음과 같은 소시오그램이 작성되었다. 이 부서의 집단응집성 지수는 얼마인가? (단, 그림에서 실선은 선호관계, 점선은 거부관계를 나타낸다.)

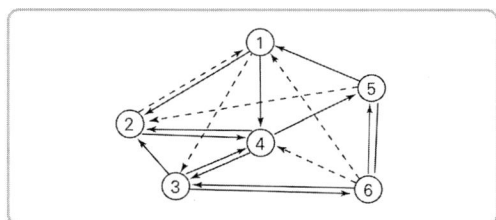

① 0.13 ② 0.27
③ 0.33 ④ 0.47

해설 집단응집성지수
$$= \frac{\text{실제상호선호관계의 수}}{\text{가능선호관계의 총수}(nC_2)}$$

$$= \frac{4}{(6 \times 5)/2} = 0.27$$

여기서,
- 실제상호관계의 수 : 실제 상호작용의 수
  (쌍방화살표수 : 4)
- 가능선호관계의 총수 : $nC_2 = \frac{6 \times 5}{2}$,
  n은 집단구성원의 수

28 목표를 설정하고 그에 따르는 보상을 약속함으로써 부하를 동기화하려는 리더십은?

① 교환적 리더십 ② 변혁적 리더십
③ 참여적 리더십 ④ 지시적 리더십

해설 교환적 리더십 : 본문설명

29 어느 철강회사의 고로작업라인에 근무하는 A씨의 작업강도가 힘든 중작업으로 평가되었다면 해당되는 에너지대사율(RMR)의 범위로 가장 적절한 것은?

① 0 ~ 1 ② 2 ~ 4
③ 4 ~ 7 ④ 7 ~ 10

해설 작업강도에 따른 에너지대사율(RMR)의 구분
  1) 0~2RMR : 輕작업(가벼운 즈업)
  2) 2~4RMR : 中작업(보통 작업)
  3) 4~7RMR : 重작업(힘든 작업)
  4) 7RMR : 超重작업(매우 힘든 작업)

30 관리감독자 훈련(TWI)에 관한 내용이 아닌 것은?

① Job Relation ② Job Method
③ Job Synergy ④ Job Instruction

해설 TWI 교육내용 및 교육방법
  1) 교육내용
    ① JI(job instruction) : 작업지도 기법
    ② JM(job method) : 작업개선 기법
    ③ JR(job relation) : 인간관계 관리기법(부하

통솔기법)
④ JS(job safety) : 작업안전 기법
2) 한 클래스 10명 정도, 교육방법은 토의법, 1일 2시간씩 5일에 걸쳐 10시간 정도 행한다.

31 맥그리거(Douglas McGregor)의 Y이론에 해당되는 것은?

① 인간은 게으르다.
② 인간은 남을 잘 속이다.
③ 인간은 남에게 지배받기를 즐긴다.
④ 인간은 부지런하고 근면하며, 적극적이고 자주적이다.

해설 맥그리거의 X · Y이론

X이론	Y이론
① 인간 불신감	① 상호신뢰감
② 성악설	② 성선설
③ 인간은 본래 게으르고 태만하여 남의 지배받기를 즐긴다.	③ 인간은 부지런하고 근면, 적극적이며 자주적이다.
④ 물질욕구(저차적 욕구)	④ 정신욕구(고차적 욕구)
⑤ 명령통제에 의한 관리	⑤ 목표통합과 자기통제에 의한 자율관리
⑥ 저개발국형	⑥ 선진국형

32 사회행동의 기본형태와 내용이 잘못 연결된 것은?

① 대립 – 공격, 경쟁
② 조직 – 경쟁, 통합
③ 협력 – 조력, 분업
④ 도피 – 정신병, 자살

해설 사회행동의 기본형태
1) 협력(cooperation) : 조력, 분업
2) 대립(opposition) : 공격, 경쟁
3) 도피(escape) : 고립, 정신병, 자살

33 수업의 중간이나 마지막 단계에 행하는 것으로써 언어학습이나 문제해결 학습에 효과적인 학습법은?

① 강의법　　② 실연법
③ 토의법　　④ 프로그램법

해설 실연법
1) 수업의 중간(전개)이나 마지막 단계(정리)에서 행하는 학습법이다.
2) 실연법은 언어학습, 문제해결학습 등에 효과적인 수업방법이다.

34 사고 경향성 이론에 관한 설명으로 틀린 것은?

① 개인의 성격보다는 특정 환경에 의해 훨씬 더 사고가 일어나기 쉽다.
② 어떠한 사람이 다른 사람보다 사고를 더 잘 일으킨다는 이론이다.
③ 사고를 많이 내는 여러 명의 특성을 측정하여 사고를 예방하는 것이다.
④ 검증하기 위한 효과적인 방법은 다른 두 시기 동안에 같은 사람의 사고기록을 비교하는 것이다.

해설 사고경향성이론 : 특정환경보다는 개인의 성격에 의해 훨씬 더 사고가 일어나기 쉽다는 것을 나타내는 이론이다.

35 매슬로우(Maslow)의 욕구위계를 바르게 나열한 것은?

① 안전의 욕구 – 생리적 욕구 – 사호적 욕구 – 자아실현의 욕구 – 인정받으려는 욕구
② 안전의 욕구 – 생리적 욕구 – 사회적 욕구 – 인정받으려는 욕구 – 자아실현의 욕구
③ 생리적 욕구 – 사회적 욕구 – 안전의 욕구 – 인정받으려는 욕구 – 자아실현의 욕구
④ 생리적 욕구 – 안전의 욕구 – 사회적 욕구 – 인정받으려는 욕구 – 자아실현의 욕구

해설 Maslow의 욕구 5단계

1) 1단계 : 생리적 욕구(기아, 갈증, 호흡, 배설, 성욕 등)
2) 2단계 : 안전의 욕구(안전을 기하려는 욕구)
3) 3단계 : 사회적 욕구(애정, 소속에 대한 욕구)
4) 4단계 : 인정받으려는 욕구(자존심, 명예, 성취, 지위에 대한 욕구 : 자기존경의 욕구)
5) 5단계 : 자아실현의 욕구(잠재적인 능력을 실현하고자 하는 욕구 : 성취욕구)

36 반복적인 재해발생자를 상황성누발자와 소질성누발자로 나눌 때, 상황성누발자의 재해유발 원인에 해당하는 것은?

① 저지능인 경우
② 소심한 성격인 경우
③ 도덕성이 결여된 경우
④ 심신에 근심이 있는 경우

해설 사고경향자(재해 누발자, 재해 다발자)의 유형

1) **상황성 누발자** : 작업의 어려움, 기계설비의 결함, 환경상 주의력의 집중 곤란, 심신의 근심 등 때문에 재해를 누발하는 자이다.
2) **습관성 누발자** : 재해의 경험으로 겁쟁이가 되거나 신경과민이 되어 재해를 누발하는 자와 일정의 슬럼프(slump)상태에 빠져서 재해를 누발하는 자이다.
3) **소질성 누발자** : 재해의 소질적 요인을 가지고 있기 때문에 재해를 누발하는 자이다.
4) **미숙성 누발자** : 기능 미숙이나 환경에 익숙하지 못하기 때문에 재해를 누발하는 자이다.

37 학습경험 조직의 원리와 가장 거리가 먼 것은?

① 가능성의 원리   ② 계속성의 원리
③ 계열성의 원리   ④ 통합성의 원리

해설 학습경험 조직의 원리

1) **계속성 또는 반복성의 원리** : 수직적 관계 고려
2) **계열성의 원리** : 수직적 관계 고려
3) **통합성의 원리** : 수평적 관계 고려

38 안전보건교육의 종류별 교육요점으로 틀린 것은?

① 태도교육은 의욕을 갖게 하고 가치관 형성 교육을 한다.
② 기능교육은 표준작업 방법대로 시범을 보이고 실습을 시킨다.
③ 추후지도교육은 재해발생원리 및 잠재위험을 이해시킨다.
④ 지식교육은 작업에 관련된 취약점과 이에 대응되는 작업방법을 알도록 한다.

해설 추후지도교육 : 보습지도(follow up)의 단계

39 평가도구의 기본적인 기준이 아닌 것은?

① 실용도(實用度)   ② 타당도(妥當度)
③ 신뢰도(信賴度)   ④ 습숙도(習熟度)

해설 학습평가도구의 기본적인 기준

1) **타당도** : 측정하고자 하는 본래의 목적과 일치하느냐의 정도를 나타내는 기준이다.
2) **신뢰도** : 신용도로서 측정의 오차가 얼마나 적으냐를 나타내는 것이다.
3) **객관도** : 측정의 결과에 대해 누가 보아도 일치된 의견이 나올 수 있는 성질이다.
4) **실용도** : 사용에 편리하고 쉽게 적용시킬 수 있는 기준이 실용도가 높은 것이다.

40 부주의가 발생하는 경우에 있어 자동차를 운전할 때 신호가 바뀌기 전에 신호가 바뀔 것을 예상하고 자동차를 출발시키는 행동과 관련된 것은?

① 억측판단   ② 근도반응
③ 착시현상   ④ 의식의 우회

해설 억측판단

1) **억측판단** : 자기 주관적인 판단
2) **억측판단이 발생하는 배경**
   ① 희망적인 관측 : 그때도 그랬으니깐 괜찮겠지 하는 관측

■ 정답 ■   36.④   37.①   38.③   39.④   40.①

② 정보나 지식의 불확실 : 위험에 대한 정보의
   불확실 및 지식의 부족
③ 과거의 선입견 : 과거에 그 행위로 성공한
   경험의 선입관
④ 초조한 심정 : 일을 빨리 끝내고 싶은 초조
   한 심정

제3목 / 인간공학 및 시스템안전공학

41 FMEA의 장점이라 할 수 있는 것은?

① 분석방법에 대한 논리적 배경이 강하다.
② 물적, 인적요소 모두가 분석대상이 된다.
③ 서식이 가능하고 비교적 적은 노력으로 분
   석이 가능하다.
④ 두 가지 이상의 요소가 동시에 고장 나는
   경우에도 분석이 용이하다.

해설 FMEA의 장점 및 단점
  1) **장점** : 서식이 간단하고 비교적 적은 노력으로
     특별한 훈련 없이 분석을 할 수 있다.
  2) **단점** : 논리성이 부족하고, 특히 각 요소 간의
     영향을 분석하기 어렵기 때문에 동시에 두 가
     지 이상의 요소가 고장 날 경우에 분석이 곤란
     하며, 또한 요소가 물체로 한정되어 있기 때문
     에 인적 원인을 분석하는 데 곤란하다.

42 시스템 수명주기 단계 중 마지막 단계인 것은?

① 구상단계   ② 개발단계
③ 운전단계   ④ 생산단계

해설 시스템의 수명주기 단계
  1) 1단계 : 구상단계
  2) 2단계 : 정의단계
  3) 3단계 : 개발단계
  4) 4단계 : 생산단계
  5) 5단계 : 운전단계

43 인체계측자료의 응용원칙 중 조절 범위에서 수용하는 통상의 범위는 얼마인가?

① 5~95%tile   ② 20~80%tile
③ 30~70%tile   ④ 40~60%tile

해설 인체계측자료의 응용원칙 중 조절식 설계
  1) 조절식 설계(가변적 설계) : 신체치수가 다른 여
     러 사람에게 맞도록 조절식으로 설계하는 원칙
     이다.
  2) 모집단 특성치의 5% 값에서 95%의 값(90%범
     위)을 사용한다.

44 의도는 올바른 것이었지만, 행동이 의도한 것과는 다르게 나타나는 오류를 무엇이라 하는가?

① Slip   ② Mistake
③ Lapse   ④ Violation

해설 인간의 오류모형
  1) **실수(slip)**
     ① 의도는 올바른 것이었지만 반응의 실행이
        올바른 것이 아니 경우를 실수라 한다.
     ② 실수는 주의력이 부족한 상태에서 발생하는
        에러이다.
  2) **착오(mistake)**
     ① 부적합한 의도를 가지고 행동으로 옮긴 경
        우를 착오라 한다.
     ② 착오는 주관적인 인식과 객관적 실재가 일
        치하지 않는 것을 의미한다.
  3) **건망증(lapse)** : 단기기억의 한계로 이해 기억
     을 잊어서 해야 할 일을 못해 발생하는 에러이
     다.
  4) **위반(고의사고 ; violation)** : 작업수행 과정 중
     에 일부러 나쁜 의도를 가지고 발생시키는 에
     러를 말한다.

45 음량수준을 측정할 수 있는 3가지 척도에 해당되지 않는 것은?

① sone   ② 럭스
③ phon   ④ 인식소음 수준

해설 음의 크기의 수준
1) phon : 1000Hz 순음의 음압수준(dB)을 나타낸다.
2) sone : 1000Hz, 40dB의 음압수준을 가진 순음의 크기(=40phon)를 1sone이라 한다.
3) 인식소음 수준
   ① PNdB(perceived noise level)
     : 910~1090Hz대의 소음 음압수준
   ② PLdB(perceived level of noise)
     : 3150Hz에 중심을 둔 1/3옥타브(octave) 대음을 기준으로 한다.

46 산업안전보건법령에 따라 제조업 중 유해·위험방지계획서 제출대상 사업의 사업주가 유해·위험방지계획서를 제출하고자 할 때 첨부하여야 하는 서류에 해당하지 않는 것은?(단, 기타 고용노동부장관이 정하는 도면 및 서류 등은 제외한다.)

① 공사개요서
② 기계·설비의 배치도면
③ 기계·설비의 개요를 나타내는 서류
④ 원재료 및 제품의 취급, 제조 등의 작업방법의 개요

해설 제조업 등 유해위험방지계획서 제출시 첨부서류 (시행규칙 제121조)
1) 건축물 각 층의 평면도
2) 기계·설비의 개요를 나타내는 서류
3) 기계·설비의 배치도면
4) 원재료 및 제품의 취급, 제조 등의 작업방법의 개요
5) 그 밖에 고용노동부장관이 정하는 도면 및 서류

47 동작 경제 원칙에 해당하지 않는 것은?

① 신체사용에 관한 원칙
② 작업장 배치에 관한 원칙
③ 사용자 요구 조건에 관한 원칙
④ 공구 및 설비 디자인에 관한 원칙

해설 동작경제의 원칙
1) 신체사용에 관한 원칙

2) 작업장 배치에 관한 원칙
3) 공구 및 설비의 설계에 관한 원칙

48 인간 – 기계시스템의 설계를 6단계로 구분할 때, 첫 번째 단계에서 시행하는 것은?

① 기본설계
② 시스템의 정의
③ 인터페이스 설계
④ 시스템의 목표와 성능명세 결정

해설 인간·기계시스템의 설계과정(단계)
1) 1단계 : 목표 및 성능명세 결정
2) 2단계 : 시스템의 정의
3) 3단계 : 기본설계
4) 4단계 : 인터페이스(interface)설계
5) 5단계 : 촉진물 설계
6) 6단계 : 검사와 평가

49 FT도에 사용되는 다음 게이트의 명칭은?

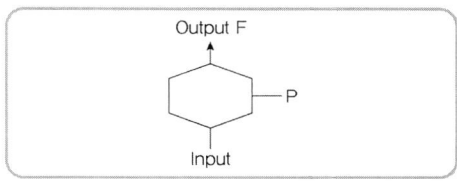

① 부정 게이트
② 억제 게이트
③ 배타적 OR 게이트
④ 우선적 AND 게이트

해설 억제게이트(inhibit gate) : 수정기호(modifier)의 일정으로서 억제 모디파이어(imgibit modifier)라고 하며, 실질적으로 수정기호를 병용해서 게이트의 역할을 한다.
1) 입력사상이 일어난 조건이 만족도어야 출력사상이 생긴다.(조건이 만적되지 않으면 출력은 생기지 않는다.)
2) 조건은 수정기호안에 쓴다.

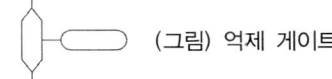 (그림) 억제 게이트

---

50 FTA에서 시스템의 기능을 살리는데 필요한 최소 요인의 집합을 무엇이라 하는가?

① critical set
② minimal gate
③ minimal path
④ Boolean indicated cut set

해설 1) 컷세과 미니멀 컷
　① 컷셋(Cut sets) : 정상사상을 일으키는 기본사상(통상사상, 생략사상 포함)의 집합을 컷이라 한다.
　② 미니멀 컷(minimal cut sets) : 정상사상을 일으키기 위한 필요 최소한의 컷을 말한다. (시스템의 위험성을 나타냄)
2) 패스 셋과 미니멀 패스
　① 패스 셋 : 정상사상이 일어나지 않는 기본사상의 집합을 말한다.
　② 미니멀 패스 : 필요 최소한의 패스를 말한다.(시스템이 신리성을 나타냄)

51 다음의 각 단계를 결함수분석법(FTA)에 의한 재해사례의 연구 순서대로 나열한 것은?

[다음]
㉠ 정상사상의 선정
㉡ FT도 작성 및 분석
㉢ 개선 계획의 작성
㉣ 각 사상의 재해원인 규명

① ㉠→㉡→㉢→㉣
② ㉠→㉣→㉢→㉡
③ ㉠→㉢→㉡→㉣
④ ㉠→㉣→㉡→㉢

해설 D.R Cherition의 FTA에 의한 재해사례 연구순서
1) 1단계 : 톱(TOP) 사상의 선정
2) 2단계 : 사상의 재해 원인의 규명
3) 3단계 : FT의 작성
4) 4단계 : 개선 계획의 작성

52 쾌적환경에서 추운환경으로 변화 시 신체의 조절작용이 아닌 것은?

① 피부온도가 내려간다.
② 직장온도가 약간 내려간다.
③ 몸이 떨리고 소름이 돋는다.
④ 피부를 경유하는 혈액 순환량이 감소한다.

해설 온도변화에 대한 신체의 조절 작용(인체 적응)

적온에서 고온환경으로 변할 때	적온에서 한냉환경으로 변할 때
① 많은 양의 혈액이 피부를 경유하며 피부온도가 올라간다.	① 많은 양의 혈액이 몸의 중심부를 순환하며 피부온도는 내려간다.
② 직장(直腸) 온도가 내려간다.	② 직장온도가 약간 올라간다.
③ 발한(發汗)이 시작된다.	③ 소름이 돋고 몸이 떨린다.

53 정신적 작업 부하에 관한 생리적 척도에 해당하지 않는 것은?

① 부정맥 지수　　② 근전도
③ 점멸융합주파수　④ 뇌파도

해설 정신적 · 육체적 작업부하 척도
1) 정신적 작업부하 척도
　① 부정맥 지수 : 심장활동의 불규칙성을 평가하는 척도로 맥박간의 표준편차나 변동계수 등과 같은 부정맥 지수를 사용한다.
　② 점멸융합주파수 : 정신적 피로를 평가하는 척도로 사용한다.
　③ 뇌전도(EEG) : 뇌의 활동에 따른 전위차를 기록한 것이다.
　④ 주관적 척도 : 정신작업 부하를 청가척도를 이용하여 주관적으로 평가하는 것이다.
　⑤ Cooper-Harper축적, 주임무(primary task) 및 부임무(secondary task) 수행에 소요된 시간 등
2) 육체적 작업부하 척도
　① 심장활동의 측정 : 심전도(ECG)와 심박수를 측정한다.
　② 산소소비량 측정 : 작업의 부하가 증가하면 산소소비량은 선형적으로 증가한다.
　③ 근전도(EMG) : 근육활동의 정도를 측정한다.

54 인간 – 기계시스템의 연구 목적으로 가장 적절한 것은?

① 정보 저장의 극대화
② 운전시 피로의 평준화
③ 시스템의 신뢰성 극대화
④ 안전의 극대화 및 생산능률의 향상

해설 인간공학의 목표(차피니스)
　1) 첫째 목표 : 안정성 향상과 사고 방지
　2) 둘째 목표 : 기계조작의 능률성과 생산성 향상
　3) 셋째 목표 : 쾌적성

55 생명유지에 필요한 단위시간당 에너지량을 무엇이라 하는가?

① 기초 대사량　　② 산소 소비율
③ 작업 대사량　　④ 에너지 소비율

해설 기초대사율(BMR)
　1) 기초대사율 : 생명을 유지하는데 필요한 최소한의 에너지소비량을 말한다.
　2) 기초대사율에 영향을 주는 요인 : 나이, 체중, 성별 등
　　① 일반적으로 체격이 크고 젊은 남자가 BMR이 크다.
　　② 성인의 1일 기초대사량 : 1500~1800 Kcal/day(1.0~1.25Kcal/min)
　　③ 기초대사량 + 여가대사량 : 2300 Kcal/day

56 점광원으로부터 0.3m 떨어진 구면에 비추는 광량이 5Lumen일 때, 조도는 약 몇 럭스인가?

① 0.06　　② 16.7
③ 55.6　　④ 83.4

해설 $E = \dfrac{I}{r^2} = \dfrac{5}{0.3^2} = 55.6\text{Lux}$
여기서, E : 조도 / I : 광도 / r : 거리

57 염산을 취급하는 A업체에서는 신설 설비에 관한 안전성 평가를 실시해야 한다. 정성적 평가단계의 주요 진단 항목에 해당하는 것은?

① 공장 내의 배치
② 제조공정의 개요
③ 재평가 방법 및 계획
④ 안전·보건교육 훈련계획

해설 정성적 평가(제2단계) 주요 진단항목

설계 관계	2. 운전 관계
① 입지 조건	① 원재료 중간체제품
② 공장 내 배치	② 공정
③ 건조물	③ 수송, 저장 등
④ 소방 설비	④ 공정기기

58 음압수준이 70dB인 경우, 1000Hz에서 순음의 phon치는?

① 50phon　　② 70phon
③ 90phon　　④ 100phon

해설 70dB, 1000Hz에서 순음의 phon치 : 70phon

59 수리가 가능한 어떤 기계의 가용도(availability)는 0.9이고, 평균수리시간(MTTR)이 2시간일 때, 이 기계의 평균수명(MTBF)은?

① 15시간　　② 16시간
③ 17시간　　④ 18시간

해설 1) 가용도$(A) = \dfrac{MTBF}{MTBF - MTTR}$
2) $MTBF(평균수명) = \dfrac{MTTR \times A}{1-A} = \dfrac{2 \times 0.9}{1-0.9} = 18시간$

60 실린더 블록에 사용하는 가스켓의 수명은 평균 10000시간이며, 표준편차는 200시간으로 정규분포를 따른다. 사용시간이 9600시간일 경우에 신뢰도는 약 얼마인가?(단, 표준정규분포표에서 $u_{0.8413} = 1$, $u_{0.9772} = 2$이다.)

① 84.13% ② 88.73%
③ 92.72% ④ 97.72%

해설 1) 정규분포 표준화 공식(U)

$$U = \frac{변수(\lambda) - 평균(\mu)}{표준편차(\sigma)}$$
$$= \frac{9,600 - 10,000}{200} = -2$$

2) $P(U > -2)$
$= P(U \leq 2) = 0.9772 = 97.72\%$

제4목 / 건설시공학

---

61 철근콘크리트부재의 피복두께를 확보하는 목적과 거리가 먼 것은?

① 철근이음 시 편의성
② 내화성 확보
③ 철근의 방청
④ 콘크리트의 유동성 확보

해설 철근의 피복두께 확보 목적
　　1) 내화성 확보　　2) 철근의 방청
　　3) 시공상 유동성 확보　4) 내구성 확보

62 철골공사에서 철골 세우기 순서가 옳게 연결된 것은?

> A. 기초 볼트위치 재점검
> B. 기둥 중심선 먹매김
> C. 기둥 세우기
> D. 주각부 모르타르 채움
> E. Base plate의 높이 조정용 plate 고정

① A→B→C→D→E
② B→A→E→C→D
③ B→A→C→D→E
④ E→D→B→A→C

해설 철골기둥세우기 순서
　　1) 기둥 중심선 먹 메김
　　2) 기초 볼트 위치 재점검
　　3) 베이스 플레이트(base plate)레벨 조정용 라이너 플레이트(liner plate) 고정
　　4) 기둥 세우기
　　5) 주각 모르타르 채움

63 지반개량공법 중 강제압밀 또는 강제압밀 탈수공법에 해당하지 않는 것은?

① 프리로딩공법
② 페이퍼드레인공법
③ 고결공법
④ 샌드드레인공법

해설 고결공법 : 화학적 또는 열적인 처리에 의해 흙 입자간의 결합력 등을 증대시켜 지반의 안정을 얻는 공법으로 약액주입공법도 포함된다.

64 거푸집이 콘크리트 구조체의 품질에 미치는 영향과 역할이 아닌 것은?

① 콘크리트가 응결하기까지의 형상, 치수의 확보
② 콘크리트 수화반응의 원활한 진행을 보조
③ 철근의 피복두께 확보
④ 건설 폐기물의 감소

해설 거푸집의 역할
　　1) 콘크리트 부어 넣기 작업과 응결 · 경화하는 동안 일정한 형상과 치수를 유지시켜 준다. (철근의 피복두께 확보)
　　2) 콘크리트의 경화(수화반응)에 필요한 수분의 누출을 방지한다.

■ 정답 ■　60.④　61.①　62.②　63.③　64.④

65 다음 중 철근공사의 배근순서로 옳은 것은?

① 벽→기둥→슬래브→보
② 슬래브→보→벽→기둥
③ 벽→기둥→보→슬래브
④ 기둥→벽→보→슬래브

해설 철근공사의 배근순서(철근의 조립순서)
기초 → 기둥 → 벽 → 보 → 바닥판(슬래브) → 계단

66 철근콘크리트에서 염해로 인한 철근부식 방지대책으로 옳지 않은 것은?

① 콘크리트중의 염소 이온량을 적게 한다.
② 에폭시 수지 도장 철근을 사용한다.
③ 방청제 투입을 고려한다.
④ 물 – 시멘트비를 크게 한다.

해설 염해로 인한 철근부식 방지대책
1) ①, ②, ③항
2) 물–시멘트비(W/C)를 작게 한다.

67 공사 중 시방서 및 설계도서가 서로 상이할 때의 우선순위에 관한 설명으로 옳지 않은 것은?

① 설계도면과 공사시방서가 상이할 때는 설계도면을 우선한다.
② 설계도면과 내역서가 상이할 때는 설계도면을 우선한다.
③ 일반시방서와 전문시방서가 상이할 때는 전문시방서를 우선한다.
④ 설계도면과 상세도면이 상이할 때는 상세도면을 우선한다.

해설 시방서의 작성시 주의사항
1) 중복되지 않고 간단명료하게 작성하여야 한다.
2) 재료의 품질은 명확하게 규정하고 그 지정은 신중해야 한다.

3) 공사 전체를 빠짐없이 기재하고(시방서 작성시 가장 중요한 사항), 공사 진행순서와 일치하여야 한다.
4) 공정의 정밀도와 손질의 정밀도(마무리 정도)를 명확하게 규정한다.
5) 시방서와 도면의 내용이 서로 다른 경우에는 시방서에 준하는 것이 원칙이나 먼저 감독관에 신고하여 그의 지시에 따라 시공한다.
우선수위 : 감리자와 상의〉특기시방서〉표준시방서〉설계도면

68 건축시공의 현대화 방안 중 3S system과 거리가 먼 것은?

① 작업의 표준화
② 작업의 단순화
③ 작업의 전문화
④ 작업의 기계화

해설 건축시공의 현대화 방안에 의한 건축 생산 3S system
1) simplification : 공사공법의 단순화
2) standardization : 공사재료으 규격화(표준화)
3) specialization : 공사인력의 전문화

69 개방잠함공법(Open caisson method)에 관한 설명으로 옳은 것은?

① 건물외부 작업이므로 기후의 영향을 많이 받는다.
② 지하수가 많은 지반에서는 침하가 잘 되지 않는다.
③ 소음발생이 크다.
④ 실의 내부 갓 둘레부분을 중앙 부분보다 먼저 판다.

해설 개방잠함공법 : 지하실 구조체(상부가 대기중에 열린 케이슨 ; open caisson)을 지상에서 구축하고 케이슨의 밑부분을 굴삭하여 예정의 지반까지 침하시키는 공법이다.

■ 정답 ■ 65.④ 66.④ 67.① 68.④ 69.②

70 분할도급 발주 방식 중 지하철공사, 고속도로공사 및 대규모 아파트단지 등의 공사에 채용하면 가장 효과적인 것은?

① 직종별 공종별 분할도급
② 공정별 분할도급
③ 공구별 분할도급
④ 전문공종별 분할도급

해설 **공구별 분할도급** : 대규모 공사에서 지역별, 공구별로 분리하여 도급시키는 방식
　1) **장점** : 종소업자에게 균등기회를 주고, 입찰자 상호간의 경쟁으로 공사기일 단축, 시공기술 향상에 유리하다.
　2) **단점** : 공구마다 총괄도급으로 하므로 등록사무가 번잡하다.

71 연질의 점토지반에서 흙막이 바깥에 있는 흙의 중량과 지표위에 적재하중의 중량에 못견디어 저면 흙이 붕괴되고 흙막이 바깥에 있는 흙이 안으로 밀려 불룩하게 되는 현상을 무엇이라고 하는가?

① 보일링 파괴　　② 히빙 파괴
③ 파이핑 파괴　　④ 언더 피닝

해설 1) **히빙(Heaving)현상** : 굴착이 진행됨에 따라 흙막이 벽 뒤쪽 흙의 중량이 굴착부 바닥의 지지력 이상이 되면 흙막이벽 근입(根入)부분의 지반 이동이 발생하여 굴착부 저면이 솟아오르는 현상이다. 이 현상이 발생하면 흙막이 벽의 근입부분이 파괴되면서 흙막이 벽 전체가 붕괴하는 경우가 많다.
　2) **히빙 방지대책**
　　① 굴착주변의 상재하중을 제거한다.
　　② 시트 파일(Sheet pile)등의 근입심도를 검토한다.
　　③ 1.3m 이하 굴착시에는 버팀대(Strut)를 설치한다.
　　④ 버팀대, 브라켓, 흙막이를 점검한다.
　　⑤ 굴착주변을 탈수공법과 병행한다.
　　⑥ 굴착방식을 개선(Island cut 공법, 케이슨공법, 트렌치공법, 부분굴착공법 등)한다.

72 프리플레이스트 콘크리트의 서중 시공 시 유의사항으로 옳지 않은 것은?

① 애지테이터 안의 모르타르 저류시간을 짧게 한다.
② 수송관 주변의 온도를 높여 준다.
③ 응결을 지연시키며 유동성을 크게 한다.
④ 비빈 후 즉시 주입한다.

해설 ②항, 수송관 주변의 온도를 낮추어 준다.

73 잡석지정의 다짐량이 5㎥일 때 틈막이로 넣는 자갈의 양으로 가장 적당한 것은?

① 0.5㎥　　② 1.5㎥
③ 3.0㎥　　④ 5.0㎥

해설 **틈막이 자갈량** = 잡석다짐량 × 0.3 = $5m^3 \times 0.3 = 1.5m^3$

74 석공사에서 건식공법에 관한 설명으로 옳지 않은 것은?

① 하지철물의 부식문제와 내부단열재 설치문제 등이 나타날 수 있다.
② 긴결 철물과 채움 모르타르로 붙여 대는 것으로 외벽공사 시 빗물이 스며들어 들뜸, 백화현상 등이 발생하지 않도록 한다.
③ 실런트(Sealant)유성분에 의한 석재면의 오염문제는 비오염성 실런트로 대체하고나 Open Joint공법으로 대체하기도 한다.
④ 강재트러스트, 트러스지지공법 등 건식공법은 시공정밀도가 우수하고, 작업능률이 개선되며, 공기단축이 가능하다.

해설 **석공사의 건식공법**
　1) **앵커긴결공법** : 석재의 붙임에 모르타르를 사용하지 않고 앵커, 볼트, 연결철물을 사용하여 석재와 구조체를 연결시키는 공법이다.
　2) **강제 트러스 지지공법** : 미리 조립된 강제트러스에 여러 장의 석판재를 지상에서 짜맞춘 후 이를 조립식으로 설치해 나가는 공법이다.

75 PERT/CPM의 장점이 아닌 것은?

① 변화에 대한 신속한 대책수립이 가능하다.
② 비용과 관련된 최적안 선택이 가능하다.
③ 작업선후 관계가 명확하고 책임소재 파악이 용이하다.
④ 주공정(Critical path)에 의해서만 공기관리가 가능하다.

해설 Network 공정표(PERT/CPM)의 특징

장점	단점
1. 개개의 작업관련이 도시되어 있어 내용을 알기 쉽다.(작업의 상호관계가 명확)	1. 작성 및 검사에 특별한 기능이 요구된다.(기법에 대한 습득이 어렵다.)
2. 작성자 이외의 사람도 이해하기 쉽다.	2. 공정계획의 작성에 많은 시간이 소요된다.
3. 공정계획 관리면에서 신뢰도가 높다.	3. 진척관리에 있어서 특별한 연구가 필요하다.
4. 공사진척상황을 쉽게 알 수 있다.	4. 작업의 세분화 정도에는 한계가 있다.
5. 계획단계에서 공정상의 문제점이 명확하게 되어 사전에 적절히 수행할 수 있다.	5. 효과적인 예산통제의 기능은 없다.

76 콘크리트 타설 시 거푸집에 작용하는 측압에 관한 설명으로 옳지 않은 것은?

① 기온이 낮을수록 측압은 작아진다.
② 거푸집의 강성이 클수록 측압은 커진다.
③ 진동기를 사용하여 다질수록 측압은 커진다.
④ 조강시멘트 등을 활용하면 측압은 작아진다.

해설 ①항, 기온이 낮을수록 측압은 커진다.

77 내화피복의 공법과 재료와의 연결이 옳지 않은 것은?

① 타설공법 – 콘크리트, 경량콘크리트
② 조적공법 – 콘크리트, 경량콘크리트 블록, 벽돌
③ 미장공법 – 뿜칠 플라스터, 알루미나 계열 모르타르
④ 뿜칠공법 – 뿜칠 암면, 습식 뿜칠 암면, 뿜칠 모르타르

해설 ③항, **미장공법** : 철골부재, 메탈라스(metal lath), 내화 단열성 모르타르

78 철골공사의 기초상부 고름질 방법에 해당되지 않는 것은?

① 전면바름 마무리법
② 나중 채워넣기 중심바름법
③ 나중 매입공법
④ 나중 채워넣기법

해설 **기초상부 고름질(기둥밑창 고르기)** : 철골세우기에서 기초상부는 베이스판을 완전수평으로 밀착시키기 위해서 30~50mm 두께로 모르타르를 펴 바른다.
1) 전면바름 마무리법
2) 나중채워넣기 중심바름법
3) 나중채워넣기 십자(+)바름법
4) 나중채워넣기법

79 보강 콘크리트 블록조 공사에서 원칙적으로 기초 및 테두리보에서 위층의 테두리보까지 잇지 않고 배근하는 것은?

① 세로근　　　　② 가로근
③ 철선　　　　　④ 수평횡근

해설 **보강 블록조 공사의 세로근**
1) 세로근은 원칙적으로 기초·테두리보에서 윗층의 테두리보까지 잇지 않고 배근한다.
2) 세로근은 이음을 엇갈리게 하고 철근을 보에 장착하는 길이는 40d(d : 철근지름) 이상으로 한다.

2019

■ 정답 ■　75.④　76.①　77.③　78.③　79.①

80 말뚝재하시험의 주요목적과 거리가 먼 것은?

① 말뚝길이의 결정
② 말뚝 관입량 결정
③ 지하수위 추정
④ 지지력 추정

해설 말뚝재하시험의 주요목적
　1) 말뚝길이 결정
　2) 말뚝관입량 결정
　3) 지지력 측정

제5과목 / 건설재료학

---

81 합성수지 재료에 관한 설명으로 옳지 않은 것은?

① 에폭시수지는 접창성은 우수하나 경화 시 휘발성이 있어 용적의 감소가 매우 크다.
② 요수수지는 무색이어서 착색이 자유롭고 내수성이 크며 내수합판의 접착제로 사용된다.
③ 폴리에스테르수지는 전기절연성, 내열성이 우수하고 특히 내약품성이 뛰어나다.
④ 실리콘수지는 내약품성, 내후성이 좋으며 방수피막 등에 사용된다.

해설 에폭시수지(epoxy resin)
　1) 성질
　　① 접착성이 매우 우수하며 경화시 휘발성이 없다.(금속, 유리, 플라스틱, 도자기, 목재, 고무 등에 탁월한 접착성을 발휘하며 특히 알루미늄과 같은 경금속의 접착에 가장 좋다.)
　　② 내약품성, 내용제성, 내수성(방수성), 전기절연성 등이 우수하다.
　　③ 농질산을 제외하고는 산, 알칼리에도 강하다.

82 목재의 건조특성에 관한 설명으로 옳지 않은 것은?

① 온도가 높을수록 건조속도는 빠르다.
② 풍속이 빠를수록 건조속도는 빠르다.
③ 목재의 비중이 클수록 건조속도는 빠르다.
④ 목재의 두께가 두꺼울수록 건조시간이 길어진다.

해설 목재의 비중이 클수록 건조속도는 느리다.

83 부재 혹은 구조물의 치수가 커서 시멘트의 수화열에 의한 온도상승 및 강하를 고려하여 설계·시공해야 하는 콘크리트를 무엇이라 하는가?

① 매스콘크리트
② 한중콘크리트
③ 고강도콘크리트
④ 수밀콘크리트

해설 매스콘크리트 : 본문 설명

84 목재의 내연성 및 방화에 관한 설명으로 옳지 않은 것은?

① 목재의 방화는 목재 표면에 불연소성 피막을 도포 또는 형성시켜 화염의 접근을 방지하는 조치를 한다.
② 방화제로는 방화페인트, 규산나트륨 등이 있다.
③ 목재가 열에 닿으면 먼저 수분이 증발하고 160℃ 이상이 되면 소량의 가연성가스가 유출된다.
④ 목재는 450℃에서 장시간 가열하면 자연발화 하게 되는데, 이 온도를 화재위험온도라고 한다.

해설 목재의 연소성
　1) 100℃ : 수분증발
　2) 180℃ 전후 : 열분해에 의해 가연성가스를 발생하여 인화(인화점)
　3) 260~270℃ : 목재에 물이 붙음(착화점 또는 화재위험온도)
　4) 400~450℃ : 화기 없이 자연 발화(발화점)

■ 정답 ■ 80.③ 81.① 82.③ 83.① 84.④

85 점토제품에서 SK번호가 의미하는 바로 옳은 것은?

① 점토원료를 표시
② 소성온도를 표시
③ 점토제품의 종류를 표시
④ 점토제품 제법 순서를 표시

해설 S·K(Seger-Keger Cone) 번호 : 점토제품의 소성온도를 나타냄

86 다음 중 역청재료의 침입도 값과 비례하는 것은?

① 역청재의 중량
② 역청재의 온도
③ 대기압
④ 역청재의 비중

해설 역청재료의 침입도
1) 침입도 : 아스팔트의 견고성 정도를 침의 관입 저항으로 평가하는 방법이다.
   ① 침입도는 온도상승에 따라 증가한다.
   ② 침입도가 적을수록 경질이다.
2) 침입도 1도 : 관입량 0.1mm(표준조건 25℃, 표준침의 중량 100g, 5초 동안 시험)
(예) 관입량 10mm일 때 침입도 계산
   – 관입량 0.1mm : 침입도 1
   – 관입량 10mm : X

$$\therefore X(침입도) = \frac{10}{0.1} = 100도$$

87 표면을 연마하여 고광택을 유지하도록 만든 시유타일로 대형 타일에 많이 사용되며, 천연화강석의 색깔과 무늬가 표면에 나타나게 만들 수 있는 것은?

① 모자이크 타일
② 징크판넬
③ 논슬립타일
④ 폴리싱타일

해설 폴리싱 타일 : 본문설명

88 투명도가 높으므로 유기유리라고도 불리며 무색 투명하여 착색이 자유롭고 상온에서도 절단·가공이 용이한 합성수지는?

① 폴리에틸렌 수지
② 스티롤 수지
③ 멜라민 수지
④ 아크릴 수지

해설 아크릴 수지 : 본문 설명

89 다음 중 원유에서 인위적으로 만든 아스팔트에 해당하는 것은?

① 블론 아스팔트
② 로크 아스팔트
③ 레이크 아스팔트
④ 아스팔타이트

해설 아스팔트의 종류
1) 천연 아스팔트 : 로크 아스팔트, 레이크 아스팔트, 아스팔트 타이트
2) 석유 아스팔트 : 스트레이트 아스팔트, 블로운 아스팔트, 아스팔트 컴파운드

90 강재 시편의 인장시험 시 나타나는 응력 – 변형률 곡선에 관한 설명으로 옳지 않은 것은?

① 하위항복점까지 가력한 후 외력을 제거하면 변형은 원상으로 회복된다.
② 인장강도 점에서 응력값이 가장 크게 나타난다.
③ 냉간성형한 강재는 항복점이 명확하지 않다.
④ 상위항복점 이후에 하위항복점이 나타난다.

해설 하위항복점까지 가력한 후에는 외력을 제거하여도 원상으로 회복되지 않는다.

■ 정답 ■ 85.② 86.② 87.④ 88.④ 89.① 90.①

91 유리가 불화수소에 부식하는 성질을 이용하여 5mm이상 판유리면에 그림, 문자 등을 새긴 유리는?

① 스테인드유리　　② 망입유리
③ 에칭유리　　　　④ 내열유리

해설 에칭유리(etching glass)
1) 에칭유리 : 유리가 불화수소(HF)에 부식되는 성질을 이용하여 5mm 이상의 후판 유리면에 그림이나 무늬모양, 문자 등을 새긴 유리로 조각유리라고도 한다.
2) 용도 : 주로 장식용으로 쓰인다.

92 회반죽에 여물을 넣는 가장 주된 이유는?

① 균열을 방지하기 위하여
② 점성을 높이기 위하여
③ 경화를 촉진하기 위하여
④ 내수성을 높이기 위하여

해설 여물
1) 미장재료에 혼입하여 보강, 균열방지의 역할을 하는 섬유질 재료이다.
2) 짚여물, 삼여물, 기타 종이여물, 털종려여물, 털여물 등이 있다.

93 기성 배합 모르타르 바름에 관한 설명으로 옳지 않은 것은?

① 현장에서의 시공이 간편하다.
② 공장에서 미리 배합하므로 재료가 균질하다.
③ 접착력 강화제가 혼입되기도 한다.
④ 주로 바름 두께가 두꺼운 경우에 많이 쓰인다.

해설 ④항, 주로 바름두께가 얇은 경우에 많이 쓰인다.

94 골재의 입도분포를 측정하기 위한 시험으로 옳은 것은?

① 플로우 시험　　② 블레인 시험
③ 체가름 시험　　④ 비카트침 시험

해설 골재의 입도분포를 측정하기 위한 시험 : 체가름 시험

95 다음 미장재료 중 기경성(氣硬性)이 아닌 것은?

① 회반죽
② 경석고 플라스터
③ 회사벽
④ 돌로마이트플라스터

해설 응결·경화방식에 따른 미장재료의 분류
1) 수경성 미장재료(팽창성) : 물(H_2O)과 수화반응에 의해 경화하는 미장재료이다.
① 시멘트 모르타르 : 시멘트+모래+물
② 석고 플라스터 : 석고+모래+여물+물
③ 경석고 플라스터 : 무수석고+모래+여물+물
④ 인조석 바름 : 시멘트모르타르+인조석
⑤ 테라조(terrazzo) 현장바름 : 백시멘트+안료+종석(대리석, 화강석 등)

96 도료 중 주로 목재면의 투명도장에 쓰이고 오일 니스에 비하여 도막이 얇으나 견고하며, 담색으로서 우아한 광택이 있고 내부용으로 쓰이는 것은?

① 클리어 래커(clear lacquer)
② 에나멜 래커(enamel lacquer)
③ 에나멜 페인트(enamel paint)
④ 하이 솔리드 래커(high solid lacquer)

해설 클리어 래커 : 본문설명

97 강화유리의 검사항목과 거리가 가장 먼 것은?

① 파쇄시험　　　② 쇼트백시험
③ 내충격성시험　④ 촉진노출시험

해설 1) 강화유리 : 평면 및 곡면의 판유리를 열처리(600℃)한 후 냉각공기로 양면을 급랭강화

하여 강도를 높인 안전유리이다.
2) 강화유리의 검사항목
① 파쇄시험
② 쇼트백시험
③ 내충격성 시험

98 목재의 신축에 관한 설명으로 옳은 것은?

① 동일 나뭇결에서 심재는 변재보다 신축이 크다.
② 섬유포화점 이상에서는 함수율의 변화에 따른 신축 변동이 크다.
③ 일반적으로 곧은결폭보다 널결폭이 신축의 정도가 크다.
④ 신축의 정도는 수종과는 상관없이 일정하다.

해설 목재의 신축
1) 보통이 비중이 클수록 신축이 크다.
2) 섬유방향은 거의 수축하지 않는다.
3) 변재는 심재보다 신축이 크다.
4) 널결방향의 신축이 곧은결방향의 신축보다 크다.

99 창호용 철물 중 경첩으로 유지할 수 없는 무거운 자재여닫이문에 쓰이는 철물은?

① 도어 스톱
② 래버터리 힌지
③ 도어 체크
④ 플로어 힌지

해설 1) 도어스톱(door stop) : 여닫이 문이나 장지를 고정하는 철물(문받이 철물)이다.
2) 래버터리 힌지(lavatory hinge) : 공중용 변소나 공중화장실 출입문에 사용되는 창호철물이다.
3) 도어클로저(door closers) : 문을 열면 자동적으로 닫히게 하는 장치로, 도어체크(door check)라고도 한다.
4) 플로어힌지(floor, hinge, 마루정첩)
① 자재여닫이 문을 열면 저절로 닫히게 하는 장치를 바닥에 설치하여 문장부를 끼우고 상부는 지도리를 축대로 하여 돌게 한 철문이다.
② 중량이 큰 문에 쓰인다.

100 오토클레이브(auto clave)에 포화증기 양생한 경량기포콘크리트의 특징으로 옳은 것은?

① 열전도율은 보통 콘크리트와 비슷하여 단열성은 약한 편이다.
② 경량이고 다공질이어서 가공 시 톱을 사용할 수 있다.
③ 불연성 재료로 내화성이 매우 우수하다.
④ 흡음성과 차음성은 비교적 약한 편이다.

해설 ALC(autocalved lightweight concrete) 제품
1) ALC : 생석회와 규사를 고온, 고압하에서 양생하면 수열(水熱) 반응을 일으키고 이 반응에 의해 만들어진 건축재료에 기포를 넣어 경량화한 경량 기포콘크리트를 약칭해서 ALC라고 한다.
① 수열반응에 의해서 생성된 규선석회의 결정은 강고하고 안정된 것이나 생석회 대신 시멘트의 석회원(CaO 60% 함유)을 사용하기도 한다.
② 발포제는 알루미늄 분말을 사용한다.
2) 특성 및 용도
① 기포 콘크리트 제품에 비해 강도가 크고 수축이 적으며, 방음, 단열 등의 특성이 있으나 다공질이므로 흡수성이 크다.
② 제품은 패널 및 블록류로서 바닥, 벽, 지붕재로 사용된다.

제6과목 / 건설안전기술

101 승강기 강선의 과다감기를 방지하는 장치는?

① 비상정지장치
② 권과방지장치
③ 해지장치
④ 과부하방지장치

해설 1) 비상정지장치 : 운전 중인 승강기의 작동을 정지시키는 장치
2) 권과방지장치 : 승강기 강선의 과다감기를 방지하는 장치
3) 해지장치 : 훅 걸이용 와이어로프 등이 훅으로

부터, 벗겨지는 것을 방지하는 장치

4) **과부하방지장치** : 하중이 정격하중보다 커졌을 때 자동적으로 동력회로를 차단하거나 경보를 발하는 장치

102 건축공사로서 대상액이 5억원 이상 50억 원 미만 인 경우에 산업안전보건관리비의 비율 (가) 및 기초액(나)으로 옳지 않은 것은?

① (가) 1.86%, (나) 5,349,000원
② (가) 1.99%, (나) 5,499,000원
③ (가) 2.35%, (나) 5,400,000원
④ (가) 1.57%, (나) 4,411,000원

해설 **공사종류별 규모 및 안전관리비 계상 기준표 (별표1)**

대상액 공사종류	5억원 미만	5억원 이상 50억원 미만		50억원 이상
		비율 (X)	기초액 (C)	
건축공사	2.93%	1.86%	5,349,000원	1.97%
토목공사	3.09%	1.99%	5,499,000원	2.10%
중간설공사	3.43%	2.35%	5,400,000원	2.44%
특수 건설공사	1.85%	1.20%	3,250,000원	1.27%

길잡이 **안전관리비 계사기준**

1) 대상액(재료비+직접노무비)이 5억 원 미만 또는 50억 원 이상일 때 : 대상액에 별표1에 서 정한 비율을 곱한 금액

안전관리비$= 대상액 \times \dfrac{비율[\%]}{100}$

2) 대상액이 5억 원 이상 50억 원 미만 : 대상 액에 별표1에서 정한 비율(X)을 곱한 금액 에 기초액(C)을 합한 금액

안전관리비$= 대상액 \times \dfrac{X[\%]}{100} + 기초액(C)$

103 철골건립준비를 할 때 준수하여야 할 사항과 가장 거리가 먼 것은?

① 지상 작업장에서 건립준비 및 기계기구를 배치할 경우에는 낙하물의 위험이 없는 평

탄한 장소를 선정하여 정비하고 경사지에 는 작업대나 임시발판 등을 설치하는 등 안 전조치를 한 후 작업하여야 한다.

② 건립작업에 다소 지장이 있다하더라도 수목 은 제거하여서는 안된다.

③ 사용전에 기계기구에 대한 정비 및 보수를 철저히 실시하여야 한다.

④ 기계에 부착된 앵커 등 고정장치와 기초구 조 등을 확인하여야 한다.

해설 **철골건립준비를 할 때 준수하여야 할 사항**(고용노 동부고시)

1) 지상 작업장에서 건립 준비 및 기계기구를 배치 할 경우에는 낙하물의 위험이 없는 평탄한 장 소를 선정하여 정비하고 경사지에서는 작업대 나 임시발판 등을 설치하는 등 안전하게 한 후 작업하여야 한다.

2) 건립 작업에 지장이 되는 수목은 제거하거나 이 설하여야 한다.

3) 인근에 건축물 또는 고압선 등이 있는 경우에는 이에 대한 방호 조치 및 안전조치를 하여야 한 다.

4) 사용 전에 기계기구에 다한 정비 및 보수를 철 저히 실시하여야 한다.

5) 기계가 계획대로 배치되어 있는가, 위치는 작업 구역을 확인할 수 있는 곳에 위치하였는가, 기 계에 부착된 앵커 등 고정장치와 기초구조 등 을 확인하여야 한다.

104 건설작업장에서 근로자가 상시 작업하 는 장소의 작업면 조도기준으로 옳지 않은 것 은?(단, 갱내 작업장과 감광재료를 취급하는 작 업장의 경우는 제외)

① 초정밀 작업 : 600럭스(lux) 이상
② 정밀 작업 : 300럭스(lux) 이상
③ 보통 작업 : 150럭스(lux) 이상
④ 초정밀, 정밀, 보통작업을 제외한 기타 작업 : 75럭스(lux) 이상

해설 **초정밀작업** : 750럭스(lux) 이상

■ 정답 ■ 102.① 103.② 104.①

105 추락방지용 방망의 그물코의 크기가 10cm인 신품 매듭방망사의 인장강도는 몇 킬로그램 이상이어야 하는가?

① 80
② 110
③ 150
④ 200

해설 방망사의 신품에 대한 인장강도

그물코의 종류	매듭없는 방망의 강도	매듭방망의 강도
10cm	240kg	200kg
5cm		110kg

106 흙막이 지보공을 설치하였을 때 정기적으로 점검하여야할 사항과 거리가 먼 것은?

① 경보장치의 작동상태
② 부재의 손상·변형·부식·변위 및 탈락의 유무와 상태
③ 버팀대의 긴압(緊壓)의 정도
④ 부재의 접속부·부착부 및 교차부의 상태

해설 흙막이지보공 설치시 붕괴 등의 위험방지를 위한 정기점검사항
  1) 부재의 손상·변형·부식·변위 및 탈락의 유무와 상태
  2) 버팀대의 긴압의 정도
  3) 부재의 접속부·부착부 및 교차부의 상태
  4) 침하의 강도

107 강관비계 조립시의 준수사항으로 옳지 않은 것은?

① 비계기둥에는 미끄러지거나 침하하는 것을 방지하기 위하여 밑받침철물을 사용한다.
② 지상높이 4층 이하 또는 12m 이하인 건축물의 해체 및 조립등이 작업에서만 사용한다.
③ 교차가새로 보강한다.
④ 외줄비계·쌍줄비계 또는 돌출비계에 대해서는 벽이음 및 버팀을 설치한다.

해설 강관비계 조립시의 조립사항
  1) 비계기둥에는 미끄러지거나 침하하는 것을

방지하기 위하여 밑받침철물을 사용하거나 깔판·깔목 등을 사용하여 밑둥잡이를 설치하는 등의 조치를 할 것
  2) 강관의 접속부 또는 교차부는 적합한 부속철물을 사용하여 접속하거나 단단히 묶을 것
  3) 교차가새로 보강할 것
  4) 외줄비계, 쌍줄비계 또는 돌출비계에 대하여는 다음 각 목의 정하는 바에 따라 벽이음 및 버팀을 설치할 것
   ① 강관비계의 조립간격은 (별표 5)의 기준에 적합하도록 할 것
   ② 강관·통나무 등의 재료를 사용하여 견고한 것을 할 것
   ③ 인장재와 압축재로 구성되어 있는 때에는 인장재와 압축재의 간격을 1m 이내로 할 것
  5) 가공전로에 근접하여 비계를 설치하는 때에는 가공전로를 이설하거나 가공전로에 절연용 방호구를 장착하는 등 가공전로와의 접촉을 방지하기 위한 조치를 할 것

108 달비계의 구조에서 달비계 작업발판의 폭은 최소 얼마 이상 이어야 하는가?

① 30cm
② 40cm
③ 50cm
④ 60cm

해설 달비계 작업발판의 폭 : 40cm 이상으로 하고 틈새가 없도록 할 것

109 건설업 중 교량건설 공사의 경우 유해위험방지계획서를 제출하여야 하는 기준으로 옳은 것은?

① 최대 지간길이가 40m 이상인 교량건설등 공사
② 최대 지간길이가 50m 이상인 교량건설등 공사
③ 최대 지간길이가 60m 이상인 교량건설등 공사
④ 최대 지간길이가 70m 이상인 교량건설등 공사

■ **정답** ■ 105.④ 106.① 107.② 108.② 109.②

해설 건설업 중 유해위험방지계획서 제출대상 사업장
(시행규칙 제120조 제4항)
1) 지상높이가 31미터 이상인 건축물 또는 인공구조물, 연면적 3만 제곱미터 이상인 건축물 또는 연면적 5천 제곱미터 이상의 문화 및 집회시설(전시장 및 동물원·식물원은 제외), 판매시설, 운수시설(고속철도의 역사 및 집·배송시설은 제외), 종교시설, 의료시설 중 종합병원, 숙박시설 중 관광숙박시설, 지하도상가 또는 냉동·냉장 창고시설의 건설·개조 또는 해체(이해 "건설등"이라 함)
2) 연면적 5천 제곱미터 이상의 냉동·냉장 창고시설의 설비공사 및 단열공사
3) 최대 지간길이가 50미터 이상인 교량건설 등 공사
4) 터널 건설 등의 공사
5) 다목적댐, 발전용댐 및 저수용량 2천만 톤 이상의 용수 전용 댐, 지방상수도 전용댐 건설 등의 공사
6) 깊이 10미터 이상인 굴착공사

110 다음 중 방망에 표시해야할 사항이 아닌 것은?

① 방망의 신축성   ② 제조자명
③ 제조년월   ④ 재봉 치수

해설 방망의 표시사항
1) 제조자명   2) 제조연월
3) 재봉치수   4) 그물코
5) 신품 시 망사의 강도

111 산업안전보건법령에 따른 거푸집동바리를 조립하는 경우의 준수사항으로 옳지 않은 것은?

① 개구부 상부에 동바리를 설치하는 경우에는 상부하중을 견딜 수 있는 견고한 받침대를 설치할 것
② 동바리의 이음은 맞댄이음이나 장부이음으로 하고 같은 품질의 제품을 사용할 것

③ 강재와 강재의 접속부 및 교차부는 철선을 사용하여 단단히 연결할 것
④ 거푸집이 곡면이 경우에는 버팀대의 부착 등 그 거푸집의 부상(浮上)을 방지하기 위한 조치를 할 것

해설 거푸집 동바리 조립 시 안전조치 사항(준수사항)
1) 깔목의 사용, 콘크리트 타설, 말뚝 박기 등 동바리의 침하를 방지하기 위한 조치를 할 것
2) 개구부 상부에 동바리 설치 시 상부하중을 견딜 수 있는 견고한 받침대를 설치할 것
3) 동바리의 상하고정 및 미끄러짐 방지 조치를 하고, 하중의 지지 상태를 유지할 것
4) 동바리의 이음 : 동질 재료를 사용하여 맞댐 이음, 장부 이음을 할 것
5) 강재와 강재의 접속부 및 교차부는 볼트, 클램프 등 전용철물을 사용하여 단단히 연결할 것
6) 곡면인 거푸집은 버팀대의 부착 등 거푸집 부상 방지 조치를 할 것

112 중량물을 운반할 때의 바른 자세로 옳은 것은?

① 허리를 구부리고 양손으로 들어올린다.
② 중량은 보통 체중의 60%가 적당하다.
③ 물건은 최대한 몸에서 멀리 떼어서 들어올린다.
④ 길이가 긴 물건은 앞쪽을 높게 하여 운반한다.

해설 인력운반 작업 시 안전수칙
1) 물건을 들어 올릴 때는 팔과 무릎을 사용하며, 척추는 곧은 자세로 할 것
2) 무거운 물건은 공동작업으로 실시하고 보조기구를 사용할 것
3) 길이가 긴 물건은 앞쪽을 높여 운반할 것
4) 화물에 최대한 접근하여 중심을 낮게 할 것
5) 어깨보다 높이 들어 올리지 않을 것
6) 무리한 자세를 장시간 지속하지 않을 것
7) 중량은 보통 체중의 40% 정도로 할 것

113 건설현장에서 높이 5m 이상인 콘크리트 교량의 설치작업을 하는 경우 재해예방을 위해 준수해야 할 사항으로 옳지 않은 것은?

① 작업을 하는 구역에는 관계 근로자가 아닌 사람의 출입을 금지할 것
② 재료, 기구 또는 공구 등을 올리거나 내릴 경우에는 근로자로 하여금 크레인을 이용하도록 하고 달줄, 달포대 등의 사용을 금하도록 할 것
③ 중량물 부재를 크레인 등으로 인양하는 경우에는 부재에 인양용 고리를 견고하게 설치하고, 인양용 로프는 부재에 두 군데 이상 결속하여 인양하여야 하며, 중량물이 안전하게 거치되기 전까지는 걸이로프를 해제시키지 아니할 것
④ 자재나 부재의 낙하·전도 또는 붕괴 등에 의하여 근로자에게 위험을 미칠 우려가 있을 경우에는 출입금지구역의 설정, 자재 또는 가설시설의 좌굴(挫屈) 또는 변형 방지를 위한 보강재 부착 등의 조치를 할 것

해설 ②항, 재료, 기구 또는 공구등을 올리거나 내릴 경우에는 달줄이나 달포대 등을 사용하도록 할 것

114 구축물이 풍압·지진 등에 의하여 붕괴 또는 전도하는 위험을 예방하기 위한 조치와 가장 거리가 먼 것은?

① 설계도서에 따라 시공했는지 확인
② 건설공사 시방서에 따라 시공했는지 확인
③ 「건축물의 구조기준 등에 관한 규칙」에 따른 구조기준을 준수했는지 확인
④ 보호구 및 방호장치의 성능검정 합격품을 사용했는지 확인

해설 ④항, 보호구 및 방호장치의 성능검정 합격률의 사용여부 확인사항은 구축물의 붕괴·전도위험을 예방하기 위한 조치사항과 관계가 없는 내용이다.

115 사다리식 통로 등을 설치하는 경우 고정식 사다리식 통로의 기울기는 최대 몇 도 이하로 하여야 하는가?

① 60도
② 75도
③ 80도
④ 90도

해설 사다리식 통로 설치시 고정식 사다리식 통로의 기울기 : 90°이하

116 사질지반 굴착 시, 굴착부와 지하수위차가 있을 때 수두차에 의하여 삼투압이 생겨 흙막이벽 근입부분을 침식하는 동시에 모래가 액상화되어 솟아오르는 현상은?

① 동상현상
② 연화현상
③ 보일링현상
④ 히빙현상

해설 지반의 이상현상

구분	보일링 현상	히빙 현상
1) 지반 조건	• 사질토 지반	• 연약성 점토 지반
2) 발생 조건	• 굴착부와 주변의 지하수위차에 의한 수두차	• 흙막이벽 뒤쪽 흙의 중량 • 상부 지표면의 재하중
3) 현상	• 굴착면과 배토면의 수두차에 의한 침투압 발생 • 굴착면의 모래가 액상화되어 솟아오름	• 바면 토사붕괴 • 흙막이지보공 파괴 • 굴착저면이 솟아오름
4) 대책	• 흙막이벽 근입심도를 깊게 한다. • 주변 지하수위를 저하시킨다. • 굴착토를 즉시 원상 매립한다. • 작업을 중지시킨다.	• 흙막이벽을 깊게 박는다. • 굴착주변의 상재하중을 제거한다. • 굴착방식을 개선한다.

2019

117 달비계(곤돌라의 달비계는 제외)의 최대적재 하중을 정하는 경우에 사용하는 안전계수의 기준으로 옳은 것은?

① 달기체인의 안전계수 : 10 이상
② 달기강대와 달비계의 하부 및 상부지점의 안전계수(목재의 경우) : 2.5이상
③ 달기와이어로프의 안전계수 : 5 이상
④ 달기강선의 안전계수 : 10 이상

해설 달비계(곤돌라의 달비계는 제외)의 안전계수
1) 달기와이어로프 및 달기강선의 안전계수 : 10이상
2) 달기체인 및 달기훅의 안전계수 : 5이상
3) 달기강대와 달비계 하부 및 상부지점의 안전계수 : 강재의 경우 2.5이상 목재의 경우 5이상

118 부두 · 안벽 등 하역작업을 하는 장소에서 부두 또는 안벽의 선을 따라 통로를 설치하는 경우에는 폭을 최소 얼마 이상으로 해야 하는가?

① 70cm
② 80cm
③ 90cm
④ 100cm

해설 부두, 안벽 등 하역 작업을 하는 장소에 대하여 조치할 사항
1) 작업장, 통로의 위험한 부분 : 안전작업을 할 수 있는 조명을 유지할 것
2) 부두 또는 안벽의 선을 따라 통로를 설치할 경우 : 폭을 90cm 이상으로 할 것
3) 육상에서의 통로 및 작업장소에 다리 또는 갑문을 넘는 보도 등의 위험한 부분 : 울 등을 설치할 것

119 타워 크레인(Tower Crane)을 선정하기 위한 사전 검토사항으로서 가장 거리가 먼 것은?

① 붐의 모양
② 인양능력
③ 작업반경
④ 붐의 높이

해설 타워크레인의 선정시 사전 검토사항
1) 인양능력
2) 작업반경
3) 붐의 높이

120 건설현장에서 근로자의 추락재해를 예방하기 위한 안전난간을 설치하는 경우 그 구성요소와 거리가 먼 것은?

① 상부난간대
② 중간난간대
③ 사다리
④ 발끝막이판

해설 안전난간의 구조 및 설치요건
1) 상부난간대, 중간난간대, 발끝막이판 및 난간기둥으로 구성할 것(중간난대, 발끝막이판 및 난간기둥은 이와 비슷한 구조 및 성능을 가진 것으로 대체할 수 있다.)
2) 상부난간대는 바닥면, 발판 또는 경사로의 표면(이하"바닥면 등"이라 한다.)으로부터 90cm 이상 지점에 설치하고, 상부난단대를 120cm 이하에 설치하는 경우 중간난대는 상부난간대와 바닥면 등의 중간에 설치하여야 하며, 120cm 이상 지점에 설치하는 경우에는 중간난대를 2단 이상으로 균등하게 설치하고 난간의 상하간격은 60cm 이하가 되도록 할 것
3) 발끝막이판은 바닥면 등으로부터 10cm 이상의 높이를 유지할 것(물체가 떨어지거나 날아올 위험이 없거나 그 위험을 방지할 수 있는 망을 설치하는 등 필요한 예방조치를 한 장소를 제외한다.)
4) 난간기둥은 상부난간대와 중간난대를 견고하게 떠받칠 수 있도록 적정 간격을 유지할 것
5) 상부난간대와 중간난간대는 난간길이 전체에 걸쳐 바닥면 등과 평행을 유지할 것
6) 난간대는 지름 2.7cm 이상의 금속제 파이프나 그 이상의 강도를 가진 재료일 것
7) 안전난간은 임의의 점에서 임의의 방향으로 움직이는 100kg 이상의 하중에 견딜 수 있는 튼튼한 구조일 것

■ 정답 ■ 117.④ 118.③ 119.① 120.③

제1과목 / 산업안전관리론

01 산업안전보건법령상 담배를 피워서는 안될 장소에 사용되는 금연 표지에 해당하는 것은?

① 지시표지
② 경고표지
③ 금지표지
④ 안내표지

해설 금지표지 종류 및 색채

종류	색채
① 출입금지 ② 보행금지 ③ 차량통행금지 ④ 사용금지 ⑤ 탑승금지 ⑥ 금연 ⑦ 화기금지 ⑧ 물체이동금지	· 바탕은 흰색 · 기본모형은 빨간색 · 관련부호 및 그림은 검은색

02 시설물의 안전관리에 관한 특별법령에 제시된 등급별 정기안전점검의 실시 시기로 옳지 않은 것은?

① A등급인 경우 반기에 1회 이상이다.
② B등급인 경우 반기에 1회 이상이다.
③ C등급인 경우 1년에 3회 이상이다.
④ D등급인 경우 1년에 3회 이상이다.

해설 1) 안전등급별 정기안전점검 실시시기

안전등급	실시시기
A, B, C 등급	반기에 1회 이상
D, E 등급	해빙기, 우기, 동절기 등 1년에 3회 이상

2) 안전등급별 정밀점검 및 정밀안전진단의 실시 주기

안전 등급	정밀점검		정밀안전진단
	건축물	그외시설물	
A등급	4년에 1회 이상	3년에 1회 이상	6년에 1회 이상
B,C등급	3년에 1회 이상	2년에 1회 이상	5년에 1회 이상
D,E등급	2년에 1회 이상	1년에 1회 이상	4년에 1회 이상

03 산업안전보건법령상 내전압용절연장갑의 성능기준에 있어 절연장갑의 등급과 최대사용전압이 옳게 연결된 것은?(단, 전압은 교류로 실효값을 의미한다.)

① 00등급 : 500V
② 0등급 : 1500V
③ 1등급 : 11250V
④ 2등급 : 25500V

해설 절연장갑의 등급별 최대사용전압 및 색상

등급	최대사용전압		색상
	교류 (V.실효값)	직류(V)	
00	500	750	갈색
0	100	1500	빨강색
1	7500	11250	흰색
2	17000	25500	노랑색
3	26500	39750	녹색
4	36000	54000	등색

04 다음 중 안전관리의 근본이념에 있어 그 목적으로 볼 수 없는 것은?

① 사용자의 수용도 향상
② 기업의 경제적 손실 예방
③ 생산성 향상 및 품질 향상
④ 사회복지의 증진

해설 산업안전의 이념(안전관리의 효과)
    1) **인간존중** : 안전제일 이념
    2) **생산성 향상 및 품질향상** : 안전태도 개선 및 손실예방
    3) **기업의 경제적 손실예방** : 재해로 인한 인적·재산손실예방
    4) **대외여론 개선으로 신뢰성 향상** : 노사협력의 경영태세 완성
    5) **사회복지증진** : 경제성 향상

05 다음 설명에 가장 적합한 조직의 형태는?

> · 과제중심의 조직
> · 특정과제를 수행하기 위해 필요한 자원과 재능을 여러 부서로부터 임시로 집중시켜 문제를 해결하고, 완료 후 다시 본래의 부서로 복귀하는 형태
> · 시간적 유한성을 가진 일시적이고 잠정적인 조직

① 스탭(staff)형 조직
② 라인(Line)식 조직
③ 기능(Functional)식 조직
④ 프로젝트(Project) 조직

해설 프로젝트 조직(project organization)
    1) 특정한 사업목표를 달성하기 위해 임시적으로 조직 내의 인적 및 물적 자원을 결합하는 조직형태이다.
    2) 프로젝트 조직은 해산을 전제로 하여 임시로 편성된 일시적 조직이다.

06 통계적 재해원인분석방법 중 특성과 요인 관계를 도표로 하여 어골상으로 세분화한 것으로 옳은 것은?

① 관리도
② cross도
③ 특성요인도
④ 파레토(Pareto)도

해설 통계적 원인 분석 방법
    1) **파렛토도** : 분류 항목을 큰 순서대로 도표화한 분석법
    2) **특성 요인도** : 특성과 요인관계를 도표로하여 어골상으로 세분화한 분석법
    3) **클로즈(Close)분석** : 데이터(data)를 집계하고 표로 표시하여 요인별 결과 내역을 교차한 클로즈 그림을 작성하여 분석하는 방법
    4) **관리도** : 재해발생 건수 등의 추이를 파악하여 목표관리를 행하는데 필요한 월별 재해발생수를 그래프화하여 관리선을 설정관리하는 방법

07 근로자수가 400명, 주당 45시간씩 연간 50주를 근무하였고, 연간재해건수는 210으로 근로손실일수가 800일이었다. 이 사업장의 강도율은 약 얼마인가?(단, 근로자의 출근율은 95%로 계산한다.)

① 0.42   ② 0.52
③ 0.88   ④ 0.94

해설 강도율 $= \dfrac{근로손실일수}{연근로시간수} \times 100$

$= \dfrac{800}{400 \times 45 \times 50 \times 0.95} \times 1000$

$= 0.94$

08 다음 중 재해조사를 할 때의 유의사항으로 가장 적절한 것은?

① 재발방지 목적보다 책임 소재 파악을 우선으로 하는 기본적 태도를 갖는다.
② 목격자 등이 증언하는 사실 이외의 추측하는 말도 신뢰성있게 받아들인다.
③ 2차 재해예방과 위험성에 대한 보호구를 착용한다.
④ 조사자의 전문성을 고려하여 단독으로 조사하며, 사고 정황을 주관적으로 추정한다.

해설 **재해조사의 목적 및 재해조사시 유의사항**
　1) **재해조사의 목적** : 동종재해 및 유사재해의 재발방지
　2) **재해조사시 유의사항**
　　① 사실을 수집한다(이유는 뒤에 확인)
　　② 목격자 등이 증언하는 사실 이외의 추측의 말은 참고로만 한다
　　③ 조사는 신속히 행하고 긴급 조치하여 2차 재해의 방지를 도모한다.
　　④ 사람, 기계설비 양면의 재해요인을 모두 도출한다.
　　⑤ 객관적인 입장에서 공정하게 조사하며, 조사는 2인 이상이 한다.
　　⑥ 책임추궁보다 재발방지를 우선하는 기본태도를 갖는다.
　　⑦ 피해자에 대한 구급조치를 우선한다.

09 산업안전보건법령상 사업주가 안전관리자를 선임한 경우, 선임한 날부터 며칠 이내에 고용노동부장관에게 증명할 수 있는 서류를 제출하여야 하는가?

① 7일　　　　　② 14일
③ 30일　　　　④ 60일

해설 **안전관리자의 책임(시행령 제12조)** : 사업주는 안전관리자를 선임하거나 안전관리자의 업무를 안전관리전문기관에 위탁한 경우에는 고용노동부령으로 정하는 바에 따라 선임하거나 위탁한 날부터 14일 이내에 고용노동부장관에게 증명할 서류를 제출하여야 한다.

10 재해손실비 평가방식 중 시몬즈(Simonds) 방식에서 재해의 종류에 관한 설명으로 옳지 않은 것은?

① 무상해사고는 의료조치를 필요로 하지 않은 상해사고를 말한다.
② 휴업상해는 영구 일부 노동불능 및 일시 전 노동 불능 상해를 말한다.
③ 응급조치상해는 응급조치 또는 8시간 이상의 휴업의료 조치 상해를 말한다.
④ 통원상해는 일시 일부 노동불능 및 의사의 통원 조치를 요하는 상해를 말한다.

해설 **시몬즈 방식에 따른 재해의 종류**
　1) **휴업상해** : 영구 일부 노동 불능 및 일시 전 노동 불능
　2) **통원상해** : 일시 일부 노동 불능 및 의사의 통원조치를 필요로 한 상해
　3) **응급조치상해** : 응급조치 상해 또는 8시간미만 휴업 의료조치 상해
　4) **무상해 사고** : 의료조치를 필요로 하지 않는 상해사고 및 20달러 이상 재산손실 또는 8시간 이상 손실을 발생한 사고

11 위험예지훈련에 대한 설명으로 옳지 않은 것은?

① 직장이나 작업의 상황 속 잠재 위험요인을 도출한다.
② 행동하기에 앞서 위험요소를 예측하는 것을 습관화하는 훈련이다.
③ 위험의 포인트나 중점실시 사항을 지적확인한다.
④ 직장 내에서 최대 인원의 단의로 토의하고 생각하며 이해한다.

해설 ④항, 직장내에서 최소 인원(5~7명 정도)의 단위로 토의하고 생각하며 이해한다.

2019

12 산업안전보건법령상 건설업의 도급인 사업주가 작업장을 순회점검하여야 하는 주기로 올바른 것은?

① 1일에 1회 이상
② 2일에 1회 이상
③ 3일에 1회 이상
④ 7일에 1회 이상

해설 순회점검 주기(시행규칙 제30조 제1항)

항목	주기
1) 건설업 2) 제조업 3) 토사석 광업 4) 서적, 잡지 및 기타 인쇄물 출판업 5) 음악 및 기타 오디오물 출판업 6) 금속 및 비금속 원료 재생업	2일에 1회 이상
· 상기 사업을 제외한 사업의 경우	1주일에 1회 이상

13 산업안전보건법령상 안전보건관리규정에 포함해야할 내용이 아닌 것은?

① 안전보건교육에 관한 사항
② 사고조사 및 대책수립에 관한 사항
③ 안전보건관리 조직과 그 직무에 관한 사항
④ 산업재해보상보험에 관한 사항

해설 법상의 안전 · 보건관리규정에 포함시켜야 할 사항
  1) 안전보건관리조직과 그 직무에 관한 사항
  2) 안전보전교육에 관한 사항
  3) 작업장 안전관리에 관한 사항
  4) 작업장 보건관리에 관한 사항
  5) 사고조사 및 대책수립에 관한 사항
  6) 그밖에 안전보건에 관한 사항

14 다음에 설명하는 무재해운동 추진기법으로 옳은 것은?

> 작업현장에서 그때 그 장소의 상황에 즉응하여 실시하는 위험예지활동으로서 즉시즉응법이라고도 한다.

① TBM(Tool Box Meeting)
② 삼각 위험예지훈련
③ 자문자답카드 위험예지훈련
④ 터치 앤드 콜(Touch and Call)

해설 TMB(tool box meeting) : 5~7명 정도의 인원이 직장, 현장, 공구상자 등의 근처에서 작업 시작 전 5~15분, 작업 종료 시 3~5분 정도의 짧은 시간동안에 행하는 미팅을 말한다.

15 재해의 원인 중 물적 원인(불안전한 상태)에 해당하지 않는 것은?

① 보호구 미착용
② 방호장치의 결함
③ 조명 및 환기불량
④ 불량한 정리 정돈

해설 보호구 미착용 : 불안전한 행동

16 산업안전보건법령상 양중기의 종류에 포함되지 않는 것은?

① 곤돌라   ② 호이스트
③ 컨베이어   ④ 이동식 크레인

해설 양중기의 종류
  1) 크레인(호이스트 포함)
  2) 이동식 크레인
  3) 리프트(이삿짐운반용 리프트의 경우 적재하중이 0.1ton 이상인 것)
  4) 곤돌라
  5) 승강기

17 산업안전보건법령상 공사 금액이 얼마 이상인 건설업 사업장에서 산업안전보건위원회를 설치·운영하여야 하는가?

① 80억원 ② 120억원
③ 250억원 ④ 700억원

해설 산업안전보건위원회를 설치·운영해야 할 사업의 종류 및 규모(시행령 별표 6의 2)

사업의 종류	규모
1. 토사석 광업 2. 목재 및 나무제품 제조업 : 가구제외 3. 화학물질 및 화학제품 제조업 : 의약품 제외(세제, 화장품 및 광택제제조업과 화학섬유 제조업은 제외) 4. 비금속 광물제품 제조업 5. 1차 금속 제조업 6. 금속가공제품 제조업 : 기계 및 기구를 제외 7. 자동차 및 트레일러 제조업 8. 기타 기계 및 장비 제조업(사무용 기계 및 장비 제조업은 제외) 9. 기타 운송장비 제조업(전투용 차량 제조업은 제외)	상시근로자 50명 이상
10. 농업 11. 어업 12. 소프트웨어 개발 및 공급업 13. 컴퓨터 프로그래밍 시스템 통합 및 관리업 14. 정보서비스업 15. 금융 및 보험업 16. 임대업 : 부동산 제외 17. 전문 과학 및 기술 서비스업 (연구개발업은 제외) 18. 사외지원 서비스업 19. 사회복지 서비스업	상시근로자 300명 이상
20. 건설업	공사금액 120억원 이상(토목공사업에 해당하는 공사의 경우에는 150억원 이상)
21. 제1호부터 제20호까지 사업을 제외한 사업장	상시근로자 100명 이상

18 산업안전보건법령상 자율안전확인대상 기계·기구등에 포함되지 않는 것은?

① 곤돌라
② 연삭기
③ 컨베이어
④ 자동차정비용 리프트

해설 안전인증대상 및 자율안정확인대상 기계·기구

안전인증대상 기계·기구	자율안전확인대상 기계·기구
1) 프레스 2) 전단기 3) 크레인 4) 리프트 5) 압력용기 6) 롤러기 7) 사출성형기 8) 고소작업대 9) 곤돌라	1) 연삭기 또는 연마기(휴대형은 제외) 2) 산업용 로봇 3) 혼합기 4) 파쇄기 또는 분쇄기 5) 식품가공용 기계(파쇄·절단·혼합·제면기만 해당) 6) 컨베이어 7) 자동차정비용 리프트 8) 공작기계(선반, 드릴기, 평삭·형삭기, 밀링만 해당) 9) 고정형 목재가공용기계(둥근톱, 대패, 루타기, 띠톱, 모떼기, 기계만 해당) 10) 인쇄기

19 사고예방대책의 기본원리 5단계 중 제2단계인 사실의 발견에 관한 사항으로 옳지 않은 것은?

① 사고조사
② 안전회의 및 토의
③ 교육과 훈련의 분석
④ 사고 및 안전활동기록의 검토

해설 사고 예방대책의 기본원리(사고방지 원리의 단계)

단계별과정		내용
1 단계	조직	① 경영층의 참여 ② 안전 관리자의 임명 ③ 안전의 라인 및 참모 조직 구성 ④ 안전활동 방침 및 계획수립 ⑤ 조직을 통한 안전활동

단계별과정		내용
2 단계	사실의 발견	① 사고 및 안전활동 기록 검토 ② 작업분석 ③ 안전점검 및 안전진단 ④ 사고조사 ⑤ 안전회의 및 토의 ⑥ 근로자의 제안 및 여론조사 ⑦ 관찰 및 보고서의 연구 등을 통하여 불안전요소 발견
3 단계	분석평가	① 사고보고서 및 현장조사 ② 사고기록 및 인적 물적 조건의 분석 ③ 작업공정 분석 ④ 교육 훈련 분석 등을 통하여 사고의 직접원인 및 간접원인을 규명
4 단계	시정방법의 선정	① 기술적 개선 ② 인사조정(배치조정) ③ 교육 훈련의 개선 ④ 안전행정의 개선 ⑤ 규정 및 수칙 작업표준 제도의 개선 ⑥ 확인 및 통제체제 개선
5 단계	시정책의 적용 (3E 적용)	① 기술적(engineering)대책 ② 교육적(education)대책 ③ 단속적(enforcement)대책

20 산업안전보건법령에 따른 안전검사 대상 유해·위험기계등에 포함되지 않는 것은?

① 리프트 ② 전단기
③ 압력용기 ④ 밀폐형 구조 롤러기

해설 안전검사대상 유해·위험기계·설비 등(시행령 제28조의 3)
1) 프레스
2) 전단기
3) 크레인(이동식 크레인과 정격하중 2톤 미만인 호이스트는 제외)
4) 리프트
5) 압력용기
6) 곤돌라
7) 국소배기장치(이동식은 제외)
8) 원심기(산업용에 한정)
9) 롤러기(밀폐형 구조는 제외)
10) 사출성형기 [형 체결력 294 킬로뉴턴(kN)미만은 제외]

11) 고소작업대(화물자동차 또는 특수자동차에 탑재한 고소작업대로 한정)
12) 컨베이어
13) 산업용 로봇

제2과목 / 산업심리 및 교육

21 리더의 기능수행과 리더로서의 지위 획득 및 유지가 리더 개인의 성격이나 자질에 의존한다는 리더십 이론은?

① 행동이론 ② 상황이론
③ 관리이론 ④ 특성이론

해설 (1) 리더십 이론(리더십 연구의 접근방법)
1) 특성이론(특성접근법)
① 리더의 기능수행은 리더 개인의 특별한 성격과 자질에 좌우된다는 이론이다.
② 특성이론은 리더십에서 개인적 특성만 강조할 뿐 상황이나 환경은 고려하지 않는다.
2) 상황이론(상황접근법)
① 리더의 특성보다는 리더십이 발휘되는 상황에 맞추는 이론이다.
② 상황이론에서는 상황에 따른 리더와 구성원 간의 역동적인 상호작용을 중요시한다.
3) 행동이론(행동접근법)
① 리더가 취하는 행동에 초점을 맞추는 이론이다.
② 리더십은 교육훈련에 의해서 향상되므로 좋은 리더는 육성될 수 있다는 리더십이론이다.
4) 제한적 특성이론(제한적 특성 접근법)
① 부분적으로 리더의 특성, 구성원의 특성 등이 상호작용 과정에서 리더십 형성에 영향을 준다는 이론이다.
② 구성원들이 수동적이고 교육수준이 낮으면 권위주의적 리더십을 선호하고, 구성원들이 자율적·능동적이면 민주주의적 리더십을 선호한다.

22 직무분석을 위한 자료수집 방법에 관한 설명으로 맞는 것은?

① 관찰법은 직무의 시작에서 종료까지 많은 시간이 소요되는 직무에 적용하기 쉽다.
② 면접법은 자료의 수집에 많은 시간과 노력이 들고, 수량화된 정보를 얻기가 힘들다.
③ 중요사건법은 일상적인 수행에 관한 정보를 수집하므로 해당 직무에 대한 포괄적인 정보를 얻을 수 있다.
④ 설문지법은 많은 사람들로부터 짧은 시간 내에 정보를 얻을 수 있으며, 양적인 자료보다 질적인 자료를 얻을 수 있다.

해설 직무분석을 위한 자료수집방법
1) **관찰법** : 직무의 시작에서 종료까지 많은 시간이 소요되는 직무에는 적용이 곤란하다.
2) **면접법** : 자료의 수집에 많은 시간과 노력이 들고 수량화된 정보를 얻는데 적합하지 않다
3) **중요사건법** : 일상적인 수행에 관한 정보를 수집하므로 해당 직무에 대한 포괄적인 정보를 얻을 수 없다.
4) **설문지법** : 많은 사람들로부터 짧은 시간내에 정보를 얻을 수 있으며 질적인 자료보다 양적인 정보를 얻는데 적합하다

23 생활하고 있는 현실적인 장면에서 당면하는 여러 문제들에 대해 해결방안을 찾아내는 것으로 지식, 기능, 태도, 기술 등을 종합적으로 획득하도록 하는 학습방법으로 옳은 것은?

① 롤 플레잉(Role Playing)
② 문제법(Problem Method)
③ 버즈 세션(Buzz Session)
④ 케이스 메소드(Case Method)

해설 ② 문제법 : 본문설명

24 교재의 선택기준으로 옳지 않은 것은?

① 정적이며 보수적이어야 한다.
② 사회성과 시대성에 걸맞은 것이어야 한다.
③ 설정된 교육목적을 달성할 수 있는 것이어야 한다.
④ 교육대상에 따라 흥미, 필요, 능력 등에 적합해야 한다.

해설 교재의 선택기준
1) 사회성과 시대성에 적합할 것
2) 설정된 교육목적을 달성할 수 있을 것
3) 교육대상에 따라 흥미, 필요, 능력 등에 적합할 것

25 안전교육방법 중 수업의 도입이나 초기단계에 적용하며, 많은 인원에 대하여 단시간에 많은 내용을 동시 교육하는 경우에 사용되는 방법으로 가장 적절한 것은?

① 시범　② 반복법
③ 토의법　④ 강의법

해설 강의법의 특성
1) 수업의 도입이나 초기단계에 적용한다.
2) 안전의식 제고가 용이하다.
3) 많은 인원에 대하여 단시간에 광범위한 내용을 동시에 교육시킬 수 있다.
4) 이해도 측정이 곤란하다.
5) 교사학습방법에 따라 차이가 있을 수 있다.

26 인간 부주의 발생원인 중 외적 조건에 해당하지 않는 것은?

① 작업조건 불량
② 작업순서 부적당
③ 경험 부족 및 미숙련
④ 환경조건 불량

해설 부주의 발생원인 및 대책
1) 외적 원인 및 대책
① 작업, 환경조건 불량 : 환경 정비

② 작업 순서의 부적당 : 작업순서 변경
2) 내적 조건 및 대책
① 소질적 조건 : 적성 배치
② 의식의 우회 : 상담

27 합리화의 유형 중 자기의 실패나 결함을 다른 대상에게 책임을 전가시키는 유형으로, 자신의 잘못에 대해 조상 탓을 하거나 축구 선수가 공을 잘못 찬 후 신발 탓을 하는 등에 해당하는 것은?

① 망상형 ② 신포도형
③ 투사형 ④ 달콤한 레몬형

해설 1) **망상형** : 축구선수가 꿈인 학생이 감독선생이 실력을 인정해 주지 않는 것을 자신이 훌륭한 감독이 되는 것을 감독선생이 두려워서 자신을 인정하지 않는다고 생각하는 지나친 합리화의 한 형태
2) **신포도형** : 목표달성 실패시에 자신은 처음부터 원하지 않은 일이라고 변명하는 합리화의 형태
3) **투사** : 받아들일 수 없는 충동이나 욕망, 실패 등을 타인의 탓으로 돌리는 행위
4) **달콤한 레몬형** : "이것이야말로 내가 원하는 것"이라고 변명하는 등 현재의 상태를 과시하는 행위

28 인간의 경계(vigilance)현상에 영향을 미치는 조건의 설명으로 가장 거리가 먼 것은?

① 작업시간 직후의 검출율이 가장 낮다.
② 오래 지속되는 신호는 검출율이 높다.
③ 발생빈도가 높은 신호는 검출율이 높다.
④ 불규칙적인 신호에 대한 검출율이 낮다.

해설 ①항, 작업시작 직후의 검출율이 가장 높다

29 아담스(Adams)의 형평이론(공평성)에 대한 설명으로 틀린 것은?

① 성과(outcome)란 급여, 지위, 인정 및 기타 부가 보상 등을 의미한다.
② 투입(input)이란 일반적인 자격, 교육수준, 노력 등을 의미한다.
③ 작업동기는 자신의 투입대비 성과결과만으로 비교한다.
④ 지각에 기초한 이론이므로 자기 자신을 지각하고 있는 사람을 개인(person)이라 한다.

해설 **아담스(Adams)의 형평(공정성이론)** : 직무에 있어서 한 개인의투입(input)에 대한 성과(산출 ; outcome)의 비율이 다른 사람과 일치할 때 공정성이 존재하고 불일치할 때 불공정성이 존재한다는 이론이다.

30 교육훈련을 통하여 기업의 차원에서 기대할 수 있는 효과로 옳지 않은 것은?

① 리더십과 의사소통기술이 향상된다.
② 작업시간이 단축되어 노동비용이 감소된다.
③ 인적자원의 관리비용이 증대되는 경향이 있다.
④ 직무만족과 직무충실화로 인하여 직무태도가 개선된다.

해설 ③항, 인적자원의 관리비용이 감소되는 경향이 있다.

31 집단 간의 갈등 요인으로 옳지 않은 것은?

① 욕구 좌절
② 제한된 자원
③ 집단간의 목표 차이
④ 동일한 사안을 바라보는 집단 간의 인식 차이

해설 **집단 간의 갈등요인**
1) 제한된 자원
2) 집단간의 목표차이
3) 동일한 사안을 바라보는 집단간의 인식차이

■ 정답 ■ 27.③ 28.① 29.③ 30.③ 31.①

32 스텝 테스트, 슈나이더 테스트는 어떠한 방법의 피로 판정 검사인가?

① 타액검사　　　　② 반사검사
③ 전신적 관찰　　　④ 심폐검사

33 안전 교육 시 강의안의 작성 원칙에 해당 되지 않는 것은?

① 구체적　　　　　② 논리적
③ 실용적　　　　　④ 추상적

해설 안전교육 시 강의안의 작성원칙
　　1) 구체적　2) 논리적　3) 실용적

34 S-R이론 중에서 긍정적 강화, 부정적 강화 처벌 등이 이론의 원리에 속하며, 사람들이 바람직한 경과를 이끌어 내기 위해 단지 어떤 자극에 대해 수동적으로 반응하는 것이 아니라 환경상의 어떤 능동적인 행위를 한다는 이론으로 옳은 것은?

① 파블로프(Pavlov)의 조건반사설
② 손다이크(Thornedike)의 시행착오설
③ 스키너(Skinner)의 조작적 조건화설
④ 구쓰리에(Guthrie)의 접근적 조건화설

해설 스키너(skinner)의 조작적 조건화설 : 인간은 능동적·수의적 존재이기 때문에 자극에만 수동적으로 반응하는 것이 아니고 스스로 어떠한 행동을 존재이며 학습은 이러한 행동에 대한 강화를 받았기 때문에 발생한다는 것을 말한다.

35 산업안전보건법령상 산업안전·보건 관련 교육과정별 교육시간 중 교육대상별 교육시간이 맞게 연결된 것은?

① 일용근로자의 채용 시 교육 : 2시간 이상
② 일용근로자의 작업내용 변경 시 교육 : 1시간 이상

③ 사무직 종사 근로자의 정기교육 : 매분기 2시간 이상
④ 관리감독자의 지위에 있는 사람의 정기교육 : 연간 6시간 이상

해설 산업 내 안전보건교육(시행규칙 별표8)

교육과정		교육대상	교육시간
1. 정기교육		1) 사무직·판매직 근로자	매분기 6시간 이상
		2) 사무직·판매직 근로자 외의 근로자	매분기 12시간 이상
2. 채용시 교육		1) 일용직 근로자 및 근로계약기간이 1주일 이하인 기간제 근로자	1시간 이상
		2) 근로계약기간이 1주일 초과 1개월 이하인 기간제 근로자	4시간 이상
		3) 그 밖에 근로자	3시간 이상
3. 작업내용 변경시 교육		1) 일용근로자 및 근로계약기간이 1주일 이하인 기간제 근로자	1시간 이상
		2) 그 밖에 근로자	2시간 이상
4. 특별교육		1) 특별교육대상 작업에 종사하는 일용근로자 및 근로계약기간이 1주일 이하인 기간제 근로자	2시간 이상
		2) 특별교육대상 작업중 타워크레인 신호작업에 종사하는 일용근로자 및 근로계약기간이 1주일 이하인 기간제 근로자	8시간 이상
		3) 특별교육대상 작업에 종사하는 일용근로자 및 근로계약기간이 1주일 이하인 기간제 근로자를 제외한 근로자	• 16시간 이상(최초 작업에 종사하기 전 4시간 이상 실시하고 그 12시간은 3개월 이내에서 분할하여 실시 가능) • 단기간 작업 간헐적 작업인 경우 2시간 이상
5. 건설업 기초 안전·보건 교육		건설일용근로자	4시간 이상

36 안전교육의 3단계 중, 현장실습을 통한 경험체득과 이해를 목적으로 하는 단계는?

① 안전지식교육　　② 안전기능교육
③ 안전태도교육　　④ 안전의식교육

해설 안전교육의 3단계
　　1) **지식교육(제1단계)** : 강의, 시청각교육을 통한 지식의 전달과 이해
　　2) **기능교육(제2단계)** : 시범, 견학, 실습, 현장실습교육을 통한 경험체득과 이해
　　3) **태도교육(제3단계)** : 작업동지지도, 생활지도 등을 통한 안전의 습관화

■ 정답 ■　32.④　33.④　34.③　35.②　36.②

2019

37 실제로는 움직임이 없으나 시각적으로 움직임이 있는 것처럼 느끼는 심리적 현상으로 옳은 것은?

① 잔상 효과
② 가현 운동
③ 후광 효과
④ 기하학적 착시

해설 **가현운동** : 객관적으로 정지하고 있는 대상물이 급속히 나타나든가 소멸하는 것으로 인하여 일어나는 운동으로 마치 대상물이 운동하는 것처럼 인식되는 현상을 말한다(β운동 : 영화 영상의 방법)

38 조직 구성원의 태도는 조직성과와 밀접한 관계가 있다. 태도(attitude)의 3가지 구성 요소에 포함되지 않는 것은?

① 인지적 요소
② 정서적 요소
③ 행동경향 요소
④ 성격적 요소

해설 **태도(attitude)의 3가지 구성요소**
  1) 인지적 요소
  2) 정서적 요소
  3) 행동경향 요소

39 작업 환경에서 물리적인 작업조건보다는 근로자의 심리적인 태도 및 감정이 직무수행에 큰 영향을 미친다는 결과를 밝혀낸 대표적인 연구로 옳은 것은?

① 호손 연구
② 플래시보 연구
③ 스키너 연구
④ 시간-동작 연구

해설 **호오도온(Hawthorne)실험**
  1) 실험연구자 : 메이오(Mayo)와 레슬리스버거(Roethlisberger)
  2) 실험결론 : 작업자의 작업능률(생산성향상)은 물리적인 작업조건보다는 인간의 심리적인 태도, 감정을 규제하고 있는 인간관계의 요인에 의해서 좌우된다.

40 심리검사 종류에 관한 설명으로 맞는 것은?

① 성격 검사 : 인지능력이 직무수행을 얼마나 예측하는지 측정한다.
② 신체능력 검사 : 근력, 순발력, 전반적인 신체 조정능력, 체력 등을 측정한다.
③ 기계적성 검사 : 기계를 다루는데 있어 예민성, 색채 시각, 청각적 예민성을 측정한다.
④ 지능 검사 : 제시된 진술문에 대하여 어느 정도 동의하는지에 관해 응답하고, 이를 척도점수로 측정한다.

해설 **심리검사의 종류**
  1) **성격검사** : 응시자의 기질적, 정서적 특성을 측정한 자
  2) **신체능력검사** : 근력, 순발력, 전반적인 신체조정능력, 체력등을 측정한다.
  3) **기계적성검사** : 손과 팔의 솜씨, 공간시각능력, 기계적이해능력 등을 측정한다.
  4) **지능검사** : 추상적인 사고능력, 문제해결능력, 복합적 개념에 대한 이해능력, 새로운 내용을 학습하는 능력 등을 측정한다.

제3목 / 인간공학 및 시스템안전공학

41 FT도에 사용하는 기호에서 3개의 입력현상 중 임의의 시간에 2개가 발생하면 출력이 생기는 기호의 명칭은?

① 억제 게이트
② 조합 AND 게이트
③ 배타적 OR 게이트
④ 우선적 AND 게이트

해설 **수정 기호**(⟨조건⟩)
  1) **우선적 AND Gate** : 입력사상 가운데 어느 사상이 다른 사상보다 먼저 일어났을 때에 출력사상이 생긴다. 예를 들면 「A는 B보다 먼

저」와 같이 기입한다.

2) 짜 맞춤(조합) AND Gate : 3개 이상의 입력사상 가운데 어느 것이든 2개가 일어나면 출력사상이 생긴다. 예를 들면 「어느 것이든 2개」라고 기입한다.

3) 위험지속기호 : 입력사상이 생겨서 어느 일정시간 지속하였을 때에 출력사상이 생긴다. 예를 들면 「위험지속시간」과 같이 기입한다.

4) 배타적 OR Gate : OR Gate로 2개 이상의 입력이 동시에 존재할 때에는 출력사상이 생기지 않는다. 예를 들면 「동시에 발생하지 않는다.」라고 기입한다.

42 고장형태와 영향분석(FMEA)에서 평가요소로 틀린 것은?

① 고장발생의 빈도
② 고장의 영향 크기
③ 고장방지의 가능성
④ 기능적 고장 영향의 중요도

해설 FMEA의 5가지 평가요소
1) C1 : 기능적 고장영향의 중요도
2) C2 : 영향을 미치는 시스템의 범위
3) C3 : 고장발생의 빈도
4) C4 : 고장방지의 가능성
5) C5 : 신규설계의 정도

43 소음방지 대책에 있어 가장 효과적인 방법은?

① 음원에 대한 대책
② 수음자에 대한 대책
③ 전파경로에 대한 대책
④ 거리감쇠와 지향성에 대한 대책

해설 소음방지대책
1) 음원대책
① 소음원의 제거 : 가장 적극적(근본적)인 소음방지대책
② 소음원의 통제 : 기계의 적절한 설계, 적절한 정비 및 주유, 기계에 고무 받침대 부착 차량에는 소음기 사용

③ 소음의 격리(소음전달경로의 제어) : 씌우개방, 장벽을 사용(집의 창문을 닫으면 약 10dB 감음됨)

2) 능동제어대책 : 감쇠대상의 음파와 동위상인 신호를 보내어 음파간에 간섭현상을 일으키면서 소음이 저감되도록 하는 기법

3) 수음자대책
① 1차적 방법 : 청각 보호장비의 사용
② 2차적 방법 : 청력검사에 의한 직무재배치와 작업자의 노출시간 감축

4) 전파경로대책
① 차폐장치 및 흡음재료 사용
② 소음기 사용
③ 소음원을 멀리 이동

44 그림과 같이 7개의 부품으로 구성된 시스템의 신뢰도는 약 얼마인가?(단, 네모안의 숫자는 각 부품의 신뢰도이다.)

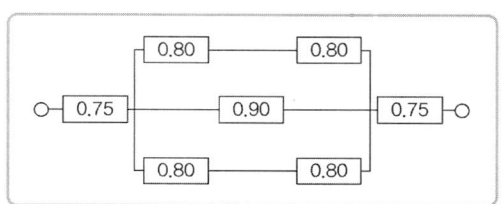

① 0.5552
② 0.5427
③ 0.6234
④ 0.9740

해설 R = 0.75×[1−(1−0.8×0.8)(1−0.9)(1−0.8×0.8)]×0.75
= 0.5552

45 산업안전보건법령에 따라 유해위험방지계획서의 제출대상 사업은 해당 사업으로서 전기 계약용량이 얼마 이상인 사업인가?

① 150kW
② 200kW
③ 300kW
④ 500kW

해설 법상 유해위험방지계획서 제출대상 사업의 전기 계약용량 : 300kW 이상

46 화학설비에 대한 안정성 평가(safety assessment)에서 정량적 평가 항목이 아닌 것은?

① 습도　　　　　② 온도
③ 압력　　　　　④ 용량

해설 화학설비에 대한 안전성평가시 정량적 평가 항목
1) 취급물질　　　 2) 용량
3) 온도　　　　　 4) 압력
5) 조작

47 인간의 오류모형에서 "알고 있음에도 의도적으로 따르지 않거나 무시한 경우"를 무엇이라 하는가?

① 실수(Slip)　　　 ② 착오(Mistake)
③ 건망증(Lapse)　 ④ 위반(Violation)

해설 인간의 오류 모형

1) 실수 (Slip)	상황이나 목표에 대한 해석은 제대로 하였으나 의도와는 다른 행동을 하는 경우(주의 산만이나 주의력 결핍에 의해 발생)
2) 착오 (Mistake)	상황에 대한 해석을 잘못하거나 목표에 대한 잘못된 이해로 착각하여 행하는 경우 (주어진 정보가 불완전하거나 오해하는 경우에 발생하며 틀린줄 모르고 행하는 오류)
3) 건망증 (Lapse)	여러 과정이 연계적으로 계속하여 일어나는 행동 중에서 일부를 잊어버리고 하지 않거나 또는 기억의 실패에 의해 발생
4) 위반 (Violation)	정해져 있는 규칙을 알고 있으면서 고의로 따르지 않거나 무시하는 행위

48 아령을 사용하여 30분간 훈련한 후, 이두근의 근육 수축작용에 대한 전기적인 신호 데이터를 모았다. 이 데이터들을 이용하여 분석할 수 있는 것은 무엇인가?

① 근육의 질량과 밀도
② 근육의 활성도와 밀도
③ 근육의 피로도와 크기
④ 근육의 피로도와 활성도

해설 근육의 피로도와 활성도 : 이두근의 근육 수축작용에 대한 전기적 신호 데이터를 이용하여 분석한다.

49 신체 부위의 운동에 대한 설명으로 틀린 것은?

① 굴곡(flexion)은 부위간의 각도가 증가하는 신체의 움직임을 의미한다.
② 외전(abduction)은 신체 중심선으로부터 이동하는 신체의 움직임을 의미한다.
③ 내전(adduction)은 신체의 외부에서 중심선으로 이동하는 신체의 움직임을 의미한다.
④ 외선(lateral rotation)은 신체의 중심선으로부터 회전하는 신체의 움직임을 의미한다.

해설 신체동작의 유형
1) 굴곡(屈曲.flexion) : 관절의 각도를 감소시키는 동작
2) 신전(伸展, extension) : 굴곡과 반대방향으로 움직이는 동작으로 관절의 각도를 증가시키는 동작
3) 내전(內傳, adduction) : 신체의 중심선에 가까워지도록 움직이는 동작
4) 외전(外傳, abduction): 신체의 중심선으로부터 멀어지도록 움직이는 동작
5) 회전(回轉, rotation): 신체부위 자체의 길이방향 축 둘레에서의 동작
　① 내선(內旋, medial rotation): 신체의 중심선을 향하여 안쪽으로 회전하는 동작
　② 외선(外旋, lateral rotaion): 신체의 중심선 바깥으로 회전하는 동작

50 공정안전관리(process safety management : PSM)의 적용대상 사업장이 아닌 것은?

① 복합비료 제조업
② 농약 원제 제조업
③ 차량 등의 운송설비업
④ 합성수지 및 기타 플라스틱물질 제조업

■ 정답 ■　46.①　47.④　48.④　49.①　50.③

해설 공정안전보고서 제출대상 사업
(시행령 제33조의 6)
1. 원유 정제처리업
2. 기타 석유정제물 재처리업
3. 석유화학제 기초화학물질 제조업 또는 합성수지 및 기타 플라스틱물질 제조업.
4. 질소 화합물, 질소·인산 및 칼리질 화학비료 제조업 중 질소질 화학비료 제조업
5. 복합비료 및 기타 화학비료 제조업 중 복합비료 제조업(단순혼합 또는 배합에 의한 경우는 제외)
6. 화학 살균·살충제 및 농업용 약제 제조업(농약 원제 제조만 해당)
7. 화약 및 불꽃제품 제조업

51 어떤 결함수를 분석하여 minimal cut set을 구한 결과 다음과 같았다. 각 기본사상의 발생확률을 q_i, i=1, 2, 3라 할 때 정상사상의 발생확률함수로 맞는 것은?

[다음]
k_1=[1, 2], k_2=[1, 3], k_3=[2, 3]

① $q_1q_2 + q_1q_2 - q_2q_3$
② $q_1q_2 + q_1q_3 - q_2q_3$
③ $q_1q_2 + q_1q_3 + q_2q_3 - q_1q_2q_3$
④ $q_1q_2 + q_1q_3 + q_2q_3 - 2q_1q_2q_3$

52 n개의 요소를 가진 병렬 시스템에 있어 요소의 수명(MTTF)이 지수분포를 따를 경우 이 시스템의 수명을 구하는 식으로 맞는 것은?

① $MTTF \times n$
② $MTTF \times \frac{1}{n}$
③ $MTTF(1 + \frac{1}{2} + \cdots + \frac{1}{n})$
④ $MTTF(1 \times \frac{1}{2} \times \cdots \times \frac{1}{n})$

해설 계의 수명(MTTF : mean time to failure)
1) **병렬계** : 구성요소가 모두 고장난 시점. 즉, 가장 긴 수명이고 가장 늦게 고장난 요소가 계의 수명을 결정하는 최대수명계로 되어 있다. 요소가 지수분포에 따를 경우 계의 수명 MTTF는 $\left(1+\frac{1}{2}+\cdots+\frac{1}{n}\right)$배로 늘어난다.
2) **직렬계** : 직렬계를 구성하는 요소 중에서 어느 하나가 맨 먼저 고장나는 것이 계의 수명을 결정한다. 특히 구성요소의 수경이 모두 같은 MTTF=1/λ을 갖는 지수분포에 따를 경우 계의 고장율은 요소의 고장율의 n배, 즉 고장의 찬스는 n배로 늘고 따라서 계의 수명 MTTF는 요소 MTTF의 $\frac{1}{n}$이 된다.

직렬계의 수명 $= \frac{MTTF}{n}$

53 결함수분석의 기대효과와 가장 관계가 먼 것은?

① 시스템의 결함 진단
② 시간에 따른 원인 분석
③ 사고원인 규명의 간편화
④ 사고원인 분석의 정량화

해설 FTA(결함수 분석법)의 활용 및 기대효과
1) 사고원인 규명의 간편화
2) 사고원인 분석의 일반화
3) 사고원인 분석의 정량화
4) 노력시간의 절감
5) 시스템의 결함진단
6) 안전점검표 작성

54 인간 전달 함수(Human Transfer Function)의 결점이 아닌 것은?

① 입력의 협소성
② 시점적 제약성
③ 정신운동의 묘사성
④ 불충분한 직무 묘사

2019

■ 정답 ■ 51.④ 52.③ 53.② 54.③

해설 1) 인간전달함수의 결점
　　① 입력의 협소성　② 시점의 제약성
　　③ 불충분한 직무묘사
　2) 인간전달함수의 개입변수
　　① 감각과정　② 인식과정
　　③ 중재과정　④ 정신운동 통제

55 다음과 같은 실내 표면에서 일반적으로 추천반사율의 크기를 맞게 나열한 것은?

> [다음]
> ㉠ 바닥　㉡ 천정　㉢ 가구　㉣ 벽

① ㉠ < ㉣ < ㉢ < ㉡
② ㉣ < ㉠ < ㉡ < ㉢
③ ㉠ < ㉢ < ㉣ < ㉡
④ ㉣ < ㉡ < ㉠ < ㉢

해설 반사율(reflectance)

1) 반사율(%) $= \dfrac{\text{광속 발산도}(fL)}{\text{조명}(fc)} \times 100$

2) 옥내 최적 반사율
　① 천정 : 80~90%
　② 벽, 창문 발(blind) : 40~60%
　③ 가구, 사무용기기, 책상 : 25~45%
　④ 바닥 : 20~40%

56 인간공학에 대한 설명으로 틀린 것은?

① 인간이 사용하는 물건, 설비, 환경의 설계에 적용된다.
② 인간을 작업과 기계에 맞추는 설계 철학이 바탕이 된다.
③ 인간-기계 시스템의 안정성과 편리성, 효율성을 높인다.
④ 인간의 생리적, 심리적인 면에서의 특성이나 한계점을 고려한다.

해설 인간공학은 작업과 기계를 인간에게 맞추는 설계철학이 바탕이 된다.

57 정성적 표시장치의 설명으로 틀린 것은?

① 정성적 표시장치의 근본 자료 자체는 정량적인 것이다.
② 전력계에서 같이 기계적 혹은 전자적으로 숫자가 표시된다.
③ 색채 부호가 부적합한 경우에는 계기판 표시 구간을 형상 부호화하여 나타낸다.
④ 연속적으로 변하는 변수의 대략적인 값이나 변화추세, 변화율 등을 알고자 할 때 사용된다.

해설 ②항, 전력계에서와 같이 기계적·전자적으로 숫자가 표시되는 장치 : 정량적 동적표시장치

58 착석식 작업대의 높이 설계를 할 경우 고려해야 할 사항과 가장 관계가 먼 것은?

① 의자의 높이　② 대퇴 여유
③ 작업의 성격　④ 작업대의 형태

해설 착석식 작업대 높이 설계시 고려사항
　1) 의자높이
　2) 대퇴여유
　3) 작업의 성격

59 음량수준을 평가하는 척도와 관계없는 것은?

① HSI　　　　　② phon
③ dB　　　　　④ sone

해설 음량수준의 평가척도
　1) dB(decibel) : 음압수준을 표시하는 단위로 사용한다 (dB은 소리의 세기에 대한 물리적 측정 단위)
　2) phon : 1000Hz 순음의 음압수준(dB)은 나타낸다.
　3) sone : 1000Hz, 40dB은 음압수준을 가진 순음의 크기(=40phon)를 1sone이라한다.
　4) sone과 phon의 관계식
　∴ sone 치 $= 2^{(Phon-40)/10}$

60 빨강, 노랑, 파랑의 3가지 색으로 구성된 교통 신호등이 있다. 신호등은 항상 3가지 색 중 하나가 켜지도록 되어 있다. 1시간 동안 조사한 결과, 파란등은 총 30분 동안, 빨간등과 노란등은 각각 총 15분 동안 켜진 것으로 나타났다. 이 신호등의 총 정보량은 몇 bit인가?

① 0.5　　　　　② 0.75
③ 1.0　　　　　④ 1.5

해설 총정보량(H) $= \sum_{i=1}^{n} Pi \log_2\left(\dfrac{1}{Pi}\right)$

$= \dfrac{1}{2}\log_2\left(\dfrac{1}{1/2}\right) + \dfrac{1}{4}\log_2\left(\dfrac{1}{1/4}\right)$

$\quad + \dfrac{1}{4}\log_2\left(\dfrac{1}{1/4}\right)$

$= 1.5$

여기서, $\begin{cases} P_1(파란등) = \dfrac{30}{60} = \dfrac{1}{2} \\[2mm] P_2(빨간등) = \dfrac{15}{60} = \dfrac{1}{4} \\[2mm] P_3(노란등) = \dfrac{15}{60} = \dfrac{1}{4} \end{cases}$

제4목 / 건설시공학

61 강말뚝의 특징에 관한 설명으로 옳지 않은 것은?

① 휨강성이 크고 자중이 철큰콘크리트말뚝보다 가벼워 운반취급이 용이하다.
② 강재이기 때문에 균질한 재료로서 대량생산이 가능하고 재질에 대한 신뢰성이 크다.
③ 표준관입시험 N값 50정도의 경질지반에도 사용이 가능하다.
④ 지중에서 부식되지 않으며 타 말뚝에 비하여 재료비가 저렴한 편이다.

해설 강재말뚝은 지중에서 부식되어 나구성이 떨어지며 타말뚝에 비하여 재료비가 고가이다.

62 바닥판 거푸집의 구조계산 시 고려해야하는 연직하중에 해당하지 않는 것은?

① 굳지 않은 콘크리트의 중량
② 작업하중
③ 충격하중
④ 굳지 않은 콘크리트의 측압

해설 거푸집의 연직방향 하중(W) 산정식
　　W =고정하중+충격하중+작업하중
　　　 =(r · t)+(1/2r · t)+150kg/m²
　　여기서, $\begin{cases} r : 철근콘크리트\ 비중(kg/m^3) \\ t : 슬래브\ 두께(m) \end{cases}$
　　1) 고정하중 : 콘크리트 자중(=철근콘크리트 비중 ×슬래브 두께)
　　2) 충격하중 : 고정하중×1/2
　　3) 작업하중 : 작업원 중량 + 장비 및 가설설비의 등의 중량 = 150kg/m²

63 원가절감에 이용되는 기법 중 VE(Value Engineering)에서 가치를 정의하는 공식은?

① 품질/비용　　　② 비용/기능
③ 기능/비용　　　④ 비용/품질

해설 VE(Value engineering ; 가치공학)
　　1) 제품이나 서비스 기능의 향상과 원가 절감을 실현하려는 경영관리 수단이다
　　2) VE는 제품이 갖고 있는 기능을 중시하며 기능의 개선향상에 의해 제품의 가치를 높이는 것이 특징이다
　　　VE의 가치 $= \dfrac{기능}{비용}$

2019

---

64 실비에 제한을 붙이고 시공자에게 제한된 금액이내에 공사를 완성할 책임을 주는 공사방식은?

① 실비 비율 보수가산식
② 실비 정액 보수 가산식
③ 실비 한정비율 보수 가산식
④ 실비 준동률 보수가산식

해설 실비정산식 시공계약제도

1) **실비비율 보수가산식** : 공사의 진척에 따라 정해진 시기에 실비(A)와 이 실비에 미리 계약된 비율을 곱한 금액(Af)을 보수로서 시공자에게 지불해가는 공사방식

2) **실비 정액 보수가산식** : 실비의 여하를 막론하고 미리 계약된 일정액의 보수만을 지불하는 공사방식

3) **실비한정비율 보수가산식** : 실비에 제한을 두고 시공자에게 제한된 금액 내에서 공사를 완성시키는 책임을 주는 공사방식

4) **실비변동 보수가산식** : 실비를 몇 단계로 분할하여 공사비가 각단계의 금액보다 증가될 때는 반대로 비율보수 또는 정액보수를 체감하는 방식

65 그림과 같이 H-400×400×30×50인 형강재의 길이가 10m일 때 이 형강의 개산 중량으로 가장 가까운 값은?(단, 철의 비중은 7.85ton/m³임)

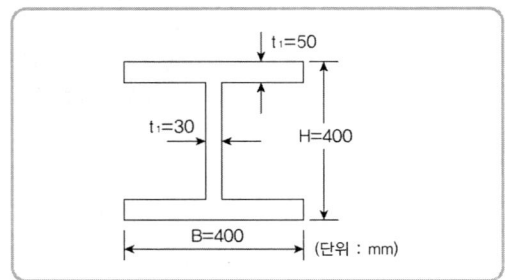

① 1ton   ② 4ton
③ 8ton   ④ 12ton

해설 1) 형강의 부피

= (0.4m×0.05m×10m)×2
　+[(0.4−0.05×2)m×0.03m×10m]
= 0.49m³

2) 형강의 중량
=7.85ton/m³ × 0.49m³ =3.85ton

66 다음 보기에서 일반적인 철근의 조립순서로 옳은 것은?

> [보기]
> A. 계단철근   B. 기둥철근
> C. 벽철근   D. 보철근
> E. 바닥철근

① A-B-C-D-E   ② B-C-D-E-A
③ A-B-C-E-D   ④ B-C-A-D-E

해설 철근의 조립순서

1) 기둥철근 → 2) 벽철근 → 3) 보철근 →
4) 바닥철근 → 5) 계단철근

67 깊이 7m 정도의 우물을 파고 이곳에 수중 모터펌프를 설치하여 지하수를 양수하는 배수공법으로 지하용수량이 많고 투수성이 큰 사질지반에 적합한 것은?

① 집수정(sump pit)공법
② 깊은 우물(deep well)공법
③ 웰 포인트(well point)공법
④ 샌드 드레인(sand drain)공법

해설 1) **집수정 공법** : 지반에 깊이 2~4m정도로 굴착하여 집수통을 설치하고 집수통에 모인 지하수를 수중펌프로 사용하여 외부로 배출시키는 배수공법

2) **깊은 우물공법** : 본문설명

3) **웰 포인트 공법**

① 출 수가 많고 깊은 터 파기에서 진공펌프와 원심펌프를 병용하는 지하수 배수에 의해 지하수위를 낮추는 공법이다.

② 흙막이 토질 약화를 예방하고, 흙막이 토압을 낮추며 기초 파기 공사를 용이하게 하고

■정답■　**64.**③　**65.**②　**66.**②　**67.**②

지내력을 증가시킨다.

4) **샌드드레인 공법** : 연약한 점토층의 수분을 배제하여 지반의 개량을 도모하는 공법으로 철관을 지반에 때려 박아 그 속에 모래를 다져 넣고 지표면에 하중을 실어서 모래 말뚝을 통하여 탈수 시켜서 지반을 다진다.

68 벽돌, 블록 등 조적공사에서 일반적으로 가장 많이 이용되는 치장줄눈 형태는?

① 평줄눈
② 볼록줄눈
③ 오목줄눈
④ 민줄눈

해설 **치장줄눈**

1) **치장줄눈** : 줄눈모르타르가 굳기전에 줄눈파기를 한 후 수밀하고 줄 바르게 마무리하는 줄눈이다.
2) 깊이는 6mm를 표준으로 한다.
3) 줄눈모양은 평줄눈, 둥근줄눈, 민줄눈, 빗줄눈 등이 있으나 보통 평줄눈이 가장 많이 사용된다.

69 철골작업용 장비 중 절단용 장비로 옳은 것은?

① 프릭션 프레스(friction press)
② 플레이트 스트레이닝 롤(plate straining roll)
③ 파워 프레스(power press)
④ 핵 소우(hack saw)

해설 **핵 소우**(hack saw ; 활톱) : 활모양으로 된 프레임에 톱날을 끼워 사용하는 쇠톱

70 어스앵커 공법에 관한 설명으로 옳지 않은 것은?

① 인근구조물이나 지중매설물에 관계없이 시공이 가능하다.
② 앵커체가 각각의 구조체이므로 적용성이 좋다.
③ 앵커에 프리스트레스를 주기 때문에 흙막이 벽의 변형을 방지하고 주변 지반의 침하를

최소한으로 억제할 수 있다.
④ 본 구조물의 바닥과 기둥의 위치에 관계없이 앵커를 설치할 수도 있다.

해설 ①항. 인공구조물이나 지중매설물기 있을 경우에는 시공이 곤란하다.

71 건설현장에서 시멘트벽돌쌓기 시공 중에 붕괴사고가 가장 많이 일어날 것으로 예상할 수 있는 경우는?

① 0.5B쌓기를 1.0B쌓기로 변경하여 쌓을 경우
② 1일 벽돌쌓기 기준 높이를 초과하여 높게 쌓을 경우
③ 습기가 있는 시멘트벽돌을 사용할 경우
④ 신축줄눈을 설치하지 않고 시공할 경우

해설 1) 1일 벽돌쌓기 기준높이를 초과하여 높게 쌓을 경우에 시공 중 붕괴사고가 가장 많이 발생한다.
2) 1일 벽돌쌓기 기준높이 : 1.5m(22켜)이하, 보통 1.2m(18켜)정도

72 시간이 경과함에 따라 콘크리트에 발생되는 크리프(Creep)의 증가원인으로 옳지 않은 것은?

① 단위 시멘트량이 적을 경우
② 단면의 치수가 작을 경우
③ 재하시기가 빠를 경우
④ 재령이 짧을 경우

해설 **크리프 현상**

1) 일정한 하중이 장기간 가해질 때 하중의 증가가 없어도 변형이 증대되는 현상을 크리프라 한다.
2) 콘크리트에서 크리프(creep)가 커지는 경우
　① 재령이 짧을수록
　② 부재의 단면치수가 작을수록
　③ 외부습도가 낮을수록
　④ 대기온도가 높을수록
　⑤ 배합이 적절치 않고 물시멘트비가 클수록
　⑥ 단위시멘트 양이 많을수록

■ 정답 ■　68.①　69.④　70.①　71.②　72.①

73 콘크리트 타설과 관련하여 거푸집 붕괴사고 방지를 위하여 우선적으로 검토 · 확인하여야 할 사항 중 가장 거리가 먼 것은?

① 콘크리트 측압 확인
② 조임철물 배치간격 검토
③ 콘크리트의 단기 집중타설 여부 검토
④ 콘크리트의 강도 측정

해설 콘크리트 타설 시 거푸집 붕괴사고 방지를 위해 검토 · 확인할 사항
1) 콘크리트 측압확인
2) 조임철물 배치간격 검토
3) 콘크리트의 단기 집중타설여부 검토

74 건설기계 중 기계의 작업면보다 상부의 흙을 굴삭하는데 적합한 것은?

① 불도저(bull dozer)
② 모터 그레이더(motor grader)
③ 클램쉘(clam shell)
④ 파워쇼벨(power shovel)

해설 1) **파워셔벨**(power shovel) : 중기가 위치한 지면보다 높은 장소의 땅을 굴착하는데 적합하며, 산지에서의 토공사, 암반으로부터 점토질까지 굴착할 수 있다.
2) **백호우(드래그 셔벨)** : 중기가 위치한 지면보다 낮은 곳의 땅을 파는데 적합하며, 수중굴착도 가능하다.

75 다음 중 콘크리트에 AE제를 넣어주는 가장 큰 목적은?

① 압축강도 증진
② 부착강도 증진
③ 워커빌리티 증진
④ 내화성 증진

해설 AE제(공기연행제)를 넣어주는 목적
1) 워커빌리티 증진
2) 내구성 증진

76 다음 설명에 해당하는 공사낙찰자 선정방식은?

예정가격 대비 85%이상 입찰자 중 가장 낮은 금액으로 입찰한 자를 선정하는 방식으로, 최저가 낙찰자를 통한 덤핑의 우려를 방지할 목적을 지니고 있다.

① 부찰제
② 최저가 낙찰제
③ 제한적 최저가 낙찰제
④ 최적격 낙찰제

해설 제한적 최저자 낙찰제 : 본문 설명

77 철근콘크리트 구조의 철근 선조립 공법의 순서로 옳은 것은?

① 시공도작성→공장절단→가공→이음 · 조립→운반→현장부재양중→이음 · 설치
② 공장절단→시공도작성→가공→이음 · 조립→이음 · 설치→운반→현장부재양중
③ 시공도작성→가공→가공절단→운반→현장부재양중→이음 · 조립→이음 · 설치
④ 시공도작성→공장절단→운반→가공→이음 · 조립→현장부재양중→이음 · 설치

해설 철근 선조립 공법의 순서 : 1) 시공도 작성 → 2) 공장절단 → 3) 가공 → 4) 이음 · 조립 → 5) 운반 → 6) 현장부재양중 → 7) 이음 · 설치

78 용접불량의 일종으로 용접의 끝부분에서 용착금속이 채워지지 않고 홈처럼 우묵하고 남아 있는 부분을 무엇이라 하는가?

① 언더컷   ② 오버랩
③ 크레이터   ④ 크랙

해설 1) 언더 컷(under cut) : 용접상부(모재표면과 용접표면이 교차되는 점)에 따라 모재가 녹

■ 정답 ■ 73.④ 74.④ 75.③ 76.③ 77.① 78.①

아 용착금속이 채워지지 않고 홈으로 남게 되는 부분

2) **오버 랩**(over lap ; 겹치기) : 용접 금속과 모재가 융합되지 않고 겹쳐지는 결함

3) **크레이터**(crater) : 아크 또는 가스화염의 작용에 의해서 비드(bead)의 종단에 생기는 오목한 곳

4) **크랙**(crack) : 공기구멍 또는 선상조직, 용접의 구속, 살붙임 불량 등으로 생기는 결함

79 기초공사 중 언더피닝(Under pinning) 공법에 해당하지 않는 것은?

① 2중 널말뚝 공법
② 전기침투 공법
③ 강재말뚝 공법
④ 약액주입법

해설 언더피닝(under pinning)공법의 종류
1) 2중 널말뚝 공법
2) 강재말뚝 공법
3) 모르타르 및 약액주입법
4) 현장타설 콘크리트말뚝 설치

80 네트워크 공정표의 주공정(Critical Path) 에 관한 설명으로 옳지 않은 것은?

① TF가 0(Zero)인 작업을 주공정작업이라 한다.
② 총 공기는 공사착수에서부터 공사완공까지 소요시간의 합계이며, 최장시간이 소요되는 경로이다.
③ 주공정은 고정적이거나 절대적인 것이 아니고 가변적이다.
④ 주공정에 대한 공기단축은 불가능하다.

해설 1) **주공정**(critical path) : 프로젝트를 완료하기까지 필요한 일련의 상호 연관된 작업단위들 중 최장경로(가장 오래걸리는 경로)
2) 크리티칼패스의 소요일수를 공기라 하며 크리티칼패스상의 작업이 1일 늦어지면 공기도 1일 늦어진다(주공정에 대한 공기단축은 가능)

제5과목 / 건설재료학

81 콘크리트의 건조수축에 관한 설명으로 옳지 않은 것은?

① 시멘트의 조성분에 따라 수축량이 다르다.
② 시멘트량의 다소에 따라 일반적으로 수축량이 다르다.
③ 된비빔일수록 수축량이 크다.
④ 골재의 탄성계수가 크고 경질인 만큼 작아진다.

해설 ③항, 된비빔일수록 수축량이 작다

82 플라스틱 건설재료의 현장적용 시 고려사항에 관한 설명으로 옳지 않은 것은?

① 열가소성 플라스틱 재료들은 열팽창계수가 작으므로 경질판의 정착에 있어서 열에 의한 팽창 및 수축 여유는 고려하지 않아도 좋다.
② 마감부분에 사용하는 경우 표면의 흠, 얼룩변형이 생기지 않도록 하고 필요에 따라 종이, 천 등으로 보호하여 양생한다.
③ 열경화성 접착제에 경화제 및 측진제 등을 혼입하여 사용할 경우, 심한 발열이 생기지 않도록 적정량의 배합을 한다.
④ 두께 2mm 이상의 열경화성 평판을 현장에서 가공할 경우, 가열가공하지 않도록 한다.

해설 ①항, 열가소성 플라스틱 재료들은 열팽창계수가 크므로 경질판에 정착시 열에 의한 팽창 및 수축 여유를 고려하여야 한다.

83 내열성이 크고 발수성을 나타내어 방수제로 쓰이며 저온에서도 탄성이 있어 gasket, packing의 원료로 쓰이는 합성수지는?

① 페놀수지
② 폴리에스테르수지
③ 실리콘수지
④ 멜라민수지

해설 **실리콘(silicon)**
1) **제법** : 염화규소에 그리냐아르 시약을 가하여 클로로실란을 제조하여 만든다. 클로로실란의 종류와 배합비에 따라 액체, 고무, 수지 등을 얻는다.
2) **성질** : 실리콘은 내열성이 우수하다. 실리콘 고무는 −60∼260℃에 걸쳐 탄성을 유지하고, 150∼177℃에서는 장시간 연속사용에 견디고, 270℃의 고온에서도 수 시간 사용이 가능하다. 도료의 경우 안료로서 알루미늄 분말을 혼합한 것은 500℃에서는 수 시간, 250℃에서는 장시간을 견딘다. 실리콘은 전기절연성 및 내수성이 좋고 발수성(撥水性)이 있다.
3) **용도** : 실리콘 오일은 감마제(減摩劑), 펌프유, 절연유, 방수제로 쓰이고, 실리콘 고무는 고온, 저온에서 탄성이 있어서 가스켓(gasket), 패킹(packing) 등에 쓰인다.

84 ALC 제품에 관한 설명으로 옳지 않은 것은?

① 보통콘크리트에 비하여 중성화의 우려가 높다.
② 열전도율은 보통콘크리트의 1/10 정도이다.
③ 압축강도에 비해서 휨강도나 인장강도는 상당히 약하다
④ 흡수율이 낮고 동해에 대한 저항성이 높다.

해설 ALC(경량기포콘크리트)제품은 흡수율이 크고 동해에 대한 저항성이 낮다.

길잡이 ALC(autoclaved lightweight concrete) : 경량기포콘크리트
1) ALC : 발포제에 의하여 콘크리트 내부에 무수한 기포를 독립적으로 분산시켜 중량을 가볍게 한 기포콘크리트(고온·고압으로 증기양생하여 제조)
2) 특징
① 기건 비중이 보통콘크리트의 약 1/4정도이다.
② 공극을 다량 함유하여 열전도율이 보통콘크리트보다 낮으며 단열성도 우수하다.
③ 불연재인 동시에 내화재료이다.
④ 경량이어서 인력에 의한 취급이 용이하다.
⑤ 흡수율이 크다(시공직전의 블록이나 패널은 기건상태를 유지해야 한다)
⑥ 동결해에 대한 저항성이 크며 내약품성이 증대된다.
⑦ 용적변화가 적고 백화의 발생도 적다.

85 시멘트의 경화시간을 지연시키는 용도로 일반적으로 사용하고 있는 지연제와 거리가 먼 것은?

① 리그닌설폰산염　② 옥시카르본산
③ 알루민산소다　　④ 인산염

해설 **콘크리트의 급결제 및 지연제**
1) 급결제 : 염화제2철, 염화알루미늄, 탄산소다, 알루민산소다, 규산소다 등을 주성분으로 한 혼화제
2) 지연제 : 폴리알코올류, 옥시카본산과 그 염, 리그닌술폰(lignin sulfon)산과 그 염, 셀룰로오스류 등의 유기질계와 불화수소산, 인산염, 붕사, 산화아연 등의 무기질계

86 부순굵은골재에 대한 품질규정치가 KS에 정해져 있지 않은 항목은?

① 압축강도　　　② 절대건조밀도
③ 흡수율　　　　④ 안정성

해설 **부순굵은골재의 품질규정 항목**
1) 절대건조비중　2) 안정성
3) 흡수율　　　　4) 마모감량

87 다음 목재가공품 중 주요 용도가 나머지 셋과 다른 것은?

① 플로어링블록(flooring block)
② 연질섬유판(soft fiber insulation board)
③ 코르크판(cork board)
④ 코펜하겐 리브판(copenhagen rib board)

해설 1) 플로어링블록 : 마루판류
2) 연질섬유판 : 건축물의 내장 및 흡음재, 단열재, 보온재
3) 코펜하겐리브판 : 장식재, 음향조절재
4) 코르크판 : 단열재, 흡음재

88 특수도료의 목적상 방청도료에 속하지 않는 것은?

① 알루미늄 도료
② 징크로메이트 도료
③ 형광도료
④ 에칭프라이머

해설 방청도료
1) 광명단 도료 : Pb_3O_4를 보일드유에 녹인 유성 페인트의 일종
2) 산화철 도료 : 도막의 내구성도 좋다.
3) 알루미늄 도료 : 알루미늄 분말을 안료로 하는 도료로서(방청효과 및 열 반사 효과가 있다.)
4) 징크로메이트 도료 : 전색제로 알키드 수지, 안료로 크롬산아연을 사용한 도료가 있다.
5) 워시 프라이머(엣칭 프라이머) : 합성수지의 전색제에 소량의 안료와 인산을 첨가한 도료이다.
6) 기타 아스팔트, 타르, 피치 등이 있다.

89 건축용으로 판재지붕에 많이 사용되는 금속재는?

① 철   ② 동
③ 주석   ④ 니켈

해설 판재지붕에 많이 사용되는 금속재 : 동(Cu)

90 대규모 지하구조물, 댐 등 매스콘크리트의 수화열에 의한 균열발생을 억제하기 위해 벨라이트의 비율을 높인 시멘트는?

① 보통포틀랜드시멘트
② 저열포틀랜드시멘트
③ 실리카퓸 시멘트
④ 팽창시멘트

해설 저열 포틀랜드 시멘트
1) 중용열포틀랜드 시멘트보다 경화어 따른 발열량이 더욱 작은 시멘트이다.
2) 대규모 지하구조물, 대형댐 등의 건설에서 시멘트의 수화에 의한 발열로 균열이 발생하지 않도록 한 시멘트이다.

91 콘크리트의 강도 및 내구성 증가에 가장 큰 영향을 주는 것은?

① 물과 시멘트의 배합비
② 모래와 자갈의 배합비
③ 시멘트와 자갈의 배합비
④ 시멘트와 모래의 배합비

해설 콘크리트의 강도에 가장 큰 영향을 주는 요인 : 물·시멘트의 비

$$물 \cdot 시멘트비 = \frac{물의 중량}{시멘트 중량} \times 100(\%)$$

92 금속 중 연(鉛)에 관한 설명으로 옳지 않은 것은?

① X선 차단효과가 큰 금속이다.
② 산, 알칼리에 침식되지 않는다.
③ 공기 중에는 탄산연($PbCO_3$) 등이 표면에 생겨 내부를 보호한다.
④ 인장강도가 극히 작은 금속이다.

해설 납(Pb)의 성질
1) 인장강도 극히 작다
2) x선 차단효과가 크며 보통 콘크리트의 100배 이상이다.
3) 염산, 황산, 농질산에는 침해되지 않으나 묽은

질산에 녹는다.
4) 알칼리에 약하다.

93 비닐수지 접착제에 관한 설명으로 옳지 않은 것은?

① 용제형과 에멀션(emulsion)형이 있다.
② 작업성이 좋다.
③ 내열성 및 내수성이 우수하다.
④ 목재 접착에 사용가능하다.

해설 비닐수지 접착제
1) 초산비닐수지 또는 초산비닐염화비닐 공중합체를 주성분으로 하는 접착제이다.
2) 알코올이나 아세톤에 용해되는 용액형과 수중에서 수지가 현탁되는 에멀션(emulsion)형이 있다.
3) 작업성이 좋으며 다양한 종류를 접착하는 장점이 있다.
4) 목재가구 및 창호, 종이도배, 천도배 등의 접착에 사용된다.

94 기건상태에서의 목재의 함수율은 약 얼마인가?

① 5% 정도 ② 15% 정도
③ 30% 정도 ④ 45% 정도

해설 목재의 함수율
1) 기건재의 함수율 : 12~18%(평균 15%)
2) 섬유 포화점 : 섬유자신의 함수율이 25~30%(보통 30%)인 경우

95 진주석 등을 800~1200℃로 가열 팽창시킨 구상입자 제품으로 단열, 흡음, 보온목적으로 사용되는 것은?

① 암면 보온판 ② 유리면 보온판
③ 카세인 ④ 펄라이트 보온재

해설 펄라이트 보온재
1) 화산석을 된 진주석을 800~1200℃로 가열팽창 시킨 구상입자(내부에 미세공극을 가짐)제품이다.
2) 건축용으로는 구조 단열, 보온, 흡음 등의 목적으로 사용된다.

96 아스팔트 제품에 관한 설명으로 옳지 않은 것은?

① 아스팔트 프라이머 – 블로운 아스팔트를 용제에 녹인 것으로 아스팔트 방수, 아스팔트 타일의 바탕처리재로 사용된다.
② 아스팔트 유제 – 블로운 아스팔트를 용제에 녹여 석면, 광물질분말, 안정제를 가하여 혼합한 것으로 점도가 높다.
③ 아스팔트 블록 – 아스팔트모르타르를 벽돌형으로 만든 것으로 화학공장의 내약품 바닥마감재로 이용된다.
④ 아스팔트 펠트 – 유기천연섬유 또는 석면섬유를 결합한 원지에 연질의 스트레이트 아스팔트를 침투시킨 것이다.

해설 아스팔트 유제 : 유화제를 사용하여 아스팔트 미립자를 수중에 분산시킨 다갈색의 액체로 도로포장용, 특수시멘트 혼합용, 방수도료 등에 사용된다.

97 목재의 강도에 관한 설명으로 옳지 않은 것은?

① 함수율이 섬유포화점 이상에서는 함수율이 증가하더라도 강도는 일정하다.
② 함수율이 섬유포화점 이하에서는 함수율이 감소할수록 강도가 증가한다.
③ 목재의 비중과 강도는 대체로 비례한다.
④ 전단강도의 크기가 인장강도 등 다른 강도에 비하여 크다.

해설 목재의 강도
1) 목재강도의 크기 순서 : 인장강도 〉 휨강도 〉 압축강도 〉 전단강도

2) **인장 및 압축강도** : 섬유의 평행방향에 대한 강도가 가장 크고, 섬유의 직각방향에 대한 것이 가장 작다 (직각방향의 인장강도는 평행방향 강도의 약 20~25% 정도).

3) **휨강도** : 휨강도는 압축강도의 약 1.75배 정도이다.

4) **전단강도** : 전단강도의 크기는 세로방향 인장강도의 1/10 정도이며, 전단력은 섬유의 직각방향이 평행방향보다 강하다.

98 코너비드(Corner Bead)의 설치위치로 옳은 것은?

① 벽의 모서리   ② 천장 달대
③ 거푸집   ④ 계단 손잡이

해설 코너비드(corner bead) : 모서리 부분의 미장 바름을 보호하기 위하여 사용하는 모서리쇠이다.

99 공시체(천연산 석재)를 (105±2)℃로 24시간 건조한 상태의 질량이 100g, 표면건조포화상태의 질량이 110g, 물 속에서 구한 질량이 60g일 때 이 공시체의 표면건조포화상태의 비중은?

① 2.2   ② 2
③ 1.8   ④ 1.7

해설 석재의 비중 $= \dfrac{W_1}{W_3 - W_2}$

$$= \frac{100g}{110g - 60g} = 2$$

여기서,
W_1 : 절대건조중량(110℃로 건조시켜 냉각시킨 중량)(g)
W_2 : 수중에서 측정한 중량(g)
W_3 : 공기중에서 측정한 중량(표면건조 포화상태의 중량)(g)

100 AE콘크리트에 관한 설명으로 옳지 않은 것은?

① 시공연도가 좋고 재료분리가 적다.
② 단위수량을 줄일 수 있다.
③ 제물치장 콘크리트 시공에 적당하다.
④ 철근에 대한 부착강도가 증가한다.

해설 AE콘크리트는 철근에 대한 부착강도가 감소한다.

제6과목 / 건설안전기술

101 건설업 산업안전 보건관리비의 사용내역에 대하여 수급인 또는 자기공사자는 공사 시작 후 몇 개월마다 1회 이상 발주자 또는 감리원의 확인을 받아야 하는가?

① 3개월   ② 4개월
③ 5개월   ④ 6개월

해설 안전관리비 사용내역의 확인(고용노동부고시 제2018-72호 제9조)

1) 수급인 또는 자기공사자는 안전관리비 사용내역에 대하여 공사 시작 후 6개월마다 1회 이상 발주자 또는 감리원의 확인을 받아야 한다. 다만, 6개월 이내에 공사가 종료되는 경우에는 종료 시 확인을 받아야 한다.

2) 제1항에도 불구하고 발주자 또는 고용노동부의 관계 공무원은 안전관리비 사용내역을 수시 확인할 수 있으며, 수급인 또는 자기공사자는 이에 따라야 한다.

3) 발주자 또는 감리원은 안전관리비 사용내역 확인 시 기술지도 계약 체결여부, 기술지도 실시 및 개선여부 등을 확인하여야 한다.

2019

---

102 거푸집 해체작업 시 유의사항으로 옳지 않은 것은?

① 일반적으로 수평부재의 거푸집은 연직부재의 거푸집보다 빨리 떼어낸다.
② 해체된 거푸집이나 각목 등에 박혀있는 못 또는 날카로운 돌출물은 즉시 제거하여야 한다.
③ 상하 동시 작업은 원칙적으로 금지하여 부득이한 경우에는 긴밀히 연락을 위하여 작업을 하여야 한다.
④ 거푸집 해체작업장 주위에는 관계자를 제외하고는 출입을 금지시켜야 한다.

해설 거푸집 해체작업 시 준수사항
1) 거푸집 및 지보공(동바리)의 해체는 순서에 의하여 실시하여야 하며 안전담당자를 배치하여야 한다.
2) 거푸집 및 지보공(동바리)은 콘크리트 자중 및 시공 중에 가해지는 기타 하중에 충분히 견딜만한 강도를 가질 때까지는 해체하지 아니하여야 한다.
3) 거푸집 해체 작업 시 유의사항
   ① 해체작업을 할 때에는 안전모 등 안전보호장구를 착용하도록 한다.
   ② 거푸집 해체작업장 주위에는 관계자를 제외하고는 출입을 금지시켜야 한다.
   ③ 상하 동시작업은 원칙적으로 금지하되, 부득이한 경우에는 긴밀히 연락을 취하며 작업을 하여야 한다.
   ④ 거푸집 해체 때 구조체에 무리한 충격이나 큰 힘에 의한 지렛대 사용은 금지하여야 한다.
   ⑤ 보 또는 슬래브 거푸집을 제거할 때에는 거푸집의 낙하 충격으로 인한 작업원의 돌발적 재해를 방지하여야 한다.
   ⑥ 해체된 거푸집이나 각목 등에 박혀 있는 못 또는 날카로운 돌출물은 즉시 제거하여야 한다.
   ⑦ 해체된 거푸집이나 각목의 재사용 가능한 것과 보수하여야 할 것을 선별·분리하여 적치하고 정리정돈을 하여야 한다.

103 그물코의 크기가 5cm인 매듭 방망사의 폐기 시 인장강도 기준으로 옳은 것은?

① 200kg ② 100kg
③ 60kg ④ 30kg

해설 1) 방망사의 신품에 대한 인장강도

그물코의 크기 (단위 : cm)	방망의 종류(단위 : kg)	
	매듭 없는 방망	매듭 방망
10	240	200
5		110

2) 방망사의 폐기시 인장강도

그물코의 크기 (단위 : cm)	방망의 종류(단위 : kg)	
	매듭 없는 방망	매듭 방망
10	150	135
5		60

104 다음은 가설통로를 설치하는 경우의 준수사항이다. (   )안에 알맞은 숫자를 고르면?

> 건설공사에 사용하는 높이 8m 이상인 비계다리에는 (   )m 이내마다 계단참을 설치할 것

① 7 ② 6
③ 5 ④ 4

해설 가설통로 설치 시 준수사항
1) 견고한 구조로 할 것
2) 경사는 30°이하로 할 것(계단을 설치하거나 높이 2m 미만의 가설통로로서 튼튼한 손잡이를 설치한 때에는 그러하지 아니하다)
3) 경사가 15°를 초과하는 때에는 미끄러지지 아니하는 구조로 할 것
4) 추락의 위험이 있는 장소에는 안전난간을 설치할 것(작업상 부득이한 때에는 필요한 부분에 한하여 임시로 해체할 수 있다)
5) 수직갱에 가설된 통로의 길이가 15m 이상인 때에는 10m 이내마다 계단참을 설치할 것
6) 건설공사에 사용하는 높이 8m 이상인 비계다리에는 7m 이내마다 계단참을 설치할 것

■ 정답 ■ 102.① 103.③ 104.①

105 흙막이 가시설 공사 시 사용되는 각 계측기 설치 목적으로 옳지 않은 것은?

① 지표침하계 – 지표면 참하량 측정
② 수위계 – 지반 내 지하수위의 변화 측정
③ 하중계 – 상부 적재하중 변화 측정
④ 지중경사계 – 지중의 수평 변위량 측정

해설 계측기의 설치목적
  1) **간극수압계**(piezometer) : 지하수의 수압을 측정
  2) **수위계**(water level meter) : 지반내 지하수위 변화를 측정
  3) **경사계**(inclinometer) : 흙막이벽의 수평변위 (변형) 측정
  4) **하중계**(load cell) : 버팀보(지주)또는 어스앵커 (earth anchor)등의 실제 축하중 변화상태를 측정(부재의 안전상태를 파악하는 기기)
  5) **변형계**(strain gauge) : 흙막이벽의 변형과 응력을 측정

106 차량계 하역운반기계등에 화물을 적재하는 경우에 준수하여야 할 사항으로 옳지 않은 것은?

① 하중이 한쪽으로 치우쳐서 효율적으로 적재되도록 할 것
② 구내운반차 또는 화물자동차의 경우 화물의 붕괴 또는 낙하에 의한 위험을 방지하기 위하여 화물에 로프를 거는 등 필요한 조치를 할 것
③ 운전자의 시야를 가리지 않도록 화물을 적재할 것
④ 최대적재량을 초과하지 않도록 할 것

해설 차량계하역운반기계등에 화물적재 시 준수사항
  (안전보건규칙 제173조)
  1) 하중이 한쪽으로 치우치지 않도록 적재할 것
  2) 구내운반차 또는 화물자동차의 경우 화물의 붕괴 또는 낙하에 의한 위험을 방지하기 위하여 화물에 로프를 거는 등 필요한 조치를 할 것
  3) 운전자의 시야를 가리지 않도록 화물을 적재할 것
  4) 화물을 적재하는 경우에는 최대적재량을 초과하지 않도록 할 것

107 다음 중 유해·위험방지계획서를 작성 및 제출하여야 하는 공사에 해당되지 않는 것은?

① 지상높이가 31m인 건축물의 건설·개조 또는 해체
② 최대 지간길이가 50m인 교량건설등 공사
③ 깊이가 9m인 굴착공사
④ 터널 건설등의 공사

해설 유해·위험 방지 계획서 제출 대상 공사(건설업)
  1) 지상 높이가 31m 이상인 건축물 또는 인공구조물, 연면적 3만m2 이상인 건축물 또는 연면적 5천m2 이상의 문화 및 집회시설(전시장·동물원·식물원은 제외)·판매시설·운수시설(고속철도의 역사 및 집배송시설은 제외)·종교시설·의료시설 중 종합병원·숙박시설 중 관광숙박시설 또는 지하도상가 또는 냉동·냉장창고시설의 건설·개조 또는 해체공사
  2) 연면적 5천m² 이상의 냉동·냉장창고시설의 설비공사 및 단열공사
  3) 최대지간 길이가 50m 이상인 교량건설 등 공사
  4) 터널건설 등의 공사
  5) 다목적댐·발전용댐 및 저수용량 2천만톤 이상의 용수전용댐·지방상수도 전용댐 건설 등의 공사
  6) 깊이 10m 이상인 굴착공사

108 차량계 하역운반기계를 사용하는 작업을 할 때 그 기계가 넘어지거나 굴러떨어짐으로써 근로자에게 위험을 미칠 우려가 있는 경우에 우선적으로 조사하여야 할 사항과 가장 거리가 먼 것은?

① 해당 기계에 대한 유도자 배치
② 지반의 부동침하 방지 조치
③ 갓길 붕괴 방지 조치
④ 경보 장치 설치

■ 정답 ■ 105.③ 106.① 107.③ 108.④

해설 차량계 하역운반기계의 전도, 전락 등에 의한 근로자의 위험방지 조치사항
1) 유도자 배치
2) 지반의 부동침하 방지
3) 갓길(노견)의 붕괴 방지

109 안전대의 종류는 사용구분에 따라 벨트식과 안전그네식으로 구분되는데 이 중 안전그네식에만 적용하는 것은?

① 추락방지대, 안전블록
② 1개 걸이용, U자 걸이용
③ 1개 걸이용, 추락방지대
④ U자 걸이용, 안전블록

해설 안전대의 종류

종류	사용구분
· 벨트(B)식 · 안전그네식(H식)	U자걸이 전용
	1개걸이 전용
	안전블록
	추락방지대

[주] 추락방지대 및 안전블록은 안전그네식에만 적용함

110 건설현장의 가설계단 및 계단참을 설치하는 경우 얼마 이상의 하중에 견딜 수 있는 강도를 가진 구조로 설치하여야 하는가?

① 200kg/m² ② 300kg/m²
③ 400kg/m² ④ 500kg/m²

해설 가설계단
1) **계단의 강도** : 계단 및 계단참은 500kg/m²(매 m²당 500kg)이상의 하중에 견딜 수 있는 강도를 가진 구조로 설치하여야 하며, 안전율(파괴응력도/허용응력도)은 4이상으로 하여야 한다.
2) **계단의 폭** : 계단은 그 폭을 1m 이상으로 하여야 한다. (단, 급유용·보수용·비상용 계단 및 나선형 계단은 제외)
3) **계단참의 높이** : 높이가 3m를 초과하는 계단에 높이 3m 이내마다 너비 1.2m 이상의 계단참을 설치하여야 한다.
4) **천장의 높이** : 계단 설치시는 바닥면으로부터 높이 2m 이내의 공간에 장애물이 없도록 한다. (단, 급유용·보수용·비상용 계단 및 나선형 계단은 제외)
5) **계단의 난간** : 높이 1m 이상인 계단의 개방된 측면에 안전난간을 설치하여야 한다.

111 다음은 달비계 또는 높이 5m 이상의 비계를 조립·해체하거나 변경하는 작업을 하는 경우에 대한 내용이다. ( )에 알맞은 숫자는?

> 비계재료의 연결·해체작업을 하는 경우에는 폭 ( )cm 이상의 발판을 설치하고 근로자로 하여금 안전대를 사용하도록 하는 등 추락을 방지하기 위한 조치를 할 것

① 15 ② 20
③ 25 ④ 30

해설 달비계 또는 높이 5m 이상의 비계를 조립·해체하거나 변경하는 작업시 준수사항
1) 관리감독자의 지휘 하에 작업하도록 할 것
2) 조립·해체 또는 변경의 시기·범위 및 절차를 그 작업에 종사하는 근로자에게 교육할 것
3) 조립·해체 또는 변경작업 구역 내에는 당해 작업에 종사하는 근로자 외의 자의 출입을 금지시키고 그 내용을 보기 쉬운 장소에 게시할 것
4) 비, 눈, 그 밖의 기상상태의 불안정으로 날씨가 몹시 나쁠 때에는 그 작업을 중지시킬 것
5) 비계재료의 연결·해체작업을 하는 때에는 폭 20cm 이상의 발판을 설치하고 근로자로 하여금 안전대를 사용하도록 하는 등 근로자의 추락방지를 위한 조치를 할 것
6) 재료, 기구 또는 공구 등을 올리거나 내리는 때에는 근로자로 하여금 달줄 또는 달포대등을 사용하도록 할 것

112 다음은 사다리식 통로 등을 설치하는 경우의 준수사항이다. ( )안에 들어갈 숫자로 옳은 것은?

> 사다리의 상단은 걸쳐놓은 지점으로부터 ( )cm 이상 올라가도록 할 것

① 30
② 40
③ 50
④ 60

해설 사다리식 통로 등의 설치 시 준수사항(안전보건규칙 제24조)
1) 견고한 구조로 할 것
2) 심한 손상·부식 등이 없는 재료를 사용할 것
3) 발판의 간격은 일정하게 할 것
4) 발판과 벽과의 사이는 15센티미터 이상의 간격을 유지할 것
5) 폭은 30센티미터 이상으로 할 것
6) 사다리가 넘어지거나 미끄러지는 것을 방지하기 위한 조치를 할 것
7) 사다리의 상단은 걸쳐놓은 지점으로부터 60센티미터 이상 올라가도록 할 것
8) 사다리식 통로의 길이가 10미터 이상인 경우에는 5미터 이내마다 계단참을 설치할 것
9) 사다리식 통로의 기울기는 75도 이하로 할 것. 다만, 고정식 사다리식 통로의 기울기는 90도 이하로 하고, 그 높이가 7미터 이상인 경우에는 바닥으로부터 높이가 2.5미터 되는 지점부터 등받이울을 설치할 것
10) 접이식 사다리 기둥은 사용 시 접혀지거나 펼쳐지지 않도록 철물 등을 사용하여 견고하게 조치할 것

113 보통흙의 건조된 지반을 흙막이지보공 없이 굴착하려 할 때 적합한 굴착면의 기울기 기준으로 옳은 것은?

① 1 : 1 ~ 1 : 1.5
② 1 : 0.5 ~ 1 : 1
③ 1 : 1.8
④ 1 : 2

해설 굴착면의 기울기(구배)기준

구분	지반의 종류	구배
보통 흙	모래	1 : 1.8
	그 밖에 흙	1 : 1.2
암반	풍화암	1 : 1.0
	연암	1 : 1.0
	경암	1 : 0.5

114 터널 지보공을 설치한 경우에 수시로 점검하여 이상을 발견 시 즉시 보강하거나 보수해야 할 사항이 아닌 것은?

① 부재의 손상·변형·부식·변위·탈락의 유무 및 상태
② 부재의 긴압의 정도
③ 부재의 접속부 및 교차부의 상태
④ 계측기 설치상태

해설 터널지보공 설치시 수시점검사항
1) 부재의 손상·변형·부식·변우 탈락의 유무 및 상태
2) 부재의 긴압의 정도
3) 부재의 접속부 및 교차부으 상태
4) 기둥침하의 유무 및 상태

115 크레인 또는 데릭에서 붐각도 및 작업 반경별로 작용시킬 수 있는 최대하중에서 후크(Hook), 와이어로프 등 달기구의 중량을 공제한 하중은?

① 작업하중
② 정격하중
③ 이동하중
④ 적재하중

해설 정격하중 : 본문설명

2019

116 근로자에게 작업 중 또는 통행 시 전락(轉落)으로 인하여 근로자가 화상·질식 등의 위험에 처할 우려가 있는 케틀(kettle), 호퍼(hopper), 피트(pit) 등이 있는 경우에 그 위험을 방지하기 위하여 최소 높이 얼마 이상의 울타리를 설치하여야 하는가?

① 80cm 이상
② 85cm 이상
③ 90cm 이상
④ 95cm 이상

해설 위험방지를 위한 울타리의 높이 : 90cm 이상

117 강관비계의 설치 기준으로 옳은 것은?

① 비계기둥의 간격은 띠장방향에서는 1.85m 이하로 하고, 장선방향에서는 2.0m 이하로 한다.
② 띠장 간격은 1.8m 이하로 설치하되, 첫 번째 띠장은 지상으로부터 2m 이하의 위치에 설치한다.
③ 비계기둥 간의 적재하중은 400kg을 초과하지 않도록 한다.
④ 비계기둥의 제일 윗부분으로부터 21m되는 지점 밑부분의 비계기둥은 2개의 강관으로 묶어세운다.

해설 **강관비계의 구조(강관을 사용하여 비계를 구성할 때의 준수사항)**
1) 비계기둥의 간격은 띠장방향에서는 1.85m, 장선방향에서는 1.5m 이하로 할 것
2) 띠장간격은 2m 이하로 설치할 것.
3) 비계기둥의 최고부로부터 31m 되는 지점 밑부분의 비계기둥은 2본의 강관으로 묶어세울 것 (브라켓 등으로 보강하여 그 이상의 강도가 유지되는 경우에는 그러하지 아니하다)
4) 비계기둥 간의 적재하중은 400kg을 초과하지 아니하도록 할 것

118 터널굴착작업을 하는 때 미리 작성하여야 하는 작업계획서에 포함되어야 할 사항이 아닌 것은?

① 굴착의 방법
② 암석의 분할방법
③ 환기 또는 조명시설을 설치할 때에는 그 방법
④ 터널지보공 및 복공의 시공방법과 용수의 처리방법

해설 1) 터널굴착작업시 낙반·출수 및 가스폭발 등의 위험방지를 위해 미리 조사할 사항 : 지형·지질 및 지층상태
2) 터널굴착작업시 작업계획의 작성내용
① 굴착의 방법
② 터널지보공 및 복공의 시공방법과 용수의 처리방법
③ 환기 또는 조명시설을 하는 때에는 그 방법

119 비계(달비계, 달대비계 및 말비계는 지외한다.)의 높이가 2m 이상인 작업장소에 설치하여야 하는 작업발판의 기준으로 옳지 않은 것은?

① 작업발판의 폭은 40cm 이상으로 하고, 발판재료 간의 틈은 3cm 이하로 할 것
② 추락의 위험이 있는 장소에는 안전난간을 설치할 것
③ 작업발판의 지지물은 하중에 의하여 파괴될 우려가 없는 것을 사용할 것
④ 작업발판재료는 뒤집히거나 떨어지지 않도록 1개 이상의 지지물에 연결하거나 고정시킬 것

해설 **작업발판의 구조(안전보건규칙 제56조)** : 비계의 높이가 2m 이상인 작업장소에는 다음 각 호의 기준에 적합한 작업발판을 설치하여야 한다.
1) 발판재료는 작업시의 하중치를 견딜 수 있도록 견고한 것으로 할 것
2) 작업발판의 폭은 40cm 이상, 발판재료 간의

틈은 3cm 이하로 할 것

3) 선박 및 보트 건조작업의 경우 선박블록 또는 엔진실 등의 좁은 작업공간에 작업발판을 설치하기 위하여 필요하면 작업발판의 폭을 30cm 이상으로 할 수 있고, 결침비계의 경우 강관기둥 때문에 발판재료간의 틈을 3cm 이하로 유지하기 곤란하면 5cm 이하로 할 수 있다. 이 경우 그 틈 사이로 물체 등이 떨어질 우려가 있는 곳에는 출입금지 등의 조치를 하여야 한다.

4) 추락의 위험성이 있는 장소에는 안전난간을 설치할 것(작업의 성질상 안전난간을 설치하는 것이 곤란한 때 및 작업의 필요상 임시로 안전난간을 해체함에 있어서 방망을 치거나 근로자로 하여금 안전대를 사용하도록 하는 등 추락에 의한 위험방지조치를 한 때에는 그러하지 아니하다.)

5) 작업발판의 지지물은 하중에 의하여 파괴될 우려가 없는 것을 사용할 것

6) 작업발판재료는 뒤집히거나 떨어지지 아니하도록 2 이상의 지지물에 부착시킬 것

7) 작업발판을 작업에 따라 이동시킬 때에는 위험방지에 필요한 조치를 할 것

120 건립 중 강풍에 위한 풍압 등 외압에 대한 내력이 설계에 고려되었는지 확인하여야 하는 철골구조물의 기준으로 옳지 않은 것은?

① 높이 20m 이상의 구조물
② 구조물의 폭과 높이의 비가 1 : 4 이상인 구조물
③ 이음부가 공장 제작인 구조물
④ 연면적당 철골량이 50kg/m² 이하인 구조물

해설 철골공사 전 검토사항 중 설계도 및 공작도에 대한 확인 사항(노동부고시) : 구조안전의 위험이 큰 다음 각 목의 철골구조물은 건립 중 강풍에 의한 풍압 등 외압에 대한 내력이 설계에 고려되었는지 확인하여야 한다.

1) 높이 20m 이상의 구조물
2) 구조물의 폭과 높이의 비가 1:4이상인 구조물
3) 단면구조에 현저한 차이가 있는 구조물
4) 연면적당 철골량이 50kg/m² 이하인 구조물
5) 기둥이 타이 플레이트(tie plate)형인 구조물
6) 이음부가 현장용접인 구조물

제1과목 / 산업안전관리론

01 산업안전보건법령상 안전보건개선계획서에 포함되어야 하는 사항이 아닌 것은?

① 시설의 개선을 위하여 필요한 사항
② 작업환경의 개선을 위하여 필요한 사항
③ 작업절차의 개선을 위하여 필요한 사항
④ 안전ㆍ보건교육의 개선을 위하여 필요한 사항

해설 안전보건개선계획서에 포함되는 내용
1) 시설
2) 안전ㆍ보건관리체제
3) 안전ㆍ보건교육
4) 산업재해예방 및 작업환경의 개선을 위하여 필요한 사항

02 상해의 종류 중, 스치거나 긁히는 등의 마찰력에 의하여 피부 표면이 벗겨진 상해는?

① 자상   ② 타박상
③ 창상   ④ 찰과상

해설 1) **자상(찔림)** : 칼날 등 날카로운 물건에 찔린 상태
2) **창상(베임)** : 창, 칼 등에 베인 상해
3) **좌상(타박상, 삐임)** : 외부의 상처없이 피하조직 또는 근육부 등 내부조직이나 장기가 손상받은 상해

03 다음 재해사례의 분석 내용으로 옳은 것은?

> 작업자가 벽돌을 손으로 운반하던 중, 벽돌을 떨어뜨려 발등을 다쳤다.

① 사고유형: 낙하, 기인물: 벽돌, 가해물: 벽돌
② 사고유형: 충돌, 기인물: 손, 가해물: 벽돌
③ 사고유형: 비래, 기인물: 사람, 가해물: 손
④ 사고유형: 추락, 기인물: 손, 가해물: 벽돌

해설 근로자가 벽돌을 손수레에 운반 중 벽돌이 떨어져 발을 다쳤다.
1) **기인물**(불안전상태에 있는 물체, 환경포함) : 벽돌
2) **가해물**(직접 사람에게 접촉되어 위해를 가한 물체) : 벽돌

04 근로자 150명이 작업하는 공장에서 50건의 재해가 발생했고, 총 근로손실일수가 120일일 때의 도수율은 약 얼마인가?(단, 하루 8시간씩 연간 300일을 근무한다.)

① 0.01   ② 0.3
③ 138.9   ④ 333.3

해설 도수율
1) **정의** : 연 근로시간 100만(10^6)시간당 발생하는 재해건수를 나타낸다.
2) **공식**

$$도수율 = \frac{재해건수}{연근로시간} \times 10^6$$

$$= \frac{50}{150 \times 8 \times 300} \times 10^6 = 138.9$$

05 산업안전보건법령상 안전관리자의 업무와 거리가 먼 것은?

① 물질안전보건자료의 게시 또는 비치에 관한 보좌 및 조언 . 지도
② 해당 사업장 안전교육계획의 수립 및 안전교육 실시에 관한 보좌 및 조언 . 지도
③ 사업장 순회점검 . 지도 및 조치의 건의
④ 산업재해 발생의 원인 조사 . 분석 및 재발방지를 위한 기술적 보좌 및 조언 . 지도

해설 안전관리자의 업무내용
　1) 산업안전보건위원회 및 노사협의체에서 심의 · 의결한 직무와 당해 사업장의 안전 보건 관리규정 및 취업규칙에서 정한 업무
　2) 안전인증대상 기계 · 기구 및 자율안전확인대상 기계 · 기구 등의 구입시 적격품의 선정에 관한 보좌 및 조언 · 지도
　3) 위험성평가에 관한 보좌 및 조언 · 지도
　4) 해당사업장 안전교육계획의 수립 및 안전교육 실시에 관한 보좌 및 조언 · 지도
　5) 사업장 순회점검, 지도 및 조치의 건의
　6) 산업재해 발생의 원인조사 및 재발방지를 위한 기술적 보좌 및 조언 · 지도
　7) 산업재해에 관한 통계의 유지 · 관리분석을 위한 보좌 및 조언 · 지도(안전분야에 한함)
　8) 법 또는 법에 따른 명령으로 정한 안전에 관한 사항의 이행에 관한 보좌 및 조언 · 지도
　9) 업무수행 내용의 기록 · 유지
　10) 그밖에 안전한 관한 사항으로서 고용노동부장관이 정하는 사항

06 시몬즈 방식으로 재해코스트를 산정할 때, 재해의 분류와 설명의 연결로 옳은 것은?

① 무상해사고 – 20달러 미만의 재산손실이 발생한 사고
② 휴업상해 – 영구 전노동 불능
③ 응급조치상해 – 일시 전노동 불능
④ 통원상해 – 일시 일부노동 불능

해설 시몬즈 방식
　1) **총재해 cost**=보험 cost+비보험 cost

① **보험코스트** : 산업재해보상도험법에 의해 보상된 금액과 보험회사의 보상에 관련된 제경비 및 이익금을 합친 금액
② **비보험코스트**=(휴업상해건수×A)+(통원상해건수×B)+(응급조치건수×C)+(무상해사고건수×D)
　2) **재해의 종류**(사망 및 영구 전노동 불능은 제외)
　　① **휴업상해** : 영구 일부노동 쿨능 및 일시 전노동 불능
　　② **통원상해** : 일시 일부노동 불능 및 의사의 통원조치가 필요한 상해
　　③ **응급조치상해** : 8시간 미만 휴업 의료조치 상해
　　④ **무상해사고** : 의료조치 불필요, 20달러 이상 재산손실 또는 8시간 이상 시간손실

07 안전 · 보건에 관한 노사협의체의 구성 · 운영에 대한 설명으로 틀린 것은?

① 노사협의체는 근로자와 사용자가 같은 수로 구성되어야 한다.
② 노사협의체의 회의 결과는 회의록으로 작성하여 보전하여야 한다.
③ 노사협의체의 회의는 정기회의와 임시회의로 구분하되, 정기회의는 3개월마다 소집한다.
④ 노사협의체는 산업재해 예방 및 산업재해가 발생한 경우의 대피방법 등에 대하여 협의하여야 한다.

해설 (1) **노사협의체의 구성**
　1) **근로자위원**
　　① 도급 또는 하도급 사업을 포함한 전체 사업의 근로자대표
　　② 근로자대표가 지명하는 명계감독관 1명. 다만, 명예감동관이 위촉되어 있지 아니한 경우에는 근로자대표가 지명하는 해당 사업장 근로자 1명
　　③ 공사금액이 20억원 이상인 드급 또는 하도급 사업의 근로자대표
　2) **사용자위원**
　　① 해당 사업의 대표자
　　② 안전관리자 1명

③ 보건관리자 1명(보건관리자 선임대상 건설업으로 한정)

④ 공사금액이 20억원 이상인 도급 또는 하도급 사업의 사업주

(2) 노사협의체의 운영 등

1) 노사협의체의 회의는 정기회의나 임시회의로 구분하되 정기회의는 2개월마다 노사협의체의 위원장이 소집하며, 임시회의는 위원장이 필요하다고 인정할 때에 소집한다.

2) 노사협의체의 회의 결과는 다음 각호의 사항을 기록한 회의록을 작성하여 보전하여야 한다.

① 개체일시 및 장소

② 출석위원

③ 심의내용 및 의결·결정사항

④ 그 밖의 토의사항

---

08 시설물안전법령에 명시된 안전점검의 종류에 해당하는 것은?

① 일반안전점검　　② 특별안전점검

③ 정밀안전점검　　④ 임시안전점검

해설 안전점검의 종류(시설물 안전관리에 관한 특별법 제6조)

　　1) 정기점검　　2) 정밀점검　　3) 긴급점검

---

09 산업안전보건법령상 사업주의 책무와 가장 거리가 먼 것은?

① 쾌적한 작업환경을 조성하고 근로조건을 개선할 것

② 해당 사업장의 안전 . 보건에 관한 정보를 근로자에게 제공할 것

③ 안전 . 보건의식을 북돋우기 위한 홍보 . 교육 및 무재해운동 등 안전문화를 추진할 것

④ 관련 법과 법에 따른 명령에는 정하는 산업재해 예방을 위한 기준을 지킬 것

해설 사업주의 의무(법 제5조) : 다음 각호의 사항을 이행함으로써 근로자의 안전과 건강을 유지 · 증진시키는 한편, 국가의 산업재해 예방시책에 따라야 한다.

　　1) 이법과 이법에 따른 명령으로 정하는 산업재해

예방을 위한 기준을 지킬 것

2) 근로자의 신체적 피로와 정신적 스트레스 등을 줄일 수 있는 쾌적한 작업환경을 조성하고 근로조건을 개선할 것

3) 해당 사업장의 안전 · 보건에 관한 정보를 근로자에게 제공할 것

> **길잡이** 정부의 책무
>
> 1) 산업안전 · 보건정책의 수립 · 집행 · 조정 및 통제
>
> 2) 사업장에 대한 재해 예방 지원 및 지도
>
> 3) 유해하거나 위험한 기계 · 기구 · 설비 및 방호장치 · 보호구 등의 안전성 평가 및 개선
>
> 4) 유해하거나 위험한 기계 · 기구 · 설비 및 물질 등에 대한 안전 · 보건상의 조치기준 작성 및 지도 · 작성
>
> 5) 사업의 자율적인 안전 · 보건 경영체제 확립을 위한 지원
>
> 6) 안전·보건의식을 북돋우기 위한 홍보·교육 및 무재해운동 등 안전문화 추진
>
> 7) 안전·보건을 위한 기술의 연구·개발 및 시설의 설치·운영
>
> 8) 산업재해에 관한 조사 및 통계의 유지·관리
>
> 9) 안전·보건 관련 단체 등에 대한 지원 및 지도·감독
>
> 10) 그 밖에 근로자의 안전 및 건강의 보호·증진

---

10 각 계층의 관리감독자들이 숙련된 안전관찰을 행할 수 있도록 훈련을 실시함으로써 사고의 발생을 미연에 방지하여 안전을 확보하는 안전관찰훈련기법은?

① THP 기법　　② TBM 기법

③ STOP 기법　　④ TD-BU 기법

해설 STOP(safety training observation program)

　　1) STOP : 감독자를 대상으로 한 안전관찰훈련 과정으로 각 계층의 감독자들이 숙련된 안전관찰(safety observation)을 행할 수 있도록 훈련을 실시함으로서 사고의 발생을 미연에 방지하기 위한 것이다.

　　2) 안전 감독 실시법 : 관찰사이클 (ovservation cycle)

　　결심(Decide) - 정지(Stop) - 관찰(Observe) - 조치(Act) - 보고(Report)

---

11 산업안전보건법령상 AB형 안전모에 관한 설명으로 옳은 것은?

① 물체의 낙하 또는 비래에 의한 위험을 방지 또는 경감하기 위한 것
② 물체의 낙하 또는 비래 및 추락에 의한 위험을 방지 또는 경감시키기 위한 것
③ 물체의 낙하 또는 비래에 의한 위험을 방지 또는 경감하고, 머리부위 감전에 의한 위험을 방지하기 위한 것
④ 물체의 낙하 또는 비래 및 추락에 의한 위험을 방지 또는 경감하고, 머리부위 감전에 의한 위험을 방지하기 위한 것

해설 **안전모의 종류**
1) **AB형** : 낙하 및 비래, 추락 방지용
2) **AE형** : 낙하 및 비래, 감전 방지용
3) **ABE형** : 낙하 및 비래(A), 추락(B), 감전(E) 방지형

12 재해예방의 4원칙이 아닌 것은?

① 손실 우연의 원칙 ② 예방 가능의 원칙
③ 사고 연쇄의 원칙 ④ 원인 계기의 원칙

해설 **재해예방 4원칙**
1) **손실우연의 원칙** : 사고로 인한 손실(상해)의 종류 및 정도는 유연적이다.
2) **원인 연계의 원칙** : 재해 발생은 반드시 원인이 있다.
3) **예방 가능의 원칙** : 사고는 예방이 가능하다.
4) **대책 선정의 원칙** : 사고예방을 위한 안전대책이 선정되고 적용되어야 한다.

13 산업안전보건법령상 안전·보건표지의 색채와 사용사례의 연결이 틀린 것은?

① 빨간색(7.5R 4/14) – 탑승금지
② 파란색(2.5PB 4/10) – 방진마스크
③ 녹색(2.5G 4/10) – 비상구
④ 노란색(5Y 6.5/12) – 인화성물질 경고

해설 안전표지의 색채·색도기준 및 용도(시행규칙 별표3)

색채	색도기준	용도	사용예
빨간색	7.5R 4/14	금지	정지신호, 소화설비 및 그 장소, 유해행위 금지
		경고	화학물질 취급장소에서의 유해·위험경고
노란색	5Y 8.5/12	경고	화학물질 취급장소에서의 유해·위험 경고, 그 밖의 위험 경고 주의표지 또는 기계방호물
파란색	2.5PB 4/10	지시	특정 행위의 지시 및 사실의 고지
녹색	2.5G 4/10	안내	비상구 및 피난소, 사람 또는 차량의 통행표지
흰색	N 9.5		파란색 또는 녹색에 대한 브조색
검은색	N 0.5		문자 및 빨간색 또는 노란색에 대한 보조색

14 일상점검 내용을 작업 전, 작업 중, 작업 종료로 구분할 때, 작업 중 점검 내용으로 거리가 먼 것은?

① 품질의 이상 유무
② 안전수칙 준수 여부
③ 이상소음 발생 유무
④ 방호장치의 작동 여부

해설 ④항, **방호장치의 작동여부** : 작업 전 점검내용

15 참모식 안전조직의 특징으로 옳은 것은?

① 100명 미만의 소규모 사업장에 적합하다.
② 생산부분은 안전에 대한 책임과 권한이 없다.
③ 명령과 보고가 상하관계 뿐이므로 간단명료하다.
④ 조직원 전원을 자율적으로 안전 활동에 참여시킬 수 있다.

■ 정답 ■ 11.② 12.③ 13.④ 14.④ 15.②

해설 안전관리 조직의 형태

1) 라인형
   ① 생산 또는 현장라인(line)에서 생산 및 안전 업무를 동시에 실시하는 조직형태이다.
   ② 100명 이하의 소규모 사업장에 적합

2) 스탭형
   ① 안전관리를 담당하는 스탭(안전담당참모진)을 두고 안전관리에 관한 계획, 조사, 검토, 보고 등을 행하는 조직 형태이다.
   ② 100명 이상 500명(또는 1000명) 미만의 중규모 사업장에 적합

3) 라인·스탭 혼합형
   ① 안전업무를 전담하는 스탭부분을 두고 생산라인에도 안전을 전담하는 관리감독자를 두어서 안전계획 및 안전대책은 스탭진에서 기획하고, 이것을 생산라인을 통하여 실시하도록 한 형태이다.
   ② 1000명 이상의 대규모 사업장에 적합

16 무재해 운동 기본이념의 3대 원칙이 아닌 것은?

① 무의 원칙
② 선취의 원칙
③ 합의의 원칙
④ 참가의 원칙

해설 무재해운동 기본 이념의 3원칙

1) **무의 원칙** : 직장 내의 모든 잠재 위험요인을 사전에 발견, 파악, 제거함으로서 근원적으로 산업재해를 없애는 것
2) **선취(해결)의 원칙** : 무재해와 무질병의 직장을 실현하기 위하여 직장의 위험요인을 행동하기 전에 발견, 파악, 해결함으로서 재해발생을 사전에 예방하거나 방지하는 것
3) **참가의 원칙** : 잠재적 위험요인을 제거하는데 노사 전원이 참가하여 각자의 입장에서 적극적으로 스스로의 직무를 수행함과 동시에 문제해결의 행동을 실천하자는 것

17 다음 설명에 해당하는 법칙은?

> 어떤 공장에서 330회의 전도 사고가 일어났을 때, 그 가운데 300회는 무상해 사고, 29회는 경상, 중상 또는 사망은 1회의 비율로 사고가 발생한다.

① 버드 법칙
② 하인리히 법칙
③ 더글라스 법칙
④ 자베타키스 법칙

해설 1) 하인리히의 재해구성비율
   중상 또는 사망 : 경상 : 무상해사고
   = 1 : 29 : 300
2) 버드의 재해구성비율
   중상 또는 폐질 : 경상 : 무상해사고 : 무상해무사고 = 1 : 10 : 30 : 600

18 재해원인분석에 사용되는 통계적 원인분석 기법의 하나로, 사고의 유형이나 기인물 등의 분류항목을 큰 순서대로 도표화하는 기법은?

① 관리도
② 파렛트도
③ 특성요인도
④ 크로즈분석도

해설 통계적 원인분석 방법

1) **파레이토도** : 사고의 유형, 기인물 등 분류항목을 큰 순서대로 도표화하여 분석하는 방법이다.
2) **특성요인도** : 특성과 요인을 도표로 하여 어골상(魚骨狀)으로 세분화한다.
3) **클로즈 분석** : 데이터를 집계하고 표로 표시하여 요인별 결과내역을 교차한 크로즈 그림을 작성하여 분석한다. (2개 이상의 문제 관계를 분석하는데 이용)
4) **관리도** : 재해발생건수 등의 추이를 파악하고 목표관리를 행하는데 필요한 월별재해발생수를 그래프화하여 관리선을 설정·관리하는 방법이다.

19 신규 채용 시의 근로자 안전·보건교육은 몇 시간 이상 실시해야 하는가?(단, 일용근로자를 제외한 근로자인 경우이다.)

① 3시간　　　② 8시간
③ 16시간　　④ 24시간

해설 사업 내 안전보건교육(시행규칙 별표8)

교육과정	교육대상	교육시간
1. 정기교육	1) 사무직·판매직 근로자	매반기 6시간 이상
	2) 사무직·판매직 근로자 외의 근로자	매반기 12시간 이상
2. 채용시 교육	1) 일용직 근로자 및 근로계약기간이 1주일 이하인 기간제 근로자	1시간 이상
	2) 근로계약기간이 1주일 초과 1개월 이하인 기간제 근로자	4시간 이상
	3) 그 밖에 근로자	8시간 이상
3. 작업내용 변경시 교육	1) 일용근로자 및 근로계약기간이 1주일 이하인 기간제 근로자	1시간 이상
	2) 그 밖에 근로자	2시간 이상
4. 특별교육	1) 특별교육대상 작업에 종사하는 일용근로자 및 근로계약기간이 1주일 이하인 기간제 근로자	2시간 이상
	2) 특별교육대상 작업중 타워크레인 신호작업에 종사하는 일용근로자 및 근로계약기간이 1주일 이하인 기간제 근로자	8시간 이상
	3) 특별교육대상 작업에 종사하는 일용근로자 및 근로계약기간이 1주일 이하인 기간제 근로자를 제외한 근로자	• 16시간 이상(최초 작업에 종사하기 전 4시간 이상 실시하고 12시간은 3개월 이내에서 분할하여 실시 가능) • 단기간 작업, 간헐적 작업인 경우 2시간 이상
5. 건설업 기초 안전·보건 교육	건설일용근로자	4시간 이상

20 산업안전보건법상 산업안전보건위원회 정기회의 개최 주기로 올바른 것은?

① 1개월마다　　② 분기마다
③ 반년마다　　④ 1년마다

해설 산업안전보건위원회의 회의소집 시기
1) 정기회의 : 분기마다 위원장이 소집
2) 임시회의 : 위원장이 필요하다고 인정할 때 소집

제2과목 / 산업심리 및 교육

21 굴착면의 높이가 2m 이상인 암석의 굴착 작업에 대한 특별안전보건교육 내용에 포함되지 않는 것은?(단, 그 밖의 안전·보건관리에 필요한 사항은 제외한다.)

① 지반의 붕괴재해 예방에 관한 사항
② 보호구 및 신호방법 등에 관한 사항
③ 안전거리 및 안전기준에 관한 사항
④ 폭발물 취급 요령과 대피 요령에 관한 사항

해설 굴착면의 높이가 2m이상이 되는 암석의 굴착 작업 시 특별안전보건교육 내용
1) 폭발물 취급 요령과 대피 요령에 관한 사항
2) 안전거리 및 안전기준에 관한 사항
3) 방호물의 설치 및 기준에 관한 사항
4) 보호구 및 신호방법 등에 관한 사항
5) 그 밖에 안전·보건관리에 필요한 사항

길잡이 굴착면의 높이가 2m이상이 되는 지반굴착(터널 및 수직갱 외의 갱 굴착은 제외)시 특별안전보건교육 내용
1) 지반의 형태·구조 및 굴착 요령에 관한 사항
2) 지반의 붕괴재해 예방에 관한 사항
3) 붕괴 방지용 구조물 설치 및 작업방법에 관한 사항
4) 보호구의 종류 및 사용에 관한 사항
5) 그 밖에 안전·보건관리에 필요한 사항

22 인간의 착시현상 중 실제로 움직이지 않지만 어느 기준의 이동에 의하여 움직이는 것처럼 느껴지는 착각현상의 명칭으로 적합한 것은?

① 자동운동   ② 잔상형상
③ 유도운동   ④ 착시현상

해설 운동의 시지각(착시현상)

  1) **자동운동** : 암실 내에서 정지된 소광점을 응시하고 있으면 그 광점이 움직이는 것을 볼 수 있는데 이것을 자동운동이라 한다.
  2) **유도운동** : 실제로 움직이지 않는 것이 어느 기준의 이동에 유도되어 움직이는 것처럼 느껴지는 현상을 말한다.
  3) **가현운동(β)** : 객관적으로 정지하고 있는 대상물이 급속히 나타나는가 소명하는 것으로 인하여 일어나는 운동으로 마치 대상물이 운동하는 것처럼 인식되는 현상을 말한다. (영화영상의 방법)

23 피로의 측정분류 시 감각기증검사(정신·신경기능검사)의 측정대상 항목으로 가장 적합한 것은?

① 혈압   ② 심박수
③ 에너지대사율   ④ 플리커

해설 점멸융합주파수(CFF ; critical flicker fusion, 임계플리커 융합)

  1) **점멸융합주파수(CFF)** : 자극들이 작업자에게 일정한 속도로 제공될 때 깜빡거림 없이 연속적으로 제공되는 것처럼 느껴지는 주파수를 말한대(일정한 빛으로 인지가 되는 깜빡이는 빛의 가장 낮은 주파수)
  2) CFF는 중추신경계의 정신적 피로를 평가하는 척도로 사용된다.
  3) 작업시간이 경과할수록 CFF치는 낮아진다.
  4) 마음이 긴장되었을 때나 머리가 맑을 때의 CFF치는 높아진다.

24 동일 부서 직원 6명의 선호 관계를 분석한 결과 다음과 같은 소시오그램이 작성되었다. 이 소시오그램에서 실선은 선화관계, 점선은 거부관계를 나타낼 때, 4번 직원의 선호신분지수는 얼마인가?

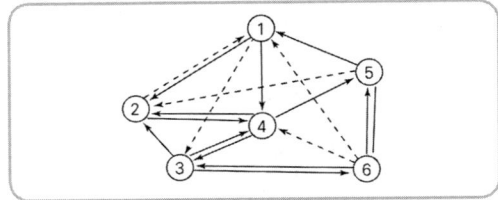

① 0.2   ② 0.33
③ 0.4   ④ 0.6

해설 ④의 선호신분지수 $= \dfrac{\text{선호총계}}{\text{구성원수} - 1}$

$$= \frac{2}{6-1} = 0.4$$

25 강의식 교육에 대한 설명으로 틀린 것은?

① 기능적, 태도적인 내용의 교육이 어렵다.
② 사례를 제시하고 그 문제점에 대해서 검토하고 대책을 토의한다.
③ 수강자의 주의집중도나 흥미의 정도가 낮다.
④ 짧은 시간동안 많은 내용을 전달해야 하는 경우에 적합하다.

해설 ②항 : 사례연구법

26 상호신뢰 및 성선설에 기초하여 인간을 긍정적 측면으로 보는 이론에 해당하는 것을?

① T - 이론
② X - 이론
③ Y - 이론
④ Z - 이론

해설 맥그리거의 X · Y이론

X이론	Y이론
1. 인간 불신감	1. 상호신뢰감
2. 성악설	2. 성선설
3. 인간은 본래 게으르고 태만하여 남의 지배 받기를 즐긴다.	3. 인간은 부지런하고 근면, 적극적이며 자주적이다.
4. 물질욕구(저차적 욕구)	4. 정신욕구(고차적 욕구)
5. 명령통제에 의한 관리	5. 목표통합과 자기 통제에 의한 자율관리
6. 저개발국형	6. 선진국형

27 직장규율, 안전규율 등을 몸에 익히기에 적합한 교육의 종류에 해당하는 것은?

① 지능 교육
② 기능 교육
③ 태도 교육
④ 문제해결 교육

해설 안전교육의 3단계
1) 1단계-지식교육 : 안전의식 향상, 안전규정 숙지, 기능 및 태도교육에 관한 기초지식 주입 등
2) 2단계-기능교육 : 안전기술기능, 안전장치관리 기능, 정비 · 검사 · 점검에 관한 기능 등
3) 3단계-태도교육 : 본문 설명

28 MTP(Management Training Program) 안전교육 방법의 총 교육시간으로 가장 적합한 것은?

① 10시간   ② 40시간
③ 80시간   ④ 120시간

해설 MTP : FEAF(Far East Air Forces)라고도 하며, 10~15명을 한 반으로 2시간씩 20회에 걸쳐 훈련하고, 관리의 기능, 조직의 원칙, 조직의 운영, 시간관리, 훈련의 관리 등을 교육내용으로 한다.

29 레윈(Lewin)의 행동방정식 $B = f(P \cdot E)$ 에서 P의 의미로 맞는 것은?

① 주어진 환경   ② 인간의 행동
③ 주어진 직무   ④ 개인적 특성

해설 레빈(Lewin)의 법칙 : Lewin은 인간의 행동(B)은 그 사람이 가진 자질, 극 개체(P)와 심리학적 환경(E)과의 상호 함수관계에 있다고 하였다.
$$\therefore B = f(P \cdot E)$$
1) B : Behavior(인간의 행동)
2) f : function(함수관계)
3) P : Person(개체 : 연령, 경험, 심신상태, 서역, 지능 등)
4) E : Environment(심리적 환경 : 인간관계, 작업환경 등)

30 리더십의 권한 역할 중 "부하를 처벌 할 수 있는 권한"에 해당하는 것은?

① 위임된 권한   ② 합법적 권한
③ 강압적 권한   ④ 보상적 권한

해설 리더십의 권한
1) 조직이 지도자에게 부여한 권한
① 보상적 권한 : 지도자가 부하들에게 보상할 수 있는 능력으로 인해 부하직원들을 통제할 수 있으며 부하들의 행동에 대해 영향을 끼칠 수 있는 권한이다.
② 강압적 권한 : 부하직원들을 처벌할 수 있는 권한이다.
③ 합법적 권한 : 조직의 규정에 의해 지도자의 권한이 공식화 된 것을 말한다.
2) 지도자 자신이 자신에게 부여한 권리 : 부하직원들이 지도자의 성격이나 그 능력을 인정하고 지도자를 존경하며 자진해서 따르는 것이다.
① 전문성의 권한 : 지도자가 목표수행에 필요한 전문적인 지식을 갖고 업무수행을 하므로 부하직원들이 자발적으로 지도자를 따르게 된다.
② 위임된 권한 : 집단의 목표를 성취하기 위해 부하직원들이 지도자가 정한 목표를 자진해서 자신의 것으로 받아들여 지도자와 함께 일하는 것이다.

2019

31 그림과 같이 수직 평행인 세로의 선들이 평행하지 않는 것으로 보이는 착시현상에 해당하는 것은?

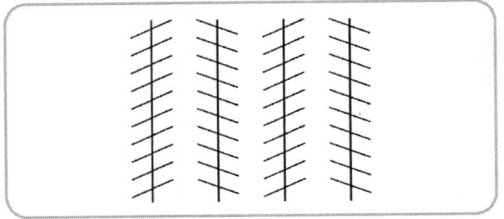

① 죌러(Zöller)의 착시
② 쾰러(Köhler)의 착시
③ 헤링(Hering)의 착시
④ 포겐도르프(Poggendorf)의 착시

해설 **죌러(zöller)** : 그림에서 세로의 선들이 수직평행선인데 굽어보이는 착시현상을 나타내고 있다.

32 과업과 직무를 수행하는 데 요구되는 인적 자질에 의해 직무의 내용을 정의하는 절차에 해당하는 것은?

① 직무분석(job analysis)
② 직무평가(job evaluation)
③ 직무확충(job enrichment)
④ 직무만족(job satisfaction)

해설 **직무분석(job analysis)** : 본문설명

33 동기부여에 관한 이론 중 동기부여 요인을 중요시하는 내용이론에 해당하지 않는 것은?

① 브룸의 기대이론
② 알더퍼의 ERG 이론
③ 매슬로우의 욕구위계설
④ 허츠버그의 2요인 이론(이원론)

해설 **브룸(Vroom)의 기대이론** : 동기적인 힘(동기부여 정도)은 유인가와 기대치의 곱으로 나타낸다.

동기적 힘 = 유인가 × 기대치
1) **유인가** : 여러 행동대안의 결과에 대하여 개인이 갖고 있는 매력의 강도를 말한다.
2) **기대치** : 일의 결과가 현실화 될 수 있는 확률을 나타낸다.

길잡이 **브룸의 기대이론** : 동기부여 과정이론

34 남의 행동이나 판단을 표본으로 하여 그것과 같거나 혹은 그것에 가까운 행동 또는 판단을 취하려는 인간관계 메커니즘으로 맞는 것은?

① Projection
② Imitation
③ Suggestion
④ Identification

해설 **인간관계의 메커니즘**
1) **동일화(identification)** : 다른 사람의 행동 양식이나 태도를 투입시키거나, 다른 사람 가운데서 자기와 비슷한 것을 발견하는 것
2) **투사(projection)** : 자기 속의 억압된 의식을 다른 사람의 의식으로 만드는 것
3) **커뮤니케이션(communication)** : 갖가지 행동 양식이나 기호를 매개로 하여 어떤 사람으로부터 다른 사람에게 전달되는 과정
4) **모방(imitation)** : 남의 행동이나 판단을 표본으로 하여 그것과 같거나 또는 그것에 가까운 행동 또는 판단을 취하려는 것
5) **암시(suggestion)** : 다른 사람으로부터의 판단이나 행동을 무비판적으로 논리적, 사실적 근거 없이 받아들이는 것

35 집단 심리요법의 하나로 자기 해방과 타인 체험을 목적으로 하는 체험활동을 통해 대인관계에서의 태도 변용이나 통찰력, 자기이해를 목표로 개발된 교육 기법에 해당하는 것은?

① 롤플레잉(Role Playing)
② OJT(On the Job Training)
③ ST(Sensitivity Training) 훈련

④ TA(Transactional Analysis) 훈련

해설 **역할연기법(role playing)** : 참석자에게 어떤 역할을 주어서 실제로 시켜 봄으로써 훈련이나 평가에 사용하는 교육기법으로. 절충능력이나 협조성을 높여서 태도의 변용에도 도움을 준다.

36 비통제의 집단행동에 해당하는 것은?

① 관습
② 유행
③ 모브
④ 제도적 행동

해설 **비통제의 집단행동** : 성원의 감정, 정서에 의해 좌우되고 연속성이 희박하다.
① **군중(crowd)** : 성원 사이에 지위나 역할의 분화가 없고, 성원 각자는 책임감을 가지지 않으며 비판력도 가지지 않는다.
② **모브(mob)** : 폭동과 같은 것을 말하며, 군중보다 한층 합의성이 없고 감정만에 의해서 행동한다.
③ **패닉(panic)** : 이상적인 상황에서도 모브가 공격적일 때 패닉은 방어적 특징이다.
④ **심리적 전염(mental epidemin)** : 유행과 비슷하면서 행동양식이 이상적이며, 비합리성이 강한 것으로, 어떤 사상이 상당한 기간을 걸쳐 광범위하게 논리적, 사고적 근거 없이 무비판하게 받아들여지는 것을 의미한다.

37 작업지도 기법의 4단계 중 그 작업을 배우고 싶은 의욕을 갖도록 하는 단계로 맞는 것은?

① 제1단계 : 학습할 준비를 시킨다.
② 제2단계 : 작업을 설명한다.
③ 제3단계 : 작업을 시켜본다.
④ 제4단계 : 작업에 대해 가르친 뒤 살펴본다.

해설 **작업지도 기법의 4단계**
(1) **1단계** : 학습할 준비를 시킨다(학습준비)
1) 마음을 안정시킨다.
2) 무슨 작업을 할 것인가를 말해준다.
3) 작업에 대해 알고 있는 정도를 확인한다.
4) 작업을 배우고 싶은 의욕을 갖게 한다.
5) 정확한 위치에 자리 잡게 한다.

(2) **제2단계** – 작업을 설명한다(작업설명)
1) 주요단계를 하나씩 설명해주고 시범해 보이고 그려 보인다.
2) 급소를 강조한다.
3) 확실하게, 빠짐없이, 끈기있게 지도한다.
4) 이해할 수 있는 능력 이상으로 강요하지 않는다.
(3) **제3단계** – 작업을 시켜본다(실습)
(4) **제4단계** – 가르친 뒤를 살펴본다(결과시찰).

38 동작실패의 원인이 되는 조건 중 작업강도와 관련이 가장 적은 것은?

① 작업량
② 작업속도
③ 작업시간
④ 작업환경

해설 **동작실패의 원인이 되는 작업강도의 조건**
1) **작업량(작업밀도)**
2) 작업속도
3) 작업시간
4) 작업범위

39 작업장에서의 사고예방을 위한 조치로 틀린 것은?

① 감독자와 근로자는 특수한 기술뿐 아니라 안전에 대한 태도도 교육을 받아야 한다.
② 모든 사고는 사고 자료가 연구될 수 있도록 철저히 조사되고 자세히 보고되어야 한다.
③ 안전의식고취 운동에서 포스터는 긍정적인 문구보다 부정적인 문구를 사용하는 것이 더 효과적이다.
④ 안전장치는 생산을 방해해서는 안 되고, 그것이 제 위치에 있지 않으면 기계가 작동되지 않도록 설계되어야 한다

해설 포스터의 처참한 장면과 부정적인 문구는 안전의식 고취에 역효과를 초래할 수 있다.

■ 정답 ■　**36.**③　**37.**①　**38.**④　**39.**③

40 에빙하우스(Ebbinghaus)의 연구결과에 따른 망각률이 50%를 초과하게 되는 최초의 경과시간은 얼마인가?

① 30분 ② 1시간
③ 1일 ④ 2일

해설 에빙 하우스(Ebbinghaus)의 파지율과 망각율 : 에빙하우스에 의한 망각곡선에 의하면 학습직후의 망각율이 가장 높아서 1시간 경과후의 파지율이 44.2%이고, 1일(24시가) 후에는 전체의 1/3에 해당되는 33.7%이고, 그후부터는 망각이 완만하여 6일(144시간)이 경과한 뒤에는 파지량이 전체의 1/4정도인 25.4%가 된다는 것을 알 수 있게 된다.

[표] 파지율과 망각률

경과시간	파지율	망각율
0.33	58.2%	41.8%
1	44.2%	55.8%
8.8	35.8%	64.2%
24(1일)	33.7%	66.3%
48(2일)	27.8%	72.2%
6×24	25.4%	74.6%
31×24	21.1%	78.9%

제3목 / 인간공학 및 시스템안전공학

41 다음 FT도에서 각 요소의 발생확률이 요소 ①과 요소 ②는 0.2, 요소 ③은 0.25, 요소 ④는 0.3일 때, A사상의 발생확률은 얼마인가?

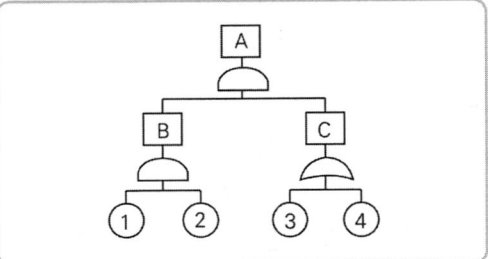

① 0.007 ② 0.014
③ 0.019 ④ 0.071

해설 A = B×C
= ①×②×[1−(1−③)(1−④)]
= 0.2×0.2×[1−(1−0.25)(1−0.3)]=0.019

42 정성적 시각 표시장치에 관한 사항 중 다음에서 설명하는 특성은?

[다음]
복잡한 구조 그 자체를 완전한 실체로 지각하는 경향이 있기 때문에, 이 구조와 어긋나는 특성은 즉시 눈에 띈다.

① 양립성 ② 암호화
③ 형태성 ④ 코드화

해설 정성적 시각 표시장치의 형태성 : 본문설명

---

43 산업안전보건법령에 따라 기계·기구 및 설비의 설치·이전 등으로 인해 유해·위험방지 계획서를 제출하여야 하는 대상에 해당하지 않는 것은?

① 건조설비　　　　② 공기압축기
③ 화학설비　　　　④ 가스집합 용접장치

해설 제조업 등 유해·위험방지계획 제출 등
　1) 유해·위험방지 계획서 제출시기 등 : 사업주는 해당 작업시작 15일 전까지 공단에 2부를 제출하여야 한다.
　2) 제조업 등 유해·위험방지계획서 제출 대상 기계·기구 및 설비
　　① 금속이나 그 밖의 광물의 용해로
　　② 화학설비
　　③ 건조설비
　　④ 가스집합 용접장치
　　⑤ 허가대상·관리대상 유해물질 및 분진작업 관련 설비

44 인체측정자료에서 극단치를 적용하여야 하는 설계에 해당하지 않는 것은?

① 계산대
② 문 높이
③ 통로 폭
④ 조종장치까지의 거리

해설 인체계측자료의 응용원칙
　1) **최대치수와 최소치수** : 최대치수 또는 최소치수를 기준으로 하여 설계한다. (극단에 속하는 사람을 위한 설계)
　　[예] 최대치수 : 문, 통로, 탈출구 , 최소치수 : 선반의 높이, 조종장치까지의 거리 등
　2) **조절범위(조절식)** : 체격이 다른 여러 사람에게 맞도록 만드는 것 이다.(조절할 수 있도록 범위를 두는 설계)
　　[예] 자동차 좌석의 전후조절, 사무실의자의 상하조절
　3) **평균치를 기준으로 한 설계** : 최대치수나 최소치수, 조절식으로 하기가 곤란할 때 평균치를 기준으로 하여 설계한다.(평균적인 사람을 위한 설계)

[예] 은행창구나 슈퍼마켓의 계산대 등

45 작위실수(commission error)의 유형이 아닌 것은?

① 선택착오　　　　② 순서착오
③ 시간착오　　　　④ 직무누락착오

해설 인간실수의 형태지향적 분류(Swain)
　1) **작위실수(Commission error)** : 직무를 잘못 수행할 때 발생하며 다음 착오 등이 포함된다.
　　① 선택착오
　　② 순서착오
　　③ 시간착오
　　④ 정성적착오
　2) **부작위실수(Omission error)** : 직무의 한 단계 또는 전체직무를 누락시킬 때 발생한다.

46 인간-기계 통합체계의 유형에서 수동체계에 해당하는 것은?

① 자동차　　　　　② 공작기계
③ 컴퓨터　　　　　④ 장인과 공구

해설 인간·기계체계의 유형
　1) **수동체계**
　　① 인간과 공구가 직접 연결된 체계
　　② 인간의 신체적인 힘을 동원력으로 사용
　2) **기계화체계(반자동체계)**
　　① 인간이 기계의 표시장치를 보고 조정 장치를 통하여 통제하는 체계
　　② 인간(운전자)의 조종에 의해 운용되며 융통성이 없는 체계의 형태
　3) **자동체계**
　　① 기계자체가 감지, 정보처리 및 의사결정, 행동을 포함한 모든 임무를 수행하는 체계
　　② 인간은 감시(monitor), 프로그램, 정비유지 등의 기능을 수행함

2019

■ 정답 ■　43.②　44.①　45.④　46.④

47 각 기본사상의 발생확률이 증감하는 경우 정상사상의 발생확률에 어느 정도 영향을 미치는가를 반영하는 지표로서 수리적으로는 편미분계수와 같은 의미를 갖는 FTA의 중요도 지수는?

① 확률 중요도
② 구조 중요도
③ 치명 중요도
④ 비구조 중요도

해설 확률 중요도 : 본문 설명

48 동작경제의 원칙 중 신체사용에 관한 원칙에 해당하지 않는 것은?

① 손의 동작은 유연하고 연속적인 동작이어야 한다.
② 두 손의 동작은 같이 시작해서 동시에 끝나도록 한다.
③ 동작이 급작스럽게 크게 바뀌는 직선 동작은 피해야 한다.
④ 공구, 재료 및 제어장치는 사용하기 용이하도록 가까운 곳에 배치한다.

해설 ④항, 공구 및 설비의 설계에 관한 원칙

49 일반적으로 재해 발생 간격은 지수분포를 따르며, 일정기간 내에 발생하는 재해 발생 건수는 푸아송분포를 따른다고 알려져 있다. 이러한 확률변수들의 발생과정을 무엇이라 하는가?

① Poisson 과정
② Bernoulli 과정
③ Wiener 과정
④ Binomial 과정

해설 Poisson 과정 : 본문설명
  1) 재해발생간격 : 지수 분포
  2) 재해발생건수 : 푸아송 분포

50 한 화학공장에 24개의 공정제어회로가 있다. 4000시간의 공정 가동 중 이 회로에서 14건의 고장이 발생하였고, 고장이 발생하였을 때마다 회로는 즉시 교체되었다. 이 회로의 평균고장시간은 약 얼마인가?

① 6857시간   ② 7571시간
③ 8240시간   ④ 9800시간

해설 1) 고장률(λ) = $\dfrac{\text{고장건수}}{\text{고장시간}}$
  2) 평균고장시간(MTBF)
    = $\dfrac{1}{\lambda}$ $\dfrac{\text{고장시간}}{\text{고장건수}}$ = $\dfrac{24 \times 4000}{14}$
    = 6857시간

51 압박이나 긴장에 대한 척도 중 생리적 긴장의 화학적 척도에 해당하는 것은?

① 혈압   ② 호흡수
③ 혈액 성분   ④ 심전도

해설 (1) **스트레인**(strain) : 개인에 대한 스트레스(stress)의 영향을 말한다.
  (2) **스트레인의 측정** : 혈액성분(화학적 척도), 산소소비량, 혈압 및 심박수, 체온, 근육이나 뇌의 전기적 활동, 호흡수, 심전도, 작업률, 오류, 성향 등의 변화를 관찰하여 측정한다.

52 사용조건을 정상사용조건보다 강화하여 적용함으로써 고장발생시간을 단축하고, 검사비용의 절감효과를 얻고자 하는 수명시험은?

① 중도중단시험
② 가속수명시험
③ 감속수명시험
④ 정시중단시험

해설 가속수명시험 : 본문설명

---

53 다음 중 안전성 평가 단계가 순서대로 올바르게 나열된 것으로 옳은 것은?

① 정성적 평가 – 정량적 평가 – FTA에 의한 재평가 – 재해정보로부터의 재평가 – 안전대책

② 정량적 평가 – 재해정보로부터의 재평가 – 관계 자료의 작성준비 – 안전대책 – FTA에 의한 재평가

③ 관계 자료의 작성준비 – 정성적 평가 – 정량적 평가 – 안전대책 – 재해정보로부터의 재평가 – FTA에 의한 재평가

④ 정량적 평가 – 재해정보로부터의 재평가 – FTA에 의한 재평가 – 관계자료의 작성 준비 – 안전대책

해설 안전성 평가의 6단계
1) 제1단계 : 관계자료의 정비검토(작성준비)
2) 제2단계 : 정성적 평가
3) 제3단계 : 정량적 평가
4) 제4단계 : 안전대책
5) 제5단계 : 재해정보에 의한 재평가
6) 제6단계 : F.T.A에 의한 재평가

54 A작업장에서 1시간 동안에 480Btu의 일을 하는 근로자의 대사량은 900Btu이고, 증발 열손실이 2250Btu, 복사 및 대류로부터 열이득이 각각 1900Btu 및 80Btu라 할 때, 열축적은 얼마인가?

① 100 ② 150
③ 200 ④ 250

해설 S(열축적)=M(대사열)−E(증발)
   −W(한일)±R(복사)±C(대류)
   =900Btu−2250Btu−480Btu+1900Btu+80Btu
   =150Btu

55 국제표준화기구(ISO)의 수직진동에 대한 피로 – 저감숙달경계(fatigue – decre- ased proficiency boundary)표준 중 내구수준이 가장 낮은 범위로 옳은 것은?

① 1~3Hz ② 4~8Hz
③ 9~13Hz ④ 14~18Hz

해설 수직진동의 피로·저감숙달경계 표준 중 내구수준이 가장 낮은 범위 : 4~8Hz

56 산업 현장에서는 생산설비에 부착된 안전장치를 생산성을 위해 제거하고 사용하는 경우가 있다. 이와 같이 고의로 안전장치를 제거하는 경우에 대비한 예방 설계 개념으로 옳은 것은?

① Fail safe
② Fool proof
③ Lock out
④ Tamper proof

해설 페일세이프·풀프루프 및 템퍼프루프
1) Fail safe : 인간이나 기계들에 과오나 동작상의 실수가 있더라도 사고·재해를 발생시키지 않도록 철저하게 2중, 3중으로 통제를 가하는 것
2) Fool proof : 인간이 기계등의 취급을 잘못해도 사고로 연결되는 일이 없도록 하는 안전기구로서 기계장치 설계단계에서 안전화를 도모하는 것
3) Temper proof : 설비에 부착된 안전장치를 제거하면 설비가 작동되지 않도록 하는 안전설계를 의미한다.

2019

57 FT도에 사용되는 다음 기호의 명칭으로 맞는 것은?

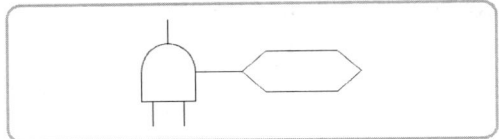

① 부정게이트
② 수정기호
③ 위험지속기호
④ 배타적 OR 게이트

해설 **위험지속기호** : 입력사상이 생겨서 어느 일정시간 지속하였을 때에 출력사상이 생긴다. (「위험지속시간」과 같이 기입)

58 음의 은폐(masking)에 대한 설명으로 옳지 않은 것은?

① 은폐음 때문에 피은폐음의 가청역치가 높아진다.
② 배경음악에 실내소음이 묻히는 것은 은폐효과의 예시이다.
③ 음의 한 성분이 다른 성분에 대한 귀의 감수성을 감소시키는 작용이다.
④ 순음에서 은폐효과가 가장 큰 것은 은폐음과 배음(harmonic overtone)의 주파수가 멀 때이다.

해설 **차폐 또는 은폐의 원리**
1) 소리가 들리는 최소한의 음강도는 차폐음보다 **15dB 이상**이어야 한다.
2) 차폐효과가 가장 큰 것은 차폐음과 배음(harmonic overtone)의 주파수가 가까울 때이다.
3) 차폐되는 소리의 임폐주파수대 주변에 있는 소리들에 의해 가장 많이 차폐된다.
4) 차폐음의 세기가 작을 때(20~40dB)는 차폐효과가 그 차폐음 부근의 주파수에 한정되며 차폐음의 세기가 클 때(60~100dB)는 차폐효과가 보다 높은 주파수로 확대된다.

59 기계 시스템은 영구적으로 사용하며, 조작자는 한 시간마다 스위치를 작동해야 되는데 인간오류확률(HEP)은 0.001이다. 2시간에서 4시간까지 인간 - 기계 시스템의 신뢰도로 옳은 것은?

① 91.5% ② 96.6%
③ 98.7% ④ 99.8%

해설 **인간·기계시스템의 신뢰도(R)**

$R = (1-HEP)^{n_2 - n_1}$
$= (1-0.001)^{4-2} = 0.998 = 99.8$

60 예비위험분석(PHA)은 어느 단계에서 수행되는가?

① 구상 및 개발단계
② 운용단계
③ 발주서 작성단계
④ 설치 또는 제조 및 시험단계

해설 **시스템 수명주기의 단계**
1) **구상단계** : 시작단계
  ① PHA(예비사고분석) : 이용
  ② 리스크(위험)분석 시행
  ③ SSPP(시스템 안전프로그램계획)
2) **정의단계** : 예비설계와 생산기술을 확인하는 단계
3) **개발단계** : 정의단계에 환경적 충격, 생산기술, 운용연구 등을 포함시키는 단계
  ① OHA(운용위험분석)이용
  ② FMEA(고장의 형태 및 영향분석)과 관련된 신뢰 성공학 적용
4) **생산단계** : 생산이 시작되면 품질관리부서는 생산물을 검사하고 조사하는 역할을 함
5) **운전단계** : 시스템을 운전하는 단계

■ **정답** ■ 57.③ 58.④ 59.④ 60.①

제4목 / 건설시공학

61 벽돌을 내쌓기 할 때 일반적으로 이용되는 벽돌쌓기 방법은?

① 마구리 쌓기　　② 길이 쌓기
③ 옆세워 쌓기　　④ 길이세워 쌓기

해설 **내쌓기**
　1) **내쌓기** : 벽돌벽면 중간에서 벽을 내밀어 쌓는
　　것을 말한다.
　2) **내쌓기 방법**
　　① 내쌓기를 할 때에는 두켜씩 1/4B 또는 한켜
　　　씩 1/8B 내쌓기로 하고 맨 위는 두켜 내쌓
　　　기로 한다.
　　② 내쌓기는 모두 마구리 쌓기로 하는 것이 강
　　　도상·시공상 유리하다(마구리 쌓기 : 벽면에
　　　마구리만 나오게 쌓는 방법)

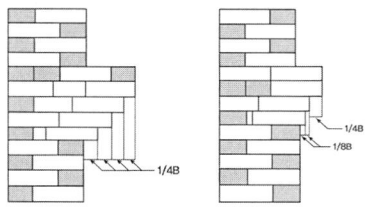

[그림] 내쌓기

62 조적공사의 백화현상을 방지하기 위한 대책으로 옳지 않은 것은?

① 석회를 혼합한 줄눈 모르타르를 활용하여
　바른다.
② 흡수율이 낮은 벽돌을 사용한다.
③ 쌓기용 모르타르에 파라핀 도료와 같은 혼
　화제를 사용한다.
④ 돌림대, 차양 등을 설치하여 빗물이 벽체에
　직접 흘러내리지 않게 한다.

해설 ①항, 석회질이 섞인 모래를 사용하는 것은 백
　화현상의 원인이 되는 것이다

63 강관말뚝지정의 특징에 해당되지 않는 것은?

① 강한 타격에도 견디며 다져진 중간지층의
　관통도 가능하다.
② 지지력이 크고 이음이 안전하고 강하므로
　장척말뚝에 적당하다.
③ 상부구조와의 결합이 용이하다.
④ 길이조절이 어려우나 재료비가 저렴한 장점
　이 있다.

해설 **강관말뚝지정의 특징**
　1) ①, ②, ③항
　2) 경질지반(표준관입시험 N값 50정도)에도 사용
　　할 수 있다.
　3) 지중에서 부식하기 쉬우며 재료비가 고가이다
　　(단점)

64 지하수위 저하공법 중 강제배수공법이 아닌 것은?

① 전기침투 공법
② 웰포인트 공법
③ 표면배수 공법
④ 진공 Deep well 공법

해설 **강제배수공법**
　1) **전기침투공법** : 전기삼투현상을 이용한 배수공
　　법이다.
　2) **웰포인트공법** : 사질토반에 양수걱(well point)
　　을 0.6~1m 간격으로 박고 진공펌프를 사용하
　　여 강제적으로 지하수를 배수하는 공법이다.
　3) 진공 deep wall 공법 등

65 콘크리트의 압축강도를 시험하지 않을 경우 거푸집널의 해체시기로 옳은 것은?(단, 기타 조건은 아래와 같음)

- 평균기온 : 20℃
- 보통포틀랜드 시멘트 사용
- 대상 : 기초, 보, 기둥 및 벽의 측면

① 2일   ② 3일
③ 4일   ④ 6일

해설 압축강도를 시험하지 않을 경우 거푸집널의 해체시기(대상 : 기초, 보, 기둥 및 벽의 측면)

온도\종류	·조강포틀랜드 시멘트	·보통포틀랜드 시멘트 ·고로슬래그(1종) ·플라이애시(1종) ·포틀랜드포졸란(A종)	·고로슬래그(2종) ·플라이애시(2종) ·포틀랜드포졸란(B종)
20℃이상	2일	3일	4일
20℃미만 10℃이상	3일	4일	6일

66 거푸집 공사에 적용되는 슬라이딩폼 공법에 관한 설명으로 옳지 않은 것은?

① 형상 및 치수가 적확하며 시공오차가 적다.
② 마감작업이 동시에 진행되므로 공정이 단순화된다.
③ 1일 5~10m 정도 수직시공이 가능하다.
④ 일반적으로 돌출물이 있는 건축물에 많이 적용된다.

해설 ④항, 일반적으로 돌출물이 있는 건축물에는 사용할 수 없다.

67 강구조용 강재의 절단 및 개선가공에 관한 사항으로 옳지 않은 것은?

① 주요 부재의 강판 절단은 주된 응력의 방향과 압연방향을 직각으로 교차하여 절단함을 원칙으로 한다.

② 절단할 강재의 표면에 녹, 기름, 도료가 부착되어 있는 경우에는 제거 후 절단해야 한다.
③ 용접선의 교차부분 또는 한 부재를 다른 부재에 접합시킬 때 불필요한 접촉을 피하기 위하여 모퉁이따기를 할 경우에는 10mm 이상 둥글게 해야 한다.
④ 스캘럽 가공은 절삭 가공기 또는 부속장치가 달린 수동가스 절단기를 사용한다.

해설 ①항, 강판절단은 응력의 방향이나 압연방향으로 평행하여 절단함을 원칙으로 한다.

68 콘크리트 타설에 관한 설명으로 옳은 것은?

① 콘크리트 타설은 바닥판→보→계단→벽체→기둥의 순서로 한다.
② 콘크리트 타설은 운반거리가 먼 곳부터 시작한다.
③ 콘크리트를 타설할 때에는 다짐이 잘 되도록 타설높이를 최대한 높게 한다.
④ 콘크리트 타설 준비 시 콘크리트가 닿았을 때 흡수할 우려가 있는 곳은 미리 건조시켜 두어야 한다.

해설 콘크리트 타설시 주의사항
1) 콘크리트 타설을 운반거리가 먼 곳에서부터 가까운 곳으로 부어넣기 한다.
2) 콘크리트 타설은 낮은 곳에서 높은 곳(기초 → 기둥 → 벽 → 계단 → 보의 순서)으로 부어 나간다.
3) 콘크리트 타설시 자유낙하거리(타설높이)는 될 수 있는대로 짧게 하고 보통 1.5m 최대 2m 정도로 한다.
4) 콘크리트는 수직으로 낙하시킨다.
5) 진동기는 거푸집과 철근 또는 철골에 직접 접촉되지 않도록 한다.

69 기성콘크리트 말뚝의 특징에 관한 설명으로 옳지 않은 것은?

① 말뚝이음 부위에 대한 신뢰성이 떨어진다.
② 재료의 균질성이 부족하다.
③ 자재하중이 크므로 운반과 시공에 각별한 주의가 필요하다.
④ 시공과정상의 항타로 인하여 자재균열의 우려가 높다.

해설 ②항, 재료의 균질성이 있다.

70 설계도와 시방서가 명확하지 않거나 설계는 명확하지만 공사비 총액을 산출하기 곤란하고 발주자가 양질의 공사를 기대할 때 채택될 수 있는 가장 타당한 방식은?

① 실비정산 보수가산식 도급
② 단가 도급
③ 정액 도급
④ 턴키 도급

해설 실비청산보수가산도급방식 : 건축주가 시공자에게 공사를 위임하고 공사에 소요되는 실비와 보수 즉 공사비와 미리 정해 놓은 보수를 시공자에게 지불하는 방식
1) 장점 : 도급자는 비율 보수가 보장되므로 우수한 공사를 할 수 있다.
2) 단점 : 공사기간이 연장되고 공사비가 상승될 수 있다.

71 철골공사에서 용접접합의 장점과 거리가 먼 것은?

① 강재량을 절약할 수 있다.
② 소음을 방지할 수 있다.
③ 일체성 및 수밀성을 확보할 수 있다.
④ 접합부의 품질검사가 매우 간단하다.

해설 용접접합의 장·단점
1) 장점
① 강재의 양이 절약된다.
② 구조가 간단하여 건물의 경량화를 도모할

수 있다.
③ 기름, 기체(gas) 등에 대하여 고도의 수밀성을 유지할 수 있다.
④ 시공 속도가 빠르고 무소음, 무진동의 시공을 할 수 있다.
⑤ 건물의 일체성과 강성을 확보할 수 있다.
2) 단점
① 용접 모재의 재질에 따라 응력상의 영향이 크다.
② 용접부의 검사가 어렵다.
③ 숙련공이 필요하다.

72 웰포인트 공법에 관한 설명으로 옳지 않은 것은?

① 지하수위를 낮추는 공법이다.
② 1~3m의 간격으로 파이프를 지중에 박는다.
③ 주로 사질지반에 이용하면 유효하다.
④ 기초파기에 히빙 현상을 방지하기 위해 사용한다.

해설 웰 포인트 공법
1) 출 수가 많고 깊은 터 파기에서 진공펌프와 원심펌프를 병용하는 지하수 배수에 의해 지하수위를 낮추는 공법이다.
2) 사질토, 실트층 등 투수성이 좋은 지반에는 효율이 좋으나 점토질 등 투수성이 나쁜 지반에는 효율이 나쁘다.
3) 흙막이 토질 약화를 예방하고, 흙막이 토압을 낮추며 기초 파기 공사를 용이하게 하고 지내력을 증가시킨다.

73 프리스트레스 하지 않는 부재의 현장치기 콘크리트의 최소 피복 두께 기준 중 가장 큰 것은?

① 수중에 치는 콘크리트
② 흙에 접하여 콘크리트를 친 후 영구히 흙에 묻혀 있는 콘크리트
③ 옥외의 공기나 흙에 직접 접하지 않는 콘크리트 중 슬래브
④ 옥외의 공기나 흙에 직접 접하지 않는 콘크리트 중 벽체

해설 철근의 최소피복두께 기준(현장치기 콘크리트)
1) 수중에 치는 콘크리트 : 100mm
2) 흙에 영구히 묻혀있는 콘크리트 : 80mm
3) 흙에 접하거나 옥외 공기에 직접 노출되는 콘크리트
   ① D29 이상 철근 : 60mm
   ② D25 이하의 철근 : 50mm
   ③ D16 이하의 철근, 지름 16mm 이하 철선 : 40mm
4) 옥외 공기나 흙에 직접 접하지 않는 콘크리트

① 슬래브, 벽체, 장선	D35 초과 철근	40mm
	D35 이하 철근	20mm
② 보, 기둥 (콘크리트의 설계기준 압축강도가 40 MPa 이상인 경우 규정된 값에서 10mm 이상 저감시킬 수 있음)		40mm
③ 쉘, 절판부재		20mm

74 품질관리(TQC)를 위한 7가지 도구 중에서 불량수, 결점수 등 셀 수 있는 데이터가 분류항목별로 어디에 집중되어 있는가를 알기 쉽도록 나타낸 그림은?

① 히스토그램   ② 파레토도
③ 체크시트   ④ 산포도

해설 품질관리(QC, Quality Control) 활동의 7가지 도구(QC 7가지 수법)
1) 히스토그램(histogram) : 길이, 무게, 강도 등과 같이 계량치의 데이터가 어떠한 분포를 하고 있는지 알아보기 위하여 작성하는 주상(柱狀) 기둥그래프(막대그래프)이다.
2) 특성요인도 : 결과에 원인이 어떻게 관계하고 있는가를 생선뼈 모양으로 나타낸 그림이다.
3) 파레토도(pareto diagram) : 시공불량의 내용이나 원인을 분류 항목으로 나누어 크기 순서대로 나열해 놓은 그림이다.
4) 관리도 : 공정의 상태를 나타내는 특성치에 관해서 그려진 꺾은선 그래프이다.
5) 산점도(산포도, scatter diagram) : 서로 대응되는 두 종류의 데이터의 상호관계를 보는 것이다.
6) 체크시트 : 불량수, 결점수 등 셀 수 있는 데이터를 분류하여 항목별로 나누었을 때 어디에 집중되어 있는가를 알기 쉽도록 한 그림 또는

표이다.
7) 층별 : 데이터의 특성을 적당한 범주마다 얼마간의 그룹으로 나누어 도표로 나타낸 것이다.

75 시방서의 작성원칙으로 옳지 않은 것은?

① 지정고시된 신재료 또는 신기술을 적극활용한다.
② 공사 전반에 대한 지침을 세밀하고 간단명료하게 서술한다.
③ 공종을 세밀하게 나누고, 단위 시방의 수를 최대한 늘려 상세히 서술한다.
④ 시공자가 정확하게 시공하도록 설계자의 의도를 상세히 기술한다.

해설 시방서 작성 시 주의사항
1) 간단명료하게 그 의미가 충분히 전달되어야 한다.
2) 재료의 품질은 명확하게 규정하고, 그 지점은 신중해야 한다.
3) 공사 전체를 빠짐없이 기재하고(시방서 작성 시 가장 중요한 사항), 공사 진행순서와 일치하여야 한다.
4) 공정의 정밀도와 손질의 정밀도(마무리 정도)를 명확하게 규정한다.
5) 시방서와 도면의 내용이 서로 다를 경우에는 시방서에 준하는 것이 원칙이나 먼저 감독관에 신고하여 그의 지시에 따라 시공한다.

76 슬래브에서 4변 고정인 경우 철근배근을 가장 많이 하여야 하는 부분은?

① 단변 방향의 주간대
② 단변 방향의 주열대
③ 장변 방향의 주간대
④ 장변 방향의 주열대

해설 슬래브의 4변이 고정일 때 철근배근을 가장 많이 하는 부분 : 단변 방향의 주열대
1) 단변방향으로 힘이 집중적으로 부과되기 때문에 철근배근을 많이 한다.
2) 장변에는 걸리는 힘이 작아 철근도 적게 설계된다.

77 Top Down 공법의 특징으로 옳지 않은 것은?

① 1층 바닥 기준으로 상방향, 하방향 중 한쪽 방향으로만 공사가 가능하다.
② 공기단축이 가능하다.
③ 타 공법 대비 주변지반 및 인접건물에 미치는 영향이 작다.
④ 소음 및 진동이 적어 도심지로 공사로 적합하다.

해설 역타공법(top down)의 특징
　　1) 지하와 지상층 병행작업으로 공사기간이 단축된다.
　　2) 소음, 진동이 적다.
　　3) 공사비가 고가이다.

78 철재 거푸집에서 사용되는 철물로 지주를 제거하지 않고 슬래브 거푸집만 제거할 수 있도록 한 철물은?

① 와이어클리퍼(Wire Clipper)
② 캠버(Camber)
③ 드롭헤드(Drop Head)
④ 베이스플레이트(Base Plate)

해설 1) **와이어클리퍼(Wire cliper)** : 직경 13mm이하의 철근 전단용 기구
　　2) **캠버(camber)** : pc재가 하중을 받았을 때에 처짐을 막기 위해 거푸집에 미리 그 반대모양의 밑창판을 넣어 만드는 pc재의 치올림
　　3) **드롭헤드(drop head)** : 철재거푸집에서 지주를 제거하지 않고 슬래브 거푸집만 제거할 수 있는 철물
　　4) **베이스플레이트(base plate)** : 철골구조에서 기초위에 놓아 앵커볼트와 연결하기 위해 까는 밑창판(철판)

79 콘크리트 다짐 시 진동기의 사용에 관한 설명으로 옳지 않은 것은?

① 진동다지기를 할 때에는 내부진동기를 하층의 콘크리트 속으로 0.1m 정도 찔러 넣는다.
② 1개소당 진동시간은 다짐할 때 시멘트풀이 표면 상부로 약간 부상하기까지가 적절하다.
③ 내부진동기는 콘크리트로부터 천천히 빼내어 구멍이 남지 않도록 한다.
④ 내부진동기는 콘크리트를 횡방향으로 이동시킬 목적으로 사용한다.

해설 진동다짐 시 유의사항
　　1) 콘크리트 붓기의 높이는 진동기의 꽂이를 넘지 않게 30~60cm 정도로 한다.
　　2) 진동기 운행간격(꽂이 간격)은 진동효과가 중복되지 않게 약 60cm 정도로 한다.
　　3) 진동기의 진동시간은 최소 15초, 보통 30~40초, 최대 1분 정도로 한다.
　　4) 진동기는 가능한 한 수직으로 세워서 사용한다.
　　5) 철근 또는 거푸집에 직접 진동을 주면 변형, 파손의 우려가 있으므로 주의하여야 한다.
　　6) 콘크리트에 구멍이 나지 않도록 서서히 뽑아 올린다.
　　7) 슬럼프 15cm 이하의 된 비빔 콘크리트에 사용함을 원칙으로 한다.

80 다음과 같이 정상 및 특급공기와 공비가 주어질 경우 비용구배(cost slope)는?

정상		특급	
공기	공비	공기	공비
20일	120000원	15일	180000원

① 9000원/일
② 12000원/일
③ 15000원/일
④ 18000원/일

해설 비용구배 : 작업을 1일 단축할 때 추가되는 직접비용

$$비용구배 = \frac{특급비용 - 표준비용}{표준시간 - 특급시간}$$

2019

$$= \frac{180,000 - 120,000}{20 - 15}$$

$$= 12000원/일$$

여기서, ┌ 특급비용 : 공기를 최대한 단축할 때
　　　　　　 사용
　　　　├ 특급시간 : 공기를 최대한 단축할 수
　　　　　　 있는 가능한 시간
　　　　├ 표준비용 : 정상적인 소요일수에 대한
　　　　　　 공비
　　　　└ 표준시간 : 정상적인 소요시간

제5과목 / 건설재료학

81 목재의 수축팽창에 관한 설명으로 옳지 않은 것은?

① 변재는 심재보다 수축률 및 팽창률이 일반적으로 크다.
② 섬유포화점 이상의 함수상태에서는 함수율이 클수록 수축률 및 팽창률이 커진다.
③ 수종에 따라 수축률 및 팽창률에 상당한 차이가 있다.
④ 수축이 과도하거나 고르지 못하면 할렬, 비틀림 등이 생긴다.

82 경질섬유판(hard fiber board)에 관한 설명으로 옳은 것은?

① 밀도가 0.3g/cm³ 정도이다.
② 소프트 텍스라고도 불리며 수장판으로 사용된다.
③ 소판이나 소각재의 부산물 등을 이용하여 접착, 접합에 의해 소요 형상의 인공목재를 제조할 수 있다.
④ 펄프를 접착제로 제판하여 양면을 열압 건조시킨 것이다.

해설 경질섬유판
1) 목재 펄프만을 열을 가해 압축하여 만든다.
2) 비중이 0.8~1.2이며 강도 및 경도가 크고 내마모성이 크다.
3) 가로, 세로의 신축이 거의 같으므로 비틀림이 작다.
4) 본뜨기, 구부림, 구멍뚫기 등의 2차가공이 용이하다.

83 다음 중 열경화성 수지에 속하지 않는 것은?

① 멜라민 수지　　② 요소 수지
③ 폴리에틸렌 수지　④ 에폭시 수지

해설 합성수지의 종류

열가소성수지	열경화성수지
① 염화비닐수지(PVC)	① 페놀수지
② 에틸렌수지	② 요소수지
③ 프로필렌수지	③ 멜라민수지
④ 아크릴수지	④ 알키드수지
⑤ 스틸렌수지	⑤ 폴리에스테르수지
⑥ 메타크릴수지	⑥ 실리콘
⑦ ABS수지	⑦ 에폭시수지
⑧ 폴리아미드수지	⑧ 우레탄수지
⑨ 비닐아세틸수지	⑨ 규소수지

84 콘트리트에 사용되는 혼화재인 플라이애쉬에 관한 설명으로 옳지 않은 것은?

① 단위 수량이 커져 블리딩 현상이 증가한다.
② 초기 재령에서 콘크리트 강도를 저하시킨다.
③ 수화 초기의 발열량을 감소시킨다.
④ 콘크리트의 수밀성을 향상시킨다.

해설 플라이애시시멘트(fly ash cement)
1) **플라이애시시멘트** : 포틀랜드시멘트에 플라이애시(완전연소한 미분탄의 회분)를 혼합하여 만든 시멘트이다.

■ 정답 ■　81.②　82.④　83.③　84.①

2) 플라이애시시멘트의 특성
① 초기 수화열이 낮다(매스콘크리트용으로 적합)
② 조기강도는 작지만 장기강도는 크다.
③ 화학저항성이 크다.
④ 워커빌리티가 좋아진다.
⑤ 수밀성이 크다.
⑥ 블리딩 현상이 감소한다.

85 점토에 관한 설명으로 옳지 않은 것은?

① 습윤상태에서 가소성이 좋다.
② 압축강도는 인장강도의 약 5배 정도이다.
③ 점토를 소성하면 용적, 비중 등의 변화가 일어나며 강도가 현저히 증대된다.
④ 점토의 소성온도는 점토의 성분이나 제품의 종류에 상관없이 같다.

해설 ④항, 점토의 소성온도는 점토의 성분이나 제품의 종류에 따라서 달라진다.

> **길잡이** 점토의 가소성
> 1) 양질의 점토일수록 가소성이 좋다.
> 2) 가소성이 너무 클 때는 모래 또는 샤모테(Schamotte) 등의 제점제를 섞어서 조절한다.

86 도막방수에 사용되지 않는 재료는?

① 염화비닐 도막재
② 아크릴고무 도막재
③ 고무아스팔트 도막재
④ 우레탄고무 도막재

해설 도막방수에 사용되는 재료
1) 아크릴고무 도막제
2) 고무아스팔트 도막제
3) 우레탄 도막제

87 각 창호철물에 관한 설명으로 옳지 않은 것은?

① 피벗힌지(pivot hinge) : 경첩 대신 축을 사용하여 여닫이문을 회전시킨다.
② 나이트래치(night latch) : 외부에서는 열쇠, 내부에서는 작은 손잡이를 틀어 열 수 있는 실린더장치로 된 것이다.
③ 크레센트(crescent) : 여닫이문의 상하단에 붙여 경첩과 같이 역할을 한다.
④ 래버터리힌지(lavatory hinge) : 스프링힌지의 일종으로 공중용 화장실 등에 사용된다.

해설 크레센트(crescent) : 오르내리창을 걸어잠그는데 사용한다.

88 집성목재의 사용에 관한 설명으로 옳지 않은 것은?

① 판재와 각재를 접착제로 결합시켜 대재(大材)를 얻을 수 있다.
② 보, 기둥, 등의 구조재료로 사용할 수 없다.
③ 옹이, 균열 등의 결점을 제거하거나 분산시켜 균질의 인공목재로 사용할 수 있다.
④ 임의의 단면 형상을 갖도록 저작할 수 있어 목재 활용 면에서 경제적이다.

해설 집성목재 : 판을 섬유방향에 평행하도록 붙인 것으로 보나 기둥에 사용할 수 있는 두꺼운 단면을 가진다.

89 다음 도류 중 방청도료에 해당하지 않는 것은?

① 광명단 도료
② 다채무늬 도료
③ 알루미늄 도료
④ 징크로메이트 도료

해설 방청도료(녹방지용 안료)
1) 광명단 도료(Pb_3O_4 ; 연단)
2) 방청산화철 도료
3) 알루미늄 도료

■ 정답 ■ 85.④ 86.① 87.③ 88.② 89.②

4) 역청질 도료(아스팔트, 타르 피치 등)
5) 징크로베이트 도료(크롬산아연을 안료로 하고 알키드수지를 전색제로 함)
6) 워시프라이머
7) 규산염 도료 등

90 강화유리에 관한 설명으로 옳지 않은 것은?

① 유리 표면에 강한 압축응력층을 만들어 파괴강도를 증가시킨 것이다.
② 강도는 플로트 판유리에 비해 3~5배 정도이다.
③ 주로 출입문이나 계단 난간, 안전성이 요구되는 칸막이 등에 사용된다.
④ 깨어질 때는 판유리 전체가 파편으로 잘게 부서지지 않는다.

해설 강화유리 : 유리의 성질을 강하고 질기게 개선하여 잘 깨지지 않고 또 깨져도 파편이 비산하지 않도록 만든 특수유리이다.

91 수밀성, 기밀성 확보를 위하여 유리와 새시의 접합부, 패널의 접합부 등에 사용되는 재료로서 내후성이 우수하고 부착이 용이한 특징이 있으며, 형상이 H형, Y형, ㄷ형으로 나누어지는 것은?

① 유리퍼티(glass putty)
② 2액형 실링재(two-part liquid sealing compound)
③ 개스킷(gasket)
④ 아스팔트코킹(asphalt caulking materials)

해설 개스킷 : 본문설명

92 콘크리트의 탄산화에 관한 설명으로 옳지 않은 것은?

① 탄산가스의 농도, 온도, 습도 등 외부 환경조건도 탄산화 속도에 영향을 준다.
② 물-시멘트비가 클수록 탄산화의 진행속도가 빠르다.
③ 탄산화된 부분은 페놀프탈레인액을 분무해도 착색되지 않는다.
④ 일반적으로 보통 콘크리트가 경량골재 콘크리트보다 탄산화 속도가 빠르다.

해설 ④항, 보통콘크리트가 경량골재 콘크리트보다 탄산화속도가 느리다.

93 골재의 실적률에 관한 설명으로 옳지 않은 것은?

① 실적률은 골재 입형의 양부를 평가하는 지표이다.
② 부순 자갈의 실적률은 그 입형 때문에 강자갈의 실적률보다 적다.
③ 실적률 산정 시 골재의 밀도는 절대건조 상태의 밀도를 말한다.
④ 골재의 단위용적질량이 동일하면 골재의 밀도가 클수록 실적률도 크다.

해설 골재의 실적률 : 일정용기 내에 골재입자가 차지하는 실용적의 백분율(%)을 말한다.
∴실적률(d)
$$= \frac{단위용적중량(kg/\ell)}{골재의 비중(P)} \times 100\%$$
1) 실적률이 클수록 골재의 입도분포가 적당하며 시멘트 페이스트(시멘트풀)가 적게 든다.
2) 골재의 단위용적중량이 일정하면 골재의 비중(밀도)이 클수록 실적률은 작아진다.

94 다음 중 강(鋼)의 열처리와 관계없는 용어는?

① 불림　　　② 담금질
③ 단조　　　④ 뜨임

해설 강의 열처리 방법 및 효과
　① 풀림 : 강을 800~1000℃로 가열 후 로속에서 서서히 냉각시키는 방법
　② 불림 : 강을 800~1000℃로 가열 후 대기중에서 냉각시키는 방식
　③ 담금질 : 강을 가열한 후 물 또는 기름 속에서 급랭시키는 방식
　④ 뜨임질 : 불림·담금질한 강을 200 ~ 600℃로 가열한 후 공기중에서 냉각시키는 방식

95 석고보드의 특성에 관한 설명으로 옳지 않은 것은?

① 흡수로 인해 강도가 현저하게 저하된다.
② 신축변형이 커서 균열의 위험이 크다.
③ 부식이 안 되고 충해를 받지 않는다.
④ 단열성이 높다.

해설 석고보드
　1) 경석고에 톱밥, 석면 등을 넣어서 만든 것이다.
　2) 신축변형이 작아서 균열의 위험이 작다.
　3) 내화성, 단열성이 높다.
　4) 벽, 천장, 칸막이 등에 사용된다.

96 보통포틀랜드시멘트에 관한 설명으로 옳지 않은 것은?

① 시멘트의 응결시간은 분말도가 작을수록, 또 수량이 많고 온도가 낮을수록 짧아진다.
② 시멘트의 안정성 측정법으로 오토클레이브 팽창도 시험방법이 있다.
③ 시멘트의 비중은 소성온도나 성분에 따라 다르며, 동일 시멘트인 경우에 풍화한 것일수록 작아진다.
④ 시멘트의 비표면적이 너무 크면 풍화하기 쉽고 수화열에 의한 축열량이 커진다.

해설 보통포틀랜드시멘트의 응결시간 : 분말도가 클수록, 수량이 적고 온도가 높을수록 짧아진다.

97 안료를 적은 양의 물로 용해하여 수용성 교착제와 혼합한 분말상태의 도료는?

① 수성 페인트　　② 바니시
③ 래커　　　　　④ 에나멜페인트

해설 수성페인트 : 본문설명

98 프리플레이스트 콘크리트에 사용되는 골재에 관한 설명으로 옳지 않은 것은?

① 굵은 골재의 최소 치수는 15mm 이상, 굵은 골재의 최대 치수는 부재단면 최소 치수의 1/4 이하, 철근 콘크리트의 경우 철근 순간격의 2/3 이하로 하여야 한다.
② 굵은 골재의 최대 치수와 최소 치수와의 차이를 작게 하면 굵은 골재의 실적률이 커지고 주입모르타르의 소요량이 적어진다.
③ 대규모 프리플레이스트 콘크리트를 대상으로 할 경우, 굵은 골재의 최소 치수를 크게 하는 것이 효과적이다.
④ 골재의 적절한 입도 분포를 의해 일반적으로 굵은 골재의 최대 치수는 최소 치수의 2~4배 정도로 한다.

해설 ②항, 굵은골재의 최대 치수와 최소 치수와의 차이를 적게 할 경우
　1) 굵은골재의 실적률은 작아진다.
　2) 주입모르타르의 양은 많아진다.

99 콘크리트 구조물의 강도 보강용 섬유소재로 적당하지 않은 것은?

① PCP　　　② 유리섬유
③ 탄소섬유　　④ 아라미드섬유

■ 정답 ■　94.③　95.②　96.①　97.①　98.②　99.①

429

해설 **콘크리트 구조물 강도 보강용 섬유소재**
1) 나일론 섬유
2) 유리섬유
3) 탄소섬유
4) 아라미드(alamide)섬유
5) 강섬유
6) 천연섬유
7) 비닐론 섬유
8) 폴리프로필렌 섬유 등

100 내약품성, 내마모성이 우수하여 화학공장의 방수층을 겸한 바닥 마무리로 가장 적합한 것은?

① 에폭시 도막방수　② 아스팔트 방수
③ 무기질 침투방수　④ 합성고분자 방수

해설 **에폭시 도막방수**
1) 에폭시수지에 의해서 방수피막(0.1~0.2mm의 얇은막)을 형성하는 공법이다.
2) 내약품성, 내마모성이 우수하여 화학공장의 바닥마무리재로 사용된다.

제6과목 / 건설안전기술

101 거푸집동바리등을 조립하는 경우에 준수하여야 할 사항으로 옳지 않은 것은?

① 거푸집이 곡면인 경우에는 버팀대의 부착 등 그 거푸집의 부상(浮上)을 방지하기 위한 조치를 할 것
② 동바리의 이음은 맞댄이음이나 장부이음으로 하고 같은 품질의 재료를 사용할 것
③ 동바리로 사용하는 강관(파이프 서포트는 제외)은 높이 2m 이내마다 수평연결재를 4개 방향으로 만들고 수평연결재의 변위를 방지할 것

④ 동바리로 사용하는 파이프 서포트는 3개 이상 이어서 사용하지 않도록 할 것

해설 ③항, 동바리로 사용하는 강관(파이프서포트는 제외)은 높이 2m이내마다 수평연결재를 2개방향으로 만들고 수평연결재의 변위를 방지할 것

> **길잡이** **거푸집동바리 조립시 준수사항**
> (거푸집동바리 등의 안전조치)
> 1) 깔목의 사용, 콘크리트 타설(打設), 말뚝박기 등 동바리의 침하를 방지하기 위한 조치를 할 것
> 2) 개구부 상부에 동바리를 설치하는 때에는 상부하중을 견딜 수 있는 견고한 받침대를 설치할 것
> 3) 동바리의 상하고정 및 미끄러짐 방지조치를 하고, 하중의 지지상태를 유지할 것
> 4) 동바리의 이음은 맞댄이음 또는 장부이음으로 하고 같은 품질의 재료를 사용할 것
> 5) 강재와 강재와의 접속부 및 교차부는 볼트·클램프 등 전용철물을 사용하여 단단히 연결할 것
> 6) 거푸집이 곡면인 때에는 버팀대의 부착 등 그 거푸집의 부상(浮上)을 방지하기 위한 조치를 할 것

102 공사용 가설도로를 설치하는 경우 준수해야 할 사항으로 옳지 않은 것은?

① 도로는 장비와 차량이 안전하게 운행할 수 있도록 견고하게 설치한다.
② 도로는 배수에 관계없이 평탄하게 설치한다.
③ 도로와 작업장이 접하여 있을 경우에는 방책 등을 설치한다.
④ 차량의 속도제한 표지를 부착한다.

해설 **공사용 가설도로 설치시 준수사항**
1) 도로는 장비와 차량이 안전하게 운행할 수 있도록 견고하게 설치할 것
2) 도로와 작업장이 접하여 있을 경우에는 방책 등을 설치할 것
3) 도로는 배수를 위하여 경사지게 설치하거나 배수시설을 설치할 것
4) 차량의 속도제한 표지를 부착할 것

■ 정답 ■ **100.**① **101.**③ **102.**②

103 단관비계를 조립하는 경우 벽이음 및 버팀을 설치할 때의 수평방향 조립간격 기준으로 옳은 것은?

① 3m ② 5m
③ 6m ④ 8m

해설 외줄비계, 쌍줄비계 또는 돌출비계 : 다음 각 목의 정하는 바에 따라 벽이음 및 버팀을 설치할 것
1) 강관비계의 조립간격은 다음[표]의 기준에 적합하도록 할 것

강관비계의 종류	조립간격(단위 : m)	
	수직방향	수평방향
단관비계	5	5
틀비계(높이가 5m미만의 것은 제외)	6	8

2) 강관·통나무 등의 재료를 사용하여 견고한 것으로 할 것
3) 인장재와 압축재로 구성되어 있는 때에는 인장재와 압축재의 간격을 1m 이내로 할 것

104 유해·위험방지 계획서를 제출해야 될 대상공사의 기준으로 옳은 것은?

① 최대 지간길이가 50m 이상인 교량 건설등 공사
② 다목적댐, 발전용댐 및 저수용량 1천만톤 이상의 용수 전용 댐, 지방상수도 전용 댐 건설 등의 공사
③ 깊이가 8m 이상인 굴착공사
④ 연면적 3000m² 이상의 냉동·냉장창고시설의 설비공사 및 단열공사

해설 건설업 중 유해위험방지계획서 제출대상 사업장 (시행규칙 제120조 제2항)
1) 지상높이가 31미터 이상인 건축물 또는 인공구조물, 연면적 3만 제곱미터 이상인 건축물 또는 연면적 5천 제곱미터 이상의 문화 및 집회시설(전시장 및 동물원·식물원은 제외), 판매시설, 운수시설(고속철도의 역사 및 집·배송시설은 제외), 종교시설, 의료시설 중 종합병원, 숙박시설 중 관광숙박시설, 지하도상가 또는 냉동·냉장 창고시설의 건설·개조 또는 해체(이하 "건설등"이라 함)
2) 연면적 5천 제곱미터 이상의 냉동·냉장 창고시설의 설비공사 및 단열공사
3) 최대 지간길이가 50미터 이상인 교량건설 등 공사
4) 터널 건설 등의 공사
5) 다목적댐, 발전용댐 및 저수용량 2천만톤 이상의 용수 전용 댐, 지방상수도 전용댐 건설 등의 공사
6) 깊이 10미터 이상인 굴착공사

105 토질시험 중 액체 상태의 흙이 건조되어 가면서 액성, 소성, 반고체, 고체 상태의 경계선과 관련된 시험의 명칭은?

① 아터버그 한계시험
② 압밀 시험
③ 삼축압축시험
④ 투수시험

해설 아터버그 한계(atterberg limits) : 함수량의 변화에 따라 축축한 상태로부터 건조되어가는 사이에 일어나는 4개의 과정(액성·소성·반고체·고체) 각각의 상태로 변화하는 한계

106 인력운반 작업에 대한 안전 준수사항으로 옳지 않은 것은?

① 보조기구를 효과적으로 사용한다.
② 긴 물건은 뒤쪽으로 높이고 원통인 물건은 굴려서 운반한다.
③ 물건을 들어올릴 때에는 팔과 무릎을 이용하며 척추는 곧게 한다.
④ 무거운 물건은 공동작업으로 실시한다.

해설 ②항, 긴 물건은 앞쪽으로 높이고 뒤쪽은 낮추어 운반한다.

107 철골 작업을 할 때 악천후에는 작업을 중지하도록 하여야 하는데 그 기준으로 옳은 것은?

① 강설량이 분당 1cm 이상인 경우
② 강우량이 시간당 1cm 이상인 경우
③ 풍속이 초당 10m 이상인 경우
④ 기온이 28℃ 이상인 경우

해설 철골작업을 중지해야 하는 기상조건
　　1) 풍속이 10m/sec 이상인 경우
　　2) 강우량이 1mm/hr 이상인 경우
　　3) 강설량이 1cm/hr 이상인 경우

108 굴착작업을 하는 경우 근로자의 위험을 방지하기 위하여 작업장의 지형·지반 및 지층 상태 등에 대하여 실시하여야 하는 사전조사의 내용으로 옳지 않은 것은?

① 형상.지질 및 지층의 상태
② 균열. 함수(含水).용수 및 동결의 유무 또는 상태
③ 지상의 배수 상태
④ 매설물 등의 유무 또는 상태

해설 지반의 굴착작업 시 조사사항 및 작업계획서의 내용
　　1) 굴착작업 시 사전조사사항
　　　① 형상, 지질 및 지층의 상태
　　　② 균열·함수·용수 및 동결의 유무 또는 상태
　　　③ 매설물의 유무 또는 상태
　　　④ 지반의 지하수위 상태
　　2) 굴착작업 시 작업계획서의 내용
　　　① 굴착방법 및 순서, 토사 반출 방법
　　　② 필요한 인원 및 장비 사용계획
　　　③ 매설물 등에 대한 이설·보호대책
　　　④ 사업장 내 연락방법 및 신호방법
　　　⑤ 흙막이 지보공 설치방법 및 계측계획
　　　⑥ 작업지휘자의 배치계획

109 건설업 산업안전보건관리비 중 안전시설비로 사용할 수 있는 항목에 해당하는 것은?

① 각종 비계, 작업발판, 가설계단. 통로, 사다리 등
② 비계. 통로. 계단에 추가 설치하는 추락방지용 안전난간
③ 절토부 및 성토부 등의 토사유실 방지를 위한 설비
④ 작업장 간 상호 연락, 작업 상화 파악 등 통신수단으로 활용되는 통신시설. 설비

해설 추락방지용 안전난간은 안전시설이므로 안전관리비의 사용내역에 포함된다.

> **길잡이** 안전관리비의 사용항목
> 1) 안전관리자등의 인건비 및 각종업무수당
> 2) 안전시설비
> 3) 개인보호구 및 안전장구 구입비
> 4) 사업장의 안전진단비
> 5) 안전보건교육비 및 행사비
> 6) 근로자의 건강관리비
> 7) 건설재해예방 기술지도비
> 8) 본사 사용비

110 작업으로 인하여 물체가 떨어지거나 날아올 위험이 있는 경우 그 위험을 방지하기 위하여 필요한 조치사항으로 거리가 먼 것은?

① 낙하물방지망의 설치
② 출입금지구역의 설정
③ 보호구의 착용
④ 작업지휘자 선정

해설 물체가 낙하·비래할 위험이 있을 경우 위험방지 조치사항
　　1) 낙하물 방지망, 수직보호망 또는 방호선반의 설치
　　2) 출입금지구역의 설정
　　3) 안전모 등 보호구의 착용

111 구축물 또는 이와 유사한 시설물에 대하여 자중(自重), 적재하중, 적설, 풍압, 지진이나 진동 및 충격 등에 의하여 붕괴·전도·도괴·폭발하는 등의 위험을 예방하기 위하여 필요한 조치로 거리가 먼 것은?

① 설계도서에 따라 시공했는지 확인
② 건설공사 시방서(示方書)에 따라 시공했는지 확인
③ 소방시설법령에 의해 소방시설을 설치했는지 확인
④ 「건축물의 구조기준 등에 관한 규칙」에 따른 구조기준을 준수했는지 확인

해설 구축물 또는 이와 유사한 시설물 등의 안전 유지 : 구축물 또는 이와 유사한 시설물에 대하여 자중(自重), 적재하중, 적설, 풍압(風壓), 지진이나 진동 및 충격 등에 의하여 붕괴·전도·도괴·폭발하는 등의 위험을 예방하기 위한 조치 사항
1) 설계도서에 따라 시공했는지 확인
2) 건설공사 시방서(示方書)에 따라 시공했는지 확인
3) 「건축물의 구조기준 등에 관한 규칙」에 따른 구조기준을 준수했는지 확인

길잡이 구축물 또는 이와 유사한 시설물 등의 안전성 평가 : 다음 각 호에 해당하는 경우에는 안전진단 등 안전성 평가를 실시하여 위험성을 미리 제거할 것
1) 구축물 또는 이와 유사한 시설물의 인근에서 굴착·항타작업 등으로 침하·균열 등이 발생하여 붕괴의 위험이 예상될 경우
2) 구축물 또는 이와 유사한 시설물에 지진·동해·부동침하 등으로 균열·비틀림 등이 발생하였을 경우
3) 구축물 또는 이와 유사한 시설물에 설계 당시보다 과다한 중량이 부과되어 안전성을 검토하여야 할 경우
4) 화재 등으로 구축물 또는 이와 유사한 시설물의 내력이 현저히 저하된 경우
5) 오랜 기간 사용하지 아니하던 구축물 또는 이와 유사한 시설물을 재사용하게 되어 안전성을 검토하여야 할 경우
6) 그 밖의 잠재위험이 예상될 경우

112 건설작업장에서 재해예방을 위해 작업조건에 따라 근로자에게 지급하고 착용하도록 하여야 할 보호구로 옳지 않은 것은?

① 물체가 떨어지거나 날아올 위험 또는 근로자가 추락할 위험이 있는 작업 : 안전모
② 높이 또는 깊이 2m 이상의 추락할 위험이 있는 장소에서 하는 작업 : 안전대
③ 용접 시 불꽃이나 물체가 흩날릴 위험이 있는 작업 : 보안경
④ 물체의 낙하·충격, 물체에의 끼임, 감전 또는 정전기의 대전에 의한 위험이 있는 작업 : 안전화

해설 ③항, 용접시 불꽃이나 물체가 흩날릴 위험이 있는 작업 : 보안면

113 차량계 건설기계 작업 시 그 기계가 넘어지거나 굴러떨어짐으로써 근로자가 위험해질 우려가 있는 경우에 필요한 조치사항으로 거리가 먼 것은?

① 변속기능의 유지
② 갓길의 붕괴방지
③ 도로 폭의 유지
④ 지반의 부동침하방지

해설 차량계 건설기계의 전도 · 전락 등에 의한 위험방지 조치 사항
1) 갓길의 붕괴방지
2) 지반의 부동침하방지
3) 도로 폭의 유지
4) 유도자 배치

114 갱내에 설치한 사다리식 통로에 권상장치가 설치된 경우 권상장치와 근로자의 접촉에 의한 위험이 있는 장소에 설치해야 하는 것은?

① 판자벽   ② 울
③ 건널다리   ④ 덮개

2019

해설 갱내통로 등의 위험 방지 : 갱내에 설치한 통로 또는 사다리식 통로에 권상장치(卷上裝置)가 설치된 경우 권상장치와 근로자의 접촉에 의한 위험이 있는 장소에는 판자벽이나 그 밖에 위험방지를 위한 격벽(隔壁)을 설치할 것

115 52m 높이로 강관비계를 세우려면 지상에서 몇 미터까지 2개의 강관으로 묶어 세워야 하는가?

① 11m   ② 16m
③ 21m   ④ 26m

해설 비계기둥의 최고로부터 31m 되는 지점 밑부분의 비계기둥은 2개의 강관으로 묶어세울 것
∴ 52 − 31=21m

116 보호구 자율안전확인 고시에 따른 안전모의 시험항목에 해당되지 않는 것은?

① 전처리
② 착용높이측정
③ 충격흡수성시험
④ 절연시험

해설 안전모(자율안전확인)의 시험방법
1) 전처리
2) 착용높이 측정
3) 충격흡수성시험
4) 내관통성시험

117 강관틀비계를 조립하여 사용하는 경우 준수해야 할 기준으로 옳지 않은 것은?

① 비계기둥의 밑둥에는 밑받침 철물을 사용하여야 하며 밑받침에 고저차(高低差)가 있는 경우에는 조절형 밑받침철물을 사용하여 각각의 강관틀비계가 항상 수평 및 수직을 유지하도록 할 것
② 높이가 20m를 초과하거나 중량물의 적재를 수반하는 작업을 할 경우에는 주틀 간의 간격을 1.8m 이하로 할 것
③ 주틀 간에 교차 가새를 설치하고 최상층 및 5층 이내마다 수평재를 설치할 것
④ 수직방향으로 5m, 수평방향으로 5m 이내마다 벽이음을 할 것

해설 강관틀비계를 조립하여 사용할 때의 준수할 사항
1) 비계기둥의 밑둥에는 밑받침철물을 사용하여야 하며 밑받침에 고저차가 있는 경우에는 조절형 밑받침철물을 사용하여 각각의 강관틀비계가 항상 수평 및 수직을 유지하도록 할 것
2) 높이가 20m를 초과하거나 중량물의 적재를 수반하는 작업을 할 경우에는 주틀 간의 간격이 1.8m 이하로 할 것
3) 주틀 간의 교차가새를 설치하고 최상층 및 5층 이내마다 수평재를 설치할 것
4) 수직방향으로 6m, 수평방향으로 8m 이내마다 벽이음을 할 것
5) 길이가 띠장방향으로 4m 이하이고 높이가 10m를 초과하는 경우에는 10m 이내마다 띠장방향으로 버팀기둥을 설치할 것

118 체인(Chain)의 폐기 대상이 아닌 것은?

① 균열, 흠이 있는 것
② 뒤틀림 등 변형이 현저한 것
③ 전장이 원래 길이의 5%를 초과하여 늘어난 것
④ 링(Ring)의 단면 지름의 감소나 원래 지름의 5% 정도 마모된 것

해설 달기체인의 사용금지 사항
1) 달기 체인의 길이가 달기 체인이 제조된 때의 길이의 5퍼센트를 초과한 것
2) 링의 단면지름이 달기 체인이 제조된 때의 해당 링의 지름의 10퍼센트를 초과하여 감소한 것
3) 균열이 있거나 심하게 변형된 것

119 물체가 떨어지거나 날아올 위험을 방지하기 위한 낙하물 방지망 또는 방호선반을 설치할 대 수평면과의 적정한 각도는?

① 10°~20° ② 20°~30°
③ 30°~40° ④ 40°~45°

해설 낙하물방지망 또는 방호선반 설치시 준수사항
1) 설치 높이는 10m 이내마다 설치하고, 내민 길이는 벽면으로부터 2m 이상으로 할 것
2) 수평면과의 각도는 20°내지 30°를 유지할 것

120 콘크리트 타설작업을 하는 경우 안전대책으로 옳지 않은 것은?

① 당일의 작업을 시작하기 전에 해당 작업에 관한 거푸집동바리등의 변형. 변위 및 지반의 침하 유무 등을 점검하고 이상이 있으면 보수할 것
② 작업 중에는 거푸집동바리등의 변형. 변위 및 침하 유무 등을 감시할 수 있는 감시자를 배치하여 이상이 있으면 작업을 중지하고 근로자를 대피시킬 것
③ 설계도서상의 콘크리트 양생기간을 준수하여 거푸집동바리등을 해체할 것
④ 슬래브의 경우 한쪽부터 순차적으로 콘크리트를 타설하는 등 편심을 유발하여 빠른 시간 내 타설이 완료되도록 할 것

해설 콘크리트의 타설작업시 준수해야 할 사항
1) 당일의 작업을 시작하기 전에 당해 작업에 관한 거푸집동바리 등의 변형·변위 및 지반의 침하유무 등을 점검하고 이상을 발견한 때에는 이를 보수할 것
2) 작업 중에는 거푸집 동바리 등의 변형·변위 및 침하유무 등을 감시할 수 있는 감시자를 배치하여 이상을 발견한 때에는 작업을 중지시키고 근로자를 대피시킬 것
3) 콘크리트의 타설 작업시 거푸집 붕괴의 위험이 발생할 우려가 있는 때에는 충분한 보강 조치를 할 것
4) 설계 도서상의 콘크리트 양생기간을 준수하여 거푸집동바리 등을 해체할 것
5) 콘크리트를 타설하는 경우어는 편심이 발생하지 않도록 골고루 분산하여 타설할 것

■ 정답 ■ 119.② 120.④

2020년 시행

건설안전기사

제1과목 / 산업안전관리론

01 다음은 산업안전보건법령상 공정안전보고서의 제출 시기에 관한 기준 내용이다. ( )안에 들어갈 내용을 올바르게 나열한 것은?

> 사업주는 산업안전보건법 시행령에 따라 유해하거나 위험한 설비의 설치·이전 또는 주요 구조부분의 변경공사의 착공일 (㉠)전까지 공정안전보고서를 (㉡) 작성하여 공단에 제출해야 한다.

① ㉠ 1일, ㉡ 2부
② ㉠ 15일, ㉡ 1부
③ ㉠ 15일, ㉡ 2부
④ ㉠ 30일, ㉡ 2부

해설 공정안전보고서 제출시기 : 공사착공일 30일전까지 공정안전보고서를 2부 작성하여 공단에 제출

02 안전보건관리조직 중 스탭(Staff)형 조직에 관한 설명으로 옳지 않은 것은?

① 안전정보수집이 신속하다.
② 안전과 생산을 별개로 취급하기 쉽다.
③ 권한 다툼이나 조정이 용이하여 통제수속이 간단하다.
④ 스탭 스스로 생산라인이 안전업무를 행하는 것은 아니다.

해설 스탭(staff)형의 특징
1) 장점
   ① 사업장의 특수성에 적합한 기술연구를 전문적으로 할 수 있다. (안전지식 및 기술축적이 용이)
   ② 경영자의 조언과 자문 역할을 한다.
2) 단점
   ① 생산 부분에 협력하여 안전 명령을 전달 실시하므로 안전 지시가 용이하지 않으며, 안전과 생산을 별개로 취급하기 쉽다.
   ② 생산부분은 안전에 대한 책임과 권한이 없다.
   ③ 권한 다툼이나 조정 때문에 통제 수속이 복잡해지며, 시간과 노력이 소모된다.

03 다음 중 시설물의 안전 및 유지관리에 관한 특별법상 시설물 정기안전점검의 실시 시기로 옳은 것은? (단, 시설물의 안전등급이 A등급인 경우)

① 반기에 1회 이상
② 1년에 1회 이상
③ 2년에 1회 이상
④ 3년에 1회 이상

해설 정기점검 : 시설물의 준공일 또는 사용승인일로부터 반기(6개월)에 1회 이상 실시

04 정보서비스업의 경우, 상시근로자의 수가 최소 몇 명 이상일 때 안전보건관리규정을 작성하여야 하는가?

① 50명 이상
② 100명 이상
③ 200명 이상
④ 300명 이상

해설

사업의 종류	규모
1. 농업 2. 어업 3. 소프트우어 개발 및 공급업 4. 컴퓨터 프로그래밍, 시스템 통합 및 관리업 5. 정보서비스업 6. 금융 및 보험업 7. 임대업 ; 부동산 제외 8. 전문, 과학 및 기술 서비스업 (연구개발업은 제외한다) 9. 사업지원 서비스업 10. 사회복지 서비스업	상시 근로자 300명 이상을 사용하는 사업장
11. 제1호부터 제10호까지의 사업을 제외한 사업	상시 근로자 100명 이상을 사용하는 사업장

05

100명의 근로자가 근무하는 A기업체에서 1주일에 48시간, 연간 50주를 근무하는데 1년에 50건의 재해로 총 2400일의 근로손실일수가 발생하였다. A기업체의 강도율은?

① 10 ② 24
③ 100 ④ 240

해설 강도율 $= \dfrac{근로손실일수}{연근로시간수} \times 1,000$

$= \dfrac{2400}{100 \times 48 \times 50} \times 1,000$

$= 10$

06

아파트 신축 건설현장에 산업안전보건법령에 따른 안전·보건표지를 설치하려고 한다. 용도에 따른 표지의 종류를 올바르게 연결한 것은?

① 금연 – 지시표시
② 비상구 – 안내표시
③ 고압전기 – 금지표시
④ 안전모 착용 – 경고표시

해설 1) 금연 – 금지표시

2) 비상구 – 안내표시
3) 고압전기 – 경고표시
4) 안전모 착용 – 지시표시

07

기계설비의 안전에 있어서 중요 부분의 피로, 마모, 손상, 부식 등에 대한 장치의 변화 유무 등을 일정 기간마다 점검하는 안전점검의 종류는?

① 수시점검 ② 임시점검
③ 정기점검 ④ 특별점검

해설 안전점검의 종류
1) 수시점검 : 작업 전, 중, 후어 실시하는 점검
2) 정시점검 : 일정기간마다 정기적으로 실시하는 점검
3) 임시점검 : 이상 발견 시 임시로 실시하거나 정기점검과 정기점검 사이어 실시하는 점검
4) 특별점검
① 기계기구 및 설비의 신설사변경시 및 수리 시 등 실시
② 천재지변 발생 후 실시
③ 안전강조 기간 내 설치

08

하인리히 사고예방대책 5단계의 각 단계와 기본 원리가 잘못 연결된 것은?

① 제1단계 – 안전조직
② 제2단계 – 사실의 발견
③ 제3단계 – 점검 및 검사
④ 제4단계 – 시정 방법의 선정

해설 하인리히의 사고예방대책 기본원리 5단계
1) 1단계 – 안전관리 조직
2) 2단계 – 사실의 발견
3) 3단계 – 분석평가
4) 4단계 – 시정책 선정
5) 5단계 – 시정책 적용

09 산업안전보건법령상 사업주의 의무에 해당하지 않는 것은?

① 산업재해 예방을 위한 기준 준수
② 사업장의 안전 및 보건에 관한 정보를 근로자에게 제공
③ 산업 안전 및 보건 관련 단체 등에 대한 지원 및 지도·감독
④ 근로자의 신체적 피로와 정신적 스트레스 등을 줄일 수 있는 쾌적한 작업환경의 조성 및 근로조건 개선

해설 **사업주의 의무(법 제5조)** : 다음 각호의 사항을 이행함으로써 근로자의 안전과 건강을 유지증진시키는 한편, 국가의 산업재해 예방시책에 따라야 한다.

10 시몬즈(Simonds)의 총재해 코스트 계산 방식 중 비보험 코스트 항목에 해당하지 않는 것은?

① 사망재해 건수
② 통원상해 건수
③ 응급조치 건수
④ 무상해 사고 건수

해설 **시몬즈의 재해손실비**
총재해 cost = 보험코스트+비보험코스트
1) 보험코스트(납입보험료)=지급보상비 + 제경비 + 이익금
2) 비보험코스트 = (휴업상해건수×A)+(통원상해건수×B)+(응급조치건수×C)+(무상해사고건수×D)
여기서, ABCD는 장해 정도별에 의한 비보험 코스트의 평균치

11 위험예지훈련의 4라운드 기법에서 문제점을 발견하고 중요 문제를 결정하는 단계는?

① 현상파악   ② 본질추구
③ 목표설정   ④ 대책수립

해설 **본질추구** : 가장 위험한 요인을 합의로 결정하는 단계

12 재해조사의 주된 목적으로 옳은 것은?

① 재해의 책임소재를 명확히 하기 위함이다.
② 동일 업종의 산업재해 통계를 조사하기 위함 이다.
③ 동종 또는 유사재해의 재발을 방지하기 위함이다.
④ 해당 사업장의 안전관리 계획을 수립하기 위함이다.

해설 **재해조사의 주된 목적**
동종재해 및 유사재해의 재발방지

13 위험예지훈련의 기법으로 활용하는 브레인 스토밍(Brain Storming)에 관한 설명으로 옳지 않은 것은?

① 발언은 누구나 자유분방하게 하도록 한다.
② 가능한 한 무엇이든 많이 발언하도록 한다.
③ 타인의 아이디어를 수정하여 발언할 수 없다.
④ 발표된 의견에 대하여는 서로 비판을 하지 않도록 한다.

해설 **위험예지훈련의 4라운드(Round)**
1) 1R(현상파악) : 어떤 위험이 잠재하고 있는지 사실을 파악하는 라운드(BS적용)
2) 2R(본질추구) : 가장 위험한 요인(위험포인트)을 합의로 결정하는 라운드(요약)
3) 3R(대책수립) : 구체적인 대책을 수립하는 라운드(BS적용)
4) 4R(목표달성─설정) : 수립한 대책 가운데 질이 높은 항목에 합의하는 라운드(요약)

14 버드(Frank Bird)의 도미노 이론에서 재해발생 과정에 있어 가장 먼저 수반되는 것은?

① 관리의 부족
② 전술 및 전략적 에러
③ 불안전한 행동 및 상태
④ 사회적 환경과 유전적 요소

해설 **버드의 사고연쇄성 이론 5단계**
1) 1단계 : 통제의 부족 - 관리 소홀(경영)
2) 2단계 : 기본적인 - 기원(원인론)
3) 3단계 : 직접원인 - 징후
4) 4단계 : 사고 - 접촉
5) 5단계 : 상해 - 손해 - 손실

15 재해사례연구의 진행순서로 옳은 것은?

① 재해 상황의 파악→사실의 확인→문제점 발견→근본적 문제점 결정→대책수립
② 사실의 확인→재해 상황의 파악→근본적 문제점 결정→문제점 발견→대책수립
③ 문제점 발견→사실의 확인→재해 상황의 파악→근본적 문제점 결정→대책수립
④ 재해 상황의 파악→문제점 발견→근본적 문제점 결정→대책수립→사실의 확인

해설 **재해사례연구의 진행단계**
1) 전제조건 : 재해상황의 파악
2) 1단계 : 사실의 확인
3) 2단계 : 문제점 발견
4) 3단계 : 근본적 문제점 결정
5) 4단계 : 대책수립

16 사고예방대책의 기본원리 5단계 시정책의 적용 중 3E에 해당하지 않은 것은?

① 교육(Education)
② 관리(Enforcement)
③ 기술(Engineering)
④ 환경(Enviroment)

해설 **하베이(Harvey)의 3E**
1) Engineering : 기술
2) Education : 교육

3) Enforcement : 독려, 규제

17 다음 중 산업재해발견의 기본 원인 4M에 해당하지 않는 것은?

① Media   ② Material
③ Machine   ④ Management

해설 **산업재해의 기본원인 4M(인간과오의 배후요인 4요소)**
1) Man : 본인 이외의 사람
2) Machine : 장치나 기기 등의 물적요인
3) Media : 인간과 기계를 잇는 매체(작업 방법, 순서, 작업정보의 실태, 작업환경, 정리정돈 등)
4) Management : 안전법규의 준수방법, 단속, 점검 관리 외에 지휘 감독, 교육 훈련 등

18 산업안전보건법령상 안전보건총괄책임자의 직무에 해당하지 않는 것은?

① 도급 시 산업재해 예방조치
② 위험성평가의 실시에 관한 사항
③ 해당 사업장 안전교육계획의 수립에 관한 보좌 및 지도·조언
④ 산업안전보건관리비의 관계수급인 간의 사용에 관한 협의·조정 및 그 집행의 감독

해설 ③항, 안전관리자의 업무 내용

안전인증대상 기계·기구	자율안전확인대상 기계·기구
① 프레스 ② 절단기 및 절곡기 ③ 크레인 ④ 리프트 ⑤ 압력용기 ⑥ 롤러기 ⑦ 사출성형기 ⑧ 고소작업대 ⑨ 곤돌라	① 연삭기 또는 연마기(휴대형은 제외) ② 산업용 로봇 ③ 혼합기 ④ 파쇄기 또는 분쇄기 ⑤ 컨베이어 ⑥ 식품가공용기계(파쇄·절단·혼합·제면기만 해당) ⑦ 자동차정비용리프트 ⑧ 인쇄기 ⑨ 공작기계(선반, 드릴기, 평삭·형삭기, 밀링만 해당) ⑩ 고정형 목재가공용 기계(둥근톱, 대패, 루타기, 띠톱, 모떼기 기계만 해당)

19 보호구 안전인증제품에 표시할 사항으로 옳지 않은 것은?

① 규격 또는 등급
② 형식 또는 모델명
③ 제조번호 및 제조연월
④ 성능기준 및 시험방법

해설 산업안전보건법상 보호구 안전인증제품 표시사항
1) 형식 및 모델명
2) 규격 또는 등급
3) 제조자명
4) 제조번호 및 제조연월
5) 안전인증번호

20 산업안전보건법령상 자율안전확인대상 기계 등에 해당하지 않는 것은?

① 연삭기 　　　② 곤돌라
③ 컨베이어 　　④ 산업용 로봇

해설 안전인증대상 및 자율안전확인대상 기계기구

안전인증대상 기계 · 기구	자율안전확인대상 기계 · 기구
①프레스 ②절단기 및 절곡기 ③크레인 ④리프트 ⑤압력용기 ⑥롤러기 ⑦사출성형기 ⑧고소작업대 ⑨곤돌라	①연삭기 또는 연마기 　(휴대형은 제외) ②산업용 로봇 ③혼합기 ④파쇄기 또는 분쇄기 ⑤컨베이어 ⑥식품가공용기계(파쇄 · 절 　단 · 혼합 · 제면기만 해당) ⑦자동차정비용리프트 ⑧인쇄기 ⑨공작기계(선반, 드릴기, 평 　삭 · 형삭기, 밀링만 해당) ⑩고정형 목재가공용 기계 (동 　근톱, 대패, 루타기, 띠톱, 모 　떼기 기계만 해당)

21 집단간 갈등의 해소방안으로 틀린 것은?

① 공동의 문제 설정
② 상위 목표의 설정
③ 집단간 접촉 기회의 증대
④ 사회적 범주화 편향의 최대화

해설 집단간 갈등의 해소방법
1) 집단간 접촉기회의 증대
2) 상위목표의 설정
3) 공동의 문제 설정

22 의사소통의 심리구조를 4영역으로 나누어 설명한 조하리의 창(Johari's Windows)에서 "나는 모르지만 다른 사람은 알고 있는 영역"을 무엇이라 하는가?

① Blind area 　　② Hidden area
③ Open area 　　④ Unknown area

해설 조하리의 창(Johri's Window)

구분	자신을 안다	자신은 모른다
타인은 안다	열린 창 (open area)	보이지 않는 창 (blind area)
타인은 모른다	숨겨진 창 (hidden area)	미지의 창 (unknown area)

23 Project method의 장점으로 볼 수 없는 것은?

① 창조력이 생긴다.
② 동기부여가 충분하다.
③ 현실적인 학습방법이다.
④ 시간과 에너지가 적게 소비된다.

해설 Project method(구인법)
1) 학습자 스스로가 계획을 세워서 수행하는 학습활동으로 이루어지는 교육형태
2) 구인법의 단계 : 목적 – 계획 – 수행 – 평가
3) 특징
① 동기부여가 충분하다.
② 현실적인 학습방법이다.
③ 작업에 대하여 창조력이 생긴다.
④ 시간과 에너지가 많이 소비된다.(단점)

24 존 듀이(Jone Dewey)의 5단계 사고과정을 순서대로 나열한 것으로 맞는 것은?

> ㉠ 행동에 의하여 가설을 검토한다.
> ㉡ 가설(hypothesis)을 설정한다.
> ㉢ 지식화(intellectualization)한다.
> ㉣ 시사(suggestion)를 받는다.
> ㉤ 추론(reasoning)한다.

① ㉤→㉡→㉣→㉠→㉢
② ㉣→㉢→㉡→㉤→㉠
③ ㉤→㉢→㉡→㉣→㉠
④ ㉣→㉠→㉡→㉢→㉤

해설 듀이(J. Dewey)의 사고과정의 5단계
1) 시사를 받는다.
2) 머리로 생각한다. (지식화 한다)
3) 가설을 설정한다.
4) 추론한다.
5) 행동에 의하여 가설을 검토한다.

25 주의(attention)에 대한 설명으로 틀린 것은?

① 주의력의 특성은 선택성, 변동성, 방향성을 표현된다.
② 한 자극에 주의를 집중하여도 다른 자극에 대한 주의력은 약해지지 않는다.
③ 여러 종류의 자극을 지각할 때 소수의 특정한 것을 선택하여 집중하는 특성을 갖는다.

④ 의식작용이 있는 일에 집중하거나 행동의 목적에 맞추어 의식수준이 집중되는 심리상태를 말한다.

해설 1) 주의의 특징
① 선택성 : 여러 종류의 자각할 때 소수의 특정한 것에 한하여 선택하는 기능
② 방향성 : 주시점만 인지하는 기능
③ 변동성 : 주의에는 주기적으로 부주의의 리듬이 존재
2) 주의의 특성
① 주의력의 중복집중의 곤란 : 주의는 동시에 2개 방향에 집중하지 못한다.(선택성)
② 주의력의 단속성 : 고도의 주의는 장시간 지속할 수 없다.(변동성)
③ 한 지점에 주의를 집중하던 다른데 주의는 약해진다.(방향성)

26 안전교육 계획수립 및 추진어 있어 진행순서를 나열한 것으로 맞는 것은?

① 교육의 필요점 발견→교육 대상 결정→교육 준비→교육 실시→교육의 성과를 평가
② 교육 대상 결정→교육의 필요점 발견→교육 준비→교육 실시→교육의 성과를 평가
③ 교육의 필요점 발견→교육 준비→교육 대상 결정→교육 실시→교육의 성과를 평가
④ 교육 대상 결정→교육 준비→교육의 필요점 발견→교육 실시→교육의 성과를 평가

해설 안전교육 계획수립 및 추진 진행순서
1) 1순위 : 교육의 필요점 발견
2) 2순위 : 교육대상 결정
3) 3순위 : 교육준비
4) 4순위 : 교육실시
5) 5순위 : 교육성과 평가

27 인간의 동작 특성을 외적조건과 내적조건으로 구분할 때 내적조건에 해당하는 것은?

① 경력
② 대상물의 크기
③ 기온
④ 대상물의 동적성질

■ 정답 ■ 24.② 25.② 26.① 27.①

해설 **인간의 동작특성**
1) 외적 조건
    ① 동적 조건 : 대상물의 동적성질 → 최대 요인
    ② 정적 조건 : 높이, 깊이, 크기 등
    ③ 환경 조건 : 기온, 습도, 소음 등
2) 내적 조건
    ① 경력(Career)
    ② 개인차
    ③ 생리적 조건 : 피로, 긴장 등

28 산업안전보건법령상 사업내 안전보건교육 중 관리감독자의 지위에 있는 사람을 대상으로 실시하여야 할 정기교육의 교육시간으로 맞는 것은?

① 연간 1시간 이상
② 매분기 3시간 이상
③ 연간 16시간 이상
④ 매분기 6시간 이상

해설 **관리감독자 정기교육 : 연간 16시간 이상**

29 교육방법에 있어 강의방식의 단점으로 볼 수 없는 것은?

① 학습내용에 대한 집중이 어렵다.
② 학습자의 참여가 제한적일 수 있다.
③ 인원대비 교육에 필요한 비용이 많이 든다
④ 학습자 개개인의 이해도를 파악하기 어렵다.

해설 ③항, 인원대비 교육에 필요한 비용이 적게 된다.

30 리더십의 행동이론 중 관리 그리드 (managerial grid)에서 인간에 대한 관심보다 업무에 대한 관심이 매우 높은 유형은?

① (1,1)형   ② (1,9)형
③ (5,5)형   ④ (9,1)형

해설 **관리그리드 이론**
1) **무관심형** : 생산과 인간에 대한 관심이 모두 낮은 무관심한 유형(1,1형)
2) **인기형** : 인간에 대한 관심은 매우 높고 생산에 대한 관심은 매우 낮은 유형(1,9형)
3) **과업형** : 생산(과업)에 대한 관심은 매우 높지만 인간에 대한 관심은 매우 낮은 유형(인간적 요소보다 과업수행에 대한 능력을 중요시하는 리더유형)(9,1형)
4) **타업형(중간형)** : 과업의 생산성과 인간적 요소를 절충한 유형(5,5형)
5) **이상형(팀형)** : 인간에 대한 관심과 생산에 대한 관심이 모두 높은 유형(9,9형)

31 교육의 3요소로만 나열된 것은?

① 강사, 교육생, 사회인사
② 강사, 교육생, 교육자료
③ 교육자료, 지식인, 정보
④ 교육생, 교육자료, 교육장소

해설 **교육의 3요소**
1) 주체 : 교도자, 강사, 교사 등
2) 객체 : 학생, 수강자, 피교육자 등
3) 매개체 : 교재, 교육자료

32 판단과정 착오의 요인이 아닌 것은?

① 자기 합리화   ② 능력 부족
③ 작업경험 부족   ④ 정보 부족

해설 착오요인(대뇌의 휴먼에러)
 1) 인지과정 착오
  ① 생리, 심리적 능력의 한계
  ② 정보량 저장능력의 한계
  ③ 감각차단현상
  ④ 정서불안정(공포, 불안, 불만)
 2) 판단과정 착오
  ① 능력부족
  ② 정보부족
  ③ 자기합리화
  ④ 환경조건의 불비
 3) 조치과정 착오 : 기술부족

33 직업적성검사 중 시각적 판단 검사에 해당하지 않는 것은?

① 조립검사   ② 명칭판단검사
③ 형태비교검사   ④ 공구판단검사

해설 적성검사의 종류

구 분	세부 검사 내용
(1) 시각적 판단검사	① 언어의 판단검사 ② 형태 비교검사 ③ 평면도 판단검사 ④ 입체도 판단검사 ⑤ 공구 판단검사 ⑥ 명칭 판단검사
(2) 정확도 및 기민성검사(정밀성검사)	① 교환검사 ② 회전검사 ③ 조립검사 ④ 분해검사
(3) 계산에 의한 검사	① 계산검사 ② 수학 응용검사 ③ 기록검사
(4) 속도검사	타점 속도 검사
(5) 설문지에 의한 컴퓨터 방식	① 설문지법 ② 색채법 ③ 설문지에 의한 컴퓨터 방식

34 조직에 의한 스트레스 요인으로 역할 수행자에 대한 요구가 개인의 능력을 초과하거나 주어진 시간과 능력이 허용하는 것 이상을 달성하도록 요구받고 있다고 느끼는 상황을 무엇이라 하는가?

① 역할 갈등   ② 역할 과부하
③ 업무수행 평가   ④ 역할 모호성

해설 1) 역할갈등 : 역할 담당자가 상반되는 역할기대를 동시에 수행해야 하는 상태
 2) 역할과 부하 : 본문설명
 3) 역할모호성 : 역할기대와 직무이해가 분명하지 않은 상태

35 매슬로우(Abraham Maslow)의 욕구위계설에서 제시된 5단계의 인간의 욕구 중 허츠버그(Herzberg)가 주장한 2요인(인자)이론의 동기요인에 해당하지 않는 것은?

① 성취 욕구   ② 안전의 욕구
③ 자아실현의 욕구   ④ 존경의 욕구

해설 허즈버그(Herzberg)의 위생요인 및 동기요인
 1) 위생요인 : 직무환경에 관계된 내용으로 기업정책, 개인 상호간의 관계(친교, 대인관계), 감독형태, 작업조건, 임금(급료), 보수지위, 안전 등이 있다.
 2) 동기요인 : 직무내용(일의 내용)에 관한 것으로 목표달성에 대한 성취감, 안정감, 도전감, 책임감, 성장과 발전, 작업자체 등이 있다(자아실현을 하려는 인간의 독특한 경향 반영)

36 인간의 행동특성에 있어 태도에 관한 설명으로 맞는 것은?

① 인간의 행동은 태도에 따라 달라진다.
② 태도가 결정되면 단시간 동안만 유지된다.
③ 집단의 심적 태도교정보다 개인의 심적 태도교정이 용이하다
④ 행동결정을 판단하고, 지시하는 외적 행동체계라고 할 수 있다.

■ 정답 ■ 32.③ 33.① 34.② 35.② 36.①

해설 **인간행동특성과 태도** : 인간의 행동은 태도에 따라 결정된다.

37 손다이크(Thorndike)의 시행착오설에 의한 학습법칙과 관계가 가장 먼 것은?

① 효과의 법칙   ② 연습의 법칙
③ 동일성의 법칙   ④ 준비성의 법칙

해설 **시행착오에 있어서의 학습법칙**
1) **연습의 법칙**(law or exercise) : 모든 학습과정은 많은 연습과 반복을 통해서 바람직한 행동의 변화를 가져오게 된다는 법칙으로, 빈도의 법칙(law or frequency)이라고도 한다.
2) **효과의 법칙**(law or frequency) : 학습의 결과가 학습자에게 쾌감을 주면 줄수록 반응은 강화되고 반대로 고통이나 불쾌감을 주면 악화된다는 법칙으로 결과의 법칙이라고도 한다.
3) **준비성의 법칙**(law of readiness) : 특정한 학습을 행하는데 필요한 기초적인 능력을 충분히 갖춘 뒤에 학습을 행함으로서 효과적인 학습을 이룩할 수 있다는 법칙이다.

38 산업안전보건법령상 근로 정기안전 보건교육의 교육내용이 아닌 것은?

① 산업안전 및 사고 예방에 관한 사항
② 건강증진 및 질병 예방에 관한 사항
③ 산업보건 및 직업병 예방에 관한 사항
④ 작업공정의 유해·위험과 재해 예방대책에 관한 사항

해설 **근로자의 정기안전·보건교육 내용**
1) 산업안전 및 사고예방에 관한 사항
2) 산업보건 및 직업병 예방에 관한 사항
3) 건강증진 및 질병 예방에 관한 사항
4) 유해·위험 직업환경 관리에 관한 사항
5) 산업안전보건법령 및 산업재해보상보험 제도에 관한 사항
6) 직무스트레스 예방 및 관리에 관한 사항
7) 직장 내 괴롭힘, 고객의 폭언 등으로 인한 건강장해 예방 및 관리에 관한 사항

39 에너지소비량(RMR)의 산출방법으로 맞는 것은?

① $\left(\dfrac{\text{작업시의 소비에너지} - \text{기초대사량}}{\text{안정시의 소비에너지}} \right)$

② $\left(\dfrac{\text{전체소비에너지} - \text{작업시의 소비에너지}}{\text{기초대사량}} \right)$

③ $\left(\dfrac{\text{작업시의 소비에너지} - \text{안정시의 소비에너지}}{\text{기초대사량}} \right)$

④ $\left(\dfrac{\text{작업시의 소비에너지} - \text{안정시의 소비에너지}}{\text{안정시의 소비에너지}} \right)$

해설 **에너지소비량(RMR)**

$$R = \frac{\text{작업 대사량}}{\text{기초대사량}} = \frac{\text{작업시소비에너지} - \text{안정시소비에너지}}{\text{기초대사량}}$$

40 레윈의 3단계 조직변화모델에 해당되지 않는 것은?

① 해빙단계   ② 체험단계
③ 변화단계   ④ 재동결단계

해설 **레윈(Lewin)의 조직변화 3단계**
1) 1단계 - **해빙단계** : 변화의 필요성을 인지하는 단계이다.
2) 2단계 - **변화단계** : 새로운 가치, 태도, 행동의 개발을 통해 구체적으로 변화가 발생하는 단계이다.
3) 3단계 - **재동결단계** : 일어난 변화를 안정시키는 단계이다.

■ 정답 ■   37.③   38.④   39.③   40.②

제3과목 /
인간공학 및 시스템안전공학

41 인체에서 뼈의 주요 기능이 아닌 것은?

① 인체의 지주   ② 장기의 보호
③ 골수의 조혈   ④ 근육의 대사

해설 골격(뼈)의 기능 (역할)
1) 지지기능 : 뼈는 크게 근육을 받쳐주고 몸무게를 지탱하여 체형을 유지시킨다.
2) 보호기능 : 신체의 중요한 기관(뇌, 심장 등 내장)을 보호한다.
3) 조혈기능 : 골수는 적혈구를 비롯한 혈액세포들을 만드는 조혈기능을 갖는다.
4) 운동기능 : 관절을 통해 다양한 동작을 가능하게 하는 운동기능을 갖는다.

42 FT도에서 사용하는 기호 중 다음 그림과 같이 OR게이트이지만, 2개 또는 그 이상의 입력이 동시에 존재할 때 출력이 생기지 않은 경우 사용하는 것은?(문제 오류로 가답안 발표시 2번으로 발표되었지만 최종정답 발표시 전항 정답 처리 되었습니다. 여기서는 가답안인 2번을 누르면 정답 처리 됩니다.)

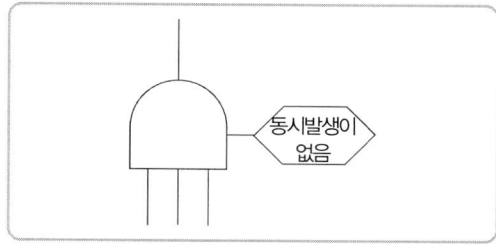

① 부정 OR 게이트
② 배타적 OR 게이트
③ 억제 게이트
④ 조합 OR 게이트

해설 수정기호 : 다음에 나타나는 조건을 기입한다.

조건
1) **우선적 AND Gate** : 입력사상 가운데 어느 사상이 다른 사상보다 먼저 일어났을 때에 출력사상이 생긴다. 예를 들면 「A는 B보다 먼저」 와 같이 기입한다.
2) **짜맞춤 AND Gate** : 3개 이상의 입력사상 가운데 어느 것이든 2개가 일어나면 출력사상이 생긴다. 예를 들면 「어느 것이든 2개」 라고 기입한다.
3) **위험지속기호** : 입력사상이 생겨서 어느 일정시간 지속하였을 때에 출력사상이 생긴다. 예를 들면 「위험지속시간」 과 같이 기입한다.
4) **배타적 OR Gate** : OR Gate로 2개 이상의 입력이 동시에 존재할 때에는 출력사상이 생기지 않는다. 예를 들면 「동시에 발생하지 않는다」 라고 기입한다.

43 손이나 특정 신체부위에 발생하는 누적손상장애(CTD)의 발생인자와 가장 거리가 먼 것은?

① 무리한 힘   ② 다습한 환경
③ 장시간의 진동   ④ 반복도가 높은 작업

해설 누적손상장애(CTD)의 발생요인
1) 무리한 힘의 사용
2) 진동 및 온도(저온)
3) 반복도가 높은 작업
4) 부적절한 작업 자세
5) 날카로운 면과 신체 접촉

44 FTA에 의한 재해사례 연구순서 중 2단계에 해당하는 것은?

① FT 도의 작성
② 톱 사상의 선정
③ 개선계획의 작성
④ 사상의 재해원인을 규명

해설 FTA에 의한 재해사례 연구순서
1) 1단계 : 톱(TOP) 사상의 선정
2) 2단계 : 사상의 재해 원인의 규명
3) 3단계 : FT의 작성
4) 4단계 : 개선 계획의 작성

■ 정답 ■   41.④   42.②   43.②   44.④

45 산업안전보건법령상 사업주가 유해위험 방지계획서를 제출할 때에는 사업장 별로 관련 서류를 첨부하여 해당 작업 시작 며칠 전까지 해당 기관에 제출하여야 하는가?

① 7일   ② 15일
③ 30일   ④ 60일

해설 제출서류 등(시행규칙 제121조) : 유해위험방지 계획서를 제출하려면 사업장 별로 제조업 등 유해위험방지 계획서에 관련서류를 첨부하여 해당 작업시작 15일 전까지 공단에 2부를 제출하여야 한다.

46 반사율이 85%, 글자의 밝기가 400cd/m²인 VDT화면에 350lux의 조명이 있다면 대비는 약 얼마인가?

① − 6.0   ② − 5.0
③ − 4.2   ④ − 2.8

해설 1) 반사율 (%) $= \dfrac{광속발산도}{소요조명} \times 100$

$\qquad = \dfrac{cd/m^2 \times \pi}{lux}$

① 배경의 광속발산도(L_b)

$L_b(cd/m^2) = \dfrac{반사율 \times 소요조명}{\pi}$

$\qquad = \dfrac{0.85 \times 350}{3.14} = 94.75 cd/m^2$

② 표적의 광속발산도(L_t)

$\quad L_t = 400 + 94.75 = 494.75 \, cd/m^2$

2) 대비 $= \dfrac{L_b - L_t}{L_b} \times 100$

$\qquad = \dfrac{94.75 - 494.75}{94.75} \times 100 = -4.22\%$

47 휴먼 에러(Human Error)의 요인을 심리적 요인과 물리적 요인으로 구분할 때, 심리적 요인에 해당하는 것은?

① 일이 너무 복잡한 경우
② 일의 생산성이 너무 강조될 경우
③ 동일 형상의 것이 나란히 있을 경우
④ 서두르거나 절박한 상황에 놓여있을 경우

해설 휴먼에러의 요인

심리적 요인	물리적 요인
서두르거나 절박한 상황 그 일의 지식부족 일을 할 의욕, 모럴(moral) 결여 매우 피로해 있을 경우 선입관으로 괜찮다고 느끼고 있을 경우 무엇인가의 체험으로 습관적으로 되어있을 경우 많은 자극이 있어 어떤 것에 반응해야 좋을지 알 수 없을 경우 주의를 끄는 것에 치우쳐 주의를 빼앗기고 있을 경우	일이 너무 복잡한 경우 일이 단조로운 경우 일의 생산성이 너무 강조될 경우 동일 형상의 것이 나란히 있을 경우 자극이 너무 많을 경우 재촉을 느끼게 하는 조직이 있을 경우 스테레오 타입(stereo type)에 맞지 않는 기기 작업조건에 문제가 있을 경우

48 각 부품의 신뢰도가 다음과 같을 때 시스템의 전체 신뢰도는 약 얼마인가?

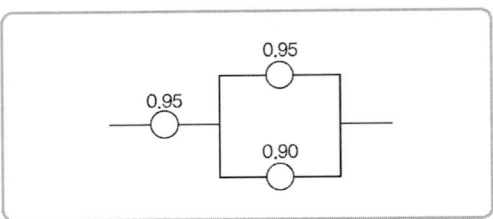

① 0.8123   ② 0.9453
③ 0.9553   ④ 0.9953

해설 시스템 신뢰도(R)

$R = 0.95 \times [1 - (1 - 0.95)(1 - 0.9)]$
$\quad = 0.9453$

49 시스템 안전 MIL-STD-882B 분류기 준의 위험성 평가 매트릭스에서 발생빈도에 속하지 않는 것은?

① 거의 발생하지 않는(remote)
② 전혀 발생하지 않는(impoossible)
③ 보통 발생하는(reasonably probable)
④ 극히 발생하지 않을 것 같은(extremely improbable)

해설 위험의 정성적 확률 등급
  1) A : 자주 발생하는 (frequent)
  2) B : 보통 발생하는 (reasonably probable)
  3) C : 가끔 발생하는 (occasional)
  4) D : 거의 발생하지 않는 (remote)

50 적절한 온도의 작업환경에서 추운 환경으로 온도가 변할 때 우리의 신체가 수행하는 저절작용이 아닌 것은?

① 발한(發汗)이 시작된다.
② 피부의 온도가 내려간다.
③ 직장(直腸)온도가 약간 올라간다.
④ 혈액의 많은 양이 몸의 중심부를 위주로 순환한다.

해설 온도변화에 대한 신체의 조정작용(인체적응)

적온에서 고온환경으로 변할 때	적온에서 한냉환경으로 변할 때
① 많은 양의 혈액이 피부를 경유하여 피부온도가 올라간다. ② 직장온도가 내려간다. ③ 발한이 시작된다.	① 많은 양의 혈액이 몸의 중심부를 순환하며 피부온도는 내려간다. ② 직장온도가 약간 올라간다. ③ 소름이 돋고 몸이 떨린다.

51 의자 설계시 고려해야 할 일반적인 원리와 가장 거리가 먼 것은?

① 자세고정을 줄인다.
② 조정이 용이해야 한다.
③ 디스크기 받는 압력을 줄인다
④ 요추 부위의 후만곡선을 유지한다.

해설 1) 일정한 자세를 계속 유지하도록 설계된 의자는 신체에 부담을 주기 때문에 의자설계원리에 위배된다.
  2) 의자설계시 고려해야 할 사항
    ① 등받이의 굴곡은 전단곡(요추의 굴곡)과 일치하여야 한다.
    ② 정적인 부하와 고정된 작업자세를 피해야한다.
    ③ 좌면의 높이는 신장에 따라 조절 가능해야한다.
    ④ 의자의 높이는 오금높이와 같거나 오금높이보다 낮아야 한다.

52 인체 계측 자료의 응용 원칙이 아닌 것은?

① 기존 동일 제품을 기준으로 한 설계
② 최대치수와 최소치수를 기준으로 한 설계
③ 조절범위를 기준으로 한 설계
④ 평균치를 기준으로 한 설계

해설 인간계측자료의 응용원칙
  1) 최대치수와 최소치수 : 최대치수 또는 최소치수를 기준으로 하여 설계한다. (극단에 속하는 사람을 위한 설계)
  2) 조절범위(조절식) : 체격이 다른 여러 사람에게 맞도록 만드는 것 이다. (조절할 수 있도록 범위를 두는 설계)
  3) 평균치를 기준으로 한 설계 : 최대치수나 최소치수, 조절식으로 하기가 곤란할 때 평균치를 기준으로 하여 설계한다. (평균적인 사람을 위한 설계)

2020

■정답■ 49.② 50.① 51.④ 52.①

53 컷셋(cut set)과 패스셋(pass set)에 관한 설명으로 옳은 것은?

① 동일한 시스템에서 패스셋의 개수와 컷셋의 개수는 같다.

② 패스셋은 동시에 발생했을 때 정상사상을 유발하는 사상들의 집합이다.

③ 일반적으로 시스템에서 최소 컷셋의 개수가 늘어나면 위험 수준이 높아진다.

④ 최소 컷셋은 어떤 고장이나 실수를 일으키지 않으면 재해는 일어나지 않는다고 하는 것이다.

해설 컷과 패스

1) 컷셋과 미니멀 컷(최소 컷셋)
  ① 컷셋(cut sets) : 정상사상을 일으키는 기본사상(통상사상, 생략사상 포함)의 집합을 컷이라 한다.
  ② 미니멀 컷(minimal cut sets) : 정상사상을 일으키기 위해 필요한 최소한의 컷을 말한다. (시스템의 위험성을 나타냄)
2) 패스 셋과 미니멀 패스
  ① 패스 셋 : 정상사상이 일어나지 않는 기본사상의 집합을 말한다.
  ② 미니멀 패스 : 필요 최소한의 패스를 말한다. (시스템의 신뢰성을 나타냄)

54 모든 시스템에서 안전분석에서 제일 첫 번째 단계의 분석으로 실행되고 있는 시스템을 포함한 모든 것의 상태를 인식하고 시스템의 개발단계에서 시스템 고유의 위험상태를 식별하여 예상되고 있는 재해의 위험수준을 결정하는 것을 목적으로 하는 위험분석 기법은?

① 결함 위험 분석(FHA: Fault Hazard Analysis)

② 시스템 위험 분석(SHA: System Hazard Analysis)

③ 예비 위험 분석(PHA: Preliminary Hazard Analysis)

④ 운용 위험 분석(OHA: Operating Hazard Analysis)

해설 PHA(예비사고분석)

1) PHA(Preliminary Hazards Analysis) : 대부분 시스템 안전 프로그램에 있어서 최초단계의 분석으로, 시스템 내의 위험한 요소가 얼마나 위험한 상태에 있는가를 정성적으로 평가하는 것이다.
2) PHA의 목적 : 시스템의 개발 단계에 있어서 시스템 고유의 위험상태를 식별하고 예상되는 재해의 위험수준을 결정하는데 있다.

55 다음 FT도에서 시스템에 고장이 발생할 확률이 약 얼마인가? (단, X_1과 X_2의 발생확률은 각각 0.05, 0.03이다.)

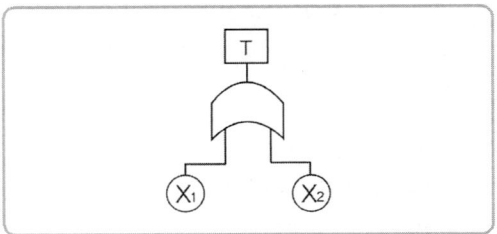

① 0.0015
② 0.0785
③ 0.9215
④ 0.9985

해설 시스템 고장발생률(T)
$$T = 1 - (1 - X_1)(1 - X_2)$$
$$= 1 - (1 - 0.05)(1 - 0.03) = 0.0785$$

56 조종장치를 촉각적으로 식별하기 위하여 사용되는 촉각적 코드화의 방법으로 옳지 않은 것은?

① 색감을 활용한 코드화

② 크기를 이용한 코드화

③ 조종장치의 형상 코드화

④ 표면 촉감을 이용한 코드화

해설 조종장치의 촉각적 코드화(암호화)

1) 크기를 구별하여 사용하는 경우 : 크기(직경 및

두께)의 차이를 쉽게 구별할 수 있도록 설계

2) 형상을 구별하여 사용하는 경우 : 만져봐서 식별이 되는 손잡이, 용도와 관련된 형상으로 식별

3) 표면 촉감을 사용하는 경우 : 매끄러운 면, 세로홈(flute), 길쭉면(knurl)

57 인간-기계 시스템을 설계할 때에는 특정 기능을 기계에 할당하거나 인간에게 할당하게 된다. 이러한 기능할당과 관련된 사항으로 옳지 않은 것은? (단, 인공지능과 관련된 사항은 제외한다.)

① 인간은 원칙을 적용하여 다양한 문제를 해결하는 능력이 기계에 비해 우월하다.

② 일반적으로 기계는 장시간 일관성이 있는 작업을 수행하는 능력이 인간에 비해 우월하다.

③ 인간은 소음, 이상온도 등의 환경에서 작업을 수행하는 능력이 기계에 비해 우월하다.

④ 일반적으로 인간은 주위가 이상하거나 예기치 못한 사건을 감지하여 대처하는 능력이 기계에 비해 우월하다.

해설 인간과 기계의 상대적 재능

인간이 우수한 기능	기계가 우수한 기능
① 저 에너지 자극(시각, 청각, 후각 등)감지	① 인간 감지범위 밖의 자극(X선, 초음파 등)감지
② 복잡 다양한 자극 형태 식별	② 인간 및 기계에 대한 모니터 기능
③ 예기치 못한 사건 감지 (예감, 느낌)	③ 드물게 발생하는 사상 감지
④ 다량정보를 오래 보관	④ 암호화된 정보를 신속하게 대량보관
⑤ 귀납적 추리	⑤ 연역적 추리
⑥ 과부하 상황에서는 중요한 일에만 전념	⑥ 과부하시 효율적으로 작동
⑦ 임기응변 융통성 원칙적용 주관적 추산 독창력 발휘 등의 기능	⑦ 정량적 정보처리, 장시간 중량작업, 반복작업 동시에 여러 가지 작업 수행

58 화학설비에 대한 안전성 평가 중 정량적 평가항목에 해당되지 않는 것은?

① 공정
② 취급물질
③ 압력
④ 화학설비용량

해설 화학설비에 대한 안전성평가시 정량적 평가항목

1) 취급물질
2) 용량
3) 온도
4) 압력
5) 조작

59 시각 장치와 비교하여 청각 장치 사용이 유리한 경우는?

① 메시지가 길 때
② 메시지가 복잡할 때
③ 정보 전달 장소가 너무 소란할 때
④ 메시지에 대한 즉각적인 반응이 필요할 때

해설 표시장치의 선택(청각장치와 시각장치의 선택)

청각장치사용	시각장치사용
1) 전언이 간단하고 짧다.	1) 전언이 복잡하고 길다.
2) 전언이 후에 재참조되지 않는다.	2) 전언이 후에 재참조된다.
3) 전언이 즉각적인 사상 (event)을 이룬다.	3) 전언이 공간적인 위치를 다룬다.
4) 전언이 즉각적인 행동을 요구한다.	4) 전언이 즉각적인 행동을 요구하지 않는다.
5) 수신자가 시각계통이 과부하 상태일 때	5) 수신자의 청각계통이 과부하 상태일 때
6) 수신장소가 너무 밝거나 암조의 유지가 필요할 때	6) 수신장소가 너무 시끄러울 때
7) 직무상 수신자가 자주 움직이는 경우	7) 직무상 수신자가 한 곳에 머무르는 경우

60 인간공학 연구조사에 사용되는 기준의 구비조건과 가장 거리가 먼 것은?

① 다양성
② 적절성
③ 무오염성
④ 기준 척도의 신뢰성

해설 기준의 요건

1) 적절성(relevance) : 기준이 의도된 목적에 적

■ 정답 ■ 57.③ 58.① 59.④ 60.①

2020

당하다고 판단되는 정도를 말한다.

2) 무오염성 : 기준 척도는 측정하고자 하는 변수 외의 다른 변수들의 영향을 받아서는 안된다는 것을 무오염성이라고 한다.

3) 기준척도의 신뢰성 : 척도의 신뢰성은 반복성 (repeatability)을 의미한다.

제4과목 / 건설시공학

61 흙을 이김에 의해서 약해지는 강도를 나타내는 흙의 성질은?

① 간극비 ② 함수비
③ 예민비 ④ 항복비

해설 **예민비** : 자연시료에 대한 함수율을 변화시키지 않고 이기면 약하게 되는 성질이 있는데 그 정도를 나타낸 것을 예민비라 한다.

$$예민비 = \frac{자연시료의 강도}{이긴시료의 강도}$$

62 콘크리트 타설 중 응결이 어느 정도 진행된 콘크리트에 새로운 콘크리트를 이어치면 시공불량이음부가 발생하여 경화 후 누수의 원인 및 철근의 녹 발생 등 내구성에 손상을 일으키는 것은?

① Expansion joint ② Construction joint
③ Cold joint ④ Sliding joint

해설 **콘크리트의 이음(joint)**

1) **익스팬드 조인트**(expand joint, 신축줄눈) : 기초의 부동침하와 온도, 습도 등의 변화에 따라 신축팽창을 흡수시킬 목적으로 설치하는 줄눈이다.

2) **컨스트럭션 조인트**(construction, 시공줄눈) : 시공에 있어서 콘크리트를 한번에 계속하여 타설하지 못하는 경우에 생기는 줄눈이다.

3) **콜드 조인트**(cold joint) : 시공과정 중 응결이

시작 된 콘크리트에 새로운 콘크리트를 이어칠 때 일체화가 저해되어 생기는 줄눈이다.

3) **컨트롤 조인트**(control joint, 조절줄눈) : 바닥판의 수축에 의한 표면 균열방지를 목적으로 설치하는 줄눈이다.

63 표준관입시험의 N치에서 추정이 곤란한 사항은?

① 사질토의 상대밀도와 내부 마찰각
② 선단지지층이 사질토지반일 때 말뚝 지지력
③ 점성토의 전단강도
④ 점성토 지반의 투수 계수와 예민비

해설 **표준관입시험** : 63.5kg의 추를 75cm의 높이에서 자유 낙하 시켜 30cm관입시킬 때의 타격회수(N)를 측정하여 흙은 경연도의 정도를 판정하는 방법

1) 사질지반의 상대밀도 등 토질 조사시 신뢰성이 높다.

2) N값과 모래의 상태

N값	모래의 상태
0~5	몹시 느슨하다.
5~10	느슨하다.(연약한 지반)
10~30	보통
50이상	다진상태(밀실한 상태)

64 공동도급(Joint Venture Contract)의 장점이 아닌 것은?

① 융자력의 증대 ② 위험의 분산
③ 이윤의 증대 ④ 시공의 확실성

해설 1) 장점
① 소자본으로 대규모공사 도급가능
② 기술, 자본, 위험부담의 분산 및 감소
③ 기술의 확충, 강화 및 경험의 증대
④ 공사계획과 시공이행의 확실

2) 단점
① 각 업체의 업무방식에서 오는 혼란
② 현장관리의 곤란
③ 일식도급보다 경비 증대

---

65 철골 내화피복공법의 종류에 따른 사용재료의 연결이 옳지 않은 것은?

① 타설공법 – 경량콘크리트
② 뿜칠공법 – 압면 흡입판
③ 조적공법 – 경량콘크리트 블록
④ 성형판붙임공법 – ALC판

해설 **뿜칠공법** 재료 : 뿜칠모르타르, 뿜칠플라스터, 뿜칠압면, 알루미늄 계열 모르타르, 실리카

66 기초공사시 활용되는 현장타설 콘크리트 말뚝공법에 해당되지 않는 것은?

① 어스드릴(earth drill) 공법
② 베노토 말뚝(benoto pile) 공법
③ 리버스서큘레이션(reverse circulation pile) 공법
④ 프리보링(preboring) 공법

해설 **프리보링공법** : 어스오거를 사용하여 지반을 미리 천공하고 천공한 부위에 말뚝을 압입하는 공법이다. (현장타설 콘크리트말뚝 공법에 해당되지 않음)

67 벽돌벽 두께 1.0B, 벽높이 2.5m, 길이 8m인 벽면에 소요되는 점토벽돌의 매수는 얼마인가? (단, 규격은 190×90×57mm, 할증은 3%로 하며, 소수점 이하 결과는 올림하여 정수 매로 표기)

① 2980매
② 3070매
③ 3278매
④ 3542매

해설 1) 1.0B 쌓기 기준 면적당 소요 매수
   : 149장/m^2
2) 소요벽돌매수
   $= 149장/m^2 \times 2.5m \times 8m \times 1.03(할증률)$
   $= 3069.4 ≒ 3070$

68 금속제 천장틀 공사 시 반자틀의 적정한 간격으로 옳은 것은? (단, 공사시방서가 없는 경우)

① 450 mm 정도
② 600 mm 정도
③ 900 mm 정도
④ 1200 mm 정도

해설 **금속체 천장틀 공사시 반자틀의 적정간격**
   : 900mm정도
[주] 반자틀(ceiling frams) : 천장재를 부착하기 위하여 바탕에 매는 기다란 재

69 철근이음에 관한 설명으로 옳지 않은 것은?

① 철근의 이음부는 구조내력상 취약점이 되는 곳이다.
② 이음위치는 되도록 응력이 큰 곳을 피하도록 한다.
③ 이음이 한 곳에 집중되지 않도록 엇갈리게 교대로 분산시켜야 한다.
④ 응력 전달이 원활하도록 한 곳에서 철근수의 반 이상을 주어야 한다.

해설 **철근이음 시 주의 사항**
1) 이음은 응력이 큰 곳은 피하고 동일개소에 이음이 집중되지 않게 할 것
2) D29(ϕ28) 이상은 겹침 이음을 하지 않을 것
3) 보의 상단근은 중앙에서, 하단근은 단부에서 이음할 것
4) 기둥주근의 이음은 기둥 높이의 2/3이내에서 이음할 것

70 철골용접이음 후 용접부의 내부결함 검출을 위하여 실시하는 검사로써 빠르고 경제적이어서 현자에서 주로 사용하는 초음파를 이용한 비파괴 검사법은?

① MT(Magnetic particle Testing)
② UT(Ultrasonic Testing)
③ RT(Radiogtaphy Testing)
④ PT(Liquid Penetrant Testing)

해설 **초음파탐상검사**(UT, ultrasonic testing) : 초음파를 피검사재에 보내어 그 음향적 성질을 이용하여 결함을 유무를 검사하는 비파괴 검사법이다.

71 건설의 전 과정에 걸쳐 프로젝트를 보다 효율적이고 경제적으로 수행하기 위하여 각 부문의 전문가들로 구성된 통합관리기술을 발주자에게 서비스하는 것을 무엇이라고 하는가?

① Cost Managementwjd
② Cost Manpower
③ Construction Manpower
④ Construction Management

해설 CM(Construction Management: 건설관리) : 설계, 시공을 통합관리하여 주문자를 위해 서비스하는 전문가 집단의 관리기법을 말한다.

72 네트워크공정표에서 후속작업의 가장 빠른 개시시간(EST)에 영향을 주지 않는 범위내에서 한 작업이 가질 수 있는 여유시간을 의미하는 것은?

① 전체여유(TF) ② 자유여유(FF)
③ 간섭여유(IF) ④ 종속여유(DF)

해설 **자유여유(FF)**
FF=후속작업의 EST-그 작업의 EFT
여기서, ┌ EST : 작업을 시작하는 가장 빠른 시각
└ EFT : 작업을 끝낼 수 있는 가장 빠른 시각

73 강구조물 제작 시 절단 및 개선(그루브) 가공에 관한 일반사항으로 옳지 않은 것은?

① 주요 부재의 강판 절단은 주된 응력의 방향과 압연방향을 직각으로 교차시켜 절단함을 원칙으로 하며, 절단작업 착수 전 재단도

를 작성해야 하다.
② 강재의 절단은 강재의 형상, 치수를 고려하여 기계절단, 가스절단, 플라즈마 절단 등을 적용한다.
③ 절단할 강재의 표면에 녹, 기름, 도료가 부착되어 있는 경우에는 제거 후 절단해야 한다.
④ 용접선의 교차부분 또는 한 부재를 다른 부재에 접합시킬 때 불필요한 접촉을 피하기 위하여 모퉁이따기를 할 경우에는 10mm 이상 둥글게 해야 한다.

해설 ①항, 강판절단은 응력의 방향이나 압연방향으로 평행하여 절단함을 원칙으로 한다.

74 공사계약방식 중 직영공사방식에 관한 설명으로 옳은 것은?

① 사회간접자본(SOC : Social Overhead Capital)의 민간투자유치에 많이 이용되고 있다.
② 영리목적의 도급공사에 비해 저렴하고 재료선정이 자유로운 장점이 있으나, 고용기술자 등에 의한 시공관리능력이 부족하면 공사비 증대, 시공성의 결함 및 공기가 연장되기 쉬운 단점이 있다.
③ 도급자가 자금을 조달하면 설계, 엔지니어링, 시공의 전부를 도급받아 시설물을 완성하고 그 시설을 일정기간 운영하는 것으로, 운영수입으로부터 투자자금을 회수한 후 발주자에게 그 시설을 인도하는 방식이다.
④ 수입을 수반한 공공 혹은 공익 프로젝트(유료도로, 도시철도, 발전도 등)에 많이 이용되고 있다.

해설 1) **직영공사** : 건축주가 공사계획을 세우고 일체의 공사를 건축주 책임으로 시행하는 공사이다.
2) 장점
① 임기응변으로 처리가 가능하다 (특수한 상황에 신속하게 대처).
② 입찰이나 계약 등의 복잡한 수속이 필요 없다.

3) 단점
① 공사기간이 연장되고 공사비가 증대된다.
② 시공 및 안전관리 능력이 부족하다.

75 보강블록 공사 시 벽 가로근의 시공에 관한 설명으로 옳지 않은 것은?

① 가로근은 배근 상세도에 따라 가공하되 그 단부는 90°의 갈구리로 구부려 배근한다.
② 모서리에 가로근의 단부는 수평방향으로 구부려서 세로근의 바깥쪽으로 두르고, 정착길이는 공사시방서에 정한 바가 없는 한 40d 이상으로 한다.
③ 창 및 출입구 등의 모서리 부분에 가로근의 단부를 수평방향으로 정착할 여유가 없을 때에는 갈구리로 하여 단부 세로근에 걸고 결속선으로 결속한다.
④ 개구부 상하부의 가로근을 양측 벽부에 묻을 때의 정착길이는 40d 이상으로 한다.

해설 **보강콘크리트 블록조 공사(가로근)**
① 모서리 가로근의 단부는 수평방향으로 구부려져 세로근의 바깥쪽으로 두른다.
② 가로근의 정착길이는 40d 이상으로 한다.
③ 가로근의 이음은 서로 엇갈리게 하고 이음길이는 25d 이상으로 한다.
④ 가로근의 간격은 60~80cm(블록3켜~4켜)로 한다.

76 철근배근 시 콘크리트의 피복두께를 유지해야 되는 가장 큰 이유는?

① 콘크리트의 인장강도 증진을 위하여
② 콘크리트의 내구성, 내화성 확보를 위하여
③ 구조물의 미관을 좋게 하기 위하여
④ 콘크리트 타설을 쉽게 하기 위하여

해설 **철근에 대한 콘크리트의 피복두께**
1) 피복두께 : 콘크리트 표면에서 제일 외측에 가까운 철근표면까지의 거리

2) 철근의 피복두께 계획시 고려사항(철근피복의 목적)
① 내화성
② 내구성
③ 시공상 유동성 확보
3) 철근의 피복두께 : 최소 2cm(평균 3cm 이상)

77 흙막이 지지공법 중 수평버팀대 공법의 특징에 관한 설명으로 옳지 않은 것은?

① 가설구조물이 적어 중장비작업이나 토량제거작업의 능률이 좋다.
② 토질에 대해 영향을 적게 받는다.
③ 인근 대지로 공사범위로 넘어가지 않는다.
④ 고저차가 크거나 상이한 구조인 경우 균형을 잡기 어렵다.

해설 ①항, 가설구조물 때문에 중장비작업의 능률이 원활하지 못하다.

78 터널 폼에 관한 설명으로 옳지 않은 것은?

① 거푸집의 전용횟수는 약 10회 정도로 매우 적다.
② 노무 절감, 공기단축이 가능하다.
③ 벽체 및 슬래브거푸집을 일치로 제작한 거푸집이다.
④ 이 폼의 종류에는 트윈 쉘(twin shell)과 모노 쉘(mono shell)이 있다.

해설 **터널폼(tunnel form)의 경제적인 전용횟수 : 100회 정도**

79 철근콘크리트 공사에서 거푸집의 간격을 일정하게 유지시키는데 사용되는 것은?

① 클 램프　　② 쉐어 커넥터
③ 세퍼레이터　④ 인서트

해설 세퍼레이터(separator) : 격리제

80 지정에 관한 설명으로 옳지 않은 것은?

① 잡석지정 – 기초 콘크리트 타설 시 흙의 혼입을 방지하기 위해 사용한다.
② 모래지정 – 지반이 단단하며 건물이 중량일 때 사용한다.
③ 자갈지정 – 굳은 지반에 사용되는 지정이다.
④ 밑창 콘크리트지정 – 잡석이나 자갈 위 기초 부분의 먹매김을 위해 사용한다.

해설 모래지정 : 지반이 연약하고 건물의 무게가 비교적 가벼울 경우 지반을 파내고 모래를 물다짐 한 것이다

제5과목 / 건설재료학

81 도료의 저장 중 또는 용기 내 방치 시 도료의 표면에 피막이 형성되는 현상의 발생 원인과 가장 관계가 먼 것은?

① 피막방지제의 부족이나 건조제가 과잉일 경우
② 용기내의 공간이 커서 산소의 양이 많을 경우
③ 부적당한 신너로 희석하였을 경우
④ 사용잔량을 뚜껑을 열어둔 채 방치하였을 경우

해설 1) 피막(skinnig) : 도료를 저장하였을 때 또는 쓰다 남은 도료를 용기 중에 방치하였을 때 도료의 표면에 살얼음처럼 또는 가죽으로 한 겹 덮인 것처럼 되는 결함을 말한다.
2) ③항, 부적당한 시너로 희석하였을 경우 : 증점(점도가 상승하여 유동성이 감소하는 것 및 겔화(완전히 유동성이 없이 젤리상이 되는 것)의 발생원인이다.

82 다음 중 무기질 단열재에 해당하는 것은?

① 발포폴리스티렌 보온재
② 셀룰로스 보온재
③ 규산칼슘판
④ 경질폴리우레탄폼

해설 **규산칼슘판**
1) 규산질분말, 석회 및 무기질 섬유를 균일하게 배합하여 강열성형 및 수열처리하여 만든 제품으로 무기질 단열재이다.
2) 경량이고 강도가 높으며 내열 및 내수성이 우수하다.

83 통풍이 잘 되지 않는 지하실의 미장재료로서 가장 적합하지 않은 것은?

① 시멘트 모르타르
② 석고 플라스터
③ 킨즈 시멘트
④ 돌로마이트 플라스터

해설 **돌로마이트 플라스터** : 돌로마이트석회(마그네시아 석회)에 모래, 여물 등을 혼합한 것이다.
1) 점도가 크고, 응결시간이 길다.
2) 회반죽보다 강도가 크다.
3) 건조경화시에 균열이 생기기 쉽고 물에 약하다.

---

84 지붕공사에 사용되는 아스팔트 싱글제품 중 단위 중량이 10.3kg/m²이상 12.5kg/m² 미만인 것은?

① 경량 아스팔트 싱글
② 일반 아스팔트 싱글
③ 중량 아스팔트 싱글
④ 초중량 아스팔트 싱글

해설

구분	단위중량
1) 일반 아스팔트 싱글	10.3kg/m²이상 12.5kg/m²미만
2) 중량 아스팔트 싱글	12.5kg/m²이상 14.2kg/m²미만
3) 초중량 아스팔트 싱글	14.2kg/m²이상

85 점토벽돌 1종의 압축강도는 최소 얼마 이상인가?

① 17.85 MPa ② 19.53 MPa
③ 20.59 MPa ④ 24.50 MPa

해설 점토벽의 품질

종별	압축강도(N/mm²)	흡수율(%)
1종	24.50이상	10이하
2종	20.59이상	13이하
3종	10.78이상	15이하

[주] 1Pa=1N/m²=1×10⁻⁶MP

86 골재의 함수상태에 따른 질량이 다음과 같을 경우 표면수율은?

- 절대 건조 상태 : 490g
- 표면 건조 상태 : 500g
- 습윤 상태 : 550g

① 2% ② 3%
③ 10% ④ 15%

해설 표면수율

$$= \frac{습윤상태중량 - 표건상태중량}{표건상태중량} \times 100$$
$$= \frac{550-500}{500} \times 100 = 10\%$$

87 콘크리트의 건조수축에 관한 설명으로 옳지 않은 것은?

① 시멘트의 제조성분에 따라 스축량이 다르다.
② 골재의 성질에 따라 수축량이 다르다.
③ 시멘트량의 다소에 따라 수축량이 다르다.
④ 된비빔일 수록 수축량이 많다.

해설 콘크리트의 건조수축

1) 시멘트의 화학성분이나 분말도에 따라 건조수축량은 변화한다.
2) 콘크리트의 건조수축을 작게 하기 위해서 배합 시 가능한 한 단위수량을 적게 한다.
3) 사암이나 점판암을 골재로 이용한 콘크리트는 수축량이 크고, 석영, 석회암을 이용한 것은 작다.
4) 골재 중에 포함된 미립분이나 실트는 일반적으로 건조수축으로 증대시킨다.
5) 콘크리트의 습윤양생기간은 건조수축에 크게 영향을 주며 이 기간이 길면 길수록 건조수축은 커진다.
6) 골재의 크기가 일정할 때 슬럼프 값이 클수록 건조수축은 커진다.
7) 공기량이 같은 조건하에서 단위 골재량이 클수록 건조수축은 작아진다.
8) 물-시멘트비(W/C)가 같은 경우 건축수축은 사용단위 시멘트양이 클수록 크다.

2020

88 목재의 나뭇결 중 아래의 설명에 해당하는 것은?

> 나이테에 직각방향으로 켠 목재면에 나타나는 나뭇결로 일반적으로 외관이 아름답고 수축변형이 적으며 마모율도 낮다.

① 무늬결　　　　② 곧은결
③ 널결　　　　　④ 엇결

해설 결의 종류에 따른 특성
　1) 널결(판목) : 연륜에 평행 방향으로 켠 목재면에 나타난 곡선형(물결모양)의 나무결
　　① 신축이 균일하지 않다. (잘 휘어짐)
　　② 곧은 결보다 변형이 크고 마모율도 크다.
　　③ 제재가 쉽고, 아름답다.
　2) 곧은 결(정목) : 연륜에 직각 방향으로 켠 목재면에 나타나는 평행선상의 나무결
　　① 신축이 균일하다.
　　② 널결에 비해 수축변형과 마모율이 적다.
　　③ 마무리가 쉽고 널리 사용한다.

89 조이너(joiner)의 설치목적으로 옳은 것은?

① 벽, 기둥 등의 모서리에 미장 바름의 보호
② 인조석깔기에서의 신축균열방지나 의장효과
③ 천장에 보드를 붙인 후 그 이음새를 감추기 위한 목적
④ 환기구멍이나 라디에이터의 덮개역할

해설 조이너(joiner) : 이음새를 누르고 감추는 데 쓰이는 금속제품

90 각 석재별 주용도를 표기한 것으로 옳지 않은 것은?

① 화강암:외장재　　② 석회암:구조재
③ 대리석:내장재　　④ 점판암:지붕재

해설 석회암 : 석회, 시멘트의 원료로 사용된다.

91 암석의 구조를 나타내는 용어에 관한 설명으로 옳지 않은 것은?

① 절리란 암석 특유의 천연적으로 갈라진 금을 말하며, 규칙적인 것과 불규칙적인 것이 있다.
② 층리란 퇴적암 및 변성암에 나타나는 퇴적할 당시의 지표면과 방향이 거의 평행한 절리를 말한다,
③ 석리란 암석이 가장 쪼개지기 쉬운 면을 말하며, 절리보다 불분명하지만 방향이 대체로 일치되어 있다.
④ 편리란 변성암에 생기는 절리로서 방향이 불규칙하고 얇은 판자모양으로 갈라지는 성질을 말한다.

해설 석재의 조직
　1) **석리** : 석재표면의 구성조직을 말하는 것으로 결정질과 파리질(비결정질 또는 유리질)이 있다.
　2) **절리** : 천연적으로 갈라진 틈(화성암에 많다)을 말하며 채석에 영향을 준다.
　3) **석목(돌눈)** : 일정한 방향의 깨지기 쉬운 면을 말하는 것으로 석재의 채석이나 가공 시 이용된다.
　4) **층리와 편리**
　　① 층리 : 퇴적암, 변성암에 흔히 있는 평행상의 절리
　　② 편리 : 변성암에서 생기는 불규칙한 절리 (박편 모양으로 작게 갈라짐)

92 강은 탄소 함유량의 증가에 따라 인장강도가 증가하지만 어느 이상이 되면 다시 감소한다. 이때 인장강도가 가장 큰 시점의 탄소 함유량은?

① 약 0.9%　　　　② 약 1.8%
③ 약 2.7%　　　　④ 약 3.6%

해설 탄소함유량에 의한 탄소강의 특성
　1) 강은 탐소함유량이 많을수록 강도는 증대되고 신도(연신율)는 감소된다.
　2) 탄소함유량이 0.9%~1.0% 함유 시 인장강도

는 최대로 증대되고 이를 넣으면 감소된다.

3) 경도는 탄소함유량이 0.9% 함유 시 최대가 되며 그 이상에서는 일정하다.

93 아스팔트의 물리적 성질에 관한 설명으로 옳은 것은?

① 감온성은 블로운 아스팔트가 스트레이트 아스팔트보다 크다.

② 연화점은 블로운 아스팔트가 스트레이트 아스팔트보다 낮다.

③ 신장성은 스트레이트 아스팔트가 블로운 아스팔트보다 크다.

④ 점착성은 블로운 아스팔트가 스트레이트 아스팔트보다 크다.

해설 스트레이트 아스팔트와 블로운 아스팔트의 성질 비교

성질	스트레이트 아스팔트	블로운 아스팔트
접착력	크다	작다
신도	크다	작다
감온성	크다	작다
침입도	크다	작다
연화점	작다	크다
탄력성	작다	크다

94 킨즈시멘트 제조 시 무수석고의 경화를 촉진시키기 위해 사용하는 혼화재료는?

① 규산백토　　② 플라이애쉬
③ 화산회　　④ 백반

해설 킨스시멘트(keene's cemnet) : 경석고 플라스터라고도 하며 경석고에 명반(백반)등의 촉진제를 배합한 것으로 약간 붉은 빛을 띤 백색을 나타내는 플라스터이다.

1) 석고계 플라스터 중 가장 경질이며, 경화한 것은 현저히 강도가 크고 표면의 경도가 커서 광택성을 갖고 있으며 방습적인 매끈한 면을 갖는다.

2) 산성을 나타내어 금속재료를 부각시킨다.

3) 점도가 있어서 바르기 쉬우며, 벽바름 재료나 바닥바름 재료로 쓰인다.

95 초기강도가 아주 크고 초기 수화발열이 커서 긴급공사나 동절기 공사에 가장 적합한 시멘트는?

① 알루미나시멘트
② 보통포틀랜드시멘트
③ 고로시멘트
④ 실리카시멘트

해설 알루미나시멘트 : 발열량(수화열)이 대단히 커서 −10℃의 동기(冬期)공사 및 긴급공사에 사용된다.

96 일반적으로 단열재에 습기나 물기가 침투하면 어떤 현상이 발생하는가?

① 열전도율이 높아져 단열성능이 좋아진다.
② 열전도율이 높아져 단열성능이 나빠진다.
③ 열전도율이 낮아져 단열성능이 좋아진다.
④ 열전도율이 낮아져 단열성능이 나빠진다.

해설 단열재에 습기가 물기가 침투할 경우 : 열전도율이 높아져 단열성능이 나빠진다.

97 도장재료 중 래커(lacquer)에 관한 설명으로 옳지 않은 것은?

① 내구성은 크나 도막이 느리게 건조된다.
② 클리어래커는 투명래커로 도닥은 얇으나 견고하고 광택이 우수하다.
③ 클리어래커는 내후성이 좋지 않아 내부용으로 주로 쓰인다.
④ 래커에나멜은 불투명 도료로서 클리어래커에 안료를 첨가한 것을 말한다.

해설 래커(lacquer)의 특성

1) 건조가 빠르고(10∼20분) 내후성, 내유성, 내수성 등이 우수하다.

2) 도막이 얇고 부착력이 약하다. (결점)

3) 락카 도막에는 때때로 흐려지거나 백화현상이 일어난다. 신나(thinner) 대신에 리타더(ratarder)를 사용하면 방지된다.

■ 정답 ■　93.③　94.④　95.①　96.②　97.①

98 도료의 건조제 중 상온에서 기름에 용해되지 않는 것은?

① 붕산망간   ② 이산화망간
③ 초산염   ④ 코발트의 수지산

해설 **도료의 건조제**
  1) 상온에서 기름에 용해되는 건조제 : 일산화납(PbO : 리사지), 연단(Pb_3O_4 : 광명단), 이산화망간(MnO_2), 초산염(아세트산염), 붕산(H_3BO_3), 망간(Mn) 등
  2) 가열하여 기름에 용해되는 건조제 : 납(Pb), 망간(Mn), 코발트(Co) 등의 수지산 또는 지방산의 염류

99 시멘트의 분말도에 관한 설명으로 옳지 않은 것은?

① 분말도가 클수록 수화반응이 촉진된다.
② 분말도가 클수록 초기강도는 작으나 장기강도는 크다.
③ 분말도가 클수록 시멘트 분말이 미세하다.
④ 분말도가 너무 크면 풍화되기 쉽다.

해설 **분말도가 높은 경우 일어나는 현상**
  1) 수화작용이 촉진되어 응결이 빨라진다.
  2) 초기강도(조기강도)가 높아진다.
  3) 워커빌리티(시공연도)가 좋아지며 블리딩이 적어진다.
  4) 지나치게 분말도가 미세한 것은 풍화되기 쉽고 건조수축이 커져서 균열이 발생하기 쉽다.

100 목재의 방부 처리법 중 압력용기 속에 목재를 넣어 처리하는 방법으로 가장 신속하고 효과적인 방법은?

① 가압주입법   ② 생리적 주입법
③ 표면탄화법   ④ 침지법

해설 **목재의 방부법**
  1) **표면탄화법** : 목재의 표면을 3~10mm 정도 태우는 방법

  2) **방부제 사용법**
    ① 도포법 : 방부제를 목재표면에 도포하는 방법
    ② 주입법 : 방부제를 목재 중에 주입하는 방법 (상압주입법, 가압주입법)
    ③ 침지법 : 방부제 용액 중에 침지하는 방법
    ④ 생리적 주입법 : 나무뿌리에 약액을 주입하여 수간에 이행시키는 방법

제6과목 / 건설안전기술

---

101 지면보다 낮은 땅을 파는데 적합하고 수중굴착도 가능한 굴착기계는?

① 백호우   ② 파워쇼벨
③ 가이데릭   ④ 파일드라이버

해설 1) **파워셔벨**(power shovel) : 중기가 위치한 지면보다 높은 장소의 땅을 굴착하는데 적합하며, 산지에서의 토공사, 암반으로부터 점토질까지 굴착할 수 있다.
  2) **백호우(드래그 셔벨)** : 중기가 위치한 지면보다 낮은 곳의 땅을 파는 데 적합하며, 수중굴착도 가능하다.

102 굴착공사에서 비탈면 또는 비탈면 하단을 성토하여 붕괴를 방지하는 공법은?

① 배수공
② 배토공
③ 공작물에 의한 방지공
④ 압성토공

해설 **압성토공법** : 성토지반의 활동파괴를 예방하기 위해 토사의 측방에 소단 모양의 성토를 하여 활동에 대한 저항모멘트를 증가시키는 공법이다.

---

103 작업장에 계단 및 계단참을 설치하는 경우 매 제곱미터 당 최소 몇 킬로그램 이상의 하중에 견딜 수 있는 강도를 가진 구조로 설치하여야 하는가?

① 300kg   ② 400kg
③ 500kg   ④ 600kg

해설 계단의 강도 : 계단 및 계단참을 설치할 때에는 $500kg/m^2$ 이상의 하중에 견딜 수 있는 강도를 가진 구조로 설치하여야 하며, 안전율(파괴응력/허용응력)은 4 이상으로 할 것

104 작업으로 인하여 물체가 떨어지거나 날아올 위험이 있는 경우 필요한 조치와 가장 거리가 먼 것은?

① 투하설비 설치
② 낙하물 방지망 설치
③ 수직보호망 설치
④ 출입금지구역 설정

해설 물체가 낙하비래할 위험이 있을 경우 위험방지 조치사항
1) 낙하물 방지망, 수직 보호망 또는 방호선반의 설치
2) 출입금지구역의 설정
3) 안전모 등 보호구의 착용

105 크레인의 운전실 또는 운전대를 통하는 통로의 끝과 건설물 등의 벽체의 간격은 최대 얼마 이하로 하여야 하는가?

① 0.2m   ② 0.3m
③ 0.4m   ④ 0.5m

해설 건설물 등의 벽체와 통로의 간격 등 (안전보건규칙 제145조) : 다음 각 호의 간격을 0.3m 이하로 할 것. (다만, 추락의 위험이 없는 경우는 그 간격을 0.3m 이하로 유지하지 않을 수 있음)
1) 크레인의 운전실 또는 운전대를 통하는 통로의 끝과 건설물 등의 벽체의 간격

2) 크레인 거더(girder)의 통로 끝과 크레인 거더의 간격
3) 크레인 거더의 통로로 통하는 통로의 끝과 건설물 등의 벽체의 간격

106 철골공사 시 안전작업방법 및 준수사항으로 옳지 않은 것은?

① 강풍, 폭우 등과 같은 악천우시에는 작업을 중지하여야 하며 특히 강풍시에는 높은 곳에 있는 부재나 공구류가 낙하비래하지 않도록 조치하여야 한다.
② 철골부재 반입 시 시공순서가 빠른 부재는 상단부에 위치하도록 한다.
③ 구명줄 설치 시 마닐라 로프 직경 10mm를 기준하여 설치하고 작업방법을 충분히 검토하여야 한다.
④ 철골보의 두곳을 매어 인양시킬 때 와이어로프의 내각은 60°이하이어야 한다.

해설 ③항, 구명줄 설치 시 마닐라 로프직경 19mm를 기준으로 하여 설치하고 작업 방법을 충분히 검토하여야 한다.

107 강관비계의 수직방향 벽이음 조립간격(m)으로 옳은 것은? (단, 틀비계이며 높이가 5m 이상일 경우)

① 2m   ② 4m
③ 6m   ④ 9m

해설 강관틀비계를 조립하여 사용할 때의 준수할 사항
1) 비계기둥의 밑둥에는 밑받침철물을 사용하여야 하며 밑받침에 고저차가 있는 경우에는 조절형 밑받침철물을 사용하여 각각의 강관틀비계가 항상 수평 및 수직을 유지하도록 할 것
2) 높이가 20m를 초과하거나 중량물의 적재를 수반하는 작업을 할 경우에는 주틀 간의 간격이 1.8m 이하로 할 것
3) 주틀 간의 교차가새를 설치하고 최상층 및 5층 이내마다 수평재를 설치할 것

4) 수직 방향으로 6m, 수평 방향으로 8m 이내마다 벽이음을 할 것

108 공정율이 65%인 건설현장의 경우 공사 진척에 따른 산업안전보건관리비의 최소 사용 기준으로 옳은 것은? (단, 공정율은 기성공정율을 기준으로 함)

① 40% 이상
② 50% 이상
③ 60% 이상
④ 70% 이상

해설 공사진척에 따른 안전관리비 사용기준

공정률	50% 이상 70% 미만	70% 이상 90% 미만	90% 이상
사용 기준	50% 이상	70% 이상	90% 이상

109 달비계에 사용이 불가한 와이어로프의 기준으로 옳지 않은 것은?

① 이음매가 있는 것
② 와이어로프의 한 꼬임에서 끊어진 소선의 수가 7% 이상인 것
③ 지름의 감소가 공칭지름의 7%를 초과하는 것
④ 심하게 변형되거나 부식된 것

해설 달비계의 와이어로프 등의 사용 금지사항
1) 이음매가 있는 것
2) 와이어로프의 한 꼬임에서 끊어진 소선(필러선 제외)의 수가 10% 이상인 것
3) 지름의 감소가 공칭지름의 7%를 초과하는 것
4) 꼬인 것
5) 심하게 변형 또는 부식된 것
6) 열과 전기 충격에 의해 손상된 것

110 구축물에 안전차단 등 안전성 평가를 실시하여 근로자에게 미칠 위험성을 미리 제거하여야 하는 경우가 아닌 것은?

① 구축물 또는 이와 유사한 시설물의 인근에서 굴착·항타작업 등으로 침하·균열 등이 발생하여 붕괴의 위험이 예상될 경우
② 구조물, 건축물, 그 밖의 시설물이 그 자체의 무게·적설·풍압 또는 그밖에 부가되는 하중 등으로 붕괴 등의 위험이 있을 경우
③ 화재 등으로 구축물 또는 이와 유사한 시설물의 내력(耐力)이 심하게 저하되었을 경우
④ 구축물의 구조체가 안전측으로 과도하게 설계가 되었을 경우

해설 구축물 또는 이와 유사한 시설물 등의 안전성 평가
: 다음 각 호에 해당하는 경우에는 안전진단 등 안전성 평가를 실시하여 위험성을 미리 제거할 것
1) 구축물 또는 이와 유사한 시설물의 인근에서 굴착·항타작업 등으로 침하·균열 등이 발생하여 붕괴의 위험이 예상될 경우
2) 구축물 또는 이와 유사한 시설물에 지진동·해부동·침하 등으로 균열·비틀림 등이 발생하였을 경우
3) 구축물 또는 이와 유사한 시설물에 설계 당시보다 과다한 중량이 부과되어 안전성을 검토하여야 할 경우
4) 화재 등으로 구축물 또는 이와 유사한 시설물의 내력이 현저히 저하된 경우
5) 오랜 기간 사용하지 아니하던 구축물 또는 이와 유사한 시설물을 재사용하게 되어 안전성을 검토하여야 할 경우
6) 그 밖의 잠재위험이 예상될 경우

■ 정답 ■ 108.② 109.② 110.④

111 흙막이 지보공을 설치하였을 때 정기적으로 점검하여 이상 발견 시 즉시 보수하여야 할 사항이 아닌 것은?

① 굴착 깊이의 정도
② 버팀대의 긴압의 정도
③ 부재의 접속부·부착부 및 교차부의 상태
④ 부재의 손상·변형·부식·변위 및 탈락의 유무와 상태

해설 흙막이지보공 설치 시 붕괴 등의 위험방지를 위한 정기점검 사항
　1) 부재의 손상·변형·부식·변위 및 탈락의 유무와 상태
　2) 버팀대의 긴압의 정도
　3) 부재의 접속부·부착부 및 교착부의 상태
　4) 침하의 정도

112 달비계의 최대 적재하중을 정하는 경우 그 안전계수 기준으로 옳지 않은 것은?

① 달기와이어로프 및 달기강선의 안전계수:10 이상
② 달기체인 및 달기 훅의 안전계수: 5 이상
③ 달기강대와 달비계의 하부 및 상부지점의 안전계수: 강재의 경우 3 이상
④ 달기강대와 달비계의 하부 및 상부지점의 안전계수: 목재의 경우 5 이상

해설 달비계(곤돌라의 달비계는 제외)의 안전계수 (안전보건규칙)
　1) 달기와이어로프 및 달기강선의 안전계수 : 10 이상
　2) 달기체인 및 달기훅의 안전계수 : 5 이상
　3) 달기강대와 달비계의 하부 및 상부 지점의 안전계수 : 강재의 경우 2.5 이상, 목재의 경우 5 이상

113 다음은 안전대와 관련된 설명이다. 아래 내용에 해당되는 용어로 옳은 것은?

로프 또는 레일 등과 같은 유연하거나 단단한 고정줄로서 추락발생시 추락을 저지시키는 추락방지대를 지탱해주는 줄모양의 부품

① 안전블록　② 수직그명줄
③ 죔줄　④ 보조죔줄

해설 안전대의 용어 정의
　1) 안전블록 : 안전그네와 연결하여 추락 발생 시 추락을 억제할 수 있는 자동잠금장치가 갖추어져 있고 죔줄이 자동적으로 수축되는 금속장치
　2) 수직구명줄 : 로프 또는 레일 등과 같은 유연하거나 단단한 고정줄로서 추락 발생 시 추락을 저지시키는 추락방지대를 지탱해 주는 줄 모양의 부품
　3) 죔줄 : 벨트 또는 안전그네를 구명줄 또는 구조물 등 기타걸이설비와 연결하기 위한 줄 모양의 부품
　4) 보조죔줄 : 안전대를 u자 걸이로 사용할 때 u자 걸이를 위해 훅 또는 카라비너를 지탱 밸브의 D링에 걸거나 떼어낼 때 잘못하여 추락하는 것을 방지하기 위한 걸이설비연결에 사용하는 훅 또는 카라비너를 갖춘 줄 모양의 부품

114 사업주가 유해위험방지 계획서 제출 후 건설공사 중 6개월 이내마다 안전보건공단의 확인을 받아야 할 내용이 아닌 것은?

① 유해위험방지 계획서의 내용과 실제공사 내용이 부합하는지 여부
② 유해위험방지 계획서 변경 내용의 적정성
③ 자율안전관리 업체 유해·위험방지 계획서 제출·심사 면제
④ 추가적인 유해·위험요인의 존재 여부

해설 확인을 받아야 할 사항(시행규칙 제 124조) : 유해위험방지계획서를 제출한 사업주는 해당 건설물 기계 기구 및 설비의 시운전단계에서 건설공사 중 6개월 이내마다 다음 각 호의 사항에 관하여 공단의 확인을 받아야 한다.

1) 유해위험방지계획서의 내용과 실제 공사내용이 부합하는지 여부
2) 유해 위험방지계획서 변경 내용의 적정성
3) 추가적인 유해위험요인의 존재 여부

115 다음 중 방망사의 폐기 시 인장강도에 해당하는 것은? (단, 그물코의 크기는 10cm이며 매듭없는 방망의 경우임)

① 50kg
② 100kg
③ 150kg
④ 200kg

해설 방망사의 강도

1) 방망사의 신품에 대한 인장강도

그물코의 크기 (단위 : cm)	방망의 종류 (단위 : kg)	
	매듭 없는 방망	매듭 방망
10	240	200
5		110

2) 방망사의 폐기 시 인장강도

그물코의 크기 (단위 : cm)	방망의 종류 (단위 : kg)	
	매듭 없는 방망	매듭 방망
10	150	135
5		60

116 산업안전보건법령에 따른 지반의 종류별 굴착면의 기울기 기준으로 옳지 않은 것은?

① 보통흙 모래– 1 : 1.8
② 경암 – 1 : 0.3
③ 풍화암– 1 : 1.0
④ 연암– 1 : 1.0

해설 굴착면의 구배기준

구분	지반의 종류	구배
보통 흙	모래	1 : 1.8
	그 밖에 흙	1 : 1.2
암반	풍화암	1 : 1.0
	연암	1 : 1.0
	경암	1 : 0.5

117 가설통로의 설치에 관한 기준으로 옳지 않은 것은?

① 경사는 30° 이하로 한다.
② 건설공사에 사용하는 높이 8m 이상인 비계 다리에는 7m 이내마다 계단참을 설치한다.
③ 작업상 부득이한 경우에는 필요한 부분에 한하여 안전난간을 임시로 해체할 수 있다.
④ 수직갱에 가설된 통로의 길이가 10m 이상인 경우에는 5m 이내마다 계단참을 설치한다.

해설 가설통로의 구조 : 가설통로 설치 시 준수사항

1) 견고한 구조로 할 것
2) 경사는 30°이하로 할 것 (다만, 계단을 설치하거나 높이 2m 미만의 가설통로로서 튼튼한 손잡이를 설치한 때에는 그러하지 아니하다.)
3) 경사가 15°를 초과하는 때에는 미끄러지지 않는 구조로 할 것
4) 추락의 위험이 있는 장소에는 안전난간을 설치할 것 (작업상 부득이 한 때에는 필요한 부분에 한하여 임시로 이를 해체할 수 있다.)
5) 수직갱에 가설된 통로의 길이가 15m 이상인 때에는 10m 이내마다 계단참을 설치할 것
6) 건설공사에서 사용하는 높이 8m 이상인 비계 다리에는 7m 이내마다 계단을 설치할 것

118 콘크리트 타설 시 거푸집 측압에 관한 설명으로 옳지 않은 것은?

① 기온이 높을수록 측압은 크다.
② 타설속도가 클수록 측압은 크다.
③ 슬럼프가 클수록 측압은 크다.
④ 다짐이 과할수록 측압은 크다.

해설 ①항, 콘크리트의 온도가 낮을수록 측압이 커진다.

119 해체공사 시 작업용 기계기구의 취급 안전기준에 관한 설명으로 옳지 않은 것은?

① 철제햄머와 와이어로프의 결속은 경험이 많은 사람으로서 선임된 자에 한하여 실시하도록 하여야 한다.
② 팽창제 천공간격은 콘크리트 강도에 의하여 결정되나 70~120cm 정도를 유지하도록 한다.
③ 쐐기타입으로 해체 시 천공구멍은 타입기 삽입부분의 직경과 거의 같아야 한다.
④ 화염방사기로 해체작업 시 용기 내 압력은 온도에 의해 상승하기 때문에 항상 40℃이하로 보존해야 한다.

해설 팽창제 천공간격 : 30~70cm 정도 유지

120 굴착과 싣기를 동시에 할 수 있는 토공 기계가 아닌 것은?

① Power shovel
② Tractor shovel
③ Back hoe
④ Motor grader

해설 **모터그레이더**(motor grader) : 토공기계의 대패라고 하며, 지면을 절삭하여 평활 하에 다듬는 것이 목적인 토공 기계이다.

2020

제1과목 / 산업안전관리론

01 재해손실비의 평가방식 중 시몬즈 방식에서 비보험 코스트에 반영되는 항목에 속하지 않는 것은?

① 휴업상해 건수
② 통원상해 건수
③ 응급조치 건수
④ 무손실사고 건수

해설 **몬즈의 재해손실비**
　　총재해 cost = 보험코스트+비보험코스트
　　1) 보험코스트(납입보험료) = 지급보상비 + 제경비
　　　+ 이익금
　　2) 비보험코스트 = (휴업상해건수×A)+(통원
　　　상해건수×B)+(응급조치건수×C)+(무상
　　　해사고건수×D)
　　여기서, ABCD는 장해 정도별에 의한 비보험
　　　코스트의 평균치

02 산업안전보건법령상 중대재해에 속하지 않는 것은?

① 사망자가 2명 발생한 재해
② 부상자가 동시에 7명 발생한 재해
③ 직업성 질병자가 동시에 11명 발생한 재해
④ 3개월 이상의 요양이 필요한 부상자가 동시에 3명 발생한 재해

해설 **중대재해의 정의** (시행규칙 제 22조 제1항)
　　1) 사망자가 1명 이상 발생한 재해
　　2) 3개월 이상의 요양이 필요한 부상자가 2명 이상 발생한 재해
　　3) 부상자 또는 직업성질병자가 동시에 10명 이상 발생한 재해

03 산업안전보건법령상 공정안전보고서에 포함되어야 하는 내용 중 공정안전자료의 세부내용에 해당하는 것은?

① 안전운전지침서
② 공정위험성평가서
③ 도급업체 안전관리계획
④ 각종 건물·설비의 배치도

해설 **공정안전자료의 세부내용**(시행규칙 제130조의 2)
　　1) 취급저장하고 있거나 취급·저장하고자 하는 유해·위험물질의 종류 및 수량
　　2) 유해·위험 물질에 대한 물질안전보건자료
　　3) 유해·위험설비의 목록 및 사양
　　4) 유해위험설비의 운전방법을 알 수 있는 공정도면
　　5) 각종 건물설비의 배치도
　　6) 방폭지역 구분도 및 전기단선도
　　7) 위험설비의 안전설계제작 및 설치 관련 지침서

04 산업안전보건법령상 금지표시에 속하는 것은?

①
②
③
④

해설 **안전·보건표지의 기본도형**
　　① 산화성 물질경고(경고표지)
　　② 방독마스크 착용(지시표시)
　　③ 급성 독성물질경고(경고 표시)
　　④ 탑승 금지(금지표지)

---

05 도수율이 25인 사업장의 연간 재해발생 건수는 몇 건인가? (단, 이 사업장의 댱해 연도 총근로시간은 80000시간이다.)

① 1건   ② 2건
③ 3건   ④ 4건

해설 1) 도수율 $= \dfrac{\text{재해건수}}{\text{연근로시간수}} \times 10^6$

2) 재해 건수

$= \text{도수율} \times \text{연근로시간수} \times \dfrac{1}{10^6}$

$= 25 \times 80000 \times \dfrac{1}{10^6} = 2$건

06 산업안전보건법령상 건설공사도급인은 산업안전보건관리비의 사용명세서를 건설공사 종료 후 몇 년간 보존해야 하는가?

① 1년   ② 2년
③ 3년   ④ 5년

해설 사용명세서 작성 및 보존 : 산업안전 보건관리비 사용명세서는 매월(공사가 1개월 이내에 종료되는 사업의 경우에는 해당 공사종료 시) 작성하고 공사종료 후 1년간 보존하여야 한다.

07 산업안전보건법령에 따른 안전보건총괄책임자의 직무에 속하지 않는 것은?

① 도급 시 산업재해 예방조치
② 위험성평가의 실시에 관한 사항
③ 안전인증대상기계와 자율안전확인대상기계 구입 시 적격품의 선정에 관한 지도
④ 산업안전보건관리비의 관계수급인 간의 사용에 관한 협의·조정 및 그 집행의 감독

해설 안전보건총괄책임자의 직무
1) 작업의 중지 및 재개
2) 도급사업 시의 안전보건 조치
3) 수급인의 산업안전 보건관리비의 집행 감독 및 그 사용에 관한 수급인 간의 협의조정

4) 안전인증대상 기계기구 등과 자율안전확인대상 기계기구 등의 사용 여부 확인
5) 위험성 평가의 실시에 관한 사항

08 다음 중 재해 발생 시 긴급조치사항을 올바른 순서로 배열한 것은?

> ㉠ 현장보존
> ㉡ 2차 재해방지
> ㉢ 피재기계의 정지
> ㉣ 관계자에게 통보
> ㉤ 피해자의 응급처리

① ㉤→㉢→㉡→㉠→㉣
② ㉢→㉤→㉣→㉡→㉠
③ ㉢→㉤→㉣→㉠→㉡
④ ㉢→㉤→㉠→㉣→㉡

해설 산업재해 발생 시 조치사항
1) 1순위 : 피재기계의 정지 및 피해 확산 방지
2) 2순위 : 피해자의 구조 - 피해자의 응급조치
3) 3순위 : 관계자에게 통보
4) 4순위 : 2차 재해방지
5) 5순위 : 현장보존

09 직계(Line)형 안전조직에 관한 설명으로 옳지 않은 것은?

① 명령과 보고가 간단명료하다.
② 안전정보의 수집이 빠르고 전문적이다.
③ 안전업무가 생산현장 라인을 통하여 시행된다.
④ 각종 지시 및 조치사항이 신속하게 이루어진다.

해설 안전정보의 수집이 빠르고 전문적이다 : 참모식 (staff형) 특징

2020

10 보호구 안전인증 고시에 따른 가죽제안전화의 성능시험방법에 해당되지 않는 것은?

① 내답발성시험   ② 박리저항시험
③ 내충격성시험   ④ 내전압성시험

해설 1) **가죽제 안전화** : 물체의 낙하, 충격 및 날카로운 물체에 의한 바닥으로부터의 찔림에 의한 위험으로부터 발을 보호하기 위한 것
2) **가죽제 안전화의 성능시험 방법**
① 은면결렬시험
② 인열강도시험
③ 6가크롬시험
④ 내부식성시험
⑤ 인장강도시험
⑥ 내유성시험
⑦ 내압박시험
⑧ 내충격성시험
⑨ 박리저항시험
⑩ 내답발성시험

11 위험예지훈련 4R(라운드) 중 2R(라운드)에 해당하는 것은?

① 목표설정   ② 현상파악
③ 대책수립   ④ 본질추구

해설 위험예지훈련의 4라운드(Round)
1) **1R(현상파악)** : 어떤 위험이 잠재하고 있는지 사실을 파악하는 라운드 (BS 적용)
2) **2R(본질추구)** : 가장 위험한 요인(위험 포인트)을 합의로 결정하는 라운드 (요약)
3) **3R(대책 수립)** : 구체적인 대책을 수립하는 라운드 (BS 적용)
4) **4R(목표달성-설정)** : 수립한 대책 가운데 질이 높은 항목에 합의하는 라운드 (요약)

12 기계, 기구 또는 설비를 신설하거나 변경 또는 고장 수리 시 실시하는 안전점검의 종류는?

① 정기점검   ② 수시점검
③ 특별점검   ④ 임시점검

해설 1) **수시점검** : 작업 전, 중, 후에 실시하는 점검
2) **정기점검** : 일정기간마다 정기적으로 실시하는 점검
3) **임시점검** : 이상 발견 시 임시로 실시하거나 정기점검과 정기점검 사이에 실시하는 점검
4) **특별점검**
① 기계기구 및 설비의 신설사변경시 및 수리시 등 실시
② 천재지변 발생 후 실시
③ 안전강조 기간 내 실시

13 산업안전보건법령상 안전인증대상 기계 또는 설비에 속하지 않는 것은?

① 리프트   ② 압력용기
③ 곤돌라   ④ 파쇄기

해설 안전인증대상 기계·기구 등

안전인증대상 기계기구	자율안전확인대상 기계기구
① 프레스 ② 절단기 및 절곡기 ③ 크레인 ④ 리프트 ⑤ 압력용기 ⑥ 롤러기 ⑦ 사출성형기 ⑧ 고소작업대 ⑨ 곤돌라	① 연삭기 또는 연마기(휴대형은 제외) ② 산업용 로봇 ③ 혼합기 ④ 파쇄기 또는 분쇄기 ⑤ 컨베이어 ⑥ 식품가공용기계(파쇄·절단·혼합·제면기만 해당) ⑦ 자동차정비용리프트 ⑧ 인쇄기 ⑨ 공작기계(선반, 드릴기, 평삭·형삭기, 밀링만 해당) ⑩ 고정형 목재가공용 기계(둥근톱, 대패, 루타기, 띠톱, 모떼기 기계만 해당)

14 브레인 스토밍의 4가지 원칙 내용으로 옳지 않은 것은?

① 비판하지 않는다.
② 자유롭게 발언한다.
③ 가능한 정리된 의견만 발언한다.
④ 타인의 생각에 동참하거나 보충발언 해도 좋다.

해설 브레인스토밍(BS, brain storming)의 4원칙
1) 비평금지 : 좋다, 나쁘다고 비평하지 않는다.
2) 자유분방 : 마음대로 편안히 발언한다.
3) 대량발언 : 무엇이건 좋으니 많이 발언한다.
4) 수정발안 : 타인의 아이디어에 수정하거나 덧붙여 말하여도 좋다.

15 안전관리는 PDCA 사이클의 4단계를 거쳐 지속적인 관리를 수행하여야 한다. 다음 중 PDCA 사이클의 4단계를 잘못 나타낸 것은?

① P : Plan
② D : Do
③ C : Check
④ A : Analysis

해설 안전관리 사이클
P(Plan) → D(do) → C(check) → A(action)

16 재해의 발생형태 중 재해가 일어난 장소나 그 시점에 일시적으로 요인이 집중되어 사고가 발생하는 유형은?

① 연쇄형
② 복합형
③ 결합형
④ 단순 자극형

해설 재해의 발생형태
1) 단순자극형(집중형) : 본문 설명
2) 연쇄형 : 하나의 사고요인이 또 다른 요인을 발생시키면서 재해를 발생시키는 유형
3) 복합형 : 단순자극형과 연쇄형의 복합적인 발생 유형

17 안전보건관리계획 수립 시 고려할 사항으로 옳지 않은 것은?

① 타 관리계획과 균형이 맞도록 한다.
② 안전보건을 저해하는 요인을 확실히 파악해야 한다.
③ 수립된 계획은 안전보건관리활동의 근거로 활용된다.
④ 과거실적을 중요한 것으로 생각하고, 현재

상태에 만족해야 한다.

해설 안전보건관리 계획 수립 시의 유의사항
1) 사업장의 실태에 맞도록 독자적으로 수립하되, 실현가능성이 있도록 한다.
2) 직장단위로 궤적 계획을 작성한다.
3) 계획상의 재해 감소 목표는 죤진적으로 수준을 높이도록 한다.
4) 근본적인 안전대책을 강구한다.
5) 복수적인 계획안을 내어 그 중에서 선택한다.

18 다음은 안전보건개선계획의 제출에 관한 기준 내용이다. ( ) 안에 알맞은 것은?

> 안전보건개선계획서를 제출해야 하는 사업주는 안전보건개선계획서 수립·시행 명령을 받은 날부터 ( )일 이내에 관할 지방고용노동관서의 장에게 해당 계획서를 제출(전자 문서로 제출하는 것을 포함한다)해야 한다.

① 15
② 30
③ 45
④ 60

해설 안전보건개선계획서 제출 시기(시행규칙 제 131조 제 3항)
: 안전보건개선계획의 수립시행 명령을 받은 사업주는 고용노동부장관이 정하는 바에 따라 안전보건개선계획서를 작성하여 그 명령을 받은 날부터 60일 이내에 관할 지방고용노동관서의 장에게 제출하여야 한다.

19 재해의 간접적 원인과 관계가 가장 먼 것은?

① 스트레스
② 안전수칙의 오해
③ 작업준비 불충분
④ 안전방호장치 결함

■ 정답 ■ 15.④ 16.④ 17.④ 18.④ 19.④

해설 재해발생의 간접원인

항목	세부항목
1. 기술적 원인	① 건물, 기계장치 설계 불량 ② 구조, 재료의 부적합 ③ 생산 공정의 부적당 ④ 점검, 정비보존 불량
2. 교육적 원인	① 안전의식의 부족 ② 안전수칙의 오해 ③ 경험훈련의 미숙 ④ 작업방법의 교육 불충분 ⑤ 유해위험 작업의 교육 불충분
3. 작업관리 상의 원인	① 안전관리 조직 결함 ② 안전수칙 미제정 ③ 작업준비 불충분 ④ 인원배치 부적당 ⑤ 작업지시 부적당

20 재해예방의 4원칙에 해당하지 않는 것은?

① 예방가능의 원칙
② 원인계기의 원칙
③ 손실필연의 원칙
④ 대책선정의 원칙

해설 재해예방의 4원칙
1) 손실우연의 원칙
2) 원인계기의 원칙
3) 예방가능의 원칙
4) 대책선정의 원칙

제2과목 / 산업심리 및 교육

21 다음 중 학습전이의 조건으로 가장 거리가 먼 것은?

① 학습 정도
② 시간적 간격
③ 학습 분위기
④ 학습자의 지능

해설 학습전이의 조건
1) **학습정도의 요인** : 선행학습의 정도에 따라 전이의 기능 정도가 다르다.
2) **유사성의 요인** : 선행학습과 후행학습에 유사성이 있어야 한다는 것으로 자극의 유사성, 반응의 유사성, 원리의 유사성이 있다.
3) **시간적 간격의 요인** : 선행학습과 후행학습의 시간간격에 따라 전이의 효과가 다르다.
4) **학습자의 지능요인** : 학습자의 지능정도에 따라 전이효과가 달라진다.
5) **학습자의 태도요인** : 학습자의 주의력 및 능력, 특히 태도에 따라 전이의 정도가 다르다.

22 인간의 동기에 대한 이론 중 자극, 반응, 보상의 3가지 핵심변인을 가지고 있으며, 표출된 행동에 따라 보상을 주는 방식에 기초한 동기이론은?

① 강화이론
② 형평이론
③ 기대이론
④ 목표성절이론

해설 본 문제는 「강화이론」에 대해서 설명한 것이다.

23 다음 중 산업안전 심리의 5대요소가 아닌 것은?

① 동기
② 감정
③ 기질
④ 지능

해설 산업안전심리의 5대 요소 : 1) 습관 2) 습성 3) 동기 4) 기질 5) 감정

24 다음 중 사고에 관한 표현으로 틀린 것은?

① 사고는 비변형된 사상(unstrained event)이다.
② 사고는 비계획적인 사상(unplaned event)이다.
③ 사고는 원하지 않는 사상(undesired event)이다.
④ 사고는 비효율적인 사상(ineffcient event)이다.

해설 **사고의 정의**
1) 원하지 않는 사상(undesired event) : 예측할 수 없는 사상을 말한다.
2) 비효율적인 사상(un efficient event) : N. Y 대학의 Cutter 교수가 주장
3) 변형된 사상(Straineed event) : stress의 한계를 넘어선 변형된 사상은 모두 사고다.
4) 비계획된사상(unplaned event) : 사고는 비계획적인 사상이다.

25 집단이 가지는 효과로 두 개 이상의 서로 다른 개체가 힘을 합쳐 둘이 지닌 힘 이상의 효과를 내는 현상은?

① 시너지 효과   ② 동조 효과
③ 응집성 효과   ④ 자생적 효과

해설 **시너지(synergy)효과** : 두 개 이상의 서로 다른 개체가 힘을 합쳐 둘이 지닌 힘 이상의 효과를 내는 현상

26 교육방법 중 하나인 사례연구법의 장점으로 볼 수 없는 것은?

① 의사소통 기술이 향상된다.
② 무의식적인 내용의 표현 기회를 준다.
③ 문제를 다양한 관점에서 바라보게 된다.
④ 강의법에 비해 현실적인 문제에 대한 학습이 가능하다.

해설 **사례연구법의 장점·단점**
1) 장점
① 흥미와 학습동기유발
② 현실적인 문제의 학습가능
③ 과찰, 분석력 및 판단, 응용력 향상
④ 사고방향에 대한 태도변형(문제를 다양한 관점에서 바라봄)
2) 단점
① 적절한 사례확보 곤란
② 원칙규정의 체계적 습득 곤란
③ 학습 진보측정 곤란

27 직무와 관련한 정보를 직무명세서(job specification)와 직무기술서(job description)로 구분할 경우 직무기술서에 포함되어야 하는 내용과 가장 거리가 먼 것은?

① 직무의 직종
② 수행되는 과업
③ 직무수행 방법
④ 작업자의 요구되는 능력

해설 **직무기술서에 포함되는 내용**
1) 직무의 직종   2) 수행되는 과업
3) 직무수행방법

28 판단과정에서의 착오원인이 아닌 것은?

① 능력부족   ② 정보부족
③ 감각차단   ④ 자기합리화

해설 **착오요인 (대뇌의 휴먼에러)**
1) 인지과정 착오
① 생리, 심리적 능력의 한계
② 정보량 저장능력의 한계
③ 감각차단현상(단조로운 업무, 반복작업 시 발생)
④ 정서불안정(공포, 불안, 불만)
2) 판단과정 착오
① 능력부족   ② 정보부족
③ 자기합리화 ④ 환경조건의 불비
3) 조치과정 착오

정답 24.① 25.① 26.② 27.④ 28.③

29 다음 중 ATT(American Telephone &Telegram) 교육훈련기법의 내용이 아닌 것은?

① 인사관계
② 고객관계
③ 회의의 주관
④ 종업원의 향상

해설 ATT(American Telephone & Telegram Co.)
1) **교육대상** : 대상계층이 한정되어 있지 않고, 한 번 훈련을 받은 관리자는 그 부하인 감독자에 대해 지도원이 될 수 있다.
2) **교육내용** : 계획적 감독, 작업의 계획 및 인원 배치, 작업의 감독, 공구와 자료보고 및 기록, 개인작업의 개선, 종업원의 향상, 인사관계, 훈련, 고객관계, 안전부대 군인의 복무조정 등
3) **교육방법** : 코스는 1차 훈련(1일 8시간씩 2주간), 2차 과정에서는 문제가 발생할 때마다 하도록 되어있으며, 진행방법은 통상 토의식에 의하여 지도자의 유도로 과제에 대한 의견을 제시하도록 하여 결론을 내려가는 방식을 취한다.

30 미국 국립산업안전보건연구원(NIOSH)이 제시한 직무스트레스 모형에서 직무스트레스 요인을 작업요인, 조직요인, 환경요인으로 구분할 때 조직요인에 해당하는 것은?

① 관리유형
② 작업속도
③ 교대근무
④ 조명 및 소음

해설 **직무스트레스 요인**
1) 작업요인 : 작업속도, 교대근무
2) 조직요인 : 관리유형
3) 환경요인 : 조명 및 소음

31 다음 중 안전교육의 목적과 가장 거리가 먼 것은?

① 생산성이나 품질의 향상에 기여한다.
② 작업자를 산업재해로부터 미연에 방지한다.
③ 재해의 발생으로 인한 직접적 및 간접적 경제적 손실을 방지한다.
④ 작업자에게 작업의 안전에 대한 자신감을 부여하고 기업에 대한 충성도를 증가시킨다.

해설 **안전교육의 목적**
1) 인간정신(의식)의 안전화
2) 행동(동작)의 안전화
3) 작업환경의 안전화
4) 설비와 물자의 안전화

32 안전교육에서 안전기술과 방호장치관리를 몸으로 습득시키는 교육방법으로 가장 적절한 것은?

① 지식교육
② 기능교육
③ 해결교육
④ 태도교육

해설 1) 제 1단계 - **지식교육** : 강의, 시청각 교육을 통한 지식의 전달과 이해
2) 제 2단계 - **기능교육** : 시범, 실습, 현장실습교육, 견학을 통한 이해와 경험 체득
3) 제 3단계 - **태도교육** : 생활지도, 작업동작지도 등을 통한 안전의 습관화

33 안전교육의 형태와 방법 중 Off.J.T(Off the Job Training)의 특징이 아닌 것은?

① 공통된 대상자를 대상으로 일관적으로 교육할 수 있다.
② 업무 및 사내의 특성에 맞춘 구체적이고 실제적인 지도교육이 가능하다.
③ 외부의 전문가를 강사로 초청할 수 있다.
④ 다수의 근로자에게 조직적 훈련이 가능하다.

해설 OJT와 off-JT의 특징

OJT (현장중심교육)	off J·T (현장외 중심교육)
① 개개인에게 적합한 지도 훈련이 가능	① 다수의 근로자에게 조직적 훈련이 가능
② 직장의 실정에 맞는 실체적 훈련을 할 수 있다.	② 훈련에만 전념하게 된다.
③ 훈련 필요한 업무의 계속성이 끊어지지 않음	③ 특별설비기구를 이용할 수 있음
④ 즉시 업무에 연결되는 관계로 신체와 관련 있음	④ 전문가를 강사로 초청할 수 있음
⑤ 효과가 곧 업무에 나타나며 훈련의 좋고 나쁨에 따라 개선이 용이함	⑤ 각 직장의 근로자가 많은 지식이나 경험을 교류할 수 있음
⑥ 교육을 통한 훈련 효과에 의해 상호 신뢰 이해도가 높아짐	⑥ 교육훈련 목표에 대해서 집단적 노력이 흐트러질 수도 있음

34 레윈(Lewin)이 제시한 인간의 행동특성에 관한 법칙에서 인간의 행동(B)은 개체(P)와 환경(E)의 함수관계를 가진다고 하였다. 다음 중 개체(P)에 해당하는 요소가 아닌 것은?

① 연령 ② 지능
③ 경험 ④ 인간관계

해설 레빈(Lewin)의 법칙 : Lewin은 인간의 행동(B)은 그 사람이 가진 자질, 극 개체(P)와 심리학적 환경(E)과의 상호 함수관계에 있다고 하였다.

∴ $B = f(P \cdot E)$

1) B : Behavior (인간의 행동)
2) f : function (함수관계)
3) P : Person (개체 : 연령, 경험, 심신상태, 서역, 지능 등)
4) E : Environment (심리적 환경 : 인간관계, 작업환경 등)

35 다음 중 피들러(Fiedler)의 상황 연계성 리더쉽 이론에서 중요시 하는 상황적 요인에 해당하지 않는 것은?

① 과제의 구조화

② 부하의 성숙도
③ 리더의 직위상 권한
④ 리더와 부하간의 관계

해설 상황 연계성 리더십 이론의 상황적 요인
1) 과제의 구조화
2) 리더와 부하간의 관계
3) 리더의 직위상 권한 등

36 조직에 있어 구성원들의 역할에 대한 기대와 행동은 항상 일치하지는 않는다. 역할 기대와 실제 역할 행동 간에 차이가 생기면 역할 갈등이 발생하는데, 역할 갈등이 원인으로 가장 거리가 먼 것은?

① 역할 마찰 ② 역할 민첩성
③ 역할 부적합 ④ 역할 모호성

해설 집단 내 역할갈등의 원인
1) **역할 모호성** : 집단 내에서 개인이 수행해야 할 임무와 책임 등이 명확하지 않을 때 역할갈등이 발생한다.
2) **역할간 마찰** : 2개 이상의 역할을 동시에 수행해야 하는 경우에 2개를 동시에 잘해낼 수 없다고 생각할 때 역할갈등이 발생한다.
3) **역할 내 마찰** : 하나의 역할을 수행하더라도 외부의 요구 사항이 자신이 설정한 역할과 상충될 때 역할 갈등이 발생한다.
4) **역할 부적합** : 집단 내에서 개인에게 부여된 역할이 개인의 성격 등에 적합하지 않을 때 역할갈등이 발생한다.
5) **역할 무능력** : 집단 내에서 개인의 능력이 부족할 때 역할갈등이 발생한다.

37 다음 중 안전교육방법에 있어 도입단계에서 가장 적합한 방법은?

① 강의법 ② 실연법
③ 반복법 ④ 자율학습법

해설 수업단계별 최적의 수업방법
1) 도입 : 강의법, 시범

2) 전개 : 반복법, 토의법, 실연법
3) 정리 : 반복법, 토의법, 실연법, 자율학습법
4) 프로그램 학습법, 학생상호학습법, 모의학습법 : 수업의 모든 단계에 적합

38 부주의의 발생방지 방법은 발생 원인별로 대책을 강구해야 하는데 다음 중 발생 원인의 외적요인에 속하는 것은?

① 의식의 우회
② 소질적 문제
③ 경험·미경험
④ 작업순서의 부자연성

해설 **부주의 발생원인 및 대책**
　1) **내적원인 및 대책**
　　① 소실적 조건 : 적성 배치
　　② 경험 및 미경험 : 교육
　　③ 의식의 우회 : 상담
　2) **외적원인 및 대책**
　　① 작업환경 조건불량 : 환경정비
　　② 작업순서의 부적당 : 작업순서의 정비

39 다음 중 역할연기(role playing)에 의한 교육의 장점으로 틀린 것은?

① 관찰능력을 높이고 감수성이 향상된다.
② 자기의 태도에 반성과 창조성이 생긴다.
③ 정도가 높은 의사결정의 훈련으로서 적합하다.
④ 의견 발표에 자신이 생기고 고착력이 풍부해진다.

해설 **역할연기법** : 참석자에게 어떤 역할을 주어서 실제로 시켜 봄으로써 훈련이나 평가에 사용하는 교육기법으로, 절충능력이나 협조성을 높여서 태도의 변용에도 도움을 준다.
　(1) 장점
　　① 흥미유발, 문제에 적극적으로 참가
　　② 자기태도 반성, 창조성이 생기고 발표력 향상
　　③ 문제배경에 대한 통찰력을 높임으로써 감수

성 향상
　　④ 각자의 장단점 파악
　(2) 단점
　　① 높은 수준의 의사결정에 대한 훈련 곤란
　　② 목적 불명확, 다른 방법과 병용하여야 함
　　③ 훈련장소 확보 곤란

40 상황성 누발자의 재해유발원인으로 가장 적절한 것은?

① 소심한 성격
② 주의력의 산만
③ 기계설비의 결함
④ 침착성 및 도덕성의 결여

해설 **사고경향성자의 유형**
　1) **상황성 누발자** : 작업의 어려움, 기계설비의 결함, 환경상 주의력의 집중곤란, 심신의 근심 등 때문에 재해 유발
　2) **소질성 누발자** : 재해의 소질적 요인(주의력 산만, 도덕성 결여, 감각운동 부적합 등) 때문에 재해유발
　3) **습관성 누발자** : 재해의 경험으로 겁쟁이가 되거나 신경과민이 되어 재해를 유발하거나 슬럼프 상태에 빠져서 재해 유발
　4) **미숙성 누발자** : 기능 미숙, 환경에 익숙하지 못하기 때문에 재해 유발

제3과목 / 인간공학 및 시스템안전공학

41 후각적 표시장치(olfactory display)와 관련된 내용으로 옳지 않은 것은?

① 냄새의 확산을 제어할 수 없다.
② 시각적 표시장치에 비해 널리 사용되지 않는다.
③ 냄새에 대한 민감도의 개별적 차이가 존재한다.
④ 경보 장치로서 실용성이 없기 때문에 사용되지 않는다.

해설 후각적 표시장치는 경보장치로서 실용성이 있기 때문에 유용하게 사용된다.
[예] 도시가스 중에 부취제(냄새나는 물질)를 첨가하여 가스누출을 검출하고 점멸등으로 경계경보를 나타낸다.

42 HAZOP 기법에서 사용하는 가이드 워드와 의미가 잘못 연결된 것은?

① No/Not – 설계 의도의 완전한 부정
② More/Less – 정량적인 증가 또는 감소
③ Part of – 성질상의 감소
④ Other than – 기타 환경적인 요인

해설 유인어(guide words) : 간단한 용어(말)로서 창조적 사고를 유도하고 자극하여 이상을 발견하고, 의도를 한정하기 위해 사용된다. 즉, 다음과 같은 의미를 나타낸다.
1) NO 또는 NOT : 설계의도의 완전한 부정
2) More 또는 Less : 양(압력, 반응, flow, rate, 온도 등)의 증가 또는 감소
3) As well As : 성질상의 증가 (설계의도와 운전조건이 어떤 부가적인 행위와 함께 일어남)
4) Part of : 일부변경, 성질상의 감소(어떤 의도는 성취되나 어떤 의도는 성취되지 않음)
5) Reverse : 설계의도의 논리적인 역
6) Other than : 완전한 대체(통상 운전과 다르게 되는 상태)

43 그림과 같은 FT도에서 F1=0.015, F2=0.02, F3=0.05이면, 정상사상 T가 발생할 확률은 약 얼마인가?

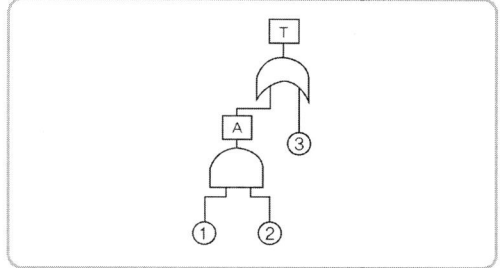

① 0.0002   ② 0.0283
③ 0.0503   ④ 0.9500

해설 $T = 1 - (1 - A)(1 - ③)$
$= 1 - (1 - ① \times ②)(1 - ③)$
$= 1 - (1 - 0.015 \times 0.02) \times (1 - 0.05)$
$= 0.0503$

44 다음은 유해위험방지계획서의 제출에 관한 설명이다. (   )안의 들어갈 내용으로 옳은 것은?

산업안전보건법령상 "대통령령으로 정하는 사업의 종류 및 규모에 해당하는 사업으로서 해당 제품의 생산 공정과 직접적으로 관련된 건물·기계 기구 및 설비 등 일체를 설치·이전하거나 그 주요 구조 부분을 변경하려는 경우"에 해당하는 사업주는 유해위험방지계획서에 관련 서류를 첨부하여 해당 작업 시작 (㉠)까지 공단에 (㉡)부를 제출하여야 한다.

① ㉠ : 7일전, ㉡ : 2
② ㉠ : 7일전, ㉡ : 4
③ ㉠ : 15일전, ㉡ : 2
④ ㉠ : 15일전, ㉡ : 4

해설 1) 제조업 등 유해·위험방지계획서 제출시기 : 관련서류 첨부하여 해당작업 시작 15일전까지

■ 정답 ■   41.④   42.④   43.③   44.③

2020

공단에 2부 제출

2) 건설공사 유해·위험방지 계획서 제출시기 : 관련 서류 첨부하여 해당공사 착공 전날까지 공단에 2부 제출

45 차폐효과에 대한 설명으로 옳지 않은 것은?

① 차폐음과 배음의 주파수가 가까울 때 차폐효과가 크다.
② 헤어드라이어 소음 때문에 전화 음을 듣지 못한 것과 관련이 있다.
③ 유의적 신호와 배경 소음의 차이를 신호/소음(S/N) 비로 나타낸다.
④ 차폐효과는 어느 한 음 때문에 다른 음에 대한 감도가 증가되는 현상이다.

해설 **차폐효과**(은폐효과 : masking)
  1) 하나의 소리가 다른 소리의 판별에 방해를 주는 현상
  2) 어떤 소리가 동시에 들리는 경우 다른 소리를 들을 수 있는 능력을 감소시키는 현상(음의 한 성분이 다른 성분에 대한 귀의 감수성을 감소시키는 상황)
  3) 차폐 또는 은폐의 원리
    ① 소리가 들리는 최소한의 음강도는 차폐음보다 15dB 이상이어야 한다.
    ② 차폐효과가 가장 큰 것은 차폐음과 배음(harmonic overtone)의 주파수가 가까울 때이다.
    ③ 차폐되는 소리의 음계주파수대 주변에 있는 소리들에 의해 가장 많이 차폐된다.
    ④ 차폐의 세기가 작을 때(20~40dB)는 차폐효과가 그 차폐음 부근의 주파수에 한정되며 차폐음의 세기가 클 때 (60~100dB)는 차폐효과가 보다 높은 주파수로 확대된다.

46 그림과 같이 FTA로 분석된 시스템에서 현재 모든 기본사상에 대한 부품이 고장난 상태이다. 부품 X1부터 부품 X5까지 순서대로 복구한다면 어느 부품을 수리 완료하는 시점에서 시스템이 정상가동 되는가?

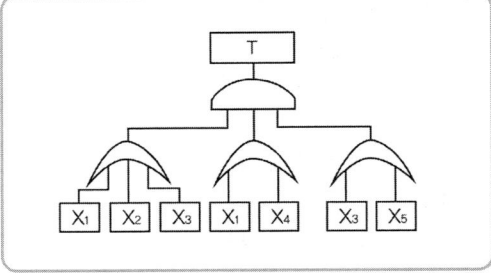

① 부품 X_2 ② 부품 X_3
③ 부품 X_4 ④ 부품 X_5

해설 시스템이 정산가동 하기 위해서는 T가 발생되지 않아야 하며, FT도 가장 하위에 있는 부품 X_1, X_2, X_3 의 수리가 완료되면 T가 발생되지 않게 되므로 정상가동이 가능하게 된다.

47 인간이 기계보다 우수한 기능으로 옳지 않은 것은? (단, 인공지능은 제외한다.)

① 암호화된 정보를 신속하게 대량으로 보관할 수 있다.
② 관찰을 통해서 일반화하여 귀납적으로 추리한다.
③ 항공사진의 파시체나 말소리처럼 상황에 따라 변화하는 복잡한 자극의 형태를 식별할 수 있다.
④ 수신 상태가 나쁜 음극선관에 나타나는 영상과 같이 배경 잡음이 심한 경우에도 신호를 인지할 수 있다.

[해설] 인간과 기계의 상대적 재능

인간이 우수한 기능	기계가 우수한 기능
① 저 에너지 자극(시각, 청각, 후각 등) 감지	① 인간 감지범위 밖의 자극(X선 초음파 등) 감지
② 복잡 다양한 자극 형태 식별	② 인간 및 기계에 대한 모니터 기능
③ 예기치 못한 사건 감지 (예감, 느낌)	③ 드물게 발생하는 사상 감지
④ 다량정보를 오래 보관	④ 암호화된 정보를 신속하게 대량보관
⑤ 귀납적 추리	⑤ 연역적 추리
⑥ 과부화 상황에서는 중요한 일에만 전념	⑥ 과부하시 효율적으로 작동
⑦ 임기응변, 융통성, 원칙적용, 주관적 추산, 독창력 발휘 등의 기능	⑦ 정량적 정보처리, 장시간 중량작업, 반복작업, 동시에 여러 가지 작업수행

48 THERP(Technique for Human Error Rate Prediction)의 특징에 대한 설명으로 옳은 것을 모두 고른 것은?

> ㉠ 인간–기계 계(system)에서 여러 가지의 인간의 에러와 이에 의해 발생할 수 있는 위험성의 예측과 개선을 위한 기법
> ㉡ 인간의 과오를 정성적으로 평하하기 위하여 개발된 기법
> ㉢ 가지처럼 갈라지는 형태의 논리구조와 나무 형태의 그래프를 이용

① ㉠, ㉡   ② ㉠, ㉢
③ ㉡, ㉢   ④ ㉠, ㉡, ㉢

[해설] THERP(Technique of Human Error Rate Prediction)
1) THERP(인간과오율 예측기법) : 인간의 과오를 정량적으로 평가하기 위한 안전해석 기법이다.
2) 인간과오의 분류 시스템과 그 확률을 계산함으로서 원래 제품의 결함을 감소시키고 사고의 원인 가운데 인간의 과오에 기인한 근원에 대한 분석 및 안전 공학적 대책수립에 사용하는 안전해석 기법이다.

49 설비의 고장과 같이 발생확률이 낮은 사건의 특정시간 또는 구간에서의 발생횟수를 측정하는데 가장 적합한 확률분포는?

① 이항분포(binomial distribution)
② 푸아송분포(Poisson distribution)
③ 와이블분포(Welbull distribution)
④ 지수분포(exponential distribution)

[해설] 푸아송분포(poisson distribut on)
1) 푸아송분포 : 시간적 또는 공간적으로 발생 빈도가 낮은 사건의 횟수를 측정하는 데 적합한 확률분포이다.
2) 푸아송분포의 적용조건
① 서로 겹치지 않는 시간이나 공간에서 발생하는 사건의 수가 독립적이어야 한다.
② 아주 작은 시간이나 공간에 둘 또는 그 이상의 사건이 일어날 확률이 극히 작아야 한다.
③ 단위시간이나 공간에서 사건의 평균출현 횟수는 일정하고, 시간 또는 공간에 따라 변하지 않아야 한다.

50 인간공학을 기업에 적용할 때의 기대효과로 볼 수 없는 것은?

① 노사 간의 신뢰 저하
② 작업손실시간의 감소
③ 제품과 작업의 질 향상
④ 작업자의 건강 및 안전 향상

[해설] 인간공학의 기대효과(기여도)
1) ②, ③, ④ 항
2) 성능향상 및 훈련비용의 절감
3) 인력이용률의 향상 및 사용자의 수용도 향상
4) 생산 및 정비유지의 경제성 증대
5) 사고 및 오용으로부터의 손실 감소

2020

■ 정답 ■   48.②   49.②   50.①

51 인간 에러(human error)에 관한 설명으로 틀린 것은?

① omission error : 필요한 작업 또는 절차를 수행하지 않는데 기인한 에러
② commission error : 필요한 작업 또는 절차의 수행지연으로 인한 에러
③ extraneous error : 불필요한 작업 또는 절차를 수행함으로써 기인한 에러
④ sequential error : 필요한 작업 또는 절차의 순서 착오로 인한 에러

해설 인간과오의 심리적인 분류
1) omission error : 필요한 task또는 절차를 수행하지 않는 데 기인한 과오
2) time error : 필요한 task 또는 절차의 수행지연으로 인한 과오
3) commission error : 필요한 task 또는 절차의 불확실한 수행으로 인한 과오
4) sequential error : 필요한 task 또는 절차의 순서착오로 인한 과오
5) extraneous error : 불필요한 task 또는 절차를 수행함으로써 기인한 과오

52 눈과 물체의 거리가 23cm, 시선과 직각으로 측정한 물체의 크기가 0.03cm 일 때 시각(분)은 얼마인가? (단, 시각은 600이하이며, radian 단위를 분으로 환산하기 위한 상수값은 57.3가 60을 모두 적용하여 계산하도록 한다.)

① 0.001   ② 0.007
③ 4.48   ④ 24.55

해설 시각(VA : 분)

$$VA = 57.3 \times 60 \times \frac{H}{D}$$
$$= 57.3 \times 60 \times \frac{0.03}{23} = 4.48분$$

53 산업안전보건기준에 관한 규칙상 "강렬한 소음 작업"에 해당하는 기준은?

① 85데시벨 이상의 소음이 1일 4시간 이상 발생하는 작업
② 85데시벨 이상의 소음이 1일 8시간 이상 발생하는 작업
③ 90데시벨 이상의 소음이 1일 4시간 이상 발생하는 작업
④ 90데시벨 이상의 소음이 1일 8시간 이상 발생하는 작업

해설 강렬한 소음작업(안전보건규칙 제512조)
1) 90데시벨 이상의 소음이 1일 8시간 이상 발생하는 작업
2) 95데시벨 이상의 소음이 1일 4시간 이상 발생하는 작업
3) 100데시벨 이상의 소음이 1일 2시간 이상 발생하는 작업
4) 105데시벨 이상의 소음이 1일 1시간 이상 발생하는 작업
5) 110데시벨 이상의 소음이 1일 30분 이상 발생하는 작업
6) 115데시벨 이상의 소음이 1일 15분 이상 발생하는 작업

길잡이 소음작업 및 충격소음작업(안전보건규칙 제512조)
1) 소음작업 : 1일 8시간 작업을 기준으로 85데시벨 이상의 소음이 발생하는 작업
2) 충격소음작업 : 소음이 1초 이상의 간격으로 발생하는 작업으로서 다음 각 목의 어느 하나에 해당하는 작업
① 120데시벨을 초과하는 소음이 1일 1만회 이상 발생하는 작업
② 130데시벨을 초과하는 소음이 1일 1천회 이상 발생하는 작업
③ 140데시벨을 초과하는 소음이 1일 1백회 이상 발생하는 작업

54 컴퓨터 스크린 상에 있는 버튼을 선택하기 위해 커서를 이동시키는데 걸리는 시간을 예측하는데 가장 적합한 법칙은?

① Fitts의 법칙 ② Lewin의 법칙
③ Hick의 법칙 ④ Weber의 법칙

해설 Fitts의 법칙

1) 난이도 지수(ID)와 동작시간 또는 이동시간(MT : 제어장치의 버튼을 누르기 위해 손가락이 움직이는 시간)의 관계식

$$MT = a + b \cdot ID$$
$$= a + b\log_2\left(\frac{2A}{W}\right)$$

여기서, ID(난이도지수) $= \log_2\frac{2A}{W}$

2) Fitts law의 의미
① 난이도 지수 (ID)는 로그 함수이다.
② 동작시간(MT)은 버튼의 너비(W)와 반비례한다.
③ 동작시간(MT)은 움직인 거리(A)DP 비례한다(손가락이 움직이는 거리가 길수록 동작시간은 길어진다)
④ 난이도 지수 (ID)가 같다면 버튼의 너비와 이동거리가 달라도 이동시간(동작시간)은 같다.

55 직무에 대하여 청각적 자극 제시에 대한 음성 응답을 하도록 할 때 가장 관련 있는 양립성은?

① 공간적 양립성 ② 양식 양립성
③ 운동 양립성 ④ 개념적 양립성

해설 양립성(compatibility)

1) **양립성** : 정보입력 및 처리와 관련한 양립성은 인간의 기대와 모순되지 않는 자극들 간의, 반응들 간의 또는 자극반응 조합의 관계를 말하는 것이다.

2) **양립성의 종류**
① 공간적 양립성 : 표시장치와 조정장치에서 물리적 형태나 공간적인 배치의 양립성
② 운동 양립성 : 표시 및 조정장치, 체계반응에 대한 운동방향의 양립성
③ 개념적 양립성 : 사람들이 가지고 있는 개념적 연상(어떤 암호체계에서 청색이 정상을 나타내듯이)의 양립성
④ 양식 양립성 : 직무에 알맞은 자극과 응답방식에 대한 양립성

56 NIOSH lifting guideline에서 권장무게한계(RWL) 산출에 사용되는 계수가 아닌 것은?

① 휴식 계수 ② 수평 계수
③ 수직 계수 ④ 비대칭 계수

해설 권장중량한계(RWL : recommended weight limit)

1) **RWL의 정의** : 건강한 작업자가 요통의 위험없이 최대 8시간 작업시간동안 들기 작업을 할 수 있는 취급물 중량의 한계값을 말한다(RWL은 신체의 비틀림정도, 손잡이 상태, 취급중량과 중량물의 취급위치 등 여러 요인을 반영함)

2) **RWL의 공식**
① RWL(kg)
$$= LC \times HM \times VM \times DM \times AM \times FM \times CM$$
② 공식의 계수내용

계수기호	계수내용
LC	중량상수(부하상수)
GM	수평계수
VM	수직계수
DM	(물체이동)거리계수
AM	비대칭각도계수
FM	(작업)빈도계수
CM	커플링계수(결합계수)

57 Sanders 와 McCormick의 의자 설계의 일반적인 원칙으로 옳지 않은 것은?

① 요부 후만을 유지한다.
② 조정이 용이해야 한다.
③ 등근육의 정적부하를 줄인다.
④ 디스크가 받는 압력을 줄인다.

해설 의자설계의 일반적 원칙
(Sander와 McCormick)

---

1) 요부전만곡을 유지한다(유추후만 : 옆에서 보았을 때 요추가 굴곡없이 꼿꼿한 상태)
2) 조정이 용이해야한다.
3) 등근육의 정적부하를 줄인다.
4) 디스크가(추간판에) 받는 압력을 줄인다.
5) 자세교정을 줄인다.

> **길잡이** 의자설계시 고려해야 할 사항
> 1) 등받이의 굴곡은 전단곡(요추의 굴곡)과 일치하여야 한다.
> 2) 정적인 부하와 고정된 작업자세를 피해야 한다.
> 3) 좌면의 높이는 신장에 따라 조절 가능해야 한다.
> 4) 의자의 높이는 오금높이와 같거나 오금높이보다 낮아야 한다.

58 화학설비의 안정성 평가에서 정량적 평가의 항목에 해당되지 않는 것은?

① 훈련 ② 조작
③ 취급물질 ④ 화학설비용량

해설 정량적 평가 5항목
1) 취급물질 2) 용량
3) 온도 4) 압력
5) 조작

59 그림과 같이 신뢰도 95%임 펌프 A가 각각 신뢰도 90%인 밸브 B와 밸브 C의 병렬밸브계와 직렬계를 이룬 시스템의 실패확률은 약 얼마인가?

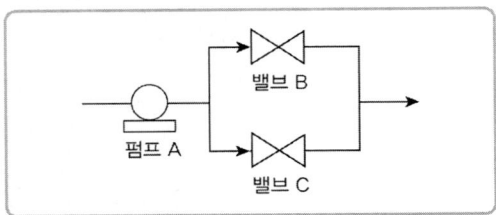

① 0.0091 ② 0.0595
③ 0.9405 ④ 0.9811

해설 (1) 신뢰도(R) = $A \times [1-(1-B)(1-C)]$
　　　　　　　　 = $0.95 \times [1-(1-0.9)(1-0.9)]$
　　　　　　　　 = 0.9405
　　(2) 불신뢰도(F) = $1-R$
　　　　　　　　 = $1-0.9405 = 0.0595$

60 FTA에서 사용되는 최소 컷셋에 관한 설명으로 옳지 않은 것은?

① 일반적으로 Fussell Algorithm을 이용한다.
② 정상사상(Top event)을 일으키는 최소한의 집합이다.
③ 반복되는 사건이 많은 경우 Limnios 와 Ziani Algorithm을 이용하는 것이 유리하다.
④ 시스템에 고장이 발생하지 않도록 하는 모든 사상의 집합이다.

해설 ④항, 시스템에 고장이 발생하도록 하는 최소사상의 집합이다.

제4과목 / 건설시공학

61 지하연속법 공법에 관한 설명으로 옳지 않은 것은?

① 흙막이벽의 강성이 적어 보강재를 필요로 한다.
② 지수벽의 기능도 갖고 있다.
③ 인접건물의 경계선까지 시공이 가능하다.
④ 암반을 포함한 대부분의 지반에 시공이 가능하다.

해설 1) **지하연속벽 공법**(slurry wall) : 벤토나이트 이수(泥水)를 사용해서 지반을 굴착하여 여기에 철근망을 삽입하고 콘크리트를 타설하여 지중에 철근 콘크리트 연속벽체를 형성하

는 공법
2) 지하연속벽 공법의 특징
① 무진동, 무소음이 공법이다.
② 인접건물에 근접시공이 가능하다.
③ 치수성이 높다.
④ 벽체 강성이 높다(연약지반의 변형 및 이면 침하를 최소한으로 억제할 수 있음)
⑤ 형상치수가 자유롭다.
⑥ 공사비가 고가이고 고도의 기술경험이 필요하다.

62 벽돌공사 중 벽돌쌓기에 관한 설명으로 옳지 않은 것은?

① 가로 및 세로줄눈의 너비는 도면 또는 공사시방서에 정한 바가 없을 때에는 10mm를 표준으로 한다.
② 벽돌쌓기는 도면 또는 공사시방서에서 정한 바가 없을 때에는 불식쌓기 또는 미식쌓기로 한다.
③ 연속되는 벽면의 일부를 트이게 하여 나중 쌓기로 할 때에는 그 부분을 층단 들여쌓기로 한다.
④ 벽돌은 각부를 가급적 동일한 높이로 쌓아 올라가고, 벽면의 일부 또는 국부적으로 높게 쌓지 않는다.

해설 벽돌쌓기법 : 도면 또는 공사시방서에서 정한 바가 없을 때에는 영식쌓기 또는 화란식 쌓기로 한다.

63 프리플레이스트 콘크리트 말뚝으로 구멍을 뚫어 주입관과 굵은 골재를 채워 넣고 관을 통하여 모르타르를 주입하는 공법은?

① MIP 파일(Mixed In Place pile)
② CIP 파일(Cast In Place pile)
③ PIP 파일(Packed In Place pile)
④ NIP 파일(Nail In Place pile)

해설 주열 공법(프리팩트 말뚝)
1) CIP (cast-in-place pile) : 스크류오거머신 (screw auger machine)으로 당속에 구멍을 뚫어 철근을 조립한 후 몰탈주입용 파이프를 밑창까지 꽂은 다음 구멍에 자갈을 다져 놓고 몰탈을 주입하여 콘크리트 기둥을 만든 것이다.
2) PIP (packed-in-place pile) : 스크류오거를 땅 속에 넣어 오거(auger)를 뽑아 올리면서 오거의 중심 관 선단으로부터 몰탈이나 잔자갈 콘크리트를 주입하여 말뚝을 형성하는 공법이다.
3) MIP (mixed-in-place pile) : 파이프 회전봉의 선단에 커터(cutter)를 장치하여 지중을 파고 다시 회전시켜 빼내면서 몰탈을 분출시켜 지중에 소일 콘크리트 말뚝(soil concrete pile)을 형성시킨 것이다.

64 철근 이음의 종류 중 기계적 이음의 검사 항목에 해당되지 않는 것은?

① 위치
② 초음파 탐사검사
③ 인장시험
④ 외관 검사

해설 철근의 이음 중 기계적 이음의 검사항목
1) 위치
2) 인장시험
3) 외관검사

65 강구조 건축물의 현장조립 시 볼트시공에 관한 설명으로 옳지 않은 것은?

① 마찰내력을 저감시킬 수 있는 틈이 있는 경우에는 끼움판을 삽입해야 한다.
② 볼트조임 작업 전에 마찰접합면의 흙, 먼지 또는 유해한 도료, 유류, 녹, 밀스케일 등 마찰력을 저감시키는 불순물을 제거해야 한다.
③ 1군의 볼트조임은 가장자리에서 중앙부의 순으로 한다.
④ 현장조임은 1차 조임, 마킹, 2차 조임(본조임), 육안검사의 순으로 한다.

해설 ③항, 1군의 볼트조임은 중앙에서 가장자리(단부)쪽으로 조여간다.

66 거푸집 설치와 관련하여 다음 설명에 해당하는 것으로 옳은 것은?

> 보, 슬래브 및 트러스 등에서 그의 정상적 위치 또는 형상으로부터 처짐을 고려하여 상향으로 들어올리는 것 또는 들어 올린 크기

① 폼타이   ② 캠버
③ 동바리   ④ 턴버클

해설 거푸집의 부재
1) 긴장재(긴결재 formtie) : 콘크리트를 부어 넣을 때 거푸집의 벌어짐을 방지하는 것
2) 간격재(spacer) : 철근과 거푸집의 간격을 유지(피복 간격 유지)
3) 박리제(formoil) : 거푸집의 박리를 용이하게 하는 것으로 동·식물성유, 파라핀, 석유 등
4) 격리제(separator) : 거푸집의 상호간의 간격을 유지시켜 주는 긴결제
5) 캠버(camber) : 처짐을 고려하여 보나 슬래브 중앙부를 1/300~1/500 정도 미리 추켜올림, 높이 조절용 쐐기
6) 인서트(incert) : 달대를 매달기 위해 사전에 매설시키는 수장철물
7) 파이프서포트 : 바닥 거푸집을 지지하는 데 쓰이는 철제 지주

67 품질관리를 위한 통계 수법으로 이용되는 7가지 도구(Tools)를 특징별로 조합한 것 중 잘못 연결된 것은?

① 히스토그램 – 분포도
② 파레토그램 – 영향도
③ 특성요인도 – 원인결과도
④ 체크시트 – 상관도

해설 품질관리(QC, Quality Control) 활동의 7가지 도구(QC 7가지 수법)

1) 히스토그램(histogram) : 길이, 무게, 강도 등과 같이 계량치의 데이터가 어떠한 분포를 하고 있는지 알아보기 위하여 작성하는 주상(柱狀) 기둥그래프(막대그래프)이다.
2) 특성요인도 : 결과에 원인이 어떻게 관계 하고 있는가를 생선뼈 모양으로 나타낸 그림이다.
3) 파레토도(pareto diagrm) : 시공불량의 내용이나 원인을 분류 항목으로 나누어 크기 순서대로 나열해 놓은 그림이다.
4) 관리도 : 공정의 상태를 나타내는 특성치에 관해서 그려진 꺾은선 그래프이다.
5) 산점도(산포도, scatter diagrm) : 서로 대응되는 두 종류의 데이터이 상호관계를 보는 것이다.
6) 체크시트 : 본문 설명
7) 층별 : 데이터의 특성을 적당한 범주마다 얼마간의 그룹으로 나누어 도표를 나타낸 것이다.

68 말뚝지정 중 강재말뚝에 관한 설명으로 옳지 않은 것은?

① 기성콘크리트말뚝에 비해 중량으로 운반이 쉽지 않다.
② 자재의 이음 부위가 안전하여 소요길이의 조정이 자유롭다.
③ 지중에서의 부식 우려가 높다.
④ 상부구조물과의 결합이 용이하다.

해설 강재말뚝은 기성콘크리트 말뚝보다 경량이다.

69 지반조사 시 시추주상도 보고서에서 확인 사항과 거리가 먼 것은?

① 지층의 확인   ② Slime의 두께 확인
③ 지하수위 확인   ④ N값의 확인

해설 지반조사시 시추주상도(토질주상도)보고서에서 확인사항
1) 지층의 확인
2) 지하수위 확인
3) 표준관입시험에 의한 N값의 확인

■ 정답 ■   66.②   67.④   68.①   69.②

70 철골부재 절단 방법 중 가장 정밀한 절단 방법으로 앵클커터(angle cutter) 등으로 작업하는 것은?

① 가스절단   ② 전단절단
③ 톱절단   ④ 전기절단

해설 1) 절단력(shear)을 이용하여 자르는 방법
2) 톱에 의한 절단 (가장 정밀한 방법)
3) 가스절단

71 CM 제도에 관한 설명으로 옳지 않은 것은?

① 대리인형 CM(CM for fee) 방식은 프로젝트 전반에 걸쳐 발주자의 컨설턴트 역할을 수행한다.
② 시공자형 CM(CM at risk) 방식은 공사관리자의 능력에 의해 사업의 성패가 좌우된다.
③ 대리인형 CM(CM for fee) 방식에 있어서 독립된 공종별 수급자는 공사관리자와 공사계약을 한다.
④ 시공자형 CM(CM at risk) 방식에 있어서 CM조직이 직접 공사를 수행하기도 한다.

해설 CM(건설관리) : 설계, 시공을 통합 관리하여 주문자를 위해 서비스하는 전문가 집단의 관리기법이다.
1) CM for fee : 용역형 건설사업관리
  ① 서비스를 제공하고 그에 상응하는 용역비(fee)를 지급받는 자문 혹은 대행인(agency)으로서 역할을 수행한다.
  ② CM이 발주자의 대리인으로서 참여하는 계약형태로 용역서비스에 대한 대가(fee)를 받는 CM형태이다.
2) CM at risk : 시공책임형 건설사업관리

72 다음 보기의 블록쌓기 시공순서로 옳은 것은?

> A. 접착면 청소
> B. 세로규준틀 설치
> C. 규준쌓기
> D. 중간부쌓기
> E. 줄눈누르기 및 파기
> F. 치장줄눈

① A → D → B → C → F → E
② A → B → D → C → F → E
③ A → C → B → D → E → F
④ A → B → C → D → E → F

해설 블록쌓기 시공순서
1) 접착면 청소
2) 세로규준토 설치
3) 규준쌓기
4) 중간부 쌓기
5) 줄눈누르기 및 파기
6) 치장줄눈

73 강구조부재의 내화피복공법이 아닌 것은?

① 조적공법
② 세라믹울 피복공법
③ 타설공법
④ 메탈라스 공법

해설 강구조부재의 내화피복공법의 종류
1) 조적공법
2) 세라믹울 피복공법
3) 타설공법
4) 뿜칠공법

■ 정답 ■ 70.③ 71.③ 72.④ 73.④

74 콘크리트 공사 시 콘크리트를 2층 이상으로 나누어 타설할 경우 허용 이어치기 시간간격의 표준으로 옳은 것은? (단, 외기온도가 25℃ 이하일 경우이며, 허용이어치기 시간간격은 하층 콘크리트 비비기 시작에서부터 콘크리트 타설 완료한 후, 상층 콘크리트가 타설되기까지의 시간을 의미)

① 2.0 시간   ② 2.5 시간
③ 3.0 시간   ④ 3.5 시간

> **해설** **콘크리트 타설 시 허용 이어치기 시간간격**
> 1) 외기온도 25℃ 이하일 경우
> 2) 시간간격(하층 콘크리트 비비기 시작에서부터 콘크리트 타설완료 후, 상층 콘크리트가 타설되기 까지의 시간) : 2.5 시간

75 대규모공사에서 지역별로 공사를 분리하여 발주하는 방식이며 공사기일단축, 시공기술 향상 및 공사의 높은 성과를 기대할 수 있어 유리한 도급방법은?

① 전문공종별 분할도급
② 공정별 분할도급
③ 공구별 분할도급
④ 직종별 공종별 분할도급

> **해설** **분할도급** : 공사를 세분하여(공종별, 공정별, 공구별 등)각기 따로 도급자를 선정하여 도급계약을 맺는 방식
> 1) **전문공종별 분할도급** : 시설공사 중 설비공사(전기, 난방 등)를 주체공사와 분리하여 전문공사업자와 계약하는 방식
> 2) **공정별 분할도급** : 정지, 기초, 구제, 마무리 공사 등의 과정별로 나누어 도급을 주는 방식
> 3) **공구별 분할도급** : 대규모 공사에서 지역별, 공구별로 분리하여 도급하는 방식
> 4) **직종별공종별 분할도급** : 전문직별 또는 각 공종별로 세분하여 도급하는 방식

76 단순조적 블록공사 시 방수 및 방습처리에 관한 설명으로 옳지 않은 것은?

① 방습층은 도면 또는 공사시방서에서 정한 바가 없을 때에는 마루밑이나 콘크리트 바닥판 밑에 접근되는 세로줄눈의 위치에 둔다.
② 물빼기 구멍은 콘크리트의 윗면에 두거나 물끊기 및 방습층 등의 바로 위에 둔다.
③ 도면 또는 공사시방서에서 정한 바가 없을 때 물빼기 구멍의 직경은 10mm 이내, 간격 1.2m 마다 1개소로 한다.
④ 물빼기 구멍에는 다른 지시가 없는 한 직경 6mm, 길이 100mm되는 폴리에틸렌 플라스틱 튜브를 만들어 집어넣는다.

> **해설** **단순조적블록공사시 방습층의 위치, 공법 등**
> 1) 블록벽체가 지반면에 접촉하는 부분에는 수평방습층을 두고 그 위차재료 및 공법은 도면 또는 공사시방서에 따른다.
> 2) 도면 또는 공사시방서에서 정한바가 없을 경우 방습층은 마루 밑이나 콘크리트 바닥판 밑에 접근되는 가로줄눈의 위치에 두고 액체방수 모르터를 10mm두께로 블록 윗면 전체에 바른다.

77 기초굴착 방법 중 굴착 공에 철근망을 삽입하고 콘크리트를 타설하여 말뚝을 형성하는 공법이며, 안정액으로 벤토나이트 용액을 사용하고 표충부에서만 케이싱을 사용하는 것은?

① 리버스 서큘레이션 공법
② 베노토공법
③ 심초공법
④ 어스드릴공법

> **해설** **어스드릴 공법** : 끝이 뾰족한 강재 샤프트(shaft)의 주변에 나사 형으로 된 날이 연속된 천공기를 지중에 틀어박아 토사를 드러내고 구멍을 파서 기초 피어를 제작하는 공법으로 굴착속도가 빠르다.

78 철근콘크리트의 부재별 철근의 정착위치로 옳지 않은 것은?

① 작은 보의 주근은 기둥에 정착한다.
② 기둥의 주근은 기초에 정착한다.
③ 바닥철근은 보 또는 벽체에 정착한다.
④ 지중보의 주근은 기초 또는 기둥에 정착한다.

해설 철근의 정착위치
　1) **기둥의 주근** : 기초에 정착한다.
　2) **보의 주근** : 기둥에 정착한다.
　3) **작은 보의 주근** : 큰 보에 정착한다.
　4) **직교하는 단부 보 밑에 기둥이 없을 때** : 상호 간에 정착한다.
　5) **벽 철근** : 기둥, 보, 기초 또는 바닥판에 정착한다.
　6) **바닥 철근** : 보 또는 벽체에 정착한다.
　7) **지중보의 주근** : 기초 또는 기둥에 정착한다.

79 콘크리트를 타설 시 주의사항으로 옳지 않은 것은?

① 콘크리트는 그 표면이 한 구획 내에서는 거의 수평이 되도록 타설하는 것을 원칙으로 한다.
② 한 구획내의 콘크리트는 타설이 완료될 때까지 연속해서 타설하여야 한다.
③ 타설한 콘크리트를 거푸집 안에서 횡방향으로 이동시켜 밀실하게 채워질 수 있도록 한다.
④ 콘크리트 타설의 1층 높이는 다짐능력을 고려하여 결정하여야 한다.

해설 ③항, 타설한 콘크리트를 거푸집 안에서 종방향(수직방향)으로 이동시켜 밀실하게 채워질 수 있도록 한다.

80 각 거푸집 공법에 관한 설명으로 옳지 않은 것은?

① 플라잉 폼 : 벽체 전용거푸집으로 거푸집과 벽체마감공사를 위한 비계틀을 일체로 조립한 거푸집을 말한다.
② 갱 폼 : 대형벽체거푸집으로써 인력절감 및 재사용이 가능한 장점이 있다.
③ 터널 폼 : 벽체용, 바닥용 거푸집을 일체로 제작하여 벽과 바닥 콘크리트를 일체로 하는 거푸집공법이다.
④ 트래블링 폼 : 수평으로 연속된 구조물에 적용되며 해체 및 이동에 편리하도록 제작된 이동식 거푸집공법이다.

해설 플라잉폼(flying form) : 바닥전용 거푸집으로 테이블 폼(table form)이라고도 한다.

제5과목 / 건설재료학

81 통풍이 좋지 않은 지하실에 사용하는데 가장 적합한 미장재료는?

① 시멘트 모르타르
② 회사벽
③ 회반죽
④ 돌로마이트 플라스터

해설 기경성 미장재료(회사벽, 회반죽, 돌로마이트 플라스터 등) : 통풍이 좋지 않은 지하실에서 사용하는 것으로 부적합한 미장재료이다.

2020

길잡이 미장재료의 종류	
수경성 미장재료 (팽창성)	기경성 미장재료 (수축성)
1) 시멘트 모르타르 2) 석고 플라스터 3) 경석고 플라스터 4) 인조석 바름 5) 테라조(terrazzo) 　현장바름	1) 진흙 2) 회반죽 3) 회사벽 4) 돌로마이트 　플라스터

82 점토의 성분 및 성질에 관한 설명으로 옳지 않은 것은?

① Fe_2O_3 등의 부성분이 많으면 제품의 건조수축이 크다.
② 점토의 주성분은 실리카, 알루미나이다.
③ 소성 색상은 석회물질이 많을수록 짙은 적색이 된다.
④ 가소성은 점토입자가 미세할수록 좋다.

해설 석회물질이 많을수록 소성색상은 백색이 된다.

83 석재를 성인에 의해 분류하면 크게 화성암, 수성암, 변성암으로 대별하는데 다음 중 수성암에 속하는 것은?

① 사문암　　② 대리암
③ 현무암　　④ 응회암

해설 석재의 성인에 의한 분류
1) **화성암** : 지구 내부의 암장이 냉각되어 형성된 것으로 화강암, 안산암, 황화석 등이 있다.
2) **수성암** : 지표의 암석이 풍화, 침식, 운반, 퇴적 등의 작용에 의해 생긴 암석으로 사암, 이판암 및 점판암, 응회석, 석회암 등이 있다.
3) **변성암** : 화성암, 수성암이 압력 또는 열에 의해 심히 변질된 암석으로 대리석, 사문암, 석면 등이 있다.

84 블리딩현상이 콘크리트에 미치는 가장 큰 영향은?

① 공기량이 증가하여 결과적으로 강도를 저하시킨다.
② 수화열을 발생시켜 콘크리트에 균열을 발생시킨다.
③ 콜드조인트의 발생을 방지한다.
④ 철근과 콘크리트의 부착력 저하, 수밀성 저하의 원인이 된다.

해설 1) 블리딩 : 콘크리트 타설 후 시멘트, 골재입자 등의 침하에 따라 물이 분리 상승되어 콘크리트 표면에 떠오르는 현상
2) 블리딩현상이 콘크리트에 미치는 영향
① 철근과 콘크리트의 부착력 저하
② 수밀성 저하

85 미장공사에서 사용되는 바름재료 중 여물에 관한 설명으로 옳지 않은 것은?

① 바름에 있어서 재료에 끈기를 주어 흘러내림을 방지한다.
② 흙손질을 용이하게 하는 효과가 있다.
③ 바름 중에는 보수성을 향상시키고, 바름 후에는 건조에 따라 생기는 균열을 방지한다.
④ 여물의 섬유는 질기고 굵으며, 색이 짙고 빳빳한 것일수록 양질의 제품이다.

해설 ④항, 여물의 섬유는 질기고 가늘며 부드럽고 색이 흰색일수록 양질의 제품이다.

86 플로트판유리를 연화점부근까지 가열 후 양 표면에 냉각공기를 흡착시켜 유리의 표면에 20 이상 60 이하(N/mm^2)의 압축응력층을 갖도록 한 가공유리는?

① 강화유리　　② 열선반사유리
③ 로이유리　　④ 배강도 유리

해설 배강도 유리(heat-strenghened glass) : 판유리를 열처리하여 압축응력층을 만들어 파괴강도를 증대시키고 파손되었을 때 재료인 판유리와 유사하게 깨지도록 가공한 유리를 말한다.

87 고로슬래그 쇄석에 관한 설명으로 옳지 않은 것은?

① 철을 생산하는 과정에서 용광로에서 생기는 광재를 공기중에서 서서히 냉각시켜 경화된 것을 파쇄하여 입도를 고른 것이다.
② 다른 암석을 사용한 콘크리트보다 고로슬래그 쇄석을 사용한 콘크리트가 건조수축이 매우 큰 편이다.
③ 투수성은 보통골재를 사용한 콘크리트보다 크다.
④ 다공질이기 때문에 흡수율이 높다.

해설 고로슬래그 쇄석을 사용한 콘크리트 성질
1) 건조수축이 작다.
2) 조기강도가 작고 장기강도가 크며 내구성도 크다.
3) 블리딩이 작다.

88 유리공사에 사용되는 자재에 관한 설명으로 옳지 않은 것은?

① 흡습제는 작은 기공을 수억 개 갖고 있는 입자로 기체분자를 흡착하는 성질에 의해 밀폐공간에 건조상태를 유지하는 재료이다.
② 세팅 블록은 새시 하단부의 유리끼움용 부재료로서 유리의 자중을 지지하는 고임재이다.
③ 단열간봉은 복층유리의 간격을 유지하는 재료로 알루미늄간봉을 말한다.
④ 백업재는 실링 시공인 경우에 부재의 측면과 유리면 사이에 연속적으로 충전하여 유리를 고정하는 재료이다.

해설 단열간봉의 기능종류
1) 복층유리의 간격유지 및 고정 역할
2) 유리내부 가스유출 및 수분침투 방지
3) 유리단부의 결로방지 성능향상 및 단열성능 향상
4) 종류 : 알루미늄간봉, 플라스틱 소재간봉 등

89 목재 또는 기타 식물질을 절삭 또는 파쇄하고 소편으로 하여 충분히 건조시킨 후 합성수지 접착제와 같은 유기질의 접착제를 첨가하여 열압제판한 보드로써 상판, 칸막이벽, 가구 등에 사용되는 것은?

① 파키트리 보드　　② 파티클 보드
③ 플로링 보드　　　④ 파키트리 블록

해설 파티클보드 : 목재를 소편(小片, chip)으로 만들어 건조시킨 다음 수지를 합침하여 가압·경화시킨 판재품(폐재, 부산물 등 저가치재를 이용하여 만든 넓은 면적의 판상제품)으로 칩 보드(chip board)라고도 한다.

90 금속재료의 일반적인 부식 방지를 위한 대책으로 옳지 않은 것은?

① 가능한 다른 종류의 금속을 인접 또는 접촉시켜 사용한다.
② 가공 중에 생긴 변형은 뜨임질, 풀림 등에 의해서 제거한다.
③ 표면은 깨끗하게 하고, 물기나 습기가 없도록 한다.
④ 부분적으로 녹이 나면 즉시 제거한다.

해설 ①항, 가능한 다른 종류의 금속을 근접시키거나 접촉시키지 않도록 한다.

91 목재용 유성 방부제의 대표적인 것으로 방부성이 우수하나, 악취가 나고 흑갈색으로 외관이 불미하여 눈에 보이지 않는 토대, 기둥, 도리 등에 이용되는 것은?

① 유성페인트
② 크레오소트 오일
③ 염화아연 4% 용액
④ 불화소다 2% 용액

해설 크레오소트유(creosote oil)의 특성
　　1) 방부력이 우수하고 침투성이 양호하다.
　　2) 염가이어서 많이 쓰인다.
　　3) 도포부분은 갈색이고 페인트를 칠하면 침출되기 쉽다.
　　4) 냄새가 강해 실내에서는 사용할 수 없다.

92 다음 중 알루미늄과 같은 경금속 접착에 가장 적합한 합성수지는?

① 멜라민수지　　② 실리콘수지
③ 에폭시수지　　④ 푸란수지

해설 에폭시수지(epoxy resin) 성질
　　1) 접착성이 매우 우수하며 경화시 휘발성이 없다. (금속, 유리, 플라스틱, 도자기, 목재, 고무 등에 탁월한 접착성을 발휘하며 특히 알루미늄과 같은 경금속의 접착에 가장 좋다.)
　　2) 내약품성, 내용제성, 내수성(방수성), 전기절연성 등이 우수하다.
　　3) 농질산을 제외하고는 산, 알칼리에도 강하다.

93 리녹신에 수지, 고무물질, 코르크분말 등을 섞어 마포(hemp cloth) 등에 발라 두꺼운 종이모양으로 압면·성형한 제품은?

① 스펀지 시트　　② 리놀륨
③ 비닐 시트　　④ 아스팔트 타일

해설 리놀륨(linoleum)
　　1) 제법 : 리녹신(아마인유의 산화물)에 수지를 가하여 리놀륨시멘트를 만들고 여기에 코르크분

말, 톱밥, 안료 등을 섞어 마포에 도포한 후 롤러로 열압하여 성형한 제품이다.
　　2) 성질 : 내구력이 비교적 크고 탄력성, 내수성 등이 있다.
　　3) 용도 : 바닥이나 벽의 수장재로 사용

94 다음 중 단백질계 접착제에 해당하는 것은?

① 카세인 접착제
② 푸란수지 접착제
③ 에폭시수지 접착제
④ 실리콘수지 접착제

해설 단백지리 및 전분질계 접착제
　　1) 단백질계 접착제 : 카세인, 아교, 콩풀
　　2) 전분질계 접착제 : 전분, 호정

95 고로시멘트의 특성에 관한 설명으로 옳지 않은 것은?

① 수화열이 낮고 수축률이 적어 댐이나 항만공사 등에 적합하다.
② 보통포틀랜드시멘트에 비하여 비중이 크고 풍화에 대한 저항성이 뛰어나다.
③ 응결시간이 느리기 때문에 특히 겨울철 공사에 주의를 요한다.
④ 다량으로 사용하게 되면 콘크리트의 화학저항성 및 수밀성, 알칼리골재반응 억제 등에 효과적이다.

해설 고 시멘트 : 고로에서 선철을 만들 때 나오는 광재를 공기 중에서 냉각시키고 잘게 부순 것에 포틀랜드시멘트 클링커를 혼합한 다음 석고를 적당히 섞어서 분쇄하여 분말로 한 것으로 그 특성은 다음과 같다.
　　1) 수화열이 적고 수축률이 적어서 댐공사 등에 적합하다.
　　2) 비중이 적다.
　　3) 단기강도가 적고 장기강도는 크다.
　　4) 콘크리트의 블리딩이 적어진다.
　　5) 해수에 대한 저항성이 크다.

■ 정답 ■　91.②　92.③　93.②　94.①　95.②

96 비철금속에 관한 설명으로 옳지 않은 것은?

① 청동은 구리와 아연을 주체로 한 합금으로 건축용 장식철물에 사용된다.
② 알루미늄은 산 및 알칼리에 약하다.
③ 아연은 산 및 알칼리에 약하나 일반대기나 수중에서는 내식성이 크다.
④ 동은 전기 및 열전도율이 매우 크다.

해설 동합금
1) 청동 : 동(Cu) + 주석(Sn)의 합금
2) 황동(놋쇠) : 동(Cu) + 아연(Zn)의 합금

97 콘크리트의 압축강도에 영향을 주는 요인에 관한 설명으로 옳지 않은 것은?

① 양생온도가 높을수록 콘크리트의 초기강도는 낮아진다.
② 일반적으로 물–시멘트비가 같으면 시멘트의 강도가 큰 경우 압축강도가 크다.
③ 동일한 재료를 사용하였을 경우에 물-시멘트비가 작을수록 압축강도가 크다.
④ 습윤양생을 실시하게 되면 일반적으로 압축강도는 증진된다.

해설 양생온도가 높을수록 콘크리트의 초기강도는 높아진다.

98 목재의 강도에 관한 설명으로 옳지 않은 것은?

① 목재의 건조는 중량을 경감시키지만 강도에는 영향을 끼치지 않는다.
② 벌목의 계절은 목재의 강도에 영향을 끼친다.
③ 일반적으로 응력의 방향이 섬유방향에 평행인 경우 압축강도가 인장강도보다 작다.
④ 섬유포화점 이하에서는 함수율 감소에 따라 강도가 증대한다.

해설 목재의 건조목적
1) 강도와 내구성 증진 및 가공성 용이
2) 수축, 균열, 변형방지
3) 열전도성 개선 및 전기절연성 증가
4) 변색 및 부패방지와 방부제주입 용이

99 목제 제품 중 합판에 관한 설명으로 옳지 않은 것은?

① 방향에 따른 강도차가 작다.
② 곡면가공을 하여도 균열이 성기지 않는다.
③ 여러 가지 아름다운 무늬를 얻을 수 있다.
④ 함수율 변화에 의한 신축변형이 크다.

해설 합판은 단판을 서로 직교시켜서 붙인 것이므로 잘 갈라지지 않으며 방향에 따른 강도의 차가 적고 함수율 변화에 의한 신축변형도 적다.

100 어떤 재료의 초기 탄성변형량이 2.0cm이고, 크리프(creep) 변형량이 4.0cm 라면 이 재료의 크리프 계수는 얼마인가?

① 0.5
② 1.0
③ 2.0
④ 4.0

해설 크리프 계수 = $\dfrac{크리프 변형량}{탄성 변형량}$ = $\dfrac{4.0}{2.0}$ = 2.0

제6과목 / 건설안전기술

101 다음 중 해체작업용 기계 기구로 가장 거리가 먼 것은?

① 압쇄기
② 핸드 브레이커
③ 철체햄머
④ 진동롤러

해설 **해체작업용 기계기구** : 압쇄기, 대형브레이커 및 핸드브레이커, 철제햄머, 절단톱, 재키, 쐐기타입기, 화약류 등

102 산업안전보건관리비계상기준에 따른 일반건설공사(갑), 대상액 「5억원 이상 ~ 50억원 미만」의 안전관리비 비율 및 기초액으로 옳은 것은?

① 비율 : 1.86%, 기초액 : 5,349,000원
② 비율 : 1.99%, 기초액 : 5,449,000원
③ 비율 : 2.35%, 기초액 : 5,400,000원
④ 비율 : 1.57%, 기초액 : 4,411,000원

해설 **공사종류별 규모 및 안전 관리비 계상 기준표**(별표1)

대상액 공사종류	5억원 미만	5억원 이상 50억원 미만		50억원 이상
		비율 (X)	기초액 (C)	
건축공사	2.93%	1.86%	5,349,000원	1.97%
토목공사	3.09%	1.99%	5,499,000원	2.10%
중건설공사	3.43%	2.35%	5,400,000원	2.44%
특수 건설공사	1.85%	1.20%	3,250,000원	1.27%

103 다음은 말비계를 조립하여 사용하는 경우에 관한 준수사항이다. ( )안에 들어갈 내용으로 옳은 것은?

- 지주부재와 수평면의 기울기를 (A)°이하로 하고 지주부재와 지주부재 사이를 고정시키는 보조부재를 설치할 것
- 말비계의 높이가 2m를 초과하는 경우에는 작업발판의 폭을 (B)cm 이상으로 할 것

① A : 75, B : 30
② A : 75, B : 40
③ A : 85, B : 30
④ A : 85, B : 40

해설 **말비계를 조립하여 사용 시 준수사항**(안전보건규칙)

1) 지주부재의 하단에는 미끄럼 방지장치를 하고, 양측 끝부분에 올라서서 작업하지 아니하도록 할 것
2) 지주부재와 수평면과의 기울기를 75°이하로 하고, 지주부재 사이를 고정시키는 보조부재를 설치할 것
3) 말비계의 높이가 2m를 초과할 경우에는 작업발판의 폭을 40cm 이상으로 할 것

104 토질시험 중 연약한 점토 지반의 점착력을 판별하기 위하여 실시하는 현장시험은?

① 배인테스트(Vane Test)
② 표준관입시험(SPT)
③ 하중재하시험
④ 삼축압축시험

해설 베인테스트(Vane test) : 연약한 점토질(진흙)지반에서 보링 구멍에 십자(十) 날개형의 베인테스트(Vane test)를 때려 박고 회전시켜 그 저항력에 의하여 지반의 점착력을 판별하는 방법이다.

105 터널 등의 건설작업을 하는 경우에 낙반 등에 의하여 근로자가 위험해질 우려가 있는 경우에 필요한 직접적인 조치사항과 거리가 먼 것은?

① 터널지보공 설치 ② 부석의 제거
③ 울 설치 ④ 록볼트 설치

해설 터널건설작업시 낙반 등에 의한 위험방지 조치사항
1) 터널지보공 설치
2) 록 볼트의 설치
3) 부석의 제거

106 다음 중 유해위험방지계획서 제출 대상 공사가 아닌 것은?

① 지상높이가 30m인 건축물 건설공사
② 최대지간길이가 50m인 교량건설공사
③ 터널 건설공사
④ 깊이가 11m인 굴착공사

해설 건설업 중 유해위험방지계획서 제출대상 사업장 (시행규칙 제 120조 제 4항)
1) 지상높이가 31m 이상인 건축물 또는 인공 구조물, 연면적 3만m² 이상인 건축물 또는 연면적 5천m² 이상의 문화 및 집회시설(전시장 및 동물원·식물원은 제외), 판매시설, 운수시설(고속철도의 역사 및 잡배송시설은 제외), 종교시설, 의료시설 중 종합병원, 숙박시설 중 관광숙박시설, 지하도 상가 또는 냉동·냉장 창고시설의 건설·개조 또는 해체 (이하 "건설등"이라함)
2) 연면적 5천m² 이상의 냉동·냉장 창고시설의 설비공사 및 단열공사
3) 최대 지간길이가 50m 이상인 교량건설 등 공사
4) 터널 건설 등의 공사
5) 다목적댐, 발전용댐 및 저수용량 2천만 톤 이상의 용수 전용 댐, 지방상수도 전용댐건설 등의 공사
6) 깊이 10m 이상인 굴착공사

107 사다리식 통로의 길이가 10m 이상일 때 얼마 이내마다 계단참을 설치하여야 하는가?

① 3m 이내마다 ② 4m 이내마다
③ 5m 이내마다 ④ 6m 이내마다

해설 사다리식 통로의 설치기준
1) 견고한 구조로 할 것
2) 심한 손상·부식 등이 없는 재료를 사용할 것
3) 발판의 간격은 일정하게 할 것
4) 발판과 벽과의 사이는 15cm 이상의 간격을 유지할 것
5) 폭은 30cm 이상으로 할 것
6) 사다리가 넘어지거나 미끄러지는 것을 방지하기 위한 조치를 할 것
7) 사다리의 상단은 걸쳐놓은 지점으로부터 60cm 이상 올라가도록 할 것
8) 사다리식 통로의 길이가 10m 이상인 경우에는 5m 이내마다 계단참을 설치할 것
9) 사다리식 통로의 기울기는 75°이하로 할 것, 다만, 고정식 사다리식 통로의 기울기는 90° 이하로 하고, 그 높이가 7m 이상인 경우에는 바닥으로부터 높이가 2.5m 되는 지점부터 등받이울을 설치할 것
10) 접이식 사다리 기둥은 사용 시 접혀지거나 펼쳐지지 않도록 철물 등을 사용하여 견고하게 조치할 것

108 비계의 부재 중 기둥과 기둥을 연결시키는 부재가 아닌 것은?

① 띠장 ② 장선
③ 가새 ④ 작업발판

해설 비계의 기둥과 기둥을 연결시키는 부재 : 띠장, 장선, 가새 등

2020

109 지반의 종류가 다음과 같을 때 굴착면의 기울기 기준으로 옳은 것은?

> 보통흙의 모래

① 1 : 0.5 ~ 1 : 1　② 1 : 1.8
③ 1 : 0.8　　　　④ 1 : 0.5

해설

구분	지반의 종류	구배
보통 흙	모래	1 : 1.8
	그 밖에 흙	1 : 1.2
암반	풍화암	1 : 1.0
	연암	1 : 1.0
	경암	1 : 0.5

110 콘크리트 타설을 위한 거푸집동바리의 구조검토 시 가장 선행되어야 할 작업은?

① 각 부재에 생기는 응력에 대하여 안전한 단면을 산정한다.
② 가설물에 작용하는 하중 및 외력의 종류, 크기를 산정한다.
③ 하중 및 외력에 의하여 각 부재에 생기는 응력을 구한다.
④ 사용할 거푸집동바리의 설치간격을 결정한다.

해설 거푸집 동바리 구조검토시 가장 선행되어야 할 작업 : 가설물(거푸집)에 작용하는 하중 및 외력의 종류, 크기 등 산정

111 항만하역작업에서의 선박승강설비 설치기준으로 옳지 않은 것은?

① 200톤급 이상의 선박에서 하역작업을 하는 경우에 근로자들의 안전하게 오르내릴 수 있는 현문(舷門) 사다리를 설치하여야 하며, 이 사다리 밑에 안전망을 설치하여야 한다.
② 현문 사다리는 견고한 재료로 제작된 것으로 너비는 55cm 이상이어야 한다.
③ 현문 사다리의 양측에는 82cm 이상의 높이로 울타리를 설치하여야 한다.
④ 현문 사다리는 근로자의 통행에만 사용하여야 하며, 화물용 발판 또는 화물용 보관으로 사용하도록 해서는 아니 된다.

해설 300톤급 이상의 선박에서 하역작업을 할 경우 조치할 사항
1) 근로자들이 안전하게 승강할 수 있는 현문사다리를 설치할 것
2) 현문사다리 밑에는 안전망을 설치할 것
3) 현문사다리의 너비는 55cm 이상이어야 하고, 양측에 82cm 이상의 높이로 방책을 설치할 것

112 장비 자체보다 높은 장소의 땅을 굴착하는데 적합한 장비는?

① 파워쇼벨(Power Shovel)
② 불도저(Bulldozer)
③ 드래그라인(Drag line)
④ 클램쉘(Clam Shell)

해설 1) 파워셔블 : 장비자체보다 높은 장소 땅 굴착시 적합
2) 백호우 : 장비자체보다 낮은 장소 땅 굴착시 적합

113 터널작업 시 자동경보장치에 대하여 당일의 작업시작 전 점검하여야 할 사항으로 옳지 않은 것은?

① 검지부의 이상 유무
② 조명시설의 이상 유무
③ 경보장치의 작동 상태
④ 계기의 이상 유무

해설 자동경보장치의 설치 등(안전보건규칙 350조)
1) 인화성 가스가 존재하여 폭발 또는 화재가 발생할 위험이 있는 때에는 필요한 장소에 당해 가연성 가스 농도의 이상상승을 조기에 파악하기 위하여 필요한 자동경보장치를 설치하여야 한

다.
2) 자동경보장치에 대하여 당일의 작업시작전에 다음 각 호의 사항을 점검하고, 이상을 발견한 때에는 즉시 보수하여야 한다.
① 계기의 이상 유무
② 검지부의 이상 유무
③ 경보장치의 작동 상태

114 타워크레인을 자립고(自立高) 이상의 높이로 설치할 때 지지벽체가 없어 와이어로프로 지지하는 경우의 준수사항으로 옳지 않은 것은?

① 와이어로프를 고정하기 위한 전용-지지프레임을 사용할 것
② 와이어로프 설치각도를 수평면에서 60° 이내로 하되, 지지점은 4개소 이상으로 하고, 같은 각도로 설치할 것
③ 와이어로프와 그 고정부위는 충분한 강도와 장력을 갖도록 설치하되, 와이어로프를 클립·샤클(shackle) 등의 기구를 사용하여 고정하지 않도록 유의할 것
④ 와이어로프가 가공전선(架空電線)에 근접하지 않도록 할 것

해설 타워크레인을 와이어로프로 지지하는 경우 준수사항(안전보건규칙 제142조 제③항)
1) 와이어로프를 고정하기 위한 전용 지지프레임을 사용할 것
2) 와이어로프 설치각도는 수평면에서 60도 이내로 하되, 지지점은 4개소 이상으로 하고, 같은 각도로 설치할 것
3) 와이어로프와 그 고정 부위는 충분한 강도와 장력을 갖도록 설치하고, 와이어로프를 클립시클(shackle) 등의 고정기구를 사용하여 견고하게 고정시켜 풀리지 아니하도록 하며, 사용 중에는 충분한 강도와 장력을 유지하도록 할 것
4) 와이어로프가 가공전선(架空電線)에 근접하지 않도록 할 것

115 다음은 강관틀비계를 조립하여 사용하는 경우 준수해야할 기준이다. ( )안에 알맞은 숫자를 나열한 것은?

> 길이가 띠장방향으로 (A)미터 이하이고 높이가 (B)미터를 초과하는 경우에는 (C)미터 이내마다 띠장방향으로 버팀기둥을 설치할 것

① A : 4, B : 10, C : 5
② A : 4, B : 10, C : 10
③ A : 5, B : 10, C : 5
④ A : 5, B : 10, C : 10

해설 강관틀비계를 조립하여 사용할 때의 준수할 사항
1) 비계기둥의 밑둥에는 밑받침철물을 사용하여야 하며 밑받침에 고저차가 있는 경우에는 조절형 밑받침철물을 사용하여 각각의 강관틀비계가 항상 수평 및 수직을 유지하도록 할 것
2) 높이가 20m를 초과하거나 중량물의 적재를 수반하는 작업을 할 경우에는 주틀 간의 간격이 1.8m 이하로 할 것
3) 주틀 간의 교차가새를 설치하고 최상층 및 5층 이내마다 수평재를 설치할 것
4) 수직방향으로 6m, 수평방향으로 3m 이내마다 벽이음을 할 것
5) 길이가 띠장방향으로 4m 이하이고 높이가 10m를 초과하는 경우에는 10m 이내마다 띠장방향으로 버팀기둥을 설치할 것

116 동력을 사용하는 항타기 또는 항발기에 대하여 무너짐을 방지하기 위하여 준수하여야 할 기준으로 옳지 않은 것은?

① 연약한 지반에 설치하는 경우에는 각부(脚部)나 가대(架臺)의 침하를 방지하기 위하여 깔판·깔목 등을 사용할 것
② 각부나 가대가 미끄러질 우려가 있는 경우에는 말뚝 또는 쐐기 등을 사용하여 각부나 가대를 고정시킬 것
③ 버팀대만으로 상단부분을 안정시키는 경우에는 버팀대는 3개 이상으로 하고 그 하단 부분은 견고한 버팀·말뚝 또는 철골 등으로 고정시킬 것
④ 버팀줄만으로 상단 부분을 안정시키는 경우에는 버팀줄을 2개 이상으로 하고 같은 간격으로 배치할 것

해설 **항타기·항발기의 도괴를 방지하기 위하여 준수해야 할 사항**
1) 연약한 지반에 설치하는 때에는 각부 또는 가대의 침하를 방지하기 위하여 깔판, 깔목 등을 사용할 것
2) 시설 또는 가설물 등에 설치하는 때에는 그 내력을 확인하고 내력이 부족한 때에는 그 내력을 보강할 것
3) 각부 또는 가대가 미끄러질 우려가 있는 때에는 말뚝 또는 쐐기 등을 사용하여 각부 또는 기대를 고정시킬 것
4) 궤도 또는 차로 이동하는 항타기 또는 항발기에 대하여 불시에 이동하는 것을 방지하기 위하여 레일클램프 및 쐐기 등으로 고정시킬 것
5) 버팀대만으로 상단부분을 안정시키는 때에는 버팀대는 3개 이상으로 하고 그 하단 부분은 견고한 버팀말뚝 또는 철골 등으로 고정시킬 것
6) 버팀줄만으로 상단부분을 안정시키는 때에는 버팀줄을 3개 이상으로 하고 같은 간격으로 배치할 것
7) 평형추를 사용하여 안정시키는 때에는 평형추의 이동을 방지하기 위하여 가대에 견고하게 부착시킬 것

117 운반작업을 인력운반작업과 기계운반작업으로 분류할 때 기계운반작업으로 실시하기에 부적당한 대상은?

① 단순하고 반복적인 작업
② 표준화되어 있어 지속적이고 운반량이 많은 작업
③ 취급물의 형상, 성질, 크기 등이 다양한 작업
④ 취급물이 중량인 작업

해설 **기계운반작업으로 실시하여야 할 사항**
1) 단순하고 반복적인 작업
2) 취급물이 중량인 작업
3) 표준화되어 있어 지속적이고 운반량이 많은 작업
4) 위험한 장소에서의 운반 작업

118 거푸집동바리 등을 조립하는 경우에 준수하여야 할 안전조치기준으로 옳지 않은 것은?

① 동바리로 사용하는 강관은 높이 2m 이내마다 수평연결재를 2개 방향으로 만들고 수평연결재의 변위를 방지할 것
② 동바리로 사용하는 파이프 서포트는 3개 이상 이어서 사용하지 않도록 할 것
③ 동바리로 사용하는 파이프 서포트를 이어서 사용하는 경우에는 3개 이상의 볼트 또는 전용철물을 사용하여 이을 것
④ 동바리로 사용하는 강관틀과 강관틀 사이에 교차가새를 설치할 것

해설 **거푸집의 동바리로 사용하는 파이프 서포트에 대한 설치 기준**
1) 파이프 서포트를 3본 이상 이어서 사용하지 아니하도록 할 것
2) 파이프 서포트를 이어서 사용할 때에는 4개 이상의 볼트 또는 전용철물을 사용하여 이을 것
3) 높이가 3.5m를 초과할 때에는 높이가2m 이내마다 수평 연결재를 2개 방향으로 만들고 수평연결재의 변위를 방지할 것

1) 깔목의 사용, 콘크리트 타설(打設), 말뚝박기 등 동바리의 침하를 방지하기 위한 조치를 할 것
2) 개구부 상부에 동바리를 설치하는 때에는 상부하중을 견딜 수 있는 견고한 받침대를 설치할 것
3) 동바리의 상하고정 및 미끄러짐 방지조치를 하고, 하중의 지지상태를 유지할 것
4) 동바리의 이음은 맞댄이음 또는 장부이음으로 하고 같은 품질의 재료를 사용할 것
5) 강재와 강재와의 접속부 및 교차부는 볼트·클램프 등 전용철물을 사용하여 단단히 연결할 것
6) 거푸집이 곡면인 때에는 버팀대의 부착 등 그 거푸집의 부상(浮上)을 방지하기 위한 조치를 할 것

119 본 터널(main tunnel)을 시공하기 전에 터널에서 약간 떨어진 곳에 지질조사, 환기, 배수, 운반 등의 상태를 알아보기 위하여 설치하는 터널은?

① 프리패브(prefab) 터널
② 사이드(side) 터널
③ 쉴드(shield) 터널
④ 파일럿(pilot) 터널

해설 1) **파일럿 터널**(pilot tunnel) : 본문설명
2) **쉴드 터널** (shield tunnel) : 철제로 된 원통형의 쉴드를 원하는 깊이를 지하로 들어갈 수 있게 하는 수직구 안에 투입해 커터헤드(cutter head)를 회전시켜 지반을 구축한 다음 공장에서 제작된 콘크리트 구조물인 세그먼트를 조립해 터널을 완성하는 공법이다.

120 추락방지용 설치 시 그물코의 크기가 10cm인 매듭 있는 방망의 신품에 대한 인장강도 기준으로 옳은 것은?

① 100 kgf 이상
② 200 kgf 이상
③ 300 kgf 이상
④ 400 kgf 이상

해설 방망사의 강도

(1) 방망사의 신품에 대한 인장강도

그물코의 크기 (단위 : cm)	방망의 종류(단위 : kg)	
	매듭 없는 방망	매듭 방망
10	240	200
5		110

(2) 방망사의 폐기시 인장강도

그물코의 크기 (단위 : cm)	방망의 종류(단위 : kg)	
	매듭 없는 방망	매듭 방망
10	150	135
5		60

2020

제1과목 / 산업안전관리론

01 위험예지훈련 4라운드의 진행방법을 올바르게 나열한 것은?

① 현상파악 → 목표설정 → 대책수립 → 본질추구
② 현상파악 → 본질추구 → 대책수립 → 목표설정
③ 현상파악 → 본질추구 → 목표설정 → 대책수립
④ 본질추구 → 현상파악 → 목표설정 → 대책수립

해설 위험예지훈련의 문제해결 4라운드(4Round)
1) **1R–현상파악** : 잠재위험요인을 발견하는 단계(BS)
2) **2R–본질추구** : 가장 위험한 요인(위험포인트)을 합의로 결정하는 단계(요약)
3) **3R–대책수립** : 대책을 수립하는 단계 (BS적용)
4) **4R–행동목표 설정** : 행동계획을 정하고 수립한 대책 가운데서 질이 높은 항목에 합의하는 단계 (요약)

02 재해예방의 4원칙에 속하지 않는 것은?

① 손실우연의 원칙
② 예방교육의 원칙
③ 원인계기의 원칙
④ 예방가능의 원칙

해설 재해예방의 4원칙
1) **손실우연의 원칙** : 사고에 의해 생기는 손실(상해)의 종류와 정도는 우연적이다.
2) **원인계기의 원칙** : 모든 재해는 필연적인 원인에 의해서 발생되며 재해발생은 직접 원인만이 아니고 많은 간접원인의 연쇄로 발생되는 것이다.
3) **예방가능의 원칙** : 재해는 원칙적으로 모든 방지가 가능하다.
4) **대책선정의 원칙** : 가장 효과적인 재해방지대책의 선정은 이들 원인의 정확한 분석에 의해서 얻어진다.

03 A사업장의 도수율이 18.9 일 때 연천인율은 얼마인가?

① 4.53
② 9.46
③ 37.86
④ 45.36

해설 연천인율 = 도수율 $\times 2.4$
$= 18.9 \times 2.4 = 45.36$

04 산업안전보건법령상 관리감독자가 수행하는 안전 및 보건에 관한 업무에 속하지 않는 것은?

① 해당 작업의 작업장 정리·정돈 및 통로 확보에 대한 확인·감독
② 해당 작업에서 발생한 산업재해에 관한 보고 및 이에 대한 응급조치
③ 해당 사업장 안전교육계획의 수립 및 안전교육 실시에 관한 보좌 및 지도·조언
④ 관리감독자에게 소속된 근로자의 작업복·보호구 및 방호장치의 점검과 그 착용·사용에 관한 교육·지도

해설 관리감독자의 안전 및 보건에 관한 업무내용(시행령 제 15조)
1) 사업장 내 관리감독자가 지휘감독하는 작업(이하 이 조에서 "해당작업"이라 함)과 관련된 기계기구 또는 설비의 안전보건 점검 및 이상 유무의 확인
2) 관리감독자에게 소속된 근로자의 작업복보호구 및 방호장치의 점검과 그 착용사용에 관한 교육·지도
3) 해당작업에서 발생한 산업재해에 관한 보고 및 이에 대한 응급조치
4) 해당작업의 작업장 정리정돈 및 통로확보에 대한 확인·감독
5) 사업장의 다음 각 목의 어느 하나에 해당하는 사람의 지도·조언에 대한 협조
   ① 안전관리자 또는 안전관리자의 업무를 같은 항에 따른 안전관리 전문기관에 위탁한 사업장의 경우에는 그 안전관리전문기관의 해당 사업장 담당자
   ② 보건관리자 또는 보건관리자의 업무를 같은 항에 따른 보건관리전문기관에 위탁한 사업장의 경우에는 그 보건관리전문기관의 해당 사업장 담당자
   ③ 안전보건관리담당자 또는 안전보건관리담당자의 업무를 안전관리전문기관 또는 보건관리전문기관에 위탁한 사업장의 경우에는 그 안전관리전문기관 또는 보건관리전문기관의 해당 사업장 담당자
   ④ 산업보건의
6) 위험성평가에 관한 다음 각 목의 업무
   ① 유해·위험요인의 파악에 대한 참여
   ② 개선조치의 시행에 대한 참여
7) 그밖에 해당작업의 안전 및 보건에 관한 사항으로서 고용노동부령으로 정하는 사항

05 산업안전보건법령상 안전 및 보건에 관한 노사협의체의 근로자위원 구성 기준 내용으로 옳지 않은 것은? (단, 명예산업안전감독관이 위촉되어 있는 경우)

① 근로자대표가 지명하는 안전관리자 1명
② 근로자대표가 지명하는 명예산업안전감독관 1명
③ 도급 또는 하도급 사업을 포함한 전체 사업의 근로자대표
④ 공사금액이 20억원 이상인 공사의 관계수급인의 각 근로자대표

해설 노사협의체의 구성
1) 근로자위원
   ① 도급 또는 하도급 사업을 포함한 전체 사업의 근로자대표
   ② 근로자대표가 지명하는 명예감독관 1명, 다만, 명예감독관이 위촉되어 있지 아니한 경우에는 근로자 대표가 지명하는 해당 사업장 근로자 1명
   ③ 공사금액이 20억원 이상인 공사의 관계수급인의 각 근로자 대표
2) 사용자위원
   ① 도급 또는 하도급 사업을 포함한 전체 사업의 대표자
   ② 안전관리자 1명
   ③ 보건관리자 1명(보건관리자 선임대상 건설업으로 한정)
   ④ 공사금액이 20억원 이상인 공사의 관계 수급인의 각 대표자

06 브레인스토밍(Brain Storming)의 원칙에 관한 설명으로 옳지 않은 것은?

① 최대한 많은 양의 의견을 제시한다.
② 누구나 자유롭게 의견을 제시할 수 있다.
③ 타인의 의견에 대하여 비판하지 않도록 한다.
④ 타인의 의견을 수정하여 본인의 의견으로 제시하지 않도록 한다.

해설 브레인스토밍(BS, brain storming)의 4원칙
1) 비평금지 : 좋다, 나쁘다고 비평하지 않는다.
2) 자유분방 : 마음대로 편안히 발언한다.
3) 대량발언 : 무엇이건 좋으니 많이 발언한다.
4) 수정발안 : 타인의 아이디어에 수정하거나 덧붙여 말하여도 좋다.

07 안전관리의 수준을 평가하는데 사고가 일어나는 시점을 전후하여 평가를 한다. 다음 중 사고가 일어나기 전의 수준을 평가하는 사전평가활동에 해당하는 것은?

① 재해율 통계
② 안전활동율 관리
③ 재해손실 비용 산정
④ Safe – T – Score 산정

해설 1) **사전 평가활동** : 안전활동률 관리
2) **사후 평가활동** : 재해율 통계, 재해손실 비용 산정, Safe T, Score 산정 등

08 시설물의 안전 및 유지관리에 관한 특별법상 국토교통부장관은 시설물이 안전하게 유지관리될 수 있도록 하기 위하여 몇 년 마다 시설물의 안전 및 유지관리에 관한 기본계획을 수립·시행하여야 하는가?

① 2년　　　　　② 3년
③ 5년　　　　　④ 10년

해설 시설물의 안전 및 유지관리에 관한 기본계획 : 5년마다 수립·시행

09 산업안전보건법령상 해당 사업장의 연간 재해율의 같은 업종의 평균재해율의 2배 이상인 경우 사업주에게 관리자를 정수 이상으로 증원하게 하거나 교체하여 임명할 것을 명할 수 있는 자는?

① 시·도지사
② 고용노동부장관
③ 국토교통부장관
④ 지방고용노동관서의 장

해설 안전관리자 등의 증원교체임명 명령(시행규칙 제12조) : 지방고용노동관서의 장은 다음 각 호에 해당하는 사유가 발생한 경우 사업주에게 안전

관리자나 보건관리자를 정수 이상으로 증원하거나 교체하여 임명할 것을 명할 수 있다.
1) 해당 사업장의 연간재해율이 같은 업종의 평균재해율의 2배 이상인 경우
2) 중대재해가 연간 2건 인상 발생한 경우
3) 관리자가 질병이나 그 밖의 사유로 3개우러 이상 직무를 수행할 수 없게 된 경우
4) 화학적인자로 인한 직업성질병자가 연간 3명 이상 발생한 경우

10 재해의 간접원인 중 기술적 원인에 속하지 않는 것은?

① 경험 및 훈련의 미숙
② 구조, 재료의 부적합
③ 점검, 정비, 보존 불량
④ 건물, 기계장치의 설계 불량

해설 경험 및 훈련의 미숙 : 교육적 원인

11 보호구 안전인증 고시에 따른 추락 및 감전 위험방지용 안전모의 성능시험대상에 속하지 않은 것은?

① 내유성　　　　② 내수성
③ 내관통성　　　④ 턱끈풀림

해설 안전모의 성능시험항목

안전인증	자율안전확인
내수성 시험	내관통성 시험
내전압성 시험	충격흡수성 시험
금속용융물 분사방호시험	난연성 시험
	턱끈풀림 시험
	측면변형방호 시험

12 재해의 통계적 원인분석 방법 중 사고의 유형, 기인물 등 분류 항목을 큰 순서대로 도표화한 것은?

① 관리도　　　　② 파레토도
③ 크로스도　　　④ 특성요인도

■ 정답 ■　07.②　08.③　09.④　10.①　11.①　12.②

해설 통계적 원인분석방법

1) **파레토도** : 사고의 유형, 기인물 등 분류항목을 큰 순서대로 도표화하여 분석하는 방법이다.
2) **특성요인도** : 특성과 요인을 도표로 하여 어골상(魚骨狀)으로 세분화한다.
3) **클로즈 분석** : 데이터(data)를 집계하고 표로 표시하여 요인별 결과 내역을 교차한 클로즈 그림을 작성하여 분석하는 방법
4) **관리도** : 재해발생건수 등의 추이를 파악하고 목표관리를 행하는데 필요한 월별재해발생수를 그래프화하여 관리선을 설정관리하는 방법이다.

13 시설물의 안전 및 유지관리에 관한 특별법상 다음과 같이 정의되는 용어는?

> 시설물의 물리적·기능적 결함을 발견하고 그에 대한 신속하고 적절한 조치를 하기 위하여 구조적 안전성과 결함의 원인 등을 조사·측정·평가하여 보수·보강 등의 방법을 제시하는 행위

① 성능평가 ② 정밀안전진단
③ 긴급안전점검 ④ 정기안전진단

해설 용어의 정의(시설물안전법 제 2조)

1) **정밀안전진단** : 시설물의 물리적기능적 결함을 발견하고 그에 대한 신속하고 적절한 조치를 하기 위하여 구조적 안전성과 결함의 원인등을 조사측정평가하여 보수보강등의 방법을 제시하는 행위를 말한다.
2) **긴급안전점검** : 시설물의 붕과전도 등으로 인한 재난 또는 재해가 발생할 우려가 있는 경우에 시설물의 물리적기능적 결함을 신속하게 발견하기 위하여 실시하는 점검을 말한다.
3) **성능평가** : 시설물의 기능을 유지하기 위하여 요구되는 시설물의 구조적 안전성, 내구성, 사용성 등의 성능을 종합적으로 평가하는 것을 말한다.

14 다음 중 재해조사의 목적 및 방법에 관한 설명으로 적절하지 않은 것은?

① 재해조사는 현장보존에 유의하면서 재해발생 직후에 행한다.
② 피해자 및 목격자 등 많은 사람으로부터 사고시의 상황을 수집한다.
③ 재해조사의 1차적 목표는 재해로 인한 손실금액을 추정하는 데 있다.
④ 재해조사의 목적은 동종재해 및 유사재해의 발생을 방지하기 위함이다.

해설 재해조사의 1차적 목표 : 재해발생원인을 분석하여 재해예방의 적절한 대책을 수립하기 위해서이다.

15 사업장의 안전·보건관리계획 수립 시 유의사항으로 옳은 것은?

① 사고발생 후의 수습대책에 중점을 둔다.
② 계획의 실수 중에는 변동이 없어야 한다.
③ 계획의 목표는 점진적으로 수준을 높이도록 한다.
④ 대기업의 경우 표준계획서를 작성하여 모든 사업장에 동일하게 적용시킨다.

해설 안전·보건관리계획 수립시 유의사항

1) 사업장의 실태에 맞도록 독자적으로 수립하되, 실현가능성이 있도록 한다.
2) 직장단위로 구체적 계획을 작성한다.
3) 계획상의 재해감소목표는 점진적으로 수준을 높이도록 한다.
4) 근본적인 안전대책을 강구한다.
5) 복수적인 계획안을 내어 그 중에서 선택한다.
6) 현재의 문제점을 검토하기 위해 자료를 조사수립한다.
7) 적극적인 선취안전을 취해 새로운 착상과 정보를 활용한다.
8) 계획에서 실시까지의 미비점, 잘못된 점을 피드백(feed back) 할 수 있는 조정 기능을 갖고 있다.
9) 계획안이 효과적으로 실시되도록 라인스태프(line-staff) 관계자에게 충분히 납득시킨다.

16 안전보건관리조직의 유형 중 직계(Line)형에 관한 설명으로 옳은 것은?

① 대규모의 사업장에 적합하다.
② 안전지식이나 기술축적이 용이하다.
③ 안전지시나 명령이 신속히 수행된다.
④ 독립된 안전참모 조직을 보유하고 있다.

해설 ①항, 직계·참모(line–staff)혼합형
②항, 참모(staff)형
③항, 직계(line)형
④항, 참모(staff)형

17 다음 중 웨버(D.A.Weaver)의 사고 발생 도미노 이론에서 "작전적 에러"를 찾아내기 위한 질문의 유형과 가장 거리가 먼 것은?

① what   ② why
③ where   ④ whether

해설 웨버(Weaver)의 사고발생 도미노 이론 : 웨버는 불완전한 행동이나 상태, 사고, 상해는 모두 운영과오의 징후일 뿐이라고 주장하여 다음의 여부를 중심으로 문제해결을 도모해야 한다고 하였다.
1) What : 무엇이 불안전한 상태이며 불안전한 행동인가? 즉, 사고의 원인은 무엇인가?
2) Why : 왜 불안전한 행동 또는 상태가 용납되는가?
3) Whether : 감독과 경영 중에서 어느 쪽이 사고 방지에 대한 안전지식을 갖고 있는가?

18 산업안전보건법령에 따른 안전보건표지의 종류 중 지시표지에 속하는 것은?

① 화기 금지   ② 보안경 착용
③ 낙하물 경고   ④ 응급구호표지

해설 안전·보건표지의 기본도형
1) 화기금지(금지표지)
2) 보안경착용(지시표지)
3) 낙하물경고(경고표지)
4) 응급구호표지(안내표지)

19 산업안전보건기준에 관한 규칙상 공기압축기를 가동할 때의 작업시작 전 점검사항에 해당하지 않는 것은?

① 윤활유의 상태
② 언로드 밸브의 기능
③ 압력방출장치의 기능
④ 비상정지장치 기능의 이상 유무

해설 공기압축기를 가동할 때 작업시작 전 점검사항 (안전보건규칙 별표3)
1) ①, ②, ③항
2) 공기저장 압력용기의 외관상태
3) 드레인 밸브의 조작 및 배수
4) 회전부의 덮개 또는 울
5) 그 밖의 연결부위의 이상 유무

20 다음 중 하인리히(H.W. Heinrich)의 재해코스트 산정방법에서 직접손실비와 간접손실비의 비율로 옳은 것은? (단, 비율은 "직접손실비 : 간접손실비"로 표현한다.)

① 1 : 2   ② 1 : 4
③ 1 : 8   ④ 1 : 10

해설 하인리히의 재해손실비
총재해 cost = 직접비 + 간접비
(직접비 : 간접비 = 1 : 4)
1) **직접비** : 휴업보상비, 장해보상비, 요양보상비, 장의비, 유족보상비, 상병보상연금 등)
2) **간접비**
① **인적손실** : 본인 및 제 3자에 관한 것을 포함한 시간손실
② **물적손실** : 기계, 공구, 재료, 시설의 복구에 소비된 시간 손실 및 재산 손실
③ **생산손실** : 생산감소, 생산중단, 판매감소 등에 의한 손실
④ **기타손실** : 교육훈련비, 병상위문금, 여비 및 교통비, 입원중의 잡비, 장의 비용 등

■ 정답 ■ 16.③ 17.③ 18.② 19.④ 20.②

제2과목 / 산업심리 및 교육

21 안전보건교육을 향상시키기 위한 학습지도의 원리에 해당되지 않는 것은?

① 통합의 원리　　② 자기활동의 원리
③ 개별화의 원리　　④ 동기유발의 원리

해설 **학습지도의 원리**
　　1) 자기활동의 원리　2) 개별화의 원리
　　3) 사회화의 원리　　4) 통합의 원리
　　5) 직관의 원리

22 생체리듬(biorhythm)에 대한 설명으로 옳은 것은?

① 각각의 리듬이 (−)에서의 최저점에 이르렀을 때를 위험일이라 한다.
② 감성적 리듬은 영문으로 S라 표시하며, 23일을 주기로 반복된다.
③ 육체적 리듬은 영문으로 P라 표시하며, 28일을 주기로 반복된다.
④ 지성적 리듬은 영문으로 I라 표시하며, 33일을 주기로 반복된다.

해설 **(1) 바이오리듬의 종류**
　　1) **육체적 리듬**(physical cycle) : 주기 23일(식욕, 소화력, 활동력, 지구력), 청색 표시
　　2) **지성적 리듬**(intellectual cycle) : 주기 33일(상상력, 사고력, 기억력, 인지, 판단), 녹색 표시
　　3) **감성적 리듬**(sensitivity cycle) : 주기 28일 (감정, 주의심, 창조력, 예감 및 통찰력) 적색 표시
　　(2) 위험일
　　1) 3개의 리듬이 (+)리듬 (안정기)에서(−)리듬 (불안정기) 또는 (−)리듬에서 (+)리듬으로 변화하는 점을 위험일이라 한다.
　　2) 위험일은 한달에 6일 정도 일어나며, 평소보다 뇌졸중이 5.4배, 심장질환 발작이 5.1배, 자살은 6.8배 정도 더 많이 발생된다.

23 다음 중 안전교육을 위한 시청각교육법에 대한 설명으로 가장 적절한 것은?

① 지능, 적성, 학습속도 등 개인차를 충분히 고려할 수 있다.
② 학습자들에게 공통의 경험을 형성시켜줄 수 있다.
③ 학습의 다양성과 능률화에 기여할 수 없다.
④ 학습자료를 시간과 장소에 제한없이 제시할 수 있다.

해설 **시청각교육법**
　　1) **시청각교육** : 학습자들에게 공통의 경험을 형성시켜 줄 수 있는 교육법이다.
　　2) **시청각 교육의 특징**
　　　① 교수의 효율성 증대
　　　② 교재의 평준화
　　　③ 교재의 구조화
　　　④ 대량수업체제 확립

24 새로운 기술과 학습에서는 연습이 매우 중요하다. 연습 방법과 관련된 내용으로 틀린 것은?

① 새로운 기술을 학습하는 경우에는 일반적으로 배분연습보다 집중연습이 더 효과적이다.
② 교육훈련과정에서는 학습자료를 한꺼번에 묶어서 일괄적으로 연습하는 방법을 집중연습이라고 한다.
③ 충분한 연습으로 완전학습한 후에도 일정량 연습을 계속하는 것을 초과학습이라고 한다.
④ 기술을 배울 때는 적극적 연습과 피드백이 있어야 부적절하고 비효과적 반응을 제거할 수 있다.

해설 ①항, 새로운 기술을 학습하는 경우에는 일반적으로 집중연습보다 배분연습이 더 효과적이다.

25 다음 중 교육지도의 원칙과 가장 거리가 먼 것은?

① 반복적인 교육을 실시한다.
② 학습자에게 동기부여를 한다.
③ 쉬운 것부터 어려운 것으로 실시한다.
④ 한 번에 여러 가지의 내용을 실시한다.

해설 교육지도의 원칙

  1) 피교육자 중심교육(상대방 입장에서 교육)
  2) 동기부여
  3) 쉬운 부분에서 어려운 부분으로 진행
  4) 반복
  5) 한 번에 하나씩 교육

26 직무수행평가 시 평가자가 특정 피평가자에 대해 구체적으로 잘 모름에도 불구하고 모든 부분에 대해 좋게 평가하는 오류는?

① 후광오류
② 엄격화오류
③ 중앙집중오류
④ 관대화오류

해설 후광오류(halo error)

  1) 평가자가 피평가자에 대해 구체적으로 잘 모름에도 불구하고 모든 부분에 대해 좋게 평가하는 오류이다.
  2) 후광오류의 발생원인 : 평가업무가 중요하지 않을 때나 평가의 목적이 피평가자의 성과순위만 결정하면 될 때 많이 발생한다.

27 다음 중 정상적 상태이지만 생리적 상태가 휴식할 때에 해당하는 의식수준은?

① phase Ⅰ
② phase Ⅱ
③ phase Ⅲ
④ phase Ⅳ

해설 의식수준의 단계

단계	의식의상태	주의작용	생리적상태	신뢰성
Phase 0	무의식, 실신	없음	수면, 뇌발작	0
Phase Ⅰ	정상 이하 의식 몽롱함	부주의	피로, 단조, 졸음, 술취함	0.9이하
Phase Ⅱ	정상 이완상태	수동적 마음이 안쪽으로 향함	안정기거, 휴식시, 정례작업시	0.99 ~0.99999
Phase Ⅲ	정상 상쾌한 상태	능동적 앞으로 향하는 주의시 야도 넓다.	적극 활동시	0.999999 이상
Phase Ⅳ	초정상 과긴장상태	일점으로 응집 판단정지	긴급 방위 반응, 당황해서 panic	0.9이하

28 다음 중 하버드 학파의 5단계 교수법에 해당되지 않는 것은?

① 추론한다.   ② 교시한다.
③ 연합시킨다.   ④ 총괄시킨다.

해설 하버드 학파의 5단계 교수법

  1) 1단계 : 준비시킨다(preparation)
  2) 2단계 : 교시한다(presentation)
  3) 3단계 : 연합한다(association)
  4) 4단계 : 총괄시킨다(generalization)
  5) 5단계 : 응용시킨다(application)

29 다음 중 리더십과 헤드십에 관한 설명으로 옳은 것은?

① 헤드십은 부하와의 사회적 간격이 좁다.
② 헤드십에서의 책임은 상사에 있지 않고 부하에 있다.
③ 리더십의 지휘형태는 권위주의적인 반면, 헤드십의 지휘형태는 민주적이다.
④ 권한행사 측면에서 보면 헤드십은 임명에 의하여 권한을 행사할 수 있다.

해설

구분	헤드십	리더십
1. 권한 부여 및 행사	·위에서 위임하여 임명	·아래에서 동의에 의해 선출
2. 권한근거	·법적 또는 공식적	·개인능력
3. 상관과 부하와의 관계 및 책임귀속	지배적 상사	·개인적경향·상사와 부하
4. 부하와의 사회적 간격	·넓다	·좁다
5. 지휘형태	·권위주의적	·민주주의적

30 다음 중 산업안전심리의 5대 요소에 속하지 않는 것은?

① 감정　　　　② 습관
③ 동기　　　　④ 시간

해설 안전심리의 5대 요소
1) **습관** : 여러 번 거듭되는 동안 몸에 배어 굳어버린 버릇
2) **습성** : 오랜 습관으로 인하여 굳어져 버린 성질로 본능, 학습, 조건반사 등에 의해 형성
3) **동기** : 사람의 마음을 움직여 어떤 행동을 하게 하는 원동력
4) **기질** : 감정의 경향으로 나타난 개인의 성질
5) **감정** : 어떤 대상이나 상태에 따라 나타나는 슬픔, 기쁨, 불쾌감 등에 해당되는 마음의 현상

31 인간의 착각현상 가운데 암실 내에서 하나의 광점을 보고 있으면 그 광점이 움직이는 것처럼 보이는 것을 자동운동이라 하는데 다음 중 자동운동이 생기기 쉬운 조건이 아닌 것은?

① 광점이 작을 것
② 대상이 단순할 것
③ 광의 강도가 클 것
④ 시야의 다른 부분이 어두울 것

해설 운동의 시지각(착각현상)
1) **자동운동** : 암실 내에서 정지된 소광점을 응시하고 있으면 그 광점이 움직이는 것을 볼 수 있는 데 이것을 자동운동이라 한다. 자동운동이 생기기 쉬운 조건은 다음과 같다.
　① 광점이 작을 것
　② 시야의 다른 부분이 어두울 것
　③ 광의 강도가 작을 것
　④ 대상이 단순할 것
2) **유도운동** : 실제로 움직이지 않는 것이 어느 기준의 이동에 유도되어 움직이는 것처럼 느껴지는 현상을 말한다.
3) **가현운동** : 객관적으로 정지하고 있는 대상물이 급속히 나타난다가 소멸하는 것으로 인하여 일어나는 운동으로 마치 대상물이 운동하는 것처럼 인식되는 현상을 말한다.(β운동 : 영화 영상의 방법).

32 다음 중 데이비스(K. Davis)의 동기부여 이론에서 "능력(ability)"을 올바르게 표현한 것은?

① 기능(skill)×태도(attitide)
② 지식(knowledge)×기능(skill)
③ 상황(situation)×태도(attitude)
④ 지식(knowledge)×상황(situation)

해설 데이비스(Davis)의 동기부여이론
1) 인간의 성과×물리적인 성과=경영의 성과
2) 인간의 성과 = 능력×동기유발
3) 능력=지식×기능
4) 동기유발=상황×태도

33 인간이 충족시키고자 추구하는 욕구에 있어 가장 강력한 욕구는?

① 생리적 욕구　　② 안전의 욕구
③ 자아실현의 욕구　④ 애정 및 귀속의 욕구

해설 매슬로우(Maslow)의 욕구 5단계
1) 1단계─생리적 욕구(신체적 욕구) : 기아, 갈등, 호흡, 배설, 성욕 등 기본적 욕구

---

2) 2단계–안전의 욕구 : 안전을 구하려는 욕구
3) 3단계–사회적 욕구(친화욕구) : 애정, 소속에 대한 욕구
4) 4단계–인정받으려는 욕구(자기존경의 욕구, 승인욕구) : 자존심, 명예, 성취, 지위 등에 대한 욕구
5) 5단계–자아실현의 욕구(성취욕구) : 잠재적인 능력을 실현하고자 하는 욕구

34 다음 중 면접 결과에 영향을 미치는 요인들에 관한 설명으로 틀린 것은?

① 한 지원자에 대한 평가는 바로 앞의 지원자에 의해 영향을 받는다.
② 면접자는 면접 초기와 마지막에 제시된 정보에 의해 많은 영향을 받는다.
③ 지원자에 대한 부정적 정보보다 긍정적 정보가 더 중요하게 영향을 미친다.
④ 지원자의 성과 직업에 있어서 전통적 고정관념은 지원자와 면접자간의 성의 일치여부보다 더 많은 영향을 미친다.

해설 ③항, 지원자에 대한 긍정적 정보보다 부정적 정보가 더 중요하게 영향을 미친다.

35 안전사고와 관련하여 소질적 사고 요인이 아닌 것은?

① 시각기능　　② 지능
③ 작업자세　　④ 성격

해설 소질적인 사고요인
1) **지능** : 지능이 낮을수록 또는 높을수록 사고 발생률이 높다.(Chislli와 Brown설)
2) **성격** : 성격 결함자가 사고를 발생시킨다.
3) **시각기능** : 시각기능에 결함이 있는 자(Tiffin. J)와 두 눈의 시력이 불균형인 자(Fletcher. E. D)에게 재해가 많이 발생된다.

36 교육 및 훈련방법 중 다음의 특징을 갖는 방법은?

- 다른 방법에 비해 경제적이다.
- 교육 대상 집단 내 수준차로 인해 교육의 효과가 감소할 가능성이 있다.
- 상대적으로 피드백이 부족하다.

① 강의법　　② 사례연구법
③ 세미나법　　④ 감수성 훈련

해설 강의법의 특징(장·단점)
1) 장점
① 사실, 사상을 시간, 장소에 제한 없이 제시할 수 있다(시간에 대한 계획과 통제가 용이하다)
② 여러 가지 수업매체를 동시에 활용할 수 있다
③ 강사가 임의로 시간을 조절할 수 있고, 강조할 점을 수시로 강조할 수 있다.
④ 학생의 다소 제한을 받지 않는다.
⑤ 학습자의 태도, 정서 등의 감화를 위한 학습에 효과적이다.
2) 단점
① 개인의 학습속도에 맞추기 어렵다.
② 대부분이 일방통행적인 지식의 배합형식이다.
③ 학습자의 참여와 흥미를 지속시키기 위한 기회가 거의 없다.
④ 한정된 학습과제에만 가능하다.

37 다음 중 관계지향적 리더가 나타내는 대표적인 행동 특징으로 볼 수 없는 것은?

① 우호적이며 가까이 하기 쉽다.
② 집단구성원들을 동등하게 대한다.
③ 집단구성원들의 활동을 조정한다.
④ 어떤 결정에 대해 자세히 설명해준다.

해설 집단구성원들의 활동 조정 : 과업 지향적 리더

길잡이	관계지향적리더와 과업지향적리더의 특징	
구분	특징
관계 지향적 리더	1) 업무의 목표보다 팀원에게 관심이 더 많다. 2) 집단구성원들을 동등하게 대한다. 3) 우호적이며 가까이 하기 쉽다. 4) 어떤 결정에 대해 자세히 설명해준다.
과업 지향적 리더	1) 조직이 달성해야 할 목표가 최우선이다. 2) 목표달성을 위한 시스템을 구축한다. 3) 집단구성원들의 활동을 제한한다. 4) 집단구성원들과의 원활한 소통이 어렵다.

38 다음 중 주의의 특성에 관한 설명으로 틀린 것은?

① 변동성이란 주의집중 시 주기적으로 부주의의 리듬이 존재함을 말한다.
② 방향성이란 주의는 항상 일정한 수준을 유지할 수 있으므로 장시간 고도의 주의집중이 가능함을 말한다.
③ 선택성이란 인간은 한 번에 여러 종류의 자극을 지각·수용하지 못함을 말한다.
④ 선택성이란 소수의 특정 자극에 한정해서 선택적으로 주의를 기울이는 기능을 말한다.

해설 **방향성** : 주시점만 인지하는 기능으로 한 지점에 주의를 집중하면 다른 곳의 주의는 약해진다.

39 안전교육의 강의안 작성 시 교육할 내용을 항목별로 구분하여 핵심 요점사항만을 간결하게 정리하여 기술하는 방법은?

① 게임 방식
② 시나리오식
③ 조목열거식
④ 혼합형 방식

해설 **조목열거식** : 강의안 작성시 교육내용을 항목별로

구분하여 핵심내용을 간결하게 정리·기술하는 방법

40 교육방법 중 O.J.T(On the Job Training)에 속하지 않는 교육방법은?

① 코칭
② 강의법
③ 직무순환
④ 멘토링

해설 OJT와 off-JT의 특징
1) OJT(On the Job Training, 현장 중심교육) : 직속 상사가 현장에서 업무상의 개별교육이나 지도훈련을 하는 교육형태
2) off-JT(off the Job Training) : 계층별 또는 직능별 등과 같이 공통된 교육 대상자를 현장 외의 한 장소에 모아 집체교육 훈련을 실시하는 교육 형태(강의법)

제3과목 / 인간공학 및 시스템안전공학

41 결함수분석법에서 path set에 관한 설명으로 옳은 것은?

① 시스템의 약점을 표현한 것이다.
② Top 사상을 발생시키는 조합이다.
③ 시스템이 고장 나지 않도록 하는 사상의 조합이다.
④ 시스템고장을 유발시키는 필요불가결한 기본사상들의 집합이다.

해설 1) 컷셋과 미니멀 컷
① 컷셋(cut sets) : 정상사상을 일으키는 기본사상(통상사상, 생략사상 포함)의 집합을 컷이라 한다.
② 미니멀 컷(minimal cut sets) : 정상사상을 일으키기 위해 필요한 최소한의 컷을 말한다(시스템의 위험성을 나타냄).

■ 정답 ■ 38.② 39.③ 40.② 41.③

2) 패스셋과 미니멀 패스
① 패스셋(path sets) : 정상사상이 일어나지 않는 기본사상의 집합을 말한다.
② 미니멀 패스(minimal path sets) : 필요한 최소한의 패스를 말한다(시스템의 신뢰성을 나타냄).

| OR gate | 출력
입력 | 1) 입력 사상 A, B중 어느 하나가 일어나도 출력 X의 사상이 일어난다고 하는 논리 조작을 나타낸다. 즉, 입력 사상 중 어느 것이나 하나가 존재할 때 출력 사상이 발생한다.
2) 이 기호는 〔OR〕 또는 〔+〕와 같이 표시되기도 한다. |

42 촉감의 일반적인 척도의 하나인 2점 문턱값(two-point threshold)이 감소하는 순서댈 나열된 것은?

① 손가락 → 손바닥 → 손가락 끝
② 손바닥 → 손가락 → 손가락 끝
③ 손가락 끝 → 손가락 → 손바닥
④ 손가락 끝 → 손바닥 → 손가락

해설 1) 2점 문턱값(two-point threshold)
① 두 점을 눌렀을 때 따로 따로 지각할 수 있는 두 점 사이의 최소거리를 말한다.
② 촉감의 일반적 척도로 사용한다.
2) 2점 문턱값이 감소하는 순서 : 손바닥 → 손바닥 → 손가락 끝으로 갈수록 강도가 증가(2점 문턱 값 감소)하므로 세밀한 식별이 필요한 경우 손바닥보다 손가락 사용을 유도해야 한다.

43 결함수분석의 기호 중 입력사상이 어느 하나라도 발생할 경우 출력사상이 발생하는 것은?

① NOR GATE
② AND GATE
③ OR GATE
④ NAND GATE

해설 AND gate와 OR gate

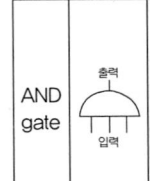

| AND gate | 출력
입력 | 1) 출력 X의 사상이 이어나가기 위해서는 모든 입력 A, B, C의 사상이 일어나지 않으면 안된다는 논리 조작을 나타낸다. 즉, 모든, 입력 사상이 존재할 때만이 출력 사상이 발생한다.
2) 이 기호는 〔AND〕 또는 〔·〕와 같이 표시 될 때도 있다. |

44 FTA 결과 다음과 같은 패스셋을 구하였다. 최소 패스셋(minimal path sets)으로 옳은 것은?

$$\{X_2, X_3, X_4\}$$
$$\{X_1, X_3, X_4\}$$
$$\{X_3, X_4\}$$

① $\{X_3, X_4\}$
② $\{X_1, X_3, X_4\}$
③ $\{X_2, X_3, X_4\}$
④ $\{X_2, X_3, X_4\}$와 $\{X_3, X_4\}$

해설 $\begin{bmatrix} (x_2, x_3, x_4) \\ (x_1, x_3, x_4) \\ (x_3, x_4) \end{bmatrix} \rightarrow [x_3 \cdot x_4]$ 최소패스셋

패스셋

45 인체측정에 대한 설명으로 옳은 것은?

① 인체측정은 동적측정과 정적측정이 있다.
② 인체측정학은 인체의 생화학적 특징을 다룬다.
③ 자세에 따른 인체치수의 변화는 없다고 가정한다.
④ 측정항목에 무게, 둘레, 두께, 길이는 포함되지 않는다.

해설 인체계측의 방법

1) 구조적 치수(정적 인체계측)
   ① 체위를 정지한 상태에서의 기본자세(선 자세, 앉은 자세 등)에 관한 신체 각 부를 계측하는 것이다.
   ② 여러 가지 설계의 표준이 되는 기초적 치수를 결정하는 데 그 목적이 있다.

2) 기능적 치수(동적 인체계측)
   ① 상지나 하지의 운동이나 체위의 움직임에 따른 상태에서 계측하는 것이다.
   ② 설계의 작업, 생활조건에 밀접한 관계를 갖는 현실성 있는 인체 치수를 구하는 것이다.

46 시스템 안전분석 방법 중 예비위험분석(PA)단계에서 식별하는 4가지 범주에 속하지 않는 것은?

① 위기상태
② 무시가능상태
③ 파국적상태
④ 예비조처상태

해설 예비위험분석(PHA)에서 식별하는 4가지 범주 (Category)

1) 파국적(catastrophic)
2) 중대(critical)
3) 한계적(marginal)
4) 무시기능(negligible)

47 다음은 불꽃놀이용 화학물질취급설비에 대한 정량적 평가이다. 해당 항목에 대한 위험 등급이 올바르게 연결된 것은?

항목	A (10점)	B (5점)	C (2점)	D (0점)
취급물질	○	○	○	
조작		○		○
화학설비의 용량	○		○	
온도	○	○		
압력			○	○

① 취급물질 – I 등급, 화학설비의 용량 – I 등급

② 온도 – I 등급, 화학설비의 용량 – II 등급

③ 취급물질 – I 등급, 조작 – IV등급

④ 온도 – II 등급, 압력 – III 등급

해설 화학설비의 정량적 평가

1) 당해 화학설비의 취급물질, 용량, 온도, 압력 및 조작의 5항목에 대해 A, B, C, D급으로 분류하고, A급은 10점, B급은 5점, C급은 2점, D급은 0점으로 점수를 부여한 후, 5항목에 관한 점수들의 합을 구한다.

2) 합산 결과에 의한 위험도의 등급

등급	점수	내용
등급 I	16점 이상	위험도가 높다.
등급 II	11~15점 이하	주위상황, 다른 설비와 관련해서 평가
등급 III	10점 이하	위험도가 낮다.

① 취급물질 : 17점(1등급)
② 조작 : 5점(3등급)
③ 화학설비의 용량 : 12점(2등급)
④ 온도 : 15점(2등급)
⑤ 압력 : 7점(3등급)

48 인간 – 기계 시스템에서 시스템의 설계를 다음과 같이 구분할 때 제3단계인 기본설계에 해당되지 않는 것은?

1단계 : 시스템의 목표와 성능 명세 결정
2단계 : 시스템의 정의
3단계 : 기본 설계
4단계 : 인터페이스 설계
5단계 : 보조물 설계
6단계 : 시험 및 평가

① 화면 설계
② 작업 설계
③ 직무 분석
④ 기능 할당

해설 기본설계(제 3단계)

1) 인간, 하드웨어 및 소프트웨어에 대한 기능할당
2) 작업설계(직무설계)
3) 과업분석(직무분석)
4) 인간 퍼포먼스(performance)요건

49 어떤 소리가 1000Hz, 60dB인 음과 같은 높이임에도 4배 더 크게 들린다면, 이 소리의 음압수준은 얼마인가?

① 70dB   ② 80dB

③ 90dB   ④ 100dB

해설 1) 1000Hz, 60dB : 60phon

$$\text{sone} = 2^{(60-40/10)} = 2^2 = 4\text{sone}$$

2) 4sone × 4배 = 16 sone

$$\text{phon} = 33.3 \log s + 40$$
$$= 33.3\log 16 + 40 = 80\text{phon}$$

3) 80phon : 1000Hz에서 음압수준 80dB

50 연구 기준의 요건과 내용이 옳은 것은?

① 무오염성 : 실제로 의도하는 바와 부합해야 한다.

② 적절성 : 반복 시험 시 재현성이 있어야 한다.

③ 신뢰성 : 측정하고자 하는 변수 이외의 다른 변수의 영향을 받아서는 안 된다.

④ 민감도 : 피실험자 사이에서 볼 수 있는 예상 차이점에 비례하는 단위로 측정해야 한다.

해설 ①항, **무오염성** : 측정하고자 하는 변수 이외의 다른 변수의 영향을 받아서는 안된다.

②항, **적절성** : 의도된 목적에 부합하여야 한다.

③항, **신뢰성** : 반복실험시 재현성이 있어야 한다.

51 어느 부품 1000개를 100000시간 동안 가동 하였을 때 5개의 불량품이 발생하였을 경우 평균동작시간(MTTF)은?

① 1×10^6 시간   ② 2×10^7 시간

③ 1×10^8 시간   ④ 2×10^9 시간

해설 $MTTF = \dfrac{1}{\lambda(\text{고장률})} = \dfrac{\text{가동시간}}{\text{고장건수}}$

$$= \dfrac{1,000 \times 100,000}{5}$$
$$= 2 \times 10^7 \text{시간}$$

52 시스템 안전분석 방법 중 HAZOP에서 "완전대체"를 의미하는 것은?

① NOT   ② REVERSE

③ PART OF   ④ OTHER THAN

해설 유인어(guide words) : 간단한 용어 (말)로서 창조적 사고를 유도하고 자극하여 이상을 발견하고, 의도를 한정하기 위해 사용된다. 즉, 다음과 같은 의미를 나타낸다.

1) NO 또는 NOT : 설계의도의 완전한 부정

2) More Less : 양(압력, 반응, flow, rate, 온도 등)의 증가 또는 감소

3) As well As : 성질상의 증가(설계의도와 운전조건이 어떤 부가적인 행위와 함께 일어남)

4) Part of : 일부변경, 성질상의 감소(어떤 의도는 성취되나 어떤 의도는 성취되지 않음)

5) Reverse : 설계의도의 논리적인 역

6) Other than : 완전한 대체(통상 운전과 다르게 되는 상태)

53 실린더 블록에 사용하는 가스켓의 수명분포는 X~N(10000. 2002)인 정규분포를 따른다. t=9600시간일 경우에 신뢰도(R(t))는? (단, P(Z≤1)=0.8413, P(Z≤1.5)=0.9332, P(Z≤2)=0.9772, P(Z≤3)=0.9987이다.)

① 84.13%   ② 93.32%

③ 97.72%   ④ 99.87%

해설 정규분포 표준화공식(Z)

$$Z = \frac{\text{변수}(x) - \text{평균}(\mu)}{\text{표준편차}(\sigma)}$$

$$\Pr(x \geq 9600)$$
$$= \Pr\left(Z \geq \frac{9,600 - 10,000}{200}\right)$$
$$= \Pr(Z \geq -2)$$
$$= \Pr(Z \leq 2) = 0.9772 = 97.72\%$$

54 신체활동의 생리학적 측정법 중 전신의 육체적인 활동을 측정하는데 가장 적합한 방법은?

① Flicker 측정
② 산소 소비량 측정
③ 근전도(EMG) 측정
④ 피부전기반사(GSR) 측정

해설 산소소비량(oxygen consumption)
1) 산소소비량을 측정하여 에너지 소비량을 평가할 수 있다.
2) 육체적 작업 특히 큰 근육의 움직임을 요구하는 동적작업(dynamic work)을 많이 하면 산소소비량이 증가한다.

55 신호검출이론(SDT)의 판정결과 중 신호가 없었는데도 있었다고 말하는 경우는?

① 긍정(hit)
② 누락(miss)
③ 허위(false alarm)
④ 부정(correct rejection)

해설 신호검출이론(SDT)의 판정결과
1) 긍정(hit : 옳은 결정) : 신호(S)를 신호(S)로 판정할 확률, P(S/S)
 P(S/S)=1-P(N/S)
2) 누락(miss : 신호 검출 실패) : 신호(S)를 소음(N)으로 판정할 확률, P(N/S)
3) 허위경보(false alarm) : 소음(N)를 신호(S)으로 판정할 확률, P(S/N)
4) 부정(correct rejection : 옳은 결정) : 소음(N)를 소음(N)으로 판정할 확률, P(N/N)
 P(N/N)=1-P(S/N)

56 가스밸브를 잠그는 것을 잊어 사고가 발생했다면 작업자는 어떤 인적오류를 범한 것인가?

① 생략 오류(omission error)
② 시간지연 오류(time error)
③ 순서 오류(sequential error)
④ 작위적 오류(commission error)

해설 심리적인 분류(Swain) : Error의 원인을 불확정, 시간지연, 순서착오의 세 가지로 나누어 분류한다.
1) omission error(부작위 실수, 생략과오) : 필요한 task또는 절차를 수행하지 않는 데 기인한 error
2) time error(시간적 과오, 지연오류) : 필요한 task 또는 절차의 수행지연으로 인한 error
3) commission error(작위 실수, 수행적 과오) : 필요한 task 또는 절차의 불확실한 수행으로 인한 error
4) sequential error(순서적 과오) : 필요한 task 또는 절차의 순서착오로 인한 error
5) extraneous error(불필요한 과오) : 불필요한 task 또는 절차를 수행함으로써 기인한 error

57 산업안전보건법령상 유해위험방지계획서의 제출 대상 제조업은 전기 계약 용량이 얼마 이상인 경우에 해당되는가? (단, 기타 예외사항은 제외한다.)

① 50kW ② 100kW
③ 200kW ④ 300kW

해설 유해위험방지계획서 제출대상 사업 : 전기계약용량이 300kW이상인 제조업 등의 사업

58 다음 중 열 중독증(heat illness)의 강도를 올바르게 나열한 것은?

ⓐ 열소모(heat exhaustion)
ⓑ 열발진(heat rash)
ⓒ 열경련(heat cramp)
ⓓ 열사병(heat stroke)

① ⓒ < ⓑ < ⓐ < ⓓ
② ⓒ < ⓑ < ⓓ < ⓐ
③ ⓑ < ⓒ < ⓐ < ⓓ
④ ⓑ < ⓓ < ⓐ < ⓒ

■ 정답 ■ 54.② 55.③ 56.① 57.④ 58.③

해설 1) 열중독증
  ① **열발진** : 땀샘의 막힘, 땀의 체류, 염증 등이 원인이 되어 피부에 작고 붉으며 물집모양의 뾰루지가 생기는 것을 「땀띠」라고도 한다.
  ② **열경련** : 고온환경에서 작업 중이거나 작어 후 수시간 내에 근육(팔, 다리, 복부 등)에 통증이 있는 경련이 생기는 것으로 염분손실과 관계된다.
  ③ **열소모(열피비)** : 주로 탈수 때문에 생기는 것으로 근육 무력, 구역질, 구토, 현기증, 실신 등의 증상을 나타낸다.
  ④ **열사병** : 체온이 과도하게 상승하여 온도조절 메커니즘이 파괴되었을 때 생긴다. (원인 : 땀샘의 피로와 땀 생성 중단)

2) **열중독증의 강도 순서**
  열발진 〈 열경련 〈 열소모 〈 열사병

59 암호체계의 사용 시 고려해야 할 사항과 거리가 먼 것은?

① 정보를 암호화한 자극은 검출이 가능하여야 한다.
② 다 차원의 암호보다 단일 차원화된 암호가 정보 전달이 촉진된다.
③ 암호를 사용할 때는 사용자가 그 뜻을 분명히 알 수 있어야 한다.
④ 모든 암호 표시는 감지장치에 의해 검출될 수 있고, 다른 암호 표시와 구별될 수 있어야 한다.

해설 암호체계 사용상의 일반적인 지침
  1) **암호의 검출성** : 검출이 가능해야 한다.
  2) **암호의 변별성** : 다음 암호표시와 구별되어야 한다.
  3) **부호의 양립성** : 양립성이란 자극들 간의, 반응들 간위, 자극 –반응 조합의 관계가 인간의 기대와 모순되지 않는다.
  4) **부호의 의미** : 사용자가 그 뜻을 분명히 알아야 한다.
  5) **암호의 표준화** : 암호를 표준화하여야 한다.
  6) **다차원 암호의 사용** : 2가지 이상의 암호차원에서 조합해서 사용하면 정보전달이 촉진된다.

60 사무실 의자나 책상에 적용할 인체 측정 자료의 설계 원칙으로 가장 적합한 것은?

① 평균치 설계   ② 조절식 설계
③ 최대치 설계   ④ 최소치 설계

해설 조절식의 적용
  1) 조절식은 자동차 좌석의 전후조절, 사무실 의자의 상하조절 등에 응용된다.
  2) 조절식을 설계할 때에는 통상 5%치에서 95%까지 90%범위를 수용대상으로 설계하는 것이 관례이다.

> **길잡이** 인간계측자료의 응용원칙
> 1) **최대치수와 최소 치수** : 최대치수 또는 최소치수를 기준으로 하여 설계한다. (극단에 속하는 사람을 위한 설계)
> 2) **조절범위(조절식)** : 체격이 다른 여러 사람에게 맞도록 만드는 것이다. (조절할 수 있도록 범위를 두는 설계)
> 3) **평균치를 기준으로 한 설계** : 최대치수나 최소치수, 조절식으로 하기가 곤란할 때 평균치를 기준으로 하여 설계한다.(평균적인 사람을 위한 설계)

제4과목 / 건설시공학

61 철골공사의 내화피복공법에 해당하지 않는 것은?

① 표면탄화법   ② 뿜칠공법
③ 타설공법   ④ 조적공법

해설 철골공사의 내화피복공법
  1) 뿜칠공법(록크울 뿜기공법)
  2) 타설공법
  3) 조적공법
  4) 기타 성형판 접착공법프리패브공법(ALC 판 붙이기 공법) 등

■ 정답 ■   59.②   60.②   61.①

62 강관틀비계서 주틀의 기둥관 1개당 수직하중의 한도는 얼마인가? (단, 견고한 기초 위에 설치하게 될 경우)

① 16.5 kN 　　② 24.5 kN
③ 32.5 kN 　　④ 38.5 kN

해설 강관틀비계에서 틀의 기둥관 1개당 수직하중
　　: 강도 24.5kN

63 고압중기양생 경량기포콘크리트(ALC)의 특징으로 거리가 먼 것은?

① 열전도율이 보통 콘크리트의 1/10 정도이다.
② 경량으로 인력에 의한 취급이 가능하다.
③ 흡수율이 매우 낮은 편이다.
④ 현장에서 절단 및 가공이 용이하다.

해설 ALC (경량기포콘크리트)
　　1) ALC : 발포제에 의하여 콘크리트 내부에 무수한 기포를 독립적으로 분산시켜 중량을 가볍게 한 기포콘크리트(고온, 고압으로 증기양생하여 제조)
　　2) 특징
　　　① 기건 비중이 보통 콘크리트의 약 1/4정도이다.
　　　② 공극을 다량 함유하여 열전도율이 보통 콘크리트보다 낮으며 단열성도 우수하다.
　　　③ 불연재인 동시에 내화재료이다.
　　　④ 경량에서 인력에 의한 취급이 용이하다.
　　　⑤ 흡수율이 크다(시공직전의 블록이나 패널은 기건상태를 유지해야 한다).
　　　⑥ 동결해에 대한 저항성이 크며 내약품성이 증대된다.
　　　⑦ 용적변화가 적고 백화의 발생도 적다.

64 콘크리트 타설 시 진동기를 사용하는 가장 큰 목적은?

① 콘크리트 타설 시 용이함
② 콘크리트의 응결, 경화 촉진
③ 콘크리트의 밀실화 유지
④ 콘크리트의 재료 분리 촉진

해설 진동기 사용목적 : 콘크리트에 빠른 충격을 주어 콘크리트를 밀실하게 안정시키 기 위함

65 철골용접 부위의 비파괴검사에 관한 설명으로 옳지 않은 것은?

① 방사선검사는 필름의 밀착성이 좋지 않은 건축물에서도 검출이 우수하다.
② 침투탐상검사는 액체의 모세관현상을 이용한다.
③ 초음파탐상검사는 인간의 귀로 들을 수 없는 주파수를 갖는 초음파를 사용하여 결함을 검출하는 방법이다.
④ 외관검사는 용접을 한 용접공이나 용접관리 기술자가 하는 것이 원칙이다.

해설 방사선 투과법 : X선, γ선을 용접부에 투과하고 그 상태를 필름형상을 담아 내부결함을 검출하는 방법이다.

66 단순조적 블록쌓기에 관한 설명으로 옳지 않은 것은?

① 단순조적 블록쌓기의 세로줄는은 도면 또는 공사시방서에서 정한 바가 없을 때에는 막힌 줄눈으로 한다.
② 살두께가 작은 편을 위로 하여 쌓는다.
③ 줄눈 모르타르는 쌓은 후 줄는느르기 및 줄눈파기를 한다.
④ 특별한 지정이 없으면 줄눈은 10mm가 되게 한다.

해설 ②항, 블록은 살 두께가 두꺼운 편을 위로 가도록 쌓는다.

2020

■ 정답 ■　**62.**② 　**63.**③ 　**64.**③ 　**65.**① 　**66.**②

67 네트워크공정표의 단점이 아닌 것은?

① 다른 공정표에 비하여 작성시간이 많이 필요하다.
② 작성 및 검사에 특별한 기능이 요구된다.
③ 진척관리에 있어서 특별한 연구가 필요하다.
④ 개개의 관련작업이 도시되어 있지 않아 내용을 알기 어렵다.

해설 Network 공정표 (PERT/CPM)의 특징

장점	단점
1. 개개의 작업관련이 도시되어 있어 내용을 알기 쉽다.(작업의 상호관계가 명확)	1. 작성 및 검사에 특별한 기능이 요구된다.(기법에 대한 습득이 어렵다.)
2. 작성자 이외의 사람도 이해하기 쉽다.	2. 공정계획의 작성에 많은 시간이 소요된다.
3. 공정계획 관리면에서 신뢰도가 높다.	3. 진척관리에 있어서 특별한 연구가 필요하다.
4. 공사진척상황을 쉽게 알 수 있다.	4. 작업의 세분화 정도에는 한계가 있다.
5. 계획단계에서 공정상의 문제점이 명확하게 되어 사전에 적절히 수행할 수 있다.	5. 효과적인 예산통제의 기능은 없다.

68 주문받은 건설업자가 대상 계획의 기업, 금융, 토지조달, 설계, 시공 등을 포괄하는 도급계약방식을 무엇이라 하는가?

① 실비청산 보수가산도급
② 정액도급
③ 공동도급
④ 턴키도급

해설 턴키도급
  1) 건설업자가 대상계획의 기업, 금융, 토지 조달, 설계, 시공, 기계, 기구설치, 시운전 까지 주문자가 필요로 하는 모든 것을 조달하여 인도하는 도급계약 방식이다.
  2) 새로운 플랜트 공사와 특정공사 등에만 적용하고 있으며 해외공사 발주시에 주로 채택된다.

69 ALC 블록공사 시 내력벽 쌓기에 관한 내용으로 옳지 않은 것은?

① 쌓기 모르타르는 교반기를 사용하여 배합하여, 1시간 이내에 사용해야 한다.
② 가로 및 세로줄눈의 두께는 3~5mm 정도로 한다.
③ 하루 쌓기 높이는 1.8m를 표준으로 하며, 최대 2.4m 이내로 한다.
④ 연석되는 벽면의 일부를 나중쌓기로 할 때에는 그 부분을 층단 떼어쌓기로 한다.

해설 ALC 블록공사시 내력벽 쌓기(표준시방서)
  1) ①, ③, ④항
  2) 가로 및 세로줄눈의 두께는 1~3mm 정도로 한다.
  3) 블록상하단의 겹침길이는 블록길이의 1/3 ~1/2을 원칙으로 하고, 최소 100mm 이상으로 한다.
  4) 모서리 및 교차부 쌓기는 제어쌓기를 원칙으로 하여 통줄눈이 생기지 않도록 한다.
  5) 콘크리트 벽과 블록면이 만나는 부위는 연결철물로 보강한다.

70 시험말뚝에 변형률계(strain gauge)와 가속도계(accelerometer)를 부착하여 말뚝항타에 의한 파형으로부터 지지력을 구하는 시험은?

① 정적재하시험   ② 동적재하시험
③ 비비 시험   ④ 인발 시험

해설 동적 재하시험 : 본문 설명

71 지하 합벽거푸집에서 측압에 대비하여 버팀대를 삼각형으로 일체화한 공법은?

① 1회용 리브라스 거푸집
② 와플 거푸집
③ 무폼타이 거푸집
④ 단열 거푸집

해설 **무폼타이 거푸집** (tie-less formwork)
1) 폼타이가 없이 콘크리트의 측압을 지지하기 위한 브레이스 프레임(brace frame)을 사용하는 공법으로 브레이스 프레임 공법이라고도 한다.
2) 대형화한 갱폼에 측압을 부담하기 위한 브레이스프레임을 부착하고 이 프레임을 기 타설한 콘크리트 슬래브에 매입한 앵커에 고정하여 측압을 부담하게 하는 거푸집 공법이다.

72 부재별 철근의 정착위치에 관한 설명으로 옳지 않은 것은?

① 작은보의 주근은 슬래브에 정착한다.
② 기둥의 주근은 기초에 정착한다.
③ 바닥철근은 보 또는 벽체에 정착한다.
④ 벽철근은 기둥, 보 또는 바닥판에 정착한다.

해설 1) 기둥의 주근 : 기초에 정착한다.
2) 보의 주근 : 기둥에 정착한다.
3) 작은 보의 주근 : 큰 보에 정착한다.
4) 직교하는 단부 보 밑에 기둥이 없을 때 : 상호 간에 정착한다.
5) 벽 철근 : 기둥, 보, 기초 또는 바닥판에 정착한다.
6) 바닥 철근 : 보 또는 벽체에 정착한다.
7) 지중보의 주근 : 기초 또는 기둥에 정착한다.

73 다음은 표준시방서에 따른 기성말뚝 세우기 작업 시 준수사항이다. ( ) 안에 들어갈 내용으로 옳은 것은? (단, 보기항의 D는 말뚝의 바깥지름임)

> 말뚝의 연직도나 경사도는 (A) 이내로 하고, 말뚝박기 후 평면상의 위치가 설계도면의 위치로부터 (B)와 100mm 중 큰 값 이상으로 벗어나지 않아야 한다.

① A : 1/100, B : D/4
② A : 1/150, B : D/4
③ A : 1/100, B : D/2
④ A : 1/150, B : D/2

해설 **기성말뚝 세우기 작업시 준수사항**
1) 말뚝의 연직도나 경사도는 1/100 이내로 한다.
2) 말뚝박기 후 평면상의 위치가 설계도면의 위치로부터 D/4 와 100mm 중 큰 값 이상으로 벗어나지 않아야 한다. (D : 말뚝의 바깥지름)

74 제자리 콘크리트 말뚝지정 중 베노트 파일의 특징에 관한 설명으로 옳지 않은 것은?

① 기계가 저가이고 굴착속도가 비교적 빠르다.
② 케이싱을 지반에 압입해 가면서 관 내부토사를 특수한 버킷으로 굴착 비토한다.
③ 말뚝구멍의 굴착 후에는 철근콘크리트 말뚝을 제자리치기 한다.
④ 여러 지질에 안전하고 정확하게 시공할 수 있다.

해설 **베노토 공법**(Benoto method)
1) 베노토 공법 : 구경 굴삭기(Hammer grab)를 사용하여 케이싱을 삽입하고 내부에 콘크리트를 채워 제자리 콘크리트 말뚝을 형성하는 공법(케이싱만으로 공법을 보호하는 공법)이다.
2) 베노토 공법의 특징
① 올케이싱(All casing)공법으로 주변지반에 영향을 주지 않는다.
② 무소음, 무진동 상태에서 굴착이 가능하다.
③ 케이싱 튜브를 순차적으로 용접하여 잇거나 특수이음재로 이어서 긴말뚝(약 10m 까지)의 시공도 가능하다.
④ 시공의 확실성이 있다.
⑤ 지반조사 및 지지층의 확인도 가능하다.
⑥ 모든 지층에 적용이 가능하다.
⑦ 굴착속도가 느리다.

75 철골 공사 중 현장에서 보수도장이 필요한 부위에 해당되지 않는 것은?

① 현장 용접을 한 부위
② 현장접합 재료의 손상부위
③ 조립상 표면접합이 되는 면
④ 운반 또는 양중 시 생긴 손상부위

해설 녹막이 칠을 할 필요가 없는 부분
1) 콘크리트에 밀착 또는 매입되는 부분
2) 조립에 의해 서로 밀착되는 면
3) 현장용접을 하는 부위 및 그곳에 인접하는 양측 10mm 이내
  (용접부에서 50mm 이내)
4) 고장력 볼트 마찰 접합부의 마찰면
5) 폐쇄형 단면을 한 부재의 밀폐된 내면
6) 기계깎기 마무리면

76 웰포인트(well point)공법에 관한 설명을 옳지 않은 것은?

① 강제배수공법의 일종이다.
② 투수성이 비교적 낮은 사질실트층까지도 배수가 가능하다.
③ 흙의 안전성을 대폭 향상시킨다.
④ 인근 건축물의 침하에 영향을 주지 않는다.

해설 웰 포인트 공법
1) 출 수가 많고 깊은 터 파기에서 진공펌프와 원심펌프를 병용하는 지하수 배수에 의해 지하수위를 낮추는 공법이다.
2) 사질토, 실트층 등 투수성이 좋은 지반에는 효율이 좋으나 점토질 등 투수성이 나쁜 지반에는 효율이 나쁘다.
3) 흙막이 토질 악화를 예방하고, 흙막이 토압을 낮추며 기초 파기 공사를 용이하게 하고 지내력을 증가시킨다.

77 갱폼(Gang Form)에 관한 설명으로 옳지 않은 것은?

① 타워크레인, 이동식 크레인 같은 양중장비가 필요하다.
② 벽과 바닥의 콘크리트 타설을 한번에 가능하게 하기 위하여 벽체 및 슬래브거푸집을 일체로 제작한다.
③ 공사초기 제작기간이 길고 투자비가 큰 편이다.
④ 경제적인 전용횟수는 30~40회 정도이다.

해설 갱폼의 장단점

장점	1) 조립해체가 생략되고 설치와 탈형만 함으로 인력절감 2) 콘크리트 이음부위 감소로 마감단순화 및 비용절감 3) 기능공의 기능도에 좌우되지 않음 4) 1개 현장 사용후 합판 교체하여 재사용 가능
단점	1) 장비 필요, 초기투자비 과다 2) 거푸집 조립시간 필요〈취급 어려움〉 3) 기능공의 교육 및 숙달기간 필요

길잡이 터널폼(tunnel form)
백식 철근콘크리트 구조를 사용할 경우 벽과 바닥의 콘크리트 타설을 한 번에 가능하게 하기 위하여 벽체용 거푸집과 슬래브 거푸집을 일체로 제작하여 한 번에 설치하고 해체할 수 있도록 한 거푸집이다.

78 철골기둥의 이음부분 면을 절삭가공기를 사용하여 마감하고 충분히 밀착시킨 이음에 해당하는 용어는?

① 밀 스케일(mill scale)
② 스캘럽(scallop)
③ 스패터(spatter)
④ 메탈 터치(metal touch)

해설 1) 밀 스케일(mill scale) : 철강재를 가열, 압연, 가공 등을 할 때 표면에 붙은 산화철로 된 찌꺼기
2) 스캘럽(scallop) : 용접선이 교차를 이루는 것을 피하기 위해서 모재에 설치한 부채꼴 모양
3) 스패터(spatter) : 아크용접, 가스용접에서 용접 중 튀어나오는 슬랙 또는 금속입자
4) 메탈터치(metal touch) : 본문 설명

79 공사의 도급계약에 명시하여야 할 사항과 가장 거리가 먼 것은? (단, 첨부서류가 아닌 계약서 상 내용을 의미)

① 공사내용
② 구조설계에 따른 설계방법의 종류
③ 공사착수의 시기와 공사완성의 시기
④ 하자담보책임기간 및 담보방법

해설 공사의 도급계약의 명시하여야 할 사항
1) 공사내용(공사명)
2) 공사착수의 시기와 공사완성의 시기(착공년월일 및 준공연월일)
3) 하자담보 책임기간 및 담보방법

80 지하연속벽(Slurry wall) 굴착 공사 중 공벽붕괴의 원인으로 보기 어려운 것은?

① 지하수위의 급격한 상승
② 안정액의 급격한 점도 변화
③ 물다짐하여 매립한 지반에서 시공
④ 공사 시 공법의 특성으로 발생하는 심한 진동

해설 지하연속벽 굴착공사 중 공벽붕괴의 원인
1) 지하수위의 급격한 상승(지하수의 침입)
2) 안정액의 급격한 점도변화
3) 물다짐하여 매립한 지반에서 시공

제5과목 / 건설재료학

81 다음 미장재료 중 수경성 재료인 것은?

① 회반죽
② 회사벽
③ 석고 플라스터
④ 돌로마이트 플라스터

해설 응결·경화방식에 따른 미장재료의 분류
1) 수경성 미장재료(팽창성) : 물(H_2O)과 수화반응에 의해 경화하는 미장재료이다.
① 시멘트 모르타르 : 시멘트-모래+물
② 석고 플라스터 : 석고+모래+여물+물
③ 경석고 플라스터 : 무수석고+모래+여물+물
④ 인조석 바름 : 시멘트모르타르+인조석
⑤ 테라조(terrazzo) 현장바름 : 백시멘트+안료+종석(대리석, 화강석 등)
2) 기경성 미장재료(수축성) : 공기 중에서 경화하는 미장재료이며 종류는 다음과 같다.
① 진흙 : 진흙+짚여물+물
② 회반죽 : 소석회+모래+여물+해초풀
③ 회사벽 : 석회죽(lime cream)+모래(필요시 시멘트 또는 여물 혼입)
④ 돌로마이트 플라스터 : 돌로마이트 석회(마그네시아 석회)+모래+여물+물

82 부재 두께의 증가에 따른 강도저하, 용접성 확보 등에 대응하기 위해 열간압연 시 냉각조건을 조절하여 냉각속도에 의해 강도를 상승시킨 구조용 특수강재는?

① 일반구조용 압연강재
② 용접구조용 압연강재
③ TMC 강재
④ 내후성 강재

해설 TMC 강재 : 열간 압연시에 압연온도를 제어하여 최적의 재질로 압연하는 과정을 거쳐 제조된 강재를 말한다.

83 다음 중 고로시멘트의 특징으로 옳지 않은 것은?

① 고로시멘트는 포틀랜드시멘트 클링커에 급랭한 고로슬래그를 혼합한 것이다.
② 초기강도는 약간 낮으나 장기강도는 보통포틀랜드시멘트와 같거나 그 이상이 된다.
③ 보통포틀랜드시멘트에 비해 화학저항성이 매우 낮다.
④ 수화열이 적어 매스콘크리트에 적합하다.

해설 **고로 시멘트** : 고로에서 선철을 만들 때 나오는 광재를 공기 중에서 냉각시키고 잘게 부순 것에 포틀랜드시멘트 클링커를 혼합한 다음 석고를 적당히 섞어서 분쇄하여 분말로 한 것으로 그 특성은 다음과 같다.
1) 수화열이 적고 수축률이 적어서 댐공사 등에 적합하다.
2) 비중이 적다.
3) 단기강도가 적고 장기강도는 크다.
4) 콘크리트의 블리딩이 적어진다.
5) 해수에 대한 저항성이 크다.

84 목재를 이용한 가공제품에 관한 설명으로 옳은 것은?

① 집성재는 두께 1.5~3cm 의 널을 접착제로 섬유평행방향으로 겹쳐 붙여서 만든 제품이다.
② 합판은 3매이상의 얇은 판을 1매마다 접착제로 섬유평행방향으로 겹쳐 붙여서 만든 제품이다.
③ 연질섬유판은 두께 50mm, 나비 100mm의 긴 판에 표면을 리브로 가공하여 만든 제품이다.
④ 파티클보드는 코르크나무의 수피를 분말로 가열, 성형, 접착하여 만든 제품이다.

해설 **목재의 가공제품**
1) **집성목재** : 판을 섬유방향에 평행하도록 붙여서 만든다.
2) **합판** : 3매 이상의 얇은 판을 1매마다 섬유방향

에 직교하도록 붙여서 만든 것이다.
3) **연질섬유판** : 비중 0.4미만, 함수율 16% 이하, 건축의 내장 및 보온을 목적으로 사용된다.
4) **파티클 보드** : 목재를 소편으로 만들어 건조시킨 다음 수지를 합침하여 가압경화 시킨 판재 제품이다.

85 플라스틱 제품 중 비닐 레더(vinyl leather)에 관한 설명으로 옳지 않은 것은?

① 색채, 모양, 무늬 등을 자유롭게 할 수 있다.
② 면포로 된 것은 찢어지지 않고 튼튼하다.
③ 두께는 0.5~1mm이고 길이는 10m의 두루마리로 만든다.
④ 커튼, 테이블크로스, 방수막으로 사용된다.

해설 **비닐레더**(vinyl leather)
1) 염화비닐에 가소제를 넣어 잘 이겨서 안료와 안정제를 혼합한 후 이를 바탕이 되는 면포와 함께 캘린더 롤러에 통과시켜 만든 것이다.
2) 용도 : 벽지, 천장지와 가구 등에 많이 이용된다.

86 알루미늄의 성질에 관한 설명으로 옳지 않은 것은?

① 비중이 철에 비해 약 1/3 정도이다.
② 황산, 인산 중에서는 침식되지만 염산 중에서는 침식되지 않는다.
③ 열, 전기의 양도체이며 반사율이 크다.
④ 부식률을 대기 중의 습도와 염분함류량, 불순물의 양과 질 등에 관계되며 0.08mm/년 정도이다.

해설 ②항, Al(알루미늄)은 내산성 및 내 알칼리성이 약하다.

87 목재 건조 시 생재를 수중에 일정기간 침수시키는 주된 이유는?

① 재질을 연하게 만들어 가공하기 쉽게 하기 위하여
② 목재의 내화도를 높이기 위하여
③ 강도를 크게 하기 위하여
④ 건조기간을 단축시키기 위하여

해설 목재건조 시 생재를 수중에 침수시키는 이유 : 건조기간을 단축시키기 위하여

88 다음 중 방청도료에 해당되지 않는 것은?

① 광명단조합페인트 ② 클리어 래커
③ 에칭프라이머 ④ 징크로메이트 도료

해설 방청도료
1) 광명단 도료 : Pb_3O_4를 보일드유에 녹인 유성페인트의 일종이다.
2) 산화철 도료 : 도막의 내구성도 좋다.
3) 알루미늄 도료 : 알루미늄 분말을 안료로 하는 도료로서(방청효과 및 열 반사 효과가 있다.)
4) 징크로메이트 도료 : 전색제로 알키드 수지, 안료로 크롬산아연을 사용한 도료가 있다.
5) 워시 프라이머(엣칭 프라이머) : 합성수지의 전색제에 소량의 안료와 인산을 첨가한 도료이다.
6) 기타 아스팔트, 타르, 피치 등이 있다.

89 보통시멘트콘크리트와 비교한 폴리머 시멘트콘크리트의 특징으로 옳지 않은 것은?

① 유동성이 감소하여 일정 워커빌리티를 얻는데 필요한 물 – 시멘트비가 증가한다.
② 모르타르, 강재, 목재 등의 각종 재료와 잘 접착한다.
③ 방수성 및 수밀성이 우수하고 동결융해에 대한 저항성이 양호하다.
④ 휨, 인장강도 및 신장능력이 우수하다.

해설 ①항, 유동성이 커서 일정 워커빌리티를 얻는데 필요함 물·시멘트비가 감소한다.

90 실리콘(silicon)수지에 관한 설명으로 옳지 않은 것은?

① 실리콘수지는 내열성, 내한성이 우수하여 −60~260℃의 범위에서 안정하다.
② 탄성을 지니고 있고, 내후성도 우수하다.
③ 발수성이 있기 때문에 건축물, 전기 절연물 등의 방수에 쓰인다.
④ 도료로 사용할 경우 안료로서 알루미늄 분말을 혼합한 것은 내화성이 부족하다.

해설 실리콘(silicon)
1) 제법 : 염화규소에 그리냐르 시약을 가하여 클로로실란을 제조하여 만든다. 클로실란의 종류와 배합비에 따라 액체, 고무, 수지 등을 얻는다.
2) 성질 : 실리콘은 내열성이 우수하다. 실리콘 고무는 −60~260℃에 걸쳐 탄성을 유지하고, 150~177℃에서는 장시간 연속사용에 견디고, 270℃의 고온에서도 수 시간 사용이 가능하다. 도료의 경우 안료로서 알루미늄 분말을 혼합한 것은 500℃에서는 수 시간, 250℃에서는 장시간을 견딘다. 실리콘은 전기절연성 및 내수성이 좋고 발수성(撥水性)이 있다.
3) 용도 : 실리콘 오일은 감마제(減摩劑), 펌프유, 절연유, 방수제로 쓰이고, 실리콘 고무는 고온, 저온에서 탄성이 있어서 가스켓(gasket), 패킹(packing) 등에 쓰인다.

91 다음 제품 중 점토로 제작된 것이 아닌 것은?

① 경량벽돌 ② 테라코타
③ 위생도기 ④ 파키트리 패널

해설 파키트리 패널(parquetry pane) : 목재제품으로 마루판재이다.

2020

92 다음 각 도료에 관한 설명으로 옳지 않은 것은?

① 유성페인트 : 건조시간이 길고 피막이 튼튼하고 광택이 있다.
② 수성페인트 : 유성페인트에 비하여 광택이 매우 우수하고 내구성 및 내마모성이 크다.
③ 합성수지 페인트 : 도막이 단단하고 내산성 및 내알칼리성이 우수하다.
④ 에나멜페인트 : 건조가 빠르고, 내수성 및 내약품성이 우수하다.

해설 ②항, **수성페인트** : 물을 용제로 하는 도료의 총칭으로 취급이 간단하고 건조가 빠르나 광택이 없다.

93 경질우레탄폼 단열재에 관한 설명으로 옳지 않은 것은?

① 규격은 한국산업표준(KS)에 규정되어 있다.
② 공사현장에서 발포시공이 가능하다.
③ 사용시간이 경과함에 따라 부피가 팽창하는 결점이 있다.
④ 초저온 장치용 보냉제로 사용된다.

해설 ③항, 경질우레탄폼 단열재는 사용시간이 경과함에 따라 부피가 줄어들고 점차 열전도율이 높아지는 결점이 있다.

94 콘크리트용 골재의 요구성능에 관한 설명으로 옳지 않은 것은?

① 골재의 강도는 경화한 시멘트페이스트 강도보다 클 것
② 골재의 형태가 예각이며, 표면은 매끄러울 것
③ 골재의 입형이 둥글고 입도가 고를 것
④ 먼지 또는 유기불순물을 포함하지 않을 것

해설 골재의 표면은 거칠 것

95 양질의 도토 또는 장석분을 원료로 하며, 흡수율이 1% 이하로 거의 없고 소성온도가 약 1230~1460℃인 점포 제품은?

① 토기   ② 석기
③ 자기   ④ 도기

해설 점토소성 제품의 종류 및 특성

종류	원료	소성온도	흡수성	강도	특성	제품
토기	보통점토 (전답의 흙)	790 ~1000	크다	취약	흡수성이 크고 깨지기 쉽다	벽돌, 기와, 토관
도기	도토(석영 운모의 풍화물)	1100 ~1230	약간 크다	견고	다공질로서 흡수성이 있고 질이 좋으며 두드리면 탁음이 난다.	타일, 테라코다, 위생용기
석기	양질점토(유기질 없음)	1160 ~1350	작다	치밀 견고	흡수성이 극히 작고 경도와 강도가 크다.	벽돌, 타일, 토관, 테라코타
자기	양질점토 또는 장석분	1230 ~1460	아주 작다	치밀 견고	흡수성이 극히 작고 경도와 강도가 가장 크다.	타일, 위생도기

96 콘크리트의 워커빌리티(workability)에 관한 설명으로 옳지 않은 것은?

① 과도하게 비빔시간이 길면 시멘트의 수화를 촉진하여 워커빌리티가 나빠진다.
② 단위수량을 너무 증가시키면 재료분비가 생기기 쉽기 때문에 워커빌리티가 좋아진다고 볼 수 없다.
③ AE제를 혼입하면 워커빌리티가 좋아진다.
④ 깬자갈이나 깬모래를 사용할 경우, 잔골재율을 작게 하고 단위수량을 감소시켜 워커빌리티가 좋아진다.

해설 1) **워커빌리티**(workability, 시공연도) : 콘크리트의 반죽질기에 의한 작업의 난이도 및 재료분리에 저항하는 정도를 나타내는 성질이다.

2) 깬자갈이나 깬모래를 사용할 경우 잔골재율을 크게 하고 단위수량을 증가시켜야 워커빌리티가 좋아진다.

97 건축물에 사용되는 천장마감재의 요구성능으로 옳지 않은 것은?

① 내충격성
② 내화성
③ 흡음성
④ 차음성

해설 천장마감재의 요구성능
1) 내화성
2) 흡음성
3) 차음성

98 세라믹재료의 일반적인 특성에 관한 설명으로 옳지 않은 것은?

① 내열성, 화학저항성이 우수하다.
② 전·연성이 매우 뛰어나 가공이 용이하다.
③ 단단하고, 압축강도가 높다.
④ 전기절연성이 있다.

해설 세라믹재료 : 점토·모래 등의 비금속 유기물로 전성·연성이 작고 가공이 어렵다.

99 한중 콘크리트의 배합에 관한 설명으로 옳지 않은 것은?

① 한중 콘크리트에는 일반콘크리트만을 사용하고, AE콘크리트의 사용을 금한다.
② 단위수량은 초기동해를 적게 하기 위하여 소요의 워커빌리티를 유지할 수 있는 범위 내에서 되도록 적게 정하여야 한다.
③ 물 – 결합재비는 원칙적으로 60% 이하로 하여야 한다.
④ 배합강도 및 물 – 결합재비는 적산온도방식에 의해 결정할 수 있다.

해설 한중콘크리트
1) **한중콘크리트** : 동결위험이 있는 기간(겨울) 중

에 시공하는 콘크리트(치어붓기후 28일 간의 예상 평균기온이 약 3℃ 이하인 경우에 적용)
2) **한중콘크리트 시공시의 주의사항**
① 물시멘트비(W/C)를 60% 이하로 가급적 작게 한다.
② 압축강도는 초기양생 기간 내에 약 50kg/㎠ 정도가 얻어지도록 한다.

100 유리의 주성분 중 가장 많이 함유되어 있는 것은?

① CaO
② SiO_2
③ Al_2O_3
④ MgO

해설 유리의 주성분 : 규산(SiO_2)71~73%, 산화나트륨(Na_2O) 14~16%, 석회(CaO) 8~15% 정도로 함유되어 있다.

제6과목 / 건설안전기술

---

101 비계의 높이가 2m 이상의 작업장소에 설치하는 작업발판의 설치기준으로 옳지 않은 것은? (단, 달비계, 달대비계 및 말비계는 제외)

① 작업발판의 폭은 40cm 이상으로 한다.
② 작업발판재료는 뒤집히거나 떨어지지 않도록 하나 이상의 지지물에 연결하거나 고정시킨다.
③ 발판재료 간의 틈은 3cm 이하로 한다.
④ 작업발판의 지지물은 하중에 의하여 파괴될 우려가 없는 것을 사용한다.

해설 **작업발판의 구조(안전보건규칙 제 56조)** : 비계의 높이가 2m 이상인 작업장소에는 다음 각 호의 기준에 적합한 작업발판을 설치하여야 한다.
1) 발판재료는 작업시의 하중을 견딜 수 있도록 견고한 것으로 할 것
2) 작업발판의 폭은 40cm 이상, 발판재료 간의

■ 정답 ■　97.①　98.②　99.①　100.②　101.②

틈은 3cm 이하로 할 것

3) 선박 및 보트 건조작업의 경우 선박블록 또는 엔진실 등의 좁은 작업공간에 작업발판을 설치하기 위하여 필요하면 작업발판의 폭을 30cm 이상으로 할 수 있고, 결침비계의 경우 강관기둥 때문에 발판재료간의 틈을 3cm 이하로 유지하기 곤란하면 5cm 이하로 할 수 있다. 이 경우 그 틈 사이로 물체 등이 떨어질 우려가 있는 곳에는 출입금지 등의 조치를 하여야 한다.

4) 추락의 위험성이 있는 장소에는 안전난간을 설치할 것(작업의 성질상 안전난간을 설치하는 것이 곤란한 때 및 작업의 필요상 임시로 안전난간을 해체함에 있어서 방망을 치거나 근로자로 하여금 안전대를 사용하도록 하는 등 추락에 의한 위험방지조치를 한 때에는 그러하지 아니하다.)

5) 작업발판의 지지물은 하중에 의하여 파괴될 우려가 없는 것을 사용할 것

6) 작업발판재료는 뒤집히거나 떨어지지 아니하도록 2이상의 지지물에 부착시킬 것

7) 작업발판을 작업에 따라 이동시킬 때에는 위험방지에 필요한 조치를 할 것

102 NATM공법 터널공사의 경우 록 볼트 작업과 관련된 계측결과에 해당되지 않은 것은?

① 내공변위 측정 결과
② 천단침하 측정 결과
③ 인발시험 결과
④ 진동 측정 결과

해설 1) NATM(New Austrian Tunnel Method) : 터널 주변 지반을 터널의 주지보를 이용하여 암석굴착 후 록볼트(rock bolt)를 체결하고 1차 라이닝(lining)-방수시트(sheet)-2차 라이닝(lining)하여 터널을 형성시키면서 굴진하는 공법

2) 계측별 조사항목
① 내공변위 측정 : 변위량, 변위속도 등을 파악하여 주위지반의 안전상 파악, 1차 지보의 설계, 시공 타당성 파악
② 천단침하 측정 : 천단의 변위량을 측정하여 터널 천장부의 침하 판단

③ 지표침하 측정 : 터널굴착에 따른 지표의 침하량 파악
④ 지중침하 측정 : 터널굴착에 따른 지중의 침하량 파악
⑤ 록볼트 축력 측정 : 록볼트(rock bolt)에 작용하는 축력을 심도별로 측정하여 지보효과와 유효설계 깊이 판단
⑥ 록볼트 인발강도 : 록볼트의 인발내력을 확인, 정착상태 파악
⑦ 숏크리트 응력 측정 : 배면토압과 숏크리트(shotcrete)의 내부응력 측정
⑧ 지중변위 측정 : 터널주변 이완영역과 볼트 길이 타당성 판단
⑨ 지중수평변위 측정 : 굴착에 따른 지반심도별 수평변위(경사)를 측정하여 수평방향의 지반이완영역 판단

103 거푸집동바리 등을 조립하는 경우에 준수하여야 할 사항으로 옳지 않은 것은?

① 깔목의 사용, 콘크리트 타설, 말뚝박기 등 동바리의 침하를 방지하기 위한 조치를 할 것
② 개구부 상부에 동바리를 설치하는 경우에는 상부하중을 견딜 수 있는 견고한 받침대를 설치할 것
③ 거푸집이 곡면인 경우에는 버팀대의 부착 등 그 거푸집의 부상(浮上)을 방지하기 위한 조치를 할 것
④ 동바리의 이음은 맞댄이음이나 장부이음을 피할 것

해설 동바리 이음 : 맞댄이음 도는 장부이음으로 하고 같은 품질의 재료를 사용할 것

104 불도저를 이용한 작업 중 안전조치사항으로 옳지 않은 것은?

① 작업종료와 동시에 삽날을 지면에서 띄우고 주차 제동장치를 건다.
② 모든 조종간은 엔진 시동전에 중립 위치에 놓는다.
③ 장비의 승차 및 하차 시 뛰어내리거나 오르지 말고 안전하게 잡고 오르내린다.
④ 야간작업 시 자주 장비에서 내려와 장비 주위를 살피며 점검하여야 한다.

해설 ①항, 작업종료와 동시에 삽날을 지면에 내려놓고 주차 제동장치를 건다.

105 콘크리트 타설작업과 관련하여 준수하여야 할 사항으로 가장 거리가 먼 것은?

① 당일의 작업을 시작하기 전에 해당 작업에 관한 거푸집 동바리 등의 변형·변위 및 지반의 침하 유무 등을 점검하고 이상이 있으면 보수할 것
② 콘크리트를 타설하는 경우에는 편심이 발생하지 않도록 골고루 분산하여 타설할 것
③ 진동기의 사용은 많이 할수록 균일한 콘크리트를 얻을 수 있으므로 가급적 많이 사용할 것
④ 설계도서상의 콘크리트 양생기간을 준수하여 거푸집동바리 등을 해체할 것

해설 콘크리트의 타설작업시 준수해야 할 사항
1) 당일의 작업을 시작하기 전에 당해 작업에 관한 거푸집동바리 등의 변형변위 및 지반의 침하유무 등을 점검하고 이상을 발견한 때에는 이를 보수할 것
2) 작업 중에는 거푸집 동바리 등의 변형변위 및 침하유무 등을 감시할 수 있는 감시자를 배치하여 이상을 발견한 때에는 작업을 중지시키고 근로자를 대피시킬 것
3) 콘크리트의 타설 작업시 거푸집 붕괴의 위험이 발생할 우려가 있는 때에는 충분한 보강 조치

를 할 것
4) 설계 도서상의 콘크리트 양생기간을 준수하여 거푸집 동바리 등을 해체할 것
5) 콘크리트를 타설하는 경우에는 편심이 발생하지 않도록 골고루 분산하여 타설할 것

106 화물취급작업과 관련한 위험방지를 위해 조치하여야 할 사항으로 옳지 않은 것은?

① 하역작업을 하는 장소에서 작업장 및 통로의 위험한 부분에는 안전하게 작업할 수 있는 조명을 유지할 것
② 하역작업을 하는 장소에서 부두 또는 안벽의 선을 따라 통로를 설치하는 경우에는 폭을 50cm 이상으로 할 것
③ 차량 등에서 화물을 내리는 작업을 하는 경우에 해당 작업에 종사하는 근로자에게 쌓여 있는 화물 중간에서 화물을 빼내도록 하지 말 것
④ 꼬임이 끊어진 섬유로프 등을 화물운반용 또는 고정용으로 사용하지 말 것

해설 ②항, 부두 또는 안벽의 선을 따라 통로를 설치하는 경우에는 폭을 90cm 이상으로 할 것

107 유해위험방지 계획서를 제출하려고 할 때 그 첨부서류와 가장 거리가 먼 것은?

① 공사개요서
② 산업안전보건관리비 작성요령
③ 전체 공정표
④ 재해 발생 위험 시 연락 및 대피방법

해설 유해·위험 방지 계획서 첨부 서류(규칙 별표 15)
1) 공사 개요 및 안전보건관리계획
　① 공사 개요서(별지 제 45호 서식)
　② 공사현장의 주변 현황 및 주변과의 관계를 나타내는 도면(매설물 현황 포함)
　③ 건설물, 사용 기계설비 등의 배치를 나타내는 도면
　④ 전체 공정표

⑤ 산업안전보건관리비 사용계획(별지 제 46호
서식)
⑥ 안전관리 조직표
⑦ 재해 발생 위험 시 연락 및 대피방법
2) 작업 공사 종류별 유해·위험방지계획

108 건설재해대책의 사면보호공법 중 식물을
생육시켜 그 뿌리로 사면의 표층토를 고정하여
빗물에 의한 침식, 동상, 이완 등을 방지하고, 녹화
에 의한 경관조성을 목적으로 시공하는 것은?

① 식생공   ② 쉴드공
③ 뿜어 붙이기공   ④ 블록공

해설 **식생공법**
1) 식물을 생육시켜 그 뿌리로 사면의 표층토를 고
정하여 빗물에 의한 침식, 동상, 이완등을 방지
한다.
2) 녹화에 의한 경관조성을 목적으로 한다.

109 건설현장에 설치하는 사다리식 통로의
설치기준을 옳지 않은 것은?

① 발판과 벽과의 사이는 15cm 이상의 간격을
유지할 것
② 발판의 간격은 일정하게 할 것
③ 사다리의 상단은 걸쳐놓은 지점으로부터
60cm 이상 올라가도록 할 것
④ 사다리식 통로의 길이가 10m 이상인 경우
에는 3m 이내마다 계단참을 설치할 것

해설 사다리식 통로의 길이가 10m 이상인 경우에는
5m 이내마다 계단참을 설치할 것

110 표준관입시험에 관한 설명으로 옳지 않
은 것은?

① N치(N – value)는 지반을 30cm 굴진하는데
필요한 타격횟수를 의미한다.
② N치가 4~10일 경우 모래의 상대밀도는 매

우 단단한 편이다.
③ 63.5kg 무게의 추를 76cm 높이에서 자유낙
하하여 타격하는 시험이다.
④ 사질지반에 적용하며, 점토지반에서는 편차
가 커서 신뢰성이 떨어진다.

해설 **표준관입시험** : 63.5kg의 추를 75cm의 높이에
서 자유 낙하시켜 30cm 관입시험 때의 타격회
수(N)를 측정하여 흙의 경·연도의 정도를 판정
하는 방법
1) 사질지반의 상대밀도 등 토질 조사시 신뢰성이
높다.
2) N값과 모래의 상태

N의 값	모래의 상태
0~5	몹시 느슨하다.
5~10	느슨하다.
10~30	보통
50이상	다진 상태(밀실 상태)

111 건설공사의 산업안전보건관리비 계상
시 대상액이 구분되어 있지 않은 공사는 도급계
약 또는 자체사업 계획 상의 총 공사금액 중 얼
마를 대상액으로 하는가?

① 50%   ② 60%
③ 70%   ④ 80%

해설 건설공사 안전관리비 계상시 대상액이 구분되어
있지 않은 공사의 대상액 : 도급계약 또는 자체
사업 계획상의 총공사금액의 70%

112 흙막이 지보공을 설치하였을 경우 정기
적으로 점검하고 이상을 발견하면 즉시 보수하
여야 하는 사항과 가장 거리가 먼 것은?

① 부재의 접속부·부착부 및 교차부의 상태
② 버팀대의 긴압(緊壓)의 정도
③ 부재의 손상·변형·부식·변위 및 탈락의 유무
와 상태
④ 지표수의 흐름 상태

■ 정답 ■ 108.① 109.④ 110.② 111.③ 112.④

해설 흙막이지보공 설치시 정기적 점검사항
1) 부재의 손상·변형·부식 변위 및 탈락의 유무와 상태
2) 버팀대의 긴압의 정도
3) 부재의 접속부·부착부·교차부의 상태
4) 침하의 정도

> **길잡이** 터널보공 설치 시 수시점검사항
> ① 부재의 손상·변형·부식 변위 및 탈락의 유무와 상태
> ② 부재의 긴압의 정도
> ③ 부재의 접속부 및 교차부의 상태
> ④ 기둥침하의 유무 및 상태

113 작업발판 및 통로의 끝이나 개구부로서 근로자가 추락할 위험이 있는 장소에서 난간 등의 설치가 매우 곤란하거나 작업의 필요상 임시로 난간 등을 해체하여야 하는 경우에 설치하여야 하는 것은?

① 구명구　　　　② 수직보호망
③ 석면포　　　　④ 추락방호망

해설 개구부 등의 방호조치(안전보건규칙 제 43조)
1) 안전난간, 울타리, 수직형 추락방호망 설치
2) 덮개 설치
3) (난간 설치 곤란 시 등) 추락방호망 설치
4) 안전대 착용

114 산업안전보건법령에 따른 양중기의 종류에 해당하지 않는 것은?

① 곤돌라　　　　② 리프트
③ 클램쉘　　　　④ 크레인

해설 양중기의 종류
1) 크레인(호이스트 포함)
2) 이동식 크레인
3) 리프트(이삿짐운반용 리프트의 경우 적재하중이 0.1ton 이상인 것)
4) 곤돌라
5) 승강기

115 철골용접부의 내부결함을 검사하는 방법으로 가장 거리가 먼 것은? (문제 오류로 가답안 발표시 1번으로 발표되었지만 확정답간 발표시 1, 3, 4번이 정답처리 되었습니다. 여기서는 가답안인 1번을 누르시면 정답 처리 됩니다.)

① 알칼리 반응 시험
② 방사선 투과시험
③ 자기분말 탐상시험
④ 침투 탐상시험

해설 1) 철골용접부의 내부결함을 검사하는 방법 : 비파괴검사
2) 비파괴검사 : 방사선투과시험, 자기분말탐상시험, 침투탐상시험 등

116 도심지 폭파해체공법에 관한 설명으로 옳지 않은 것은?

① 장기간 발생하는 진동, 소음이 적다.
② 해체 속도가 빠르다.
③ 주위의 구조물에 끼치는 영향을 적다.
④ 많은 분진 발생으로 민원을 발생시킬 우려가 있다.

해설 ③항, 주위의 구조물에 끼치는 영향이 크다.

117 근로자의 추락 등의 위험을 방지하기 위한 안전난간의 설치요건에서 상부난간대를 120cm 이상 지점에 설치하는 경우 중간난간대를 최소 몇 단 이상 균등하게 설치하여야 하는가?

① 2단　　　　② 3단
③ 4단　　　　④ 5단

해설 안전난간의 구조 및 설치요건(안전보건규칙 제 132조)
1) 상부 난간대, 중간 난간대, 발끝막이판 및 난간기둥으로 구성할 것. 다만, 중간 난간대, 발끝막이판 및 난간기둥은 이와 비슷한 구조와 성능을 가진 것으로 대체할 수 있다.

■ 정답 ■　113.④　114.③　115.①　116.③　117.①

2) 상부 난간대는 바닥면발판 또는 경사로의 표면 (이하 "바닥면등"이라 함)으로부터 90cm 이상 지점에 설치하고, 상부 난간대를 120cm 이하 에 설치하는 경우에는 중간 난간대는 상부 난 간대와 바닥면등의 중간에 설치하여야 하며, 120cm 이상 지점에 설치하는 경우에는 중간 난간대를 2단 이상으로 균등하게 설치하고 난 간의 상하 간격은 60cm 이하가 되도록 할 것 다만, 계단의 개방된 측면에 설치된 난간기둥 간의 간격이 25cm 이하인 경우에는 중간 난간 대를 설치하지 아니할 수 있다.

3) 발끝막이판은 바닥면등으로부터 10cm 이상의 높이를 유지할 것 다만, 물체가 떨어지거나 날 아올 위험이 없거나 그 위험을 방지할 수 있는 망을 설치하는 등 필요한 예방 조치를 한 장소 는 제외한다.

4) 난간기둥은 상부 난간대와 중간 난간대를 견고 하게 떠받칠 수 있도록 적정한 간격을 유지할 것

5) 상부 난간대와 중간 난간대는 난간 길이 전체에 걸쳐 바닥면등과 평행을 유지할 것

6) 난간대는 지름 2.7cm 이상의 금속제 파이프나 그 이상의 강도가 있는 재료일 것

7) 안전난간은 구조적으로 가장 취약한 지점에서 가장 취약한 방향으로 작용하는 100kg 이상의 하중에 견딜 수 있는 튼튼한 구조일 것

118 말비계를 조립하여 사용하는 경우 지주 부재와 수평면의 기울기는 얼마 이하로 하여야 하는가?

① 65°   ② 70°
③ 75°   ④ 80°

해설 말비계를 조립하여 사용시 준수사항

1) 지주부재의 하단에는 미끄럼 방지장치를 하고, 양측 끝부분에 올라서서 작업하지 아니하도록 할 것

2) 지주부재와 수평면과의 기울기를 75°이하로 하고, 지주부재와 지주부재 사이를 고정시키는 보조부재를 설치할 것

3) 말비계의 높이가 2m를 초과할 경우에는 작업 발판의 폭을 40cm 이상으로 할 것

119 지반 등의 굴착 시 위험을 방지하기 위 한 연암 지반 굴착면의 기울기 기준으로 옳은 것은?

① 1 : 0.3   ② 1 : 0.4
③ 1 : 1.0   ④ 1 : 0.6

해설 굴착면 구배기준

구분	지반의 종류	구배
보통 흙	모래	1 : 1.8
	그 밖에 흙	1 : 1.2
암반	풍화암	1 : 1.0
	연암	1 : 1.0
	경암	1 : 0.5

120 흙막이 공법을 흙막이 지지방식에 의한 분류와 구조방식에 의한 분류로 나눌 때 다음 중 지지방식에 의한 분류에 해당하는 것은?

① 수평 버팀대식 흙막이 공법
② H – Pile 공법
③ 지하연속법 공법
④ Top down method 공법

해설 흙막이 공법의 종류

구분	공법 종류
흙막이 지지방식에 의한 분류	1) 자립공법 2) 버팀대 공법(빗버팀대식, 수평버팅대식) 3) 어스앵커공법 4) 타이로드 공법
흙막이 구조방식에 의한 분류	1) H-Pile 공법(H 말뚝, 흙막이 토류판 공법) 2) 버팀대공법(강널말뚝공법, 강관널말뚝 공법) 3) Slurry Wall(지하연속벽공법, 다이어프램 월) (주열식 지하연속벽, 벽식 지하 연속법) 4) 톱다운 공법(역타 공법)

2021년 시행

건설안전기사

제1과목 / 산업안전관리론

01 안전관리에 있어 5C 운동(안전행동 실천운동)에 속하지 않는 것은?

① 통제관리(Control)
② 청소청결(Cleaning)
③ 정리정돈(Clearance)
④ 전심전력(Concentration)

해설 5C 운동 (안전행동 실천운동)
1) Correctness : 복장단정
2) Clearance : 정리정돈
3) Cleaning : 청소청결
4) Cheacking : 점검확인
5) Concentration : 전심전력

02 연평균 200명의 근로자가 작업하는 사업장에서 연간 2건의 재해가 발생하여 사망이 2명, 50일의 휴업일수가 발생했을 때, 이 사업장의 강도율은? (단, 근로자 1명당 연간근로시간은 2400시간으로 한다.)

① 약 15.7　　② 약 31.3
③ 약 65.5　　④ 약 74.3

해설 강도율 $= \dfrac{\text{근로손실일수}}{\text{연근로시간수}} \times 1000$

$= \dfrac{(2 \times 7500) + (50 \times 300/365)}{200 \times 2400} \times 1000$

$= 31.33$

03 산업안전보건법령상 안전보건표지의 색채와 색도기준의 연결이 옳은 것은? (단, 색도기준은 한국산업표준(KS)에 따른 색의 3속성에 의한 표시방법에 따른다.)

① 흰색 : N0.5
② 녹색 : 5G 5.5/6
③ 빨간색 : 5R 4/12
④ 파란색 : 2.5PB 4/10

해설 안전표지의 색채·색도 기준 및 용도

색채	색도기준	용도	사용예
빨간색	7.5R 4/14	금지	정지신호, 소화설비 및 그 장소, 유해행위 금지
		경고	화학물질 취급장소에서의 유해·위험경고
노란색	5Y 8.5/12	경고	화학물질 취급장소에서의 유해·위험 경고, 이외의 위험 경고, 주의표지 또는 기계방호물
파란색	2.5PB 4/10	지시	특정 행위의 지시 및 사실의 고지
녹색	2.5G 4/10	안내	비상구 및 피난소, 사람 또는 차량의 통행표지
흰색	N 9.5		파란색 또는 녹색에 대한 보조색
검은색	N 0.5		문자 및 빨간색 또는 노란색에 대한 보조색

04 위험예지훈련의 문제해결 4단계(4R)에 속하지 않는 것은?

① 현상파악　　② 본질추구
③ 대책수립　　④ 후속조치

■ 정답 ■　01.①　02.②　03.④　04.④

526

해설 위험예지훈련의 문제해결 4라운드(4Round)

1) 1R–현상파악 : 잠재위험요인을 발견하는 단계
(BS)

2) 2R–본질추구 : 가장 위험한 요인(위험포인트)을 합의로 결정하는 단계(요약)

3) 3R–대책수립 : 대책을 수립하는 단계 (BS적용)

4) 4R–행동목표 설정 : 행동계획을 정하고 수립한 대책 가운데서 질이 높은 항목에 합의하는 단계 (요약)

05 산업안전보건법령상 건설업의 경우 안전보건관리규정을 작성하여야 하는 상시근로자수 기준으로 옳은 것은?

① 50명 이상　　② 100명 이상
③ 200명 이상　　④ 300명 이상

해설 안전보건관리규정을 작성하여야 할 사업의 종류 및 규모(시행규칙 별표 6의 2)

사업의 종류	규모
1. 농업 2. 어업 3. 소프트웨어 개발 및 공급업 4. 컴퓨터 프로그래밍, 시스템 통합 및 관리업 5. 정보서비스업 6. 금융 및 보험업 7. 임대업: 부동산 제외 8. 전문, 과학 및 기술 서비스업 (연구개발업은 제외한다.) 9. 사업지원 서비스업 10. 사회복지 서비스업	상시 근로자 300명 이상을 사용하는 사업장
11. 제1호부터 제10호까지의 사업을 제외한 사업	100명 이상

06 작업자가 기계 등의 취급을 잘못해도 사고가 발생하지 않도록 방지하는 기능은?

① Back up 기능　　② Fail safe 기능
③ 다중계화 기능　　④ Fool proof 기능

해설 1) Fool proof : 인간이 기계 등의 취급을 잘못해도 사고로 연결되는 일이 없도록 하는 안전기능

2) Fail safe : 인간 또는 기계에 과오나 동작상의 실수가 있어도 안전사고를 발생시키지 않도록 2중 또는 3중으로 통제를 가하도록 한 체계

3) Back up : 중요 기능의 고장시에 그 기능을 대행하여 안전을 유지하는 방법

07 시설물의 안전 및 유지관리에 관한 특별법상 다음과 같이 정의되는 것은?

> 시설물의 붕괴, 전도 등으로 인한 재난 또는 재해가 발생할 우려가 있는 경우에 시설물의 물리적·기능적 결함을 신속하게 발견하기 위하여 실시하는 점검

① 긴급안전점검　　② 특별안전점검
③ 정밀안전점검　　④ 정기안전점검

해설 용어의 정의(시설물안전법 제 2조)

1) 정밀안전진단 : 시설물의 물리적기능적 결함을 발견하고 그에 대한 신속하고 적절한 조치를 하기 위하여 구조적 안전성과 결함의 원인 등을 조사측정평가하여 보수보강등의 방법을 제시하는 행위를 말한다.

2) 긴급안전점검 : 시설물의 붕괴전도 등으로 인한 재난 또는 재해가 발생할 우려가 있는 경우에 시설물의 물리적기능적 결함을 신속하게 발견하기 위하여 실시하는 점검을 말한다.

3) 성능평가 : 시설물의 기능을 유지하기 위하여 요구되는 시설물의 구조적 안전성, 내구성, 사용성 등의 성능을 종합적으로 평가하는 것을 말한다.

08 재해의 분석에 있어 사고유형, 기인물, 불안전한 상태, 불안전한 행동을 하나의 축으로 하고, 그것을 구성하고 있는 몇 개의 분류 항목을 크기가 큰 순서대로 나열하여 비교하기 쉽게 도시한 통계 양식의 도표는?

① 직선도　　② 특성요인도
③ 파레토도　　④ 체크리스트

2021

해설 통계적 원인분석방법

1) **파레토도** : 사고의 유형, 기인물 등 분류항목을 큰 순서대로 도표화하여 분석하는 방법이다.
2) **특성요인도** : 특성과 요인을 도표로 하여 어골상(魚骨狀)으로 세분화한다.
3) **클로즈 분석** : 데이터(data)를 집계하고 표로 표시하여 요인별 결과 내역을 교차한 클로즈 그림을 작성하여 분석하는 방법
4) **관리도** : 재해발생건수 등의 추이를 파악하고 목표관리를 행하는데 필요한 월별재해발생수를 그래프화하여 관리선을 설정·관리하는 방법이다.

09 산업안전보건법령상 안전관리자의 업무에 명시되지 않은 것은?

① 사업장 순회점검, 지도 및 조치 건의
② 물질안전보건자료의 게시 또는 비치에 관한 보좌 및 지도·조언
③ 산업재해에 관한 통계의 유지·관리·분석을 위한 보좌 및 지도·조언
④ 해당 사업장 안전교육계획의 수립 및 안전교육 실시에 관한 보좌 및 지도·조언

해설 안전관리자의 업무내용

1) 산업안전보건위원회 또는 안전보건에 관한 노사협의체에서 심의·의결한 업무와 해당 사업장의 안전보건관리규정 및 취업규칙에 정한 직무
2) 안전인증대상기계기구 등과 자율안전확인대상 기계기구 등의 구입시 적격품의 선정에 관한 보좌 및 지도·조언
3) 해당 사업장 안전교육계획의 수립 및 안전교육 실시에 관한 보좌 및 지도·조언
4) 사업장 순회점검, 지도 및 조치의 건의
5) 산업재해 발생의 원인조사 분석 및 재발방지를 위한 기술적 보좌 및 지도·조언
6) 산업재해에 관한 통계의 유지·관리·분석을 위한 보좌 및 지도·조언도(안전 분야에 한함)
7) 법 또는 법에 따른 명령으로 정한 안전에 관한 사항의 이행에 관한 보좌 및 지도·조언
8) 위험성 평가에 따른 보좌 및 지도·조언
9) 업무 수행 내용의 기록유지
10) 그밖에 안전에 관한 사항으로서 고용노동부장관이 정하는 사항

10 재해조사 시 유의사항으로 틀린 것은?

① 인적, 물적 양면의 재해요인을 모두 도출한다.
② 책임 추궁보다 재발 방지를 우선하는 기본 태도를 갖는다.
③ 목격자 등이 증언하는 사실 이외의 추측의 말은 참고만 한다.
④ 목격자의 기억보존을 위하여 조사는 담당자 단독으로 신속하게 실시한다.

해설 재해조사의 목적 및 재해조사시 유의사항

1) **재해조사의 목적** : 동종재해 및 유사재해의 재발방지
2) **재해조사시 유의사항**
   ① 사실을 수집한다(이유는 뒤에 확인)
   ② 목격자 등이 증언하는 사실 이외의 추측의 말은 참고로만 한다.
   ③ 조사는 신속히 행하고 긴급 조치하여 2차 재해의 방지를 도모한다.
   ④ 사람, 기계설비 양면의 재해요인을 모두 도출한다.
   ⑤ 객관적인 입장에서 공정하게 조사하며, 조사는 2인 이상이 한다.
   ⑥ 책임추궁보다 재발방지를 우선하는 기본 태도를 갖는다.
   ⑦ 피해자에 대한 구급조치를 우선한다.

11 재해발생의 간접원인 중 교육적 원인에 속하지 않는 것은?

① 안전수칙의 오해   ② 경험훈련의 미숙
③ 안전지식의 부족   ④ 작업지시 부적당

해설 재해발생의 간접원인

항목	세부항목
1. 기술적 원인	① 건물, 기계장치 설계 불량 ② 구조, 재료의 부적합 ③ 생산 공정의 부적당 ④ 점검, 정비·보존 불량
2. 교육적 원인	① 안전의식의 부족 ② 안전수칙의 오해 ③ 경험훈련의 미숙 ④ 작업방법의 교육 불충분 ⑤ 유해위험 작업의 교육 불충분
3. 작업관리상의 원인	① 안전관리 조직결함 ② 안전수칙 미제정 ③ 작업준비 불충분 ④ 인원배치 부적당 ⑤ 작업지시 부적당

12 산업안전보건법령상 산업안전보건관리비 사용명세서는 건설공사 종료 후 얼마간 보존해야 하는가? (단, 공사가 1개월 이내에 종료되는 사업은 제외한다.)

① 6개월간
② 1년간
③ 2년간
④ 3년간

해설 사용명세서 작성 및 보존 : 산업안전 보건관리비 사용명세서는 매월(공사가 1개월 이내에 종료되는 사업의 경우에는 해당 공사종료 시) 작성하고 공사종료 후 1년간 보존하여야 한다.

13 보호구 안전인증 고시상 성능이 다음과 같은 방음용 귀마개(기호)로 옳은 것은?

> 저음부터 고음까지 차음하는 것

① EP – 1
② EP – 2
③ EP – 3
④ EP – 4

해설 (1) 귀마개
① EP-1(1종) : 저음에서 고음까지 차단
② EP-2(2종) : 고음만 차단
(2) 귀덮개(EM) : 저음에서 고음까지 차단

14 산업안전보건기준에 관한 규칙상 지게차를 사용하는 작업을 하는 때의 작업 시작 전 점검사항에 명시되지 않은 것은?

① 제동장치 및 조종장치 기능의 이상 유무
② 하역장치 및 유압장치 기능의 이상 유무
③ 와이어로프가 통하고 있는 곳 및 작업장소의 지반상태
④ 전조등·후미등·방향지시기 및 경보장치 기능의 이상 유무

해설 지게차 작업시작 전 점검사항
1) 제동장치 및 조종 장치 기능의 이상 유무
2) 하역장치 및 유압장치 기능의 이상 유무
3) 바퀴의 이상 유무

4) 전조등후미등방향지시기 및 경보장치 기능의 이상 유무

15 산업안전보건법령상 산업안전보건위원회의 심의·의결사항에 명시되지 않은 것은? (단, 그밖에 해당 사업장 근로자의 안전 및 보건을 유지·증진시키기 위하여 필요한 사항은 제외)

① 사업장의 산업재해 예방계획의 수립에 관한 사항
② 산업재해에 관한 통계의 기록 및 유지에 관한 사항
③ 작업환경측정 등 작업환경의 점검 및 개선에 관한 사항
④ 안전장치 및 보호구 구입 시 적격품 여부 확인에 관한 사항

해설 산업안전보건위원회의 심의·의결사항
1) 사업장의 산업재해 예방계획의 수립에 관한 사항
2) 안전보건관리규정의 작성 및 변경에 관한 사항
3) 안전보건교육에 관한 사항
4) 작업환경측정 등 작업환경의 점검 및 개선에 관한 사항
5) 근로자의 건강진단 등 건강관리 에 관한 사항
6) 중대재해의 원인조사 및 재발방지대책의 수립에 관한 사항
7) 유해위험기계기구와 그밖에 설비를 도입한 경우 안전보건조치에 관한 사항

16 재해손실비 중 직접비에 속하지 않는 것은?

① 요양급여
② 장해급여
③ 휴업급여
④ 영업손실비

해설 하인리히의 재해손실비
총재해 cost = 직접비 + 간접비
(직접비 : 간접비 = 1 : 4)
1) 직접비 : 휴업보상비, 장해보상비, 요양보상비, 장의비, 유족보상비, 상병보상연금 등

2021

---

2) 간접비
　① 인적손실 : 본인 및 제 3자에 관한 것을 포함한 시간손실
　② 물적손실 : 기계, 공구, 재료, 시설의 복구에 소비된 시간 손실 및 재산 손실
　③ 생산손실 : 생산감소, 생산중단, 판매감소 등에 의한 손실
　④ 기타손실 : 교육훈련비, 병상위문금, 여비 및 교통비, 입원중의 잡비, 장의 비용 등

17 버드(F.Bird)의 사고 5단계 연쇄성 이론에서 제3단계에 해당하는 것은?

① 상해(손실)　　② 사고(접촉)
③ 직접원인(징후)　④ 기본원인(기원)

해설 버드의 사고연쇄성 이론 5단계
　1) 1단계 : 통제의 부족 - 관리 소홀(경영)
　2) 2단계 : 기본적인 - 기원(원인론)
　3) 3단계 : 직접원인 - 징후
　4) 4단계 : 사고 - 접촉
　5) 5단계 : 상해 - 손해 - 손실

18 브레인스토밍(Brain Storming) 4원칙에 속하지 않는 것은?

① 비판수용　　② 대량발언
③ 자유분방　　④ 수정발언

해설 브레인스토밍(BS, brain storming)의 4원칙
　1) 비평금지 : 좋다, 나쁘다고 비평하지 않는다.
　2) 자유분방 : 마음대로 편안히 발언한다.
　3) 대량발언 : 무엇이건 좋으니 많이 발언한다.
　4) 수정발언 : 타인의 아이디어에 수정하거나 덧붙여 말하여도 좋다.

19 산업안전보건법령상 안전인증대상기계등에 명시되지 않은 것은?

① 곤돌라　　　　② 연삭기
③ 사출성형기　　④ 고소 작업대

해설 안전인증대상 및 자율안전확인대상 기계·기구

안전인증대상 기계·기구	자율안전확인대상 기계·기구
1) 프레스 2) 전단기 3) 크레인 4) 리프트 5) 압력용기 6) 롤러기 7) 사출성형기 8) 고소작업대 9) 곤돌라	1) 연삭기 또는 연마기(휴대형은 제외) 2) 산업용 로봇 3) 혼합기 4) 파쇄기 또는 분쇄기 5) 식품가공용 기계(파쇄·절단·혼합·제면기만 해당) 6) 컨베이어 7) 자동차정비용 리프트 8) 공작기계(선반, 드릴기, 평삭·형삭기, 밀링만 해당) 9) 고정형 목재가공용기계(둥근톱, 대패, 루타기, 띠톱, 모떼기, 기계만 해당) 10) 인쇄기

20 안전관리조직의 유형 중 라인형에 관한 설명으로 옳은 것은?

① 대규모 사업장에 적합하다.
② 안전지식과 기술축적이 용이하다.
③ 명령과 보고가 상하관계뿐이므로 간단명료하다.
④ 독립된 안전참모 조직에 대한 의존도가 크다.

해설 ①항, 직계·참모(line-staff)혼합형
　　②항, 참모(staff)형
　　③항, 직계(line)형
　　④항, 참모(staff)형

제2과목 / 산업심리 및 교육

21 정신상태 불량에 의한 사고의 요인 중 정신력과 관계되는 생리적 현상에 해당되지 않는 것은?

① 신경계통의 이상
② 육체적 능력의 초과
③ 시력 및 청각의 이상
④ 과도한 자존심과 자만심

해설 1) 정신상태 불량에 대한 개성적 결함요소(성격결함)
　　① 약한 마음(심약)
　　② 과도한 자존심과 자만심
　　③ 사치 및 허영심
　　④ 다혈질, 도전적 성격
　　⑤ 인내력 부족
　　⑥ 고집 및 과도한 집착성
　　⑦ 감정의 장기 지속성
　　⑧ 태만(나태)
　　⑨ 경솔성(성급함)
　　⑩ 이기성 및 배타성
　　2) 정신력과 관계되는 생리적 현상
　　① 시력 및 청각의 이상
　　② 신경계통의 이상
　　③ 육체적 능력의 초과
　　④ 근육운동의 부적합
　　⑤ 극도의 피로

22 선발용으로 사용되는 적성검사가 잘 만들어졌는지를 알아보기 위한 분석방법과 관련이 없는 것은?

① 구성타당도
② 내용타당도
③ 동등타당도
④ 검사 – 재검사 신뢰도

해설 적성검사의 분석방법(타당도의 평가)
　　1) 구성타당도(개념타당도)
　　2) 내용타당도
　　3) 검사 – 재검사 신뢰도
　　4) 기준타당도

23 상황성 누발자의 재해유발 원인과 가장 거리가 먼 것은?

① 기능 미숙 때문에
② 작업이 어렵기 때문에
③ 기계설비에 결함이 있기 때문에
④ 환경상 주의력의 집중이 혼란되기 때문에

해설 사고경향성자(재해누발자)의 유형
　　1) **상황성 누발자** : 작업의 어려움, 기계설비의 결함, 환경상 주의력의 집중곤란, 심신의 근심 등 때문에 재해를 누발하는 자이다.
　　2) **습관성 누발자** : 재해의 경험으로 겁쟁이가 되거나 신경과민이 되어 재해를 유발하는 자와 일종의 슬럼프 상태에 빠져서 재해를 누발하는 것이다.
　　3) **소질성 누발자** : 재해의 소질적 요인가지고 있기 때문에 재해를 누발하는 자이다.
　　4) **미숙성 누발자** : 기능 미숙이나 환경에 익숙하지 못하기 때문에 재해를 누발하는 자이다.

24 생산작업의 경제성과 능률제고를 위한 동작경제의 원칙에 해당하지 않는 것은?

① 신체의 사용에 의한 원칙
② 작업장의 배치에 관한 원칙
③ 작업표준 작성에 관한 원칙
④ 공구 및 설비 디자인에 관한 원칙

해설 동직경제의 원칙
　　1) 신체사용에 관한 원칙
　　2) 작업장 배치에 관한 원칙
　　3) 공구 및 설비의 설계에 관한 원칙

25 매슬로우(Maslow)의 욕구 5단계를 낮은 단계에서 높은 단계의 순서대로 나열한 것은?

① 생리적 욕구 → 안전 욕구 → 사회적 욕구 → 자아실현의 욕구 → 인정의 욕구
② 생리적 욕구 → 안전 욕구 → 사회적 욕구 → 인정의 욕구 → 자아실현의 욕구
③ 안전 욕구 → 생리적 욕구 → 사회적 욕구 → 자아실현의 욕구 → 인정의 욕구
④ 안전 욕구 → 생리적 욕구 → 사회적 욕구 → 인정의 욕구 → 자아실현의 욕구

해설 **매슬로우(Maslow)의 욕구 5단계**
1) 1단계–생리적 욕구(신체적 욕구) : 기아, 갈등, 호흡, 배설, 성욕 등 기본적 욕구
2) 2단계–안전의 욕구 : 안전을 구하려는 욕구
3) 3단계–사회적 욕구(친화욕구) : 애정, 소속에 대한 욕구
4) 4단계–인정받으려는 욕구(자기존경의 욕구, 승인욕구) : 자존심, 명예, 성취, 지위 등에 대한 욕구
5) 5단계–자아실현의 욕구(성취욕구) : 잠재적인 능력을 실현하고자 하는 욕구

26 강의계획 시 설정하는 학습목적의 3요소에 해당하는 것은?

① 학습방법
② 학습성과
③ 학습자료
④ 학습정도

해설 **학습목적의 3요소**
1) **목표**(Goal) : 학습목적의 핵심으로 학습을 통하여 달성하려는 지표
2) **주제**(Subject) : 목표달성을 위한 테마
3) **학습 정도**(Level of Learning) : 학습범위와 내용의 정도

27 집단과 인간관계에서 집단의 효과에 해당하지 않는 것은?

① 동조효과
② 견물효과
③ 암시효과
④ 시너지효과

해설 **집단효과**
1) 동조효과(응집력)
2) synergy(system+energy)효과
3) 견물효과(見物效果)

28 안전보건교육의 단계별 교육 중 태도교육의 내용과 가장 거리가 먼 것은?

① 작업동작 및 표준작업방법의 습관화
② 안전장치 및 장비 사용 능력의 빠른 습득
③ 공구·보호구 등의 관리 및 취급태도의 확립
④ 작업지시·전달·확인 등의 언어·태도의 정확화 및 습관화

해설 **안전교육의 단계별 교육내용**

안전교육 3단계	교육내용
1. 지식 교육	① 안전의식의 향상 및 안전에 대한 책임감 주입 ② 안전규정 숙지를 위한 교육 ③ 기능교육, 태도교육에 필요한 기초지식을 주입
2. 기능 교육	① 전문적 기술 및 안전기술기능 ② 안전장치(방호 장치)관리기능 ③ 정비, 검사, 점검에 관한 기능
3. 태도 교육	① 작업동작 및 표준작업방법의 습관화 ② 공구, 보호구 등의 관리 및 취급태도의 확립 ③ 점검 및 검사(작업 전후)요령의 정확화 및 습관화 ④ 지시, 전달, 확인 등 언어·태도의 정확화 및 습관화

29 O.J.T(On the Job Training)의 장점이 아닌 것은?

① 개개인에게 적절한 지도훈련이 가능하다.
② 전문가를 강사로 초빙하는 것이 가능하다.
③ 훈련에 필요한 업무의 계속성이 끊어지지 않는다.
④ 직장의 실정에 맞게 실제적 훈련이 가능하다.

■ 정답 ■ 25.② 26.④ 27.③ 28.② 29.②

해설 OJT와 off-JT의 특징

O·J·T (현장중심교육)	off J·T (현장외 중심교육)
① 개개인에게 적합한 지도 훈련이 가능	① 다수의 근로자에게 조직적 훈련이 가능
② 직장의 실정에 맞는 실제적 훈련을 할 수 있다.	② 훈련에만 전념하게 된다.
③ 훈련 필요한 업무의 계속성이 끊어지지 않음	③ 특별설비기구를 이용할 수 있음
④ 즉시 업무에 연결되는 관계로 신체와 관련 있음	④ 전문가를 강사로 초청할 수 있음
⑤ 효과가 곧 업무에 나타나며 훈련의 좋고 나쁨에 따라 개선이 용이함	⑤ 각 직장의 근로자가 많은 지식이나 경험을 교류할 수 있음
⑥ 교육을 통한 훈련 효과에 의해 상호 신뢰 이해도가 높아짐	⑥ 교육훈련 목표에 대해서 집단적 노력이 흐트러질 수도 있음

30 인간의 심리 중에는 안전수단이 생략되어 불안전 행위를 나타내는 경우가 있다. 안전수단이 생략되는 경우로 가장 적절하지 않은 것은?

① 의식과잉이 있을 때
② 교육훈련을 실시할 때
③ 피로하거나 과로했을 때
④ 부적합한 업무에 배치될 때

해설 교육훈련을 실시할 때 : 불안전한 행위가 나타나지 않고 안전수단 생략되는 경우를 없앨 수 있다.

31 산업안전심리학에서 산업안전심리의 5대 요소에 해당하지 않는 것은?

① 감정　　　　② 습성
③ 동기　　　　④ 피로

해설 안전심리의 5대 요소
1) 습관 : 여러 번 거듭되는 동안 몸에 배어 굳어 버린 버릇
2) 습성 : 오랜 습관으로 인하여 굳어져 버린 성질로 본능, 학습, 조건반사 등에 의해 형성
3) 동기 : 사람의 마음을 움직여 어떤 행동을 하게 하는 원동력

4) 기질 : 감정의 경향으로 나타나는 개인의 성질
5) 감정 : 어떤 대상이나 상태에 따라 나타나는 슬픔, 기쁨, 불쾌감 등에 해당되는 마음의 현상

32 구안법(project method)의 단계를 올바르게 나열한 것은?

① 계획 → 목적 → 수행 → 평가
② 계획 → 목적 → 평가 → 수행
③ 수행 → 평가 → 계획 → 곡적
④ 목적 → 계획 → 수행 → 평가

해설 Project method(구인법)
1) 학습자 스스로가 계획을 세워서 수행하는 학습 활동으로 이루어지는 교육형터
2) 구인법의 단계 : 목적 – 계획 – 수행 – 평가
3) 특징
　① 동기부여가 충분하다.
　② 현실적인 학습방법이다.
　③ 작업에 대하여 창조력이 성긴다.
　④ 시간과 에너지가 많이 소비된다.(단점)

33 산업안전보건법령상 근로자 안전·보건교육에서 채용 시 교육 및 작업내용 변경 시의 교육에 해당하는 것은?

① 사고 발생 시 긴급조치에 관한 사항
② 건강증진 및 질병 예방에 관한 사항
③ 유해·위험 작업환경 관리에 관한 사항
④ 작업공정의 유해·위험과 재해 예방대책에 관한 사항

해설 채용시 및 작업내용 변경시의 교육(시행규칙 별표8의 2)
1) 물질안전보건자료에 관한 사항
2) 정리정돈 및 청소에 관한 사항
3) 사고 발생시 긴급조치에 관한 사항
4) 기계기구의 위험성과 작업의 순서 및 동선에 관한 사항
5) 작업 개시 전 점검에 관한 사항
6) 산업안전 및 사고예방에 관한 사항
7) 산업보건 및 직업병 예방에 관한 사항

■ **정답** ■　30.②　31.④　32.④　33.①

8) 산업안전보건법령 및 산업재해보상보험 제도에 관한 사항
9) 직무스트레스 예방 및 관리에 관한 사항
10) 직장 내 괴롭힘, 고객의 폭언 등으로 인한 건강장해 예방 및 관리에 관한 사항

34 학습이론 중 S-R 이론에서 조건반사설에 의한 학습이론의 원리에 해당되지 않는 것은?

① 시간의 원리   ② 일관성의 원리
③ 기억의 원리   ④ 계속성의 원리

해설 조건반사설에 의한 학습이론의 원리
1) **시간의 원리** : 조건자극(종소리)이 무조건 자극(음식물)보다 시간적으로 동시 또는 조금 앞서서 주어야만 조건화, 즉시 강화가 잘 된다는 원리이다.
2) **강도의 원리** : 조건 반사적인 행동이 이루어지려면 먼저 준 자극의 정도에 비해 적어도 같거나 그보다 강한 자극을 주어야 바람직한 결과를 낳게 된다.
3) **일관성의 원리** : 조건자극은 일관된 자극물을 사용하여야 한다는 원리이다.
4) **계속성의 원리** : 자극과 반응과의 관계를 반복하여 횟수를 거듭할수록 조건화가 잘 형성된다는 원리이다.

35 허시(Hersey)와 브랜차드(Blanchard)의 상황적 리더십 이론에서 리더십의 4가지 유형에 해당하지 않는 것은?

① 통제적 리더십   ② 지시적 리더십
③ 참여적 리더십   ④ 위임적 리더십

해설 허시(Hersy)와 브랜차드(Blanchard)의 상황적 리더십 이론
1) 지시적 리더십
2) 참여적 리더십(지원적 리더십)
3) 위임적 리더십
4) 코치형 리더십

36 안전교육 훈련의 기술교육 4단계에 해당하지 않는 것은?

① 준비단계
② 보습지도의 단계
③ 일을 완성하는 단계
④ 일을 시켜보는 단계

해설 기술교육(교시법)의 4단계
1) 1단계 : preparation(준비단계)
2) 2단계 : presentation(제시-일을 하는 단계)
3) 3단계 : performance(수행-일을 시켜보는 단계)
4) 4단계 : follow up(보습지도의 단계-후속조치)

37 휴먼에러의 심리적 분류에 해당하지 않는 것은?

① 입력 오류(input error)
② 시간지연 오류(time error)
③ 생략 오류(omission error)
④ 순서 오류(sequential error)

해설 휴먼에러의 심리적 분류
1) **Omission error(부작위 실수, 생략과오)** : 필요한 task또는 절차를 수행하지 않는 데 기인한 error
2) **Time error(시간적 과오, 지연오류)** : 필요한 task 또는 절차의 수행지연으로 인한 error
3) **Commission error(작위 실수, 수행적 과오)** : 필요한 task 또는 절차의 불확실한 수행으로 인한 error
4) **Sequential error(순서적 과오)** : 필요한 task 또는 절차의 순서착오로 인한 error
5) **Extraneous error(불필요한 과오)** : 불필요한 task 또는 절차를 수행함으로써 기인한 error

■ 정답 ■   34.③   35.①   36.③   37.①

38 다음 설명에 해당하는 안전교육방법은?

> ATP라고도 하며, 당초 일부 회사의 톱 매니지먼트(top management)에 대하여만 행하여졌으나, 그 후 널리 보급되었으며, 정책의 수립, 조직, 통제 및 운영 등의 교육내용을 다룬다.

① TWI(Training Within Industry)
② CCS(Civil Communication Section)
③ MTP(Management Training Program)
④ ATT(American Telephone &Telegram Co.)

해설 CCS(Civil Communicaation Section) : ATP라고도 함
  1) **교육대상** : 당초 일부회사의 톱 매니저먼트에 대해서만 행하였던 것이 널리 보급 됨
  2) **교육내용** : 정책의 수립, 조직, 통제 및 운영 등
  3) **교육방법** : 강의법+토의법, 매주 4일, 4시간씩 8주간(합계 128시간) 실시

39 다음은 리더가 가지고 있는 어떤 권력의 예시에 해당하는가?

> 종업원의 바람직하지 않은 행동들에 대해 해고, 임금삭감, 견책 등을 사용하여 처벌한다.

① 보상권력   ② 강압권력
③ 합법권력   ④ 전문권력

해설 **강압적 권한** : 부하직원들을 처벌할 수 있는 권한

40 몹시 피로하거나 단조로운 작업으로 인하여 의식이 뚜렷하지 않은 상태의 의식 수준으로 옳은 것은?

① phase Ⅰ   ② phase Ⅱ
③ phase Ⅲ   ④ phase Ⅳ

해설 의식수준의 단계

단계	의식의상태	주의작용	생리적상태	신뢰성
Phase0	무의식 실신	없음	수면 뇌발작	0
Phase Ⅰ	정상 이하 의식 몽롱함	부주의	피로, 단조 졸음, 술취함	0.9이하
Phase Ⅱ	정상 이완상태	수동적 마음이 안쪽으로 향함	안정기거, 휴식시, 정례조업시	0.99 ~0.99 999
Phase Ⅲ	정상 상쾌한 상태	능동적 앞으로 향하는 주의 야도 넓다.	적극 활동시	0.999999 이상
Phase Ⅳ	초정상 과긴장상태	일점으로 응집 판단정지	긴급 방우 반응, 당황해서 panic	0.9이하

제3과목 / 인간공학 및 시스템안전공학

41 불필요한 작업을 수행함으로써 발생하는 오류로 옳은 것은?

① Command error
② Extraneous error
③ Secondary error
④ Commission error

해설 인간과오의 심리적인 분류
  1) omission error : 필요한 task또는 절차를 수행하지 않는 데 기인한 과오
  2) time error : 필요한 task 또는 절차의 수행지연으로 인한 과오
  3) commission error : 필요한 task 또는 절차의 불확실한 수행으로 인한 과오
  4) sequential error : 필요한 task 또는 절차의 순서착오로 인한 과오
  5) extraneous error : 불필요한 task 또는 절차를 수행함으로써 기인한 과오

2021

■ 정답 ■ 38.② 39.② 40.① 41.②

42 동작경제의 원칙에 해당하지 않는 것은?

① 공구의 기능을 각각 분리하여 사용하도록 한다.
② 두 팔의 동작은 동시에 서로 반대방향으로 대칭적으로 움직이도록 한다.
③ 공구나 재료는 작업동작이 원활하게 수행되도록 그 위치를 정해준다.
④ 가능하다면 쉽고도 자연스러운 리듬이 작업동작에 생기도록 작업을 배치한다.

해설 ①항, 공구의 기능을 결합하여서 사용하도록 한다.

43 컷셋(Cut Sets)과 최소 패스셋(Minimal Path Sets)의 정의로 옳은 것은?

① 컷셋은 시스템 고장을 유발시키는 필요최소한의 고장들의 집합이며, 최소 패스셋은 시스템의 신뢰성을 표시한다.
② 컷셋은 시스템 고장을 유발시키는 기본고장들의 집합이며, 최소 패스셋은 시스템의 불신뢰도를 표시한다.
③ 컷셋은 그 속에 포함되어 있는 모든 기본사상이 일어났을 때 정상사상을 일으키는 기본사상의 집합이며, 최소 패스셋은 시스템의 신뢰성을 표시한다.
④ 컷셋은 그 속에 포함되어 있는 모든 기본사상이 일어났을 때 정상사상을 일으키는 기본사상의 집합이며, 최소 패스셋은 시스템의 성공을 유발하는 기본사상의 집합이다.

해설 1) 컷셋과 미니멀 컷
① **컷셋**(Cut sets) : 정상사상을 일으키는 기본사상(통상사상, 생략사상 포함)의 집합을 컷이라 한다.
② **미니멀 컷**(minimal cut sets) : 정상사상을 일으키기 위한 필요 최소한의 컷을 말한다 (시스템의 위험성을 나타냄).
2) 패스셋과 미니멀 패스
① **패스셋** : 정상사상이 일어나지 않는 기본사상의 집합을 말한다.
② **미니멀 패스** : 필요한 최소한의 패스를 말한다. (시스템의 신뢰성을 나타냄)

44 다음 시스템의 신뢰도 값은?

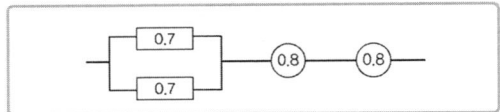

① 0.5824　② 0.6682
③ 0.7855　④ 0.8642

해설 시스템의 신뢰도(R)
$$R = [1-(1-0.7)(1-0.7)] \times 0.8 \times 0.8$$
$$= 0.5824$$

45 Chapanis가 정의한 위험의 확률수준과 그에 따른 위험발생률로 옳은 것은?

① 전혀 발생하지 않는(impossible) 발생빈도 : 10^{-8}/day
② 극히 발생할 것 같지 않는(extremely unlikely) 발생빈도 : 10^{-7}/day
③ 거의 발생하지 않은(remote) 발생빈도 : 10^{-6}/day
④ 가끔 발생하는(occasional) 발생빈도 : 10^{-5}/day

해설 확률수준과 그에 따른 위험발생률
1) frequent(자주 발생하는) : 발생빈도 〉10^{-2}/day
2) reasonably probable(보통 발생하는) : 발생빈도 〉10^{-3}/day
3) occasional(가끔 발생하는) : 발생빈도 〉10^{-4}/day
4) remote(거의 발생하지 않는) : 발생빈도 〉10^{-5}/day
5) extremely unlikely(극히 발생하지 않을 것 같은) : 발생빈도 〉10^{-6}/day
6) impossible(발생이 불가능한) : 발생빈도 〉10^{-8}/day

46 화학설비에 대한 안전성 평가 중 정성적 평가방법의 주요 진단 항목으로 볼 수 없는 것은?

① 건조물　　　② 취급물질
③ 입지 조건　　④ 공장 내 배치

해설 정성적 평가의 주요 진단항목

1.설계관계	2. 운전관계
① 입지조건	① 원재료, 중간체제품
② 공장 내 배치	② 공정
③ 건조물	③ 수송, 저장 등
④ 소방설비	④ 공정기기

47 불(Boole) 대수의 정리를 나타낸 관계식으로 틀린 것은?

① $A \cdot A = A$　　② $A + \overline{A} = 0$
③ $A + AB = A$　　④ $A + A = A$

해설 ②항, $A + \overline{A} = 1$

48 인체측정 자료를 장비, 설비 등의 설계에 적용하기 위한 응용원칙에 해당하지 않는 것은?

① 조절식 설계
② 극단치를 이용한 설계
③ 구조적 치수 기준의 설계
④ 평균치를 기준으로 한 설계

해설 인간계측자료의 응용원칙
　1) **최대치수와 최소 치수** : 최대치수 또는 최소치수를 기준으로 하여 설계한다.
　　(극단에 속하는 사람을 위한 설계)
　2) **조절범위(조절식)** : 체격이 다른 여러 사람에게 맞도록 만드는 것이다. (조절할 수 있도록 범위를 두는 설계)
　3) **평균치를 기준으로 한 설계** : 최대치수나 최소치수, 조절식으로 하기가 곤란할 때 평균치를 기준으로 하여 설계한다.(평균적인 사람을 위한 설계)

49 작업공간의 배치에 있어 구성요소 배치의 원칙에 해당하지 않는 것은?

① 기능성의 원칙　　② 사용빈도의 원칙
③ 사용순서의 원칙　④ 사용방법의 원칙

해설 부품배치의 4원칙
　1) 사용빈도의 원칙
　2) 중요성의 원칙
　3) 기능별 배치의 원칙
　4) 사용순서의 원칙

50 인간의 위치 동작에 있어 눈으로 보지 않고 손을 수평면상에서 움직이는 경우 짧은 거리는 지나치고, 긴 거리는 못 미치는 경향이 있는데 이를 무엇이라고 하는가?

① 사정효과(range effect)
② 반응효과(reaction effect)
③ 간격효과(distance effect)
④ 손동작효과(hand action effect)

해설 사정효과(range effect)
　1) 눈으로 보지 않고 손을 수평면 우에서 움직이는 경우에 짧은 거리는 지나치고 긴 거리는 못 미치는 경향을 말한다.
　2) 조작자가 작은 오차에는 과잉반응, 큰 오차에는 과소반응을 한다.

51 다음 현상을 설명한 이론은?

> 인간이 감지할 수 있는 외부의 물리적 자극 변화의 최소범위는 표준 자극의 크기에 비례한다.

① 피츠(Fitts) 법칙
② 웨버(Weber) 법칙
③ 신호검출이론(SDT)
④ 힉 – 하이만(Hick – Hyman) 법칙

해설 Weber의 법칙 : 특정감각기관의 변화감지역 ($\triangle L$)은 사용되는 표준자극(I)에 비례한다는 관계를 Weber의 법칙이라 한다.(Weber비가 작을수록 분별력이 좋아진다.)

$$\therefore \frac{\triangle L}{I} = const \,(일정)$$

52 시각적 표시장치보다 청각적 표시장치를 사용하는 것이 더 유리한 경우는?

① 정보의 내용이 복잡하고 긴 경우
② 정보가 공간적인 위치를 다룬 경우
③ 직무상 수신자가 한 곳에 머무르는 경우
④ 수신 장소가 너무 밝거나 암순응이 요구될 경우

해설 표시장치의 선택(청각장치와 시각장치의 선택)

청각장치사용	시각장치사용
1) 전언이 간단하고 짧다.	1) 적언이 복잡하고 길다.
2) 전언이 후에 재참조되지 않는다.	2) 전언이 후에 재참조된다.
3) 전언이 즉각적인 사상 (event)을 이룬다.	3) 전언이 공간적인 위치를 다룬다.
4) 전언이 즉각적인 행동을 요구한다.	4) 전언이 즉각적인 행동을 요구하지 않는다.
5) 수신자가 시각계통이 과부하 상태일 때	5) 수신자의 청각계통이 과부하 상태일 때
6) 수신장소가 너무 밝거나 암조의 유지가 필요할 때	6) 수신장소가 너무 시끄러울 때
7) 직무상 수신자가 자주 움직이는 경우	7) 직무상 수신자가 한 곳에 머무르는 경우

53 서브시스템, 구성요소, 기능 등의 잠재적 고장형태에 따른 시스템의 위험을 파악하는 위험 분석 기법으로 옳은 것은?

① ETA(Event Tree Analysis)
② HEA(Human Error Analysis)
③ PHA(Preliminary Hazard Analysis)
④ FMEA(Failure Mode and Effect Analysis)

해설 FMEA(고장의 형과 영향분석)
1) FMEA(failur mode and effects analysis) : 시스템 안전 분석에 이용되는 전형적인 정성적 및 귀납적 분석방법으로 시스템에 영향을 미치

는 전체요소의 고장을 형별로 분석하여 그 영향을 검토하는 것이다(각 요소의 1형식 고장이 시스템의 1영향에 대응한다).
2) FMEA의 장점 및 단점
① 장점 : 서식이 간단하고 비교적 적은 노력으로 특별한 훈련 없이 분석을 할 수 있다.
② 단점 : 논리성이 부족하고, 특히 각 요소 간의 영향을 분석하기 어렵기 때문에 동시에 두 가지 이상의 요소가 고장 날 경우에 분석이 곤란하며, 또한 요소가 물체로 한정되어 있기 때문에 인적 원인을 분석하는 데는 곤란하다.

54 정신작업 부하를 측정하는 척도를 크게 4가지로 분류할 때 심박수의 변동, 뇌 전위, 동공 반응 등 정보처리에 중추신경계 활동이 관여하고 그 활동이나 징후를 측정하는 것은?

① 주관적(subjective) 척도
② 생리적(physiological) 척도
③ 주 임무(primary task) 척도
④ 부 임무(secondary task) 척도

해설 생리적(physiological)척도 : 심박수의 변동, 뇌 전위, 동공반응 등 정보처리에 중추신경계 활동이 관여하고 그 활동이나 징후를 측정하는 것이다.

55 그림과 같은 FT도에서 정상사상 T의 발생 확률은? (단, X₁, X₂, X₃의 발생 확률은 각각 0.1, 0.15, 0.1 이다.)

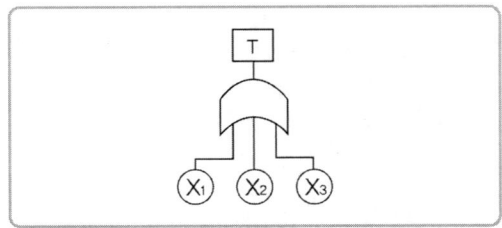

① 0.3115
② 0.35
③ 0.496
④ 0.9985

해설 $T = 1-(1-X_1)(1-X_2)(1-X_3)$
$= 1-(1-0.1)(1-0.15)(1-0.1)$
$= 0.3115$

56 인간이 기계보다 우수한 기능이라 할 수 있는 것은? (단, 인공지능은 제외한다.)

① 일반화 및 귀납적 추리
② 신뢰성 있는 반복 작업
③ 신속하고 일관성 있는 반응
④ 대량의 암호화된 정보의 신속한 보관

해설 인간과 기계의 상대적 재능

인간이 우수한 기능	기계가 우수한 기능
① 저 에너지 자극(시각 청각, 후각 등)감지	① 인간 감지범위 밖의 자극(X선, 초음파 등)감지
② 복잡 다양한 자극 형태 식별	② 인간 및 기계에 대한 모니터 기능
③ 예기치 못한 사건 감지(예감, 느낌)	③ 드물게 발생하는 사상 감지
④ 다량정보를 오래 보관	④ 암호화된 정보를 신속하게 대량보관
⑤ 귀납적 추리	⑤ 연역적 추리
⑥ 과부하 상황에서는 중요한 일에만 전념	⑥ 과부하시 효율적으로 작동
⑦ 임기응변, 융통성 원칙 적용 주관적 추산 독창력 발휘 등의 기능	⑦ 정량적 정보처리, 장시간 중량작업, 반복작업 동시에 여러 가지 작업 수행

57 시스템의 수명 및 신뢰성에 관한 설명으로 틀린 것은?

① 병렬설계 및 디레이팅 기술로 시스템의 신뢰성을 증가시킬 수 있다.
② 직렬시스템에서는 부품들 중 최소 수명을 갖는 부품에 의해 시스템 수명이 정해진다.
③ 수리가 가능한 시스템의 평균 수명(MTBF)은 평균 고장률(λ)과 정비례 관계가 성립한다.
④ 수리가 불가능한 구성요소로 병렬구조를 갖는 설비는 중복도가 늘어날수록 시스템 수명이 길어진다.

해설 시스템의 평균수명(MTBF) : 고장률(λ)과 반비례가 성립한다.
$$MTBF = \frac{1}{\lambda} = \frac{고장건수}{시간}$$

58 산업안전보건법령상 해당 사업주가 유해위험방지계획서를 작성하여 제출해야하는 대상은?

① 시·도지사
② 관할 구청장
③ 고용노동부장관
④ 행정안전부장관

해설 유해위험방지계획서의 작성·제출(법 제 42조)
: 사업주는 유해위험방지계획서를 작성하여 고용노동부령으로 정하는 바에 따라 고용노동부장관에게 제출하고 심사를 받아야 한다.

59 작업면상의 필요한 장소만 높은 조도를 취하는 조명은?

① 완화조명
② 전반조명
③ 투명조명
④ 국소조명

해설 국부조명(국소조명)
1) 필요한 곳만을 강하게 조명하는 조명법으로 정밀한 작업 또는 시력을 집중시켜 줄 수 있는 일에 사용하는 조명방식이다.
2) 밝고 어둠의 차이가 많아 눈부심을 일으켜 눈을 피로하게 한다.
3) 조명도를 고르게 하기 위해 전처조명의 조도는 국부조명의 1/5~1/10정도가 되도록 조절한다.

60 자동차를 생산하는 공장의 어떤 근로자가 95dB(A)의 소음수준에서 하루 8시간 작업하며 매 시간 조용한 휴게실에서 20분씩 휴식을 취한다고 가정하였을 때, 8시간 시간가중평균(TWA)은? (단, 소음은 누적소음느출량측정기로 측정하였으며, OSHA에서 정한 95dB(A)의 허용시간은 4시간이라 가정한다.)

① 약 91dB(A)
② 약 92dB(A)
③ 약 93dB(A)
④ 약 94dB(A)

해설 1) 누적소음 폭로량(D)

$$D = \left(\frac{C_1}{T_1} + \frac{C_2}{T_2} + \cdots + \frac{C_n}{T_n} \right) \times 100$$
$$= \left(\frac{40/60}{4} \times 8 \right) \times 100 = 133.33\%$$

여기서, C : 각 소음에 노출되는 시간(min, hr)
T : 각 노출허용시간(TLV)(min, hr)

2) 시간가중평균소음수준(TWA)

$$TWA = 16.61\log\left[\frac{D}{100} \right] + 90$$
$$= 16.61 \times \log\left(\frac{133.33}{100} \right) + 90$$
$$= 92.05 dB(A)$$

제4과목 / 건설시공학

61 시공의 품질관리를 위한 7가지 도구에 해당되지 않는 것은?

① 파레토그램　　② LOB기법
③ 특성요인도　　④ 체크시트

해설 품질관리(QC, Quality Control) 활동의 7가지 도구(QC 7가지 수법)

1) **히스토그램**(histogram) : 길이, 무게, 강도 등과 같이 계량치의 데이터가 어떠한 분포를 하고 있는지 알아보기 위하여 작성하는 주상(柱狀) 기둥그래프(막대그래프)이다.
2) **특성요인도** : 결과에 원인이 어떻게 관계 하고 있는가를 생선뼈 모양으로 나타낸 그림이다.
3) **파레토도**(pareto diagrm) : 시공불량의 내용이나 원인을 분류 항목으로 나누어 크기 순서대로 나열해 놓은 그림이다.
4) **관리도** : 공정의 상태를 나타내는 특성치에 관해서 그려진 꺾은선 그래프이다.
5) **산점도**(산포도, scatter diagrm) : 서로 대응되는 두 종류의 데이터이 상호관계를 보는 것이다.
6) **체크시트** : 불량수, 결점수 등 셀 수 있는 데이터를 분류하여 항목별로 나누었을 때 어디에

집중되어 있는 가를 알기 쉽도록 한 그림 또는 표이다.

7) **층별** : 데이터의 특성을 적당한 범주마다 얼마간의 그룹으로 나누어 도표로 나타낸 것이다.

62 벽돌공사 시 벽돌쌓기에 관한 설명으로 옳은 것은?

① 연속되는 벽면의 일부를 트이게 하여 나중 쌓기로 할 때에는 그 부분을 층단 들여쌓기로 한다.
② 벽돌쌓기는 도면 또는 공사시방서에서 정한 바가 없을 때에는 미식 쌓기 또는 불식쌓기로 한다.
③ 하루의 쌓기 높이는 1.8m를 표준으로 한다.
④ 세로줄눈은 구조적으로 우수한 통줄눈이 되도록 한다.

해설 층단들여쌓기

1) 연속되는 벽면의 일부를 동시에 쌓지 못할 때 층단 들여 쌓기를 한다.
2) 긴 벽돌벽 쌓기의 경우 벽 일부를 한번에 쌓지 못하게 될 때 벽 중간에서 점점 쌓는 길이를 줄여 마무리하는 방법이다.

63 다음 설명에 해당하는 공정표의 종류로 옳은 것은?

한 공종의 작업이 하나의 숫자로 표기되고 컴퓨터에 적용하기 용이한 이점 때문에 많이 사용되고 있다. 각 작업은 node로 표기하고 더미의 사용이 불필요하며 화살표는 단순히 작업의 선후관계만을 나타낸다.

① 횡선식 공정표　　② CPM
③ PDM　　④ LOB

해설 PDM(Precedence Diagramming Method)
: 본문 설명

---

64 콘크리트 구조물의 품질관리에서 활용되는 비파괴시험(검사) 방법으로 경화된 콘크리트 표면의 반발경도를 측정하는 것은?

① 슈미트해머 시험
② 방사선 투과 시험
③ 자기분말 탐상시험
④ 침투 탐상시험

해설 **콘크리트 구조물의 비파괴검사방법**
　1) 슈미트해머법(Schumidt hammer법 : 타격법, 반발경도법)
　2) 방사선투과법
　3) 초음파법(음속법)
　4) 진동법
　5) 인발법

65 일명 테이블 폼(table form)으로 불리는 것으로 거푸집널에 장선, 멍에, 서포트 등을 기계적인 요소로 부재화한 대형 바닥판거푸집은?

① 갱 폼(Gang form)
② 플라잉 폼(Flying form)
③ 유로 폼(Euro form)
④ 트래블링 폼(Traveling form)

해설 **플라잉폼**(flying form) : 바닥전용 거푸집으로 테이블 폼(table form)이라고도 한다.

66 시험말뚝에 변형율계(Strain gauge)와 가속도계(Accelerometer)를 부착하여 말뚝항타에 의한 파형으로부터 지지력을 구하는 시험은?

① 정재하 시험　　② 비비 시험
③ 동재하 시험　　④ 인발 시험

해설 **재하시험**
　1) **동재하시험** : 시험말뚝에 변형률계와 가속도계를 부착하여 변형률과 가속도를 측정해 지지력을 산정하는 시험방법
　2) **정재하시험** : 압축재하시험(등속도 관입 시험, 하중지속시험), 인발시험, 수평재하시험

67 콘크리트 공사 시 철근의 정착위치에 관한 설명으로 옳지 않은 것은?

① 작은보의 주근은 벽체에 정착한다.
② 큰 보의 주근은 기둥에 정착한다.
③ 기둥의 주근은 기초에 정착한다.
④ 지중보의 주근은 기초 또는 기둥에 정착한다.

해설 **철근의 정착위치**
　1) **기둥의 주근** : 기초에 정착한다.
　2) **보의 주근** : 기둥에 정착한다.
　3) **작은 보의 주근** : 큰 보에 정착한다.
　4) **직교하는 단보 보 밑에 기둥이 없을 때** : 상호 간에 정착한다.
　5) **벽 철근** : 기둥, 보, 기초 또는 바닥판에 정착한다.
　6) **바닥 철근** : 보 또는 벽체에 정착한다.
　7) **지중보의 주근** : 기초 또는 기둥에 정착한다.

68 지반개량 지정공사 중 응결공법이 아닌 것은?

① 플라스틱 드레인공법
② 시멘트 처리공법
③ 석회 처리공법
④ 심층혼합 처리공법

해설 **응결공법(고결공법)**
　1) **약액주입공법**
　　① 지반 내에 주입관을 통해 약액을 주입하여 지반을 고결시키는 공법이다.
　　② 주입현탁액 : 시멘트, 아스팔트, 벤토나이트 등
　2) **생석회 말뚝공법** : 생석회를 주입하여 흙속의 수분과 화학반응시 발열에 의해 수분을 증발시키는 공법이다.
　3) **동결공법** : 액체 질소를 이용하여 흙을 동결시키는 공법이다.
　4) 기타 심층혼합처리공법, 소결공법 등이 있다.

2021

■ 정답 ■　64.①　65.②　66.③　67.①　68.①

69 공사계약 중 재계약 조건이 아닌 것은?

① 설계도면 및 시방서(specification)의 중대결함 및 오류에 기인한 경우
② 계약상 현장조건 및 시공조건이 상이(difference)한 경우
③ 계약사항에 중대한 변경이 있는 경우
④ 정당한 이유 없이 공사를 착수하지 않은 경우

해설 ④ 정당한 이유없이 공사를 착수하지 않은 경우
: 재계약 조건이 될 수 없음

70 콘크리트에서 사용하는 호칭강도의 정의로 옳은 것은?

① 레디믹스트 콘크리트 발주 시 구입자가 지정하는 강도
② 구조계산 시 기준으로 하는 콘크리트의 압축강도
③ 재령 7일의 압축강도를 기준으로 하는 강도
④ 콘크리트의 배합을 정할 때 목표로 하는 압축강도로 품질의 표준편차 및 양생온도 등을 고려하여 설계기준강도에 할증한 것

해설 호칭강도(nominal strength) : 레디믹스트 콘크리트에서 구입자가 지정하는 강도로 135kg/㎠부터 400kg/㎠까지 여러 단계의 값이 있다.

71 다음 조건에 따른 백호의 단위시간당 추정 굴삭량으로 옳은 것은?

버켓용량 0.5m³, 사이클타임 20초,
작업효율 0.9, 굴삭계수 0.7,
굴삭토의 용적변화계수 1.25

① 94.5m³
② 80.5m³
③ 76.3m³
④ 70.9m³

해설 굴삭량

$$= \frac{0.5m^3}{20\sec \times \dfrac{1hr}{3600\sec}} \times 0.9 \times 0.7 \times 1.25$$

$$= 70.88m^3/hr$$

72 강구조 부재의 용접 시 예열에 관한 설명으로 옳지 않은 것은?

① 모재의 표면온도가 0℃ 미만인 경우는 적어도 20℃ 이상 예열한다.
② 이종금속간에 용접을 할 경우는 예열과 층간온도는 하위등급을 기준으로 하여 실시한다.
③ 버너로 예열하는 경우에는 개선면에 직접 가열해서는 안 된다.
④ 온도관리는 용접선에서 75mm 떨어진 위치에서 표면온도계 또는 온도쵸크 등에 의하여 온도관리를 한다.

해설 ②항, 이종금속간에 용접을 할 경우는 예열과 층간온도는 상위등급을 기준으로 하여 실시한다.

73 공동도급방식의 장점에 해당하지 않는 것은?

① 위험의 분산
② 시공의 확실성
③ 이윤 증대
④ 기술 자본의 증대

해설 공동도급
1) 장점
   ① 소자본으로 대규모공사 도급가능
   ② 기술, 자본, 위험부담의 분산 및 감소
   ③ 기술의 확충, 강화 및 경험의 증대
   ④ 공사계획과 시공이행의 확실
2) 단점
   ① 각 업체의 업무방식에서 오는 혼란
   ② 현장관리의 곤란
   ③ 일식도급보다 경비 증대

74 지하수가 없는 비교적 경질인 지층에서 어스오거로 구멍을 뚫고 그 내부에 철근과 자갈을 채운 후, 미리 삽입해 둔 파이프를 통해 저면에서부터 모르타르를 채워 올라오게 한 것은?

① 슬러리 월 ② 시트 파일
③ CIP 파일 ④ 프랭키 파일

해설 1) CIP(cast-in-place pile) : 스크류오거머신 (screw auger machine)으로 땅속에 구멍을 뚫어 철근을 조립한 후 모르타르 주입용 파이프를 밑창까지 꽂은 다음 구멍에 자갈을 다져 놓고 모르타르를 주입하여 콘크리트 기둥을 만든 것이다.(지하수가 없는 경질인 지층에 사용)
2) CIP는 지름이 크고 길이가 짧은 제자리 콘크리트 말뚝에 이용되며 협소한 장소에도 시공이 가능하다.

75 기초의 종류 중 지정형식에 따른 분류에 속하지 않는 것은?

① 직접기초 ② 피어기초
③ 복합기초 ④ 잠함기초

해설 기초의 분류
1) 슬래브 형식에 의한 분류 : 독립기초, 복합기초, 연속기초(줄기초), 온통기초
2) 지정형식에 따른 분류 : 직접기초, 피어기초, 잠함기초

76 철골공사에서 발생할 수 있는 용접불량에 해당되지 않는 것은?

① 스캘럽(scallop)
② 언더컷(under cut)
③ 오버랩(over lap)
④ 피트(pit)

해설 1) 용접결함 : ②, ③, ④항
2) 스캘럽(scallop) : 용접선이 교차를 이루는 것을 피하기 위해서 모재에 설치한 부채꼴을 말한다.

77 미장공법, 뿜칠공법을 통한 강구조부재의 내화피복 시공 시 시공면적 얼마 당 1개소 단위로 핀 등을 이용하여 두께를 확인하여야 하는가?

① $2m^2$ ② $3m^2$
③ $4m^2$ ④ $5m^2$

해설 내화피복 사용 시 검사기준

구분	검사기준(검사방법)
1. 미장공법, 뿜칠공법의 경우	1) 시공 : $5m^2$ 당 1개소 단위로 측정도구 이용 두께 확인 2) 뿜칠공법은 시공 후 코어를 채취하여 두께 및 비중측정 3) 측정빈도 ① 각층마다 또는 바닥면적 $1500m^2$ 마다 각 부위별 1회 (1회에 3개) ② 연면적 $15000m^2$ 미만은 2회 이상
2. 조적공법, 붙임공법, 멤브레인공법의 경우	1) 재료 반입시 두께 및 비중 확인 2) 측정빈도 ① 각층마다 또는 바닥면적 $1500m^2$ 마다 각 부위별 1회 (1회에 3개) ② 연면적 $15000m^2$ 미만은 2회 이상
3. 검사 불합격 시	덧뿜칠 또는 재시공으로 보수

78 다음은 표준시방서에 따른 철근의 이음에 관한 내용이다. 빈 칸에 공통으로 들어갈 내용으로 옳은 것은?

> ( )를 초과하는 철근은 겹침이음을 할 수 없다. 다만, 서로 다른 크기의 철근을 압축부에서 겹침이음하는 경우 ( )이하의 철근과 ( )를 초과하는 철근은 겹침이음을 할 수 있다.

① D29 ② D25
③ D32 ④ D35

해설 철근의 이음
1) D35를 초과하는 철근은 겹침이음을 할 수 없다.
2) 다만, 서로 다른 크기의 철근을 압축부에서 겹침이음을 하는 경우 D35이하의 철근과 D35를 초과하는 철근은 겹침이음을 할 수 있다.

79 슬라이딩 폼(Sliding form)에 관한 설명으로 옳지 않은 것은?

① 1일 5~10m 정도 수직시공이 가능하므로 시공속도가 빠르다.
② 타설작업과 마감작업을 병행할 수 없어 공정이 복잡하다.
③ 구조물 형태에 따른 사용 제약이 있다.
④ 형상 및 치수가 정확하며 시공오차가 적다.

해설 **슬라이딩 폼(sliding form)**
1) 슬라이딩 폼 : 원형 철판거푸집을 요크(york)로 서서히 끌어올리면서 연속적으로 콘크리트를 타설하는 수직활동 거푸집이다.
2) 특징
   ① 공기를 1/3 정도로 단축할 수 있다.
   ② 내·외부에 비계발판이 필요없다.
   ③ 연속 타설로 콘크리트의 일체성을 확보하기가 용이하다.
   ④ 굴뚝, 사일로(sillo) 등 평면 현상이 일정하고 돌출부가 없는 높은 구조물에 사용한다.

80 속빈 콘크리트블록의 규격 중 기본블록치수가 아닌 것은? (단, 단위 : mm)

① 390×190×190
② 390×190×150
③ 390×190×100
④ 390×190×80

해설 **속빈 콘크리트블록의 치수(mm)**

형상	치수			허용치	
	길이	높이	두께	길이·두께	높이
기본 블록	390	190	210 190 150 100	±2	±3
이형 블록	길이, 높이 및 두께의 최소 크기를 90mm 이상으로 한다. 또, 가로근 삽입 블록, 모서리 블록과 같이 기본 블록과 동일한 크기인 것의 치수 및 허용치는 기본 블록에 따른다.				

제5과목 / 건설재료학

81 석재의 종류와 용도가 잘못 연결된 것은?

① 화산암 – 경량골재
② 화강암 – 콘크리트용 골재
③ 대리석 – 조각재
④ 응회암 – 건축용 구조재

해설 응회암 : 기초석, 조적석재 등

82 표면건조포화상태 질량 500g의 잔골재를 건조시켜, 공기 중 건조상태에서 측정한 결과 460g, 절대건조상태에서 측정한 결과 450g이었다. 이 잔골재의 흡수율은?

① 8%
② 8.8%
③ 10%
④ 11.1%

해설 **흡수율**

$$= \frac{\text{표건상태중량} - \text{절건상태중량}}{\text{절건상태중량}} \times 100$$
$$= \frac{500 - 450}{450} \times 100 = 11.1\%$$

83 목재의 압축강도에 영향을 미치는 원인에 관한 설명으로 옳지 않은 것은?

① 기건비중이 클수록 압축강도는 증가한다.
② 가력방향이 섬유방향과 평행일 때의 압축강도가 직각일 때의 압축강도보다 크다.
③ 섬유포화점 이상에서 목재의 함수율이 커질수록 압축강도는 계속 낮아진다.
④ 옹이가 있으면 압축강도는 저하하고 옹이 지름이 클수록 더욱 감소한다.

해설 섬유포화점 이상에서는 목재의 함수율이 커져도 압축강도는 일정하다.

길잡이

(1) **섬유포화점** : 섬유자신의 함수율 25~35%(보통30%)인 경우
(2) **함수율에 의한 목재 재질의 변화**
1) 목재의 재질 변동(수축, 팽창 등)은 섬유포화점 이하의 함수 상태에서만 발생한다.
   ① 변재는 심재보다 수축이 크다.
   ② 활엽수가 침엽수보다 수축이 크다.
2) 섬유 포화점 이하에서 함수율의 감소에 따라 강도는 증가하고 탄성은 감소한다.

84 콘크리트용 혼화제의 사용용도와 혼화제 종류를 연결한 것으로 옳지 않은 것은?

① AE 감수제 : 작업성능이나 동결융해 저항성능의 향상
② 유동화제 : 강력한 감수효과와 강도의 대폭적인 증가
③ 방청제 : 염화물에 의한 강재의 부식억제
④ 증점제 : 점성, 응집작용 등을 향상시켜 재료 분리를 억제

해설 유동화제 : 콘크리트 배합 완료 후 유동성 개선 목적으로 사용

85 고강도 강선을 사용하여 인장응력을 미리 부여함으로서 큰 응력을 받을 수 있도록 제작된 것은?

① 매스 콘크리트
② 프리플레이스트 콘크리트
③ 프리스트레스트 콘크리트
④ AE 콘크리트

해설 PS(Prestressed)콘크리트 : 외력에 의한 응력에 견디도록 콘크리트에 미리 압축력을 준 콘크리트이다.

86 유리의 중앙부와 주변부와의 온도 차이로 인해 응력이 발생하여 파손되는 현상을 유리의 열파손이라 한다. 열파손에 관한 설명으로 옳지 않은 것은?

① 색유리에 많이 발생한다.
② 동절기의 맑은 날 오전에 많이 발생한다.
③ 두께가 얇을수록 강도가 약해 열팽창응력이 크다.
④ 균열은 프레임에 직각으로 시작하여 경사지게 진행된다.

해설 ③항, 두께가 얇을수록 강도가 약해 열팽창응력이 작다.

87 KS L 4201에 따른 1종 점토벽돌의 압축강도 기준으로 옳은 것은?

① 8.78MPa 이상
② 14.70MPa 이상
③ 20.59MPa 이상
④ 24.50MPa 이상

해설 점토벽돌의 품질

종별	압축강도(N/mm²)	흡수율(%)
1종	24.50이상	10이하
2종	20.59이상	13이하
3종	10.78이상	15이하

㈜ $1Pa = 1N/mm^2 = 1 \times 10^{-6}MP$

88 아스팔트를 천연아스팔트와 석유아스팔트로 구분할 때 천연아스팔트에 해당되지 않는 것은?

① 로크아스팔트
② 레이크아스팔트
③ 아스팔타이트
④ 스트레이트아스팔트

해설 아스팔트의 종류
1) **천연 아스팔트** : 로크 아스팔트, 레이크 아스팔트, 아스팔트 타이트
2) **석유 아스팔트** : 스트레이트 아스팔트, 블로운 아스팔트, 아스팔트 컴파운드

2021

■ **정답** ■ 84.② 85.③ 86.③ 87.④ 88.④

89 점토의 성질에 관한 설명으로 옳지 않은 것은?

① 양질의 점토는 건조상태에서 현저한 가소성을 나타내며, 점토 입자가 미세할수록 가소성은 나빠진다.
② 점토의 주성분은 실리카와 알루미나이다.
③ 인장강도는 점토의 조직에 관계하며 입자의 크기가 큰 영향을 준다.
④ 점토제품의 색상은 철산화물 또는 석회물질에 의해 나타난다.

해설 **점토의 가소성**
1) 양질의 점토는 습윤 상태에서 현저한 가소성을 나타낸다.
2) 점토입자가 미세할수록 가소성은 작아진다(양질의 점토일수록 가소성이 크다.)
3) 알루미나(Al_2O_3)가 많은 점토는 가소성이 좋다.

90 도료의 사용 용도에 관한 설명으로 옳지 않은 것은?

① 유성바니쉬는 투명도료이며, 목재마감에도 사용가능하다.
② 유성페인트는 모르타르, 콘크리트면에 발라 착색방수피막을 형성한다.
③ 합성수지 에멀션페인트는 콘크리트면, 석고보드 바탕 등에 사용된다.
④ 클리어래커는 목재면의 투명도장에 사용된다.

해설 **유성페인트** : 전색제(보일유)+안료+용제 및 희석제+건조제
1) 두꺼운 도막을 만들 수 있으나 내후성, 내약품성, 변색성 등의 도막성질이 나쁘다.
2) 목제, 석고판류 등의 도장에 사용한다.

91 습윤상태의 모래 780g을 건조로에서 건조시켜 절대건조상태 720g으로 되었다. 이 모래의 표면수율은? (단, 이 모래의 흡수율은 5%이다.)

① 3.08%
② 3.17%
③ 3.33%
④ 3.52%

해설 1) 흡수율
$$= \frac{표건상태중량 - 절건상태중량}{절건상태중량} \times 100$$
2) 표건상태 중량
$$= \frac{흡수율 \times 절건상태중량}{100} + 절건상태중량$$
$$= \frac{5 \times 720}{100} + 720 = 756g$$
3) 표면 수율
$$= \frac{습윤상태중량 - 표건상태중량}{표건상태중량} \times 100$$
$$= \frac{780 - 756}{756} \times 100 = 3.17\%$$

92 미장재료 중 회반죽에 관한 설명으로 옳지 않은 것은?

① 경화속도가 느린 편이다.
② 일반적으로 연약하고, 비내수성이다.
③ 여물은 접착력 증대를, 해초풀은 균열방지를 위해 사용된다.
④ 소석회가 주원료이다.

해설 **회반죽** : 소석회+여물+해초풀+모래 (초벌, 재벌에만 섞고 정벌바름에는 섞지 않음)
1) 소석회는 건조경화시 수축성이 크기 때문에 삼여물로 균열을 분산, 미세화시킨다.
2) 회반죽은 점성이 없으므로 해초풀을 끓여서 체로 거른 풀물을 사용한다.(반죽시에는 풀을 혼합하지 않음)
3) 회반죽에 석고를 약간 혼합하면 수축균열을 감소시키고 경화속도 및 강도 등이 증대된다.

93 다음 합성수지 중 열가소성수지가 아닌 것은?

① 알키드수지　　　② 염화비닐수지
③ 아크릴수지　　　④ 폴리프로필렌수지

해설 합성수지의 종류

열가소성수지	열경화성수지
① 염화비닐수지(PVC)	① 페놀수지
② 에틸렌수지	② 요소수지
③ 프로필렌수지	③ 멜라민수지
④ 아크릴수지	④ 알키드수지
⑤ 스틸렌수지	⑤ 폴리에스테르수지
⑥ 메타크릴수지	⑥ 실리콘
⑦ ABS수지	⑦ 에폭시수지
⑧ 폴리아미드수지	⑧ 우레탄수지
⑨ 비닐아세틸수지	⑨ 규소수지

94 전기절연성, 내열성이 우수하고 특히 내약품성이 뛰어나며, 유리섬유로 보강하여 강화플라스틱 (F.R.P)의 제조에 사용되는 합성수지는?

① 멜라민수지
② 불포화폴리에스테르수지
③ 페놀수지
④ 염화비닐수지

해설 불포화폴리에스테르수지
　1) 전기절연성, 내열성, 내약품성이 우수하고 제압 성형이 가능한 열경화성수지이다.
　2) 유리섬유로 보강하여 강화플라스틱의 제조에 사용된다.

95 강의 열처리 방법 중 결정을 미립화하고 균일하게 하기 위해 800~1000℃까지 가열하여 소정의 시간까지 유지한 후에 로(爐)의 내부에서 서서히 냉각하는 방법은?

① 풀림　　　② 불림
③ 담금질　　④ 뜨임질

해설 강의 열처리 방법 및 효과
　1) 강의 열처리 방법
　　① 풀림 : 강을 800~1000℃ 로 가열 후 로속에서 서서히 냉각시키는 방법
　　② 불림 : 강을 800~1000℃ 로 가열 후 대기 중에서 냉각시키는 방식
　　③ 담금질 : 강을 가열한 후 물 또는 기름속에서 급랭시키는 방식
　　④ 뜨임질 : 불림담금질한 강을 200~600℃ 로 가열한 후 공기중에서 냉각시키는 방식
　2) 강의 열처리 효과
　　① 풀림 : 신도(연신율)증대, 인장강도 감소
　　② 불림 : 취도(취성) 감소
　　③ 담금질 : 강도 및 경도 증다, 신도 및 단면수 축률 감소
　　④ 뜨임질 : 강도 및 경도 감소, 신도 및 단면수 축률, 충격값 증대

96 단열재료에 관한 설명으로 옳지 않은 것은?

① 열전도율이 높을수록 단열성능이 좋다.
② 같은 두께인 경우 경량재료인 편이 단열에 더 효과적이다.
③ 일반적으로 다공질의 재료가 많다.
④ 단열재료의 대부분은 흡음성도 우수하므로 흡음재료로서도 이용된다.

해설 ①항, 열전도율이 낮을수록 단열성능이 좋다.

97 목재 건조의 목적에 해당되지 않는 것은?

① 강도의 증진
② 중량의 경감
③ 가공성의 증진
④ 균류 발생의 방지

해설 목재건조의 목적
　1) 균류에 의한 부식과 벌레의 피해를 예방
　2) 사용 후의 수축 및 균열을 방지
　3) 강도 및 내구성의 증진
　4) 중량경감과 그로 인한 취급 및 운반비의 절약
　5) 방부제 등에 의한 약제주입을 용이하게 함

2021

■ 정답 ■ 93.① 94.② 95.① 96.① 97.③

98 금속부식에 관한 대책으로 옳지 않은 것은?

① 가능한 한 이종 금속은 이를 인접, 접속시켜 사용하지 않을 것
② 균질한 것을 선택하고, 사용할 때 큰 변형을 주지 않도록 할 것
③ 큰 변형을 준 것은 가능한 한 풀림하여 사용할 것
④ 표면을 거칠게 하고 가능한 한 습윤상태로 유지할 것

해설 ④항, 금속부식 방지를 위해서는 표면을 매끄럽게 하여 표면적을 줄이고 건조상태를 유지할 것

99 콘크리트용 골재의 품질요건에 관한 설명으로 옳지 않은 것은?

① 골재는 청정·견경해야 한다.
② 골재는 소요의 내화성과 내구성을 가져야 한다.
③ 골재는 표면이 매끄럽지 않으며, 예각으로 된 것이 좋다.
④ 골재는 밀실한 콘크리트를 만들 수 있는 입형과 입도를 갖는 것이 좋다.

해설 콘크리트용 골재의 품질
1) 청정, 견고, 내구성 및 내화성이 있을 것
2) 입형(입형, 알모양)은 구형으로 표면이 거친 것이 좋음
3) 입도가 적당할 것(세조립이 적당히 포함된 것)
4) 경화된 시멘트풀 강도 이상일 것
5) 유기불순물을 포함하지 않을 것

100 각 미장재료별 경화형태로 옳지 않은 것은?

① 회반죽 : 수경성
② 시멘트 모르타르 : 수경성
③ 돌로마이트플라스터 : 기경성

④ 테라조 현장바름 : 수경성

해설 미장재료의 종류

수경성 미장재료 (팽창성)	기경성 미장재료 (수축성)
1) 시멘트 모르타르 2) 석고 플라스터 3) 경석고 플라스터 4) 인조석 바름 5) 테라조(terrazzo) 현장 바름	1) 진흙 2) 회반죽 3) 회사벽 4) 돌로마이트 플라스터

제6과목 / 건설안전기술

101 유해위험방지계획서를 고용노동부장관에게 제출하고 심사를 받아야 하는 대상 건설공사 기준으로 옳지 않은 것은?

① 최대 지간길이가 50m 이상인 다리의 건설 등 공사
② 지상높이 25m 이상인 건축물 또는 인공구조물의 건설등 공사
③ 깊이 10m 이상인 굴착공사
④ 다목적댐, 발전용댐, 저수용량 2천만톤 이상의 용수 전용 댐 및 지방상수도 전용댐의 건설등 공사

해설 1) 지상높이가 31m 이상인 건축물 또는 인공구조물, 연면적 3만㎡ 이상인 건축물 또는 연면적 5천㎡ 이상의 문화 및 집회시설(전시장 및 동물·식물원은 제외), 판매시설, 운수시설(고속철도의 역사 및 집배송시설은 제외), 종교시설, 의료시설 중 종합병원, 숙박시설 중 관광숙박시설, 지하도상가 또는 냉동냉장 창고시설의 건설·개조 또는 해체(이하 "건설등"이라 함)
2) 연면적 5천㎡ 이상의 냉동냉장창고시설의 설비공사 및 단열공사
3) 최대 지간길이가 50m 이상인 교량 건설 등 공사

---

4) 터널 건설 등의 공사

5) 다목적댐, 발전용댐 및 저수용량 2천만 톤 이상의 용수 전용 댐, 지방상수도 전용댐 건설 등의 공사

6) 깊이 10m 이상인 굴착공사

102 사면 보호 공법 중 구조물에 의한 보호 공법에 해당되지 않는 것은?

① 블록공
② 식생구멍공
③ 돌쌓기공
④ 현장타설 콘크리트 격자공

해설 1) 구조물에 의한 사면 보호공법
　① 현장타설 콘크리트 공법(콘크리트 틀에 의한 공법)
　② 콘크리트 블록과 돌쌓기 공법(표면 돌붙임 공법)
　③ 소일시멘트공법
2) 식생에 의한 사면보호공법
3) 떼입공법 등

103 미리 작업장소의 지형 및 지반상태 등에 적합한 제한속도를 정하지 않아도 되는 차량계 건설기계의 속도 기준은?

① 최대 제한 속도가 10km/h 이하
② 최대 제한 속도가 20km/h 이하
③ 최대 제한 속도가 30km/h 이하
④ 최대 제한 속도가 40km/h 이하

해설 차량계건설기계의 속도기준 : 최대제한 속도가 10km/hr이하

104 발파구간 인접구조물에 대한 피해 및 손상을 예방하기 위한 건물기초에서의 허용진동치(cm/sec) 기준으로 옳지 않은 것은? (단, 기존 구조물에 금이 가 있거나 노후구조물 대상일 경우 등은 고려하지 않는다.)

① 문화재 : 0.2cm/sec
② 주택, 아파트 : 0.5cm/sec
③ 상가 : 1.0cm/sec
④ 철골콘크리트 빌딩 : 0.8 ~ 1.0cm/sec

해설 발파구간 인접 구조물에 대한 피해 및 손상을 예방하기 위한 허용진동치 기준

건물 분류	건물 기초에서의 허용진동치 (cm/초)
문화재	0.2
주택, 아파트	0.5
상가(금이 없는 상태)	1.0
철근콘크리트 빌딩 및 상가	1.0~4.0

105 거푸집동바리 등을 조립하는 경우에 준수하여야 하는 기준으로 옳지 않은 것은?

① 동바리로 사용하는 파이프 서포트를 이어서 사용하는 경우에는 3개 이상의 볼트 또는 전용철물을 사용하여 이을 것
② 동바리로 사용하는 강관은 높이 2m 이내마다 수평연결재를 2개 방향으로 만들 것
③ 깔목의 사용, 콘크리트 타설, 말뚝박기 등 동바리의 침하를 방지하기 위한 조치를 할 것
④ 동바리로 사용하는 파이프 서포트를 3개 이상 이어서 사용하지 않도록 할 것

해설 거푸집의 동바리로 사용하는 파이프 서포트에 대한 설치기준
1) 파이프 서포트를 3개 이상 이어서 사용하지 아니하도록 할 것
2) 파이프 서포트를 이어서 사용할 때에는 4개 이상의 볼트 또는 전용철물을 사용하여 이을 것
3) 높이가 3.5m를 초과할 때에는 높이가 2m 이내마다 수평 연결재를 2개 방향으로 만들고 수평 연결재의 변위를 방지할 것

2021

■ 정답 ■ 102.② 103.① 104.④ 105.①

거푸집동바리 조립시 준수사항
(거푸집동바리 등의 안전조치)

1) 깔목의 사용, 콘크리트 타설(打設), 말뚝 박기 등 동바리의 침하를 방지하기 위한 조치를 할 것
2) 개구부 상부에 동바리를 설치하는 때에는 상부하중을 견딜 수 있는 견고한 받침대를 설치할 것
3) 동바리의 상하고정 및 미끄러짐 방지조치를 하고, 하중의 지지상태를 유지할 것
4) 동바리의 이음은 맞댄이음 또는 장부이음으로 하고 같은 품질의 재료를 사용할 것
5) 강재와 강재와의 접속부 및 교차부는 볼트·클램프 등 전용철물을 사용하여 단단히 연결할 것
6) 거푸집이 곡면인 때에는 버팀대의 부착 등 그 거푸집의 부상(浮上)을 방지하기 위한 조치를 할 것

106 안전계수가 4이고 2000MPa의 인장강도를 갖는 강선의 최대허용응력은?

① 500MPa
② 1000MPa
③ 1500MPa
④ 2000MPa

해설 안전계수 $= \dfrac{\text{파괴하중(인장강도)}}{\text{허용응력}}$

허용응력 $= \dfrac{\text{인장강도}}{\text{안전계수}} = \dfrac{2000MPa}{4}$

$= 500MPa$

107 화물을 적재하는 경우의 준수사항으로 옳지 않은 것은?

① 침하 우려가 없는 튼튼한 기반 위에 적재할 것
② 건물의 칸막이나 벽 등이 화물의 압력에 견딜 만큼의 강도를 지니지 아니한 경우에는 칸막이나 벽에 기대어 적재하지 않도록 할 것
③ 불안정할 정도로 높이 쌓아 올리지 말 것
④ 하중을 한쪽으로 치우치더라도 화물을 최대한 효율적으로 적재할 것

해설 ④항, 하중이 한쪽으로 치우치지 않도록 적재할 것

108 공사진척에 따른 공정율이 다음과 같을 때 안전관리비 사용기준으로 옳은 것은? (단, 공정율은 기성공정율을 기준으로 함)

> 공정율 : 70퍼센트 이상, 90퍼센트 미만

① 50퍼센트 이상
② 60퍼센트 이상
③ 70퍼센트 이상
④ 80퍼센트 이상

해설 공사진척에 따른 안전관리비 사용기준(고용노동부고시)

공정률	50%이상 70%미만	70%이상 90%미만	90%이상
사용기준	50%이상	70%이상	90%이상

109 차량계 건설기계를 사용하여 작업을 하는 경우 작업계획서 내용에 포함되지 않는 사항은?

① 사용하는 차량계 건설기계의 종류 및 성능
② 차량계 건설기계의 운행경로
③ 차량계 건설기계에 의한 작업방법
④ 차량계 건설기계 사용 시 유도자 배치 위치

해설 차량계 건설기계 작업 시 작업계획서에 포함되어야 할 사항
1) 사용되는 차량계 건설기계의 종류 및 성능
2) 차량계 건설기계의 운행경로
3) 차량계 건설기계에 의한 작업방법

110 산업안전보건법령에서 규정하는 철골작업을 중지하여야 하는 기후조건에 해당하지 않는 것은?

① 풍속이 초당 10m 이상인 경우
② 강우량이 시간당 1mm 이상인 경우
③ 강설량이 시간당 1cm 이상인 경우
④ 기온이 영하 5℃ 이하인 경우

해설 철골작업을 중지해야할 기상조건
1) 풍속 : 10m/sec 이상
2) 강우량 : 1mm/hr 이상
3) 강설량 : 1cm/hr 이상

111 지하수위 상승으로 포화된 사질토 지반의 액상화 현상을 방지하기 위한 가장 직접적이고 효과적인 대책은?

① well point 공법 적용
② 동다짐 공법 적용
③ 입도가 불량한 재료를 입도가 양호한 재료로 치환
④ 밀도를 증가시켜 한계간극비 이하로 상대밀도를 유지하는 방법 강구

해설 well point 공법
1) 출 수가 많고 깊은 터 파기에서 진공펌프와 원심펌프를 병용하는 지하수 배수에 의해 지하수위를 낮추는 공법이다.
2) 사질토, 실트층 등 투수성이 좋은 지반에는 효율이 좋으나 점토질 등 투수성이 나쁜 지반에는 효율이 나쁘다.
3) 흙막이 토질 악화를 예방하고, 흙막이 토압을 낮추며 기초 파기 공사를 용이하게 하고 지내력을 증가시킨다.

112 강관을 사용하여 비계를 구성하는 경우 준수하여야 할 기준으로 옳지 않은 것은?

① 비계기둥의 간격은 띠장 방향에서는 1.85m 이하, 장선(長線) 방향에서는 1.5m 이하로 할 것
② 띠장 간격은 2.0m 이하로 할 것
③ 비계기둥의 제일 윗부분으로부터 31m 되는 지점 밑부분의 비계기둥은 3개의 강관으로 묶어 세울 것
④ 비계기둥 간의 적재하중은 400kg을 초과하지 않도록 할 것

해설 강관비계의 구조 : 강관을 사용하여 비계를 구성할 때의 준수사항
1) 비계기둥의 간격은 띠장방향에서는 1.85m이하, 장선방향에서는 1.5m 이하로 할 것
2) 띠장간격은 2.0m 이하로 할 것
3) 비계기둥의 최고부로부터 31m 되는 지점 밑부분의 비계기둥은 2개의 강관으로 묶어 세울 것 (브래킷 등으로 보강하여 그 이상의 강도가 유지되는 경우에는 그러하지 아니하다)
4) 비계기둥 간의 적재하중은 400kg을 초과하지 아니하도록 할 것

113 이동식비계를 조립하여 작업을 하는 경우에 준수하여야 할 기준으로 옳지 않은 것은?

① 승강용사다리는 견고하게 설치할 것
② 비계의 최상부에서 작업을 하는 경우에는 안전난간을 설치할 것
③ 작업발판의 최대적재하중은 400kg을 초과하지 않도록 할 것
④ 작업발판은 항상 수평을 유지하고 작업발판 위에서 안전난간을 딛고 작업을 하거나 받침대 또는 사다리를 사용하여 작업하지 않도록 할 것

해설 이동식비계를 조립하여 작업을 할 때 준수사항
1) 이동식 비계의 바퀴에는 뜻밖의 갑작스러운 이동을 방지하기 위하여 브레이크쐐기 등으로 바퀴를 고정시킨 다음 비계의 일부를 견고한 시설물에 잡아매는 등의 조치를 할 것
2) 승강용사다리는 견고하게 설치할 것
3) 비계의 최상부에서 작업을 할 때에는 안전난간을 설치할 것
4) 작업발판은 항상 수평으로 유지 하고 작업발판

2021

■ 정답 ■ 110.④ 111.① 112.③ 113.③

위에서 안전난간을 딛고 작업을 하거나 받침대 또는 사다리를 사용하여 작업하지 아니할 것
5) 작업발판의 최대적제하중은 250kg을 초과하지 않도록 할 것

114 가설통로를 설치하는 경우 준수하여야 할 기준으로 옳지 않은 것은?

① 경사는 30° 이하로 할 것
② 경사가 15°를 초과하는 경우에는 미끄러지지 아니하는 구조로 할 것
③ 추락할 위험이 있는 장소에는 안전난간을 설치할 것
④ 수직갱에 가설된 통로의 길이가 15m 이상인 경우에는 7m 이내마다 계단참을 설치할 것

해설 **가설통로 설치 시 준수사항**
1) 견고한 구조로 할 것
2) 경사는 30°이하로 할 것 (다만, 계단을 설치하거나 높이 2m 미만의 가설통로로서 튼튼한 손잡이를 설치한 때에는 그러하지 아니하다)
3) 경사가 15°를 초과하는 때에는 미끄러지지 아니하는 구조로 할 것
4) 추락의 위험이 있는 장소에는 안전난간을 설치할 것 (작업상 부득이 한 때에는 필요한 부분에 한하여 임시로 이를 해체할 수 있다)
5) 수직갱에 가설된 통로의 길이가 15m 이상인 때에는 10m 이내마다 계단참을 설치할 것
6) 건설공사에서 사용하는 높이 8m 이상인 비계다리에는 7m 이내마다 계단참을 설치할 것

115 흙의 투수계수에 영향을 주는 인자에 관한 설명으로 옳지 않은 것은?

① 포화도 : 포화도가 클수록 투수계수도 크다.
② 공극비 : 공극비가 클수록 투수계수는 작다.
③ 유체의 점성계수 : 점성계수가 클수록 투수계수는 작다.
④ 유체의 밀도 : 유체의 밀도가 클수록 투수계수는 크다.

해설 **공극비** : 공극비가 클수록 투수계수는 크다.

116 거푸집동바리등을 조립 또는 해체하는 작업을 하는 경우의 준수사항으로 옳지 않은 것은?

① 재료, 기구 또는 공구 등을 올리거나 내리는 경우에는 근로자로 하여금 달줄·달포대 등의 사용을 금하도록 할 것
② 낙하·충격에 의한 돌발적 재해를 방지하기 위하여 버팀목을 설치하고 거푸집동바리등을 인양장비에 매단 후에 작업을 하도록 하는 등 필요한 조치를 할 것
③ 비, 눈, 그 밖의 기상상태의 불안정으로 날씨가 몹시 나쁜 경우에는 그 작업을 중지할 것
④ 해당 작업을 하는 구역에는 관계 근로자가 아닌 사람의 출입을 금지할 것

해설 ①항, 재료 기구 또는 공구 등을 올리거나 내리는 경우에는 근로자로 하여금 달줄 또는 달포대 등을 사용하도록 할 것

117 터널공사의 전기발파작업에 관한 설명으로 옳지 않은 것은?

① 전선은 점화하기 전에 화약류를 충진한 장소로부터 30m 이상 떨어진 안전한 장소에서 도통시험 및 저항시험을 하여야 한다.
② 점화는 충분한 허용량을 갖는 발파기를 사용하고 규정된 스위치를 반드시 사용하여야 한다.
③ 발파 후 발파기와 발파모선의 연결을 유지한 채 그 단부를 절연시킨 후 재점화가 되지 않도록 한다.
④ 점화는 선임된 발파책임자가 행하고 발파기의 핸들을 점화할 때 이외는 시건장치를 하거나 모선을 분리하여야 하며 발파책임자의 엄중한 관리하에 두어야 한다.

해설 ③항, 발파 후 즉시 발파모선을 발파기로부터 분리하고 그 단부를 절연시킨 후 재점화가 되지 않도록 하여야 한다.

118 터널 지보공을 조립하거나 변경하는 경우에 조치하여야 하는 사항으로 옳지 않은 것은?

① 목재의 터널 지보공은 그 터널 지보공의 각 부재에 작용하는 긴압 정도를 체크하여 그 정도가 최대한 차이나도록 할 것
② 강(鋼)아치 지보공의 조립은 연결볼트 및 띠장 등을 사용하여 주재 상호간을 튼튼하게 연결할 것
③ 기둥에는 침하를 방지하기 위하여 받침목을 사용하는 등의 조치를 할 것
④ 주재(主材)를 구성하는 1세트의 부재는 동일 평면 내에 배치할 것

해설 ①항, 목재의 터널지보공은 그 터널지보공의 각 부재의 긴압정도가 균등하게 되도록 할 것

119 다음 중 지하수위 측정에 사용되는 계측기는? (문제 오류로 가답안 발표시 4번이 답안으로 발표되었으나, 확정답안 발표시 전항 정답 처리 되었습니다. 여기서는 가답안인 4번을 누르면 정답 처리 됩니다.)

① Load Cell   ② Inclinometer
③ Extensometer   ④ Piezometer

해설 토공사에 사용되는 계측기기
　1) **간극수압계** : 피에조 미터(piezo meter)
　2) **경사계** : 인클리노 미터(inclino meter)
　3) **인접구조물 기울기 측정** : 틸트 미터(tilt meter)
　4) **버팀대 변형 측정계** : 스트레인게이지(strain gauge)
　5) **인접구조물의 균열측정** : 크랙 게이지(crack gauge)
　6) **지중침하계** : 익스텐션 미터(extension meter)
　7) **하중계** : 로드 셀(load cell)
　8) **토압측정계** : soil pressure gauge

120 크레인 등 건설장비의 가공전선로 접근 시 안전대책으로 옳지 않은 것은?

① 안전 이격거리를 유지하고 작업한다.
② 장비를 가공전선로 밑에 보관한다.
③ 장비의 조립, 준비 시부터 가공전선로에 대한 감전 방지 수단을 강구한다.
④ 장비 사용 현장의 장애물, 위험물 등을 점검 후 작업계획을 수립한다.

해설 장비는 가공전선로 밑을 피하여 보관한다.

2021

제1과목 / 산업안전관리론

01 산업안전보건법령상 자율안전확인 안전모의 시험성능기준 항목으로 명시되지 않은 것은?

① 난연성　　② 내관통성
③ 내전압성　　④ 턱끈풀림

해설 안전모의 성능시험항목

안전인증	자율안전확인
1. 내수성 시험 2. 내전압성 시험 3. 금속용용물 분사방호시험	1. 내관통성 시험 2. 충격흡수성 시험 3. 난연성 시험 4. 턱끈풀림 시험 5. 측면변형방호 시험

02 산업재해의 발생형태에 따른 분류 중 단순 연쇄형에 속하는 것은? (단, O는 재해발생의 각종 요소를 나타냄)

해설 ①항 : 집중형 (단순자극형)
②항 : 단순연쇄형
③항 : 복합연쇄형
④항 : 복합형 (집중형+연쇄형)

03 산업안전보건법령상 안전인증대상기계에 해당하지 않는 것은?

① 크레인　　② 곤돌라
③ 컨베이어　　④ 사출성형기

해설

안전인증대상 기계 · 기구	자율안전확인대상 기계 · 기구
① 프레스 ② 절단기 및 절곡기 ③ 크레인 ④ 리프트 ⑤ 압력용기 ⑥ 롤러기 ⑦ 사출성형기 ⑧ 고소작업대 ⑨ 곤돌라	① 연삭기 또는 연마기 　(휴대형은 제외) ② 산업용 로봇 ③ 혼합기 ④ 파쇄기 또는 분쇄기 ⑤ 컨베이어 ⑥ 식품가공용기계(파쇄 · 절단 · 혼합 · 제면기만 해당) ⑦ 자동차정비용리프트 ⑧ 인쇄기 ⑨ 공작기계(선반,드릴기, 평삭 · 형삭기, 밀링만 해당) ⑩ 고정형 목재가공용 기계 (둥근톱, 대패, 루타기, 띠톱, 모떼기 기계만 해당)

04 하인리히의 1:29:300 법칙에서 "29"가 의미하는 것은?

① 재해
② 중상해
③ 경상해
④ 무상해사고

해설 1) 하인리히의 재해구성비율
중상 또는 사망 : 경상 : 무상해사고
= 1 : 29 : 300
2) 버드의 재해구성비율
중상 또는 폐질 : 경상 : 무상해사고 : 무상해무
사고 = 1 : 10 : 30 : 600

05 A 사업장에서는 산업재해로 인한 인적 · 물적 손실을 줄이기 위하여 안전행동 실천운동 (5C운동)을 실시하고자 한다. 5C 운동에 해당하지 않는 것은?

① Control
② Correctness
③ Cleaning
④ Checking

해설 5C 운동
1) Correctness : 복장단정
2) Cleaning : 청소청결
3) Cheacking : 점검확인
4) Clearance : 정리정돈
5) Concentration : 전심전력

06 기계, 기구, 설비의 신설, 변경 내지 고장 수리 시 실시하는 안전점검의 종류로 옳은 것은?

① 특별점검
② 수시점검
③ 정기점검
④ 임시점검

해설 안전점검의 종류
1) 수시점검 : 작업 전, 중, 후에 실시하는 점검
2) 정시점검 : 일정기간마다 정기적으로 실시하는 점검
3) 임시점검 : 이상 발견 시 임시로 실시하거나 정기점검과 정기점검 사이에 실시하는 점검
4) 특별점검
① 기계 · 기구 및 설비의 신설시 · 변경시 및

수리시 등 실시
② 천재지변 발생 후 실시
③ 안전강조 기간 내 설치

07 건설기술 진흥법령상 건설사고조사 위원회의 구성 기준 중 다음 ( )에 알맞은 것은?

> 건설사고조사위원회는 위원장 ·명을 포함한 ( )명 이내의 위원으로 구성한다.

① 9
② 10
③ 11
④ 12

해설 건설사고조사 위원회의 구성 기준 : 위원장 1명을 포함한 12명 이내의 위원으로 구성한다.

08 작업자가 불안전한 작업대에서 작업 중 추락하여 지면에 머리가 부딪혀 다친 경우의 기인물과 가해물로 옳은 것은?

① 기인물 – 지면, 가해물 – 지면
② 기인물 – 작업대, 가해물 – 지면
③ 기인물 – 지면, 가해물 – 작업대
④ 기인물 – 작업대, 가해물 – 작업대

해설 1) 기인물 : 불안전한 상태에 있는 물체 · 환경 등 (작업대)
2) 가해물 : 직접 사람에게 접촉되어 위해를 가한 물체 등(지면)

09 무재해운동의 이념 3원칙 중 잠재적인 위험 요인을 발견 · 해결하기 위하여 전원이 협력하여 각자의 위치에서 의욕적으로 문제해결을 실천하는 원칙은?

① 무의 원칙
② 선취의 원칙
③ 관리의 원칙
④ 참가의 원칙

해설 무재해운동이념 3원칙
1) 무의 원칙 : 사망, 휴업 및 불휴재해는 물론 일

■ 정답 ■ 04.③ 05.① 06.① 07.④ 08.② 09.④

체의 장래위험요인을 사전에 발견, 파악, 해결함으로써 근원적인 산업재해를 없애는 것을 말한다.

2) **참가의 원칙** : 재해 및 일체의 위험요인을 발견, 해결하기 위해 전원이 무재해운동에 참가하여 문제 해결 등을 실천하는 것을 말한다.

3) **선취해결의 원칙** : 선취란 궁극의 목표로서 무재해, 무질병의 직장을 실현하기 위해 일체의 위험요인을 행동하기 전에 발견, 파악, 해결하여 재해를 예방하거나 방지하는 것을 말한다.

10 하인리히의 사고예방대책 기본원리 5단계에 있어 "시정방법의 선정"바로 이전 단계에서 행하여지는 사항으로 옳은 것은?

① 분석
② 사실의 발견
③ 안전조직 편성
④ 시정책의 적용

해설 하인리히의 사고예방대책 기본원리 5단계
　　1) 1단계 – 안전관리 조직
　　2) 2단계 – 사실의 발견
　　3) 3단계 – 분석 · 평가
　　4) 4단계 – 시정책 선정
　　5) 5단계 – 시정책 적용

11 산업안전보건법령상 산업안전보건위원회의 심의 · 의결사항으로 틀린 것은? (단, 그밖에 해당 사업장 근로자의 안전 및 보건을 유지 · 증진시키기 위하여 필요한 사항은 제외한다.)

① 사업장 경영체계 구성 및 운영에 관한 사항
② 작업환경측정 등 작업환경의 점검 및 개선에 관한 사항
③ 안전보건관리규정의 작성 및 변경에 관한 사항
④ 유해하거나 위험한 기계 · 기구 · 설비를 도입한 경우 안전 및 보건 관련 조치에 관한 사항

해설 산업안전보건위원회의 심의·의결사항
　　1) ②, ③, ④항

2) 근로자의 안전·보건교육에 관한 사항
3) 근로자의 건강진단 등 건강관리에 관한 사항
4) 산업재해에 관한 통계의 기록 및 유지에 관한 사항
5) 중대재해의 원인 조사 및 재발 방지대책의 수립에 관한 사항
6) 산업재해 예방계획의 수립에 관한 사항

12 산업안전보건법령상 안전보건개선계획의 제출에 관한 사항 중 ( )에 알맞은 내용은?

> 안전보건개선계획서를 제출해야 하는 사업주는 안전보건개선계획서 수립·시행 명령을 받은 날부터 ( )일 이내에 관한 지방고용노동관서의장에게 해당 계획서를 제출해야 한다.

① 15
② 30
③ 60
④ 90

해설 안전보건개선계획서 제출시기 (시행규칙 제131조 제 3항) : 안전보건개선계획의 수립 · 시행 명령을 받은 사업주는 고용노동부장관이 정하는 바에 다라 안전보건개선계획서를 작성하여 그 명령을 받은 날부터 60일 이내에 관할 지방고용노동관서의 장에게 제출하여야 한다.

13 산업안전보건법령상 명예산업안전감독관의 업무에 속하지 않는 것은? (단, 산업안전보건위원회 구성 대상 사업의 근로자 중에서 근로자대표가 사업주의 의견을 들어 추천하여 위촉된 명예산업 안전감독관의 경우)

① 사업장에서 하는 자체점검 참여
② 보호구의 구입 시 적격품의 선정
③ 근로자에 대한 안전수칙 준수 지도
④ 사업장 산업재해 예방계획 수립 참여

해설 명예산업안전감독관의 업무
　　1) 사업장에서 하는 자체점검참여 및 근로 감독관이 하는 사업장 감독 참여
　　2) 사업장 산업재해 예방계획 수립 참여 및 사업장

에서 하는 기계 · 기구 자체검사 참석
3) 법령을 위반한 사실이 있는 경우 사업주에 대한 개선 요청 및 감독가관에의 신고
4) 산업재해 발생의 급박한 위험이 있는 경우 사업주에 대한 작업중지 요청
5) 작업환경측정, 근로자 건강진단 시의 참석 및 그 결과에 대한 설명회 참여
6) 직업성 질환의 증상이 있거나 질병에 걸린 근로자가 여러 명 발생한 경우 사업주에 대한 임시 건강진단 실시 요청
7) 근로자에 대한 안전수칙 준수 지도
8) 법령 및 산업재해 예방정책 개선 건의
9) 안전 · 보건 의식을 북돋우기 위한 활동등에 대한 참여와 지원
10) 그밖에 산업재해 예방에 대한 홍보 등 산업재해 예방업무와 관련하여 고용노동부장관이 정하는 업무

색채	색도기준	용도	사용예
빨간색	7.5R 4/14	금지	정지 신호, 소화설비 및 그 장소, 유해행위 금지
		경고	화학물질 취급장소에서의 유해 · 위험경고
노란색	5Y 8.5/12	경고	화학물질 취급장소에서의 유해 · 위험 경고, 이외의 위험 경고, 주의 표지 또는 기계방호물
파란색	2.5PB 4/10	지시	특정 행위의 지시 및 사실의 고지
녹색	2.5G 4/10	안내	비상구 및 피난소, 사람 또는 차량의 통행표지
흰색	N 9.5		파란색 또는 녹색에 대한 보조색
검은색	N 0.5		문자 및 빨간색 또는 노란색에 대한 보조색

14 산업안전보건법령상 다음 ( )에 알맞은 내용은?

> 안전보건관리규정의 작성 대상 사업의 사업주는 안전보건관리규정을 작성해야 할 사유가 발생한날부터 ( )이내에 안전보건관리규정의 세부 내용을 포함한 안전보건관리규정을 작성하여야 한다.

① 10일　　② 15일
③ 20일　　④ 30일

해설 안전보건관리규정의 작성 : 사유가 발생한 날부터 30일 이내에 작성할 것

15 산업안전보건법령상 안전보건표지의 용도가 금지일 경우 사용되는 색채로 옳은 것은?

① 흰색　　② 녹색
③ 빨간색　　④ 노란색

해설 안전표지의 색체 · 색도 기준 및 용도 (시행규칙 별표3)

16 연평균근로자수가 400명인 사업장에서 연간 2건의 재해로 인하여 4명의 사상자가 발생하였다. 근로자가 1일 8시간씩 연간 300일을 근무하였을 때 이 사업장의 연천인율은?

① 1.85　　② 4.4
③ 5　　④ 10

해설 연천인율 $= \dfrac{\text{사상자수}}{\text{연근로자수}} \times 1,000$
$= \dfrac{4}{400} \times 1,000 = 10$

17 하인리히의 재해 손실비 평가방식에서 간접비에 속하지 않는 것은?

① 요양급여　　② 시설복구비
③ 교육훈련비　　④ 생산손실비

해설 하인리히의 재해손실비
총재해 cost = 직접비 + 간접비
(직접비 : 간접비 = 1 : 4)
1) 직접비 : 휴업보상비, 장해보상비, 요양보상비, 장의비, 유족보상비, 상병보상연금 등

2) 간접비
① **인적손실** : 본인 및 제 3자에 관한 것을 포함한 시간손실
② **물적손실** : 기계, 공구, 재료, 시설의 복구에 소비된 시간 손실 및 재산 손실
③ **생산손실** : 생산감소, 생산중단, 판매감소 등에 의한 손실
④ **기타손실** : 교육훈련비, 병상위문금, 여비 및 교통비, 입원중의 잡비, 장의 비용 등

18 다음 설명하는 무재해운동추진기법은?

> 피부를 맞대고 같이 소리치는 것으로서 팀의 일체감, 연대감을 조성할 수 있고 동시에 대뇌 피질에 좋은 이미지를 불어 넣어 안전행동을 하도록 하는 것

① 역할연기(Role Playing)
② TBM(Tool Box Meeting)
③ 터치 앤 콜(Touch and Call)
④ 브레인스토밍(Brain Storming)

해설 touch&call : 팀의 전원이 각자의 왼손을 서로 붙잡고 둥근 원을 만들어 팀의 행동목표나 무재해 운동의 구호를 지적확인 하는 것

19 시설물의 안전 및 유지관리에 관한 특별법상 제1종 시설물에 명시되지 않은 것은?

① 고속철도 교량
② 25층인 건축물
③ 연장 300m인 철도 교량
④ 연면적이 70000m²인 건축물

해설 ③항, 연장 500m인 철도 교량

길잡이 제1종시설물 및 제2종시설물의 종류

구분	제1종시설물	제2종시설물
1.철도 교량	1) 고속철도교량 2) 도시철도의 교량 및 고가교 3) 상부구조형식이 트러스교 및 아치교인 교량 4) 연장 500m이상의 교량	제 1종 시설물에 해당하지 않는 교량으로서 연장 100m이상의 교량
2.공동주택		16층 이상의 공동주택
3.공동주택 외의 건축물	1) 21층 이상 또는 연면적 5만m² 이상의 건축물 2) 연면적 3만m²이상의 철도역 시설 및 관람장 3) 연면적 1만m²이상의 지하도 상가(지하보도면적 포함)	1) 제1종시설물 이외의 건축물로서 16층 이상 또는 연면적 3만m²이상의 건축물 2) 제1종시설물 이외의 건축물로서 연면적 5천m²이상의 문화 및 집회시설, 종교시설, 판매시설 등 3) 제1종시설물에 이외의 지하도상가로서 연면적 5천m²이상의 지하도 상가

20 산업안전보건법령상 중대재해가 아닌 것은?

① 사망자가 1명 발생한 재해
② 부상자가 동시에 10명 발생한 재해
③ 직업성 질병자가 동시에 10명 발생한 재해
④ 1개월의 요양이 필요한 부상자가 동시에 2명 발생한 재해

해설 중대재해의 정의(시행규칙 제 22조 제1항)
1) 사망자가 1명 이상 발생한 재해
2) 3개월 이상의 요양이 필요한 부상자가 2명 이상 발생한 재해
3) 부상자 또는 직업성질병자가 동시에 10명 이상 발생한 재해

제2과목 / 산업심리 및 교육

21 참가자 앞에서 소수의 전문가들이 과제에 관한 견해를 자유롭게 토의한 후 참가자 전원이 참가하여 사회자의 사회에 따라 토의하는 방법은?

① 포럼(forum)
② 심포지엄(symposium)
③ 버즈 세션(buzz session)
④ 패널 디스커션(panel discussion)

해설 토의법의 종류

1) forum(공개토론회) : 새로운 자료나 교재를 제시하고 거기서의 문제점을 피교육자로 하여금 제기케 하거나 의견을 여러 가지 방법으로 발표하게 하여 다시 깊이 파고들어 토의를 행하는 방법

2) symposium : 몇 사람의 전문가에 의하여 과제에 관한 견해를 발표한 뒤 참가자로 하여금 의견이나 질문을 하게 하여 토의하는 방법

3) buzz session : 6-6회의라고도 하며, 먼저 사회자와 기록계를 선출한 후 나머지 사람은 6명씩의 소집단으로 구분하고, 소집단별로 각각 사회자를 선발 하여 6분간씩 자유토의를 행하여 의견을 종합하는 방법

4) panel discussioin : 패널맴버(교육과제에 정통한 전문가 4~5명)가 피교육자 앞에서 자유로이 토의하고 뒤에 피교육자 전원이 참가하여 사회자의 사회에 따라 토의하는 방법

22 교육법의 4단계 중 일반적으로 적용시간이 가장 긴 것은? (문제 오류로 가답안 발표시 3번이 답안으로 발표되었으나, 확정답안 발표시 2번, 3번이 정답 처리 되었습니다. 여기서는 가답안인 3번을 누르면 정답 처리 됩니다.)

① 도입   ② 제시
③ 적용   ④ 확인

해설 (1) 교육법의 4단계

1) 제1단계–도입(준비) : 배우고자 하는 마음가짐을 일으키도록 도입한다.
2) 제2단계–제시(설명) : 상대의 능력에 따라 교육하고 내용을 확실하게 이해시키고 납득시켜 다시 기능으로서 습득시킨다.
3) 제3단계–적용(응용) : 이해시킨 내용을 구체적인 문제 또는 실제 문제로 활용시키거나 응용시킨다.(작업습관을 확립시키는 단계)
4) 제4단계–확인(총괄) : 교육내용을 정확하게 이해하고 습득하였는지의 여부를 확인한다.

(2) **단계별 교육시간** : 단계별 교육의 시간 배분은 단위 시간을 1시간(60분)으로 했을 때 대략 다음과 같이 된다.

교육법의 4단계	강의식	토의식
1단계 – 도입(준비)	5분	5분
2단계 – 제시(설명)	40분	10분
3단계 – 적용(응용)	10분	40분
4단계 – 확인(총괄)	5분	5분

23 안전심리의 5대 요소에 관한 설명으로 틀린 것은?

① 기질이란 감정적인 경향이나 반응에 관계되는 성격의 한 측면이다.
② 감정은 생활체가 어떤 행동을 할 때 생기는 객관적인 동요를 뜻한다.
③ 동기는 능동적인 감각에 의한 자극에서 일어난 사고의 결과로서 사람의 마음을 움직이는 원동력이 되는 것이다.
④ 습성은 한 종에 속하는 개체의 대부분에서 볼 수 있는 일정한 생활양식으로 본능, 학습, 조건반사 등에 따라 형성된다.

해설 안전심리의 5대 요소

1) **습관** : 여러 번 거듭되는 동안 몸에 배어 굳어 버린 버릇
2) **습성** : 오랜 습관으로 인하여 굳어져 버린 성질로 본능, 학습, 조건반사 등에 의해 형성
3) **동기** : 사람의 마음을 움직여 어떤 행동을 하게 하는 원동력
4) **기질** : 감정의 경향으로 나타난 개인의 성질

5) 감정 : 어떤 대상이나 상태에 따라 나타나는 슬픔, 기쁨, 불쾌감 등에 해당되는 마음의 현상

24 스트렛(stress)에 영향을 주는 요인 중 환경이나 외적 요인에 해당하는 것은?

① 자존심의 손상
② 현실에의 부적응
③ 도전의 좌절과 자만심의 상충
④ 직장에서의 대인관계 갈등과 대립

해설 스트레스의 주요요인
　1) 외적자극요인
　　① 경제적인 어려움
　　② 대인관계상의 갈등과 대립
　　③ 가족관계상의 갈등
　　④ 가족의 죽음이나 질병
　　⑤ 자신의 건강문제
　　⑥ 상대적인 박탈감
　2) 내적 자극요인
　　① 자존심의 손상과 공격방어심리
　　② 출세욕의 좌절감과 자만심의 상충
　　③ 지나친 과거에의 집착과 허탈
　　④ 업무상의 죄책감
　　⑤ 지나친 경쟁심과 재물에 대한 욕심
　　⑥ 남에게 의지하고자 하는 심리
　　⑦ 가족 간의 대화단절 의견의 불일치

25 권한의 근거는 공식적이며, 지휘형태가 권위주의적이고 임명되어 권한을 행사하는 지도자로 옳은 것은?

① 헤드십(head ship)
② 리더십(leader ship)
③ 멤버십(member ship)
④ 매니저십(manager ship)

해설 헤드십과 리더십

구분	헤드십	리더십
1. 권한부여 및 행사	·위에서 위임하여 임명	·아래에서 동의에 의해 선출
2. 권한근거	·법적 또는 공식적	·개인능력
3. 상관과 부하와의 관계 및 책임귀속	지배적 상사	·개인적경향·상사와 부하
4. 부하와의 사회적 간격	·넓다	·좁다
5. 지휘형태	·권위주의적	·민주주의적

26 다음의 내용에서 교육지도의 5단계를 순서대로 바르게 나열한 것은?

　㉠ 가설의 설정　　㉡ 결론
　㉢ 원리의 제시　　㉣ 관련된 개념의 분석
　㉤ 자료의 평가

① ㉢→㉣→㉠→㉤→㉡
② ㉠→㉢→㉣→㉤→㉡
③ ㉢→㉠→㉤→㉣→㉡
④ ㉠→㉢→㉤→㉣→㉡

해설 교육지도의 5단계
　1) 1단계 : 원리의 제시
　2) 2단계 : 관련된 개념의 분석
　3) 3단계 : 가설의 설정
　4) 4단계 : 자료의 평가
　5) 5단계 : 결론

27 호손(Hawthome) 실험의 결과 생산성 향상에 영향을 준 가장 큰 요인은?

① 생산 기술　　　② 임금 및 근로시간
③ 인간 관계　　　④ 조명 등 작업환경

해설 호오손(Hawthome)실험
　1) 실험연구자 : 메이오(Mayo)
　2) 실험연구결과 : 작업능률(생산성향상)은 물리적 「작업조건」 보다는 인간의 심리적인 태도, 감정을 규제하고 있는 「인간관계」에 의해서 결정됨을 밝혔다.

28 훈련에 참가한 사람들이 직무에 복귀한 후에 실제 직무수행에서 훈련효과를 보이는 정도를 나타내는 것은?

① 전이 타당도   ② 교육 타당도
③ 조직간 타당도   ④ 조직내 타당도

해설 전이타당도 : 본문설명

29 착각현상 중에서 실제로는 움직이지 않는데 움직이는 것처럼 느껴지는 심리적인 현상은?

① 진상   ② 원근 착시
③ 가현운동   ④ 기하학적 착시

해설 **가현운동** : 객관적으로 정지하고 있는 대상물이 급속히 나타나든가 소멸하는 것으로 인하여 일어나는 운동으로 마치 대상물이 운동하는 것처럼 인식되는 현상을 말한다. (β운동 : 영화영상의 방법)

30 다음 설명의 리더십 유형은 무엇인가?

> 과업을 계획하고 수행하는데 있어서 구성원과 함께 책임을 공유하고 인간에 대하여 높은 관심을 갖는 리더십

① 권위적 리더십
② 독재적 리더십
③ 민주적 리더십
④ 자유방임형 리더십

해설 **업무추진 방법(지휘형태)에 의한 리더십의 분류**
1) **권위형** : 지도자가 집단의 모든 권한 행사를 단독적으로 처리한다.
2) **민주형** : 집단의 토론, 회의 등에 의해 정책을 결정한다.
3) **자유 방임형** : 집단에 대하여 전혀 리더십을 발휘하지 않고 명목상의 리더 자리만을 지키는 유형으로 지도자가 집단 구성원에게 완전히 자유를 주는 경우이다.

31 의식수준이 정상이지만 생리적 상태가 적극적일 때에 해당하는 것은?

① Phase 0   ② Phase I
③ Phase III   ④ Phase IV

해설 **의식수준의 단계**

단계	의식의상태	주의작용	생리적상태	신뢰성
Phase0	무의식, 실신	없음	수면, 뇌발작	0
Phase I	정상 이하 의식 몽롱함	부주의	피로, 단조, 졸음, 술취함	0.9이하
Phase II	정상 이완상태	수동적 마음이 안쪽으로 향함	안정기거, 휴식시, 정례작업시	0.99~0.99999
Phase III	정상 상쾌한 상태	능동적 앞으로 향하는 주의시야도 넓다.	적극 활동시	0.999999이상
Phase IV	초정상 과긴장상태	일점으로 응집 판단정지	긴급 방위반응, 당황하서 panic	0.9이하

32 직무수행평가에 대한 효과적인 피드백의 원칙에 대한 설명으로 틀린 것은?

① 직무수행 성과에 대한 피드백의 효과가 항상 긍정적이지는 않다.
② 피드백은 개인의 수행 성과뿐만 아니라 집단의 수행 성과에도 영향을 준다.
③ 부정적 피드백을 먼저 제시하고 그 다음에 긍정적 피드백을 제시하는 것이 효과적이다.
④ 직무수행 성과가 낮을 때, 그 원인을 능력 부족의 탓으로 돌리는 것보다 노력 부족 탓으로 돌리는 것이 더 효과적이다.

해설 ③항, 긍정적 피드백을 먼저 제시하고 그 다음에 부정적 피드백을 제시하는 것이 효과적이다.

2021

■ 정답 ■ 28.①   29.③   30.③   31.③   32.③

33 안드라고지(Andragogy) 모델에 기초한 학습자로서의 성인의 특징과 가장 거리가 먼 것은?

① 성인들은 타인 주도적 학습을 선호한다.
② 성인들은 과제 중심적으로 학습하고자 한다.
③ 성인들은 다양한 경험을 가지고 학습에 참여한다.
④ 성인들은 왜 배워야 하는지에 대해 알고자 하는 욕구를 가지고 있다.

해설 엔드라고지 모델
　1) 엔드라고지(Andragogy) : 성인과 이끄는 사람을 의미하며 성인학습자가 무엇을 어떻게 언제 배울 것인가 하는 의사결정을 스스로 할 수 있다고 보며 성인학습을 도와주는 기술로서의 과학을 의미하는 것이다.
　2) 학습자로서의 성인의 특징
　　① 성인들은 자기 주도적 학습을 선호한다.
　　② 성인들은 과제 중심적으로 학습하고자 한다.
　　③ 성인들은 다양한 경험을 가지고 학습에 참여한다.
　　④ 성인들은 왜 배워야 하는지에 대해 알고자 하는 욕구를 가지고 있다.

34 안전태도교육 기본과정을 순서대로 나열한 것은?

① 청취→모범→이해→평가→장려·처벌
② 청취→평가→이해→모범→장려·처벌
③ 청취→이해→모범→평가→장려·처벌
④ 청취→평가→모범→이해→장려·처벌

해설 안전태도교육의 기본과정 : 1) 청취(들어본다) → 2) 이해 → 3) 모범(시범) → 4) 평가 → 5) 장려·처벌

35 산업심리에서 활용되고 있는 개인적인 카운슬링 방법에 해당하지 않는 것은?

① 직접 충고　　② 설득적 방법
③ 설명적 방법　　④ 토론적 방법

해설 1) **카운슬링의 순서**
　　장면구성 - 내담자 대화 - 의견재분석 - 감정표출 - 감정의 명확화
　2) **개인적인 카운슬링 방법**
　　① 직접충고 : 안전수칙 불이행시 적합, 지시적 방법
　　② 설득적 방법 : 비지시적 방법
　　③ 설명적 방법 : 비지시적 방법

36 맥그리거(Douglas Mcgregor)의 X,Y이론 중 X이론과 관계 깊은 것은?

① 근면, 성실
② 물질적 욕구 추구
③ 정신적 욕구 추구
④ 자기통제에 의한 자율관리

해설 맥그리거의 X · Y 이론

X이론	Y이론
1. 인간 불신감 2. 성악설 3. 인간은 본래 게으르고 태만하여 남의 지배 받기를 즐긴다. 4. 물질욕구(저차적 욕구) 5. 명령통제에 의한 관리 6. 저개발국형	1. 상호신뢰감 2. 성선설 3. 인간은 부지런하고 근면, 적극적이며 자주적이다. 4. 정신욕구(고차적 욕구) 5. 목표통합과 자기 통제에 의한 자율관리 6. 선진국형

37 교육의 3요소를 바르게 나열한 것은?

① 교사 - 학생 - 교육재료
② 교사 - 학생 - 교육환경
③ 학생 - 교육환경 - 교육재료
④ 학생 - 부모 - 사회 지식인

해설 교육의 3요소
　1) 주체 : 교도자, 강사, 교사 등
　2) 객체 : 학생, 수강자, 피교육자 등
　3) 매개체 : 교재, 교육자료

■ 정답 ■ 33.① 34.③ 35.④ 36.② 37.①

38 어느 철강회사의 고로작업라인에 근무하는 A씨의 작업강도가 힘든 중작업으로 평가되었다면 해당되는 에너지대사율(RMR)의 범위로 가장 적절한 것은?

① 0~1
② 2~4
③ 4~7
④ 7~10

해설 작업강도에 따른 에너지대사율(RMR)의 구분
1) 0~2RMR : 輕작업(가벼운 작업)
2) 2~4RMR : 中작업(보통 작업)
3) 4~7RMR : 重작업(힘든 작업)
4) 7RMR : 超重작업(매우 힘든 작업)

39 Off.J.T의 특징이 아닌 것은?

① 우수한 강사를 확보할 수 있다.
② 교재, 시설 등을 효과적으로 이용할 수 있다.
③ 개개인의 능력 및 적성에 적합한 세부 교육이 가능하다.
④ 다수의 대상자를 일괄적, 체계적으로 교육을 시킬 수 있다.

해설 O·J·T와 off J·T의 특징

O·J·T (현장중심교육)	off J·T (현장외 중심교육)
① 개개인에게 적합한 지도훈련이 가능	① 다수의 근로자에게 조직적 훈련이 가능
② 직장의 실정에 맞는 실제적 훈련을 할 수 있다.	② 훈련에만 전념하게 된다.
③ 훈련 필요한 업무의 계속성이 끊어지지 않음	③ 특별설비기구를 이용할 수 있음
④ 즉시 업무에 연결되는 관계로 신체와 관련 있음	④ 전문가를 강사로 초청할 수 있음
⑤ 효과가 곧 업무에 나타나며 훈련의 좋고 나쁨에 따라 개선이 용이함	⑤ 각 직장의 근로자가 많은 지식이나 경험을 교류할 수 있음
⑥ 교육을 통한 훈련 효과에 의해 상호 신뢰 이해도가 높아짐	⑥ 교육훈련 목표에 대해서 집단적 노력이 흐트러질 수도 있음

40 인간의 적응기제(Adjustment mechanism) 중 방어적 기제에 해당하는 것은?

① 보상
② 고립
③ 퇴행
④ 억압

해설 적응기제
1) 방어적 기제 : 보상, 합리화, 동일시, 승화 등
2) 도피적 기제 : 고립, 퇴행, 억압, 백일몽 등

제3과목 / 인간공학 및 시스템안전공학

41 FTA에서 사용하는 다음 사상기호에 대한 설명으로 맞는 것은?

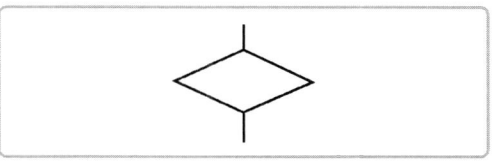

① 시스템 분석에서 좀 더 발전시켜야 하는 사상
② 시스템의 정상적인 가동상태에서 일어날 것이 기대되는 사상
③ 불충분한 자료로 결론을 내릴 스 없어 더이상 전개 할 수 없는 사상
④ 주어진 시스템의 기본사상으로 고장원인이 분석되었기 때문에 더 이상 분석할 필요가 없는 사상

해설 생략사상(추적가능한 최후사상) : 사상과 원인과의 관계를 충분히 알 수 없거나 또는 필요한 정보를 얻을 수 없기 때문에 이것 이상 전개할 수 없는 최후적 사상을 나타낼 때 사용한다(말단사상).

■ 정답 ■ 38.③　39.③　40.①　41.③

42 FT도에서 시스템의 신뢰도는 얼마인가? (단, 모든 부품의 발생확률은 0.1 이다.)

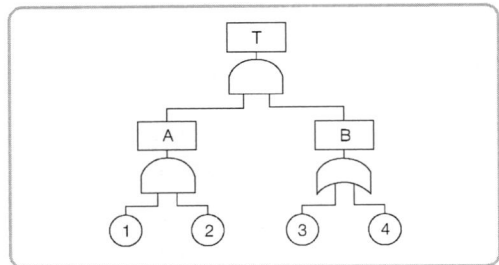

① 0.0033　　　　② 0.0062
③ 0.9981　　　　④ 0.9936

해설 1) 시스템 고장발생확률(T)
　　　 T = A × B
　　　　 = ① × ② × [1−(1−③)(1−④)]
　　　　 = 0.1 × 0.1 × [1−(1−0.1)(1−0.1)]
　　　　 = 1.9 × 10−3 = 0.0019
　　 2) 시스템 신뢰도(R)
　　　 R = 1 − T
　　　　 = 1 − 0.0019 = 0.9981

43 일반적으로 은행의 접수대 높이나 공원의 벤치를 설계할 때 가장 적합한 인체 측정 자료의 응용원칙은?

① 조절식 설계
② 평균치를 이용한 설계
③ 최대치수를 이용한 설계
④ 최소치수를 이용한 설계

해설 인간계측자료의 응용원칙
　　 1) **최대치수와 최소 치수** : 최대치수 또는 최소치수를 기준으로 하여 설계한다.(극단에 속하는 사람을 위한 설계)
　　 2) **조절범위(조절식)** : 체격이 다른 여러 사람에게 맞도록 만드는 것이다. (조절할 수 있도록 범위를 두는 설계)
　　 3) **평균치를 기준으로 한 설계** : 최대치수나 최소치수, 조절식으로 하기가 곤란할 때 평균치를 기준으로 하여 설계한다.(평균적인 사람을 위한 설계)

44 감각저장으로부터 정보를 작업기억으로 전달하기 위한 코드화 분류에 해당되지 않는 것은?

① 시각코드　　　　② 촉각코드
③ 음성코드　　　　④ 의미코드

해설 1) **인간기억체계** : 감각보관, 작업기억(단기기억), 장기기억의 3가지 형태로 되어 있다.

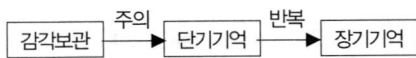

　　 2) **작업기억의 정보** : 시각(視覺 : visual), 표음(表音 : phonetic), 의미(意味 : semantic)의 3가지 코드로 코드화 된다.
　　　 ① 시각 및 표음(음성)코드 : 자극의 시각적 또는 청각적 표현이다.
　　　 ② 의미코드 : 자극에 의해서 발생되는 상이나 음이 아닌 자극, 의미의 추상적 표현이다.

45 작업장의 설비 3대에서 각각 80dB, 86dB, 78dB의 소음이 발생되고 있을 때 작업장의 음압수준은?

① 약 81.3dB　　　② 약 85.5dB
③ 약 87.5dB　　　④ 약 90.3dB

해설 합성소음도(L)
$$L = 10\log\left(10^{\frac{L_1}{10}} + 10^{\frac{L_2}{10}} + 10^{\frac{L_3}{10}}\right)$$
$$= 10\log\left(10^{80/10} + 10^{86/10} + 10^{78/10}\right)$$
$$= 87.49\,dB$$

46 인간공학 연구방법 중 실제의 제품이나 시스템이 추구하는 특성 및 수준이 달성 되는지를 비교하고 분석하는 연구는?

① 조사연구　　　　② 실험연구
③ 분석연구　　　　④ 평가연구

해설 인간공학 연구방법
　　 1) **조사연구** : 집단(사람)의 속성에 관한 특성을 탐구한다.
　　 2) **실험연구** : 어떤 변수가 행동에 미치는 영향을 시험하는 것이 목적이다.
　　 3) **평가연구** : 본문 설명

47 위험분석기법 중 고장이 시스템의 손실과 인명의 사상에 연결되는 높은 위험도를 가진 요소나 고장의 형태에 따른 분석법은?

① CA
② ETA
③ FHA
④ FTA

해설 CA(치명도 분석 또는 위험도 분석, criticality analysis)

1) 고장이 직접 시스템의 손실과 사상에 연결되는 높은 위험도(또는 치명도)를 가진 요소나 고장의 형태에 따른 분석법이다.
2) 고장형의 위험도 분류
   ① category Ⅰ : 생명의 상실로 이어질 염려가 있는 고장
   ② category Ⅱ : 작업의 실패로 이어질 염려가 있는 고장
   ③ category Ⅲ : 운용의 지연 또는 손실로 이어질 고장
   ④ category Ⅳ : 극단적인 계획외의 관리로 이어질 고장

48 실효 온도(effective temperature)에 영향을 주는 요인이 아닌 것은?

① 온도
② 습도
③ 복사열
④ 공기 유동

해설 실효온도(체감온도 또는 감각온도)에 영향을 주는 요인

1) 온도
2) 습도
3) 공기유동(기류)

49 의도는 올바른 것이었지만, 행동이 의도한 것과는 다르게 나타나는 오류는?

① Slip
② Mistake
③ Lapse
④ Violation

해설 인간의 오류모형

1) 실수(slip)
   ① 의도는 올바른 것이었지만 반응의 실행이 올바른 것이 아닌 경우를 실수라 한다.
   ② 실수는 주의력이 부족한 상탱서 발생하는 에러이다.
2) 착오(mistake)
   ① 부적합한 의도를 가지고 행동으로 옮긴 경우를 착오라 한다.
   ② 착오는 주관적인 인식과 객관적 실재가 일치하지 않는 것을 의미한다.
3) 건망증(lapse) : 단기기억의 한계로 이해 기억을 잊어서 해야 할 일을 못해 발생하는 에러이다.
4) 위반(고의사고 : violation) : 작업수행 과정 중에 일부러 나쁜 의도를 가지고 발생시키는 에러를 말한다.

50 일반적인 화학설비에 대한 안정성 평가(safety assessment)절차에 있어 안전대책 단계에 해당되지 않는 것은?

① 보전
② 위험도 평가
③ 설비적 대책
④ 관리적 대책

해설 (1) 안전성 평가의 기본원칙 6단계

1) 1단계 : 관계 자료의 정비검토
2) 2단계 : 정성적 평가
3) 3단계 : 정량적 평가
4) 4단계 : 안전대책
5) 5단계 : 재해정보에 의한 재평가
6) 6단계 : FTA에 의한 재평가

(2) 제4단계 : 안전대책

1) 설비대책 : 안전장치 및 방재장치에 대한 대책
2) 관리적 대책 : 인원배치, 교육훈련 및 보전에 관한 대책

51 인간 - 기계시스템 설계과정 중 직무분석을 하는 단계는?

① 제1단계: 시스템의 목표와 성능명세 결정
② 제2단계: 시스템의 정의
③ 제3단계: 기본 설계
④ 제4단계: 인터페이스 설계

2021

해설 기본설계(제3단계)
1) 인간, 하드웨어 및 소프트웨어에 대한 기능 할당
2) 작업설계(직무설계)
3) 과업분석(직무분석)
4) 인간 퍼포먼스(performance)요건

52 중량물 들기 작업 시 5분간의 산소소비량을 측정한 결과 90L의 배기량 중에 산소가 16%, 이산화탄소가 4%로 분석되었다. 해당 작업에 대한 산소소비량(L/min)은 약 얼마인가? (단, 공기 중 질소는 79vol%, 산소는 21vol%이다.)

① 0.948　　② 1.948
③ 4.74　　④ 5.74

해설 1) 배기량(L/min) = $\frac{배기량(L)}{시간(min)}$

$= \frac{90L}{5min} = 18L/min$

2) 흡기량 × $\frac{79\%}{100}$ = 배기량 × $\frac{N_2\%}{100}$

흡기량 = $\frac{배기량 \times N_2\%}{79}$

$= \frac{배기량 \times (100 - O_2\% - CO_2\%)}{79}$

$= \frac{18 \times (100 - 16 - 4)}{79}$

$= 18.23L/min$

3) 산소소비량

$= 흡기량 \times \frac{21}{100} - 배기량 \times \frac{O_2\%}{100}$
$= 18.23 \times 0.21 - 18 \times 0.16$
$= 0.948L/min$

53 시스템 수명주기에 있어서 예비위험분석(PHA)이 이루어지는 단계에 해당하는 것은?

① 구상단계　　② 점검단계
③ 운전단계　　④ 생산단계

해설 시스템 수명주기의 단계
1) **구상단계** : 시작단계
　① PHA(예비사고분석) : 이용

② 리스크(위험)분석 시행
③ SSPP(시스템 안전프로그램계획)
2) **정의단계** : 예비설계와 생산기술을 확인하는 단계
3) **개발단계** : 정의단계에 환경적 충격, 생산 기술, 운용연구 등을 포함시키는 단계
　① OHA(운용위험분석)이용
　② FMEA(고장의 형태 및 영향분석)과 관련된 신뢰 성공학 적용
4) **생산단계** : 생산이 시작되면 품질관리부서는 생산물을 검사하고 조사하는 역할을 함
5) **운전단계** : 시스템을 운전하는 단계

54 어떤 설비의 시간당 고장률이 일정하다고 할 때 이 설비의 고장간격은 다음 중 어떤 확률분포를 따르는가?

① t분포　　② 와이블분포
③ 지수분포　　④ 아이링(Eyring)분포

해설 지수분포(exponential distributioin)
1) **평균수명**(MTTF, Mean Time To Failure) : 고장이 나면 수명이 없어지는 제품에서는 지수분포를 하는 확률변수 T의 기댓값이 다음과 같이 되며 이를 고장까지의 평균시간 또는 평균수명(MTTF)이라 부른다.

$E(T) = MTTF = \frac{1}{\lambda}$

2) **평균고장간격**(MTBF, Mean Time Between Failure) : 고장이 나도 수리해서 사용할 수 있는 제품에서 $1/\lambda$은 평균고장간격이 된다.

55 정보를 전송하기 위해 청각적 표시장치보다 시각적 표시장치를 사용하는 것이 더 효과적인 경우는?

① 정보의 내용이 간단한 경우
② 정보가 후에 재참조되는 경우
③ 정보가 즉각적인 행동을 요구하는 경우
④ 정보의 내용이 시간적인 사건을 다루는 경우

[해설] 표시장치의 선택(청각장치와 시각장치의 선택)

청각장치사용	시각장치사용
1) 전언이 간단하고 짧다.	1) 전언이 복잡하고 길다.
2) 전언이 후에 재참조되지 않는다.	2) 전언이 후에 재참조된다.
3) 전언이 즉각적인 사상(event)을 이룬다.	3) 전언이 공간적인 위치를 다룬다.
4) 전언이 즉각적인 행동을 요구한다.	4) 전언이 즉각적인 행동을 요구하지 않는다.
5) 수신자가 시각계통이 과부하 상태일 때	5) 수신자의 청각계통이 과부하 상태일 때
6) 수신장소가 너무 밝거나 암조의 유지가 필요할 때	6) 수신장소가 너무 시끄러울 때
7) 직무상 수신자가 자주 움직이는 경우	7) 직무상 수신자가 한 곳에 머무르는 경우

56 욕조곡선에서의 고장 형태에서 일정한 형태의 고장률이 나타나는 구간은?

① 초기 고장구간 ② 마모 고장구간
③ 피로 고장구간 ④ 우발 고장구간

[해설] 고장율의 유형(욕조곡선에서의 고장형태)
1) 초기고장구간 : 감소형
2) 우발고장구간 : 일정형
3) 마모고장구간 : 증가형

57 설비보전 방법 중 설비의 열화를 방지하고 그 진행을 지연시켜 수명을 연장하기 위한 점검, 청소, 주유 및 교체 등의 활동은?

① 사후 보전 ② 개량 보전
③ 일상 보전 ④ 보전 예방

[해설] 설비보전방식의 유형
1) **예방보전** : 설비를 항상 정상, 양호한 상태로 유지하기 위한 정기검사와 초기단계에서 성능의 저하나 고장을 제거하거나 조정 또는 수복(修復)하기 위한 설비의 보수활동을 의미한다.
2) **일상보전** : 설비의 열화를 방지하고 그 진행을 지연시켜 수명을 연장하기 위한 설비의 점검, 청소, 주유, 교체 등의 활동을 의미한다.
3) **개량보전** : 고장을 미연에 방지하기 위해 설비를 개조하거나 설계에서부터 시정조치를 취하고 설비의 체질개선을 도모하는 설비보전 방법을 의미한다.
4) **보전예방** : 설비보전 정보와 신기술을 기초로 신뢰성, 조작성, 보전성, 안전성, 경제성 등이 우수한 설비의 선정, 조달 또는 설계를 통하여 궁극적으로 설비의 설계, 제작 단계에서 보전활동이 불필요한 체제를 목표로 한 설비보전 방법을 말한다.
5) **사후보전** : 수리를 행하는 설비보전방법을 의미한다.
6) **예지보전** : 설비의 이상 상태를 검출, 측정 또는 감시하여 열화의 정도가 사용한도에 이른 시점에서 분해, 검사, 부품교환, 수리하는 설비보전방법을 의미한다.

58 두 가지 상태 중 하나가 고장 또는 결함으로 나타나는 비정상적인 사건은?

① 톱사상 ② 결함사상
③ 정상적인 사상 ④ 기본적인 사상

[해설] 결함사상 : 두 가지 상태 중 하나가 고장 또는 결함으로 나타나는 비정상적인 사건

59 동작경제의 원칙과 가장 거리가 먼 것은?

① 급작스런 방향의 전환은 피하도록 할 것
② 가능한 관성을 이용하여 작업하도록 할 것
③ 두 손의 동작은 같이 시작하고 같이 끝나도록 할 것
④ 두 팔의 동작은 동시에 같은 방향으로 움직일 것

[해설] ④항, 두필(양팔)은 동시에 서로 반대방향에서 대칭적으로 움직이도록 할 것

> **[길잡이] 동작경제의 3원칙(Barnes)**
> 1) 신체의 사용에 관한 원칙
> 2) 작업장 배치에 관한 원칙
> 3) 공구 및 설비의 설계에 관한 원칙

2021

■ 정답 ■ 56.④ 57.③ 58.② 59.④

60 음량수준을 평가하는 척도와 관계없는 것은?

① dB
② HSI
③ phon
④ sone

해설 음량수준의 평가척도
1) dB(decibel) : 음압수준을 표시하는 단위로 사용한다. (dB은 소리의 세기에 대한 물리적 측정단위)
2) phon : 1000Hz, 40dB의 음압수준(dB)은 나타낸다.
3) sone : 1000Hz, 40dB의 음압수준을 가진 순음의 크기(=40phon)를 1sone이라 한다.
4) sone과 phon의 관계식
$$sone \, 차 = 2^{(phon-40)/10}$$

제4과목 / 건설시공학

61 용접작업 시 주의사항으로 옳지 않은 것은?

① 용접할 소재는 수축변형이 일어나지 않으므로 치수에 여분을 두지 않아야 한다.
② 용접할 모재의 표면에 녹·유분 등이 있으면 접합부에 공기포가 생기고 용접부의 재질을 약화시키므로 와이어 브러시로 청소한다.
③ 강우 및 강설 등으로 모재의 표면이 젖어 있을 때나 심한 바람이 불 때는 용접하지 않는다.
④ 용접봉을 교환하거나 다층용접일 때는 슬래그와 스패터를 제거한다.

해설 용접할 소재는 용접열에 의한 수축변형이 생기고 또 마무리 자리도 고려해야 되므로 치수에 여분을 두어야 한다.

62 철근콘크리트 구조물(5~6층)을 대상으로 한 벽, 지하외벽의 철근 고임재 및 간격재의 배치표준으로 옳은 것은?

① 상단은 보 밑에서 0.5m
② 중단은 상단에서 2.0m 이내
③ 횡간격은 0.5m
④ 단부는 2.0m 이내

해설 벽, 지하외벽의 철근 고임대 및 간격재의 배차간격의 표준
1) 상단 : 보 밑에서 0.5m 이내
2) 중단 : 상단에서 1.5m 이내
3) 횡간격 : 1.5m
4) 단부 : 1.5m 이내

63 벽식 철근콘크리트 구조를 시공할 경우, 벽과 바닥의 콘크리트 타설을 한번에 가능하게 하기 위하여 벽체용 거푸집과 슬래브거푸집을 일체로 제작하여 한번에 설치하고 해체할 수 있도록 한 시스템 거푸집은?

① 유로폼
② 클라이밍폼
③ 슬립폼
④ 터널폼

해설 터널폼(tunnel form) : 벽식 철근콘크리트 구조를 사용할 경우 벽과 바닥의 콘크리트 타설을 한 번에 가능하게 하기 위하여 벽체용 거푸집과 슬래브 거푸집을 일체로 제작하여 한 번에 설치하고 해체할 수 있도록 한 거푸집이다.

64 철근콘크리트 공사 중 거푸집 해체를 위한 검사가 아닌 것은?

① 각종 배관슬리브, 매설물, 인서트, 단열재 등 부착 여부
② 수직, 수평부재의 존치기간 준수 여부
③ 소요의 강도 확보 이전에 지주의 교환 여부
④ 거푸집 해체용 콘크리트 압축강도 학인시험 실시 여부

해설 ①항 : 거푸집 조립시 검사사항

65 갱 폼(Gang Form)에 관한 설명으로 옳지 않은 것은?

① 대형화 패널 자체에 버팀대와 작업대를 부착하여 유니트화 한다.
② 수직, 수평 분할 타설 공법을 활용하여 전용도를 높인다.
③ 설치와 탈형을 위하여 대형 양중장비가 필요하다.
④ 두꺼운 벽체를 구축하기에는 적합하지 않다.

해설 **갱폼**(gang form)
1) **갱폼** : 사용할 때마다 작은 부재의 조립, 분해를 반복하지 않고 대형화, 단순화하여 한번에 설치하고 해체하는 거푸집시스템이다.
2) 두꺼운 벽식구조의 건조물에 적용효과가 크다.

66 강재 중 SN 355 B에 관한 설명으로 옳지 않은 것은?

① 건축 구조물에 사용된다.
② 냉간 압연 강재 이다.
③ 강재의 두께가 6mm 이상 40mm 이하일 때 최소 항복강도가 355N/mm²DLEK.
④ 용접성에 있어 중간 정도의 품질을 갖고 있다.

해설 SN 335 B
1) SN(Stell New) : 건축구조용 압연강재 (KSD 3861)
2) 355 : 최소항복강도 355N/mm²
3) B : 용접성에 있어 중간정도의 품질

67 말뚝재하시험의 주요목적과 거리가 먼 것은?

① 말뚝길이의 결정

② 말뚝 관입량 결정
③ 지하수위 추정
④ 지지력 추정

해설 말뚝재하시험의 주요목적
1) 말뚝길이 결정
2) 말뚝관입량 결정
3) 지지력 측정

68 조적식구조에서 조적식구조인 내력벽으로 둘러쌓인 부분의 최대 바닥면적은 얼마인가?

① 60m²   ② 80m²
③ 100m²   ④ 120m²

해설 조적식 구조의 최대 바닥면적 : 30㎡

69 철골세우기용 기계설비가 아닌 것은?

① 가이데릭   ② 스티프레그데릭
③ 진폴   ④ 드래그라인

해설 (1) 철골세우기용 기계설비
1) ①, ②, ③항
2) 크레인
(2) 드래그라인 : 크레인 형 굴삭기

70 철근의 피복두께 확보 목적과 가장 거리가 먼 것은?

① 내화성 확보   ② 내구성 확보
③ 구조내력의 확보   ④ 블리딩 현상 방지

해설 1) 피복두께 : 콘크리트 표면에서 제일 외측에 가까운 철근표면까지의 거리
2) 철근의 피복두께 계획 시 고려사항
(철근피복의 목적)
① 내화성 확보
② 내구성 확보
③ 구조내력확보
④ 시공상 유동성 확보

2021

■ 정답 ■ 65.④   66.②   67.③   68.②   69.④   70.④

71 유동화 콘크리트를 제조할 때 유동화제를 첨가하기 전 기본 배합 콘크리트인 베이스 콘크리트의 슬럼프 기준은? (단, 보통콘크리트의 경우)

① 150mm 이하　　② 180mm 이하
③ 210mm 이하　　④ 240mm 이하

해설 **유동화 콘크리트** : 단위수량이 적은 콘크리트에 분산성이 우수한 유동화제(고성능 감수제)를 첨가하여 유동성을 일시적으로 증대시킨 콘크리트

72 분할도급 발주 방식 중 지하철공사, 고속도로공사 및 대규모 아파트단지 등의 공사에 채용하면 가장 효과적인 것은?

① 직종별 공종별 분할도급
② 공정별 분할도급
③ 공구별 분할도급
④ 전문공종별 분할도급

해설 **분할도급** : 공사를 세분하여(공종별, 공정별, 공구별 등)각기 따로 도급자를 선정하여 도급계약을 맺는 방식
1) **전문공종별 분할도급** : 시설공사 중 설비공사(전기, 난방 등)를 주체공사와 분리하여 전문공사업자와 계약하는 방식
2) **공정별 분할도급** : 정지, 기초, 구제, 마무리 공사 등의 과정별로 나누어 도급을 주는 방식
3) **공구별 분할도급** : 대규모 공사에서 지역별, 공구별로 분리하여 도급하는 방식
4) **직종별 · 공종별 분할도급** : 전문직별 또는 각 공종별로 세분하여 도급하는 방식

73 흙이 소성 상태에서 반고체 상태로 바뀔 때의 함수비를 의미하는 용어는?

① 예민비　　　　② 액성한계
③ 소성한계　　　④ 소성지수

해설 **(1) 흙의 경연도**
　1) **소성한계** : 파괴 없이 변형을 일으킬 수 있는 최소의 함수비
　2) **액성한계** : 외력에 전단 저항이 0이 되는 최소 함수비로 액성한계가 크면 수축, 팽창이 커진다.
　3) **수축한계** : 함수비가 감소해도 부피의 감소가 없는 최대의 함수비(가장 안전)
(2) 예민비 $= \dfrac{\text{자연시료의 강도}}{\text{이긴시료의 강도}}$

74 다음 네트워크 공정표에서 주공전선에 의한 총 소요공기(일수)로 옳은 것은? (단, 결함점간 사이의 숫자는 작업일수임)

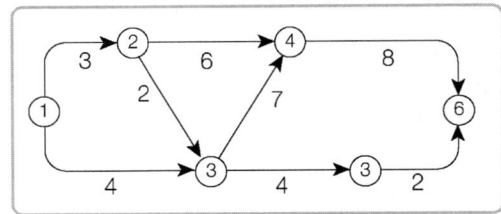

① 17일　　　　② 19일
③ 20일　　　　④ 22일

해설 1) **주공정선**(Critical path) : 개시 결합점에서 완료 결합점에 이르는 가장 긴 패스(path)를 말한다.
　2) **크리티컬 패스** : ① → ② → ③ → ④ → ⑥
　(3+2+7+8=20일)

75 조적 벽면에서의 백화방지에 대한 조치로서 옳지 않은 것은?

① 소성이 잘 된 벽돌을 사용한다.
② 줄눈으로 비가 새어들지 않도록 방수처리한다.
③ 줄눈모르타르에 석회를 혼합한다.
④ 벽돌벽의 상부에 비막이를 설치한다.

해설 1) **백화현상** : 콘크리트나 벽돌을 시공한 후 흰가루가 돋아나는 현상
　2) **백화의 원인** : 유출되는 몰탈의 석회분이 빗물에 의하여 수산화석회로 되어 표면에 유출될

때 공기 중의 탄산가스(CO_2) 또는 벽체중의 황분과 결합하여 생긴다.

  3) 백화현상 방지책

    ① 잘 소성된 양질의 벽돌을 사용한다.

    ② 벽돌 벽면에 실리콘, 파라핀 도료 등을 바른다.

    ③ 벽면 특히 줄눈부분을 방수처리 한다.

76 다음 각 기초에 관한 설명으로 옳은 것은?

① 온통기초: 기둥 1개에 기초판이 1개인 기초

② 복합기초: 2개 이상의 기둥을 1개의 기초판으로 받치게 한 기초

③ 독립기초: 조직조의 벽을 지지하는 하부 기초

④ 연속기초: 건물 하부 전체 또는 지하실 전체를 기초판으로 구성한 기초

해설 **기초의 종류**

  1) **푸팅(footing)기초** : 슬래브(slab)의 형식에 따라 다음과 같이 구분한다.

    ① **독립기초** : 단일기둥을 하나의 기초에 연결하여 지지하는 방식

    ② **복합기초** : 2개 이상의 기둥을 하나의 기초에 연결하여 지지하는 방식

    ③ **연속기초(줄기초)** : 연속된 기초판이 기둥 또는 벽의 하중을 지지하는 방식

  2) **온통기초(전체기초)**

    ① 건물하부 전체를 하나의 기초판으로 지지하는 방식

    ② 독립기초보다 구조·설계가 복잡하나 연약지반의 부동침하에 효과적

77 지반개량공법 중 배수공법이 아닌 것은?

① 집수정공법   ② 동결공법

③ 웰 포인트 공법   ④ 깊은 우물 공법

해설 **동결 공법** : 연약지반 중에 응결제 등을 주입하여 고결시키는 공법

78 발주자가 직접 설계와 시공에 참여하고 프로젝트 관련자들이 상호 신뢰를 바탕으로 Team을 구성해서 프로젝트의 성공과 상호이익 확보를 공동 목표로 하여 프로젝트를 추진하는 공사수행 방식은?

① PM 방식(Project Management)

② 파트너링 방식(Partnering)

③ CM 방식(Construction Management)

④ BOT 방식(Build Operate Transfer)

해설 **파트너링 방식**(Partnering) : 본문 설명

79 지하 연속벽 공법(slurry wall)에 관한 설명으로 옳지 않은 것은?

① 저진동, 저소음의 공법이다.

② 강성이 높은 지하구조체를 만든다.

③ 타 공법에 비하여 공기, 공사비 견에서 불리한 편이다.

④ 인접 구조물에 근접하도록 시공이 불가하여 대지이용의 효율성이 낮다.

해설 1) **지하연속벽 공법**(slurry wall) : 벤토나이트 이수(泥水)를 사용해서 지반을 굴착하여 여기에 철근망을 삽입하고 콘크리트를 타설하여 지중에 철근 콘크리트 연속벽체를 형성하는 공법

  2) **지하연속벽 공법의 특징**

    ① 무진동, 무소음이 공법이다.

    ② 인접건물에 근접시공이 가능하다.

    ③ 치수성이 높다.

    ④ 벽체 강성이 높다(연약지반의 변형 및 이면 침하를 최소한으로 억제할 수 있음)

    ⑤ 형상치수가 자유롭다.

    ⑥ 공사비가 고가이고 고도의 기술경험이 필요하다.

80 공사용 표준시방서에 기재하는 사항으로 거리가 먼 것은?

① 재료의 종류, 품질 및 사용처에 관한 사항
② 검사 및 시험에 관한 사항
③ 공정에 따른 공사비 사용에 관한 사항
④ 보양 및 시공 상 주의사항

해설 **시방서의 기재내용**
1) 공사전체의 개요
2) 시방서의 적용, 범위, 공통주의사항
3) 시공방법(준비사항, 공사의 정도, 사용 장비, 주의사항 등)
4) 사용재료(종류, 품질, 수량, 필요한 시험, 저장방법, 검사 방법 등)
5) 특기사항

제5과목 / 건설재료학

---

81 각종 금속에 관한 설명으로 옳지 않은 것은?

① 동은 건조한 공기중에서는 산화하지 않으나, 습기가 있거나 탄산가스가 있으면 녹이 발생한다.
② 납은 비중이 비교적 작고 융점이 높아 가공이 어렵다.
③ 알루미늄은 비중이 철의 1/3정도로 경량이며 열·전기전도성이 크다.
④ 청동은 구리와 주석을 주체로 한 합금으로 건축장식부품 또는 미술공예 재료로 사용된다.

해설 **납(Pb)**
1) **물리적 성질**
① 비중(11.4)이 크고, 연질이 연성, 전성이 크다.
② 인장강도가 극히 작다(주물은 1.25kg/mm²,

상온 압연재는 1.7~2.3kg/mm²)
③ X선의 차단효과가 크다(콘크리트의 100배 이상)
2) **화학적 성질**
① 공기 중에서 습기(H_2O)와 CO_2에 의하여 표면이 산화하여 $PbCO_3 \cdot Pb(OH)_2$의 염기성 탄산납을 만들어 내부를 보호한다.
② 염산, 황산, 농질산에는 침해되지 않으나 묽은 질산에는 녹는다(부동태 현상).
③ 알칼리에 약하므로 콘크리트와 접촉되는 곳은 아스팔트 등으로 보호한다.

82 목재의 함수율과 섬유포화점에 관한 설명으로 옳지 않은 것은?

① 섬유포화점은 세포 사이의 수분은 건조되고, 섬유에만 수분이 존재하는 상태를 말한다.
② 벌목 직후 함수율이 섬유포화점까지 감소하는 동안 강도 또한 서서히 감소한다.
③ 전건상태에 이르면 강도는 섬유포화점 상태에 비해 3배로 증가한다.
④ 섬유포화점 이하에서는 함수율의 감소에 따라 인성이 감소한다.

해설 벌목직후 함수율이 섬유포화점까지 감소하는 동안 강도는 일정하나 섬유포화점(함수율 25~30%) 이하에서는 함수율의 감소에 따라 강도는 증가하고 인성은 감소한다.

83 재료의 단단한 정도를 나타내는 용어는?

① 연성 　　　② 인성
③ 취성 　　　④ 경도

해설 1) **연성** : 탄성한계보다 큰 당김 변형력을 줄 때 깨지지 않고 길이 방향으로 늘어나는 성질
2) **전성** : 압축변형력을 줄 때 판 모양으로 얇게 펴지는 성질
3) **취성** : 물체가 연성을 갖지 않고 파괴되는 성질
4) **경도** : 재료의 단단한 정도를 나타내는 성질

■ 정답 ■　80.③　81.②　82.②　83.④

84 콘크리트용 골재 중 깬자갈에 관한 설명으로 옳지 않은 것은?

① 깬자갈의 원석은 안삼암·화강암 등이 많이 사용된다.
② 깬자갈을 사용한 콘크리트는 동일한 워커빌리티의 보통자갈을 사용한 콘크리트보다 단위수량이 일반적으로 약 10%정도 많이 요구된다.
③ 깬자갈을 사용한 콘크리트는 강자갈을 사용한 콘크리트 보다 시멘트 페이스트와의 부착성능이 매우 낮다.
④ 콘크리트용 굵은 골재로 깬자갈을 사용할 때는 한국산업표준(KS F 2527)에서 정한 품질에 적합한 것으로 한다.

해설 ③항, 깬자갈을 사용한 콘크리트는 강자갈을 사용한 콘크리트보다 시멘트 페이스트와의 부착성능이 매우 높다.

85 일종의 못박기총을 사용하여 콘크리트나 강재 등에 박는 특수못을 의미하는 것은?

① 드라이브핀   ② 인서트
③ 익스팬션볼트   ④ 듀벨

해설 드라이브 핀(drive pin) : 못박기총을 사용하여 콘크리트벽이나 벽돌벽, 강재 등에 박아대는 특수못을 말한다.

86 다음 중 건축용 단열재와 거리가 먼 것은?

① 유리면(glass wool)
② 암면(rock wool)
③ 테라코타
④ 펄라이트판

해설 테라고타(terra cotta) : 속이 빈 대형의 점토소성품이다.

87 석고보드에 관한 설명으로 옳지 않은 것은?

① 부식이 잘되고 충해를 받기 쉽다.
② 단열성, 차음성이 우수하다.
③ 시공이 용이하여 천장, 칸막이 등에 주로 사용된다.
④ 내수성, 탄력성이 부족하다.

해설 석고보드(gypsum board) : 벽, 천장, 칸막이 등에 사용되고 있으며 부식이 되지 않고 충해를 받지도 않는다.

88 주로 석기질 점토나 상당히 철분이 많은 점토를 원료로 사용하며, 건축물의 패러핏, 주두 등의 장식에 사용되는 공동의 대형 점토제품은?

① 테라죠   ② 도관
③ 타일   ④ 테라코타

해설 테리코타 : 고급점토에 도토, 자토 등을 혼합 반죽하여 단순한 것은 가압성형 또는 압축성형하고 조잡한 것은 석고틀형(mold)로 찍어내어 소성한 속이 빈 대형의 점토소성품이다.
테라코타의 특성은 다음과 같다.
1) 일반 석재보다 가볍고, 압축강도는 800~900 kg/㎠ 로서 화강암의 1/2 정도이다.
2) 화강암보다 내화력이 강하고 대리석보다 풍화에 강하고 대리석보다 풍화에 강하므로 외장에 적당하다.
3) 건축에 쓰이는 점토 제품으로는 가장 미술적이고 색도 석제보다 자유롭다.

89 경량 기포콘크리트(autoclaved lightweight concrete)에 관한 설명으로 옳지 않은 것은?

① 보통콘크리트에 비하여 탄산화의 우려가 낮다.
② 열전도율은 보통콘크리트의 약 1/10 정도로 단열성이 우수하다.
③ 현장에서 취급이 편리하고 절단 및 가공이 용이하다.
④ 다공질이므로 흡수성이 높은 편이다.

해설 ALC(autoclaved lightweight concrete) : 경량기포콘크리트
  1) ALC : 발포제에 의하여 콘크리트 내부에 무수한 기포를 독립적으로 분산시켜 중량을 가볍게 한 기포콘크리트(고온·고압으로 증기양생하여 제조)
  2) 특징
    ① 기건 비중이 보통 콘크리트의 약/4정도이다.
    ② 공극을 다량 함유하여 열전도율이 보통 콘크리트보다 낮으며 단열성도 우수하다.
    ③ 불연재인 동시에 내화재료이다.
    ④ 경량에서 인력에 의한 취급이 용이하다.
    ⑤ 흡수율이 크다(시공직전의 블록이나 패널은 기건상태를 유지해야 한다)
    ⑥ 동결해에 대한 저항성이 크며 내약품성이 증대된다.
    ⑦ 용적변화가 적고 백화의 발생도 적다.

90 KS L 4201에 따른 1종 점토벽돌의 압축강도는 최소 얼마 이상이어야 하는가?

① 9.80MPa 이상   ② 14.70MPa 이상
③ 20.59MPa 이상   ④ 24.50MPa 이상

해설 점토벽돌의 품질

등급	압축강도(N/mm^2)	흡수율(%)
1종	24.500이상	100이하
2종	20.590이상	130이하
3종	10.780이상	150이하

㊀ 1Pa = 1N/mm^2 = 1×10^{-6}MP

91 안료가 들어가지 않는 도료로서 목재면의 투명도장에 쓰이며, 내후성이 좋지 않아 외부에 사용하기에는 적당하지 않고 내부용으로 주로 사용하는 것은?

① 수성페이트   ② 클리어래커
③ 래커에나멜   ④ 유성에나멜

해설 클리어 래커 : 본문 설명

92 중량 5kg인 목재를 건조시켜 전건중량이 4kg이 되었다. 건조 전 목재의 함수율은 몇 % 인가?

① 20%   ② 25%
③ 30%   ④ 40%

해설 목재의 함수율
$$= \frac{건조전중량 - 전건중량}{전건중량} \times 100(\%)$$
$$= \frac{5-4}{4} \times 100 = 25\%$$

93 미장재료에 관한 설명으로 옳은 것은?

① 보강재는 결합재의 고체화에 직접 관계하는 것으로 여물, 풀, 수염 등이 이에 속한다.
② 수경성 미장재료에는 돌로마이트 플라스터, 소석회가 있다.
③ 소석회는 돌로마이트 플라스터에 비해 점성이 높고, 작업성이 좋다.
④ 회반죽에 석고를 약간 혼합하면 수축균열을 방지할 수 있는 효과가 있다.

해설 회반죽에 석고를 혼합하면 건조시에 팽창하는 경향이 있으며 이때 균열이 생기기 쉽다.

---

94 아스팔트 침입도 시험에 있어서 아스팔트의 온도는 몇 ℃를 기준으로 하는가?

① 15℃　　　② 25℃
③ 35℃　　　④ 45℃

해설 **아스팔트 침입도**
　1) **침입도** : 아스팔트의 견고성 정도를 침의 관입 저항으로 평가하는 방법이다.
　2) **침입도 1도 = 관입량 0.1mm**(표준조건 : 25℃, 표준침의 중량 : 100g, 5초동안 시험)

95 실적률이 큰 골재로 이루어진 콘크리트의 특성이 아닌 것은?

① 시멘트 페이스트의 양이 커져 콘크리트 제조 시 경제성이 낮다.
② 내구성이 증대된다.
③ 투수성, 흡습성의 감소를 기대할 수 있다.
④ 건조수축 및 수화열이 감소된다.

해설 실적률이 클수록 시멘트페이스트(시멘트풀)가 적게 든다.

96 석재의 화학적 성질에 관한 설명으로 옳지 않은 것은?

① 규산분을 많이 함유한 석재는 내산성이 약하므로 산을 접하는 바닥은 피한다.
② 대리석, 사문암 등은 내장재로 사용하는 것이 바람직하다.
③ 조암광물 중 장석, 방해석 등은 산류의 침식을 쉽게 받는다.
④ 산류를 취급하는 곳의 바닥재는 황철광, 갈철광 등을 포함하지 않아야 한다.

해설 ①항, 규산(SiO_2)분을 많이 함유한 석재는 내산성이 강하므로 산을 접하는 바닥재로 사용한다.

97 수화열의 감소와 황산염 저항성을 높이려면 시멘트에 다음 중 어느 화합물을 감소시켜야 하는가?

① 규산 3칼슘
② 알루민산 철4칼슘
③ 규산 2칼슘
④ 알루민산 3칼슘

해설 **알루민산3칼슘**($3CaO \cdot Al_2O_3$: 약호 C_3A)
　1) 수화작용이 빠르고 발열량이 같다.
　2) 수화열을 감소시키고 황산염 저항성을 높이려면 C_3A를 감소시켜야 한다.)

98 유리가 불화수소에 부식하는 성질을 이용하여 5mm이상 판유리면에 그림, 문자 등을 새긴 유리는?

① 스테인드유리　② 망입유리
③ 에칭유리　　　④ 내열유리

해설 **에칭유리**(etching glass)
　1) **에칭유리** : 유리가 불화수소(HF)에 부식되는 성질을 이용하여 5mm 이상의 후판 유리면에 그림이나 무늬모양, 문자 등을 새긴 유리로 조각유리라고도 한다.
　2) **용도** : 주로 장식용으로 쓰인다.

99 아스팔트 방수시공을 할 때 바탕재와의 밀착용으로 사용하는 것은?

① 아스팔트 컴파운드
② 아스팔트 모르타르
③ 아스팔트 프라이머
④ 아스팔트 루핑

해설 **아스팔트 프라이머**(asphalt primer)
　1) 블로운 아스팔트를 휘발성용제(휘발유 등)에 용해한 비교적 저점도의 흑갈색 액체이다.
　2) 방수시공 시 첫째 공정에 쓰는 바탕처리제이다.

100 인조석 갈기 및 테라조 현장갈기 등에 사용되는 구획용 철물의 명칭은?

① 인서트(insert)
② 앵커볼트(anchor bolt)
③ 펀칭메탈(punching metal)
④ 줄눈대(metallic joiner)

해설 줄눈대 : 인조석 갈기 및 테라조 현장갈기 등의 신축균열방지 및 의장효과를 위해 구획하는 줄눈에 넣는 철물을 말한다.

제6과목 / 건설안전기술

---

101 굴착공사에 있어서 비탈면붕괴를 방지하기 위하여 실시하는 대책으로 옳지 않은 것은?

① 지표수의 침투를 막기 위해 표면배수공을 한다.
② 지수위를 내리기 위해 수평배수공을 설치한다.
③ 비탈면 하단을 성토한다.
④ 비탈면 상부에 토사를 적재한다.

해설 토사붕괴예방을 위한 조치사항(고용노동부고시)
1) 적절한 경사면의 기울기를 계획하여야 한다.
2) 경사면의 기울기가 당초 계획과 차이가 발생되면 즉시 재검토하여 계획을 변경시켜야 한다.
3) 활동할 가능성이 있는 토석은 제거하여야한다.
4) 경사면의 하단부에 압성토 등 보강공법으로 활동에 대한 저항대책을 강구하여야 한다.
5) 말뚝(강관, H형강, 철근콘크리트)을 타입하여 지반을 강화시킨다.
6) 비탈면 또는 법면의 「하단」을 다져서 활동이 안되도록 저항을 만들어야 한다.
7) 지표수가 침투되지 않도록 배수를 시키고 지하수위를 낮추기 위하여 수평보링을 하여 배수시

켜야 한다.

102 다음은 산업안전보건법령에 따른 시스템 비계의 구조에 관한 사항이다. (   )안에 들어갈 내용으로 옳은 것은?

> 비계 밑단의 수직재와 받침철물은 밀착되도록 설치하고, 수직재와 받침철물의 연결부의 겹침길이는 받침철물 전체 길이의 (   )이상이 되도록 할 것

① 2분의 1
② 3분의 1
③ 4분의 1
④ 5분의 1

해설 시스템비계의 구조
1) 수직재·수평재·가사재를 견고하게 연결하는 구조가 되도록 할 것
2) 비계 밑단의 수직재와 받침철물은 밀착되도록 설치하고, 수직재와 받침철물의 연결부의 겹침길이는 받침철물 전체길이의 3분의 1이상이 되도록 할 것
3) 수평재는 수직재와 직각으로 설치하여야 하며, 체결 후 흔들림이 없도록 견고하게 설치할 것
4) 수직재와 수직재의 연결 철물은 이탈되지 않도록 견고한 구조로 할 것
5) 벽 연결재의 설치간격은 제조사가 정한 기준에 따라 설치할 것

103 콘크리트 타설 시 안전수칙으로 옳지 않은 것은?

① 타설순서는 계획에 의하여 실시하여야 한다.
② 진동기는 최대한 많이 사용하여야 한다.
③ 콘크리트를 치는 도중에는 거푸집, 지보공 등의 이상유무를 확인하여야 한다.
④ 손수레로 콘크리트를 운반할 때에는 손수레를 타설하는 위치까지 천천히 운반하여 거푸집에 충격을 주지 아니하도록 타설하여야 한다.

■ 정답 ■   100.④   101.④   102.② 103.②

해설 콘크리트 타설 시 내부진동기를 사용하여 다지기를 할 때 유의사항
1) 진동기는 슬럼프 값 15cm 이하에만 사용한다.
2) 퍼붓기 1회의 깊이는 60cm 미만으로 하고 진동기 사용간격은 60cm 이내로 한다.
3) 내부진동기는 수직으로 사용한다.
4) 진동기를 넣고 나서 뺄 때까지의 시간은 보통 5~15초가 적당하다.
5) 진동기를 가지고 거푸집 속의 콘크리트를 옆 방향으로 이동시켜서는 안 된다.
6) 진동기는 거푸집, 철근 또는 철골에 접촉되지 않도록 하고 뽑을 때에는 천천히 뽑아내어 콘크리트에 구멍이 남지 않도록 한다.

104 터널 지보공을 조립하는 경우에는 미리 그 구조를 검토한 후 조립도를 작성하고, 그 조립도에 따라 조립하도록 하여야 하는데 이 조립도에 명시하여야할 사항과 가장 거리가 먼 것은?

① 이음방법
② 단면규격
③ 재료의 재질
④ 재료의 구입처

해설 터널지보공 조립 시 조립도에 명시하여야 할 사항
1) 재료의 재질
2) 단면규격
3) 설치간격
4) 이음간격

105 산업안전보건법령에 따른 양중기의 종류에 해당하지 않는 것은?

① 고소작업차
② 이동식 크레인
③ 승강기
④ 리프트(Lift)

해설 양중기의 종류
1) 크레인(호이스트 포함)
2) 이동식 크레인
3) 리프트 (이삿짐 운반용 리프트의 경우 적재하중이 0.1ton 이상인 것)
4) 곤돌라
5) 승강기 (최대하중 0.25ton 이상인 것)

106 가설통로 설치에 있어 경사가 최소 얼마를 초과하는 경우에는 미끄러지지 아니하는 구조로 하여야 하는가?

① 15도
② 20도
③ 30도
④ 40도

해설 가설통로 설치 시 준수사항
1) 견고한 구조로 할 것
2) 경사는 30°이하로 할 것 (계단을 설치하거나 높이 2m 미만의 가설통로로서 튼튼한 손잡이를 설치한 때에는 그러하지 아니하다)
3) 경사가 15°를 초과하는 때에는 미끄러지지 않는 구조로 할 것
4) 추락의 위험이 있는 장소에는 안전난간을 설치할 것 (작업상 부득이 한 때에는 필요한 부분에 한하여 임시로 이를 해체할 수 있다)
5) 수직갱에 가설된 통로의 길이가 15m 이상인 때에는 10m 이내마다 계단참을 설치할 것
6) 건설공사에서 사용하는 높이 8m 이상인 비계다리에는 7m 이내마다 계단을 설치할 것

107 부두·안벽 등 하역작업을 하는 장소에서 부두 또는 안벽의 선을 따라 통로를 설치하는 경우에는 폭을 최소 얼마 이상으로 하여야 하는가?

① 85cm
② 90cm
③ 100cm
④ 120cm

해설 부두·안벽 등 하역작업을 하는 장소에 대한 조치사항(하역작업장의 조치기준)
1) 작업장 및 통로의 위험한 부분에는 안전하게 작업할 수 있는 조명을 유지할 것
2) 부두 또는 안벽의 선을 따라 통로를 설치하는 때에는 폭을 90cm 이상으로 할 것
3) 육상에서의 통로 및 작업장소로서 다리 또는 선거의 갑문을 넘는 보도 등의 위험한 부분에는 안전난간 또는 울 등을 설치 할 것

2021

■ 정답 ■ 104.④ 105.① 106.① 107.②

108 흙막이 가시설 공사 중 발생할 수 있는 보일링(Boiling) 현상에 관한 설명으로 옳지 않은 것은?

① 이 현상이 발생하면 흙막이 벽의 지지력이 상실된다.
② 지하수위가 높은 지반을 굴착할 때 주로 발생한다.
③ 흙막이벽의 근입장 깊이가 부족할 경우 발생한다.
④ 연약한 점토지반에서 굴착면의 융기로 발생한다.

해설 보일링(boiling) 현상
1) 보일링(boiling) : 보일링이란 사질토 지반을 굴착 시, 굴착부와 지하수차가 있을 경우, 수두차(水頭差)에 의하여 삼투압이 생겨 흙막이벽 근입부분을 침식하는 동시에 모래가 액상화(液狀化)되어 솟아오르는 현상으로 흙막이 벽의 근입부가 지지력을 상실하여 흙막이공의 붕괴를 초래한다.
2) 지반조건 : 지하수위가 높은 사질토
3) 대책
   ① 굴착배면의 지하수위를 낮춘다.
   ② 흙막이벽(토류벽)의 근입깊이를 깊게 한다.
   ③ 흙막이벽 하단부에 버팀대를 보강한다.
   ④ 흙막이벽 선단에 코어 및 필터 층을 설치한다.

109 강관틀 비계를 조립하여 사용하는 경우 준수하여야 할 사항으로 옳지 않은 것은?

① 비계기둥의 밑둥에는 밑받침 철물을 사용할 것
② 높이가 20m를 초과하거나 중량물의 적재를 수반하는 작업을 할 경우에는 주틀 간의 간격을 1.8m 이하로 할 것
③ 주틀 간에 교차 가새를 설치하고 최하층 및 3층 이내마다 수평재를 설치할 것
④ 길이가 띠장 방향으로 4m 이하이고 높이가 10m를 초과하는 경우에는 10m 이내마다 띠장 방향으로 버팀기둥을 설치할 것

해설 강관비틀계를 조립하여 사용할 때의 준수할 사항
1) 비계기둥의 밑둥에는 밑받침철물을 사용하여야 하며 밑받침에 고저차가 있는 경우에는 조절형 밑받침철물을 사용하여 각각의 강관틀비계가 항상 수평 및 수직을 유지하도록 할 것
2) 높이가 20m를 초과하거나 중량물의 적재를 수반하는 작업을 할 경우에는 주틀 간의 간격이 1.8m 이하로 할 것
3) 주틀 간의 교차가새를 설치하고 최상층 및 5층 이내마다 수평재를 설치할 것
4) 수직방향으로 6m, 수평방향으로 8m 이내마다 벽이음을 할 것
5) 길이가 띠장 방향으로 4m 이하이고 높이가 10m를 초과하는 경우에는 10m 이내마다 띠장 방향으로 버팀기둥을 설치할 것

110 장비가 위치한 지면보다 낮은 장소를 굴착하는 데 적합한 장비는?

① 트럭크레인
② 파워셔블
③ 백호
④ 진폴

해설 Back hoe(백호우)
1) 중기가 위치한 지면보다 낮은 곳의 땅을 파는 데 적합하다.
2) 경질지반 기초굴착, 지하층굴착, 도랑파기굴착, 수중굴착 등에 쓰인다.

111 건설공사도급인은 건설공사 중에 가설구조물의 붕괴 등 산업재해가 발생할 위험이 있다고 판단되면 건축·토목 분야의 전문가의 의견을 들어 건설공사 발주자에게 해당 건설공사의 설계변경을 요청할 수 있는데, 이러한 가설구조물의 기준으로 옳지 않은 것은?

① 높이 20m 이상인 비계
② 작업발판 일체형 거푸집 또는 높이 6m 이상인 거푸집 동바리
③ 터널의 지보공 또는 높이 2m 이상인 흙막이 지보공
④ 동력을 이용하여 움직이는 가설구조물

해설 ①항, 높이 31m 이상인 비계

---

112 거푸집동바리 등을 조립하는 경우에 준수해야 할 기준으로 옳지 않은 것은?

① 동바리의 상하 고정 및 미끄러짐 방지조치를 하고, 하중의 지지상태를 유지한다.

② 강재와 강재의 접속부 및 교차부는 볼트·클램프 등 전용철물을 사용하여 단단히 연결한다.

③ 파이프서포트를 제외한 동바리로 사용하는 강관은 높이 2m마다 수평연결재를 2개 방향으로 만들고 수평연결재의 변위를 방지할 것

④ 동바리로 사용하는 파이프서포트는 4개이상이어서 사용하지 않도록 할 것

해설 거푸집동바리 조립 시 준수사항(거푸집동바리 등의 안전조치)
  1) 깔목의 사용, 콘크리트 타설(打設), 말뚝 박기 등 동바리의 침하를 방지하기 위한 조치를 할 것
  2) 개구부 상부에 동바리를 설치하는 때에는 상부하중을 견딜 수 있는 견고한 받침대를 설치할 것
  3) 동바리의 상하고정 및 미끄러짐 방지조치를 하고, 하중의 지지상태를 유지할 것
  4) 동바리의 이음은 맞댄이음 또는 장부이음으로 하고 같은 품질의 재료를 사용할 것
  5) 강재와 강재와의 접속부 및 교차부는 볼트·클램프 등 전용철물을 사용하여 단단히 연결할 것
  6) 거푸집이 곡면인 때에는 버팀대의 부착 등 그 거푸집의 부상(浮上)을 방지하기 위한 조치를 할 것
  7) 동바리로 사용하는 파이프서포트를 이어서 사용하는 경우에는 4개 이상의 볼트 또는 전용철물을 사용하여 이을 것

113 강관틀비계(높이 5m 이상)의 넘어짐을 방지하기 위하여 사용하는 벽이음 및 버팀의 설치간격 기준으로 옳은 것은?

① 수직방향 5m, 수평방향 5m
② 수직방향 6m, 수평방향 7m
③ 수직방향 6m, 수평방향 8m
④ 수직방향 7m, 수평방향 8m

해설 벽이음에 대한 조립간격

구분	수직방향	수평방향
통나무비계	5.5m	7.5m
강관비계	5m	5m
강관틀비계	6m	8m

114 강관을 사용하여 비계를 구성하는 경우 준수해야할 사항으로 옳지 않은 것은?

① 비계기둥의 간격은 띠장 방향에서는 1.85m 이하, 장선(長線)방향에서는 1.5m 이하로 할 것

② 띠장 간격은 2.0m 이하로 할 것

③ 비계기둥의 제일 윗부분으로부터 31m되는 지점 밑부분의 비계기둥은 3개의 강관으로 묶어 세울 것

④ 비계기둥 간의 적재하중은 400kg을 초과하지 않도록 할 것

해설 강관비계의 구조 : 강관을 사용하여 비계를 구성할 때의 준수사항
  1) 비계기둥의 간격은 띠장방향에서는 1.85m이하, 장선방향에서는 1.5m 이하로 할 것
  2) 띠장간격은 2.0m 이하로 할 것
  3) 비계기둥의 최고부로부터 31m 되는 지점 밑부분의 비계기둥은 2본의 강관으로 묶어 세울 것 (브라켓 등으로 보강하여 그 이상의 강도가 유지되는 경우에는 그러하지 아니하다)
  4) 비계기둥 간의 적재하중은 400kg을 초과하지 아니하도록 할 것

115 굴착과 싣기를 동시에 할 수 있는 토공기계가 아닌 것은?

① 트랙터 셔블(tractor shovel)
② 백호(back hoe)
③ 파워 셔블(power shovel)
④ 모터 그레이더(motor grader)

해설 모터그레이더(motor grader) : 토공 기계의 대

패·지면을 절삭하여 평활하게 다듬는 것이 목적인 토공 기계

116 지반의 굴착 작업에 있어서 비가 올 경우를 대비한 직접적인 대책으로 옳은 것은?

① 측구 설치
② 낙하물 방지망 설치
③ 추락 방호망 설치
④ 매설물 등의 유무 또는 상태 확인

해설 지반의 굴착작업 시 비가 올 경우를 대비한 빗물 등의 침투에 의한 붕괴재해를 예방하기 위한 조치사항
1) 측구설치
2) 굴착경사면에 비닐을 덮음

> **길잡이** 굴착작업 시 지반의 붕괴 또는 토석낙하 등에 의한 위험방지 조치사항
> 1) 흙막이 지보공의 설치
> 2) 방호망이 설치
> 3) 근로자의 출입금지

117 다음은 산업안전보건법령에 따른 산업안전보건관리비의 사용에 관한 규정이다. ( ) 안에 들어갈 내용을 순서대로 옳게 작성한 것은?

> 건설공사도급인은 고용노동부장관이 정하는 바에 따라 해당 건설공사를 위하여 계상된 산업안전보건관리비를 그가 사용하는 근로자와 그의 관계수급인이 사용하는 근로자의 산업재해 및 건강장해 예방에 사용하고, 그 사용명세서를 ( )작성하고 건설공사 종료 후 ( )간 보존해야 한다.

① 매월, 6개월
② 매월, 1년
③ 2개월 마다, 6개월
④ 2개월 마다, 1년

해설 사용명세서 작성 및 보존 : 산업안전 보건관리비 사용명세서는 매월(공사가 1개월 이내에 종료되는 사업의 경우에는 해당 공사종료 시) 작성하고 공사종료 후 1년간 보존하여야 한다.

118 건설현장에서 작업으로 인하여 물체가 떨어지거나 날아올 위험이 있는 경우에 대한 안전조치에 해당하지 않는 것은?

① 수직보호망 설치
② 방호선반 설치
③ 울타리설치
④ 낙하물 방지망 설치

해설 물체가 떨어지거나 날아올 위험이 있는 경우 위험 방지 조치사항(안전보건규칙 제14조)
1) 낙하물방지망·수직보호망 또는 방호선반의 설치
2) 출입금지구역의 설정
3) 보호구의 착용

119 산업안전보건법령에 따른 건설공사 중 다리 건설공사의 경우 유해위험방지계획서를 제출하여야 하는 기준으로 옳은 것은?

① 최대 지간길이가 40m 이상인 다리의 건설 등 공사
② 최대 지간길이가 50m 이상인 다리의 건설 등 공사
③ 최대 지간길이가 60m 이상인 다리의 건설 등 공사
④ 최대 지간길이가 70m 이상인 다리의 건설 등 공사

해설 건설업 중 유해위험방지계획서 제출대상 사업장 (시행규칙 제 120조 제 4항)
1) 지상높이가 31m 이상인 건축물 또는 인공 구조물, 연면적 3만 제곱미터 이상인 건축물 또는 연면적 5천 제곱미터 이상의 문화 및 집회시설(전시장 및 동물원·식물원은 제외), 판매시설, 운수시설(고속철도의 역사 및 집·배송시설은

제외), 종교시설, 의료시설 중 종합병원 숙박시설 중 관광숙박시설, 지하도 상가 또는 냉동·냉장 창고시설의 건설·개조 또는 해체(이하 "건설 등"이라 함)

2) 연면적 5천 제곱미터 이상의 냉동·냉장 창고시설의 설비공사 및 단열공사

3) 최대 지간길이가 50미터 이상인 교량건설 등 공사

4) 터널 건설 등의 공사

5) 다목적댐, 발전용 댐 및 저수용량 2천만 톤 이상의 용수 전용 댐, 지방상수도 전용댐건설 등의 공사

6) 깊이 10미터 이상인 굴착공사

120 산업안전보건법령에 따른 작업발판 일체형 거푸집에 해당되지 않는 것은?

① 갱 폼(Gang Form)

② 슬립 폼(Slip Form)

③ 유로 폼(Euro Form)

④ 클라이밍 폼(Climbing Form)

해설 1) **작업발판 일체형 거푸집** : 거푸집의 설치·해체, 철근 조립, 콘크리트 타설, 콘크리트 면처리 작업 등을 위하여 거푸집을 작업발판과 일체로 제작하여 사용하는 거푸집을 말한다.

2) **작업발판 일체형 거푸집의 종류**

① 갱폼 (gang form)

② 슬립폼(slip form)

③ 클라이밍 폼(climbing form)

④ 터널 라이닝 폼(tunnel lining form)

⑤ 그밖에 거푸집과 작업발판이 일체로 제작된 거푸집 등

제1과목 / 산업안전관리론

01 하인리히의 도미노 이론에서 재해의 직접 원인에 해당하는 것은?

① 사회적 환경
② 유전적 요소
③ 개인적인 결함
④ 불안전한 행동 및 불안전한 상태

해설 하인리히의 사고연쇄성 이론
  1) 1단계 : 사회적 환경 및 유전적 요소
  2) 2단계 : 개인적 결함
  3) 3단계 : 불안점한 행동 및 불안전한 상태
  (사고방지를 위해 중점적으로 배제해야 할 사항)
  4) 4단계 : 사고
  5) 5단계 : 재해

02 안전관리조직의 형태 중 직계식 조직의 특징이 아닌 것은?

① 소규모 사업장에 적합하다.
② 안전에 관한 명령지시가 빠르다.
③ 안전에 대한 정보가 불충분하다.
④ 별도의 안전관리 전담요원이 직접 통제한다.

해설 직계조직(lime 형)의 장점 및 단점
  1) 직계식의 장점
    ① 안전지시나 개선조치가 각 부분의 직제를 통하여 생산업무와 같이 흘러가므로 지시나 조치가 철저할 뿐만 아니라 그 실시도 빠르다. (소규모 사업장에 적합)

    ② 명령과 보고가 상하관계 뿐이므로 간단명료하다.
  2) 직계식의 단점
    ① 안전에 대한 정보가 불충분하며, 안전전문 입안이 되어 있지 않아 내용이 빈약하다.
    ② 생산업무와 같이 안전대책이 실시되므로 불충분하다.
    ③ 라인에 과중한 책임을 지우기가 쉽다.

03 건설기술진흥법령상 안전점검의 시기·방법에 관한 사항으로 ( )에 알맞은 내용은?

정기안전점검 결과 건설공사의 물리적·기능적 결함 등이 발견되어 보수·보강 등의 조치를 위하여 필요한 경우에는 ( )을 할 것

① 긴급점검
② 정기점검
③ 특별점검
④ 정밀안전점검

해설 정밀안전점검의 실시[건설공사 안전관리지침 (국토부 교시) 제 10조]
  1) 시공자는 정기안전점검 결과 건설공사의 물리적·기능적 결함 등이 있는 경우에는 보수·보강 등의 필요한 조치를 취하기 위하여 건설안전점검기관에 의뢰하여 정밀안전점검을 실시하여야 한다.
  2) 정밀안전점검은 정기안전점검에서 지적된 점검 대상물에 대한 문제점을 파악할 수 있도록 수행되어야 하며, 육안검사 결과는 도면에 기록하고, 부재에 대한 조사결과를 분석하고 상태평가를 하며, 구조를 및 가설물의 안전성 평가를 위해 구조계산 또는 내하력 시험을 실시하여야 한다.

04 산업안전보건법령상 타워크레인 지지에 관한 사항으로 ( )에 알맞은 내용은?

타워크레인을 와이어로프로 지지하는 경우, 설치 각도는 수평면에서 (ㄱ)도 이내로 하되, 지지점은 (ㄴ)개소 이상으로 하고, 같은 각도로 설치하여야 한다.

① ㄱ: 45, ㄴ: 3
② ㄱ: 45, ㄴ: 4
③ ㄱ: 60, ㄴ: 3
④ ㄱ: 60, ㄴ: 4

해설 타워크레인을 와이어로프로 지지하는 경우 준수 사항(안전보건규칙 제142조 제 ③항)
1) 와이어로프를 고정하기 위한 전용 지지프레임을 사용할 것
2) 와이어로프 설치각도는 수평면에서 60도 이내로 하되, 지지점은 4개소 이상으로 하고, 같은 각도로 설치할 것
3) 와이어로프와 그 고정 부위는 충분한 강도와 장력을 갖도록 설치하고, 와이어로프를 클립샤클(shackle) 등의 고정기구를 사용하여 견고하게 고정시켜 풀리지 아니하도록 하며, 사용 중에는 충분한 강도와 장력을 유지하도록 할 것
4) 와이어로프가 가공전선(架空電線)에 근접하지 않도록 할 것

05 사고예방대책의 기본원리 5단계 중 3단계의 분석평가에 관한 내용으로 옳은 것은?

① 현장 조사
② 교육 및 훈련의 개선
③ 기술의 개선 및 인사조정
④ 사고 및 안전활동 기록 검토

해설 사고예방대책의 기본원리 5단계

단계	과정	내용
1단계	조직	① 경영자의 안전목표 ② 안전관리자의 임명 ③ 안전의 라인 및 참모 조직구성 ④ 안전활동 방침 및 계획수립 ⑤ 조직을 통한 안전활동
2단계	사실의 발견	① 사고 및 안전활동 기록 검토 ② 작업 분석 ③ 안전점검 및 연전진단 ④ 사고조사 ⑤ 안전회의 및 통의 ⑥ 근로자의 제안 및 여론조사 ⑦ 관찰 및 보고서의 연구 등을 통하여 불안전 요소 발견
3단계	분석 평가	① 사고보고서 및 현장조사 ② 사고기록 및 인적 물적 조건의 분석 ③ 직업공정 분석 ④ 교육훈련 분석 등을 통하여 사고의 직접원인 및 간접원인 규명
4단계	시정책 선정	① 기술적 개선 ② 인사조정(배치조정) ③ 교육훈련의 개선 ④ 안전행정의 개선 ⑤ 규정 및 수칙 작업표준 제도의 개선 ⑥ 확인 및 통제체제 개선
5단계	시정책 적용	① 기술적(engineering) 대책 ② 교육적(education) 대책 ③ 단속적(enforcement) 대책

06 산업안전보건법령상 노사협의체에 관한 사항으로 틀린 것은?

① 노사협의체 정기회의는 1개월마다 노사협의체의 위원장이 소집한다.
② 공사금액이 20억원 이상인 공사의 관계수급인의 각 대표자는 사용자 위원에 해당된다.
③ 도급 또는 하도급 사업을 포함한 전체 사업의 근로자대표는 근로자 위원에 해당된다.
④ 노사협의체의 근로자위원과 사용자위원은 합의하여 노사협의체에 공사금액이 20억원 미만인 공사의 관계수급인 및 관계수급인 근로자대표를 위원으로 위촉할 수 있다.

해설 (1) 노사협의체의 구성
1) 근로자위원
① 도급 또는 하도급 사업을 포함한 전체 사업의 근로자대표
② 근로자대표가 지명하는 명예감독관 1명, 다만, 명예감독관이 위촉되어 있지 아니한 경우에는 근로자 대표가 지명하는 해당 사업

장 근로자 1명

③ 공사금액이 20억원 이상인 공사의 관계
수급인의 각 근로자 대표

2) 사용자위원

① 해당 사업의 대표자

② 안전관리자 1명

③ 보건관리자 1명(보건관리자 선임대상 건설업
으로 한정)

④ 공사금액이 20억원 이상인 도급 또는 하도
급 사업의 사업주

(2) 노사협의체의 운영 등

1) 노사협의체의 회의는 정기회의나 임시회의로 구
분하되 정기회의는 2개월마다 노사협의체의 위
원장이 소집하며, 임시회의는 위원장이 필요하
다고 인정할 때에 소집한다.

2) 노사협의체의 회의 결과는 다음 각 호의 사항을
기록한 회의록을 작성하여 보전하여야 한다.

07 버드(Bird)의 도미노 이론에서 재해발생
과정 중 직접원인은 몇 단계인가?

① 1 단계　　　　② 2 단계
③ 3 단계　　　　④ 4 단계

해설 버드의 사고연쇄성 이론 5단계

1) 1단계 : 통제의 부족 – 관리 소홀(경영)
2) 2단계 : 기본적인 – 기원(원인론)
3) 3단계 : 직접원인 – 징후
4) 4단계 : 사고 – 접촉
5) 5단계 : 상해 – 손해 – 손실

08 산업안전보건법령상 상시근로자 20명 이
상 50명 미만인 사업장 중 안전보건관리담당자
를 선임하여야 할 업종이 아닌 것은?

① 임업
② 제조업
③ 건설업
④ 하수, 폐수 및 분뇨 처리업

해설 안전보건관리 담당자의 선임 등(시행령 제 24조)
: 상시근로자 20명 이상 50명 미만인 사업장

중 안전보건관리 담당자를 선임하여야 할 업종

1) 제조업
2) 임업
3) 하수, 폐수 및 분뇨 처리법
4) 폐기물 수집, 운반, 처리 및 원료 재생업
5) 환경정화 및 복원업

09 산업안전보건법령상 안전보건표지의 용
도 및 색도기준이 바르게 연결된 것은?

① 지시표지 : 5N 9.5
② 금지표지 : 2.5G 4/10
③ 경고표지 : 5Y 8.5/12
④ 안내표지 : 7.5R 4/14

해설 안전표지의 색체·색도 기준 및 용도
(시행규칙 별표3)

색채	색도기준	용도	사용 예
빨간색	7.5R 4/14	금지	정지신호, 소화설비 및 그 장소, 유해행위의 금지
		경고	화학물질 취급장소에서의 유해·위험물질 경고
노란색	5Y 8.5/12	경고	화학물질 취급장소에서의 유해·위험 경고, 그 밖의 위험경고, 주의표지 또는 기계 방호물
파란색	2.5PB 4/10	지시	특정행위의 지시 및 사실의 고지
녹색	2.5G 4/10	안내	비상구 및 피난소, 사람 또는 차량의 통행표지
흰색	N 9.5		파란색 또는 녹색에 대한 보조색
검정색	N 0.5		문자 및 빨간색 또는 노란색에 대한 보조색

10 A 사업장에서 증상이 10명 발생하였다
면 버드(Bird)의 재해구성비율에 의한 경상해
자는 몇 명인가?

① 50명　　　　② 100명
③ 145명　　　　④ 300명

해설 1) 중상 또는 폐질 : 경상 : 무상해사고 : 무상해무
사고 = 1 : 10 : 30 : 60
2) 중상 : 경상
1 : 10
10 : x

$$x(경상해자) = \frac{10 \times 10}{1} = 100명$$

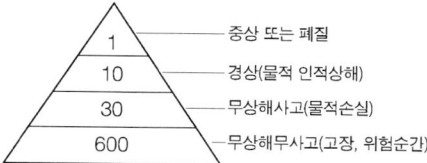

1	중상 또는 폐질
10	경상(물적 인적상해)
30	무상해사고(물적손실)
600	무상해무사고(고장, 위험순간)

11 산업재해 발생 시 조치 순서에 있어 긴급처리의 내용으로 볼 수 없는 것은?

① 현장 보존
② 잠재위험요인 적출
③ 관련 기계의 정지
④ 재해자의 응급조치

해설

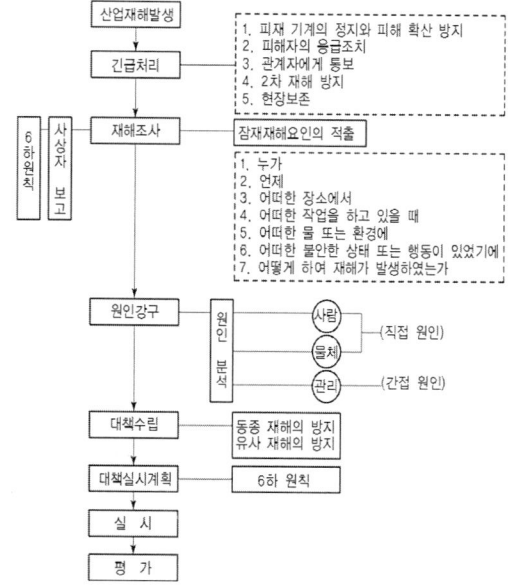

12 산업안전보건법령상 안전보건진단을 받아 안전보건개선계획을 수립하여야 하는 대상을 모두 고른 것은?

ㄱ. 산업재해율이 같은 업종 평균 산업 재해율의 2배 이상인 사업장
ㄴ. 사업주가 필요한 안전조치 또는 보건조치를 이행하지 아니하여 중대재해가 발생한 사업장
ㄷ. 상시근로자 1천명 이상 사업장에서 직업성 질병자가 연간 2명 이상 발생한 사업장

① ㄱ, ㄴ
② ㄱ, ㄷ
③ ㄴ, ㄷ
④ ㄱ, ㄴ, ㄷ

해설 안전보건진단을 받아 안전보건개선계획을 수립할 대상 사업장(시행령 제 49조)
1) 산업재해율이 같은 업종 평균 산업재해율의 2배 이상인 사업장
2) 사업주가 필요한 안전조치 또는 보건조치를 이행하지 아니하여 중대재해가 발생한 사업장
3) 직업성 질병자가 연간 2명 이상(상시근로자 1천명 이상 사업장의 경우 3명 이상) 발생한 사업장
4) 그밖에 작업환경 불량, 화재·폭발 또는 누출 사고 등으로 사업장 주변까지 피해가 확산된 사업장으로서 고용노동부령으로 정하는 사업장

13 산업안전보건법령상 중대재해에 해당하지 않는 것은?

① 사망자 1명이 발생한 재해
② 12명의 부상자가 동시에 발생한 재해
③ 2명의 직업성 질병자가 동시에 발생한 재해
④ 5개월의 요양이 필요한 부상자가 동시에 3명 발생한 재해

해설 중대재해의 정의 (시행규칙 제 22조 제1항)
1) 사망자가 1명 이상 발생한 재해
2) 3개월 이상의 요양이 필요한 부상자가 2명 이상 발생한 재해

2021

3) 부상자 또는 직업성질병자가 동시에 10명 이상 발생한 재해

14 T.B.M 활동의 5단계 추진법의 진행순서로 옳은 것은?

① 도입 → 확인 → 위험예지훈련 → 작업지시 → 정비점검
② 도입 → 정비점검 → 작업지시 → 위험예지훈련 → 확인
③ 도입 → 작업지시 → 위험예지훈련 → 정비점검 → 확인
④ 도입 → 위험에지훈련 → 작업지시 → 정비점검 → 확인

해설 TBM의 실시순서 5단계
1) 1단계 : 도입
2) 2단계 : 점검장비
3) 3단계 : 작업지시
4) 4단계 : 위험예지훈련
5) 5단계 : 확인

15 보호구 안전인증 고시상 저음부터 고음까지 차음하는 방음용 귀마개의 기호는?

① EM   ② EP - 1
③ EP - 2   ④ EP - 3

해설 (1) 귀마개
① EP-1(1종) : 저음에서 고음까지 차단
② EP-2(2종) : 고음만 차단
(2) 귀덮개(EM) : 저음에서 고음까지 차단

16 산업재해보상보험법령상 명시된 보험급여의 종류가 아닌 것은?

① 장례비   ② 요양급여
③ 휴업급여   ④ 생산손실급여

해설 산업재해보상보험 법령상 보험급여의 종류
1) 요양급여

2) 휴업급여
3) 장해급여
4) 상병보상연금
5) 장의비(장례비)
6) 그밖에 유족급여, 간병급여, 직업재활급여 등

17 맥그리거의 X,Y이론 중 X이론의 관리처방에 해당하는 것은?

① 조직구조의 평면화
② 분권화와 권한의 위임
③ 자체평가제도의 활성화
④ 권위주의적 리더십의 확립

해설 맥그리거의 X·Y이론

X이론의 관리처방	Y이론의 관리처방
경제적 보상체제의 강화 권위주의적 리더십의 확보 면밀한 감독과 엄격한 통제 상부책임제도의 강화 조직구성의 고층성	민주적 리더십의 확립 분권화의 권환과 위임 목표에 의한 관리 직무확장 비공식적 조직의 활용 자체평가제도의 활성화

18 산업안전보건법령상 안전보건관리책임자의 업무에 해당하지 않는 것은? (단, 그 밖의 고용노동부령으로 정하는 사항은 제외한다.)

① 근로자의 적정배치에 관한 사항
② 작업환경의 점검 및 개선에 관한 사항
③ 안전보건관리규정의 작성 및 변경에 관한 사항
④ 안전장치 및 보호구 구입 시 적격품 여부 확인에 관한 사항

해설 안전보건관리책임자의 업무내용
1) 산업재해 예방계획의 수립에 관한 사항
2) 안전보건관리규정의 작성 및 그 변경에 관한 사항
3) 근로자의 안전·보건교육에 관한 사항
4) 작업환경의 측정 등 작업환경의 점검 및 개선에 관한 사항

■ 정답 ■ 14.② 15.② 16.④ 17.④ 18.①

5) 근로자의 건강진단 등 건강관리에 관한 사항
6) 산업재해의 원인조사 및 재발방지대책의 수립에 관한 사항
7) 산업재해에 관한 통계의 기록, 유지에 관한 사항
8) 안전·보건에 관련되는 안전장치 및 보호구 구입시의 적격품 여부 확인에 관한 사항
9) 기타 근로자의 유해, 위험예방조치에 관한 사항으로 고용노동부령이 정하는 사항

19 산업안전보건법령상 명시된 안전검사대상 유해하거나 위험한 기계·기구·설비에 해당하지 않는 것은?

① 리프트
② 곤돌라
③ 산업용 원심기
④ 밀폐형 롤러기

해설 안전검사대상 유해·위험기계 등
1) 프레스
2) 전단기
3) 크레인(정격하중 2톤 미만인 것은 제외)
4) 리프트
5) 압력용기
6) 곤돌라
7) 국소배기장치(이동식은 제외)
8) 원심기(산업용에 한정)
9) 롤러기(밀폐형 구조는 제외)
10) 사출성형기(형 체결력 294킬로뉴튼(kN)미만은 제외)
11) 고소작업대(화물자동차 또는 특수자동차에 탑재한 고소작업대로 한정)
12) 컨베이어
13) 산업용 로봇

20 재해사례연구의 진행단계로 옳은 것은?

ㄱ. 대책 수립
ㄴ. 사실의 확인
ㄷ. 문제점의 발견
ㄹ. 재해상황의 파악
ㅁ. 근본적 문제점의 결정

① ㄷ → ㄹ → ㄴ → ㅁ → ㄱ
② ㄷ → ㄹ → ㅁ → ㄴ → ㄱ
③ ㄹ → ㄴ → ㄷ → ㅁ → ㄱ
④ ㄹ → ㄷ → ㅁ → ㄴ → ㄱ

해설 재해사례연구의 진행단계
① 전제조건 : 재해상황의 파악
② 1단계 : 사실의 확인
③ 2단계 : 문제점의 발견
④ 3단계 : 근본적 문제점 결정
⑤ 4단계 : 대책의 수립

제2과목 / 산업심리 및 교육

21 인간 착오의 메커니즘으로 틀린 것은?

① 위치의 착오
② 패턴의 착오
③ 느낌의 착오
④ 형(形)의 착오

해설 착오의 메커니즘(mechanism)
1) 위치의 착오
2) 패턴의 착오
3) 형(形)의 착오
4) 순서의 착오
5) 잘못 기억

22 산업안전보건법령상 명시된 건설용 리프트·곤돌라를 이용한 작업의 특별교육 내용으로 틀린 것은? (단, 그밖에 안전·보건관리에 필요한 사항은 제외한다.)

① 신호방법 및 공동작업에 관한 사항
② 화물의 취급 및 작업 방법에 관한 사항
③ 방호 장치의 기능 및 사용에 관한 사항
④ 기계·기구에 특성 및 동작원리에 관한 사항

해설 건설용 리프트·곤돌라를 이용한 작업을 하는 경우 특별 교육 내용 [시행규칙 별표 5]

2021

1) 방호장치의 기능 및 사용에 관한 사항
2) 기계, 기구, 달기체인 및 와이어 등의 점검에 관한 사항
3) 화물의 권상·권하 작업방법 및 안전작업 지도에 관한 사항
4) 기계·기구에 특성 및 동작원리에 관한 사항
5) 신호방법 및 공동작업에 관한 사항
6) 그밖에 안전·보건관리에 필요한 사항

23 타일러(Taylor)의 과학적 관리와 거리가 가장 먼 것은?

① 시간 – 동작 연구를 적용하였다.
② 생산의 효율성을 상당히 향상시켰다.
③ 인간중심의 관점으로 일을 재설계한다.
④ 인센티브를 도입함으로써 작업자들을 동기화시킬 수 있다.

해설 테일러(F.W Taylor)의 과학적 관리법
　1) "시간과 동작연구"를 통해 인간노동력을 과학적으로 합리화시켜 생산능률을 향상시켰다.
　2) 생산능률(생산성 향상)만을 중시하여 인간을 도구화 하였다.

24 프로그램 학습법(programmed self – instruction method)의 단점은?

① 보충학습이 어렵다.
② 수강생의 시간적 활용이 어렵다.
③ 수강생의 사회성이 결여되기 쉽다.
④ 수강생의 개인적인 차이를 조절할 수 없다.

해설 프로그램 학습법의 특징

적용의 경우	제약조건(단점)
① 수업의 모든 단계 ② 학교수업, 방송수업, 작업훈련의 경우 ③ 학생들의 개인차가 최대한으로 조절되어야 하는 경우 ④ 학생들이 자기에게 허용된 어느 시간에나 학습이 가능 할 경우 ⑤ 보충학습의 경우	① 한번 개발한 프로그램 자료를 개조하기가 어렵다. ② 학생들의 사회성이 결여되기 쉽다. ③ 개발비가 높다.

25 작업의 어려움, 기계설비의 결함 및 환경에 대한 쥐의력의 집중혼란, 심신의 근심 등으로 인하여 재해를 많이 일으키는 사람을 지칭하는 것은?

① 미숙성 누발자　　② 상황성 누발자
③ 습관성 누발자　　④ 소질성 누발자

해설 사고경향성자(재해누발자)의 유형
　1) **상황성 누발자** : 작업의 어려움, 기계설비의 결함, 환경상 주의력의 집중곤란, 심신의 근심 등 때문에 재해를 누발하는 자이다.
　2) **습관성 누발자** : 재해의 경험으로 겁쟁이가 되거나 신경과민이 되어 재해를 누발하는 자와 일종의 슬럼프 상태에 빠져서 재해를 누발하는 것이다.
　3) **소질성 누발자** : 재해의 소질적 요인을 가지고 있기 때문에 재해를 누발하는 자이다.
　4) **미숙성 누발자** : 기능미숙이나 환경에 익숙하지 못하기 때문에 재해를 누발하는 자이다.

26 안전사고가 발생하는 요인 중 심리적인 요인에 해당하는 것은?

① 감정의 불안정　　② 극도의 피로감
③ 신경계통의 이상　④ 육체적 능력의 초과

해설 1) **정신상태 불량에 대한 개성적 결함요소(성격결함)**
　　① 약한 마음(심약)
　　② 과도한 자존심과 자만심
　　③ 사치 및 허영심
　　④ 다혈질, 도전적 성격
　　⑤ 인내력 부족
　　⑥ 고집 및 과도한 집착성
　　⑦ 감정의 장기 지속성
　　⑧ 태만(나태)
　　⑨ 경솔성(성급함)
　　⑩ 이기성 및 배타성
　2) **정신력과 관계되는 생리적 현상**
　　① 시력 및 청각의 이상
　　② 신경계통의 이상
　　③ 육체적 능력의 초과
　　④ 근육운동의 부적합
　　⑤ 극도의 피로

■ 정답 ■　23.③　24.③　25.②　26.①

27 허츠버그(Herzberg)의 2 요인 이론 중 동기요인(motivator)에 해당하지 않는 것은?

① 성취
② 작업 조건
③ 인정
④ 작업 자체

해설 허즈버그(Herzberg)의 2요인
1) **위생요인** : 기업정책, 개인 상호간의 관계(친교, 대인관계), 감독형태, 작업조건, 임금(급료), 보수지위, 안전 등 직무환경에 관계된 곳
2) **동기요인** : 성취감, 안정감, 도전감, 책임감, 성장과 발전, 기업자체 등 직무내용(일의 내용)에 관한 것

28 작업의 강도를 객관적으로 측정하기 위한 지표로 옳은 것은?

① 강도율
② 작업시간
③ 작업속도
④ 에너지 대사율(RMR)

해설 에너지 대사율(R. M. R : relative metabolic rate) : 작업강도 단위로서 산소호흡량을 측정하여 에너지의 소모량을 결정하는 방식이다. (작업강도의 객관적 측정 지표)

$$R.M.R = \frac{\text{작업대사량}}{\text{기초대사량}}$$
$$= \frac{\text{작업시의 소비에너지} - \text{안정시 소비 에너지}}{\text{기초 대사량}}$$

29 지도자가 부하의 능력에 따라 차별적으로 성과급을 지급하고자 하는 리더십의 권한은?

① 전문성 권한
② 보상적 권한
③ 합법적 권한
④ 위임된 권한

해설 리더십의 권한
1) 조직이 지도자에게 부여한 권한
   ① **보상적 권한** : 지도자가 부하들에게 보상할 수 있는 능력으로 인해 부하직원들을 통제할 수 있으며 부하들의 행동에 대해 영향을 끼칠 수 있는 권한이다.
   ② **강압적 권한** : 부하직원들을 처벌할 수 있는 권한이다.
   ③ **합법적 권한** : 조직의 규정에 의해 지도자의 권한이 공식화 된 것을 말한다.
2) **지도자 자신이 자신에게 부여한 권리** : 부하직원들이 지도자의 성격이나 그 능력을 인정하고 지도자를 존경하며 자진해서 따르는 것이다.
   ① **전문성의 권한** : 지도자가 목표수행에 필요한 전문적인 지식을 갖고 업구수행을 하므로 부하직원들이 자발적으로 지도자를 따르게 된다.
   ② **위임된 권한** : 집단의 목표를 성취하기 위해 부하직원들이 지도자가 정한 목표를 자진해서 자신의 것으로 받아들여 지도자와 함께 일하는 것이다.

30 인간의 욕구에 대한 적응기제(Adjustment Mechanism)를 공격적 기제, 방어적 기제, 도피적 기제로 구분할 때 다음 중 도피적 기제에 해당하는 것은?

① 보상
② 고립
③ 승화
④ 합리화

해설 적응기제
1) **방어적 기제** : 보상, 합리화, 동일시, 승화, 투사 등
2) **도피적 기제** : 고립, 퇴행, 억압, 백일몽 등

31 알더퍼(Alderfer)의 ERG 이론에서 인간의 기본적인 3가지 욕구가 아닌 것은?

① 관계욕구
② 성장욕구
③ 생리욕구
④ 존재욕구

해설 Alderfer의 ERG 이론
1) **생존 또는 존재(existence) 욕구** : 신체적인 차원에서 유기체의 생존과 유지에 관련된 욕구
2) **관계(relatedness) 욕구** : 타인과의 상호작용을 통해 만족되는 욕구
3) **성장(growth) 욕구** : 개인적인 발전과 증진에 관한 욕구

━ 정답 ━ 27.② 28.④ 29.② 30.② 31.③

2021

32 주의력의 특성과 그에 대한 설명으로 옳은 것은?

① 지속성: 인간의 주의력은 2시간 이상 지속된다.
② 변동성: 인간은 주의 집중은 내향과 외향의 변동이 반복된다.
③ 방향성: 인간이 주의력을 집중하는 방향은 상하 좌우에 따라 영향을 받는다.
④ 선택성: 인간의 주의력은 한계가 있어 여러 작업에 대해 선택적으로 배분된다.

해설 **주의력의 특성**
　① **주의력의 중복집중의 곤란(선택성)** : 주의는 동시에 2개 방향에 집중하지 못한다.(많은 것에 동시에 주의를 기울일 수 없다.)
　② **주의력의 단속성(변동성)** : 고도의 주의는 장시간 지속할 수 없다.(주의 집중은 리듬을 가지고 변한다.)
　③ **주의력의 방향성** : 한 지점에 주의를 집중하면 다른데 주의는 약해진다.(주의는 중심에서 좌우로 벗어나면 급격히 저하된다.)

33 파악하고자 하는 연구과제에 대해 언어를 매개로 구조화된 질의응답을 통하여 교육하는 기법은?

① 면접(interview)
② 카운슬링(counseling)
③ CCS(Civil Communication Section)
④ ATT(American Telephone & Telegram Co.)

해설 **면접방법**
　1) **구조화된 면접방법** : 면접시 질문내용을 미리 결정하여 제시하는 면접방법이다.
　2) **비구조화 면접방법** : 면접 진행상황에 따라 질문의 내용을 신축적으로 조립하는 면접방법이다.

34 안전교육방법 중 새로운 자료나 교재를 제시하고, 거기에서의 문제점을 피교육자로하여금 제기하게 하거나, 의견을 여러 가지 방법으로 발표하게 하고, 다시 깊게 파고들어서 토의 하는 방법은?

① 포럼(Forum)
② 심포지엄(Symposium)
③ 버즈세션(Buzz Session)
④ 패널 디스커션(Panel Discussion)

해설 **토의법의 종류**
　1) forum(공개토론회) : 새로운 자료나 교재를 제시하고 거기서의 문제점을 피교육자로 하여금 제기케 하거나 의견을 여러 가지 방법으로 발표하게 하여 다시 깊이 파고들어 토의를 행하는 방법
　2) symposium : 몇 사람의 전문가에 의하여 과제에 관한 견해를 발표한 뒤 참가자로 하여금 의견이나 질문을 하게 하여 토의하는 방법
　3) buzz session : 6-6회의라고도 하며, 먼저 사회자와 기록계를 선출한 후 나머지 사람은 6명씩의 소집단으로 구분하고, 소집단별로 각각 사회자를 선발 하여 6분간씩 자유토의를 행하여 의견을 종합하는 방법
　4) panel discussioin : 패널맴버(교육과제에 정통한 전문가 4~5명)가 피교육자 앞에서 자유로이 토의하고 뒤에 피교육자 전원이 참가하여 사회자의 사회에 따라 토의하는 방법

35 산업안전보건법령상 근로자 안전보건교육의 교육과정 중 건설 일용근로자의 건설업 기초 안전·보건교육 교육시간 기준으로 옳은 것은?

① 1시간 이상　　② 2시간 이상
③ 3시간 이상　　④ 4시간 이상

해설 건설업 기초안전보건교육의 교육시간 : 4시간

36 안전교육의 방법을 지식교육, 기능교육 및 태도교육 선서로 구분하여 맞게 나열한 것은?

① 시청각 교육 – 현장실습 교육 – 안전작업 동작지도
② 시청각 교육 – 안전작업 동작지도 – 현장실습 교육
③ 현장실습 교육 – 안전작업 동작지도 – 시청각 교육
④ 안전작업 동작지도 – 시청각 교육 – 현장실습 교육

해설 안전교육의 3단계
1) 제 1단계 – **지식교육** : 강의, 시청각 교육을 통한 지식의 전달과 이해
2) 제 2단계 – **기능교육** : 시범, 실습, 현장실습교육, 견학을 통한 이해와 경험 체득
3) 제 3단계 – **태도교육** : 생활지도, 작업동작지도 등을 통한 안전의 습관화

37 학습목적의 3요소가 아닌 것은?

① 목표(goal)
② 주제(subject)
③ 학습정도(level of learning)
④ 학습방법(methed of learning)

해설 학습목적의 3요소
1) **목표(Goal)** : 학습목적의 핵심으로 학습을 통하여 달성하려는 지표
2) **주제(Subject)** : 목표달성을 위한 테마
3) **학습 정도(Level of Learning)** : 학습범위와 내용의 정도

38 O.J.T(On the Training)의 장점이 아닌 것은?

① 직장의 실정에 맞게 실제적 훈련이 가능하다.
② 교육을 통한 훈련효과에 의해 상호 신뢰이해도가 높아진다.
③ 대상자의 개인별 능력에 따라 훈련의 진도

를 조정하기가 쉽다.
④ 교육훈련 대상자가 교육훈련에만 몰두할 수 있어 학습효과가 높다.

해설 OJT와 off-JT의 특징

O·J·T (현장중심교육)	off J·T (현장외 중심교육)
① 개개인에게 적합한 지도 훈련이 가능	① 다수의 근로자에 조직적 훈련이 가능
② 직장의 실정에 맞는 실제적 훈련을 할 수 있다.	② 훈련에만 전념하게 된다.
③ 훈련 필요한 업무의 계속성이 끊어지지 않음	③ 특별설비기구를 이용할 수 있음
④ 즉시 업무에 연결되는 관계로 신체와 관련 있음	④ 전문가를 강사로 초청할 수 있음
⑤ 효과가 곧 업무에 나타나며 훈련의 좋고 나쁨에 따라 개선이 용이함	⑤ 각 직장의 근로자가 많은 지식이나 경험을 교류할 수 있음
⑥ 교육을 통한 훈련 효과에 의해 상호 신뢰 이해도가 높아짐	⑥ 교육훈련 목표에 대해서 집단적 노력이 흐트러질 수도 있음

39 학습된 행동이 지속되는 것을 의미하는 용어는?

① 회상(recall)
② 파지(retention)
③ 재인(recognition)
④ 기명(memorizing)

해설 파지와 망각
1) 파지 : 획득된 행동이나 내용이 지속되는 현상
2) 망각 : 획득된 행동이나 내용이 지속되지 않고 소멸되는 현상

40 작업자들에게 적성검사를 실시하는 가장 큰 목적은?

① 작업자의 협조를 얻기 위함
② 작업자의 인간관계 개선을 위함
③ 작업자의 생산능률을 높이기 위함
④ 작업자의 업무량을 최대로 할당하기 위함

해설 적성검사의 목적 : 작업자의 생산능률 향상

■ 정답 ■ 36.① 37.④ 38.④ 39.② 40.③

제3과목 / 인간공학 및 시스템안전공학

41 인간공학적 수공구 설계원칙이 아닌 것은?

① 손목을 곧게 유지할 것
② 반복적인 손가락 동작을 피할 것
③ 손잡이 접촉 면적을 작게 설계할 것
④ 조직(tissue)에 가해지는 압력을 피할 것

해설 ③항, 손잡이 접후면적을 크게 설계할 것

42 NIOSH 지침에서 최대허용한계(MPL)는 활동한계(AL)의 몇 배인가?

① 1배 　　　　② 3배
③ 5배 　　　　④ 9배

해설 **최대허용한계 (MPL) 관계식**
　　MPL = 3 × AL
　　여기서, AL : 활동한계(감시기준)

길잡이 **감시기준 (AL) 관계식**

$$AL(kg) =$$
$$40\left(\frac{15}{H}\right)(1-0.004|V-75|)\left(0.7+\frac{7.5}{D}\right)$$
$$\left(1-\frac{F}{F_{max}}\right)$$

여기서, ┌ H : 대상물체의 수평거리
　　　　│ V : 대상물체의 수직거리
　　　　│ D : 대상물체의 이동거리
　　　　└ F : 중량물 취급작업의 빈도

43 FMEA의 특징에 대한 설명으로 틀린 것은?

① 서브시스템 분석 시 FTA보다 효과적이다.
② 양식이 비교적 간단하고 적은 노력으로 특별한 훈련 없이 해석이 가능하다.

③ 시스템 해석기법은 정석적·귀납적 분석법 등에 사용된다.
④ 각 요소간 영향 해석이 어려워 2 가지 이상 동시 고장은 해석이 곤란하다.

해설 **FMEA(고장의 형태와 영향분석)**
　1) 시스템 해석기법 : 정석적귀납적 분석
　2) 장점 및 단점

장점	① 서식간당 ② 쉽게 분석할 수 있음
단점	① 논리성 부족 ② 2가지 이상 고장은 분석곤란 ③ 인적원인 분석 곤란

44 인간공학에 대한 설명으로 틀린 것은?

① 제품의 설계 시 사용자를 고려한다.
② 환경과 사람이 격리된 존재가 아님을 인식한다.
③ 인간공학의 목표는 기능적 효과, 효율 및 인간 가치를 향상시키는 것이다.
④ 인간의 능력 및 한계에는 개인차가 없다고 인지한다.

해설 ④항, 인간의 능력 및 한계에는 개인차가 있다고 인지한다.

45 인간 – 기계시스템에서의 여러 가지 인간 에러와 그것으로 인해 생길 수 있는 위험성의 예측과 개선을 위한 기법은?

① PHA 　　　　② FHA
③ OHA 　　　　④ THERP

해설 **THERP(Technique of Human Error Rate Prediction)**
　1) THERP(인간과오율 예측기법) : 인간의 과오를 정량적으로 평가하기 위한 안전해석 기법이다.
　2) 인간과오의 분류 시스템과 그 확률을 계산함으로서 원래 제품의 결함을 감소시키고 사고의 원인 가운데 인간의 과오에 기인한 근원에 대한 분석 및 안전 공학적 대책수립에 사용하는 안전해석 기법이다.

■ 정답 ■　41.③　42.②　43.①　44.④　45.④

46 개선의 ECRS의 원칙에 해당하지 않는 것은?

① 제거(Eliminate)
② 결합(Combine)
③ 재조정(Rearrange)
④ 안전(Safety)

해설 1) **작업방법의 개선원칙(ECRS) : 작업분석방법, 새로운 작업방법의 개발원칙**
　① 제거(eliminate)
　② 결합(combine)
　③ 재조정(rearrange)
　④ 단순화(simplify)
2) **작업개선단계**
　① 1단계 : 작업분해
　② 2단계 : 세부내용 검토
　③ 3단계 : 작업분석
　④ 4단계 : 새로운 방법의 적용

47 표시장치로부터 정보를 얻어 조종장치를 통해 기계를 통제하는 시스템은?

① 수동 시스템
② 무인 시스템
③ 반자동 시스템
④ 자동 시스템

해설 인간·기계체계의 유형
1) **수동체계**
　① 인간과 공구가 직접 연결된 체계
　② 인간의 신체적인 힘을 동원력으로 사용
2) **기계화체계(반자동체계)**
　① 인간이 기계의 표시장치를 보고 조정장치를 통하여 통제하는 체계
　② 인간(운전자)의 조종에 의해 운용되며 융통성이 없는 체계의 형태
3) **자동체계**
　① 기계자체가 감지, 정보처리 및 의사결정, 행동을 포함한 모든 임무를 수행하는 체계
　② 인간은 감시(monitor), 프로그램, 정비유지 등의 기능을 수행함

48 Q10 효과에 직접적인 영향을 미치는 인자는?

① 고온 스트레스
② 한랭한 작업장
③ 중량물의 취급
④ 분진의 다량발생

해설 1) Q10 효과에 가장 큰 영향을 미치는 인자 : 고온
2) Q 10 : 온도가 10℃ 증가함에 따라 생물의 반응속도가 2~3배 증대하는 것을 의미한다.

49 결합수분석(FTA)에 의한 재해사례의 연구 순서로 옳은 것은?

> ㉠ FT(Fault Tree)도 작성
> ㉡ 개선안 실시계획
> ㉢ 톱 사상의 선정
> ㉣ 사상마다 재해원인 및 요인 규명
> ㉤ 개선계획 작성

① ㉡→㉣→㉢→㉤→㉠
② ㉢→㉣→㉠→㉤→㉡
③ ㉣→㉤→㉢→㉠→㉡
④ ㉤→㉢→㉡→㉠→㉣

해설 FTA에 의한 재해사례 연구순서
1) 1step : 톱사상의 선정
2) 2step : 사상마다 재해원인요인의 규명
3) 3step : FT도의 작성
4) 4step : 개선계획의 작성
5) 5step : 개선안의 실시계획

50 물체의 표면에 도달하는 빛의 밀도를 뜻하는 용어는?

① 광도
② 광량
③ 대비
④ 조도

해설 조도 : 물체의 표면에 도달하는 빛의 밀도이다.
1) foot-candle(fc) : 1촉광의 점광원으로부터 1foot 떨어진 곡면에 비추는 광의 밀도 (1 lumen/ft^2)

2021

1 fc = 1 lumen/ft^2 =10 lumen/m^2= 10lux
2) lux(meter-candle) : 1촉광의 점광원으로부터
1m 떨어진 곡면에 비추는 광의 밀도

3) **개념적 양립성** : 사람들이 가지고 있는 개념적
연상(어떤 암호체계에서 청색이 정상을 나타내
듯이)의 양립성

51 시각적 표시장치와 청각적 표시장치 중 시각적 표시장치를 선택해야 하는 경우는?

① 메시지가 긴 경우
② 메시지가 후에 재참조되지 않는 경우
③ 직무상 수신자가 자주 움직이는 경우
④ 메시지가 시간적 사상(event)을 다룬 경우

해설 표시장치의 선택(청각장치와 시각장치의 선택)

청각장치사용	시각장치사용
1) 전언이 간단하고 짧다.	1) 전언이 복잡하고 길다.
2) 전언이 후에 재참조되지 않는다.	2) 전언이 후에 재참조된다.
3) 전언이 즉각적인 사상 (event)을 이룬다.	3) 전언이 공간적인 위치를 다룬다.
4) 전언이 즉각적인 행동을 요구한다.	4) 전언이 즉각적인 행동을 요구하지 않는다.
5) 수신자가 시각계통이 과 부하 상태일 때	5) 수신자의 청각계통이 과 부화 상태일 때
6) 수신장소가 너무 밝거나 암조의 유지가 필요할 때	6) 수신장소가 너무 시끄러 울 때
7) 직무상 수신자가 자주 움 직이는 경우	7) 직무상 수신자가 한 곳에 머무르는 경우

52 조작과 반응과의 관계, 사용자의 의도와 실제 반응과의 관계, 조종장치와 작동결과에 관한 관계 등 사람들이 기대하는 바와 일치하는 관계가 뜻하는 것은?

① 중복성
② 조직화
③ 양립성
④ 표준화

해설 양립성(compatibility) : 정보입력 및 처리와 관련한 양립성은 인간의 기대와 모순되지 않는 자극들 간의, 반응들 간의 자극반응 조합의 관계를 말하는 것으로, 다음의 3가지가 있다.
1) **공간적 양립성** : 표시장치나 조종장치에서 물리적 형태나 공간적인 배치의 양립성
2) **운동 양립성** : 표시 및 조종장치, 체계반응에 대한 운동방향의 양립성

53 FT도에 사용되는 다음 기호의 명칭은?

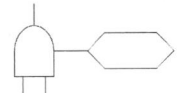

① 억제게이트
② 조합AND게이트
③ 부정게이트
④ 베타적OR게이트

해설 수정기호(──< 조건 >)
1) **우선적 AND Gate** : 입력사상 가운데 어느 사상이 다른 사상보다 먼저 일어났을 때에 출력사상이 생긴다. 예를 들면 「A는 B보다 먼저」와 같이 기입한다.
2) **짜맞춤 AND Gate** : 3개 이상의 입력사상 가운데 어느 것이든 2개가 일어나면 출력사상이 생긴다. 예를 들면 「어느 것이든 2개」 라고 기입한다.
3) **위험지속기호** : 입력사상이 생겨서 어느 일정시간 지속하였을 때에 출력사상이 생긴다. 예를 들면 「위험지속시간」 과 같이 기입한다.
4) **배타적 OR Gate** : OR Gate로 2개 이상의 입력이 동시에 존재할 때에는 출력사상이 생기지 않는다. 예를 들면 「동시에 발생하지 않는다」 라고 기입한다.

54 일정한 고장률을 가진 어떤 기계의 고장률이 시간당 0.008일 때 5시간 이내에 고장을 일으킬 확률은?

① $1 + e^{0.04}$
② $1 - e^{-0.004}$
③ $1 - e^{0.04}$
④ $1 - e^{-0.04}$

해설 1) 고장을 일으키지 않을 확률(신뢰도 ; R_t)
$$R_t = e^{-\lambda t}$$
여기서, λ : 고장률
t : 가동시간
2) 고장을 일으킬 확률(불신뢰도 ; F_t)
$$F_t = 1 - e^{-\lambda t}$$
$$= 1 - e^{-0.008 \times 5} = 1 - e^{-0.04}$$

■ 정답 ■ 51.① 52.③ 53.② 54.④

55 HAZOP기법에서 사용하는 가이드워드와 그 의미가 틀린 것은?

① Other than : 기타 환경적인 요인
② No/Not : 디자인 의도의 완전한 부정
③ Reverse : 디자인 의도의 논리적 반대
④ More/Less : 정량적인 증가 또는 감소

해설 유인어(guide words) : 간단한 용어(말)로서 창조적 사고를 유도하고 자극하여 이상을 발견하고, 의도를 한정하기 위해 사용된다. 즉, 다음과 같은 의미를 나타낸다.
1) NO 또는 NOT : 설계의도의 완전한 부정
2) More 또는 Less : 양(압력, 반응, flow, rate, 온도 등)의 증가 또는 감소
3) As well As : 성질상의 증가 (설계의도와 운전조건이 어떤 부가적인 행위와 함께 일어남)
4) Part of : 일부변경, 성질상의 감소(어떤 의도는 성취되나 어떤 의도는 성취되지 않음)
5) Reverse : 설계의도의 논리적인 역
6) Other than : 완전한 대체(통상 운전과 다르게 되는 상태)

56 음압수준이 60dB일 때 1000Hz에서 순음의 phon의 값은?

① 50phon   ② 60phon
③ 90phon   ④ 100phon

해설 60dB, 1000Hz에서 순음의 phon치 : 60phon

57 인간의 오류모형에서 상황해석을 잘못하거나 목표를 잘못 이해하고 착각하여 행하는 경우를 뜻하는 용어는?

① 실수(Slip)
② 착오(Mistake)
③ 건망증(Lapse)
④ 위반(Violation)

해설 인간의 오류 모형

1) 실수 (Slip)	상황이나 목표에 대한 해석은 제대로 하였으나 의도와는 다른 행동을 하는 경우(주의 산만이나 주의력 결핍에 의해 발생)
2) 착오 (Mistake)	상황에 대한 해석을 잘못하거나 목표에 대한 잘못된 이해로 착각하여 행하는 경우(주어진 정보가 불완전하거나 오해하는 경우에 발생하며 틀린줄 모르고 행하는 오류)
3) 건망증 (Lapse)	여러 과정이 연계적으로 계속하여 일어나는 행동 중에서 일부를 잊어버리고 하지 않거나 또는 기억의 실패에 의해 발생
4) 위반 (Violaton)	정해져 있는 규칙을 알고 있으면서 고의로 따르지 않거나 무시하는 행위

58 프레스기어의 안전장치 수명은 지수분포를 따르며 평균 수명이 1000시간일 때 ㉠, ㉡에 알맞은 값은 약 얼마인가?

> ㉠ : 새로 구입한 안전장치가 향후 500시간 동안 고장없이 작동할 확률
> ㉡ : 이미 1000 시간을 사용한 안전장치가 향후 500시간 이상 견딜 확률

① ㉠: 0.606, ㉡: 0.606
② ㉠: 0.606, ㉡: 0.808
③ ㉠: 0.808, ㉡: 0.606
④ ㉠: 0.808, ㉡: 0.808

해설 1) 평균수명(MTTF) : 1000시간, 가동시간(t) : 500시간
2) 고장없이 작동할 확률(R_t)
$$R_t = e^{-(t/t0)} = e^{-(500/1000)} = 0.606$$

2021

■ 정답 ■   55.①   56.②   57.②   58.①

59 FT도에서 신뢰도는? (단, A발생확률은 0.01, B발생확률은 0.02이다.)

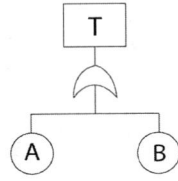

① 96.02% ② 97.02%
③ 98.02% ④ 99.02%

해설 1) $T = 1 - (1 - A)(1 - B)$
　　　$= 1 - (1 - 0.01)(1 - 0.02) = 0.0298$
　　2) $R = (1 - T) \times 100$
　　　$= (1 - 0.0298) \times 100 = 97.02\%$

60 위험성평가 시 위험의 크기를 결정하는 방법이 아닌 것은?

① 덧셈법 ② 곱셈법
③ 뺄셈법 ④ 행렬법

해설 위험성평가시 위험크기의 결정방법
　　1) 덧셈법 2) 곱셈법 3) 행렬법

제4과목 / 건설시공학

---

61 기존에 구축된 건축물 가까이에서 건축공사를 실시할 경우 기존 건축물의 지반과 기초를 보강하는 공법은?

① 리버스 서큘레이션 공법
② 언더피닝 공법
③ 슬러리 월 공법
④ 탑다운 공법

해설 언더피닝 공법(underpinnig) : 기존건물 가까이에 구조물을 축조할 때 기존건물의 지반과 기초를 보강하는 공법

62 다음은 기성말뚝 세우기에 관한 표준시방서 규정이다. ( )안에 순서대로 들어갈 내용으로 옳게 짝지어진 것은? (단, 보기항의 D는 말뚝의 바깥지름 임) 문제 오류로 가답안 발표시 1번이 답안으로 발표되었으나, 확정답안 발표시 전항 정답 처리 되었습니다. 여기서는 가답안이 1번을 누르면 정답 처리 됩니다.)

> 말뚝의 연직도나 경사도는 ( ) 이내로 하고, 말뚝박기 후 평면상의 위치가 설계도면의 위치로부터 ( )와 100mm 중 큰 값 이상으로 벗어나지 않아야 한다.

① 1/100, D/4 ② 1/100, D/3
③ 1/150, D/4 ④ 1/150, D/3

해설 기성말뚝 세우기 작업시 준수사항
　　1) 말뚝의 연직도나 경사도는 1/50 이내로 한다.
　　2) 말뚝박기 후 평면상의 위치가 설계도면의 위치로부터 D/4 와 100mm 중 큰 값 이상으로 벗어나지 않아야 한다. (D : 말뚝의 바깥지름)
　　[전항정답]

63 철골공사에서 발생하는 용접 결함이 아닌 것은?

① 피트(Pit)
② 블로우 홀(Blow hole)
③ 오버 랩(Over lap)
④ 가우징(Gouging)

해설 용접결함
　　1) 균열(crack) : 공기구멍 또는 선상조직, 용접의 구속, 살 붙임 불량 등으로 생기는 결함
　　2) 슬래그 섞임(slag inclusion, 슬래그 감싸돌기) : 용접에서 용융금속이 급속하게 냉각되면 슬래그의 일부분이 달아나지 못하고 용착 금속 내에 혼입되는 결함
　　3) 피트(pit) : 공기의 구멍이 발생함으로서 용접부의 표면에 생기는 작은 구멍
　　4) 공기구멍(blow hole = gas pocket) : 용접금속의 내부에 생기는 구멍으로 주로 용융금속이 응고할 때 방출되어야 할 가스가

남아서 생기는 결함

5) 언더 컷(under cut) : 용접상부(모재표면과 용접표면이 교차되는 점)에 따라 모재가 녹아 용착급속이 채워지지 않고 홈으로 남게 되는 부분

6) 오버 랩(over lap, 겹치기) : 용접금속과 모재가 융합되지 않고 겹쳐지는 결함

7) 위핑 홀(weeping hole) : 용접 내에 생기는 미세한 구멍

8) 스패터(spatter) : 용접 중 튀어나오는 슬래그 및 금속입자

9) 기타 결함 : 외관 비틀림 결함, 불용착(녹아 붙기 불량)변형, 용접치수의 불규칙, 용입부족 등

64 원심력 고강도 프리스트레스트 콘크리트 말뚝의 이음방법 중 가장 강성이 우수하고 안전하여 많이 사용하는 이음방법은?

① 충전식이음 ② 볼트식이음
③ 용접식이음 ④ 강관말뚝이음

해설 **용접식 이음**

1) 말뚝 상호간의 철근을 용접하고 다시 외부에 보강철판을 덧대어 용접해서 잇는다.

2) 이음방법 중 가장 강성이 우수하나 용접부위에 대한 부식의 우려가 있다.

65 철근이음의 종류 중 나사를 가지는 슬리브 또는 커플러, 에폭시나 모르타르 또는 용융금속 등을 충전한 슬리브, 클립이나 편체 등의 보조장치 등을 이용한 것을 무엇이라 하는가?

① 겹침이음 ② 가스압접 이음
③ 기계적 이음 ④ 용접이음

해설 **철근의 기계적 이음**

1) 기계적 이음 : 본문해설

2) 기계적 이음의 종류 : 나사이음, 강관압착이음, 모르타르충진이음, 마디 편체식 이음, 쐐기식 편체 이음

66 R.C.D(리버스 서큘레이션 드릴)공법의 특징으로 옳지 않은 것은?

① 드릴파이프 직경보다 큰 호박돌이 있는 경우 굴착이 불가하다.
② 깊은 심도까지 굴착이 가능하다.
③ 시공속도가 빠른 장점이 있다.
④ 수상(해상)작업이 불가하다.

해설 **리버스서큘레이션 공법**

1) 리버스서큘레이션 말뚝(revers circulation pile) : 굴착구멍 내에 지하수위보다 2m 이상 높게 물을 채워 굴착면에 2L/m² 이상의 정수입에 의해 벽면붕괴를 방지하며 굴착한 후 형성시킨 제자리콘크리트 말뚝

2) 리버스서큘레이션 공법의 특징

① 벤토나이트 용액으로 구멍 벽이 무너지는 것을 방지하면서 굴착하므로 케이싱이 필요 없다.
② 점토, 실트층 등에 적용된다.
③ 시공심도는 통상 30~70m 정도까지로 한다(최고 100~200m 가능)
④ 시공직경(0.9~3m)을 크게 할 수 있다.
⑤ 무진동, 무소음이다.
⑥ 단점 : 누수대책이 필요하고 조약돌 등의 토질을 굴착이 곤란하다.

67 보강블록공사 시 벽의 철근 배치에 관한 설명으로 옳지 않은 것은?

① 가로근을 배근 상세도에 따라 가공하되, 그 단부는 180°의 갈구리로 구부려 배근한다.
② 블록의 공동에 보강근을 배치하고 콘크리트를 다져 넣기 때문에 세로줄눈은 막힌줄눈으로 하는 것이 좋다.
③ 세로근은 기초 및 테두리보에서 위층의 테두리보까지 잇지 않고 배근하여 그 정착길이는 철근 직경의 40배 이상으로 한다.
④ 벽의 세로근은 구부리지 않고 항상 진동 없이 설치한다.

해설 ②항, 블록의 공동에 보강근을 배치하고 콘크리트를 다져 넣기 때문에 세로줄은 통줄눈으로 하

는 것이 좋다.

68 철근공사 시 철근의 조립과 관련된 설명으로 옳지 않은 것은?

① 철근이 바른 위치를 확보할 수 있도록 결속선으로 결속하여야 한다.
② 철근을 조립한 다음 장기간 경과한 경우에는 콘크리트의 타설 전에 다시 조립검사를 하고 청소하여야 한다.
③ 경미한 황갈색의 녹이 발생한 철근은 콘크리트와의 부착이 매우 불량하므로 사용이 불가하다.
④ 철근의 피복두께를 정확하게 확보하기 위해 적절한 간격으로 고임재 및 간격재를 배치하여야 한다.

해설 ③항, 경미한 황갈색의 녹은 철근을 조립하기 전에 제거한 후 사용하여야 한다.

69 공사계약방식에서 공사실시 방식에 의한 계약제도가 아닌 것은?

① 일식도급
② 분할도급
③ 실비정산보수가산도급
④ 공동도급

해설 1) 공사실시방식에 의한 도급계약제도 : 일식도급, 분할도급, 공동도급
2) 공사비지불방식에 의한 도급계약제도 : 단가도급, 정액도급, 실비청산보수가산도급 방식

70 알루미늄 거푸집에 관한 설명으로 옳지 않은 것은?

① 경량으로 설치시간이 단축된다.
② 이음매(Joint)감소로 견출작업이 감소된다.
③ 주요 시공 부위는 내부벽체, 슬래브, 계단실

벽체이며, 슬래브 필러 시스템이 있어서 해체가 간편하다.
④ 녹이 슬지 않는 장점이 있으나 전용횟수가 매우 적다.

해설 알루미늄 거푸집의 장점 및 단점

구분	내용
장점	1) 경량으로 설치시간 단축 2) 내식성과 용접성 우수 3) 강성이 좋고 전용횟수 높음
단점	1) 고가로 초기 투자비 많음 2) 기능 공 교육 및 숙달기간 필요

71 철거작업 시 지중장애물 사전조사항목으로 가장 거리가 먼 것은?

① 주변 공사장에 설치된 모든 계측기 확인
② 기존 건축물의 설계도, 시공기록 확인
③ 가스, 수도, 전기 등 공공매설물 확인
④ 시험굴착, 탐사 확인

해설 철거작업시 지중장애물 사전 조사 항목
1) 기존 건축물의 설계도, 시공기록 확인
2) 가스, 수도, 전기 등 공공 배설물 확인
3) 시험굴착, 탐사확인

72 벽돌쌓기 시 사전준비에 관한 설명으로 옳지 않은 것은?

① 즐기초, 연결보 및 바닥 콘크리트의 쌓기면은 작업 전에 청소하고, 우묵한 곳은 모르타르로 수평지게 고른다.
② 벽돌에 부착된 흙이나 먼지는 깨끗이 제거한다.
③ 모르타르는 지정한 배합으로 하되 시멘트와 모래는 건비빔으로 하고, 사용할 때에는 쌓기에 지장이 없는 유동성이 확보되도록 물을 가하고 충분히 반죽하여 사용한다.
④ 콘크리트 벽돌은 쌓기 직전에 충분한 물축이기를 한다.

해설 ④항, 콘크리트 벽돌은 쌓기 2~3일 전에 물을 축여 표면이 약간 건조한 상태에서 쌓는다.

73 콘크리트는 신속하게 운반하여 즉시 타설하고, 충분히 다져야 하는데 비비기로부터 타설이 끝날 때까지의 시간은 원칙적으로 얼마를 넘어서면 안 되는가? (단, 외기온도가 25℃ 이상일 경우)

① 1.5시간 ② 2시간
③ 2.5시간 ④ 3시간

해설 콘크리트의 비비기로부터 타설이 끝날 때까지의 시간 : 원칙적으로 1.5시간(온도 25℃ 이상)을 넘기지 않도록 할 것

74 피어기초공사에 관한 설명으로 옳지 않은 것은?

① 중량구조물을 설치하는데 있어서 지반이 연약하거나 말뚝으로도 수직지지력이 부족하여 그 시공이 불가능한 경우와 기초지반의 교란을 최소화해야 할 경우에 채용한다.
② 굴착된 흙을 직접 탐사할 수 있고 지지층의 상태를 확인할 수 있다.
③ 진동과 소음이 발생하는 공법이긴 하나 여타 기초형식에 비하여 공기 및 비용이 적게 소요된다.
④ 피어기초를 채용한 국내의 초고층 건축물에는 63빌딩이 있다.

해설 피어기초공사 : 기계로 말뚝구멍을 굴착하고 여기에 철근콘크리트를 충전하는 제자리콘크리트 말뚝지정 공법이다.

75 다음 각 거푸집에 관한 설명으로 옳은 것은?

① 트래블링 폼(Travelling Form) : 무량판 시공 시 2방향으로 된 상자형 기성재 거푸집이다.
② 슬라이딩 폼(Sliding Form) : 수평활동 거푸집이며 거푸집 전체를 그대로 떼어 다음 사용 장소로 이동시켜 사용할 수 있도록 한 거푸집이다.
③ 터널폼(Tunnel Form) : 한 구획 전체의 벽판과 바닥판을 ㄱ자형 또는 ㄷ자형으로 짜서 이동시키는 형태의 기성재 거푸집이다.
④ 워플폼(Waffle Form) : 거푸집 높이는 약 1m이고 하부가 약간 벌어진 원형 철판 거푸집을 요오크(yoke)로 서서히 끌어 올리는 공법으로 Silo 공사 등에 적당하다.

해설 ①항, 트래블링 폼 : 연속아치(arch)에 사용하는 수평이동거푸집이다.
②항, 슬라이딩 폼 : 수직활동거푸집이다.
③항, 터널 폼 : 본문설명
④항, 워플 폼 : 무량판구조, 평판구조에서 사용하는 특수상자모양으로 된 기성제 거푸집이다.

76 강구조물 부재 제작 시 마킹(금긋기)에 관한 설명으로 옳지 않은 것은?

① 주요부재의 강판에 마킹할 때에는 펀치 (punch) 등을 사용하여야 한다.
② 강판 위에 주요부재를 마킹할 때에는 주된 응력의 방향과 압연 방향을 일치시켜야 한다.
③ 마킹 할 때에는 구조물이 완성된 후에 구조물의 부재로서 남을 곳에는 원칙적으로 강판에 상처를 내어서는 안된다.
④ 마킹 시 용접열에 의한 수축 여유를 고려하여 최종 교정, 다듬질 후 정확한 치수를 확보할 수 있도록 조치해야 한다.

해설 펀치(Punch)는 구멍을 뚫는 기구로 강판에 파밍(금긋기) 할 때는 사용해서는 안 된다.

77 건축공사 시 각종 분할도급의 장점에 관한 설명으로 옳지 않은 것은?

① 전문공종별 분할도급은 설비업자의 자본, 기술이 강화되어 능률이 향상된다.
② 공정별 분할도급은 후속공사를 다른 업자로 바꾸거나 후속공사 금액의 결정이 용이하다.
③ 공구별 분할도급은 중소업자에 균등기회를 주고, 업자 상호간 경쟁으로 공사기일 단축, 시공 기술향상에 유리하다.
④ 직종별, 공종별 분할도급은 전문직종으로 분할하여 도급을 주는 것으로 건축주의 의도를 철저하게 반영시킬 수 있다.

해설 분할도급
1) **전문공종별 분할도급** : 시설공사 중 설비공사 (전기, 난방 등)를 주체공사와 분리하여 전문공사업자와 계약하는 방식
2) **공구별 분할도급** : 대규모 공사에서 지역별, 공구별로 분리하여 도급하는 방식
3) **공정별 분할도급** : 정지, 기초, 구제, 마무리 공사 등의 과정별로 나누어 도급을 주는 방식
4) **직종별공종별 분할도급** : 전문직별 또는 각 공종별로 세분하여 도급하는 방식

78 두께 110mm의 일반구조용 압연강재 SS275의 항복강도(fy) 기준값은?

① 275MPa 이상   ② 265MPa 이상
③ 245MPa 이상   ④ 235MPa 이상

해설 일반구조용 압연강재 SS275(S3 400)의 항복강도 기준값

강재의 두께 (mm)	16 이하	16초과 40이하	40초과 100이하	100 초과
항복강도 (MPa)	275 이상	265 이상	245 이상	235 이상

79 건설사업이 대규모화, 고도화, 다양화, 전문화 되어감에 따라 종래의 단순 기술에 의한 시공만이 아닌 고부가가치를 추구하기 위하여 업무영역의 확대를 의미하는 것은?

① BTL   ② EC
③ BOT   ④ SOC

해설 EC(engineering construction) : 종래의 단순시공에서 벗어나 고부가가치를 추구하기 위한 사업발굴에서 유지관리에 이르기까지 사업(project)전반에 관한 것을 종합, 계획관리하는 업무영역의 확대를 말한다.

80 콘크리트 공사 시 시공이음에 관한 설명으로 옳지 않은 것은?

① 시공이음은 될 수 있는 대로 전단력이 작은 위치에 설치하고, 부재의 압축력이 작용하는 방향과 직각이 되도록 하는 것이 원칙이다.
② 외부의 염분에 의한 피해를 받을 우려가 있는 해양 및 항만 콘크리트 구조물 등에 있어서는 시공이음부를 최대한 많이 설치하는 것이 좋다.
③ 이음부의 시공에 있어서는 설계에 정해져 있는 이음의 위치와 구조는 지켜져야 한다.
④ 수밀을 요하는 콘크리트에 있어서는 소요의 수밀성이 얻어지도록 적절한 간격으로 시공이음부를 두어야 한다.

해설 ②항, 외부의 염분에 의한 피해를 받을 우려가 있는 해양 및 항만콘크리트 등에 있어서는 시공이음부를 되도록 두지 않는 것이 좋다.

제5과목 / 건설재료학

81 건축재료의 성질을 물리적 성질과 역학적 성질로 구분할 때 물체의 운동에 관한 성질인 역학적 성질에 속하지 않는 항목은?

① 비중　　　　② 탄성
③ 강성　　　　④ 소성

해설 **건축재료의 역학적 성질**
1) 탄성·소성·점성
2) 응력 – 변형률 곡선
3) 탄성계수, 푸아송비(Poisson's ratio)
4) 강도·파괴·경도·강성
5) 인성·취성·연성·전성·피로성 등
⊞ 비중 : 물리적 성질

82 강재(鋼材)의 일반적인 성질에 관한 설명으로 옳지 않은 것은?

① 열과 전기의 양도체이다.
② 광택을 가지고 있으며, 빛에 불투명하다.
③ 경도가 높고 내마멸성이 크다.
④ 전성이 일부 있으나 소성변형능력은 없다.

해설 **금속재료의 공통인 금속성 특성**
1) 고체상태에서의 결정이다.
2) 금속광택을 가지고 있으며 빛에 불투명하다.
3) 연성, 전성이 풍부하다.
4) 열과 전기의 양도체이다.
5) 소성변형을 할 수 있다.
6) 내 마멸성이 크고 경도가 높다.

83 콘크리트 혼화재 중 하나인 플라이애시가 콘크리트에 미치는 작용에 관한 설명으로 옳지 않은 것은?

① 내황산염에 대한 저항성을 증가시키기 위하여 사용한다.

② 콘크리트 수화초기시의 발열량을 감소시키고 장기적으로 시멘트의 석회와 결합하여 장기강도를 증진시키는 효과가 있다.
③ 입자가 구형이므로 유동성이 증가되어 단위수량을 감소시키므로 콘크리트의 워커빌리티의 개선, 압송성을 향상시킨다.
④ 알칼리골재반응에 의한 팽창을 증가시키고 콘크리트의 수밀성을 약화시킨다.

해설 플라이애시는 알칼리 골재반응에 의한 팽창을 억제하는 효과가 있다.

길잡이 **플라이애시가 콘크리트에 미치는 영향**
1) 유동성의 개선
2) 장기강도의 개선
3) 수화열의 감소
4) 콘크리트의 수밀성의 향상
5) 알칼리 골재반응의 억제
6) 황산염에 대한 저항성 증대

84 대리석의 일종으로 다공질이며 황갈색의 반문이 있고 갈면 광택이 나서 우아한 실내장식에 사용되는 것은?

① 테라죠　　　　② 트래버틴
③ 석면　　　　　④ 점판암

해설 **트래버틴(travertine)**
1) 벌레에 침식된 듯한 구멍이 있는 무늬를 가진 특수대리석의 일종이다.
2) 특수 내장용 장식재로 사용된다.

85 비스페놀과 에피클로로히드린의 반응으로 얻어지며 주제와 경화제로 이루어진 2성분계의 접착제로서 금속, 플라스틱, 도자기, 유리 및 콘크리트 등의 접합에 널리 사용되는 접착제는?

① 실리콘수지 접착제
② 에폭시 접착제
③ 비닐수지 접착제
④ 아크릴수지 접착제

■ 정답 ■　81.①　82.④　83.④　84.②　85.②

해설 에폭시수지 접착제
1) 내산성, 내알칼리성, 내수성, 내약품성, 전기절 연성 등이 우수하다.
2) 강도 등의 기계적 성질도 뛰어나다.
3) 용도 : 금속접착에 적당하고 플라스틱, 자기, 유리, 석재 콘크리트 등의 접착에 사용되는 만능형 접착제이다.

86 외부에 노출되는 마감용 벽돌로써 벽돌면의 색깔, 형태, 표면의 질감 등의 효과를 얻기 위한 것은?

① 광재벽돌　　　　② 내화벽돌
③ 치장벽돌　　　　④ 포도벽돌

해설 치장벽돌
1) 벽돌면의 색깔, 형태, 표면 질감 등의 치장효과를 얻기 위한 벽돌이다.
2) 주로 외장용, 마감용 벽돌을 가리킨다.

87 콘크리트의 블리딩 현상에 의한 성능저하와 가장 거리가 먼 것은?

① 골재와 페이스트의 부착력 저하
② 철근와 페이스트의 부착력 저하
③ 콘크리트의 수밀성 저하
④ 콘크리트의 응결성 저하

해설 (1) **블리딩 현상** : 콘크리트 타설 후 콘크리트 표면으로 물이 스며 나오는 현상
(2) **콘크리트의 응결성 저하** : 블리딩 현상과 관계가 없다.

88 직사각형으로 자른 얇은 나뭇조각을 서로 직각으로 겹쳐지게 배열하고 방수성 수지로 강하게 압축 가공한 보드는?

① O.S.B　　　　② M.D.F
③ 플로어링블록　　④ 시멘트 사이딩

해설 OSB (oriented strand board)
1) 직사각형으로 자른 얇은 나무조각을 서로 직각으로 겹쳐지게 배열하고,
2) 방수성 수지로 강하게 압축 가공한 판재로 단면 치수 변화가 적다.

89 발포제로서 보드상으로 성형하여 단열재로 널리 사용되며 천장재, 전기용품, 냉장고 내부상자 등으로 쓰이는 열가소성 수지는?

① 폴리스티렌수지　　② 폴리에스테르수지
③ 멜라민수지　　　　④ 메타크릴수지

해설 플리스트렌 수지
1) 성질
① 성형품은 내수성, 내약품성, 전기절연성, 가공성 등이 우수하다.
② 유기용제 등에 침해되기 쉽다.
2) 용도
① 발포제품은 단열재로 널리 쓰임
② 건축물의 천장재, 블라인드, 건축벽의 타일, 전기용품, 냉장고의 내부상자 등에 사용

90 블로운 아스팔트의 내열성, 내한성 등을 개량하기 위해 동물섬유나 식물섬유를 혼합하여 유동성을 증대시킨 것은?

① 아스팔트 펠트(Asphalt felt)
② 아스팔트 루핑(Asphalt roofing)
③ 아스팔트 프라이머(Asphalt primer)
④ 아스팔트 컴파운드(Asphalt compound)

해설 아스팔트의 종류
1) 천연 아스팔트
① 록크 아스팔트(rock asphatt) : 다공질 암석에 스머든 천연 아스팔트(역청분의 함유량 5~40% 정도)
② 레이크 아스팔트(lake asphatt) : 지표에 호수모양으로 퇴적되어 형성된 반유동체의 아스팔트(역청분의 함유량 50% 정도)
③ 아스팔타이트(asphatite) : 원유가 임맥사이에 침투되어 지열이나 공기 등에 의해 중합

또는 축합반응을 일으켜 만들어진 탄력성이 풍부한 화합물

2) 석유 아스팔트
① 스트레이트 아스팔트 : 신장성접착력이 크나 연화점이 낮고 내후성 및 온도에 대한 변화가 크다 (아스팔트 펠트 삼투용으로 사용)
② 블로운 아스팔트 : 스트레이트 아스팔트보다 내후성이 좋고 연하점은 높으나 신장성, 접착성, 방수성은 약하다(아스팔트 검파운드, 아스팔트 플라이머의 원료로 사용)
③ 아스팔트 컴파운드 : 블로운 아스팔트에 동식물과 같은 유기질을 혼합하여 유동성 점성 등을 크게 하고 내열성, 내후성 등을 향상시킨 것이다.

91 목모시멘트판을 보다 향상시킨 것으로서 폐기목재의 삭편을 화학처리하여 비교적 두꺼운 판 또는 공동블록 등으로 제작하여 마루, 지붕, 천장, 벽 등의 구조체에 사용되는 것은?

① 펄라이트시멘트판
② 후형슬레이트
③ 석면슬레이트
④ 듀리졸(durisol)

해설 듀리졸(durisol) : 본문설명

92 역청재료의 침입도 시험에서 질량 100g의 표준침이 5초 동안에 10mm 관입했다면 이 재료의 침입도는 얼마인가?

① 1　　② 10
③ 100　　④ 1000

해설 1) 침입도 1도 : 관입량 0.1mm(표준조건 : 25℃, 표준침의 중량 100g, 5초 동안 시험)
2) 침입도 $= \dfrac{10}{0.1} = 100$

93 지름이 18mm인 강봉을 대상으로 인장시험을 행하여 항복하중 27kN 최대하중 41kN을 얻었다. 이 강봉의 인장강도는?

① 약 106.3MPa　② 약 133.9MPa
③ 약 161.1MPa　④ 약 182.3MPa

해설 인장강도
$$= \frac{\text{최대하중}}{\text{단면적}}$$
$$= \frac{41kN \times \frac{1000N}{1kN}}{\frac{\pi}{4} \times 0.018^2 m^2} \times \frac{1MPa}{10^6 N/m^2}$$
$$= 161.2MPa$$
㊟ $1MPa = 10^6 Pa = 10^6 N/m^2$

94 열경화성 수지에 해당하지 않는 것은?

① 염화비닐 수지　② 페놀 수지
③ 멜라민 수지　　④ 에폭시 수지

해설 합성수지의 종류

열가소성수지	열경화성수지
① 염화비닐수지 (PVC)	① 페놀수지
② 에틸렌수지	② 요소수지
③ 프로필렌수지	③ 멜라민수지
④ 아크릴수지	④ 알키드수지
⑤ 스틸렌수지	⑤ 폴리에스테르수지
⑥ 메타크릴수지	⑥ 실리콘
⑦ ABS수지	⑦ 어폭시수지
⑧ 폴리아미드수지	⑧ 우레탄수지
⑨ 비닐아세틸수지	⑨ 규소수지

95 자기질 점토제품에 관한 설명으로 옳지 않은 것은?

① 조직이 치밀하지만, 도기나 석기에 비하여 강도 및 경도가 약한 편이다.
② 1230~1460℃ 정도의 고온으로 소성한다.
③ 흡수성이 매우 낮으며, 두드리면 금속성의 맑은 소리가 난다.
④ 제품으로는 타일 및 위생도기 등이 있다.

해설 점토소성 제품의 종류 및 특성

| 종류 | 원료 | 소성온도 | 소지 | | | | 특성 | 제품 |
			흡수성	색	투명정도	강도		
토기	보통점토(전답의흙)	700~1000	크다	유색	불투명	취약	흡수성이 크고 깨지기 쉽다.	벽돌, 기와, 토관
도기	도토(석영운모의 풍화작용))	1100~1230	약간크다	백색유색	불투명	경고	다공질로서 흡수성이 있으되 질이 좋으며 두드리면 탁음이 난다.	타일, 테라코타, 위생도기
석기	양질점토(유기질없음)	1160~1350	작다	유색	불투명	치밀견고	흡수성이 작고 경도와 강도가 크다.	경질기와, 타일, 테라코타
자기	양질점토또는장석분	1230~1460	아주작다	백색	불투명	치밀견고	흡수성이 극히 작고 경도와 강도가 가장 크다.	타일, 위생도기

96 접착제를 동물질 접착제와 식물질 접착제로 분류할 때 동물질 접착제에 해당되지 않는 것은?

① 아교
② 덱스트린 접착제
③ 카세인 접착제
④ 알부민 접착제

해설 덱스트린(dextrin) : 전분(쌀, 감자, 고구마, 소맥, 옥수수 등에서 만들어짐) 분자 열에 의해 분해되면서 생겨난 당분을 일종 말하여 접착제 역할을 한다.

97 대규모 지하구조물, 댐 등 매스콘크리트의 수화열에 의한 균열발생을 억제하기 위해 벨라이트의 비율을 중용열포틀랜드시멘트 이상으로 높인 시멘트는?

① 저열포틀랜드시멘트
② 보통포틀랜드시멘트
③ 조강포틀랜드시멘트
④ 내황산염포틀랜드시멘트

해설 저열 포틀랜드 시멘트
1) 중용열포틀랜드 시멘트보다 경화에 따른 발열량이 더욱 작은 시멘트이다.
2) 대규모 지하구조물, 대형댐 등의 건설에서 시멘트의 수화에 의한 발열로 균열이 발생하지 않도록 한 시멘트이다.

길잡이 알라이트와 벨라이트

구분	알라이트(alite)	벨라이트(belite)
성분	C_3S(규산삼석회)	C_2S(규산이석회)
수화속도	빠름	느림
수화열	높음	낮음

98 목재의 방부처리법과 가장 거리가 먼 것은?

① 약제도포법
② 표면탄화법
③ 진공탈수법
④ 침지법

해설 목재의 방부법
1) 표면탄화법 : 목재의 표면을 3~10mm 정도 태우는 방법(방부효과가 1~2번 정도뿐으로 지속성 부족)
2) 도포법 : 방부제를 목재표면에 도포하는 방법
3) 주입법 : 방부제를 목재중에 주입하는 방법
  ① 상압주입법 : 보통 압력(상압)하에서 방부제를 주입하는 방법
  ② 가압주입법 : 압력용기속에 목재를 넣고 7~12atm의 고압하에 방부제를 주입하는 방법
4) 침지법 : 방부제 용액중에 목재를 침지하는 방법
5) 생리적 주입법 : 벌목전에 나무뿌리에 약액을 주입하여 수간에 이행시키는 방법

99 2장 이상의 판유리 등을 나란히 넣고, 그 틈새에 대기압에 가까운 압력의 건조한 공기를 채우고 그 주변을 밀봉·봉착한 것은?

① 열선흡수유리
② 배강도 유리
③ 강화유리
④ 복층유리

해설 1) **복층유리** : 2장 또는 3장의 유리를 일정한 간격을 띄고 둘레에는 틀을 끼워서 내부를 기밀하게 만들고 여기에 깨끗한 공기 등의 건조기체를 넣어 만든 판유리로 이중유리 또는 겹유리라고도 한다.
　　2) 특징
　　　① 단열·방서·방음효과가 크다.
　　　② 결로방지용으로 우수하다.

100 미장재료의 구성재료에 관한 설명으로 옳지 않은 것은?

① 부착재료는 마감과 바탕재료를 붙이는 역할을 한다.
② 무기혼화재료는 시공성 향상 등을 위해 첨가된다.
③ 풀재는 강도증진을 위해 첨가된다.
④ 여물재는 균열방지를 위해 첨가된다.

해설 **풀, 여물, 수면 등** : 고결제의 결점을 보완하는 결합제로 응결·경화시간을 조절한다.

제6과목 / 건설안전기술

101 비계의 높이가 2m이상인 작업장소에 작업발판을 설치할 때 그 폭은 최소 얼마 이상이어야 하는가?

① 30cm　　② 40cm
③ 50cm　　④ 60cm

해설 1) **작업발판의 폭** : 40cm 이상
　　2) **발판재료간의 틈** : 3cm 이하

102 크레인의 와이어로프가 감기면서 붐 상단까지 후크가 따라 올라올 때 더 이상 감기지 않도록 하여 크레인 작동을 자동으로 정지시키는 안전장치로 옳은 것은?

① 권과방지장치　　② 후크해지장치
③ 과부하방지장치　④ 속도조절기

해설 1) **비상정지장치** : 운전중인 승강기의 작동을 정지시키는 장치
　　2) **권과방지장치** : 승강기 강선의 과다감기를 방지하는 장치
　　3) **해지장치** : 훅 걸이용 와이어로프 등이 훅으로부터, 벗겨지는 것을 방지하는 장치
　　4) **과부하방지장치** : 하중이 정격하중보다 커졌을 때 자동적으로 동력회로를 차단하거나 경보를 발하는 장치

103 10cm 그물코인 방망을 설치한 경우에 망 밑부분에 충돌위험이 있는 바닥면 또는 기계설비와의 수직거리는 얼마 이상이어야 하는가? (단, L(1개의 방망일 때 단변방향길이)=12m, A(장변방향 방망의 지지간격)=6m)

① 10.2m　　② 12.2m
③ 14.2m　　④ 16.2m

해설 방망과 바닥면의 수직거리 (H_2) : L 〉A

$$H_2 = 0.85L$$
$$= 0.85 \times 12 = 10.2m$$

길잡이 **방망의 허용낙하높이** : 작업발판과 방망 부착위치의 수직거리(낙하높이)

높이 종류 조건	낙하높이 (H_1)		방망과 바닥면 높이 (H_2)		방망의 처짐길이 (S)
	단일 방망	복합 방망	10cm 그물코	5cm 그물코	
L〈A	$\frac{1}{4}(L+2A)$	$\frac{1}{5}(L+2A)$	$\frac{0.85}{4}(L+3A)$	$\frac{0.95}{4}(L+3A)$	$\frac{1}{4}(L+2A)$ $\times\frac{1}{3}$
L≥A	$\frac{3}{4}L$	$\frac{3}{5}L$	$0.85L$	$0.95L$	$\frac{3}{4}L\times\frac{1}{3}$

[비고] L : 단변방향길이(m)
　　　A : 장변방향 방망의 지지간격 (m)

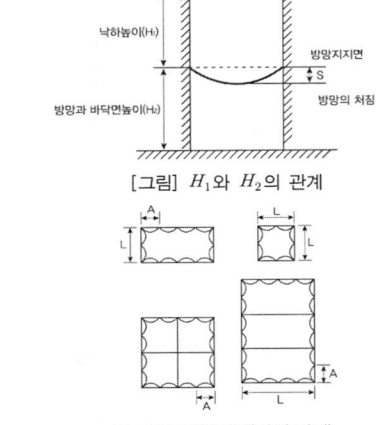

[그림] H_1와 H_2의 관계

L: 단변방향길이(단위:미터)
A: 장변방향 방망의 지지간격(단위:미터)
[그림] L와 A의 관계

104 터널공사 시 자동경보장치가 설치된 경우에 이 자동경보장치에 대하여 당일 작업시작 전 점검하고 이상을 발견하면 즉시 보수하여야 하는 사항이 아닌 것은?

① 계기의 이상 유무
② 검지부의 이상 유무
③ 경보장치의 작동 상태
④ 환기 또는 조명시설의 이상 유무

해설 터널공사 시 자동경보장치가 설치된 경우 자동경보장치의 당일 작업시작 전 점검사항
　1) 계기의 이상 유무
　2) 검지부의 이상 유무
　3) 경보장치의 작동상태

105 달비계의 구조에서 달비계 작업발판의 폭과 틈새기준으로 옳은 것은?

① 작업발판의 폭 30cm 이상, 틈새 3cm 이하
② 작업발판의 폭 40cm 이상, 틈새 3cm 이하
③ 작업발판의 폭 30cm 이상, 틈새 없도록 할 것
④ 작업발판의 폭 40cm 이상, 틈새 없도록 할 것

해설 **달비계 작업발판의 폭** : 40cm 이상으로 하고 틈새가 없도록 할 것

106 강관을 사용하여 비계를 구성하는 경우의 준수사항으로 옳지 않은 것은?

① 비계기둥의 간격은 띠장 방향에서는 1.85미터 이하, 장선(長繕) 방향에서는 1.5미터 이하로 할 것
② 띠장 간격은 2.0미터 이하로 할 것
③ 비계기둥 간의 적재하중은 400킬로그램을 초과하지 않도록 할 것
④ 비계기둥의 제일 윗부분으로부터 31미터되는 지점 밑부분의 비계기둥은 3개의 강관으로 묶어 세울 것

해설 **강관비계의 구조** (강관을 사용하여 비계를 구성할 때의 준수사항)
　1) 비계기둥의 간격은 띠장방향에서는 1.85m이하, 장선방향에서는 1.5m 이하로 할 것
　2) 띠장간격은 2m 이하로 할 것
　3) 비계기둥의 최고부로부터 31m 되는 지점 밑부분의 비계기둥은 2개의 강관으로 묶어 세울 것 (브라켓 등으로 보강하여 그 이상의 강도가 유지되는 경우에는 그러하지 아니하다)

■ 정답 ■　104.④　105.④　106.④

4) 비계기둥 간의 적재하중은 400kg을 초과하지 아니하도록 할 것

107 유해·위험방지 계획서 제출 시 첨부서류에 해당하지 않는 것은?

① 안전관리 조직표
② 전체 공정표
③ 공사현장의 주변현황 및 주변과의 관계를 나타내는 도면
④ 교통처리계획

해설 유해·위험 방지 계획서 첨부 서류
1) 공사 개요 및 안전보건관리계획
   ① 공사 개요서(별지 제 45호 서식)
   ② 공사현장의 주변 현황 및 주변과의 관계를 나타내는 도면(매설물 현황을 포함한다.)
   ③ 건물, 사용 기계설비 등의 배치를 나타내는 도면
   ④ 전체 공정표
   ⑤ 산업안전보건관리비 사용계획(별지 제 46호 서식)
   ⑥ 안전관리 조직표
   ⑦ 재해 발생 위험 시 연락 및 대피방법

108 흙막이 가시설 공사 시 사용되는 각 계측기 설치 목적으로 옳지 않은 것은?

① 지표침하계 – 지표면 침하량 측정
② 수위계 – 지반 내 지하수위의 변화 측정
③ 하중계 – 상부 적재하중 변화 측정
④ 지중경사계 – 인접지반의 수평 변위량 측정

해설 하중계(load cell) : 버팀보(자주) 또는 어스앵커(earth anchor)등의 실제 축하중 변화 상태를 측정 (부재의 안전상태를 파악하는 기기)

109 건축공사로서 대상액이 5억원 이상 50억원 미만인 경우에 산업안전보건관리비의 비율(가) 및 기초액(나)으로 옳은 것은?

① (가) 1.86%, (나) 5,349,000원
② (가) 1.99%, (나) 5,499,000원
③ (가) 2.35%, (나) 5,400,000원
④ (가) 1.57%, (나) 4,411,000원

해설 공사종류별 규모 및 안전 관리비 계상 기준표 (별표1)

대상액 공사종류	5억원 미만	5억원 이상 50억원 미만		50억원 이상
		비율 (X)	기초액 (C)	
건축공사	2.93%	1.86%	5,349,000원	1.97%
토목공사	3.09%	1.99%	5,499,000원	2.10%
중건설공사	3.43%	2.35%	5,400,000원	2.44%
특수 건설공사	1.85%	1.20%	3,250,000원	1.27%

110 겨울철 공사중인 건축물의 벽체 콘크리트 타설 시 거푸집이 터져서 콘크리트가 쏟아지는 사고가 발생하였다. 이 사고의 발생 원인으로 추정 가능한 사안 중 가장 타당한 것은?

① 진동기를 사용하지 않았다.
② 철근 사용량이 많았다.
③ 콘크리트의 슬럼프가 작았다.
④ 콘크리트의 타설속도가 빨랐다.

해설 콘크리트 타설 시 거푸집이 터졌을 때 사고발생원인 : 콘크리트 타설속도가 빨랐다.

2021

111 다음은 산업안전보건법령에 따른 투하설비 설치에 관련된 사항이다. ( )안에 들어갈 내용으로 옳은 것은?

> 사업주는 높이가 (   )미터 이상인 장소로부터 물체를 투하하는 때에는 적당한 투하설비를 설치하거나 감시인을 배치하는 등 위험방지를 위하여 필요한 조치를 하여야 한다.

① 1 　　　　② 2
③ 3 　　　　④ 4

해설 **투하설비 설치** : 사업주는 3m 이상인 장소로부터 물체를 투하하는 때에는 적당한 투하설비를 설치하거나 감시인을 배치하는 등 위험방지를 위하여 필요한 조치를 하여야 한다.

112 작업중이던 미장공이 상부에서 떨어지는 공구에 의해 상해를 입었다면 어느 부분에 대한 결함이 있었겠는가?

① 작업대 설치
② 작업방법
③ 낙하물 방지시설 설치
④ 비계설치

해설 상부에서 떨어지는 공구에 의해 상해를 입었으므로 낙하물 방지시설(낙하물 방지망, 방호선반 등)을 설치하지 않았거나 낙하물 방지시설 결함이 있었기 때문에 사고가 발생한 것이다.

113 건설현장에서 동력을 사용하는 항타기 또는 항발기에 대하여 무너짐을 방지하기 위하여 준수하여야 할 사항으로 옳지 않은 것은?

① 버팀줄만으로 상단 부분을 안정시키는 경우에는 버팀줄을 4개 이상으로 하고 같은 간격으로 배치할 것
② 버팀대만으로 상단부분을 안전시키는 경우에는 버팀대는 3개 이상으로 하고 그 하단

부분은 견고한 버팀·말뚝 또는 철골 등으로 고정시킬 것
③ 궤도 또는 차로 이동하는 항타기 또는 항발기에 대해서는 불시에 이동하는 것을 방지하기 위하여 레일 클램프(rail clamp) 및 쐐기 등으로 고정시킬 것
④ 연약한 지반에 설치하는 경우에는 각부나 가대의 침하를 방지하기 위하여 깔판·깔목 등을 사용할 것

해설 **항타기·항발기의 도괴를 방지하기 위하여 준수해야 할 사항**
1) 연약한 지반에 설치하는 때에는 각부 또는 가대의 침하를 방지하기 위하여 깔판, 깔목 등을 사용할 것
2) 시설 또는 가설물 등에 설치하는 때에는 그 내력을 확인하고 내력이 부족한 때에는 그 내력을 보강할 것
3) 각부 또는 가대가 미끄러질 우려가 있는 때에는 말뚝 또는 쐐기 등을 사용하여 각부 또는 기대를 고정시킬 것
4) 궤도 또는 차로 이동하는 항타기 또는 항발기에 대하여 불시에 이동하는 것을 방지하기 위하여 레일클램프 및 쐐기 등으로 고정시킬 것
5) 버팀대만으로 상단부분을 안정시키는 때에는 버팀대는 3개 이상으로 하고 그 하단 부분은 견고한 버팀말뚝 또는 철골 등으로 고정시킬 것
6) 버팀줄만으로 상단부분을 안정시키는 때에는 버팀줄을 3개 이상으로 하고 같은 간격으로 배치할 것
7) 평형추를 사용하여 안정시키는 때에는 평형추의 이동을 방지하기 위하여 가대에 견고하게 부착시킬 것

114 토공사에서 성토용 토사의 일반조건으로 옳지 않은 것은?

① 다져진 흙의 전단강도가 크고 압축성이 작을 것
② 함수율이 높은 토사일 것
③ 시공장비의 주행성이 확보될 수 있을 것
④ 필요한 다짐정도를 쉽게 얻을 수 있을 것

해설 ②항, 함수율이 낮은 토사일 것

115 지반의 종류가 암반 중 풍화암일 경우 굴착면 기울기 기준으로 옳은 것은?

① 1 : 0.3 　　② 1 : 0.5
③ 1 : 1.0 　　④ 1 : 1.5

해설 굴착면 구배기준

구분	지반의 종류	구배
보통 흙	모래	1 : 1.8
	그 밖에 흙	1 : 1.2
암반	풍화암	1 : 1.0
	연암	1 : 1.0
	경암	1 : 0.5

116 차량계 건설기계를 사용하는 작업을 할 때에 그 기계가 넘어지거나 굴러떨어짐으로써 근로자가 위험해질 우려가 있는 경우에 필요한 조치로 가장 거리가 먼 것은?

① 지반의 부동침하 방지
② 안전통로 및 조도 확보
③ 유도하는 사람 배치
④ 갓길의 붕괴 방지 및 도로폭의 유지

해설 차량계 건설기계의 전도·전락 등에 의한 위험방지 조치 사항
  1) 갓길의 붕괴방지
  2) 지반의 부동침하방지
  3) 도로 폭의 유지
  4) 유도자 배치

117 파쇄하고자 하는 구조물에 구멍을 천공하여 이 구멍에 가력봉을 삽입하고 가력봉에 유압을 가압하여 천공한 구멍을 확대시킴으로써 구조물을 파쇄하는 공법은?

① 핸드 브레이커(Hand Breaker)공법
② 강구(Steel Ball)공법
③ 마이크로파 공법(Microwave)공법
④ 록잭(Rock Jack)공법

해설 록 잭(Rock Jack) 공법
  1) 무소음 무진동으로 콘크리트 철거하는 공법이다.
  2) 천공을 확대할 수 있는 쐐기스 용구를 꽂아 파괴시키는 방식으로 철근이 없는 장소에서만 적용할 수 있는 공법이다.

118 이동식비계 조립 및 사용 시 준수사항으로 옳지 않은 것은?

① 비계의 최상부에서 작업을 하는 경우에는 안전난간을 설치할 것
② 승강용사다리는 견고하게 설치할 것
③ 작업발판은 항상 수평을 유지하고 작업발판 위에서 작업을 위한 거리가 부족할 경우에는 받침대 또는 사다리를 사용할 것
④ 작업발판의 최대적재하중은 250kg을 초과하지 않도록 할 것

해설 이동식비계를 조립하여 작업을 할 때 준수사항
  1) 이동식 비계의 바퀴에는 뜻밖의 갑작스러운 이동을 방지하기위하여 브레이크·쐐기 등으로 바퀴를 고정시킨 다음 비계의 일부를 견고한 시설물에 잡아매는 등의 조치를 할 것
  2) 승강용사다리는 견고하게 설치할 것
  3) 비계의 최상부에서 작업을 할 때에는 안전난간을 설치할 것
  4) 작업발판은 항상 수평으로 유지 하고 작업발판 위에서 안전난간을 딛고 작업을 하거나 받침대 또는 사다리를 사용하여 작업하지 않도록 할 것
  5) 작업발판의 최대적재하중은 250kg을 초과하지 않도록 할 것

2021

■ 정답 ■　114.②　　115.③　　116.②　　117.④　　118.③

119 산업안전보건법령에 따른 중량물 취급 작업 시 작업계획서에 포함시켜야 할 사항이 아닌 것은?

① 협착위험을 예방할 수 있는 안전대책
② 감전위험을 예방할 수 있는 안전대책
③ 추락위험을 예방할 수 있는 안전대책
④ 전도위험을 예방할 수 있는 안전대책

해설 중량물 취급 작업시 작업계획서의 내용 [안전보건규칙 별표4]
1) 추락위험을 예방할 수 있는 안전대책
2) 낙하위험을 예방할 수 있는 안전대책
3) 전도위험을 예방할 수 있는 안전대책
4) 협착위험을 예방할 수 있는 안전대책
5) 붕괴위험을 예방할 수 있는 안전대책

120 흙막이 지보공을 설치하였을 때에 정기적으로 점검하고 이상을 발견하면 즉시 보수하여야 하는 사항과 거리가 먼 것은?

① 부재의 손상·변형·부식·변위 및 탈락의 유무와 상태
② 부재의 접속부·부착부 및 교차부의 상태
③ 침하의 정도
④ 설계상 부재의 경제성 검토

해설 흙막이지보공 설치 시 붕괴 등의 위험방지를 위한 정기점검사항
1) 부재의 손상·변형·부식·변위 및 탈락의 유무와 상태
2) 버팀대의 긴압의 정도
3) 부재의 접속부·부착부 및 교착부의 상태
4) 침하의 정도

2022년 시행

건설안전기사

제1과목 / 산업안전관리론

01 산업안전보건법령상 안전보건표지의 종류 중 안내표지에 해당되지 않는 것은?

① 금연   ② 들것
③ 세안장치   ④ 비상용기구

해설 **안내표지 종류**
  1) 녹십자 표지   2) 응급구호
  3) 들 것   4) 세안장치
  5) 비상용기구   6) 비상구
  7) 좌측비상구   8) 우측비상구

02 산업안전보건법령상 산업안전보건위원회에 관한 사항 중 틀린 것은?

① 근로자위원과 사용자위원은 같은 수로 구성된다.
② 산업안전보건회의의 정기 회의는 위원장이 필요하다고 인정할 때 소집한다.
③ 안전보건교육에 관한 사항은 산업안전보건위원회 심의·의결을 거쳐야 한다.
④ 상시근로자 50인 이상의 자동차 제조업의 경우 산업안전보건위원회를 구성·운영하여야 한다.

해설 **산업안전보건위원회 회의 등**
  1) **정기회의** : 분기마다 산업안전보건위원회의 위원장이 소집한다.
  2) **임시회의** : 위원장이 필요하다고 인정할 때에 소집한다.

03 재해원인 중 간접원인이 아닌 것은?

① 물적 원인   ② 관리적 원인
③ 사회적 원인   ④ 정신적 원인

해설 **재해의 원인**
  1) **재해원인** : 재해의 가장 깊은 곳에 존재하는 재해원인이다.
    ① **기초원인** : 학교 교육적 원인, 관리적원인
    ② **2차원인** : 신체적 원인, 정신적 원인, 안전 교육적 원인, 기술적 원인
  2) **직접적인(1차원인)** : 시간적으로 사고 발생에 가까운 원인이다.
    ① **물적원인** : 불안전한 상태(설비 및 환경 등의 불량)
    ② **인적원인** : 불안전한 행동

04 산업재해통계업무처리규정상 재해 통계 관련 용어로 ( )에 알맞은 용어는?

( )는 근로복지공단의 유족급여가 지급된 사망자 및 근로복지공단에 최초요양신청서(재진 요양신청이나 전원요양신청서는 제외)를 제출한 재해자 중 요양승인을 받은 자(산재미보고 적발 사망자수를 포함)로 통상의 출퇴근으로 발생한 재해는 제외된다.

① 재해자수   ② 사망자수
③ 휴업재해자수   ④ 임근근로자수

해설 재해자수 : 본문설명

■ 정답 ■   01.①   02.②   03.①   04.①

05 시몬즈(Simonds)의 재해손실비의 평가방식 중 비보험 코스트의 산정 항목에 해당하지 않는 것은?

① 사망 사고 건수　② 통원 상해 건수
③ 응급 조치 건수　④ 무상해 사고 건수

해설 시몬즈의 재해손실비

총재해 cost = 보험코스트 + 비보험코스트
1) 보험코스트(납입보험료) = 지급보상비 + 제경비 + 이익금
2) 비보험코스트 = (휴업상해건수×A) + (통원상해건수×B)+(응급조치건수×C)+(무상해사고건수×D)
　여기서, A,B,C,D는 장해 정도별에 의한 비보험코스트의 평균치

> **길잡이** 재해의 종류(사망 및 영구 전노동 불능은 제외)
> 1) **휴업상해** : 영구 일부노동 불능 및 일시 전노동 불능
> 2) **통원상해** : 일시 일부노동 불능 및 의사의 통원조치가 필요한 상해
> 3) **응급조치상해** : 8시간 미만 휴업 의료조치 상해
> 4) **무상해사고** : 의료조치 불필요, 20달러 이상 재산손실 또는 8시간 이상 시간손실이 발생한 사고

06 산업안전보건법령상 용어와 뜻이 바르게 연결된 것은?

① "사업주대표"란 근로자의 과반수를 대표하는 자를 말한다.
② "도급인"이란 건설공사발주자를 포함한 물건의 제조·건설·수리 또는 서비스의 제공, 그 밖의 업무를 도급하는 사업주를 말한다.
③ "안전보건평가"란 산업재해를 예방하기 위하여 잠재적 위험성을 발견하고 그 개선대책을 수립할 목적으로 조사·평가하는 것을 말한다.
④ "산업재해"란 노무를 제공하는 사람이 업무에 관계되는 건설물·설비·원재료·가스·증기·분진 등에 의하거나 작업 또는 그 밖의 업무로 인하여 사망 또는 부상하거나 질병에 걸리는 것을 말한다.

해설 1) **근로자대표**란 근로자의 과반수로 조직된 노동조합이 있는 경우에는 그 노동조합을, 근로자의 과반수로 조직된 노동조합이 없는 경우에는 근로자의 과반수를 대표하는 자를 말한다.
　2) **도급인**이란 물건의 제조·건설·수리 또는 서비스의 제공, 그 밖의 업무를 도급하는 사업주를 말한다. 다만, 건설공사 발주자는 제외한다.
　3) **안전보건진단**이란 산업재해를 예방하기 위하여 잠재적인 위험을 발견하고 그 개선대책을 수립할 목적으로 조사·평가하는 것을 말한다.

07 재해조사 시 유의사항으로 틀린 것은?

① 피해자에 대한 구급 조치를 우선으로 한다.
② 재해조사 시 2차 재해 예방을 위해 보호구를 착용한다.
③ 재해조사는 재해자의 치료가 끝난 뒤 실시한다.
④ 책임추궁보다는 재발방지를 우선하는 기본태도를 가진다.

해설 1) **재해조사의 목적** : 동종재해 및 유사재해의 재발방지
　2) **재해 조사시 유의사항**
　　① 사실을 수집한다(이유는 뒤에 확인).
　　② 목격자 등이 증언하는 사실 이외의 추측의 말은 참고로만 한다.
　　③ 조사는 신속히 행하고 긴급 조치하여 2차 재해의 방지를 도모한다.
　　④ 사람, 기계설비 양면의 재해요인을 모두 도출한다.
　　⑤ 객관적인 입장에서 공정하게 조사하며, 조사는 2인 이상이 한다.
　　⑥ 책임 추궁보다 재발방지를 우선하는 기본태도를 갖는다.
　　⑦ 피해자에 대한 구급조치를 우선한다.

08 산업안전보건법령상 상시근로자 20명 이상 50명 미만인 사업장 중 안전보건관리담당자를 선임하여야 하는 업종이 아닌 것은? (단, 안전관리자 및 보건관리자가 선임되지 않은 사업장으로 한다.)

① 임업   ② 제조업
③ 건설업   ④ 환경 정화 및 복원업

해설 안전보건관리 담당자의 선임 등(시행령 제 24조)
: 상시근로자 20명 이상 50명 미만인 사업장 중 안전보건관리 담당자를 선임하여야 할 업종
1) 제조업
2) 임업
3) 하수, 폐수 및 분뇨 처리법
4) 폐기물 수집, 운반, 처리 및 원료 재생업
5) 환경정화 및 복원업

09 건설기술 진흥법령상 안전관리계획을 수립해야 하는 건설공사에 해당하지 않는 것은?

① 15층 건축물의 리모델링
② 지하 15m를 굴착하는 건설공사
③ 항타 및 항발기가 사용되는 건설공사
④ 높이가 21m인 비계를 사용하는 건설공사

해설 안전관리계획을 수립하여야 하는 건설공사
(건설기술진흥법 시행령 제98조)
1) 시설물의 안전관리에 관한 특별법에 따른 1종 시설물 및 2종시설물의 건설공사
2) 지하 10m 이상을 굴착하는 건설공사
3) 폭발물을 사용하는 건설공사로서 20m 안에 시설물이 있거나 100m 안에 사육하는 가축이 있어 해당 건설공사로 인한 영향을 받을 것이 예상되는 건설공사.
4) 10층 이상 16층 미만인 건축물의 건설공사
5) 다음 각 목의 리모델링 또는 해체공사
   ① 10층 이상인 건축물의 리모델링 또는 해체공사
   ② 주택법에 따른 수직증축형 리모델링
6) 건설기계관리법 에 따라 등록된 다음 각 목의 어느 하나에 해당하는 건설기계가 사용되는 건설공사

   ① 천공기(높이가 10m 이상인 것만 해당)
   ② 항타 및 항발기
   ③ 타워크레인
7) 가설구조물을 사용하는 건설공사
8) 건설공사 외의 건설공사로서 다음 각 목의 어느 하나에 해당한 공사
   ① 발주자가 안전관리에 특히 필요하다고 인정하는 건설공사
   ② 해당 지방자치단체의 조례로 정하는 건설공사 중에서 인.허가 기관의 장이 안전관리가 특히 필요하다고 인정하는 건설공사

10 다음의 재해에서 기인물과 가해물로 옳은 것은?

> 공구와 자재가 바닥에 어지럽게 널려 있는 작업통로를 작업자가 보행 중 공구에 걸려 넘어져 통로 바닥에 머리를 부딪쳤다.

① 기인물 : 바닥, 가해물 : 공구
② 기인물 : 바닥, 가해물 : 바닥
③ 기인물 : 공구, 가해물 : 바닥
④ 기인물 : 공구, 가해물 : 공구

해설 1) **기인물**(불안전한 상태에 있는 물체) : 공구
2) **기해물**(직접사람에게 접촉되어 위해를 가한 물체) : 바닥

11 보호구 안전인증 고시상 안전인증을 받은 보호구의 표시사항이 아닌 것은?

① 제조자명   ② 사용 유효기간
③ 안전인증 번호   ④ 규격 또는 등급

해설 안전인증을 받은 보호구의 표시사항
(보호구 안전인증 고시)
1) 형식 또는 모델명
2) 규격 또는 등급
3) 제조자명
4) 제조번호 및 제조연월
5) 안전인증 번호

■ 정답 ■   08.③   09.④   10.③   11.②

12 위험예지훈련 진행방법 중 대책수립에 해당하는 단계는?

① 제1라운드　　② 제2라운드
③ 제3라운드　　④ 제4라운드

해설 위험예지훈련의 4R(라운드)
1) 1R : 현상파악
2) 2R : 본질추구
3) 3R : 대책수립
4) 4R : 목표달성

13 산업안전보건법령상 안전보건관리규정을 작성해야 할 사업의 종류를 모두 고른 것은? (단, ㄱ~ㅁ은 상시근로자 300명 이상의 사업이다.)

ㄱ. 농업
ㄴ. 정보서비스업
ㄷ. 금융 및 보험업
ㄹ. 사회복지 서비스업
ㅁ. 과학 및 기술 연구개발업

① ㄴ, ㄹ, ㅁ　　　② ㄱ, ㄴ, ㄷ, ㄹ
③ ㄱ, ㄴ, ㄷ, ㅁ　　④ ㄱ, ㄷ, ㄹ, ㅁ

해설 안전보건관리규정을 작성해야 할 사업의 종류 및 상시근로자 수

사업의 종류	규모
1. 농업 2. 어업 3. 소프트웨어개발 및 공급업 4. 컴퓨터프로그래밍, 시스템통합 및 관리업 5. 정보서비스업 6. 금융 및 보험업 7. 임대업(부동산 제외) 8. 전문과학 및 기술서비스업 (연구개발업은 제외) 9. 사업지원 서비스업 10. 사회복지 서비스업	300명 이상
11. 제1호부터 제10호까지의 사업을 제외한 사업	100명 이상

14 산업안전보건법령상 중대재해의 범위에 해당하지 않는 것은?

① 사망자가 1명 발생한 재해
② 부상자가 동시에 10명 이상 발생한 재해
③ 2개월 이상의 요양이 필요한 부상자가 동시에 2명 이상 발생한 재해
④ 직업성 질병자가 동시에 10명 이상 발생한 재해

해설 중대재해의 범위(시행규칙 제3조)
1) 사망자가 1명 이상 발생한 재해
2) 3개월 이상의 요양이 필요한 부상자가 동시에 2명 이상 발생한 재해
3) 부상자 또는 직업성 질병자가 동시에 10명 이상 발생한 재해

15 1000명 이상의 대규모 사업장에서 가장 적합한 안전관리조직의 형태는?

① 경영형　　② 라인형
③ 스태프형　　④ 라인–스태프형

해설 안전관리 조직의 형태
1) 라인형
　① 생산 또는 현장라인(line)에서 생산 및 안전업무를 동시에 실시하는 조직형태이다.
　② 100명 이하의 소규모 사업장에 적합
2) 스탭형
　① 안전관리를 담당하는 스탭(안전담당참모진)을 두고 안전관리에 관한 계획, 조사, 검토, 보고 등을 행하는 조직 형태이다.
　② 100명 이상 500명(또는 1000명) 미만의 중규모 사업장에 적합
3) 라인 · 스탭 혼합형
　① 안전업무를 전담하는 스탭부분을 두고 생산라인에도 안전을 전담하는 관리감독자를 두어서 안전계획 및 안전대책은 스탭진에서 기획하고, 이것을 생산라인을 통하여 실시하도록 한 형터이다.
　② 1000명 이상의 대규모 사업장에 적합

■ 정답 ■　12.③　13.②　14.③　15.④

16 A 사업장의 현황이 다음과 같을 때, A 사업장의 강도율은?

- 상시근로자 : 200명
- 요양재해건수 : 4건
- 사망 : 1명
- 휴업 : 1명(500일)
- 연근로시간 : 2400시간

① 8.33
② 14.53
③ 15.31
④ 16.48

해설 강도율 = $\dfrac{근로손실일수}{연근로시간수} \times 1000$

$= \dfrac{7500+(500\times300/365)}{200\times2400} \times 1000$

$= 16.48$

17 산업안전보건법령상 관계수급인 근로자가 도급인의 사업장에서 작업을 하는 경우 건설업 도급인의 작업장 순회점검 주기는?

① 1일에 1회 이상
② 2일에 1회 이상
③ 3일에 1회 이상
④ 7일에 1회 이상

해설 순회점검 주기(시행규칙 제30조 제1항)

항목	주기
1) 건설업 2) 제조업 3) 토사석 광업 4) 서적, 잡지 및 기타 인쇄물 출판업 5) 음악 및 기타 오디오물 출판업 6) 금속 및 비금속 원료 재생업	2일에 1회 이상
· 상기 사업을 제외한 사업의 경우	1주일에 1회 이상

18 재해사례연구의 진행단계로 옳은 것은?

ㄱ. 사실의 확인
ㄴ. 대책 수립
ㄷ. 문제점의 발견
ㄹ. 문제점의 결정
ㅁ. 재해상황의 파악

① ㄷ→ㅁ→ㄱ→ㄹ→ㄴ
② ㄷ→ㅁ→ㄹ→ㄱ→ㄴ
③ ㅁ→ㄷ→ㄱ→ㄹ→ㄴ
④ ㅁ→ㄱ→ㄷ→ㄹ→ㄴ

해설 재해사례연구의 진행단계
1) 전제조건 : 재해 상황의 파악
2) 1단계 : 사실의 확인
3) 2단계 : 문제점의 발견
4) 3단계 : 근본적 문제점 결정
5) 4단계 : 대책의 수립

19 산업안전보건법령상 건설현장에서 사용하는 크레인의 안전검사의 주기는? (단, 이동식 크레인은 제외한다.)

① 최초로 설치한 날부터 1개월마다 실시
② 최초로 설치한 날부터 3개월마다 실시
③ 최초로 설치한 날부터 6개월마다 실시
④ 최초로 설치한 날부터 1년마다 실시

해설 안전검사의 주기
1) 크레인, 리프트 및 곤돌라 : 사업장에 설치가 끝난 날부터 3년 이내에 최초 안전검사를 실시하되, 그 이후부터 매 2년(건설현장에서 사용하는 것은 최초로 설치한 날부터 매 6개월)
2) 그 밖의 유해 · 위험기계 등 : 사업장에 설치가 끝난 날부터 3년 이내에 최초 안전검사를 실시하되, 그 이후부터 매 2년(공정안전보고서를 제출하여 확인을 받은 압력용기는 4년)

20 재해예방의 4원칙에 해당하지 않는 것은?

① 손실 적용의 원칙
② 원인 연계의 원칙
③ 대책 선정의 원칙
④ 예방 가능의 원칙

해설 **재해예방의 4원칙**
　1) 손실우연의 원칙
　2) 원인계기의 원칙
　3) 예방가능의 원칙
　4) 대책선정의 원칙

제2과목 / 산업심리 및 교육

21 감각 현상이 하나의 전체적이고 의미 있는 내용으로 체계화되는 과정을 의미하는 것은?

① 유추(analogy)　　② 게슈탈트(gestalt)
③ 인지(cognition)　④ 근접성(proximity)

해설 **게슈탈트(gestalt)** : 감각현상(자신의 욕구나 감정)이 하나의 전체적이고 의미 있는 내용으로 체계화(조직화)되는 과정을 말한다.

22 다음에서 설명하는 리더십의 유형은?

> 과업 완수와 인간관계 모두에 있어 최대한의 노력을 기울이는 리더십 유형

① 과업형 리더십
② 이상형 리더십
③ 타협형 리더십
④ 무관심형 리더십

해설 **이상형 리더십** : 본문설명

23 집단역학에서 소시오메트리(sociometry)에 관한 설명 중 틀린 것은?

① 소시오메트리 분석을 위해 소시오메트릭스와 소시오그램이 작성된다.
② 소시오메트릭스에서는 상호작용에 대한 정량적 분석이 가능하다.
③ 소시오메트리는 집단 구성원들 간의 공식적 관계가 아닌 비공식적인 관계를 파악하기 위한 방법이다.
④ 소시오그램은 집단 구성원들 간의 선호, 거부 혹은 무관심의 관계를 기호로 표현하지만, 이를 통해 다양한 집단 내의 비공식적 관계에 대한 역학 관계는 파악할 수 없다.

해설 **집단 내의 인간관계나 비공식 집단에서 집단의 구조 및 지도자를 알아내는 방법**
　1) **소시오메트리(sociometry)** : 집단의 구조를 밝혀내어 집단 내에서 개인간의 인기의 정도, 지위, 좋아하고 싫어하는 정도, 하위집단의 구성여부와 형태, 집단의 충성도, 집단의 응집력을 연구조사 하여 행동지도의 자료로 삼는 것을 말한다.
　2) **소시오그램(sociogram)** : 교우도식 또는 집단의 구조도를 말하며, 이 소시오그램에 의하면 시각적으로 집단의 구조나 구성원의 위치, 직위에 대한 이해가 쉽게 된다. (다양한 집단내의 비공식적 관계에 대한 역학관계를 파악할 수 있다)

24 생체리듬(Biorhythm)의 종류에 해당하지 않는 것은?

① Critical rhythm
② Physical rhythm
③ Intellectual rhythm
④ Sensitivity rhythm

해설 **바이오리듬(Biorhythm : 생체리듬)**
　1) **육체적 리듬(physical cycle)** : 주기23일 (식욕, 소화력, 활동력, 지구력), 청색표시
　2) **지성적 리듬(intellectual cycle)** : 주기 33

■ 정답 ■　**20.**①　**21.**②　**22.**②　**23.**④　**24.**①

일(상상력, 사고력, 기억력, 인지, 판단), 녹색표시

3) **감성적 리듬**(sensitivity cycle) : 주기 28일(감정, 주의심, 창조력, 예감 및 통찰력)적 색표시

25 사회행동의 기본 형태에 해당하지 않는 것은?

① 협력　　　　② 대립
③ 모방　　　　④ 도피

해설 **사회행동의 기본형태**
1) **협력**(cooperation) : 조력, 분업
2) **대립**(opposition) : 공격, 경쟁
3) **도피**(escape) : 고립, 정신병, 자살

26 O.J.T(On the Job Training)의 특징이 아닌 것은?

① 효과가 곧 업무에 나타난다.
② 직장의 실정에 맞는 실체적 훈련이다.
③ 다수의 근로자에게 조직적 훈련이 가능하다.
④ 교육을 통한 훈련 효과에 의해 상호 신뢰이 해도가 높아진다.

해설 **OJT와 off-JT의 특징**

O · J · T (현장중심교육)	off J · T (현장 외 중심교육)
① 개개인에게 적합한 지도 훈련이 가능	① 다수의 근로자에게 조직 적 훈련이 가능
② 직장의 실정에 맞는 실체 적 훈련을 할 수 있다.	② 훈련에만 전념하게 된다.
③ 훈련 필요한 업무의 계속 성이 끊어지지 않음	③ 특별설비기구를 이용할 수 있음
④ 즉시 업무에 연결되는 관 계로 신체와 관련 있음	④ 전문가를 강사로 초청할 수 있음
⑤ 효과가 곧 업무에 나타나 며 훈련의 좋고 나쁨에 따라 개선이 용이함	⑤ 각 직장의 근로자가 많은 지식이나 경험을 교류할 수 있음
⑥ 교육을 통한 훈련 효과에 의해 상호 신뢰 이해도 가 높아짐	⑥ 교육훈련 목표에 대해서 집단적 노력이 흐트러질 수도 있음

27 어떤 과업을 성취할 수 있는 자신의 능력에 대한 스스로의 믿음을 나타내는 것은?

① 자아존중감(Self-esteem)
② 자기효능감(Self-efficacy)
③ 통제의착각(Illusion of control)
④ 자기중심적 편견(Egocentric bias)

해설 **자기효능감** : 본문설명

28 모랄서베이(Morale Survey)의 주요 방법으로 적절하지 않은 것은?

① 관찰법
② 면접법
③ 강의법
④ 질문지법

해설 **모랄서베이**(morale survey : 사기조사)**의 주요 방법**
1) **통계에 의한 방법** : 사고 상해율, 생산고, 결근, 지각, 조퇴, 이직 등을 분석하여 파악하는 방법
2) **사례연구법** : 경영관리상의 여러 가지 제도에 나타나는 사례에 대해 케이스 스터디(case study)로서 형상을 파악하는 방법
3) **관찰법** : 종업원의 근무실태를 계속 관찰함으로써 문제점을 파악하는 방법
4) **실험연구법** : 실험 그룹과 통제그룹으로 나누고 정황, 자극을 주어 태도 변화 여부를 조사하는 방법
5) **태도조사법**(의견조사) : 질문지법, 면접법, 집단토의법, 투사법(projective technique) 등에 의해 의견을 조사하는 방법

■ 정답 ■　25.③　26.③　27.②　28.③

29 산업안전보건법령상 2미터 이상인 구축물을 콘크리트 파쇄기를 사용하여 파쇄작업을 하는 경우 특별교육의 내용이 아닌 것은? (단, 그 밖에 안전·보건관리에 필요한 사항은 제외한다.)

① 작업안전조치 및 안전기준에 관한 사항
② 비계의 조립방법 및 작업 절차에 관한 사항
③ 콘크리트 해체 요령과 방호거리에 관한 사항
④ 파쇄기의 조작 및 공통작업 신호에 관한 사항

해설 콘크리트 파쇄기준 사용하여 파쇄작업시 특별교육의 내용
1) 콘크리트 해체 요령과 방호거리에 관한 사항
2) 작업안전조치 및 안전기준에 관한 사항
3) 파쇄기의 조작 및 공통작업 신호에 관한 사항
4) 보호구 및 방호장비 등에 관한 사항
5) 그 밖에 안전 보건관리에 필요한 사항

30 안전보건교육에 있어 역할 연기법의 장점이 아닌 것은?

① 흥미를 갖고, 문제에 적극적으로 참가한다.
② 자기 태도의 반성과 창조성이 생기고, 발표력이 향상된다.
③ 문제의 배경에 대하여 통찰하는 능력을 높임으로써 감수성이 향상된다.
④ 목적이 명확하고, 다른 방법과 병용하지 않아도 높은 효과를 기대할 수 있다.

해설 역할 연기법의 장·단점
1) 장점
① 흥미를 갖고 문제에 적극적으로 참가한다.
② 자기태도의 반성과 창조성이 생기고 발표력이 향상된다.
③ 문제의 배경에 대하여 통찰하는 능력을 높임으로써 감수성이 향상된다.
④ 각자의 장점과 약점을 알 수 있다.

2) 단점
① 높은 수준의 의사 결정에 대한 훈련에는 효과를 기대할 수 없다.
② 목적이 명확하지 않고 다른 방법과 병용하지 않으면 의미가 없다.
③ 훈련 장소의 확보가 어렵다.

31 학습정도(level of learning)의 4단계에 해당하지 않는 것은?

① 회상(to recall)
② 적용(to apply)
③ 인지(to recognize)
④ 이해(to understand)

해설 학습목적의 3요소
1) 목표(goal) : 학습을 통하여 달성하려는 지표
2) 주제(subject) : 목표 달성을 위한 테마(thema)
3) 학습정도(level of learning) : 학습범위와 내용의 정도를 말하며 다음 4단계에 의해 이루어진다.
① 인지 : ―을 인지하여야 한다.
② 지각 : ―을 알아야 한다.
③ 이해 : ―을 이해하여야 한다.
④ 적용 : ―을 ―에 적용할 줄 알아야 한다.

32 스트레스 반응에 영향을 주는 요인 중 개인적 특성에 관한 요인이 아닌 것은?

① 심리상태
② 개인의 능력
③ 신체적 조건
④ 작업시간의 차이

해설 스트레스 반응에 영향을 주는 요인 중 개인적 특성
1) 개인적 능력
2) 심리상태
3) 신체적 조건

■ 정답 ■ 29.② 30.④ 31.① 32.④

33 산업안전보건법령상 일용근로자의 작업내용 변경 시 교육 시간의 기준은?

① 1시간 이상   ② 2시간 이상
③ 3시간 이상   ④ 4시간 이상

해설 **작업내용 변경 시 교육시간**
　1) 일용근로자를 제외한 근로자 : 2시간 이상
　2) 일용근로자 : 1시간 이상

34 교육심리학의 연구방법 중 인간의 내면에서 일어나고 있는 심리적 사고에 대하여 사물을 이용하여 인간의 성격을 알아보는 방법은?

① 투사법   ② 면접법
③ 실험법   ④ 질문지법

해설 **교육심리학의 연구방법**
　1) **관찰법** : 자연적 관찰법과 실험적 관찰법이 있으며 자연적 관찰법은 어떤 행동이나 현상의 자연적 모습 그대로를 관찰하는 것이고, 실험적 관찰법이란 의도적으로 실험조건을 구비하여 관찰하는 것으로 시간표본법, 질문지법, 사례연구법, 면접, 항목조사법 등이 있다.
　2) **실험법** : 관찰하려는 장면이나 조건을 연구목적에 따라 인위적으로 조작하여 만들어진 실험조건 아래서 발생하는 사실과 현상을 연구하는 것이다.
　3) **투사법** : 인간의 내면에 일어나고 있는 심리적 사태를 사물에 투사시켜 인간의 성격을 알아보는 방법을 말한다.

35 안전교육의 3단계 중 작업방법, 취급 및 조작행위를 몸으로 숙달시키는 것을 목적으로 하는 단계는?

① 안전지식교육   ② 안전기능교육
③ 안전태도교육   ④ 안전의식교육

해설 **안전교육의 3단계**
　1) **제1단계 – 지식교육** : 강의, 시청각 교육을 통한 지식의 전달과 이해

　2) **제2단계 – 기능교육** : 시범, 실습, 현장실습 교육, 견학을 통한 이해와 경험 체득
　3) **제3단계 – 태도교육** : 생활지도, 작업동작지도 등을 통한 안전의 습관화

36 호손(Hawthorne) 연구에 대한 설명으로 옳은 것은?

① 소비자들에게 효과적으로 영향을 미치는 광고 전략을 개발했다.
② 시간–동작연구를 통해서 작업도구와 기계를 설계했다.
③ 채용과정에서 발생하는 차별요인을 밝히고 이를 시정하는 법적 조치의 기초를 마련했다.
④ 물리적 작업환경보다 근로자들의 의사소통 등 인간관계가 더 중요하다는 것을 알아냈다.

해설 **호오도온(Hawthome)실험**
　1) **실험연구자** : 메이오(Mayo)와 레슬리스버거(Roethlisbberger)
　2) **실험 결론** : 작업자의 작업능률(생산성향상)은 물리적인 작업조건보다는 인간의 심리적인 태도, 감정을 규제하고 있는 인간관계의 요인에 의해서 좌우된다.

37 지름길을 사용하여 대상물을 판단할 때 발생하는 지각의 오류가 아닌 것은?

① 후광효과   ② 최근효과
③ 결론효과   ④ 초두효과

해설 **지각오류**
　1) **후광효과** : 어떤 대상이나 사람에 대한 일반적인 견해가 그 대상이나 사람의 구체적인 특성을 평가하는데 영향을 미치는 현상
　2) **최근효과** : 정보가 차례대로 제시되는 경우 앞의 내용들 보다는 맨 나중에 제시된 내용을 보다 많이 기억하는 경향
　3) **초두효과** : 비슷한 정보들이 계속해서 들어올 경우 가장 처음에 들어왔던 정보가 기억에 오래 남는 현상

38 다음은 무엇에 관한 설명인가?

> 다른 사람으로부터의 판단이나 행동을 무비판적으로 받아들이는 것

① 모방(Imitation)
② 투사(Projection)
③ 암시(Suggestion)
④ 동일화(Identification)

해설 인간관계의 메커니즘
1) 동일화(identification) : 다른 사람의 행동 양식이나 태도를 투입시키거나, 다른 사람 가운데서 자기와 비슷한 것을 발견하는 것
2) 투사(projection) : 자기 속의 억압된 의식을 다른 사람의 의식으로 만드는 것
3) 커뮤니케이션(communication) : 갖가지 행동 양식이나 기호를 매개로 하여 어떤 사람으로부터 다른 사람에게 전달되는 과정
4) 모방(imitation) : 남의 행동이나 판단을 표본으로 하여 그것과 같거나 또는 그것에 가까운 행동 또는 판단을 취하려는 것
5) 암시(suggestion) : 다른 사람으로부터의 판단이나 행동을 무비판적으로 논리적, 사실적 근거 없이 받아들이는 것

39 산업심리의 5대 요소가 아닌 것은?

① 동기   ② 기질
③ 감정   ④ 지능

해설 산업안전심리의 5대요소 : 1) 습관 2) 습성 3) 동기 4) 기질 5) 감정

40 직무수행에 대한 예측변인 개발 시 작업표본(work sample)에 관한 사항 중 틀린 것은?

① 집단검사로 감독과 통제가 요구된다.
② 훈련생보다 경력자 선발에 적합하다.
③ 실시하는데 시간과 비용이 많이 든다.
④ 주로 기계를 다루는 직무에 효과적이다.

해설 직무수행에 대한 예측변인 개발 시 작업표본에 관한 사항
1) ②③④ 항
2) 예언 타당도가 낮아 미래 수행을 평가하는 것이 아니고 동시 타당도만 측정이 가능하다.
3) 작업과 관련된 정교하게 개발된 문제의 예들을 지원자들에게 제시, 실제 직무수행처럼 해결하도록 한다.

제3과목 / 인간공학 및 시스템안전공학

41 태양광이 내리쬐지 않는 옥내의 습구흑구온도지수(WBGT) 산출 식은?

① 0.6 × 자연습구온도 + 0.3 × 흑구온도
② 0.7 × 자연습구온도 + 0.3 × 흑구온도
③ 0.6 × 자연습구온도 + 0.4 × 흑구온도
④ 0.7 × 자연습구온도 + 0.4 × 흑구온도

해설 습구흑구온도지수(WBGT) 산정식
1) 옥외(태양광선이 내리쬐는 장소)
$$WBGT(℃) = (0.7 × 자연습구온도) + (0.2 × 흑구온도) + (0.1 × 건구온도)$$
2) 옥내 또는 옥외(태양광선이 내리쬐지 않은 장소)
$$WBGT(℃) = (0.7 × 자연습구온도) + (0.3 × 흑구온도)$$

42 부품 배치의 원칙 중 기능적으로 관련된 부품들을 모아서 배치한다는 원칙은?

① 중요성의 원칙
② 사용 빈도의 원칙
③ 사용 순서의 원칙
④ 기능별 배치의 원칙

■ 정답 ■ 38.③ 39.④ 40.① 41.② 42.④

해설 부품배치의 4원칙

1) **중요성의 원칙** : 부품을 작동하는 성능이 체계의 목표달성에 긴요한 정도에 따라 우선순위를 설정한다.
2) **사용빈도의 원칙** : 부품을 사용하는 빈도에 따라 우선순위를 설정한다.
3) **기능별 배치의 원칙** : 기능적으로 관련된 부품들(표시장치, 조정장치 등)을 모아서 배치한다.
4) **사용순서의 원칙** : 사용되는 순서에 따라 장치들을 가까이에 배치한다.

43 인간공학의 목표와 거리가 가장 먼 것은?

① 사고 감소
② 생산성 증대
③ 안전성 향상
④ 근골격계질환 증가

해설 인간공학의 목표(차피니스)

1) **첫째목표** : 안전성 향상과 사고방지
2) **둘째목표** : 기계 조작의 능률성과 생산성 향상
3) **셋째목표** : 쾌적성

44 시각적 식별에 영향을 주는 각 요소에 대한 설명 중 틀린 것은?

① 조도는 광원의 세기를 말한다.
② 휘도는 단위 면적당 표면에 반사 또는 방출되는 광량을 말한다.
③ 반사율은 물체의 표면에 도달하는 조도와 광도의 비를 말한다.
④ 광도 대비란 표적의 광도와 배경의 광도의 차이를 배경 광도로 나눈 값을 말한다.

해설 조도는 물체의 표면에 도달하는 빛의 밀도를 말한다.

45 A사의 안전관리자는 자사 화학 설비의 안전성 평가를 실시하고 있다. 그 중 제2단계인 정성적 평가를 진행하기 위하여 평가 항목을 설계단계 대상과 운전관계 대상으로 분류하였을 때 설계관계 항목이 아닌 것은?

① 건조물
② 공장 내 배치
③ 입지조건
④ 원재료, 중간제품

해설 정성적 평가 항목

1. 설계관계	2. 운전관계
① 입지조건	① 원재료, 중간체제품
② 공장 내 배치	② 공정
③ 건조물	③ 수송, 저장 등
④ 소방설비	④ 공정기기

46 양립성의 종류가 아닌 것은?

① 개념의 양립성
② 감성의 양립성
③ 운동의 양립성
④ 공간의 양립성

해설 양립성의 분류

1) **공간적 양립성** : 어떤 사물들, 특히 묘사장치나 조종 장치에서 물리적 형태나 공간적인 배치의 양립성
2) **운동 양립성** : 표시 및 조정장치, 체계반응의 운동방향의 양립성
3) **개념적 양립성** : 어떤 암호 체계에서 청색이 정상을 나타내듯이, 사람이 가지고 있는 개념적 연상(association)의 양립성

47 그림과 같은 시스템에서 부품 A, B, C, D의 신뢰도가 모두 r로 동일할 때 이 시스템의 신뢰도는?

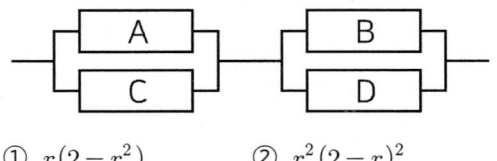

① $r(2-r^2)$
② $r^2(2-r)^2$
③ $r^2(2-r^2)$
④ $r^2(2-r)$

해설 시스템 신뢰도(R)

$$R = [1-(1-A)(1-C)] \times [1-(1-B)(1-D)]$$
$$= [1-(1-r)(1-r)] \times [1-(1-r)(1-r)]$$
$$= r^2(2-r)^2$$

48 FTA에서 사용되는 논리게이트 중 입력과 반대되는 현상으로 출력되는 것은?

① 부정 게이트
② 억제 게이트
③ 배타적 OR 게이트
④ 우선적 AND 게이트

해설 **부정게이트**(not gate) : 부정 모디파이어(not modifier)라고 하며, 입력사상의 반대사상이 출력된다.

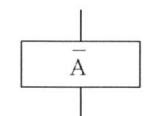

[그림] 부정게이트

49 어떤 결함수를 분석하여 minimal cut set을 구한 결과 다음과 같았다. 각 기본사상의 발생확률은 q_i, i = 1, 2, 3라 할 때, 정상사상의 발생확률함수로 맞는 것은?

$$k_1 = [1,2] \quad k_2 = [1,3] \quad k_3 = [2,3]$$

① $q_1 q_2 + q_1 q_2 - q_2 q_3$
② $q_1 q_2 + q_1 q_3 - q_2 q_3$
③ $q_1 q_2 + q_1 q_3 + q_2 q_3 - q_1 q_2 q_3$
④ $q_1 q_2 + q_1 q_3 + q_2 q_3 - 2 q_1 q_2 q_3$

50 부품고장이 발생하여도 기계가 추후 보수될 때까지 안전한 기능을 유지할 수 있도록 하는 기능은?

① fail – soft
② fail – active
③ fail – operational
④ fail – passive

해설 1) **페일 세이프**(fail safe) : 인간이나 기계 등에 과오나 동작상의 실수가 있더라도 사고 . 재해를 발생시키지 않도록 철저하게 2중 3중으로 통제를 가하는 것

2) **페일 세이프 구조의 기능면에서의 분류**
① fail passive : 일반적인 산업기계방식의 구조이며, 성분의 고장시 기계, 장치는 정지상태로 옮겨간다.
② fail operational : 병렬 여분계의 성분을 구성한 경우이며, 성분의 고장이 있어도 다음 정기 점검시까지는 운전이 가능하다.
③ fail active : 성분의 고장시 기계, 장치는 경보를 나타내며 단시간에 역전이 된다.

51 반사경 없이 모든 방향으로 빛을 발하는 점광원에서 3m 떨어진 곳의 조도가 300lix라면 2m 떨어진 곳에서 조도(lux)는?

① 375
② 675
③ 875
④ 975

해설 조도 $= 300(\text{lux}) \times \dfrac{3^2}{2^2} = 675 \text{lux}$

52 통화이해도 척도로서 통화 이해도에 영향을 주는 잡음의 영향을 추정하는 지수는?

① 명료도 지수
② 통화 간섭 수준
③ 이해도 점수
④ 통화 공진 수준

해설 **통화간접수준** : 본문설명

53 예비위험분석(PHA)에서 식별된 사고의 범주가 아닌 것은?

① 중대(critical)
② 한계적(marginal)
③ 파국적(catastrophic)
④ 수용가능(acceptable)

해설 PHA(예비위험분석)의 4가지 주요 목표
   1) 시스템에 대한 모든 주요한 사고를 식별하고, 대충의 말로 표시할 것(사고 발생확률은 식별 초기에는 고려되지 않음)
   2) 사고를 유발하는 요인을 식별할 것
   3) 사고가 발생한다고 가정하고, 시스템에 생기는 결과를 식별하고 평가할 것
   4) 식별된 사고를 다음의 범주(category)로 분류할 것
      ① 파국적(catastrophic)
      ② 중대(critical)
      ③ 한계적(marginal)
      ④ 무시가능(negligible)

54 인간공학적 연구에 사용되는 기준 척도의 요건 중 다음 설명에 해당하는 것은?

> 기준 척도는 측정하고자 하는 변수 외의 다른 변수들의 영향을 받아서는 안 된다.

① 신뢰성
② 적절성
③ 검출성
④ 무오염성

해설 기준의 요건
   1) **적절성**(relevance) : 기준이 의도된 목적에 적당하다고 판단되는 정도를 말한다.
   2) **무오염성** : 기준 척도는 측정하고자 하는 변수 외의 다른 변수들의 영향을 받아서는 안 된다는 것을 무오염성이라고 한다.
   3) **기준척도의 신뢰성** : 척도의 신뢰성은 반복성(repeatability)을 의미한다.

55 James Reason의 원인적 휴먼에러 종류 중 다음 설명의 휴먼에러 종류는?

> 자동차가 우측 운행하는 한국의 도로에 익숙해진 운전자가 좌측 운행을 해야 하는 일본에서 우측 운행을 하다가 교통사고를 냈다.

① 고의 사고(Violation)
② 숙련 기반 에러(Skill based error)
③ 규칙 기반 착오(Rule based mistake)
④ 지식 기반 착오(Knowledge based mistake)

해설 에러의 원인적 분류
   (James Reason, Rasmussen의 모델)
   1) **규칙기반에러** : 잘못된 규칙을 기억하거나 상황에 맞지 않게 적용하는 것
   2) **지식기반에러** : 관련지식이 없는 경우 추론이나 유추로 처리중 실패
   3) **숙련기반에러** : 실수, 망각으로 구분

56 근골격계부담작업의 범위 및 유해요인조사 방법에 관한 고시상 근골격계부담작업에 해당하지 않는 것은? (단, 상시작업을 기준으로 한다.)

① 하루에 10회 이상 25kg 이상의 물체를 드는 작업
② 하루에 총 2시간 이상 쪼그리고 앉거나 무릎을 굽힌 자세에서 이루어지는 작업
③ 하루에 총 2시간 이상 시간당 5회 이상 손 또는 무릎을 사용하여 반복적으로 충격을 가하는 작업
④ 하루에 4시간 이상 집중적으로 자료입력 등을 위해 키보드 또는 마우스를 조작하는 작업

해설 근골격계부담작업의 범위(단기간작업 또는 간헐적인 작업은 제외)
   1) 하루에 4시간 이상 집중적으로 자료입력 등을 위해 키보드 또는 마우스를 조작하는 작업
   2) 하루에 총 2시간 이상 목, 어깨, 팔꿈치, 손목 또는 손을 사용하여 같은 동작을 반복하

는 작업

3) 하루에 총 2시간 이상 머리 위에 손이 있거나, 팔꿈치가 어깨 위에 있거나, 팔꿈치를 몸통으로 들거나, 팔꿈치를 몸통 뒤쪽에 위치하도록 하는 상태에서 이루어지는 작업

4) 지지되지 않은 상태이거나 임의로 자세를 바꿀 수 없는 조건에서 하루에 총 2시간 이상 목이나 허리를 구부리거나 트는 상태에서 이루어지는 작업

5) 하루에 총 2시간 이상 쪼그리고 앉거나 무릎을 굽힌 자세에서 이루어지는 작업

6) 하루에 총 2시간 이상 지지되지 않은 상태에서 1kg 이상의 물건을 한손의 손가락으로 집어올리거나, 2kg 이상에 상응하는 힘을 가하여 한손의 손가락으로 물건을 쥐는 작업

7) 하루에 총 2시간 이상 지지되지 않은 상태에서 4.5kg 이상의 물체를 드는 작업

8) 하루에 25회 이상 10kg 이상의 물체를 드는 작업

9) 하루에 25회 이상 10kg 이상의 물체를 무릎 아래에서 들거나, 어깨 위에서 들거나, 팔을 뻗은 상태에서 드는 작업

10) 하루에 총 2시간 이상, 분당 2회 이상 4.5kg 이상의 물체를 드는 작업

11) 하루에 총 2시간 이상 시간당 10회 이상 손 또는 무릎을 사용하여 반복적으로 충격을 가하는 작업

57 HAZOP 분석기법의 장점이 아닌 것은?

① 학습 및 적용이 쉽다.
② 기법 적용에 큰 전문성을 요구하지 않는다.
③ 짧은 시간에 저렴한 비용으로 분석이 가능하다.
④ 다양한 관점을 가진 팀 단위 수행이 가능하다.

해설 HAZOP(위험 및 운전성 검토)의 장점 및 단점
1) 장점
① 학습 및 적용이 쉽다.
② 기법적용에 큰 전문성을 요구하지 않는다.
③ 다양한 관점을 가진 팀 단위 수행이 가능하다.
④ 공정의 운행정지 시간을 줄여 생산품의 품질향상이 가능하다.

⑤ 근로자에게 공정안전에 다한 신뢰성을 제공한다.
2) 단점
① 팀의 구성 및 구성원의 참여 소요기간이 과다 소모된다.
② 접근방법이 어려우며 위험과는 무관한 잠재적인 요소들까지도 함께 도출된다.

58 서브시스템 분석에 사용되는 분석방법으로 시스템 수명주기에서 ㉠에 들어갈 위험분석 기법은?

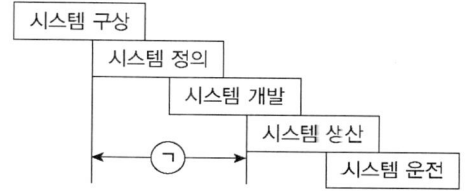

① PHA
② FHA
③ FTA
④ ETA

해설 FHA(결함위험분석) : PHA(예비시·고분석)가 제일 먼저 실행되고 FHA는 시스템의 정의와 개발단계에서 실행된다.

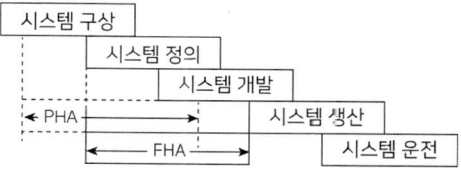

[그림] 시스템 수명주기에서의 FHA

59 불(Boole) 대수의 관계식으로 틀린 것은?

① $A + \overline{A} = 1$
② $A + AB = A$
③ $A(A+B) = A+B$
④ $A + \overline{A}B = A+B$

해설 ③항, A(A+B)=A

60 정신적 작업 부하에 관한 생리적 척도에 해당하지 않는 것은?

① 근전도 ② 뇌파도
③ 부정맥 지수 ④ 점멸융합주파수

해설 정신적·육체적 작업부하 척도

1) 정신적 작업부하 척도
   ① **부정맥 지수** : 심장활동의 불규칙성을 평가하는 척도로 맥박간의 표준편차나 변동계수등과 같은 부정맥 지수를 사용한다.
   ② **점멸융합주파수** : 정신적 피로를 평가하는 척도로 사용한다.
   ③ **뇌전도(EEG)** : 뇌의 활동에 따른 전위차를 기록한 것이다.
   ④ **주관적 척도** : 정신작업 부하를 평가척도를 이용하여 주관적으로 평가하는 것이다.
   ⑤ Cooper-Harper축적, 주임무(primary task) 및 부임무(secondary task) 수행에 소요된 시간 등

2) 육체적 작업부하 척도
   ① **심장활동의 측정** : 심전도(ECG)와 심박수를 측정한다.
   ② **산소소비량 측정** : 작업의 부하가 증가하면 산소소비량은 선형적으로 증가한다.
   ③ **근전도(EMG)** : 근육활동의 정도를 측정한다.

제4과목 / 건설시공학

61 석재붙임을 위한 앵커긴결공법에서 일반적으로 사용하지 않는 재료는?

① 앵커 ② 볼트
③ 모르타르 ④ 연결철물

해설 석공사 앵커 긴결공법 : 모르타르를 사용하지 않으므로 백화현상, 공기지연 등의 문제가 발생하지 않는다.

62 강제 널말뚝(steel sheet pile)공법에 관한 설명으로 옳지 않은 것은?

① 무소음 설치가 어렵다.
② 타입 시 체적변형이 작아 항타가 쉽다.
③ 강제 널말뚝에는 U형, Z형, H형 등이 있다.
④ 관입, 철거 시 주변 지반침하가 일어나지 않는다.

해설 강재널말뚝은 관입, 철거시 진동에 의해 지반침하를 가져올 수 있으므로 주의를 요한다.

63 철근 조립에 관한 설명으로 옳지 않은 것은?

① 철근의 피복두께를 정확히 확보하기 위해 적절한 간격으로 고임재 및 간격재를 배치한다.
② 거푸집에 접하는 고임재 및 간격재는 콘크리트 제품 또는 모르타르 제품을 사용하여야 한다.
③ 경미한 황갈색의 녹이 발생한 철근은 일반적으로 콘크리트와의 부착을 해치므로 사용해서는 안된다.
④ 철근의 표면에는 흙, 기름 또는 이물질이 없어야 한다.

해설 ③항, 경미한 황갈색의 녹은 철근을 조립하기 전에 제거한 후 사용하여야 한다.

64 소규모 건축물을 조적식 구조로 담을 쌓을 경우 최대 높이 기준으로 옳은 것은?

① 2m 이하 ② 2.5m 이하
③ 3m 이하 ④ 3.5m 이하

해설 소규모 건축물의 구조기준에서 조적조로 담을 쌓을 경우 최대높이 : 3m 이하

■ 정답 ■ 60.① 61.③ 62.④ 63.③ 64.③

65 필릿용접(Fillet Welding)의 단면상 이론 목두께에 해당하는 것은?

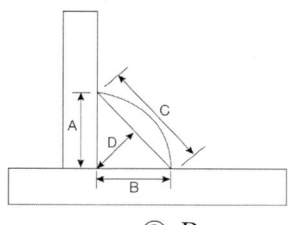

① A
② B
③ C
④ D

해설 **필릿용접**(fillet welding)
1) 필릿용접 : 직각을 이루는 2면의 구석을 용접하는 것을 말한다.
2) [그림] A, B: 목길이, D: 목 두께

66 네트워크 공정표에 사용되는 용어에 관한 설명으로 옳지 않은 것은?

① 크리티컬 패스(Critical path) : 개시 결합점에서 종료 결합점에 이르는 가장 긴 경로
② 더미(Dummy) : 결합점이 가지는 여유시간
③ 플로트(Float) : 작업의 여유시간
④ 패스(Path) : 네트워크 중에서 둘 이상의 작업이 이어지는 경로

해설 **더미**(Dummy ; 점선화살표) : 화살표형 네트워크(Network)에서 시간이나 자원이 필요하지 않은 명목상의 활동(Dummy activity)을 말한다. 가공의 작업으로 작업의 상호관계를 그림으로 표시하기 위한 것으로 파선을 이용함

67 콘크리트의 측압에 영향을 주는 요소에 관한 설명으로 옳지 않은 것은?

① 콘크리트 타설속도가 빠를수록 측압은 커진다.
② 콘크리트 온도가 낮으면 경화속도가 느려 측압은 작아진다.
③ 벽 두께가 얇을수록 측압은 작아진다.
④ 콘크리트의 슬럼프값이 클수록 측압은 커진다.

해설 ②항, 콘크리트 온도가 낮으면 측압은 커진다.

68 석공사에 사용하는 석재 중에서 수성암계에 해당하지 않는 것은?

① 사암
② 석회암
③ 안산암
④ 응회암

해설 ③ 안산암 : 화성암계

길잡이 **성인(成因)에 의한 석재의 분류**
1) **화성암**(火成巖) : 지구내부의 암장이 냉각되어 형성된 것으로서 일반적으로 괴상(怪狀)으로 되어있다. 종류에는 심성암(화강암, 섬록암), 화산암(안산암, 석영조면암), 황화석, 현무암 등이 있다.
2) **수성암**(水聖庵) : 암석의 쇄편(碎片), 물에 녹은 광물질, 동식물의 우해 등이 침전되어 쌓이고 겹쳐져서 고화(固化)되어 층상(層狀)으로 된 것이다. 종류에는 응회암, 점판암, 석회암, 사암 등이 있다.
3) **변성암**(變成巖) : 화성암, 수성암이 압력 또는 열에 의하여 심히 변질된 것으로서 일반적으로 층상(層狀)으로 되어 있다. 종류에는 화성암계(사문석), 수성암계(대리석), 석면 등이 있다.

69 매스 콘크리트(Mass concrete) 시공에 관한 설명으로 옳지 않은 것은?

① 매스 콘크리트의 타설온도는 온도균열을 제어하기 위한 관점에서 가능한 한 낮게한다.
② 매스 콘크리트 타설 시 기온이 높을 경우에는 콜드조인트가 생기기 쉬우므로 응결촉진제를 사용한다.
③ 매스 콘크리트 타설 시 침하발생으로 인한 침하균열을 예방을 하기 위해 재진동 다짐 등을 실시한다.
④ 매스 콘크리트 타설 후 거푸집 탈형 시 콘크리트 표면의 급랭을 방지하기 위해 콘크리트 표면을 소정의 기간 동안 보온해 주어야

한다.

> **해설** 매스콘크리트는 열적요인에 의한 균열이 발생할 수 있으므로 시공시 온도상승을 적게 하여 균열이 생기지 않도록 해야 한다.

70 거푸집공사(form work)에 관한 설명으로 옳지 않은 것은?

① 거푸집널은 콘크리트의 구조체를 형성하는 역할을 한다.
② 콘크리트 표면에 모르타르, 플라스터 또는 타일붙임 등의 마감을 할 경우에는 평활하고 광택있는 면이 얻어질 수 있도록 철제 거푸집(metal form)을 사용하는 것이 좋다.
③ 거푸집공사비는 건축공사비에서의 비중이 높으므로, 설계단계부터 거푸집 공사의 개선과 합리화 방안을 연구하는 것이 바람직하다.
④ 폼타이(form tie)는 콘크리트를 타설할 때, 거푸집이 벌어지거나 우그러들지 않게 연결, 고정하는 긴결재이다.

> **해설** ②항, 콘크리트 표면에 모르타르, 플라스터 또는 타일 붙임 등의 마감을 할 경우에는 거친면이 얻어질 수 있도록 하여야 한다.

71 철근콘크리트 말뚝머리와 기초와의 접합에 관한 설명으로 옳지 않은 것은?

① 두부를 커팅기계로 정리할 경우 본체에 균열이 생김으로 응력손실이 발생하여 설계내력을 상실하게 된다.
② 말뚝머리 길이가 짧은 경우는 기초저면까지 보강하여 시공한다.
③ 말뚝머리 철근은 기초에 30cm 이상의 길이로 정착한다.
④ 말뚝머리와 기초와의 확실한 정착을 위해 파일앵커링을 시공한다.

> **해설** 1) 콘크리트 말뚝의 머리(두부)는 파일 커터 등을 사용해서 본체에 균열이 생기지 않도록 절단해야 한다.
> 2) 말뚝을 절단할 때 본체에 균열이 생기면 응력이 손실되거나 철근이 부식되어 설계내력을 상실하게 된다.

72 철근콘크리트 보에 사용된 굵은 골재의 최대치수가 25mm일 때, D22철근(동일 평면에서 평행한 철근)의 수평 순간격으로 옳은 것은? (단, 콘크리트를 공극 없이 칠 수 있는 다짐방법을 사용할 경우에는 제외)

① 22.2mm ② 25mm
③ 31.25mm ④ 33.3mm

> **해설** 철근의 수평순간격(배근간격) : 다음 값 중 큰 값(33.3mm)으로 한다.
> 1) 최대자갈지름×1.25배 = 25mm×1.25=31.25mm
> 2) 철근지름×1.5배=22.2mm×1.5=33.3m (D22 공칭지름 : 22.2mm)

73 철근의 피복두께를 유지하는 목적이 아닌 것은?

① 부재의 소요 구조 내력 확보
② 부재의 내화성 유지
③ 콘크리트의 강도 증대
④ 부재의 내구성 유지

74 불량품, 결점, 고장 등의 발생건수를 현상과 원인별로 분류하고, 여러 가지 데이터를 항목별로 분류해서 문제의 크기 순서로 나열하여, 그 크기를 막대그래프로 표기한 품질관리 도구는?

① 파레토그램 ② 특성요인도
③ 히스토그램 ④ 체크시트

■ **정답** ■ 70.② 71.① 72.④ 73.③ 74.①

해설 품질관리(QC, Quality Control) 활동의 7가지 도구(QC 7가지 수법)

1) 히스토그램(histogram) : 길이, 무게, 강도 등과 같이 계량치의 데이터가 어떠한 분포를 하고 있는지 알아보기 위하여 작성하는 주상(柱狀) 기둥그래프(막대그래프)이다.

2) 특성요인도 : 결과에 원인이 어떻게 관계하고 있는가를 생선뼈 모양으로 나타낸 그림이다.

3) 파레토도(pareto diagram) : 시공불량의 내용이나 원인을 분류 항목으로 나누어 크기 순서대로 나열해 놓은 그림이다.

4) 관리도 : 공정의 상태를 나타내는 특성치에 관해서 그려진 꺾은선 그래프이다.

5) 산점도(산포도, scatter diagram) : 서로 대응되는 두 종류의 데이터의 상호관계를 보는 것이다.

6) 체크시트 : 불량수, 결점수 등 셀 수 있는 데이터를 분류하여 항목별로 나누었을 때 어디에 집중되어 있는가를 알기 쉽도록 한 그림 또는 표이다.

7) 층별 : 데이터의 특성을 적당한 범주마다 얼마간의 그룹으로 나누어 도표로 나타낸 것이다.

75 강구조 공사 시 앵커링(anchoring)에 관한 설명으로 옳지 않은 것은?

① 필요한 앵커링 저항력을 얻기 위해서는 콘크리트에 피해를 주지 않도록 적절한 대책을 수립하여야 한다.

② 앵커볼트 설치 시 베이스플레이트 위치의 콘크리트는 설계도면 레벨보다 −30mm ~ −50mm 낮게 타설하고, 베이스플레이트 설치 후 그라우팅 처리한다.

③ 구조용 앵커볼트를 사용하는 경우 앵커볼트 간의 중심선은 기둥중심선으로부터 3mm 이상 벗어나지 않아야 한다.

④ 앵커볼트로는 구조용 혹은 세우기용 앵커볼트가 사용되어야 하고, 나중매입공법을 원칙으로 한다.

해설 앵커볼트의 매입 : 고정매입 공법을 원칙으로 한다.

76 모래지반 흙막이 공사에서 널말뚝의 틈새로 물과 토사가 유실되어 지반이 파괴되는 현상은?

① 히빙 현상(Heaving)
② 파이핑 현상(piping)
③ 액상화 현상(Liquefaction)
④ 보일링 현상(Boiling)

해설 파이핑 현상(Piping) : 본문설명

77 공사 관리 계약 (Construction Management Contract) 방식의 장점이 아닌 것은?

① 시공 시 단계별 시공법을 적용할 수 있어 설계 및 시공기간을 단축시킬 수 있다.

② 설계과정에서 설계가 시공에 미치는 영향을 예측할 수 있어 설계도서의 현실성을 향상시킬 수 있다.

③ 기획 및 설계과정에서 발주자와 설계자간의 의견대립 없이 설계대안 및 특수공법의 적용이 가능하다.

④ 대리인형 CM(CM for fee)방식은 공사비와 품질에 직접적인 책임을 지는 공사관리계약 방식이다.

해설 ④항, 대리인형 CM방식 : 공사비와 품질에 간접적인 책임을 지는 공사관리 계약방식이다(공사결과에 책임이 없고 프로젝트 전반의 컨설턴트 역할만 수행함).

78 철골구조의 내화피복에 관한 설명으로 옳지 않은 것은?

① 조적공법은 용접철망을 부착하여 경량모르타르, 펄라이트 모르타르와 플르스터 등을 바름하는 공법이다.
② 뿜칠공법은 철골표면에 접착제를 혼합한 내화피복재를 뿜어서 내화피복을 한다.
③ 성형판 공법은 내화단열성이 우수한 각종 성형판을 철골주위에 접착제와 철물 등을 설치하고 그 위에 붙이는 공법으로 주로 기둥과 보의 내화피복에 사용된다.
④ 타설공법은 아직 굳지 않은 경량콘크리트나 기포모르타르 등을 강재주위에 거푸집을 설치하여 타설한 후 경화시켜 철골을 내화피복하는 공법이다.

해설 **조적공법**: 벽돌, 블록, 석재 등으로 강재 둘레에 조적하는 공법이다.

길잡이 **철골구조의 내화피복공법**
1) **락울(rockwool)뿜질공법**
   ① 습식 공법 : 락울에 시멘트와 접착재를 가해 물로 비벼 뿜는 공법
   ② 건식 공법 : 뿜칠건을 사용하여 혼합수를 노즐의 선단으로부터 분사해서 분무모양으로 락울과 함께 해서 뿜어 붙이는 공법
2) **성형판붙임 공법** : ALC판, 규산칼슘판, 펄라이트판 등을 철골에 부착해서 내화성능을 발휘시키는 공법
3) **프리패브 공법** : 철골바탕에 ALC판을 붙이는 공법
4) **기타**, 콘크리트타설 공법, 합성내화피복 공법 등

---

79 철근콘크리트에서 염해로 인한 철근의 부식방지대책으로 옳지 않은 것은?

① 콘크리트 중의 염소 이온량을 적게 한다.
② 에폭시 수지 도장 철근을 사용한다.

③ 방청제 투입을 고려한다.
④ 물 – 시멘트비를 크게 한다.

해설 **염해로 인한 철근부식 방지대책**
  1) ①,②,③항
  2) 물 – 시멘트비(W/C)를 작게 한다.

---

80 웰 포인트 공법(well point method)에 관한 설명으로 옳지 않은 것은?

① 사질지반보다 점토질 지반에서 효과가 좋다.
② 지하수위를 낮추는 공법이다.
③ 1~3m의 간격으로 파이프를 지중에 박는다.
④ 인접지 침하의 우려에 따른 주의가 필요하다.

해설 웰포인트공법은 사질토지반에서 효과가 좋은 지반개량공법이다.

제5과목 / 건설재료학

---

81 깬자갈을 사용한 콘크리트가 동일한 시공연도의 보통 콘크리트 보다 유리한 점은?

① 시멘트 페이스트와의 부착력 증가
② 단위수량 감소
③ 수밀성 증가
④ 내구성 증가

해설 깬자갈은 표면이 거칠기 때문에 표면이 매끄러운 것보다 스멘트페이스트와의 부착력을 증대시킨다.

82 목재를 작은 조각으로 하여 충분히 건조시킨 후 합성수지와 같은 유기질의 접착제를 첨가하여 열압 제판한 목재 가공품은?

① 파티클 보드(Paricle board)
② 코르크판(Cork board)
③ 섬유판(Fiber board)
④ 집성목재(Glulam)

해설 **파티클보드(particle board)** : 목재를 주원료로 하여 접착제로 성형, 열압하여 재판한 목재 가공품이다.

83 도료상태의 방수재를 바탕면에 여러 번 칠하여 얇은 수지피막을 만들어 방수효과를 얻는 것으로 에멀션형, 용제형, 에폭시계 형태의 방수공법은?

① 시트방수
② 도막방수
③ 침투성 도포방수
④ 시멘트 모르타르 방수

해설 **도막방수** : 본문설명

84 합성수지의 종류 중 열가소성수지가 아닌 것은?

① 염화비닐 수지
② 멜라민 수지
③ 폴리프로필렌 수지
④ 폴리에틸렌 수지

해설 **합성수지의 종류**

열가소성수지	열경화성수지
① 염화비닐수지(PVC)	① 페놀수지
② 에틸렌수지	② 요소수지
③ 프로필렌수지	③ 멜라민수지
④ 아크릴수지	④ 알키드수지
⑤ 스틸렌수지	⑤ 폴리에스테르수지
⑥ 메타크릴수지	⑥ 실리콘
⑦ ABS수지	⑦ 에폭시수지
⑧ 폴리아미드수지	⑧ 우레탄수지
⑨ 비닐아세틸수지	⑨ 규소수지

85 수성페인트에 대한 설명으로 옳지 않은 것은?

① 수성페인트의 일종인 에멀션 페인트는 수성페인트에 합성수지와 유화제를 섞은 것이다.
② 수성페인트를 칠한 면은 외관은 온화하지만 독성 및 화재발생의 위험이 있다.
③ 수성페인트의 재료로 아교·전분·카세인 등이 활용된다.
④ 광택이 없으며 회반죽면 또는 모르타르면의 칠에 적당하다.

해설 수성페인트는 희석재로 물을 사용하므로 독성 및 화재발생의 위험이 없다.

86 금속판에 관한 설명으로 옳지 않은 것은?

① 알루미늄 판은 경량이고 열반사도 좋으나 알칼리에 약하다.
② 스테인리스 강판은 내식성이 필요한 제품에 사용된다.
③ 함석판은 아연도철판이라고도 하며 외관미는 좋으나 내식성이 약하다.
④ 연판은 X선 차단효과가 있고 내식성도 크다.

해설 함석판은 외관미도 좋으며 내식성도 우수하다.

87 다음 중 열전도율이 가장 낮은 것은?

① 콘크리트   ② 코르크판
③ 알루미늄   ④ 주철

해설 **코르크판**
  1) **코르크판** : 코르크 나무껍질의 탄력성있는 부분을 주원료로 하여 톱밥, 마사 등을 혼합하여 접착제를 첨가한 후 가열, 강압, 성형, 접착하여 널판지처럼 만드는 것이다.
  2) 열전도율(0.034kcal/mh℃)이 매우 낮다.

88 콘크리트의 혼화재료 중 혼화제에 속하는 것은?

① 플라이애시
② 실리카흄
③ 고로슬래그 미분말
④ 고성능 감수제

해설 **혼화제와 혼화재**
  (1) **혼화제** : 사용량이 적어서 배합계산에서 무시되는 혼화재료
    1) 계면활성작용에 의해 워커빌리티나 내구성을 향상시키는 것 : AE제, AE감수제, 감수제, 유동제 등
    2) 응결, 경화시간을 조절하는 것 : 촉진제, 지연제, 급결제
    3) 방수효과를 주는 것 : 방수제
    4) 기타 기포제, 발포제, 응집제 등
  (2) **혼화재** : 사용량이 많아서 배합계산에서 고려되는 혼화재료
    1) 포졸란 작용이 있는 것 : 플라이애시, 고로슬래그, 규산백토 미분말 등
    2) 경화과정에서 팽창을 일으키는 것 : 팽창제
    3) 기타 규산질 미분말, 착색제, 플리머 증량제 등

89 점토의 성질에 관한 설명으로 옳지 않은 것은?

① 사질점토는 적갈색으로 내화성이 좋다.

② 자토는 순백색이며 내화성이 우수하나 가소성은 부족하다.
③ 석기점토는 유색의 견고치밀한 구조로 내화도가 높고 가소성이 있다.
④ 석회질점토는 백색으로 용해되기 쉽다.

해설 사질점토는 회백색(또는 담색)으로 내화성이 부족하다.

> **길잡이** **점토의 가소성**
> 1) 양질의 점토는 습윤 상태에서 현저한 가소성을 나타낸다.
> 2) 점토입자가 미세할수록 가소성은 작아진다(양질의 점토일수록 가소성이 크다.)
> 3) 알루미나(Al_2O_3)가 많은 점토는 가소성이 좋다.

90 콘크리트에 AE제를 첨가했을 경우 공기량 증감에 큰 영향을 주지 않는 것은?

① 혼합시간   ② 시멘트의 사용량
③ 주위온도   ④ 양생방법

해설 콘크리트에 AEWP(공기연행제)첨가시 공기량 증감에 영향을 주지 않는 것은 양생방법이다.

91 슬럼프 시험에 대한 설명으로 옳지 않은 것은?

① 슬럼프 시험 시 각 층을 50회 다진다.
② 콘크리트의 시공연도를 측정하기 위하여 행한다.
③ 슬럼프콘에 콘크리트를 3층으로 분할하여 채운다.
④ 슬럼프 값이 높을 경우 콘크리트는 묽은 비빔이다.

해설 1) **슬럼프시험**(slump test) : 시험통에 규정된 방법으로 콘크리트를 다져 넣은 다음에 시험통을 벗기면 콘크리트가 가라앉는데, 이 주저앉은 정도(무너져 내린 높이cm)를 슬럼프 값이라고 한다.

■ 정답 ■   87.②   88.④   89.①   90.④   91.①

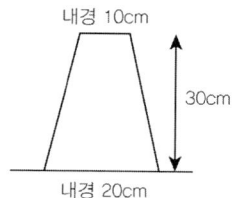

내경 10cm

30cm

내경 20cm

2) 슬럼프 시험방법 : 슬럼프콘에 콘크리트를 3층으로 분할하여 채우고 각 층을 25회씩 균등하게 다진다.

92 목재 섬유포화점의 함수율은 대략 얼마 정도인가?

① 약 10% ② 약 20%

③ 약 30% ④ 약 40%

해설 목재의 함수율

(1) **기건재의 함수율** : 12~18%(평균 15%)

(2) **섬유포화점** : 섬유자신의 함수율이 25~30%(보통 30%)인 경우

(3) **함수율에 의한 목재 재질의 변화**

1) 목재의 재질 변동(수축, 팽창 등)은 섬유포화점 이하의 함수 상태에서만 발생한다.

① 변재는 심재보다 수축이 크다.

② 활엽수가 침엽수보다 수축이 크다.

2) 섬유포화점 이하에서 함수율의 감소에 따라 강도는 증가하고 탄성은 감소한다.

93 각 창호철물에 관한 설명으로 옳지 않은 것은?

① 피벗힌지(pivot hinge) : 경첩 대신 촉을 사용하여 여닫이문을 회전시킨다.

② 나이트래치(night latch) : 외부에서는 열쇠, 내부에서는 작은 손잡이를 틀어 열 수 있는 실린더장치로 된 것이다.

③ 크레센트(crescent) : 여닫이문의 상하단에 붙여 경첩과 같은 역할을 한다.

④ 래버터리힌지(lavatory hinge) : 스프링 힌지의 일종으로 공중용 화장실 등에 사용된다.

해설 크레센트(crescent) : 오르내리창을 걸어 잠그는데 사용한다.

94 건축재료 중 마감재료의 요구성능으로 거리가 먼 것은?

① 화학적 성능 ② 역학적 성능

③ 내구성능 ④ 방화·내화 성능

해설 1) **마감재료** : 타일, 유리, 도료, 보드류, 금속판, 섬유판, 석고판 등

2) **역학적 성질** : 탄성, 소성, 강도, 강성, 인성, 허용응력도 등

3) **역학적 성능**은 마감재료에 요구되는 사항과 관계가 없다.

95 PVC바닥재에 대한 일반적인 설명으로 옳지 않은 것은?

① 보통 두께 3mm 이상의 것을 사용한다.

② 접착제는 비닐계 바닥재용 접착제를 사용한다.

③ 바닥시트에 이용하는 용접봉, 용접액 혹은 줄눈재는 제조업자가 지정하는 것으로 한다.

④ 재료보관은 통풍이 잘 되고 햇빛이 잘 드는 곳에 보관한다.

해설 ④항, 재료보관은 햇빛이 잘들지 않는 곳에 보관한다.

96 점토기와 중 훈소와에 해당하는 설명은?

① 소소와에 유약을 발라 재소성한 기와

② 기와 소성이 끝날 무렵에 식염증기를 충만시켜 유약 피막을 형성시킨 기와

③ 저급점토를 원료로 900~1000℃로 소소하여 만든 것으로 흡수율이 큰 기와

④ 건조제품을 가마에 넣고 연료로 장작이나 솔잎 등을 써서 검은 연기로 그을려 만든 기와

해설 훈소와

1) 건조제품을 가마에 넣고 연료로 장작이나 솔잎 등을 써서 검은 연기로 그을려 만든 기와이다.
2) 기와의 표면은 회흑색이고 방수성이 있으며 강도가 크다.

97 골재의 실적률에 관한 설명으로 옳지 않은 것은?

① 실적률은 골재 입형의 양부를 평가하는 지표이다.
② 부순 자갈의 실적률은 그 입형 때문에 강자갈의 실적률보다 적다.
③ 실적률 산정 시 골재의 밀도는 절대건조 상태의 밀도를 말한다.
④ 골재의 단위용적질량이 동일하면 골재의 비중이 클수록 실적률도 크다.

해설 골재의 실적률 : 일정용기 내에 골재입자가 차지하는 실용적의 백분율(%)을 말한다.

$$실적률(d) = \frac{단위용적중량(kg/L)}{골재의 비중(\rho)} \times 100\%$$

1) 실적률이 클수록 골재의 입도분포가 적당하며 시멘트 페이스트(시멘트풀)가 적게 든다.
2) 골재의 단위용적중량이 일정하면 골재의 비중(밀도)이 클수록 실적률은 작아진다.

98 미장재료 중 돌로마이트 플라스터에 대한 설명으로 옳지 않은 것은?

① 보수성이 크고 응결시간이 길다.
② 소석회에 모래, 해초풀, 여물 등을 혼합하여 바르는 미장재료이다.
③ 회반죽에 비하여 조기강도 및 최종강도가 크고 착색이 쉽다.
④ 여물을 혼입하여도 건조수축이 크기 때문에 수축 균열이 발생한다.

해설 ②항, 돌로마이트석회(마그네시아 석회) + 모래 + 여물 + 물

99 파손방지, 도난방지 또는 진동이 심한 장소에 적합한 망입(網入)유리의 제조 시 사용되지 않는 금속선은?

① 철선(철사) ② 황동선
③ 청동선 ④ 알루미늄선

해설 망입유리에 사용되는 금속망의 원료
: 철선(철사), 황동선, 알루미늄선

100 목재의 결점 중 벌채시의 충격이나 그 밖의 생리적 원인으로 인하여 세로축에 직각으로 섬유가 절단된 형태를 의미하는 것은?

① 수지낭 ② 미숙재
③ 컴프레션페일러 ④ 옹이

해설 compression failure(압축파괴) : 본문 설명

제6과목 / 건설안전기술

101 유해·위험방지계획서 제출 시 첨부서류로 옳지 않은 것은?

① 공사현장의 주변 현황 및 주변과의 관계를 나타내는 도면
② 공사개요서
③ 전체공정표
④ 작업인부의 배치를 나타내는 도면 및 서류

해설 유해 · 위험방지계획서 첨부서류

1) ①, ②, ③항
2) 건설물, 사용 기계설비 등의 배치를 나타내는 도면
3) 산업안전보건관리비 사용계획
4) 안전관리조직표
5) 재해발생 위험시 연락 및 대피방법

102 추락 재해방지 설비 중 근로자의 추락재해를 방지 할 수 있는 설비로 작업발판 설치가 곤란한 경우에 필요한 설비는?

① 경사로 ② 추락방호망
③ 고장사다리 ④ 달비계

해설 추락하거나 넘어질 위험이 있는 장소(작업발판의 끝, 개구부 등 제외) 또는 기계, 설비, 선박블록 등에서 작업시 추락방지 조치사항
1) (비계조립 등의 방법)작업발판 설치
2) (작업발판 설치 곤란시)추락방호망 설치
3) (추락방호망 설치 곤란시)안전대 사용

103 건설업 산업안전보건관리비 계상 및 사용기준에 따른 안전관리비의 개인보호구 및 안전장구 구입비 항목에서 안전관리비로 사용이 가능한 경우는?

① 안전·보건관리자가 선임되지 않은 현장에서 안전·보건업무를 담당하는 현장관계자용 무전기, 카메라, 컴퓨터, 프린터 등 업무용 기기
② 혹한·혹서에 장기간 노출로 인해 건강장해를 일으킬 우려가 있는 경우 특정 근로자에게 지급되는 기능성 보호 장구
③ 근로자에게 일률적으로 지급하는 보냉·보온장구
④ 감리원이나 외부에서 방문하는 인사에게 지급하는 보호구

해설 개인보호구 및 안전장구 구입비 항목에서 안전관리비로 사용이 불가능한 경우
1) ①, ③, ④항
2) 근로자 보호목적으로 보기 어려운 피복, 장구, 용품 등
   ① 작업복, 방한복, 면장갑, 코팅장갑 등
   ② 근로자에게 일률적으로 지급하는 보냉, 보온장구,(핫팩, 장갑, 아이스조끼, 아이스팩 등)

104 가설통로의 설치기준으로 옳지 않은 것은?

① 경사가 15°를 초과하는 때에는 미끄러지지 않는 구조로 한다.
② 건설공사에 사용하는 높이 8m 이상인 비계다리에는 7m 이내마다 계단참을 설치한다.
③ 수직갱에 가설된 통로의 길이가 15m 이상일 경우에는 15m 이내 마다 계단참을 설치한다.
④ 추락의 위험이 있는 장소에는 안전난간을 설치한다.

해설 가설통로의 구조(안전보건규칙) : 가설통로 설치시 준수사항
1) 견고한 구조로 할 것
2) 경사는 30° 이하로 할 것(다만, 계단을 설치하거나 높이 2m 미만의 가설통로로서 튼튼한 손잡이를 설치한 때에는 그러하지 아니하다)
3) 경사가 15°를 초과하는 때에는 미끄러지지 않는 구조로 할 것
4) 추락의 위험이 있는 장소에는 안전난간을 설치할 것(작업상 부득이한 때에는 필요한 부분에 한하여 임시로 이를 해체할 수 있다)
5) 수직갱에 가설된 통로의 길이가 15m 이상인 때에는 10m 이내마다 계단참을 설치할 것
6) 건설공사에서 사용하는 높이 8m이상인 비계다리에는 7m 이내마다 계단을 설치할 것

105 비계의 높이가 2m 이상인 작업장소에 작업발판을 설치할 경우 준수하여야 할 기준으로 옳지 않은 것은?

① 작업발판의 폭은 30cm 이상으로 한다.
② 발판재료간의 틈은 3cm 이하로 한다.
③ 추락의 위험성이 있는 장소에는 안전난간을 설치한다.
④ 발판재료는 뒤집히거나 떨어지지 않도록 2개 이상의 지지물에 연결하거나 고정시킨다.

해설 **작업발판의 구조**(안전보건규칙 제 56조) : 비계의 높이가 2m 이상인 작업장소에는 다음 각 호의 기준에 적합한 작업발판을 설치하여야 한다.

1) 발판재료는 작업시의 하중치를 견딜 수 있도록 견고한 것으로 할 것
2) 작업발판의 폭은 40cm 이상, 발판재료 간의 틈은 3cm 이하로 할 것
3) 선박 및 보트 건조작업의 경우 선박블록 또는 엔진실 등의 좁은 작업공간에 작업발판을 설치하기 위하여 필요하면 작업발판의 폭을 30cm이상으로 할 수 있고, 걸침비계의 경우 강관기둥 때문에 발판재료간의 틈을 3cm 이하로 유지하기 곤란하면 5cm 이하로 할 수 있다. 이 경우 그 틈 사이로 물체 등이 떨어질 우려가 있는 곳에는 출입금지 등의 조치를 하여야 한다.
4) 추락의 위험성이 있는 장소에는 안전난간을 설치할 것(작업의 성질상 안전난간을 설치하는 것이 곤란한 때 및 작업의 필요상 임시로 안전난간을 해체함에 있어서 방망을 치거나 근로자로 하여금 안전대를 사용하도록 하는 등 추락에 의한 위험방지조치를 한 때에는 그러하지 아니하다.)
5) 작업발판의 지지물은 하중에 의하여 파괴될 우려가 없는 것을 사용할 것
6) 작업발판재료는 뒤집히거나 떨어지지 아니하도록 2 이상의 지지물에 부착시킬 것
7) 작업발판을 작업에 따라 이동시킬 때에는 위험방지에 필요한 조치를 할 것

106 가설구조물의 문제점으로 옳지 않은 것은?

① 도괴재해의 가능성이 크다.
② 추락재해 가능성이 크다.
③ 부재의 결합이 간단하나 연결부가 견고하다.
④ 구조물이 나는 통상의 개념이 확고하지 않으며 조립의 정밀도가 낮다.

해설 **가설구조물의 문제점**
1) ①, ②, ④항
2) 부재의 결합이 간단하여 불완전한 결합이 많다.
3) 연결재가 적은 구조로 되기 쉽다.
4) 부재가 과소단면이거나 결함재가 되기 쉽다.
5) 전체 구조에 대한 구조계산 기준이 부족하다.

107 거푸집 해체작업 시 유의사항으로 옳지 않은 것은?

① 일반적으로 수평부재의 거푸집은 연직부재의 거푸집보다 빨리 떼어낸다.
② 해체된 거푸집이나 각목 등에 박혀있는 못 또는 날카로운 돌출물은 즉시 제거하여야 한다.
③ 상하 동시 작업은 원칙적으로 금지하여 부득이한 경우에는 긴밀히 연락을 위하며 작업을 하여야 한다.
④ 거푸집 해체작업장 주위에는 관계자를 제외하고는 출입을 금지시켜야 한다.

해설 **거푸집 해체작업 시 준수사항**
1) 거푸집 및 지보공(동바리)의 해체는 순서에 의하여 실시하여야 하며 안전담당자를 배치하여야 한다.
2) 거푸집 및 지보공(동바리)은 콘크리트 자중 및 시공 중에 가해지는 기타 하중에 충분히 견딜만한 강도를 가질 때까지는 해체하지 아니하여야 한다.
3) 거푸집 해체 작업 시 유의사항
① 해체작업을 할 때에는 안전모 등 안전보호장구를 착용하도록 한다.
② 거푸집 해체작업장 주위에는 관계자를 제외하고는 출입을 금지시켜야 한다.
③ 상하 동시작업은 원칙적으로 금지하되, 부득이한 경우에는 긴밀히 연락을 취하며 작업을 하여야 한다.
④ 거푸집 해체 때 구조체에 무리한 충격이나 큰 힘에 의한 지렛대 사용은 금지하여야 한다.
⑤ 보 또는 슬래브 거푸집을 제거할 때에는 거푸집의 낙하 충격으로 인한 작업원의 돌발적 재해를 방지하여야 한다.

■ 정답 ■ 106.③ 107.①

⑥ 해체된 거푸집이나 각목 등에 박혀 있는 못 또는 날카로운 돌출물은 즉시 제거하여야 한다.

⑦ 해체된 거푸집이나 각목의 재사용 가능한 것과 보수하여야 할 것을 선별·분리하여 적치하고 정리정돈을 하여야 한다.

108 법면 붕괴에 의한 재해 예방조치로서 옳은 것은?

① 지표수와 지하수의 침투를 방지한다.
② 법면의 경사를 증가한다.
③ 절토 및 성토높이를 증가한다.
④ 토질의 상태에 관계없이 구배조건을 일정하게 한다.

해설 **법면 붕괴에 의한 재해예방조치**
  1) 지표수와 지하수의 침투를 방지한다.
  2) 법면의 경사를 감소시킨다.
  3) 절토 및 성토 높이를 줄인다.
  4) 토질의 상태를 고려하여 구배조건을 결정한다.

109 취급·운반의 원칙으로 옳지 않은 것은?

① 운반 작업을 집중하여 시킬 것
② 생산을 최고로 하는 운반을 생각할 것
③ 곡선 운반을 할 것
④ 연속 운반을 할 것

해설 **취급·운반의 5원칙**
  1) 직선운반을 할 것
  2) 연속운반을 할 것
  3) 운반작업을 집중화시킬 것
  4) 생산을 최고로 하는 운반을 생각할 것
  5) 최대한 시간과 경비를 절약할 수 있는 운반 방법을 고려할 것

110 철골작업 시 철골부재에서 근로자가 수직방향으로 이동하는 경우엔 설치하여야 하는 고정된 승강로의 최대 답단 간격은 얼마 이내인가?

① 20cm ② 25cm
③ 30cm ④ 40cm

해설 철골작업시 설치하는 고정된 승강르의 최대 답단 간격 : 30cm 이내

111 재해사고를 방지하기 위하여 크레인에 설치된 방호장치로 옳지 않은 것은?

① 공기정화장치 ② 비상정지장치
③ 제동장치 ④ 권과방지장치

해설 **크레인의 방호장치**
  1) 과부하방지장치
  2) 권과방지장치
  3) 비상정지장치
  4) 제동장치

112 작업장 출입구 설치 시 준수해야 할 사항으로 옳지 않은 것은?

① 출입구의 위치·수 및 크기가 작업장의 용도와 특성에 맞도록 한다.
② 출입구에 문을 설치하는 경우에는 근로자가 쉽게 열고 닫을 수 있도록 한다.
③ 주된 목적이 하역운반기계용인 출입구에는 보행자용 출입구를 따로 설치하지 않는다.
④ 계단이 출입구와 바로 연결된 경우에는 작업자의 안전한 통행을 위하여 그 사이에 1.2m 이상 거리를 두거나 안내표지 또는 비상벨 등을 설치한다.

해설 ③항, 주된 목적이 하역운반기계용인 출입구에는 인접하여 보행자용 출입구를 따로 설치할 것

---

113 옥외에 설치되어 있는 주행크레인에 대하여 이탈방지장치를 작동시키는 등 그 이탈을 방지하기 위한 조치를 하여야 하는 순간풍속에 대한 기준으로 옳은 것은?

① 순간풍속이 초당 10m를 초과하는 바람이 불어올 우려가 있는 경우
② 순간풍속이 초당 20m를 초과하는 바람이 불어올 우려가 있는 경우
③ 순간풍속이 초당 30m를 초과하는 바람이 불어올 우려가 있는 경우
④ 순간풍속이 초당 40m를 초과하는 바람이 불어올 우려가 있는 경우

해설 주행크레인의 폭풍에 의한 이탈방지조치사항 :
순간풍속이 30m/sec를 초과하는 바람이 불어올 우려가 있는 경우 옥외에 설치되어 있는 주행크레인에 대하여 이탈방지장치를 작동시키는 등 이탈방지를 위한 조치를 할 것

114 지반 등의 굴착작업 시 연암의 굴착면 기울기로 옳은 것은?

① 1 : 0.3
② 1 : 0.5
③ 1 : 0.8
④ 1 : 1.0

해설 굴착면 구배기준

구분	지반의 종류	구배
보통 흙	모래	1 : 1.8
	그 밖에 흙	1 : 1.2
암반	풍화암	1 : 1.0
	연암	1 : 1.0
	경암	1 : 0.5

115 사면지반 개량공법으로 옳지 않은 것은?

① 전기 화학적 공법
② 석회 안정처리 공법
③ 이온 교환 방법
④ 옹벽 공법

해설 지반개량공법

지반구분	종류
1. 사질토	1) 진동다짐공법 2) 다짐모래말뚝공법 3) 약액주입법 4) 전기충격공법
2. 점성토	1) 치환공법(굴착치환, 폭파치환) 2) 압밀공법(선행재하공법, 압성토공법) 3) 탈수공법(샌드드레인, 페이퍼드레인) 4) 배수공법(Deep well, well point) 5) 고결공법(생석회공법, 동결공법) 6) 전기침투공법 7) 표면처리공법

116 흙막이벽 근입깊이를 깊게하고, 전면의 굴착부분을 남겨두어 흙의 중량으로 대항하게 하거나, 굴착예정부분의 일부를 미리 굴착하여 기초콘크리트를 타설하는 등의 대책과 가장 관계가 깊은 것은?

① 파이핑현상이 있을 때
② 히빙현상이 있을 때
③ 지하수위가 높을 때
④ 굴착깊이가 깊을 때

해설 히빙(Heaving) : 히빙이란 굴착이 진행됨에 따라 흙막이벽 뒤쪽 흙의 중량과 상부재하 하중이 굴착부 바닥의 지지력 이상이 되면 흙막이벽 근입(根入)부분의 지반 이동이 발생하여 굴착부 저면이 솟아오르는 현상이다. 이 현상이 발생하면 흙막이벽의 근입부분이 파괴되면서 흙막이벽 전체가 붕괴는 경우가 많다.

117 사다리식 통로 등을 설치하는 경우 통로 구조로서 옳지 않은 것은?

① 발판의 간격은 일정하게 한다.
② 발판과 벽과의 사이는 15 cm 이상의 간격을 유지한다.
③ 사다리의 상단은 걸쳐놓은 지점으로부터 60cm 이상 올라가도록 한다.
④ 폭은 40cm 이상으로 한다.

해설 사다리식 통로의 구조(사다리식통로 설치시 준수사항)
1) 견고한 구조로 할 것
2) 심한 손상, 부식 등이 없는 재료를 사용할 것
3) 발판의 간격은 동일하게 할 것
4) 발판과 벽면의 사이는 15cm 이상의 간격을 유지할 것
5) 폭은 30cm 이상으로 할 것
6) 사다리가 넘어지거나 미끄러지는 것을 방지하기 위한 조치를 할 것
7) 사다리의 상단은 걸쳐놓은 지점으로부터 60cm 이상 올라가도록 할 것
8) 사다리식 통로의 길이가 10m 이상인 경우에는 5m이내마다 계단참을 설치할 것
9) 이동식 사다리식 통로의 기울기는 75° 이하로 할 것(다만, 고정식 사다리식 통로의 기울기는 90° 이하로 하고 높이가 7m 이상인 경우 바닥으로부터 높이가 2.5m되는 지점부터 등받이 울을 설치할 것)
10) 접이식 사다리기둥은 사용 시 접혀지거나 펼쳐지지 않도록 철물 등을 사용하여 견고하게 조치할 것

118 콘크리트 타설작업을 하는 경우에 준수해야할 사항으로 옳지 않은 것은?

① 당일의 작업을 시작하기 전에 해당 작업에 관한 거푸집동바리 등의 변형·변위 및 지반의 침하 유무 등을 점검하고 이상이 있으면 보수한다.
② 작업 중에는 거푸집동바리 등의 변형·변위

및 침하 유무 등을 감시할 수 있는 감시자를 배치하여 이상이 있으면 작업을 빠른 시간 내 우선 완료하고 근로자를 더피시킨다.
③ 콘크리트 타설작업 시 거푸집붕괴의 위험이 발생할 우려가 있으면 충분한 보강조치를 한다.
④ 콘크리트를 타설하는 경우에는 편심이 발생하지 않도록 골고루 분산하여 타설한다.

해설 콘크리트의 타설작업시 준수해야 할 사항
1) 당일의 작업을 시작하기 전에 당해 작업에 관한 거푸집동바리 등의 변형·변위 및 지반의 침하유무 등을 점검하고 이상을 발견한 때에는 이를 보수할 것
2) 작업 중에는 거푸집 동바리 등의 변형·변위 및 침하유무 등을 감시할 수 있는 감시자를 배치하여 이상을 발견한 때에는 작업을 중지시키고 근로자를 대피시킬 것
3) 콘크리트의 타설 작업시 거푸집 붕괴의 위험이 발생할 우려가 있는 때에는 충분한 보강 조치를 할 것
4) 설계 도서상의 콘크리트 양생기간을 준수하여 거푸집동바리 등을 해처할 것
5) 콘크리트를 타설하는 경우어는 편심이 발생하지 않도록 골고루 분산하여 타설할 것

119 건설작업장에서 근로자가 상시 작업하는 장소의 작업면 조도기준으로 옳지 않은 것은? (단, 갱내 작업장과 감광재료를 취급하는 작업장의 경우는 제외)

① 초정밀작업 : 600럭스(lux) 이상
② 정밀작업 : 300럭스(lux) 이상
③ 보통작업 : 150럭스(lux) 이상
④ 초정밀, 정밀, 보통작업을 제외한 기타 작업 : 75럭스(lux) 이상

해설 작업면의 조도기준
1) **초정밀작업** : 750 럭스 이상
2) **정밀작업** : 300 럭스 이상
3) **보통작업** : 150럭스 이상
4) **그 밖의 작업** : 75럭스 이상

■ 정답 ■ 117.④ 118.② 119.①

120 강관틀비계를 조립하여 사용하는 경우 준수해야할 기준으로 옳지 않은 것은?

① 수직방향으로 6m, 수평방향으로 8m 이내마다 벽이음을 할 것
② 높이가 20m를 초과하거나 중량물의 적재를 수반하는 작업을 할 경우에는 주틀 간의 간격을 2.4m 이하로 할 것
③ 길이가 띠장 방향으로 4m 이하이고 높이가 10m를 초과하는 경우에는 10m이내마다 띠장 방향으로 버팀기둥을 설치할 것
④ 주틀 간에 교차 가새를 설치하고 최상층 및 5층 이내마다 수평재를 설치할 것

해설 강관틀비계를 조립하여 사용할 때의 준수할 사항
1) 비계기둥의 밑둥에는 밑받침철물을 사용하여야 하며 밑받침에 고저차가 있는 경우에는 조절형 밑받침철물을 사용하여 각각의 강관틀비계가 항상 수평 및 수직을 유지하도록 할 것
2) 높이가 20m를 초과하거나 중량물의 적재를 수반하는 작업을 할 경우에는 주틀 간의 간격이 1.8m 이하로 할 것
3) 주틀 간의 교차가새를 설치하고 최상층 및 5층 이내마다 수평재를 설치할 것
4) 수직방향으로 6m, 수평방향으로 8m 이내마다 벽이음을 할 것
5) 길이가 띠장방향으로 4m 이하이고 높이가 10m를 초과하는 경우에는 10m 이내마다 띠장방향으로 버팀기둥을 설치할 것

■ 정답 ■ 120.②

제1과목 / 산업안전관리론

01 산업안전보건법령상 안전보건관리규정 작성에 관한 사항으로 (   )에 알맞은 기준은?

> 안전보건관리규정을 작성하여야 할 사업의 사업주는 안전보건관리규정을 작성하여야 할 사유가 발생한 날부터 (   )일 이내에 안전보건관리규정을 작성해야 한다.

① 7 ② 14
③ 30 ④ 60

해설 안전보건관리규정의 작성 등(시행규칙 제26조) : 사업주는 안전보건관리규정 을 작성하여야 할 사유가 발생한 날부터 30일 이내에 안전보건관리규정의 세부내용(별표 6의 3)을 포함한 안전보건관리규정을 작성하여야 한다.

02 산업안전보건법령상 안전관리자를 2인 이상 선임하여야 하는 사업이 아닌 것은? (단, 기타 법령에 관한 사항은 제외한다.)

① 상시 근로자가 500명인 통신업
② 상시 근로자가 700명인 발전업
③ 상시 근로자가 600명인 식료품 제조업
④ 공사금액이 1000억이며 공사 진행률(공정률) 20%인 건설업

해설 안전관리자를 두어야 할 사업의 종류 · 규모, 안전관리자의 수

사업의 종류	규모	안전관리자 수
1. 토사석 광업 2. 식료품 제조업, 음료제조업	상시근로자 50명이상 500명 미만	1명 이상
9. 비철금속 광물제품 제조업 10. 1차 금속 제조업 ⋮ 22. 자동차 종합 수리업, 자동차 전문 수리업 23. 발전업	상시근로자 500명이상	2명 이상
24. 농업, 임업 및 어업 ⋮ 28. 운수 및 창고업	상시근로자 50명 이상 1,000명 미만	1명 이상
33. 우편 및 통신업 ⋮ 43. 기타 개인 서비스업	상시 근로자 1,000명 이상	2명 이상
46. 건설업	1. 공사금액 50억원(관계수급인은 100억원) 이상 120억원 미만(토목공사업은 150억원 미만)	1명 이상
	2. 공사금액 120억원(토목공사업은 150억원)이상 800억원 미만	1명 이상
	3. 공사금액 800억원 이상 1500억원 미만 •전체 공사시간 중 전후 15에 해당하는 기간	2명 이상 1명 이상

03 산업재해보상시험법령상 보험급여의 종류를 모두 고른 것은?

> ㄱ. 장례비   ㄴ. 요양급여
> ㄷ. 간병급여   ㄹ. 영업손실비용
> ㅁ. 직업재활급여

① ㄱ, ㄴ, ㄹ
② ㄱ, ㄴ, ㄷ, ㅁ
③ ㄱ, ㄷ, ㄹ, ㅁ
④ ㄴ, ㄷ, ㄹ, ㅁ

해설 보험급여의 종류(산업재해보상보험법)
1) 요양급여   2) 휴업급여
3) 장해급여   4) 간병급여
5) 유족급여   6) 상병보상급여
7) 장의비   8) 직업재활급여
9) 진폐보상연금 및 진폐유족연금

04 안전관리조직의 형태에 관한 설명으로 옳은 것은?

① 라인형 조직은 100명 이상의 중규모 사업장에 적합하다.
② 스태프형 조직은 100명 이상의 중규모 사업장에 적합하다.
③ 라인형 조직은 안전에 대한 정보가 불충분하지만 안전지시나 조치에 대한 실시가 신속하다.
④ 라인·스태프형 조직은 1000명 이상의 대규모 사업장에 적합하나 조직원 전원의 자율적 참여가 불가능하다.

해설 1) **라인형 조직**은 100명 미만의 소규모 사업장에 적합하다.
2) **스태프형 조직**은 권한 다툼이나 조정 때문에 통제수속이 복잡해지며 시간과 노력이 소모된다.
3) **라인, 스태프형 조직**은 1000명 이상의 대규모 사업장에 적합하며 조직원 전원의 자율적 참여가 가능하다.

05 재해 예방을 위한 대책선정에 관한 사항 중 기술적 대책(Engineering)에 해당되지 않는 것은?

① 작업행정의 개선
② 환경설비의 개선
③ 점검 보존의 확립
④ 안전 수칙의 준수

해설 대책 선정의 원칙 : 재해예방을 위한 가능한 안전대책은 반드시 존재한다. 일반적으로 재해방지를 위한 안전대책은 다음과 같은 것이 있다.
1) **기술(engineering)적 대책(공학적 대책)** : 안전설계, 작업행정의 개선, 안전기준의 설정, 작업행정의 개선, 안전기준의 설정, 환경설비의 개선, 점검보존의 확립 등을 행한다.
2) **교육(education)적 대책** : 안전교육 및 훈련을 실시한다.
3) **규제(enforcement)적 대책(관리적 대책)** : 관리적 대책은 엄격한 규칙에 의해 제도적으로 시행되어야 하므로 다음의 조건이 충족되어야 한다.
  ① 적합한 기준 설정
  ② 각종 규정 및 수칙의 준수
  ③ 전 종업원의 기준 이해
  ④ 경영자 및 관리자의 솔선수범
  ⑤ 부단한 동기부여와 사기 향상

> **길잡이** 재해예방의 4원칙
> 1) **손실우연의 원칙** : 사고에 의해 생기는 손실(상해)의 종류와 정도는 우연적이다.
> 2) **원인계기의 원칙** : 모든 재해는 필연적 원인에 의해서 발생되며 재해 발생은 직접원인만이 아니고 많은 간접원인의 연쇄로 발생되는 것이다.
> 3) **예방가능의 원칙** : 재해는 원칙적으로 모든 방지가 가능하다.
> 4) **대책선정의 원칙** : 가장 효과적인 재해방지 대책의 선정은 이들 원인의 정확한 분석에 의해서 얻어진다.

06 산업안전보건법령상 산업안전보건위원회의 심의 · 의결을 거쳐야 하는 사항이 아닌 것은? (단, 그 밖에 필요한 사항은 제외한다.)

① 작업환경측정 등 작업환경의 점검 및 개선에 관한 사항
② 산업재해에 관한 통계의 기록 및 유지에 관한 사항
③ 안전장치 및 보호구 구입 시 적격품 여부 확인에 관한 사항
④ 사업장의 산업재해 예방계획의 수립에 관한 사항

해설 산업안전보건위원회의 심의 · 의결사항
1) ①, ②, ④항
2) 안전보건관리규정의 작성 및 변경에 관한 사항
3) 근로자의 안전 · 보건교육에 관한 사항
4) 근로자의 건강진단 등 건강관리에 관한 사항
5) 중대재해의 원인조사 및 재발방지대책 수립에 관한 사항
6) 유해하거나 위험한 기계·기구·설비를 도입한 경우 안전 및 보건관련 조치에 관한 사항

07 산업안전보건법령상 안전보건표지의 색채를 파란색으로 사용하여야 하는 경우는?

① 주의표지   ② 정지신호
③ 차량 통행표지   ④ 특정 행위의 지시

해설 안전표지의 색체 · 색도 기준 및 용도(시행규칙 별표3)

색채	색도기준	용도	사용예
빨간색	7.5R 4/14	금지	정지신호, 소화설비 및 그 장소, 유해행위 금지
		경고	화학물질 취급장소에서의 유해 · 위험경고
노란색	5Y 8.5/12	경고	화학물질 취급장소에서의 유해 · 위험 경고, 이외의 위험 경고, 주의표지 또는 기계방호물

색채	색도기준	용도	사용예
파란색	2.5PB 4/10	지시	특정 항위의 지시 및 사실의 고지
녹색	2.5G 4/10	안내	비상구 및 피난소, 사람 또는 차량의 통행표지
흰색	N 9.5		파란색 또는 녹색에 대한 보조색
검은색	N 0.5		문자 및 빨간색 또는 노란색에 대한 보조색

08 시설물의 안전 및 유지관리에 관한 특별법령상 안전등급별 정기안전점검 및 정밀안전진단 실시시기에 관한 사항으로 ()에 알맞은 기준은?

안전등급	정기안전점검	정밀안전진단
A등급	(㉠)에 1회 이상	(㉡)에 1회 이상

① ㄱ : 반기, ㄴ : 4년
② ㄱ : 반기, ㄴ : 6년
③ ㄱ : 1년, ㄴ : 4년
④ ㄱ : 1년, ㄴ : 6년

해설 1) 안전등급별 정기안전점검 실시시기

안전등급	실시시기
A, B, C 등급	반기에 1회 이상
D, E 등급	해빙기, 우기, 동절기 등 1년에 3회 이상

2) 안전등급별 정밀점검 및 정밀안전진단의 실시주기

안전등급	정밀점검		정밀안전진단
	건축물	그외시설둘	
A등급	4년에 1회 이상	3년에 1회 이상	6년에 1회 이상
B.C등급	3년에 1회 이상	2년에 1회 이상	5년에 1회 이상
D.E등급	2년에 1회 이상	1년에 1회 이상	4년에 1회 이상

09 다음의 재해사례에서 기인물과 가해물은?

> 작업자가 작업장을 걸어가던 중 작업장 바닥에 쌓여있던 자재에 걸려 넘어지면서 바닥에 머리를 부딪쳐 사망하였다.

① 기인물 : 자재, 가해물 : 바닥
② 기인물 : 자재, 가해물 ; 자재
③ 기인물 : 바닥, 가해물 : 바닥
④ 기인물 : 바닥, 가해물 : 자재

해설 1) **기인물** : 불안전한 상태에 있는 물체·환경 등(자재)
　　2) **가해물** : 직접 사람에게 접촉되어 위해를 가한 물체 등(바닥)

10 산업재해통계업무처리규정상 산업재해통계에 관한 설명으로 틀린 것은?

① 총요양근로손실일수는 재해자의 총 요양기간을 합산하여 산출한다.
② 휴업재해자수는 근로복지공단의 휴업급여를 지급받은 재해자수를 의미하여, 체육행사로 인하여 발생한 재해는 제외된다.
③ 사망자수는 통상의 출퇴근에 의한 사망을 포함하여 근로복지공단의 유족급여가 지급된 사망자수를 말한다.
④ 재해자수는 근로복지공단의 유족급여가 지급된 사망자 및 근로복지공단에 최초요양 신청서를 제출한 재해자 중 요양승인을 받은 자를 말한다.

해설 **사망자 수** : 근로복지공단의 유족급여가 지급된 사망자 수를 말한다. 다만, 사업장 밖의 교통사고, 체육행사, 폭력행위, 통상의 출퇴근에 의한 사망, 사망발생일로부터 1년을 경과하여 사망한 경우는 제외한다.

11 건설업 산업안전보건관리비 계상 및 사용 기준상 건설업 안전보건관리비로 사용할 수 있는 것을 모두 고른 것은?

> ㄱ. 전담 안전·보건관리자의 인건비
> ㄴ. 현장 내 안전보건 교육장 설치 비용
> ㄷ. 「전기사업법」에 따른 전기안전대행비용
> ㄹ. 유해·위험방지계획서의 작성에 소요되는 비용
> ㅁ. 재해예방전문지도기관에 지급하는 기술지도 비용

① ㄴ, ㄷ, ㄹ
② ㄱ, ㄴ, ㄹ, ㅁ
③ ㄱ, ㄷ, ㄹ, ㅁ
④ ㄱ, ㄴ, ㄷ, ㅁ

해설 안전보건교육과 관련된 안전관리비 사용불가 내역
　　1) 해당 현장과 별개지역의 장소에 설치하는 교육장의 설치, 해체, 운영비용
　　2) 교육장 대지 구입비용

12 다음에서 설명하는 위험예지훈련 단계는?

> – 위험요인을 찾아내는 단계
> – 가장 위험한 것을 합의하여 결정하는 단계

① 현상파악　　　　② 본질추구
③ 대책수립　　　　④ 목표설정

해설 위험예지훈련의 4Round(4단계)
　　1) **1R-현상파악** : 잠재위험요인을 발견하는 단계(BS적용)
　　2) **2R-본질추구** : 가장 위험한 요인(위험포인트)을 합의로 결정하는 단계(요약)
　　3) **3R-대책수립** : 대책을 수립하는 단계(BS적용)
　　4) **4R-행동목표설정** : 행동계획을 정하고 수립한 대책 가운데서 질이 높은 항목에 합의하는 단계(요약)

13 산업안전보건법령상 안전검사 대상 기계가 아닌 것은?

① 리프트
② 압력용기
③ 컨베이어
④ 이동식 국소 배기장치

해설 안전검사 대상 유해, 위험기계, 기구, 설비 등
    1) 프레스
    2) 전단기
    3) 크레인(정격하중 2톤 미만인 것은 제외)
    4) 리프트
    5) 압력용기
    6) 곤돌라
    7) 국소배기장치(이동식은 제외)
    8) 원심기(산업용에 한정)
    9) 롤러기(밀폐형 구조는 제외)
    10) 사출성형기[형 체결력 294킬로뉴톤(kN) 미만은 제외]
    11) 고소작업대(화물자동차 또는 특수자동차에 탑재한 고소작업대로 한정)
    12) 컨베이어
    13) 산업용 로봇

14 산업안전보건법령상 사업장에서 산업재해 발생 시 사업주가 기록·보존하여야 하는 사항이 아닌 것은? (단, 산업재해조사표와 요양신청서의 사본은 보존하지 않았다.

① 사업장의 개요
② 근로자의 인적사항
③ 재해 재발장치 계획
④ 안전관리자 선임에 관한 사항

해설 산업재해 발생시 기록·보존하여야 할 사항(시행규칙 제4조의 2)
    1) 사업장의 개요 및 근로자의 인적사항
    2) 재해발생의 일시 및 장소
    3) 재해발생의 원인 및 과정
    4) 재해 재발방지계획

15 A 사업장의 상시근로자수가 1200명이다. 이 사업장의 도수율이 10.5이고 강도율이 7.5일 때 이 사업장의 총 요양근로손실일수(일)는? (단, 연근로시간수는 2400시간이다.)

① 21.6
② 216
③ 2160
④ 21600

해설 강도율 $= \dfrac{\text{근로손실일수}}{\text{연근로시간수}} \times 1000$

    근로손실일수 $=$ 강도율$\times$연근로시간수$\times \dfrac{1}{1000}$

    $= 7.5 \times 1200 \times 2400 \times \dfrac{1}{1000}$

    $= 21600$일

16 산업재해의 기본원인으로 볼 수 있는 4M으로 옳은 것은?

① Man, Machine, Maker, Media
② Man, Management, Machine, Media
③ Man, Machine, Maker, Management
④ Man, Management, Machine, Material

해설 산업재해의 기본원인 4M(인간과오의 배후요인 4요소)
    1) Man : 본인 이외의 사람
    2) Machine : 장치나 기기 등의 물적요인
    3) Media : 인간과 기계를 잇는 대체(작업방법, 순서, 작업정보의 실태, 작업환경, 정리정돈 등)
    4) Management : 안전법규의 준수방법, 단속, 점검관리 외에 지휘감독, 교육훈련 등

17 보호구 안전인증 고시상 안전대 충격흡수 장치의 동하중 시험성능기준에 관한 사항으로 ( )에 알맞은 기준은?

> – 최대전달충격력은 (ㄱ)kN 이하
> – 감속거리는 (ㄴ)mm이하이어야 함

① ㄱ : 6.0, ㄴ : 1000
② ㄱ : 6.0, ㄴ : 2000
③ ㄱ : 8.0, ㄴ : 1000
④ ㄱ : 8.0, ㄴ : 2000

해설 안전대 완성품 및 부품의 동하중 시험 성능기준

구분	명칭	시험성능기준
완성품	• 1개걸이용 • u자걸이용 • 추락방지대 • 안전블록	① 시험몸통에서 빠지지 말 것 ② 최대전달충격력은 6.0kN 이하일 것 ③ u자걸이용, 안전블록, 추락방지대의 감속거리는 1000mm 이하일 것 ④ 시험 후 죔줄과 시험몸통 간의 수직각이 50° 미만일 것
부품	• 안전블록	① 파손되지 않을 것 ② 최대전달충격력은 60kN 이하일 것 ③ 억제거리는 2,000mm이하일 것
	• 충격흡수장치	① 최대전달충격력은 60kN이하일 것 ② 감속거리는 1,000mm이하일 것

18 산업안전보건기준에 관한 규칙상 공기압축기 가동 전 점검사항을 모두 고른 것은? (단, 그 밖에 사항은 제외한다.)

> ㄱ. 윤활유의 상태
> ㄴ. 압력방출장치의 기능
> ㄷ. 회전부의 덮개 또는 울
> ㄹ. 언로드밸브(unloading valve)의 기능

① ㄷ, ㄹ
② ㄱ, ㄴ, ㄷ
③ ㄱ, ㄴ, ㄹ
④ ㄱ, ㄴ, ㄷ, ㄹ

해설 공기압축기를 가동할 때 작업시작 전 점검사항 (안전보건규칙 별표)
1) ㄱ, ㄴ, ㄷ, ㄹ항
2) 공기저장 압력용기의 외관상태
3) 드레인밸브의 조작 및 배수
4) 그밖의 연결부위의 이상 유무

19 버드(Bird)의 재해구성비율 이론상 경상이 10건 일 때 중상에 해당하는 사고 건수는?

① 1
② 30
③ 300
④ 600

해설 1) 하인리히의 재해구성비율
중상 또는 사망 : 경상 : 무상해사고
= 1 : 29 : 300
2) 버드의 재해구성비율
중상 또는 폐질 : 경상 : 무상해사고 : 무상해무사고
= 1 : 10 : 30 : 600

20 재해의 원인 중 불안전한 상태에 속하지 않는 것은?

① 위험장소 접근
② 작업환경의 결함
③ 방호장치의 결함
④ 물적 자체의 결함

해설 직접원인 : 불안전한 행동 및 불안전한 상태

1. 불안전한 행동	2. 불안전한 상태
① 위험장소 접근 ② 안전장치의 기능 제거 ③ 복장 보호구의 잘못 사용 ④ 기계 기구 잘못 사용 ⑤ 운전 중인 기계장치의 손질 ⑥ 불안전한 속도 조작 ⑦ 위험물 취급 부주의 ⑧ 불안전한 상태방치 ⑨ 불안전한 자세동작 ⑩ 감독 및 연락 불충분	① 물 자체 결함 ② 안전 방호장치 결함 ③ 복장 보호구의 결함 ④ 물의 배치 및 작업장소 결함 ⑤ 작업환경의 결함 ⑥ 생산 공정의 결함 ⑦ 경계표시, 설비의 결함

제2과목 / 산업심리 및 교육

21 다음 적응기제 중 방어적 기제에 해당하는 것은?

① 고립(isolation)
② 억압(repression)
③ 합리화(rationalization)
④ 백일몽(day-dreaming)

해설 적응기제
1) 방어적기제 : 보상, 합리화, 동일시, 승화 등
2) 도피적기제 : 고립, 퇴행, 억압, 백일몽 등

22 알고 있는 지식을 심화시키거나 어떠한 자료에 대해 보다 명료한 생각을 갖도록 하는 경우 실시하는 교육방법으로 가장 적절한 것은?

① 구안법　　② 강의법
③ 토의법　　④ 실연법

해설 토의법 적용의 경우
1) 수업의 중간이나 마지막 단계
2) 학교 수업이나 직업훈련의 특정분야
3) 알고 있는 지식을 심화시키거나 어떠한 자료에 대해 보다 명료한 생각을 갖도록 하는 경우
4) 팀워크가 필요한 경우

23 조직이 리더(leader)에게 부여하는 권한으로 부하직원의 처벌, 임금 삭감을 할 수 있는 권한은?

① 강압적 권한
② 보상적 권한
③ 합법적 권한
④ 전문성의 권한

해설 리더십의 권한
1) 조직이 지도자에게 부여한 권한
① 보상적 권한
② 강압적 권한
③ 합법적 권한
2) 지도자 자신이 자신에게 부여한 권한
① 전문성의 권한
② 위임된 권한

24 운동에 대한 착각현상이 아닌 것은?

① 자동운동　　② 항상운동
③ 유도운동　　④ 가현운동

해설 운동의 시지각(착각현상)
1) **자동운동** : 암실 내에서 정지된 소광점을 응시하고 있으면 그 광점이 움직이는 것을 볼 수 있는데 이것을 자동운동이라 한다. 자동운동이 생기기 쉬운 조건은 다음과 같다.
① 광점이 작을 것
② 시야의 다른 부분이 어두울 것
③ 광의 강도가 작을 것
④ 대상이 단순할 것
2) **유도운동** : 실제로 움직이지 않는 것이 어느 기준의 이동에 유도되어 움직이는 것처럼 느껴지는 현상을 말한다.
3) **가현운동** : 객관적으로 정지하고 있는 대상물이 급속히 나타난가 소멸하는 것으로 인하여 일어나는 운동으로 마치 대상물이 운동하는 것처럼 인식되는 현상을 말한다. (β운동 : 영화영상의 방법).

25 자동차 엑셀레이터와 브레이크 간 간격, 브레이크 폭, 소프트웨어 상에서 메뉴나 버튼의 크기 등을 결정하는데 사용할 수 있는 인간공학 법칙은?

① Fitts의 법칙　　② Hick의 법칙
③ Weber의 법칙　　④ 양립성 법칙

해설 Fitts의 법칙
1) 난이도 지수(ID)와 동작시간 또는 이동시간 (MT:제어장치의 버튼을 누르기 위해 손가

락이 움직이는 시간)의 관계식

$$M = a + b \cdot ID$$
$$= a + b log_2 \left(\frac{2A}{W} \right)$$

여기서, ID(난이도지수) $= log_2 \frac{2A}{W}$

2) Fitts law의 의미
① 난이도 지수(ID)는 로그 함수이다.
② 동작시간(MT)은 버튼의 너비(W)와 반비례한다.
③ 동작시간(MT)은 움직인 거리(A)에 비례한다(손가락이 움직이는 거리가 길수록 동작시간은 길어진다)
④ 난이도 지수(ID)가 같다면 버튼의 너비와 이동거리가 달라도 이동시간(동작시간)은 같다.

26 개인적 카운슬링(Counseling)의 방법이 아닌 것은?

① 설득적 방법
② 설명적 방법
③ 강요적 방법
④ 직접적인 충고

해설 1) 카운슬링의 순서 : 장면구성 - 내담자 대화 - 의견재분석 - 감정표출 - 감정의 명확화
2) 개인적인 카운슬링의 방법
① 직접충고 : 안전수칙 불이행시 적합, 지시적 방법
② 설득적 방법 : 비지시적 방법
③ 설명적 방법 : 비지시적 방법

27 산업안전보건법령상 근로자 안전보건교육 중 특별교육 대상 작업에 해당하지 않는 것은?

① 굴착면의 높이가 5m되는 지반 굴착작업
② 콘크리트 파쇄기를 사용하여 5m의 구축물을 파쇄하는 작업
③ 흙막이 지보공의 보강 또는 동바리를 설치하거나 해체하는 작업

④ 휴대용 목재가공기계를 3대 보유한 사업장에서 해당 기계로 하는 작업

해설 1) 목재가공용 기계를 5대 이상 보유한 사업장에서 해당기계로 작업을 할 때는 특별안전보건교육을 실시하여야 한다.
2) 단, 목재 가공용 기계는 둥근톱기계, 띠톱기계, 대패기계, 모떼기 기계 및 라우터 만 해당되며, 휴대용은 제외한다.

28 학습지도의 원리와 거리가 가장 먼 것은?

① 감각의 원리   ② 통합의 원리
③ 자발성의 원리   ④ 사회화의 원리

해설 학습지도의 원리
1) 자기활동의 원리
2) 개별화의 원리
3) 사회화의 원리
4) 통합의 원리
5) 직관의 원리

29 메슬로우(Maslow)의 욕구 5단계 중 안전욕구에 해당하는 단계는?

① 1단계   ② 2단계
③ 3단계   ④ 4단계

해설 매슬로우(Maslow)의 욕구 5단계
1) 1단계-생리적 욕구(신체적 욕구) : 기아, 갈등, 호흡, 배설, 성욕 등 기본적 욕구
2) 2단계-안전의 욕구 : 안전을 구하려는 욕구
3) 3단계-사회적 욕구(친화욕구) : 애정, 소속에 대한 욕구
4) 4단계-인정받으려는 욕구(자기존경의 욕구, 승인욕구) : 자존심, 명예, 성취, 지위 등에 대한 욕구
5) 5단계-자아실현의 욕구(성취욕구) : 잠재적인 능력을 실현하고자 하는 욕구

■ 정답 ■ 26.③ 27.④ 28.① 29.②

30 생체리듬에 관한 설명 중 틀린 것은?

① 감각의 리듬이 (−)로 최대가 되는 경우에만 위험일이라고 한다.
② 육체적 리듬은 "P"로 나타내며, 23일을 주기로 반복된다.
③ 감성적 리듬은 "S"로 나타내며, 28일을 주기로 반복된다.
④ 지성적 리듬은 "I"로 나타내며, 33일을 주기로 반복된다.

해설 (1) 바이오리듬의 종류
　1) 육체적 리듬(physical cycle) : 주기 23일(식욕, 소화력, 활동력, 지구력), 청색 표시
　2) 지성적 리듬(intellectual cycle) : 주기 33일(상상력, 사고력, 기억력, 인지, 판단), 녹색표시
　3) 감성적 리듬(sensitivity cycle) : 주기 28일(감정, 주의심, 창조력, 예감 및 통찰력) 적색표시
(2) 위험일
　1) 3개의 리듬이 (+)리듬(안정기)에서 (−)리듬(불안정기) 또는 (−)리듬으로 변화하는 점을 위험일이라 한다.
　2) 위험일은 한 달에 6일 정도 일어나며, 평소보다 뇌졸중이 5.4배, 심장질환 발작이 5.1배, 자살은 6.8배 정도 더 많이 발생된다.

31 에너지대사율(RMR)의 따른 작업의 분류에 따라 중(보통)작업의 RMR 범위는?

① 0 ~ 2
② 2 ~ 4
③ 4 ~ 7
④ 7 ~ 9

해설 작업강도에 따른 에너지대사율(RMR)의 구분
　1) 0~2RMR : 輕작업(가벼운 작업)
　2) 2~4RMR : 中작업(보통 작업)
　3) 4~7RMR : 重작업(힘든 작업)
　4) 7RMR : 超重작업(매우 힘든 작업)

32 조직 구성원의 태도는 조직성과와 밀접한 관계가 있는데 태도(attitude)의 3가지 구성요소에 포함되지 않는 것은?

① 인지적 요소
② 정서적 요소
③ 성격적 요소
④ 행동경향 요소

해설 태도(attitude)의 3가지 구성요소
　1) 인지적 요소
　2) 정서적 요소
　3) 행동경향 요소

33 다음에서 설명하는 학습방법은?

> 학생이 생활하고 있는 현실적인 장면에서 당면하는 여러 문제들을 해결해 나가는 과정으로 지식, 기능, 태도, 기술 등을 종합적으로 획득하도록 하는 학습방법

① 롤 플레잉(Role Playing)
② 문제법(Problem Method)
③ 버즈 세션(Buzz Session)
④ 케이스 메소드(Case Method)

해설 ② 문제법 : 본문설명

34 호손(Hawthorne) 실험의 결과 작업자의 작업능률에 영향을 미치는 주요 원인으로 밝혀진 것은?

① 작업조건
② 인간관계
③ 생산기술
④ 행동규범의 설정

해설 호오손(Hawthome)실험
　1) 실험연구자 : 메이오(Mayc)
　2) 실험연구결과 : 작업능률(생산성향상)은 물리적 '작업조건'보다는 인간으 심리적인 태도, 감정을 규제하고 있는 '인간관계'에 의해서 결정됨을 밝혔다.

■ 정답 ■　30.①　31.②　32.③　33.②　34.②

35 심리학에서 사용하는 용어로 측정하고자 하는 것을 실제로 적절히, 정확히 측정하는지의 여부를 판별하는 것은?

① 표준화　　② 신뢰성
③ 객관성　　④ 타당성

해설 **심리검사의 구비조건**
1) **표준화** : 검사관리를 위한 조건 및 검사절차의 일관성과 통일성을 표준화
2) **객관성** : 체험하는 과정에서 채점자의 편견이나 주관성 배제
3) **규준(norms)** : 검사결과를 해석하기 위한 비교할 수 있는 참조 또는 비교의 틀
4) **신뢰성** : 검사응답의 일관성(반복성)
5) **타당성** : 측정하고자 하는 것을 실제로 잘 측정하는가 여부를 판별하는 것

36 Kirkpatrick의 교육훈련 평가 4단계를 바르게 나열한 것은?

① 학습단계→반응단계→행동단계→결과단계
② 학습단계→행동단계→반응단계→결과단계
③ 반응단계→학습단계→행동단계→결과단계
④ 반응단계→학습단계→결과단계→행동단계

해설 **교육훈련평가의 4단계**
1) **반응단계(1단계)** : 훈련을 어떻게 생각하고 있는가?
2) **학습단계(2단계)** : 어떠한 원칙과 사실 및 기술 등을 배웠는가?
3) **행동단계(3단계)** : 직무수행상 어떠한 행동의 변화를 가져왔는가?
4) **결과단계(4단계)** : 코스트절감, 품질개선, 안전관리, 생산증대 등에 어떠한 결과를 가져왔는가?

37 사고 경향성 이론에 관한 설명 중 틀린 것은?

① 사고를 많이 내는 여러 명의 특성을 측정하여 사고를 예방하는 것이다.

② 개인의 성격보다는 특정 환경에 의해 훨씬 더 사고가 일어나기 쉽다.
③ 어떠한 사람이 다른 사람보다 사고를 더 잘 일으킨다는 이론이다.
④ 사고경향성을 검증하기 위한 효과적인 방법은 다른 두 시기 동안에 같은 사람의 사고기록을 비교하는 것이다.

해설 **사고경향성이론** : 특정환경보다는 개인의 성격에 의해 훨씬 더 사고가 일어나기 쉽다는 것을 나타내는 이론이다.

38 Off JT(Off the Job Training)의 특징으로 옳은 것은?

① 전문 강사를 초빙하는 것이 가능하다.
② 개개인에게 적절한 지도훈련이 가능하다.
③ 직장의 실정에 맞게 실제적 훈련이 가능하다.
④ 훈련에 필요한 업무의 계속성이 끊어지지 않는다.

해설 **OJT와 off-JT의 특징**

O·J·T (현장중심교육)	off J·T (현장외 중심교육)
① 개개인에게 적합한 지도훈련이 가능	① 다수의 근로자에게 조직적 훈련이 가능
② 직장의 실정에 맞는 실체적 훈련을 할 수 있다.	② 훈련에만 전념하게 된다.
③ 훈련 필요한 업무의 계속성이 끊어지지 않음	③ 특별설비기구를 이용할 수 있음
④ 즉시 업무에 연결되는 관계로 신체와 관련 있음	④ 전문가를 강사로 초청할 수 있음
⑤ 효과가 곧 업무에 나타나며 훈련의 좋고 나쁨에 따라 개선이 용이함	⑤ 각 직장의 근로자가 많은 지식이나 경험을 교류할 수 있음
⑥ 교육을 통한 훈련 효과에 의해 상호 신뢰 이해도가 높아짐	⑥ 교육훈련 목표에 대해서 집단적 노력이 흐트러질 수도 있음

■ 정답 ■ 35.④ 36.③ 37.② 38.①

39 직무분석을 위한 정보를 얻는 방법과 거리가 가장 먼 것은?

① 관찰법   ② 직무수행법
③ 설문지법   ④ 서류함기법

해설 **직무분석을 위한 자료수집방법**
1) **관찰법** : 직무의 시작에서 종료까지 많은 시간이 소요되는 직무에는 적용이 곤란하다.
2) **면접법** : 자료의 수집에 많은 시간과 노력이 들고 수량화된 정보를 얻는데 적합하지 않다.
3) **중요사건법** : 일상적인 수행에 관한 정보를 수집하므로 해당 직무에 대한 포괄적인 정보를 얻을 수 없다.
4) **설문지법** : 많은 사람들로부터 짧은 시간 내에 정보를 얻을 수 있으며 질적인 자료보다 양적인 정보를 얻는데 적합하다.

40 산업안전보건법령상 타워크레인 신호작업에 종사하는 일용근로자의 특별교육 교육시간 기준은?

① 1시간 이상   ② 2시간 이상
③ 4시간 이상   ④ 8시간 이상

해설 **산업 내 안전보건교육**(시행규칙 별표8)

교육과정	교육대상	교육시간
1. 정기교육	1) 사무직·판매직 근로자	매반기 6시간 이상
	2) 사무직·판매직 근로자 외의 근로자	매반기 12시간 이상
2. 채용시 교육	1) 일용직 근로자 및 근로계약기간이 1주일 이하인 기간제 근로자	1시간 이상
	2) 근로계약기간이 1주일 초과 1개월 이하인 기간제 근로자	4시간 이상
	3) 그 밖에 근로자	8시간 이상
3. 작업내용 변경시 교육	1) 일용근로자 및 근로계약기간에 1주일 이하인 기간제 근로자	1시간 이상
	2) 그 밖에 근로자	2시간 이상

교육과정	교육대상	교육시간
4. 특별교육	1) 특별교육대상 작업에 종사하는 일용근로자 및 근로계약기간이 1주일 이하인 기간제 근로자	2시간 이상
	2) 특별교육대상 작업중 타워크레인 신호작업에 종사하는 일용근로자 및 근로계약기간이 1주일 이하인 기간제 근로자	8시간 이상
	3) 특별교육대상 작업에 종사하는 일용근로자 및 근로계약기간이 1주일 이하인 기간제 근로자를 제외한 근로자	• 16시간 이상(최초 작업에 종사하기 전 4시간 이상 실시하고 12시간은 3개월 이내에서 분할하여 실시 가능) • 단기간 작업, 간헐적 작업인 경우 2시간 이상
5. 건설업 기초안전·보건교육	건설일용근로자	4시간 이상

제3과목 / 인간공학 및 시스템안전공학

41 A작업의 평균에너지소비량이 다음과 같을 때, 60분간의 총 작업시간 내에 포함되어야 하는 휴식시간(분)은?

- 휴식중 에너지소비량 : 1.5kcal/min
- A작업 시 평균 에너지소비량 : 6kcal/min
- 기초대사를 포함한 작업에 대한 평균 에너지소비량 상한 : 5kcal/min

① 10.3
② 11.3
③ 12.3
④ 13.3

해설 휴식시간(R)
$$R = \frac{60(E-5)}{E-1.5} = \frac{60 \times (6-5)}{6-1.5} = 13.3분$$

42 인간공학에 대한 설명으로 틀린 것은?

① 인간-기계 시스템의 안전성, 편리성, 효율성을 높인다.
② 인간을 작업과 기계에 맞추는 설계 철학이 바탕이 된다.
③ 인간이 사용하는 물건, 설비, 환경의 설계에 적용된다.
④ 인간의 생리적, 심리적인 면에서의 특성이나 한계점을 고려한다.

해설 인간공학은 작업과 기계를 인간에게 맞추는 설계철학이 바탕이 된다.

43 근골격계질환 작업분석 및 평가 방법인 OWAS의 평가요소를 모두 고른 것은?

ㄱ. 상지	ㄴ. 무게(하중)
ㄷ. 하지	ㄹ. 허리

① ㄱ, ㄴ
② ㄱ, ㄷ, ㄹ
③ ㄴ, ㄷ, ㄹ
④ ㄱ, ㄴ, ㄷ, ㄹ

해설 OWAS(Ovako working-posture analysing system)
1) OWAS 평가요소
   ① 상지(팔)
   ② 하중(외부부하)
   ③ 하지(다리)
   ④ 허리
2) 정의 · 특성 등
   ① 육체작업을 할 경우에 부적절한 작업자세를 구별해낼 목적으로 개발한 평가기법이다(핀란드 karhu 개발)
   ② 현장에서 기록 및 해석의 용이함 때문에 많은 작업장에서 작업자세를 평가한다.
   ③ 관찰에 의해서 작업자세를 평가한다.
   ④ 작업대상물의 무게를 분석요인에 포함하며 상지와 하지의 작업분석을 살 수 있다.

44 밝은 곳에서 어두운 곳으로 갈 때 망막에 시홍이 형성되는 생리적 과정인 암조응이 발생하는데 완전 암조응(Dark adaptation)이 발생하는데 소요되는 시간은?

① 약 3~5분
② 약 10~15분
③ 약 30~40분
④ 약 60~90분

해설 완전 암조응에 소요되는 시간 : 30~40분

45 FTA(Fault Tree Analysis)에 관한 설명으로 옳은 것은?

① 정성적 분석만 가능하다.
② 복잡하고 대형화된 시스템의 신뢰성 분석 및 안정성 분석에 이용되는 기법이다.
③ FT에 동일한 사건이 중복되어 나타나는 경우 상향식(Bottom-up)으로 정상 사건 T의 발생 확률을 계산할 수 있다.
④ 기초사건과 생략사건의 확률 값이 주어지게 되더라도 정상 사건의 최종적인 발생확률을 계산할 수 없다.

해설 FTA(결함수분석법)
1) 고장원인이 무엇인가 하는 연역적 사고방식으로 톱 다운(top-down)접근방법이다.
2) 시스템의 고장을 결함수 차트(chart)로 탐색해 나감으로서 어떤 부품들이 고장의 원인이었는가를 찾아내는 해석기법이다.
3) FTA는 복잡하고 대형화된 시스템의 신뢰성 분석 및 안전성분석에 많이 이용되는 기법이다.

46 불(Bool) 대수의 정리를 나타낸 관계식 중 틀린 것은?

① $A \cdot 0 = 0$
② $A + 1 = 1$
③ $A \cdot \overline{A} = 1$
④ $A(A+B) = A$

해설 ③항, $A \cdot \overline{A} = 0$

■ 정답 ■ 42.② 43.④ 44.③ 45.② 46.③

47 FTA(Fault Tree Analysis)에서 사용되는 사상 기호 중 통상의 작업이나 기계의 상태에서 재해의 발생 원인이 되는 요소가 있는 것은?

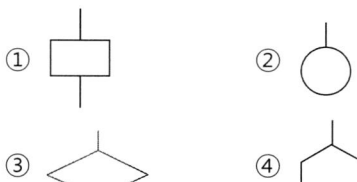

<u>해설</u> ① ☐ : 결함사상

② ◯ : 기본사상

③ ◇ : 생략사상

48 HAZOP 기법에서 사용하는 가이드워드와 그 의미가 잘못 연결된 것은?

① Part of : 성질상의 감소
② As well as : 성질상의 증가
③ Other than : 기타 환경적인 요인
④ More/Less : 정량적인 증가 또는 감소

<u>해설</u> 위험 및 운전성 검토(HAZOP)에서 사용되는 유인어(guidewords) : 간단한 용어(말)로서 창조적 사고를 유도하고 자극하여 이상을 발견하고, 의도를 한정하기 위해 사용된다. 즉, 다음과 같은 의미를 나타낸다.
  1) NO 또는 NOT : 설계의도의 완전한 부정
  2) More 또는 Less : 양(압력, 반응, flow, rate, 온도 등)의 증가 또는 감소
  3) As well As : 성질상의 증가(설계의도와 운전조건이 어떤 부가적인 행위와 함께 일어남)
  4) Part of : 일부변경, 성질상의 감소(어떤 의도는 성취되나 어떤 의도는 성취되지 않음)
  5) Reverse : 설계의도의 논리적인 역
  6) Other than : 완전한 대체(통상 운전과 다르게 되는 상태)

49 다음 중 좌식작업이 가장 적합한 작업은?

① 정밀 조립 작업
② 4.5kg 이상의 중량물을 다루는 작업
③ 작업장이 서로 떨어져 있으며 작업장 간 이동이 작은 작업
④ 작업자의 정면에서 매우 높거나 낮은 곳으로 손을 자주 뻗어야 하는 작업

<u>해설</u> ① 정밀조립작업 : 좌식작업

50 양식 양립성의 예시로 가장 적절한 것은?

① 자동차 설계 시 고도계 높낮이 표시
② 방사능 사업장에 방사능 폐기물 표시
③ 청각적 자극 제시와 이에 대한 음성 응답
④ 자동차 설계 시 제어장치와 표시장치의 배열

<u>해설</u> 양식양립성
  1) 직무에 알맞은 자극과 응답방식(양식)에 대한 것을 말한다.
  2) "예" 청각적 자극제시와 이어 더한 음성 음성

> **길잡이** 양립성의 종류
> 1) 개념양립성 2) 운동양립성
> 3) 공간양립성 4) 양식양립성

51 시스템의 수명곡선(욕조곡선)에 있어서 디버깅(Debugging)에 관한 설명으로 옳은 것은?

① 초기 고장의 결함을 찾아 고장률을 안정시키는 과정이다.
② 우발 고장의 결함을 찾아 고장률을 안정시키는 과정이다.
③ 마모 고장의 결함을 찾아 고장률을 안정시키는 과정이다.
④ 기계결함을 발견하기 위해 동작시험을 하는 기간이다.

해설 **고장률의 유형**

1) **초기고장** : 불량제조나 생산과정에서의 품질관리 미비로 생기는 고장으로 점검작업이나 시운전 등에 의해 사전에 방지할 수 있는 고장
   ① 디버깅(debugging)기간 : 결함을 찾아내 고장률을 안정시키는 기간
   ② 번인(bum in)기간 : 실제로 장시간 움직여보고 그동안 고장난 것을 제거하는 고장기간
2) **우발고장** : 예측할 수 없을 때 생기는 고장으로 시운전이나 점검작업으로는 방지할 수 없는 고장
3) **마모고장** : 수명이 다해서 생기는 고장으로 안전진단 및 적당한 보수(정비)에 의해서 방지할 수 있는 고장

52 1 sone에 관한 설명으로 ( )에 알맞은 수치는?

> 1 sone : (ㄱ)Hz, (ㄴ)dB의 음압수준을 가진 순음의 크기

① ㄱ : 1000, ㄴ : 1
② ㄱ : 4000, ㄴ : 1
③ ㄱ : 1000, ㄴ : 40
④ ㄱ : 4000, ㄴ : 40

해설 1 sone : 1000Hz, 40dB의 음압수준을 가진 순음의 크기(=40phon)를 1sone이라 한다.

53 경계 및 경보신호의 설계지침으로 틀린 것은?

① 주의를 환기시키기 위하여 변조된 신호를 사용한다.
② 배경소음의 진동수와 다른 진동수의 신호를 사용한다.
③ 귀는 중음역에 민감하므로 500~3000Hz의 진동수를 사용한다.
④ 300m 이상의 장거리용으로는 1000Hz를 초과하는 진동수를 사용한다.

해설 ④항, 300m 이상의 장거리용 :1000Hz 이하의 진동수 사용

54 인간 – 기계 시스템에 관한 설명으로 틀린 것은?

① 자동 시스템에서는 인간요소를 고려하여야 한다.
② 자동차 운전이나 전기 드릴 작업은 반자동 시스템의 예시이다.
③ 자동 시스템에서 인간은 감시, 정비유지, 프로그램 등의 작업을 담당한다.
④ 수동 시스템에서 기계는 동력원을 제공하고 인간의 통제 하에서 제품을 생산한다.

해설 **인간 · 기계체계의 유형**

1) **수동체계**
   ① 인간과 공구가 직접 연결된 체계
   ② 인간의 신체적인 힘을 동원력으로 사용
2) **기계화체계(반자동체계)**
   ① 인간이 기계의 표시장치를 보고 조정 장치를 통하여 통제하는 체계
   ② 인간(운전자)의 조종에 의해 운용되며 융통성이 없는 체계의 형태
3) **자동체계**
   ① 기계자체가 감지, 정보처리 및 의사결정, 행동을 포함한 모든 임무를 수행하는 체계
   ② 인간은 감시(monitor), 프로그램, 정비유지 등의 기능을 수행함

55 n개의 요소를 가진 병렬 시스템에 있어 요소의 수명(MTTF)이 지수 분포를 따를 경우, 이 시스템의 수명으로 옳은 것은?

① $MTTF \times n$

② $MTTF \times \dfrac{1}{n}$

③ $MTTF(1 + \dfrac{1}{2} + \cdots + \dfrac{1}{n})$

④ $MTTF(1 \times \dfrac{1}{2} \times \cdots \times \dfrac{1}{n})$

■ 정답 ■ 52.③   53.④   54.④   55.③

해설 계의 수명(MTTF : mean time to failure)

1) **병렬계** : 구성요소가 모두 고장 난 시점. 즉, 가장 긴 수명이고 가장 늦게 고장 난 요소가 계의 수명을 결정하는 최대수명계로 되어 있다. 요소가 지수분포에 따를 경우 계의 수명 MTTF=$\left(1+\frac{1}{2}+\cdots+\frac{1}{n}\right)$배로 늘어난다.

2) **직렬계** : 직렬계를 구성하는 요소 중에서 어느 하나가 맨 먼저 고장 나는 것이 계의 수명을 결정한다. 특히 구성요소의 수명이 모두 같은 MTTF = 1/λ을 갖는 지수분포에 따를 경우 계의 고장율은 요소의 고장율의 n배, 즉 고장의 찬스는 n배로 늘고 따라서 계의 수명 MTTF는 요소 MTTF의 $\frac{1}{n}$이 된다.

$$직렬계의 수명 = \frac{MTTF}{n}$$

56 다음에서 설명하는 용어는?

> 유해·위험요인을 파악하고 해당 유해·위험요인에 의한 부상 또는 질병의 발생 가능성(빈도)과 중대성(강도)을 추정·결정하고 감소대책을 수립하여 실행하는 일련의 과정을 말한다.

① 위험성 결정
② 위험성 평가
③ 위험빈도 추정
④ 유해·위험요인 파악

해설 위험성 평가 : 본문 설명

57 상황해석을 잘못하거나 목표를 잘못 설정하여 발생하는 인간의 오류 유형은?

① 실수(Slip)
② 착오(Mistake)
③ 위반(Vioation)
④ 건망증(Lapse)

해설 인간오류의 모형

1) **실수(Slips)**
① 상황이나 목표의 해석은 정확하나 의도

와는 다른 행동을 한 경우이다.
② 올바른 의도를 잘못 실행하는 것이다.

2) **착오(mistake)** : 상황해석을 잘못하거나 목표를 잘못 이해하고 착각하는 경우에 발생한다.

3) **위반(violation)** : 정해진 규칙을 알고 있음에도 고의로 따르지 않거나 무시하는 행위이다.

4) **건망증** : 단기기억의 한계로 인해 기억을 잊어서 해야 할 일을 못해서 발생하는 에러이다.

58 위험분석 기법 중 시스템 수명주기 관점에서 적용 시점이 가장 빠른 것은?

① PHA
② FHA
③ OHA
④ SHA

해설 시스템의 수명주기

1) **구상단계** : 시작단계로써 고·거의 자료와 미래의 기술전망을 근거로 하여 시스템의 기준을 만드는 단계이다(예비위험분석 PHA 이용, 리스크분석 수행)

2) **정의단계** : 예비설계와 생산기술을 확인하는 단계

3) **개발단계** : 시스템 정의 단계에 환경적 충격, 생산기술, 운영연구 등을 포함시키는 단계이다.

4) **생산단계** : 안전부서에 의한 모니터링이 가장 중요하고 생산이 시작되면 품질관리부서는 생산물을 검사하고 조사하는 역할을 하는 단계이다.

5) **운전단계** : 시스템이 운전되는 단계로 교육훈련이 진행되고 그동안 발생되었던 사고 또는 사건으로부터 자료가 축적된다.

59 태양광선이 내리쬐는 옥외장소의 자연습구 온도 20℃, 흑구온도 18℃, 건구온도 30℃일 때 습구흑구온도지수(WBGT)는?

① 20.6℃
② 22.5℃
③ 25.0℃
④ 28.5℃

해설 태양이 내리쬐는 옥외장소의 습구흑구온도지수
(WBGT)
WBGT = (0.7×자연습구온도) + (0.2×흑구온
도) + (0.1×건구온도)
= (0.7×20) + (0.2×18) + (0.1×30)
= 20.6℃

길잡이 옥내 또는 옥외(태양광선이 내리쬐지
않는 장소)에서의 WBGT
WBGT = (0.7×자연습구온도) +
(0.3×흑구온도)

60 그림과 같은 FT도에 대한 최소 컷셋
(minmal cut sets)으로 옳은 것은? (단, Fussell
의 알고리즘을 따른다.)

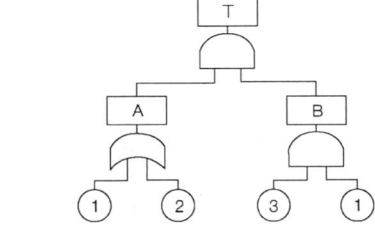

① {1, 2}　　　② {1, 3}
③ {2, 3}　　　④ {1, 2, 3}

해설 $T \rightarrow AB \rightarrow \begin{smallmatrix} ①B \\ ②B \end{smallmatrix} \rightarrow \begin{smallmatrix} ①③① \\ ②③① \end{smallmatrix} \rightarrow ①③$
　　　　　　　　　　　[컷 셋]　[최소컷 셋]

제4과목 / 건설시공학

61 통상적으로 스팬이 큰 보 및 바닥판의 거
푸집을 걸때에 스팬의 캠버(camber)값으로 옳
은 것은?

① 1/300 ~ 1/500　　② 1/200 ~ 1/350
③ 1/150 ~ 1/250　　④ 1/100 ~ 1/300

해설 스팬의 캠버(camber)값 : 1/300~1/500

62 지반개량 공법 중 동다짐(dynamic
compaction)공법의 특징으로 옳지 않은 것은?

① 시공 시 지반진동에 의한 공해문제가 발생
하기도 한다.
② 지반 내에 암괴 등의 장애물이 있으면 적용
이 불가능하다.
③ 특별한 약품이나 자재를 필요로 하지 않는다.
④ 깊은 심도의 지반개량에 대해서는 초대형
장비가 필요하다.

해설 동다짐공법(동압밀공법, dynamic compac-
tion method) : 무거운 추를 자유낙하시켜 지반
을 다지고 이때 발생잉여수를 배수시키는 공법이
다.

63 기성콘크리트 말뚝에 표기된 PHC-A·
450-12의 각 기호에 대한 설명으로 옳지 않은
것은?

① PHC – 원심력 고강도 프리스트레스트 콘크
리트말뚝
② A – A종
③ 450 – 말뚝바깥지름
④ 12 – 말뚝삽입 간격

해설 ④항, 12-말뚝길이(m)

■ 정답 ■　60.②　61.①　62.②　63.④

64 흙막이 공법과 관련된 내용의 연결이 옳지 않은 것은?

① 버팀대공법 – 띠장, 지지말뚝
② 지하연속법 – 안정액, 트레미관
③ 자립식공법 – 안내벽, 인터록킹 파이프
④ 어스앵커공법 – 인장재, 그라우팅

해설 자립식 흙막이공법
1) 토압을 흙막이벽의 횡저항으로 지지하며 굴착하는 공법이다.
2) 지보공이 없으며 얕은 굴착에만 적용된다.

65 흙막이 공법 중 지하연속벽(slurry wall) 공법에 대한 설명으로 옳지 않은 것은?

① 흙막이벽 자체의 강도, 강성이 우수하기 때문에 연약지반의 변형 및 이면침하를 최소한으로 억제할 수 있다.
② 차수성이 좋아 지하수가 많은 지반에도 사용할 수 있다.
③ 시공 시 소음, 진동이 작다.
④ 다른 흙막이벽에 비해 공사비가 적게 든다.

해설 1) 지반연속법 공법(slurry wall) : 벤토나이트 이수(泥水_를 사용해서 지반을 굴착하여 여기에 철근망을 삽입하고 콘크리트를 타설하여 지중에 철근콘크리트 연속 벽체를 형성하는 공법
2) 지하연속벽 공법의 특징
① 무진동 무소음 공법이다.
② 인접 건물에 근접시공이 가능하다.
③ 차수성이 높다.
④ 벽체 강성이 높다(연약지반의 변형 및 이면침하를 최소한으로 억제할 수 있음)
⑤ 형상치수가 자유롭다.
⑥ 공사비가 고가이고 고도의 기술경험이 필요하다.

66 건축물의 지하공사에서 계측관리에 관한 설명으로 틀린 것은?

① 계측관리의 목적은 위험의 징후를 발견하는 것이다.
② 계측관리의 중점관리사항으로는 흙막이 변위에 따른 배면지반의 침하가 있다.
③ 계측관리는 인적이 뜸하고 위협이 적은 안전한 곳에 설치하여 주기적으르 실시한다.
④ 일일점검항목으로는 흙막이벽체, 주변지반, 지하수위 및 배수량 등이 있다.

해설 ③항, 계측관리는 위험성이 있는 곳에 설치하며 수시로 실시하여야 한다.

67 벽걸이 10m, 벽높이 3.6m인 블록벽체를 기본블록(390mm×190mm×150mm)으로 쌓을 때 소요되는 블록의 수량은? (단, 블록은 온장으로 고려하고, 줄눈 나비는 가로, 세로 10mm, 할증은 고려하지 않음)

① 412매　　② 468매
③ 562매　　④ 598매

해설 1) 블록 1매가 차지하는 면적(줄눈 10mm 기준)
=(0.39+0.01)×(0.19+0.01) =0.08m²
벽 1m²당 정미량 = 1/0.08 = 12.5매
2) 블록수량
= 12.5매/m²×1.04×(10×3.€m) = 468매

68 외관 검사 결과 불합격된 철근 가스압접 이음부의 조치 내용으로 옳지 않은 것은?

① 심하게 구부러졌을 때는 재가열하여 수정한다.
② 압점면의 엇갈림이 규정값을 초과했을 때는 재가열하여 수정한다.
③ 형태가 심하게 불량하거나 또는 압접부에 유해하다고 인정되는 결함이 생긴 경우는 압접부를 잘라내고 재압접한다.
④ 철근중심축의 편심량이 규정값을 초과했을 때는 압접부를 떼어내고 재압접한다.

해설 외관검사결과 불합격된 압접부의 수정

1) ①, ③, ④항
2) 압접면의 엇갈림이 규정값을 초과하였을 때는 압접부를 잘라내고 재압접한다.
3) 압접돌출부의 지름 또는 길이가 규정값에 미치지 못하였을 경우 재가열하여 압력을 가하여 소정의 압접돌출부를 만든다.

69 철골부재조립 시 구멍의 위치가 다소 다를 때 구멍을 맞추기 위한 작업은?

① 송곳뚫기(driling) ② 리이밍(reaming)
③ 펀칭(punching) ④ 리벳치기(riveting)

해설 리밍(리머가공, reaming) : 드릴로 뚫은 구멍의 내면을 리머로 다듬질하는 작업

70 철골작업용 장비 중 절단용 장비로 옳은 것은?

① 프릭션 프레스(frixtion press)
② 플레이트 스트레이닝 롤(plate straining roll)
③ 파워 프레스(power press)
④ 핵 소우(hack saw)

해설 핵 소우(hack saw ; 활톱) : 활모양으로 된 프레임에 톱날을 끼워 사용하는 쇠톱

71 시방서 및 설계도면 등이 서로 상이할 때의 우선순위에 대한 설명으로 옳지 않은 것은?

① 설계도면과 공사시방서가 상이할 때는 설계도면을 우선한다.
② 설계도면과 내역서가 상이할 때는 설계도면을 우선한다.
③ 표준시방서와 전문시방서가 상이할 때는 전문시방서를 우선한다.
④ 설계도면과 상세도면이 상이할 때는 상세도면을 우선한다.

해설 시방서의 작성시 주의사항

1) 중복되지 않고 간단명료하게 작성하여야 한다.

2) 재료의 품질은 명확하게 규정하고 그 지정은 신중해야 한다.
3) 공사 전체를 빠짐없이 기재하고(시방서 작성시 가장 중요한 사항), 공사 진행순서와 일치하여야 한다.
4) 공정의 정밀도와 손질의 정밀도(마무리 정도)를 명확하게 규정한다.
5) 시방서와 도면의 내용이 서로 다른 경우에는 시방서에 준하는 것이 원칙이나 먼저 감독관에 신고하여 그의 지시에 따라 시공한다.
- 우선수위 : 감리자와 상의 〉특기시방서 〉표준시방서 〉설계도면

72 예정가격범위 내에서 최저가격으로 입찰한 자를 낙찰자로 선정하는 낙찰자 선정 방식은?

① 최적격 낙찰제
② 제한적 최저가 낙찰제
③ 최저가 낙찰제
④ 적격 심사 낙찰제

해설 최저가 낙찰제 : 최저가격으로 낙찰자를 선정하는 방식

73 설계도와 시방서가 명확하지 않거나 설계는 명확하지만 공사비 총액을 산출하기 곤란하고 발주자가 양질의 공사를 기대할 때 채택될 수 있는 가장 타당한 도급방식은?

① 실비정산 보수가산식 도급
② 단가 도급
③ 정액 도급
④ 턴키 도급

해설 실비정산보수가산도급방식 : 건축주가 시공자에게 공사를 위임하고 공사에 소요되는 실비와 보수 즉 공사비와 미리 정해 놓은 보수를 시공자에게 지불하는 방식

1) 장점 : 도급자는 비율 보수가 보장되므로 우수한 공사를 할 수 있다.
2) 단점 : 공사기간이 연장되고 공사비가 상승될 수 있다.

■ 정답 ■ 69.② 70.④ 71.① 72.③ 73.①

74 철근공사에 대하여 옳지 않은 것은?

① 조립용 철근은 철근을 구부리기할 때 철근의 위치를 확보하기 위하여 쓰는 보조적인 철근이다.
② 철근의 용접부에 순간최대풍속 2.7m/s 이상의 바람이 불 때는 철근을 용접할 수 없으며, 풍속을 2.7m/s 이하로 저감시킬 수 있는 방풍시설을 설치하는 경우에만 용접할 수 있다.
③ 가스압점이음은 철근의 단면을 산소-아세틸렌 불꽃 등을 사용하여 가열하고 기계적 압력을 가하여 용접한 맞대이음을 말한다.
④ D35를 초과하는 철근은 겹침이음을 할 수 없다. 다만, 서로 다른 크기의 철근을 압축부에서 겹침이음하는 경우 D35 이하의 철근과 D35를 초과하는 철근은 겹침이음을 할 수 있다.

해설 ①항, 조립용 철근은 철근을 조립할 때 철근의 위치를 확보하기 위하여 사용하는 보조적인 철근이다.

75 철골공사의 용접접합에서 플럭스(flux)를 옳게 설명한 것은?

① 용접 시 용접봉의 피복제 역할을 하는 분말상의 재료
② 압연강판의 층 사이에 균열이 생기는 현상
③ 용접작업의 종단부에 임시로 붙이는 보조판
④ 용접부에 생기는 미세한 구멍

해설 용접 용어
1) 플럭스(flux) : 용접봉의 피복재 역할을 하는 분말상의 재료
2) 위빙(weaving≒weeping) : 용접봉을 용접방향과 직각으로 움직이면서 용적너비를 증가시키는 운동법
3) 스패터(spatter) : 용접 중 튀어나오는 슬래그 및 금속입자
4) 가스가우징(gas gouging) : 철골공사에서

홈을 파기 위한 목적으로 한 화구(火口)로서 산소아세틸렌 불꽃을 이용하여 녹여 깎은 재의 뒷부분을 깨끗이 깎는 것
5) 테르미트(thermit) : 알루미늄+산화철분(가열하여 철의 용접에 사용)

76 착공단계에서의 공사계획을 수립할 때 우선 고려하지 않아도 되는 것은?

① 현장 직원의 조직편성
② 예정 공정표의 작성
③ 유지관리지침서의 변경
④ 실행예산편성

해설 1) 시공계획의 내용 및 순서
① 현장원 편성(가장 먼저 실시) → ② 공정표 작성 → ③ 실행예산 편성 → ④ 하도급자의 선정 → ⑤ 가설준비물 결정 → ⑥ 재료선정 및 결정 → ⑦ 재해방지대책 및 의료대책
2) 현치도(원척도)작성 및 시공도 작성 : 시공계획이 아닌 본 공사 진행중에 필요한 도면

77 AE콘크리트에 관한 설명으로 옳은 것은?

① 공기량은 기계비빔이 손비빔의 경우보다 적다.
② 공기량은 비벼놓은 시간이 길수록 증가한다.
③ 공기량은 AE제의 양이 증가할수록 감소하나 콘크리트의 강도는 증대한다.
④ 시공연도가 증진되고 재료분리 및 블리딩이 감소한다.

해설 A·E콘크리트의 특징
1) 장점
① 수밀성 및 내구성이 향상되며, 화학작용에 대한 저항성이 커진다.
② 미세기포의 조활작용으로 시공연도가 증대되고 응집력이 있기 때문에 재료의 분리가 적다.
③ 단위수량을 줄일 수 있기 때문에 블리딩 및 침하가 적다.

④ 동결 융해에 대한 저항성이 증가하고, 건습 등에 용적변화가 적다.
⑤ 발열 및 증발이 적고 수축 및 균열이 적다.
⑥ 콘크리트면이 평활하여 제치장 콘크리트 시공에 적합하다.
 2) 단점
① 동일 물·시멘트의 비의 경우, 강도가 저하한다.
② 철근과의 부착강도가 감소하고, 감소 비율은 압축강도 보다 크다.

78 콘크리트의 고강도화와 관계가 적은 것은?

① 물시멘트비를 작게 한다.
② 시멘트의 강도를 크게 한다.
③ 폴리머(polymer)를 함침(含浸)한다.
④ 골재의 입자분포를 가능한 한 균일 입자분포로 한다.

해설 콘크리트의 고강도화 방법
 1) ①, ②, ③항
 2) 고성능 감수제의 사용으로 시공연도를 개선한다.

79 벽돌쌓기법 중에서 마구리를 세워 쌓는 방식으로 옳은 것은?

① 옆세워 쌓기 　② 허튼 쌓기
③ 영롱 쌓기 　④ 길이 쌓기

해설 옆세워 쌓기 : 벽돌의 마구리를 세워쌓는 방식

80 바닥판 거푸집의 구조계산 시 고려해야하는 연직하중에 해당하지 않는 것은?

① 작업하중
② 충격하중
③ 고정하중
④ 굳지 않은 콘크리트의 측압

해설 거푸집의 연직방향 하중(W) 산정식
 W = 고정하중+충격하중+작업하중
 = $(r \cdot t) + (1/2r \cdot t) + 150kg/m^2$
 여기서, ┌ r : 철근콘크리트 비중(kg/m^3)
 └ t : 슬래브 두께(m)
 1) 고정하중 : 콘크리트 자중
 (=철근콘크리트 비중×슬래브 두께)
 2) 충격하중 : 고정하중×1/2
 3) 작업하중 : 작업원 중량 + 장비 및 가설설비의 등의 중량 = $150kg/m^2$

제5과목 / 건설재료학

81 플라이애시시멘트에 대한 설명으로 옳은 것은?

① 수화할 때 불용성 규산칼슘 수화물을 생성한다.
② 화력발전소 등에서 완전 연소한 미분탄의 회분과 포틀랜드시멘트를 혼합한 것이다.
③ 재령 1~2시간 안에 콘크리트 압축강도가 20MPa에 도달할 수 있다.
④ 용광로의 선철제작 부산물을 급랭시키고 파쇄하여 시멘트와 혼합한 것이다.

해설 플라이애시시멘트(fly ash cement)
 1) 플라이애시시멘트 : 포틀랜드시멘트에 플라이애시(완전연소한 미분탄의 회분)를 혼합하여 만든 시멘트이다.
 2) 플라이애시시멘트의 특성
 ① 초기 수화열이 낮다(매스콘크리트용으로 적합)
 ② 조기강도는 작지만 장기강도는 크다.
 ③ 화학저항성이 크다.
 ④ 워커빌리티가 좋아진다.
 ⑤ 수밀성이 크다.

82 건축용 접착제로서 요구되는 성능에 해당되지 않는 것은?

① 진동, 충격의 반복에 잘 견딜 것
② 취급이 용이하고 독성이 없을 것
③ 장기부하에 의한 크리프가 클 것
④ 고화 시 체적수축 등에 의한 내부변형을 일으키지 않을 것

해설 ③항, 장기부하에 의한 크리프가 작을 것

83 골재의 함수상태에서 유효흡수량의 정의로 옳은 것은?

① 습윤상태와 절대건조상태의 수량의 차이
② 표면건조포화상태와 기건상태의 수량의 차이
③ 기건상태와 절대건조상태의 수량의 차이
④ 습윤상태와 표면건조포화상태의 수량의 차이

해설 골재의 함수량
　1) **전함수량** = 습윤상태수량 − 절건상태수량
　　 (흡수량 + 표면수량)
　2) **표면수량** = 습윤상태수량 − 표건상태수량
　3) **흡수량** = 전함수량 − 표면수량(기건흡수량 + 유효흡수량 또는 표건상태수량 − 절건상태중량)
　4) **유효흡수량** = 표건상태수량−기건상태수량
　5) **기건흡수량** = 기건상태수량−절건상태수량

84 도장재료 중 물이 증발하여 수지입자가 굳는 융착건조경화를 하는 것은?

① 알키드수지 도료
② 애폭시수지 도료
③ 불소수지 도료
④ 합성수지 에멀션 페인트

해설 합성수지 에멀션 페인트
　1) 수성페인트에 합성수지와 유화제를 혼합한 페인트이다.
　2) 물이 증발하여 수지입자가 굳는 융착 건조 경화를 하고 표면은 거의 곳탁이 없는 도막을 만든다.

85 목재의 역학적 성질에 대한 설명으로 옳지 않은 것은?

① 목재 섬유 평행방향에 대한 인장강도가 다른 여러 강도 중 가장 크다.
② 목재의 압축강도는 옹이가 있으면 증가한다.
③ 목재를 휨부재로 사용하여 의력에 저항할 때는 압축, 인장, 전단력이 동시에 일어난다.
④ 목재의 전단강도는 섬유간의 브착력, 섬유의 곧음, 수선의 유무 등에 의해 결정된다.

해설 ②항, 목재의 압축강도는 옹이가 있으면 감소한다.

86 합판에 대한 설명으로 옳지 않은 것은?

① 단판을 섬유방향이 서로 평행하도록 홀수로 적층 하면서 접착시켜 합친 판을 말한다.
② 함수율 변화에 따라 팽창·수축의 방향성이 없다.
③ 뒤틀림이나 변형이 적은 비교적 큰 면적의 평면 재료를 얻을 수 있다.
④ 균일한 강도의 재료를 얻을 수 있다.

해설 합판 : 3매 이상의 얇은 판(단판)을 1매마다 섬유방향이 직교하도록 겹쳐서 붙여 만든 것이다. 단판의 겹치는 매수는 3, 5, 7매 등 홀수로 한다.

■ 정답 ■　82.③　83.②　84.④　85.②　86.①

87 미장바탕의 일반적인 성능조건과 가장 거리가 먼 것은?

① 미장층보다 강도가 클 것
② 미장층과 유효한 접착강도를 얻을 수 있을 것
③ 미장층보다 강성이 작을 것
④ 미장층의 경화, 건조에 지장을 주지 않을 것

[해설] 바탕은 미장층보다 강도 및 강성이 클 것

88 절대건조밀도가 2.6g/cm³ 이고 단위용적질량이 1,750kg/m³ 인 굵은 골재의 공극률은?

① 30.5%   ② 32.7%
③ 34.7%   ④ 36.2%

[해설] 공극률(V) : $\left(1-\dfrac{W}{\rho}\right)\times 100$

$$=\left(1-\dfrac{1,750kg/m^3}{2.6g/cm^3\times\left(\dfrac{100cm}{1m}\right)^3\times\dfrac{1kg}{1000g}}\right)\times 100$$

$$= 32.7\%$$

여기서, $\begin{cases} W : \text{골재의 단위용적당 중량(kg/m}^3) \\ \rho : \text{골재의 비중 또는 밀도(kg/m}^3) \end{cases}$

89 목재의 내연성 및 방화에 대한 설명으로 옳지 않은 것은?

① 목재의 방화는 목재 표면에 불연소성 피막을 도포 또는 형성시켜 화염의 접근을 방지하는 조치를 한다.
② 방화재로는 방화페인트, 규산나트륨 등이 있다.
③ 목재가 열에 닿으면 먼저 수분이 증발하고 160℃ 이상이 되면 소량의 가연성가스가 유출된다.
④ 목재는 450℃에서 장시간 가열하면 자연발

화 하게 되는데, 이 온도를 화재위험온도라고 한다.

[해설] 목재의 연소성
1) 100℃ : 수분증발
2) 180℃ 전후 : 열분해에 의해 가연성가스를 발생하여 인화(인화점)
3) 260~270℃ : 목재에 물이 붙음(착화점 또는 화재위험온도)
4) 400~450℃ : 화기 없이 자연 발화(발화점)

90 금속의 부식방지를 위한 관리대책으로 옳지 않은 것은?

① 부분적으로 녹이 발생하면 즉시 제거할 것
② 큰 변형을 준 것은 가능한 한 풀림하여 사용할 것
③ 가능한 한 이종 금속을 인접 또는 접촉시켜 사용할 것
④ 표면을 평활하고 깨끗이 하며, 가능한 한 건조상태로 유지할 것

[해설] ③항, 가능한 한 이종 금속은 이를 인접, 접속시켜 사용하지 않을 것

91 다음의 미장재료 중 균열저항성이 가장 큰 것은?

① 회반죽 바름
② 소석고 플라스터
③ 경석고 플라스터
④ 돌로마이트 플라스터

[해설] 경석고 플라스터(킨스시멘트)
1) 천연석고를 400~500℃에서 가열하여 무수석고로 만든 다음 무수석고에 명반, 붕사, 규사, 점토 등을 가하여 다시 고온(500~1000℃)으로 소성하여 만든다.
2) 강도가 크고 표면의 경도가 커서 미장재료 중 균열저항성이 가장 크다.

■ 정답 ■ 87.③ 88.② 89.④ 90.③ 91.③

92 점토의 물리적 성질에 관한 설명으로 옳지 않은 것은?

① 점토의 인장강도는 압축강도의 약 5배 정도이다.
② 입자의 크기는 보통 2μm 이하의 미립자지만 모래알 정도의 것도 약간 포함되어 있다.
③ 공극률은 점토의 입자 간에 존재하는 모공 용적으로 입자의 형상, 크기에 관계한다.
④ 점토입자가 미세하고, 양지의 점토일수록 가소성이 좋으나, 가소성이 너무 클 때는 모래 또는 샤모트를 섞어서 조절한다.

해설 ①항, 점토의 압축강도는 인장강도의 약 5배 정도이다.

93 일반 콘크리트 대비 ALC의 우수한 물리적 성질로서 옳지 않은 것은?

① 경량성
② 단열성
③ 흡음·차음성
④ 수밀성, 방수성

해설 ALC(경량기포콘크리트) : 경량으로 흡수성이 매우 크다.

94 콘크리트 바탕에 이음새 없는 방수 피막을 형성하는 공법으로, 도료상태의 방수재를 여러번 칠하여 방수막을 형성하는 방수공법은?

① 아스팔트 루핑 방수
② 합성고분자 도막 방수
③ 시멘트 모르타르 방수
④ 규산질 침투성 도포 방수

해설 합성고분자 도막방수
1) 콘크리트 바탕에 이음새 없는 방수 피막을 형성하는 공법이다.
2) 도료상태의 방수재를 여러 번 칠하여 방수막을 형성한다.

3) 특징
① 이음매가 없고 일체형으로 형상한다.
② 균열이 적고 상온 시공으로 안전하다.
③ 바탕면에 균일한 두께 시공이 어렵다.
④ 피막이 얇아 파단과 손상 우려가 있다.

95 열경화성수지가 아닌 것은?

① 페놀수지
② 요소수지
③ 아크릴수지
④ 멜라민수지

해설 합성수지의 종류

열가소성수지	열경화성수지
① 염화비닐수지(PVC)	① 페놀수지
② 에틸렌수지	② 요소수지
③ 프로필렌수지	③ 멜라민수지
④ 아크릴수지	④ 알키드수지
⑤ 스틸렌수지	⑤ 폴리에스테르수지
⑥ 메타크릴수지	⑥ 실리콘
⑦ ABS수지	⑦ 에폭시수지
⑧ 폴리아미드수지	⑧ 우레탄수지
⑨ 비닐아세틸수지	⑨ 규소수지

96 블로운 아스팔트(blown asphalt)를 휘발성 용제에 녹이고 광물분말 등을 가하여 만든 것으로 방수, 접합부 충전 등에 쓰이는 아스팔트 제품은?

① 아스팔트 코팅(asphalt coating)
② 아스팔트 그라우트(asphalt grout)
③ 아스팔트 시멘트(asphalt cement)
④ 아스팔트 콘크리트(asphalt concrete)

해설 아스팔트 코팅(asphalt coating)
1) 블로운 아스팔트를 휘발성 용제(휘발유 등)에 녹이고 광물성 분말 등을 가하여 만든다.
2) 용도 : 방수제 또는 접합부 충전제 등으로 사용한다.

■ 정답 ■　92.①　93.④　94.②　95.③　96.①

97 연강판에 일정한 간격으로 그물눈을 내고 늘여 철망모양으로 만든 것으로 옳은 것은?

① 메탈라스(metal lath)
② 와이어메시(wire mesh)
③ 인서트(insert)
④ 코너비드(comer bead)

해설 ①항, 메탈리스 : 본문 설명
②항, 와이어메시 : 굵은 연강철선을 정방형 또는 장방향으로 짠 다음 접점을 전기 용접한 것으로 콘크리트 보강용으로 사용된다.
③항, 인서트 : 콘크리트를 부어넣기 전에 미리 묻어 넣는 고정철물이다.
④항, 코너비드 : 모서리를 보호하기 위한 철물로 모서리쇠라고도 한다.

98 고로슬래그 쇄석에 대한 설명으로 옳지 않은 것은?

① 철을 생산하는 과정에서 용광로에서 생기는 광재를 공기중에서 서서히 냉각시켜 경화된 것을 파쇄하여 만든다.
② 투수성은 보통골재의 경우보다 작으므로 수밀콘크리트에 적합하다.
③ 고로슬래그 쇄석을 활용한 콘크리트는 다른 암석을 사용한 콘크리트보다 건조수축이 적다.
④ 다공질이기 때문에 흡수율이 크므로 충분히 살수하여 사용하는 것이 좋다.

해설 고로슬래그 쇄석을 사용한 콘크리트 성질
1) 건조수축이 작다.
2) 조기강도가 작고 장기강도가 크며 내구성도 크다.
3) 블리딩이 작다.

99 점토제품 중 소성온도가 가장 고온이고 흡수성이 매우 작으며 모자이크 타일, 위생도기 등에 주로 쓰이는 것은?

① 토기   ② 도기
③ 석기   ④ 자기

해설 점토 소성제품의 소성온도

종류	소성 온도(℃)
토기	700~1000
도기	1100~1230
석기	1160~1350
자기	1230~1460

100 목재에 사용되는 크레오소트 오일에 대한 설명으로 옳지 않은 것은?

① 냄새가 좋아서 실내에서도 사용이 가능하다.
② 방부력이 우수하고 가격이 저렴하다.
③ 독성이 적다.
④ 침투성이 좋아 목재에 깊게 주입된다.

해설 ①항, 냄새가 나빠서 실내에서 사용하기에는 적합하지 않다.

제6과목 / 건설안전기술

101 건설업의 공사금액이 850억 원일 경우 산업안전보건법령에 따른 안전관리자의 수로 옳은 것은? (단, 전체 공사기간을 100으로 할 때 공사 전·후 15에 해당하는 경우는 고려하지 않는다.)

① 1명 이상   ② 2명 이상
③ 3명 이상   ④ 4명 이상

해설 건설업의 규모에 따른 안전관리자의 수

공사금액	안전관리자의 수
공사금액 50억 이상(관계수급인은 100억원 이상) 120억원 미만(토목공사업은 150억원 미만)	1명 이상
공사금액 120억원 이상(토목공사업은 150억원 이상) 800억원 미만	
공사금액 800억원 이상 1500억원 미만	2명 이상(다만, 전체공사 기간 중 전·후 15에 해당하는 기간은 1명 이상)
공사금액 1500억원 이상 2200억원 미만	3명 이상(다만, 전체공사기간 중 전·후 15에 해당하는 기간은 2명 이상)
⋮ 공사금액 1조원 이상	⋮ 11명 이상[매 2천억원(2조원 이상부터는 매 3천억원)마다 1명씩 추가(다만, 전체공사기간 중 전·후 15에 해당하는 기간은 선임대상 안전관리자수의 2분의 1 이상)]

102 건설현장에 거푸집동바리 설치 시 준수사항으로 옳지 않은 것은?

① 파이프서포트 높이가 4.5m를 초과하는 경우에는 높이 2m 이내마다 2개 방향으로 수평 연결재를 설치한다.

② 동바리의 침하 방지를 위해 깔목의 사용, 콘크리트 타설, 말뚝박기 등을 실시한다.
③ 강재와 강재의 접속부는 볼트 또는 클램프 등 전용철물을 사용한다.
④ 강관틀 동바리는 강관틀과 강관틀 사이에 교차가새를 설치한다.

해설 ①항, 파이프서포트 높이가 3.5m를 초과하는 경우에는 높이 2m이내마다 2개 방향으로 수평연결재를 설치한다.

103 항타기 또는 항발기의 사용 시 준수사항으로 옳지 않은 것은?

① 증기나 공기를 차단하는 장치를 작업관리자가 쉽게 조작할 수 있는 위치에 설치한다.
② 해머의 운동에 의하여 증기호스 또는 공기호스와 해머의 접속부가 파손되거나 벗겨지는 것을 방지하기 위하여 그 접속부가 아닌 부위를 선정하여 증기호스 또는 공기호스를 해머에 고정시킨다.
③ 항타기나 항발기의 권상장치의 드럼에 권상용 와이어로프가 꼬인 경우에는 와이어로프에 하중을 걸어서는 안된다
④ 항타기나 항발기의 권상장치에 하중을 건 상태로 정지하여 두는 경우에는 쐐기장치 또는 역회전방지용 브레이크를 사용하여 제동하는 등 확실하게 정지시켜 두어야 한다.

해설 증기 또는 압축공기를 동력원으로 하는 항타기·항발기의 사용시 준수사항
1) 해머의 운동에 의하여 증기호스 또는 공기호스와 해머와의 접속부가 파손되거나 벗겨지는 것을 방지하기 위하여 당해 접속부 외의 부위를 선정하여 증기호스 또는 공기호스를 해머에 고정시킬 것
2) 증기 또는 공기를 차단하는 장치를 해머의 운전자가 쉽게 조작할 수 있는 위치에 설치할 것

■ 정답 ■   101.②   102.①   103.①

104 가설통로를 설치하는 경우 준수해야할 기준으로 옳지 않은 것은?

① 경사는 30°이하로 할 것
② 경사가 25°를 초과하는 경우에는 미끄러지지 아니하는 구조로 할 것
③ 건설공사에 사용하는 높이 8m 이상인 비계다리에는 7m 이내마다 계단참을 설치할 것
④ 수직갱에 가설된 통로의 길이가 15m 이상인 때에는 10m 이내마다 계단참을 설치할 것

[해설] **가설통로 설치 시 준수사항**
1) ①, ③, ④항
2) 경사가 15°를 초과하는 경우에는 미끄러지지 아니하는 구조로 할 것
3) 추락할 위험이 있는 장소에는 안전난간을 설치할 것
4) 견고한 구조로 할 것

105 가설공사 표준안전 작업지침에 따른 통로발판을 설치하여 사용함에 있어 준수사항으로 옳지 않은 것은?

① 추락의 위험이 있는 곳에는 안전난간이나 철책을 설치하여야 한다.
② 작업발판의 최대폭은 1.6m 이내이어야 한다.
③ 비계발판의 구조에 따라 최대 적재하중을 정하고 이를 초과하지 않도록 하여야 한다.
④ 발판을 겹쳐 이음하는 경우 장선 위에서 이음을 하고 겹침길이는 10cm 이상으로 하여야 한다.

[해설] ④항, 발판을 겹쳐 이음하는 경우 장선 위에서 이음을 하고 겹침길이는 20cm 이상으로 하여야 한다.

106 토사붕괴에 따른 재해를 방지하기 위한 흙막이 지보공 부재로 옳지 않은 것은?

① 흙막이판　② 말뚝
③ 턴버클　④ 띠장

[해설] **턴버클**(turn buckle) : 인장재(줄)를 팽팽히 당겨 조이는 나사 있는 탕개쇠로 거푸집 연결 시 철선을 조이는데 사용하는 긴장기

107 토자붕괴 원인으로 옳지 않은 것은?

① 경사 및 기울기 증가
② 성토높이의 증가
③ 건설기계 등 하중작용
④ 토사중량의 감소

[해설] **토사붕괴의 원인**(고용노동부고시)
1) 외적요인
① 사면, 법면의 경사 및 구배의 증가
② 절토 및 성토 높이의 증가
③ 공사에 의한 진동 및 반복하중의 증가
④ 지진, 차량, 구조물의 하중
⑤ 지표수 및 지하수의 침투에 의한 토사중량 증가
2) 내적요인
① 절토사면의 토질, 암석
② 성토사면의 토질
③ 토석의 강도 저하

108 이동식 비계를 조립하여 작업을 하는 경우의 준수기준으로 옳지 않은 것은?

① 비계의 최상부에서 작업을 할 때에는 안전난간을 설치하여야 한다.
② 작업발판의 최대적재하중은 400kg을 초과하지 않도록 한다.
③ 승강용 사다리는 견고하게 설치하여야 한다.
④ 작업발판은 항상 수평을 유지하고 작업발판 위에서 안전난간을 딛고 작업을 하거나 받침대 또는 사다리를 사용하여 작업하지 않도록 한다.

■ 정답 ■ 104.② 105.④ 106.③ 107.④ 108.②

해설 **이동식비계를 조립하여 작업을 할 때 준수사항**
1) 이동식 비계의 바퀴에는 뜻밖의 갑작스러운 이동을 방지하기 위하여 브레이크·쐐기 등으로 바퀴를 고정시킨 다음 비계의 일부를 견고한 시설물에 잡아매는 등의 조치를 할 것
2) 승강용사다리는 견고하게 설치할 것
3) 비계의 최상부에서 작업을 할 때에는 안전난간을 설치할 것
4) 작업발판은 항상 수평으로 유지하고 작업발판 위에서 안전난간을 딛고 작업을 하거나 받침대 또는 사다리를 사용하여 작업하지 않도록 할 것
5) 작업발판의 최대적재하중은 250kg을 초과하지 않도록 할 것

109 건설용 리프트의 붕괴 등을 방지하기 위해 받침의 수를 증가 시키는 등 안전조치를 하여야 하는 순간풍속 기준은?

① 초당 15미터 초과
② 초당 25미터 초과
③ 초당 35미터 초과
④ 초당 45미터 초과

해설 **건설작업용 리프트의 붕괴방지** : 순간풍속이 초당 35m를 초과하는 바람이 불어올 우려가 있는 경우 건설작업용 리프트에 대하여 받침의 수를 증가시키는 등 그 붕괴 등을 방지하기 위한 조치를 할 것

110 건설작업용 타워크레인의 안전장치로 옳지 않은 것은?

① 권과 방지장치   ② 과부하 방지장치
③ 비상정지 장치   ④ 호이스트 스위치

해설 **건설작업용 타워크레인의 안전장치(방호장치)**
1) 권과방지장치
2) 과부하방지장치
3) 비상정지장치
4) 제동장치

111 달비계에 사용하는 와이어로프의 사용금지 기준으로 옳지 않은 것은?

① 이음매가 있는 것
② 열과 전기 충격에 의해 손상될 것
③ 지름의 감소가 공칭지름의 7%를 초과하는 것
④ 와이어로프의 한 꼬임에서 끊어진 소선의 수가 7% 이상인 것

해설 **달비계 설치시 주의사항**
1) 이음매가 있는 와이어로프 등의 사용금지사항
1) 이음매가 있는 것
2) 와이어로프의 한 꼬임에서 끊어진 소선(필러선 제외)의 수가 10%이상(비전로프의 경우에는 끊어진 소선의 수가 와이어로프 호칭지름의 6배 길이 이내에서 4개 이상이거나 호칭지름의 30배 길이 이내에서 8개 이상)인 것
3) 지름의 감소가 공칭지름의 7%를 초과하는 것
4) 꼬인 것
5) 심하게 변형 또는 부식된 것
6) 열과 전기충격에 의해 손상된 것

112 건설업 산업안전보건관리비 계상 및 사용기준은 산업재해보상 보험법의 적용을 받는 공사 중 총 공사금액이 얼마 이상인 공사에 적용하는가? (단, 전기공사업법, 정보통신공사업법에 의한 공사는 제외)

① 4천만원   ② 3천만원
③ 2천만원   ④ 1천만원

해설 **안전관리비 적용범위** : 산업재해보상보험법의 적용을 받는 공사중 총공사금액이 2,000만원 이상인 건설공사

---

113 가설구조물의 특징으로 옳지 않은 것은?

① 연결재가 적은 구조로 되기 쉽다.
② 부재 결합이 간략하여 불안전 결합이다.
③ 구조물이라는 개념이 확고하여 조립의 정밀도가 높다.
④ 사용부재는 과소단면이거나 결함재가 되기 쉽다.

114 거푸집 동바리의 침하를 방지하기 위한 직접적인 조치로 옳지 않은 것은?

① 수평연결재 사용
② 깔목의 사용
③ 콘크리트의 타설
④ 말뚝박기

해설 거푸집동바리 조립시 준수사항(거푸집동바리 등의 안전조치)
　1) 깔목의 사용, 콘크리트 타설(打設), 말뚝박기 등 동바리의 침하를 방지하기 위한 조치를 할 것
　2) 개구부 상부에 동바리를 설치하는 때에는 상부하중을 견딜 수 있는 견고한 받침대를 설치할 것
　3) 동바리의 상하고정 및 미끄러짐 방지조치를 하고, 하중의 지지상태를 유지할 것
　4) 동바리의 이음은 맞댄이음 또는 장부이음으로 하고 같은 품질의 재료를 사용할 것
　5) 강재와 강재와의 접속부 및 교차부는 볼트·클램프 등 전용철물을 사용하여 단단히 연결할 것
　6) 거푸집이 곡면인 때에는 버팀대의 부착 등 그 거푸집의 부상(浮上)을 방지하기 위한 조치를 할 것

115 건설공사의 유해위험방지계획서 제출 기준일로 옳은 것은?

① 당해공사 착공 1개월 전까지
② 당해공사 착공 15일 전까지
③ 당해공사 착공 전날까지
④ 당해공사 착공 15일 후까지

116 건설업 중 유해위험방지계획서 제출 대상 사업장으로 옳지 않은 것은?

① 지상높이가 31m 이상인 건축물 또는 인공구조물, 연면적 30000m² 이상인 건축물 또는 연면적 5000m² 이상의 문화 및 집회시설의 건설공사
② 연면적 3000m² 이상의 냉동·냉장 창고시설의 설비공사 및 단열공사
③ 깊이 10m 이상인 굴착공사
④ 최대 지간길이가 50m 이상인 다리의 건설공사

해설 건설업 중 유해위험방지계획서 제출대상 사업장 (시행규칙 제120조 제2항)
　1) 지상높이가 31m 이상인 건축물 또는 인공구조물, 연면적 3만m² 이상인 건축물 또는 연면적 5천m² 이상의 문화 및 집회시설(전시장 및 동물원·식물원은 제외), 판매시설, 운수시설(고속철도의 역사 및 집·배송시설은 제외), 종교시설, 의료시설 중 종합병원, 숙박시설 중 관광숙박시설, 지하상가 또는 냉동·냉장 창고시설의 건설·개조 또는 해체(이하 "건설등"이라 함)
　2) 연면적 5천m² 이상의 냉동·냉장 창고시설의 설비공사 및 단열공사
　3) 최대 지간길이가 50m 이상인 교량건설 등 공사
　4) 터널 건설 등의 공사
　5) 다목적댐, 발전용댐 및 저수용량 2천만톤 이상의 용수전용댐, 지방상수도 전용댐 건설 등의 공사
　6) 깊이 10m 이상인 굴착공사

117 사다리식 통로 등의 구조에 대한 설치 기준으로 옳지 않은 것은?

① 발판의 간격은 일정하게 할 것
② 발판과 벽과의 사이는 15cm 이상의 간격을 유지할 것
③ 사다리식 통로의 길이가 10m 이상인 때에는 7m 이내마다 계단참을 설치할 것
④ 사다리의 상단은 걸쳐놓은 지점으로부터 60cm 이상 올라가도록 할 것

해설 사다리식 통로 등의 설치 시 준수사항(안전보건 규칙 제24조)
1) 견고한 구조로 할 것
2) 심한 손상·부식 등이 없는 재료를 사용할 것
3) 발판의 간격은 일정하게 할 것
4) 발판과 벽과의 사이는 15센티미터 이상의 간격을 유지할 것
5) 폭은 30센티미터 이상으로 할 것
6) 사다리가 넘어지거나 미끄러지는 것을 방지하기 위한 조치를 할 것
7) 사다리의 상단은 걸쳐놓은 지점으로부터 60센티미터 이상 올라가도록 할 것
8) 사다리식 통로의 길이가 10미터 이상인 경우에는 5미터 이내마다 계단참을 설치할 것
9) 사다리식 통로의 기울기는 75도 이하로 할 것. 다만, 고정식 사다리식 통로의 기울기는 90도 이하로 하고, 그 높이가 7미터 이상인 경우에는 바닥으로부터 높이가 2.5미터 되는 지점부터 등받이울을 설치할 것
10) 접이식 사다리 기둥은 사용 시 접혀지거나 펼쳐지지 않도록 철물 등을 사용하여 견고하게 조치할 것

118 철골건립준비를 할 때 준수하여야 할 사항으로 옳지 않은 것은?

① 지상 작업장에서 건립준비 및 기계기구를 배치할 경우에는 낙하물의 위험이 없는 평탄한 장소를 선정하여 정비하여야 한다.
② 건립작업에 다소 지장이 있다하더라도 수목은 제거하거나 이설하여서는 안된다.
③ 사용전에 기계기구에 대한 정비 및 보수를 철저히 실시하여야 한다.
④ 기계에 부착된 앵카 등 고정장치와 기초구조 등을 확인하여야 한다.

해설 ②항, 건립작업에 다소 지장이 있을 경우 수목을 제거하거나 이설하여야 한다.

119 고소작업대를 설치 및 이동하는 경우에 준수하여야 할 사항으로 옳지 않은 것은?

① 와이어로프 또는 체인의 안전율은 3 이상일 것
② 붐의 최대 지면경사각을 초과 운전하여 전도되지 않도록 할 것
③ 고소작업대를 이동하는 경우 작업대를 가장 낮게 내릴 것
④ 작업대에 끼임·충돌 등 재해를 예방하기 위한 가드 또는 과상승방지장치를 설치할 것

해설 ①항, 와이어로프 또는 체인의 안전율은 5 이상일 것

120 터널공사에서 발파작업 시 안전대책으로 옳지 않은 것은?

① 발파전 도화선 연결상태, 저항치 조사 등의 목적으로 도통시험 실시 및 발파기의 작동 상태에 대한 사전점검 실시
② 모든 동력선은 발원점으로부터 최소한 15m 이상 후방으로 옮길 것
③ 지질, 암의 절리 등에 따라 화약량에 대한 검토 및 시방기준과 대비하여 안전조치 실시
④ 발파용 점화회선은 타동력선 및 조명회선과 한곳으로 통합하여 관리

해설 ④항, 발파용 점화회선은 타동력선 및 조명회선과 분리하여 관리

제1과목 / 산업안전관리론

01 다음은 산업안전보건법령상 공정안전보고서의 제출 시기에 관한 기준 내용이다. ( )안에 들어갈 내용을 올바르게 나열한 것은?

> 사업주는 산업안전보건법 시행령에 따라 유해하거나 위험한 설비의 설치·이전 또는 주요 구조부분의 변경공사의 착공일 (㉠)전까지 공정안전보고서를 (㉡) 작성하여 공단에 제출해야 한다.

① ㉠ 1일, ㉡ 2부
② ㉠ 15일, ㉡ 1부
③ ㉠ 15일, ㉡ 2부
④ ㉠ 30일, ㉡ 2부

해설 **공정안전보고서 제출시기** : 공사착공일 30일전까지 공정안전보고서를 2부 작성하여 공단에 제출

02 기계설비의 안전에 있어서 중요 부분의 피로, 마모, 손상, 부식 등에 대한 장치의 변화 유무 등을 일정 기간마다 점검하는 안전점검의 종류는?

① 수시점검
② 임시점검
③ 정기점검
④ 특별점검

해설 **안전점검의 종류**
1) **수시점검** : 작업 전, 중, 후에 실시하는 점검
2) **정시점검** : 일정기간마다 정기적으로 실시하는 점검
3) **임시점검** : 이상 발견 시 임시로 실시하거나 정기점검과 정기점검 사이에 실시하는 점검
4) **특별점검**
   ① 기계·기구 및 설비의 신설사·변경시 및 수리시 등 실시
   ② 천재지변 발생 후 실시
   ③ 안전강조 기간 내 설치

03 산업안전보건법령상 자율안전확인대상 기계 등에 해당하지 않는 것은?

① 연삭기
② 곤돌라
③ 컨베이어
④ 산업용 로봇

해설 안전인증대상 및 자율안전확인대상 기계·기구

안전인증대상 기계·기구	자율안전확인대상 기계·기구
①프레스 ②절단기 및 절곡기 ③크레인 ④리프트 ⑤압력용기 ⑥롤러기 ⑦사출성형기 ⑧고소작업대 ⑨곤돌라	①연삭기 또는 연마기 (휴대형은 제외) ②산업용 로봇 ③혼합기 ④파쇄기 또는 분쇄기 ⑤컨베이어 ⑥식품가공용기계(파쇄·절단·혼합·제면기만 해당) ⑦자동차정비용리프트 ⑧인쇄기 ⑨공작기계(선반,드릴기, 평삭·형삭기, 밀링만 해당) ⑩고정형 목재가공용 기계 (둥근톱, 대패, 루타기, 띠톱, 모떼기 기계만 해당)

04 하인리히 사고예방대책 5단계의 각 단계와 기본 원리가 잘못 연결된 것은?

① 제1단계 – 안전조직
② 제2단계 – 사실의 발견
③ 제3단계 – 점검 및 검사
④ 제4단계 – 시정 방법의 선정

해설 하인리히의 사고예방대책 기본원리 5단계
1) 1단계 – 안전관리 조직
2) 2단계 – 사실의 발견
3) 3단계 – 분석·평가
4) 4단계 – 시정책 선정
5) 5단계 – 시정책 적용

05 안전보건관리조직 중 스탭(Staff)형 조직에 관한 설명으로 옳지 않은 것은?

① 안전정보수집이 신속하다.
② 안전과 생산을 별개로 취급하기 쉽다.
③ 권한 다툼이나 조정이 용이하여 통제수속이 간단하다.
④ 스탭 스스로 생산라인이 안전업무를 행하는 것은 아니다.

해설 스탭(staff)형의 특징
1) 장점
① 사업장의 특수성에 적합한 기술연구를 전문적으로 할 수 있다. (안전지식 및 기술축적이 용이)
② 경영자의 조언과 자문 역할을 한다.
2) 단점
① 생산 부분에 협력하여 안전 명령을 전달 실시하므로 안전 지시가 용이하지 않으며, 안전과 생산을 별개로 취급하기 쉽다.
② 생산부분은 안전에 대한 책임과 권한이 없다.
③ 권한 다툼이나 조정 때문에 통제 수속이 복잡해지며, 시간과 노력이 소모된다.

06 다음 중 시설물의 안전 및 유지관리에 관한 특별법상 시설물 정기안전점검의 실시 시기로 옳은 것은? (단, 시설물의 안전등급이 A등급인 경우)

① 반기에 1회 이상
② 1년에 1회 이상
③ 2년에 1회 이상
④ 3년에 1회 이상

해설 정기점검 : 시설물의 준공일 또는 사용승인일로부터 반기(6개월)에 1회 이상 실시

07 아파트 신축 건설현장에 산업안전보건법령에 따른 안전·보건표지를 설치하려고 한다. 용도에 따른 표지의 종류를 올바르게 연결한 것은?

① 금연 – 지시표시
② 비상구 – 안내표시
③ 고압전기 – 금지표시
④ 안전모 착용 – 경고표시

해설 1) 금연 – 금지표시
2) 비상구 – 안내표시
3) 고압전기 – 경고표시
4) 안전모 착용 – 지시표시

08 100명의 근로자가 근무하는 A기업체에서 1주일에 48시간, 연간 50주를 근무하는데 1년에 50건의 재해로 총 2400일의 근로손실일수가 발생하였다. A기업체의 강도율은?

① 10   ② 24
③ 100   ④ 240

해설 강도율 $= \dfrac{\text{근로손실일수}}{\text{연근로시간수}} \times 1,000$
$= \dfrac{2400}{100 \times 48 \times 50} \times 1,000$
$= 10$

09 정보서비스업의 경우, 상시근로자의 수가 최소 몇 명 이상일 때 안전보건관리규정을 작성하여야 하는가?

① 50명 이상
② 100명 이상
③ 200명 이상
④ 300명 이상

해설

사업의 종류	규모
1. 농업 2. 어업 3. 소프트우어 개발 및 공급업 4. 컴퓨터 프로그래밍, 시스템 통합 및 관리업 5. 정보서비스업 6. 금융 및 보험업 7. 임대업 ; 부동산 제외 8. 전문, 과학 및 기술 서비스업 (연구개발업은 제외한다) 9. 사업지원 서비스업 10. 사회복지 서비스업	상시 근로자 300명 이상을 사용하는 사업장
11. 제1호부터 제10호까지의 사업을 제외한 사업	상시 근로자 100명 이상을 사용하는 사업장

10 산업안전보건법령상 사업주의 의무에 해당하지 않는 것은?

① 산업재해 예방을 위한 기준 준수
② 사업장의 안전 및 보건에 관한 정보를 근로자에게 제공
③ 산업 안전 및 보건 관련 단체 등에 대한 지원 및 지도·감독
④ 근로자의 신체적 피로와 정신적 스트레스 등을 줄일 수 있는 쾌적한 작업환경의 조성 및 근로조건 개선

해설 사업주의 의무(법 제5조) : 다음 각호의 사항을 이행함으로써 근로자의 안전과 건강을 유지·증진시키는 한편, 국가의 산업재해 예방시책에 따라야 한다.

11 시몬즈(Simonds)의 총재해 코스트 계산 방식 중 비보험 코스트 항목에 해당하지 않는 것은?

① 사망재해 건수
② 통원상해 건수
③ 응급조치 건수
④ 무상해 사고 건수

해설 시몬즈의 재해손실비
총재해 cost = 보험코스트+비보험코스트
1) 보험코스트(납입보험료)=지급보상비 + 제경비 + 이익금
2) 비보험코스트 = (휴업상해건수×A)+(통원상해건수×B)+(응급조치건수×C)+(무상해사고건수×D)
여기서, ABCD는 장해 정도별에 의한 비보험 코스트의 평균치

12 재해조사의 주된 목적으로 옳은 것은?

① 재해의 책임소재를 명확히 하기 위함이다.
② 동일 업종의 산업재해 통계를 조사하기 위함 이다.
③ 동종 또는 유사재해의 재발을 방지하기 위함이다.
④ 해당 사업장의 안전관리 계획을 수립하기 위함이다.

해설 재해조사의 주된 목적
동종재해 및 유사재해의 재발방지

13 위험예지훈련의 기법으로 활용하는 브레인 스토밍(Brain Storming)에 관한 설명으로 옳지 않은 것은?

① 발언은 누구나 자유분방하게 하도록 한다.
② 가능한 한 무엇이든 많이 발언하도록 한다.
③ 타인의 아이디어를 수정하여 발언할 수 없다.
④ 발표된 의견에 대하여는 서로 비판을 하지 않도록 한다.

해설 위험예지훈련의 4라운드(Round)

1) 1R(현상파악) : 어떤 위험이 잠재하고 있는지 사실을 파악하는 라운드(BS적용)
2) 2R(본질추구) : 가장 위험한 요인(위험포인트)을 합의로 결정하는 라운드(요약)
3) 3R(대책수립) : 구체적인 대책을 수립하는 라운드(BS적용)
4) 4R(목표달성–설정) : 수립한 대책 가운데 질이 높은 항목에 합의하는 라운드(요약)

14 버드(Frank Bird)의 도미노 이론에서 재해발생 과정에 있어 가장 먼저 수반되는 것은?

① 관리의 부족
② 전술 및 전략적 에러
③ 불안전한 행동 및 상태
④ 사회적 환경과 유전적 요소

해설 버드의 사고연쇄성 이론 5단계

1) 1단계 : 통제의 부족 – 관리 소홀(경영)
2) 2단계 : 기본적인 – 기원(원인론)
3) 3단계 : 직접원인 – 징후
4) 4단계 : 사고 – 접촉
5) 5단계 : 상해 – 손해 – 손실

15 재해사례연구의 진행순서로 옳은 것은?

① 재해 상황의 파악→사실의 확인→문제점 발견→근본적 문제점 결정→대책수립
② 사실의 확인→재해 상황의 파악→근본적 문제점 결정→문제점 발견→대책수립
③ 문제점 발견→사실의 확인→재해 상황의 파악→근본적 문제점 결정→대책수립
④ 재해 상황의 파악→문제점 발견→근본적 문제점 결정→대책수립→사실의 확인

해설 재해사례연구의 진행단계

1) 전제조건 : 재해상황의 파악
2) 1단계 : 사실의 확인
3) 2단계 : 문제점 발견
4) 3단계 : 근본적 문제점 결정
5) 4단계 : 대책수립

16 위험예지훈련의 4라운드 기법에서 문제점을 발견하고 중요 문제를 결정하는 단계는?

① 현상파악
② 본질추구
③ 목표설정
④ 대책수립

해설 본질추구 : 가장 위험한 요인을 합의로 결정하는 단계

17 산업안전보건법령상 안전보건총괄책임자의 직무에 해당하지 않는 것은?

① 도급 시 산업재해 예방조치
② 위험성평가의 실시에 관한 사항
③ 해당 사업장 안전교육계획의 수립에 관한 보좌 및 지도·조언
④ 산업안전보건관리비의 관계수급인 간의 사용에 관한 협의·조정 및 그 집행의 감독

해설 ③항, 안전관리자의 업무 내용

안전인증대상 기계·기구	자율안전확인대상 기계·기구
① 프레스	① 연삭기 또는 연마기 (휴대형은 제외)
② 절단기 및 절곡기	② 산업용 로봇
③ 크레인	③ 혼합기
④ 리프트	④ 파쇄기 또는 분쇄기
⑤ 압력용기	⑤ 컨베이어
⑥ 롤러기	⑥ 식품가공용기계(파쇄·절단·혼합·제면기만 해당)
⑦ 사출성형기	⑦ 자동차정비용리프트
⑧ 고소작업대	⑧ 인쇄기
⑨ 곤돌라	⑨ 공작기계(선반, 드릴기, 평삭·형삭기, 밀링만 해당)
	⑩ 고정형 목재가공용 기계 (둥근톱, 대패, 루타기, 띠톱, 모떼기 기계만 해당)

18 다음 중 산업재해발견의 기본 원인 4M에 해당하지 않는 것은?

① Media
② Material
③ Machine
④ Management

해설 산업재해의 기본원인 4M(인간과오의 배후요인 4요소)
1) Man : 본인 이외의 사람
2) Machine : 장치나 기기 등의 물적요인
3) Media : 인간과 기계를 잇는 매체(작업 방법, 순서, 작업정보의 실태, 작업환경, 정리 정돈 등)
4) Management : 안전법규의 준수방법, 단속, 점검 관리 외에 지휘 감독, 교육 훈련 등

19 보호구 안전인증제품에 표시할 사항으로 옳지 않은 것은?

① 규격 또는 등급
② 형식 또는 모델명
③ 제조번호 및 제조연월
④ 성능기준 및 시험방법

해설 산업안전보건법상 보호구 안전인증제품 표시사항
1) 형식 및 모델명
2) 규격 또는 등급
3) 제조자명
4) 제조번호 및 제조연월
5) 안전인증번호

20 사고예방대책의 기본원리 5단계 시정책의 적용 중 3E에 해당하지 않은 것은?

① 교육(Education)
② 관리(Enforcement)
③ 기술(Engineering)
④ 환경(Enviroment)

해설 하베이(Harvey)의 3E
1) Engineering : 기술
2) Education : 교육
3) Enforcement : 독려, 규제

제2과목 / 산업심리 및 교육

21 집단간 갈등의 해소방안으로 틀린 것은?

① 공동의 문제 설정
② 상위 목표의 설정
③ 집단간 접촉 기회의 증대
④ 사회적 범주화 편향의 최대화

해설 집단간 갈등의 해소방법
1) 집단간 접촉기회의 증대
2) 상위목표의 설정
3) 공동의 문제 설정

22 안전교육 계획수립 및 추진에 있어 진행순서를 나열한 것으로 맞는 것은?

① 교육의 필요점 발견→교육 대상 결정→교육 준비→교육 실시→교육의 성과를 평가
② 교육 대상 결정→교육의 필요점 발견→교육 준비→교육 실시→교육의 성과를 평가
③ 교육의 필요점 발견→교육 준비→교육 대상 결정→교육 실시→교육의 성과를 평가
④ 교육 대상 결정→교육 준비→교육의 필요점 발견→교육 실시→교육의 성과를 평가

해설 안전교육 계획수립 및 추진 진행순서
1) 1순위 : 교육의 필요점 발견
2) 2순위 : 교육대상 결정
3) 3순위 : 교육준비
4) 4순위 : 교육실시
5) 5순위 : 교육성과 평가

23 인간의 동작 특성을 외적조건과 내적조건으로 구분할 때 내적조건에 해당하는 것은?

① 경력　　　　② 대상물의 크기
③ 기온　　　　④ 대상물의 동적성질

해설 **인간의 동작특성**

1) 외적 조건
① 동적 조건 : 대상물의 동적성질 → 최대 요인
② 정적 조건 : 높이, 깊이, 크기 등
③ 환경 조건 : 기온, 습도, 소음 등
2) 내적 조건
① 경력(Career)
② 개인차
③ 생리적 조건 : 피로, 긴장 등

24 인간의 행동특성에 있어 태도에 관한 설명으로 맞는 것은?

① 인간의 행동은 태도에 따라 달라진다.
② 태도가 결정되면 단시간 동안만 유지된다.
③ 집단의 심적 태도교정보다 개인의 심적 태도교정이 용이하다
④ 행동결정을 판단하고, 지시하는 외적 행동 체계라고 할 수 있다.

해설 **인간행동특성과 태도** : 인간의 행동은 태도에 따라 결정된다.

25 손다이크(Thorndike)의 시행착오설에 의한 학습법칙과 관계가 가장 먼 것은?

① 효과의 법칙
② 연습의 법칙
③ 동일성의 법칙
④ 준비성의 법칙

해설 **시행착오 있어서의 학습법칙**

1) **연습의 법칙**(law or exercise) : 모든 학습과정은 많은 연습과 반복을 통해서 바람직한 행동의 변화를 가져오게 된다는 법칙으로, 빈도의 법칙(law or frequency)이라고도 한다.
2) **효과의 법칙**(law or frequency) : 학습의 결과가 학습자에게 쾌감을 주면 줄수록 반응은 강화되고 반대로 고통이나 불쾌감을 주면 약화된다는 법칙으로 결과의 법칙이라고도 한다.
3) **준비성의 법칙**(law of readiness) : 특정한

학습을 행하는데 필요한 기초적인 능력을 충분히 갖춘 뒤에 학습을 행함으로서 효과적인 학습을 이룩할 수 있다는 법칙이다.

26 의사소통의 심리구조를 4영역으로 나누어 설명한 조하리의 창(Johari's Windows)에서 "나는 모르지만 다른 사람은 알고 있는 영역"을 무엇이라 하는가?

① Blind area
② Hidden area
③ Open area
④ Unknown area

해설 **조하리의 창**(Johri's Window)

구분	자신을 안다	자신은 모른다
타인은 안다	열린 창 (open area)	브이지 않는 창 (blind area)
타인은 모른다	숨겨진 창 (hidden area)	미지의 창 (unknown area)

27 Project method의 장점으로 볼 수 없는 것은?

① 창조력이 생긴다.
② 동기부여가 충분하다.
③ 현실적인 학습방법이다.
④ 시간과 에너지가 적게 소비된다.

해설 **Project method(구인법)**

1) 학습자 스스로가 계획을 세워서 수행하는 학습활동으로 이루어지는 교육형태
2) 구인법의 단계 : 목적 - 계획 - 수행 - 평가
3) 특징
① 동기부여가 충분하다.
② 현실적인 학습방법이다.
③ 작업에 대하여 창조력이 생긴다.
④ 시간과 에너지가 많이 소비된다.(단점)

28 존 듀이(Jone Dewey)의 5단계 사고과정을 순서대로 나열한 것으로 맞는 것은?

> ㉠ 행동에 의하여 가설을 검토한다.
> ㉡ 가설(hypothesis)을 설정한다.
> ㉢ 지식화(intellectualization)한다.
> ㉣ 시사(suggestion)를 받는다.
> ㉤ 추론(reasoning)한다.

① ㉤→㉡→㉣→㉠→㉢
② ㉣→㉢→㉡→㉤→㉠
③ ㉤→㉢→㉡→㉣→㉠
④ ㉣→㉠→㉡→㉢→㉤

해설 듀이(J. Dewey)의 사고과정의 5단계
1) 시사를 받는다.
2) 머리로 생각한다. (지식화 한다)
3) 가설을 설정한다.
4) 추론한다.
5) 행동에 의하여 가설을 검토한다.

29 산업안전보건법령상 사업내 안전보건교육 중 관리감독자의 지위에 있는 사람을 대상으로 실시하여야 할 정기교육의 교육시간으로 맞는 것은?

① 연간 1시간 이상
② 매분기 3시간 이상
③ 연간 16시간 이상
④ 매분기 6시간 이상

해설 관리감독자 정기교육 : 연간 16시간 이상

30 교육방법에 있어 강의방식의 단점으로 볼 수 없는 것은?

① 학습내용에 대한 집중이 어렵다.
② 학습자의 참여가 제한적일 수 있다.
③ 인원대비 교육에 필요한 비용이 많이 든다
④ 학습자 개개인의 이해도를 파악하기 어렵다.

해설 ③항, 인원대비 교육에 필요한 비용이 적게 된다.

31 리더십의 행동이론 중 관리 그리드(managerial grid)에서 인간에 대한 관심보다 업무에 대한 관심이 매우 높은 유형은?

① (1,1)형　② (1,9)형
③ (5,5)형　④ (9,1)형

해설 관리그리드 이론
1) **무관심형** : 생산과 인간에 대한 관심이 모두 낮은 무관심한 유형(1,1형)
2) **인기형** : 인간에 대한 관심은 매우 높고 생산에 대한 관심은 매우 낮은 유형(1,9형)
3) **과업형** : 생산(과업)에 대한 관심은 매우 높지만 인간에 대한 관심은 매우 낮은 유형(인간적 요소보다 과업수행에 대한 능력을 중요시하는 리더유형)(9,1형)
4) **타협형(중간형)** : 과업의 생산성과 인간적 요소를 절충한 유형(5,5형)
5) **이상형(팀형)** : 인간에 대한 관심과 생산에 대한 관심이 모두 높은 유형(9,9형)

32 판단과정 착오의 요인이 아닌 것은?

① 자기 합리화　② 능력 부족
③ 작업경험 부족　④ 정보 부족

해설 착오요인(대뇌의 휴먼에러)
1) **인지과정 착오**
① 생리, 심리적 능력의 한계
② 정보량 저장능력의 한계
③ 감각차단현상

④ 정서불안정(공포, 불안, 불만)
2) 판단과정 착오
① 능력부족
② 정보부족
③ 자기합리화
④ 환경조건의 불비
3) **조치과정 착오** : 기술부족

33 주의(attention)에 대한 설명으로 틀린 것은?

① 주의력의 특성은 선택성, 변동성, 방향성을 표현된다.
② 한 자극에 주의를 집중하여도 다른 자극에 대한 주의력은 약해지지 않는다.
③ 여러 종류의 자극을 지각할 때 소수의 특정한 것을 선택하여 집중하는 특성을 갖는다.
④ 의식작용이 있는 일에 집중하거나 행동의 목적에 맞추어 의식수준이 집중되는 심리상태를 말한다.

해설 1) **주의의 특징**
① **선택성** : 여러 종류의 자각할 때 소수으 특정한 것에 한하여 선택하는 기능
② **방향성** : 주시점만 인지하는 기능
③ **변동성** : 주의에는 주기적으로 부주의의 리듬이 존재
2) **주의의 특성**
① **주의력의 중복집중의 곤란** : 주의는 동시에 2개 방향에 집중하지 못한다.(선택성)
② **주의력의 단속성** : 고도의 주의는 장시간 지속할 수 없다.(변동성)
③ 한 지점에 주의를 집중하면 다른데 주의는 약해진다.(방향성)

34 교육의 3요소로만 나열된 것은?

① 강사, 교육생, 사회인사
② 강사, 교육생, 교육자료
③ 교육자료, 지식인, 정보
④ 교육생, 교육자료, 교육장소

해설 **교육의 3요소**
1) **주체** : 교도자, 강사, 교사 등
2) **객체** : 학생, 수강자, 피교육자 등
3) **매개체** : 교재, 교육자료

35 직업적성검사 중 시각적 판단 검사에 해당하지 않는 것은?

① 조립검사
② 명칭판단검사
③ 형태비교검사
④ 공구판단검사

해설 **적성검사의 종류**

구 분	세부 검사 내용
(1) 시각적 판단검사	① 언어의 판단검사 ② 형태 비교검사 ③ 평면도 판단검사 ④ 입체도 판단검사 ⑤ 공구 판단검사 ⑥ 명칭 판단검사
(2) 정확도 및 기민성 검사(정밀성검사)	① 교환검사 ② 회전검사 ③ 조립검사 ④ 분해검사
(3) 계산에 의한 검사	① 계산검사 ② 수학 응용검사 ③ 기록검사
(4) 속도검사	타점 속도 검사
(5) 설문지에 의한 컴퓨터 방식	① 설문지법 ② 색채법 ③ 설문지에 의한 컴퓨터 방식

36 조직에 의한 스트레스 요인으로 역할 수행자에 대한 요구가 개인의 능력을 조과하거나 주어진 시간과 능력이 허용하는 것 이상을 달성하도록 요구받고 있다고 느끼는 상황을 무엇이라 하는가?

① 역할 갈등
② 역할 과부하
③ 업무수행 평가
④ 역할 모호성

해설 1) **역할갈등** : 역할 담당자가 상반되는 역할기대를 동시에 수행해야 하는 상태
2) **역할과 부하** : 본문설명
3) **역할모호성** : 역할기대와 직무기해가 분명하지 않은 상태

37 매슬로우(Abraham Maslow)의 욕구위계설에서 제시된 5단계의 인간의 욕구 중 허츠버그(Herzberg)가 주장한 2요인(인자)이론의 동기요인에 해당하지 않는 것은?

① 성취 욕구   ② 안전의 욕구
③ 자아실현의 욕구   ④ 존경의 욕구

해설 허즈버그(Herzberg)의 위생요인 및 동기요인

1) 위생요인 : 직무환경에 관계된 내용으로 기업정책, 개인 상호간의 관계(친교, 대인관계), 감독형태, 작업조건, 임금(급료), 보수지위, 안전 등이 있다.
2) 동기요인 : 직무내용(일의 내용)에 관한 것으로 목표달성에 대한 성취감, 안정감, 도전감, 책임감, 성장과 발전, 작업자체 등이 있다(자아실현을 하려는 인간의 독특한 경향 반영)

38 산업안전보건법령상 근로 정기안전 보건교육의 교육내용이 아닌 것은?

① 산업안전 및 사고 예방에 관한 사항
② 건강증진 및 질병 예방에 관한 사항
③ 산업보건 및 직업병 예방에 관한 사항
④ 작업공정의 유해·위험과 재해 예방대책에 관한 사항

해설 근로자의 정기안전·보건교육 내용

1) 산업안전 및 사고예방에 관한 사항
2) 산업보건 및 직업병 예방에 관한 사항
3) 건강증진 및 질병 예방에 관한 사항
4) 유해위험 작업환경 관리에 관한 사항
5) 산업안전보건법령 및 산업재해보상보험 제도에 관한 사항
6) 직무스트레스 예방 및 관리에 관한 사항
7) 직장 내 괴롭힘, 고객의 폭언 등으로 인한 건강장해 예방 및 관리에 관한 사항

39 에너지소비량(RMR)의 산출방법으로 맞는 것은?

① $\left(\dfrac{\text{작업시의 소비에너지} - \text{기초대사량}}{\text{안정시의 소비에너지}}\right)$

② $\left(\dfrac{\text{전체소비에너지} - \text{작업시의 소비에너지}}{\text{기초대사량}}\right)$

③ $\left(\dfrac{\text{작업시의 소비에너지} - \text{안정시의 소비에너지}}{\text{기초대사량}}\right)$

④ $\left(\dfrac{\text{작업시의 소비에너지} - \text{안정시의 소비에너지}}{\text{안정시의 소비에너지}}\right)$

해설 에너지소비량(RMR)

$$R = \frac{\text{작업 대사량}}{\text{기초대사량}}$$
$$= \frac{\text{작업시소비에너지} - \text{안정시소비에너지}}{\text{기초대사량}}$$

40 레윈의 3단계 조직변화모델에 해당되지 않는 것은?

① 해빙단계   ② 체험단계
③ 변화단계   ④ 재동결단계

해설 레윈(Lewin)의 조직변화 3단계

1) 1단계 - 해빙단계 : 변화의 필요성을 인지하는 단계이다.
2) 2단계 - 변화단계 : 새로운 가치, 태도, 행동의 개발을 통해 구체적으로 변화가 발생하는 단계이다.
3) 3단계 - 재동결단계 : 일어난 변화를 안정시키는 단계이다.

■ 정답 ■   37.②   38.④   39.④   40.②

제3과목 / 인간공학 및 시스템안전공학

41 결함수분석법에서 path set에 관한 설명으로 옳은 것은?

① 시스템의 약점을 표현한 것이다.
② Top 사상을 발생시키는 조합이다.
③ 시스템이 고장 나지 않도록 하는 사상의 조합이다.
④ 시스템고장을 유발시키는 필요불가결한 기본사상들의 집합이다.

해설 1) 컷셋과 미니멀 컷
　① 컷셋(cut sets) : 정상사상을 일으키는 기본사상(통상사상, 생략사상 포함)의 집합을 컷이라 한다.
　② 미니멀 컷(minimal cut sets) : 정상사상을 일으키기 위해 필요한 최소한의 컷을 말한다(시스템의 위험성을 나타냄).
2) 패스셋과 미니멀 패스
　① 패스셋(path sets) : 정상사상이 일어나지 않는 기본사상의 집합을 말한다.
　② 미니멀 패스(minimal path sets) : 필요한 최소한의 패스를 말한다(시스템의 신뢰성을 나타냄).

42 시스템 안전분석 방법 중 HAZOP에서 "완전대체"를 의미하는 것은?

① NOT　　　　② REVERSE
③ PART OF　　④ OTHER THAN

해설 유인어(guide words) : 간단한 용어 (말)로서 창조적 사고를 유도하고 자극하여 이상을 발견하고, 의도를 한정하기 위해 사용된다. 즉, 다음과 같은 의미를 나타낸다.
1) NO 또는 NOT : 설계의도의 완전한 부정
2) More Less : 양(압력, 반응, flow, rate, 온도 등)의 증가 또는 감소
3) As well As : 성질상의 증가(설계의도와 운전조

건이 어떤 부가적인 행위와 함께 일어남)
4) Part of : 일부변경, 성질상의 감소(어떤 의도는 성취되나 어떤 의도는 성취되지 않음)
5) Reverse : 설계의도의 논리적인 역
6) Other than : 완전한 대체(통상 운전과 다르게 되는 상태)

43 촉감의 일반적인 척도의 하나인 2점 문턱값(two-point threshold)이 감소하는 순서댈 나열된 것은?

① 손가락 → 손바닥 → 손가락 끝
② 손바닥 → 손가락 → 손가락 끝
③ 손가락 끝 → 손가락 → 손바닥
④ 손가락 끝 → 손바닥 → 손가락

해설 1) 2점 문턱값(two-point threshold)
　① 두 점을 눌렀을 때 따로 따로 지각할 수 있는 두 점 사이의 최소거리를 말한다.
　② 촉감의 일반적 척도로 사용한다.
2) 2점 문턱값이 감소하는 순서 : 손바닥 → 손바닥 → 손가락 끝으로 갈수록 강도가 증가(2점 문턱 값 감소)하므로 세밀한 식별이 필요한 경우 손바닥보다 손가락 사용을 유도해야 한다.

44 결함수분석의 기호 중 입력사상이 어느 하나라도 발생할 경우 출력사상이 발생하는 것은?

① NOR GATE　　② AND GATE
③ OR GATE　　　④ NAND GATE

해설 AND gate와 OR gate

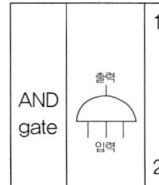

AND gate	출력 입력	1) 출력 X의 사상이 이어나가기 위해서는 모든 입력 A, B, C의 사상이 일어나지 않으면 안된다는 논리 조직을 나타낸다. 즉, 모든, 입력 사상이 존재할 때만이 출력 사상이 발생한다. 2) 이 기호는 AND 또는 ‧ 와 같이 표시 될 때도 있다.

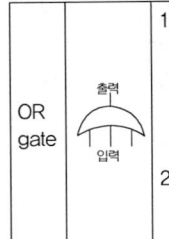

| OR gate | 출력
입력 | 1) 입력 사상 A, B중 어느 하나가 일어나도 출력 X의 사상이 일어난다고 하는 논리조작을 나타낸다. 즉, 입력 사상 중 어느 것이나 하나가 존재할 때 출력 사상이 발생한다.
2) 이 기호는 ⌄OR⌄ 또는 ⌄+⌄ 와 같이 표시되기도 한다. |

45 FTA 결과 다음과 같은 패스셋을 구하였다. 최소 패스셋(minimal path sets)으로 옳은 것은?

$$\{X_2, X_3, X_4\}$$
$$\{X_1, X_3, X_4\}$$
$$\{X_3, X_4\}$$

① $\{X_3, X_4\}$

② $\{X_1, X_3, X_4\}$

③ $\{X_2, X_3, X_4\}$

④ $\{X_2, X_3, X_4\}$와 $\{X_3, X_4\}$

해설
$$\begin{bmatrix}(x_2, x_3, x_4)\\(x_1, x_3, x_4)\\(x_3, x_4)\end{bmatrix} \rightarrow [x_3 \cdot x_4]$$
패스셋

46 암호체계의 사용 시 고려해야 할 사항과 거리가 먼 것은?

① 정보를 암호화한 자극은 검출이 가능하여야 한다.

② 다 차원의 암호보다 단일 차원화된 암호가 정보 전달이 촉진된다.

③ 암호를 사용할 때는 사용자가 그 뜻을 분명히 알 수 있어야 한다.

④ 모든 암호 표시는 감지장치에 의해 검출될

수 있고, 다른 암호 표시와 구별될 수 있어야 한다.

해설 **암호체계 사용상의 일반적인 지침**
1) **암호의 검출성** : 검출이 가능해야 한다.
2) **암호의 변별성** : 다음 암호표시와 구별되어야 한다.
3) **부호의 양립성** : 양립성이란 자극들 간의, 반응들 간의, 자극 -반응 조합의 관계가 인간의 기대와 모순되지 않는다.
4) **부호의 의미** : 사용자가 그 뜻을 분명히 알아야 한다.
5) **암호의 표준화** : 암호를 표준화하여야 한다.
6) **다차원 암호의 사용** : 2가지 이상의 암호차원에서 조합해서 사용하면 정보전달이 촉진된다.

47 인체측정에 대한 설명으로 옳은 것은?

① 인체측정은 동적측정과 정적측정이 있다.

② 인체측정학은 인체의 생화학적 특징을 다룬다.

③ 자세에 따른 인체치수의 변화는 없다고 가정한다.

④ 측정항목에 무게, 둘레, 두께, 길이는 포함되지 않는다.

해설 **인체계측의 방법**
1) **구조적 치수(정적 인체계측)**
   ① 체위를 정지한 상태에서의 기본자세(선자세, 앉은 자세 등)에 관한 신체 각 부를 계측하는 것이다.
   ② 여러 가지 설계의 표준이 되는 기초적 치수를 결정하는 데 그 목적이 있다.
2) **기능적 치수(동적 인체계측)**
   ① 상지나 하지의 운동이나 체위의 움직임에 따른 상태에서 계측하는 것이다.
   ② 설계의 작업, 생활조건에 밀접한 관계를 갖는 현실성 있는 인체 치수를 구하는 것이다.

48 산업안전보건법령상 유해위험방지계획서의 제출 대상 제조업은 전기 계약 용량이 얼마 이상인 경우에 해당되는가? (단, 기타 예외사항은 제외한다.)

① 50kW
② 100kW
③ 200kW
④ 300kW

해설 유해위험방지계획서 제출대상 사업 : 전기계약용량이 300kW이상인 제조업 등의 사업

49 시스템 안전분석 방법 중 예비위험분석(PA)단계에서 식별하는 4가지 범주에 속하지 않는 것은?

① 위기상태
② 무시가능상태
③ 파국적상태
④ 예비조처상태

해설 예비위험분석(PHA)에서 식별하는 4가지 범주 (Category)
1) 파국적(catastrophic)
2) 중대(critical)
3) 한계적(marginal)
4) 무시기능(negligible)

50 다음은 불꽃놀이용 화학물질취급설비에 대한 정량적 평가이다. 해당 항목에 대한 위험등급이 올바르게 연결된 것은?

항목	A (10점)	B (5점)	C (2점)	D (0점)
취급물질	○	○	○	
조작		○		○
화학설비의 용량	○		○	
온도	○	○		
압력			○	○

① 취급물질 – Ⅰ등급, 화학설비의 용량 – Ⅰ등급
② 온도 – Ⅰ등급, 화학설비의 용량 – Ⅱ등급
③ 취급물질 – Ⅰ등급, 조작 – Ⅳ등급
④ 온도 – Ⅱ등급, 압력 – Ⅲ등급

해설 화학설비의 정량적 평가
1) 당해 화학설비의 취급물질, 용량, 온도, 압력 및 조작의 5항목에 대해 A, B, C, D급으로 분류하고, A급은 10점, B급은 5점, C급은 2점, D급은 0점으로 점수를 부여한 후, 5항목에 관한 점수들의 합을 구한다.
2) 합산 결과에 의한 위험도의 등급

등급	점수	내용
등급 Ⅰ	16점 이상	위험도가 높다.
등급 Ⅱ	11~15점 이하	주위상황, 다른 설비와 관련해서 평가
등급 Ⅲ	10점 이하	위험도가 낮다.

① 취급물질 : 17점(1등급)
② 조작 : 5점(3등급)
③ 화학설비의 용량 : 12점(2등급)
④ 온도 : 15점(2등급)
⑤ 압력 : 7점(3등급)

51 어떤 소리가 1000Hz, 60dB인 음과 같은 높이임에도 4배 더 크게 들린다면, 이 소리의 음압수준은 얼마인가?

① 70dB
② 80dB
③ 90dB
④ 100dB

해설
1) 1000Hz, 60dB : 60phon
$$sone = 2^{(60-40/10)} = 2^2 = 4sone$$
2) 4sone × 4배 = 16 sone
phon = 33.3 log s+ 40
   = 33.3log16+40=80phon
3) 80phon : 1000Hz에서 음압수준 80dB

52 연구 기준의 요건과 내용이 옳은 것은?

① 무오염성 : 실제로 의도하는 바와 부합해야 한다.
② 적절성 : 반복 시험 시 재현성이 있어야 한다.
③ 신뢰성 : 측정하고자 하는 변수 이외의 다른 변수의 영향을 받아서는 안 된다.
④ 민감도 : 피실험자 사이에서 볼 수 있는 예상 차이점에 비례하는 단위로 측정해야 한다.

■ 정답 ■ 48.④ 49.④ 50.④ 51.② 52.④

해설 ①항, **무오염성** : 측정하고자 하는 변수 이외의
　　　　다른 변수의 영향을 받아서는 안된다.
　　②항, **적절성** : 의도된 목적에 부합하여야 한다.
　　③항, **신뢰성** : 반복실험시 재현성이 있어야 한
　　　　다.

53 어느 부품 1000개를 100000시간 동안 가동 하였을 때 5개의 불량품이 발생하였을 경우 평균동작시간(MTTF)은?

① 1×10^6 시간　　② 2×10^7 시간
③ 1×10^8 시간　　④ 2×10^9 시간

해설 $MTTF = \dfrac{1}{\lambda(고장률)} = \dfrac{가동시간}{고장건수}$
　　　　$= \dfrac{1,000 \times 100,000}{5}$
　　　　$= 2 \times 10^7 시간$

54 인간 – 기계 시스템에서 시스템의 설계를 다음과 같이 구분할 때 제3단계인 기본설계에 해당되지 않는 것은?

> 1단계 : 시스템의 목표와 성능 명세 결정
> 2단계 : 시스템의 정의
> 3단계 : 기본 설계
> 4단계 : 인터페이스 설계
> 5단계 : 보조물 설계
> 6단계 : 시험 및 평가

① 화면 설계　　② 작업 설계
③ 직무 분석　　④ 기능 할당

해설 기본설계(제 3단계)
　　1) 인간, 하드웨어 및 소프트웨어에 대한 기능
　　　　할당
　　2) 작업설계(직무설계)
　　3) 과업분석(직무분석)
　　4) 인간 퍼포먼스(performance)요건

55 실린더 블록에 사용하는 가스켓의 수명분포는 X~N(10000. 2002)인 정규분포를 따른다. t=9600시간일 경우에 신뢰도(R(t))는? (단, P(Z≤1)=0.8413, P(Z≤1.5)=0.9332, P(Z≤2)=0.9772, P(Z≤3)=0.9987이다.)

① 84.13%　　　　② 93.32%
③ 97.72%　　　　④ 99.87%

해설 정규분포 표준화공식(Z)
　　$Z = \dfrac{변수(x) - 평균(\mu)}{표준편차(\sigma)}$
　　$\Pr(x \geq 9600)$
　　$= \Pr\left(Z \geq \dfrac{9,600 - 10,000}{200}\right)$
　　$= \Pr(Z \geq -2)$
　　$= \Pr(Z \leq 2) = 0.9772 = 97.72\%$

56 신체활동의 생리학적 측정법 중 전신의 육체적인 활동을 측정하는데 가장 적합한 방법은?

① Flicker 측정
② 산소 소비량 측정
③ 근전도(EMG) 측정
④ 피부전기반사(GSR) 측정

해설 **산소소비량**(oxygen consumption)
　　1) 산소소비량을 측정하여 에너지 소비량을 평
　　　　가할 수 있다.
　　2) 육체적 작업 특히 큰 근육의 움직임을 요구
　　　　하는 동적작업(dynamic work)을 많이 하
　　　　면 산소소비량이 증가한다.

57 신호검출이론(SDT)의 판정결과 중 신호가 없었는데도 있었다고 말하는 경우는?

① 긍정(hit)
② 누락(miss)
③ 허위(false alarm)
④ 부정(correct rejection)

해설 신호검출이론(SDT)의 판정결과
1) **긍정(hit : 옳은 결정)** : 신호(S)를 신호(S)로 판정할 확률, P(S/S)
   P(S/S)=1−P(N/S)
2) **누락(miss : 신호 검출 실패)** : 신호(S)를 소음(N)으로 판정할 확률, P(N/S)
3) **허위경보(false alarm)** : 소음(N)를 신호(S)으로 판정할 확률, P(S/N)
4) **부정(correct rejection : 옳은 결정)** : 소음(N)를 소음(N)으로 판정할 확률, P(N/N)
   P(N/N)=1−P(S/N)

58 가스밸브를 잠그는 것을 잊어 사고가 발생했다면 작업자는 어떤 인적오류를 범한 것인가?

① 생략 오류(omission error)
② 시간지연 오류(time error)
③ 순서 오류(sequential error)
④ 작위적 오류(commission error)

해설 심리적인 분류(Swain) : Error의 원인을 불확정, 시간지연, 순서착오의 세 가지로 나누어 분류한다.
1) omission error(부작위 실수, 생략과오) : 필요한 task또는 절차를 수행하지 않는 데 기인한 error
2) time error(시간적 과오, 지연오류) : 필요한 task 또는 절차의 수행지연으로 인한 error
3) commission error(작위 실수, 수행적 과오) : 필요한 task 또는 절차의 불확실한 수행으로 인한 error
4) sequential error(순서적 과오) : 필요한 task 또는 절차의 순서착오로 인한 error
5) extraneous error(불필요한 과오) : 불필요한 task 또는 절차를 수행함으로써 기인한 error

59 사무실 의자나 책상에 적용할 인체 측정 자료의 설계 원칙으로 가장 적합한 것은?

① 평균치 설계   ② 조절식 설계
③ 최대치 설계   ④ 최소치 설계

해설 조절식의 적용
1) 조절식은 자동차 좌석의 전후조절, 사무실 의자의 상하조절 등에 응용된다.
2) 조절식을 설계할 때에는 통상 5%치에서 95%까지 90%범위를 수용대상으로 설계하는 것이 관례이다.

길잡이 인간계측자료의 응용원칙
1) **최대치수와 최소 치수** : 최대치수 또는 최소치수를 기준으로 하여 설계한다. (극단에 속하는 사람을 위한 설계)
2) **조절범위(조절식)** : 체격이 다른 여러 사람에게 맞도록 만드는 것이다. (조절할 수 있도록 범위를 두는 설계)
3) **평균치를 기준으로 한 설계** : 최대치수나 최소치수, 조절식으로 하기가 곤란할 때 평균치를 기준으로 하여 설계한다.(평균적인 사람을 위한 설계)

60 다음 중 열 중독증(heat illness)의 강도를 올바르게 나열한 것은?

ⓐ 열소모(heat exhaustion)
ⓑ 열발진(heat rash)
ⓒ 열경련(heat cramp)
ⓓ 열사병(heat stroke)

① ⓒ < ⓑ < ⓐ < ⓓ
② ⓒ < ⓑ < ⓓ < ⓐ
③ ⓑ < ⓒ < ⓐ < ⓓ
④ ⓑ < ⓓ < ⓐ < ⓒ

해설 1) 열중독증
① **열발진** : 땀샘의 막힘, 땀의 체류, 염증 등이 원인이 되어 피부에 작고 붉으며 물집모양의 뾰루지가 생기는 것을 「땀띠」라고도 한다.
② **열경련** : 고온환경에서 작업 중이거나 작업 후 수시간 내에 근육(팔, 다리, 복부 등)에 통증이 있는 경련이 생기는 것으로 염분손실과 관계된다.
③ **열소모(열피비)** : 주로 탈수 때문에 생기

는 것으로 근육 무력, 구역질, 구토, 현기증, 실신 등의 증상을 나타낸다.

④ **열사병** : 체온이 과도하게 상승하여 온도 조절 메커니즘이 파괴되었을 때 생긴다. (원인 : 땀샘의 피로와 땀 생성 중단)

2) **열중독증의 강도 순서**
　　열발진 〈 열경련 〈 열소모 〈 열사병

제4과목 / 건설시공학

61 철골공사의 내화피복공법에 해당하지 않는 것은?

① 표면탄화법　　　② 뿜칠공법
③ 타설공법　　　　④ 조적공법

해설 철골공사의 내화피복공법
1) 뿜칠공법(록크울 뿜기공법)
2) 타설공법
3) 조적공법
4) 기타 성형판 접착공법·프리패브공법(ALC 판 붙이기 공법) 등

62 철골용접 부위의 비파괴검사에 관한 설명으로 옳지 않은 것은?

① 방사선검사는 필름의 밀착성이 좋지 않은 건축물에서도 검출이 우수하다.
② 침투탐상검사는 액체의 모세관현상을 이용한다.
③ 초음파탐상검사는 인간의 귀로 들을 수 없는 주파수를 갖는 초음파를 사용하여 결함을 검출하는 방법이다.
④ 외관검사는 용접을 한 용접공이나 용접관리 기술자가 하는 것이 원칙이다.

해설 **방사선 투과법** : X선, γ선을 용접부에 투과하고

그 상태를 필름형상을 담아 내부결함을 검출하는 방법이다.

63 강관틀비계서 주틀의 기둥관 1개당 수직하중의 한도는 얼마인가? (단, 견고한 기초 위에 설치하게 될 경우)

① 16.5 kN　　　② 24.5 kN
③ 32.5 kN　　　④ 38.5 kN

해설 강관틀비계에서 틀의 기둥관 1개당 수직하중
: 강도 24.5kN

64 고압중기양생 경량기포콘크리트(ALC)의 특징으로 거리가 먼 것은?

① 열전도율이 보통 콘크리트의 1/10 정도이다.
② 경량으로 인력에 의한 취급이 가능하다.
③ 흡수율이 매우 낮은 편이다.
④ 현장에서 절단 및 가공이 용이하다.

해설 ALC (경량기포콘크리트)
1) ALC : 발포제에 의하여 콘크리트 내부에 무수한 기포를 독립적으로 분산시켜 중량을 가볍게 한 기포콘크리트(고온, 고압으로 증기양생하여 제조)
2) 특징
① 기건 비중이 보통 콘크리트의 약 1/4정도이다.
② 공극을 다량 함유하여 열전도율이 보통 콘크리트보다 낮으며 단열성도 우수하다.
③ 불연재인 동시에 내화재료이다.
④ 경량에어서 인력에 의한 취급이 용이하다.
⑤ 흡수율이 크다(시공직전의 블록이나 패널은 기건상태를 유지해야 한다).
⑥ 동결해에 대한 저항성이 크며 내약품성이 증대된다.
⑦ 용적변화가 적고 백화의 발생도 적다.

■ 정답 ■　61.①　62.①　63.②　64.③

65 콘크리트 타설 시 진동기를 사용하는 가장 큰 목적은?

① 콘크리트 타설 시 용이함
② 콘크리트의 응결, 경화 촉진
③ 콘크리트의 밀실화 유지
④ 콘크리트의 재료 분리 촉진

해설 진동기 사용목적 : 콘크리트에 빠른 충격을 주어 콘크리트를 밀실하게 안정시키기 위함

66 네트워크공정표의 단점이 아닌 것은?

① 다른 공정표에 비하여 작성시간이 많이 필요하다.
② 작성 및 검사에 특별한 기능이 요구된다.
③ 진척관리에 있어서 특별한 연구가 필요하다.
④ 개개의 관련작업이 도시되어 있지 않아 내용을 알기 어렵다.

해설 Network 공정표 (PERT/CPM)의 특징

장점	단점
1. 개개의 작업관련이 도시되어 있어 내용을 알기 쉽다.(작업의 상호관계가 명확)	1. 작성 및 검사에 특별한 기능이 요구된다.(기법에 대한 습득이 어렵다.)
2. 작성자 이외의 사람도 이해하기 쉽다.	2. 공정계획의 작성에 많은 시간이 소요된다.
3. 공정계획 관리면에서 신뢰도가 높다.	3. 진척관리에 있어서 특별한 연구가 필요하다.
4. 공사진척상황을 쉽게 알 수 있다.	4. 작업의 세분화 정도에는 한계가 있다.
5. 계획단계에서 공정상의 문제점이 명확하게 되어 사전에 적절히 수행할 수 있다.	5. 효과적인 예산통제의 기능은 없다.

67 웰포인트(well point)공법에 관한 설명을 옳지 않은 것은?

① 강제배수공법의 일종이다.

② 투수성이 비교적 낮은 사질실트층까지도 배수가 가능하다.
③ 흙의 안전성을 대폭 향상시킨다.
④ 인근 건축물의 침하에 영향을 주지 않는다.

해설 웰 포인트 공법
1) 출 수가 많고 깊은 터 파기에서 진공펌프와 원심펌프를 병용하는 지하수 배수에 의해 지하수위를 낮추는 공법이다.
2) 사질토, 실트층 등 투수성이 좋은 지반에는 효율이 좋으나 점토질 등 투수성이 나쁜 지반에는 효율이 나쁘다.
3) 흙막이 토질 악화를 예방하고, 흙막이 토압을 낮추며 기초 파기 공사를 용이하게 하고 지내력을 증가시킨다.

68 단순조적 블록쌓기에 관한 설명으로 옳지 않은 것은?

① 단순조적 블록쌓기의 세로줄눈은 도면 또는 공사시방서에서 정한 바가 없을 때에는 막힌 줄눈으로 한다.
② 살두께가 작은 편을 위로 하여 쌓는다.
③ 줄눈 모르타르는 쌓은 후 줄눈누르기 및 줄눈파기를 한다.
④ 특별한 지정이 없으면 줄눈은 10mm가 되게 한다.

해설 ②항, 블록은 살 두께가 두꺼운 편을 위로 가도록 쌓는다.

69 주문받은 건설업자가 대상 계획의 기업, 금융, 토지조달, 설계, 시공 등을 포괄하는 도급 계약방식을 무엇이라 하는가?

① 실비청산 보수가산도급
② 정액도급
③ 공동도급
④ 턴키도급

해설 **턴키도급**

1) 건설업자가 대상계획의 기업, 금융, 토지 조달, 설계, 시공, 기계, 기구설치, 시운전 까지 주문자가 필요로 하는 모든 것을 조달하여 인도하는 도급계약 방식이다.
2) 새로운 프랜트 공사와 특정공사 등에만 적용하고 있으며 해외공사 발주시에 주로 채택된다.

70 ALC 블록공사 시 내력벽 쌓기에 관한 내용으로 옳지 않은 것은?

① 쌓기 모르타르는 교반기를 사용하여 배합하여, 1시간 이내에 사용해야 한다.
② 가로 및 세로줄눈의 두께는 3~5mm 정도로 한다.
③ 하루 쌓기 높이는 1.8m를 표준으로 하며, 최대 2.4m 이내로 한다.
④ 연석되는 벽면의 일부를 나중쌓기로 할 때에는 그 부분을 층단 떼어쌓기로 한다.

해설 **ALC 블록공사시 내력벽 쌓기(표준시방서)**

1) ①, ③, ④항
2) 가로 및 세로줄눈의 두께는 1~3mm 정도로 한다.
3) 블록상하단의 겹침길이는 블록길이의 1/3 ~1/2을 원칙으로 하고, 최소 100mm 이상으로 한다.
4) 모서리 및 교차부 쌓기는 제어쌓기를 원칙으로 하여 통줄눈이 생기지 않도록 한다.
5) 콘크리트 벽과 블록면이 만나는 부위는 연결철물로 보강한다.

71 시험말뚝에 변형률계(strain gauge)와 가속도계(accelerometer)를 부착하여 말뚝항타에 의한 파형으로부터 지지력을 구하는 시험은?

① 정적재하시험　　② 동적재하시험
③ 비비 시험　　　　④ 인발 시험

해설 **동적 재하시험** : 본문 설명

72 지하 합벽거푸집에서 측압에 대비하여 버팀대를 삼각형으로 일체화한 공법은?

① 1회용 리브라스 거푸집
② 와플 거푸집
③ 무폼타이 거푸집
④ 단열 거푸집

해설 **무폼타이 거푸집** (tie-less formwork)

1) 폼타이가 없이 콘크리트의 측압을 지지하기 위한 브레이스 프레임(brace frame)을 사용하는 공법으로 브레이스 프레임 공법이라고도 한다.
2) 대형화한 갱폼에 측압을 부담하기 위한 브레이스프레임을 부착하고 이 프레임을 기타설한 콘크리트 슬래브에 매입한 앵커에 고정하여 측압을 부담하게 하는 거푸집 공법이다.

73 제자리 콘크리트 말뚝지정 중 베노트 파일의 특징에 관한 설명으로 옳지 않은 것은?

① 기계가 저가이고 굴착속도가 비교적 빠르다.
② 케이싱을 지반에 압입해 가면서 관 내부토사를 특수한 버킷으로 굴착 베토한다.
③ 말뚝구멍의 굴착 후에는 철근콘크리트 말뚝을 제자리치기 한다.
④ 여러 지질에 안전하고 정확하게 시공할 수 있다.

해설 **베노토 공법**(Benoto method)

1) **베노토 공법** : 구경 굴삭기(Hammer grab)를 사용하여 케이싱을 삽입하고 내부에 콘크리트를 채워 제자리 콘크리트 말뚝을 형성하는 공법(케이싱만으로 공법을 보호하는 공법)이다.
2) **베노토 공법의 특징**
   ① 올케이싱(All casing)공법으로 주변지반에 영향을 주지 않는다.
   ② 무소음, 무진동 상태에서 굴착이 가능하다.
   ③ 케이싱 튜브를 순차적으로 용접하여 잇거나 특수이음재로 이어서 긴말뚝(약

■ **정답** ■　**70.**② 　**71.**② 　**72.**③ 　**73.**①

2022

10m 까지)의 시공도 가능하다.
④ 시공의 확실성이 있다.
⑤ 지반조사 및 지지층의 확인도 가능하다.
⑥ 모든 지층에 적용이 가능하다.
⑦ 굴착속도가 느리다.

74 부재별 철근의 정착위치에 관한 설명으로 옳지 않은 것은?

① 작은보의 주근은 슬래브에 정착한다.
② 기둥의 주근은 기초에 정착한다.
③ 바닥철근은 보 또는 벽체에 정착한다.
④ 벽철근은 기둥, 보 또는 바닥판에 정착한다.

해설 1) 기둥의 주근 : 기초에 정착한다.
2) 보의 주근 : 기둥에 정착한다.
3) 작은 보의 주근 : 큰 보에 정착한다.
4) 직교하는 단부 보 밑에 기둥이 없을 때 : 상호간에 정착한다.
5) 벽 철근 : 기둥, 보, 기초 또는 바닥판에 정착한다.
6) 바닥 철근 : 보 또는 벽체에 정착한다.
7) 지중보의 주근 : 기초 또는 기둥에 정착한다.

75 철골 공사 중 현장에서 보수도장이 필요한 부위에 해당되지 않는 것은?

① 현장 용접을 한 부위
② 현장접합 재료의 손상부위
③ 조립상 표면접합이 되는 면
④ 운반 또는 양중 시 생긴 손상부위

해설 녹막이 칠을 할 필요가 없는 부분
1) 콘크리트에 밀착 또는 매입되는 부분
2) 조립에 의해 서로 밀착되는 면
3) 현장용접을 하는 부위 및 그곳에 인접하는 양측 10mm 이내
(용접부에서 50mm 이내)
4) 고장력 볼트 마찰 접합부의 마찰면
5) 폐쇄형 단면을 한 부재의 밀폐된 내면
6) 기계깎기 마무리면

76 다음은 표준시방서에 따른 기성말뚝 세우기 작업 시 준수사항이다. ( ) 안에 들어갈 내용으로 옳은 것은? (단, 보기항의 D는 말뚝의 바깥지름임)

> 말뚝의 연직도나 경사도는 (A) 이내로 하고, 말뚝박기 후 평면상의 위치가 설계도면의 위치로부터 (B)와 100mm 중 큰 값 이상으로 벗어나지 않아야 한다.

① A : 1/100, B : D/4
② A : 1/150, B : D/4
③ A : 1/100, B : D/2
④ A : 1/150, B : D/2

해설 기성말뚝 세우기 작업시 준수사항
1) 말뚝의 연직도나 경사도는 1/100 이내로 한다.
2) 말뚝박기 후 평면상의 위치가 설계도면의 위치로부터 D/4 와 100mm 중 큰 값 이상으로 벗어나지 않아야 한다. (D : 말뚝의 바깥지름)

77 철골기둥의 이음부분 면을 절삭가공기를 사용하여 마감하고 충분히 밀착시킨 이음에 해당하는 용어는?

① 밀 스케일(mill scale)
② 스캘럽(scallop)
③ 스패터(spatter)
④ 메탈 터치(metal touch)

해설 1) 밀 스케일(mill scale) : 철강재를 가열, 압연, 가공 등을 할 때 표면어 붙은 산화철로 된 찌꺼기
2) 스캘럽(scallop) : 용접선이 교차를 이루는 것을 피하기 위해서 모재어 설치한 부채꼴 모양
3) 스패터(spatter) : 아크용접, 가스용접에서 용접 중 튀어나오는 슬랙 또는 금속입자
4) 메탈터치(metal touch) : 본문 설명

■ 정답 ■ 74.① 75.③ 76.① 77.④

78 갱폼(Gang Form)에 관한 설명으로 옳지 않은 것은?

① 타워크레인, 이동식 크레인 같은 양중장비가 필요하다.
② 벽과 바닥의 콘크리트 타설을 한번에 가능하게 하기 위하여 벽체 및 슬래브거푸집을 일체로 제작한다.
③ 공사초기 제작기간이 길고 투자비가 큰 편이다.
④ 경제적인 전용횟수는 30~40회 정도이다.

해설 갱폼의 장단점

장점	1) 조립해체가 생략되고 설치와 탈형만 함으로 인력절감 2) 콘크리트 이음부위 감소로 마감단순화 및 비용절감 3) 기능공의 기능도에 좌우되지 않음 4) 1개 현장 사용후 합판 교체하여 재사용 가능
단점	1) 장비 필요, 초기투자비 과다 2) 거푸집 조립시간 필요(취급 어려움) 3) 기능공의 교육 및 숙달기간 필요

길잡이 터널폼(tunnel form)
백식 철근콘크리트 구조를 사용할 경우 벽과 바닥의 콘크리트 타설을 한 번에 가능하게 하기 위하여 벽체용 거푸집과 슬래브 거푸집을 일체로 제작하여 한 번에 설치하고 해체할 수 있도록 한 거푸집이다.

79 공사의 도급계약에 명시하여야 할 사항과 가장 거리가 먼 것은? (단, 첨부서류가 아닌 계약서 상 내용을 의미)

① 공사내용
② 구조설계에 따른 설계방법의 종류
③ 공사착수의 시기와 공사완성의 시기
④ 하자담보책임기간 및 담보방법

해설 공사의 도급계약의 명시하여야 할 사항
1) 공사내용(공사명)
2) 공사착수의 시기와 공사완성의 시기(착공년월일 및 준공연월일)
3) 하자담보 책임기간 및 담보방법

80 지하연속벽(Slurry wall) 굴착 공사 중 공벽붕괴의 원인으로 보기 어려운 것은?

① 지하수위의 급격한 상승
② 안정액의 급격한 점도 변화
③ 물다짐하여 매립한 지반에서 시공
④ 공사 시 공법의 특성으로 발생하는 심한 진동

해설 지하연속벽 굴착공사 중 공벽붕괴의 원인
1) 지하수위의 급격한 상승(지하수의 침입)
2) 안정액의 급격한 점도변화
3) 물다짐하여 매립한 지반에서 시공

제5과목 / 건설재료학

---

81 부재 두께의 증가에 따른 강도저하, 용접성 확보 등에 대응하기 위해 열간압연 시 냉각조건을 조절하여 냉각속도에 의해 강도를 상승시킨 구조용 특수강재는?

① 일반구조용 압연강재
② 용접구조용 압연강재
③ TMC 강재
④ 내후성 강재

해설 TMC 강재 : 열간 압연시에 압연온도를 제어하여 최적의 재질로 압연하는 과정을 거쳐 제조된 강재를 말한다.

■ 정답 ■　78.②　79.②　80.④　81.③

82 다음 미장재료 중 수경성 재료인 것은?

① 회반죽
② 회사벽
③ 석고 플라스터
④ 돌로마이트 플라스터

해설 응결·경화방식에 따른 미장재료의 분류
  1) **수경성 미장재료(팽창성)** : 물(H_2O)과 수화 반응에 의해 경화하는 미장재료이다.
    ① 시멘트 모르타르 : 시멘트+모래+물
    ② 석고 플라스터 : 석고+모래+여물+물
    ③ 경석고 플라스터 : 무수석고+모래+여물 +물
    ④ 인조석 바름 : 시멘트모르타르+인조석
    ⑤ 테라조(terrazzo) 현장바름 : 백시멘트+ 안료+종석(대리석, 화강석 등)
  2) **기경성 미장재료(수축성)** : 공기 중에서 경화 하는 미장재료이며 종류는 다음과 같다.
    ① 진흙 : 진흙+짚여물+물
    ② 회반죽 : 소석회+모래+여물+해초풀
    ③ 회사벽 : 석회죽(lime cream)+모래(필 요시 시멘트 또는 여물 혼입)
    ④ 돌로마이트 플라스터 : 돌로마이트 석회 (마그네시아 석회)+모래+여물+물

83 다음 중 고로시멘트의 특징으로 옳지 않 은 것은?

① 고로시멘트는 포틀랜드시멘트 클링커에 급 랭한 고로슬래그를 혼합한 것이다.
② 초기강도는 약간 낮으나 장기강도는 보통포 틀랜드시멘트와 같거나 그 이상이 된다.
③ 보통포틀랜드시멘트에 비해 화학저항성이 매우 낮다.
④ 수화열이 적어 매스콘크리트에 적합하다.

해설 **고로 시멘트** : 고로에서 선철을 만들 때 나오는 광재를 공기 중에서 냉각시키고 잘게 부순 것에 포틀랜드시멘트 클링커를 혼합한 다음 석고를 적당히 섞어서 분쇄하여 분말로 한 것으로 그 특성은 다음과 같다.
  1) 수화열이 적고 수축률이 적어서 댐공사 등에

적합하다.
  2) 비중이 적다.
  3) 단기강도가 적고 장기강도는 크다.
  4) 콘크리트의 블리딩이 적어진다.
  5) 해수에 대한 저항성이 크다.

84 목재를 이용한 가공제품에 관한 설명으로 옳은 것은?

① 집성재는 두께 1.5~3cm 의 널을 접착제로 섬유평행방향으로 겹쳐 붙여서 만든 제품 이다.
② 합판은 3매이상의 얇은 판을 1매마다 접착 제로 섬유평행방향으로 겹쳐 붙여서 만든 제품이다.
③ 연질섬유판은 두께 50mm, 나비 100mm의 긴 판에 표면을 리브로 가공하여 만든 제품 이다.
④ 파티클보드는 코르크나무의 수피를 분말로 가열, 성형, 접착하여 만든 제품이다.

해설 **목재의 가공제품**
  1) **집성목재** : 판을 섬유방향에 평행하도록 붙 여서 만든다.
  2) **합판** : 3매 이상의 얇은 판을 1매마다 섬유 방향에 직교하도록 붙여서 만든 것이다.
  3) **연질섬유판** : 비중 0.4미만, 함수율 16% 이하, 건축의 내장 및 보온을 목적으로 사용된다.
  4) **파티클 보드** : 목재를 소편으로 만들어 건조 시킨 다음 수지를 합침하여 가압·경화 시킨 판재제품이다.

85 건축물에 사용되는 천장마감재의 요구성 능으로 옳지 않은 것은?

① 내충격성 　　② 내화성
③ 흡음성 　　　④ 차음성

해설 **천장마감재의 요구성능**
  1) 내화성
  2) 흡음성
  3) 차음성

■ 정답 ■　82.③　83.③　84.①　85.①

86 플라스틱 제품 중 비닐 레더(vinyl leather)에 관한 설명으로 옳지 않은 것은?

① 색채, 모양, 무늬 등을 자유롭게 할 수 있다.
② 면포로 된 것은 찢어지지 않고 튼튼하다.
③ 두께는 0.5~1mm이고 길이는 10m의 두루마리로 만든다.
④ 커튼, 테이블크로스, 방수막으로 사용된다.

해설 비닐레더(vinyl leather)
1) 염화비닐에 가소제를 넣어 잘 이겨서 안료와 안정제를 혼합한 후 이를 바탕이 되는 면포와 함께 캘린더 롤러에 통과시켜 만든 것이다.
2) 용도 : 벽지, 천장지와 가구 등에 많이 이용된다.

87 실리콘(silicon)수지에 관한 설명으로 옳지 않은 것은?

① 실리콘수지는 내열성, 내한성이 우수하여 −60~260℃의 범위에서 안정하다.
② 탄성을 지니고 있고, 내후성도 우수하다.
③ 발수성이 있기 때문에 건축물, 전기 절연물 등의 방수에 쓰인다.
④ 도료로 사용할 경우 안료로서 알루미늄 분말을 혼합한 것은 내화성이 부족하다.

해설 실리콘(silicon)
1) 제법 : 염화규소에 그리냐르 시약을 가하여 클로로실란을 제조하여 만든다. 클로로실란의 종류와 배합비에 따라 액체, 고무, 수지 등을 얻는다.
2) 성질 : 실리콘은 내열성이 우수하다. 실리콘 고무는 −60~260℃에 걸쳐 탄성을 유지하고, 150~177℃에서는 장시간 연속사용에 견디고, 270℃의 고온에서도 수 시간 사용이 가능하다. 도료의 경우 안료로서 알루미늄 분말을 혼합한 것은 500℃에서는 수 시간, 250℃에서는 장시간을 견딘다. 실리콘은 전기절연성 및 내수성이 좋고 발수성(撥水性)이 있다.
3) 용도 : 실리콘 오일은 감마제(減摩劑), 펌프유, 절연유, 방수제로 쓰이고, 실리콘 고무는 고온, 저온에서 탄성이 있어서 가스켓(gasket), 패킹(packing) 등에 쓰인다.

88 알루미늄의 성질에 관한 설명으로 옳지 않은 것은?

① 비중이 철에 비해 약 1/3 정도이다.
② 황산, 인산 중에서는 침식되지만 염산 중에서는 침식되지 않는다.
③ 열, 전기의 양도체이며 반사율이 크다.
④ 부식률을 대기 중의 습도와 염분함류량, 불순물의 양과 질 등에 관계되며 0.08mm/년 정도이다.

해설 ②항, Al(알루미늄)은 내산성 및 내 알칼리성이 약하다.

89 목재 건조 시 생재를 수중에 일정기간 침수시키는 주된 이유는?

① 재질을 연하게 만들어 가공하기 쉽게 하기 위하여
② 목재의 내화도를 높이기 위하여
③ 강도를 크게 하기 위하여
④ 건조기간을 단축시키기 위하여

해설 목재건조 시 생재를 수중에 침수시키는 이유 : 건조기간을 단축시키기 위하여

90 다음 중 방청도료에 해당되지 않는 것은?

① 광명단조합페인트 ② 클리어 래커
③ 에칭프라이머 ④ 징크로메이트 도료

해설 방청도료
1) 광명단 도료 : Pb_3O_4를 보일드유에 녹인 유성페인트의 일종이다.
2) 산화철 도료 : 도막의 내구성도 좋다.
3) 알루미늄 도료 : 알루미늄 분말을 안료로 하는 도료로서(방청효과 및 열 반사 효과가 있다.)

4) **징크로메이트 도료** : 전색제로 알키드 수지, 안료로 크롬산아연을 사용한 도료가 있다.
5) **워시 프라이머(엣칭 프라이머)** : 합성수지의 전색제에 소량의 안료와 인산을 첨가한 도료이다.
6) 기타 아스팔트, 타르, 피치 등이 있다.

91 보통시멘트콘크리트와 비교한 폴리머 시멘트콘크리트의 특징으로 옳지 않은 것은?

① 유동성이 감소하여 일정 워커빌리티를 얻는 데 필요한 물 – 시멘트비가 증가한다.
② 모르타르, 강재, 목재 등의 각종 재료와 잘 접착한다.
③ 방수성 및 수밀성이 우수하고 동결융해에 대한 저항성이 양호하다.
④ 휨, 인장강도 및 신장능력이 우수하다.

해설 ①항, 유동성이 커서 일정 워커빌리티를 얻는 데 필요함 물시멘트비가 감소한다.

92 다음 제품 중 점토로 제작된 것이 아닌 것은?

① 경량벽돌　　　② 테라코타
③ 위생도기　　　④ 파키트리 패널

해설 파키트리 패널(parquetry panel) : 목재제품으로 마루판재이다.

93 다음 각 도료에 관한 설명으로 옳지 않은 것은?

① 유성페인트 : 건조시간이 길고 피막이 튼튼하고 광택이 있다.
② 수성페인트 : 유성페인트에 비하여 광택이 매우 우수하고 내구성 및 내마모성이 크다.
③ 합성수지 페인트 : 도막이 단단하고내산성 및 내알칼리성이 우수하다.
④ 에나멜페인트 : 건조가 빠르고, 내수성 및

내약품성이 우수하다.

해설 ②항, 수성페인트 : 물을 용제로 하는 도료의 총칭으로 취급이 간단하고 건조가 빠르나 광택이 없다.

94 세라믹재료의 일반적인 특성에 관한 설명으로 옳지 않은 것은?

① 내열성, 화학저항성이 우수하다.
② 전·연성이 매우 뛰어나 가공이 용이하다.
③ 단단하고, 압축강도가 높다.
④ 전기절연성이 있다.

해설 세라믹재료 : 점토·모래 등의 비금속 유기물로 전성연성이 작고 가공이 어렵다.

95 경질우레탄폼 단열재에 관한 설명으로 옳지 않은 것은?

① 규격은 한국산업표준(KS)에 규정되어 있다.
② 공사현장에서 발포시공이 가능하다.
③ 사용시간이 경과함에 따라 부피가 팽창하는 결점이 있다.
④ 초저온 장치용 보냉제로 사용된다.

해설 ③항, 경질우레탄폼 단열재는 사용시간이 경과함에 따라 부피가 줄어들고 점차 결전도율이 높아지는 결점이 있다.

96 콘크리트용 골재의 요구성능에 관한 설명으로 옳지 않은 것은?

① 골재의 강도는 경화한 시멘트페이스트 강도보다 클 것
② 골재의 형태가 예각이며, 표면은 매끄러울 것
③ 골재의 입형이 둥글고 입도가 고를 것
④ 먼지 또는 유기불순물을 포함하지 않을 것

해설 골재의 표면은 거칠 것

97 양질의 도토 또는 장석분을 원료로 하며, 흡수율이 1% 이하로 거의 없고 소성온도가 약 1230~1460℃인 점포 제품은?

① 토기　　　　　② 석기
③ 자기　　　　　④ 도기

해설 점토소성 제품의 종류 및 특성

종류	원료	소성온도	흡수성	강도	특성	제품
토기	보통점토 (전답의 흙)	790 ~1000	크다	취약	흡수성이 크고 깨지기 쉽다	벽돌, 기와, 토관
도기	도토(석영 운모의 풍화물)	1100 ~1230	약간 크다	견고	다공질로서 흡수성이 있고 질이 좋으며 두드리면 탁음이 난다.	타일, 테라코다, 위생용기
석기	양질점토(유기질 없음)	1160 ~1350	작다	치밀 견고	흡수성이 극히 작고 경도와 강도가 크다.	벽돌, 타일, 토관, 테라코타
자기	양질점토 또는 장석분	1230 ~1460	아주 작다	치밀 견고	흡수성이 극히 작고 경도와 강도가 가장 크다.	타일, 위생도기

98 콘크리트의 워커빌리티(workability)에 관한 설명으로 옳지 않은 것은?

① 과도하게 비빔시간이 길면 시멘트의 수화를 촉진하여 워커빌리티가 나빠진다.
② 단위수량을 너무 증가시키면 재료분비가 생기기 쉽기 때문에 워커빌리티가 좋아진다고 볼 수 없다.
③ AE제를 혼입하면 워커빌리티가 좋아진다.
④ 깬자갈이나 깬모래를 사용할 경우, 잔골재율을 작게 하고 단위수량을 감소시켜 워커빌리티가 좋아진다.

해설 1) **워커빌리티**(workability, 시공연도) : 콘크리트의 반죽질기에 의한 작업의 난이도 및 재료분리에 저항하는 정도를 나타내는 성질이다.

2) 깬자갈이나 깬모래를 사용할 경우 잔골재율을 크게 하고 단위수량을 증가시켜야 워커빌리티가 좋아진다.

99 한중 콘크리트의 배합에 관한 설명으로 옳지 않은 것은?

① 한중 콘크리트에는 일반콘크리트만을 사용하고, AE콘크리트의 사용을 금한다.
② 단위수량은 초기동해를 적게 하기 위하여 소요의 워커빌리티를 유지할 수 있는 범위 내에서 되도록 적게 정하여야 한다.
③ 물－결합재비는 원칙적으로 60% 이하로 하여야 한다.
④ 배합강도 및 물－결합재비는 적산온도방식에 의해 결정할 수 있다.

해설 한중콘크리트
1) **한중콘크리트** : 동결위험이 있는 기간(겨울) 중에 시공하는 콘크리트(치어붓기후 28일간의 예상 평균기온이 약 3℃ 이하인 경우에 적용)
2) **한중콘크리트 시공시의 주의사항**
① 물시멘트비(W/C)를 60% 이하로 가급적 작게 한다.
② 압축강도는 초기양생 기간 내에 약 50kg/㎠ 정도가 얻어지도록 한다.

100 유리의 주성분 중 가장 많이 함유되어 있는 것은?

① CaO　　　　　② SiO_2
③ Al_2O_3　　　　④ MgO

해설 유리의 주성분 : 규산(SiO_2)71~73%, 산화나트륨(Na_2O) 14~16%, 석회(CaO) 8~15% 정도로 함유되어 있다.

■ 정답 ■　97.③　98.④　99.①　100.②

제6과목 / 건설안전기술

101 비계의 높이가 2m 이상의 작업장소에 설치하는 작업발판의 설치기준으로 옳지 않은 것은? (단, 달비계, 달대비계 및 말비계는 제외)

① 작업발판의 폭은 40cm 이상으로 한다.
② 작업발판재료는 뒤집히거나 떨어지지 않도록 하나 이상의 지지물에 연결하거나 고정시킨다.
③ 발판재료 간의 틈은 3cm 이하로 한다.
④ 작업발판의 지지물은 하중에 의하여 파괴될 우려가 없는 것을 사용한다.

해설 **작업발판의 구조(안전보건규칙 제 56조)** : 비계의 높이가 2m 이상인 작업장소에는 다음 각 호의 기준에 적합한 작업발판을 서리하여야 한다.
  1) 발판재료는 작업시의 하중치를 견딜 수 있도록 견고한 것으로 할 것
  2) 작업발판의 폭은 40cm 이상, 발판재료 간의 틈은 3cm 이하로 할 것
  3) 선박 및 보트 건조작업의 경우 선박블록 또는 엔진실 등의 좁은 작업공간에 작업발판을 설치하기 위하여 필요하면 작업발판의 폭을 30cm 이상으로 할 수 있고, 결침비계의 경우 강관기둥 때문에 발판재료간의 틈을 3cm 이하로 유지하기 곤란하면 5cm 이하로 할 수 있다.
  이 경우 그 틈 사이로 물체 등이 떨어질 우려가 있는 곳에는 출입금지 등의 조치를 하여야 한다.
  4) 추락의 위험성이 있는 장소에는 안전난간을 설치할 것(작업의 성질상 안전난간을 설치하는 것이 곤란한 때 및 작업의 필요상 임시로 안전난간을 해체함에 있어서 방망을 치거나 근로자로 하여금 안전대를 사용하도록 하는 등 추락에 의한 위험방지조치를 한 때에는 그러하지 아니하다.)
  5) 작업발판의 지지물은 하중에 의하여 파괴될 우려가 없는 것을 사용할 것
  6) 작업발판재료는 뒤집히거나 떨어지지 아니

하도록 2이상의 지지물에 부착시킬 것
  7) 작업발판을 작업에 따라 이동시킬 때에는 위험방지에 필요한 조치를 할 것

102 건설재해대책의 사면보호공법 중 식물을 생육시켜 그 뿌리로 사면의 표층토를 고정하여 빗물에 의한 침식, 동상, 이완 등을 방지하고, 녹화에 의한 경관조성을 목적으로 시공하는 것은?

① 식생공　　　　② 쉴드공
③ 뿜어 붙이기공　④ 블록공

해설 **식생공법**
  1) 식물을 생육시켜 그 뿌리로 사면의 표층토를 고정하여 빗물에 의한 침식, 동상, 이완등을 방지한다.
  2) 녹화에 의한 경관조성을 도조으로 한다.

103 NATM공법 터널공사의 경우 록 볼트 작업과 관련된 계측결과에 해당되지 않은 것은?

① 내공변위 측정 결과
② 천단침하 측정 결과
③ 인발시험 결과
④ 진동 측정 결과

해설 1) NATM(New Austrian Tunnel Method) : 터널 주변 지반을 터널의 주지보를 이용하여 암석굴착 후 록볼트(rock bolt)를 체결하고 1차 라이닝(lining)-방수시트(sheet)-2차 라이닝(lining)하여 터널을 형성시키면서 굴진하는 공법
  2) 계측별 조사항목
    ① 내공변위 측정 : 변위량, 변위속도 등을 파악하여 주위지반의 안전상 파악, 1차 지보의 설계, 시공 타당성 파악
    ② 천단침하 측정 : 천단의 변위량을 측정하여 터널 천장부의 침하 판단
    ③ 지표침하 측정 : 터널굴착에 따른 지표의 침하량 파악
    ④ 지중침하 측정 : 터널굴착에 따른 지중의

침하량 파악
⑤ 록볼트 축력 측정 : 록볼트(rock bolt)에 작용하는 축력을 심도별로 측정하여 지보효과와 유효설계 깊이 판단
⑥ 록볼트 인발강도 : 록볼트의 인발내력을 확인, 정착상태 파악
⑦ 숏크리트 응력 측정 : 배면토압과 숏크리트(shotcrete)의 내부응력 측정
⑧ 지중변위 측정 : 터널주변 이완영역과 볼트길이 타당성 판단
⑨ 지중수평변위 측정 : 굴착에 따른 지반심도별 수평변위(경사)를 측정하여 수평방향의 지반이완영역 판단

104 건설현장에 설치하는 사다리식 통로의 설치기준을 옳지 않은 것은?

① 발판과 벽과의 사이는 15cm 이상의 간격을 유지할 것
② 발판의 간격은 일정하게 할 것
③ 사다리의 상단은 걸쳐놓은 지점으로부터 60cm 이상 올라가도록 할 것
④ 사다리식 통로의 길이가 10m 이상인 경우에는 3m 이내마다 계단참을 설치할 것

해설 사다리식 통로의 길이가 10m 이상인 경우에는 5m 이내마다 계단참을 설치할 것

105 거푸집동바리 등을 조립하는 경우에 준수하여야 할 사항으로 옳지 않은 것은?

① 깔목의 사용, 콘크리트 타설, 말뚝박기 등 동바리의 침하를 방지하기 위한 조치를 할 것
② 개구부 상부에 동바리를 설치하는 경우에는 상부하중을 견딜 수 있는 견고한 받침대를 설치할 것
③ 거푸집이 곡면인 경우에는 버팀대의 부착 등 그 거푸집의 부상(浮上)을 방지하기 위한 조치를 할 것

④ 동바리의 이음은 맞댄이음이나 장부이음을 피할 것

해설 동바리 이음 : 맞댄이음 도는 장부이음으로 하고 같은 품질의 재료를 사용할 것

106 불도저를 이용한 작업 중 안전조치사항으로 옳지 않은 것은?

① 작업종료와 동시에 삽날을 지면에서 띄우고 주차 제동장치를 건다.
② 모든 조종간은 엔진 시동전에 중립 위치에 놓는다.
③ 장비의 승차 및 하차 시 뛰어내리거나 오르지 말고 안전하게 잡고 오르내린다.
④ 야간작업 시 자주 장비에서 내려와 장비 주위를 살피며 점검하여야 한다.

해설 ①항, 작업종료와 동시에 삽날을 지면에 내려놓고 주차 제동장치를 전다.

107 화물취급작업과 관련한 위험방지를 위해 조치하여야 할 사항으로 옳지 않은 것은?

① 하역작업을 하는 장소에서 작업장 및 통로의 위험한 부분에는 안전하게 작업할 수 있는 조명을 유지할 것
② 하역작업을 하는 장소에서 부두 또는 안벽의 선을 따라 통로를 설치하는 경우에는 폭을 50cm 이상으로 할 것
③ 차량 등에서 화물을 내리는 작업을 하는 경우에 해당 작업에 종사하는 근로자에게 쌓여 있는 화물 중간에서 화물을 빼내도록 하지 말 것
④ 꼬임이 끊어진 섬유로프 등을 화물운반용 또는 고정용으로 사용하지 말 것

해설 ②항, 부두 또는 안벽의 선을 따라 통로를 설치하는 경우에는 폭을 90cm 이상으로 할 것

■ 정답 ■ 104.④ 105.④ 106.① 107.②

108 유해위험방지 계획서를 제출하려고 할 때 그 첨부서류와 가장 거리가 먼 것은?

① 공사개요서
② 산업안전보건관리비 작성요령
③ 전체 공정표
④ 재해 발생 위험 시 연락 및 대피방법

해설 유해·위험 방지 계획서 첨부 서류(규칙 별표 15)
　　1) 공사 개요 및 안전보건관리계획
　　　① 공사 개요서(별지 제 45호 서식)
　　　② 공사현장의 주변 현황 및 주변과의 관계를 나타내는 도면(매설물 현황 포함)
　　　③ 건설물, 사용 기계설비 등의 배치를 나타내는 도면
　　　④ 전체 공정표
　　　⑤ 산업안전보건관리비 사용계획(별지 제 46호 서식)
　　　⑥ 안전관리 조직표
　　　⑦ 재해 발생 위험 시 연락 및 대피방법
　　2) 작업 공사 종류별 유해위험방지계획

109 표준관입시험에 관한 설명으로 옳지 않은 것은?

① N치(N – value)는 지반을 30cm 굴진하는데 필요한 타격횟수를 의미한다.
② N치가 4~10일 경우 모래의 상대밀도는 매우 단단한 편이다.
③ 63.5kg 무게의 추를 76cm 높이에서 자유낙하하여 타격하는 시험이다.
④ 사질지반에 적용하며, 점토지반에서는 편차가 커서 신뢰성이 떨어진다.

해설 표준관입시험 : 63.5kg의 추를 75cm의 높이에서 자유 낙하시켜 30cm 관입시험 때의 타격회수(N)를 측정하여 흙의 경연도의 정도를 판정하는 방법
　　1) 사질지반의 상대밀도 등 토질 조사시 신뢰성이 높다.
　　2) N값과 모래의 상태

N의 값	모래의 상태
0~5	몹시 느슨하다.
5~10	느슨하다.
10~30	보통
50이상	다진 상태(밀실 상태)

110 건설공사의 산업안전보건관리비 계상 시 대상액이 구분되어 있지 않은 공사는 도급계약 또는 자체사업 계획 상의 총 공사금액 중 얼마를 대상액으로 하는가?

① 50%　② 60%
③ 70%　④ 80%

해설 건설공사 안전관리비 계상시 대상액이 구분되어 있지 않은 공사의 대상액 : 도급계약 또는 자체 사업 계획상의 총공사금액의 70%

111 흙막이 지보공을 설치하였을 경우 정기적으로 점검하고 이상을 발견하면 즉시 보수하여야 하는 사항과 가장 거리가 건 것은?

① 부재의 접속부·부착부 및 고차부의 상태
② 버팀대의 긴압(緊壓)의 정드
③ 부재의 손상·변형·부식·변위 및 탈락의 유무와 상태
④ 지표수의 흐름 상태

해설 흙막이지보공 설치시 정기적 점검사항
　　1) 부재의 손상변형부식 변위 및 탈락의 유무와 상태
　　2) 버팀대의 긴압의 정도
　　3) 부재의 접속부·부착부·교차부의 상태
　　4) 침하의 정도

길잡이 터널보공 설치 시 수시점검사항
　　① 부재의 손상변형·부식 변위 및 탈락의 유무와 상태
　　② 부재의 긴압의 정도
　　③ 부재의 접속부 및 교차부의 상태
　　④ 기둥침하의 유무 및 상태

112 작업발판 및 통로의 끝이나 개구부로서 근로자가 추락할 위험이 있는 장소에서 난간 등의 설치가 매우 곤란하거나 작업의 필요상 임시로 난간 등을 해체하여야 하는 경우에 설치하여야 하는 것은?

① 구명구
② 수직보호망
③ 석면포
④ 추락방호망

해설 개구부 등의 방호조치(안전보건규칙 제 43조)
1) 안전난간, 울타리, 수직형 추락방호망 설치
2) 덮개 설치
3) (난간 설치 곤란 시 등) 추락방호망 설치
4) 안전대 착용

113 콘크리트 타설작업과 관련하여 준수하여야 할 사항으로 가장 거리가 먼 것은?

① 당일의 작업을 시작하기 전에 해당 작업에 관한 거푸집 동바리 등의 변형·변위 및 지반의 침하 유무 등을 점검하고 이상이 있으면 보수할 것
② 콘크리트를 타설하는 경우에는 편심이 발생하지 않도록 골고루 분산하여 타설할 것
③ 진동기의 사용은 많이 할수록 균일한 콘크리트를 얻을 수 있으므로 가급적 많이 사용할 것
④ 설계도서상의 콘크리트 양생기간을 준수하여 거푸집동바리 등을 해체할 것

해설 콘크리트의 타설작업시 준수해야 할 사항
1) 당일의 작업을 시작하기 전에 당해 작업에 관한 거푸집동바리 등의 변형·변위 및 지반의 침하유무 등을 점검하고 이상을 발견한 때에는 이를 보수할 것
2) 작업 중에는 거푸집 동바리 등의 변형·변위 및 침하유무 등을 감시할 수 있는 감시자를 배치하여 이상을 발견한 때에는 작업을 중지시키고 근로자를 대피시킬 것
3) 콘크리트의 타설 작업시 거푸집 붕괴의 위험이 발생할 우려가 있는 때에는 충분한 보강 조치를 할 것

4) 설계 도서상의 콘크리트 양생기간을 준수하여 거푸집 동바리 등을 해체할 것
5) 콘크리트를 타설하는 경우에는 편심이 발생하지 않도록 골고루 분산하여 타설할 것

114 산업안전보건법령에 따른 양중기의 종류에 해당하지 않는 것은?

① 곤돌라
② 리프트
③ 클램쉘
④ 크레인

해설 양중기의 종류
1) 크레인(호이스트 포함)
2) 이동식 크레인
3) 리프트(이삿짐운반용 리프트의 경우 적재하중이 0.1ton 이상인 것)
4) 곤돌라
5) 승강기

115 근로자의 추락 등의 위험을 방지하기 위한 안전난간의 설치요건에서 상부난간대를 120cm 이상 지점에 설치하는 경우 중간난간대를 최소 몇 단 이상 균등하게 설치하여야 하는가?

① 2단
② 3단
③ 4단
④ 5단

해설 안전난간의 구조 및 설치요건(안전보건규칙 제132조)
1) 상부 난간대, 중간 난간대, 발끝막이판 및 난간기둥으로 구성할 것. 다만, 중간 난간대, 발끝막이판 및 난간기둥은 이와 비슷한 구조와 성능을 가진 것으로 대체할 수 있다.
2) 상부 난간대는 바닥면·발판 또는 경사로의 표면(이하 "바닥면등"이라 함)으로부터 90cm 이상 지점에 설치하고, 상부 난간대를 120cm 이하에 설치하는 경우에는 중간 난간대는 상부 난간대와 바닥면등의 중간에 설치하여야 하며, 120cm 이상 지점에 설치하는 경우에는 중간 난간대를 2단 이상으로 균등하게 설치하고 난간의 상하 간격은 60cm 이하가 되도록 할 것. 다만, 계단의 개방된 측면에 설치된 난간기둥 간의 간격

이 25cm 이하인 경우에는 중간 난간대를 설치하지 아니할 수 있다.

3) 발끝막이판은 바닥면등으로부터 10cm 이상의 높이를 유지할 것. 다만, 물체가 떨어지거나 날아올 위험이 없거나 그 위험을 방지할 수 있는 망을 설치하는 등 필요한 예방조치를 한 장소는 제외한다.

4) 난간기둥은 상부 난간대와 중간 난간대를 견고하게 떠받칠 수 있도록 적정한 간격을 유지할 것

5) 상부 난간대와 중간 난간대는 난간 길이 전체에 걸쳐 바닥면등과 평행을 유지할 것

6) 난간대는 지름 2.7cm 이상의 금속제 파이프나 그 이상의 강도가 있는 재료일 것

7) 안전난간은 구조적으로 가장 취약한 지점에서 가장 취약한 방향으로 작용하는 100kg 이상의 하중에 견딜 수 있는 튼튼한 구조일 것

116 흙막이 공법을 흙막이 지지방식에 의한 분류와 구조방식에 의한 분류로 나눌 때 다음 중 지지방식에 의한 분류에 해당하는 것은?

① 수평 버팀대식 흙막이 공법
② H-Pile 공법
③ 지하연속법 공법
④ Top down method 공법

해설 흙막이 공법의 종류

구분	공법 종류
흙막이 지지방식에 의한 분류	1) 자립공법 2) 버팀대 공법(빗버팀대식, 수평버팅대식) 3) 어스앵커공법 4) 타이로드 공법
흙막이 구조방식에 의한 분류	1) H-Pile 공법(H 말뚝, 흙막이 토류판 공법) 2) 버팀대공법(강널말뚝공법, 강관널말뚝 공법) 3) Slurry Wall(지하연속벽공법, 다이어프램월) (주열식 지하연속벽, 벽식 지하 연속법) 4) 톱다운 공법(역타 공법)

117 철골용접부의 내부결함을 검사하는 방법으로 가장 거리가 먼 것은?(문제 오류로 가답안 발표시 1번으로 발표되었지만 확정답안 발표시 1, 3, 4번이 정답처리 되었습니다. 여기서는 가답안인 1번을 누르시면 정답 처리 됩니다.)

① 알칼리 반응 시험
② 방사선 투과시험
③ 자기분말 탐상시험
④ 침투 탐상시험

해설 1) 철골용접부의 내부결함을 검사하는 방법 : 비파괴검사
2) 비파괴검사 : 방사선투과시험, 자기분말탐상시험, 침투탐상시험 등

118 말비계를 조립하여 사용하는 경우 지주부재와 수평면의 기울기는 얼마 이하로 하여야 하는가?

① 65° ② 70°
③ 75° ④ 80°

해설 말비계를 조립하여 사용시 준수사항
1) 지주부재의 하단에는 미끄럼 방지장치를 하고, 양측 끝부분에 올라서서 작업하지 아니하도록 할 것
2) 지주부재와 수평면과의 기울기를 75°이하로 하고, 지주부재와 지주부재 사이를 고정시키는 보조부재를 설치할 것
3) 말비계의 높이가 2m를 초과할 경우에는 작업발판의 폭을 40cm 이상으로 할 것

119 지반 등의 굴착 시 위험을 방지하기 위한 연암 지반 굴착면의 기울기 기준으로 옳은 것은?

① 1 : 0.3 ② 1 : 0.4
③ 1 : 1.0 ④ 1 : 0.6

해설 굴착면 구배기준

구분	지반의 종류	구배
보통 흙	모래	1 : 1.8
	그 밖에 흙	1 : 1.2
암반	풍화암	1 : 1.0
	연암	1 : 1.0
	경암	1 : 0.5

120 도심지 폭파해체공법에 관한 설명으로 옳지 않은 것은?

① 장기간 발생하는 진동, 소음이 적다.
② 해체 속도가 빠르다.
③ 주위의 구조물에 끼치는 영향을 적다.
④ 많은 분진 발생으로 민원을 발생시킬 우려가 있다.

해설 ③항, 주위의 구조물에 끼치는 영향이 크다.

2023년 시행

건설안전기사

제1과목 / 산업안전관리론

01 크레인(이동식은 제외한다)은 사업장에 설치한 날로부터 몇 년 이내에 최초 안전검사를 실시하여야 하는가?

① 1년　　　　② 2년
③ 3년　　　　④ 5년

해설 안전검사대상 유해·위험기계 등의 검사주기(시행규칙 제 73조의 3)
1) 크레인(이동식 크레인은 제외), 리프트(이삿짐운반용 리프트는 제외) 및 곤돌라 : 사업장이 설치가 끝난 날부터 3년 이내에 최초 안전검사를 실시하되, 그 이후부터 2년마다(건설현장에 사용하는 것은 최초로 설치한 날부터 6개월마다)
2) 이동식크레인, 이삿짐운반용 리프트 및 고소작업대 : 신규등록이후 3년 이내에 최초 안전검사를 실시하되, 그 이후부터 2년마다
3) 프레스, 전단기, 압력용기, 국소배기장치, 원심기, 화학설비 및 그 부속설비, 건조설비 및 그 부속설비, 롤러기 사출성형기, 컨베이어 및 산업용 로봇(11종) : 사업장에 설치가 끝난 날부터 3년 이내에 최초 안전검사를 실시하되, 그 이후부터 2년마다(공정안전보고서를 제출하여 확인을 받은 압력용기는 4년마다)

02 다음 중 소규모 사업장에 가장 적합한 안전관리조직의 형태는?

① 라인형 조직

② 스탭형 조직
③ 라인 – 스탭 혼합형 조직
④ 복합형 조직

해설 안전관리 조직의 형태에 따른 사업장 규모
1) line형(직계식) : 100명 미만의 소규모 사업장
2) staff형(참모식) : 100~500명의 중규모 사업장
3) line-staff형(복합식) : 1000명 이상의 대규모 사업장

03 위험예지훈련 4라운드(Round) 중 목표설정 단계의 내용으로 가장 적절한 것은?

① 위험 요인을 찾아내고, 가장 위험한 것을 합의하여 결정한다.
② 가장 우수한 대책에 대하여 합의하고, 행동계획을 결정한다.
③ 브레인스토밍을 실시하여 어떤 위험이 존재하는가를 파악한다.
④ 가장 위험한 요인에 대하여 브레인스토밍 등을 통하여 대책을 세운다.

해설 위험예지훈련의 4라운드(Round)
1) 1R(현상파악) : 어떤 위험이 잠재하고 있는지 사실을 파악하는 라운드(BS적용)
2) 2R(본질추구) : 가장 위험한 요인(위험 포인트)을 합의로 결정하는 라운드(요약)
3) 3R(대책수립) : 구체적인 대책을 수립하는 라운드(BS적용)
4) 4R(목표달성–설정) : 수립한 대책 가운데 질이 높은 항목에 합의하는 라운드(요약)

---

04 안전보건관리계획의 개요에 관한 설명으로 틀린 것은?

① 타 관리계획과 균형이 되어야 한다.
② 안전보건의 저해요인을 확실히 파악해야 한다.
③ 계획의 목표는 점진적으로 낮은 수준의 것으로 한다.
④ 경영층의 기본방침을 명확하게 근로자에게 나타내야 한다.

해설 ③항, 계획의 목표는 점진적으로 낮은 수준에서 높은 수준으로 설정한다.

05 재해발생원인의 연쇄관계상 재해의 발생원인을 관리적인 면에서 분류한 것과 가장 관계가 먼 것은?

① 인적 원인   ② 기술적 원인
③ 교육적 원인   ④ 작업관리상 원인

해설 재해원인
  1) **직접원인**
      ① 인적원인 : 불안전한 행동
      ② 물적원인 : 불안전한 상태
  2) **관리적 원인(간접원인)**
      ① 기술적 원인
      ② 교육적 원인
      ③ 작업관리상의 원인

06 다음과 같은 재해가 발생하였을 경우 재해의 원인분석으로 옳은 것은?

> 건설현장에서 근로자가 비계에서 마감작업을 하던 중 바닥으로 떨어져 머리가 바닥에 부딪혀 사망하였다.

① 기인물 : 비계, 가해물 : 마감작업,
   사고유형 : 낙하
② 기인물 : 바닥, 가해물 : 비계,
   사고유형 : 추락

③ 기인물 : 비계, 가해물 : 바닥,
   사고유형 : 낙하
④ 기인물 : 비계, 가해물 : 바닥,
   사고유형 : 추락

해설 재해원인 분석
  1) **기인물** : 비계(물아전한 상태에 있는 물체, 환경포함)
  2) **가해물** : 바닥(직접 사람에게 접촉되어 위해를 가한 물체)
  3) **사고유형** : 추락(사람이 주체가 되어 높은 곳에서 떨어지는 것)

07 재해손실비용에 있어 직접손실비용이 아닌 것은?

① 요양급여   ② 장해급여
③ 상병보상연금   ④ 생산중단손실비용

해설 재해손실비
  1) **직접비** : 법령으로 정한 피해자에게 지급되는 산재보상비를 말한다.
      ① 휴업보상비 : 평균임금의 100분의 70에 상당하는 금액
      ② 장해보상비 : 신체장해가 남는 경우에 장해등급에 의한 금액
      ③ 요양보상비 : 요양비의 전액
      ④ 장의비 : 평균임금의 120일 분에 상당하는 금액
      ⑤ 유족보상비 : 평균임금의 1300일분에 상당하는 금액
      ⑥ 기타 유족특별보상비, 장해특별보성비, 상병보상연금 등

08 사고예방대책의 기본원리 5단계 중 3단계의 분석평가에 대한 내용으로 옳은 것은?

① 위험 확인
② 현장 조사
③ 사고 및 활동 기록 검토
④ 기술의 개선 및 인사조정

■ **정답** ■ **04.**③ **05.**① **06.**④ **07.**④ **08.**②

해설 사고 예방대책의 기본원리(사고방지원리의 5단계)

단계별과정		내용
1단계	조직	① 경영층의 참여 ② 안전관리자의 임명 ③ 안전의 라인 및 참모 조직 구성 ④ 안전활동 방침 및 계획 수립 ⑤ 조직을 통한 안전활동
2단계	사실의 발견	① 사고 및 안전활동 기록 검토 ② 작업분석 ③ 안전점검 및 안전진단 ④ 사고조사 ⑤ 안전회의 및 토의 ⑥ 근로자의 제안 및 여론조사 ⑦ 관찰 및 보고서의 연구 등을 통하여 불안전요소 발견
3단계	분석평가	① 사고보고서 및 현장조사 ② 사고기록 및 인적 물적 조건의 분석 ③ 작업공정 분석 ④ 교육 훈련 분석 등을 통하여 사고의 직접원인 및 간접원인을 규명
4단계	시정방법의 선정	① 기술적 개선 ② 인사조정(배치조정) ③ 교육 훈련의 개선 ④ 안전행정의 개선 ⑤ 규정 및 수칙 작업표준 제도의 개선 ⑥ 확인 및 통제체제 개선
5단계	시정책의 적용 (3E적용)	① 기술적(engineering) 대책 ② 교육적(education) 대책 ③ 단속적(enforcement) 대책

09 산업안전보건법령상 안전관리자를 2인 이상 선임하여야 하는 사업에 해당하지 않는 것은?

① 공사금액이 1000억인 건설업
② 상시 근로자가 500명인 통신업
③ 상시 근로자가 1500명인 운수업
④ 상시 근로자가 600명인 식료품 제조업

해설 안전관리자를 두어야 할 사업의 종류 · 규모, 안전관리자의 수

사업의 종류	규모	안전관리자 수
1. 토사석 광업 2. 식료품 제조업, 음료제조업 ⋮	상시근로자 50명이상 500명 미만	1명 이상
9. 비철금속 광물제품 제조업 10. 1차 금속 제조업 ⋮ 22. 자동차 종합 수리업, 자동차 전문 수리업	상시근로자 500명 이상	2명 이상
24. 농업, 임업 및 어업 ⋮ 28. 운수 및 창고업	상시근로자 50명 이상 1,000명 미만	1명 이상
33. 우편 및 통신업 ⋮ 43. 기타 개인 서비스업	상시 근로자 1,000명 이상	2명 이상
46. 건설업	1. 공사금액 50억원(관계수급인은 100억원) 이상 120억원 미만(토목공사업은 150억원 미만)	1명 이상
	2. 공사금액 120억원(토목공사업은 150억원)이상 800억원 미만	1명 이상
	3. 공사금액 800억원 이상 1500억원 미만	2명 이상
	• 전체 공사시간 중 전후 15에 해당하는 기간	1명 이상

10 천재지변 발생 직후 기계설비의 수리 등을 할 경우 또는 중대재해 발생 직후 등에 행하는 안전점검을 무엇이라 하는가?

① 임시점검
② 자체점검
③ 수시점검
④ 특별점검

해설 안전점검의 종류
　1) 수시점검 : 작업 전, 중, 후에 실시하는 점검

2) **정기점검** : 일정기간마다 정기적으로 실시하는 점검
3) **특별점검**
  ① 기계·기구·설비의 신설시·변경 내지 고장수리시 실시하는 점검
  ② 천재지변발생 후 실시하는 점검
  ③ 안전강조 기간 내에 실시하는 점검
4) **임시점검** : 이상 발견 시 임시로 실시하는 점검, 정기점검과 정기점검 사이에 실시하는 점검

11 아담스(Adams)의 재해연쇄이론에서 작전적 에러(Operational Error)로 정의한 것은?

① 선천적 결함
② 불안전한 상태
③ 불안전한 행동
④ 경영자나 감독자의 행동

해설 아담스(Adams)의 사고연쇄성 이론
  1) 1단계 : 관리구조 – 목적, 조직, 운영 등
  2) 2단계 : 작전적(전략적) 에러 – 관리자 및 감독자의 행동에러(회사 운영실수)
  3) 3단계 : 전술적 에러 – 관리·기술적 실수
  4) 4단계 : 사고 – 사고의 발생(near miss, 무상해 사고)
  5) 5단계 : 상해 또는 손실 – 대인, 대물(부상, 손해, 재산피해)

12 무재해운동 추진의 3대 기둥으로 볼 수 없는 것은?

① 최고경영자의 경영자세
② 노동조합의 협의체 구성
③ 직장 소집단 자주 활동이 활성화
④ 관리감독자에 의한 안전보건의 추진

해설 무재해 운동 추진의 3기둥(무재해 운동의 3요소)
  1) 최고 경영자의 경영자세
  2) 라인화의 철저(관리감독자에 의한 안전보건의 추진)

3) 직장(소집단)의 자주 활동의 활발화

> **길잡이** 무재해 운동 이념 3원칙
> 1) 무의 원칙
> 2) 참가의 원칙
> 3) 선취해결의 원칙

13 보호구 안전인증 고시에 따른 안전화 종류에 해당하지 않는 것은?

① 경화안전화
② 발등안전화
③ 정전기안전화
④ 고무제안전화

해설 안전화의 종류(고용노동부 고시)

종류	사용구분
① 가죽제 안전화	물체의 낙하, 충격 및 날카로운 물체에 의한 바닥으로부터의 찔림에 의한 위험으로부터 발을 보호하기 위한 것
② 고무제 안전화	물체의 낙하, 충격 및 찔림에 의한 위험으로부터 발을 보호하고 아울러 방수 또는 내화학성을 겸한 것
③ 정전기 안전화 (정전화)	정전기의 인체 대전을 방지하기 위한 것
④ 발등 안전화 (방호 안전화)	물체의 낙하 및 충격으로부터 발 및 발등을 보호하기 위한 것
⑤ 절연화	저압의 전기에 감전을 방지하기 위한 것
⑥ 절연장화	고압에 의한 감전을 방지하고 아울러 방수를 겸한 것

14 재해사례연구를 할 때 유의해야 될 사항으로 틀린 것은?

① 과학적이어야 한다.
② 논리적인 분석이 가능해야 한다.
③ 주관적이고 정확성이 있어야 한다.
④ 신뢰성이 있는 자료수집이 있어야 한다.

해설 ③항, 객관적이고 정확성이 있어야 한다.

15 건설기술 진흥법상 안전관리계획을 수립해야 하는 건설공사에 해당하지 않는 것은?

① 15층 건축물의 리모델링
② 지하 15m를 굴착하는 건설공사
③ 항타 및 항발기가 사용되는 건설공사
④ 높이가 21m인 비계를 사용하는 건설공사

해설 안전관리계획을 수립해야 하는 건설공사(건설기술진흥법 시행령 제98조)
1) 「시설물의 안전관리에 관한 특별법」에 따른 1종시설물 및 2종시설물의 건설공사
2) 지하 10m 이상을 굴착하는 건설공사, 이 경우 굴착 깊이 산정 시 집수정(集水井), 엘리베이터 피트 및 정화조 등의 굴착 부분은 제외하며, 토지에 높낮이 차가 있는 경우 굴착 깊이의 산정방법은 「건축법 시행령」을 따른다.
3) 폭발물을 사용하는 건설공사로서 20m 안에 시설물이 있거나 100m 안에 사육하는 가축이 있어 해당 건설공사로 인한 영향을 받을 것이 예상되는 건설공사
4) 10층 이상 16층 미만인 건축물의 건설공사
5) 다음 각 목의 리모델링 또는 해체공사
① 10층 이상인 건축물의 리모델링 또는 해체공사
② 「주택법」에 따른 수직증축형 리모델링
6) 「건설기계관리법」에 따라 등록된 다음 각 목의 어느 하나에 해당하는 건설기계가 사용되는 건설공사
① 천공기(높이가 10m 이상인 것만 해당한다.)
② 항타 및 항발기
③ 타워 크레인
7) 가설구조물을 사용하는 건설공사
8) 상기 건설공사 외의 건설공사로서 다음 각 목의 어느 하나에 해당하는 공사
① 발주자가 안전관리가 특히 필요하다고 인정하는 건설공사
② 해당 지방자치단체의 조례로 정하는 건설공사 중에서 인·허가기관의 장이 안전관리가 특히 필요하다고 인정하는 건설공사
[주] 상기 건설공사의 경우 원자력시설공사는 제외하며 해당 건설공사가 「산업안전보건법」에

따른 유해·위험방지계획을 수립해야 하는 건설공사에 해당하는 경우에는 해당계획과 안전관리 계획을 통합하여 작성할 수 있다.

16 상시 근로자수가 100명인 사업장에서 1년간 6건의 재해로 인하여 10명의 부상자가 발생하였고, 이로 인한 근로손실일수는 120일, 휴업일수는 68일이었다. 이 사업장의 강도율은 약 얼마인가?(단, 1일 9시간씩 연간 290일 근무하였다.)

① 0.58
② 0.67
③ 22.99
④ 100

해설 강도율
$$= \frac{근로손실일수}{연근로시간수} \times 1000$$
$$= \frac{120+(68 \times 290/365)}{100 \times 9 \times 290} \times 1000$$
$$= 0.67$$

17 안전표지 종류 중 금지표지에 대한 설명으로 옳은 것은?

① 바탕은 노란색, 기본모양은 흰색, 관련부호 및 그림은 파랑색
② 바탕은 노란색, 기본모양은 흰색, 관련부호 및 그림은 검정색
③ 바탕은 흰색, 기본모양은 빨강색, 관련부호 및 그림은 파랑색
④ 바탕은 흰색, 기본모양은 빨강색, 관련부호 및 그림은 검정색

해설 산업안전표지의 종류와 색채
1) **금지표지** : 바탕은 흰색, 기본모형은 빨강색, 관련부호 및 그림은 검정색
2) **경고표지** : 바탕은 노란색, 기본모형 관련부호 및 그림은 검정색[다만, 인화성물질경고, 산화성물질경고, 폭발성물질경고, 급성독성

물질경고, 부식성물질경고 및 발암성·변이
원성·생식독성·전신독성·호흡기과민성
물질 경고의 경우 바탕은 무색, 기본모형은
적색(흑색도 가능)]
3) **지시표지** : 바탕은 파랑, 관련그림은 흰색
4) **안내표지** : 바탕은 흰색, 기본모형 및 관련부
호는 녹색 또는 바탕은 녹색, 관련부호 및
그림은 흰색
5) **관계자 외 출입금지** : 글자는 흰색바탕에 흑
색, 다음 글자는 적색
① ○○○제조/사용/보관 중
② 석면취급/해체중
③ 발암물질 취급중

18 산업안전보건법상 지방고용노동관서의 장
이 사업주에게 안전관리자나 보건관리자를 정수
이상으로 증원하게 하거나 교체하여 임명할 것을
명령할 수 있는 경우는?

① 사망재해가 연간 1건 발생한 경우
② 중대재해가 연간 3건 발생한 경우
③ 관리자가 질병의 사유로 3개월 이상 해당
직무를 수행할 수 없게 된 경우
④ 해당 사업장의 연간재해율이 같은 업종이
평균재해율의 1.5배 이상인 경우

해설 **안전관리자 등의 증원·교체 임명 명령**
1) 해당 사업장의 연간재해율이 같은 업종의 평
균재해율의 2배 이상인 경우
2) 중대재해가 연간 2건 이상 발생한 경우
3) 관리자가 질병이나 그 밖의 사유로 3개월
이상 직무를 수행할 수 없게 된 경우
4) 화학적 인자로 인한 직업성질병자가 연간 3명
이상 발생한 경우, 이 경우 직업성질병자 발생
일은 「산업재해보상보험법 시행규칙」에 따
른 요양급여의 결정일로 한다.

19 하베이(Harvey)가 제시한 '안전의 3E'에
해당하지 않는 것은?

① Education　　② Enforcement
③ Economy　　④ Engineering

해설 **하베이(Harvey)의 3E**
1) Engeineering : 기술
2) Education : 교육
3) Enforcement : 독려, 규제

20 산업안전보건법령에 따른 산업안전보건
위원회의 구성에 있어 사용자 위원에 해당하지
않는 자는?

① 안전관리자
② 명예산업안전감독관
③ 해당 사업의 대표자가 지명한 9인 이내 해당
사업장 부서의 장
④ 보건관리자의 업무를 위탁한 경우 대행기관
의 해당 사업장 담당자

해설 **위원회의 구성**
1) **사용자 위원**
① 당해 사업의 대표자(사업장의 최고 책임
자)
② 산업보건의(선임되어 있는 경우에 한함)
③ 안전관리자 1인, 보건관리자 1인
④ 당해 사업의 대표자가 지명하는 9인 이
내의 당해 사업장 부서의 장
2) **근로자 위원**
① 근로자 대표(노동조합이 있는 경우에는
노동조합의 대표자)
② 근로자 대표가 지명하는 근로자 9인 이
내
③ 근로자 대표가 지명하는 1인 이상의 명예
산업안전감독관(감독관이 위촉되어 있는
경우에 한함)

제2과목 / 산업심리 및 교육

21 다음은 각기 다른 조직 형태의 특성을 설명한 것이다. 각 특징에 해당하는 조직 형태를 연결한 것으로 맞는 것은?

[다음]
a. 중규모 형태의 기업에서 시장 상황에 따라 인적 자원을 효과적으로 활용하기 위한 형태이다.
b. 목적 지향적이고 목적 달성을 위해 기존의 조직에 비해 효율적이며 유연하게 운영될 수 있다.

① a : 위원회 조직, b : 프로젝트 조직
② a : 사업부제 조직, b : 위원회 조직
③ a : 매트릭스형 조직, b : 사업부제 조직
④ a : 매트릭스형 조직, b : 프로젝트 조직

해설 조직형태
1) **매트릭스형 조직** : 중규모 기업에서 시장 상황에 따라 인적자원을 효과적으로 활용하는 조직형태
2) **프로젝트 조직** : 목적지향적이고 효율적이며 유연하게 운영하는 조직형태

22 토의식 교육지도에서 시간이 가장 많이 소요되는 단계는?

① 토입　　② 제시
③ 적용　　④ 확인

해설 단계별 교육시간(교육시간 : 60분)

교육법의 4단계	강의식	토의식
제1단계-도입(준비)	5분	5분
제2단계-제시(설명)	40분	10분
제3단계-적용(응용)	10분	40분
제4단계-확인(총괄)	5분	5분

23 적응기제(adjustment mechanism) 중 도피기제에 해당하는 것은?

① 투사　　② 보상
③ 승화　　④ 고립

해설 적응기제
1) 방어적 기제 : 보상, 합리화, 동일시, 승화
2) 도피적 기제 : 고립, 퇴행, 억압, 백일몽

24 현대 조직이론에서 작업자의 수직적 직무권한을 확대하는 방안에 해당하는 것은?

① 직무순환(job rotation)
② 직무분석(job analysis)
③ 직무확충(job enrichment)
④ 직무평가(job evaluation)

해설 **직무확충**(job enrichment) : 작업자의 수직적 직무권한을 확대하는 방안

25 사고 경향성 이론에 관한 설명으로 틀린 것은?

① 개인의 성격보다는 특정 환경에 의해 훨씬 더 사고가 일어나기 쉽다.
② 어떠한 사람이 다른 사람보다 사고를 더 잘 일으킨다는 이론이다.
③ 사고를 많이 내는 여러 명의 특성을 측정하여 사고를 예방하는 것이다.
④ 검증하기 위한 효과적인 방법은 다른 두 시기 동안에 같은 사람의 사고기록을 비교하는 것이다.

해설 **사고경향성이론** : 특정환경보다는 개인의 성격에 의해 훨씬 더 사고가 일어나기 쉽다는 것을 나타내는 이론이다.

26 주의(attention)에 대한 특성으로 가장 거리가 먼 것은?

① 고도의 주의는 장시간 지속할 수 없다.
② 주의와 반응의 목적은 대부분의 경우 서로 독립적이다.
③ 동시에 두 가지 일에 중복하여 집중하기 어렵다.
④ 여러 종류의 자극을 지각할 때 소수의 특정한 것을 선택하여 집중한다.

해설 1) 주의의 특징
　① 선택성 : 여러 종류의 자각할 때 소수의 특정한 것에 한하여 선택하는 기능
　② 방향성 : 주시점만 인지하는 기능
　③ 변동성 : 주의에는 주기적으로 부주의의 리듬이 존재
2) 주의의 특성
　① 주의력의 중복집중의 곤란 : 주의는 동시에 2개 방향에 집중하지 못한다.(선택성)
　② 주의력의 단속성 : 고도의 주의는 장시간 지속할 수 없다.(변동성)
　③ 한 지점에 주의를 집중하면 다른데 주의는 약해진다.(방향성)

27 반복적인 재해발생자를 상황성누발자와 소질성누발자로 나눌 때, 상황성누발자의 재해 유발 원인에 해당하는 것은?

① 저지능인 경우
② 소심한 성격인 경우
③ 도덕성이 결여된 경우
④ 심신에 근심이 있는 경우

해설 사고경향자(재해 누발자, 재해 다발자)의 유형
1) **상황성 누발자** : 작업의 어려움, 기계설비의 결함, 환경상 주의력의 집중 곤란, 심신의 근심 등 때문에 재해를 누발하는 자이다.
2) **습관성 누발자** : 재해의 경험으로 겁쟁이가 되거나 신경과민이 되어 재해를 누발하는 자와 일정의 슬럼프(slump)상태에 빠져서 재해를 누발하는 자이다.

3) **소질성 누발자** : 재해의 소질적 요인을 가지고 있기 때문에 재해를 누발하는 자이다.
4) **미숙성 누발자** : 기능 미숙이나 환경에 익숙하지 못하기 때문에 재해를 느발하는 자이다.

28 O.J.T(On Job Training)의 특징에 관한 설명으로 틀린 것은?

① 다수의 근로자에게 조직적 훈련이 가능하다.
② 상호 신뢰 및 이해도가 높아진다.
③ 개개인에게 적절한 지도훈련이 가능하다.
④ 직장의 설정에 맞게 실제적 훈련이 가능하다.

해설 O.JT(현장중심교육)와 off.JT(현장 외 중심교육)의 특징

O.J.T	of.J.T
① 개개인에게 적합한 지도훈련이 가능	① 다수의 근로자에게 조직적 훈련이 가능
② 직장의 실정에 맞는 실체적 훈련을 할 수 있다.	② 훈련에만 전념하게 된다.
③ 훈련에 필요한 업무의 계속성이 끊어지지 않음	③ 특별 설비 기구를 이용할 스 있음
④ 즉시 업무에 연결되는 관계로 신체와 관련 있음	④ 전둔가를 강사로 초청할 수 있음
⑤ 효과가 곧 업무에 나타나며 훈련의 좋고 나쁨에 따라 개선이 용이함	⑤ 각 직장의 근로자가 많은 지식이나 경험을 교류할 수 있음
⑥ 교육을 통한 훈련 효과에 의해 상호 신뢰 이해도가 높아짐	⑥ 교육훈련 목표에 대해서 집단적 노력이 흐트러질 수도 있음

29 목표를 설정하고 그에 따르는 보상을 약속함으로써 부하를 동기화하려는 리더십은?

① 교환적 리더십　② 변혁적 리더십
③ 참여적 리더십　④ 지시적 리더십

해설 교환적 리더십 : 본문설명

30 어느 부서의 직원 6명의 선호 관계를 분석한 결과 다음과 같은 소시오그램이 작성되었다. 이 부서의 집단응집성 지수는 얼마인가? (단, 그림에서 실선은 선호관계, 점선은 거부관계를 나타낸다.)

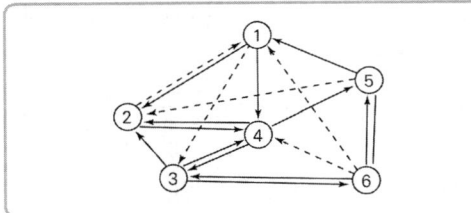

① 0.13　　　　　② 0.27
③ 0.33　　　　　④ 0.47

해설 집단응집성지수

$$= \frac{실제상호선호관계의\ 수}{가능선호관계의\ 총수(nC_2)}$$

$$= \frac{4}{(6 \times 5)/2} = 0.27$$

여기서,
- 실제상호관계의 수 : 실제 상호작용의 수 (쌍방화살표수 : 4)
- 가능선호관계의 총수 : $nC_2 = \frac{6 \times 5}{2}$, n은 집단구성원의 수

31 학습경험 조직의 원리와 가장 거리가 먼 것은?

① 가능성의 원리
② 계속성의 원리
③ 계열성의 원리
④ 통합성의 원리

해설 학습경험 조직의 원리
1) 계속성 또는 반복성의 원리 : 수직적 관계 고려
2) 계열성의 원리 : 수직적 관계 고려
3) 통합성의 원리 : 수평적 관계 고려

32 어느 철강회사의 고로작업라인에 근무하는 A씨의 작업강도가 힘든 중작업으로 평가되었다면 해당되는 에너지대사율(RMR)의 범위로 가장 적절한 것은?

① 0 ~ 1　　　　　② 2 ~ 4
③ 4 ~ 7　　　　　④ 7 ~ 10

해설 작업강도에 따른 에너지대사율(RMR)의 구분
1) 0~2RMR : 輕작업(가벼운 작업)
2) 2~4RMR : 中작업(보통 작업)
3) 4~7RMR : 重작업(힘든 작업)
4) 7RMR : 超重작업(매우 힘든 작업)

33 관리감독자 훈련(TWI)에 관한 내용이 아닌 것은?

① Job Relation　　② Job Method
③ Job Synergy　　④ Job Instruction

해설 TWI 교육내용 및 교육방법
1) 교육내용
① JI(job instruction) : 작업지도 기법
② JM(job method) : 작업개선 기법
③ JR(job relation) : 인간관계 관리기법 (부하통솔기법)
④ JS(job safety) : 작업안전 기법
2) 한 클래스 10명 정도, 교육방법은 토의법, 1일 2시간씩 5일에 걸쳐 10시간 정도 행한다.

34 사회행동의 기본형태와 내용이 잘못 연결된 것은?

① 대립 – 공격, 경쟁
② 조직 – 경쟁, 통합
③ 협력 – 조력, 분업
④ 도피 – 정신병, 자살

해설 사회행동의 기본형태
1) 협력(cooperation) : 조력, 분업
2) 대립(opposition) : 공격, 경쟁
3) 도피(escape) : 고립, 정신병, 자살

35 맥그리거(Douglas McGregor)의 Y이론에 해당되는 것은?

① 인간은 게으르다.
② 인간은 남을 잘 속이다.
③ 인간은 남에게 지배받기를 즐긴다.
④ 인간은 부지런하고 근면하며, 적극적이고 자주적이다.

해설 맥그리거의 X · Y이론

X이론	Y이론
① 인간 불신감	① 상호신뢰감
② 성악설	② 성선설
③ 인간은 본래 게으르고 태만하여 남의 지배 받기를 즐긴다.	③ 인간은 부지런하고 근면, 적극적이며 자주적이다.
④ 물질욕구(저차적 욕구)	④ 정신욕구(고차적 욕구)
⑤ 명령통제에 의한 관리	⑤ 목표통합과 자기통제에 의한 자율관리
⑥ 저개발국형	⑥ 선진국형

36 수업의 중간이나 마지막 단계에 행하는 것으로써 언어학습이나 문제해결 학습에 효과적인 학습법은?

① 강의법
② 실연법
③ 토의법
④ 프로그램법

해설 실연법
1) 수업의 중간(전개)이나 마지막 단계(정리)에서 행하는 학습법이다.
2) 실연법은 언어학습, 문제해결학습 등에 효과적인 수업방법이다.

37 매슬로우(Maslow)의 욕구위계를 바르게 나열한 것은?

① 안전의 욕구 – 생리적 욕구 – 사호적 욕구 – 자아실현의 욕구 – 인정받으려는 욕구
② 안전의 욕구 – 생리적 욕구 – 사회적 욕구 – 인정받으려는 욕구 – 자아실현의 욕구
③ 생리적 욕구 – 사회적 욕구 – 안전의 욕구 – 인정받으려는 욕구 – 자아실현의 욕구
④ 생리적 욕구 – 안전의 욕구 – 사회적 욕구 – 인정받으려는 욕구 – 자아실현의 욕구

해설 Maslow의 욕구 5단계
1) 1단계 : 생리적 욕구(기아, 갈증, 호흡, 배설, 성욕 등)
2) 2단계 : 안전의 욕구(안전을 기하려는 욕구)
3) 3단계 : 사회적 욕구(애정, 소속에 대한 욕구)
4) 4단계 : 인정받으려는 욕구(자존심, 명예, 성취, 지위에 대한 욕구 : 자기존경의 욕구)
5) 5단계 : 자아실현의 욕구(잠재적은 능력을 실현하고자 하는 욕구 : 성취욕구)

38 안전보건교육의 종류별 교육요점으로 틀린 것은?

① 태도교육은 의욕을 갖게 하고 가치관 형성 교육을 한다.
② 기능교육은 표준작업 방법대르 시범을 보이고 실습을 시킨다.
③ 추후지도교육은 재해발생원리 및 잠재위험을 이해시킨다.
④ 지식교육은 작업에 관련된 취약점과 이에 대응되는 작업방법을 알도록 한다.

해설 추후지도교육 : 보습지도(follow up)의 단계

39 평가도구의 기본적인 기준기 아닌 것은?

① 실용도(實用度)
② 타당도(妥當度)
③ 신뢰도(信賴度)
④ 습숙도(習熟度)

해설 학습평가도구의 기본적인 기준
1) 타당도 : 측정하고자 하는 본래의 목적과 일치하느냐의 정도를 나타내는 기준이다.
2) 신뢰도 : 신용도로서 측정의 오차가 얼마나 적으냐를 나타내는 것이다.
3) 객관도 : 측정의 결과에 대해 누가 보아도 일치된 의견이 나올 수 있는 성질이다.
4) 실용도 : 사용에 편리하고 쉽게 적용시킬 수 있는 기준이 실용도가 높은 것이다.

■ 정답 ■ 35.④ 36.② 37.④ 38.③ 39.④

40 부주의가 발생하는 경우에 있어 자동차를 운전할 때 신호가 바뀌기 전에 신호가 바뀔 것을 예상하고 자동차를 출발시키는 행동과 관련된 것은?

① 억측판단　　　② 근도반응
③ 착시현상　　　④ 의식의 우회

해설 **억측판단**
　　1) **억측판단** : 자기 주관적인 판단
　　2) **억측판단이 발생하는 배경**
　　　① 희망적인 관측 : 그때도 그랬으니깐 괜찮겠지 하는 관측
　　　② 정보나 지식의 불확실 : 위험에 대한 정보의 불확실 및 지식의 부족
　　　③ 과거의 선입견 : 과거에 그 행위로 성공한 경험의 선입관
　　　④ 초조한 심정 : 일을 빨리 끝내고 싶은 초조한 심정

제3목 / 인간공학 및 시스템안전공학

41 일반적으로 재해 발생 간격은 지수분포를 따르며, 일정기간 내에 발생하는 재해 발생 건수는 푸아송분포를 따른다고 알려져 있다. 이러한 확률변수들의 발생과정을 무엇이라 하는가?

① Poisson 과정
② Bernoulli 과정
③ Wiener 과정
④ Binomial 과정

해설 **Poisson 과정** : 본문설명
　　1) 재해발생간격 : 지수 분포
　　2) 재해발생건수 : 푸아송 분포

42 각 기본사상의 발생확률이 증감하는 경우 정상사상의 발생확률에 어느 정도 영향을 미치는가를 반영하는 지표로서 수리적으로는 편미분계수와 같은 의미를 갖는 FTA의 중요도 지수는?

① 확률 중요도
② 구조 중요도
③ 치명 중요도
④ 비구조 중요도

해설 **확률 중요도** : 본문 설명

43 다음 FT도에서 각 요소의 발생확률이 요소 ①과 요소 ②는 0.2, 요소 ③은 0.25, 요소 ④는 0.3일 때, A사상의 발생확률은 얼마인가?

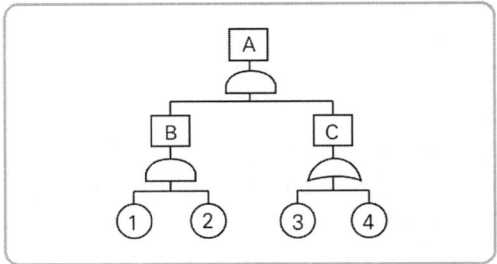

① 0.007　　　　② 0.014
③ 0.019　　　　④ 0.071

해설 A = B×C
　　= ①×②×[1−(1−③)(1−④)]
　　= 0.2×0.2×[1−(1−0.25)(1−0.3)]=0.019

44 산업안전보건법령에 따라 기계·기구 및 설비의 설치·이전 등으로 인해 유해·위험방지계획서를 제출하여야 하는 대상에 해당하지 않는 것은?

① 건조설비　　　② 공기압축기
③ 화학설비　　　④ 가스집합 용접장치

해설 **제조업 등 유해·위험방지계획 제출 등**
　　1) 유해·위험방지 계획서 제출시기 등 : 사업주

는 해당 작업시작 15일 전까지 공단에 2부를 제출하여야 한다.

2) 제조업 등 유해·위험방지계획서 제출 대상 기계·기구 및 설비
① 금속이나 그 밖의 광물의 용해로
② 화학설비
③ 건조설비
④ 가스집합 용접장치
⑤ 허가대상·관리대상 유해물질 및 분진작업 관련 설비

45 정성적 시각 표시장치에 관한 사항 중 다음에서 설명하는 특성은?

> [다음]
> 복잡한 구조 그 자체를 완전한 실체로 지각하는 경향이 있기 때문에, 이 구조와 어긋나는 특성은 즉시 눈에 띈다.

① 양립성　　　　② 암호화
③ 형태성　　　　④ 코드화

해설 정성적 시각 표시장치의 형태성 : 본문설명

46 인체측정자료에서 극단치를 적용하여야 하는 설계에 해당하지 않는 것은?

① 계산대
② 문 높이
③ 통로 폭
④ 조종장치까지의 거리

해설 인체계측자료의 응용원칙
1) **최대치수와 최소치수** : 최대치수 또는 최소치수를 기준으로 하여 설계한다. (극단에 속하는 사람을 위한 설계)
　[예] 최대치수 : 문, 통로, 탈출구 , 최소치수 : 선반의 높이, 조종장치까지의 거리 등
2) **조절범위(조절식)** : 체격이 다른 여러 사람에게 맞도록 만드는 것이다.(조절할 수 있도록 범위를 두는 설계)

　[예] 자동차 좌석의 전후조절, 사무실의자의 상하조절
3) **평균치를 기준으로 한 설계** : 최대치수나 최소치수, 조절식으로 하기가 곤란할 때 평균치를 기준으로 하여 설계한다.(평균적인 사람을 위한 설계)
　[예] 은행창구나 슈퍼마켓의 계산대 등

47 음의 은폐(masking)에 대한 설명으로 옳지 않은 것은?

① 은폐음 때문에 피은폐음의 가청역치가 높아진다.
② 배경음악에 실내소음이 묻히는 것은 은폐효과의 예시이다.
③ 음의 한 성분이 다른 성분에 대한 귀의 감수성을 감소시키는 작용이다.
④ 순음에서 은폐효과가 가장 큰 것은 은폐음과 배음(harmonic overtone)의 주파수가 멀 때이다.

해설 차폐 또는 은폐의 원리
1) 소리가 들리는 최소한의 음강도는 차폐음보다 15dB 이상이어야 한다.
2) 차폐효과가 가장 큰 것은 차폐음과 배음(harmonic overtone)의 주파수가 가까울 때이다.
3) 차폐되는 소리의 임폐주파수대 주변에 있는 소리들에 의해 가장 많이 차폐된다.
4) 차폐음의 세기가 작을 때(20~40dB)는 차폐효과가 그 차폐음 부근의 주파수에 한정되며 차폐음의 세기가 클 때(60~100dB)는 차폐효과가 보다 높은 주파수로 확대된다.

48 압박이나 긴장에 대한 척도 중 생리적 긴장의 화학적 척도에 해당하는 것은?

① 혈압　　　　② 호흡수
③ 혈액 성분　　④ 심전도

해설 (1) **스트레인(strain)** : 개인에 대한 스트레스(stress)의 영향을 말한다.

---

(2) **스트레인의 측정** : 혈액성분(화학적 척도), 산소소비량, 혈압 및 심박수, 체온, 근육이나 뇌의 전기적 활동, 호흡수, 심전도, 작업률, 오류, 성향 등의 변화를 관찰하여 측정한다.

49 동작경제의 원칙 중 신체사용에 관한 원칙에 해당하지 않는 것은?

① 손의 동작은 유연하고 연속적인 동작이어야한다.
② 두 손의 동작은 같이 시작해서 동시에 끝나도록 한다.
③ 동작이 급작스럽게 크게 바뀌는 직선 동작은 피해야 한다.
④ 공구, 재료 및 제어장치는 사용하기 용이하도록 가까운 곳에 배치한다.

해설 ④항, 공구 및 설비의 설계에 관한 원칙

50 다음 중 안전성 평가 단계가 순서대로 올바르게 나열된 것으로 옳은 것은?

① 정성적 평가 – 정량적 평가 – FTA에 의한 재평가 – 재해정보로부터의 재평가 – 안전대책
② 정량적 평가 – 재해정보로부터의 재평가 – 관계 자료의 작성준비 – 안전대책 – FTA에 의한 재평가
③ 관계 자료의 작성준비 – 정성적 평가 – 정량적 평가 – 안전대책 – 재해정보로부터의 재평가 – FTA에 의한 재평가
④ 정량적 평가 – 재해정보로부터의 재평가 – FTA에 의한 재평가 – 관계자료의 작성 준비 – 안전대책

해설 안전성 평가의 6단계
1) 제1단계 : 관계자료의 정비검토(작성준비)
2) 제2단계 : 정성적 평가
3) 제3단계 : 정량적 평가

4) 제4단계 : 안전대책
5) 제5단계 : 재해정보에 의한 재평가
6) 제6단계 : F.T.A에 의한 재평가

51 한 화학공장에 24개의 공정제어회로가 있다. 4000시간의 공정 가동 중 이 회로에서 14건의 고장이 발생하였고, 고장이 발생하였을 때마다 회로는 즉시 교체되었다. 이 회로의 평균고장시간은 약 얼마인가?

① 6857시간　② 7571시간
③ 8240시간　④ 9800시간

해설 1) 고장률(λ) = $\dfrac{고장건수}{고장시간}$

2) 평균고장시간(MTBF)
$= \dfrac{1}{\lambda} = \dfrac{고장시간}{고장건수} = \dfrac{24 \times 4000}{14}$
$= 6857$시간

52 국제표준화기구(ISO)의 수직진동에 대한 피로 – 저감숙달경계(fatigue – decre- ased proficiency boundary)표준 중 내구수준이 가장 낮은 범위로 옳은 것은?

① 1~3Hz　② 4~8Hz
③ 9~13Hz　④ 14~18Hz

해설 수직진동의 피로·저감숙달경계 표준 중 내구수준이 가장 낮은 범위 : 4~8Hz

53 사용조건을 정상사용조건보다 강화하여 적용함으로써 고장발생시간을 단축하고, 검사비용의 절감효과를 얻고자 하는 수명시험은?

① 중도중단시험　② 가속수명시험
③ 감속수명시험　④ 정시중단시험

해설 가속수명시험 : 본문설명

54 작위실수(commission error)의 유형이 아닌 것은?

① 선택착오   ② 순서착오
③ 시간착오   ④ 직무누락착오

해설 인간실수의 형태지향적 분류(Swain)
    1) **작위실수(Commission error)** : 직무를 잘못 수행할 때 발생하며 다음 착오 등이 포함된다.
        ① 선택착오
        ② 순서착오
        ③ 시간착오
        ④ 정성적착오
    2) **부작위실수(Omission error)** : 직무의 한 단계 또는 전체직무를 누락시킬 때 발생한다.

55 산업 현장에서는 생산설비에 부착된 안전장치를 생산성을 위해 제거하고 사용하는 경우가 있다. 이와 같이 고의로 안전장치를 제거하는 경우에 대비한 예방 설계 개념으로 옳은 것은?

① Fail safe
② Fool proof
③ Lock out
④ Tamper proof

해설 페일세이프·풀프루프 및 템퍼루프
    1) **Fail safe** : 인간이나 기계들에 과오나 동작상의 실수가 있더라도 사고·재해를 발생시키지 않도록 철저하게 2중, 3중으로 통제를 가하는 것
    2) **Fool proof** : 인간이 기계등의 취급을 잘못해도 사고로 연결되는 일이 없도록 하는 안전기구로서 기계장치 설계단계에서 안전화를 도모하는 것
    3) **Temper proof** : 설비에 부착된 안전장치를 제거하면 설비가 작동되지 않도록 하는 안전설계를 의미한다.

56 인간-기계 통합체계의 유형에서 수동체계에 해당하는 것은?

① 자동차   ② 공작기계
③ 컴퓨터   ④ 장인과 공구

해설 인간 · 기계체계의 유형
    1) **수동체계**
        ① 인간과 공구가 직접 연결된 체계
        ② 인간의 신체적인 힘을 등원력으로 사용
    2) **기계화체계(반자동체계)**
        ① 인간이 기계의 표시장치를 보고 조정 장치를 통하여 통제하는 체계
        ② 인간(운전자)의 조종에 의해 운용되며 융통성이 없는 체계의 형터
    3) **자동체계**
        ① 기계자체가 감지, 정보처리 및 의사결정, 행동을 포함한 모든 임무를 수행하는 체계
        ② 인간은 감시(monitor), 프로그램, 정비유지 등의 기능을 수행함

57 예비위험분석(PHA)은 어느 단계에서 수행되는가?

① 구상 및 개발단계
② 운용단계
③ 발주서 작성단계
④ 설치 또는 제조 및 시험단계

해설 시스템 수명주기의 단계
    1) **구상단계** : 시작단계
        ① PHA(예비사고분석) : 이용
        ② 리스크(위험)분석 시행
        ③ SSPP(시스템 안전프로그램계획)
    2) **정의단계** : 예비설계와 생산기술을 확인하는 단계
    3) **개발단계** : 정의단계에 환경적 충격, 생산기술, 운용연구 등을 포함시키는 단계
        ① OHA(운용위험분석)이용
        ② FMEA(고장의 형태 및 영향분석)과 관련된 신뢰 성공학 적용
    4) **생산단계** : 생산이 시작되면 품질관리부서는 생산물을 검사하고 조사하는 역할을 함
    5) **운전단계** : 시스템을 운전하는 단계

■ 정답 ■   54.④   55.④   56.④   57.①

58 FT도에 사용되는 다음 기호의 명칭으로 맞는 것은?

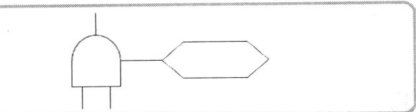

① 부정게이트
② 수정기호
③ 위험지속기호
④ 배타적 OR 게이트

해설 **위험지속기호** : 입력사상이 생겨서 어느 일정시간 지속하였을 때에 출력사상이 생긴다. (「위험지속시간」과 같이 기입)

59 기계 시스템은 영구적으로 사용하며, 조작자는 한 시간마다 스위치를 작동해야 되는데 인간 오류확률(HEP)은 0.001이다. 2시간에서 4시간까지 인간 - 기계 시스템의 신뢰도로 옳은 것은?

① 91.5%
② 96.6%
③ 98.7%
④ 99.8%

해설 **인간·기계시스템의 신뢰도(R)**
$R = (1-HEP)^{n_2 - n_1}$
$= (1-0.001)^{4-2} = 0.998 = 99.8$

60 A작업장에서 1시간 동안에 480Btu의 일을 하는 근로자의 대사량은 900Btu이고, 증발 열손실이 2250Btu, 복사 및 대류로부터 열이득이 각각 1900Btu 및 80Btu라 할 때, 열축적은 얼마인가?

① 100
② 150
③ 200
④ 250

해설 S(열축적)=M(대사열)−E(증발)
−W(한일)±R(복사)±C(대류)
=900Btu−2250Btu−480Btu+1900Btu+80 Btu=150Btu

제4목 / 건설시공학

61 강구조용 강재의 절단 및 개선가공에 관한 사항으로 옳지 않은 것은?

① 주요 부재의 강판 절단은 주된 응력의 방향과 압연방향을 직각으로 교차하여 절단함을 원칙으로 한다.
② 절단할 강재의 표면에 녹, 기름, 도료가 부착되어 있는 경우에는 제거 후 절단해야 한다.
③ 용접선의 교차부분 또는 한 부재를 다른 부재에 접합시킬 때 불필요한 접촉을 피하기 위하여 모퉁이따기를 할 경우에는 10mm 이상 둥글게 해야 한다.
④ 스캘럽 가공은 절삭 가공기 또는 부속장치가 달린 수동가스 절단기를 사용한다.

해설 ①항, 강판절단은 응력의 방향이나 압연방향으로 평행하여 절단함을 원칙으로 한다.

62 조적공사의 백화현상을 방지하기 위한 대책으로 옳지 않은 것은?

① 석회를 혼합한 줄눈 모르타르를 활용하여 바른다.
② 흡수율이 낮은 벽돌을 사용한다.
③ 쌓기용 모르타르에 파라핀 도료와 같은 혼화제를 사용한다.
④ 돌림대, 차양 등을 설치하여 빗물이 벽체에 직접 흘러내리지 않게 한다.

해설 ①항, 석회질이 섞인 모래를 사용하는 것은 백화현상의 원인이 되는 것이다.

63 다음과 같이 정상 및 특급공기와 공비가 주어질 경우 비용구배(cost slope)는?

정상		특급	
공기	공비	공기	공비
20일	120000원	15일	180000원

① 9000원/일   ② 12000원/일
③ 15000원/일   ④ 18000원/일

해설 비용구배 : 작업을 1일 단축할 때 추가되는 직접비용

$$비용구배 = \frac{특급비용 - 표준비용}{표준시간 - 특급시간}$$
$$= \frac{180,000 - 120,000}{20 - 15}$$
$$= 12000원/일$$

여기서, ┌ 특급비용 : 공기를 최대한 단축할 때 사용
├ 특급시간 : 공기를 최대한 단축할 수 있는 가능한 시간
├ 표준비용 : 정상적인 소요일수에 대한 공비
└ 표준시간 : 정상적인 소요시간

64 콘크리트 타설에 관한 설명으로 옳은 것은?

① 콘크리트 타설은 바닥판→보→계단→벽체 →기둥의 순서로 한다.
② 콘크리트 타설은 운반거리가 먼 곳부터 시작한다.
③ 콘크리트를 타설할 때에는 다짐이 잘 되도록 타설높이를 최대한 높게 한다.
④ 콘크리트 타설 준비 시 콘크리트가 닿았을 때 흡수할 우려가 있는 곳은 미리 건조시켜 두어야 한다.

해설 콘크리트 타설시 주의사항
1) 콘크리트 타설을 운반거리가 먼 곳에서부터 가까운 곳으로 부어넣기 한다.
2) 콘크리트 타설은 낮은 곳에서 높은 곳(기초 → 기둥 → 벽 → 계단 → 보의 순서)으로 부어 나간다.

3) 콘크리트 타설시 자유낙하거리(타설높이)는 될 수 있는대로 짧게 하고 보통 1.5m 최대 2m 정도로 한다.
4) 콘크리트는 수직으로 낙하시킨다.
5) 진동기는 거푸집과 철근 또는 철골에 직접 접촉되지 않도록 한다.

65 벽돌을 내쌓기 할 때 일반적으로 이용되는 벽돌쌓기 방법은?

① 마구리 쌓기   ② 길이 쌓기
③ 옆세워 쌓기   ④ 길이세워 쌓기

해설 내쌓기
1) 내쌓기 : 벽돌벽면 중간에서 벽을 내밀어 쌓는 것을 말한다.
2) 내쌓기 방법
① 내쌓기를 할 때에는 두켜씩 1/4B 또는 한 켜씩 1/8B 내쌓기로 하고 맨 위는 두켜 내쌓기로 한다.
② 내쌓기는 모두 마구리 쌓기로 하는 것이 강도상·시공상 유리하다(마구리 쌓기 : 벽면에 마구리만 나오게 쌓는 방법)

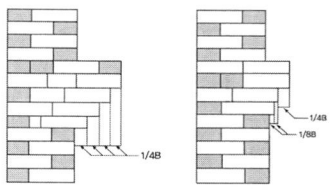

[그림] 내쌓기

66 거푸집 공사에 적용되는 슬라이딩폼 공법에 관한 설명으로 옳지 않은 것은?

① 형상 및 치수가 적확하며 시공오차가 적다.
② 마감작업이 동시에 진행되므로 공정이 단순화된다.
③ 1일 5~10m 정도 수직시공이 가능하다.
④ 일반적으로 돌출물이 있는 건축물에 많이 적용된다.

해설 ④항, 일반적으로 돌출물이 있는 건축물에는 사용할 수 없다.

67 강관말뚝지정의 특징에 해당되지 않는 것은?

① 강한 타격에도 견디며 다져진 중간지층의 관통도 가능하다.
② 지지력이 크고 이음이 안전하고 강하므로 장척말뚝에 적당하다.
③ 상부구조와의 결합이 용이하다.
④ 길이조절이 어려우나 재료비가 저렴한 장점이 있다.

해설 강관말뚝지정의 특징
1) ①, ②, ③항
2) 경질지반(표준관입시험 N값 50정도)에도 사용할 수 있다.
3) 지중에서 부식하기 쉬우며 재료비가 고가이다(단점)

68 콘크리트의 압축강도를 시험하지 않을 경우 거푸집널의 해체시기로 옳은 것은?(단, 기타 조건은 아래와 같음)

- 평균기온 : 20℃
- 보통포틀랜드 시멘트 사용
- 대상 : 기초, 보, 기둥 및 벽의 측면

① 2일　　　　　② 3일
③ 4일　　　　　④ 6일

해설 압축강도를 시험하지 않을 경우 거푸집널의 해체시기(대상 : 기초, 보, 기둥 및 벽의 측면)

온도 ＼ 종류	·조강포틀랜드 시멘트	·보통포틀랜드 시멘트 ·고로슬래그(1종) ·플라이애시(1종) ·포틀랜드포졸란 (A종)	·고로슬래그(2종) ·플라이애시(2종) ·포틀랜드포졸란 (B종)
20℃이상	2일	3일	4일
20℃미만 10℃이상	3일	4일	6일

69 기성콘크리트 말뚝의 특징에 관한 설명으로 옳지 않은 것은?

① 말뚝이음 부위에 대한 신뢰성이 떨어진다.
② 재료의 균질성이 부족하다.
③ 자재하중이 크므로 운반과 시공에 각별한 주의가 필요하다.
④ 시공과정상의 항타로 인하여 자재균열의 우려가 높다.

해설 ②항, 재료의 균질성이 있다.

70 품질관리(TQC)를 위한 7가지 도구 중에서 불량수, 결점수 등 셀 수 있는 데이터가 분류항목별로 어디에 집중되어 있는가를 알기 쉽도록 나타낸 그림은?

① 히스토그램　　　② 파레토도
③ 체크시트　　　　④ 산포도

해설 품질관리(QC, Quality Control) 활동의 7가지 도구(QC 7가지 수법)
1) 히스토그램(histogram) : 길이, 무게, 강도 등과 같이 계량치의 데이터가 어떠한 분포를 하고 있는지 알아보기 위하여 작성하는 주상(柱狀) 기둥그래프(막대그래프)이다.
2) 특성요인도 : 결과에 원인이 어떻게 관계하고 있는가를 생선뼈 모양으로 나타낸 그림이다.
3) 파레토도(pareto diagram) : 시공불량의 내용이나 원인을 분류 항목으로 나누어 크기 순서대로 나열해 놓은 그림이다.
4) 관리도 : 공정의 상태를 나타내는 특성치에 관해서 그려진 꺾은선 그래프이다.
5) 산점도(산포도, scatter diagram) : 서로 대응되는 두 종류의 데이터의 상호관계를 보는 것이다.
6) 체크시트 : 불량수, 결점수 등 셀 수 있는 데이터를 분류하여 항목별로 나누었을 때 어디에 집중되어 있는가를 알기 쉽도록 한 그림 또는 표이다.
7) 층별 : 데이터의 특성을 적당한 범주마다 얼마간의 그룹으로 나누어 도표로 나타낸 것이다.

71 설계도와 시방서가 명확하지 않거나 설계는 명확하지만 공사비 총액을 산출하기 곤란하고 발주자가 양질의 공사를 기대할 때 채택될 수 있는 가장 타당한 방식은?

① 실비정산 보수가산식 도급
② 단가 도급
③ 정액 도급
④ 턴키 도급

해설 실비청산보수가산도급방식 : 건축주가 시공자에게 공사를 위임하고 공사에 소요되는 실비와 보수 즉 공사비와 미리 정해 놓은 보수를 시공자에게 지불하는 방식
1) **장점** : 도급자는 비율 보수가 보장되므로 우수한 공사를 할 수 있다.
2) **단점** : 공사기간이 연장되고 공사비가 상승될 수 있다.

72 철재 거푸집에서 사용되는 철물로 지주를 제거하지 않고 슬래브 거푸집만 제거할 수 있도록 한 철물은?

① 와이어클리퍼(Wire Clipper)
② 캠버(Camber)
③ 드롭헤드(Drop Head)
④ 베이스플레이트(Base Plate)

해설 1) **와이어클리퍼(Wire cliper)** : 직경 13mm이하의 철근 전단용 기구
2) **캠버(camber)** : pc재가 하중을 받았을 때에 처짐을 막기 위해 거푸집에 미리 그 반대모양의 밑창판을 넣어 만드는 pc재의 치올림
3) **드롭헤드(drop head)** : 철재거푸집에서 지주를 제거하지 않고 슬래브 거푸집만 제거할 수 있는 철물
4) **베이스플레이트(base plate)** : 철골구조에서 기초위에 놓아 앵커볼트와 연결하기 위해 까는 밑창판(철판)

73 철골공사에서 용접접합의 장점과 거리가 먼 것은?

① 강재량을 절약할 수 있다.
② 소음을 방지할 수 있다.
③ 일체성 및 수밀성을 확보할 수 있다.
④ 접합부의 품질검사가 매우 간단하다.

해설 용접접합의 장·단점
1) **장점**
① 강재의 양이 절약된다.
② 구조가 간단하여 건물의 경량화를 도모할 수 있다.
③ 기름, 기체(gas) 등에 대하여 고도의 수밀성을 유지할 수 있다.
④ 시공 속도가 빠르고 무소음, 무진동의 시공을 할 수 있다.
⑤ 건물의 일체성과 강성을 확보할 수 있다.
2) **단점**
① 용접 모재의 재질에 따라 응력상의 영향이 크다.
② 용접부의 검사가 어렵다.
③ 숙련공이 필요하다.

74 지하수위 저하공법 중 강제배수공법이 아닌 것은?

① 전기침투 공법
② 웰포인트 공법
③ 표면배수 공법
④ 진공 Deep well 공법

해설 강제배수공법
1) **전기침투공법** : 전기삼투현상을 이용한 배수공법이다.
2) **웰포인트공법** : 사질토반에 양수관(well point)을 0.6~1m 간격으로 박고 진공펌프를 사용하여 강제적으로 지하수를 배수하는 공법이다.
3) **진공 deep wall 공법 등**

75 웰포인트 공법에 관한 설명으로 옳지 않은 것은?

① 지하수위를 낮추는 공법이다.
② 1~3m의 간격으로 파이프를 지중에 박는다.
③ 주로 사질지반에 이용하면 유효하다.
④ 기초파기에 히빙 현상을 방지하기 위해 사용한다.

해설 웰 포인트 공법
1) 출 수가 많고 깊은 터 파기에서 진공펌프와 원심펌프를 병용하는 지하수 배수에 의해 지하수위를 낮추는 공법이다.
2) 사질토, 실트층 등 투수성이 좋은 지반에는 효율이 좋으나 점토질 등 투수성이 나쁜 지반에는 효율이 나쁘다.
3) 흙막이 토질 약화를 예방하고, 흙막이 토압을 낮추며 기초 파기 공사를 용이하게 하고 지내력을 증가시킨다.

76 시방서의 작성원칙으로 옳지 않은 것은?

① 지정고시된 신재료 또는 신기술을 적극활용한다.
② 공사 전반에 대한 지침을 세밀하고 간단명료하게 서술한다.
③ 공종을 세밀하게 나누고, 단위 시방의 수를 최대한 늘려 상세히 서술한다.
④ 시공자가 정확하게 시공하도록 설계자의 의도를 상세히 기술한다.

해설 시방서 작성 시 주의사항
1) 간단명료하게 그 의미가 충분히 전달되어야 한다.
2) 재료의 품질은 명확하게 규정하고, 그 지점은 신중해야 한다.
3) 공사 전체를 빠짐없이 기재하고(시방서 작성 시 가장 중요한 사항), 공사 진행순서와 일치하여야 한다.
4) 공정의 정밀도와 손질의 정밀도(마무리 정도)를 명확하게 규정한다.
5) 시방서와 도면의 내용이 서로 다를 경우에는 시방서에 준하는 것이 원칙이나 먼저 감독관에 신고하여 그의 지시에 따라 시공한다.

77 프리스트레스 하지 않는 부재의 현장치기 콘크리트의 최소 피복 두께 기준 중 가장 큰 것은?

① 수중에 치는 콘크리트
② 흙에 접하여 콘크리트를 친 후 영구히 흙에 묻혀 있는 콘크리트
③ 옥외의 공기나 흙에 직접 접하지 않는 콘크리트 중 슬래브
④ 옥외의 공기나 흙에 직접 접하지 않는 콘크리트 중 벽체

해설 철근의 최소피복두께 기준(현장치기 콘크리트)
1) 수중에 치는 콘크리트 : 100mm
2) 흙에 영구히 묻혀있는 콘크리트 : 80mm
3) 흙에 접하거나 옥외 공기에 직접 노출되는 콘크리트
　① D29 이상 철근 : 60mm
　② D25 이하의 철근 : 50mm
　③ D16 이하의 철근, 지름 16mm 이하 철선 : 40mm
4) 옥외 공기나 흙에 직접 접하지 않는 콘크리트

① 슬래브, 벽체, 장선	D35 초과 철근	40mm
	D35 이하 철근	20mm
② 보, 기둥 (콘크리트의 설계기준 압축강도가 40 MPa 이상인 경우 규정된 값에서 10mm 이상 저감시킬 수 있음)		40mm
③ 쉘 절판부대		20mm

78 슬래브에서 4변 고정인 경우 철근배근을 가장 많이 하여야 하는 부분은?

① 단변 방향의 주간대
② 단변 방향의 주열대
③ 장변 방향의 주간대
④ 장변 방향의 주열대

해설 슬래브의 4변이 고정일 때 철근배근을 가장 많이 하는 부분 : 단변 방향의 주열대
1) 단변방향으로 힘이 집중적으로 부과되기 때문에 철근배근을 많이 한다.
2) 장변에는 걸리는 힘이 작아 철근도 적게 설계된다.

79 Top Down 공법의 특징으로 옳지 않은 것은?

① 1층 바닥 기준으로 상방향, 하방향 중 한쪽 방향으로만 공사가 가능하다.
② 공기단축이 가능하다.
③ 타 공법 대비 주변지반 및 인접건물에 미치는 영향이 작다.
④ 소음 및 진동이 적어 도심지로 공사로 적합하다.

해설 역타공법(top down)의 특징
1) 지하와 지상층 병행작업으로 공사기간이 단축된다.
2) 소음, 진동이 적다.
3) 공사비가 고가이다.

80 콘크리트 다짐 시 진동기의 사용에 관한 설명으로 옳지 않은 것은?

① 진동다지기를 할 때에는 내부진동기를 하층의 콘크리트 속으로 0.1m 정도 찔러 넣는다.
② 1개소당 진동시간은 다짐할 때 시멘트풀이 표면 상부로 약간 부상하기까지가 적절하다.
③ 내부진동기는 콘크리트로부터 천천히 빼내어 구멍이 남지 않도록 한다.
④ 내부진동기는 콘크리트를 횡방향으로 이동시킬 목적으로 사용한다.

해설 진동다짐 시 유의사항
1) 콘크리트 붓기의 높이는 진동기의 꽂이를 넘지 않게 30~60cm 정도로 한다.
2) 진동기 운행간격(꽂이 간격)은 진동효과가 중복되지 않게 약 60cm 정도로 한다.
3) 진동기의 진동시간은 최소 15초, 보통 30~40초, 최대 1분 정도로 한다.
4) 진동기는 가능한 한 수직으로 세워서 사용한다.
5) 철근 또는 거푸집에 직접 진동을 주면 변형, 파손의 우려가 있으므로 주의하여야 한다.
6) 콘크리트에 구멍이 나지 않도록 서서히 뽑아 올린다.
7) 슬럼프 15cm 이하의 된 비빔 콘크리트에 사용함을 원칙으로 한다.

제5과목 / 건설재료학

81 목재의 수축팽창에 관한 설명으로 옳지 않은 것은?

① 변재는 심재보다 수축률 및 팽창률이 일반적으로 크다.
② 섬유포화점 이상의 함수상태에서는 함수율이 클수록 수축률 및 팽창률이 커진다.
③ 수종에 따라 수축률 및 팽창률에 상당한 차이가 있다.
④ 수축이 과도하거나 고르지 못하면 할렬, 비틀림 등이 생긴다.

82 강화유리에 관한 설명으로 옳지 않은 것은?

① 유리 표면에 강한 압축응력층을 만들어 파괴강도를 증가시킨 것이다.
② 강도는 플로트 판유리에 비해 3~5배 정도이다.
③ 주로 출입문이나 계단 난간, 안전성이 요구되는 칸막이 등에 사용된다.
④ 깨어질 때는 판유리 전체가 파편으로 잘게 부서지지 않는다.

해설 강화유리 : 유리의 성질을 강하고 질기게 개선하여 잘 깨지지 않고 또 깨져도 과편이 비산하지 않도록 만든 특수유리이다.

83 수밀성, 기밀성 확보를 위하여 유리와 새시의 접합부, 패널의 접합부 등에 사용되는 재료로서 내후성이 우수하고 부착이 용이한 특징이 있으며, 형상이 H형, Y형, ㄷ형으로 나누어지는 것은?

① 유리퍼티(glass putty)
② 2액형 실링재(two-part liquid sealing compound)
③ 개스킷(gasket)
④ 아스팔트코킹(asphalt caulking materials)

해설 개스킷 : 본문설명

84 경질섬유판(hard fiber board)에 관한 설명으로 옳은 것은?

① 밀도가 0.3g/cm³ 정도이다.
② 소프트 텍스라고도 불리며 수장판으로 사용된다.
③ 소판이나 소각재의 부산물 등을 이용하여 접착, 접합에 의해 소요 형상의 인공목재를 제조할 수 있다.
④ 펄프를 접착제로 제판하여 양면을 열압 건조시킨 것이다.

해설 경질섬유판
  1) 목재 펄프만을 열을 가해 압축하여 만든다.
  2) 비중이 0.8~1.2이며 강도 및 경도가 크고 내마모성이 크다.
  3) 가로, 세로의 신축이 거의 같으므로 비틀림이 작다.
  4) 본뜨기, 구부림, 구멍뚫기 등의 2차가공이 용이하다.

85 다음 중 열경화성 수지에 속하지 않는 것은?

① 멜라민 수지　　② 요소 수지
③ 폴리에틸렌 수지　④ 에폭시 수지

해설 합성수지의 종류

열가소성수지	열경화성수지
① 염화비닐수지(PVC)	① 페놀수지
② 에틸렌수지	② 요소수지
③ 프로필렌수지	③ 멜라민수지
④ 아크릴수지	④ 알키드수지
⑤ 스틸렌수지	⑤ 폴리에스테르수지
⑥ 메타크릴수지	⑥ 실리콘
⑦ ABS수지	⑦ 에폭시수지
⑧ 폴리아미드수지	⑧ 우레탄수지
⑨ 비닐아세틸수지	⑨ 규소수지

86 콘트리트에 사용되는 혼화재인 플라이애쉬에 관한 설명으로 옳지 않은 것은?

① 단위 수량이 커져 블리딩 현상이 증가한다.
② 초기 재령에서 콘크리트 강도를 저하시킨다.
③ 수화 초기의 발열량을 감소시킨다.
④ 콘크리트의 수밀성을 향상시킨다.

해설 플라이애시시멘트(fly ash cement)
  1) 플라이애시시멘트 : 포틀랜드시멘트에 플라이애시(완전연소한 미분탄의 회분)를 혼합하여 만든 시멘트이다.
  2) 플라이애시시멘트의 특성
    ① 초기 수화열이 낮다(매스콘크리트용으로 적합)
    ② 조기강도는 작지만 장기강도는 크다.
    ③ 화학저항성이 크다.
    ④ 워커빌리티가 좋아진다.
    ⑤ 수밀성이 크다.
    ⑥ 블리딩 현상이 감소한다.

87 다음 도류 중 방청도료에 해당하지 않는 것은?

① 광명단 도료　　② 다채무늬 도료
③ 알루미늄 도료　④ 징크로메이트 도료

■ 정답 ■ 83.③　84.④　85.③　86.①　87.②

해설 방청도료(녹방지용 안료)

1) 광명단 도료(Pb$_3$O4 ; 연단)
2) 방청산화철 도료
3) 알루미늄 도료
4) 역청질 도료(아스팔트, 타르 피치 등)
5) 징크로베이트 도료(크롬산아연을 안료로 하고 알키드수지를 전색제로 함)
6) 워시프라이머
7) 규산염 도료 등

88 프리플레이스트 콘크리트에 사용되는 골재에 관한 설명으로 옳지 않은 것은?

① 굵은 골재의 최소 치수는 15mm 이상, 굵은 골재의 최대 치수는 부재단면 최소 치수의 1/4 이하, 철근 콘크리트의 경우 철근 순간격의 2/3 이하로 하여야 한다.
② 굵은 골재의 최대 치수와 최소 치수와의 차이를 작게 하면 굵은 골재의 실적률이 커지고 주입모르타르의 소요량이 적어진다.
③ 대규모 프리플레이스트 콘크리트를 대상으로 할 경우, 굵은 골재의 최소 치수를 크게 하는 것이 효과적이다.
④ 골재의 적절한 입도 분포를 위해 일반적으로 굵은 골재의 최대 치수는 최소 치수의 2~4배 정도로 한다.

해설 ②항, 굵은골재의 최대 치수와 최소 치수와의 차이를 적게 할 경우
1) 굵은골재의 실적률은 작아진다.
2) 주입모르타르의 양은 많아진다.

89 점토에 관한 설명으로 옳지 않은 것은?

① 습윤상태에서 가소성이 좋다.
② 압축강도는 인장강도의 약 5배 정도이다.
③ 점토를 소성하면 용적, 비중 등의 변화가 일어나며 강도가 현저히 증대된다.
④ 점토의 소성온도는 점토의 성분이나 제품의 종류에 상관없이 같다.

해설 ④항, 점토의 소성온도는 점토의 성분이나 제품의 종류에 따라서 달라진다.

길잡이 점토의 가소성
1) 양질의 점토일수록 가소성이 좋다.
2) 가소성이 너무 클 때는 모래 또는 샤모테(Schamotte) 등의 제점제를 섞어서 조절한다.

90 각 창호철물에 관한 설명으로 옳지 않은 것은?

① 피벗힌지(pivot hinge) : 경첩 대신 축을 사용하여 여닫이문을 회전시킨다.
② 나이트래치(night latch) : 외부에서는 열쇠, 내부에서는 작은 손잡이를 틀어 열 수 있는 실린더장치로 된 것이다.
③ 크레센트(crescent) : 여닫이군의 상하단에 붙여 경첩과 같이 역할을 한다.
④ 래버터리힌지(lavatory hinge) : 스프링힌지의 일종으로 공중용 화장실 등에 사용된다.

해설 크레센트(crescent) : 오르내리창을 걸어잠그는데 사용한다.

91 집성목재의 사용에 관한 설경으로 옳지 않은 것은?

① 판재와 각재를 접착제로 결합시켜 대재(大材)를 얻을 수 있다.
② 보, 기둥, 등의 구조재료로 사용할 수 없다.
③ 옹이, 균열 등의 결점을 제거하거나 분산시켜 균질의 인공목재로 사용할 수 있다.
④ 임의의 단면 형상을 갖도록 제작할 수 있어 목재 활용 면에서 경제적이다.

해설 집성목재 : 판을 섬유방향에 평행하도록 붙인 것으로 보나 기둥에 사용할 수 있는 두꺼운 단면을 가진다.

92 콘크리트의 탄산화에 관한 설명으로 옳지 않은 것은?

① 탄산가스의 농도, 온도, 습도 등 외부 환경조건도 탄산화 속도에 영향을 준다.
② 물-시멘트비가 클수록 탄산화의 진행속도가 빠르다.
③ 탄산화된 부분은 페놀프탈레인액을 분무해도 착색되지 않는다.
④ 일반적으로 보통 콘크리트가 경량골재 콘크리트보다 탄산화 속도가 빠르다.

해설 ④항, 보통콘크리트가 경량골재 콘크리트보다 탄산화속도가 느리다.

93 골재의 실적률에 관한 설명으로 옳지 않은 것은?

① 실적률은 골재 입형의 양부를 평가하는 지표이다.
② 부순 자갈의 실적률은 그 입형 때문에 강자갈의 실적률보다 적다.
③ 실적률 산정 시 골재의 밀도는 절대건조 상태의 밀도를 말한다.
④ 골재의 단위용적질량이 동일하면 골재의 밀도가 클수록 실적률도 크다.

해설 **골재의 실적률** : 일정용기 내에 골재입자가 차지하는 실용적의 백분율(%)을 말한다.

∴실적률(d)
$$= \frac{단위용적중량(kg/\ell)}{골재의\ 비중(P)} \times 100\%$$

1) 실적률이 클수록 골재의 입도분포가 적당하며 시멘트 페이스트(시멘트풀)가 적게 든다.
2) 골재의 단위용적중량이 일정하면 골재의 비중(밀도)이 클수록 실적률은 작아진다.

94 도막방수에 사용되지 않는 재료는?

① 염화비닐 도막재
② 아크릴고무 도막재
③ 고무아스팔트 도막재
④ 우레탄고무 도막재

해설 **도막방수에 사용되는 재료**
1) 아크릴고무 도막제
2) 고무아스팔트 도막제
3) 우레탄 도막제

95 다음 중 강(鋼)의 열처리와 관계없는 용어는?

① 불림
② 담금질
③ 단조
④ 뜨임

해설 **강의 열처리 방법 및 효과**
① **풀림** : 강을 800~1000℃로 가열 후 로속에서 서서히 냉각시키는 방법
② **불림** : 강을 800~1000℃로 가열 후 대기중에서 냉각시키는 방식
③ **담금질** : 강을 가열한 후 물 또는 기름 속에서 급랭시키는 방식
④ **뜨임질** : 불림·담금질한 강을 200~600℃로 가열한 후 공기중에서 냉각시키는 방식

96 보통포틀랜드시멘트에 관한 설명으로 옳지 않은 것은?

① 시멘트의 응결시간은 분말도가 작을수록, 또 수량이 많고 온도가 낮을수록 짧아진다.
② 시멘트의 안정성 측정법으로 오토클레이브 팽창도 시험방법이 있다.
③ 시멘트의 비중은 소성온도나 성분에 따라 다르며, 동일 시멘트인 경우에 풍화한 것일수록 작아진다.
④ 시멘트의 비표면적이 너무 크면 풍화하기 쉽고 수화열에 의한 축열량이 커진다.

해설 **보통포틀랜드시멘트의 응결시간** : 분말도가 클수록, 수량이 적고 온도가 높을수록 짧아진다.

97 석고보드의 특성에 관한 설명으로 옳지 않은 것은?

① 흡수로 인해 강도가 현저하게 저하된다.
② 신축변형이 커서 균열의 위험이 크다.
③ 부식이 안 되고 충해를 받지 않는다.
④ 단열성이 높다.

해설 석고보드
> 1) 경석고에 톱밥, 석면 등을 넣어서 만든 것이다.
> 2) 신축변형이 작아서 균열의 위험이 작다.
> 3) 내화성, 단열성이 높다.
> 4) 벽, 천장, 칸막이 등에 사용된다.

98 내약품성, 내마모성이 우수하여 화학공장의 방수층을 겸한 바닥 마무리로 가장 적합한 것은?

① 에폭시 도막방수   ② 아스팔트 방수
③ 무기질 침투방수   ④ 합성고분자 방수

해설 에폭시 도막방수
> 1) 에폭시수지에 의해서 방수피막(0.1~0.2mm의 얇은막)을 형성하는 공법이다.
> 2) 내약품성, 내마모성이 우수하여 화학공장의 바닥마무리재로 사용된다.

99 안료를 적은 양의 물로 용해하여 수용성 교착제와 혼합한 분말상태의 도료는?

① 수성 페인트   ② 바니시
③ 래커   ④ 에나멜페인트

해설 수성페인트 : 본문설명

100 콘크리트 구조물의 강도 보강용 섬유소재로 적당하지 않은 것은?

① PCP   ② 유리섬유
③ 탄소섬유   ④ 아라미드섬유

해설 콘크리트 구조물 강도 보강용 섬유소재
> 1) 나일론 섬유
> 2) 유리섬유
> 3) 탄소섬유
> 4) 아라미드(alamide)섬유
> 5) 강섬유
> 6) 천연섬유
> 7) 비닐론 섬유
> 8) 폴리프로필렌 섬유 등

제6과목 / 건설안전기술

101 건설업 산업안전보건관리비 중 안전시설비로 사용할 수 있는 항목에 해당하는 것은?

① 각종 비계, 작업발판, 가설계단.통로, 사다리 등
② 비계.통로.계단에 추가 설치하는 추락방지용 안전난간
③ 절토부 및 성토부 등의 토사유실 방지를 위한 설비
④ 작업장 간 상호 연락, 작업 상화 파악 등 통신수단으로 활용되는 통신시설.설비

해설 추락방지용 안전난간은 안전시설이므로 안전관리비의 사용내역에 포함된다.

> **길잡이 안전관리비의 사용항목**
> 1) 안전관리자등의 인건비 및 각종업무수당
> 2) 안전시설비
> 3) 개인보호구 및 안전장구 구입비
> 4) 사업장의 안전진단비
> 5) 안전보건교육비 및 행사비
> 6) 근로자의 건강관리비
> 7) 건설재해예방 기술지도비
> 8) 본사 사용비

---

102 유해·위험방지 계획서를 제출해야 될 대상공사의 기준으로 옳은 것은?

① 최대 지간길이가 50m 이상인 교량 건설등 공사
② 다목적댐, 발전용댐 및 저수용량 1천만톤 이상의 용수 전용 댐, 지방상수도 전용 댐 건설 등의 공사
③ 깊이가 8m 이상인 굴착공사
④ 연면적 3000m² 이상의 냉동. 냉장창고시설 의 설비공사 및 단열공사

해설 건설업 중 유해위험방지계획서 제출대상 사업장
(시행규칙 제120조 제2항)
  1) 지상높이가 31미터 이상인 건축물 또는 인공구 조물, 연면적 3만 제곱미터 이상인 건축물 또는 연면적 5천 제곱미터 이상의 문화 및 집회시 설(전시장 및 동물원·식물원은 제외), 판매시 설, 운수시설(고속철도의 역사 및 집·배송시 설은 제외), 종교시설, 의료시설 중 종합병원, 숙박시설 중 관광숙박시설, 지하도상가 또는 냉동·냉장 창고시설의 건설·개조 또는 해체 (이하 "건설등"이라 함)
  2) 연면적 5천 제곱미터 이상의 냉동·냉장 창 고시설의 설비공사 및 단열공사
  3) 최대 지간길이가 50미터 이상인 교량건설 등 공사
  4) 터널 건설 등의 공사
  5) 다목적댐, 발전용댐 및 저수용량 2천만톤 이상의 용수 전용 댐, 지방상수도 전용댐 건 설 등의 공사
  6) 깊이 10미터 이상인 굴착공사

103 공사용 가설도로를 설치하는 경우 준수 해야 할 사항으로 옳지 않은 것은?

① 도로는 장비와 차량이 안전하게 운행할 수 있도록 견고하게 설치한다.
② 도로는 배수에 관계없이 평탄하게 설치한다.
③ 도로와 작업장이 접하여 있을 경우에는 방 책 등을 설치한다.
④ 차량의 속도제한 표지를 부착한다.

해설 공사용 가설도로 설치시 준수사항
  1) 도로는 장비와 차량이 안전하게 운행할 수 있도록 견고하게 설치할 것
  2) 도로와 작업장이 접하여 있을 경우에는 방 책 등을 설치할 것
  3) 도로는 배수를 위하여 경사지게 설치하거나 배수시설을 설치할 것
  4) 차량의 속도제한 표지를 부착할 것

104 단관비계를 조립하는 경우 벽이음 및 버팀을 설치할 때의 수평방향 조립간격 기준으 로 옳은 것은?

① 3m   ② 5m
③ 6m   ④ 8m

해설 외줄비계, 쌍줄비계 또는 돌출비계 : 다음 각 목의 정하는 바에 따라 벽이음 및 버팀을 설치할 것
  1) 강관비계의 조립간격은 다음[표]의 기준에 적합하도록 할 것

강관비계의 종류	조립간격(단위 : m)	
	수직방향	수평방향
단관비계	5	5
틀비계(높이가 5m미만의 것은 제외)	6	8

  2) 강관·통나무 등의 재료를 사용하여 견고한 것으로 할 것
  3) 인장재와 압축재로 구성되어 있는 때에는 인장재와 압축재의 간격을 1m 이내로 할 것

105 인력운반 작업에 대한 안전 준수사항으 로 옳지 않은 것은?

① 보조기구를 효과적으로 사용한다.
② 긴 물건은 뒤쪽으로 높이고 원통인 물건은 굴려서 운반한다.
③ 물건을 들어올릴 때에는 팔과 무릎을 이용 하며 척추는 곧게 한다.
④ 무거운 물건은 공동작업으로 실시한다.

해설 ②항, 긴 물건은 앞쪽으로 높이고 뒤쪽은 낮추 어 운반한다.

106 거푸집동바리등을 조립하는 경우에 준수하여야 할 사항으로 옳지 않은 것은?

① 거푸집이 곡면인 경우에는 버팀대의 부착 등 그 거푸집의 부상(浮上)을 방지하기 위한 조치를 할 것
② 동바리의 이음은 맞댄이음이나 장부이음으로 하고 같은 품질의 재료를 사용할 것
③ 동바리로 사용하는 강관(파이프 서포트는 제외)은 높이 2m 이내마다 수평연결재를 4개 방향으로 만들고 수평연결재의 변위를 방지할 것
④ 동바리로 사용하는 파이프 서포트는 3개 이상 이어서 사용하지 않도록 할 것

해설 ③항, 동바리로 사용하는 강관(파이프서포트는 제외)은 높이 2m이내마다 수평연결재를 2개방향으로 만들고 수평연결재의 변위를 방지할 것

> **길잡이** 거푸집동바리 조립시 준수사항
> (거푸집동바리 등의 안전조치)
> 1) 깔목의 사용, 콘크리트 타설(打設), 말뚝박기 등 동바리의 침하를 방지하기 위한 조치를 할 것
> 2) 개구부 상부에 동바리를 설치하는 때에는 상부하중을 견딜 수 있는 견고한 받침대를 설치할 것
> 3) 동바리의 상하고정 및 미끄러짐 방지조치를 하고, 하중의 지지상태를 유지할 것
> 4) 동바리의 이음은 맞댄이음 또는 장부이음으로 하고 같은 품질의 재료를 사용할 것
> 5) 강재와 강재와의 접속부 및 교차부는 볼트·클램프 등 전용철물을 사용하여 단단히 연결할 것
> 6) 거푸집이 곡면인 때에는 버팀대의 부착 등 그 거푸집의 부상(浮上)을 방지하기 위한 조치를 할 것

107 철골 작업을 할 때 악천후에는 작업을 중지하도록 하여야 하는데 그 기준으로 옳은 것은?

① 강설량이 분당 1cm 이상인 경우
② 강우량이 시간당 1cm 이상인 경우
③ 풍속이 초당 10m 이상인 경우
④ 기온이 28℃ 이상인 경우

해설 철골작업을 중지해야 하는 기상조건
1) 풍속이 10m/sec 이상인 경우
2) 강우량이 1mm/hr 이상인 경우
3) 강설량이 1cm/hr 이상인 경우

108 체인(Chain)의 폐기 대상이 아닌 것은?

① 균열, 흠이 있는 것
② 뒤틀림 등 변형이 현저한 것
③ 전장이 원래 길이의 5%를 초과하여 늘어난 것
④ 링(Ring)의 단면 지름의 감소나 원래 지름의 5% 정도 마모된 것

해설 달기체인의 사용금지 사항
1) 달기 체인의 길이가 달기 치인이 제조된 때의 길이의 5퍼센트를 초과한 것
2) 링의 단면지름이 달기 체인이 제조된 때의 해당 링의 지름의 10퍼센트를 초과하여 감소한 것
3) 균열이 있거나 심하게 변형된 것

109 보호구 자율안전확인 고시에 따른 안전모의 시험항목에 해당되지 않는 것은?

① 전처리   ② 착용높이측정
③ 충격흡수성시험   ④ 절연시험

해설 안전모(자율안전확인)의 시험방법
1) 전처리
2) 착용높이 측정
3) 충격흡수성시험
4) 내관통성시험

---

110 굴착작업을 하는 경우 근로자의 위험을 방지하기 위하여 작업장의 지형·지반 및 지층 상태 등에 대하여 실시하여야 하는 사전조사의 내용으로 옳지 않은 것은?

① 형상.지질 및 지층의 상태
② 균열. 함수(含水).용수 및 동결의 유무 또는 상태
③ 지상의 배수 상태
④ 매설물 등의 유무 또는 상태

해설 지반의 굴착작업 시 조사사항 및 작업계획서의 내용
1) 굴착작업 시 사전조사사항
  ① 형상, 지질 및 지층의 상태
  ② 균열·함수·용수 및 동결의 유무 또는 상태
  ③ 매설물의 유무 또는 상태
  ④ 지반의 지하수위 상태
2) 굴착작업 시 작업계획서의 내용
  ① 굴착방법 및 순서, 토사 반출 방법
  ② 필요한 인원 및 장비 사용계획
  ③ 매설물 등에 대한 이설·보호대책
  ④ 사업장 내 연락방법 및 신호방법
  ⑤ 흙막이 지보공 설치방법 및 계측계획
  ⑥ 작업지휘자의 배치계획

111 작업으로 인하여 물체가 떨어지거나 날아올 위험이 있는 경우 그 위험을 방지하기 위하여 필요한 조치사항으로 거리가 먼 것은?

① 낙하물방지망의 설치
② 출입금지구역의 설정
③ 보호구의 착용
④ 작업지휘자 선정

해설 물체가 낙하·비래할 위험이 있을 경우 위험방지 조치사항
1) 낙하물 방지망, 수직보호망 또는 방호선반의 설치
2) 출입금지구역의 설정
3) 안전모 등 보호구의 착용

112 구축물 또는 이와 유사한 시설물에 대하여 자중(自重), 적재하중, 적설, 풍압, 지진이나 진동 및 충격 등에 의하여 붕괴·전도·도괴·폭발하는 등의 위험을 예방하기 위하여 필요한 조치로 거리가 먼 것은?

① 설계도서에 따라 시공했는지 확인
② 건설공사 시방서(示方書)에 따라 시공했는지 확인
③ 소방시설법령에 의해 소방시설을 설치했는지 확인
④ 「건축물의 구조기준 등에 관한 규칙」에 따른 구조기준을 준수했는지 확인

해설 구축물 또는 이와 유사한 시설물 등의 안전 유지
: 구축물 또는 이와 유사한 시설물에 대하여 자중(自重), 적재하중, 적설, 풍압(風壓), 지진이나 진동 및 충격 등에 의하여 붕괴·전도·도괴·폭발하는 등의 위험을 예방하기 위한 조치사항
1) 설계도서에 따라 시공했는지 확인
2) 건설공사 시방서(示方書)에 따라 시공했는지 확인
3) 「건축물의 구조기준 등에 관한 규칙」에 따른 구조기준을 준수했는지 확인

> **길잡이** 구축물 또는 이와 유사한 시설물 등의 안전성 평가 : 다음 각 호에 해당하는 경우에는 안전진단 등 안전성 평가를 실시하여 위험성을 미리 제거할 것
> 1) 구축물 또는 이와 유사한 시설물의 인근에서 굴착·항타작업 등으로 침하·균열 등이 발생하여 붕괴의 위험이 예상될 경우
> 2) 구축물 또는 이와 유사한 시설물에 지진·동해·부동침하 등으로 균열·비틀림 등이 발생하였을 경우
> 3) 구축물 또는 이와 유사한 시설물에 설계 당시보다 과다한 중량이 부과되어 안전성을 검토하여야 할 경우
> 4) 화재 등으로 구축물 또는 이와 유사한 시설물의 내력이 현저히 저하된 경우
> 5) 오랜 기간 사용하지 아니하던 구축물 또는 이와 유사한 시설물을 재사용하게 되어 안전성을 검토하여야 할 경우
> 6) 그 밖의 잠재위험이 예상될 경우

■ 정답 ■ 110.③ 111.④ 112.③

113 토질시험 중 액체 상태의 흙이 건조되어 가면서 액성, 소성, 반고체, 고체 상태의 경계선과 관련된 시험의 명칭은?

① 아터버그 한계시험
② 압밀 시험
③ 삼축압축시험
④ 투수시험

해설 아터버그 한계(atterberg limits) : 함수량의 변화에 따라 축축한 상태로부터 건조되어가는 사이에 일어나는 4개의 과정(액성·소성·반고체·고체) 각각의 상태로 변화하는 한계

114 차량계 건설기계 작업 시 그 기계가 넘어지거나 굴러떨어짐으로써 근로자가 위험해질 우려가 있는 경우에 필요한 조치사항으로 거리가 먼 것은?

① 변속기능의 유지
② 갓길의 붕괴방지
③ 도로 폭의 유지
④ 지반의 부동침하방지

해설 차량계 건설기계의 전도·전락 등에 의한 위험방지 조치 사항
　1) 갓길의 붕괴방지　2) 지반의 부동침하방지
　3) 도로 폭의 유지　4) 유도자 배치

115 갱내에 설치한 사다리식 통로에 권상장치가 설치된 경우 권상장치와 근로자의 접촉에 의한 위험이 있는 장소에 설치해야 하는 것은?

① 판자벽　　　　　② 울
③ 건널다리　　　　④ 덮개

해설 갱내통로 등의 위험 방지 : 갱내에 설치한 통로 또는 사다리식 통로에 권상장치(卷上裝置)가 설치된 경우 권상장치와 근로자의 접촉에 의한 위험이 있는 장소에는 판자벽이나 그 밖에 위험방지를 위한 격벽(隔壁)을 설치할 것

116 강관틀비계를 조립하여 사용하는 경우 준수해야 할 기준으로 옳지 않은 것은?

① 비계기둥의 밑둥에는 밑받침 철물을 사용하여야 하며 밑받침에 고저차(高低差)가 있는 경우에는 조절형 밑받침철물을 사용하여 각각의 강관틀비계가 항상 수평 및 수직을 유지하도록 할 것
② 높이가 20m를 초과하거나 중량물의 적재를 수반하는 작업을 할 경우에는 주틀 간의 간격을 1.8m 이하로 할 것
③ 주틀 간에 교차 가새를 설치하고 최상층 및 5층 이내마다 수평재를 설치할 것
④ 수직방향으로 5m, 수평방향으로 5m 이내마다 벽이음을 할 것

해설 강관틀비계를 조립하여 사용할 때의 준수할 사항
　1) 비계기둥의 밑둥에는 밑받침철물을 사용하여야 하며 밑받침에 고저차가 있는 경우에는 조절형 밑받침철물을 사용하여 각각의 강관틀비계가 항상 수평 및 수직을 유지하도록 할 것
　2) 높이가 20m를 초과하거나 중량물의 적재를 수반하는 작업을 할 경우에는 주틀 간의 간격이 1.8m 이하로 할 것
　3) 주틀 간의 교차가새를 설치하고 최상층 및 5층 이내마다 수평재를 설치할 것
　4) 수직방향으로 6m, 수평방향으로 8m 이내마다 벽이음을 할 것
　5) 길이가 띠장방향으로 4m 이하이고 높이가 10m를 초과하는 경우에는 10m 이내마다 띠장방향으로 버팀기둥을 설치할 것

117 52m 높이로 강관비계를 세우려면 지상에서 몇 미터까지 2개의 강관으로 묶어 세워야 하는가?

① 11m　　　　　② 16m
③ 21m　　　　　④ 26m

해설 비계기둥의 최고로부터 31m 되는 지점 밑부분의 비계기둥은 2개의 강관으로 묶어세울 것
∴ 52 − 31 = 21m

118 물체가 떨어지거나 날아올 위험을 방지하기 위한 낙하물 방지망 또는 방호선반을 설치할 대 수평면과의 적정한 각도는?

① 10°~20° ② 20°~30°
③ 30°~40° ④ 40°~45°

해설 낙하물방지망 또는 방호선반 설치시 준수사항
1) 설치 높이는 10m 이내마다 설치하고, 내민 길이는 벽면으로부터 2m 이상으로 할 것
2) 수평면과의 각도는 20°내지 30°를 유지할 것

119 건설작업장에서 재해예방을 위해 작업조건에 따라 근로자에게 지급하고 착용하도록 하여야 할 보호구로 옳지 않은 것은?

① 물체가 떨어지거나 날아올 위험 또는 근로자가 추락할 위험이 있는 작업 : 안전모
② 높이 또는 깊이 2m 이상의 추락할 위험이 있는 장소에서 하는 작업 : 안전대
③ 용접 시 불꽃이나 물체가 흩날릴 위험이 있는 작업 : 보안경
④ 물체의 낙하 . 충격, 물체에의 끼임, 감전 또는 정전기의 대전에 의한 위험이 있는 작업 : 안전화

해설 ③항, 용접시 불꽃이나 물체가 흩날릴 위험이 있는 작업 : 보안면

120 콘크리트 타설작업을 하는 경우 안전대책으로 옳지 않은 것은?

① 당일의 작업을 시작하기 전에 해당 작업에 관한 거푸집동바리등의 변형 . 변위 및 지반의 침하 유무 등을 점검하고 이상이 있으면 보수할 것
② 작업 중에는 거푸집동바리등의 변형 . 변위 및 침하 유무 등을 감시할 수 있는 감시자를 배치하여 이상이 있으면 작업을 중지하고 근로자를 대피시킬 것
③ 설계도서상의 콘크리트 양생기간을 준수하여 거푸집동바리등을 해체할 것
④ 슬래브의 경우 한쪽부터 순차적으로 콘크리트를 타설하는 등 편심을 유발하여 빠른 시간 내 타설이 완료되도록 할 것

해설 콘크리트의 타설작업시 준수해야 할 사항
1) 당일의 작업을 시작하기 전에 당해 작업에 관한 거푸집동바리 등의 변형·변위 및 지반의 침하유무 등을 점검하고 이상을 발견한 때에는 이를 보수할 것
2) 작업 중에는 거푸집 동바리 등의 변형·변위 및 침하유무 등을 감시할 수 있는 감시자를 배치하여 이상을 발견한 때에는 작업을 중지시키고 근로자를 대피시킬 것
3) 콘크리트의 타설 작업시 거푸집 붕괴의 위험이 발생할 우려가 있는 때에는 충분한 보강 조치를 할 것
4) 설계 도서상의 콘크리트 양생기간을 준수하여 거푸집동바리 등을 해체할 것
5) 콘크리트를 타설하는 경우에는 편심이 발생하지 않도록 골고루 분산하여 타설할 것

■ 정답 ■ 118.② 119.③ 120.④

제1과목 / 산업안전관리론

01 위험예지훈련에 대한 설명으로 옳지 않은 것은?

① 직장이나 작업의 상황 속 잠재 위험요인을 도출한다.
② 행동하기에 앞서 위험요소를 예측하는 것을 습관화하는 훈련이다.
③ 위험의 포인트나 중점실시 사항을 지적확인한다.
④ 직장 내에서 최대 인원의 단위로 토의하고 생각하며 이해한다.

해설 ④항, 직장내에서 최소 인원(5~7명 정도)의 단위로 토의하고 생각하며 이해한다.

02 근로자수가 400명, 주당 45시간씩 연간 50주를 근무하였고, 연간재해건수는 210으로 근로손실일수가 800일이었다. 이 사업장의 강도율은 약 얼마인가?(단, 근로자의 출근율은 95%로 계산한다.)

① 0.42
② 0.52
③ 0.88
④ 0.94

해설 강도율 $= \dfrac{\text{근로손실일수}}{\text{연근로시간수}} \times 100$

$= \dfrac{800}{400 \times 45 \times 50 \times 0.95} \times 1000 = 0.94$

03 산업안전보건법령상 건설업의 도급인 사업주가 작업장을 순회점검하여야 하는 주기로 올바른 것은?

① 1일에 1회 이상
② 2일에 1회 이상
③ 3일에 1회 이상
④ 7일에 1회 이상

해설 순회점검 주기(시행규칙 제30즈 제1항)

항목	주기
1) 건설업 2) 제조업 3) 토사석 광업 4) 서적, 잡지 및 기타 인쇄물 출판업 5) 음악 및 기타 오디오물 출판업 6) 금속 및 비금속 원료 재생업	2일에 1회 이상
·상기 사업을 제외한 사업의 경우	1주일에 1회 이상

04 산업안전보건법령상 담배를 피워서는 안 될 장소에 사용되는 금연 표지에 해당하는 것은?

① 지시표지
② 경고표지
③ 금지표지
④ 안내표지

해설 금지표지 종류 및 색채

종류	색채
① 출입금지 ② 보행금지 ③ 차량통행금지 ④ 사용금지 ⑤ 탑승금지 ⑥ 금연 ⑦ 화기금지 ⑧ 물체이동금지	·바탕은 흰색 ·기본고형은 빨간색 ·관련부호 및 그림은 검은색

■ 정답 ■ 01.④ 02.④ 03.② 04.③

05 시설물의 안전관리에 관한 특별법령에 제시된 등급별 정기안전점검의 실시 시기로 옳지 않은 것은?

① A등급인 경우 반기에 1회 이상이다.
② B등급인 경우 반기에 1회 이상이다.
③ C등급인 경우 1년에 3회 이상이다.
④ D등급인 경우 1년에 3회 이상이다.

해설 1) 안전등급별 정기안전점검 실시시기

안전등급	실시시기
A, B, C 등급	반기에 1회 이상
D, E 등급	해빙기, 우기, 동절기 등 1년에 3회 이상

2) 안전등급별 정밀점검 및 정밀안전진단의 실시 주기

안전 등급	정밀점검		정밀안전진단
	건축물	그외시설물	
A등급	4년에 1회 이상	3년에 1회 이상	6년에 1회 이상
B,C등급	3년에 1회 이상	2년에 1회 이상	5년에 1회 이상
D,E등급	2년에 1회 이상	1년에 1회 이상	4년에 1회 이상

06 다음 중 안전관리의 근본이념에 있어 그 목적으로 볼 수 없는 것은?

① 사용자의 수용도 향상
② 기업의 경제적 손실 예방
③ 생산성 향상 및 품질 향상
④ 사회복지의 증진

해설 산업안전의 이념(안전관리의 효과)
1) 인간존중 : 안전제일 이념
2) 생산성 향상 및 품질향상 : 안전태도 개선 및 손실예방
3) 기업의 경제적 손실예방 : 재해로 인한 인적 · 재산손실예방
4) 대외여론 개선으로 신뢰성 향상 : 노사협력의 경영태세 완성
5) 사회복지증진 : 경제성 향상

07 산업안전보건법령상 내전압용절연장갑의 성능기준에 있어 절연장갑의 등급과 최대사용전압이 옳게 연결된 것은?(단, 전압은 교류로 실효값을 의미한다.)

① 00등급 : 500V
② 0등급 : 1500V
③ 1등급 : 11250V
④ 2등급 : 25500V

해설 절연장갑의 등급별 최대사용전압 및 색상

등급	최대사용전압		색상
	교류 (V.실효값)	직류(V)	
00	500	750	갈색
0	100	1500	빨강색
1	7500	11250	흰색
2	17000	25500	노랑색
3	26500	39750	녹색
4	36000	54000	등색

08 다음 설명에 가장 적합한 조직의 형태는?

· 과제중심의 조직
· 특정과제를 수행하기 위해 필요한 자원과 재능을 여러 부서로부터 임시로 집중시켜 문제를 해결하고, 완료 후 다시 본래의 부서로 복귀하는 형태
· 시간적 유한성을 가진 일시적이고 잠정적인 조직

① 스탭(staff)형 조직
② 라인(Line)식 조직
③ 기능(Functional)식 조직
④ 프로젝트(Project) 조직

해설 프로젝트 조직(project organization)
1) 특정한 사업목표를 달성하기 위해 임시적으로 조직 내의 인적 및 물적 자원을 결합하는 조직형태이다.
2) 프로젝트 조직은 해산을 전제로 하여 임시로 편성된 일시적 조직이다.

09 다음 중 재해조사를 할 때의 유의사항으로 가장 적절한 것은?

① 재발방지 목적보다 책임 소재 파악을 우선으로 하는 기본적 태도를 갖는다.
② 목격자 등이 증언하는 사실 이외의 추측하는 말도 신뢰성있게 받아들인다.
③ 2차 재해예방과 위험성에 대한 보호구를 착용한다.
④ 조사자의 전문성을 고려하여 단독으로 조사하며, 사고 정황을 주관적으로 추정한다.

해설 재해조사의 목적 및 재해조사시 유의사항
1) **재해조사의 목적** : 동종재해 및 유사재해의 재발방지
2) **재해조사시 유의사항**
① 사실을 수집한다(이유는 뒤에 확인)
② 목격자 등이 증언하는 사실 이외의 추측의 말은 참고로만 한다.
③ 조사는 신속히 행하고 긴급 조치하여 2차 재해의 방지를 도모한다.
④ 사람, 기계설비 양면의 재해요인을 모두 도출한다.
⑤ 객관적인 입장에서 공정하게 조사하며, 조사는 2인 이상이 한다.
⑥ 책임추궁보다 재발방지를 우선하는 기본 태도를 갖는다.
⑦ 피해자에 대한 구급조치를 우선한다.

10 산업안전보건법렵상 사업주가 안전관리자를 선임한 경우, 선임한 날부터 며칠 이내에 고용노동부장관에게 증명할 수 있는 서류를 제출하여야 하는가?

① 7일   ② 14일
③ 30일   ④ 60일

해설 안전관리자의 책임(시행령 제12조) : 사업주는 안전관리자를 선임하거나 안전관리자의 업무를 안전관리전문기관에 위탁한 경우에는 고용노동부령으로 정하는 바에 따라 선임하거나 위탁한 날부터 14일 이내에 고용노동부장관에게 증명할 서류를 제출하여야 한다.

11 재해손실비 평가방식 중 시몬즈(Simonds) 방식에서 재해의 종류에 관한 설명으로 옳지 않은 것은?

① 무상해사고는 의료조치를 필요르 하지 않은 상해사고를 말한다.
② 휴업상해는 영구 일부 노동불능 및 일시 전 노동 불능 상해를 말한다.
③ 응급조치상해는 응급조치 또는 8시간 이상의 휴업의료 조치 상해를 말한다.
④ 통원상해는 일시 일부 노동불능 및 의사의 통원 조치를 요하는 상해를 말한다.

해설 시몬즈 방식에 따른 재해의 종류
1) **휴업상해** : 영구 일부 노동 쿨능 및 일시 전 노동 불능
2) **통원상해** : 일시 일부 노동 불능 및 의사의 통원조치를 필요로 한 상하
3) **응급조치상해** : 응급조치 상해 또는 8시간미만 휴업 의료조치 상해
4) **무상해 사고** : 의료조치를 필요로 하지 않는 상해사고 및 20달러 이상 재산손실 또는 8시간 이상 손실을 발생한 사그

12 산업안전보건법령상 안전보건관리규정에 포함해야할 내용이 아닌 것은?

① 안전보건교육에 관한 사항
② 사고조사 및 대책수립에 관한- 사항
③ 안전보건관리 조직과 그 직무에 관한 사항
④ 산업재해보상보험에 관한 사항

해설 법상의 안전 · 보건관리규정에 포함시켜야 할 사항
1) 안전보건관리조직과 그 직무에 관한 사항
2) 안전보건교육에 관한 사항
3) 작업장 안전관리에 관한 사항
4) 작업장 보건관리에 관한 사항
5) 사고조사 및 대책수립에 관한 사항
6) 그밖에 안전보건에 관한 사항

■ 정답 ■   09.③   10.②   11.③   12.④

13 다음에 설명하는 무재해운동 추진기법으로 옳은 것은?

> 작업현장에서 그때 그 장소의 상황에 즉응하여 실시하는 위험예지활동으로서 즉시즉응법이라고도 한다.

① TBM(Tool Box Meeting)
② 삼각 위험예지훈련
③ 자문자답카드 위험예지훈련
④ 터치 앤드 콜(Touch and Call)

해설 TMB(tool box meeting) : 5~7명 정도의 인원이 직장, 현장, 공구상자 등의 근처에서 작업시작 전 5~15분, 작업 종료 시 3~5분 정도의 짧은 시간동안에 행하는 미팅을 말한다.

14 통계적 재해원인분석방법 중 특성과 요인관계를 도표로 하여 어골상으로 세분화한 것으로 옳은 것은?

① 관리도
② cross도
③ 특성요인도
④ 파레토(Pareto)도

해설 통계적 원인 분석 방법
1) **파렛토도** : 분류 항목을 큰 순서대로 도표화한 분석법
2) **특성 요인도** : 특성과 요인관계를 도표로하여 어골상으로 세분화한 분석법
3) **클로즈(Close)분석** : 데이터(data)를 집계하고 표로 표시하여 요인별 결과 내역을 교차한 클로즈 그림을 작성하여 분석하는 방법
4) **관리도** : 재해발생 건수 등의 추이를 파악하여 목표관리를 행하는데 필요한 월별 재해발생수를 그래프화하여 관리선을 설정관리하는 방법

15 재해의 원인 중 물적 원인(불안전한 상태)에 해당하지 않는 것은?

① 보호구 미착용
② 방호장치의 결함
③ 조명 및 환기불량
④ 불량한 정리 정돈

해설 보호구 미착용 : 불안전한 행동

16 산업안전보건법령상 자율안전확인대상 기계·기구 등에 포함되지 않는 것은?

① 곤돌라
② 연삭기
③ 컨베이어
④ 자동차정비용 리프트

해설 안전인증대상 및 자율안정확인대상 기계·기구

안전인증대상 기계·기구	자율안전확인대상 기계·기구
1) 프레스 2) 전단기 3) 크레인 4) 리프트 5) 압력용기 6) 롤러기 7) 사출성형기 8) 고소작업대 9) 곤돌라	1) 연삭기 또는 연마가(휴대형은 제외) 2) 산업용 로봇 3) 혼합기 4) 파쇄기 또는 분쇄기 5) 식품가공용 기계(파쇄·절단·혼합·제면기만 해당) 6) 컨베이어 7) 자동차정비용 리프트 8) 공작기계(선반, 드릴기, 평삭·형삭기, 밀링만 해당) 9) 고정형 목재가공기계(둥근톱, 대패, 루타기, 띠톱, 모떼기, 기계만 해당) 10) 인쇄기

17 산업안전보건법령에 따른 안전검사 대상 유해·위험기계등에 포함되지 않는 것은?

① 리프트
② 전단기
③ 압력용기
④ 밀폐형 구조 롤러기

■ 정답 ■ 13.① 14.③ 15.① 16.① 17.④

해설 안전검사대상 유해 · 위험기계 · 설비 등(시행령 제28조의 3)
1) 프레스
2) 전단기
3) 크레인(이동식 크레인과 정격하중 2톤 미만인 호이스트는 제외)
4) 리프트
5) 압력용기
6) 곤돌라
7) 국소배기장치(이동식은 제외)
8) 원심기(산업용에 한정)
9) 롤러기(밀폐형 구조는 제외)
10) 사출성형기 [형 체결력 294 킬로뉴턴(kN) 미만은 제외]
11) 고소작업대(화물자동차 또는 특수자동차에 탑재한 고소작업대로 한정)
12) 컨베이어
13) 산업용 로봇

18 산업안전보건법령상 양중기의 종류에 포함되지 않는 것은?

① 곤돌라
② 호이스트
③ 컨베이어
④ 이동식 크레인

해설 양중기의 종류
1) 크레인(호이스트 포함)
2) 이동식 크레인
3) 리프트(이삿짐운반용 리프트의 경우 적재하중이 0.1ton 이상인 것)
4) 곤돌라
5) 승강기

19 산업안전보건법령상 공사 금액이 얼마 이상인 건설업 사업장에서 산업안전보건위원회를 설치 · 운영하여야 하는가?

① 80억원
② 120억원
③ 250억원
④ 700억원

해설 산업안전보건위원회를 설치 · 운영해야 할 사업의 종류 및 규모(시행령 별표 6의 2)

사업의 종류	규모
1. 토사석 광업 2. 목재 및 나무제품 제조업 : 가구제외 3. 화학물질 및 화학제품 제조업 : 의약품 제외(세제, 화장품 및 광택제제조과 화학섬유 제조업은 제외) 4. 비금속 광물제품 제조업 5. 1차 금속 제조업 6. 금속가공제품 제조업 : 기계 및 기구는 제외 7. 자동차 및 트레일러 제조업 8. 기타 기계 및 장비 제조업(사무용 기계 및 장비 제조업은 제외) 9. 기타 운송장비 제조업(전투용 차량 제조업은 제외)	상시근로자 50명 이상
10. 농업 11. 어업 12. 소프트웨어 개발 및 공급업 13. 컴퓨터 프로그래밍 시스템 통합 및 관리업 14. 정보서비스업 15. 금융 및 보험업 16. 임대업 : 부동산 제외 17. 전문 과학 및 기술 서비스업(연구개발업은 제외) 18. 사외지원 서비스업 19. 사회복지 서비스업	상시근로자 300명 이상
20. 건설업	공사금액 120억원 이상(토목공사업에 해당하는 공사의 경우에는 150억원 이상)
21. 제1호부터 제20호까지 사업을 제외한 사업장	상시근로자 100명 이상

20 사고예방대책의 기본원리 5단계 중 제2단계인 사실의 발견에 관한 사항으로 옳지 않은 것은?

① 사고조사
② 안전회의 및 토의
③ 교육과 훈련의 분석
④ 사고 및 안전활동기록의 검토

해설 사고 예방대책의 기본원리(사고방지원리의 단계)

단계별과정		내용
1 단계	조직	① 경영층의 참여 ② 안전 관리자의 임명 ③ 안전의 라인 및 참모 조직 구성 ④ 안전활동 방침 및 계획수립 ⑤ 조직을 통한 안전활동
2 단계	사실의 발견	① 사고 및 안전활동 기록 검토 ② 작업분석 ③ 안전점검 및 안전진단 ④ 사고조사 ⑤ 안전회의 및 토의 ⑥ 근로자의 제안 및 여론조사 ⑦ 관찰 및 보고서의 연구 등을 통하여 불안전요소 발견
3 단계	분석평가	① 사고보고서 및 현장조사 ② 사고기록 및 인적 물적 조건의 분석 ③ 작업공정 분석 ④ 교육 훈련 분석 등을 통하여 사고의 직접원인 및 간접원인을 규명
4 단계	시정방법의 선정	① 기술적 개선 ② 인사조정(배치조정) ③ 교육 훈련의 개선 ④ 안전행정의 개선 ⑤ 규정 및 수칙 작업표준 제도의 개선 ⑥ 확인 및 통제체제 개선
5 단계	시정책의 적용 (3E 적용)	① 기술적(engineering)대책 ② 교육적(education)대책 ③ 단속적(enforcement)대책

제2과목 / 산업심리 및 교육

21 생활하고 있는 현실적인 장면에서 당면하는 여러 문제들에 대해 해결방안을 찾아내는 것으로 지식, 기능, 태도, 기술 등을 종합적으로 획득하도록 하는 학습방법으로 옳은 것은?

① 롤 플레잉(Role Playing)
② 문제법(Problem Method)
③ 버즈 세션(Buzz Session)
④ 케이스 메소드(Case Method)

해설 ② 문제법 : 본문설명

22 리더의 기능수행과 리더로서의 지위 획득 및 유지가 리더 개인의 성격이나 자질에 의존한다는 리더십 이론은?

① 행동이론 ② 상황이론
③ 관리이론 ④ 특성이론

해설 (1) 리더십 이론(리더십 연구의 접근방법)
　1) 특성이론(특성접근법)
　　① 리더의 기능수행은 리더 개인의 특별한 성격과 자질에 좌우된다는 이론이다.
　　② 특성이론은 리더십에서 개인적 특성만 강조할 뿐 상황이나 환경은 고려하지 않는다.
　2) 상황이론(상황접근법)
　　① 리더의 특성보다는 리더십이 발휘되는 상황에 맞추는 이론이다.
　　② 상황이론에서는 상황에 따른 리더와 구성원 간의 역동적인 상호작용을 중요시한다.
　3) 행동이론(행동접근법)
　　① 리더가 취하는 행동에 초점을 맞추는 이론이다.
　　② 리더십은 교육훈련에 의해서 향상되므로 좋은 리더는 육성될 수 있다는 리더십 이론이다.

---

4) **제한적 특성이론(제한적 특성 접근법)**
　① 부분적으로 리더의 특성, 구성원의 특성 등이 상호작용 과정에서 리더십 형성에 영향을 준다는 이론이다.
　② 구성원들이 수동적이고 교육수준이 낮으면 권위주의적 리더십을 선호하고, 구성원들이 자율적·능동적이면 민주주의적 리더십을 선호한다.

23 교육훈련을 통하여 기업의 차원에서 기대할 수 있는 효과로 옳지 않은 것은?

① 리더십과 의사소통기술이 향상된다.
② 작업시간이 단축되어 노동비용이 감소된다.
③ 인적자원의 관리비용이 증대되는 경향이 있다.
④ 직무만족과 직무충실화로 인하여 직무태도가 개선된다.

해설 ③항, 인적자원의 관리비용이 감소되는 경향이 있다.

24 직무분석을 위한 자료수집 방법에 관한 설명으로 맞는 것은?

① 관찰법은 직무의 시작에서 종료까지 많은 시간이 소요되는 직무에 적용하기 쉽다.
② 면접법은 자료의 수집에 많은 시간과 노력이 들고, 수량화된 정보를 얻기가 힘들다.
③ 중요사건법은 일상적인 수행에 관한 정보를 수집하므로 해당 직무에 대한 포괄적인 정보를 얻을 수 있다.
④ 설문지법은 많은 사람들로부터 짧은 시간 내에 정보를 얻을 수 있으며, 양적인 자료보다 질적인 자료를 얻을 수 있다.

해설 직무분석을 위한 자료수집방법
1) **관찰법** : 직무의 시작에서 종료까지 많은 시간이 소요되는 직무에는 적용이 곤란하다.
2) **면접법** : 자료의 수집에 많은 시간과 노력이 들고 수량화된 정보를 얻는데 적합하지 않다.

3) **중요사건법** : 일상적인 수항에 관한 정보를 수집하므로 해당 직무에 대한 포괄적인 정보를 얻을 수 없다.
4) **설문지법** : 많은 사람들로부터 짧은 시간내에 정보를 얻을 수 있으며 질적인 자료보다 양적인 정보를 얻는데 적합하다.

25 교재의 선택기준으로 옳지 않은 것은?

① 정적이며 보수적이어야 한다.
② 사회성과 시대성에 걸맞은 것이어야 한다.
③ 설정된 교육목적을 달성할 수 있는 것이어야 한다.
④ 교육대상에 따라 흥미, 필요, 능력 등에 적합해야 한다.

해설 교재의 선택기준
1) 사회성과 시대성에 적합할 것
2) 설정된 교육목적을 달성할 수 있을 것
3) 교육대상에 따라 흥미, 필요, 능력 등에 적합할 것

26 안전교육방법 중 수업의 도입이나 초기단계에 적용하며, 많은 인원에 대하여 단시간에 많은 내용을 동시 교육하는 경우에 사용되는 방법으로 가장 적절한 것은?

① 시범　　　　　② 반복법
③ 토의법　　　　④ 강의법

해설 강의법의 특성
1) 수업의 도입이나 초기단계에 적용한다.
2) 안전의식 제고가 용이하다.
3) 많은 인원에 대하여 단시간에 광범위한 내용을 동시에 교육시킬 수 있다.
4) 이해도 측정이 곤란하다.
5) 교사학습방법에 따라 차이가 있을 수 있다.

27 합리화의 유형 중 자기의 실패나 결함을 다른 대상에게 책임을 전가시키는 유형으로, 자신의 잘못에 대해 조상 탓을 하거나 축구 선수가 공을 잘못 찬 후 신발 탓을 하는 등에 해당하는 것은?

① 망상형 ② 신포도형
③ 투사형 ④ 달콤한 레몬형

해설 1) **망상형** : 축구선수가 꿈인 학생이 감독선생이 실력을 인정해 주지 않는 것을 자신이 훌륭한 감독이 되는 것을 감독선생이 두려워서 자신을 인정하지 않는다고 생각하는 지나친 합리화의 한 형태
　　　2) **신포도형** : 목표달성 실패시에 자신은 처음부터 원하지 않은 일이라고 변명하는 합리화의 형태
　　　3) **투사** : 받아들일 수 없는 충동이나 욕망, 실패 등을 타인의 탓으로 돌리는 행위
　　　4) **달콤한 레몬형** : "이것이야말로 내가 원하는 것"이라고 변명하는 등 현재의 상태를 과시하는 행위

28 실제로는 움직임이 없으나 시각적으로 움직임이 있는 것처럼 느끼는 심리적 현상으로 옳은 것은?

① 잔상 효과 ② 가현 운동
③ 후광 효과 ④ 기하학적 착시

해설 **가현운동** : 객관적으로 정지하고 있는 대상물이 급속히 나타나든가 소멸하는 것으로 인하여 일어나는 운동으로 마치 대상물이 운동하는 것처럼 인식되는 현상을 말한다(β운동 : 영화 영상의 방법)

29 인간의 경계(vigilance)현상에 영향을 미치는 조건의 설명으로 가장 거리가 먼 것은?

① 작업시간 직후의 검출율이 가장 낮다.
② 오래 지속되는 신호는 검출율이 높다.
③ 발생빈도가 높은 신호는 검출율이 높다.
④ 불규칙적인 신호에 대한 검출율이 낮다.

해설 ①항, 작업시작 직후의 검출율이 가장 높다

30 아담스(Adams)의 형평이론(공평성)에 대한 설명으로 틀린 것은?

① 성과(outcome)란 급여, 지위, 인정 및 기타 부가 보상 등을 의미한다.
② 투입(input)이란 일반적인 자격, 교육수준, 노력 등을 의미한다.
③ 작업동기는 자신의 투입대비 성과결과만으로 비교한다.
④ 지각에 기초한 이론이므로 자기 자신을 지각하고 있는 사람을 개인(person)이라 한다.

해설 **아담스(Adams)의 형평(공정성이론)** : 직무에 있어서 한 개인의투입(input)에 대한 성과(산출 ; outcome)의 비율이 다른 사람과 일치할 때 공정성이 존재하고 불일치할 때 불공정성이 존재한다는 이론이다.

31 집단 간의 갈등 요인으로 옳지 않은 것은?

① 욕구 좌절
② 제한된 자원
③ 집단간의 목표 차이
④ 동일한 사안을 바라보는 집단 간의 인식 차이

해설 **집단 간의 갈등요인**
　　　1) 제한된 자원
　　　2) 집단간의 목표차이
　　　3) 동일한 사안을 바라보는 집단간의 인식차이

32 스텝 테스트, 슈나이더 테스트는 어떠한 방법의 피로 판정 검사인가?

① 타액검사 ② 반사검사
③ 전신적 관찰 ④ 심폐검사

■정답■ 27.③ 28.② 29.① 30.③ 31.① 32.④

33 조직 구성원의 태도는 조직성과와 밀접한 관계가 있다. 태도(attitude)의 3가지 구성 요소에 포함되지 않는 것은?

① 인지적 요소　② 정서적 요소
③ 행동경향 요소　④ 성격적 요소

해설 태도(attitude)의 3가지 구성요소
　1) 인지적 요소
　2) 정서적 요소
　3) 행동경향 요소

34 인간 부주의 발생원인 중 외적 조건에 해당하지 않는 것은?

① 작업조건 불량
② 작업순서 부적당
③ 경험 부족 및 미숙련
④ 환경조건 불량

해설 부주의 발생원인 및 대책
　1) 외적 원인 및 대책
　　① 작업, 환경조건 불량 : 환경 정비
　　② 작업 순서의 부적당 : 작업순서 변경
　2) 내적 조건 및 대책
　　① 소질적 조건 : 적성 배치
　　② 의식의 우회 : 상담

35 작업 환경에서 물리적인 작업조건보다는 근로자의 심리적인 태도 및 감정이 직무수행에 큰 영향을 미친다는 결과를 밝혀낸 대표적인 연구로 옳은 것은?

① 호손 연구
② 플래시보 연구
③ 스키너 연구
④ 시간 - 동작 연구

해설 호오도온(Hawthorne)실험
　1) 실험연구자 : 메이오(Mayo)와 레슬리스버거(Roethlisberger)
　2) 실험결론 : 작업자의 작업능률(생산성향상)

은 물리적인 작업조건보다는 인간의 심리적인 태도, 감정을 규제하고 있는 인간관계의 요인에 의해서 좌우된다.

36 안전 교육 시 강의안의 작성 원칙에 해당되지 않는 것은?

① 구체적　② 논리적
③ 실용적　④ 추상적

해설 안전교육 시 강의안의 작성원칙
　1) 구체적　2) 논리적　3) 실용적

37 심리검사 종류에 관한 설명으로 맞는 것은?

① 성격 검사 : 인지능력이 직무수행을 얼마나 예측하는지 측정한다.
② 신체능력 검사 : 근력, 순발력, 전반적인 신체 조정능력, 체력 등을 측정한다.
③ 기계적성 검사 : 기계를 다루는데 있어 예민성, 색채 시각, 청각적 예민성을 측정한다.
④ 지능 검사 : 제시된 진술문서 대하여 어느 정도 동의하는지에 관해 응답하고, 이를 척도점수로 측정한다.

해설 심리검사의 종류
　1) 성격검사 : 응시자의 기질적, 정서적 특성을 측정한 자
　2) 신체능력검사 : 근력, 순발력, 전반적인 신체 조정능력, 체력등을 측정한다.
　3) 기계적성검사 : 손과 팔의 슴씨, 공간시각능력, 기계적이해능력 등을 측정한다.
　4) 지능검사 : 추상적인 사고능력, 문제해결능력, 복합적 개념에 대한 이해능력, 새로운 내용을 학습하는 능력 등을 측정한다.

■ 정답 ■　33.④　34.③　35.①　36.④　37.②

38 산업안전보건법령상 산업안전·보건 관련 교육과정별 교육시간 중 교육대상별 교육시간이 맞게 연결된 것은?

① 일용근로자의 채용 시 교육 : 2시간 이상
② 일용근로자의 작업내용 변경 시 교육 : 1시간 이상
③ 사무직 종사 근로자의 정기교육 :매분기 2시간 이상
④ 관리감독자의 지위에 있는 사람의 정기교육 : 연간 6시간 이상

해설 산업 내 안전보건교육(시행규칙 별표8)

교육과정	교육대상	교육시간
1. 정기교육	1) 사무직·판매직 근로자	매반기 6시간 이상
	2) 사무직·판매직 근로자 외의 근로자	매반기 12시간 이상
2. 채용시 교육	1) 일용직 근로자 및 근로계약기간이 1주일 이하인 기간제 근로자	1시간 이상
	2) 근로계약기간이 1주일 초과 1개월 이하인 기간제 근로자	4시간 이상
	3) 그 밖에 근로자	8시간 이상
3. 작업내용 변경시 교육	1) 일용근로자 및 근로계약기간에 1주일 이하인 기간제 근로자	1시간 이상
	2) 그 밖에 근로자	2시간 이상
4. 특별교육	1) 특별교육대상 작업에 종사하는 일용근로자 및 근로계약기간이 1주일 이하인 기간제 근로자	2시간 이상
	2) 특별교육대상 작업중 타워크레인 신호작업에 종사하는 일용근로자 및 근로계약기간이 1주일 이하인 기간제 근로자	8시간 이상
	3) 특별교육대상 작업에 종사하는 일용근로자 및 근로계약기간이 1주일 이하인 기간제 근로자를 제외한 근로자	• 16시간 이상(최초 작업에 종사하기 전 4시간 이상 실시하고 12시간은 3개월 이내에서 분할하여 실시 가능) • 단기간 작업, 간헐적 작업인 경우 2시간 이상
5. 건설업 기초 안전·보건 교육	건설일용근로자	4시간 이상

39 안전교육의 3단계 중, 현장실습을 통한 경험체득과 이해를 목적으로 하는 단계는?

① 안전지식교육 ② 안전기능교육
③ 안전태도교육 ④ 안전의식교육

해설 안전교육의 3단계
1) **지식교육(제1단계)** : 강의, 시청각교육을 통한 지식의 전달과 이해
2) **기능교육(제2단계)** : 시범, 견학, 실습, 현장실습교육을 통한 경험체득과 이해
3) **태도교육(제3단계)** : 작업동작지도, 생활지도 등을 통한 안전의 습관화

40 S-R이론 중에서 긍정적 강화, 부정적 강화 처벌 등이 이론의 원리에 속하며, 사람들이 바람직한 경과를 이끌어 내기 위해 단지 어떤 자극에 대해 수동적으로 반응하는 것이 아니라 환경상의 어떤 능동적인 행위를 한다는 이론으로 옳은 것은?

① 파블로프(Pavlov)의 조건반사설
② 손다이크(Thornedike)의 시행착오설
③ 스키너(Skinner)의 조작적 조건화설
④ 구쓰리에(Guthrie)의 접근적 조건화설

해설 **스키너(skinner)의 조작적 조건화설** : 인간은 능동적·수의적 존재이기 때문에 자극에만 수동적으로 반응하는 것이 아니고 스스로 어떠한 행동을 존재이며 학습은 이러한 행동에 대한 강화를 받았기 때문에 발생한다는 것을 말한다.

제3목 / 인간공학 및 시스템안전공학

41 FMEA의 장점이라 할 수 있는 것은?

① 분석방법에 대한 논리적 배경이 강하다.
② 물적, 인적요소 모두가 분석대상이 된다.
③ 서식이 가능하고 비교적 적은 노력으로 분석이 가능하다.
④ 두 가지 이상의 요소가 동시에 고장 나는 경우에도 분석이 용이하다.

해설 FMEA의 장점 및 단점
1) **장점** : 서식이 간단하고 비교적 적은 노력으로 특별한 훈련 없이 분석을 할 수 있다.
2) **단점** : 논리성이 부족하고, 특히 각 요소 간의 영향을 분석하기 어렵기 때문에 동시에 두 가지 이상의 요소가 고장 날 경우에 분석이 곤란하며, 또한 요소가 물체로 한정되어 있기 때문에 인적 원인을 분석하는 데 곤란하다.

42 염산을 취급하는 A업체에서는 신설 설비에 관한 안전성 평가를 실시해야 한다. 정성적 평가단계의 주요 진단 항목에 해당하는 것은?

① 공장 내의 배치
② 제조공정의 개요
③ 재평가 방법 및 계획
④ 안전·보건교육 훈련계획

해설 정성적 평가(제2단계) 주요 진단항목

1. 설계 관계	2. 운전 관계
① 입지 조건	① 원재료, 중간체제품
② 공장 내 배치	② 공정
③ 건조물	③ 수송, 저장 등
④ 소방 설비	④ 공정기기

43 시스템 수명주기 단계 중 마지막 단계인 것은?

① 구상단계
② 개발단계
③ 운전단계
④ 생산단계

해설 시스템의 수명주기 단계
1) 1단계 : 구상단계
2) 2단계 : 정의단계
3) 3단계 : 개발단계
4) 4단계 : 생산단계
5) 5단계 : 운전단계

44 인체계측자료의 응용원칙 중 조절 범위에서 수용하는 통상의 범위는 얼마인가?

① 5~95%tile
② 20~80%tile
③ 30~70%tile
④ 40~60%tile

해설 인체계측자료의 응용원칙 중 조절식 설계
1) 조절식 설계(가변적 설계) : 신체치수가 다른 여러 사람에게 맞도록 조절식으로 설계하는 원칙이다.
2) 모집단 특성치의 5% 값에서 95%의 값 (90%범위)을 사용한다.

45 의도는 올바른 것이었지만, 행동이 의도한 것과는 다르게 나타나는 오류를 무엇이라 하는가?

① Slip
② Mistake
③ Lapse
④ Violation

해설 인간의 오류모형
1) 실수(slip)
  ① 의도는 올바른 것이었지만 반응의 실행이 올바른 것이 아닌 경우를 실수라 한다.
  ② 실수는 주의력이 부족한 상태에서 발생하는 에러이다.
2) 착오(mistake)
  ① 부적합한 의도를 가지고 행동으로 옮긴 경우를 착오라 한다.

■정답 ■ 41.③ 42.① 43.③ 44.① 45.①

② 착오는 주관적인 인식과 객관적 실재가 일치하지 않는 것을 의미한다.

3) 건망증(lapse) : 단기기억의 한계로 이해 기억을 잊어서 해야 할 일을 못해 발생하는 에러이다.

4) 위반(고의사고 ; violation) : 작업수행 과정 중에 일부러 나쁜 의도를 가지고 발생시키는 에러를 말한다.

46 산업안전보건법령에 따라 제조업 중 유해·위험방지계획서 제출대상 사업의 사업주가 유해·위험방지계획서를 제출하고자 할 때 첨부하여야 하는 서류에 해당하지 않는 것은?(단, 기타 고용노동부장관이 정하는 도면 및 서류 등은 제외한다.)

① 공사개요서
② 기계·설비의 배치도면
③ 기계·설비의 개요를 나타내는 서류
④ 원재료 및 제품의 취급, 제조 등의 작업방법의 개요

해설 제조업 등 유해위험방지계획서 제출시 첨부서류 (시행규칙 제121조)
1) 건축물 각 층의 평면도
2) 기계·설비의 개요를 나타내는 서류
3) 기계·설비의 배치도면
4) 원재료 및 제품의 취급, 제조 등의 작업방법의 개요
5) 그 밖에 고용노동부장관이 정하는 도면 및 서류

47 동작 경제 원칙에 해당하지 않는 것은?

① 신체사용에 관한 원칙
② 작업장 배치에 관한 원칙
③ 사용자 요구 조건에 관한 원칙
④ 공구 및 설비 디자인에 관한 원칙

해설 동작경제의 원칙
1) 신체사용에 관한 원칙
2) 작업장 배치에 관한 원칙
3) 공구 및 설비의 설계에 관한 원칙

48 인간 – 기계시스템의 설계를 6단계로 구분할 때, 첫 번째 단계에서 시행하는 것은?

① 기본설계
② 시스템의 정의
③ 인터페이스 설계
④ 시스템의 목표와 성능명세 결정

해설 인간·기계시스템의 설계과정(단계)
1) 1단계 : 목표 및 성능명세 결정
2) 2단계 : 시스템의 정의
3) 3단계 : 기본설계
4) 4단계 : 인터페이스(interface)설계
5) 5단계 : 촉진물 설계
6) 6단계 : 검사와 평가

49 FT도에 사용되는 다음 게이트의 명칭은?

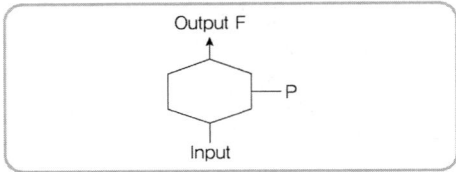

① 부정 게이트
② 억제 게이트
③ 배타적 OR 게이트
④ 우선적 AND 게이트

해설 억제게이트(inhibit gate) : 수정기호(modifier)의 일정으로서 억제 모디파이어(imgibit modifier)라고 하며, 실질적으로 수정기호를 병용해서 게이트의 역할을 한다.
1) 입력사상이 일어난 조건이 만족되어야 출력사상이 생긴다.(조건이 만적되지 않으면 출력은 생기지 않는다.)
2) 조건은 수정기호안에 쓴다.

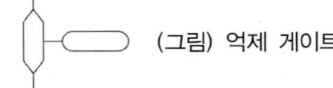

(그림) 억제 게이트

50 FTA에서 시스템의 기능을 살리는데 필요한 최소 요인의 집합을 무엇이라 하는가?

① critical set
② minimal gate
③ minimal path
④ Boolean indicated cut set

해설 1) 컷세과 미니멀 컷
　　① 컷셋(Cut sets) : 정상사상을 일으키는 기본사상(통상사상, 생략사상 포함)의 집합을 컷이라 한다.
　　② 미니멀 컷(minimal cut sets) : 정상사상을 일으키기 위한 필요 최소한의 컷을 말한다.(시스템의 위험성을 나타냄)
　　2) 패스 셋과 미니멀 패스
　　① 패스 셋 : 정상사상이 일어나지 않는 기본사상의 집합을 말한다.
　　② 미니멀 패스 : 필요 최소한의 패스를 말한다.(시스템이 신리성을 나타냄)

51 음압수준이 70dB인 경우, 1000Hz에서 순음의 phon치는?

① 50phon
② 70phon
③ 90phon
④ 100phon

해설 70dB, 1000Hz에서 순음의 phon치 : 70phon

52 음량수준을 측정할 수 있는 3가지 척도에 해당되지 않는 것은?

① sone
② 럭스
③ phon
④ 인식소음 수준

해설 음의 크기의 수준
　　1) phon : 1000Hz 순음의 음압수준(dB)을 나타낸다.
　　2) sone : 1000Hz, 40dB의 음압수준을 가진 순음의 크기(=40phon)를 1sone이라 한다.
　　3) 인식소음 수준
　　　①PNdB(perceived noise level)

　　　: 910~1090Hz대의 소음 음압수준
　　②PLdB(perceived level cf noise)
　　　: 3150Hz에 중심을 둔 1/3옥타브(octave)대음을 기준으로 한다.

53 다음의 각 단계를 결함수분석법(FTA)에 의한 재해사례의 연구 순서대로 나열한 것은?

> [다음]
> ㉠ 정상사상의 선정
> ㉡ FT도 작성 및 분석
> ㉢ 개선 계획의 작성
> ㉣ 각 사상의 재해원인 규명

① ㉠→㉡→㉢→㉣
② ㉠→㉣→㉢→㉡
③ ㉠→㉢→㉡→㉣
④ ㉠→㉣→㉡→㉢

해설 D.R Cherition의 FTA에 의한 자해사례 연구순서
　　1) 1단계 : 톱(TOP) 사상의 선정
　　2) 2단계 : 사상의 재해 원인의 규명
　　3) 3단계 : FT의 작성
　　4) 4단계 : 개선 계획의 작성

54 쾌적환경에서 추운환경으로 변화 시 신체의 조절작용이 아닌 것은?

① 피부온도가 내려간다.
② 직장온도가 약간 내려간다.
③ 몸이 떨리고 소름이 돋는다.
④ 피부를 경유하는 혈액 순환량이 감소한다.

해설 온도변화에 대한 신체의 조절 작용(인체 적응)

적온에서 고온환경으로 변할 때	적온에서 한냉환경으로 변할 때
① 많은 양의 혈액이 피부를 경유하며 피부온도가 올라간다. ② 직장(直腸) 온도가 내려간다. ③ 발한(發汗)이 시작된다.	① 많은 양의 혈액이 몸의 중심부를 순환하며 피부온도는 내려간다. ② 직장온도가 약간 올라간다. ③ 소름이 돋고 몸이 떨린다.

55 정신적 작업 부하에 관한 생리적 척도에 해당하지 않는 것은?

① 부정맥 지수　　② 근전도
③ 점멸융합주파수　④ 뇌파도

해설 정신적·육체적 작업부하 척도

1) 정신적 작업부하 척도
　① 부정맥 지수 : 심장활동의 불규칙성을 평가하는 척도로 맥박간의 표준편차나 변동계수등과 같은 부정맥 지수를 사용한다.
　② 점멸융합주파수 : 정신적 피로를 평가하는 척도로 사용한다.
　③ 뇌전도(EEG) : 뇌의 활동에 따른 전위차를 기록한 것이다.
　④ 주관적 척도 : 정신작업 부하를 청가척도를 이용하여 주관적으로 평가하는 것이다.
　⑤ Cooper-Harper축적, 주임무(primary task) 및 부임무(secondary task) 수행에 소요된 시간 등

2) 육체적 작업부하 척도
　① 심장활동의 측정 : 심전도(ECG)와 심박수를 측정한다.
　② 산소소비량 측정 : 작업의 부하가 증가하면 산소소비량은 선형적으로 증가한다.
　③ 근전도(EMG) : 근육활동의 정도를 측정한다.

56 실린더 블록에 사용하는 가스켓의 수명은 평균 10000시간이며, 표준편차는 200시간으로 정규분포를 따른다. 사용시간이 9600시간일 경우에 신뢰도는 약 얼마인가?(단, 표준정규분포표에서 $u_{0.8413} = 1$, $u_{0.9772} = 2$이다.)

① 84.13%　　　　② 88.73%
③ 92.72%　　　　④ 97.72%

해설 1) 정규분포 표준화 공식(U)
$$U = \frac{변수(\lambda) - 평균(\mu)}{표준편차(\sigma)}$$
$$= \frac{9,600 - 10,000}{200} = -2$$
2) $P(U > -2)$
$$= P(U \leq 2) = 0.9772 = 97.72\%$$

57 인간 – 기계시스템의 연구 목적으로 가장 적절한 것은?

① 정보 저장의 극대화
② 운전시 피로의 평준화
③ 시스템의 신뢰성 극대화
④ 안전의 극대화 및 생산능률의 향상

해설 인간공학의 목표(차피니스)

1) 첫째 목표 : 안정성 향상과 사고 방지
2) 둘째 목표 : 기계조작의 능률성과 생산성 향상
3) 셋째 목표 : 쾌적성

58 생명유지에 필요한 단위시간당 에너지량을 무엇이라 하는가?

① 기초 대사량　　② 산소 소비율
③ 작업 대사량　　④ 에너지 소비율

해설 기초대사율(BMR)

1) 기초대사율 : 생명을 유지하는데 필요한 최소한의 에너지소비량을 말한다.
2) 기초대사율에 영향을 주는 요인 : 나이, 체중, 성별 등
　① 일반적으로 체격이 크고 젊은 남자가 BMR이 크다.
　② 성인의 1일 기초대사량 : 1500~1800 Kcal/day(1.0~1.25Kcal/min)
　③ 기초대사량 + 여가대사량 : 2300 Kcal/day

59 점광원으로부터 0.3m 떨어진 구면에 비추는 광량이 5Lumen일 때, 조도는 약 몇 럭스인가?

① 0.06　　　　　② 16.7
③ 55.6　　　　　④ 83.4

해설 $E = \dfrac{I}{r^2} = \dfrac{5}{0.3^2} = 55.6\mathrm{Lux}$

여기서, ─ E : 조도
　　　　├ I : 광도
　　　　└ r : 거리

■ 정답 ■　55.②　56.④　57.④　58.①　59.③

60 수리가 가능한 어떤 기계의 가용도(availability)는 0.9이고, 평균수리시간(MTTR)이 2시간일 때, 이 기계의 평균수명(MTBF)은?

① 15시간   ② 16시간
③ 17시간   ④ 18시간

해설 1) 가용도(A) $= \dfrac{MTBF}{MTBF - MTTR}$

2) MTBF(평균수명) $= \dfrac{MTTR \times A}{1 - A}$

$= \dfrac{2 \times 0.9}{1 - 0.9} = 18$시간

제4목 / 건설시공학

61 잡석지정의 다짐량이 5㎥일 때 틈막이로 넣는 자갈의 양으로 가장 적당한 것은?

① 0.5㎥   ② 1.5㎥
③ 3.0㎥   ④ 5.0㎥

해설 틈막이 자갈량 = 잡석다짐량 × 0.3
$= 5m^3 \times 0.3 = 1.5m^3$

62 석공사에서 건식공법에 관한 설명으로 옳지 않은 것은?

① 하지철물의 부식문제와 내부단열재 설치문제 등이 나타날 수 있다.
② 긴결 철물과 채움 모르타르로 붙여 대는 것으로 외벽공사 시 빗물이 스며들어 들뜸, 백화현상 등이 발생하지 않도록 한다.
③ 실런트(Sealant)유성분에 의한 석재면의 오염문제는 비오염성 실런트로 대체하고나 Open Joint공법으로 대체하기도 한다.
④ 강재트러스트, 트러스지지공법 등 건식공법은 시공정밀도가 우수하고, 작업능률이 개선되며, 공기단축이 가능하다.

해설 석공사의 건식공법
1) 앵커긴결공법 : 석재의 붙임에 모르타르를 사용하지 않고 앵커, 볼트, 연결철물을 사용하여 석재와 구조체를 연결시키는 공법이다.
2) 강제 트러스 지지공법 : 미리 조립된 강제트러스에 여러 장의 석판재를 지상에서 짜맞춘 후 이를 조립식으로 설치해 나가는 공법이다.

63 철근콘크리트부재의 피복두께를 확보하는 목적과 거리가 먼 것은?

① 철근이음 시 편의성
② 내화성 확보
③ 철근의 방청
④ 콘크리트의 유동성 확보

해설 철근의 피복두께 확보 목적
1) 내화성 확보   2) 철근의 방청
3) 시공상 유동성 확보 4) 너구성 확보

64 철골공사에서 철골 세우기 순서가 옳게 연결된 것은?

A. 기초 볼트위치 재점검
B. 기둥 중심선 먹매김
C. 기둥 세우기
D. 주각부 모르타르 채움
E. Base plate의 높이 조정용 p ate 고정

① A→B→C→D→E
② B→A→E→C→D
③ B→A→C→D→E
④ E→D→B→A→C

해설 철골기둥세우기 순서
1) 기둥 중심선 먹 메김
2) 기초 볼트 위치 재점검
3) 베이스 플레이트(base plate)레벨 조정용 라이너 플레이트(liner plate) 고정
4) 기둥 세우기
5) 주각 모르타르 채움

■정답 ■ 60.④ 61.② 62.② 63.① 64.②

65 거푸집이 콘크리트 구조체의 품질에 미치는 영향과 역할이 아닌 것은?

① 콘크리트가 응결하기까지의 형상, 치수의 확보
② 콘크리트 수화반응의 원활한 진행을 보조
③ 철근의 피복두께 확보
④ 건설 폐기물의 감소

해설 **거푸집의 역할**
1) 콘크리트 부어 넣기 작업과 응결·경화하는 동안 일정한 형상과 치수를 유지시켜 준다. (철근의 피복두께 확보)
2) 콘크리트의 경화(수화반응)에 필요한 수분의 누출을 방지한다.

66 다음 중 철근공사의 배근순서로 옳은 것은?

① 벽→기둥→슬래브→보
② 슬래브→보→벽→기둥
③ 벽→기둥→보→슬래브
④ 기둥→벽→보→슬래브

해설 **철근공사의 배근순서(철근의 조립순서)**
기초 → 기둥 → 벽 → 보 → 바닥판(슬래브) → 계단

67 철근콘크리트에서 염해로 인한 철근부식 방지대책으로 옳지 않은 것은?

① 콘크리트중의 염소 이온량을 적게 한다.
② 에폭시 수지 도장 철근을 사용한다.
③ 방청제 투입을 고려한다.
④ 물 – 시멘트비를 크게 한다.

해설 **염해로 인한 철근부식 방지대책**
1) ①, ②, ③항
2) 물–시멘트비(W/C)를 작게 한다.

68 지반개량공법 중 강제압밀 또는 강제압밀 탈수공법에 해당하지 않는 것은?

① 프리로딩공법
② 페이퍼드레인공법
③ 고결공법
④ 샌드드레인공법

해설 **고결공법** : 화학적 또는 열적인 처리에 의해 흙 입자간의 결합력 등을 증대시켜 지반의 안정을 얻는 공법으로 약액주입공법도 포함된다.

69 공사 중 시방서 및 설계도서가 서로 상이할 때의 우선순위에 관한 설명으로 옳지 않은 것은?

① 설계도면과 공사시방서가 상이할 때는 설계도면을 우선한다.
② 설계도면과 내역서가 상이할 때는 설계도면을 우선한다.
③ 일반시방서와 전문시방서가 상이할 때는 전문시방서를 우선한다.
④ 설계도면과 상세도면이 상이할 때는 상세도면을 우선한다.

해설 **시방서의 작성시 주의사항**
1) 중복되지 않고 간단명료하게 작성하여야 한다.
2) 재료의 품질은 명확하게 규정하고 그 지정은 신중해야 한다.
3) 공사 전체를 빠짐없이 기재하고(시방서 작성시 가장 중요한 사항), 공사 진행순서와 일치하여야 한다.
4) 공정의 정밀도와 손질의 정밀도(마무리 정도)를 명확하게 규정한다.
5) 시방서와 도면의 내용이 서로 다른 경우에는 시방서에 준하는 것이 원칙이나 먼저 감독관에 신고하여 그의 지시에 따라 시공한다.
우선순위 : 감리자와 상의〉특기시방서〉표준시방서〉설계도면

■ **정답** ■　65.④　66.④　67.④　68.③　69.①

70 분할도급 발주 방식 중 지하철공사, 고속도로공사 및 대규모 아파트단지 등의 공사에 채용하면 가장 효과적인 것은?

① 직종별 공종별 분할도급
② 공정별 분할도급
③ 공구별 분할도급
④ 전문공종별 분할도급

해설 공구별 분할도급 : 대규모 공사에서 지역별, 공구별로 분리하여 도급시키는 방식
  1) 장점 : 종소업자에게 균등기회를 주고, 입찰자 상호간의 경쟁으로 공사기일 단축, 시공기술 향상에 유리하다.
  2) 단점 : 공구마다 총괄도급으로 하므로 등록사무가 번잡하다.

71 건축시공의 현대화 방안 중 3S system과 거리가 먼 것은?

① 작업의 표준화 ② 작업의 단순화
③ 작업의 전문화 ④ 작업의 기계화

해설 건축시공의 현대화 방안에 의한 건축 생산 3S system
  1) simplification : 공사공법의 단순화
  2) standardization : 공사재료의 규격화(표준화)
  3) specialization : 공사인력의 전문화

72 개방잠함공법(Open caisson method)에 관한 설명으로 옳은 것은?

① 건물외부 작업이므로 기후의 영향을 많이 받는다.
② 지하수가 많은 지반에서는 침하가 잘 되지 않는다.
③ 소음발생이 크다.
④ 실의 내부 갓 둘레부분을 중앙 부분보다 먼저 판다.

해설 개방잠함공법 : 지하실 구조체(상부가 대기중에 열린 케이슨 ; open caisson)을 지상에서 구축하고 케이슨의 밑부분을 굴스하여 예정의 지반까지 침하시키는 공법이다.

73 연질의 점토지반에서 흙막이 바깥에 있는 흙의 중량과 지표위에 적재하중의 중량에 못견디어 저면 흙이 붕괴되고 흙막이 바깥에 있는 흙이 안으로 밀려 불룩하게 되는 현상을 무엇이라고 하는가?

① 보일링 파괴 ② 히빙 파괴
③ 파이핑 파괴 ④ 언더 피닝

해설 1) 히빙(Heaving)현상 : 굴착이 진행됨에 따라 흙막이 벽 뒤쪽 흙의 중량이 굴착부 바닥의 지지력 이상이 되면 흙막이벽 근입(根入)부분의 지반 이동이 발생하여 굴착부 저면이 솟아오르는 현상이다. 이 현상이 발생하면 흙막이 벽의 근입부분이 파괴되면서 흙막이벽 전체가 붕괴하는 경우가 많다.
  2) 히빙 방지대책
   ① 굴착주변의 상재하중을 제거한다.
   ② 시트 파일(Sheet pile)등의 근입심도를 검토한다.
   ③ 1.3m 이하 굴착시에는 버림대(Strut)를 설치한다.
   ④ 버팀대, 브라켓, 흙막이를 점검한다.
   ⑤ 굴착주변을 탈수공법과 병행한다.
   ⑥ 굴착방식을 개선(Island cut 공법, 케이슨공법, 트렌치공법, 부분굴착공법 등)한다.

74 프리플레이스트 콘크리트의 서중 시공 시 유의사항으로 옳지 않은 것은?

① 애지테이터 안의 모르타르 저류시간을 짧게 한다.
② 수송관 주변의 온도를 높여 준다.
③ 응결을 지연시키며 유동성을 크게 한다.
④ 비빈 후 즉시 주입한다.

해설 ②항, 수송관 주변의 온도를 낮추어 준다.

75 철골공사의 기초상부 고름질 방법에 해당되지 않는 것은?

① 전면바름 마무리법
② 나중 채워넣기 중심바름법
③ 나중 매입공법
④ 나중 채워넣기법

[해설] **기초상부 고름질(기둥밑창 고르기) :** 철골세우기에서 기초상부는 베이스판을 완전수평으로 밀착시키기 위해서 30~50mm 두께로 모르타르를 펴 바른다.
  1) 전면바름 마무리법
  2) 나중채워넣기 중심바름법
  3) 나중채워넣기 십자(+)바름법
  4) 나중채워넣기법

76 PERT/CPM의 장점이 아닌 것은?

① 변화에 대한 신속한 대책수립이 가능하다.
② 비용과 관련된 최적안 선택이 가능하다.
③ 작업선후 관계가 명확하고 책임소재 파악이 용이하다.
④ 주공정(Critical path)에 의해서만 공기관리가 가능하다.

[해설] Network 공정표(PERT/CPM)의 특징

장점	단점
1. 개개의 작업관련이 도시되어 있어 내용을 알기 쉽다.(작업의 상호관계가 명확)	1. 작성 및 검사에 특별한 기능이 요구된다.(기법에 대한 습득이 어렵다.)
2. 작성자 이외의 사람도 이해하기 쉽다.	2. 공정계획의 작성에 많은 시간이 소요된다.
3. 공정계획 관리면에서 신뢰도가 높다.	3. 진척관리에 있어서 특별한 연구가 필요하다.
4. 공사진척상황을 쉽게 알 수 있다.	4. 작업의 세분화 정도에는 한계가 있다.
5. 계획단계에서 공정상의 문제점이 명확하게 되어 사전에 적절히 수행할 수 있다.	5. 효과적인 예산통제의 기능은 없다.

77 말뚝재하시험의 주요목적과 거리가 먼 것은?

① 말뚝길이의 결정
② 말뚝 관입량 결정
③ 지하수위 추정
④ 지지력 추정

[해설] **말뚝재하시험의 주요목적**
  1) 말뚝길이 결정
  2) 말뚝관입량 결정
  3) 지지력 측정

78 콘크리트 타설 시 거푸집에 작용하는 측압에 관한 설명으로 옳지 않은 것은?

① 기온이 낮을수록 측압은 작아진다.
② 거푸집의 강성이 클수록 측압은 커진다.
③ 진동기를 사용하여 다질수록 측압은 커진다.
④ 조강시멘트 등을 활용하면 측압은 작아진다.

[해설] ①항, 기온이 낮을수록 측압은 커진다.

79 내화피복의 공법과 재료와의 연결이 옳지 않은 것은?

① 타설공법 – 콘크리트, 경량콘크리트
② 조적공법 – 콘크리트, 경량콘크리트 블록, 벽돌
③ 미장공법 – 뿜칠 플라스터, 알루미나 계열 모르타르
④ 뿜칠공법 – 뿜칠 암면, 습식 뿜칠 암면, 뿜칠 모르타르

[해설] ③항, **미장공법 :** 철골부재, 메탈라스(metal lath), 내화 단열성 모르타르

■ 정답 ■ **75.**③ **76.**④ **77.**③ **78.**① **79.**③

80 보강 콘크리트 블록조 공사에서 원칙적으로 기초 및 테두리보에서 위층의 테두리보까지 잇지 않고 배근하는 것은?

① 세로근
② 가로근
③ 철선
④ 수평횡근

해설 보강 블록조 공사의 세로근
1) 세로근은 원칙적으로 기초·테두리보에서 윗층의 테두리보까지 잇지 않고 배근한다.
2) 세로근은 이음을 엇갈리게 하고 철근을 보에 장착하는 길이는 40d(d : 철근지름) 이상으로 한다.

제5과목 / 건설재료학

81 기성 배합 모르타르 바름에 관한 설명으로 옳지 않은 것은?

① 현장에서의 시공이 간편하다.
② 공장에서 미리 배합하므로 재료가 균질하다.
③ 접착력 강화제가 혼입되기도 한다.
④ 주로 바름 두께가 두꺼운 경우에 많이 쓰인다.

해설 ④항, 주로 바름두께가 얇은 경우에 많이 쓰인다.

82 투명도가 높으므로 유기유리라고도 불리며 무색 투명하여 착색이 자유롭고 상온에서도 절단·가공이 용이한 합성수지는?

① 폴리에틸렌 수지
② 스티롤 수지
③ 멜라민 수지
④ 아크릴 수지

해설 아크릴 수지 : 본문 설명

83 골재의 입도분포를 측정하기 위한 시험으로 옳은 것은?

① 플로우 시험
② 블레인 시험
③ 체가름 시험
④ 비카트침 시험

해설 골재의 입도분포를 측정하기 위한 시험 : 체가름 시험

84 합성수지 재료에 관한 설명으로 옳지 않은 것은?

① 에폭시수지는 접착성은 우수하나 경화 시 휘발성이 있어 용적의 감소가 매우 크다.
② 요소수지는 무색이어서 착색이 자유롭고 내수성이 크며 내수합판의 접착제로 사용된다.
③ 폴리에스테르수지는 전기절연성, 내열성이 우수하고 특히 내약품성이 뛰어나다.
④ 실리콘수지는 내약품성, 내후성이 좋으며 방수피막 등에 사용된다.

해설 에폭시수지(epoxy resin) 성질
1) 접착성이 매우 우수하며 경화시 휘발성이 없다.(금속, 유리, 플라스틱, 도자기, 목재, 고무 등에 탁월한 접착성을 발휘하며 특히 알루미늄과 같은 경금속의 접착에 가장 좋다.)
2) 내약품성, 내용제성, 내수성(방수성), 전기절연성 등이 우수하다.
3) 농질산을 제외하고는 산, 알칼리에도 강하다.

85 목재의 건조특성에 관한 설명으로 옳지 않은 것은?

① 온도가 높을수록 건조속도는 빠르다.
② 풍속이 빠를수록 건조속도는 빠르다.
③ 목재의 비중이 클수록 건조속도는 빠르다.
④ 목재의 두께가 두꺼울수록 건조시간이 길어진다.

해설 목재의 비중이 클수록 건조속도는 느리다.

■ 정답 ■ 80.① 81.④ 82.④ 83.③ 84.① 85.③

86 부재 혹은 구조물의 치수가 커서 시멘트의 수화열에 의한 온도상승 및 강하를 고려하여 설계 · 시공해야 하는 콘크리트를 무엇이라 하는가?

① 매스콘크리트 ② 한중콘크리트
③ 고강도콘크리트 ④ 수밀콘크리트

해설 매스콘크리트 : 본문 설명

87 점토제품에서 SK번호가 의미하는 바로 옳은 것은?

① 점토원료를 표시
② 소성온도를 표시
③ 점토제품의 종류를 표시
④ 점토제품 제법 순서를 표시

해설 S · K(Seger-Keger Cone) 번호 : 점토제품의 소성온도를 나타냄

88 오토클레이브(auto clave)에 포화증기 양생한 경량기포콘크리트의 특징으로 옳은 것은?

① 열전도율은 보통 콘크리트와 비슷하여 단열성은 약한 편이다.
② 경량이고 다공질이어서 가공 시 톱을 사용할 수 있다.
③ 불연성 재료로 내화성이 매우 우수하다.
④ 흡음성과 차음성은 비교적 약한 편이다.

해설 ALC(autocalved lightweight concrete) 제품
1) ALC : 생석회와 규사를 고온, 고압하에서 양생하면 수열(水熱) 반응을 일으키고 이 반응에 의해 만들어진 건축재료에 기포를 넣어 경량화한 경량 기포콘크리트를 약칭해서 ALC라고 한다.
① 수열반응에 의해서 생성된 규선석회의 결정은 강고하고 안정된 것이나 생석회 대신 시멘트의 석회원(CaO 60% 함유)을 사용하기도 한다.
② 발포제는 알루미늄 분말을 사용한다.

2) 특성 및 용도
① 기포 콘크리트 제품에 비해 강도가 크고 수축이 적으며, 방음, 단열 등의 특성이 있으나 다공질이므로 흡수성이 크다.
② 제품은 패널 및 블록류로서 바닥, 벽, 지붕재로 사용된다.

89 다음 중 역청재료의 침입도 값과 비례하는 것은?

① 역청재의 중량 ② 역청재의 온도
③ 대기압 ④ 역청재의 비중

해설 역청재료의 침입도
1) 침입도 : 아스팔트의 견고성 정도를 침의 관입저항으로 평가하는 방법이다.
① 침입도는 온도상승에 따라 증가한다.
② 침입도가 적을수록 경질이다.
2) 침입도 1도 : 관입량 0.1mm(표준조건 25℃, 표준침의 중량 100g, 5초 동안 시험)
(예) 관입량 10mm일 때 침입도 계산
 – 관입량 0.1mm : 침입도 1
 – 관입량 10mm : X

$$\therefore X(침입도) = \frac{10}{0.1} = 100도$$

90 강재 시편의 인장시험 시 나타나는 응력 - 변형률 곡선에 관한 설명으로 옳지 않은 것은?

① 하위항복점까지 가력한 후 외력을 제거하면 변형은 원상으로 회복된다.
② 인장강도 점에서 응력값이 가장 크게 나타난다.
③ 냉간성형한 강재는 항복점이 명확하지 않다.
④ 상위항복점 이후에 하위항복점이 나타난다.

해설 하위항복점까지 가격한 후에는 외력을 제거하여도 원상으로 회복되지 않는다.

91 표면을 연마하여 고광택을 유지하도록 만든 시유타일로 대형 타일에 많이 사용되며, 천연화강석의 색깔과 무늬가 표면에 나타나게 만들 수 있는 것은?

① 모자이크 타일　② 징크판넬
③ 논슬립타일　　　④ 폴리싱타일

해설 폴리싱 타일 : 본문설명

92 다음 중 원유에서 인위적으로 만든 아스팔트에 해당하는 것은?

① 블론 아스팔트　② 로크 아스팔트
③ 레이크 아스팔트　④ 아스팔타이트

해설 아스팔트의 종류
　1) 천연 아스팔트 : 로크 아스팔트, 레이크 아스팔트, 아스팔트 타이트
　2) 석유 아스팔트 : 스트레이트 아스팔트, 블론 아스팔트, 아스팔트 컴파운드

93 목재의 내연성 및 방화에 관한 설명으로 옳지 않은 것은?

① 목재의 방화는 목재 표면에 불연소성 피막을 도포 또는 형성시켜 화염의 접근을 방지하는 조치를 한다.
② 방화제로는 방화페인트, 규산나트륨 등이 있다.
③ 목재가 열에 닿으면 먼저 수분이 증발하고 160℃ 이상이 되면 소량의 가연성가스가 유출된다.
④ 목재는 450℃에서 장시간 가열하면 자연발화 하게 되는데, 이 온도를 화재위험온도라고 한다.

해설 목재의 연소성
　1) 100℃ : 수분증발
　2) 180℃ 전후 : 열분해에 의해 가연성가스를 발생하여 인화(인화점)
　3) 260~270℃ : 목재에 물이 붙음(착화점 또

는 화재위험온도)
　4) 400~450℃ : 화기 없이 자연 발화(발화점)

94 유리가 불화수소에 부식하는 성질을 이용하여 5mm이상 판유리면에 그림, 문자 등을 새긴 유리는?

① 스테인드유리　② 망입우리
③ 에칭유리　　　④ 내열우리

해설 에칭유리(etching glass)
　1) 에칭유리 : 유리가 불화수소(HF)에 부식되는 성질을 이용하여 5mm 이상의 후판 유리면에 그림이나 무늬모양, 문자 등을 새긴 유리로 조각유리라고도 한다.
　2) 용도 : 주로 장식용으로 쓰인다.

95 다음 미장재료 중 기경성(氣硬性)이 아닌 것은?

① 회반죽
② 경석고 플라스터
③ 회사벽
④ 돌로마이트플라스터

해설 응결·경화방식에 따른 미장재료의 분류
　1) 수경성 미장재료(팽창성) : 물(H_2O)과 수화반응에 의해 경화하는 미장재료이다.
　　① 시멘트 모르타르 : 시멘트+모래+물
　　② 석고 플라스터 : 석고+고래+여물+물
　　③ 경석고 플라스터 : 무수석고+모래+여물+물
　　④ 인조석 바름 : 시멘트모르타르+인조석
　　⑤ 테라조(terrazzo) 현장바름 : 백시멘트+안료+종석(대리석, 화강석 등)
　2) 기경성 미장재료 : 공기중에서 경화하는 미장재료이다.(진흙, 회반죽 및 회사벽, 돌로마이트 플라스터 등)

■ 정답 ■　91.④　92.①　93.④　94.③　95.②

96 회반죽에 여물을 넣는 가장 주된 이유는?

① 균열을 방지하기 위하여
② 점성을 높이기 위하여
③ 경화를 촉진하기 위하여
④ 내수성을 높이기 위하여

해설 여물
1) 미장재료에 혼입하여 보강, 균열방지의 역할을 하는 섬유질 재료이다.
2) 짚여물, 삼여물, 기타 종이여물, 털종려여물, 털여물 등이 있다.

97 도료 중 주로 목재면의 투명도장에 쓰이고 오일 니스에 비하여 도막이 얇으나 견고하며, 담색으로서 우아한 광택이 있고 내부용으로 쓰이는 것은?

① 클리어 래커(clear lacquer)
② 에나멜 래커(enamel lacquer)
③ 에나멜 페인트(enamel paint)
④ 하이 솔리드 래커(high solid lacquer)

해설 클리어 래커 : 본문설명

98 강화유리의 검사항목과 거리가 가장 먼 것은?

① 파쇄시험   ② 쇼트백시험
③ 내충격성시험   ④ 촉진노출시험

해설 1) 강화유리 : 평면 및 곡면의 판유리를 열처리(600℃)한 후 냉각공기로 양면을 급랭강화하여 강도를 높인 안전유리이다.
2) 강화유리의 검사항목
① 파쇄시험
② 쇼트백시험
③ 내충격성 시험

99 목재의 신축에 관한 설명으로 옳은 것은?

① 동일 나뭇결에서 심재는 변재보다 신축이 크다.
② 섬유포화점 이상에서는 함수율의 변화에 따른 신축 변동이 크다.
③ 일반적으로 곧은결폭보다 널결폭이 신축의 정도가 크다.
④ 신축의 정도는 수종과는 상관없이 일정하다.

해설 목재의 신축
1) 보통이 비중이 클수록 신축이 크다.
2) 섬유방향은 거의 수축하지 않는다.
3) 변재는 심재보다 신축이 크다.
4) 널결방향의 신축이 곧은결방향의 신축보다 크다.

100 창호용 철물 중 경첩으로 유지할 수 없는 무거운 자재여닫이문에 쓰이는 철물은?

① 도어 스톱   ② 래버터리 힌지
③ 도어 체크   ④ 플로어 힌지

해설 1) 도어스톱(door stop) : 여닫이 문이나 장지를 고정하는 철물(문받이 철물)이다.
2) 래버터리 힌지(lavatory hinge) : 공중용 변소나 공중화장실 출입문에 사용되는 창호 철물이다.
3) 도어클로저(door closers) : 문을 열면 자동적으로 닫히게 하는 장치로, 도어체크(door check)라고도 한다.
4) 플로어힌지(floor, hinge, 마루정첩)
① 자재여닫이 문을 열면 저절로 닫히게 하는 장치를 바닥에 설치하여 문장부를 끼우고 상부는 지도리를 축대로 하여 돌게 한 철문이다.
② 중량이 큰 문에 쓰인다.

제6과목 / 건설안전기술

101 건설업 중 교량건설 공사의 경우 유해위험방지계획서를 제출하여야 하는 기준으로 옳은 것은?

① 최대 지간길이가 40m 이상인 교량건설등 공사

② 최대 지간길이가 50m 이상인 교량건설등 공사

③ 최대 지간길이가 60m 이상인 교량건설등 공사

④ 최대 지간길이가 70m 이상인 교량건설등 공사

해설 건설업 중 유해위험방지계획서 제출대상 사업장 (시행규칙 제120조 제4항)

1) 지상높이가 31미터 이상인 건축물 또는 인공구조물, 연면적 3만 제곱미터 이상인 건축물 또는 연면적 5천 제곱미터 이상의 문화 및 집회시설(전시장 및 동물원·식물원은 제외), 판매시설, 운수시설(고속철도의 역사 및 집·배송시설은 제외), 종교시설, 의료시설 중 종합병원, 숙박시설 중 관광숙박시설, 지하도상가 또는 냉동·냉장 창고시설의 건설·개조 또는 해체(이해 "건설등"이라 함)

2) 연면적 5천 제곱미터 이상의 냉동·냉장 창고시설의 설비공사 및 단열공사

3) 최대 지간길이가 50미터 이상인 교량건설 등 공사

4) 터널 건설 등의 공사

5) 다목적댐, 발전용댐 및 저수용량 2천만 톤 이상의 용수 전용 댐, 지방상수도 전용댐 건설 등의 공사

6) 깊이 10미터 이상인 굴착공사

102 승강기 강선의 과다감기를 방지하는 장치는?

① 비상정지장치　② 권과방지장치
③ 해지장치　④ 과부하방지장치

해설
1) **비상정지장치** : 운전 중인 승강기의 작동을 정지시키는 장치
2) **권과방지장치** : 승강기 강선의 과다감기를 방지하는 장치
3) **해지장치** : 훅 걸이용 와이어로프 등이 훅으로부터, 벗겨지는 것을 방지하는 장치
4) **과부하방지장치** : 하중이 정격하중보다 커졌을 때 자동적으로 동력회로를 차단하거나 경보를 발하는 장치

103 강관비계 조립시의 준수사항으로 옳지 않은 것은?

① 비계기둥에는 미끄러지거나 침하하는 것을 방지하기 위하여 밑받침철물을 사용한다.

② 지상높이 4층 이하 또는 12m 이하인 건축물의 해체 및 조립등이 작업에서만 사용한다.

③ 교차가새로 보강한다.

④ 외줄비계·쌍줄비계 또는 돌출비계에 대해서는 벽이음 및 버팀을 설치한다.

해설 강관비계 조립시의 조립사항
1) 비계기둥에는 미끄러지거나 침하하는 것을 방지하기 위하여 밑받침철물을 사용하거나 깔판·깔목 등을 사용하여 밑둥잡이를 설치하는 등의 조치를 할 것
2) 강관의 접속부 또는 교차부는 적합한 부속철물을 사용하여 접속하거나 단단히 묶을 것
3) 교차가새로 보강할 것
4) 외줄비계, 쌍줄비계 또는 돌출비계에 대하여는 다음 각 목의 정하는 바에 따라 벽이음 및 버팀을 설치할 것
   ① 강관비계의 조립간격은 (별표 5)의 기준에 적합하도록 할 것
   ② 강관·통나무 등의 재료를 사용하여 견고한 것으로 할 것
   ③ 인장재와 압축재로 구성되어 있는 때에는 인장재와 압축재의 간격을 1m 이내로

할 것

5) 가공전로에 근접하여 비계를 설치하는 때에는 가공전로를 이설하거나 가공전로에 절연용 방호구를 장착하는 등 가공전로와의 접촉을 방지하기 위한 조치를 할 것

104 건축공사로서 대상액이 5억원 이상 50억원 미만 인 경우에 산업안전보건관리비의 비율(가) 및 기초액(나)으로 옳지 않은 것은?

① (가) 1.86%, (나) 5,349,000원
② (가) 1.99%, (나) 5,499,000원
③ (가) 2.35%, (나) 5,400,000원
④ (가) 1.57%, (나) 4,411,000원

해설 공사종류별 규모 및 안전관리비 계상 기준표 (별표1)

대상액 공사종류	5억원 미만	5억원 이상 50억원 미만		50억원 이상
		비율 (X)	기초액 (C)	
건축공사	2.93%	1.86%	5,349,000원	1.97%
토목공사	3.09%	1.99%	5,499,000원	2.10%
중건설공사	3.43%	2.35%	5,400,000원	2.44%
특수 건설공사	1.85%	1.20%	3,250,000원	1.27%

길잡이 안전관리비 계사기준

1) 대상액(재료비+직접노무비)이 5억 원 미만 또는 50억 원 이상일 때 : 대상액에 별표1에서 정한 비율을 곱한 금액

안전관리비= 대상액 × $\frac{비율[\%]}{100}$

2) 대상액이 5억 원 이상 50억 원 미만 : 대상액에 별표1에서 정한 비율(X)을 곱한 금액에 기초액(C)을 합한 금액

안전관리비= 대상액 × $\frac{X[\%]}{100}$ + 기초액(C)

105 철골건립준비를 할 때 준수하여야 할 사항과 가장 거리가 먼 것은?

① 지상 작업장에서 건립준비 및 기계기구를 배치할 경우에는 낙하물의 위험이 없는 평탄한 장소를 선정하여 정비하고 경사지에는 작업대나 임시발판 등을 설치하는 등 안전조치를 한 후 작업하여야 한다.
② 건립작업에 다소 지장이 있다하더라도 수목은 제거하여서는 안된다.
③ 사용전에 기계기구에 대한 정비 및 보수를 철저히 실시하여야 한다.
④ 기계에 부착된 앵커 등 고정장치와 기초구조 등을 확인하여야 한다.

해설 철골건립준비를 할 때 준수하여야 할 사항(고용노동부고시)

1) 지상 작업장에서 건립 준비 및 기계기구를 배치할 경우에는 낙하물의 위험이 없는 평탄한 장소를 선정하여 정비하고 경사지에서는 작업대나 임시발판 등을 설치하는 등 안전하게 한 후 작업하여야 한다.
2) 건립 작업에 지장이 되는 수목은 제거하거나 이설하여야 한다.
3) 인근에 건축물 또는 고압선 등이 있는 경우에는 이에 대한 방호 조치 및 안전조치를 하여야 한다.
4) 사용 전에 기계기구에 다한 정비 및 보수를 철저히 실시하여야 한다.
5) 기계가 계획대로 배치되어 있는가, 위치는 작업구역을 확인할 수 있는 곳에 위치하였는가, 기계에 부착된 앵커 등 고정장치와 기초구조 등을 확인하여야 한다.

106 건설작업장에서 근로자가 상시 작업하는 장소의 작업면 조도기준으로 옳지 않은 것은?(단, 갱내 작업장과 감광재료를 취급하는 작업장의 경우는 제외)

① 초정밀 작업 : 600럭스(lux) 이상
② 정밀 작업 : 300럭스(lux) 이상
③ 보통 작업 : 150럭스(lux) 이상
④ 초정밀, 정밀, 보통작업을 제외한 기타 작업 : 75럭스(lux) 이상

해설 초정밀작업 : 750럭스(lux) 이상

107 추락방지용 방망의 그물코의 크기가 10cm인 신품 매듭방망사의 인장강도는 몇 킬로그램 이상이어야 하는가?

① 80
② 110
③ 150
④ 200

해설 방망사의 신품에 대한 인장강도

그물코의 종류	매듭없는 방망의 강도	매듭방망의 강도
10cm	240kg	200kg
5cm		110kg

108 산업안전보건법령에 따른 거푸집동바리를 조립하는 경우의 준수사항으로 옳지 않은 것은?

① 개구부 상부에 동바리를 설치하는 경우에는 상부하중을 견딜 수 있는 견고한 받침대를 설치할 것
② 동바리의 이음은 맞댄이음이나 장부이음으로 하고 같은 품질의 제품을 사용할 것
③ 강재와 강재의 접속부 및 교차부는 철선을 사용하여 단단히 연결할 것
④ 거푸집이 곡면이 경우에는 버팀대의 부착 등 그 거푸집의 부상(浮上)을 방지하기 위한 조치를 할 것

해설 거푸집 동바리 조립 시 안전조치 사항(준수사항)
1) 깔목의 사용, 콘크리트 타설, 말뚝 박기 등 동바리의 침하를 방지하기 위한 조치를 할 것
2) 개구부 상부에 동바리 설치 시 상부하중을 견딜 수 있는 견고한 받침대를 설치할 것
3) 동바리의 상하고정 및 미끄러짐 방지 조치를 하고, 하중의 지지 상태를 유지할 것
4) 동바리의 이음 : 동질 재료를 사용하여 맞댐 이음, 장부 이음을 할 것
5) 강재와 강재의 접속부 및 교차부는 볼트, 클램프 등 전용철물을 사용하여 단단히 연결할 것
6) 곡면인 거푸집은 버팀대의 부착 등 거푸집 부상방지 조치를 할 것

109 흙막이 지보공을 설치하였을 때 정기적으로 점검하여야할 사항과 거리가 먼 것은?

① 경보장치의 작동상태
② 부재의 손상·변형·부식·변위 및 탈락의 유무와 상태
③ 버팀대의 긴압(緊壓)의 정도
④ 부재의 접속부·부착부 및 교차부의 상태

해설 흙막이지보공 설치시 붕괴 등의 위험방지를 위한 정기점검사항
1) 부재의 손상·변형·부식·변위 및 탈락의 유무와 상태
2) 버팀대의 긴압의 정도
3) 부재의 접속부·부착부 및 교차부의 상태
4) 침하의 강도

110 달비계의 구조에서 달비계 작업발판의 폭은 최소 얼마 이상이어야 하는가?

① 30cm
② 40cm
③ 50cm
④ 60cm

해설 달비계 작업발판의 폭 : 40cm 이상으로 하고 틈새가 없도록 할 것

111 중량물을 운반할 때의 바른 자세로 옳은 것은?

① 허리를 구부리고 양손으로 들어올린다.
② 중량은 보통 체중의 60%가 적당하다.
③ 물건은 최대한 몸에서 멀리 떼어서 들어올린다.
④ 길이가 긴 물건은 앞쪽을 높게 하여 운반한다.

해설 인력운반 작업 시 안전수칙
1) 물건을 들어 올릴 때는 팔과 무릎을 사용하며, 척추는 곧은 자세로 할 것
2) 무거운 물건은 공동작업으로 실시하고 보조기구를 사용할 것
3) 길이가 긴 물건은 앞쪽을 높여 운반할 것

■ 정답 ■ 107.④ 108.③ 109.① 110.② 111.④

4) 화물에 최대한 접근하여 중심을 낮게 할 것
5) 어깨보다 높이 들어 올리지 않을 것
6) 무리한 자세를 장시간 지속하지 않을 것
7) 중량은 보통 체중의 40% 정도로 할 것

112 건설현장에서 근로자의 추락재해를 예방하기 위한 안전난간을 설치하는 경우 그 구성요소와 거리가 먼 것은?

① 상부난간대　　② 중간난간대
③ 사다리　　　　④ 발끝막이판

해설 안전난간의 구조 및 설치요건
1) 상부난간대, 중간난간대, 발끝막이판 및 난간기둥으로 구성할 것(중간난대, 발끝막이판 및 난간기둥은 이와 비슷한 구조 및 성능을 가진 것으로 대체할 수 있다.)
2) 상부난간대는 바닥면, 발판 또는 경사로의 표면(이하"바닥면 등"이라 한다.)으로부터 90cm 이상 지점에 설치하고, 상부난단대를 120cm 이하에 설치하는 경우 중간난대는 상부난간대와 바닥면 등의 중간에 설치하여야 하며, 120cm 이상 지점에 설치하는 경우에는 중간난대를 2단 이상으로 균등하게 설치하고 난간의 상하간격은 60cm 이하가 되도록 할 것
3) 발끝막이판은 바닥면 등으로부터 10cm 이상의 높이를 유지할 것(물체가 떨어지거나 날아올 위험이 없거나 그 위험을 방지할 수 있는 망을 설치하는 등 필요한 예방조치를 한 장소를 제외한다.)
4) 난간기둥은 상부난간대와 중간난대를 견고하게 떠받칠 수 있도록 적정 간격을 유지할 것
5) 상부난간대와 중간난간대는 난간길이 전체에 걸쳐 바닥면 등과 평행을 유지할 것
6) 난간대는 지름 2.7cm 이상의 금속제 파이프나 그 이상의 강도를 가진 재료일 것
7) 안전난간은 임의의 점에서 임의의 방향으로 움직이는 100kg 이상의 하중에 견딜 수 있는 튼튼한 구조일 것

113 사다리식 통로 등을 설치하는 경우 고정식 사다리식 통로의 기울기는 최대 몇 도 이하로 하여야 하는가?

① 60도　　　　② 75도
③ 80도　　　　④ 90도

해설 사다리식 통로 설치시 고정식 사다리식 통로의 기울기 : 90°이하

114 건설현장에서 높이 5m 이상인 콘크리트 교량의 설치작업을 하는 경우 재해예방을 위해 준수해야 할 사항으로 옳지 않은 것은?

① 작업을 하는 구역에는 관계 근로자가 아닌 사람의 출입을 금지할 것
② 재료, 기구 또는 공구 등을 올리거나 내릴 경우에는 근로자로 하여금 크레인을 이용하도록 하고 달줄, 달포대 등의 사용을 금하도록 할 것
③ 중량물 부재를 크레인 등으로 인양하는 경우에는 부재에 인양용 고리를 견고하게 설치하고, 인양용 로프는 부재에 두 군데 이상 결속하여 인양하여야 하며, 중량물이 안전하게 거치되기 전까지는 걸이로프를 해제시키지 아니할 것
④ 자재나 부재의 낙하·전도 또는 붕괴 등에 의하여 근로자에게 위험을 미칠 우려가 있을 경우에는 출입금지구역의 설정, 자재 또는 가설시설의 좌굴(挫屈) 또는 변형 방지를 위한 보강재 부착 등의 조치를 할 것

해설 ②항, 재료, 기구 또는 공구등을 올리거나 내릴 경우에는 달줄이나 달포대 등을 사용하도록 할 것

---

115 구축물이 풍압·지진 등에 의하여 붕괴 또는 전도하는 위험을 예방하기 위한 조치와 가장 거리가 먼 것은?

① 설계도서에 따라 시공했는지 확인
② 건설공사 시방서에 따라 시공했는지 확인
③ 「건축물의 구조기준 등에 관한 규칙」에 따른 구조기준을 준수했는지 확인
④ 보호구 및 방호장치의 성능검정 합격품을 사용했는지 확인

> **해설** ④항, 보호구 및 방호장치의 성능검정 합격률의 사용여부 확인사항은 구축물의 붕괴·전도위험을 예방하기 위한 조치사항과 관계가 없는 내용이다.

116 사질지반 굴착 시, 굴착부와 지하수위차가 있을 때 수두차에 의하여 삼투압이 생겨 흙막이벽 근입부분을 침식하는 동시에 모래가 액상화되어 솟아오르는 현상은?

① 동상현상　　② 연화현상
③ 보일링현상　④ 히빙현상

> **해설** 지반의 이상현상

구분	보일링 현상	히빙 현상
1) 지반 조건	• 사질토 지반	• 연약성 점토 지반
2) 발생 조건	• 굴착부와 주변의 지하수 위차에 의한 수두차	• 흙막이벽 뒤쪽 흙의 중량 • 상부 지표면의 재하 하중
3) 현상	• 굴착면과 배토면의 수두차에 의한 침투압 발생 • 굴착면의 모래가 액상화 되어 솟아오름	• 배면 토사붕괴 • 흙막이지보공 파괴 • 굴착저면이 솟아오름
4) 대책	• 흙막이벽 근입심도를 깊게 한다. • 주변 지하수위를 저하시킨다. • 굴착토를 즉시 원상 매립한다. • 작업을 중지시킨다.	• 흙막이벽을 깊게 박는다. • 굴착주변의 상재하중을 제거한다. • 굴착방식을 개선한다.

117 달비계(곤돌라의 달비계는 제외)의 최대적재 하중을 정하는 경우에 사용하는 안전계수의 기준으로 옳은 것은?

① 달기체인의 안전계수 : 10 이상
② 달기강대와 달비계의 하부 딫 상부지점의 안전계수(목재의 경우) : 2.5이상
③ 달기와이어로프의 안전계수 : 5 이상
④ 달기강선의 안전계수 : 10 이상

> **해설** 달비계(곤돌라의 달비계는 제외)의 안전계수
> 1) 달기와이어로프 및 달기강선의 안전계수 : 10이상
> 2) 달기체인 및 달기훅의 안전계수 : 5이상
> 3) 달기강대와 달비계 하부 및 상부지점의 안전계수 : 강재의 경우 2.5이상 목재의 경우 5이상

118 부두·안벽 등 하역작업을 하는 장소에서 부두 또는 안벽의 선을 따라 통로를 설치하는 경우에는 폭을 최소 얼마 이상으로 해야 하는가?

① 70cm　　② 80cm
③ 90cm　　④ 100cm

> **해설** 부두, 안벽 등 하역 작업을 하는 장소에 대하여 조치할 사항
> 1) 작업장, 통로의 위험한 부분 : 안전작업을 할 수 있는 조명을 유지할 것
> 2) 부두 또는 안벽의 선을 따라 통로를 설치할 경우 : 폭을 90cm 이상으로 할 것
> 3) 육상에서의 통로 및 작업장소에 다리 또는 갑문을 넘는 보도 등의 위험한 부분 : 울 등을 설치할 것

119 타워 크레인(Tower Crane)을 선정하기 위한 사전 검토사항으로서 가장 거리가 먼 것은?

① 붐의 모양　　　② 인양능력
③ 작업반경　　　④ 붐의 높이

해설 타워크레인의 선정시 사전 검토사항
　1) 인양능력
　2) 작업반경
　3) 붐의 높이

120 다음 중 방망에 표시해야할 사항이 아닌 것은?

① 방망의 신축성　　② 제조자명
③ 제조년월　　　　④ 재봉 치수

해설 방망의 표시사항
　1) 제조자명　　　　2)제조연월
　3) 재봉치수　　　　4) 그물코
　5) 신품 시 망사의 강도

제1과목 / 산업안전관리론

01 안전·보건에 관한 노사협의체의 구성·운영에 대한 설명으로 틀린 것은?

① 노사협의체는 근로자와 사용자가 같은 수로 구성되어야 한다.
② 노사협의체의 회의 결과는 회의록으로 작성하여 보전하여야 한다.
③ 노사협의체의 회의는 정기회의와 임시회의로 구분하되, 정기회의는 3개월마다 소집한다.
④ 노사협의체는 산업재해 예방 및 산업재해가 발생한 경우의 대피방법 등에 대하여 협의하여야 한다.

해설 (1) 노사협의체의 구성
  1) 근로자위원
    ① 도급 또는 하도급 사업을 포함한 전체 사업의 근로자대표
    ② 근로자대표가 지명하는 명예감독관 1명. 다만, 명예감동관이 위촉되어 있지 아니한 경우에는 근로자대표가 지명하는 해당 사업장 근로자 1명
    ③ 공사금액이 20억원 이상인 도급 또는 하도급 사업의 근로자대표
  2) 사용자위원
    ① 해당 사업의 대표자
    ② 안전관리자 1명
    ③ 보건관리자 1명(보건관리자 선임대상 건설업으로 한정)
    ④ 공사금액이 20억원 이상인 도급 또는 하도급 사업의 사업주

(2) 노사협의체의 운영 등
  1) 노사협의체의 회의는 정기회의나 임시회의로 구분하되 정기회의는 2개월마다 노사협의체의 위원장이 소집하며, 임시회의는 위원장이 필요하다고 인정할 때에 소집한다.
  2) 노사협의체의 회의 결과는 다음 각호의 사항을 기록한 회의록을 작성하여 보전하여야 한다.
    ① 개체일시 및 장소
    ② 출석위원
    ③ 심의내용 및 의결·결정사항
    ④ 그 밖의 토의사항

02 시몬즈 방식으로 재해코스트를 산정할 때, 재해의 분류와 설명의 연결로 옳은 것은?

① 무상해사고 – 20달러 미만의 재산손실이 발생한 사고
② 휴업상해 – 영구 전노동 불능
③ 응급조치상해 – 일시 전노동 불능
④ 통원상해 – 일시 일부노동 붙능

해설 시몬즈 방식
  1) 총재해 cost=보험 cost+비보험 cost
    ① 보험코스트 : 산업재해보상보험법에 의해 보상된 금액과 보험회사의 코상에 관련된 제경비 및 이익금을 합친 금액
    ② 비보험코스트=(휴업상하건수× A)+(통원상해건수×B)+(응급조치건수×C)+(무상해사고건수×D)
  2) 재해의 종류(사망 및 영구 전노동 불능은 제외)
    ① 휴업상해 : 영구 일부노동 불능 및 일시 전노동 불능
    ② 통원상해 : 일시 일부노동 불능 및 의사

의 통원조치가 필요한 상해
③ **응급조치상해** : 8시간 미만 휴업 의료조치 상해
④ **무상해사고** : 의료조치 불필요, 20달러 이상 재산손실 또는 8시간 이상 시간손실

03 상해의 종류 중, 스치거나 긁히는 등의 마찰력에 의하여 피부 표면이 벗겨진 상해는?

① 자상　　　　② 타박상
③ 창상　　　　④ 찰과상

해설 1) **자상(찔림)** : 칼날 등 날카로운 물건에 찔린 상태
2) **창상(베임)** : 창, 칼 등에 베인 상해
3) **좌상(타박상, 삐임)** : 외부의 상처없이 피하조직 또는 근육부 등 내부조직이나 장기가 손상받은 상해

04 다음 재해사례의 분석 내용으로 옳은 것은?

작업자가 벽돌을 손으로 운반하던 중, 벽돌을 떨어뜨려 발등을 다쳤다.

① 사고유형 : 낙하, 기인물 : 벽돌,
　 가해물 : 벽돌
② 사고유형 : 충돌, 기인물 : 손,
　 가해물 : 벽돌
③ 사고유형 : 비래, 기인물 : 사람,
　 가해물 : 손
④ 사고유형 : 추락, 기인물 : 손,
　 가해물 : 벽돌

해설 근로자가 벽돌을 손수레에 운반 중 벽돌이 떨어져 발을 다쳤다.
1) **기인물**(불안전상태에 있는 물체, 환경포함) : 벽돌
2) **가해물**(직접 사람에게 접촉되어 위해를 가한 물체) : 벽돌

05 산업안전보건법령상 안전보건개선계획서에 포함되어야 하는 사항이 아닌 것은?

① 시설의 개선을 위하여 필요한 사항
② 작업환경의 개선을 위하여 필요한 사항
③ 작업절차의 개선을 위하여 필요한 사항
④ 안전·보건교육의 개선을 위하여 필요한 사항

해설 안전보건개선계획서에 포함되는 내용
1) 시설
2) 안전·보건관리체제
3) 안전·보건교육
4) 산업재해예방 및 작업환경의 개선을 위하여 필요한 사항

06 근로자 150명이 작업하는 공장에서 50건의 재해가 발생했고, 총 근로손실일수가 120일일 때의 도수율은 약 얼마인가?(단, 하루 8시간씩 연간 300일을 근무한다.)

① 0.01　　　　② 0.3
③ 138.9　　　④ 333.3

해설 도수율
1) **정의** : 연 근로시간 100만(10^6)시간당 발생하는 재해건수를 나타낸다.
2) **공식**
$$도수율 = \frac{재해건수}{연근로시간} \times 10^6$$
$$= \frac{50}{150 \times 8 \times 300} \times 10^6 = 138.9$$

07 산업안전보건법령상 안전관리자의 업무와 거리가 먼 것은?

① 물질안전보건자료의 게시 또는 비치에 관한 보좌 및 조언·지도
② 해당 사업장 안전교육계획의 수립 및 안전교육 실시에 관한 보좌 및 조언·지도
③ 사업장 순회점검·지도 및 조치의 건의
④ 산업재해 발생의 원인 조사·분석 및 재발방지를 위한 기술적 보좌 및 조언·지도

해설 안전관리자의 업무내용
1) 산업안전보건위원회 및 노사협의체에서 심의·의결한 직무와 당해 사업장의 안전 보건관리규정 및 취업규칙에서 정한 업무
2) 안전인증대상 기계·기구 및 자율안전확인 대상 기계·기구 등의 구입시 적격품의 선정에 관한 보좌 및 조언·지도
3) 위험성평가에 관한 보좌 및 조언·지도
4) 해당사업장 안전교육계획의 수립 및 안전교육실시에 관한 보좌 및 조언·지도
5) 사업장 순회점검, 지도 및 조치의 건의
6) 산업재해 발생의 원인조사 및 재발방지를 위한 기술적 보좌 및 조언·지도
7) 산업재해에 관한 통계의 유지·관리분석을 위한 보좌 및 조언·지도(안전분야에 한함)
8) 법 또는 법에 따른 명령으로 정한 안전에 관한 사항의 이행에 관한 보좌 및 조언·지도
9) 업무수행 내용의 기록·유지
10) 그밖에 안전한 관한 사항으로서 고용노동부장관이 정하는 사항

08 시설물안전법령에 명시된 안전점검의 종류에 해당하는 것은?

① 일반안전점검
② 특별안전점검
③ 정밀안전점검
④ 임시안전점검

해설 안전점검의 종류(시설물 안전관리에 관한 특별법 제6조)
1) 정기점검
2) 정밀점검
3) 긴급점검

09 재해예방의 4원칙이 아닌 것은?

① 손실 우연의 원칙
② 예방 가능의 원칙
③ 사고 연쇄의 원칙
④ 원인 계기의 원칙

해설 재해예방 4원칙
1) **손실우연의 원칙** : 사고로 인한 손실(상해)의 종류 및 정도는 유연적이다.
2) **원인 연계의 원칙** : 재해 발생은 반드시 원인이 있다.
3) **예방 가능의 원칙** : 사고는 예방이 가능하다.
4) **대책 선정의 원칙** : 사고예방을 위한 안전대책이 선정되고 적용되어야 한다.

10 산업안전보건법령상 안전·보건표지의 색채와 사용사례의 연결이 틀린 것은?

① 빨간색(7.5R 4/14) - 탑승금지
② 파란색(2.5PB 4/10) - 방진마스크
③ 녹색(2.5G 4/10) - 비상구
④ 노란색(5Y 6.5/12) - 인화성물질 경고

해설 안전표지의 색채·색도기준 및 용도(시행규칙 별표3)

색채	색도기준	용도	사용예
빨간색	7.5R 4/14	금지	정지신호, 소화설비 및 그 장소 유해행위 금지
		경고	화학물질 취급장소에서의 유해·위험경고
노란색	5Y 8.5/12	경고	화학물질 취급장소에서의 유해·위험 경고, 그 밖의 위험 경고, 주의표지 또는 기계방호물
파란색	2.5PB 4/10	지시	특정 행위의 지시 및 사실의 고지
녹색	2.5G 4/10	안내	비상구 및 피난소, 사람 또는 차량의 통행표지
흰색	N 9.5		파란색 또는 녹색에 대한 보조색
검은색	N 0.5		문자 및 빨간색 또는 노란색에 대한 보조색

11 산업안전보건법령상 사업주의 책무와 가장 거리가 먼 것은?

① 쾌적한 작업환경을 조성하고 근로조건을 개선할 것
② 해당 사업장의 안전·보건에 관한 정보를 근로자에게 제공할 것
③ 안전·보건의식을 북돋우기 위한 홍보·교육 및 무재해운동 등 안전문화를 추진할 것
④ 관련 법과 법에 따른 명령에는 정하는 산업재해 예방을 위한 기준을 지킬 것

해설 사업주의 의무(법 제5조) : 다음 각호의 사항을 이행함으로써 근로자의 안전과 건강을 유지·증

진시키는 한편, 국가의 산업재해 예방시책에 따라
야 한다.
1) 이법과 이법에 따른 명령으로 정하는 산업재
해 예방을 위한 기준을 지킬 것
2) 근로자의 신체적 피로와 정신적 스트레스
등을 줄일 수 있는 쾌적한 작업환경을 조성
하고 근로조건을 개선할 것
3) 해당 사업장의 안전·보건에 관한 정보를
근로자에게 제공할 것

길잡이 정부의 책무
1) 산업안전·보건정책의 수립·집행·조정 및 통
제
2) 사업장에 대한 재해 예방 지원 및 지도
3) 유해하거나 위험한 기계·기구·설비 및 방
호장치·보호구 등의 안전성 평가 및 개선
4) 유해하거나 위험한 기계·기구·설비 및 물
질 등에 대한 안전·보건상의 조치기준 작성
및 지도·작성
5) 사업의 자율적인 안전·보건 경영체제 확립
을 위한 지원
6) 안전·보건의식을 북돋우기 위한 홍보·교육
및 무재해운동 등 안전문화 추진
7) 안전·보건을 위한 기술의 연구·개발 및 시설
의 설치·운영
8) 산업재해에 관한 조사 및 통계의 유지·관리
9) 안전·보건 관련 단체 등에 대한 지원 및 지
도·감독
10) 그 밖에 근로자의 안전 및 건강의 보호·증진

12 각 계층의 관리감독자들이 숙련된 안전
관찰을 행할 수 있도록 훈련을 실시함으로써 사
고의 발생을 미연에 방지하여 안전을 확보하는
안전관찰훈련기법은?

① THP 기법　② TBM 기법
③ STOP 기법　④ TD-BU 기법

해설 STOP(safety training observation program)
1) STOP : 감독자를 대상으로 한 안전관찰훈
련 과정으로 각 계층의 감독자들이 숙련된
안전관찰(safety observation)을 행할 수
있도록 훈련을 실시함으로서 사고의 발생을
미연에 방지하기 위한 것이다.

2) 안전 감독 실시법 : 관찰사이클
(ovservation cycle)
결심(Decide) － 정지(Stop) － 관찰
(Observe) － 조치(Act) － 보고(Report)

13 산업안전보건법령상 AB형 안전모에 관
한 설명으로 옳은 것은?

① 물체의 낙하 또는 비래에 의한 위험을 방지
또는 경감하기 위한 것
② 물체의 낙하 또는 비래 및 추락에 의한 위험
을 방지 또는 경감시키기 위한 것
③ 물체의 낙하 또는 비래에 의한 위험을 방지
또는 경감하고, 머리부위 감전에 의한 위험
을 방지하기 위한 것
④ 물체의 낙하 또는 비래 및 추락에 의한 위험
을 방지 또는 경감하고, 머리부위 감전에
의한 위험을 방지하기 위한 것

해설 안전모의 종류
1) AB형 : 낙하 및 비래, 추락 방지용
2) AE형 : 낙하 및 비래, 감전 방지용
3) ABE형 : 낙하 및 비래(A), 추락(B), 감전(E)
방지형

14 재해원인분석에 사용되는 통계적 원인분석
기법의 하나로, 사고의 유형이나 기인물 등의 분
류항목을 큰 순서대로 도표화하는 기법은?

① 관리도　② 파렛트도
③ 특성요인도　④ 크로즈분석도

해설 통계적 원인분석 방법
1) 파레이토도 : 사고의 유형, 기인물 등 분류항
목을 큰 순서대로 도표화하여 분석하는 방
법이다.
2) 특성요인도 : 특성과 요인을 도표로 하여 어
골상(魚骨狀)으로 세분화한다.
3) 클로즈 분석 : 데이터를 집계하고 표로 표시
하여 요인별 결과내역을 교차한 크로즈 그
림을 작성하여 분석한다. (2개 이상의 문제
관계를 분석하는데 이용)

4) 관리도 : 재해발생건수 등의 추이를 파악하고 목표관리를 행하는데 필요한 월별재해발생수를 그래프화하여 관리선을 설정·관리하는 방법이다.

15 일상점검 내용을 작업 전, 작업 중, 작업 종료로 구분할 때, 작업 중 점검 내용으로 거리가 먼 것은?

① 품질의 이상 유무
② 안전수칙 준수 여부
③ 이상소음 발생 유무
④ 방호장치의 작동 여부

해설 ④항, 방호장치의 작동여부 : 작업 전 점검내용

16 산업안전보건법상 산업안전보건위원회 정기회의 개최 주기로 올바른 것은?

① 1개월마다
② 분기마다
③ 반년마다
④ 1년마다

해설 산업안전보건위원회의 회의소집 시기
1) 정기회의 : 분기마다 위원장이 소집
2) 임시회의 : 위원장이 필요하다고 인정할 때 소집

17 참모식 안전조직의 특징으로 옳은 것은?

① 100명 미만의 소규모 사업장에 적합하다.
② 생산부분은 안전에 대한 책임과 권한이 없다.
③ 명령과 보고가 상하관계 뿐이므로 간단명료하다.
④ 조직원 전원을 자율적으로 안전 활동에 참여시킬 수 있다.

해설 안전관리 조직의 형태
1) 라인형
① 생산 또는 현장라인(line)에서 생산 및 안전업무를 동시에 실시하는 조직형태이다.
② 100명 이하의 소규모 사업장에 적합
2) 스탭형
① 안전관리를 담당하는 스탭(간전담당참모진)을 두고 안전관리에 관한 계획, 조사, 검토, 보고 등을 행하는 조직 형태이다.
② 100명 이상 500명(또는 1000명) 미만의 중규모 사업장에 적합
3) 라인·스탭 혼합형
① 안전업무를 전담하는 스탭부분을 두고 생산라인에도 안전을 전담하는 관리감독자를 두어서 안전계획 및 안전대책은 스탭진에서 기획하고, 이것을 생산라인을 통하여 실시하도록 한 형태이다.
② 1000명 이상의 대규모 사업장에 적합

18 무재해 운동 기본이념의 3대 원칙이 아닌 것은?

① 무의 원칙
② 선취의 원칙
③ 합의의 원칙
④ 참가의 원칙

해설 무재해운동 기본 이념의 3원칙
1) 무의 원칙 : 직장 내의 모든 잠재 위험요인을 사전에 발견, 파악, 제거함으로서 근원적으로 산업재해를 없애는 것
2) 선취(해결)의 원칙 : 무재해와 무질병의 직장을 실현하기 위하여 직장의 위험요인을 행동하기 전에 발견, 파악, 해결함으로서 재해발생을 사전에 예방하거나 방지하는 것
3) 참가의 원칙 : 잠재적 위험요인을 제거하는 데 노사 전원이 참가하여 각자의 입장에서 적극적으로 스스로의 직무를 수행함과 동시에 문제해결의 행동을 실천하자는 것

19 신규 채용 시의 근로자 안전·보건교육은 몇 시간 이상 실시해야 하는가?(단, 일용근로자를 제외한 근로자인 경우이다.)

① 3시간
② 8시간
③ 16시간
④ 24시간

해설 사업 내 안전보건교육(시행규칙 별표8)

교육과정	교육대상	교육시간
1. 정기교육	1) 사무직·판매직 근로자	매반기 6시간 이상
	2) 사무직·판매직 근로자 외의 근로자	매반기 12시간 이상
2. 채용시 교육	1) 일용직 근로자 및 근로계약기간이 1주일 이하인 기간제 근로자	1시간 이상
	2) 근로계약기간이 1주일 초과 1개월 이하인 기간제 근로자	4시간 이상
	3) 그 밖에 근로자	8시간 이상
3. 작업내용 변경시 교육	1) 일용근로자 및 근로계약기간에 1주일 이하인 기간제 근로자	1시간 이상
	2) 그 밖에 근로자	2시간 이상
4. 특별교육	1) 특별교육대상 작업에 종사하는 일용근로자 및 근로계약기간이 1주일 이하인 기간제 근로자	2시간 이상
	2) 특별교육대상 작업중 타워크레인 신호작업에 종사하는 일용근로자 및 근로계약기간이 1주일 이하인 기간제 근로자	8시간 이상
	3) 특별교육대상 작업에 종사하는 일용근로자 및 근로계약기간이 1주일 이하인 기간제 근로자를 제외한 근로자	• 16시간 이상(최초 작업에 종사하기 전 4시간 이상 실시하고 12시간은 3개월 이내에서 분할하여 실시 가능) • 단기간 작업, 간헐적 작업인 경우 2시간 이상
5. 건설업 기초 안전·보건 교육	건설일용근로자	4시간 이상

20 다음 설명에 해당하는 법칙은?

> 어떤 공장에서 330회의 전도 사고가 일어났을 때, 그 가운데 300회는 무상해 사고, 29회는 경상, 중상 또는 사망은 1회의 비율로 사고가 발생한다.

① 버드 법칙
② 하인리히 법칙
③ 더글라스 법칙
④ 자베타키스 법칙

해설 1) 하인리히의 재해구성비율

중상 또는 사망 : 경상 : 무상해사고
= 1 : 29 : 300

2) 버드의 재해구성비율

중상 또는 폐질 : 경상 : 무상해사고 : 무상해무사고 = 1 : 10 : 30 : 600

제2과목 / 산업심리 및 교육

21 리더십의 권한 역할 중 "부하를 처벌 할 수 있는 권한"에 해당하는 것은?

① 위임된 권한
② 합법적 권한
③ 강압적 권한
④ 보상적 권한

해설 리더십의 권한

1) 조직이 지도자에게 부여한 권한
   ① **보상적 권한** : 지도자가 부하들에게 보상할 수 있는 능력으로 인해 부하직원들을 통제할 수 있으며 부하들의 행동에 대해 영향을 끼칠 수 있는 권한이다.
   ② **강압적 권한** : 부하직원들을 처벌할 수 있는 권한이다.
   ③ **합법적 권한** : 조직의 규정에 의해 지도자의 권한이 공식화 된 것을 말한다.

2) 지도자 자신이 자신에게 부여한 권리 : 부하직원들이 지도자의 성격이나 그 능력을 인정하고 지도자를 존경하며 자진해서 따르는 것이다.
   ① **전문성의 권한** : 지도자가 목표수행에 필요한 전문적인 지식을 갖고 업무수행을 하므로 부하직원들이 자발적으로 지도자를 따르게 된다.
   ② **위임된 권한** : 집단의 목표를 성취하기 위해 부하직원들이 지도자가 정한 목표를 자진해서 자신의 것으로 받아들여 지도자와 함께 일하는 것이다.

---

22 굴착면의 높이가 2m 이상인 암석의 굴착 작업에 대한 특별안전보건교육 내용에 포함되지 않는 것은?(단, 그 밖의 안전·보건관리에 필요한 사항은 제외한다.)

① 지반의 붕괴재해 예방에 관한 사항
② 보호구 및 신호방법 등에 관한 사항
③ 안전거리 및 안전기준에 관한 사항
④ 폭발물 취급 요령과 대피 요령에 관한 사항

해설 굴착면의 높이가 2m이상이 되는 암석의 굴착 작업 시 특별안전보건교육 내용
  1) 폭발물 취급 요령과 대피 요령에 관한 사항
  2) 안전거리 및 안전기준에 관한 사항
  3) 방호물의 설치 및 기준에 관한 사항
  4) 보호구 및 신호방법 등에 관한 사항
  5) 그 밖에 안전·보건관리에 필요한 사항

> **길잡이** 굴착면의 높이가 2m이상이 되는 지반굴착(터널 및 수직갱 외의 갱 굴착은 제외)시 특별안전보건교육 내용
> 1) 지반의 형태·구조 및 굴착 요령에 관한 사항
> 2) 지반의 붕괴재해 예방에 관한 사항
> 3) 붕괴 방지용 구조물 설치 및 작업방법에 관한 사항
> 4) 보호구의 종류 및 사용에 관한 사항
> 5) 그 밖에 안전·보건관리에 필요한 사항

23 인간의 착시현상 중 실제로 움직이지 않지만 어느 기준의 이동에 의하여 움직이는 것처럼 느껴지는 착각현상의 명칭으로 적합한 것은?

① 자동운동   ② 잔상형상
③ 유도운동   ④ 착시현상

해설 운동의 시지각(착시현상)
  1) 자동운동 : 암실 내에서 정지된 소광점을 응시하고 있으면 그 광점이 움직이는 것을 볼 수 있는데 이것을 자동운동이라 한다.
  2) 유도운동 : 실제로 움직이지 않는 것이 어느 기준의 이동에 유도되어 움직이는 것처럼

느껴지는 현상을 말한다.
  3) 가현운동(β) : 객관적으로 정지하고 있는 대상물이 급속히 나타나는가 스명하는 것으로 인하여 일어나는 운동으로 마치 대상물이 운동하는 것처럼 인식되는 현상을 말한다. (영화영상의 방법)

24 피로의 측정분류 시 감각기능검사(정신·신경기능검사)의 측정대상 항목으로 가장 적합한 것은?

① 혈압   ② 심박수
③ 에너지대사율   ④ 플리커

해설 점멸융합주파수(CFF ; critical flicker fusion, 임계플리커 융합)
  1) 점멸융합주파수(CFF) : 자극들이 작업자에게 일정한 속도로 제공될 때 깜빡거림 없이 연속적으로 제공되는 것처럼 느껴지는 주파수를 말한다(일정한 빛으로 인지가 되는 깜빡이는 빛의 가장 낮은 주파수)
  2) CFF는 중추신경계의 정신적 피로를 평가하는 척도로 사용된다.
  3) 작업시간이 경과할수록 CFF치는 낮아진다.
  4) 마음이 긴장되었을 때나 머리가 맑을 때의 CFF치는 높아진다.

25 상호신뢰 및 성선설에 기초하여 인간을 긍정적 측면으로 보는 이론에 해당하는 것은?

① T - 이론   ② X - 이론
③ Y - 이론   ④ Z - 이론

해설 맥그리거의 X · Y이론

X이론	Y이론
1. 인간 불신감	1. 상호신뢰감
2. 성악설	2. 성선설
3. 인간은 본래 게으르고 태만하여 남의 지배 받기를 즐긴다.	3. 인간은 부지런하고 근면, 적극적이며 자주적이다.
4. 물질욕구(저차적 욕구)	4. 정신욕구(고차적 욕구)
5. 명령통제에 의한 관리	5. 목표통합과 자기 통제에 의한 자율관리
6. 저개발국형	6. 선진국형

■ 정답 ■ 22.① 23.③ 24.④ 25.③

26 직장규율, 안전규율 등을 몸에 익히기에 적합한 교육의 종류에 해당하는 것은?

① 지능 교육　　　② 기능 교육
③ 태도 교육　　　④ 문제해결 교육

해설 안전교육의 3단계
　　1) 1단계–지식교육 : 안전의식 향상, 안전규정 숙지, 기능 및 태도교육에 관한 기초지식 주입 등
　　2) 2단계–기능교육 : 안전기술기능, 안전장치관리기능, 정비·검사·점검에 관한 기능 등
　　3) 3단계–태도교육 : 본문 설명

27 동일 부서 직원 6명의 선호 관계를 분석한 결과 다음과 같은 소시오그램이 작성되었다. 이 소시오그램에서 실선은 선화관계, 점선은 거부관계를 나타낼 때, 4번 직원의 선호신분지수는 얼마인가?

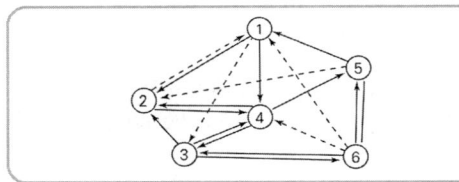

① 0.2　　　　　② 0.33
③ 0.4　　　　　④ 0.6

해설 ④의 선호신분지수= $\dfrac{선호총계}{구성원수 - 1}$

　　　　　　　　= $\dfrac{2}{6-1} = 0.4$

28 강의식 교육에 대한 설명으로 틀린 것은?

① 기능적, 태도적인 내용의 교육이 어렵다.
② 사례를 제시하고 그 문제점에 대해서 검토하고 대책을 토의한다.
③ 수강자의 주의집중도나 흥미의 정도가 낮다.

④ 짧은 시간동안 많은 내용을 전달해야 하는 경우에 적합하다.

해설 ②항 : 사례연구법

29 MTP(Management Training Program) 안전교육 방법의 총 교육시간으로 가장 적합한 것은?

① 10시간　　　　② 40시간
③ 80시간　　　　④ 120시간

해설 MTP : FEAF(Far East Air Forces)라고도 하며, 10~15명을 한 반으로 2시간씩 20회에 걸쳐 훈련하고, 관리의 기능, 조직의 원칙, 조직의 운영, 시간관리, 훈련의 관리 등을 교육내용으로 한다.

30 그림과 같이 수직 평행인 세로의 선들이 평행하지 않는 것으로 보이는 착시현상에 해당하는 것은?

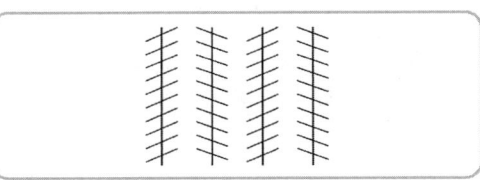

① 죌러(Zöller)의 착시
② 쾰러(Köhler)의 착시
③ 헤링(Hering)의 착시
④ 포겐도르프(Poggendorf)의 착시

해설 죌러(zöller) : 그림에서 세로의 선들이 수직평행선인데 굽어보이는 착시현상을 나타내고 있다.

31 레윈(Lewin)의 행동방정식 $B = f(P \cdot E)$에서 P의 의미로 맞는 것은?

① 주어진 환경　　② 인간의 행동
③ 주어진 직무　　④ 개인적 특성

해설 레빈(Lewin)의 법칙 : Lewin은 인간의 행동(B)은 그 사람이 가진 자질, 극 개체(P)와 심리학적 환경(E)과의 상호 함수관계에 있다고 하였다.

$\therefore B = f(P \cdot E)$

1) B : Behavior(인간의 행동)
2) f : function(함수관계)
3) P : Person(개체 : 연령, 경험, 심신상태, 서역, 지능 등)
4) E : Environment(심리적 환경 : 인간관계, 작업환경 등)

32 과업과 직무를 수행하는 데 요구되는 인적 자질에 의해 직무의 내용을 정의하는 절차에 해당하는 것은?

① 직무분석(job analysis)
② 직무평가(job evaluation)
③ 직무확충(job enrichment)
④ 직무만족(job satisfaction)

해설 직무분석(job analysis) : 본문설명

33 동기부여에 관한 이론 중 동기부여 요인을 중요시하는 내용이론에 해당하지 않는 것은?

① 브룸의 기대이론
② 알더퍼의 ERG 이론
③ 매슬로우의 욕구위계설
④ 허츠버그의 2요인 이론(이원론)

해설 브룸(Vroom)의 기대이론 : 동기적인 힘(동기부여 정도)은 유인가와 기대치의 곱으로 나타낸다.

동기적 힘 = 유인가 × 기대치

1) **유인가** : 여러 행동대안의 결과에 대하여 개인이 갖고 있는 매력의 강도를 말한다.
2) **기대치** : 일의 결과가 현실화 될 수 있는 확률을 나타낸다.

> **길잡이** 브룸의 기대이론 : 동기부여 과정이론

34 에빙하우스(Ebbinghaus)의 연구결과에 따른 망각률이 50%를 초과하게 되는 최초의 경과시간은 얼마인가?

① 30분
② 1시간
③ 1일
④ 2일

해설 에빙 하우스(Ebbinghaus)의 파지율과 망각율 : 에빙하우스에 의한 망각곡선에 의하면 학습직후의 망각률이 가장 높아서 1시간 경과후의 파지율이 44.2%이고, 1일(24시가) 후에는 전체의 1/3에 해당되는 33.7%0 고, 그후부터는 망각이 완만하여 6일(144시가)이 경과한 뒤에는 파지량이 전체의 1/4정도인 25.4%가 된다는 것을 알 수 있게 된다.

[표] 파지율과 망각률

경과시간	파지율	강각율
0.33	58.2%	41.8%
1	44.2%	55.8%
8.8	35.8%	64.2%
24(1일)	33.7%	66.3%
48(2일)	27.8%	72.2%
6×24	25.4%	74.6%
31×24	21.1%	78.9%

35 남의 행동이나 판단을 표본으로 하여 그것과 같거나 혹은 그것에 가까운 행동 또는 판단을 취하려는 인간관계 메커니즘으로 맞는 것은?

① Projection
② Imitation
③ Suggestion
④ Identification

해설 인간관계의 메커니즘

1) **동일화(identification)** : 다른 사람의 행동양식이나 태도를 투입시키거나, 다른 사람 가운데서 자기와 비슷한 것을 발견하는 것
2) **투사(projection)** : 자기 속의 억압된 의식을 다른 사람의 의식으로 간드는 것
3) **커뮤니케이션(communication)** : 갖가지 행동 양식이나 기호를 매개로 하여 어떤 사람으로부터 다른 사람에게 전달되는 과정

4) **모방**(imitation) : 남의 행동이나 판단을 표본으로 하여 그것과 같거나 또는 그것에 가까운 행동 또는 판단을 취하려는 것

5) **암시**(suggestion) : 다른 사람으로부터의 판단이나 행동을 무비판적으로 논리적, 사실적 근거 없이 받아들이는 것

36 동작실패의 원인이 되는 조건 중 작업강도와 관련이 가장 적은 것은?

① 작업량　　② 작업속도
③ 작업시간　　④ 작업환경

해설 동작실패의 원인이 되는 작업강도의 조건
1) **작업량**(작업밀도)
2) 작업속도
3) 작업시간
4) 작업범위

37 집단 심리요법의 하나로 자기 해방과 타인 체험을 목적으로 하는 체험활동을 통해 대인관계에서의 태도 변용이나 통찰력, 자기이해를 목표로 개발된 교육 기법에 해당하는 것은?

① 롤플레잉(Role Playing)
② OJT(On the Job Training)
③ ST(Sensitivity Training) 훈련
④ TA(Transactional Analysis) 훈련

해설 **역할연기법**(role playing) : 참석자에게 어떤 역할을 주어서 실제로 시켜 봄으로써 훈련이나 평가에 사용하는 교육기법으로. 절충능력이나 협조성을 높여서 태도의 변용에도 도움을 준다.

38 비통제의 집단행동에 해당하는 것은?

① 관습　　② 유행
③ 모브　　④ 제도적 행동

해설 **비통제의 집단행동** : 성원의 감정, 정서에 의해 좌우되고 연속성이 희박하다.
① **군중**(crowd) : 성원 사이에 지위나 역할의 분화가 없고, 성원 각자는 책임감을 가지지 않으며 비판력도 가지지 않는다.
② **모브**(mob) : 폭동과 같은 것을 말하며, 군중보다 한층 합의성이 없고 감정만에 의해서 행동한다.
③ **패닉**(panic) : 이상적인 상황에서도 모브가 공격적일 때 패닉은 방어적 특징이다.
④ **심리적 전염**(mental epidemin) : 유행과 비슷하면서 행동양식이 이상적이며, 비합리성이 강한 것으로, 어떤 사상이 상당한 기간을 걸쳐 광범위하게 논리적, 사고적 근거 없이 무비판하게 받아들여지는 것을 의미한다.

39 작업지도 기법의 4단계 중 그 작업을 배우고 싶은 의욕을 갖도록 하는 단계로 맞는 것은?

① 제1단계 : 학습할 준비를 시킨다.
② 제2단계 : 작업을 설명한다.
③ 제3단계 : 작업을 시켜본다.
④ 제4단계 : 작업에 대해 가르친 뒤 살펴본다.

해설 **작업지도 기법의 4단계**
(1) 1단계 : 학습할 준비를 시킨다(학습준비)
1) 마음을 안정시킨다.
2) 무슨 작업을 할 것인가를 말해준다.
3) 작업에 대해 알고 있는 정도를 확인한다.
4) 작업을 배우고 싶은 의욕을 갖게 한다.
5) 정확한 위치에 자리 잡게 한다.
(2) 제2단계 – 작업을 설명한다(작업설명)
1) 주요단계를 하나씩 설명해주고 시범해 보이고 그려 보인다.
2) 급소를 강조한다.
3) 확실하게, 빠짐없이, 끈기있게 지도한다.
4) 이해할 수 있는 능력 이상으로 강요하지 않는다.
(3) 제3단계 – 작업을 시켜본다(실습)
(4) 제4단계 – 가르친 뒤를 살펴본다(결과시찰).

■ **정답** ■　36.④　37.①　38.③　39.①

40 작업장에서의 사고예방을 위한 조치로 틀린 것은?

① 감독자와 근로자는 특수한 기술뿐 아니라 안전에 대한 태도도 교육을 받아야 한다.
② 모든 사고는 사고 자료가 연구될 수 있도록 철저히 조사되고 자세히 보고되어야 한다.
③ 안전의식고취 운동에서 포스터는 긍정적인 문구보다 부정적인 문구를 사용하는 것이 더 효과적이다.
④ 안전장치는 생산을 방해해서는 안 되고, 그것이 제 위치에 있지 않으면 기계가 작동되지 않도록 설계되어야 한다.

해설 포스터의 처참한 장면과 부정적인 문구는 안전의식 고취에 역효과를 초래할 수 있다.

제3목 / 인간공학 및 시스템안전공학

---

41 소음방지 대책에 있어 가장 효과적인 방법은?

① 음원에 대한 대책
② 수음자에 대한 대책
③ 전파경로에 대한 대책
④ 거리감쇠와 지향성에 대한 대책

해설 소음방지대책
1) 음원대책
  ① 소음원의 제거 : 가장 적극적(근본적)인 소음방지대책
  ② 소음원의 통제 : 기계의 적절한 설계, 적절한 정비 및 주유, 기계에 고무 받침대 부착 차량에는 소음기 사용
  ③ 소음의 격리(소음전달경로의 제어) : 씌우개 방, 장벽을 사용(집의 창문을 닫으면 약 10dB 감음됨)
2) 능동제어대책 : 감쇠대상의 음파와 동위상인

신호를 보내어 음파간에 간섭현상을 일으키면서 소음이 저감되도록 하는 기법
3) 수음자대책
  ① 1차적 방법 : 청각 보호장비의 사용
  ② 2차적 방법 : 청력검사에 의한 직무재배치와 작업자의 노출시간 감축
4) 전파경로대책
  ① 차폐장치 및 흡음재료 사용
  ② 소음기 사용
  ③ 소음원을 멀리 이동

---

42 산업안전보건법령에 따라 유해위험방지계획서의 제출대상 사업은 해당 사업으로서 전기 계약용량이 얼마 이상인 사업인가?

① 150kW
② 200kW
③ 300kW
④ 500kW

해설 법상 유해위험방지계획서 제출대상 사업의 전기 계약용량 : 300kW 이상

---

43 화학설비에 대한 안정성 평가(safety assessment)에서 정량적 평가 항목이 아닌 것은?

① 습도
② 온도
③ 압력
④ 용량

해설 화학설비에 대한 안전성평가시 정량적 평가 항목
1) 취급물질   2) 용량
3) 온도   4) 압력
5) 조작

---

44 FT도에 사용하는 기호에서 3개의 입력현상 중 임의의 시간에 2개가 발생하면 출력이 생기는 기호의 명칭은?

① 억제 게이트
② 조합 AND 게이트
③ 배타적 OR 게이트
④ 우선적 AND 게이트

해설 **수정 기호(——〈 조건 〉)**

1) **우선적 AND Gate** : 입력사상 가운데 어느 사상이 다른 사상보다 먼저 일어났을 때에 출력사상이 생긴다. 예를 들면 「A는 B보다 먼저」와 같이 기입한다.

2) **짜 맞춤(조합) AND Gate** : 3개 이상의 입력사상 가운데 어느 것이든 2개가 일어나면 출력사상이 생긴다. 예를 들면 「어느 것이든 2개」라고 기입한다.

3) **위험지속기호** : 입력사상이 생겨서 어느 일정시간 지속하였을 때에 출력사상이 생긴다. 예를 들면 「위험지속시간」과 같이 기입한다.

4) **배타적 OR Gate** : OR Gate로 2개 이상의 입력이 동시에 존재할 때에는 출력사상이 생기지 않는다. 예를 들면 「동시에 발생하지 않는다.」라고 기입한다.

45 고장형태와 영향분석(FMEA)에서 평가요소로 틀린 것은?

① 고장발생의 빈도
② 고장의 영향 크기
③ 고장방지의 가능성
④ 기능적 고장 영향의 중요도

해설 **FMEA의 5가지 평가요소**

1) C1 : 기능적 고장영향의 중요도
2) C2 : 영향을 미치는 시스템의 범위
3) C3 : 고장발생의 빈도
4) C4 : 고장방지의 가능성
5) C5 : 신규설계의 정도

46 공정안전관리(process safety management : PSM)의 적용대상 사업장이 아닌 것은?

① 복합비료 제조업
② 농약 원제 제조업
③ 차량 등의 운송설비업
④ 합성수지 및 기타 플라스틱물질 제조업

해설 **공정안전보고서 제출대상 사업**

(시행령 제33조의 6)

1. 원유 정제처리업
2. 기타 석유정제물 재처리업
3. 석유화학계 기초화학물질 제조업 또는 합성수지 및 기타 플라스틱물질 제조업.
4. 질소 화합물, 질소·인산 및 칼리질 화학비료 제조업 중 질소질 화학비료 제조업
5. 복합비료 및 기타 화학비료 제조업 중 복합비료 제조업(단순혼합 또는 배합에 의한 경우는 제외)
6. 화학 살균·살충제 및 농업용 약제 제조업 (농약 원제 제조만 해당)
7. 화약 및 불꽃제품 제조업

47 어떤 결함수를 분석하여 minimal cut set을 구한 결과 다음과 같았다. 각 기본사상의 발생확률을 q_i, i=1, 2, 3라 할 때 정상사상의 발생확률함수로 맞는 것은?

[다음]
k_1=[1, 2], k_2=[1, 3], k_3=[2, 3]

① $q_1 q_2 + q_1 q_2 - q_2 q_3$
② $q_1 q_2 + q_1 q_3 - q_2 q_3$
③ $q_1 q_2 + q_1 q_3 + q_2 q_3 - q_1 q_2 q_3$
④ $q_1 q_2 + q_1 q_3 + q_2 q_3 - 2 q_1 q_2 q_3$

48 아령을 사용하여 30분간 훈련한 후, 이두근의 근육 수축작용에 대한 전기적인 신호 데이터를 모았다. 이 데이터들을 이용하여 분석할 수 있는 것은 무엇인가?

① 근육의 질량과 밀도
② 근육의 활성도와 밀도
③ 근육의 피로도와 크기
④ 근육의 피로도와 활성도

해설 **근육의 피로도와 활성도** : 이두근의 근육 수축작용에 대한 전기적 신호 데이터를 이용하여 분석한다.

■ 정답 ■ 45.② 46.③ 47.④ 48.④

49 n개의 요소를 가진 병렬 시스템에 있어 요소의 수명(MTTF)이 지수분포를 따를 경우 이 시스템의 수명을 구하는 식으로 맞는 것은?

① $MTTF \times n$

② $MTTF \times \dfrac{1}{n}$

③ $MTTF\left(1 + \dfrac{1}{2} + \cdots + \dfrac{1}{n}\right)$

④ $MTTF\left(1 \times \dfrac{1}{2} \times \cdots \times \dfrac{1}{n}\right)$

해설 계의 수명(MTTF : mean time to failure)

　1) **병렬계** : 구성요소가 모두 고장난 시점. 즉, 가장 긴 수명이고 가장 늦게 고장난 요소가 계의 수명을 결정하는 최대수명계로 되어 있다. 요소가 지수분포에 따를 경우 계의 수명 MTTF는 $\left(1 + \dfrac{1}{2} + \cdots + \dfrac{1}{n}\right)$배로 늘어난다.

　2) **직렬계** : 직렬계를 구성하는 요소 중에서 어느 하나가 맨 먼저 고장나는 것이 계의 수명을 결정한다. 특히 구성요소의 수명이 모두 같은 MTTF=1/λ을 갖는 지수분포에 따를 경우 계의 고장율은 요소의 고장율의 n배, 즉 고장의 찬스는 n배로 늘고 따라서 계의 수명 MTTF는 요소 MTTF의 $\dfrac{1}{n}$이 된다.

　　직렬계의 수명 $= \dfrac{MTTF}{n}$

50 그림과 같이 7개의 부품으로 구성된 시스템의 신뢰도는 약 얼마인가?(단, 네모안의 숫자는 각 부품의 신뢰도이다.)

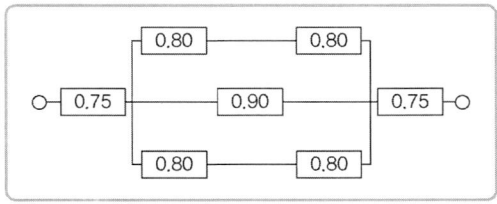

① 0.5552

② 0.5427

③ 0.6234

④ 0.9740

해설 R = 0.75×[1−(1−0.8×0.8)(1−0 9) (1−0.8×0.8)]×0.75

　　= 0.5552

51 인간의 오류모형에서 "알고 있음에도 의도적으로 따르지 않거나 무시한 경우"를 무엇이라 하는가?

① 실수(Slip)

② 착오(Mistake)

③ 건망증(Lapse)

④ 위반(Violation)

해설 인간의 오류 모형

1) 실수 (Slip)	상황이나 목표에 대한 해석은 제대로 하였으나 의도와는 다른 행동을 하는 경우(주의 산만이나 주의력 결핍에 의해 발생)
2) 착오 (Mistake)	상황에 대한 해석을 잘못하거나 목표에 대한 잘못된 이해로 착각하여 행하는 경우 (주어진 정보가 불완전하거나 오해하는 경우에 발생하며 틀린줄 모르고 행하는 오류)
3) 건망증 (Lapse)	여러 과정이 연계적으로 계속하여 일어나는 행동 중에서 일부를 잊어버리고 하지 않거나 또는 기억의 실패에 의해 발생
4) 위반 (Violation)	정해져 있는 규칙을 알고 있으면서 고의로 따르지 않거나 무시하는 행위

52 결함수분석의 기대효과와 가장 관계가 먼 것은?

① 시스템의 결함 진단

② 시간에 따른 원인 분석

③ 사고원인 규명의 간편화

④ 사고원인 분석의 정량화

해설 FTA(결함수 분석법)의 활용 및 기대효과

　1) 사고원인 규명의 간편화

　2) 사고원인 분석의 일반화

　3) 사고원인 분석의 정량화

　4) 노력시간의 절감

　5) 시스템의 결함진단

　6) 안전점검표 작성

■ 정답 ■　**49.**③　**50.**①　**51.**④　**52.**②

53 신체 부위의 운동에 대한 설명으로 틀린 것은?

① 굴곡(flexion)은 부위간의 각도가 증가하는 신체의 움직임을 의미한다.
② 외전(abduction)은 신체 중심선으로부터 이동하는 신체의 움직임을 의미한다.
③ 내전(adduction)은 신체의 외부에서 중심선으로 이동하는 신체의 움직임을 의미한다.
④ 외선(lateral rotation)은 신체의 중심선으로부터 회전하는 신체의 움직임을 의미한다.

해설 신체동작의 유형
1) 굴곡(屈曲.flexion) : 관절의 각도를 감소시키는 동작
2) 신전(伸展, extension) : 굴곡과 반대방향으로 움직이는 동작으로 관절의 각도를 증가시키는 동작
3) 내전(內傳, adduction) : 신체의 중심선에 가까워지도록 움직이는 동작
4) 외전(外傳, abduction): 신체의 중심선으로부터 멀어지도록 움직이는 동작
5) 회전(回轉, rotation): 신체부위 자체의 길이방향 축 둘레에서의 동작
　① 내선(內旋, medial rotation): 신체의 중심선을 향하여 안쪽으로 회전하는 동작
　② 외선(外旋, lateral rotaion): 신체의 중심선 바깥으로 회전하는 동작

54 인간 전달 함수(Human Transfer Function)의 결점이 아닌 것은?

① 입력의 협소성
② 시점적 제약성
③ 정신운동의 묘사성
④ 불충분한 직무 묘사

해설 1) 인간전달함수의 결점
　① 입력의 협소성　② 시점의 제약성
　③ 불충분한 직무묘사
2) 인간전달함수의 개입변수
　① 감각과정　② 인식과정
　③ 중재과정　④ 정신운동 통제

55 음량수준을 평가하는 척도와 관계없는 것은?

① HSI
② phon
③ dB
④ sone

해설 음량수준의 평가척도
1) dB(decibel) : 음압수준을 표시하는 단위로 사용한다 (dB은 소리의 세기에 대한 물리적 측정단위)
2) phon : 1000Hz 순음의 음압수준(dB)은 나타낸다.
3) sone : 1000Hz, 40dB은 음압수준을 가진 순음의 크기(=40phon)를 1sone이라한다.
4) sone과 phon의 관계식
$\therefore$ sone 치=$2^{(\text{Phon}-40)/10}$

56 빨강, 노랑, 파랑의 3가지 색으로 구성된 교통 신호등이 있다. 신호등은 항상 3가지 색 중 하나가 켜지도록 되어 있다. 1시간 동안 조사한 결과, 파란등은 총 30분 동안, 빨간등과 노란등은 각각 총 15분 동안 켜진 것으로 나타났다. 이 신호등의 총 정보량은 몇 bit인가?

① 0.5
② 0.75
③ 1.0
④ 1.5

해설 총정보량(H) $= \sum_{i=1}^{n} Pi \log_2\left(\frac{1}{Pi}\right)$
$= \frac{1}{2}\log_2\left(\frac{1}{1/2}\right) + \frac{1}{4}\log_2\left(\frac{1}{1/4}\right)$
$\quad + \frac{1}{4}\log_2\left(\frac{1}{1/4}\right)$
$= 1.5$

여기서,
$P_1(\text{파란등}) = \frac{30}{60} = \frac{1}{2}$
$P_2(\text{빨간등}) = \frac{15}{60} = \frac{1}{4}$
$P_3(\text{노란등}) = \frac{15}{60} = \frac{1}{4}$

■정답 ■ 53.① 54.③ 55.① 56.④

57 다음과 같은 실내 표면에서 일반적으로 추천반사율의 크기를 맞게 나열한 것은?

[다음]
ㄱ 바닥 ㄴ 천정 ㄷ 가구 ㄹ 벽

① ㄱ < ㄹ < ㄷ < ㄴ
② ㄹ < ㄱ < ㄴ < ㄷ
③ ㄱ < ㄷ < ㄹ < ㄴ
④ ㄹ < ㄴ < ㄱ < ㄷ

해설 반사율(reflectance)

1) 반사율(%) $= \dfrac{광속 발산도(fL)}{조명(fc)} \times 100$

2) 옥내 최적 반사율
 ① 천정 : 80~90%
 ② 벽, 창문 발(blind) : 40~60%
 ③ 가구, 사무용기기, 책상 : 25~45%
 ④ 바닥 : 20~40%

58 인간공학에 대한 설명으로 틀린 것은?

① 인간이 사용하는 물건, 설비, 환경의 설계에 적용된다.
② 인간을 작업과 기계에 맞추는 설계 철학이 바탕이 된다.
③ 인간-기계 시스템의 안정성과 편리성, 효율성을 높인다.
④ 인간의 생리적, 심리적인 면에서의 특성이나 한계점을 고려한다.

해설 인간공학은 작업과 기계를 인간에게 맞추는 설계철학이 바탕이 된다.

59 정성적 표시장치의 설명으로 틀린 것은?

① 정성적 표시장치의 근본 자료 자체는 정량적인 것이다.
② 전력계에서 같이 기계적 혹은 전자적으로 숫자가 표시된다.
③ 색채 부호가 부적합한 경우에는 계기판 표

시 구간을 형상 부호화하여 나타낸다.
④ 연속적으로 변하는 변수의 대략적인 값이나 변화추세, 변화율 등을 알고자 할 때 사용된다.

해설 ②항, 전력계에서와 같이 기계적·전자적으로 숫자가 표시되는 장치 : 정량적 동적표시장치

60 착석식 작업대의 높이 설계를 할 경우 고려해야 할 사항과 가장 관계가 먼 것은?

① 의자의 높이　② 대퇴 여유
③ 작업의 성격　④ 작업대의 형태

해설 착석식 작업대 높이 설계시 고려사항
 1) 의자높이
 2) 대퇴여유
 3) 작업의 성격

┌─────────────────────────┐
│　　　제4목 / 건설시공학　　　│
└─────────────────────────┘

61 어스앵커 공법에 관한 설명으로 옳지 않은 것은?

① 인근구조물이나 지중매설물에 관계없이 시공이 가능하다.
② 앵커체가 각각의 구조체이므로 적용성이 좋다.
③ 앵커에 프리스트레스를 주기 때문에 흙막이벽의 변형을 방지하고 주변 지반의 침하를 최소한으로 억제할 수 있다.
④ 본 구조물의 바닥과 기둥의 위치에 관계없이 앵커를 설치할 수도 있다.

해설 ①항, 인공구조물이나 지중매설물이 있을 경우에는 시공이 곤란하다.

62 건설현장에서 시멘트벽돌쌓기 시공 중에 붕괴사고가 가장 많이 일어날 것으로 예상할 수 있는 경우는?

① 0.5B쌓기를 1.0B쌓기로 변경하여 쌓을 경우
② 1일 벽돌쌓기 기준 높이를 초과하여 높게 쌓을 경우
③ 습기가 있는 시멘트벽돌을 사용할 경우
④ 신축줄눈을 설치하지 않고 시공할 경우

해설 1) 1일 벽돌쌓기 기준높이를 초과하여 높게 쌓을 경우에 시공 중 붕괴사고가 가장 많이 발생한다.
2) 1일 벽돌쌓기 기준높이 : 1.5m(22켜)이하, 보통 1.2m(18켜)정도

63 강말뚝의 특징에 관한 설명으로 옳지 않은 것은?

① 휨강성이 크고 자중이 철큰콘크리트말뚝보다 가벼워 운반취급이 용이하다.
② 강재이기 때문에 균질한 재료로서 대량생산이 가능하고 재질에 대한 신뢰성이 크다.
③ 표준관입시험 N값 50정도의 경질지반에도 사용이 가능하다.
④ 지중에서 부식되지 않으며 타 말뚝에 비하여 재료비가 저렴한 편이다.

해설 강재말뚝은 지중에서 부식되어 내구성이 떨어지며 타말뚝에 비하여 재료비가 고가이다.

64 원가절감에 이용되는 기법 중 VE(Value Engineering)에서 가치를 정의하는 공식은?

① 품질/비용
② 비용/기능
③ 기능/비용
④ 비용/품질

해설 VE(Value engineering ; 가치공학)
1) 제품이나 서비스 기능의 향상과 원가 절감을 실현하려는 경영관리 수단이다
2) VE는 제품이 갖고 있는 기능을 중시하며 기능의 개선향상에 의해 제품의 가치를 높이는 것이 특징이다

$$VE의\ 가치 = \frac{기능}{비용}$$

65 바닥판 거푸집의 구조계산 시 고려해야하는 연직하중에 해당하지 않는 것은?

① 굳지 않은 콘크리트의 중량
② 작업하중
③ 충격하중
④ 굳지 않은 콘크리트의 측압

해설 거푸집의 연직방향 하중(W) 산정식
W =고정하중+충격하중+작업하중
$= (r \cdot t) + (1/2r \cdot t) + 150kg/m^2$
여기서, ⌈r : 철근콘크리트 비중(kg/m³)
⌊t : 슬래브 두께(m)
1) 고정하중 : 콘크리트 자중(=철근콘크리트 비중×슬래브 두께)
2) 충격하중 : 고정하중×1/2
3) 작업하중 : 작업원 중량 + 장비 및 가설설비의 등의 중량 = $150kg/m^2$

66 실비에 제한을 붙이고 시공자에게 제한된 금액이내에 공사를 완성할 책임을 주는 공사방식은?

① 실비 비율 보수가산식
② 실비 정액 보수 가산식
③ 실비 한정비율 보수 가산식
④ 실비 준동률 보수가산식

해설 실비정산식 시공계약제도
1) **실비비율 보수가산식** : 공사의 진척에 따라 정해진 시기에 실비(A)와 이 실비에 미리 계약된 비율을 곱한 금액(Af)을 보수로서 시공자에게 지불해가는 공사방식
2) **실비 정액 보수가산식** : 실비의 여하를 막론하고 미리 계약된 일정액의 보수만을 지불하는 공사방식
3) **실비한정비율 보수가산식** : 실비에 제한을 두

고 시공자에게 제한된 금액 내에서 공사를 완성시키는 책임을 주는 공사방식
4) **실비변동 보수가산식** : 실비를 몇 단계로 분할하여 공사비가 각단계의 금액보다 증가될 때는 반대로 비율보수 또는 정액보수를 체감하는 방식

67 철골작업용 장비 중 절단용 장비로 옳은 것은?

① 프릭션 프레스(friction press)
② 플레이트 스트레이닝 롤(plate straining roll)
③ 파워 프레스(power press)
④ 핵 소우(hack saw)

해설 핵 소우(hack saw ; 활톱) : 활모양으로 된 프레임에 톱날을 끼워 사용하는 쇠톱

68 그림과 같이 H-400×400×30×50인 형강재의 길이가 10m일 때 이 형강의 개산 중량으로 가장 가까운 값은?(단, 철의 비중은 7.85ton/m³임)

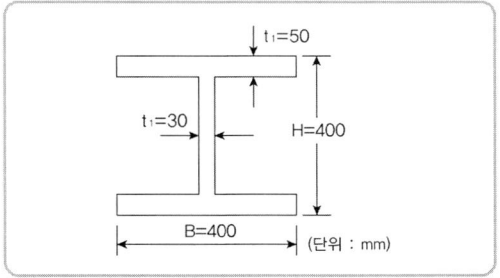

① 1ton   ② 4ton
③ 8ton   ④ 12ton

해설 1) 형강의 부피
= (0.4m×0.05m×10m)×2
+[(0.4−0.05×2)m×0.03m×10m]
= 0.49m³
2) 형강의 중량
=7.85ton/m³ × 0.49m³ =3.85ton

69 다음 보기에서 일반적인 철근의 조립순서로 옳은 것은?

[보기]
A. 계단철근   B. 기둥철근
C. 벽철근   D. 보철근
E. 바닥철근

① A-B-C-D-E   ② B-C-D-E-A
③ A-B-C-E-D   ④ B-C-A-D-E

해설 철근의 조립순서
1) 기둥철근 → 2) 벽철근 → 3) 보철근 → 4) 바닥철근 → 5) 계단철근

70 깊이 7m 정도의 우물을 파고 이곳에 수중 모터펌프를 설치하여 지하수를 양수하는 배수공법으로 지하용수량이 많고 투수성이 큰 사질지반에 적합한 것은?

① 집수정(sump pit)공법
② 깊은 우물(deep well)공법
③ 웰 포인트(well point)공법
④ 샌드 드레인(sand drain)공법

해설 1) **집수정 공법** : 지반에 깊이 2~4m정도로 굴착하여 집수통을 설치하고 집수통에 모인 지하수를 수중펌프로 사용하여 외부로 배출시키는 배수공법
2) **깊은 우물공법** : 본문설명
3) **웰 포인트 공법**
① 출 수가 많고 깊은 터 파기에서 진공펌프와 원심펌프를 병용하는 지하수 배수에 의해 지하수위를 낮추는 공법이다.
② 흙막이 토질 약화를 예방하고, 흙막이 토압을 낮추며 기초 파기 공사를 용이하게 하고 지내력을 증가시킨다
4) **샌드드레인 공법** : 연약한 점토층의 수분을 배제하여 지반의 개량을 도모하는 공법으로 철관을 지반에 때려 박아 二 속에 모래를 다져 넣고 지표면에 하중을 실어서 모래 말뚝을 통하여 탈수 시켜서 지반을 다진다.

71 벽돌, 블록 등 조적공사에서 일반적으로 가장 많이 이용되는 치장줄눈 형태는?

① 평줄눈　　　　② 볼록줄눈
③ 오목줄눈　　　　④ 민줄눈

해설 **치장줄눈**
1) **치장줄눈** : 줄눈모르타르가 굳기전에 줄눈파기를 한 후 수밀하고 줄 바르게 마무리하는 줄눈이다.
2) 깊이는 6mm를 표준으로 한다.
3) 줄눈모양은 평줄눈, 둥근줄눈, 민줄눈, 빗줄눈 등이 있으나 보통 평줄눈이 가장 많이 사용된다.

72 시간이 경과함에 따라 콘크리트에 발생되는 크리프(Creep)의 증가원인으로 옳지 않은 것은?

① 단위 시멘트량이 적을 경우
② 단면의 치수가 작을 경우
③ 재하시기가 빠를 경우
④ 재령이 짧을 경우

해설 **크리프 현상**
1) 일정한 하중이 장기간 가해질 때 하중의 증기가 없어도 변형이 증대되는 현상을 크리프라 한다.
2) 콘크리트에서 크리프(creep)가 커지는 경우
　① 재령이 짧을수록
　② 부재의 단면치수가 작을수록
　③ 외부습도가 낮을수록
　④ 대기온도가 높을수록
　⑤ 배합이 적절치 않고 물시멘트비가 클수록
　⑥ 단위시멘트 양이 많을수록

73 콘크리트 타설과 관련하여 거푸집 붕괴사고 방지를 위하여 우선적으로 검토·확인하여야 할 사항 중 가장 거리가 먼 것은?

① 콘크리트 측압 확인
② 조임철물 배치간격 검토

③ 콘크리트의 단기 집중타설 여부 검토
④ 콘크리트의 강도 측정

해설 **콘크리트 타설 시 거푸집 붕괴사고 방지를 위해 검토·확인할 사항**
1) 콘크리트 측압확인
2) 조임철물 배치간격 검토
3) 콘크리트의 단기 집중타설여부 검토

74 다음 설명에 해당하는 공사낙찰자 선정방식은?

> 예정가격 대비 85%이상 입찰자 중 가장 낮은 금액으로 입찰한 자를 선정하는 방식으로, 최저가 낙찰자를 통한 덤핑의 우려를 방지할 목적을 지니고 있다.

① 부찰제
② 최저가 낙찰제
③ 제한적 최저가 낙찰제
④ 최적격 낙찰제

해설 제한적 최저자 낙찰제 : 본문 설명

75 철근콘크리트 구조의 철근 선조립 공법의 순서로 옳은 것은?

① 시공도작성→공장절단→가공→이음·조립→운반→현장부재양중→이음·설치
② 공장절단→시공도작성→가공→이음·조립→이음·설치→운반→현장부재양중
③ 시공도작성→가공→가공절단→운반→현장부재양중→이음·조립→이음·설치
④ 시공도작성→공장절단→운반→가공→이음·조립→현장부재양중→이음·설치

해설 **철근 선조립 공법의 순서** : 1) 시공도 작성 → 2) 공장절단 → 3) 가공 → 4) 이음·조립 → 5) 운반 → 6) 현장부재양중 → 7) 이음·설치

■ 정답 ■　71.①　72.①　73.④　74.③　75.①

76 네트워크 공정표의 주공정(Critical Path)에 관한 설명으로 옳지 않은 것은?

① TF가 0(Zero)인 작업을 주공정작업이라 한다.
② 총 공기는 공사착수에서부터 공사완공까지 소요시간의 합계이며, 최장시간이 소요되는 경로이다.
③ 주공정은 고정적이거나 절대적인 것이 아니고 가변적이다.
④ 주공정에 대한 공기단축은 불가능하다.

해설 1) **주공정**(critical path) : 프로젝트를 완료하기까지 필요한 일련의 상호 연관된 작업단위들 중 최장경로(가장 오래걸리는 경로)
2) 크리티칼패스의 소요일수를 공기라 하며 크리티칼패스상의 작업이 1일 늦어지면 공기도 1일 늦어진다(주공정에 대한 공기단축은 가능)

77 다음 중 콘크리트에 AE제를 넣어주는 가장 큰 목적은?

① 압축강도 증진
② 부착강도 증진
③ 워커빌리티 증진
④ 내화성 증진

해설 AE제(공기연행제)를 넣어주는 목적
1) 워커빌리티 증진
2) 내구성 증진

78 용접불량의 일종으로 용접의 끝부분에서 용착금속이 채워지지 않고 홈처럼 우묵하고 남아 있는 부분을 무엇이라 하는가?

① 언더컷   ② 오버랩
③ 크레이터   ④ 크랙

해설 1) **언더 컷**(under cut) : 용접상부(모재표면과 용접표면이 교차되는 점)에 따라 모재가 녹아 용착금속이 채워지지 않고 홈으로 남게

되는 부분
2) **오버 랩**(over lap ; 겹치기) : 용접 금속과 모재가 융합되지 않고 겹쳐지는 결함
3) **크레이터**(crater) : 아크 또는 가스화염의 작용에 의해서 비드(bead)의 종단에 생기는 오목한 곳
4) **크래**(crack) : 공기구멍 또는 선상조직, 용접의 구속, 살붙임 불량 등으로 생기는 결함

79 기초공사 중 언더피닝(Under pinning) 공법에 해당하지 않는 것은?

① 2중 널말뚝 공법
② 전기침투 공법
③ 강재말뚝 공법
④ 약액주입법

해설 언더피닝(under pinning)공법의 종류
1) 2중 널말뚝 공법
2) 강재말뚝 공법
3) 모르타르 및 약액주입법
4) 현장타설 콘크리트말뚝 설치

80 건설기계 중 기계의 작업면보다 상부의 흙을 굴삭하는데 적합한 것은?

① 불도저(bull dozer)
② 모터 그레이더(motor grader)
③ 클램쉘(clam shell)
④ 파워쇼벨(power shovel)

해설 1) **파워셔벨**(power shovel) : 중기가 위치한 지면보다 높은 장소의 땅을 굴착하는데 적합하며, 산지에서의 토공사, 암반으로부터 점토질까지 굴착할 수 있다.
2) **백호우(드래그 셔벨)** : 중기가 위치한 지면보다 낮은 곳의 땅을 파는데 적합하며, 수중굴착도 가능하다.

제5과목 / 건설재료학

81 비닐수지 접착제에 관한 설명으로 옳지 않은 것은?

① 용제형과 에멀션(emulsion)형이 있다.
② 작업성이 좋다.
③ 내열성 및 내수성이 우수하다.
④ 목재 접착에 사용가능하다.

해설 비닐수지 접착제
1) 초산비닐수지 또는 초산비닐염화비닐 공중합체를 주성분으로 하는 접착제이다.
2) 알코올이나 아세톤에 용해되는 용액형과 수중에서 수지가 현탁되는 에멀션(emulsion)형이 있다.
3) 작업성이 좋으며 다양한 종류를 접착하는 장점이 있다.
4) 목재가구 및 창호, 종이도배, 천도배 등의 접착에 사용된다.

82 기건상태에서의 목재의 함수율은 약 얼마인가?

① 5% 정도
② 15% 정도
③ 30% 정도
④ 45% 정도

해설 목재의 함수율
1) **기건재의 함수율** : 12~18%(평균 15%)
2) **섬유 포화점** : 섬유자신의 함수율이 25~30%(보통 30%)인 경우

83 콘크리트의 건조수축에 관한 설명으로 옳지 않은 것은?

① 시멘트의 조성분에 따라 수축량이 다르다.
② 시멘트량의 다소에 따라 일반적으로 수축량이 다르다.
③ 된비빔일수록 수축량이 크다.

④ 골재의 탄성계수가 크고 경질인 만큼 작아진다.

해설 ③항, 된비빔일수록 수축량이 작다

84 플라스틱 건설재료의 현장적용 시 고려사항에 관한 설명으로 옳지 않은 것은?

① 열가소성 플라스틱 재료들은 열팽창계수가 작으므로 경질판의 정착에 있어서 열에 의한 팽창 및 수축 여유는 고려하지 않아도 좋다.
② 마감부분에 사용하는 경우 표면의 흠, 얼룩변형이 생기지 않도록 하고 필요에 따라 종이, 천 등으로 보호하여 양생한다.
③ 열경화성 접착제에 경화제 및 촉진제 등을 혼입하여 사용할 경우, 심한 발열이 생기지 않도록 적정량의 배합을 한다.
④ 두께 2mm 이상의 열경화성 평판을 현장에서 가공할 경우, 가열가공하지 않도록 한다.

해설 ①항, 열가소성 플라스틱 재료들은 열팽창계수가 크므로 경질판에 정착시 열에 의한 팽창 및 수축 여유를 고려하여야 한다.

85 내열성이 크고 발수성을 나타내어 방수제로 쓰이며 저온에서도 탄성이 있어 gasket, packing의 원료로 쓰이는 합성수지는?

① 페놀수지
② 폴리에스테르수지
③ 실리콘수지
④ 멜라민수지

해설 실리콘(silicon)
1) **제법** : 염화규소에 그리냐아르 시약을 가하여 클로로실란을 제조하여 만든다. 클로로실란의 종류와 배합비에 따라 액체, 고무, 수지 등을 얻는다.
2) **성질** : 실리콘은 내열성이 우수하다. 실리콘 고무는 -60~260℃에 걸쳐 탄성을 유지하고, 150~177℃에서는 장시간 연속사용에 견디고, 270℃의 고온에서도 수 시간 사용

이 가능하다. 도료의 경우 안료로서 알루미늄 분말을 혼합한 것은 500℃에서는 수 시간, 250℃에서는 장시간을 견딘다. 실리콘은 전기절연성 및 내수성이 좋고 발수성(撥水性)이 있다.

3) **용도** : 실리콘 오일은 감마제(減摩劑), 펌프유, 절연유, 방수제로 쓰이고, 실리콘 고무는 고온, 저온에서 탄성이 있어서 가스켓(gasket), 패킹(packing) 등에 쓰인다.

86 ALC 제품에 관한 설명으로 옳지 않은 것은?

① 보통콘크리트에 비하여 중성화의 우려가 높다.
② 열전도율은 보통콘크리트의 1/10 정도이다.
③ 압축강도에 비해서 휨강도나 인장강도는 상당히 약하다
④ 흡수율이 낮고 동해에 대한 저항성이 높다.

해설 ALC(경량기포콘크리트)제품은 흡수율이 크고 동해에 대한 저항성이 낮다.

> **길잡이** ALC(autoclaved lightweight concrete)
> : **경량기포콘크리트**
> 1) ALC : 발포제에 의하여 콘크리트 내부에 무수한 기포를 독립적으로 분산시켜 중량을 가볍게 한 기포콘크리트(고온·고압으로 증기양생하여 제조)
> 2) 특징
> ① 기건 비중이 보통콘크리트의 약 1/4정도이다.
> ② 공극을 다량 함유하여 열전도율이 보통콘크리트보다 낮으며 단열성도 우수하다.
> ③ 불연재인 동시에 내화재료이다.
> ④ 경량이어서 인력에 의한 취급이 용이하다.
> ⑤ 흡수율이 크다(시공직전의 블록이나 패널은 기건상태를 유지해야 한다)
> ⑥ 동결해에 대한 저항성이 크며 내약품성이 증대된다.
> ⑦ 용적변화가 적고 백화의 발생도 적다.

87 시멘트의 경화시간을 지연시키는 용도로 일반적으로 사용하고 있는 지연제와 거리가 먼 것은?

① 리그닌설폰산염
② 옥시카르본산
③ 알루민산소다
④ 인산염

해설 콘크리트의 급결제 및 지연제
1) 급결제 : 염화제2철, 염화알루미늄, 탄산소다, 알루민산소다, 규산소다 등을 주성분으로 한 혼화제
2) 지연제 : 폴리알코올류, 옥시카로산과 그 염, 리그닌술폰(lignin sulfon)산과 그 염, 셀룰로오스류 등의 유기질계와 불화수소산, 인산염, 붕사, 산화아연 등의 무기질계

88 콘크리트의 강도 및 내구성 증가에 가장 큰 영향을 주는 것은?

① 물과 시멘트의 배합비
② 모래와 자갈의 배합비
③ 시멘트와 자갈의 배합비
④ 시멘트와 모래의 배합비

해설 콘크리트의 강도에 가장 큰 영향을 주는 요인 : 물·시멘트의 비

$$물·시멘트비 = \frac{물의 중량}{시멘트 중량} \times 100(\%)$$

89 부순굵은골재에 대한 품질규정치가 KS에 정해져 있지 않은 항목은?

① 압축강도   ② 절대건조밀도
③ 흡수율   ④ 안정성

해설 부순굵은골재의 품질규정 항목
1) 절대건조비중   2) 안정성
3) 흡수율   4) 마모감량

90 코너비드(Corner Bead)의 설치위치로 옳은 것은?

① 벽의 모서리　　② 천장 달대
③ 거푸집　　　　④ 계단 손잡이

해설 **코너비드(corner bead)** : 모서리 부분의 미장 바름을 보호하기 위하여 사용하는 모서리쇠이다.

91 공시체(천연산 석재)를 (105±2)℃로 24시간 건조한 상태의 질량이 100g, 표면건조포화상태의 질량이 110g, 물 속에서 구한 질량이 60g일 때 이 공시체의 표면건조포화상태의 비중은?

① 2.2　　　　　② 2
③ 1.8　　　　　④ 1.7

해설 석재의 비중 $= \dfrac{W_1}{W_3 - W_2}$

$$= \dfrac{100g}{110g - 60g} = 2$$

여기서, W_1 : 절대건조중량(110℃로 건조시켜 냉각시킨 중량)(g)
$\quad\quad W_2$: 수중에서 측정한 중량(g)
$\quad\quad W_3$: 공기중에서 측정한 중량(표면건조 포화상태의 중량)(g)

92 다음 목재가공품 중 주요 용도가 나머지 셋과 다른 것은?

① 플로어링블록(flooring block)
② 연질섬유판(soft fiber insulation board)
③ 코르크판(cork board)
④ 코펜하겐 리브판(copenhagen rib board)

해설 1) **플로어링블록** : 마루판류
　2) **연질섬유판** : 건축물의 내장 및 흡음재, 단열재, 보온재
　3) **코펜하겐리브판** : 장식재, 음향조절재
　4) **코르크판** : 단열재, 흡음재

93 특수도료의 목적상 방청도료에 속하지 않는 것은?

① 알루미늄 도료　　② 징크로메이트 도료
③ 형광도료　　　　④ 에칭프라이머

해설 **방청도료**
　1) **광명단 도료** : Pb_3O_4를 보일드유에 녹인 유성페인트의 일종
　2) **산화철 도료** : 도막의 내구성도 좋다.
　3) **알루미늄 도료** : 알루미늄 분말을 안료로 하는 도료로서(방청효과 및 열 반사 효과가 있다.)
　4) **징크로메이트 도료** : 전색제로 알키드 수지, 안료로 크롬산아연을 사용한 도료가 있다.
　5) **워시 프라이머(엣칭 프라이머)** : 합성수지의 전색제에 소량의 안료와 인산을 첨가한 도료이다.
　6) 기타 아스팔트, 타르, 피치 등이 있다.

94 건축용으로 판재지붕에 많이 사용되는 금속재는?

① 철　　　　　　② 동
③ 주석　　　　　④ 니켈

해설 **판재지붕에 많이 사용되는 금속재** : 동(Cu)

95 대규모 지하구조물, 댐 등 매스콘크리트의 수화열에 의한 균열발생을 억제하기 위해 벨라이트의 비율을 높인 시멘트는?

① 보통포틀랜드시멘트
② 저열포틀랜드시멘트
③ 실리카퓸 시멘트
④ 팽창시멘트

해설 **저열 포틀랜드 시멘트**
　1) 중용열포틀랜드 시멘트보다 경화에 따른 발열량이 더욱 작은 시멘트이다.
　2) 대규모 지하구조물, 대형댐 등의 건설에서 시멘트의 수화에 의한 발열로 균열이 발생하지 않도록 한 시멘트이다.

■ 정답 ■　90.①　91.②　92.①　93.③　94.②　95.②

96 금속 중 연(鉛)에 관한 설명으로 옳지 않은 것은?

① X선 차단효과가 큰 금속이다.
② 산, 알칼리에 침식되지 않는다.
③ 공기 중에는 탄산연($PbCO_3$) 등이 표면에 생겨 내부를 보호한다.
④ 인장강도가 극히 작은 금속이다.

해설 납(Pb)의 성질
1) 인장강도 극히 작다
2) x선 차단효과가 크며 보통 콘크리트의 100배 이상이다.
3) 염산, 황산, 농질산에는 침해되지 않으나 묽은 질산에 녹는다.
4) 알칼리에 약하다.

97 진주석 등을 800~1200℃로 가열 팽창시킨 구상입자 제품으로 단열, 흡음, 보온목적으로 사용되는 것은?

① 암면 보온판
② 유리면 보온판
③ 카세인
④ 펄라이트 보온재

해설 펄라이트 보온재
1) 화산석을 된 진주석을 800~1200℃로 가열팽창 시킨 구상입자(내부에 미세공극을 가짐)제품이다.
2) 건축용으로는 구조 단열, 보온, 흡음 등의 목적으로 사용된다.

98 AE콘크리트에 관한 설명으로 옳지 않은 것은?

① 시공연도가 좋고 재료분리가 적다.
② 단위수량을 줄일 수 있다.
③ 제물치장 콘크리트 시공에 적당하다.
④ 철근에 대한 부착강도가 증가한다.

해설 AE콘크리트는 철근에 대한 부착강도가 감소한다.

99 목재의 강도에 관한 설명으로 옳지 않은 것은?

① 함수율이 섬유포화점 이상에서는 함수율이 증가하더라도 강도는 일정하다.
② 함수율이 섬유포화점 이하에서는 함수율이 감소할수록 강도가 증가한다.
③ 목재의 비중과 강도는 대체로 비례한다.
④ 전단강도의 크기가 인장강도 등 다른 강도에 비하여 크다.

해설 목재의 강도
1) 목재강도의 크기 순서 : 인장강도 〉휨강도 〉압축강도 〉전단강도
2) 인장 및 압축강도 : 섬유의 평행방향에 대한 강도가 가장 크고, 섬유의 직각방향에 대한 것이 가장 작다 (직각방향의 인장강도는 평행방향 강도의 약 20~25% 정도).
3) 휨강도 : 휨강도는 압축강도의 약 1.75배 정도이다.
4) 전단강도 : 전단강도의 크기 는 세로방향 인장강도의 1/10 정도이며, 전단력은 섬유의 직각방향이 평행방향보다 강하다.

100 아스팔트 제품에 관한 설명으로 옳지 않은 것은?

① 아스팔트 프라이머 – 블로운 아스팔트를 용제에 녹인 것으로 아스팔트 방수, 아스팔트 타일의 바탕처리재로 사용된다.
② 아스팔트 유제 – 블로운 아스팔트를 용제에 녹여 석면, 광물질분말, 안정제를 가하여 혼합한 것으로 점도가 높다.
③ 아스팔트 블록 – 아스팔트모르타르를 벽돌형으로 만든 것으로 화학공장의 내약품 바닥마감재로 이용된다.
④ 아스팔트 펠트 – 유기천연섬우 또는 석면섬유를 결합한 원지에 연질의 스트레이트 아스팔트를 침투시킨 것이다.

해설 아스팔트 유제 : 유화제를 사용하여 아스팔트 미립자를 수중에 분산시킨 다갈색의 액체로 도로포장용, 특수시멘트 혼합용, 방수도료 등에 사용된다.

■ 정답 ■ 96.② 97.④ 98.④ 99.④ 100.②

제6과목 / 건설안전기술

101 건설업 산업안전 보건관리비의 사용내역에 대하여 수급인 또는 자기공사자는 공사 시작 후 몇 개월마다 1회 이상 발주자 또는 감리원의 확인을 받아야 하는가?

① 3개월
② 4개월
③ 5개월
④ 6개월

해설 안전관리비 사용내역의 확인(고용노동부고시 제2018-72호 제9조)
1) 수급인 또는 자기공사자는 안전관리비 사용내역에 대하여 공사 시작 후 6개월마다 1회 이상 발주자 또는 감리원의 확인을 받아야 한다. 다만, 6개월 이내에 공사가 종료되는 경우에는 종료시 확인을 받아야 한다.
2) 제1항에도 불구하고 발주자 또는 고용노동부의 관계 공무원은 안전관리비 사용내역을 수시 확인할 수 있으며, 수급인 또는 자기공사자는 이에 따라야 한다.
3) 발주자 또는 감리원은 안전관리비 사용내역 확인 시 기술지도 계약 체결여부, 기술지도 실시 및 개선여부 등을 확인하여야 한다.

102 차량계 하역운반기계등에 화물을 적재하는 경우에 준수하여야 할 사항으로 옳지 않은 것은?

① 하중이 한쪽으로 치우쳐서 효율적으로 적재되도록 할 것
② 구내운반차 또는 화물자동차의 경우 화물의 붕괴 또는 낙하에 의한 위험을 방지하기 위하여 화물에 로프를 거는 등 필요한 조치를 할 것
③ 운전자의 시야를 가리지 않도록 화물을 적재할 것
④ 최대적재량을 초과하지 않도록 할 것

해설 차량계하역운반기계등에 화물적재 시 준수사항 (안전보건규칙 제173조)
1) 하중이 한쪽으로 치우치지 않도록 적재할 것
2) 구내운반차 또는 화물자동차의 경우 화물의 붕괴 또는 낙하에 의한 위험을 방지하기 위하여 화물에 로프를 거는 등 필요한 조치를 할 것
3) 운전자의 시야를 가리지 않도록 화물을 적재할 것
4) 화물을 적재하는 경우에는 최대적재량을 초과하지 않도록 할 것

103 거푸집 해체작업 시 유의사항으로 옳지 않은 것은?

① 일반적으로 수평부재의 거푸집은 연직부재의 거푸집보다 빨리 떼어낸다.
② 해체된 거푸집이나 각목 등에 박혀있는 못 또는 날카로운 돌출물은 즉시 제거하여야 한다.
③ 상하 동시 작업은 원칙적으로 금지하여 부득이한 경우에는 긴밀히 연락을 위하여 작업을 하여야 한다.
④ 거푸집 해체작업장 주위에는 관계자를 제외하고는 출입을 금지시켜야 한다.

해설 거푸집 해체작업 시 준수사항
1) 거푸집 및 지보공(동바리)의 해체는 순서에 의하여 실시하여야 하며 안전담당자를 배치하여야 한다.
2) 거푸집 및 지보공(동바리)은 콘크리트 자중 및 시공 중에 가해지는 기타 하중에 충분히 견딜만한 강도를 가질 때까지는 해체하지 아니하여야 한다.
3) 거푸집 해체 작업 시 유의사항
① 해체작업을 할 때에는 안전모 등 안전보호장구를 착용하도록 한다.
② 거푸집 해체작업장 주위에는 관계자를 제외하고는 출입을 금지시켜야 한다.
③ 상하 동시작업은 원칙적으로 금지하되, 부득이한 경우에는 긴밀히 연락을 취하며 작업을 하여야 한다.

④ 거푸집 해체 때 구조체에 무리한 충격이 나 큰 힘에 의한 지렛대 사용은 금지하여 야 한다.

⑤ 보 또는 슬래브 거푸집을 제거할 때에는 거푸집의 낙하 충격으로 인한 작업원의 돌발적 재해를 방지하여야 한다.

⑥ 해체된 거푸집이나 각목 등에 박혀 있는 못 또는 날카로운 돌출물은 즉시 제거하 여야 한다.

⑦ 해체된 거푸집이나 각목의 재사용 가능 한 것과 보수하여야 할 것을 선별·분리 하여 적치하고 정리정돈을 하여야 한다.

104 차량계 하역운반기계를 사용하는 작업을 할 때 그 기계가 넘어지거나 굴러떨어짐으로써 근로자에게 위험을 미칠 우려가 있는 경우에 우선 적으로 조사하여야 할 사항과 가장 거리가 먼 것은?

① 해당 기계에 대한 유도자 배치
② 지반의 부동침하 방지 조치
③ 갓길 붕괴 방지 조치
④ 경보 장치 설치

해설 차량계 하역운반기계의 전도, 전락 등에 의한 근로 자의 위험방지 조치사항
1) 유도자 배치
2) 지반의 부동침하 방지
3) 갓길(노견)의 붕괴 방지

105 그물코의 크기가 5cm인 매듭 방망사의 폐기 시 인장강도 기준으로 옳은 것은?

① 200kg
② 100kg
③ 60kg
④ 30kg

해설 1) 방망사의 신품에 대한 인장강도

그물코의 크기 (단위 : cm)	방망의 종류(단위 : kg)	
	매듭 없는 방망	매듭 방망
10	240	200
5		110

2) 방망사의 폐기시 인장강도

그물코의 크기 (단위 : cm)	방망의 종류(단위 : kg)	
	매듭 없는 방망	매듭 방망
10	150	135
5		60

106 다음은 가설통로를 설치하는 경우의 준 수사항이다. ( )안에 알맞은 숫자를 고르면?

> 건설공사에 사용하는 높이 8m 이상인 비계다 리에는 ( )m 이내마다 계단참을 설치할 것

① 7
② 6
③ 5
④ 4

해설 가설통로 설치 시 준수사항
1) 견고한 구조로 할 것
2) 경사는 30°이하로 할 것(계단을 설치하거나 높이 2m 미만의 가설통로로서 튼튼한 손잡 이를 설치한 때에는 그러하지 아니하다)
3) 경사가 15。를 초과하는 때에는 미끄러지지 아니하는 구조로 할 것
4) 추락의 위험이 있는 장소에는 안전난간을 설치할 것(작업상 부득이한 때에는 필요한 부분에 한하여 임시로 해체할 수 있다)
5) 수직갱에 가설된 통로의 길이가 15m 이상 인 때에는 10m 이내마다 계단참을 설치할 것
6) 건설공사에 사용하는 높이 8m 이상인 비계 다리에는 7m 이내마다 계단참을 설치할 것

107 건설현장의 가설계단 및 계단참을 설치 하는 경우 얼마 이상의 하중에 견딜 수 있는 강 도를 가진 구조로 설치하여야 하는가?

① 200kg/m²
② 300kg/m²
③ 400kg/m²
④ 500kg/m²

해설 가설계단
1) 계단의 강도 : 계단 및 계단참은 500kg/m² (매 m²당 500kg)이상의 하중에 견딜 수 있 는 강도를 가진 구조로 설치 하여야 하며, 안

전율(파괴응력도/허용응력도)은 4이상으로
하여야 한다.
2) **계단의 폭** : 계단은 그 폭을 1m 이상으로 하
여야 한다. (단, 급유용·보수용·비상용 계
단 및 나선형 계단은 제외)
3) **계단참의 높이** : 높이가 3m를 초과하는 계단
에 높이 3m 이내마다 너비 1.2m 이상의 계
단참을 설치하여야 한다.
4) **천장의 높이** : 계단 설치시는 바닥면으로부
터 높이 2m 이내의 공간에 장애물이 없도
록 한다. (단, 급유용·보수용·비상용 계단
및 나선형 계단은 제외)
5) **계단의 난간** : 높이 1m 이상인 계단의 개방
된 측면에 안전난간을 설치하여야 한다.

108 흙막이 가시설 공사 시 사용되는 각 계측기 설치 목적으로 옳지 않은 것은?

① 지표침하계 – 지표면 참하량 측정
② 수위계 – 지반 내 지하수위의 변화 측정
③ 하중계 – 상부 적재하중 변화 측정
④ 지중경사계 – 지중의 수평 변위량 측정

해설 계측기의 설치목적
1) **간극수압계**(piezometer) : 지하수의 수압을
측정
2) **수위계**(water level meter) : 지반내 지하
수위 변화를 측정
3) **경사계**(inclinometer) : 흙막이벽의 수평변
위(변형) 측정
4) **하중계**(load cell) : 버팀보(지주)또는 어스
앵커(earth anchor)등의 실제 축하중 변화
상태를 측정(부재의 안전상태를 파악하는
기기)
5) **변형계**(strain gauge) : 흙막이벽의 변형과
응력을 측정

109 다음 중 유해·위험방지계획서를 작성 및 제출하여야 하는 공사에 해당되지 않는 것은?

① 지상높이가 31m인 건축물의 건설·개조 또
는 해체

② 최대 지간길이가 50m인 교량건설등 공사
③ 깊이가 9m인 굴착공사
④ 터널 건설등의 공사

해설 유해·위험 방지 계획서 제출 대상 공사(건설업)
1) 지상 높이가 31m 이상인 건축물 또는 인공
구조물, 연면적 3만m2 이상인 건축물 또는
연면적 5천m2 이상의 문화 및 집회시설(전
시장·동물원·식물원은 제외)·판매시설·
운수시설(고속철도의 역사 및 집배송시설은
제외)·종교시설·의료시설 중 종합병원·
숙박시설 중 관광숙박시설 또는 지하도상가
또는 냉동·냉장창고시설의 건설·개조 또
는 해체공사
2) 연면적 5천m^2 이상의 냉동·냉장창고시설
의 설비공사 및 단열공사
3) 최대지간 길이가 50m 이상인 교량건설 등
공사
4) 터널건설 등의 공사
5) 다목적댐·발전용댐 및 저수용량 2천만톤
이상의 용수전용댐·지방상수도 전용댐 건
설 등의 공사
6) 깊이 10m 이상인 굴착공사

110 안전대의 종류는 사용구분에 따라 벨트식과 안전그네식으로 구분되는데 이 중 안전그네식에만 적용하는 것은?

① 추락방지대, 안전블록
② 1개 걸이용, U자 걸이용
③ 1개 걸이용, 추락방지대
④ U자 걸이용, 안전블록

해설 안전대의 종류

종류	사용구분
·벨트(B)식 ·안전그네식(H식)	U자걸이 전용
	1개걸이 전용
	안전블록
	추락방지대

[주] 추락방지대 및 안전블록은 안전그네식에만 적용함

111 다음은 달비계 또는 높이 5m 이상의 비계를 조립·해체하거나 변경하는 작업을 하는 경우에 대한 내용이다. ( )에 알맞은 숫자는?

비계재료의 연결·해체작업을 하는 경우에는 폭 ( )cm 이상의 발판을 설치하고 근로자로 하여금 안전대를 사용하도록 하는 등 추락을 방지하기 위한 조치를 할 것

① 15
② 20
③ 25
④ 30

해설 달비계 또는 높이 5m 이상의 비계를 조립·해체하거나 변경하는 작업시 준수사항
1) 관리감독자의 지휘 하에 작업하도록 할 것
2) 조립·해체 또는 변경의 시기·범위 및 절차를 그 작업에 종사하는 근로자에게 교육할 것
3) 조립·해체 또는 변경작업 구역 내에는 당해 작업에 종사하는 근로자 외의 자의 출입을 금지시키고 그 내용을 보기 쉬운 장소에 게시할 것
4) 비, 눈, 그 밖의 기상상태의 불안정으로 날씨가 몹시 나쁠 때에는 그 작업을 중지시킬 것
5) 비계재료의 연결·해체작업을 하는 때에는 폭 20cm 이상의 발판을 설치하고 근로자로 하여금 안전대를 사용하도록 하는 등 근로자의 추락방지를 위한 조치를 할 것
6) 재료, 기구 또는 공구 등을 올리거나 내리는 때에는 근로자로 하여금 달줄 또는 달포대 등을 사용하도록 할 것

112 터널 지보공을 설치한 경우에 수시로 점검하여 이상을 발견 시 즉시 보강하거나 보수해야 할 사항이 아닌 것은?

① 부재의 손상·변형·부식·변위·탈락의 유무 및 상태
② 부재의 긴압의 정도

③ 부재의 접속부 및 교차부의 상태
④ 계측기 설치상태

해설 터널지보공 설치시 수시점검사항
1) 부재의 손상·변형·부식·변위 탈락의 유무 및 상태
2) 부재의 긴압의 정도
3) 부재의 접속부 및 교차부의 상태
4) 기둥침하의 유무 및 상태

113 터널굴착작업을 하는 때 미리 작성하여야 하는 작업계획서에 포함되어야 할 사항이 아닌 것은?

① 굴착의 방법
② 암석의 분할방법
③ 환기 또는 조명시설을 설치할 때에는 그 방법
④ 터널지보공 및 복공의 시공방법과 용수의 처리방법

해설 1) 터널굴착작업시 낙반·출수 및 가스폭발 등의 위험방지를 위해 미리 조사할 사항 : 지형·지질 및 지층상태
2) 터널굴착작업시 작업계획의 작성내용
① 굴착의 방법
② 터널지보공 및 복공의 시공방법과 용수의 처리방법
③ 환기 또는 조명시설을 하는 때에는 그 방법

114 다음은 사다리식 통로 등을 설치하는 경우의 준수사항이다. ( )안에 들어갈 숫자로 옳은 것은?

사다리의 상단은 걸쳐놓은 지점으로부터 ( )cm 이상 올라가도록 할 것

① 30
② 40
③ 50
④ 60

■ 정답 ■ 111.② 112.④ 113.② 114.④

해설 사다리식 통로 등의 설치 시 준수사항(안전보건 규칙 제24조)
1) 견고한 구조로 할 것
2) 심한 손상·부식 등이 없는 재료를 사용할 것
3) 발판의 간격은 일정하게 할 것
4) 발판과 벽과의 사이는 15센티미터 이상의 간격을 유지할 것
5) 폭은 30센티미터 이상으로 할 것
6) 사다리가 넘어지거나 미끄러지는 것을 방지하기 위한 조치를 할 것
7) 사다리의 상단은 걸쳐놓은 지점으로부터 60센티미터 이상 올라가도록 할 것
8) 사다리식 통로의 길이가 10미터 이상인 경우에는 5미터 이내마다 계단참을 설치할 것
9) 사다리식 통로의 기울기는 75도 이하로 할 것. 다만, 고정식 사다리식 통로의 기울기는 90도 이하로 하고, 그 높이가 7미터 이상인 경우에는 바닥으로부터 높이가 2.5미터 되는 지점부터 등받이울을 설치할 것
10) 접이식 사다리 기둥은 사용 시 접혀지거나 펼쳐지지 않도록 철물 등을 사용하여 견고하게 조치할 것

115 건립 중 강풍에 위한 풍압 등 외압에 대한 내력이 설계에 고려되었는지 확인하여야 하는 철골구조물의 기준으로 옳지 않은 것은?

① 높이 20m 이상의 구조물
② 구조물의 폭과 높이의 비가 1 : 4 이상인 구조물
③ 이음부가 공장 제작인 구조물
④ 연면적당 철골량이 50kg/m² 이하인 구조물

해설 철골공사 전 검토사항 중 설계도 및 공작도에 대한 확인 사항(노동부고시) : 구조안전의 위험이 큰 다음 각 목의 철골구조물은 건립 중 강풍에 의한 풍압 등 외압에 대한 내력이 설계에 고려되었는지 확인하여야 한다.
1) 높이 20m 이상의 구조물
2) 구조물의 폭과 높이의 비가 1:4이상인 구조물
3) 단면구조에 현저한 차이가 있는 구조물

4) 연면적당 철골량이 50kg/m² 이하인 구조물
5) 기둥이 타이 플레이트(tie plate)형인 구조물
6) 이음부가 현장용접인 구조물

116 보통흙의 그 밖에 흙 지반을 흙막이지 보공 없이 굴착하려 할 때 적합한 굴착면의 기울기 기준으로 옳은 것은?

① 1 : 1 ~ 1 : 1.5
② 1 : 1.2
③ 1 : 1.8
④ 1 : 2

해설 굴착면의 기울기(구배)기준

구분	지반의 종류	구배
보통 흙	모래	1 : 1.8
	그 밖에 흙	1 : 1.2
암반	풍화암	1 : 1.0
	연암	1 : 1.0
	경암	1 : 0.5

117 강관비계의 설치 기준으로 옳은 것은?

① 비계기둥의 간격은 띠장방향에서는 1.85m 이하로 하고, 장선방향에서는 2.0m 이하로 한다.
② 띠장 간격은 1.8m 이하로 설치하되, 첫 번째 띠장은 지상으로부터 2m 이하의 위치에 설치한다.
③ 비계기둥 간의 적재하중은 400kg을 초과하지 않도록 한다.
④ 비계기둥의 제일 윗부분으로부터 21m되는 지점 밑부분의 비계기둥은 2개의 강관으로 묶어세운다.

해설 강관비계의 구조(강관을 사용하여 비계를 구성할 때의 준수사항)
1) 비계기둥의 간격은 띠장방향에서는 1.85m, 장선방향에서는 1.5m 이하로 할 것

■ 정답 ■　115.③　116.②　117.③

2) 띠장간격은 2m 이하로 설치할 것.

3) 비계기둥의 최고부로부터 31m 되는 지점 밑부분의 비계기둥은 2본의 강관으로 묶어 세울 것(브라켓 등으로 보강하여 그 이상의 강도가 유지되는 경우에는 그러하지 아니하다)

4) 비계기둥 간의 적재하중은 400kg을 초과 하지 아니하도록 할 것

118 크레인 또는 데릭에서 붐각도 및 작업 반경별로 작용시킬 수 있는 최대하중에서 후크 (Hook), 와이어로프 등 달기구의 중량을 공제한 하중은?

① 작업하중　　　　② 정격하중
③ 이동하중　　　　④ 적재하중

해설 정격하중 : 본문설명

119 근로자에게 작업 중 또는 통행 시 전락 (轉落)으로 인하여 근로자가 화상·질식 등의 위험에 처할 우려가 있는 케틀(kettle), 호퍼 (hopper), 피트(pit) 등이 있는 경우에 그 위험을 방지하기 위하여 최소 높이 얼마 이상의 울타리를 설치하여야 하는가?

① 80cm 이상　　　② 85cm 이상
③ 90cm 이상　　　④ 95cm 이상

해설 위험방지를 위한 울타리의 높이 : 90cm 이상

120 비계(달비계, 달대비계 및 말비계는 지외한다.)의 높이가 2m 이상인 작업장소에 설치하여야 하는 작업발판의 기준으로 옳지 않은 것은?

① 작업발판의 폭은 40cm 이상으로 하고, 발판 재료 간의 틈은 3cm 이하로 할 것
② 추락의 위험이 있는 장소에는 안전난간을

설치할 것

③ 작업발판의 지지물은 하중에 의하여 파괴될 우려가 없는 것을 사용할 것

④ 작업발판재료는 뒤집히거나 떨어지지 않도록 1개 이상의 지지물에 연결하거나 고정시킬 것

해설 **작업발판의 구조**(안전보건규칙 제 56조) : 비계의 높이가 2m 이상인 작업장소에는 다음 각 호의 기준에 적합한 작업발판을 설치하여야 한다.

1) 발판재료는 작업시의 하중치를 견딜 수 있도록 견고한 것으로 할 것

2) 작업발판의 폭은 40cm 이상, 발판재료 간의 틈은 3cm 이하로 할 것

3) 선박 및 보트 건조작업의 경우 선박블록 또는 엔진실 등의 좁은 작업공간에 작업발판을 설치하기 위하여 필요하면 작업발판의 폭을 30cm이상으로 할 수 있고, 결침비계의 경우 강관기둥 때문에 발단재료간의 틈을 3cm 이하로 유지하기 곤란하면 5cm 이하로 할 수 있다. 이 경우 그 틈 사이로 물체 등이 떨어질 우려가 있는 곳에는 출입금지 등의 조치를 하여야 한다.

4) 추락의 위험성이 있는 장소에는 안전난간을 설치할 것(작업의 성질상 안전난간을 설치하는 것이 곤란한 때 및 작업의 필요상 임시로 안전난간을 해체함에 있어서 방망을 치거나 근로자로 하여금 안전대를 사용하도록 하는 등 추락에 의한 위험방지조치를 한 때에는 그러하지 아니하다.)

5) 작업발판의 지지물은 하중에 의하여 파괴될 우려가 없는 것을 사용할 것

6) 작업발판재료는 뒤집히거나 떨어지지 아니하도록 2 이상의 지지물에 부착시킬 것

7) 작업발판을 작업에 따라 이동시킬 때에는 위험방지에 필요한 조치를 할 것

■정답 ■　118.②　119.③　120.④

2024년 시행

건설안전기사

제1과목 / 산업안전관리론

01 산업안전보건법령상 안전보건관리규정을 작성해야 할 사업의 종류를 모두 고른 것은? (단, ㄱ~ㅁ은 상시근로자 300명 이상의 사업이다.)

> ㄱ. 농업
> ㄴ. 정보서비스업
> ㄷ. 금융 및 보험업
> ㄹ. 사회복지 서비스업
> ㅁ. 과학 및 기술 연구개발업

① ㄴ, ㄹ, ㅁ   ② ㄱ, ㄴ, ㄷ, ㄹ
③ ㄱ, ㄴ, ㄷ, ㅁ   ④ ㄱ, ㄷ, ㄹ, ㅁ

해설 안전보건관리규정을 작성해야 할 사업의 종류 및 상시근로자 수

사업의 종류	규모
1. 농업 2. 어업 3. 소프트웨어개발 및 공급업 4. 컴퓨터프로그래밍, 시스템통합 및 관리업 5. 정보서비스업 6. 금융 및 보험업 7. 임대업(부동산 제외) 8. 전문과학 및 기술서비스업 (연구개발업은 제외) 9. 사업지원 서비스업 10. 사회복지 서비스업	300명 이상
11. 제1호부터 제10호까지의 사업을 제외한 사업	100명 이상

02 산업안전보건법령상 상시근로자 20명 이상 50명 미만인 사업장 중 안전보건관리담당자를 선임하여야 하는 업종이 아닌 것은? (단, 안전관리자 및 보건관리자가 선임되지 않은 사업장으로 한다.)

① 임업   ② 제조업
③ 건설업   ④ 환경 정화 및 복원업

해설 안전보건관리 담당자의 선임 등(시행령 제 24조)
: 상시근로자 20명 이상 50명 미만인 사업장 중 안전보건관리 담당자를 선임하여야 할 업종
1) 제조업
2) 임업
3) 하수, 폐수 및 분뇨 처리법
4) 폐기물 수집, 운반, 처리 및 원료 재생업
5) 환경정화 및 복원업

03 보호구 안전인증 고시상 안전인증을 받은 보호구의 표시사항이 아닌 것은?

① 제조자명   ② 사용 유효기간
③ 안전인증 번호   ④ 규격 또는 등급

해설 안전인증을 받은 보호구의 표시사항
(보호구 안전인증 고시)
1) 형식 또는 모델명
2) 규격 또는 등급
3) 제조자명
4) 제조번호 및 제조연월
5) 안전인증 번호

---

04 산업안전보건법령상 산업안전보건위원회에 관한 사항 중 틀린 것은?

① 근로자위원과 사용자위원은 같은 수로 구성된다.
② 산업안전보건회의의 정기 회의는 위원장이 필요하다고 인정할 때 소집한다.
③ 안전보건교육에 관한 사항은 산업안전보건위원회 심의·의결을 거쳐야 한다.
④ 상시근로자 50인 이상의 자동차 제조업의 경우 산업안전보건위원회를 구성·운영하여야 한다.

해설 산업안전보건위원회 회의 등
1) 정기회의 : 분기마다 산업안전보건위원회의 위원장이 소집한다.
2) 임시회의 : 위원장이 필요하다고 인정할 때에 소집한다.

05 산업재해통계업무처리규정상 재해 통계 관련 용어로 ( )에 알맞은 용어는?

( )는 근로복지공단의 유족급여가 지급된 사망자 및 근로복지공단에 최초요양신청서(재진 요양신청이나 전원요양신청서는 제외)를 제출한 재해자 중 요양승인을 받은 자(산재 미보고 적발 사망자수를 포함)로 통상의 출퇴근으로 발생한 재해는 제외된다.

① 재해자수　　　② 사망자수
③ 휴업재해자수　　④ 임금근로자수

해설 재해자수 : 본문설명

06 시몬즈(Simonds)의 재해손실비의 평가 방식 중 비보험 코스트의 산정 항목에 해당하지 않는 것은?

① 사망 사고 건수　　② 통원 상해 건수
③ 응급 조치 건수　　④ 무상해 사고 건수

해설 시몬즈의 재해손실비
총재해 cost = 보험코스트 + 비보험코스트
1) 보험코스트(납입보험료) = 지급보상비 + 제경비 + 이익금
2) 비보험코스트 = (휴업상해건수×A) + (통원상해건수×B)+(응급조치건수×C)+(무상해사고건수×D)
여기서, A,B,C,D는 장해 정도별에 의한 비보험코스트의 평균치

길잡이 재해의 종류(사망 및 경구 전노동 불능은 제외)
1) 휴업상해 : 영구 일부노동 불능 및 일시 전노동 불능
2) 통원상해 : 일시 일부노동 쿨능 및 의사의 통원조치가 필요한 상하
3) 응급조치상해 : 8시간 미만 휴업 의료조치 상해
4) 무상해사고 : 의료조치 불필요, 20달러 이상 재산손실 또는 8시간 이상 시간손실이 발생한 사고

07 산업안전보건법령상 건설현장에서 사용하는 크레인의 안전검사의 주기는? (단, 이동식 크레인은 제외한다.)

① 최초로 설치한 날부터 1개월마다 실시
② 최초로 설치한 날부터 3개월마다 실시
③ 최초로 설치한 날부터 6개월마다 실시
④ 최초로 설치한 날부터 1년마가 실시

해설 안전검사의 주기
1) 크레인, 리프트 및 곤돌라 : 사업장에 설치가 끝난 날부터 3년 이내에 최초 안전검사를 실시하되, 그 이후부터 매 2년(건설현장에서 사용하는 것은 최초로 설치한 날부터 매 6개월)
2) 그 밖의 유해·위험기계 등 : 사업장에 설치가 끝난 날부터 3년 이내에 최초 안전검사를 실시하되, 그 이후부터 매 2년(공정안전보고서를 제출하여 확인을 받은 압력용기는 4년)

■ 정답 ■ 04.② 05.① 06.① 07.③

08 1000명 이상의 대규모 사업장에서 가장 적합한 안전관리조직의 형태는?

① 경영형　　　　② 라인형
③ 스태프형　　　④ 라인-스태프형

해설 안전관리 조직의 형태
　1) 라인형
　　① 생산 또는 현장라인(line)에서 생산 및 안전업무를 동시에 실시하는 조직형태이다.
　　② 100명 이하의 소규모 사업장에 적합
　2) 스탭형
　　① 안전관리를 담당하는 스탭(안전담당참모진)을 두고 안전관리에 관한 계획, 조사, 검토, 보고 등을 행하는 조직 형태이다.
　　② 100명 이상 500명(또는 1000명) 미만의 중규모 사업장에 적합
　3) 라인 · 스탭 혼합형
　　① 안전업무를 전담하는 스탭부분을 두고 생산라인에도 안전을 전담하는 관리감독자를 두어서 안전계획 및 안전대책은 스탭진에서 기획하고, 이것을 생산라인을 통하여 실시하도록 한 형태이다.
　　② 1000명 이상의 대규모 사업장에 적합

09 산업안전보건법령상 중대재해의 범위에 해당하지 않는 것은?

① 사망자가 1명 발생한 재해
② 부상자가 동시에 10명 이상 발생한 재해
③ 2개월 이상의 요양이 필요한 부상자가 동시에 2명 이상 발생한 재해
④ 직업성 질병자가 동시에 10명 이상 발생한 재해

해설 중대재해의 범위(시행규칙 제3조)
　1) 사망자가 1명 이상 발생한 재해
　2) 3개월 이상의 요양이 필요한 부상자가 동시에 2명 이상 발생한 재해
　3) 부상자 또는 직업성 질병자가 동시에 10명 이상 발생한 재해

10 재해원인 중 간접원인이 아닌 것은?

① 물적 원인　　　② 관리적 원인
③ 사회적 원인　　④ 정신적 원인

해설 재해의 원인
　1) 재해원인 : 재해의 가장 깊은 곳에 존재하는 재해원인이다.
　　① 기초원인 : 학교 교육적 원인, 관리적원인
　　② 2차원인 : 신체적 원인, 정신적 원인, 안전 교육적 원인, 기술적 원인
　2) 직접적인(1차원인) : 시간적으로 사고 발생에 가까운 원인이다.
　　① 물적원인 : 불안전한 상태(설비 및 환경 등의 불량)
　　② 인적원인 : 불안전한 행동

11 산업안전보건법령상 용어와 뜻이 바르게 연결된 것은?

① "사업주대표"란 근로자의 과반수를 대표하는 자를 말한다.
② "도급인"이란 건설공사발주자를 포함한 물건의 제조·건설·수리 또는 서비스의 제공, 그 밖의 업무를 도급하는 사업주를 말한다.
③ "안전보건평가"란 산업재해를 예방하기 위하여 잠재적 위험성을 발견하고 그 개선대책을 수립할 목적으로 조사·평가하는 것을 말한다.
④ "산업재해"란 노무를 제공하는 사람이 업무에 관계되는 건설물·설비·원재료·가스·증기·분진 등에 의하거나 작업 또는 그 밖의 업무로 인하여 사망 또는 부상하거나 질병에 걸리는 것을 말한다.

해설 1) **근로자대표**란 근로자의 과반수로 조직된 노동조합이 있는 경우에는 그 노동조합을, 근로자의 과반수로 조직된 노동조합이 없는 경우에는 근로자의 과반수를 대표하는 자를 말한다.
　2) **도급인**이란 물건의 제조·건설·수리 또는

서비스의 제공, 그 밖의 업무를 도급하는 사업주를 말한다. 다만, 건설공사 발주자는 제외한다.

3) **안전보건진단**이란 산업재해를 예방하기 위하여 잠재적인 위험을 발견하고 그 개선대책을 수립할 목적으로 조사·평가하는 것을 말한다.

12 재해조사 시 유의사항으로 틀린 것은?

① 피해자에 대한 구급 조치를 우선으로 한다.
② 재해조사 시 2차 재해 예방을 위해 보호구를 착용한다.
③ 재해조사는 재해자의 치료가 끝난 뒤 실시한다.
④ 책임추궁보다는 재발방지를 우선하는 기본태도를 가진다.

해설 1) **재해조사의 목적** : 동종재해 및 유사재해의 재발방지
2) **재해 조사시 유의사항**
① 사실을 수집한다(이유는 뒤에 확인).
② 목격자 등이 증언하는 사실 이외의 추측의 말은 참고로만 한다.
③ 조사는 신속히 행하고 긴급 조치하여 2차 재해의 방지를 도모한다.
④ 사람, 기계설비 양면의 재해요인을 모두 도출한다.
⑤ 객관적인 입장에서 공정하게 조사하며, 조사는 2인 이상이 한다.
⑥ 책임 추궁보다 재발방지를 우선하는 기본태도를 갖는다.
⑦ 피해자에 대한 구급조치를 우선한다.

13 산업안전보건법령상 안전보건표지의 종류 중 안내표지에 해당되지 않는 것은?

① 금연　　　　② 들것
③ 세안장치　　④ 비상용기구

해설 **안내표지 종류**
1) 녹십자 표지　　2) 응급구호
3) 들 것　　　　　4) 세안장치

5) 비상용기구　　6) 비상구
7) 좌측비상구　　8) 우측비상구

14 건설기술 진흥법령상 안전관리계획을 수립해야 하는 건설공사에 해당하지 않는 것은?

① 15층 건축물의 리모델링
② 지하 15m를 굴착하는 건설공사
③ 항타 및 항발기가 사용되는 건설공사
④ 높이가 21m인 비계를 사용하는 건설공사

해설 **안전관리계획을 수립하여야 하는 건설공사**
(건설기술진흥법 시행령 제98조)
1) 시설물의 안전관리에 관한 특별법에 따른 1종 시설물 및 2종시설물의 건설공사
2) 지하 10m 이상을 굴착하는 건설공사
3) 폭발물을 사용하는 건설공사로서 20m 안에 시설물이 있거나 100m 안에 사육하는 가축이 있어 해당 건설공사로 인한 영향을 받을 것이 예상되는 건설공사.
4) 10층 이상 16층 미만인 건축물의 건설공사
5) 다음 각 목의 리모델링 또는 해체공사
① 10층 이상인 건축물의 리모델링 또는 해체공사
② 주택법에 따른 수직증축형 리모델링
6) 건설기계관리법에 따라 등록된 다음 각 목의 어느 하나에 해당하는 건설기계가 사용되는 건설공사
① 천공기(높이가 10m 이상인 것만 해당)
② 항타 및 항발기
③ 타워크레인
7) 가설구조물을 사용하는 건설공사
8) 건설공사 외의 건설공사로서 다음 각 목의 어느 하나에 해당한 공사
① 발주자가 안전관리에 특히 필요하다고 인정하는 건설공사
② 해당 지방자치단체의 조례로 정하는 건설공사 중에서 인·허가 기관의 장이 안전관리가 특히 필요하다고 인정하는 건설공사

15 다음의 재해에서 기인물과 가해물로 옳은 것은?

> 공구와 자재가 바닥에 어지럽게 널려 있는 작업통로를 작업자가 보행 중 공구에 걸려 넘어져 통로 바닥에 머리를 부딪쳤다.

① 기인물 : 바닥, 가해물 : 공구
② 기인물 : 바닥, 가해물 : 바닥
③ 기인물 : 공구, 가해물 : 바닥
④ 기인물 : 공구, 가해물 : 공구

해설 1) 기인물(불안전한 상태에 있는 물체) : 공구
   2) 기해물(직접사람에게 접촉되어 위해를 가한 물체) : 바닥

16 위험예지훈련 진행방법 중 대책수립에 해당하는 단계는?

① 제1라운드   ② 제2라운드
③ 제3라운드   ④ 제4라운드

해설 위험예지훈련의 4R(라운드)
   1) 1R : 현상파악
   2) 2R : 본질추구
   3) 3R : 대책수립
   4) 4R : 목표달성

17 A 사업장의 현황이 다음과 같을 때, A 사업장의 강도율은?

> – 상시근로자 : 200명
> – 요양재해건수 : 4건
> – 사망 : 1명
> – 휴업 : 1명(500일)
> – 연근로시간 : 2400시간

① 8.33   ② 14.53
③ 15.31   ④ 16.48

해설 강도율 $= \dfrac{근로손실일수}{연근로시간수} \times 1000$

$= \dfrac{7500+(500\times300/365)}{200\times2400} \times 1000$

$= 16.48$

18 산업안전보건법령상 관계수급인 근로자가 도급인의 사업장에서 작업을 하는 경우 건설업 도급인의 작업장 순회점검 주기는?

① 1일에 1회 이상
② 2일에 1회 이상
③ 3일에 1회 이상
④ 7일에 1회 이상

해설 순회점검 주기(시행규칙 제30조 제1항)

항목	주기
1) 건설업 2) 제조업 3) 토사석 광업 4) 서적, 잡지 및 기타 인쇄물 출판업 5) 음악 및 기타 오디오물 출판업 6) 금속 및 비금속 원료 재생업	2일에 1회 이상
·상기 사업을 제외한 사업의 경우	1주일에 1회 이상

19 재해예방의 4원칙에 해당하지 않는 것은?

① 손실 적용의 원칙
② 원인 연계의 원칙
③ 대책 선정의 원칙
④ 예방 가능의 원칙

해설 재해예방의 4원칙
   1) 손실우연의 원칙
   2) 원인계기의 원칙
   3) 예방가능의 원칙
   4) 대책선정의 원칙

■ 정답 ■ 15.③ 16.③ 17.④ 18.② 19.①

20 재해사례연구의 진행단계로 옳은 것은?

> ㄱ. 사실의 확인
> ㄴ. 대책 수립
> ㄷ. 문제점의 발견
> ㄹ. 문제점의 결정
> ㅁ. 재해상황의 파악

① ㄷ→ㅁ→ㄱ→ㄹ→ㄴ
② ㄷ→ㅁ→ㄹ→ㄱ→ㄴ
③ ㅁ→ㄷ→ㄱ→ㄹ→ㄴ
④ ㅁ→ㄱ→ㄷ→ㄹ→ㄴ

해설 재해사례연구의 진행단계
  1) **전제조건** : 재해 상황의 파악
  2) **1단계** : 사실의 확인
  3) **2단계** : 문제점의 발견
  4) **3단계** : 근본적 문제점 결정
  5) **4단계** : 대책의 수립

제2과목 / 산업심리 및 교육

21 스트레스 반응에 영향을 주는 요인 중 개인적 특성에 관한 요인이 아닌 것은?

① 심리상태
② 개인의 능력
③ 신체적 조건
④ 작업시간의 차이

해설 스트레스 반응에 영향을 주는 요인 중 개인적 특성
  1) 개인적 능력
  2) 심리상태
  3) 신체적 조건

22 다음에서 설명하는 리더십의 유형은?

> 과업 완수와 인간관계 모두에 있어 최대한의 노력을 기울이는 리더십 유형

① 과업형 리더십
② 이상형 리더십
③ 타협형 리더십
④ 무관심형 리더십

해설 이상형 리더십 : 본문설명

23 집단역학에서 소시오메트리(sociometry)에 관한 설명 중 틀린 것은?

① 소시오메트리 분석을 위해 소시오메트릭스와 소시오그램이 작성된다.
② 소시오메트릭스에서는 상호작용에 대한 정량적 분석이 가능하다.
③ 소시오메트리는 집단 구성원들 간의 공식적 관계가 아닌 비공식적인 관계를 파악하기 위한 방법이다.
④ 소시오그램은 집단 구성원들 긴의 선호, 거부 혹은 무관심의 관계를 기호로 표현하지만, 이를 통해 다양한 집단 내의 비공식적 관계에 대한 역학 관계는 파악할 수 없다.

해설 집단 내의 인간관계나 비공식 집단에서 집단의 구조 및 지도자를 알아내는 방법
  1) **소시오메트리(sociometry)** : 집단의 구조를 밝혀내어 집단 내에서 개인간의 인기의 정도, 지위, 좋아하고 싫어하는 정도, 하위집단의 구성여부와 형태, 집단의 충성도, 집단의 응집력을 연구조사 하여 행동지도의 자료로 삼는 것을 말한다.
  2) **소시오그램(sociogram)** : 교우도식 또는 집단의 구조도를 말하며, 이 소시오그램에 의하면 시각적으로 집단의 구즈나 구성원의 위치, 직위에 대한 이해가 쉽게 된다. (다양한 집단내의 비공식적 관계어 대한 역학관계를 파악할 수 있다)

24 생체리듬(Biorhythm)의 종류에 해당하지 않는 것은?

① Critical rhythm
② Physical rhythm
③ Intellectual rhythm
④ Sensitivity rhythm

해설 바이오리듬(Biorhythm : 생체리듬)
1) 육체적 리듬(physical cycle) : 주기23일 (식욕, 소화력, 활동력, 지구력), 청색표시
2) 지성적 리듬(intellectual cycle) : 주기 33 일(상상력, 사고력, 기억력, 인지, 판단), 녹색표시
3) 감성적 리듬(sensitivity cycle) : 주기 28 일(감정, 주의심, 창조력, 예감 및 통찰력)적 색표시

25 교육심리학의 연구방법 중 인간의 내면에서 일어나고 있는 심리적 사고에 대하여 사물을 이용하여 인간의 성격을 알아보는 방법은?

① 투사법
② 면접법
③ 실험법
④ 질문지법

해설 교육심리학의 연구방법
1) 관찰법 : 자연적 관찰법과 실험적 관찰법이 있으며 자연적 관찰법은 어떤 행동이나 현상의 자연적 모습 그대로를 관찰하는 것이고, 실험적 관찰법이란 의도적으로 실험조건을 구비하여 관찰하는 것으로 시간표본법, 질문지법, 사례연구법, 면접, 항목조사법 등이 있다.
2) 실험법 : 관찰하려는 장면이나 조건을 연구목적에 따라 인위적으로 조작하여 만들어진 실험조건 아래서 발생하는 사실과 현상을 연구하는 것이다.
3) 투사법 : 인간의 내면에 일어나고 있는 심리적 사태를 사물에 투사시켜 인간의 성격을 알아보는 방법을 말한다.

26 지름길을 사용하여 대상물을 판단할 때 발생하는 지각의 오류가 아닌 것은?

① 후광효과
② 최근효과
③ 결론효과
④ 초두효과

해설 지각오류
1) **후광효과** : 어떤 대상이나 사람에 대한 일반적인 견해가 그 대상이나 사람의 구체적인 특성을 평가하는데 영향을 미치는 현상
2) **최근효과** : 정보가 차례대로 제시되는 경우 앞의 내용들 보다는 맨 나중에 제시된 내용을 보다 많이 기억하는 경향
3) **초두효과** : 비슷한 정보들이 계속해서 들어올 경우 가장 처음에 들어왔던 정보가 기억에 오래 남는 현상

27 O.J.T(On the Job Training)의 특징이 아닌 것은?

① 효과가 곧 업무에 나타난다.
② 직장의 실정에 맞는 실체적 훈련이다.
③ 다수의 근로자에게 조직적 훈련이 가능하다.
④ 교육을 통한 훈련 효과에 의해 상호 신뢰이해도가 높아진다.

해설 OJT와 off-JT의 특징

O·J·T (현장중심교육)	off J·T (현장 외 중심교육)
① 개개인에게 적합한 지도 훈련이 가능	① 다수의 근로자에게 조직적 훈련이 가능
② 직장의 실정에 맞는 실체적 훈련을 할 수 있다.	② 훈련에만 전념하게 된다.
③ 훈련 필요한 업무의 계속성이 끊어지지 않음	③ 특별설비기구를 이용할 수 있음
④ 즉시 업무에 연결되는 관계로 신체와 관련 있음	④ 전문가를 강사로 초청할 수 있음
⑤ 효과가 곧 업무에 나타나며 훈련의 좋고 나쁨에 따라 개선이 용이함	⑤ 각 직장의 근로자가 많은 지식이나 경험을 교류할 수 있음
⑥ 교육을 통한 훈련 효과에 의해 상호 신뢰 이해도가 높아짐	⑥ 교육훈련 목표에 대해서 집단적 노력이 흐트러질 수도 있음

■정답 ■ 24.① 25.① 26.③ 27.③

28 호손(Hawthorne) 연구에 대한 설명으로 옳은 것은?

① 소비자들에게 효과적으로 영향을 미치는 광고 전략을 개발했다.
② 시간–동작연구를 통해서 작업도구와 기계를 설계했다.
③ 채용과정에서 발생하는 차별요인을 밝히고 이를 시정하는 법적 조치의 기초를 마련했다.
④ 물리적 작업환경보다 근로자들의 의사소통 등 인간관계가 더 중요하다는 것을 알아냈다.

해설 호오도온(Hawthorne)실험
1) **실험연구자** : 메이오(Mayo)와 레슬리스버거(Roethlisbberger)
2) **실험 결론** : 작업자의 작업능률(생산성향상)은 물리적인 작업조건보다는 인간의 심리적인 태도, 감정을 규제하고 있는 인간관계의 요인에 의해서 좌우된다.

29 어떤 과업을 성취할 수 있는 자신의 능력에 대한 스스로의 믿음을 나타내는 것은?

① 자아존중감(Self–esteem)
② 자기효능감(Self–efficacy)
③ 통체의착각(Illusion of control)
④ 자기중심적 편견(Egocentric bias)

해설 자기효능감 : 본문설명

30 모랄서베이(Morale Survey)의 주요 방법으로 적절하지 않은 것은?

① 관찰법　② 면접법
③ 강의법　④ 질문지법

해설 모랄서베이(morale survey : 사기조사)의 주요 방법
1) **통계에 의한 방법** : 사고 상해율, 생산고, 결근, 지가, 조퇴, 이직 등을 분석하여 파악하는 방법
2) **사례연구법** : 경영관리상의 여러 가지 제도에 나타나는 사례에 대해 케이스 스터디(case study)로서 형상을 파악하는 방법
3) **관찰법** : 종업원의 근무실타를 계속 관찰함으로써 문제점을 파악하는 방법
4) **실험연구법** : 실험 그룹과 통제그룹으로 나누고 정황, 자극을 주어 태도 변화 여부를 조사하는 방법
5) **태도조사법(의견조사)** : 질문지법, 면접법, 집단토의법, 투사법(projective technique) 등에 의해 의견을 조사하는 방법

31 사회행동의 기본 형태에 해당하지 않는 것은?

① 협력　② 대립
③ 모방　④ 도피

해설 사회행동의 기본형태
1) 협력(cooperation) : 조력, 분업
2) 대립(opposition) : 공격, 경쟁
3) 도피(escape) : 고립, 정신병, 자살

32 산업안전보건법령상 2미터 이상인 구축물을 콘크리트 파쇄기를 사용하여 파쇄작업을 하는 경우 특별교육의 내용이 아닌 것은? (단, 그 밖에 안전·보건관리에 필요한 사항은 제외한다.)

① 작업안전조치 및 안전기준에 관한 사항
② 비계의 조립방법 및 작업 절차에 관한 사항
③ 콘크리트 해체 요령과 방호거리에 관한 사항
④ 파쇄기의 조작 및 공통작업 신호에 관한 사항

해설 콘크리트 파쇄기준 사용하여 파쇄작업시 특별교육의 내용
1) 콘크리트 해체 요령과 방호거리에 관한 사항
2) 작업안전조치 및 안전기준에 관한 사항
3) 파쇄기의 조작 및 공통작업 신호에 관한 사항
4) 보호구 및 방호장비 등에 관한 사항
5) 그 밖에 안전 보건관리에 필요한 사항

■ 정답 ■　28.④　29.②　30.③　31.③　32.②

33 감각 현상이 하나의 전체적이고 의미 있는 내용으로 체계화되는 과정을 의미하는 것은?

① 유추(analogy)　　② 게슈탈트(gestalt)
③ 인지(cognition)　④ 근접성(proximity)

해설 게슈탈트(gestalt) : 감각현상(자신의 욕구나 감정)이 하나의 전체적이고 의미 있는 내용으로 체계화(조직화)되는 과정을 말한다.

34 학습정도(level of learning)의 4단계에 해당하지 않는 것은?

① 회상(to recall)
② 적용(to apply)
③ 인지(to recognize)
④ 이해(to understand)

해설 학습목적의 3요소
　1) **목표**(goal) : 학습을 통하여 달성하려는 지표
　2) **주제**(subject) : 목표 달성을 위한 테마(thema)
　3) **학습정도**(level of learning) : 학습범위와 내용의 정도를 말하며 다음 4단계에 의해 이루어진다.
　　① 인지 : –을 인지하여야 한다.
　　② 지각 : –을 알아야 한다.
　　③ 이해 : –을 이해하여야 한다.
　　④ 적용 : –을 –에 적용할 줄 알아야 한다.

35 산업안전보건법령상 일용근로자의 작업내용 변경 시 교육 시간의 기준은?

① 1시간 이상　　② 2시간 이상
③ 3시간 이상　　④ 4시간 이상

해설 작업내용 변경 시 교육시간
　1) **일용근로자를 제외한 근로자** : 2시간 이상
　2) **일용근로자** : 1시간 이상

36 안전교육의 3단계 중 작업방법, 취급 및 조작행위를 몸으로 숙달시키는 것을 목적으로 하는 단계는?

① 안전지식교육　② 안전기능교육
③ 안전태도교육　④ 안전의식교육

해설 안전교육의 3단계
　1) **제1단계 – 지식교육** : 강의, 시청각 교육을 통한 지식의 전달과 이해
　2) **제2단계 – 기능교육** : 시범, 실습, 현장실습 교육, 견학을 통한 이해와 경험 체득
　3) **제3단계 – 태도교육** : 생활지도, 작업동작지도 등을 통한 안전의 습관화

37 안전보건교육에 있어 역할 연기법의 장점이 아닌 것은?

① 흥미를 갖고, 문제에 적극적으로 참가한다.
② 자기 태도의 반성과 창조성이 생기고, 발표력이 향상된다.
③ 문제의 배경에 대하여 통찰하는 능력을 높임으로써 감수성이 향상된다.
④ 목적이 명확하고, 다른 방법과 병용하지 않아도 높은 효과를 기대할 수 있다.

해설 역할 연기법의 장·단점
　1) **장점**
　　① 흥미를 갖고 문제에 적극적으로 참가한다.
　　② 자기태도의 반성과 창조성이 생기고 발표력이 향상된다.
　　③ 문제의 배경에 대하여 통찰하는 능력을 높임으로써 감수성이 향상된다.
　　④ 각자의 장점과 약점을 알 수 있다.
　2) **단점**
　　① 높은 수준의 의사 결정에 대한 훈련에는 효과를 기대할 수 없다.
　　② 목적이 명확하지 않고 다른 방법과 병용하지 않으면 의미가 없다.
　　③ 훈련 장소의 확보가 어렵다.

■ 정답 ■　33.②　34.①　35.①　36.②　37.④

38 다음은 무엇에 관한 설명인가?

> 다른 사람으로부터의 판단이나 행동을 무비판적으로 받아들이는 것

① 모방(Imitation)
② 투사(Projection)
③ 암시(Suggestion)
④ 동일화(Identification)

해설 인간관계의 메커니즘
1) **동일화**(identification) : 다른 사람의 행동 양식이나 태도를 투입시키거나, 다른 사람 가운데서 자기와 비슷한 것을 발견하는 것
2) **투사**(projection) : 자기 속의 억압된 의식을 다른 사람의 의식으로 만드는 것
3) **커뮤니케이션**(communication) : 갖가지 행동 양식이나 기호를 매개로 하여 어떤 사람으로부터 다른 사람에게 전달되는 과정
4) **모방**(imitation) : 남의 행동이나 판단을 표본으로 하여 그것과 같거나 또는 그것에 가까운 행동 또는 판단을 취하려는 것
5) **암시**(suggestion) : 다른 사람으로부터의 판단이나 행동을 무비판적으로 논리적, 사실적 근거 없이 받아들이는 것

39 산업심리의 5대 요소가 아닌 것은?

① 동기
② 기질
③ 감정
④ 지능

해설 산업안전심리의 5대요소 : 1) 습관 2) 습성 3) 동기 4) 기질 5) 감정

40 직무수행에 대한 예측변인 개발 시 작업표본(work sample)에 관한 사항 중 틀린 것은?

① 집단검사로 감독과 통제가 요구된다.
② 훈련생보다 경력자 선발에 적합하다.
③ 실시하는데 시간과 비용이 많이 든다.
④ 주로 기계를 다루는 직무에 효과적이다.

해설 직무수행에 대한 예측변인 개발 시 작업표본에 관한 사항
1) ②③④ 항
2) 예언 타당도가 낮아 미래 수행을 평가하는 것이 아니고 동시 타당도만 측정이 가능하다.
3) 작업과 관련된 정교하게 개발된 문제의 예들을 지원자들에게 제시, 실제 직무수행처럼 해결하도록 한다.

제3과목 / 인간공학 및 시스템안전공학

41 휴먼 에러(Human Error)의 요인을 심리적 요인과 물리적 요인으로 구분할 때, 심리적 요인에 해당하는 것은?

① 일이 너무 복잡한 경우
② 일의 생산성이 너무 강조될 경우
③ 동일 형상의 것이 나란히 있을 경우
④ 서두르거나 절박한 상황에 놓여있을 경우

해설 휴먼에러의 요인

심리적 요인	물리적 요인
서두르거나 절박한 상황 그 일의 지식부족 일을 할 의욕, 모럴(moral) 결여 매우 피로해 있을 경우 선입관으로 괜찮다고 느끼고 있을 경우 무엇인가의 체험으로 습관적으로 되어있을 경우 많은 자극이 있어 어떤 것에 반응해야 좋을지 알 수 없을 경우 주의를 끄는 것에 치우쳐 주의를 빼앗기고 있을 경우	일이 너무 복잡한 경우 일이 단조로운 경우 일의 생산성이 너무 강조될 경우 동일 형상의 것이 나란히 있을 경우 자극이 너무 많을 경우 재촉을 느끼게 하는 조직이 있을 경우 스테레오 타입(stereo type)에 맞지 않는 기기 작업조건에 문제가 있을 경우

42 FT도에서 사용하는 기호 중 다음 그림과 같이 OR게이트이지만, 2개 또는 그 이상의 입력이 동시에 존재할 때 출력이 생기지 않은 경우 사용하는 것은?(문제 오류로 가답안 발표시 2번으로 발표되었지만 최종정답 발표시 전항 정답 처리 되었습니다. 여기서는 가답안인 2번을 누르면 정답 처리 됩니다.)

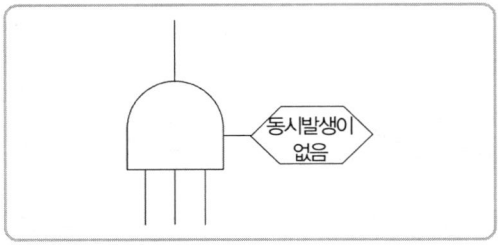

① 부정 OR 게이트
② 배타적 OR 게이트
③ 억제 게이트
④ 조합 OR 게이트

해설 **수정기호** : 다음에 나타나는 조건을 기입한다.

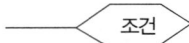

1) **우선적 AND Gate** : 입력사상 가운데 어느 사상이 다른 사상보다 먼저 일어났을 때에 출력사상이 생긴다. 예를 들면 「A는 B보다 먼저」와 같이 기입한다.
2) **짜맞춤 AND Gate** : 3개 이상의 입력사상 가운데 어느 것이든 2개가 일어나면 출력사상이 생긴다. 예를 들면 「어느 것이든 2개」라고 기입한다.
3) **위험지속기호** : 입력사상이 생겨서 어느 일정시간 지속하였을 때에 출력사상이 생긴다. 예를 들면 「위험지속시간」과 같이 기입한다.
4) **배타적 OR Gate** : OR Gate로 2개 이상의 입력이 동시에 존재할 때에는 출력사상이 생기지 않는다. 예를 들면 「동시에 발생하지 않는다」라고 기입한다.

43 손이나 특정 신체부위에 발생하는 누적손상장애(CTD)의 발생인자와 가장 거리가 먼 것은?

① 무리한 힘
② 다습한 환경
③ 장시간의 진동
④ 반복도가 높은 작업

해설 **누적손상장애(CTD)의 발생요인**
1) 무리한 힘의 사용
2) 진동 및 온도(저온)
3) 반복도가 높은 작업
4) 부적절한 작업 자세
5) 날카로운 면과 신체 접촉

44 FTA에 의한 재해사례 연구순서 중 2단계에 해당하는 것은?

① FT 도의 작성
② 톱 사상의 선정
③ 개선계획의 작성
④ 사상의 재해원인을 규명

해설 **FTA에 의한 재해사례 연구순서**
1) 1단계 : 톱(TOP) 사상의 선정
2) 2단계 : 사상의 재해 원인의 규명
3) 3단계 : FT의 작성
4) 4단계 : 개선 계획의 작성

45 산업안전보건법령상 사업주가 유해위험방지계획서를 제출할 때에는 사업장 별로 관련서류를 첨부하여 해당 작업 시작 며칠 전까지 해당 기관에 제출하여야 하는가?

① 7일
② 15일
③ 30일
④ 60일

해설 **제출서류 등(시행규칙 제121조)** : 유해위험방지계획서를 제출하려면 사업장 별로 제조업 등 유해위험방지 계획서에 관련서류를 첨부하여 해당 작업시작 15일 전까지 공단에 2부를 제출하여야 한다.

■정답 ■ 42.② 43.② 44.④ 45.②

46 인체에서 뼈의 주요 기능이 아닌 것은?

① 인체의 지주　② 장기의 보호
③ 골수의 조혈　④ 근육의 대사

해설 **골격(뼈)의 기능 (역할)**
1) 지지기능 : 뼈는 크게 근육을 받쳐주고 몸무게를 지탱하여 체형을 유지시킨다.
2) 보호기능 : 신체의 중요한 기관(뇌, 심장 등 내장)을 보호한다.
3) 조혈기능 : 골수는 적혈구를 비롯한 혈액세포들을 만드는 조혈기능을 갖는다.
4) 운동기능 : 관절을 통해 다양한 동작을 가능하게 하는 운동기능을 갖는다.

47 시스템 안전 MIL-STD-882B 분류기준의 위험성 평가 매트릭스에서 발생빈도에 속하지 않는 것은?

① 거의 발생하지 않는(remote)
② 전혀 발생하지 않는(impoossible)
③ 보통 발생하는(reasonably probable)
④ 극히 발생하지 않을 것 같은(extremely improbable)

해설 **위험의 정성적 확률 등급**
1) A : 자주 발생하는(frequent)
2) B : 보통 발생하는(reasonably probable)
3) C : 가끔 발생하는(occasional)
4) D : 거의 발생하지 않는(remote)

48 화학설비에 대한 안전성 평가 중 정량적 평가항목에 해당되지 않는 것은?

① 공정　② 취급물질
③ 압력　④ 화학설비용량

해설 **화학설비에 대한 안전성평가시 정량적 평가항목**
1) 취급물질　2) 용량
3) 온도　4) 압력
5) 조작

49 인체 계측 자료의 응용 원칙이 아닌 것은?

① 기존 동일 제품을 기준으로 한 설계
② 최대치수와 최소치수를 기준으로 한 설계
③ 조절범위를 기준으로 한 설계
④ 평균치를 기준으로 한 설계

해설 **인간계측자료의 응용원칙**
1) **최대치수와 최소치수** : 최대치수 또는 최소치수를 기준으로 하여 설계한다. (극단에 속하는 사람을 위한 설계)
2) **조절범위(조절식)** : 체격이 다른 여러 사람에게 맞도록 만드는 것 이다. (조절할 수 있도록 범위를 두는 설계)
3) **평균치를 기준으로 한 설계** : 최대치수나 최소치수, 조절식으로 하기가 곤란할 때 평균치를 기준으로 하여 설계한다. (평균적인 사람을 위한 설계)

50 적절한 온도의 작업환경에서 추운 환경으로 온도가 변할 때 우리의 신체가 수행하는 저절작용이 아닌 것은?

① 발한(發汗)이 시작된다.
② 피부의 온도가 내려간다.
③ 직장(直腸)온도가 약간 올라간다.
④ 혈액의 많은 양이 몸의 중심부를 위주로 순환한다.

해설 **온도변화에 대한 신체의 조정작용**(인체적응)

적온에서 고온환경으로 변할 때	적온에서 한냉환경으로 변할 때
① 많은 양의 혈액이 피부를 경유하여 피부온도가 올라간다. ② 직장온도가 내려간다. ③ 발한이 시작된다.	① 많은 양의 혈액이 몸의 중심부를 순환하며 피부온도는 내려간다. ② 직장온도가 약간 올라간다. ③ 소름이 돋고 몸이 떨린다.

■ 정답 ■　46.④　47.②　48.①　49.①　50.①

51 각 부품의 신뢰도가 다음과 같을 때 시스템의 전체 신뢰도는 약 얼마인가?

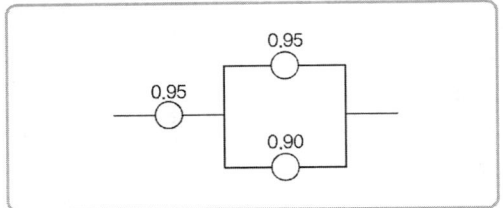

① 0.8123
② 0.9453
③ 0.9553
④ 0.9953

해설 시스템 신뢰도(R)

$$R = 0.95 \times [1-(1-0.95)(1-0.9)]$$
$$= 0.9453$$

52 반사율이 85%, 글자의 밝기가 400cd/m²인 VDT화면에 350lux의 조명이 있다면 대비는 약 얼마인가?

① − 6.0   ② − 5.0
③ − 4.2   ④ − 2.8

해설 1) 반사율 (%) = $\dfrac{광속발산도}{소요조명} \times 100$

$$= \dfrac{cd/m^2 \times \pi}{lux}$$

① 배경의 광속발산도(L_b)

$$L_b(cd/m^2) = \dfrac{반사율 \times 소요조명}{\pi}$$

$$= \dfrac{0.85 \times 350}{3.14} = 94.75 cd/m^2$$

② 표적의 광속발산도(L_t)

$$L_t = 400 + 94.75 = 494.75 \, cd/m^2$$

2) 대비 = $\dfrac{L_b - L_t}{L_b} \times 100$

$$= \dfrac{94.75 - 494.75}{94.75} \times 100 = -4.22\%$$

53 의자 설계시 고려해야 할 일반적인 원리와 가장 거리가 먼 것은?

① 자세고정을 줄인다.
② 조정이 용이해야 한다.
③ 디스크기 받는 압력을 줄인다.
④ 요추 부위의 후만곡선을 유지한다.

해설 1) 일정한 자세를 계속 유지하도록 설계된 의자는 신체에 부담을 주기 때문에 의자설계원리에 위배된다.
　2) **의자설계시 고려해야 할 사항**
　　① 등받이의 굴곡은 전단곡(요추의 굴곡)과 일치하여야 한다.
　　② 정적인 부하와 고정된 작업자세를 피해야 한다.
　　③ 좌면의 높이는 신장에 따라 조절 가능해야 한다.
　　④ 의자의 높이는 오금높이와 같거나 오금높이보다 낮아야 한다.

54 조종장치를 촉각적으로 식별하기 위하여 사용되는 촉각적 코드화의 방법으로 옳지 않은 것은?

① 색감을 활용한 코드화
② 크기를 이용한 코드화
③ 조종장치의 형상 코드화
④ 표면 촉감을 이용한 코드화

해설 **조종장치의 촉각적 코드화(암호화)**
　1) 크기를 구별하여 사용하는 경우 : 크기(직경 및 두께)의 차이를 쉽게 구별할 수 있도록 설계
　2) 형상을 구별하여 사용하는 경우 : 만져봐서 식별이 되는 손잡이, 용도와 관련된 형상으로 식별
　3) 표면 촉감을 사용하는 경우 : 매끄러운 면, 세로홈(flute), 길쭉면(knurl)

55 컷셋(cut set)과 패스셋(pass set)에 관한 설명으로 옳은 것은?

① 동일한 시스템에서 패스셋의 개수와 컷셋의 개수는 같다.
② 패스셋은 동시에 발생했을 때 정상사상을 유발하는 사상들의 집합이다.
③ 일반적으로 시스템에서 최소 컷셋의 개수가 늘어나면 위험 수준이 높아진다.
④ 최소 컷셋은 어떤 고장이나 실수를 일으키지 않으면 재해는 일어나지 않는다고 하는 것이다.

해설 컷과 패스
1) 컷셋과 미니멀 컷(최소 컷셋)
   ① 컷셋(cut sets) : 정상사상을 일으키는 기본사상(통상사상, 생략사상 포함)의 집합을 컷이라 한다.
   ② 미니멀 컷(minimal cut sets) : 정상사상을 일으키기 위해 필요한 최소한의 컷을 말한다. (시스템의 위험성을 나타냄)
2) 패스 셋과 미니멀 패스
   ① 페스 셋 : 정상사상이 일어나지 않는 기본사상의 집합을 말한다.
   ② 미니멀 패스 : 필요 최소한의 패스를 말한다. (시스템의 신뢰성을 나타냄)

56 모든 시스템에서 안전분석에서 제일 첫 번째 단계의 분석으로 실행되고 있는 시스템을 포함한 모든 것의 상태를 인식하고 시스템의 개발단계에서 시스템 고유의 위험상태를 식별하여 예상되고 있는 재해의 위험수준을 결정하는 것을 목적으로 하는 위험분석 기법은?

① 결함 위험 분석(FHA: Fault Hazard Analysis)
② 시스템 위험 분석(SHA: System Hazard Analysis)
③ 예비 위험 분석(PHA: Preliminary Hazard Analysis)
④ 운용 위험 분석(OHA: Operating Hazard Analysis)

해설 PHA(예비사고분석)
1) PHA(Preliminary Hazards Analysis) : 대부분 시스템 안전 프로그램에 있어서 최초단계의 분석으로, 시스템 내의 위험한 요소가 얼마나 위험한 상태에 있는가를 정성적으로 평가하는 것이다.
2) PHA의 목적 : 시스템의 개발 단계에 있어서 시스템 고유의 위험상태를 식별하고 예상되는 재해의 위험수준을 결정하는데 있다.

57 다음 FT도에서 시스템에 고장이 발생할 확률이 약 얼마인가? (단, X_1과 X_2의 발생확률은 각각 0.05, 0.03이다.)

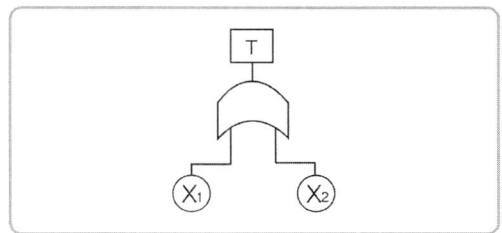

① 0.0015
② 0.0785
③ 0.9215
④ 0.9985

해설 시스템 고장발생확률(T)
$$T = 1 - (1 - X_1)(1 - X_2)$$
$$= 1 - (1 - 0.05)(1 - 0.03) = 0.0785$$

58 인간공학 연구조사에 사용되는 기준의 구비조건과 가장 거리가 먼 것은?

① 다양성
② 적절성
③ 무오염성
④ 기준 척도의 신뢰성

해설 기준의 요건
1) 적절성(relevance) : 기준이 의도된 목적에 적당하다고 판단되는 정도를 말한다.
2) 무오염성 : 기준 척도는 측정하고자 하는 변수 외의 다른 변수들의 영향을 받아서는 안

된다는 것을 무오염성이라고 한다.

3) 기준척도의 신뢰성 : 척도의 신뢰성은 반복성(repeatability)을 의미한다.

59 시각 장치와 비교하여 청각 장치 사용이 유리한 경우는?

① 메시지가 길 때
② 메시지가 복잡할 때
③ 정보 전달 장소가 너무 소란할 때
④ 메시지에 대한 즉각적인 반응이 필요할 때

해설 **표시장치의 선택**(청각장치와 시각장치의 선택)

청각장치사용	시각장치사용
1) 전언이 간단하고 짧다.	1) 전언이 복잡하고 길다.
2) 전언이 후에 재참조되지 않는다.	2) 전언이 후에 재참조된다.
3) 전언이 즉각적인 사상(event)을 이룬다.	3) 전언이 공간적인 위치를 다룬다.
4) 전언이 즉각적인 행동을 요구한다.	4) 전언이 즉각적인 행동을 요구하지 않는다.
5) 수신자가 시각계통이 과부하 상태일 때	5) 수신자의 청각계통이 과부하 상태일 때
6) 수신장소가 너무 밝거나 암조의 유지가 필요할 때	6) 수신장소가 너무 시끄러울 때
7) 직무상 수신자가 자주 움직이는 경우	7) 직무상 수신자가 한 곳에 머무르는 경우

60 인간 – 기계 시스템을 설계할 때에는 특정 기능을 기계에 할당하거나 인간에게 할당하게 된다. 이러한 기능할당과 관련된 사항으로 옳지 않은 것은? (단, 인공지능과 관련된 사항은 제외한다.)

① 인간은 원칙을 적용하여 다양한 문제를 해결하는 능력이 기계에 비해 우월하다.
② 일반적으로 기계는 장시간 일관성이 있는 작업을 수행하는 능력이 인간에 비해 우월하다.
③ 인간은 소음, 이상온도 등의 환경에서 작업

을 수행하는 능력이 기계에 비해 우월하다.
④ 일반적으로 인간은 주위가 이상하거나 예기치 못한 사건을 감지하여 대처하는 능력이 기계에 비해 우월하다.

해설 **인간과 기계의 상대적 재능**

인간이 우수한 기능	기계가 우수한 기능
① 저 에너지 자극(시각, 청각, 후각 등)감지	① 인간 감지범위 밖의 자극(X선, 초음파 등)감지
② 복잡 다양한 자극 형태 식별	② 인간 및 기계에 대한 모니터 기능
③ 예기치 못한 사건 감지 (예감, 느낌)	③ 드물게 발생하는 사상 감지
④ 다량정보를 오래 보관	④ 암호화된 정보를 신속하게 대량보관
⑤ 귀납적 추리	⑤ 연역적 추리
⑥ 과부하 상황에서는 중요한 일에만 전념	⑥ 과부하시 효율적으로 작동
⑦ 임기응변, 융통성 원칙 적용, 주관적 추산 독창력 발휘 등의 기능	⑦ 정량적 정보처리, 장시간 중량작업, 반복작업, 동시에 여러 가지 작업 수행

제4과목 / 건설시공학

61 흙을 이김에 의해서 약해지는 강도를 나타내는 흙의 성질은?

① 간극비
② 함수비
③ 예민비
④ 항복비

해설 **예민비** : 자연시료에 대한 함수율을 변화시키지 않고 이기면 약하게 되는 성질이 있는데 그 정도를 나타낸 것을 예민비라 한다.

$$예민비 = \frac{자연시료의 강도}{이긴시료의 강도}$$

62 콘크리트 타설 중 응결이 어느 정도 진행된 콘크리트에 새로운 콘크리트를 이어치면 시공불량이음부가 발생하여 경화 후 누수의 원인 및 철근의 녹 발생 등 내구성에 손상을 일으키는 것은?

① Expansion joint
② Construction joint
③ Cold joint
④ Sliding joint

해설 **콘크리트의 이음(joint)**
1) **익스팬드 조인트**(expand joint, 신축줄눈) : 기초의 부동침하와 온도, 습도 등의 변화에 따라 신축팽창을 흡수시킬 목적으로 설치하는 줄눈이다.
2) **컨스트럭션 조인트**(construction, 시공줄눈) : 시공에 있어서 콘크리트를 한번에 계속하여 타설하지 못하는 경우에 생기는 줄눈이다.
3) **콜드 조인트**(cold joint) : 시공과정 중 응결이 시작 된 콘크리트에 새로운 콘크리트를 이어칠 때 일체화가 저해되어 생기는 줄눈이다.
3) **컨트롤 조인트**(control joint, 조절줄눈) : 바닥판의 수축에 의한 표면 균열방지를 목적으로 설치하는 줄눈이다.

63 네트워크공정표에서 후속작업의 가장 빠른 개시시간(EST)에 영향을 주지 않는 범위내에서 한 작업이 가질 수 있는 여유시간을 의미하는 것은?

① 전체여유(TF)
② 자유여유(FF)
③ 간섭여유(IF)
④ 종속여유(DF)

해설 **자유여유(FF)**
FF=후속작업의 EST-그 작업의 EFT
여기서, ┌EST : 작업을 시작하는 가장 빠른 시각
└EFT : 작업을 끝낼 수 있는 가장 빠른 시각

64 표준관입시험의 N치에서 추정이 곤란한 사항은?

① 사질토의 상대밀도와 내부 마찰각
② 선단지지층이 사질토지반일 떠 말뚝 지지력
③ 점성토의 전단강도
④ 점성토 지반의 투수 계수와 예민비

해설 **표준관입시험** : 63.5kg의 추를 75cm의 높이에서 자유 낙하 시켜 30cm관입시킬 때의 타격회수(N)를 측정하여 흙은 경연도의 정도를 판정하는 방법
1) 사질지반의 상대밀도 등 토질 즈사시 신뢰성이 높다.
2) N값과 모래의 상태

N값	모래의 상태
0~5	몹시 느슨하다.
5~10	느슨하다.(연역한 지반)
10~30	보통
50이상	다진상태(밀실한 상태)

65 강구조물 제작 시 절단 및 개선(그루브) 가공에 관한 일반사항으로 옳지 않은 것은?

① 주요 부재의 강판 절단은 주된 응력의 방향과 압연방향을 직각으로 교차시켜 절단함을 원칙으로 하며, 절단작업 착수 전 재단도를 작성해야 한다.
② 강재의 절단은 강재의 형상, 치수를 고려하여 기계절단, 가스절단, 플라즈마 절단 등을 적용한다.
③ 절단할 강재의 표면에 녹, 기름, 도료가 부착되어 있는 경우에는 제거 후 절단해야 한다.
④ 용접선의 교차부분 또는 한 부재를 다른 부재에 접합시킬 때 불필요한 접촉을 피하기 위하여 모퉁이따기를 할 경우에는 10mm 이상 둥글게 해야 한다.

해설 ①항, 강판절단은 응력의 방향이나 압연방향으로 평행하여 절단함을 원칙으로 한다.

66 공동도급(Joint Venture Contract)의 장점이 아닌 것은?

① 융자력의 증대   ② 위험의 분산
③ 이윤의 증대   ④ 시공의 확실성

해설 1) 장점
    ① 소자본으로 대규모공사 도급가능
    ② 기술, 자본, 위험부담의 분산 및 감소
    ③ 기술의 확충, 강화 및 경험의 증대
    ④ 공사계획과 시공이행의 확실
  2) 단점
    ① 각 업체의 업무방식에서 오는 혼란
    ② 현장관리의 곤란
    ③ 일식도급보다 경비 증대

67 철골 내화피복공법의 종류에 따른 사용재료의 연결이 옳지 않은 것은?

① 타설공법 – 경량콘크리트
② 뿜칠공법 – 압면 흡임판
③ 조적공법 – 경량콘크리트 블록
④ 성형판붙임공법 – ALC판

해설 **뿜칠공법 재료** : 뿜칠모르타르, 뿜칠플라스터, 뿜칠압면, 알루미늄 계열 모르타르, 실리카

68 벽돌벽 두께 1.0B, 벽높이 2.5m, 길이 8m인 벽면에 소요되는 점토벽돌의 매수는 얼마인가? (단, 규격은 190×90×57mm, 할증은 3%로 하며, 소수점 이하 결과는 올림하여 정수 매로 표기)

① 2980매   ② 3070매
③ 3278매   ④ 3542매

해설 1) 1.0B 쌓기 기준 면적당 소요 매수
    : 149장/m^2
  2) 소요벽돌매수
    $= 149$장$/m^2 \times 2.5m \times 8m \times 1.03$(할증률)
    $= 3069.4 = 3070$

69 금속제 천장틀 공사 시 반자틀의 적정한 간격으로 옳은 것은? (단, 공사시방서가 없는 경우)

① 450mm 정도   ② 600mm 정도
③ 900mm 정도   ④ 1200mm 정도

해설 **금속체 천장틀 공사시 반자틀의 적정간격**
    : 900mm정도
  [주] 반자틀(ceiling frams) : 천장재를 부착하기 위하여 바탕에 매는 기다란 재

70 공사계약방식 중 직영공사방식에 관한 설명으로 옳은 것은?

① 사회간접자본(SOC : Social Overhead Capital) 의 민간투자유치에 많이 이용되고 있다.
② 영리목적의 도급공사에 비해 저렴하고 재료 선정이 자유로운 장점이 있으나, 고용기술자 등에 의한 시공관리능력이 부족하면 공사비 증대, 시공성의 결함 및 공기가 연장되기 쉬운 단점이 있다.
③ 도급자가 자금을 조달하면 설계, 엔지니어링, 시공의 전부를 도급받아 시설물을 완성하고 그 시설을 일정기간 운영하는 것으로, 운영수입으로부터 투자자금을 회수한 후 발주자에게 그 시설을 인도하는 방식이다.
④ 수입을 수반한 공공 혹은 공익 프로젝트(유료도로, 도시철도, 발전도 등)에 많이 이용되고 있다.

해설 1) **직영공사** : 건축주가 공사계획을 세우고 일체의 공사를 건축주 책임으로 시행하는 공사이다.
  2) 장점
    ① 임기응변으로 처리가 가능하다 (특수한 상황에 신속하게 대처).
    ② 입찰이나 계약 등의 복잡한 수속이 필요 없다.
  3) 단점
    ① 공사기간이 연장되고 공사비가 증대된다.
    ② 시공 및 안전관리 능력이 부족하다.

■ 정답 ■   66.③   67.②   68.②   69.③   70.②

71 철근이음에 관한 설명으로 옳지 않은 것은?

① 철근의 이음부는 구조내력상 취약점이 되는 곳이다.

② 이음위치는 되도록 응력이 큰 곳을 피하도록 한다.

③ 이음이 한 곳에 집중되지 않도록 엇갈리게 교대로 분산시켜야 한다.

④ 응력 전달이 원활하도록 한 곳에서 철근수의 반 이상을 주어야 한다.

해설 **철근이음 시 주의 사항**
1) 이음은 응력이 큰 곳은 피하고 동일개소에 이음이 집중되지 않게 할 것
2) D29(ϕ28) 이상은 겹침 이음을 하지 않을 것
3) 보의 상단근은 중앙에서, 하단근은 단부에서 이음할 것
4) 기둥주근의 이음은 기둥 높이의 2/3이내에서 이음할 것

72 기초공사시 활용되는 현장타설 콘크리트 말뚝공법에 해당되지 않는 것은?

① 어스드릴(earth drill) 공법

② 베노토 말뚝(benoto pile) 공법

③ 리버스서큘레이션(reverse circulation pile) 공법

④ 프리보링(preboring) 공법

해설 **프리보링공법** : 어스오거를 사용하여 지반을 미리 천공하고 천공한 부위에 말뚝을 압입하는 공법이다. (현장타설 콘크리트말뚝 공법에 해당되지 않음)

73 철골용접이음 후 용접부의 내부결함 검출을 위하여 실시하는 검사로써 빠르고 경제적이어서 현장에서 주로 사용하는 초음파를 이용한 비파괴 검사법은?

① MT(Magnetic particle Testing)

② UT(Ultrasonic Testing)

③ RT(Radiogtaphy Testing)

④ PT(Liquid Penetrant Testing)

해설 **초음파탐상검사**(UT, ultrasonic testing) : 초음파를 피검사재에 보내어 그 음흔적 성직을 이용하여 결함을 유무를 검사하는 ㅂ파괴 검사법이다.

74 건설의 전 과정에 걸쳐 프로젝트를 보다 효율적이고 경제적으로 수행하기 위하여 각 부문의 전문가들로 구성된 통합관리기술을 발주자에게 서비스하는 것을 무엇이라고 하는가?

① Cost Managementwjd

② Cost Manpower

③ Construction Manpower

④ Construction Management

해설 CM(Construction Management: 건설관리) : 설계, 시공을 통합관리하여 주문자를 위해 서비스하는 전문가 집단의 관리기법을 말한다.

75 철근배근 시 콘크리트의 피복두께를 유지해야 되는 가장 큰 이유는?

① 콘크리트의 인장강도 증진을 위하여

② 콘크리트의 내구성, 내화성 확보를 위하여

③ 구조물의 미관을 좋게 하기 위하여

④ 콘크리트 타설을 쉽게 하기 위하여

해설 **철근에 대한 콘크리트의 피복두께**
1) 피복두께 : 콘크리트 표면에서 제일 외측에 가까운 철근표면까지의 거리
2) 철근의 피복두께 계획시 고려사항(철근피복의 목적)
   ① 내화성
   ② 내구성
   ③ 시공상 유동성 확보
3) 철근의 피복두께 : 최소 2cm(평균 3cm 이상)

---

76 보강블록 공사 시 벽 가로근의 시공에 관한 설명으로 옳지 않은 것은?

① 가로근은 배근 상세도에 따라 가공하되 그 단부는 90°의 갈구리로 구부려 배근한다.
② 모서리에 가로근의 단부는 수평방향으로 구부려서 세로근의 바깥쪽으로 두르고, 정착길이는 공사시방서에 정한 바가 없는 한 40d 이상으로 한다.
③ 창 및 출입구 등의 모서리 부분에 가로근의 단부를 수평방향으로 정착할 여유가 없을 때에는 갈구리로 하여 단부 세로근에 걸고 결속선으로 결속한다.
④ 개구부 상하부의 가로근을 양측 벽부에 묻을 때의 정착길이는 40d 이상으로 한다.

해설 **보강콘크리트 블록조 공사(가로근)**
　① 모서리 가로근의 단부는 수평방향으로 구부려져 세로근의 바깥쪽으로 두른다.
　② 가로근의 정착길이는 40d 이상으로 한다.
　③ 가로근의 이음은 서로 엇갈리게 하고 이음 길이는 25d 이상으로 한다.
　④ 가로근의 간격은 60~80cm(블록3켜~4켜)로 한다.

77 흙막이 지지공법 중 수평버팀대 공법의 특징에 관한 설명으로 옳지 않은 것은?

① 가설구조물이 적어 중장비작업이나 토량제거작업의 능률이 좋다.
② 토질에 대해 영향을 적게 받는다.
③ 인근 대지로 공사범위로 넘어가지 않는다.
④ 고저차가 크거나 상이한 구조인 경우 균형을 잡기 어렵다.

해설 ①항, 가설구조물 때문에 중장비작업의 능률이 원활하지 못하다.

78 터널 폼에 관한 설명으로 옳지 않은 것은?

① 거푸집의 전용횟수는 약 10회 정도로 매우 적다.
② 노무 절감, 공기단축이 가능하다.
③ 벽체 및 슬래브거푸집을 일체로 제작한 거푸집이다.
④ 이 폼의 종류에는 트윈 쉘(twin shell)과 모노 쉘(mono shell)이 있다.

해설 **터널폼(tunnel form)의 경제적인 전용횟수** : 100회 정도

79 철근콘크리트 공사에서 거푸집의 간격을 일정하게 유지시키는데 사용되는 것은?

① 클 램프　　　　② 쉐어 커넥터
③ 세퍼레이터　　④ 인서트

해설 **세퍼레이터(separator)** : 격리제

80 지정에 관한 설명으로 옳지 않은 것은?

① 잡석지정 – 기초 콘크리트 타설 시 흙의 혼입을 방지하기 위해 사용한다.
② 모래지정 – 지반이 단단하며 건물이 중량일 때 사용한다.
③ 자갈지정 – 굳은 지반에 사용되는 지정이다.
④ 밑창 콘크리트지정 – 잡석이나 자갈 위 기초 부분의 먹매김을 위해 사용한다.

해설 **모래지정** : 지반이 연약하고 건물의 무게가 비교적 가벼울 경우 지반을 파내고 모래를 물다짐 한 것이다

제5과목 / 건설재료학

81 석재의 종류와 용도가 잘못 연결된 것은?

① 화산암 – 경량골재
② 화강암 – 콘크리트용 골재
③ 대리석 – 조각재
④ 응회암 – 건축용 구조재

해설 응회암 : 기초석, 조적석재 등

82 목재의 압축강도에 영향을 미치는 원인에 관한 설명으로 옳지 않은 것은?

① 기건비중이 클수록 압축강도는 증가한다.
② 가력방향이 섬유방향과 평행일 때의 압축강도가 직각일 때의 압축강도보다 크다.
③ 섬유포화점 이상에서 목재의 함수율이 커질수록 압축강도는 계속 낮아진다.
④ 옹이가 있으면 압축강도는 저하하고 옹이 지름이 클수록 더욱 감소한다.

해설 섬유포화점 이상에서는 목재의 함수율이 커져도 압축강도는 일정하다.

> **길잡이**
>
> (1) **섬유포화점** : 섬유자신의 함수율 25~35%(보통30%)인 경우
> (2) **함수율에 의한 목재 재질의 변화**
> 1) 목재의 재질 변동(수축, 팽창 등)은 섬유포화점 이하의 함수 상태에서만 발생한다.
>   ① 변재는 심재보다 수축이 크다.
>   ② 활엽수가 침엽수보다 수축이 크다.
> 2) 섬유 포화점 이하에서 함수율의 감소에 따라 강도는 증가하고 탄성은 감소한다.

83 콘크리트용 골재의 품질요건에 관한 설명으로 옳지 않은 것은?

① 골재는 청정·견경해야 한다.
② 골재는 소요의 내화성과 내구성을 가져야 한다.
③ 골재는 표면이 매끄럽지 않으며, 예각으로 된 것이 좋다.
④ 골재는 밀실한 콘크리트를 만들 수 있는 입형과 입도를 갖는 것이 좋다.

해설 **콘크리트용 골재의 품질**
1) 청정, 견고, 내구성 및 내화성이 있을 것
2) 입형(입형, 알모양)은 구형으로 표면이 거친 것이 좋음
3) 입도가 적당할 것(세조립이 적당히 포함된 것)
4) 경화된 시멘트풀 강도 이상일 것
5) 유기불순물을 포함하지 않을 것

84 점토의 성질에 관한 설명으로 옳지 않은 것은?

① 양질의 점토는 건조상태에서 현저한 가소성을 나타내며, 점토 입자가 미세할수록 가소성은 나빠진다.
② 점토의 주성분은 실리카와 알루미나이다.
③ 인장강도는 점토의 조직에 관계하며 입자의 크기가 큰 영향을 준다.
④ 점토제품의 색상은 철산화물 또는 석회물질에 의해 나타난다.

해설 **점토의 가소성**
1) 양질의 점토는 습윤 상태에서 현저한 가소성을 나타낸다.
2) 점토입자가 미세할수록 가소성은 작아진다 (양질의 점토일수록 가소성이 크다.)
3) 알루미나(Al_2O_3)가 많은 점토는 가소성이 좋다.

■ 정답 ■ 81.④ 82.③ 83.③ 84.①

85 표면건조포화상태 질량 500g의 잔골재를 건조시켜, 공기 중 건조상태에서 측정한 결과 460g, 절대건조상태에서 측정한 결과 450g이었다. 이 잔골재의 흡수율은?

① 8% ② 8.8%
③ 10% ④ 11.1%

해설 흡수율

$$= \frac{표건상태중량 - 절건상태중량}{절건상태중량} \times 100$$
$$= \frac{500 - 450}{450} \times 100 = 11.1\%$$

86 콘크리트용 혼화제의 사용용도와 혼화제 종류를 연결한 것으로 옳지 않은 것은?

① AE 감수제 : 작업성능이나 동결융해 저항성능의 향상
② 유동화제 : 강력한 감수효과와 강도의 대폭적인 증가
③ 방청제 : 염화물에 의한 강재의 부식억제
④ 증점제 : 점성, 응집작용 등을 향상시켜 재료 분리를 억제

해설 유동화제 : 콘크리트 배합 완료 후 유동성 개선 목적으로 사용

87 고강도 강선을 사용하여 인장응력을 미리 부여함으로서 큰 응력을 받을 수 있도록 제작된 것은?

① 매스 콘크리트
② 프리플레이스트 콘크리트
③ 프리스트레스트 콘크리트
④ AE 콘크리트

해설 PS(Prestressed)콘크리트 : 외력에 의한 응력에 견디도록 콘크리트에 미리 압축력을 준 콘크리트 이다.

88 유리의 중앙부와 주변부와의 온도 차이로 인해 응력이 발생하여 파손되는 현상을 유리의 열파손이라 한다. 열파손에 관한 설명으로 옳지 않은 것은?

① 색유리에 많이 발생한다.
② 동절기의 맑은 날 오전에 많이 발생한다.
③ 두께가 얇을수록 강도가 약해 열팽창응력이 크다.
④ 균열은 프레임에 직각으로 시작하여 경사지게 진행된다.

해설 ③항, 두께가 얇을수록 강도가 약해 열팽창응력이 작다.

89 KS L 4201에 따른 1종 점토벽돌의 압축강도 기준으로 옳은 것은?

① 8.78MPa 이상 ② 14.70MPa 이상
③ 20.59MPa 이상 ④ 24.50MPa 이상

해설 점토벽돌의 품질

종별	압축강도(N/mm²)	흡수율(%)
1종	24.50이상	10이하
2종	20.59이상	13이하
3종	10.78이상	15이하

참 $1Pa = 1N/mm^2 = 1 \times 10^{-6}MP$

90 아스팔트를 천연아스팔트와 석유아스팔트로 구분할 때 천연아스팔트에 해당되지 않는 것은?

① 로크아스팔트 ② 레이크아스팔트
③ 아스팔타이트 ④ 스트레이트아스팔트

해설 아스팔트의 종류
1) 천연 아스팔트 : 로크 아스팔트, 레이크 아스팔트, 아스팔트 타이트
2) 석유 아스팔트 : 스트레이트 아스팔트, 블로운 아스팔트, 아스팔트 컴파운드

■ 정답 ■ 85.④ 86.② 87.③ 88.③ 89.④ 90.④

91 도료의 사용 용도에 관한 설명으로 옳지 않은 것은?

① 유성바니쉬는 투명도료이며, 목재마감에도 사용가능하다.
② 유성페인트는 모르타르, 콘크리트면에 발라 착색방수피막을 형성한다.
③ 합성수지 에멀션페인트는 콘크리트면, 석고보드 바탕 등에 사용된다.
④ 클리어래커는 목재면의 투명도장에 사용된다.

해설 유성페인트 : 전색제(보일유)+안료+용제 및 희석제+건조제
1) 두꺼운 도막을 만들 수 있으나 내후성, 내약품성, 변색성 등의 도막성질이 나쁘다.
2) 목제, 석고판류 등의 도장에 사용한다.

92 강의 열처리 방법 중 결정을 미립화하고 균일하게 하기 위해 800~1000℃까지 가열하여 소정의 시간까지 유지한 후에 로(爐)의 내부에서 서서히 냉각하는 방법은?

① 풀림
② 불림
③ 담금질
④ 뜨임질

해설 강의 열처리 방법 및 효과
1) 강의 열처리 방법
① 풀림 : 강을 800~1000℃ 로 가열 후 로속에서 서서히 냉각시키는 방법
② 불림 : 강을 800~1000℃ 로 가열 후 대기중에서 냉각시키는 방식
③ 담금질 : 강을 가열한 후 물 또는 기름속에서 급랭시키는 방식
④ 뜨임질 : 불림담금질한 강을 200~600℃로 가열한 후 공기중에서 냉각시키는 방식
2) 강의 열처리 효과
① 풀림 : 신도(연신율)증대, 인장강도 감소
② 불림 : 취도(취성) 감소
③ 담금질 : 강도 및 경도 증대, 신도 및 단면수축률 감소
④ 뜨임질 : 강도 및 경도 감소, 신도 및 단면수축률, 충격값 증대

93 습윤상태의 모래 780g을 건조로에서 건조시켜 절대건조상태 720g으로 되었다. 이 모래의 표면수율은? (단, 이 모래의 흡수율은 5%이다.)

① 3.08%
② 3.17%
③ 3.33%
④ 3.52%

해설 1) 흡수율
$$= \frac{표건상태중량 - 절건상태중량}{절건상태중량} \times 100$$

2) 표건상태 중량
$$= \frac{흡수율 \times 절건상태중량}{100} + 절건상태중량$$
$$= \frac{5 \times 720}{100} + 720 = 756g$$

3) 표면 수율
$$= \frac{습윤상태중량 - 표건상태중량}{표건상태중량} \times 100$$
$$= \frac{780 - 756}{756} \times 100 = 3.17\%$$

94 미장재료 중 회반죽에 관한 설명으로 옳지 않은 것은?

① 경화속도가 느린 편이다.
② 일반적으로 연약하고, 비내수성이다.
③ 여물은 접착력 증대를, 해초풀은 균열방지를 위해 사용된다.
④ 소석회가 주원료이다.

해설 회반죽 : 소석회+여물+해초풀+모래 (초벌, 재벌에만 섞고 정벌바름에는 섞지 않음)
1) 소석회는 건조·경화시 수축성이 크기 때문에 삼여물로 균열을 분산, 미세화시킨다.
2) 회반죽은 점성이 없으므로 해초풀을 끓여서 체로 거른 풀물을 사용한다.(반죽시에는 풀을 혼합하지 않음)
3) 회반죽에 석고를 약간 혼합하면 수축균열을 감소시키고 경화속도 및 강도 등이 증대된다.

95 다음 합성수지 중 열가소성수지가 아닌 것은?

① 알키드수지　　② 염화비닐수지
③ 아크릴수지　　④ 폴리프로필렌수지

해설 합성수지의 종류

열가소성수지	열경화성수지
① 염화비닐수지 (PVC)	① 페놀수지
② 에틸렌수지	② 요소수지
③ 프로필렌수지	③ 멜라민수지
④ 아크릴수지	④ 알키드수지
⑤ 스틸렌수지	⑤ 폴리에스테르수지
⑥ 메타크릴수지	⑥ 실리콘
⑦ ABS수지	⑦ 에폭시수지
⑧ 폴리아미드수지	⑧ 우레탄수지
⑨ 비닐아세틸수지	⑨ 규소수지

96 전기절연성, 내열성이 우수하고 특히 내약품성이 뛰어나며, 유리섬유로 보강하여 강화플라스틱 (F.R.P)의 제조에 사용되는 합성수지는?

① 멜라민수지
② 불포화폴리에스테르수지
③ 페놀수지
④ 염화비닐수지

해설 불포화폴리에스테르수지
1) 전기절연성, 내열성, 내약품성이 우수하고 제압성형이 가능한 열경화성수지이다.
2) 유리섬유로 보강하여 강화플라스틱의 제조에 사용된다.

97 목재 건조의 목적에 해당되지 않는 것은?

① 강도의 증진　　② 중량의 경감
③ 가공성의 증진　　④ 균류 발생의 방지

해설 목재건조의 목적
1) 균류에 의한 부식과 벌레의 피해를 예방
2) 사용 후의 수축 및 균열을 방지

3) 강도 및 내구성의 증진
4) 중량경감과 그로 인한 취급 및 운반비의 절약
5) 방부제 등에 의한 약제주입을 용이하게 함

98 단열재료에 관한 설명으로 옳지 않은 것은?

① 열전도율이 높을수록 단열성능이 좋다.
② 같은 두께인 경우 경량재료인 편이 단열에 더 효과적이다.
③ 일반적으로 다공질의 재료가 많다.
④ 단열재료의 대부분은 흡음성도 우수하므로 흡음재료로서도 이용된다.

해설 ①항, 열전도율이 낮을수록 단열성능이 좋다.

99 금속부식에 관한 대책으로 옳지 않은 것은?

① 가능한 한 이종 금속은 이를 인접, 접속시켜 사용하지 않을 것
② 균질한 것을 선택하고, 사용할 때 큰 변형을 주지 않도록 할 것
③ 큰 변형을 준 것은 가능한 한 풀림하여 사용할 것
④ 표면을 거칠게 하고 가능한 한 습윤상태로 유지할 것

해설 ④항, 금속부식 방지를 위해서는 표면을 매끄럽게 하여 표면적을 줄이고 건조상태를 유지할 것

100 각 미장재료별 경화형태로 옳지 않은 것은?

① 회반죽 : 수경성
② 시멘트 모르타르 : 수경성
③ 돌로마이트플라스터 : 기경성
④ 테라조 현장바름 : 수경성

■ 정답 ■　95.①　96.②　97.③　98.①　99.④　100.①

해설 미장재료의 종류

수경성 미장재료 (팽창성)	기경성 미장재료 (수축성)
1) 시멘트 모르타르 2) 석고 플라스터 3) 경석고 플라스터 4) 인조석 바름 5) 테라조(terrazzo) 현장 바름	1) 진흙 2) 회반죽 3) 회사벽 4) 돌로마이트 플라스터

제6과목 / 건설안전기술

101 지하수위 상승으로 포화된 사질토 지반의 액상화 현상을 방지하기 위한 가장 직접적이고 효과적인 대책은?

① well point 공법 적용
② 동다짐 공법 적용
③ 입도가 불량한 재료를 입도가 양호한 재료로 치환
④ 밀도를 증가시켜 한계간극비 이하로 상대밀도를 유지하는 방법 강구

해설 well point 공법
  1) 출 수가 많고 깊은 터 파기에서 진공펌프와 원심펌프를 병용하는 지하수 배수에 의해 지하수위를 낮추는 공법이다.
  2) 사질토, 실트층 등 투수성이 좋은 지반에는 효율이 좋으나 점토질 등 투수성이 나쁜 지반에는 효율이 나쁘다.
  3) 흙막이 토질 악화를 예방하고, 흙막이 토압을 낮추며 기초 파기 공사를 용이하게 하고 지내력을 증가시킨다.

102 유해위험방지계획서를 고용노동부장관에게 제출하고 심사를 받아야 하는 대상 건설공사 기준으로 옳지 않은 것은?

① 최대 지간길이가 50m 이상인 다리의 건설 등 공사
② 지상높이 25m 이상인 건축물 또는 인공구조물의 건설등 공사
③ 깊이 10m 이상인 굴착공사
④ 다목적댐, 발전용댐, 저수용량 2천만톤 이상의 용수 전용 댐 및 지방상스드 전용댐의 건설등 공사

해설 1) 지상높이가 31m 이상인 건축돌 또는 인공구조물, 연면적 3만㎡ 이상인 건축물 또는 연면적 5천㎡ 이상의 문화 및 집회시설(전시장 및 동물·식물원은 제외), 판매시설, 운수시설(고속철도의 역사 및 잡배송시설은 제외), 종교시설, 의료시설 중 종합병원, 숙박시설 중 관광숙박시설, 지하도상가 또는 냉동·냉장 창고시설의 건설·개조 또는 해체(이하 "건설등"이라 함)
  2) 연면적 5천㎡ 이상의 냉동·냉장창고시설의 설비공사 및 단열공사
  3) 최대 지간길이가 50m 이상인 교량 건설 등 공사
  4) 터널 건설 등의 공사
  5) 다목적댐, 발전용댐 및 저수용량 2천만 톤 이상의 용수 전용 댐, 지방상수도 전용댐 건설 등의 공사
  6) 깊이 10m 이상인 굴착공사

103 사면 보호 공법 중 구조물에 의한 보호 공법에 해당되지 않는 것은?

① 블록공
② 식생구멍공
③ 돌쌓기공
④ 현장타설 콘크리트 격자공

해설 1) 구조물에 의한 시면 보호공법
  ① 현장타설 콘크리트 공법(콘크리트 틀에

의한 공법)
② 콘크리트 블록과 돌쌓기 공법(표면 돌붙임 공법)
③ 소일시멘트공법
2) 식생에 의한 사면보호공법
3) 떼입공법 등

104 미리 작업장소의 지형 및 지반상태 등에 적합한 제한속도를 정하지 않아도 되는 차량계 건설기계의 속도 기준은?

① 최대 제한 속도가 10km/h 이하
② 최대 제한 속도가 20km/h 이하
③ 최대 제한 속도가 30km/h 이하
④ 최대 제한 속도가 40km/h 이하

해설 차량계건설기계의 속도기준 : 최대제한 속도가 10km/hr이하

105 발파구간 인접구조물에 대한 피해 및 손상을 예방하기 위한 건물기초에서의 허용진동치(cm/sec) 기준으로 옳지 않은 것은? (단, 기존 구조물에 금이 가 있거나 노후구조물 대상일 경우 등은 고려하지 않는다.)

① 문화재 : 0.2cm/sec
② 주택, 아파트 : 0.5cm/sec
③ 상가 : 1.0cm/sec
④ 철골콘크리트 빌딩 : 0.8 ~ 1.0cm/sec

해설 발파구간 인접 구조물에 대한 피해 및 손상을 예방하기 위한 허용진동치 기준

건물 분류	건물 기초에서의 허용진동치 (cm/초)
문화재	0.2
주택, 아파트	0.5
상가(금이 없는 상태)	1.0
철골콘크리트 빌딩 및 상가	1.0~4.0

106 거푸집동바리 등을 조립하는 경우에 준수하여야 하는 기준으로 옳지 않은 것은?

① 동바리로 사용하는 파이프 서포트를 이어서 사용하는 경우에는 3개 이상의 볼트 또는 전용철물을 사용하여 이을 것
② 동바리로 사용하는 강관은 높이 2m 이내마다 수평연결재를 2개 방향으로 만들 것
③ 깔목의 사용, 콘크리트 타설, 말뚝박기 등 동바리의 침하를 방지하기 위한 조치를 할 것
④ 동바리로 사용하는 파이프 서포트를 3개 이상 이어서 사용하지 않도록 할 것

해설 거푸집의 동바리로 사용하는 파이프 서포트에 대한 설치기준
1) 파이프 서포트를 3개 이상 이어서 사용하지 아니하도록 할 것
2) 파이프 서포트를 이어서 사용할 때에는 4개 이상의 볼트 또는 전용철물을 사용하여 이을 것
3) 높이가 3.5m를 초과할 때에는 높이가 2m 이내마다 수평 연결재를 2개 방향으로 만들고 수평연결재의 변위를 방지할 것

길잡이 거푸집동바리 조립시 준수사항
(거푸집동바리 등의 안전조치)
1) 깔목의 사용, 콘크리트 타설(打設), 말뚝박기 등 동바리의 침하를 방지하기 위한 조치를 할 것
2) 개구부 상부에 동바리를 설치하는 때에는 상부하중을 견딜 수 있는 견고한 받침대를 설치할 것
3) 동바리의 상하고정 및 미끄러짐 방지조치를 하고, 하중의 지지상태를 유지할 것
4) 동바리의 이음은 맞댄이음 또는 장부이음으로 하고 같은 품질의 재료를 사용할 것
5) 강재와 강재와의 접속부 및 교차부는 볼트·클램프 등 전용철물을 사용하여 단단히 연결할 것
6) 거푸집이 곡면인 때에는 버팀대의 부착 등 그 거푸집의 부상(浮上)을 방지하기 위한 조치를 할 것

■ 정답 ■ 104.① 105.④ 106.①

107 안전계수가 4이고 2000MPa의 인장강도를 갖는 강선의 최대허용응력은?

① 500MPa
② 1000MPa
③ 1500MPa
④ 2000MPa

해설 안전계수 $= \dfrac{\text{파괴하중(인장강도)}}{\text{허용응력}}$

허용응력 $= \dfrac{\text{인장강도}}{\text{안전계수}} = \dfrac{2000MPa}{4}$

$= 500MPa$

108 화물을 적재하는 경우의 준수사항으로 옳지 않은 것은?

① 침하 우려가 없는 튼튼한 기반 위에 적재할 것
② 건물의 칸막이나 벽 등이 화물의 압력에 견딜 만큼의 강도를 지니지 아니한 경우에는 칸막이나 벽에 기대어 적재하지 않도록 할 것
③ 불안정할 정도로 높이 쌓아 올리지 말 것
④ 하중을 한쪽으로 치우치더라도 화물을 최대한 효율적으로 적재할 것

해설 ④항, 하중이 한쪽으로 치우치지 않도록 적재할 것

109 차량계 건설기계를 사용하여 작업을 하는 경우 작업계획서 내용에 포함되지 않는 사항은?

① 사용하는 차량계 건설기계의 종류 및 성능
② 차량계 건설기계의 운행경로
③ 차량계 건설기계에 의한 작업방법
④ 차량계 건설기계 사용 시 유도자 배치 위치

해설 차량계 건설기계 작업 시 작업계획서에 포함되어야 할 사항
1) 사용되는 차량계 건설기계의 종류 및 성능
2) 차량계 건설기계의 운행경로
3) 차량계 건설기계에 의한 작업방법

110 공사진척에 따른 공정율이 다음과 같을 때 안전관리비 사용기준으로 옳은 것은? (단, 공정율은 기성공정율을 기준으로 함)

> 공정율 : 70퍼센트 이상, 90퍼센트 미만

① 50퍼센트 이상
② 60퍼센트 이상
③ 70퍼센트 이상
④ 80퍼센트 이상

해설 공사진척에 따른 안전관리비 사용기준(고용노동부고시)

공정률	50%이상 70%미만	70%이상 90%미만	90%이상
사용기준	50%이상	70%이상	90%이상

111 강관을 사용하여 비계를 구성하는 경우 준수하여야 할 기준으로 옳지 않은 것은?

① 비계기둥의 간격은 띠장 방향에서는 1.85m 이하, 장선(長線) 방향에서는 1.5m 이하로 할 것
② 띠장 간격은 2.0m 이하로 할 것
③ 비계기둥의 제일 윗부분으로부터 31m 되는 지점 밑부분의 비계기둥은 3개의 강관으로 묶어 세울 것
④ 비계기둥 간의 적재하중은 400kg을 초과하지 않도록 할 것

해설 강관비계의 구조 : 강관을 사용하여 비계를 구성할 때의 준수사항
1) 비계기둥의 간격은 띠장방향에서는 1.85m 이하, 장선방향에서는 1.5m 이하로 할 것
2) 띠장간격은 2.0m 이하로 할 것
3) 비계기둥의 최고부로부터 31m 되는 지점 밑부분의 비계기둥은 2개의 강관으로 묶어 세울 것 (브라켓 등으로 보강하여 그 이상의 강도가 유지되는 경우에는 그러하지 아니하다)
4) 비계기둥 간의 적재하중은 400kg을 초과하지 아니하도록 할 것

112 산업안전보건법령에서 규정하는 철골작업을 중지하여야 하는 기후조건에 해당하지 않는 것은?

① 풍속이 초당 10m 이상인 경우
② 강우량이 시간당 1mm 이상인 경우
③ 강설량이 시간당 1cm 이상인 경우
④ 기온이 영하 5℃ 이하인 경우

해설 철골작업을 중지해야할 기상조건
　　1) 풍속 : 10m/sec 이상
　　2) 강우량 : 1mm/hr 이상
　　3) 강설량 : 1cm/hr 이상

113 이동식비계를 조립하여 작업을 하는 경우에 준수하여야 할 기준으로 옳지 않은 것은?

① 승강용사다리는 견고하게 설치할 것
② 비계의 최상부에서 작업을 하는 경우에는 안전난간을 설치할 것
③ 작업발판의 최대적재하중은 400kg을 초과하지 않도록 할 것
④ 작업발판은 항상 수평을 유지하고 작업발판 위에서 안전난간을 딛고 작업을 하거나 받침대 또는 사다리를 사용하여 작업하지 않도록 할 것

해설 이동식비계를 조립하여 작업을 할 때 준수사항
　　1) 이동식 비계의 바퀴에는 뜻밖의 갑작스러운 이동을 방지하기 위하여 브레이크·쐐기 등으로 바퀴를 고정시킨 다음 비계의 일부를 견고한 시설물에 잡아매는 등의 조치를 할 것
　　2) 승강용사다리는 견고하게 설치할 것
　　3) 비계의 최상부에서 작업을 할 때에는 안전난간을 설치할 것
　　4) 작업발판은 항상 수평으로 유지하고 작업발판 위에서 안전난간을 딛고 작업을 하거나 받침대 또는 사다리를 사용하여 작업하지 아니할 것
　　5) 작업발판의 최대적제하중은 250kg을 초과하지 않도록 할 것

114 가설통로를 설치하는 경우 준수하여야 할 기준으로 옳지 않은 것은?

① 경사는 30° 이하로 할 것
② 경사가 15°를 초과하는 경우에는 미끄러지지 아니하는 구조로 할 것
③ 추락할 위험이 있는 장소에는 안전난간을 설치할 것
④ 수직갱에 가설된 통로의 길이가 15m 이상인 경우에는 7m 이내마다 계단참을 설치할 것

해설 가설통로 설치 시 준수사항
　　1) 견고한 구조로 할 것
　　2) 경사는 30° 이하로 할 것 (다만, 계단을 설치하거나 높이 2m 미만의 가설통로로서 튼튼한 손잡이를 설치한 때에는 그러하지 아니하다)
　　3) 경사가 15°를 초과하는 때에는 미끄러지지 아니하는 구조로 할 것
　　4) 추락의 위험이 있는 장소에는 안전난간을 설치할 것 (작업상 부득이 한 때에는 필요한 부분에 한하여 임시로 이를 해체할 수 있다)
　　5) 수직갱에 가설된 통로의 길이가 15m 이상인 때에는 10m 이내마다 계단참을 설치할 것
　　6) 건설공사에서 사용하는 높이 8m 이상인 비계다리에는 7m 이내마다 계단참을 설치할 것

115 흙의 투수계수에 영향을 주는 인자에 관한 설명으로 옳지 않은 것은?

① 포화도 : 포화도가 클수록 투수계수도 크다.
② 공극비 : 공극비가 클수록 투수계수는 작다.
③ 유체의 점성계수 : 점성계수가 클수록 투수계수는 작다.
④ 유체의 밀도 : 유체의 밀도가 클수록 투수계수는 크다.

해설 공극비 : 공극비가 클수록 투수계수는 크다.

116 거푸집동바리등을 조립 또는 해체하는 작업을 하는 경우의 준수사항으로 옳지 않은 것은?

① 재료, 기구 또는 공구 등을 올리거나 내리는 경우에는 근로자로 하여금 달줄·달포대 등의 사용을 금하도록 할 것
② 낙하·충격에 의한 돌발적 재해를 방지하기 위하여 버팀목을 설치하고 거푸집동바리 등을 인양장비에 매단 후에 작업을 하도록 하는 등 필요한 조치를 할 것
③ 비, 눈, 그 밖의 기상상태의 불안정으로 날씨가 몹시 나쁜 경우에는 그 작업을 중지할 것
④ 해당 작업을 하는 구역에는 관계 근로자가 아닌 사람의 출입을 금지할 것

해설 ①항, 재료 기구 또는 공구 등을 올리거나 내리는 경우에는 근로자로 하여금 달줄 또는 달포대 등을 사용하도록 할 것

117 터널공사의 전기발파작업에 관한 설명으로 옳지 않은 것은?

① 전선은 점화하기 전에 화약류를 충진한 장소로부터 30m 이상 떨어진 안전한 장소에서 도통시험 및 저항시험을 하여야 한다.
② 점화는 충분한 허용량을 갖는 발파기를 사용하고 규정된 스위치를 반드시 사용하여야 한다.
③ 발파 후 발파기와 발파모선의 연결을 유지한 채 그 단부를 절연시킨 후 재점화가 되지 않도록 한다.
④ 점화는 선임된 발파책임자가 행하고 발파기의 핸들을 점화할 때 이외는 시건장치를 하거나 모선을 분리하여야 하며 발파책임자의 엄중한 관리하에 두어야 한다.

해설 ③항, 발파 후 즉시 발파모선을 발파기로부터 분리하고 그 단부를 절연시킨 후 재점화가 되지 않도록 하여야 한다.

118 터널 지보공을 조립하거나 변경하는 경우에 조치하여야 하는 사항으로 옳지 않은 것은?

① 목재의 터널 지보공은 그 터널 지보공의 각 부재에 작용하는 긴압 정도를 체크하여 그 정도가 최대한 차이나도록 할 것
② 강(鋼)아치 지보공의 조립은 연결볼트 및 띠장 등을 사용하여 주재 상호간을 튼튼하게 연결할 것
③ 기둥에는 침하를 방지하기 위하여 받침목을 사용하는 등의 조치를 할 것
④ 주재(主材)를 구성하는 1세트의 부재는 동일 평면 내에 배치할 것

해설 ①항, 목재의 터널지보공은 그 터널지보공의 각 부재의 긴압정도가 균등하게 되도록 할 것

119 다음 중 지하수위 측정에 사용되는 계측기는? (문제 오류로 가답안 발표시 4번이 답안으로 발표되었으나, 확정답안 발표시 전항 정답 처리 되었습니다. 여기서는 가답안인 4번을 누르면 정답 처리 됩니다.)

① Load Cell
② Inclinometer
③ Extensometer
④ Piezometer

해설 토공사에 사용되는 계측기기
1) 간극수압계 : 피에조 미터(piezo meter)
2) 경사계 : 인클리노 미터(inclino meter)
3) 인접구조물 기울기 측정 : 틸트 미터(tilt meter)
4) 버팀대 변형 측정계 : 스트레인게이지(strain gauge)
5) 인접구조물의 균열측정 : 크랙 게이지(crack gauge)
6) 지중침하계 : 익스텐션 미터(extension meter)
7) 하중계 : 로드 셀(load cell)
8) 토압측정계 : soil pressure gauge

■ 정답 ■ 116.① 117.③ 118.① 119.④

120 크레인 등 건설장비의 가공전선로 접근 시 안전대책으로 옳지 않은 것은?

① 안전 이격거리를 유지하고 작업한다.
② 장비를 가공전선로 밑에 보관한다.
③ 장비의 조립, 준비 시부터 가공전선로에 대한 감전 방지 수단을 강구한다.
④ 장비 사용 현장의 장애물, 위험물 등을 점검 후 작업계획을 수립한다.

해설 장비는 가공전선로 밑을 피하여 보관한다.

제1과목 / 산업안전관리론

01 위험예지훈련 4라운드(Round) 중 목표 설정 단계의 내용으로 가장 적절한 것은?

① 위험 요인을 찾아내고, 가장 위험한 것을 합의하여 결정한다.

② 가장 우수한 대책에 대하여 합의하고, 행동 계획을 결정한다.

③ 브레인스토밍을 실시하여 어떤 위험이 존재 하는가를 파악한다.

④ 가장 위험한 요인에 대하여 브레인스토밍 등을 통하여 대책을 세운다.

해설 위험예지훈련의 4라운드(Round)
  1) 1R(현상파악) : 어떤 위험이 잠재하고 있는 지 사실을 파악하는 라운드(BS적용)
  2) 2R(본질추구) : 가장 위험한 요인(위험 포인 트)을 합의로 결정하는 라운드(요약)
  3) 3R(대책수립) : 구체적인 대책을 수립하는 라운드(BS적용)
  4) 4R(목표달성-설정) : 수립한 대책 가운데 질 이 높은 항목에 합의하는 라운드(요약)

02 산업안전보건법령상 안전관리자를 2인 이 상 선임하여야 하는 사업에 해당하지 않는 것은?

① 공사금액이 1000억인 건설업

② 상시 근로자가 500명인 통신업

③ 상시 근로자가 1500명인 운수업

④ 상시 근로자가 600명인 식료품 제조업

해설 안전관리자를 두어야 할 사업의 종류·규모, 안전 관리자의 수

사업의 종류	규모	안전관리 자 수
1. 토사석 광업 2. 식료품 제조업, 음료제조업	상시근로자 50명이 상 500명 미만	1명 이상
9. 비철금속 광물 제품 제조업 10. 1차 금속 제조업 ⋮ 22. 자동차 종합 수리 업, 자동차 전문 수리업	상시근로자 500명 이상	2명 이상
24. 농업, 임업 및 어업 ⋮ 28. 운수 및 창고업	상시근로자 50명 이 상 1,000명 미만	1명 이상
33. 우편 및 통신업 ⋮ 43. 기타 개인 서비스 업	상시 근로자 1,000 명 이상	2명 이상
46. 건설업	1. 공사금액 50억원 (관계수급인은 100억원) 이상 120억원 미만(토 목공사업은 150 억원 미만)	1명 이상
	2. 공사금액 120억 원(토목공사업 은 150억원)이 상 800억원 미만	1명 이상
	3. 공사금액 800억 원 이상 1500억 원 미만	2명 이상
	• 전체 공사기간 중 전후 15에 해당하 는 기간	1명 이상

■ 정답 ■ 01.② 02.②

03 안전표지 종류 중 금지표지에 대한 설명으로 옳은 것은?

① 바탕은 노란색, 기본모양은 흰색, 관련부호 및 그림은 파랑색
② 바탕은 노란색, 기본모양은 흰색, 관련부호 및 그림은 검정색
③ 바탕은 흰색, 기본모양은 빨강색, 관련부호 및 그림은 파랑색
④ 바탕은 흰색, 기본모양은 빨강색, 관련부호 및 그림은 검정색

해설 산업안전표지의 종류와 색채
1) **금지표지** : 바탕은 흰색, 기본모형은 빨강색, 관련부호 및 그림은 검정색
2) **경고표지** : 바탕은 노란색, 기본모형 관련부호 및 그림은 검정색[다만, 인화성물질경고, 산화성물질경고, 폭발성물질경고, 급성독성물질경고, 부식성물질경고 및 발암성·변이원성·생식독성·전신독성·호흡기과민성물질 경고의 경우 바탕은 무색, 기본모형은 적색(흑색도 가능)]
3) **지시표지** : 바탕은 파랑, 관련그림은 흰색
4) **안내표지** : 바탕은 흰색, 기본모형 및 관련부호는 녹색 또는 바탕은 녹색, 관련부호 및 그림은 흰색
5) **관계자 외 출입금지** : 글자는 흰색바탕에 흑색, 다음 글자는 적색
   ① ○○○제조/사용/보관 중
   ② 석면취급/해체중
   ③ 발암물질 취급중

04 아담스(Adams)의 재해연쇄이론에서 작전적 에러(Operational Error)로 정의한 것은?

① 선천적 결함
② 불안전한 상태
③ 불안전한 행동
④ 경영자나 감독자의 행동

해설 아담스(Adams)의 사고연쇄성 이론
1) 1단계 : 관리구조 – 목적, 조직, 운영 등
2) 2단계 : 작전적(전략적) 에러 – 관리자 및 감독자의 행동에러(회사 운영실수)
3) 3단계 : 전술적 에러 – 관리·기술적 실수
4) 4단계 : 사고 – 사고의 발생(near miss, 무상해 사고)
5) 5단계 : 상해 또는 손실 – 대인, 대물(부상, 손해, 재산피해)

05 상시 근로자수가 100명인 사업장에서 1년간 6건의 재해로 인하여 10명의 부상자가 발생하였고, 이로 인한 근로손실일수는 120일, 휴업일수는 68일이었다. 이 사업장의 강도율은 약 얼마인가?(단, 1일 9시간씩 연간 290일 근무하였다.)

① 0.58
② 0.67
③ 22.99
④ 100

해설 강도율

$$= \frac{\text{근로손실일수}}{\text{연근로시간수}} \times 1000$$
$$= \frac{120 + (68 \times 290/365)}{100 \times 9 \times 290} \times 1000$$
$$= 0.67$$

06 재해발생원인의 연쇄관계상 재해의 발생원인을 관리적인 면에서 분류한 것과 가장 관계가 먼 것은?

① 인적 원인
② 기술적 원인
③ 교육적 원인
④ 작업관리상 원인

해설 재해원인
1) **직접원인**
   ① 인적원인 : 불안전한 행동
   ② 물적원인 : 불안전한 상태
2) **관리적 원인(간접원인)**
   ① 기술적 원인
   ② 교육적 원인
   ③ 작업관리상의 원인

■ 정답 ■ 03.④ 04.④ 05.② 06.①

07 보호구 안전인증 고시에 따른 안전화 종류에 해당하지 않는 것은?

① 경화안전화   ② 발등안전화
③ 정전기안전화   ④ 고무제안전화

해설 안전화의 종류(고용노동부 고시)

종류	사용구분
① 가죽제 안전화	물체의 낙하, 충격 및 날카로운 물체에 의한 바닥으로부터의 찔림에 의한 위험으로부터 발을 보호하기 위한 것
② 고무제 안전화	물체의 낙하, 충격 및 찔림에 의한 위험으로부터 발을 보호하고 아울러 방수 또는 내화학성을 겸한 것
③ 정전기 안전화 (정전화)	정전기의 인체 대전을 방지하기 위한 것
④ 발등 안전화 (방호 안전화)	물체의 낙하 및 충격으로부터 발 및 발등을 보호하기 위한 것
⑤ 절연화	저압의 전기에 감전을 방지하기 위한 것
⑥ 절연장화	고압에 의한 감전을 방지하고 아울러 방수를 겸한 것

08 천재지변 발생 직후 기계설비의 수리 등을 할 경우 또는 중대재해 발생 직후 등에 행하는 안전점검을 무엇이라 하는가?

① 임시점검   ② 자체점검
③ 수시점검   ④ 특별점검

해설 안전점검의 종류
1) **수시점검** : 작업 전, 중, 후에 실시하는 점검
2) **정기점검** : 일정기간마다 정기적으로 실시하는 점검
3) **특별점검**
   ① 기계ㆍ기구ㆍ설비의 신설시ㆍ변경 내지 고장수리시 실시하는 점검
   ② 천재지변발생 후 실시하는 점검
   ③ 안전강조 기간 내에 실시하는 점검
4) **임시점검** : 이상 발견 시 임시로 실시하는 점검, 정기점검과 정기점검 사이에 실시하는 점검

09 건설기술 진흥법상 안전관리계획을 수립해야 하는 건설공사에 해당하지 않는 것은?

① 15층 건축물의 리모델링
② 지하 15m를 굴착하는 건설공사
③ 항타 및 항발기가 사용되는 건설공사
④ 높이가 21m인 비계를 사용하는 건설공사

해설 안전관리계획을 수립해야 하는 건설공사(건설기술진흥법 시행령 제 98조)
1) 「시설물의 안전관리에 관한 특별법」에 따른 1종시설물 및 2종시설물의 건설공사
2) 지하 10m 이상을 굴착하는 건설공사, 이 경우 굴착 깊이 산정 시 집수정(集水井), 엘리베이터 피트 및 정화조 등의 굴착 부분은 제외하며, 토지에 높낮이 차가 있는 경우 굴착 깊이의 산정방법은 「건축법 시행령」을 따른다.
3) 폭발물을 사용하는 건설공사로서 20m 안에 시설물이 있거나 100m 안에 사육하는 가축이 있어 해당 건설공사로 인한 영향을 받을 것이 예상되는 건설공사
4) 10층 이상 16층 미만인 건축물의 건설공사
5) 다음 각 목의 리모델링 또는 해체공사
   ① 10층 이상인 건축물의 리도델링 또는 해체공사
   ② 「주택법」에 따른 수직증축형 리모델링
6) 「건설기계관리법」에 따라 등록된 다음 각 목의 어느 하나에 해당하는 건설기계가 사용되는 건설공사
   ① 천공기(높이가 10m 이상인 것만 해당한다.)
   ② 항타 및 항발기
   ③ 타워 크레인
7) 가설구조물을 사용하는 건설공사
8) 상기 건설공사 외의 건설공사로서 다음 각 목의 어느 하나에 해당하는 공사
   ① 발주자가 안전관리가 특히 필요하다고 인정하는 건설공사
   ② 해당 지방자치단체의 조례로 정하는 건설공사 중에서 인ㆍ허가기관의 장이 안전관리가 특히 필요하다고 인정하는 건설공사
[주] 상기 건설공사의 경우 원자력시설공사는 제외하며 해당 건설공사가 「산업안전보건법」에 따른 유해ㆍ위험방지계획을 수립해야 하는 건설공사에 해당하는 경우에는 해당계획과 안전관리 계획을 통합하여 작성할 수 있다.

2024

10 하베이(Harvey)가 제시한 '안전의 3E'에 해당하지 않는 것은?

① Education　　② Enforcement
③ Economy　　④ Engineering

해설 하베이(Harvey)의 3E
　1) Engeineering : 기술
　2) Education : 교육
　3) Enforcement : 독려, 규제

11 크레인(이동식은 제외한다)은 사업장에 설치한 날로부터 몇 년 이내에 최초 안전검사를 실시하여야 하는가?

① 1년　　② 2년
③ 3년　　④ 5년

해설 안전검사대상 유해 · 위험기계 등의 검사주기(시행규칙 제 73조의 3)
　1) 크레인(이동식 크레인은 제외), 리프트(이삿짐운반용 리프트는 제외) 및 곤돌라 : 사업장이 설치가 끝난 날부터 3년 이내에 최초 안전검사를 실시하되, 그 이후부터 2년마다(건설현장에 사용하는 것은 최초로 설치한 날부터 6개월마다)
　2) 이동식크레인, 이삿짐운반용 리프트 및 고소작업대 : 신규등록이후 3년 이내에 최초 안전검사를 실시하되, 그 이후부터 2년마다
　3) 프레스, 전단기, 압력용기, 국소배기장치, 원심기, 화학설비 및 그 부속설비, 건조설비 및 그 부속설비, 롤러기 사출성형기, 컨베이어 및 산업용 로봇(11종) : 사업장에 설치가 끝난 날부터 3년 이내에 최초 안전검사를 실시하되, 그 이후부터 2년마다(공정안전보고서를 제출하여 확인을 받은 압력용기는 4년마다)

12 재해손실비용에 있어 직접손실비용이 아닌 것은?

① 요양급여　　② 장해급여
③ 상병보상연금　　④ 생산중단손실비용

해설 재해손실비
　1) **직접비** : 법령으로 정한 피해자에게 지급되는 산재보상비를 말한다.
　　① 휴업보상비 : 평균임금의 100분의 70에 상당하는 금액
　　② 장해보상비 : 신체장해가 남는 경우에 장해등급에 의한 금액
　　③ 요양보상비 : 요양비의 전액
　　④ 장의비 : 평균임금의 120일 분에 상당하는 금액
　　⑤ 유족보상비 : 평균임금의 1300일분에 상당하는 금액
　　⑥ 기타 유족특별보상비, 장해특별보성비, 상병보상연금 등

13 무재해운동 추진의 3대 기둥으로 볼 수 없는 것은?

① 최고경영자의 경영자세
② 노동조합의 협의체 구성
③ 직장 소집단 자주 활동이 활성화
④ 관리감독자에 의한 안전보건의 추진

해설 **무재해 운동 추진의 3기둥**(무재해 운동의 3요소)
　1) 최고 경영자의 경영자세
　2) 라인화의 철저(관리감독자에 의한 안전보건의 추진)
　3) 직장(소집단)의 자주 활동의 활발화

> 길잡이 무재해 운동 이념 3원칙
> 1) 무의 원칙
> 2) 참가의 원칙
> 3) 선취해결의 원칙

14 다음 중 소규모 사업장에 가장 적합한 안전관리조직의 형태는?

① 라인형 조직
② 스탭형 조직
③ 라인 – 스탭 혼합형 조직
④ 복합형 조직

해설 안전관리 조직의 형태에 따른 사업장 규모
1) line형(직계식) : 100명 미만의 소규모 사업장
2) staff형(참모식) : 100~500명의 중규모 사업장
3) line-staff형(복합식) : 1000명 이상의 대규모 사업장

15 안전보건관리계획의 개요에 관한 설명으로 틀린 것은?

① 타 관리계획과 균형이 되어야 한다.
② 안전보건의 저해요인을 확실히 파악해야 한다.
③ 계획의 목표는 점진적으로 낮은 수준의 것으로 한다.
④ 경영층의 기본방침을 명확하게 근로자에게 나타내야 한다.

해설 ③항, 계획의 목표는 점진적으로 낮은 수준에서 높은 수준으로 설정한다.

16 다음과 같은 재해가 발생하였을 경우 재해의 원인분석으로 옳은 것은?

> 건설현장에서 근로자가 비계에서 마감작업을 하던 중 바닥으로 떨어져 머리가 바닥에 부딪혀 사망하였다.

① 기인물 : 비계, 가해물 : 마감작업,
  사고유형 : 낙하
② 기인물 : 바닥, 가해물 : 비계,
  사고유형 : 추락
③ 기인물 : 비계, 가해물 : 바닥,
  사고유형 : 낙하
④ 기인물 : 비계, 가해물 : 바닥,
  사고유형 : 추락

해설 재해원인 분석
1) **기인물** : 비계(물아전한 상태에 있는 물체, 환경포함)

2) **가해물** : 바닥(직접 사람에게 접촉되어 위해를 가한 물체)
3) **사고유형** : 추락(사람이 주체가 되어 높은 곳에서 떨어지는 것)

17 사고예방대책의 기본원리 5단계 중 3단계의 분석평가에 대한 내용으로 옳은 것은?

① 위험 확인
② 현장 조사
③ 사고 및 활동 기록 검토
④ 기술의 개선 및 인사조정

해설 사고 예방대책의 기본원리(사고방지원리의 5단계)

단계별과정		내용
1단계	조직	① 경영층의 참여 ② 안전관리자의 임명 ③ 안전의 라인 및 참모 조직 구성 ④ 안전활동 방침 및 계획 수립 ⑤ 조직을 통한 안전활동
2단계	사실의 발견	① 사고 및 안전활동 기록 검토 ② 작업분석 ③ 안전점검 및 안전진단 ④ 사고조사 ⑤ 안전회의 및 트의 ⑥ 근로자의 제안 및 여론조사 ⑦ 관찰 및 보고서의 연구 등을 통하여 불안전요소 발견
3단계	분석평가	① 사고보고서 및 현장조사 ② 사고기록 및 인적 물적 조건의 분석 ③ 작업공정 분석 ④ 교육 훈련 분석 등을 통하여 사고의 직접원인 및 간접원인을 규명
4단계	시정방법의 선정	① 기술적 개선 ② 인사조정(배치조정) ③ 교육 훈련의 개선 ④ 안전행정의 개선 ⑤ 규정 및 수칙 작업표준 제도의 개선 ⑥ 확인 및 통제체제 개선
5단계	시정책의 적용 (3E적용)	① 기술적(engineering) 대책 ② 교육적(education) 대책 ③ 단속적(enforcement) 대책

18 산업안전보건법상 지방고용노동관서의 장이 사업주에게 안전관리자나 보건관리자를 정수 이상으로 증원하게 하거나 교체하여 임명할 것을 명령할 수 있는 경우는?

① 사망재해가 연간 1건 발생한 경우
② 중대재해가 연간 3건 발생한 경우
③ 관리자가 질병의 사유로 3개월 이상 해당 직무를 수행할 수 없게 된 경우
④ 해당 사업장의 연간재해율이 같은 업종이 평균재해율의 1.5배 이상인 경우

해설 **안전관리자 등의 증원 · 교체 임명 명령**
    1) 해당 사업장의 연간재해율이 같은 업종의 평균재해율의 2배 이상인 경우
    2) 중대재해가 연간 2건 이상 발생한 경우
    3) 관리자가 질병이나 그 밖의 사유로 3개월 이상 직무를 수행할 수 없게 된 경우
    4) 화학적 인자로 인한 직업성질병자가 연간 3명 이상 발생한 경우, 이 경우 직업성질병자 발생일은 「산업재해보상보험법 시행규칙」에 따른 요양급여의 결정일로 한다.

19 산업안전보건법령에 따른 산업안전보건위원회의 구성에 있어 사용자 위원에 해당하지 않는 자는?

① 안전관리자
② 명예산업안전감독관
③ 해당 사업의 대표자가 지명한 9인 이내 해당 사업장 부서의 장
④ 보건관리자의 업무를 위탁한 경우 대행기관의 해당 사업장 담당자

해설 **위원회의 구성**
    1) **사용자 위원**
      ① 당해 사업의 대표자(사업장의 최고 책임자)
      ② 산업보건의(선임되어 있는 경우에 한함)
      ③ 안전관리자 1인, 보건관리자 1인
      ④ 당해 사업의 대표자가 지명하는 9인 이내의 당해 사업장 부서의 장

    2) **근로자 위원**
      ① 근로자 대표(노동조합이 있는 경우에는 노동조합의 대표자)
      ② 근로자 대표가 지명하는 근로자 9인 이내
      ③ 근로자 대표가 지명하는 1인 이상의 명예산업안전감독관(감독관이 위촉되어 있는 경우에 한함)

20 재해사례연구를 할 때 유의해야 될 사항으로 틀린 것은?

① 과학적이어야 한다.
② 논리적인 분석이 가능해야 한다.
③ 주관적이고 정확성이 있어야 한다.
④ 신뢰성이 있는 자료수집이 있어야 한다.

해설 ③항, 객관적이고 정확성이 있어야 한다.

제2과목 / 산업심리 및 교육

21 사고 경향성 이론에 관한 설명으로 틀린 것은?

① 개인의 성격보다는 특정 환경에 의해 훨씬 더 사고가 일어나기 쉽다.
② 어떠한 사람이 다른 사람보다 사고를 더 잘 일으킨다는 이론이다.
③ 사고를 많이 내는 여러 명의 특성을 측정하여 사고를 예방하는 것이다.
④ 검증하기 위한 효과적인 방법은 다른 두 시기 동안에 같은 사람의 사고기록을 비교하는 것이다.

해설 **사고경향성이론** : 특정환경보다는 개인의 성격에 의해 훨씬 더 사고가 일어나기 쉽다는 것을 나타내는 이론이다.

22 현대 조직이론에서 작업자의 수직적 직무 권한을 확대하는 방안에 해당하는 것은?

① 직무순환(job rotation)
② 직무분석(job analysis)
③ 직무확충(job enrichment)
④ 직무평가(job evaluation)

해설 **직무확충(job enrichment)** : 작업자의 수직적 직무권한을 확대하는 방안

23 O.J.T(On Job Training)의 특징에 관한 설명으로 틀린 것은?

① 다수의 근로자에게 조직적 훈련이 가능하다.
② 상호 신뢰 및 이해도가 높아진다.
③ 개개인에게 적절한 지도훈련이 가능하다.
④ 직장의 설정에 맞게 실제적 훈련이 가능하다.

해설 OJT(현장중심교육)와 offJT(현장 외 중심교육)의 특징

O.J.T	off.J.T
① 개개인에게 적합한 지도훈련이 가능	① 다수의 근로자에게 조직적 훈련이 가능
② 직장의 실정에 맞는 실체적 훈련을 할 수 있다.	② 훈련에만 전념하게 된다.
③ 훈련에 필요한 업무의 계속성이 끊어지지 않음	③ 특별 설비 가구를 이용할 수 있음
④ 즉시 업무에 연결되는 관계로 신체와 관련 있음	④ 전문가를 강사로 초청할 수 있음
⑤ 효과가 곧 업무에 나타나며 훈련의 좋고 나쁨에 따라 개선이 용이함	⑤ 각 직장의 근로자가 많은 지식이나 경험을 교류할 수 있음
⑥ 교육을 통한 훈련 효과에 의해 상호 신뢰 이해도가 높아짐	⑥ 교육훈련 목표에 대해서 집단적 노력이 흐트러질 수도 있음

24 다음은 각기 다른 조직 형태의 특성을 설명한 것이다. 각 특징에 해당하는 조직 형태를 연결한 것으로 맞는 것은?

> [다음]
> a. 중규모 형태의 기업에서 시장 상황에 따라 인적 자원을 효과적으로 활용하기 위한 형태이다.
> b. 목적 지향적이고 목적 달성을 우해 기존의 조직에 비해 효율적이며 유연하게 운영될 수 있다.

① a : 위원회 조직, b : 프로젝트 조직
② a : 사업부제 조직, b : 위원희 조직
③ a : 매트릭스형 조직, b : 사업부제 조직
④ a : 매트릭스형 조직, b : 프로젝트 조직

해설 **조직형태**
1) **매트릭스형 조직** : 중규모 기업에서 시장 상황에 따라 인적자원을 효과적으로 활용하는 조직형태
2) **프로젝트 조직** : 목적지향적이고 효율적이며 유연하게 운영하는 조직형태

25 관리감독자 훈련(TWI)에 관한 내용이 아닌 것은?

① Job Relation
② Job Method
③ Job Synergy
④ Job Instruction

해설 **TWI 교육내용 및 교육방법**
1) **교육내용**
  ① JI(job instruction) : 작업지도 기법
  ② JM(job method) : 작업개선 기법
  ③ JR(job relation) : 인간관계 관리기법 (부하통솔기법)
  ④ JS(job safety) : 작업안전 기법
2) 한 클래스 10명 정도, 교육광법은 토의법, 1일 2시간씩 5일에 걸쳐 10시간 정도 행한다.

26 맥그리거(Douglas McGregor)의 Y이론에 해당되는 것은?

① 인간은 게으르다.
② 인간은 남을 잘 속이다.
③ 인간은 남에게 지배받기를 즐긴다.
④ 인간은 부지런하고 근면하며, 적극적이고 자주적이다.

해설 맥그리거의 X · Y이론

X이론	Y이론
① 인간 불신감	① 상호신뢰감
② 성악설	② 성선설
③ 인간은 본래 게으르고 태만하여 남의 지배받기를 즐긴다.	③ 인간은 부지런하고 근면, 적극적이며 자주적이다.
④ 물질욕구(저차적 욕구)	④ 정신욕구(고차적 욕구)
⑤ 명령통제에 의한 관리	⑤ 목표통합과 자기통제에 의한 자율관리
⑥ 저개발국형	⑥ 선진국형

27 적응기제(adjustment mechanism) 중 도피기제에 해당하는 것은?

① 투사　　　　② 보상
③ 승화　　　　④ 고립

해설 적응기제
　　1) 방어적 기제 : 보상, 합리화, 동일시, 승화
　　2) 도피적 기제 : 고립, 퇴행, 억압, 백일몽

28 토의식 교육지도에서 시간이 가장 많이 소요되는 단계는?

① 토입　　　　② 제시
③ 적용　　　　④ 확인

해설 단계별 교육시간(교육시간 : 60분)

교육법의 4단계	강의식	토의식
제1단계-도입(준비)	5분	5분
제2단계-제시(설명)	40분	10분
제3단계-적용(응용)	10분	40분
제4단계-확인(총괄)	5분	5분

29 어느 부서의 직원 6명의 선호 관계를 분석한 결과 다음과 같은 소시오그램이 작성되었다. 이 부서의 집단응집성 지수는 얼마인가? (단, 그림에서 실선은 선호관계, 점선은 거부관계를 나타낸다.)

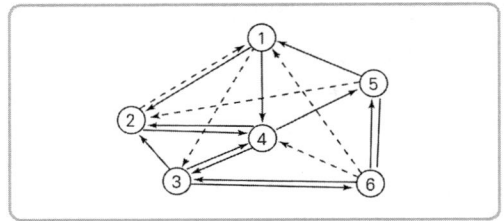

① 0.13　　　　② 0.27
③ 0.33　　　　④ 0.47

해설 집단응집성지수

$$= \frac{\text{실제상호선호관계의 수}}{\text{가능선호관계의 총수}(nC_2)}$$

$$= \frac{4}{(6 \times 5)/2} = 0.27$$

여기서,
- 실제상호관계의 수 : 실제 상호작용의 수 (쌍방화살표수 : 4)
- 가능선호관계의 총수 : $nC_2 = \dfrac{6 \times 5}{2}$,
  n은 집단구성원의 수

30 어느 철강회사의 고로작업라인에 근무하는 A씨의 작업강도가 힘든 중작업으로 평가되었다면 해당되는 에너지대사율(RMR)의 범위로 가장 적절한 것은?

① 0 ~ 1　　　　② 2 ~ 4
③ 4 ~ 7　　　　④ 7 ~ 10

해설 작업강도에 따른 에너지대사율(RMR)의 구분
　　1) 0~2RMR : 輕작업(가벼운 작업)
　　2) 2~4RMR : 中작업(보통 작업)
　　3) 4~7RMR : 重작업(힘든 작업)
　　4) 7RMR : 超重작업(매우 힘든 작업)

31 사회행동의 기본형태와 내용이 잘못 연결된 것은?

① 대립 – 공격, 경쟁
② 조직 – 경쟁, 통합
③ 협력 – 조력, 분업
④ 도피 – 정신병, 자살

해설 사회행동의 기본형태
1) 협력(cooperation) : 조력, 분업
2) 대립(opposition) : 공격, 경쟁
3) 도피(escape) : 고립, 정신병, 자살

32 목표를 설정하고 그에 따르는 보상을 약속함으로써 부하를 동기화하려는 리더십은?

① 교환적 리더십
② 변혁적 리더십
③ 참여적 리더십
④ 지시적 리더십

해설 교환적 리더십 : 본문설명

33 주의(attention)에 대한 특성으로 가장 거리가 먼 것은?

① 고도의 주의는 장시간 지속할 수 없다.
② 주의와 반응의 목적은 대부분의 경우 서로 독립적이다.
③ 동시에 두 가지 일에 중복하여 집중하기 어렵다.
④ 여러 종류의 자극을 지각할 때 소수의 특정한 것을 선택하여 집중한다.

해설 1) 주의의 특징
① 선택성 : 여러 종류의 자각할 때 소수의 특정한 것에 한하여 선택하는 기능
② 방향성 : 주시점만 인지하는 기능
③ 변동성 : 주의에는 주기적으로 부주의의 리듬이 존재
2) 주의의 특성
① 주의력의 중복집중의 곤란 : 주의는 동시에 2개 방향에 집중하지 못한다.(선택성)
② 주의력의 단속성 : 고도의 주의는 장시간

지속할 수 없다.(변동성)
③ 한 지점에 주의를 집중하면 다른데 주의는 약해진다.(방향성)

34 수업의 중간이나 마지막 단계에 행하는 것으로써 언어학습이나 문제해결 학습에 효과적인 학습법은?

① 강의법
② 실연법
③ 토의법
④ 프로그램법

해설 실연법
1) 수업의 중간(전개)이나 마지막 단계(정리)에서 행하는 학습법이다.
2) 실연법은 언어학습, 문제해결학습 등에 효과적인 수업방법이다.

35 매슬로우(Maslow)의 욕구위계를 바르게 나열한 것은?

① 안전의 욕구 – 생리적 욕구 – 사호적 욕구 – 자아실현의 욕구 – 인정받으려는 욕구
② 안전의 욕구 – 생리적 욕구 – 사회적 욕구 – 인정받으려는 욕구 – 자아실현의 욕구
③ 생리적 욕구 – 사회적 욕구 – 안전의 욕구 – 인정받으려는 욕구 – 자아실현의 욕구
④ 생리적 욕구 – 안전의 욕구 – 사회적 욕구 – 인정받으려는 욕구 – 자아실현의 욕구

해설 Maslow의 욕구 5단계
1) 1단계 : 생리적 욕구(기아, 갈증, 호흡, 배설, 성욕 등)
2) 2단계 : 안전의 욕구(안전을 기 하려는 욕구)
3) 3단계 : 사회적 욕구(애정, 소속에 대한 욕구)
4) 4단계 : 인정받으려는 욕구(자존심, 명예, 성취, 지위에 대한 욕구 : 자기존경의 욕구)
5) 5단계 : 자아실현의 욕구(잠저적은 능력을 실현하고자 하는 욕구 : 성취욕구)

■ 정답 ■ 31.② 32.① 33.② 34.② 35.④

36 반복적인 재해발생자를 상황성누발자와 소질성누발자로 나눌 때, 상황성누발자의 재해유발 원인에 해당하는 것은?

① 저지능인 경우
② 소심한 성격인 경우
③ 도덕성이 결여된 경우
④ 심신에 근심이 있는 경우

해설 사고경향자(재해 누발자, 재해 다발자)의 유형
　1) **상황성 누발자** : 작업의 어려움, 기계설비의 결함, 환경상 주의력의 집중 곤란, 심신의 근심 등 때문에 재해를 누발하는 자이다.
　2) **습관성 누발자** : 재해의 경험으로 겁쟁이가 되거나 신경과민이 되어 재해를 누발하는 자와 일정의 슬럼프(slump)상태에 빠져서 재해를 누발하는 자이다.
　3) **소질성 누발자** : 재해의 소질적 요인을 가지고 있기 때문에 재해를 누발하는 자이다.
　4) **미숙성 누발자** : 기능 미숙이나 환경에 익숙하지 못하기 때문에 재해를 누발하는 자이다.

37 학습경험 조직의 원리와 가장 거리가 먼 것은?

① 가능성의 원리
② 계속성의 원리
③ 계열성의 원리
④ 통합성의 원리

해설 학습경험 조직의 원리
　1) **계속성 또는 반복성의 원리** : 수직적 관계 고려
　2) **계열성의 원리** : 수직적 관계 고려
　3) **통합성의 원리** : 수평적 관계 고려

38 안전보건교육의 종류별 교육요점으로 틀린 것은?

① 태도교육은 의욕을 갖게 하고 가치관 형성 교육을 한다.
② 기능교육은 표준작업 방법대로 시범을 보이고 실습을 시킨다.
③ 추후지도교육은 재해발생원리 및 잠재위험을 이해시킨다.
④ 지식교육은 작업에 관련된 취약점과 이에 대응되는 작업방법을 알도록 한다.

해설 추후지도교육 : 보습지도(follow up)의 단계

39 평가도구의 기본적인 기준이 아닌 것은?

① 실용도(實用度)
② 타당도(妥當度)
③ 신뢰도(信賴度)
④ 습숙도(習熟度)

해설 학습평가도구의 기본적인 기준
　1) **타당도** : 측정하고자 하는 본래의 목적과 일치하느냐의 정도를 나타내는 기준이다.
　2) **신뢰도** : 신용도로서 측정의 오차가 얼마나 적으냐를 나타내는 것이다.
　3) **객관도** : 측정의 결과에 대해 누가 보아도 일치된 의견이 나올 수 있는 성질이다.
　4) **실용도** : 사용에 편리하고 쉽게 적용시킬 수 있는 기준이 실용도가 높은 것이다.

40 부주의가 발생하는 경우에 있어 자동차를 운전할 때 신호가 바뀌기 전에 신호가 바뀔 것을 예상하고 자동차를 출발시키는 행동과 관련된 것은?

① 억측판단
② 근도반응
③ 착시현상
④ 의식의 우회

해설 억측판단
　1) **억측판단** : 자기 주관적인 판단
　2) **억측판단이 발생하는 배경**
　　① 희망적인 관측 : 그때도 그랬으니깐 괜찮겠지 하는 관측
　　② 정보나 지식의 불확실 : 위험에 대한 정보의 불확실 및 지식의 부족
　　③ 과거의 선입견 : 과거에 그 행위로 성공한 경험의 선입관
　　④ 초조한 심정 : 일을 빨리 끝내고 싶은 초조한 심정

제3목 / 인간공학 및 시스템안전공학

41 동작경제의 원칙에 해당하지 않는 것은?

① 공구의 기능을 각각 분리하여 사용하도록 한다.
② 두 팔의 동작은 동시에 서로 반대방향으로 대칭적으로 움직이도록 한다.
③ 공구나 재료는 작업동작이 원활하게 수행되도록 그 위치를 정해준다.
④ 가능하다면 쉽고도 자연스러운 리듬이 작업동작에 생기도록 작업을 배치한다.

해설 ①항, 공구의 기능을 결합하여서 사용하도록 한다.

42 FMEA의 특징에 대한 설명으로 틀린 것은?

① 서브시스템 분석 시 FTA보다 효과적이다.
② 시스템 해석기법은 정성적·귀납적 분석법 등에 사용된다.
③ 각 요소간 영향 해석이 어려워 2가지 이상 동시 고장은 해석이 곤란하다.
④ 양식이 비교적 간단하고 적은 노력으로 특별한 훈련 없이 해석이 가능하다.

해설 FMEA(고장의 형태와 영향분석)
1) **시스템 해석기법** : 정석적·귀납적 분석
2) **장점 및 단점**

장점	① 서식간단 ② 쉽게 분석할 수 있음
단점	① 논리성 부족 ② 2가지 이상 고장은 분석곤란 ③ 인적원인 분석 곤란

43 기계설비 고장 유형 중 기계의 초기결함을 찾아내 고장률을 안정시키는 기간은?

① 마모고장 기간
② 우발고장 기간
③ 에이징(aging) 기간
④ 디버깅(debugging) 기간

해설 고장률의 유형
1) **초기고장** : 불량제조나 생산과정에서의 품질관리 미비로 생기는 고장으로 점검 작업이나 시운전 등에 의해 사전에 방지할 수 있는 고장
   ① 디버깅(debugging)기간 : 결함을 찾아내 고장률을 안정시키는 기간
   ② 번인(burn in) 기간 : 실제로 장시간 움직여보고 그동안 고장 난 것을 제거하는 고정기간
2) **우발고장** : 예측할 수 없을 때 생기는 고장으로 시운전이나 점검작업으로는 방지할 수 없는 고장
3) **마모고장** : 수명이 다해서 생기는 고장으로 안전진단 및 적당한 보수(정비)에 의해서 방지할 수 있는 고장

44 에너지 대사율(RMR)에 대한 설명으로 틀린 것은?

① $RMR = \dfrac{운동대사량}{기초대사량}$
② 보통 작업시 RMR은 4~7임
③ 가벼운 작업시 RMR은 0~2임
④ $RMR = \dfrac{운동시산소소모량 - 안정시산소소므량}{기초대사량(산소소비량)}$

해설 작업강도에 따른 에너지대사율
1) **가벼운작업(輕작업)** : 0~2RMR
2) **보통작업(中작업)** : 2~4RMR
3) **힘든작업(重작업)** : 4~7RMR
4) **매우 힘든작업(超重작업)** : 7RMR이상

■ 정답 ■ 41.① 42.① 43.④ 44.②

45 경계 및 경보신호의 설계지침으로 틀린 것은?

① 주의를 환기시키기 위하여 변조된 신호를 사용한다.
② 배경소음의 진동수와 다른 진동수의 신호를 사용한다.
③ 귀는 중음역에 민감하므로 500 ~ 3000Hz의 진동수를 사용한다.
④ 300m이상의 장거리용으로는 1000Hz를 초과하는 진동수를 사용한다.

해설 ④항, 300m이상의 장거리용 : 1000Hz이하의 진동수 사용

46 휴먼 에러 예방 대책 중 인적 요인에 대한 대책이 아닌 것은?

① 설비 및 환경 개선
② 소집단 활동의 활성화
③ 작업에 대한 교육 및 훈련
④ 전문인력의 적재적소 배치

해설 휴먼에러의 인적요인에 대한 대책
① 소집단 활동의 활성화
② 작업에 대한 교육 및 훈련
③ 전문인력의 적재적소 배치
④ 안전행동을 위한 동기부여

47 산업안전보건법령상 유해하거나 위험한 장소에서 사용하는 기계·기구 및 설비를 설치 ·이전하는 경우 유해·위험방지계획서를 작성, 제출하여야 하는 대상이 아닌 것은?

① 화학설비   ② 금속 용해로
③ 건조설비   ④ 전기용접장치

해설 유해·위험방지계획서 작성 대상 기계기구 및 설비
1) 금속이나 그 밖의 광물의 용해로
2) 화학설비

3) 건조설비
4) 가스집합용접장치
5) 허가대상·관리대상 유해물질 및 분진작업 관련 설비

48 운동관계의 양립성을 고려하여 동목(moving scale)형 표시장치를 바람직하게 설계한 것은?

① 눈금과 손잡이가 같은 방향으로 회전하도록 설계한다.
② 눈금의 숫자는 우측으로 감소하도록 설계한다.
③ 꼭지의 시계 방향 회전이 지시치를 감소시키도록 설계한다.
④ 위의 세 가지 요건을 동시에 만족시키도록 설계한다.

해설 동목형 표시장치 : 눈금이 움직이는 방향과 손잡이의 회전방향이 같을 때 오차가 적어진다.

49 보기의 실내면에서 빛의 반사율이 낮은 곳에서부터 높은 순서대로 나열한 것은?

[보기]
A : 바닥   B : 천정   C : 가구   D : 벽

① A < B < C < D
② A < C < B < D
③ A < C < D < B
④ A < D< C < B

해설 옥내 최적 반사율
1) 천장 : 80~90%
2) 벽, 창문 발(blind) : 40~60%
3) 가구, 사무기기, 책상 : 25~45%
4) 바닥 : 20~40%

■ 정답 ■ 45.④ 46.① 47.④ 48.① 49.③

50 일반적으로 작업장에서 구성요소를 배치할 때, 공간의 배치 원칙에 속하지 않는 것은?

① 사용빈도의 원칙 ② 중요도의 원칙
③ 공정개선의 원칙 ④ 기능성의 원칙

해설 부품배치의 4원칙
  1) 사용빈도의 원칙
  2) 중요성의 원칙
  3) 기능별 배치의 원칙
  4) 사용순서의 원칙

51 다음 시스템의 신뢰도는 얼마인가? (단, 각 요소의 신뢰도는 a, b가 각각 0.8, c, d가 각각 0.6이다.)

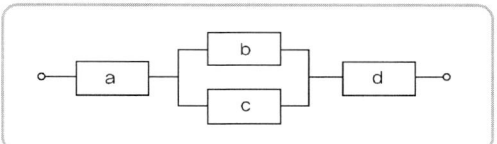

① 0.2245   ② 0.3754
③ 0.4416   ④ 0.5756

해설 $R = a \times [1-(1-b)(1-c)] \times d$
$= 0.8 \times [1-(1-0.8)(1-0.6)] \times 0.6$
$= 0.4416$

52 A사의 안전관리자는 자사 화학 설비의 안전성 평가를 위해 제2단계인 정성적 평가를 진행하기 위하여 평가 항목 대상을 분류하였다. 주요 평가 항목 중에서 설계관계항목이 아닌 것은?

① 건조물   ② 공장 내 배치
③ 입지조건   ④ 원재료, 중간제품

해설 정성적 평가 항목

1. 설계관계	2. 운전관계
① 입지조건	① 원재료, 중간체제품
② 공장 내 배치	② 공정
③ 건조물	③ 수송, 저장 등
④ 소방설비	④ 공정기기

53 정량적 표시장치에 관한 설명으로 맞는 것은?

① 정확한 값을 읽어야 하는 경우 일반적으로 디지털보다 아날로그 표시장치가 유리하다.
② 동목(moving scale)형 아날로그 표시장치는 표시장치의 면적을 최소화할 수 있는 장점이 있다.
③ 연속적으로 변화하는 양을 나타내는 데에는 일반적으로 아날로그보다 디지털 표시장치가 유리하다.
④ 동침(moving pointer)형 아날로그 표시장치는 바늘의 진행 방향과 증감 속도에 대한 인식적인 암시 신호를 얻는 것이 불가능한 단점이 있다.

해설 정량적 표시장치
  ①항, 정확한 값을 읽어야 할 경우에는 아날로그보다 디지털표시장치가 유리하다.
  ③항, 연속적으로 변화하는 양을 나타내는 데에는 디지털보다 아날로그가 유리하다.
  ④항, 동침형 아날로그 표시장치는 바늘의 움직이는 속도나 방향으로 진행방향과 증감속도에 대한 인식적인 암시신호를 얻을 수 있는 장점이 있다.

54 반사율이 60%인 작업 대상물에 대하여 근로자가 검사작업을 수행할 때 휘도(luminance)가 90fL이라면 이 작업에서의 소요조명(fc)은 얼마인가?

① 75   ② 150
③ 300   ④ 300

해설 $소요조명(fc) = \dfrac{광속발산도}{반사율} \times 100$
$= \dfrac{90}{60} \times 100$
$= 150 \, fc$

■ 정답 ■ 50.③   51.③   52.④   53.②   54.②

55 동작의 합리화를 위한 물리적 조건으로 적절하지 않은 것은?

① 고유 진동을 이용한다.
② 접촉 면적을 크게 한다.
③ 대체로 마찰력을 감소시킨다.
④ 인체표면에 가해지는 힘을 적게 한다.

해설 ②항, 접촉면을 작게 한다.

56 들기 작업 시 요통재해예방을 위하여 고려할 요소와 가장 거리가 먼 것은?

① 들기 빈도　　② 작업자 신장
③ 손잡이 형상　　④ 허리 비대칭 각도

해설 들기 작업시 요통재해예방을 위하여 고려할 요소
　　1) 들기빈도(들어올리는 횟수)
　　2) 손잡이 형상
　　3) 허리비대칭 각도

57 FTA(Fault Tree Analysis)에 사용되는 논리 기호와 명칭이 올바르게 연결된 것은?

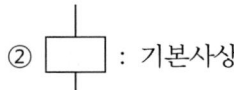 : 전이기호

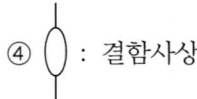 : 기본사상

③ : 통상사상

④ : 결함사상

해설 ① : 생략사상
　　② : 결함사상

④ : 기본사상

58 다음 시스템에 대하여 톱사상(top event)에 도달할 수 있는 최소 컷셋(minimal cut sets)을 구할 때 올바른 집합은? (단, X_1, X_2, X_3, X_4는 각 부품의 고장 확률을 의미하며 집합{X_1, X_2}는 X_1부품과 X_2부품이 동시에 고장 나는 경우를 의미한다.)

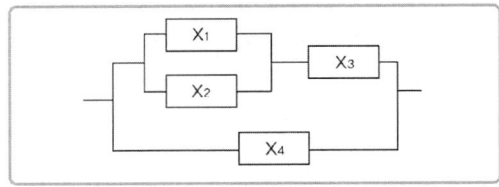

① {X_1, X_2}, {X_3, X_4}
② {X_1, X_3}, {X_2, X_4}
③ {X_1, X_2, X_4}, {X_3, X_4}
④ {X_1, X_3, X_4}, {X_2, X_3, X_4}

해설 1) 회로도를 FT로 변경시켜 그린다.
　　① 회로도에서 $X_1 \cdot X_2 \cdot X_3$의 조합을 A로 하고 $X_1 \cdot X_2$의 조합을 B로 한다.
　　② 회로도에서 병렬은 FT도에서는 AND로 그리고, 직렬은 OR로 그린다.

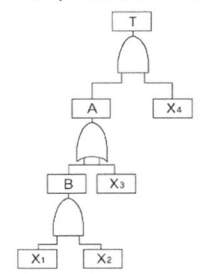

2) 상기 FT에 대한 최소컷셋을 구한다.
$$T \rightarrow A \cdot X_4 \rightarrow \begin{matrix} B \cdot X_4 \\ X_3 \cdot X_4 \end{matrix} \rightarrow \begin{matrix} X_1 \cdot X_2 \cdot X_4 \\ X_3 \cdot X_4 \end{matrix}$$
(최소컷셋)

59 HAZOP 기법에서 사용하는 가이드워드와 그 의미가 잘못 연결된 것은?

① Other than : 기타 환경적인 요인
② No/Not : 디자인 의도의 완전한 부정
③ Reverse : 디자인 의도의 논리적 반대
④ More/Less : 정량적인 증가 또는 감소

해설 ① 항, Other than : 완전한 대체(통상 운전과 다르게 되는 상태)

60 신뢰성과 보전성 개선을 목적으로 한 효과적인 보전기록자료에 해당하는 것은?

① 자재관리표   ② 주유지시서
③ 재고관리표   ④ MTBF 분석표

해설 신뢰성과 보전성 개선을 목적으로 한 가장 효과적인 보전기록자료
1) MTBF 분석표
2) 설비이력카드
3) 고장원인대책표

제4목 / 건설시공학

61 콘크리트 구조물의 품질관리에서 활용되는 비파괴검사 방법과 가장 거리가 먼 것은?

① 슈미트해머법
② 방사선 투과법
③ 초음파법
④ 자기분말 탐상법

해설 콘크리트 구조물의 비파괴검사방법
1) 슈미트해머법(Schumidt hammer법 ; 타격법, 반발경도법)
2) 방사선투과법
3) 초음파법(음속법)
4) 진동법
5) 인발법

62 건설공사의 시공계획 수립 시 작성할 필요가 없는 것은?

① 현치도
② 공정표
③ 실행예산의 편성 및 조정
④ 재해방지계획

해설 시공계획 수립시 작성 내용
1) 현장원(공사책임자, 현장 주임, 사무주임)의 편성(가장 먼저 수립)
2) 공정표의 작성
3) 실행예산의 편성
4) 하도급업자의 선정
5) 가설준비물의 결정
6) 재료의 선정 및 결정
7) 재해방지 대책 및 의료대책

63 흙의 함수율을 구하기 위한 식으로 옳은 것은?

① $\dfrac{물의\ 용적}{토립자의\ 용적} \times 100(\%)$

② $\dfrac{물의\ 중량}{토립자의\ 중량} \times 100(\%)$

③ $\dfrac{물의\ 용적}{흙\ 전체의\ 용적} \times 100(\%)$

④ $\dfrac{물의\ 중량}{흙\ 전체의\ 중량} \times 100(\%)$

해설 흙의 함수율과 함수비
1) **함수율**(moisture ratio) : 흙 속의 물 중량과 흙 전체 중량과의 비를 백분율로 나타낸 것이다.

$$함수율 = \dfrac{함수중량}{흙의\ 전체중량} \times 100$$

2) **함수비**(moisture content) : 흙의 공극 중에 물이 차지하는 정도를 나타내는 것으로, 공극 중 물의 무게와 흙 입자단의 건조 무게의 중량비를 백분율로 나타낸다.

$$함수비 = \dfrac{함수중량}{흙의\ 건조중량} \times 100$$

■ 정답 ■ 59.①   60.④   61.④   62.①   63.④

64 블록의 하루 쌓기 높이는 최대 얼마를 표준으로 하는가?

① 1.5m 이내　　② 1.7m 이내
③ 1.9m 이내　　④ 2.1m 이내

해설 블록 쌓기시 유의사항
1) 블록 1일 쌓기 높이는 1.2m(6켜)를 표준으로 하고 최대 1.5m(7켜) 이내로 한다.
2) 블록은 빈속의 경사에 의한 살 두께가 두꺼운 편을 위로 가도록 쌓는다.
3) 줄눈은 가로, 세로 모두 10mm를 표준으로 하고 6mm이하가 되지 않도록 한다.
4) 단순조적 블록쌓기의 세로줄눈은 막힌줄눈으로 한다.

65 경량형강공사에 사용되는 부재 중 지붕에서 지붕내력을 받는 경사진 구조부재로서 트러스와 달리 하현재가 없는 것은?

① 스터드　　② 윈드 칼럼
③ 아웃리거　　④ 래프터

해설 래프터(rafter) : 본문설명

66 벽돌쌓기 시 일반사항에 관한 설명으로 옳지 않은 것은?

① 가로 및 세로줄눈의 너비는 도면 또는 공사시방서에서 정한 바가 없을 때에는 10mm를 표준으로 한다.
② 벽돌쌓기는 도면 또는 공사시방서에서 정한 바가 없을 때에는 영식 쌓기 또는 화란식 쌓기로 한다.
③ 세로줄눈은 통줄눈이 되도록 유도하여, 미관을 향상시키도록 한다.
④ 벽돌벽이 블록벽과 서로 직각으로 만날때에는 연결철물을 만들어 블록 3단마다 보강하여 쌓는다.

해설 ③항, 세로줄눈은 통줄눈이 되지 않도록 한다.

67 비산먼지 발생사업 신고 적용대상 규모기준으로 옳은 것은?

① 건축물 축조공사로 연면적 1000m²이상
② 굴정공사로 총 연장 300m 이상 또는 굴착 토사량 300m³ 이상
③ 토공사/정지공사로 공사면적 합계 1500m² 이상
④ 토목공사로 구조물 용적합계 2000m³이상

해설 비산먼지 발생사업 신고대상사업
1) **건축물축조공사** : 연면적 1000m²이상인 공사만 해당 다만, 굴정공사는 총 연장 200m 이상 굴착토사량 200m³이상인 공사만 해당
2) **토목공사** : 구조물 용적합계가 1,000m³ 이상이거나 공사면적이 1,000m³ 이상 또는 총연장이 200m 이상인 공사만 해당
3) **조경공사** : 면적의 합계가 5,000m²이상인 공사만 해당
4) **지반조성공사중 건축을 해체공사** : 연면적이 3,000m²이상인 공사만 해당
5) **토공사 및 정지공사** : 공사면적의 합계가 1,000m²이상인 공사만 해당(농지정리를 위한 공사는 제외)

68 해체 및 이동에 편리하도록 제작된 수평 활동 시스템 거푸집으로서 터널, 교량, 지하철 등에 주로 적용되는 거푸집은?

① 유로 폼(Euro Form)
② 트래블링 폼(Traveling Form)
③ 워플 폼(Waffle Form)
④ 갱 폼(Gang Form)

해설 1) **유로폼** : 벽판이나 바닥판용 거푸집
2) **트래블링폼(수평이동거푸집)** : 본문설명
3) **워플 폼** : 특수상자모양으로 된 기성제거푸집[돔팬(dome pan)]
4) **갱폼** : 옹벽, 피어(pier) 등에 사용하는 거푸집

■ 정답 ■　**64.**①　**65.**④　**66.**③　**67.**①　**68.**②

69 말뚝박기 기계 중 디젤해머(Diesel hammer)에 관한 설명으로 옳지 않은 것은?

① 타격 정밀도가 높다.
② 타격 시의 압축·폭발 타격력을 이용하는 공법이다.
③ 타격 시 소음이 작아 도심지 공사에 적용된다.
④ 램의 낙하 높이 조정이 곤란하다.

해설 ③항, 타격이 소음이 크다.

70 상하기복형으로 협소한 공간에서 작업이 용이하고 장애물이 있을 때 효과적인 장비로서 초고층건축물 공사에 많이 사용되는 장비는?

① 호이스트카   ② 타워크레인
③ 러핑크레인   ④ 데릭

해설 러핑크레인(luffing crane) : 도심 속의 좁은 공간에서 사용하기가 용이한 크레인으로 초고층건축물 공사에 많이 사용된다.

71 외관 검사 결과 불합격된 철근 가스압접 이음부의 조치 내용으로 옳지 않은 것은?

① 심하게 구부러졌을 때는 재가열하여 수정한다.
② 압접면의 엇갈림이 규정값을 초과했을 때는 재가열하여 수정한다.
③ 형태가 심하게 불량하거나 또는 압접부에 유해하다고 인정되는 결함이 생긴 경우는 압접부를 잘라내고 재압접한다.
④ 철근중심축의 편심량이 규정값을 초과했을 때는 압접부를 떼어내고 재압접한다.

해설 외관검사결과 불합격된 압접부의 수정
1) ①, ③, ④ 항
2) 압접면의 엇갈림이 규정값을 초과하였을 때는 압접부를 잘라내고 재압접한다.
3) 압접돌출부의 지름 또는 길이가 규정값을 미치지 못하였을 경우 재가열하여 압력을

가하여 소정의 압접돌출부를 만든다.

72 보링방법 중 연속적으로 시료를 채취할 수 있어 지층의 변화를 비교적 정확히 알 수 있는 것은?

① 수세식 보링   ② 충격식 보링
③ 회전식 보링   ④ 압입식 보링

해설 보링(Boring)
1) 오우거 보링 : 작업현장에서 인력으로 간단하게 실시할 수 있는 방법
2) 기계식 보링 : ① 충격식 ② 수세식 ③ 회전식(가장 정확한 방법)

73 시트 파일(steel sheet pile)공법의 주된 이점이 아닌 것은?

① 타입시 지반의 체적 변형이 커서 항타가 어렵다.
② 용접접합 등에 의해 파일의 길이연장이 가능하다.
③ 몇 회씩 재사용이 가능하다.
④ 적당한 보호처리를 하면 물 위나 아래에서 수명이 길다.

해설 ①항, 타입시 지반의 체적변형이 작아서 항타가 용이하다.

74 석재붙임을 위한 앵커긴결공법에서 일반적으로 사용하지 않는 재료는?

① 앵커
② 볼트
③ 연결철물
④ 모르타르

해설 석공사 앵커 긴결공법 : 모르타르를 사용하지 않으므로 백화현상, 공기지연 등의 문제가 발생하지 않는다.

2024

■ 정답 ■   69.③   70.③   71.②   72.③   73.①   74.④

75 철골보와 콘크리트 슬래브를 연결하는 전단연결재(shear connector)의 역할을 하는 부재의 명칭은?

① 리인포싱 바(reinforcing bar)
② 턴버클(turn buckle)
③ 메탈 서포트(metal support)
④ 스터드(stud)

해설 1) **리인포싱 바**(reinforcing bar) : 철근
　　2) **턴버클**(turn buckle) : 밧줄, 체인, 철사 등을 죄는데 사용하는 죔기구
　　3) **메탈서포트**(metal support) : 금속 지지대
　　4) **스터드**(stud) : 본문설명

76 건축주가 시공회사의 신용, 자산, 공사경력, 보유기술 등을 고려하여 그 공사에 가장 적격한 단일 업체에게 입찰시키는 방법은?

① 일반공개입찰　　② 특명입찰
③ 지명경쟁입찰　　④ 대안입찰

해설 **도급업자 선정방법(입찰방식)**
　　1) **수의계약(특명입찰)** : 공사 시공에 가장 적합한 1명의 업자를 선정하여 입찰시키는 수의계약방식(후속공사, 추가공사 등에 채용)
　　2) **공개경쟁입찰** : 게시판, 신문 등에 공사의 종류, 내용, 입찰규정 등을 널리 공고하여 공개적으로 입찰하는 방식(민주적이며, 관청공사에 많이 채용)
　　3) **지명경쟁입찰** : 공사에 가장 적합하다고 인정되는 시공업자(3~7명 정도)를 지명하여 경쟁입찰에 붙이는 방식

77 프리팩트말뚝공사 중 CIP(Cast in place pile)말뚝의 강성을 확보하기 위한 방법이 아닌 것은?

① 구멍에 삽입하는 철근의 조립은 원형철근 조립으로 당초 설계치수보다 작게 하여 콘크리트 타설을 쉽게 하여야 한다.

② 공벽붕괴방지를 위한 케이싱을 설치하고 구멍을 뚫어야 하며, 콘크리트 타설 후에 양생되기 전에 인발한다.
③ 구멍깊이는 풍화암 이하까지 뚫어 말뚝 선단이 충분한 지지력이 나오도록 시공한다.
④ 콘크리트 타설 시 재료분리가 발생하지 않도록 한다.

해설 **CIP(연속주열식 말뚝)** : 현장타설말뚝으로 소정직경으로 천공 후 철근을 넣고 주입식 몰탈에 의해 말뚝을 형성시키는 공법

78 콘크리트의 재료로 사용되는 골재에 관한 설명으로 옳지 않은 것은?

① 골재는 밀도가 크고, 내구성이 커서 풍화가 잘 되지 않아야 한다.
② 콘크리트나 모르타르를 만들 때 물, 시멘트와 함께 혼합하는 모래, 자갈 및 부순돌 기타 유사한 재료를 골재라고 한다.
③ 콘크리트 중 골재가 차지하는 용적은 절대용적으로 50%를 넘지 않도록 한다.
④ 일반적으로 골재의 강도는 시멘트 페이스트 강도 이상이 되어야 한다.

해설 **콘크리트 중 골재의 절대용적** : 70~80%

79 수평이동이 가능하여 건물의 층수가 적은 긴평면에 사용되며 회전범위가 270°인 특징을 갖고 있는 철골 세우기용 장비는?

① 가이데릭(Guy derrick)
② 스티프레그 데릭(Stiff-leg derrick)
③ 트럭 크레인(Truck crane)
④ 플레이트 스트레이닝 롤(Plate straining roll)

해설 **스티프레그데릭**(stiff leg derrick)
　　1) 수평이동이 용이하고, 건물이 저층이며 길이가 길고 넓은 면적의 건물(공장, 창고 등)이나 당김줄(guy line)을 맬 수 없을 때 편리하다.

■ 정답 ■ 75.④　76.②　77.①　78.③　79.②

2) 붐(boom)의 길이는 마스트(mast)보다 길다.
3) 회전범위는 270°이나 실제 붐의 작업범위는 180° 정도이다.

80 다음은 표준시방서에 따른 철근의 이음에 관한 내용이다. 빈 칸에 공통으로 들어갈 내용으로 옳은 것은?

> (　　)를 초과하는 철근은 겹침이음을 할 수 없다. 다만, 서로 다른 크기의 철근을 압축부에서 겹침 이음하는 경우
> (　　)이하의 철근과 (　　)를 초과하는 철근은 겹침이음을 할 수 있다.

① D25　　　　② D29
③ D32　　　　④ D35

해설 철근의 이음
1) D35를 초과하는 철근은 겹침이음을 할 수 없다.
2) 다만, 서로 다른 크기의 철근을 압축부에서 겹침이음하는 경우 D35이하의 철근과 D35를 초과하는 철근은 겹침이음을 할 수 있다.

제5과목 / 건설재료학

---

81 어떤 재료의 초기 탄성변형량이 2.0cm 이고 크리프(creep) 변형량이 4.0cm 라면 이 재료의 크리프 계수는 얼마인가?

① 0.5　　　　② 1.0
③ 2.0　　　　④ 4.0

해설 크리프 계수 $= \dfrac{\text{크리프 변형량}}{\text{탄성 변형량}}$
$= \dfrac{4.0}{2.0} = 2.0$

82 각종 혼화 재료에 관한 설명으로 옳지 않은 것은?

① 플라이애시는 콘크리트의 장기강도를 증진하는 효과는 있으나 수밀성은 감소된다.
② 감수제를 이용하여 시멘트의 분산작용의 효과를 얻을 수 있다.
③ 염화칼슘은 경화촉진을 목적으로 이용되는 혼화제이다.
④ 발포제는 시멘트에 혼입시켜 화학반응에 의해 발생하는 가스를 이용하여 기포를 발생시키는 혼화제이다.

해설 ①항, 플라이애시는 수밀성이 증대된다.

> **길잡이** 플라이애시 시멘트 : 포틀랜드시멘트에 플라이애시(분탄 보일러 연소시 부유하는 회분)를 혼합하여 만든 시멘트로 그 특성은 다음과 같다.
> 1) 초기 수화열이 낮다. (매스콘크리트용으로 적합)
> 2) 조기강도는 작지만 장기강도는 크다.
> 3) 화학저항이 크다.

83 목재의 성질에 관한 설명으로 옳지 않은 것은?

① 물속에 담가 둔 목재, 땅속 깊이 묻은 목재 등은 산소부족으로 균의 생육이 정지되고 썩지 않는다.
② 목재의 함유수분 중 자유수는 목재의 물리적 또는 기계적 성질에 많은 영향을 끼친다.
③ 목재는 열전도가 아주 낮아 여러 가지 보온재료로 사용된다.
④ 목재는 섬유포화점 이상의 함수상태에서는 함수율의 증감에도 불구하고 신축을 일으키지 않는다.

해설 목재 중에 포함된 수분 중 목재의 물리적 또는 기계적 성질에 영향을 주는 수분은 자유수(유리수)가 아니고 세포벽에 침투하고 있는 세포수이다.

84 석재의 일반적인 성질에 관한 설명으로 옳지 않은 것은?

① 화강암의 내구연한은 75~200년 정도로서 다른 석재에 비하여 비교적 수명이 길다.
② 흡수율은 동결과 융해에 대한 내구성의 지표가 된다.
③ 인장강도는 압축강도의 1/10~1/30 정도이다.
④ 비중이 클수록 강도가 크며, 공극률이 클수록 내화성이 작다.

해설 ④항, 석재는 공극률이 클수록 내화성이 크다

85 비철금속의 성질 또는 용도에 관한 설명 중 옳지 않은 것은?

① 동은 전연성이 풍부하므로 가공하기 쉽다.
② 납은 산이나 알칼리에 강하므로 콘크리트에 침식되지 않는다.
③ 아연은 이온화경향이 크고 철에 의해 침식된다.
④ 대부분의 구조용 특수강은 니켈을 함유한다.

해설 납(Pb)의 성질
1) 물리적 성질
① 인장강도가 극히 작다.
(주물은 1.25kg/mm², 상온압연재는 1.7~2.3kg/mm²)
② X선의 차단효과가 크다. (콘크리트의 100배 이상)
2) 화학적 성질
① 공기중에서 습기(H_2O)와 CO_2에 의하여 표면이 산화하여 $PbCO_3 \cdot Pb(OH)_2$의 염기성 탄산납을 만들어 내부를 보호한다.
② 염산, 황산, 질산에는 침해되지 않으나 묽은 질산에는 녹는다. (부동태 현상)
③ 알칼리에 약하므로 콘크리트와 접촉되는 것은 아스팔트 등으로 보호한다.

86 한중콘크리트에 관한 설명으로 옳지 않은 것은? (단, 콘크리트표준시방서 기준)

① 한중콘크리트에는 공기연행 콘크리트를 사용하는 것을 원칙으로 한다.
② 단위수량은 초기동해를 적게 하기 위하여 소요의 워커빌리티를 유지할 수 있는 범위 내에서 되도록 적게 정하여야 한다.
③ 물-결합재비는 원칙적으로 50% 이하로 하여야 한다.
④ 배합강도 및 물-결합재비는 적산온도 방식에 의해 결정할 수 있다.

해설 한중콘크리트
1) 한중콘크리트 : 동결위험이 있는 기간(겨울) 중에 시공하는 콘크리트(치어붓기후 28일간의 예상 평균기온이 약 3℃이하인 경우에 적용)
2) 한중콘크리트 시공시의 주의사항
① 물시멘트비(W/C)를 60% 이하로 가급적 작게 한다.
② 압축강도는 초기양생 기간 내에 약 50kg/cm² 정도가 얻어지도록 한다.

87 점토의 공학적 특성에 관한 설명으로 옳지 않은 것은?

① 인장강도는 점토의 조직에 관계하며 입자의 크기가 큰 영향을 준다.
② 점토제품의 색상은 철산화물 또는 석회질물질에 의해 나타난다.
③ 점토를 가공 소성하여 냉각하면 금속성의 강성을 나타낸다.
④ 사질점토는 적갈색으로 내화성이 높은 특성이 있다.

해설 ④항, 사질점토 : 적갈색으로 내화성이 부족한 특성이 있다.

88 포틀랜드시멘트 클링커에 철용광로에서 나온 슬래그를 급랭하여 혼합하고 이에 응결시간 조절용 석고를 첨가하여 분쇄한 것으로, 수화열량이 적어 매스콘크리트용으로도 사용할 수 있는 시멘트는?

① 알루미나시멘트
② 보통포틀랜드시멘트
③ 조강시멘트
④ 고로시멘트

해설 **고로 시멘트** : 고로에서 선철을 만들 때 나오는 광재를 공기 중에서 냉각시키고 잘게 부순 것에 포틀랜드 시멘트 클링커를 혼합한 다음 석고를 적당히 섞어서 분쇄하여 분말로 한 것으로 그 특성은 다음과 같다.
1) 수화열이 적고 수축률이 적어서 댐공사 등에 적합하다.
2) 비중이 적다.
3) 단기강도가 적고 장기강도는 크다.
4) 콘크리트의 블리딩이 적어진다.

89 서중콘크리트에 대한 설명으로 옳지 않은 것은?

① 시멘트는 고온의 것을 사용하지 않아야 하고 골재 및 물은 가능한 한 낮은 온도의 것을 사용한다.
② 표면활성제는 공사시방서에 정한 바가 없을 때에는 AE감수제 지연형 등을 사용한다.
③ 콘크리트를 부어 넣은 후 수분의 급격한 증발이나 직사광선에 의한 온도 상승을 막고 습윤상태가 유지되도록 양생한다.
④ 거푸집 해체시기 검토를 위하여 적산온도를 활용한다.

해설 1) **서중콘크리트** : 하루 평균 기온이 25℃ 또는 최고온도가 30℃를 초과할 때 시공하는 콘크리트
　　2) **적산온도 (성숙도)** : 콘크리트의 양생시간과 양생온도의 곱으로 표시되며 수화반응율과 초기강도의 추정에 사용된다.

90 주제와 경화제로 이루어진 2성분형이 대부분으로 금속, 플라스틱, 도자기, 콘크리트의 접합에 이용되고 내구력, 내수성, 내약품성이 매우 우수하여 만능형 접착제로 불리는 것은?

① 에폭시수지 접착제
② 페놀수지 접착제
③ 아크릴수지 접착제
④ 폴리에스테르수지 접착제

해설 **에폭시수지 접착제**
1) 내산성, 내알칼리성, 내수성, 내약품성, 전기절연성 등이 우수하다.
2) 강도 등의 기계적 성질도 뛰어나다
3) **용도** : 금속접착에 적당하고 플라스틱, 도자기, 유리, 석재, 콘크리트 등으 접착에 사용되는 만능형 접착제이다.

91 목재의 역학적 성질에서 가력방향이 섬유와 평행할 경우, 목재의 강도 중 크기가 가장 작은 것은?

① 압축강도　　　② 휨강도
③ 인장강도　　　④ 전단강도

해설 섬유에 평행한 경우 목재의 강도크기순서
　　인장강도 〉 휨강도 〉 압축강도 〉 전단강도

92 합성수지계 접착제 중 내수성이 가장 좋지 않은 접착제는?

① 에폭시수지 접착제
② 초산비닐수지 접착제
③ 멜라민수지 접착제
④ 요소수지 접착제

해설 **초산비닐수지 접착제**
1) 작업성이 좋고 값이 싸다.
2) 목재가구 및 창호, 종이나 천의 도배에 사용된다.
3) 내수성 및 내열성이 작다.

---

93 발포제로서 보드상으로 성형하여 단열재로 널리 사용되며 건축물의 천장재, 블라인드 등에 널리 쓰이는 열가소성 수지는?

① 알키드 수지　　② 요소 수지
③ 폴리스티렌 수지　④ 실리콘 수지

해설 **폴리스티렌 수지**
　1) 성질
　　① 성형품은 내수성, 내약품성, 전기절연성, 가공성 등이 우수하다
　　② 유기용제 등에 침해되기 쉽다.
　2) 용도
　　① 발포제품은 단열재로 널리 쓰임
　　② 건축물의 천장재, 블라인드, 건축벽의 타일, 전기용품, 냉장고의 내부상자 등에 사용

94 건축용 뿜칠마감재의 조성에 관한 설명 중 옳지 않은 것은?

① 안료 : 내알칼리성, 내후성, 착색력, 색조의 안정
② 유동화제 : 재료를 유동화시키는 재료(물이나 유기용제 등)
③ 골재 : 치수안정성을 향상시키고 흡음성, 단열성 등의 성능개선(모래, 석분, 펄프입자, 질석 등)
④ 결합재 : 바탕재의 강도를 유지하기 위한 재료(골재, 시멘트 등)

해설 ④항, **결합재** : 마감재에 필요한 강도를 발휘시키기 위한 재료

95 다음 미장재료 중 여물(hair)이 필요 없는 것은?

① 돌로마이트 플라스터
② 경석고 플라스터
③ 회반죽
④ 회사벽

해설 **경석고 플라스터** : 킨스시멘트 (Keene's cement)라고도 하며 무수석고에 명반 등의 촉진재를 배합한 플라스터이다

96 재료의 기계적 성질 중 작은 변형에도 파괴되는 성질을 무엇이라 하는가?

① 강성　　　　② 소성
③ 탄성　　　　④ 취성

해설 1) **강성** : 재료가 외력을 받아도 잘 변형되지 않는 성질
　2) **소성** : 재료가 외력이 작용하면 변형이 생기며 외력을 제거하여도 재료가 원상으로 돌아가지 않고 변형된 그대로의 상태로 남아있는 성질
　3) **탄성** : 재료에 외력이 작용하면 변형이 생기며 이 외력을 제거하면 재료가 원상으로 되돌아가는 성질
　4) **취성** : 재료가 외력을 받아도 변형되지 않거나 극히 미미한 변형을 수반하고 파괴되는 성질

97 은백색의 굳은 금속원소로서 불순물이 포함되면 강해지는 경향이 있으며, 스테인리스강보다 우수한 내식성을 갖는 합금은?

① 티타늄과 그 합금
② 연과 그 합금
③ 주석과 그 합금
④ 니켈과 그 합금

해설 **티타늄** (titanium)
　1) 은백색의 굳은 금속으로 티탄(titan)이라고도 한다.
　2) 고순도의 티탄은 연하지만 불순물이 포함되면 재료가 강해지는 효과가 있다.
　3) 가볍고 융점이 비교적 높다.
　4) 열팽창계수가 적으며 열전도율이 낮고 전기저항이 높다
　5) 산 알칼리, 각종 염화물 용액, 유기산 등에 대해 뛰어난 내식성을 나타낸다.

6) **티탄합금** : 티탄에 알루미늄, 크롬, 철, 망간, 몰리브덴, 바나듐을 첨가한 합금으로 가볍고 내식성, 내열성이 뛰어나다.

98 시멘트의 성질에 관한 설명 중 옳지 않은 것은?

① 포틀랜드시멘트의 3가지 주요 성분은 실리카(SiO_2), 알루미나(Al_2O_3), 석회 (CaO)이다.
② 시멘트는 응결경화 시 수축성 균열이 생겨 변형이 일어난다.
③ 슬래그의 함유량이 많은 고로시멘트는 수화열의 발생량이 많다.
④ 시멘트의 응결 및 강도 증진은 분말도가 클수록 빨라진다.

해설 1) **고로시멘트** : 고로에서 선철을 만들 때 나오는 광재를 공기중에서 냉각시키고 잘개 부순 것에 포틀랜드시멘트 클링커에 혼합한 다음 석고를 섞어서 분쇄하여 분말로 만든 것이다.
2) 고로시멘트는 수화열의 발생량이 적어서 댐 공사 등에 사용된다.

99 유성 목재방부제로서 악취가 나고, 흑갈색으로 외관이 미려하지 않아 토대, 기둥 등에 이용되는 것은?

① 크레오소트 오일
② 황산동 1% 용액
③ 염화아연 4% 용액
④ 불화소다 2% 용액

해설 **크레오소트유(Creosote oil) 특성**
1) 방부력이 우수하고 침투성이 양호하다
2) 도포부분은 갈색이고 페인트를 칠하면 침출되기 쉽다
3) 염가이어서 많이 쓰거나 냄새가 강해 실내에서는 사용할 수 없다

100 미장공사의 바탕조건으로 옳지 않은 것은?

① 미장층보다 강도는 크지만 강성은 작을 것
② 미장층과 유해한 화학반응을 하지 않을 것
③ 미장층의 경화, 건조에 지장을 주지 않을 것
④ 미장층의 시공에 적합한 흡수성을 가질 것

해설 바탕은 미장층보다 강도 및 강성이 클 것

제6과목 / 건설안전기술

---

101 유해위험방지 계획서를 제출하려고 할 때 그 첨부서류와 가장 거리가 먼 것은?

① 공사개요서
② 산업안전보건관리비 작성요령
③ 전체공정표
④ 재해 발생 위험 시 연락 및 대피방법

해설 유해·위험 방지 계획서 첨부 서류(규칙 별표 15)
1) **공사 개요 및 안전보건관리계획**
① 공사 개요서(별지 제 45호 서식)
② 공사현장의 주변 현황 및 주변과의 관계를 나타내는 도면(매설물 현황 포함)
③ 건설물, 사용 기계설비 등의 배치를 나타내는 도면
④ 전체 공정표
⑤ 산업안전보건관리비 사용계획(별지 제 46호 서식)
⑥ 안전관리 조직표
⑦ 재해 발생 위험 시 연락 및 대피방법
2) **작업 공사 종류별 유해·위험방지계획**

■ **정답** ■ 98.③ 99.① 100.① 101.②

102 작업발판 및 통로의 끝이나 개구부로서 근로자가 추락할 위험이 있는 장소에서 난간 등의 설치가 매우 곤란하거나 작업의 필요상 임시로 난간 등을 해체하여야 하는 경우에 설치하여야 하는 것은?

① 구명구
② 수직보호망
③ 추락방호망
④ 석면포

해설 **개구부 등의 방호조치**(안전보건규칙 제43조)
  1) 안전난간, 울타리, 수직형 추락방호망 설치
  2) 덮개 설치
  3) (난간 설치 곤란 시 등) 추락방호망 설치
  4) 안전대 착용

103 지반조사의 목적에 해당되지 않는 것은?

① 토질의 성질 파악
② 지층의 분포 파악
③ 지하수위 및 피압수 파악
④ 구조물의 편심에 의한 적절한 침하 유도

해설 **지반조사의 목적**
  1) ①, ②, ③항
  2) 경제적 설계 및 시공시 안전 확보
  3) 공사장 주변 구조물의 보호
  4) 지하 매설물의 보호

104 크레인 등 건설장비의 가공전선로 접근 시 안전대책으로 거리가 먼 것은?

① 안전 이격거리를 유지하고 작업한다.
② 장비의 조립, 준비시부터 가공전선로에 대한 감전 방지 수단을 강구한다.
③ 장비 사용 현장의 장애물, 위험물 등을 점검 후 작업계획을 수립한다.
④ 장비를 가공전선로 밑에 보관한다.

해설 장비는 가공전선로 밑을 피하여 보관한다.

105 다음 중 차량계 건설기계에 속하지 않는 것은?

① 불도저
② 스크레이퍼
③ 타워크레인
④ 항타기

해설 **차량계 건설기계의 종류**(별표 6)
  1) 도저형 건설기계 : 불도저, 스트레이트도저, 틸트도저, 앵글도저, 버킷도저 등
  2) 모터그레이더
  3) 로더 : 포크 등 부착물 종류에 따른 용도 변경 형식을 포함
  4) 스크레이퍼
  5) 크레인형 굴착기계 : 클램셀, 드래그라인 등
  6) 굴삭기 : 브레이커, 크러셔, 드릴 등 부착물 종류에 따른 용도 변경 형식을 포함
  7) 항타기 및 항발기
  8) 천공용 건설기계 : 어스드릴, 어스오거, 크롤러드릴, 점보드릴 등
  9) 지반 압밀침하용 건설기계 : 샌드드레인머신, 페이퍼드레인머신, 팩드레인머신 등
  10) 지반 다짐용 건설기계 : 타이어롤러, 매커덤롤러, 탠덤롤러 등
  11) 준설용 건설기계 : 버킷준설선, 그래브준설선, 펌프준설선 등
  12) 콘크리트 펌프카
  13) 덤프트럭
  14) 콘크리트 믹서 트럭
  15) 도로포장용 건설기계 : 아스팔트 살포기, 콘크리트 살포기, 아스팔트 피니셔, 콘크리트 피니셔 등

106 건설공사 시공단계에 있어서 안전관리의 문제점에 해당되는 것은?

① 발주자의 조사, 설계 발주능력 미흡
② 용역자의 조사, 설계능력 부실
③ 발주자의 감독 소홀
④ 사용자의 시설 운영관리 능력 부족

해설 내용 중 ①항, ②항은 시공전 단계, ④항은 시공 후의 안전 관리 문제점에 해당된다.

107 산업안전보건관리비 계상 및 사용기준에 따른 공사 종류별 계상기준으로 옳은 것은? (단, 철도 · 궤도신설공사이고, 대상액이 5억원 미만인 경우)

① 1.85%   ② 2.45%
③ 3.09%   ④ 3.43%

해설 공사종류별 규모 및 안전 관리비 계상 기준표

(별표1)

대상액 / 공사종류	5억원 미만	5억원 이상 50억원 미만		50억원 이상
		비율 (X)	기초액 (C)	
건축공사	2.93%	1.86%	5,349,000원	1.97%
토목공사	3.09%	1.99%	5,499,000원	2.10%
중건설공사	3.43%	2.35%	5,400,000원	2.44%
특수 건설공사	1.85%	1.20%	3,250,000원	1.27%

[참고] 안전관리비 계상 기준표 : 25.1.1. 개정

108 풍화암의 굴착면 붕괴에 따른 재해를 예방하기 위한 굴착면의 적정한 기울기 기준은?

① 1 : 1.5   ② 1 : 1.0
③ 1 : 0.5   ④ 1 : 0.3

해설 굴착작업시 굴착면의 기울기 기준

구분	지반의 종류	구배
보통 흙	모래	1 : 1.8
	그 밖에 흙	1 : 1.2
암반	풍화암	1 : 1.0
	연암	1 : 1.0
	경암	1 : 0.5

109 달비계를 설치할 때 작업발판의 폭은 최소 얼마 이상으로 하여야 하는가?

① 30cm   ② 40cm
③ 50cm   ④ 60cm

해설 달비계 설치 시 작업발판의 폭 : 40cm 이상

110 흙막이 지보공을 설치하였을 때 정기적으로 점검하여 이상 발견 시 즉시 보수하여야 할 사항이 아닌 것은?

① 굴착 깊이의 정도
② 버팀대의 긴압의 정도
③ 부재의 접속부 · 부착부 및 교차부의 상태
④ 부재의 손상 · 변형 · 부식 · 변위 및 탈락의 유무와 상태

해설 흙막이지보공 설치시 정기적 점검사항
　① 부재의 손상 · 변형 · 부식 · 변위 및 탈락의 유무와 상태
　② 버팀대의 긴압의 정도
　③ 부재의 접속부 · 부착부 교차부의 상태
　④ 침하의 정도

> **길잡이** 터널지보공 설치시 수시점검사항
> ① 부재의 손상 · 변형 · 부식 · 변위 및 탈락의 유무 및 상태
> ② 부재의 긴압의 정도
> ③ 부재의 접속부 및 교차부의 상태
> ④ 기둥침하의 유무 및 상태

111 크레인의 운전실 또는 운전대를 통하는 통로의 끝과 건설물 등의 벽체의 간격은 최대 얼마 이하로 하여야 하는가?

① 0.2m   ② 0.3m
③ 0.4m   ④ 0.5m

해설 건설물 등의 벽체와 통로의 간격 등 (안전보건규칙 제 145조) : 다음 각 호의 간격을 0.3m 이하로 할 것. (다만, 추락이 위험이 없는 경우는 그 간격을 0.3m 이하로 유지하지 않을 수 있음)
1) 크레인의 운전실 또는 운전대를 통하는 통로의 끝과 건설물 등의 벽체의 간격
2) 크레인 거더(girder)의 통로 끝과 크레인 거더의 간격
3) 크레인 거더의 통로로 통하는 통로의 끝과 건설물 등의 벽체의 간격

■정답 ● **107.**② **108.**② **109.**② **110.**① **111.**②

112 산소결핍이라 함은 공기 중 산소농도가 몇 퍼센트(%) 미만일 때를 의미하는가?

① 20%　　　　② 18%

③ 15%　　　　④ 10%

해설 산소결핍 : 공기 중 산소 농도가 18% 미만인 상태를 말한다.

113 크레인을 사용하여 작업을 할 때 작업 시작 전에 점검하여야 하는 사항에 해당하지 않는 것은?

① 권과방지장치·브레이크·클러치 및 운전장치의 기능

② 주행로의 상측 및 트롤리가 횡행하는 레일의 상태

③ 와이어로프가 통하고 있는 곳의 상태

④ 압력방출장치의 기능

해설 크레인의 작업시작 전 점검사항

　1) 권과방지장치, 브레이크, 클러치 및 운전 장치 기능

　2) 주행로의 상측 및 트롤리가 횡행하는 레일의 상태

　3) 와이어로프가 통하고 있는 곳의 상태

114 그물코의 크기가 10cm인 매듭없는 방망사 신품의 인장강도는 최소 얼마 이상이어야 하는가?

① 240kg　　　② 320kg

③ 400kg　　　④ 500kg

해설 방망사의 강도

(1) 방망사의 신품에 대한 인장강도

그물코의 크기 (단위 : cm)	방망의 종류(단위 : kg)	
	매듭 없는 방망	매듭 방망
10	240	200
5		110

(2) 방망사의 폐기시 인장강도

그물코의 크기 (단위 : cm)	방망의 종류(단위 : kg)	
	매듭 없는 방망	매듭 방망
10	150	135
5		60

115 흙막이 공법을 흙막이 지지방식에 의한 분류와 구조방식에 의한 분류로 나눌 때 다음 중 지지방식에 의한 분류에 해당하는 것은?

① 수평 버팀대식 흙막이 공법

② H-Pile 공법

③ 지하연속벽 공법

④ Top down method 공법

해설 흙막이 공법의 종류

구 분	공법 종류
흙막이 지지방식에 의한 분류	1) 자립공법 2) 버팀대 공법 　(빗버팀대식, 수평버팅대식) 3) 어스앵커공법 4) 타이로드 공법
흙막이 구조방식에 의한 분류	1) H-Pile 공법(H 말뚝, 흙막이 토류판 공법) 2) 버팀대공법(강널말뚝공법, 강관널말뚝공법) 3) Slurry Wall(지하연속벽공법, 다이어프램 월) 　(주열식 지하연속벽, 벽식 지하 연속법) 4) 톱다운 공법(역타 공법)

116 굴착과 싣기를 동시에 할 수 있는 토목 기계가 아닌 것은?

① Power shovel　　② Tractor shovel

③ Back hoe　　　　④ Motor grader

해설 모터그레이더(moter grader) : 토공 기계의 대패 ·지면을 절삭하여 평활하게 다듬는 것이 목적인 토공 기계

117 항타기 및 항발기에 관한 설명으로 옳지 않은 것은?

① 도괴방지를 위해 시설 또는 가설물 등에 설치하는 때에는 그 내력을 확인하고 내력이 부족하면 그 내력을 보강해야 한다.

② 와이어로프의 한 꼬임에서 끊어진 소선(필러선을 제외한다)의 수가 10% 이상인 것은 권상용 와이어로프로 사용을 금한다.

③ 지름 감소가 공칭지름의 7%를 초과하는 것은 권상용 와이어로프로 사용을 금한다.

④ 권상용 와이어로프의 안전계수가 4이상이 아니면 이를 사용하여서는 아니 된다

해설 ④항, 권상용 와이어로프의 안전계수가 5이상이 아니면 이를 사용하여서는 아니된다.

118 다음은 강관을 사용하여 비계를 구성하는 경우에 대한 내용이다. 다음 (   )안에 들어갈 내용으로 옳은 것은?

> 비계기둥의 간격은 띠장 방향에서는 (   ), 장선방향에서는 1.5m이하로 할 것

① 1.0m 이하　　② 1.5m 이하
③ 1.85m 이하　　④ 2m 이하

해설 강관비계의 구조

1) 비계기둥의 간격은 띠장방향에서는 1.85m 이하, 장선방향에서는 1.5m 이하로 할 것. 다만, 선박 및 보트 건조작업의 경우 안전성에 대한 구조검토를 실시하고 조립도를 작성하면 띠장방향 및 장선방향으로 각각 2.7m이하로 할 수 있음

2) 띠장간격은 2m 이하로 설치할 것

3) 비계기둥의 최고부로부터 31m 되는 지점 밑부분의 비계기둥은 2개의 강관으로 묶어 세울 것(브라켓 등으로 보강하여 2개의 강관으로 묶을 경우 그 이상의 강도가 유지되는 경우에는 그러하지 아니하다.)

4) 비계 기둥간의 적재하중은 400kg을 초과하지 아니하도록 할 것

119 콘크리트 타설 시 거푸집의 측압에 영향을 미치는 인자들에 관한 설명으로 옳지 않은 것은?

① 슬럼프가 클수록 작다.
② 타설속도가 빠를수록 크다.
③ 거푸집 속의 콘크리트 온도가 낮을수록 크다.
④ 콘크리트의 타설높이가 높을수록 크다.

해설 ①항, 슬럼프가 클수록 크다.

> **길잡이** 콘크리트 타설시 거푸집의 측압에 미치는 영향
>
> 1) 슬럼프가 클수록 크다(물–시멘트 비가 클수록 크다)
> 2) 기온이 낮을수록 크다(대기 중에 습도가 높을수록 크다)
> 3) 콘크리트의 치어붓기 속도가 클수록 크다.
> 4) 거푸집의 수밀성이 높을수록 크다.
> 5) 콘크리트의 다지기가 강할수록 크다(진동기 사용시 측압은 30% 정도 증가)
> 6) 거푸집의 수평단면이 클수록 크다(벽 두께가 클수록 크다.)
> 7) 거푸집의 강성이 클수록 크다.
> 8) 거푸집 표면이 매끄러울수록 크다.
> 9) 콘크리트의 비중이 클수록 크다(단위중량이 클수록 크다)
> 10) 묽은 콘크리트일수록 크다.
> 11) 철근량이 적을수록 크다.
> 12) 측압은 생콘크리트의 높이가 높을수록 커지는 것이나, 일정한 높이에 이르면 측압의 증대는 없게 된다.

120 흙의 투수계수에 영향을 주는 인자에 관한 설명으로 옳지 않은 것은?

① 공극비 : 공극비가 클수록 투수계수는 작다.
② 포화도 : 포화도가 클수록 투수계수도 크다.
③ 유체의 점성계수 : 점성계수가 클수록 투수계수는 작다.
④ 유체의 밀도 : 유체의 밀도가 클수록 투수계수는 크다.

해설 공극비 : 공극비가 클수록 투수계수는 크다.

2024

제1과목 / 산업안전관리론

01 산업안전보건법령상 안전인증대상 방호장치에 해당하는 것은?

① 교류 아크용접기용 자동전격방지기
② 동력식 수동대패용 칼날접촉방지장치
③ 절연용 방호구 및 활선작업용 기구
④ 아세틸렌 용접장치용 또는 가스집합 용접장치용 안전기

해설 안전인증대상 및 자율안전확인대상방호장치

안전인증대상 방호장치	자율안전확인대상 방호장치
① 프레스 및 전단기 방호장치	① 아세틸렌 용접장치용 또는 가스집합용접 장치용 : 안전기
② 양중기용 과부하 방지장치	② 교류아크 용접기용 : 자동전격방지기
③ 보일러 압력방출용 안전밸브	③ 롤러기 : 급정지장치
④ 압력용기 압력방출용 안전밸브	④ 연삭기 : 덮개
⑤ 압력용기 압력방출용 파열판	⑤ 목재가공용 둥근 톱 : 반발예방장치 및 날접촉예방장치
⑥ 절연용 방호구 및 활선작업용 기구	⑥ 동력식 수동 대패용 : 칼날접촉방지장치
⑦ 방폭구조 전기기계·기구 및 부품	⑦ 산업용 로봇 : 안전매트
⑧ 추락·낙하 및 붕괴 등의 위험방호에 필요한 기설기자재로서 고용노동부장관이 정하여 고시하는 것	

02 사업장 무재해운동 추진 및 운영에 관한 규칙에 있어 특정 목표배수를 달성하여 그 다음 배수달성을 위한 새로운 목표를 재설정하는 경우 무재해 목표 설정기준으로 틀린 것은?

① 업종은 무재해 목표를 달성한 시점에서의 업종을 적용한다.
② 무재해 목표를 달성한 시점 이후부터 즉시 다음 배수를 기산하며 업종과 규모에 따라 새로운 무재해 목표시간을 재설정한다.
③ 건설업의 규모는 재개시 시점에 해당하는 총공사금액을 적용한다.
④ 규모는 재개시 시점에 해당하는 달로부터 최근 6개월간의 평균 상시 근로자수를 적용한다.

해설 ④항, 규모는 제개시 시점에 해당하는 달로부터 최근 1년간의 평균 상시근로자를 적용한다. 다만, 사업장의 요청이 있거나 산정이 곤란한 경우는 직전 사업연도 연평균 상시 근로자수를 적용할 수 있다.

03 무재해운동 추진기법으로 볼 수 없는 것은?

① 위험예지훈련   ② 지적확인
③ 터치 앤 콜   ④ 직무위급도분석

해설 무재해운동 추진기법
1) 위험예지훈련
2) 지적확인
3) 터치 앤 콜(touch & call)
4) TBM(tool box meating)

04 사업장의 안전·보건관리계획 수립 시 기본적인 고려요소로 가장 적절한 것은?

① 대기업의 경우 표준계획서를 작성하여 모든 사업장에 동일하게 적용시킨다.
② 계획의 실시 중에는 변동이 없어야 한다.
③ 계획의 목표는 점진적인 높은 수준으로 한다.
④ 사고발생 후의 수습대책에 중점을 둔다.

해설 안전·보전관리계획 수립시 유의사항
1) 사업장의 실태에 맞도록 독자적으로 수립하되, 실현가능성이 있도록 한다.
2) 직장단위로 구체적 계획을 작성한다.
3) 계획상의 재해감소목표는 점진적으로 수준을 높이도록 한다.
4) 근본적인 안전대책을 강구한다.
5) 복수적인 계획안을 내어 그중에서 선택한다.
6) 현재의 문제점을 검토하기 위해 자료를 조사·수립한다.
7) 적극적인 선취안전을 취해 새로운 착상과 정보를 활용한다.
8) 계획에서 실시까지의 미비점, 잘못된 점을 피드백(feed back)할 수 있는 조정 기능을 갖고 있다.
9) 계획안이 효과적으로 실시되도록 라인·스태프(line-staff)관계자에게 충분히 납득시킨다.

05 산업안전보건법상 조립·해체 작업장 입구에 설치하여야 할 출입금지 표지의 색채로 가장 적당한 것은?

① 바탕 : 노란색, 기본모형 : 검정색, 관련부호 : 검정색, 그림 : 검정색
② 바탕 : 흰색 기본모형 : 빨간색, 관련부호 : 검정색, 그림 : 검정색
③ 바탕 : 흰색, 기본모형 : 녹색, 관련부호 : 녹색, 그림 : 검정색
④ 바탕 : 파란색, 기본모형 : 빨간색, 관련부호 : 흰색, 그림 : 검정색

해설 출입금지 표지 색채
1) 바탕 : 흰색
2) 기본모형 : 빨간색(색도기준 : 7.5R 4/14)
3) 관련부호 및 그림 : 검정색

06 산업안전보건법령상 중대재해에 해당되지 않는 것은?

① 사망자가 2명 발생한 재해
② 부상자가 동시에 7명 발생한 재해
③ 직업성질병자가 동시에 11명 발생 한 재해
④ 3개월 이상의 요양이 필요한 부상 자가 동시에 3명 발생한 재해

해설 중대재해의 정의(시행규칙 제22조 제1항)
1) 사망자가 1명 이상 발생한 재해
2) 3개월 이상의 요양이 필요한 부상자가 2명 이상 발생한 재해
3) 부상자 또는 직업성질병자가 동시에 10명 이상 발생한 재해

07 재해손실비의 평가방식 중 시몬즈 방식에서 비보험 코스트에 반영되는 항목에 해당하지 않는 것은?

① 휴업상해 건수 ② 통원상해 건수
③ 응급조치 건수 ④ 무손실사고 건수

해설 시몬즈의 재해손실비
총재해 cost=보험코스트+비보험코스트
1) 보험코스트(납입보험료) = 지급보상비+ 제경비 + 이익금
2) 비보험코스트 = (휴업상해건수×A) + (통원상해건수×B) + (응급조치건수×C) + (무상해사고건수×D)
여기서, A,B,C,D는 장해 정도별에 의한 비보험코스트의 평균치

08 산업안전보건법령상 건설업의 경우 공사 금액이 얼마 이상인 사업장에 산업안전보건위원회를 설치·운영하여야 하는가?

① 80억원 　　　② 120억원
③ 150억원 　　　④ 700억원

해설 산업안전보건위원회를 설치·운영해야 할 건설업의 규모
1) 공사금액 120억원 이상
2) 토목공사업에 해당하는 공사의 경우에는 150억원 이상

09 재해의 간접원인 중 기초원인에 해당하는 것은?

① 불안전한 상태 　　② 관리적 원인
③ 신체적 원인 　　　④ 불안전한 행동

해설 재해원인
1) 직접원인(1차원인)
　① 인적원인 : 불안전한 행동
　② 물적원인 : 불안전한 상태
2) 간접원인
　① 기초원인 : 학교교육적 원인, 관리적원인
　② 2차원인 : 신체적원인, 정신적원인, 안전교육적 원인, 기술적원인

10 방독마스크의 선정 방법으로 적합하지 않는 것은?

① 전면형은 되도록 시야가 좁을 것
② 착용자 자신이 스스로 안면과 방독마스크 안면부와의 밀착성 여부를 수시로 확인할 수 있을 것
③ 머리끈은 적당한 길이 및 탄력성을 갖고 길이를 쉽게 조절할 수 있을 것
④ 정화통 내부의 흡착제는 견고하게 충진되고 충격에 의해 외부로 노출되지 않을 것

해설 전면형은 되도록 시야가 넓을 것

11 직계식 안전조직의 특징이 아닌 것은?

① 명령과 보고가 간단 명료하다.
② 안전정보의 수집이 빠르고 전문적이다.
③ 각종 지시 및 조치사항이 신속하게 이루어진다.
④ 안전업무가 생산현장 라인을 통하여 시행된다.

해설 안전정보의 수집이 빠르고 전문적이다 : 참모식(staff형) 특징

12 재해조사 발생 시 정확한 사고원인 파악을 위해 재해조사를 직접 실시하는 자가 아닌 것은?

① 사업주 　　　② 현장관리감독자
③ 안전관리자 　　④ 노동조합 간부

해설 재해조사자
1) 현장관리감독자
2) 안전관리자
3) 노동조합 간부
4) 산업안전보건위원회 위원
5) 안전관리전문가(학식경험자) 등

13 근로자수가 400명, 주당 45시간씩 연간 50주를 근무하였고, 연간재해건수는 210건으로 근로손실일수가 800일이었다. 이 사업장의 강도율은 약 얼마인가?(단, 근로자의 출근율은 95%로 계산한다.)

① 0.42 　　　② 0.52
③ 0.88 　　　④ 0.94

해설 강도율 $= \dfrac{\text{근로손실일수}}{\text{연근로시간수}} \times 1,000$

$= \dfrac{800}{400 \times 45 \times 50 \times 0.95} \times 1,000$

$= 0.94$

14 안전관리는 PDCA 사이클 4단계를 거쳐 지속적인 관리를 수행하여야 하는데 다음 중 PDCA 사이클의 4단계를 잘못 나타낸 것은?

① P : Plan ② D : Do
③ C : Check ④ A : Analysis

해설 안전관리사이클(P → D → C → A)
  1) Plan(계획) : 목표를 정하고 달성하는 방법을 계획한다.
  2) Do(실시) : 교육, 훈련을 하고 실행에 옮기는 것이다.
  3) Check(검토) : 결과를 검토하는 것이다.
  4) Action(조치) : 검토한 결과에 의해 조치를 취하는 것이다.

15 하인리히(H.W.Heinrich)의 재해발생과 관련한 도미노 이론에 포함되지 않는 단계는?

① 사고
② 개인적 결함
③ 제어의 부족
④ 사회적 환경 및 유전적 요소

해설 하인리히의 사고연쇄성 이론(도미노현상)
  1) 1단계 : 사회적환경 및 유전적 요소
  2) 2단계 : 개인적 결함
  3) 3단계 : 불안전한 행동 및 불안전한 상태
  4) 4단계 : 사고
  5) 5단계 : 재해

16 건설업 산업안전보건관리비 계상에 관한 관련 규정은 산업재해보상보험법의 적용을 받는 공사 중 총공사금액이 얼마 이상인 공사에 적용하는가?

① 2,000만원 ② 1억원
③ 120억원 ④ 150억원

해설 안전관리비 적용범위 : 산업재해보상보험법의 적용을 받는 공사중 총공사금액이 2,000만원 이상인 건설공사

17 안전보건개선계획서의 수립·시행명령을 받은 사업주는 그 명령을 받은 날부터 안전보건개선계획서를 작성하여 며칠 이내에 관할 지방고용노동관서의 장에게 제출해야 하는가?

① 15일 ② 30일
③ 60일 ④ 90일

해설 안전보건개선계획서 제출시기(시행규칙 제131조 제3항) : 안전보건개선계획의 수립·시행명령을 받은 사업주는 고용노동부장관이 정하는 바에 따라 안전보건개선계획서를 작성하여 그 명령을 받은 날부터 60일 이내에 관할 지방고용노동관서의 장에게 제출하여야 한다.

18 안전점검의 종류 중 주기적으로 일정한 기간을 정하여 일정한 시설이나 물건, 기계 등에 대하여 점검하는 방법을 무엇이라 하는가?

① 정기점검 ② 일상점검
③ 특별점검 ④ 임시점검

해설 안전점검의 종류
  1) 수시점검 : 작업 전, 중, 후에 실시하는 점검
  2) 정기점검 : 일정기간마다 정기적으로 실시하는 점검
  3) 임시점검 : 이상 발견 시 임시로 실시하거나 정기점검과 정기점검 사이에 실시하는 점검
  4) 특별점검
    ① 기계·기구 및 설비의 신설·변경 및 수리 시 등 실시
    ② 천재지변 발생 후 실시
    ③ 안전강조 기간 내 실시

19 재해사례연구법(Accident Analysis and control Method)에서 활용하는 안전관리 열쇠 중 작업에 관계되는 것이 아닌 것은?

① 적성배치 ② 작업순서
③ 이상시 조치 ④ 작업방법 개선

해설 재해사례연구법에서 안전관리 열쇠 중 작업에 관계되는 사항
1) 작업순서
2) 이상시 조치
3) 작업방법 개선

20 산업안전보건법상 산업재해가 발생한 때에 사업주가 기록·보존하여야 하는 사항이 아닌 것은?

① 사업장의 개요 및 근로자의 인적사항
② 재해 발생의 일시 및 장소
③ 재해 발생의 원인 및 과정
④ 재해원인 수사요청 기록 및 근무상황일지

해설 산업재해 발생시 기록·보존하여야 할 사항(시행규칙 제4조의 2)
1) 사업장의 개요 및 근로자의 인적사항
2) 재해발생의 일시 및 장소
3) 재해발생의 원인 및 과정
4) 재해 재발방지계획

제2과목 / 산업심리 및 교육

21 에빙하우스(Ebbinghaus)의 연구결과 망각율이 50%를 초과하게 되는 최초의 경과시간은?

① 30분　　② 1시간
③ 1일　　④ 2일

해설 파지와 망각
① 파지 : 획득된 행동이나 내용이 지속되는 것이다.
② 망각 : 획득된 행동이나 내용이 지속되지 않고 소실되는 것이다.

22 다음 중 카운슬링(counseling)의 순서로 가장 올바른 것은?

① 장면 구성 → 내담자와의 대화 → 감정표출 → 감정의 명확화 → 의견 재분석
② 장면 구성 → 내담자와의 대화 → 의견 재분석 → 감정 표출 → 감정의 명확화
③ 내담자와의 대화 → 장면 구성 → 감정 표출 → 감정의 명확화 → 의견 재분석
④ 내담자와의 대화 → 장면 구성 → 의견 재분석 → 감정 표출 → 감정의 명확화

해설 1) 카운슬링의 순서
∴ 장면구성 - 내담자 대화 - 의견재분석 - 감정표출 - 감정의 명확화
2) 개인적인 카운슬링 방법
① 직접충고 : 안전수칙 불이행시 적합, 지시적 방법
② 설득적 방법 : 비지시적 방법
③ 설명적 방법 : 비지시적 방법

23 다음 중 작업장에서의 사고예방을 위한 조치로 틀린 것은?

① 모든 사고는 사고 자료가 연구될 수 있도록 철저히 조사되고 자세히 보고되어야 한다.
② 안전의식고취 운동에서의 포스터는 처참한 장면과 함께 부정적인 문구의 사용이 효과적이다.
③ 안전장치는 생산을 방해해서는 안 되고, 그것이 제 위치에 있지 않으면 기계가 작동되지 않도록 설계되어야 한다.
④ 감독자와 근로자는 특수한 기술뿐만 아니라 안전에 대한 태도교육을 받아야 한다.

해설 포스터의 처참한 장면과 부정적인 문구는 안전의식 고취에 역화를 초래할 수 있다.

24 다음 중 산업안전보건법 시행규칙상 사업 내 안전·보건교육에 있어 건설업 일용근로자의 작업 내용 변경시의 최소 교육시간으로 옳은 것은?

① 1시간　　　② 2시간
③ 3시간　　　④ 4시간

해설 사업 내 안전보건교육(시행규칙 별표8)

교육과정	교육대상	교육시간
1. 정기교육	1) 사무직·판매직 근로자	매반기 6시간 이상
	2) 사무직·판매직 근로자 외의 근로자	매반기 12시간 이상
2. 채용시 교육	1) 일용직 근로자 및 근로계약기간이 1주일 이하인 기간제 근로자	1시간 이상
	2) 근로계약기간이 1주일 초과 1개월 이하인 기간제 근로자	4시간 이상
	3) 그 밖에 근로자	8시간 이상
3. 작업내용 변경시 교육	1) 일용근로자 및 근로계약기간이 1주일 이하인 기간제 근로자	1시간 이상
	2) 그 밖에 근로자	2시간 이상
4. 특별교육	1) 특별교육대상 작업에 종사하는 일용근로자 및 근로계약기간이 1주일 이하인 기간제 근로자	2시간 이상
	2) 특별교육대상 작업중 타워크레인 신호작업에 종사하는 일용근로자 및 근로계약기간이 1주일 이하인 기간제 근로자	8시간 이상
	3) 특별교육대상 작업에 종사하는 일용근로자 및 근로계약기간이 1주일 이하인 기간제 근로자를 제외한 근로자	• 16시간 이상(최초 작업에 종사하기 전 4시간 이상 실시하고 12시간은 3개월 이내에서 분할하여 실시 가능) • 단기간 작업, 간헐적 작업인 경우 2시간 이상
5. 건설업 기초 안전·보건 교육	건설일용근로자	4시간 이상

25 다음 중 심포지엄(symposium)에 관한 설명으로 가장 적절한 것은?

① 먼저 사례를 발표하고 문제적 사실들과 그의 상호 관계에 대하여 검토하고 대책을 토의하는 방법

② 몇 사람의 전문가에 의하여 과제에 관한 견해를 발표한 뒤에 참가자로 하여금 의견이나 질문을 하게 하여 토의하는 방법

③ 새로운 교재를 제시하고 거기에서의 문제점을 피교육자로 하여금 제기하게 하거나, 의견을 여러 가지 방법으로 발표하게 하고 다시 깊이 파고들어서 토의하는 방법

④ 패널 멤버가 피교육자 앞에서 자유로이 토의하고, 뒤에 피교육자 전원이 참가하여 사회자의 사회에 따라 토의하는 방법

해설 토의식의 종류
1) forum(공개토론회) : 새로운 자료나 교재를 제시하고 거기서의 문제점을 피교육자로 하여금 제기케 하거나 의견을 여러 가지 방법으로 발표하게 하여 다시 깊이 파고들어 토의를 행하는 방법
2) symposium : 몇 사람의 전문가에 의하여 과제에 관한 견해를 발표한 뒤 참가자로 하여금 의견이나 질문을 하거 하여 토의하는 방법
3) panel discussion : 패널멤버(교육과제에 정통한 전문가 4~5명)가 피교육자 앞에서 자유로이 토의하고 뒤에 피교육자 전원이 참가하여 사회자의 사회에 다라 토의하는 방법
4) 버즈세션(buzz session) : 6-6회의라고도 하며, 먼저 사회자와 기록계를 선출한 후 나머지 사람은 6명씩의 소집단으로 구분하고, 소집단별로 각각 사회자를 선발 하여 6분간씩 자유토의를 행하여 의견을 종합하는 방법

2024

26 다음 중 직무분석 방법으로 가장 적합하지 않은 것은?

① 면접법　　　② 관찰법
③ 실험법　　　④ 설문지법

해설 **직무분석 방법**
　1) 면접방식　　2) 관찰방식
　3) 설문지법　　4) 혼합방식

27 다음 중 부주의가 발생하는 경우에 있어 자동차를 운전할 때 신호가 바뀌기 전에 신호가 바뀔 것을 예상하고 자동차를 출발시키는 행동과 관련된 것은?

① 억측판단　　　② 근도반응
③ 착시현상　　　④ 의식의 우회

해설 **억측판단**
　1) **억측판단** : 자기 주관적인 판단
　2) **억측판단이 발생하는 배경**
　　① **희망적인 관측** : 그때도 그랬으니까 괜찮겠지 하는 관측
　　② **정보나 지식의 불확실** : 위험에 대한 정보의 불확실 및 지식의 부족
　　③ **과거의 선입견** : 과거에 그 행위로 성공한 경험의 선입관
　　④ **초조한 심정** : 일을 빨리 끝내고 싶은 초조한 심정

28 창의력이란 '문제를 해결하기 위하여 정보나 지식을 독특한 방법으로 조합하여 참신하고 유용한 아이디어를 생성해 내는 능력'이다. 창의력을 발휘하려면 3가지 요소가 필요한데 다음 중 이와 관련된 요소가 아닌 것은?

① 전문지식　　　② 상상력
③ 업무몰입도　　④ 내적동기

해설 **창의력을 발휘하기 위한 3가지 요소**
　1) 내적동기　　2) 전문지식
　3) 상상력

29 다음 중 심리검사의 특징 중 측정하고자 하는 것을 실제로 잘 측정하는지의 여부를 판별하는 것을 무엇이라 하는가?

① 표준화　　　② 신뢰성
③ 객관성　　　④ 타당성

해설 **심리검사의 구비조건**
　1) **표준화** : 검사관리를 위한 조건 및 검사절차의 일관성과 통일성을 표준화
　2) **객관성** : 체험하는 과정에서 채점자의 편견이나 주관성 배제
　3) **규준(norms)** : 검사결과를 해석하기 위한 비교할 수 있는 참조 또는 비교의 틀
　4) **신뢰성** : 검사응답의 일관성(반복성)
　5) **타당성** : 측정하고자 하는 것을 실제로 잘 측정하는가 여부를 판별하는 것

30 다음 중 합리화의 유형에 있어 자기의 실패나 결함을 다른 대상에게 책임을 전가시키는 유형으로 자신의 잘못에 대해 조상 탓을 하거나 축구 선수가 공을 잘못 찬 후 신발 탓을 하는 등에 해당하는 것은?

① 신포도형　　　② 투사형
③ 망상형　　　④ 달콤한 레몬형

해설 1) **합리화** : 자기의 난처한 입장이나 실패 및 결점을 그럴듯한 이유를 들어 남의 비난을 받지 않도록 하며 또한 자위도 하는 행동기제이다.
　2) **합리화의 유형**
　　① **신포도형** : 목표달성에 실패하였을 때 자기는 처음부터 원하지 않은 일이라고 변명하는 유형
　　② **투사형** : 자신의 잘못에 대해 조상탓을 하거나 축구선수가 공을 잘못찬 후 신발 탓을 하는 유형
　　③ **망상형** : 지나친 합리화를 도모하는 형태
　　④ **달콤한 레몬형** : 「이것이야 말로 내가 바라는 것이다」 라고 변명하는 등 현재의 상태를 과시하는 유형

31 다음 중 피로의 검사방법에 있어 인지역치를 이용한 생리적 방법은?

① 광전비색계
② 뇌전도(EEG)
③ 근전도(EMG)
④ 점멸융합주파수(flicker fusion frequency)

해설 플리커 값(flicker) : 점멸융합주파수
(flicker fusion frequency)
1) 정신적 부담이 대뇌피질의 피로수준에 미치고 있는 영향을 측정하는 방법이다.
2) 인지역치(認知閾値)를 이용한 피로의 생리적 측정법이다.

32 다음 중 강의법에서 도입단계의 내용으로 적절하지 않은 것은?

① 동기를 유발한다.
② 주제의 단원을 알려준다.
③ 수강생의 주의를 집중시킨다.
④ 핵심이 되는 점을 가르쳐 준다.

해설 ④항, 「핵심이 되는 점을 가르쳐 준다」 : 제시단계

길잡이 교육법의 4단계
1) **제1단계-도입(준비)** : 배우고자 하는 마음가짐을 일으키도록 도입한다.
2) **제2단계-제시(설명)** : 상대의 능력에 따라 교육하고 내용을 확실하게 이해시키고 납득시켜 다시 기능으로서 습득시킨다.
3) **제3단계-적용(응용)** : 이해시킨 내용을 구체적인 문제 또는 실제 문제로 활용시키거나 응용시킨다.(작업습관을 확립하는 단계)
4) **제4단계-확인(총괄)** : 교육내용을 정확하게 이해하고 습득하였는지의 여부를 확인한다.

33 다음 중 허츠버그(Herzberg)가 직무확충의 원리로서 제시한 내용과 거리가 가장 먼 것은?

① 책임을 지고 일하는 동안에는 통제를 추가한다.
② 자신의 일에 대해서 책임을 더 지도록 한다.
③ 직무에서 자유를 제공하기 위하여 부가적 권위를 부여한다.
④ 전문가가 될 수 있도록 전문화된 과제들을 부과한다.

해설 ①항, 책임을 지고 일하는 동안에는 통제를 하지 않는다.

길잡이 작업만족도(job satisfaction)를 가져오는 방법
1) 수행되어야 할 활동의 수를 증가시킨다.
2) 작업자 자신의 작업물에 대한 검사 책임을 준다.
3) 어떤 특정한 부품보다는 완전한 한 단위에 대한 책임을 부여한다.
4) 작업자 자신이 사용할 작업방법을 선택할 수 있는 기회를 준다.
5) 작업순환 또는 생산공정의 작업조들에게 더 큰 책임을 지운다.

34 다음 중 학습목적의 3요소가 아닌 것은?

① 목표(goal)
② 주제(subject)
③ 학습정도(level of learning)
④ 학습방법(method of learning)

해설 학습목적의 3요소
1) **목표(Goal)** : 학습목적의 핵심으로 학습을 통하여 달성하려는 지표
2) **주제(Subject)** : 목표달성을 위한 테마
3) **학습 정도(Level of Learning)** : 학습범위와 내용의 정도

35 다음 중 비공식 집단에 관한 설명으로 가장 거리가 먼 것은?

① 비공식 집단은 조직구성원의 태도, 행동 및 생산성에 지대한 영향력을 행사한다.
② 가장 응집력이 강하고 우세한 비공식 집단은 수직적 동료집단이다.
③ 혼합적 혹은 우선적 동료집단은 각기 상이한 부서에 근무하는 직위가 다른 성원들로 구성된다.
④ 비공식 집단은 관리영역 밖에 존재하고 조직도상에 나타나지 않는다.

해설 ②항, 응집력이 강하고 비공식 집단은 수평적 동료집단이다.

> **길잡이** 비공식집단의 특성
> 1) 규모가 과히 크지 않다.
> 2) 경영통제권이나 관리경영 밖에 존재한다.
> 3) 직접적이고 빈번한 개인 간의 접촉을 필요로 한다.
> 4) 동료애의 욕구가 있으며, 응집력이 크다.

36 다음 중 교육지도의 원칙과 가장 거리가 먼 것은?

① 한 번에 한 가지씩 교육을 실시한다.
② 쉬운 것부터 어려운 것으로 실시한다.
③ 과거부터 현재, 미래의 순서로 실시한다.
④ 적게 사용하는 것에서 많이 사용하는 순서로 실시한다.

해설 교육지도의 원칙
1) 피교육자 중심교육(상대방 입장에서 교육)
2) 동기부여
3) 쉬운 부분에서 어려운 부분으로 진행
4) 반복
5) 한 번에 하나씩 교육
6) 인상의 강화(오래 기억)
7) 5관의 활용
8) 기능적인 이해

37 다음 중 안전태도교육 과정을 올바른 순서대로 나열한 것은?

① 청취 → 모범 → 이해 → 평가 → 장려·처벌
② 청취 → 평가 → 이해 → 모범 → 장려·처벌
③ 청취 → 이해 → 모범 → 평가 → 장려·처벌
④ 청취 → 평가 → 모범 → 이해 → 장려·처벌

해설 안전태도교육의 기본과정
1) 청취(들어본다) → 2) 이해 → 3) 모범(시범) → 4) 평가

38 다음 중 ATT(American Telephone & Telegram) 교육훈련기법의 내용으로 적절하지 않은 것은?

① 인사관계   ② 고객관계
③ 회의의 주관   ④ 종업원의 향상

해설 ATT(American Telephone & Telegram Co.)
1) **교육대상** : 대상계층이 한정되어 있지 않고, 한번 훈련을 받은 관리자는 그 부하인 감독자에 대해 지도원이 될 수 있다.
2) **교육내용** : 계획적 감독, 작업의 계획 및 인원배치 작업의 감독, 공구와 자료보고 및 기록, 개인작업의 개선, 종업원의 향상, 인사관계, 훈련, 고객관계, 안전부대 군인의 복무조정 등
3) **교육방법** : 코스는 1차 훈련(1일 8시간씩 2주간), 2차 과정에서는 문제가 발생할 때마다 하도록 되어있으며, 진행방법은 통상 토의식에 의하여 지도자의 유도로 과제에 대한 의견을 제시하도록 하여 결론을 내려가는 방식을 취한다.

■정답 ■ 35.② 36.④ 37.③ 38.③

39 다음 중 리더로서의 일반적인 구비요건과 가장 거리가 먼 것은?

① 화합성
② 통찰력
③ 개인의 이익 추구성
④ 정서적 안전성 및 활발성

해설 **리더의 구비요건**
> 1) **화합성** : 리더는 구성원들의 정서적 요구에 대한 호응력을 가져야 하며, 부하직원으로부터 집단의 한 구성원으로 수용될 수 있어야 한다.
> 2) **통찰력** : 리더 자신과 조직이 처해 있는 현재의 입장과 장래의 전망을 살펴볼 수 있어야 한다.
> 3) **정서적 안정성 및 활발성** : 정서적으로 안정되어 항상 마음의 균형과 침착성을 잃지 않아야 하며, 그에게로 향하는 공격, 노기, 냉담 등의 문제를 처리할 수 있는 역량을 갖추어야 하고, 명랑하고 열의가 있으며 표현능력이 있어야 한다.

40 다음 중 부주의에 의한 사고 방지에 있어서 정신적 측면의 대책 사항과 가장 거리가 먼 것은?

① 적응력 향상
② 스트레스 해소
③ 작업의욕 고취
④ 주의력 집중 훈련

해설 **적응력 향상** : 신체적 측면의 대책

제3목 / 인간공학 및 시스템안전공학

41 다음 중 모든 시스템 안전 프로그램에서의 최초단계 해석으로 시스템내의 위험요소가 어떤 위험 상태에 있는가를 정성적으로 평가하는 분석방법은?

① PHA
② FHA
③ FMEA
④ FTA

해설 1) **PHA**(Preliminary Hazards Analysis) : 대부분 시스템 안전 프로그램에 있어서 최초단계의 분석으로, 시스템 내의 위험한 요소가 얼마나 위험한 상태에 있는가를 정성적으로 평가하는 것이다.
> 2) **PHA의 목적** : 시스템의 개발 단계에 있어서 시스템 고유의 위험상태를 식별하고 예상되는 재해의 위험수준을 결정하는 데 있다.

42 다음 중 의자를 설계하는데 있어 적용할 수 있는 일반적인 인간공학적 원칙으로 가장 적절하지 않은 것은?

① 조절을 용이하게 한다.
② 요부 전만을 유지할 수 있도록 한다.
③ 등근육의 정적 부하를 높이도록 한다.
④ 추간판에 가해지는 압력을 줄일 수 있도록 한다.

해설 **의자설계의 일반원리**
> 1) 디스크 압력을 줄인다.
> 2) 등근육의 정적부하 및 자세고정을 줄인다. (정적부하와 고정된 작업자세를 피하여야 한다)
> 3) 의자의 높이는 오금 높이와 같거나 낮아야 한다.
> 4) 좌면의 높이는 조절이 가능해야 한다.
> 5) 등받이의 굴곡은 요추의 굴곡(전완곡)과 일치해야 한다.

43 다음 중 일반적인 화학설비에 대한 안전성 평가(safety assessment) 절차에 있어 안전대책 단계에 해당되지 않는 것은?

① 보전
② 설비 대책
③ 위험도 평가
④ 관리적 대책

해설 (1) 안전성 평가의 기본원칙 6단계
　　1) 1단계 : 관계 자료의 정비검토
　　2) 2단계 : 정성적 평가
　　3) 3단계 : 정량적 평가
　　4) 4단계 : 안전대책
　　5) 5단계 : 재해정보에 의한 재평가
　　6) 제6단계 : FTA에 의한 재평가
　(2) 제4단계 : 안전대책
　　1) 설비대책 : 안전장치 및 방재장치 에 대한 대책
　　2) 관리적 대책 : 인원배치, 교육훈련 및 보전에 관한 대책

44 다음 중 인간 에러(human error)에 관한 설명으로 틀린 것은?

① omission error : 필요한 작업 또는 절차를 수행하지 않는데 기인한 에러
② commission error : 필요한 작업 또는 절차의 수행 지연으로 인한 에러
③ extraneous error : 불필요한 작업 또는 절차를 수행함으로써 기인한 에러
④ sequential error : 필요한 작업 또는 절차의 순서 착오로 인한 에러

해설 1) omission error : 필요한 task또는 절차를 수행하지 않는 데 기인한 과오
　　2) time error : 필요한 task 또는 절차의 수행지연으로 인한 과오
　　3) commission error : 필요한 task 또는 절차의 불확실한 수행으로 인한 과오
　　4) sequential error : 필요한 task 또는 절차의 순서착오로 인한 과오
　　5) extraneous error : 불필요한 task 또는 절차를 수행함으로써 기인한 과오

45 다음 중 일반적으로 보통 기계작업이나 편지 고르기에 가장 적합한 조명수준은?

① 30fc
② 100fc
③ 300fc
④ 500fc

해설 추천 조명수준

작업조건	foot-candle	특정한 임무
높은 정확도를 요구하는 세밀한 작업	1,000	수술대, 아주 세밀한 조립작업
	500	아주 힘든 검사작업
	300	세밀한 조립작업
오랜 시간 계속하는 세밀한 작업	200	힘든 끝손질 및 검사작업, 세밀한 제도, 치과작업, 세밀한 기계조작
	150	초벌 제도, 사무 기기조작
오랜 시간 계속하는 천천히 하는 작업	100	보통 기계 작업, 편지고르기
	70	공부, 바느질, 독서, 타자, 칠판에 쓴 글씨 읽기
	50	스케치, 상품포장
정상작업	30	드릴, 리벳, 줄질 및 변소
	20	초벌 기계 작업, 계단, 복도
	10	출하, 입하작업, 강당
자세히 보지 않아도 되는 작업	5	창고, 극장복도

46 다음 중 인간공학에 있어서 일반적인 인간-기계 체계(Man-Machine System)의 구분으로 가장 적합한 것은?

① 인간 체계, 기계 체계, 전기 체계
② 전기 체계, 유압 체계, 내연기관 체계
③ 수동 체계, 반기계 체계, 반자동 체계
④ 자동화 체계, 기계화 체계, 수동 체계

해설 인간·기계체계의 유형
　　1) 수동 체계
　　2) 기계화 체계
　　3) 자동화 체계

■ 정답 ■ 43.③ 44.② 45.② 46.④

47 다음 중 인간의 제어 및 조정능력을 나타내는 법칙인 Fitts law와 관련된 변수가 아닌 것은?

① 표적의 너비
② 표적의 색상
③ 시작점에서 표적까지의 거리
④ 작업의 난이도(Index of Difficulty)

해설 Fitts 법칙의 수식 : 동작시간은 과녁이 일정할 때는 거리의 로그 함수이고, 거리가 일정할 때는 동작거리의 로그함수이다.

$$\therefore MT = a + b\log_2\frac{2D}{W}$$

여기서, ┌ MT : 동작시간
　　　　 │ a, b : 실험상수
　　　　 │ D : 동작시발점에서 과녁중심까지의 거리
　　　　 └ W : 과녁의 폭

48 다음 중 HAZOP 기법에서 사용하는 가이드워드와 그 의미가 잘못 연결된 것은?

① As well as : 성질상의 증가
② More/Less : 정량적인 증가 또는 감소
③ Part of : 성질상의 감소
④ Other than : 기타 환경적인 요인

해설 위험 및 운전성 검토(HAZOP)에서 사용되는 유인어(guidewords) : 간단한 용어(말)로서 창조적 사고를 유도하고 자극하여 이상을 발견하고, 의도를 한정하기 위해 사용된다. 즉, 다음과 같은 의미를 나타낸다.
1) NO 또는 NOT : 설계의도의 완전한 부정
2) More 또는 Less : 양(압력, 반응, flow, rate, 온도 등)의 증가 또는 감소
3) As well As : 성질상의 증가(설계의도와 운전조건이 어떤 부가적인 행위와 함께 일어남)
4) Part of : 일부변경, 성질상의 감소(어떤 의도는 성취되나 어떤 의도는 성취되지 않음)
5) Reverse : 설계의도의 논리적인 역
6) Other than : 완전한 대체(통상 운전과 다르게 되는 상태)

49 다음 중 결함수분석(FTA)에 관한 설명으로 틀린 것은?

① 연역적 방법이다.
② 버텀-업(Bottom-Up) 방식이다.
③ 기능적 결함의 원인을 분석하는데 용이하다.
④ 계량적 데이터가 축적되면 정량적 분석이 가능하다.

해설 FTA의 특징
1) 간단한 FT도의 작성으로 정성적 해석 가능
2) 재해의 정량적 예측가능(정량적으로 재해발생확률 계산)
3) 연역적 해석가능(Top down형식)
4) 컴퓨터 처리가능

50 다음 중 정보전달에 있어서 시각적 표시장치보다 청각적 표시장치를 사용하는 것이 바람직한 경우는?

① 정보의 내용이 긴 경우
② 정보의 내용이 복잡한 경우
③ 정보의 내용이 후에 재참조되지 않는 경우
④ 정보의 내용이 즉각적인 행동을 요구하지 않는 경우

해설 표시장치의 선택(청각장치와 시각장치의 선택)

청각장치사용	시각장치사용
1) 전언이 간단하고 짧다.	1) 전언이 복잡하고 길다.
2) 전언이 후에 재참조되지 않는다.	2) 전언이 후에 재참조된다.
3) 전언이 즉각적인 사상(event)을 이룬다.	3) 전언이 공간적인 위치를 다룬다.
4) 전언이 즉각적인 행동을 요구한다.	4) 전언이 즉각적인 행동을 요구하지 않는다.
5) 수신자가 시각계통이 과부하 상태일 때	5) 수신자의 청각계통이 과부하 상태일 때
6) 수신장소가 너무 밝거나 암조의 유지가 필요할 때	6) 수신장소가 너무 시끄러울 때
7) 직무상 수신자가 자주 움직이는 경우	7) 직무상 수신자가 한 곳에 머무르는 경우

■ **정답** ■　47.②　48.④　49.②　50.③

51 산업안전보건법령에 따라 제조업 중 유해·위험방지 계획서 제출대상 사업의 사업주가 유해·위험방지 계획서를 제출하고자 할 때 첨부하여야 하는 서류에 해당하지 않는 것은? (단, 기타 고용노동부장관이 정하는 도면 및 서류 등은 제외한다.)

① 공사개요서
② 기계·설비의 배치도면
③ 기계·설비의 개요를 나타내는 서류
④ 원재료 및 제품의 취급, 제조 등의 작업방법의 개요

해설 제조업 등의 유해·위험방지계획서에 첨부되어야 할 서류(시행규칙 제121조)
1) 건축물 각 층의 평면도
2) 기계·설비의 개요를 나타내는 서류
3) 기계·설비의 배치도면
4) 원재료 및 제품의 취급, 제조 등의 작업 방법의 개요
5) 그 밖에 고용노동부장관이 정하는 도면 및 서류

52 다음 설명은 어떤 설계 응용 원칙을 적용한 사례인가?

> 제어 버튼의 설계에서 조작자와의 거리를 여성의 5백분위수를 이용하여 설계하였다.

① 극단적 설계원칙
② 가변적 설계원칙
③ 평균적 설계원칙
④ 양립적 설계원칙

해설 극단적 설계원칙
1) **최대 집단치 설계** : 문틀 높이, 비상탈출구 크기, 지지 장치의 강도(그네, 줄사다리 등)
2) **최소집단치 설계** : 제어버튼과 조작자 사이의 거리, 제어장치 조작에 필요한 힘 등
3) **집단관련 특성분포** : 남성의 제95백분위수, 여성의 제5백분위수를 사용한다.

53 FT도에 사용되는 다음 기호의 명칭으로 옳은 것은?

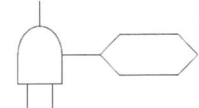

① 부정게이트
② 수정기호
③ 위험지속기호
④ 배타적 OR 게이트

해설 위험지속기호 : 입력사상이 생겨서 어느 일정시간 지속하였을 때에 출력사상이 생긴다. (「위험지속시간」과 같이 기입)

54 작업자세로 인한 부하를 분석하기 위하여 인체 주요 관절의 힘과 모멘트를 정역학적으로 분석하려고 할 때, 분석에 반드시 필요한 인체 관련 자료가 아닌 것은?

① 관절 각도
② 관절의 종류
③ 분절(segment) 무게
④ 분절(segment) 무게 중심

해설 인체 주요관절의 힘과 모멘트를 정역학적 분석 시 필요한 인체관련 자료
1) 관절각도
2) 분절(segment) 무게 및 무게중심

55 다음 중 광원의 밝기에 비례하고, 거리의 제곱에 반비례 하며, 반사체의 반사율과는 상관없이 일정한 값을 갖는 것은?

① 광도   ② 휘도
③ 조도   ④ 휘광

해설 조도 : 거리의 제곱에 반비례하고 광도에 비례한다.

$$\therefore 조도 = \frac{광도}{(거리)^2}$$

---

56 다음 중 정성적 표시장치를 설명한 것으로 적절하지 않은 것은?

① 연속적으로 변하는 변수의 대략적인 값이나 변화추세, 변화율 등을 알고자 할 때 사용된다.
② 정성적 표시장치의 근본 자료 자체는 정량적인 것이다.
③ 색채 부호가 부적합한 경우에는 계기판 표시구간을 형상 부호화하여 나타낸다.
④ 전력계에서와 같이 기계적 혹은 전자적으로 숫자가 표시된다.

해설 ④항, **정량적 표시장치** : 전력계에서와 같이 기계적 혹은 전자적으로 숫자가 표시된다.

57 프레스기의 안전장치 수명은 지수분포를 따르며 평균 수명은 1,000시간이다. 새로 구입한 안전장치가 향후 500시간 동안 고장 없이 작동할 확률(ⓐ)과 이미 1000시간을 사용한 안전장치가 향후 500시간 이상 견딜 확률(ⓑ)은 각각 얼마인가?

① ⓐ : 0.606, ⓑ : 0.606
② ⓐ : 0.707, ⓑ : 0.707
③ ⓐ : 0.808, ⓑ : 0.808
④ ⓐ : 0.909, ⓑ : 0.909

해설 1) 평균수명(MTTF) : 1000시간, 가동시간(t) : 500시간
2) 고장없이 작동할 확률(R_t)
∴ $R_t = e^{-(t/to)} = e^{-(500/1000)} = 0.606$

58 다음 중 인간공학적 설계 대상에 해당되지 않는 것은?

① 물건(Objects)
② 기계(Machinery)
③ 환경(Environment)
④ 보전(Maintenance)

해설 **인간공학** : 인간이 편리하게 사용할 수 있도록 기계·기구(물건 등 포함) 및 설비·환경을 설계하는 과정

59 한 대의 기계를 100시간 동안 연속 사용한 경우 6회의 고장이 발생하였고, 이때의 총고장수리시간이 15시간이었다. 이 기계의 MTBF(Mean time between failure)는 약 얼마인가?

① 2.51
② 14.17
③ 15.25
④ 16.67

해설 1) λ(고장률) $= \dfrac{\text{고장건수}}{\text{가동시간}}$
2) 가동시간
= 기계연속사용시간 − 총고장수리시간
= 100−15 = 85시간
3) MTBF(평균고장간격) $= \dfrac{1}{\lambda} = \dfrac{1}{6/85}$
$= 14.17$

60 발생확률이 각각 0.05, 0.08 인 두 결함사상이 AND 조합으로 연결된 시스템을 FTA로 분석하였을 때 이 시스템의 신뢰도는 약 얼마인가?

① 0.004
② 0.126
③ 0.874
④ 0.996

해설 1) FT도를 작성하여 정상사상의 발생확률(F_t)을 구한다.

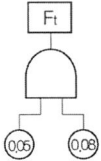

∴ $F_t = 0.05 \times 0.08 = 4 \times 10^{-3}$
2) 신뢰도(R_t)
∴ $R_t = 1 - F_t = 1 - 4 \times 10^{-3} = 0.996$

제4목 / 건설시공학

61 CM 제도에 대한 설명으로 틀린 것은?

① 대리인형 CM(CM for fee) 방식은 프로젝트 전반에 걸쳐 발주자의 컨설턴트 역할을 수행한다.

② 시공자형 CM(CM at risk) 방식은 공사관리자의 능력에 의해 사업의 성패가 좌우된다.

③ 대리인형 CM(CM for fee) 방식에 있어서 독립된 공종별 수급자는 공사관리자와 공사계약을 한다.

④ 시공자형 CM(CM at risk) 방식에 있어서 CM조직이 직접 공사를 수행하기도 한다.

해설 CM(건설관리) : 설계, 시공을 통합 관리하여 주문자를 위해 서비스하는 전문가 집단의 관리 기법이다.
1) CM for fee : 용역형 건설사업관리
　① 서비스를 제공하고 그에 상응하는 용역비(fee)를 지급받는 자문 혹은 대행인(agency)으로서 역할을 수행한다.
　② CM이 발주자의 대리인으로서 참여하는 계약형태로 용역서비스에 대한 대가(fee)를 받는 CM형태이다.
2) CM at risk : 시공책임형 건설사업관리

62 철근 용접이음 방식 중 Cad Welding 이음의 장점이 아닌 것은?

① 실시간 육안검사 가능

② 기후의 영향이 적고 화재위험 감소

③ 각종 이형철근에 대한 적용범위가 넓음

④ 예열 및 냉각이 필요없고 용접시간이 짧음

해설 용접이음부의 검사 : 용접이음부의 내부결함은 육안검사로는 어렵고 비파괴검사(침투탐상검사, 초음파탐상검사 등)를 실시하여야 한다.

63 거푸집의 콘크리트 측압에 대한 설명으로 옳은 것은?

① 묽은 콘크리트 일수록 측압이 작다.

② 온도가 낮을수록 측압은 작다.

③ 콘크리트의 붓기 속도가 빠를수록 측압이 크다.

④ 거푸집의 강성이 클수록 측압이 작다.

해설 1) 묽은 콘크리트일수록 측압이 크다.
2) 온도가 낮을수록 측압이 크다.
3) 거푸집의 강성이 클수록 측압이 크다.

64 콘크리트의 진동다짐 진동기의 사용에 대한 설명으로 틀린 것은?

① 진동기는 될 수 있는 대로 수직방향으로 사용한다.

② 묽은 반죽에서 진동다짐은 별 효과가 없다.

③ 진동의 효과는 봉의 직경, 진동수, 진폭 등에 따라 다르며, 진동수가 큰 것일수록 다짐효과가 크다.

④ 진동기는 신속하게 꽂아놓고 신속하게 뽑는다.

해설 ④항, 진동기를 빼낼 때는 서서히 뽑아 구멍이 남지 않도록 한다.

65 흙의 휴식각에 대한 설명으로 틀린 것은?

① 터파기의 경사는 휴식각의 2배 정도로 한다.

② 습윤 상태에서의 휴식각은 모래 30 ~ 45°, 흙 25~45° 정도이다.

③ 흙의 흘러내림이 자연 정지될 때 흙의 경사면과 수평면이 이루는 각도를 말한다.

④ 흙의 휴식각은 흙의 마찰력, 응집력 등에 관계되나 함수량과는 관계없이 동일하다.

해설 흙의 휴식각에는 흙의 마찰력 외에 응집력, 부착력이 작용하게 되며, 이러한 힘은 함수량에 따라 변하게 된다.

■ 정답 ■ 61.③　62.①　63.③　64.④　65.④

66 철골구조의 내화피복에 대한 설명으로 틀린 것은?

① 조적공법은 용접철망을 부착하여 경량모르타르, 펄라이트 모르타르와 플라스터 등을 바름하는 공법이다.
② 뿜칠공법은 철골표면에 접착제를 혼합한 내화피복재를 뿜어서 내화피복을 한다.
③ 성형판 공법은 내화단열성이 우수한 각종 성형판을 철골주위에 접착제와 철물 등을 설치하고 그 위에 붙이는 공법으로 주로 기둥과 보의 내화피복에 사용된다.
④ 타설공법은 아직 굳지 않은 경량콘크리트나 기포모르타르 등을 강재주위에 거푸집을 설치하여 타설한 후 경화시켜 철골을 내화피복하는 공법이다.

해설 철골구조의 내화피복공법
　1) 락울(rockwool)뿜질공법
　　① 습식 공법 : 락울에 시멘트와 접착재를 가해 물로 비벼 뿜는 공법
　　② 건식 공법 : 뿜칠건을 사용하여 혼합수를 노즐의 선단으로부터 분사해서 분무모양으로 락울과 함께 해서 뿜어 붙이는 공법
　2) 성형판붙임 공법 : ALC판, 규산칼슘판, 펄라이트판 등을 철골에 부착해서 내화성능을 발휘시키는 공법
　3) 프리패브 공법 : 철골바탕에 ALC판을 붙이는 공법
　4) 기타, 콘크리트타설 공법, 합성내화피복 공법 등

67 철골 공사 중 현장에서 보수도장이 필요한 부위에 해당되지 않는 것은?

① 현장 용접 부위
② 현장접합 재료의 손상부위
③ 조립상 표면접합이 되는 면
④ 운반 또는 양중 시 생긴 손상부위

해설 조립상 표면접합이 되는 면은 도장하지 않는다.

68 터널 폼에 대한 설명으로 틀린 것은?

① 거푸집의 전용횟수는 약 10회 정도이다.
② 노무 절감, 공기단축이 가능하다.
③ 벽체 및 슬래브거푸집을 일체로 제작한 거푸집이다.
④ 이 폼의 종류에는 트윈 쉘(twin shell)과 모노 쉘(mono shell)이 있다.

해설 터널폼(tunnel form)의 경제적인 전용횟수 :100회 정도

69 철골용접이음 후 용접부의 내부결함 검출을 위하여 실시하는 검사로써 빠르고 경제적이어서 현장에서 주로 사용하는 초음파를 이용한 비파괴 검사법은?

① MT(Magnetic particle Testing)
② UT(Ultrasonic Testing)
③ RT(Radiography Testing)
④ PT(Liquid Penetrant Testing)

해설 초음파탐상검사(UT, ultrasonic testing) : 초음파를 피검사재에 보내어 그 음향적 성질을 이용하여 결함을 유무를 검사하는 비파괴검사법이다.

70 콘크리트블록 쌓기에 대한 설명으로 틀린 것은?

① 보강근은 모르타르 또는 그라우트를 사춤하기 전에 배근하고 고정한다.
② 블록은 살두께가 작은 편을 위로 하여 쌓는다.
③ 인방블록은 창문틀의 좌우 옆 턱에 200mm 이상 물린다.
④ 모서리 등 기준이 되는 부분을 정확하게 쌓은 다음 수평실을 친다.

해설 ②항, 블록은 살 두께가 두꺼운 편을 위로 가도록 쌓는다.

71 철근콘크리트 공사의 일정계획에 영향을 주는 주요 요인이 아닌 것은?

① 요구 품질 및 정밀도 수준
② 거푸집의 존치기간 및 전용횟수
③ 시공상세도 작성 기간
④ 강우, 강설, 바람 등의 기후 조건

> **해설** ③항, 시공 상세도 작성기간 : 철근콘크리트 공사 일정 계획·수립 전이므로 일정계획에 영향을 주지 않는다.

72 콘크리트 구조물의 보수·보강법 중 구조보강 공법에 해당되지 않는 것은?

① 표면처리 공법   ② 주입공법
③ 강재보강 공법   ④ 단면증대 공법

> **해설** 콘크리트 구조물의 보수·보강공법
> 1) **구조 보강공법** : 주입공법, 강재보강공법, 단면증대공법 등
> 2) **표면처리공법** : 균열선을 따라 콘크리트 표면에 시멘트 페이스트(cement paste)로 피막을 형성하는 일반적인 보수공법이다.

73 원가구성 항목 중 직접공사비에 속하지 않는 것은?

① 외주비   ② 노무비
③ 경비   ④ 일반관리비

> **해설** 건설공사의 원가 계산
> 1) **공사비 구성체계**
>   ① **공사원가**=직접공사비+간접공사비
>   ② **총원가**=공사원가+일반관리비
>   ③ **총공사비(견적가격)**=총원가+이윤(=총원가×이윤율%)
> 2) **직접공사비** : 자재비(재료비)+노무비+외주비+경비
>   ① **자재비(재료비)** : 공사목적물의 실체를 형성하는 직접재료비와 공사목적물의 실체를 형성하지는 않으나 공사에 보조적으로 소비되는 간접재료비로 구성된다.

② **노무비** : 크게 직접노무비와 간접노무비로 나누며 직접노무비는 작업에 종사하는 종업원, 노무자의 기본급, 제수당, 퇴직급여 등이 포함된다.
③ **외주비** : 건축물의 일부를 위탁하고 그 비용을 지급하는 것이다.
④ **경비** : 현장에서 발생하는 순공사비 이외의 비용이다.

74 강관말뚝지정의 장점에 해당되지 않는 것은?

① 강한 타격에도 견디며 다져진 중간지층의 관통도 가능하다.
② 지지력이 크고 이음이 안전하고 강하며 확실하므로 장척말뚝에 적당하다.
③ 상부구조와의 결합이 용이하다.
④ 방부력이 뛰어나 내구성이 우수하다.

> **해설** 강관말뚝지정은 흙에 묻히면 부식에 의해 내구성이 떨어진다.

75 한중 콘크리트의 제조에 대한 설명으로 틀린 것은?

① 콘크리트의 비빔온도는 기상조건 및 시공조건 등을 고려하여 정한다.
② 재료를 가열하는 경우, 물 또는 골재를 가열하는 것을 원칙으로 하며, 골재는 직접 불꽃에 대어 가열한다.
③ 타설 시의 콘크리트 온도는 5℃ 이상, 20℃ 미만으로 한다.
④ 빙설이 혼입된 골재, 동결상태의 골재는 원칙적으로 비빔에 사용하지 않는다.

> **해설** 재료를 가열하는 경우 : 기온이 5~20℃ 이하일 때는 물을 가열하고, 0℃ 이하가 되면 물과 모래를 가열하며, −10℃ 이하가 되면 물, 모래, 자갈 모두 가열하여 사용하며 가열온도는 60℃ 이하로 한다. 가열시는 직접 불꽃을 대어서는 안 된다.

■ 정답 ■   71.③   72.①   73.④   74.④   75.②

76 다음과 같은 조건의 굴삭기로 2시간 작업할 경우의 작업량은 얼마인가?

> 버켓용량 0.8m³, 사이클타임 40초, 작업효율 0.8, 굴삭계수 0.7, 굴삭토의 용적변화계수 1.1

① 128.5m³　　　② 107.7m³
③ 88.7m³　　　④ 66.5m³

해설 굴삭기 작업량

$$= \frac{0.8\text{m}^3}{40\text{sec}} \times 2\text{hr} \times \frac{3600\text{sec}}{1\text{hr}} 0.8 \times 0.7 \times 1.1$$
$$= 88.7\text{m}^3$$

77 석공사에서 대리석붙이기에 관한 내용으로 틀린 것은?

① 대리석을 실내보다는 주로 외장용으로 많이 사용한다.
② 대리석 붙이기 연결철물은 10# ~ 20#의 황동쇠선을 사용한다.
③ 대리석 붙이기 최하단은 충격에 쉽게 파손되므로 충진재를 넣는다.
④ 대리석은 시멘트 모르타르로 붙이면 알칼리성분에 의하여 변색 · 오염될 수 있다.

해설 ①항, 대리석은 주로 실내용으로 많이 사용한다.

78 토공사용 기계로서 흙을 깎으면서 동시에 기체 내에 담아 운반하고 깔기작업을 겸할 수 있으며, 작업거리는 100~ 1,500m 정도의 중장거리용으로 쓰이는 것은?

① 파워쇼벨
② 트렌처
③ 캐리올 스크레이퍼
④ 그레이더

해설 캐리올 스크레이퍼 : 굴착기와 운반기를 조합한 토공만능기로서 굴착, 싣기, 운반, 하역 등의 작업을 하나의 기계로서 연속적으로 행할 수 있는 건설기계이다.

79 흙막이 지지공법 중 수평버팀대 공법의 장 · 단점에 대한 내용으로 틀린 것은?

① 토질에 대해 영향을 적게 받는다.
② 가설구조물이 적어 중장비작업이나 토량제거작업의 능률이 좋다.
③ 인근 대지로 공사범위가 넘어가지 않는다.
④ 강재를 전용함에 따라 재료비가 비교적 적게 든다.

해설 ②항, 가설구조물 때문에 중장비작업의 능률이 원활하지 못하다.

80 흙막이 붕괴원인 중 히빙(Heaving)파괴가 일어나는 주원인은?

① 흙막이벽의 재료 차이
② 지하수의 부력 차이
③ 지하수위의 깊이 차이
④ 흙막이벽 내외부 흙의 중량 차이

해설 히빙현상

1) **히빙**(heaving) : 연약성 점토지반의 굴착시 흙막이벽 뒷쪽 흙의 중량과 상재하중이 굴착부 바닥의 지지력 이상이 되면 흙막이벽 근입부분의 지반이동이 발생하여 굴착부 저면(바닥)이 솟아오르는 현상
2) **대책**
   ① 흙막이벽의 근입깊이를 깊게 한다.
   ② 굴착주변의 상재하중을 제거한다.
   ③ 흙막이벽 재료를 강도가 높은 것을 사용하고 버팀대의 수를 증대시킨다.

■ 정답 ■ 76.③　77.①　78.③　79.②　80.④

제5과목 / 건설재료학

81 플라이애시시멘트에 대한 설명으로 옳은 것은?

① 수화할 때 불용성 규산칼슘 수화물을 생성한다.
② 화력발전소 등에서 완전 연소한 미분탄의 회분과 포틀랜드시멘트를 혼합한 것이다.
③ 재령 1~2시간 안에 콘크리트 압축강도가 20MPa에 도달할 수 있다.
④ 용광로의 선철제작 부산물을 급랭시키고 파쇄하여 시멘트와 혼합한 것이다.

해설 **플라이애시시멘트(fly ash cement)**
  1) **플라이애시시멘트** : 포틀랜드시멘트에 플라이애시(완전연소한 미분탄의 회분)를 혼합하여 만든 시멘트이다.
  2) **플라이애시시멘트의 특성**
    ① 초기 수화열이 낮다(매스콘크리트용으로 적합)
    ② 조기강도는 작지만 장기강도는 크다.
    ③ 화학저항성이 크다.
    ④ 워커빌리티가 좋아진다.
    ⑤ 수밀성이 크다.

82 목재에 사용되는 크레오소트 오일에 대한 설명으로 옳지 않은 것은?

① 냄새가 좋아서 실내에서도 사용이 가능하다.
② 방부력이 우수하고 가격이 저렴하다.
③ 독성이 적다.
④ 침투성이 좋아 목재에 깊게 주입된다.

해설 ①항, 냄새가 나빠서 실내에서 사용하기에는 적합하지 않다.

83 다음의 미장재료 중 균열저항성이 가장 큰 것은?

① 회반죽 바름
② 소석고 플라스터
③ 경석고 플라스터
④ 돌로마이트 플라스터

해설 **경석고 플라스터(킨스시멘트)**
  1) 천연석고를 400~500℃에서 가열하여 무수석고로 만든 다음 무수석고에 명반, 붕사, 규사, 점토 등을 가하여 다시 고온(500~1000℃)으로 소성하여 만든다.
  2) 강도가 크고 표면의 경도가 커서 미장재료 중 균열저항성이 가장 크다.

84 절대건조밀도가 2.6g/cm³ 이고 단위용적질량이 1,750kg/m³ 인 굵은 골재의 공극률은?

① 30.5%   ② 32.7%
③ 34.7%   ④ 36.2%

해설 공극률(V) : $\left(1-\dfrac{W}{\rho}\right)\times100$

$$=\left(1-\dfrac{1,750\text{kg/m}^3}{2.6\text{g/cm}^3\times\left(\dfrac{100\text{cm}}{1\text{m}}\right)^3\times\dfrac{1\text{kg}}{1000\text{g}}}\right)\times100$$
$$=32.7\%$$

여기서, $\begin{cases} W : \text{골재의 단위용적당 중량(kg/m}^3) \\ \rho : \text{골재의 비중 또는 밀도(kg/m}^3) \end{cases}$

85 건축용 접착제로서 요구되는 성능에 해당되지 않는 것은?

① 진동, 충격의 반복에 잘 견딜 것
② 취급이 용이하고 독성이 없을 것
③ 장기부하에 의한 크리프가 클 것
④ 고화 시 체적수축 등에 의한 내부변형을 일으키지 않을 것

해설 ③항, 장기부하에 의한 크리프가 작을 것

■ **정답** ■   81.②   82.①   83.③   84.②   85.③

86 골재의 함수상태에서 유효흡수량의 정의로 옳은 것은?

① 습윤상태와 절대건조상태의 수량의 차이
② 표면건조포화상태와 기건상태의 수량의 차이
③ 기건상태와 절대건조상태의 수량의 차이
④ 습윤상태와 표면건조포화상태의 수량의 차이

해설 골재의 함수량
1) **전함수량** = 습윤상태수량 − 절건상태수량
   (흡수량 + 표면수량)
2) **표면수량** = 습윤상태수량 − 표건상태수량
3) **흡수량** = 전함수량 − 표면수량(기건흡수량 + 유효흡수량 또는 표건상태수량 − 절건상태중량)
4) **유효흡수량** = 표건상태수량−기건상태수량
5) **기건흡수량** = 기건상태수량−절건상태수량

87 고로슬래그 쇄석에 대한 설명으로 옳지 않은 것은?

① 철을 생산하는 과정에서 용광로에서 생기는 광재를 공기중에서 서서히 냉각시켜 경화된 것을 파쇄하여 만든다.
② 투수성은 보통골재의 경우보다 작으므로 수밀콘크리트에 적합하다.
③ 고로슬래그 쇄석을 활용한 콘크리트는 다른 암석을 사용한 콘크리트보다 건조수축이 적다.
④ 다공질이기 때문에 흡수율이 크므로 충분히 살수하여 사용하는 것이 좋다.

해설 고로슬래그 쇄석을 사용한 콘크리트 성질
1) 건조수축이 작다.
2) 조기강도가 작고 장기강도가 크며 내구성도 크다.
3) 블리딩이 작다.

88 도장재료 중 물이 증발하여 수지입자가 굳는 융착건조경화를 하는 것은?

① 알키드수지 도료
② 애폭시수지 도료
③ 불소수지 도료
④ 합성수지 에멀션 페인트

해설 합성수지 에멀션 페인트
1) 수성페인트에 합성수지와 유화제를 혼합한 페인트이다.
2) 물이 증발하여 수지입자가 굳는 융착 건조경화를 하고 표면은 거의 광택이 없는 도막을 만든다.

89 목재의 역학적 성질에 대한 설명으로 옳지 않은 것은?

① 목재 섬유 평행방향에 대한 인장강도가 다른 여러 강도 중 가장 크다.
② 목재의 압축강도는 옹이가 있으면 증가한다.
③ 목재를 휨부재로 사용하여 의력에 저항할 때는 압축, 인장, 전단력이 동시에 일어난다.
④ 목재의 전단강도는 섬유간의 부착력, 섬유의 곧음, 수선의 유무 등에 의해 결정된다.

해설 ②항, 목재의 압축강도는 옹이가 있으면 감소한다.

90 미장바탕의 일반적인 성능조건과 가장 거리가 먼 것은?

① 미장층보다 강도가 클 것
② 미장층과 유효한 접착강도를 얻을 수 있을 것
③ 미장층보다 강성이 작을 것
④ 미장층의 경화, 건조에 지장을 주지 않을 것

해설 바탕은 미장층보다 강도 및 강성이 클 것

91 목재의 내연성 및 방화에 대한 설명으로 옳지 않은 것은?

① 목재의 방화는 목재 표면에 불연소성 피막을 도포 또는 형성시켜 화염의 접근을 방지하는 조치를 한다.
② 방화재로는 방화페인트, 규산나트륨 등이 있다.
③ 목재가 열에 닿으면 먼저 수분이 증발하고 160℃ 이상이 되면 소량의 가연성가스가 유출된다.
④ 목재는 450℃에서 장시간 가열하면 자연발화 하게 되는데, 이 온도를 화재위험온도라고 한다.

해설 목재의 연소성
1) 100℃ : 수분증발
2) 180℃ 전후 : 열분해에 의해 가연성가스를 발생하여 인화(인화점)
3) 260~270℃ : 목재에 물이 붙음(착화점 또는 화재위험온도)
4) 400~450℃ : 화기 없이 자연 발화(발화점)

92 콘크리트 바탕에 이음새 없는 방수 피막을 형성하는 공법으로, 도료상태의 방수재를 여러번 칠하여 방수막을 형성하는 방수공법은?

① 아스팔트 루핑 방수
② 합성고분자 도막 방수
③ 시멘트 모르타르 방수
④ 규산질 침투성 도포 방수

해설 합성고분자 도막방수
1) 콘크리트 바탕에 이음새 없는 방수 피막을 형성하는 공법이다.
2) 도료상태의 방수재를 여러 번 칠하여 방수막을 형성한다.
3) 특징
　① 이음매가 없고 일체형으로 형상한다.
　② 균열이 적고 상온 시공으로 안전하다.
　③ 바탕면에 균일한 두께 시공이 어렵다.
　④ 피막이 얇아 파단과 손상 우려가 있다.

93 금속의 부식방지를 위한 관리대책으로 옳지 않은 것은?

① 부분적으로 녹이 발생하면 즉시 제거할 것
② 큰 변형을 준 것은 가능한 한 풀림하여 사용할 것
③ 가능한 한 이종 금속을 인접 또는 접촉시켜 사용할 것
④ 표면을 평활하고 깨끗이 하며, 가능한 한 건조상태로 유지할 것

해설 ③항, 가능한 한 이종 금속은 이를 인접, 접속시켜 사용하지 않을 것

94 점토의 물리적 성질에 관한 설명으로 옳지 않은 것은?

① 점토의 인장강도는 압축강도의 약 5배 정도이다.
② 입자의 크기는 보통 2μm 이하의 미립자지만 모래알 정도의 것도 약간 포함되어 있다.
③ 공극률은 점토의 입자 간에 존재하는 모공용적으로 입자의 형상, 크기에 관계한다.
④ 점토입자가 미세하고, 양지의 점토일수록 가소성이 좋으나, 가소성이 너무 클 때는 모래 또는 샤모트를 섞어서 조절한다.

해설 ①항, 점토의 압축강도는 인장강도의 약 5배 정도이다.

95 일반 콘크리트 대비 ALC의 우수한 물리적 성질로서 옳지 않은 것은?

① 경량성
② 단열성
③ 흡음・차음성
④ 수밀성, 방수성

해설 ALC(경량기포콘크리트) : 경량으로 흡수성이 매우 크다.

---

96 합판에 대한 설명으로 옳지 않은 것은?

① 단판을 섬유방향이 서로 평행하도록 홀수로 적층 하면서 접착시켜 합친 판을 말한다.
② 함수율 변화에 따라 팽창·수축의 방향성이 없다.
③ 뒤틀림이나 변형이 적은 비교적 큰 면적의 평면 재료를 얻을 수 있다.
④ 균일한 강도의 재료를 얻을 수 있다.

해설 합판 : 3매 이상의 얇은 판(단판)을 1매마다 섬유방향이 직교하도록 겹쳐서 붙여 만든 것이다. 단판의 겹치는 매수는 3, 5, 7매 등 홀수로 한다.

97 열경화성수지가 아닌 것은?

① 페놀수지   ② 요소수지
③ 아크릴수지   ④ 멜라민수지

해설 합성수지의 종류

열가소성수지	열경화성수지
① 염화비닐수지(PVC)	① 페놀수지
② 에틸렌수지	② 요소수지
③ 프로필렌수지	③ 멜라민수지
④ 아크릴수지	④ 알키드수지
⑤ 스틸렌수지	⑤ 폴리에스테르수지
⑥ 메타크릴수지	⑥ 실리콘
⑦ ABS수지	⑦ 에폭시수지
⑧ 폴리아미드수지	⑧ 우레탄수지
⑨ 비닐아세틸수지	⑨ 규소수지

98 블로운 아스팔트(blown asphalt)를 휘발성 용제에 녹이고 광물분말 등을 가하여 만든 것으로 방수, 접합부 충전 등에 쓰이는 아스팔트 제품은?

① 아스팔트 코팅(asphalt coating)
② 아스팔트 그라우트(asphalt grout)
③ 아스팔트 시멘트(asphalt cement)
④ 아스팔트 콘크리트(asphalt concrete)

해설 아스팔트 코팅(asphalt coating)
1) 블로운 아스팔트를 휘발성 용제(휘발유 등)에 녹이고 광물성 분말 등을 가하여 만든다.
2) 용도 : 방수제 또는 접합부 충전제 등으로 사용한다.

99 연강판에 일정한 간격으로 그물눈을 내고 늘여 철망모양으로 만든 것으로 옳은 것은?

① 메탈라스(metal lath)
② 와이어메시(wire mesh)
③ 인서트(insert)
④ 코너비드(comer bead)

해설 ①항, 메탈리스 : 본문 설명
②항, 와이어메시 : 굵은 연강철선을 정방형 또는 장방향으로 짠 다음 접점을 전기 용접한 것으로 콘크리트 보강용으로 사용된다.
③항, 인서트 : 콘크리트를 부어놓기 전에 미리 묻어 넣는 고정철물이다.
④항, 코너비드 : 모서리를 보호하기 위한 철물로 모서리쇠라고도 한다.

100 점토제품 중 소성온도가 가장 고온이고 흡수성이 매우 작으며 모자이크 타일, 위생도기 등에 주로 쓰이는 것은?

① 토기   ② 도기
③ 석기   ④ 자기

해설 점토 소성제품의 소성온도

종 류	소성 온도(℃)
토기	700~1000
도기	1100~1230
석기	1160~1350
자기	1230~1460

■ 정답 ■ 96.① 97.③ 98.① 99.① 100.④

제6과목 / 건설안전기술

101 건설업의 공사금액이 850억 원일 경우 산업안전보건법령에 따른 안전관리자의 수로 옳은 것은? (단, 전체 공사기간을 100으로 할 때 공사 전·후 15에 해당하는 경우는 고려하지 않는다.)

① 1명 이상　　② 2명 이상
③ 3명 이상　　④ 4명 이상

해설 건설업의 규모에 따른 안전관리자의 수

공사금액	안전관리자의 수
공사금액 50억원 이상(관계수급인은 100억원 이상) 120억원 미만(토목공사업은 150억원 미만)	1명 이상
공사금액 120억원 이상(토목공사업은 150억원 이상) 800억원 미만	
공사금액 800억원 이상 1500억원 미만	2명 이상(다만, 전체공사 기간 중 전·후 15에 해당하는 기간은 1명 이상)
공사금액 1500억원 이상 2200억원 미만	3명 이상(다만, 전체공사기간 중 전·후 15에 해당하는 기간은 2명 이상)
⋮	⋮
공사금액 1조원 이상	11명 이상[매 2천억원(2조원 이상부터는 매 3천억원)마다 1명씩 추가](다만, 전체공사기간 중 전·후 15에 해당하는 기간은 선임대상 안전관리자수의 2분의 1 이상)

102 건설작업용 타워크레인의 안전장치로 옳지 않은 것은?

① 권과 방지장치　　② 과부하 방지장치
③ 비상정지 장치　　④ 호이스트 스위치

해설 건설작업용 타워크레인의 안전장치(방호장치)
1) 권과방지장치
2) 과부하방지장치
3) 비상정지장치
4) 제동장치

103 건설현장에 거푸집동바리 설치 시 준수사항으로 옳지 않은 것은?

① 파이프서포트 높이가 4.5m를 초과하는 경우에는 높이 2m 이내마다 2개 방향으로 수평 연결재를 설치한다.
② 동바리의 침하 방지를 위해 깔목의 사용, 콘크리트 타설, 말뚝박기 등을 실시한다.
③ 강재와 강재의 접속부는 볼트 또는 클램프 등 전용철물을 사용한다.
④ 강관틀 동바리는 강관틀과 강관틀 사이에 교차가새를 설치한다.

해설 ①항, 파이프서포트 높이가 3.5m를 초과하는 경우에는 높이 2m이내마다 2개 방향으로 수평연결재를 설치한다.

104 철골건립준비를 할 때 준수하여야 할 사항으로 옳지 않은 것은?

① 지상 작업장에서 건립준비 및 기계기구를 배치할 경우에는 낙하물의 위험이 없는 평탄한 장소를 선정하여 정비하여야 한다.
② 건립작업에 다소 지장이 있다하더라도 수목은 제거하거나 이설하여서는 안된다.
③ 사용전에 기계기구에 대한 정비 및 보수를 철저히 실시하여야 한다.
④ 기계에 부착된 앵카 등 고정장치와 기초구조 등을 확인하여야 한다.

해설 ②항, 건립작업에 다소 지장이 있을 경우 수목을 제거하거나 이설하여야 한다.

105 항타기 또는 항발기의 사용 시 준수사항으로 옳지 않은 것은?

① 증기나 공기를 차단하는 장치를 작업관리자가 쉽게 조작할 수 있는 위치에 설치한다.
② 해머의 운동에 의하여 증기호스 또는 공기호스와 해머의 접속부가 파손되거나 벗겨지는 것을 방지하기 위하여 그 접속부가 아닌 부위를 선정하여 증기호스 또는 공기호스를 해머에 고정시킨다.
③ 항타기나 항발기의 권상장치의 드럼에 권상용 와이어로프가 꼬인 경우에는 와이어로프에 하중을 걸어서는 안된다.
④ 항타기나 항발기의 권상장치에 하중을 건 상태로 정지하여 두는 경우에는 쐐기장치 또는 역회전방지용 브레이크를 사용하여 제동하는 등 확실하게 정지시켜 두어야 한다.

해설 증기 또는 압축공기를 동력원으로 하는 항타기·항발기의 사용시 준수사항
  1) 해머의 운동에 의하여 증기호스 또는 공기호스와 해머와의 접속부가 파손되거나 벗겨지는 것을 방지하기 위하여 당해 접속부 외의 부위를 선정하여 증기호스 또는 공기호스를 해머에 고정시킬 것
  2) 증기 또는 공기를 차단하는 장치를 해머의 운전자가 쉽게 조작할 수 있는 위치에 설치할 것

106 토사붕괴에 따른 재해를 방지하기 위한 흙막이 지보공 부재로 옳지 않은 것은?

① 흙막이판
② 말뚝
③ 턴버클
④ 띠장

해설 턴버클(turn buckle) : 인장재(줄)를 팽팽히 당겨 조이는 나사 있는 탕개쇠로 거푸집 연결 시 철선을 조이는데 사용하는 긴장기

107 가설통로를 설치하는 경우 준수해야할 기준으로 옳지 않은 것은?

① 경사는 30°이하로 할 것
② 경사가 25°를 초과하는 경우에는 미끄러지지 아니하는 구조로 할 것
③ 건설공사에 사용하는 높이 8m 이상인 비계다리에는 7m 이내마다 계단참을 설치할 것
④ 수직갱에 가설된 통로의 길이가 15m 이상인 때에는 10m 이내마다 계단참을 설치할 것

해설 가설통로 설치 시 준수사항
  1) ①, ③, ④항
  2) 경사가 15°를 초과하는 경우에는 미끄러지지 아니하는 구조로 할 것
  3) 추락할 위험이 있는 장소에는 안전난간을 설치할 것
  4) 견고한 구조로 할 것

108 가설공사 표준안전 작업지침에 따른 통로발판을 설치하여 사용함에 있어 준수사항으로 옳지 않은 것은?

① 추락의 위험이 있는 곳에는 안전난간이나 철책을 설치하여야 한다.
② 작업발판의 최대폭은 1.6m 이내이어야 한다.
③ 비계발판의 구조에 따라 최대 적재하중을 정하고 이를 초과하지 않도록 하여야 한다.
④ 발판을 겹쳐 이음하는 경우 장선 위에서 이음을 하고 겹침길이는 10cm 이상으로 하여야 한다.

해설 ④항, 발판을 겹쳐 이음하는 경우 장선 위에서 이음을 하고 겹침길이는 20cm 이상으로 하여야 한다.

109 토자붕괴 원인으로 옳지 않은 것은?

① 경사 및 기울기 증가
② 성토높이의 증가
③ 건설기계 등 하중작용
④ 토사중량의 감소

해설 토사붕괴의 원인(고용노동부고시)
  1) 외적요인
    ① 사면, 법면의 경사 및 구배의 증가
    ② 절토 및 성토 높이의 증가
    ③ 공사에 의한 진동 및 반복하중의 증가
    ④ 지진, 차량, 구조물의 하중
    ⑤ 지표수 및 지하수의 침투에 의한 토사중량 증가
  2) 내적요인
    ① 절토사면의 토질, 암석
    ② 성토사면의 토질
    ③ 토석의 강도 저하

110 이동식 비계를 조립하여 작업을 하는 경우의 준수기준으로 옳지 않은 것은?

① 비계의 최상부에서 작업을 할 때에는 안전난간을 설치하여야 한다.
② 작업발판의 최대적재하중은 400kg을 초과하지 않도록 한다.
③ 승강용 사다리는 견고하게 설치하여야 한다.
④ 작업발판은 항상 수평을 유지하고 작업발판 위에서 안전난간을 딛고 작업을 하거나 받침대 또는 사다리를 사용하여 작업하지 않도록 한다.

해설 이동식비계를 조립하여 작업을 할 때 준수사항
  1) 이동식 비계의 바퀴에는 뜻밖의 갑작스러운 이동을 방지하기 위하여 브레이크·쐐기 등으로 바퀴를 고정시킨 다음 비계의 일부를 견고한 시설물에 잡아매는 등의 조치를 할 것
  2) 승강용사다리는 견고하게 설치할 것
  3) 비계의 최상부에서 작업을 할 때에는 안전난간을 설치할 것
  4) 작업발판은 항상 수평으로 유지하고 작업발

판 위에서 안전난간을 딛고 작업을 하거나 받침대 또는 사다리를 사용하여 작업하지 않도록 할 것
  5) 작업발판의 최대적재하중은 250kg을 초과하지 않도록 할 것

111 건설용 리프트의 붕괴 등을 방지하기 위해 받침의 수를 증가 시키는 등 안전조치를 하여야 하는 순간풍속 기준은?

① 초당 15미터 초과
② 초당 25미터 초과
③ 초당 35미터 초과
④ 초당 45미터 초과

해설 건설작업용 리프트의 붕괴방지 : 순간풍속이 초당 35m를 초과하는 바람이 불어올 우려가 있는 경우 건설작업용 리프트에 대하여 받침의 수를 증가시키는 등 그 붕괴 등을 방지하기 위한 조치를 할 것

112 고소작업대를 설치 및 이동하는 경우에 준수하여야 할 사항으로 옳지 않은 것은?

① 와이어로프 또는 체인의 안전율은 3 이상일 것
② 붐의 최대 지면경사각을 초과 운전하여 전도되지 않도록 할 것
③ 고소작업대를 이동하는 경우 작업대를 가장 낮게 내릴 것
④ 작업대에 끼임·충돌 등 재해를 예방하기 위한 가드 또는 과상승방지장치를 설치할 것

해설 ①항, 와이어로프 또는 체인의 안전율은 5 이상일 것

113 달비계에 사용하는 와이어로프의 사용금지 기준으로 옳지 않은 것은?

① 이음매가 있는 것
② 열과 전기 충격에 의해 손상된 것
③ 지름의 감소가 공칭지름의 7%를 초과하는 것
④ 와이어로프의 한 꼬임에서 끊어진 소선의 수가 7% 이상인 것

해설 달비계 설치시 주의사항
  1) 이음매가 있는 와이어로프 등의 사용금지사항
  1) 이음매가 있는 것
  2) 와이어로프의 한 꼬임에서 끊어진 소선(필러선 제외)의 수가 10%이상(비전로프의 경우에는 끊어진 소선의 수가 와이어로프 호칭지름의 6배 길이 이내에서 4개 이상이거나 호칭지름의 30배 길이 이내에서 8개 이상)인 것
  3) 지름의 감소가 공칭지름의 7%를 초과하는 것
  4) 꼬인 것
  5) 심하게 변형 또는 부식된 것
  6) 열과 전기충격에 의해 손상된 것

114 가설구조물의 특징으로 옳지 않은 것은?

① 연결재가 적은 구조로 되기 쉽다.
② 부재 결합이 간략하여 불안전 결합이다.
③ 구조물이라는 개념이 확고하여 조립의 정밀도가 높다.
④ 사용부재는 과소단면이거나 결함재가 되기 쉽다.

115 거푸집 동바리의 침하를 방지하기 위한 직접적인 조치로 옳지 않은 것은?

① 수평연결재 사용　② 깔목의 사용
③ 콘크리트의 타설　④ 말뚝박기

해설 거푸집동바리 조립시 준수사항(거푸집동바리 등의 안전조치)
  1) 깔목의 사용, 콘크리트 타설(打設), 말뚝박기 등 동바리의 침하를 방지하기 위한 조치를 할 것
  2) 개구부 상부에 동바리를 설치하는 때에는 상부하중을 견딜 수 있는 견고한 받침대를 설치할 것
  3) 동바리의 상하고정 및 미끄러짐 방지조치를 하고, 하중의 지지상태를 유지할 것
  4) 동바리의 이음은 맞댄이음 또는 장부이음으로 하고 같은 품질의 재료를 사용할 것
  5) 강재와 강재와의 접속부 및 교차부는 볼트·클램프 등 전용철물을 사용하여 단단히 연결할 것
  6) 거푸집이 곡면인 때에는 버팀대의 부착 등 그 거푸집의 부상(浮上)을 방지하기 위한 조치를 할 것

116 건설공사의 유해위험방지계획서 제출 기준일로 옳은 것은?

① 당해공사 착공 1개월 전까지
② 당해공사 착공 15일 전까지
③ 당해공사 착공 전날까지
④ 당해공사 착공 15일 후까지

117 건설업 중 유해위험방지계획서 제출 대상 사업장으로 옳지 않은 것은?

① 지상높이가 31m 이상인 건축물 또는 인공구조물, 연면적 $30000m^2$ 이상인 건축물 또는 연면적 $5000m^2$ 이상의 문화 및 집회시설의 건설공사
② 연면적 $3000m^2$ 이상의 냉동·냉장 창고시설의 설비공사 및 단열공사
③ 깊이 10m 이상인 굴착공사
④ 최대 지간길이가 50m 이상인 다리의 건설공사

해설 건설업 중 유해위험방지계획서 제출대상 사업장
(시행규칙 제120조 제2항)
1) 지상높이가 31m 이상인 건축물 또는 인공구조물, 연면적 3만m² 이상인 건축물 또는 연면적 5천m² 이상의 문화 및 집회시설(전시장 및 동물원·식물원은 제외), 판매시설, 운수시설(고속철도의 역사 및 집·배송시설은 제외), 종교시설, 의료시설 중 종합병원, 숙박시설 중 관광숙박시설, 지하도상가 또는 냉동·냉장 창고시설의 건설·개조 또는 해체(이하 "건설등"이라 함)
2) 연면적 5천m² 이상의 냉동·냉장 창고시설의 설비공사 및 단열공사
3) 최대 지간길이가 50m 이상인 교량건설 등 공사
4) 터널 건설 등의 공사
5) 다목적댐, 발전용댐 및 저수용량 2천만톤 이상의 용수전용댐, 지방상수도 전용댐 건설 등의 공사
6) 깊이 10m 이상인 굴착공사

118 사다리식 통로 등의 구조에 대한 설치기준으로 옳지 않은 것은?

① 발판의 간격은 일정하게 할 것
② 발판과 벽과의 사이는 15cm 이상의 간격을 유지할 것
③ 사다리식 통로의 길이가 10m 이상인 때에는 7m 이내마다 계단참을 설치할 것
④ 사다리의 상단은 걸쳐놓은 지점으로부터 60cm 이상 올라가도록 할 것

해설 사다리식 통로 등의 설치 시 준수사항(안전보건규칙 제24조)
1) 견고한 구조로 할 것
2) 심한 손상·부식 등이 없는 재료를 사용할 것
3) 발판의 간격은 일정하게 할 것
4) 발판과 벽과의 사이는 15센티미터 이상의 간격을 유지할 것
5) 폭은 30센티미터 이상으로 할 것
6) 사다리가 넘어지거나 미끄러지는 것을 방지하기 위한 조치를 할 것

7) 사다리의 상단은 걸쳐놓은 지점으로부터 60센티미터 이상 올라가도록 할 것
8) 사다리식 통로의 길이가 10미터 이상인 경우에는 5미터 이내마다 계단참을 설치할 것
9) 사다리식 통로의 기울기는 75도 이하로 할 것. 다만, 고정식 사다리식 통로의 기울기는 90도 이하로 하고, 그 높이가 7미터 이상인 경우에는 바닥으로부터 높이가 2.5미터 되는 지점부터 등받이울을 설치할 것
10) 접이식 사다리 기둥은 사용 시 접혀지거나 펼쳐지지 않도록 철물 등을 사용하여 견고하게 조치할 것

119 건설업 산업안전보건관리비 계상 및 사용기준은 산업재해보상 보험법의 적용을 받는 공사 중 총 공사금액이 얼마 이상인 공사에 적용하는가? (단, 전기공사업법, 정보통신공사업법에 의한 공사는 제외)

① 4천만원   ② 3천만원
③ 2천만원   ④ 1천만원

해설 안전관리비 적용범위 : 산업재해보상보험법의 적용을 받는 공사중 총공사금액이 2,000만원 이상인 건설공사

120 터널공사에서 발파작업 시 안전대책으로 옳지 않은 것은?

① 발파전 도화선 연결상태, 저항치 조사 등의 목적으로 도통시험 실시 및 발파기의 작동상태에 대한 사전점검 실시
② 모든 동력선은 발원점으로부터 최소한 15m 이상 후방으로 옮길 것
③ 지질, 암의 절리 등에 따라 화약량에 대한 검토 및 시방기준과 대비하여 안전조치 실시
④ 발파용 점화회선은 타동력선 및 조명회선과 한곳으로 통합하여 관리

해설 ④항, 발파용 점화회선은 타동력선 및 조명회선과 분리하여 관리

■ 정답 ■   118.③   119.③   120.④

2025년 시행

건설안전기사

제1과목 / 산업안전관리론

01 산업안전보건법령상 자율안전확인 안전모의 시험성능기준 항목으로 명시되지 않은 것은?

① 난연성   ② 내관통성
③ 내전압성   ④ 턱끈 풀림

해설 안전모의 성능시험항목

안전인증	자율안전확인
1. 내수성 시험	1. 내관통성 시험
2. 내전압성 시험	2. 충격흡수성 시험
3. 금속용융물 분사방호시험	3. 난연성 시험
	4. 턱끈풀림 시험
	5. 측면변형방호 시험

02 산업재해의 발생형태에 따른 분류 중 단순 연쇄형에 속하는 것은? (단, O는 재해발생의 각종 요소를 나타냄)

해설 ①항 : 집중형 (단순자극형)
②항 : 단순연쇄형
③항 : 복합연쇄형
④항 : 복합형 (집중형+연쇄형)

03 산업안전보건법령상 산업안전보건위원회의 심의·의결사항으로 틀린 것은? (단, 그밖에 해당 사업장 근로자의 안전 및 보건을 유지·증진시키기 위하여 필요한 사항은 제외한다.)

① 사업장 경영체계 구성 및 운영에 관한 사항
② 작업환경측정 등 작업환경의 점검 및 개선에 관한 사항
③ 안전보건관리규정의 작성 및 변경에 관한 사항
④ 유해하거나 위험한 기계·기구·설비를 도입한 경우 안전 및 보건 관련 조치에 관한 사항

해설 산업안전보건위원회의 심의·의결사항
1) ②, ③, ④항
2) 근로자의 안전·보건교육에 관한 사항
3) 근로자의 건강진단 등 건강관리에 관한 사항
4) 산업재해에 관한 통계의 기록 및 유지에 관한 사항
5) 중대재해의 원인 조사 및 재발 방지대책의 수립에 관한 사항
6) 산업재해 예방계획의 수립에 관한 사항

■ 정답 ■   01.③   02.②   03.①

04 산업안전보건법령상 안전인증대상기계에 해당하지 않는 것은?

① 크레인　　　　② 곤돌라
③ 컨베이어　　　④ 사출성형기

해설

안전인증대상 기계·기구	자율안전확인대상 기계·기구
① 프레스 ② 절단기 및 절곡기 ③ 크레인 ④ 리프트 ⑤ 압력용기 ⑥ 롤러기 ⑦ 사출성형기 ⑧ 고소작업대 ⑨ 곤돌라	① 연삭기 또는 연마기 　(휴대형은 제외) ② 산업용 로봇 ③ 혼합기 ④ 파쇄기 또는 분쇄기 ⑤ 컨베이어 ⑥ 식품가공용기계(파쇄·절단·혼합·제면기만 해당) ⑦ 자동차정비용리프트 ⑧ 인쇄기 ⑨ 공작기계(선반,드릴기, 평삭·형삭기, 밀링만 해당) ⑩ 고정형 목재가공용 기계 (둥근톱, 대패, 루타기, 띠톱, 모떼기 기계만 해당)

05 산업안전보건법령상 명예산업안전감독관의 업무에 속하지 않는 것은? (단, 산업안전보건위원회 구성 대상 사업의 근로자 중에서 근로자대표가 사업주의 의견을 들어 추천하여 위촉된 명예산업 안전감독관의 경우)

① 사업장에서 하는 자체점검 참여
② 보호구의 구입 시 적격품의 선정
③ 근로자에 대한 안전수칙 준수 지도
④ 사업장 산업재해 예방계획 수립 참여

해설 명예산업안전감독관의 업무
1) 사업장에서 하는 자체점검참여 및 근로 감독관이 하는 사업장 감독 참여
2) 사업장 산업재해 예방계획 수립 참여 및 사업장에서 하는 기계·기구 자체검사 참석
3) 법령을 위반한 사실이 있는 경우 사업주에 대한 개선 요청 및 감독기관에의 신고

4) 산업재해 발생의 급박한 위험이 있는 경우 사업주에 대한 작업중지 요청
5) 작업환경측정, 근로자 건강진단 시의 참석 및 그 결과에 대한 설명회 참여
6) 직업성 질환의 증상이 있거나 질병에 걸린 근로자가 여러 명 발생한 경우 사업주에 대한 임시건강진단 실시 요청
7) 근로자에 대한 안전수칙 준수 지도
8) 법령 및 산업재해 예방정책 거선 건의
9) 안전·보건 의식을 북돋우기 위한 활동등에 대한 참여와 지원
10) 그밖에 산업재해 예방에 더한 홍보 등 산업재해 예방업무와 관련하여 고용노동부장관이 정하는 업무

06 하인리히의 1:29:300 법칙에서 "29"가 의미하는 것은?

① 재해　　　　② 중상해
③ 경상해　　　④ 무상해사고

해설 1) 하인리히의 재해구성비율
중상 또는 사망 : 경상 : 무상해사고
= 1 : 29 : 300
2) 버드의 재해구성비율
중상 또는 폐질 : 경상 : 무상해사고 : 무상해무사고 = 1 : 10 : 30 : 600

07 A 사업장에서는 산업재해르 인한 인적·물적 손실을 줄이기 위하여 안전행동 실천운동(5C운동)을 실시하고자 한다. 5C 운동에 해당하지 않는 것은?

① Control　　　② Correctness
③ Cleaning　　④ Checking

해설 5C 운동
1) Correctness : 복장단정
2) Cleaning : 청소청결
3) Cheacking : 점검확인
4) Clearance : 정리정돈
5) Concentration : 전심전력

2025

08 기계, 기구, 설비의 신설, 변경 내지 고장 수리 시 실시하는 안전점검의 종류로 옳은 것은?

① 특별점검 ② 수시점검
③ 정기점검 ④ 임시점검

해설 안전점검의 종류
1) **수시점검** : 작업 전, 중, 후에 실시하는 점검
2) **정시점검** : 일정기간마다 정기적으로 실시하는 점검
3) **임시점검** : 이상 발견 시 임시로 실시하거나 정기점검과 정기점검 사이에 실시하는 점검
4) **특별점검**
　① 기계 · 기구 및 설비의 신설시 · 변경시 및 수리시 등 실시
　② 천재지변 발생 후 실시
　③ 안전강조 기간 내 설치

09 산업안전보건법령상 안전보건표지의 용도가 금지일 경우 사용되는 색채로 옳은 것은?

① 흰색 ② 녹색
③ 빨간색 ④ 노란색

해설 안전표지의 색체 · 색도 기준 및 용도
(시행규칙 별표3)

색채	색도기준	용도	사용예
빨간색	7.5R 4/14	금지	정지신호, 소화설비 및 그 장소, 유해행위 금지
		경고	화학물질 취급장소에서의 유해 · 위험경고
노란색	5Y 8.5/12	경고	화학물질 취급장소에서의 유해 · 위험 경고, 이외의 위험 경고, 주의표지 또는 기계방호물
파란색	2.5PB 4/10	지시	특정 행위의 지시 및 사실의 고지
녹색	2.5G 4/10	안내	비상구 및 피난소, 사람 또는 차량의 통행표지
흰색	N 9.5		파란색 또는 녹색에 대한 보조색
검은색	N 0.5		문자 및 빨간색 또는 노란색에 대한 보조색

10 건설기술 진흥법령상 건설사고조사 위원회의 구성 기준 중 다음 ( )에 알맞은 것은?

> 건설사고조사위원회는 위원장 1명을 포함한 ( )명 이내의 위원으로 구성한다.

① 9 ② 10
③ 11 ④ 12

해설 건설사고조사 위원회의 구성 기준 : 위원장 1명을 포함한 12명 이내의 위원으로 구성한다.

11 작업자가 불안전한 작업대에서 작업 중 추락하여 지면에 머리가 부딪혀 다친 경우의 기인물과 가해물로 옳은 것은?

① 기인물 – 지면, 가해물 – 지면
② 기인물 – 작업대, 가해물 – 지면
③ 기인물 – 지면, 가해물 – 작업대
④ 기인물 – 작업대, 가해물 – 작업대

해설 1) **기인물** : 불안전한 상태에 있는 물체 · 환경 등 (작업대)
2) **가해물** : 직접 사람에게 접촉되어 위해를 가한 물체 등(지면)

12 산업안전보건법령상 다음 ( )에 알맞은 내용은?

> 안전보건관리규정의 작성 대상 사업의 사업주는 안전보건관리규정을 작성해야 할 사유가 발생한날부터 ( )이내에 안전보건관리규정의 세부 내용을 포함한 안전보건관리규정을 작성하여야 한다.

① 10일 ② 15일
③ 20일 ④ 30일

해설 안전보건관리규정의 작성 : 사유가 발생한 날부터 30일 이내에 작성할 것

■정답■ 08.① 09.③ 10.④ 11.② 12.④

13 무재해운동의 이념 3원칙 중 잠재적인 위험 요인을 발견·해결하기 위하여 전원이 협력하여 각자의 위치에서 의욕적으로 문제해결을 실천하는 원칙은?

① 무의 원칙
② 선취의 원칙
③ 관리의 원칙
④ 참가의 원칙

해설 무재해운동이념 3원칙
1) **무의 원칙** : 사망, 휴업 및 불휴재해는 물론 일체의 장래위험요인을 사전에 발견, 파악, 해결함으로써 근원적인 산업재해를 없애는 것을 말한다.
2) **참가의 원칙** : 재해 및 일체의 위험요인을 발견, 해결하기 위해 전원이 무재해운동에 참가하여 문제 해결 등을 실천하는 것을 말한다.
3) **선취해결의 원칙** : 선취란 궁극의 목표로서 무재해, 무질병의 직장을 실현하기 위해 일체의 위험요인을 행동하기 전에 발견, 파악, 해결하여 재해를 예방하거나 방지하는 것을 말한다.

14 산업안전보건법령상 안전보건개선계획의 제출에 관한 사항 중 ( )에 알맞은 내용은?

> 안전보건개선계획서를 제출해야 하는 사업주는 안전보건개선계획서 수립·시행 명령을 받은 날부터 (   )일 이내에 관한 지방고용노동관서의장에게 해당 계획서를 제출해야 한다.

① 15
② 30
③ 60
④ 90

해설 안전보건개선계획서 제출시기 (시행규칙 제 131조 제 3항) : 안전보건개선계획의 수립 · 시행 명령을 받은 사업주는 고용노동부장관이 정하는 바에 다라 안전보건개선계획서를 작성하여 그 명령을 받은 날부터 60일 이내에 관할 지방고용노동관서의 장에게 제출하여야 한다.

15 연평균근로자수가 400명인 사업장에서 연간 2건의 재해로 인하여 4명의 사상자가 발생하였다. 근로자가 1일 8시간씩 연간 300일을 근무하였을 때 이 사업장의 연천인율은?

① 1.85
② 4.4
③ 5
④ 10

해설 연천인율 $= \dfrac{\text{사상자수}}{\text{연근로자수}} \times 1,000$

$= \dfrac{4}{400} \times 1,000 = 10$

16 하인리히의 사고예방대책 기본원리 5단계에 있어 "시정방법의 선정"바로 이전 단계에서 행하여지는 사항으로 옳은 것은?

① 분석
② 사실의 발견
③ 안전조직 편성
④ 시정책의 적용

해설 하인리히의 사고예방대책 기본원리 5단계
1) 1단계 – 안전관리 조직
2) 2단계 – 사실의 발견
3) 3단계 – 분석 · 평가
4) 4단계 – 시정책 선정
5) 5단계 – 시정책 적용

17 다음 설명하는 무재해운동추진기법은?

> 피부를 맞대고 같이 소리치는 것으로서 팀의 일체감, 연대감을 조성할 수 있고 동시에 대뇌 피질에 좋은 이미지를 불어 넣어 안전행동을 하도록 하는 것

① 역할연기(Role Playing)
② TBM(Tool Box Meeting)
③ 터치 앤 콜(Touch and Call)
④ 브레인스토밍(Brain Storming)

해설 touch&call : 팀의 전원이 각자의 왼손을 서로 붙잡고 둥근 원을 만들어 팀의 행동목표나 무재해 운동의 구호를 지적확인 하는 것

2025

18 하인리히의 재해 손실비 평가방식에서 간접비에 속하지 않는 것은?

① 요양급여　　② 시설복구비
③ 교육훈련비　　④ 생산손실비

해설 **하인리히의 재해손실비**
　　총재해 cost = 직접비 + 간접비
　　(직접비 : 간접비 = 1 : 4)
　　1) **직접비** : 휴업보상비, 장해보상비, 요양보상비, 장의비, 유족보상비, 상병보상연금 등
　　2) **간접비**
　　　① **인적손실** : 본인 및 제 3자에 관한 것을 포함한 시간손실
　　　② **물적손실** : 기계, 공구, 재료, 시설의 복구에 소비된 시간 손실 및 재산 손실
　　　③ **생산손실** : 생산감소, 생산중단, 판매감소 등에 의한 손실
　　　④ **기타손실** : 교육훈련비, 병상위문금, 여비 및 교통비, 입원중의 잡비, 장의 비용 등

19 산업안전보건법령상 중대재해가 아닌 것은?

① 사망자가 1명 발생한 재해
② 부상자가 동시에 10명 발생한 재해
③ 직업성 질병자가 동시에 10명 발생한 재해
④ 1개월의 요양이 필요한 부상자가 동시에 2명 발생한 재해

해설 **중대재해의 정의**(시행규칙 제 22조 제1항)
　　1) 사망자가 1명 이상 발생한 재해
　　2) 3개월 이상의 요양이 필요한 부상자가 2명 이상 발생한 재해
　　3) 부상자 또는 직업성질병자가 동시에 10명 이상 발생한 재해

20 시설물의 안전 및 유지관리에 관한 특별법상 제1종 시설물에 명시되지 않은 것은?

① 고속철도 교량
② 25층인 건축물
③ 연장 300m인 철도 교량
④ 연면적이 70000m^{2}인 건축물

해설 ③항, 연장 500m인 철도 교량

길잡이 제1종시설물 및 제2종시설물의 종류		
구분	제1종시설물	제2종시설물
1.철도 교량	1) 고속철도교량 2) 도시철도의 교량 및 고가교 3) 상부구조형식이 트러스교 및 아치교인 교량 4) 연장 500m이상의 교량	제 1종 시설물에 해당하지 않는 교량으로서 연장 100m이상의 교량
2.공동 주택		16층 이상의 공동주택
3.공동 주택 외의 건축물	1) 21층 이상 또는 연면적 5만㎡이상의 건축물 2) 연면적 3만㎡이상의 철도역 시설 및 관람장 3) 연면적 1만㎡이상의 지하도 상가(지하보도면적 포함)	1) 제1종시설물 이외의 건축물로서 16층 이상 또는 연면적 3만㎡이상의 건축물 2) 제1종시설물 이외의 건축물로서 연면적 5천㎡이상의 문화 및 집회시설, 종교시설, 판매시설 등 3) 제1종시설물에 이외의 지하도상가로서 연면적 5천㎡이상의 지하도 상가

제2과목 / 산업심리 및 교육

21 참가자 앞에서 소수의 전문가들이 과제에 관한 견해를 자유롭게 토의한 후 참가자 전원이 참가하여 사회자의 사회에 따라 토의하는 방법은?

① 포럼(forum)
② 심포지엄(symposium)
③ 버즈 세션(buzz session)
④ 패널 디스커션(panel discussion)

해설 토의법의 종류
1) forum(공개토론회) : 새로운 자료나 교재를 제시하고 거기서의 문제점을 피교육자로 하여금 제기케 하거나 의견을 여러 가지 방법으로 발표하게 하여 다시 깊이 파고들어 토의를 행하는 방법
2) symposium : 몇 사람의 전문가에 의하여 과제에 관한 견해를 발표한 뒤 참가자로 하여금 의견이나 질문을 하게 하여 토의하는 방법
3) buzz session : 6-6회의라고도 하며, 먼저 사회자와 기록계를 선출한 후 나머지 사람은 6명씩의 소집단으로 구분하고, 소집단별로 각각 사회자를 선발 하여 6분간씩 자유토의를 행하여 의견을 종합하는 방법
4) panel discussioin : 패널맴버(교육과제에 정통한 전문가 4~5명)가 피교육자 앞에서 자유로이 토의하고 뒤에 피교육자 전원이 참가하여 사회자의 사회에 따라 토의하는 방법

22 훈련에 참가한 사람들이 직무에 복귀한 후에 실제 직무수행에서 훈련효과를 보이는 정도를 나타내는 것은?

① 전이 타당도
② 교육 타당도
③ 조직간 타당도
④ 조직내 타당도

23 스트렛(stress)에 영향을 주는 요인 중 환경이나 외적 요인에 해당하는 것은?

① 자존심의 손상
② 현실에의 부적응
③ 도전의 좌절과 자만심의 상충
④ 직장에서의 대인관계 갈등고- 대립

해설 스트레스의 주요요인
1) 외적자극요인
① 경제적인 어려움
② 대인관계상의 갈등과 대립
③ 가족관계상의 갈등
④ 가족의 죽음이나 질병
⑤ 자신의 건강문제
⑥ 상대적인 박탈감
2) 내적 자극요인
① 자존심의 손상과 공격방어심리
② 출세욕의 좌절감과 자만식의 상충
③ 지나친 과거에의 집착과 허탈
④ 업무상의 죄책감
⑤ 지나친 경쟁심과 재물에 대한 욕심
⑥ 남에게 의지하고자 하는 심리
⑦ 가족 간의 대화단절 의견의 불일치

24 교육법의 4단계 중 일반적으로 적용시간이 가장 긴 것은? (문제 오류로 가답안 발표시 3번이 답안으로 발표되었으나, 확정답안 발표시 2번, 3번이 정답 처리 되었습니다. 여기서는 가답안인 3번을 누르면 정답 처리 됩니다.)

① 도입
② 제시
③ 적용
④ 확인

해설 (1) 교육법의 4단계
1) 제1단계-도입(준비) : 배우고자 하는 마음가짐을 일으키도록 도입한다.
2) 제2단계-제시(설명) : 상대의 능력에 따라 교육하고 내용을 확실하게 이해시키고 납득시켜 다시 기능으로서 습득시킨다.
3) 제3단계-적용(응용) : 이해시킨 내용을 구체적인 문제 또는 실제 문제로 활용시키거나 응용시킨다.(작업습관을 확립시키는 단계)
4) 제4단계-확인(총괄) : 교육 내용을 정확하게

이해하고 습득하였는지의 여부를 확인한다.
(2) **단계별 교육시간** : 단계별 교육의 시간 배분은 단위 시간을 1시간(60분)으로 했을 때 대략 다음과 같이 된다.

교육법의 4단계	강의식	토의식
1단계 – 도입(준비)	5분	5분
2단계 – 제시(설명)	40분	10분
3단계 – 적용(응용)	10분	40분
4단계 – 확인(총괄)	5분	5분

25 호손(Hawthome) 실험의 결과 생산성 향상에 영향을 준 가장 큰 요인은?

① 생산 기술
② 임금 및 근로시간
③ 인간 관계
④ 조명 등 작업환경

해설 호오손(Hawthome)실험
1) **실험연구자** : 메이오(Mayo)
2) **실험연구결과** : 작업능률(생산성향상)은 물리적「작업조건」보다는 인간의 심리적인 태도, 감정을 규제하고 있는「인간관계」에 의해서 결정됨을 밝혔다.

26 다음의 내용에서 교육지도의 5단계를 순서대로 바르게 나열한 것은?

> ㉠ 가설의 설정 ㉡ 결론
> ㉢ 원리의 제시 ㉣ 관련된 개념의 분석
> ㉤ 자료의 평가

① ㉢→㉣→㉠→㉤→㉡
② ㉠→㉣→㉢→㉠→㉤→㉡
③ ㉢→㉠→㉤→㉣→㉡
④ ㉠→㉢→㉤→㉣→㉡

해설 교육지도의 5단계
1) 1단계 : 원리의 제시
2) 2단계 : 관련된 개념의 분석
3) 3단계 : 가설의 설정
4) 4단계 : 자료의 평가
5) 5단계 : 결론

27 착각현상 중에서 실제로는 움직이지 않는데 움직이는 것처럼 느껴지는 심리적인 현상은?

① 진상
② 원근 착시
③ 가현운동
④ 기하학적 착시

해설 가현운동 : 객관적으로 정지하고 있는 대상물이 급속히 나타나든가 소멸하는 것으로 인하여 일어나는 운동으로 마치 대상물이 운동하는 것처럼 인식되는 현상을 말한다. (β운동 : 영화영상의 방법)

28 안전심리의 5대 요소에 관한 설명으로 틀린 것은?

① 기질이란 감정적인 경향이나 반응에 관계되는 성격의 한 측면이다.
② 감정은 생활체가 어떤 행동을 할 때 생기는 객관적인 동요를 뜻한다.
③ 동기는 능동적인 감각에 의한 자극에서 일어난 사고의 결과로서 사람의 마음을 움직이는 원동력이 되는 것이다.
④ 습성은 한 종에 속하는 개체의 대부분에서 볼 수 있는 일정한 생활양식으로 본능, 학습, 조건반사 등에 따라 형성된다.

해설 안전심리의 5대 요소
1) **습관** : 여러 번 거듭되는 동안 몸에 배어 굳어버린 버릇
2) **습성** : 오랜 습관으로 인하여 굳어져 버린 성질로 본능, 학습, 조건반사 등에 의해 형성
3) **동기** : 사람의 마음을 움직여 어떤 행동을 하게 하는 원동력
4) **기질** : 감정의 경향으로 나타난 개인의 성질
5) **감정** : 어떤 대상이나 상태에 따라 나타나는 슬픔, 기쁨, 불쾌감 등에 해당되는 마음의 현상

29 권한의 근거는 공식적이며, 지휘형태가 권위주의적이고 임명되어 권한을 행사하는 지도자로 옳은 것은?

① 헤드십(head ship)
② 리더십(leader ship)
③ 멤버십(member ship)
④ 매니저십(manager ship)

해설 헤드십과 리더십

구분	헤드십	리더십
1. 권한부여 및 행사	· 위에서 위임하여 임명	· 아래에서 동의에 의해 선출
2. 권한근거	· 법적 또는 공식적	· 개인능력
3. 상관과 부하와의 관계 및 책임귀속	지배적 상사	· 개인적경향 · 상사와 부하
4. 부하와의 사회적 간격	· 넓다	· 좁다
5. 지휘형태	· 권위주의적	· 민주주의적

30 다음 설명의 리더십 유형은 무엇인가?

> 과업을 계획하고 수행하는데 있어서 구성원과 함께 책임을 공유하고 인간에 대하여 높은 관심을 갖는 리더십

① 권위적 리더십
② 독재적 리더십
③ 민주적 리더십
④ 자유방임형 리더십

해설 업무추진 방법(지휘형태)에 의한 리더십의 분류
  1) **권위형** : 지도자가 집단의 모든 권한 행사를 단독적으로 처리한다.
  2) **민주형** : 집단의 토론, 회의 등에 의해 정책을 결정한다.
  3) **자유 방임형** : 집단에 대하여 전혀 리더십을 발휘하지 않고 명목상의 리더 자리만을 지키는 유형으로 지도자가 집단 구성원에게 완전히 자유를 주는 경우이다.

31 의식수준이 정상이지만 생리적 상태가 적극적일 때에 해당하는 것은?

① Phase 0
② Phase Ⅰ
③ Phase Ⅲ
④ Phase Ⅳ

해설 의식수준의 단계

단계	의식의상태	주의작용	생리적상태	신뢰성
Phase0	무의식, 실신	없음	수면, 뇌발작	0
Phase Ⅰ	정상 이하 의식 몽롱함	부주의	피로, 단조, 졸음, 술취함	0.9이하
Phase Ⅱ	정상 이완상태	수동적 마음이 안쪽으로 향함	안정기거, 휴식시, 정례작업시	0.99~0.99999
Phase Ⅲ	정상 상쾌한 상태	능동적 앞으로 향하는 주의시야도 넓다.	적극 활동시	0.999999이상
Phase Ⅳ	초정상 과긴장상태	일점으로 응집 판단정지	긴급 방위반응, 당황해서 panic	0.9이하

32 직무수행평가에 대한 효과적인 피드백의 원칙에 대한 설명으로 틀린 것은?

① 직무수행 성과에 대한 피드백의 효과가 항상 긍정적이지는 않다.
② 피드백은 개인의 수행 성과뿐만 아니라 집단의 수행 성과에도 영향을 준다.
③ 부정적 피드백을 먼저 제시하고 그 다음에 긍정적 피드백을 제시하는 것이 효과적이다.
④ 직무수행 성과가 낮을 때, 그 원인을 능력 부족의 탓으로 돌리는 것보다 느력 부족 탓으로 돌리는 것이 더 효과적이다.

해설 ③항, 긍정적 피드백을 먼저 제시하고 그 다음에 부정적 피드백을 제시하는 것이 효과적이다.

2025

33 안드라고지(Andragogy) 모델에 기초한 학습자로서의 성인의 특징과 가장 거리가 먼 것은?

① 성인들은 타인 주도적 학습을 선호한다.
② 성인들은 과제 중심적으로 학습하고자 한다.
③ 성인들은 다양한 경험을 가지고 학습에 참여한다.
④ 성인들은 왜 배워야 하는지에 대해 알고자 하는 욕구를 가지고 있다.

해설 엔드라고지 모델
1) 엔드라고지(Andragogy) : 성인과 이끄는 사람을 의미하며 성인학습자가 무엇을 어떻게 언제 배울 것인가 하는 의사결정을 스스로 할 수 있다고 보며 성인학습을 도와주는 기술로서의 과학을 의미하는 것이다.
2) 학습자로서의 성인의 특징
① 성인들은 자기 주도적 학습을 선호한다.
② 성인들은 과제 중심적으로 학습하고자 한다.
③ 성인들은 다양한 경험을 가지고 학습에 참여한다.
④ 성인들은 왜 배워야 하는지에 대해 알고자 하는 욕구를 가지고 있다.

34 어느 철강회사의 고로작업라인에 근무하는 A씨의 작업강도가 힘든 중작업으로 평가되었다면 해당되는 에너지대사율(RMR)의 범위로 가장 적절한 것은?

① 0~1　　　　② 2~4
③ 4~7　　　　④ 7~10

해설 작업강도에 따른 에너지대사율(RMR)의 구분
1) 0~2RMR : 輕작업(가벼운 작업)
2) 2~4RMR : 中작업(보통 작업)
3) 4~7RMR : 重작업(힘든 작업)
4) 7RMR : 超重작업(매우 힘든 작업)

35 안전태도교육 기본과정을 순서대로 나열한 것은?

① 청취→모범→이해→평가→장려·처벌
② 청취→평가→이해→모범→장려·처벌
③ 청취→이해→모범→평가→장려·처벌
④ 청취→평가→모범→이해→장려·처벌

해설 안전태도교육의 기본과정 : 1) 청취(들어본다) → 2) 이해 → 3) 모범(시범) → 4) 평가 → 5) 장려·처벌

36 맥그리거(Douglas Mcgregor)의 X,Y이론 중 X이론과 관계 깊은 것은?

① 근면, 성실
② 물질적 욕구 추구
③ 정신적 욕구 추구
④ 자기통제에 의한 자율관리

해설 맥그리거의 X·Y 이론

X이론	Y이론
1. 인간 불신감	1. 상호신뢰감
2. 성악설	2. 성선설
3. 인간은 본래 게으르고 태만하여 남의 지배 받기를 즐긴다.	3. 인간은 부지런하고 근면, 적극적이며 자주적이다.
4. 물질욕구(저차적 욕구)	4. 정신욕구(고차적 욕구)
5. 명령통제에 의한 관리	5. 목표통합과 자기 통제에 의한 자율관리
6. 저개발국형	6. 선진국형

37 교육의 3요소를 바르게 나열한 것은?

① 교사 – 학생 – 교육재료
② 교사 – 학생 – 교육환경
③ 학생 – 교육환경 – 교육재료
④ 학생 – 부모 – 사회 지식인

해설 교육의 3요소
1) 주체 : 교도자, 강사, 교사 등
2) 객체 : 학생, 수강자, 피교육자 등
3) 매개체 : 교재, 교육자료

38 Off.J.T의 특징이 아닌 것은?

① 우수한 강사를 확보할 수 있다.
② 교재, 시설 등을 효과적으로 이용할 수 있다.
③ 개개인의 능력 및 적성에 적합한 세부 교육이 가능하다.
④ 다수의 대상자를 일괄적, 체계적으로 교육을 시킬 수 있다.

해설 O · J · T와 off J · T의 특징

O·J·T (현장중심교육)	off J·T (현장외 중심교육)
① 개개인에게 적합한 지도 훈련이 가능 ② 직장의 실정에 맞는 실체적 훈련을 할 수 있다. ③ 훈련 필요한 업무의 계속성이 끊어지지 않음 ④ 즉시 업무에 연결되는 관계로 신체와 관련 있음 ⑤ 효과가 곧 업무에 나타나며 훈련의 좋고 나쁨에 따라 개선이 용이함 ⑥ 교육을 통한 훈련 효과에 의해 상호 신뢰 이해도가 높아짐	① 다수의 근로자에게 조직적 훈련이 가능 ② 훈련에만 전념하게 된다. ③ 특별설비기구를 이용할 수 있음 ④ 전문가를 강사로 초청할 수 있음 ⑤ 각 직장의 근로자가 많은 지식이나 경험을 교류할 수 있음 ⑥ 교육훈련 목표에 대해서 집단적 노력이 흐트러질 수도 있음

39 산업심리에서 활용되고 있는 개인적인 카운슬링 방법에 해당하지 않는 것은?

① 직접 충고　　② 설득적 방법
③ 설명적 방법　　④ 토론적 방법

해설 1) 카운슬링의 순서
　　장면구성 – 내담자 대화 – 의견재분석 – 감정표출 – 감정의 명확화
　　2) 개인적인 카운슬링 방법
　　　① 직접충고 : 안전수칙 불이행시 적합, 지시적 방법
　　　② 설득적 방법 : 비지시적 방법
　　　③ 설명적 방법 : 비지시적 방법

40 인간의 적응기제(Adjustment mechanism) 중 방어적 기제에 해당하는 것은?

① 보상　　　　② 고립
③ 퇴행　　　　④ 억압

해설 적응기제
　　1) 방어적 기제 : 보상, 합리화, 동일시, 승화 등
　　2) 도피적 기제 : 고립, 퇴행, 억압, 백일몽 등

제3목 / 인간공학 및 시스템안전공학

41 FT도에 사용하는 기호에서 3개의 입력현상 중 임의의 시간에 2개가 발생하면 출력이 생기는 기호의 명칭은?

① 억제 게이트
② 조합 AND 게이트
③ 배타적 OR 게이트
④ 우선적 AND 게이트

해설 수정 기호(─〈 조건 〉)
　　1) 우선적 AND Gate : 입력사상 가운데 어느 사상이 다른 사상보다 먼저 일어났을 때에 출력사상이 생긴다. 예를 들면 「A는 B보다 먼저」와 같이 기입한다.
　　2) 짜 맞춤(조합) AND Gate : 3개 이상의 입력사상 가운데 어느 것이든 2개가 일어나면 출력사상이 생긴다. 예를 들면 「어느 것이든 2개」라고 기입한다.
　　3) 위험지속기호 : 입력사상이 생겨서 어느 일정시간 지속하였을 때에 출력사상이 생긴다. 예를 들면 「위험지속시간」과 같이 기입한다.
　　4) 배타적 OR Gate : OR Gate로 2개 이상의 입력이 동시에 존재할 때에는 출력사상이 생기지 않는다. 예를 들면 「동시에 발생하지 않는다.」라고 기입한다.

42 신체 부위의 운동에 대한 설명으로 틀린 것은?

① 굴곡(flexion)은 부위간의 각도가 증가하는 신체의 움직임을 의미한다.
② 외전(abduction)은 신체 중심선으로부터 이동하는 신체의 움직임을 의미한다.
③ 내전(adduction)은 신체의 외부에서 중심선으로 이동하는 신체의 움직임을 의미한다.
④ 외선(lateral rotation)은 신체의 중심선으로부터 회전하는 신체의 움직임을 의미한다.

해설 신체동작의 유형
1) **굴곡**(屈曲.flexion) : 관절의 각도를 감소시키는 동작
2) **신전**(伸展, extension) : 굴곡과 반대방향으로 움직이는 동작으로 관절의 각도를 증가시키는 동작
3) **내전**(內傳, adduction) : 신체의 중심선에 가까워지도록 움직이는 동작
4) **외전**(外傳, abduction): 신체의 중심선으로부터 멀어지도록 움직이는 동작
5) **회전**(回轉, rotation): 신체부위 자체의 길이 방향 축 둘레에서의 동작
   ① 내선(內旋, medial rotation): 신체의 중심선을 향하여 안쪽으로 회전하는 동작
   ② 외선(外旋, lateral rotaion): 신체의 중심선 바깥으로 회전하는 동작

43 고장형태와 영향분석(FMEA)에서 평가요소로 틀린 것은?

① 고장발생의 빈도
② 고장의 영향 크기
③ 고장방지의 가능성
④ 기능적 고장 영향의 중요도

해설 FMEA의 5가지 평가요소
1) C1 : 기능적 고장영향의 중요도
2) C2 : 영향을 미치는 시스템의 범위
3) C3 : 고장발생의 빈도
4) C4 : 고장방지의 가능성
5) C5 : 신규설계의 정도

44 화학설비에 대한 안정성 평가(safety assessment)에서 정량적 평가 항목이 아닌 것은?

① 습도   ② 온도
③ 압력   ④ 용량

해설 화학설비에 대한 안전성평가시 정량적 평가 항목
1) 취급물질   2) 용량
3) 온도   4) 압력
5) 조작

45 소음방지 대책에 있어 가장 효과적인 방법은?

① 음원에 대한 대책
② 수음자에 대한 대책
③ 전파경로에 대한 대책
④ 거리감쇠와 지향성에 대한 대책

해설 소음방지대책
1) **음원대책**
   ① 소음원의 제거 : 가장 적극적(근본적)인 소음방지대책
   ② 소음원의 통제 : 기계의 적절한 설계, 적절한 정비 및 주유, 기계에 고무 받침대 부착 차량에는 소음기 사용
   ③ 소음의 격리(소음전달경로의 제어) : 씌우개 방, 장벽을 사용(집의 창문을 닫으면 약 10dB 감음됨)
2) **능동제어대책** : 감쇠대상의 음파와 동위상인 신호를 보내어 음파간에 간섭현상을 일으키면서 소음이 저감되도록 하는 기법
3) **수음자대책**
   ① 1차적 방법 : 청각 보호장비의 사용
   ② 2차적 방법 : 청력검사에 의한 직무재배치와 작업자의 노출시간 감축
4) **전파경로대책**
   ① 차폐장치 및 흡음재료 사용
   ② 소음기 사용
   ③ 소음원을 멀리 이동

■ 정답 ■ 42.① 43.② 44.① 45.①

46 그림과 같이 7개의 부품으로 구성된 시스템의 신뢰도는 약 얼마인가?(단, 네모안의 숫자는 각 부품의 신뢰도이다.)

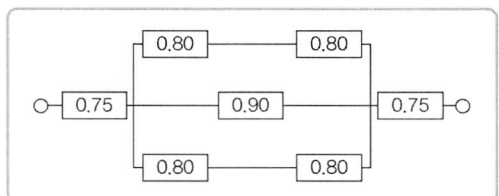

① 0.5552　　　　② 0.5427
③ 0.6234　　　　④ 0.9740

해설 R = 0.75×[1−(1−0.8×0.8)(1−0.9)
　　　(1−0.8×0.8)]×0.75
　　= 0.5552

대상 사업의 전기계약용량 : 300kW 이상

47 인간의 오류모형에서 "알고 있음에도 의도적으로 따르지 않거나 무시한 경우"를 무엇이라 하는가?

① 실수(Slip)　　　② 착오(Mistake)
③ 건망증(Lapse)　④ 위반(Violation)

해설 인간의 오류 모형

1) 실수 (Slip)	상황이나 목표에 대한 해석은 제대로 하였으나 의도와는 다른 행동을 하는 경우(주의 산만이나 주의력 결핍에 의해 발생)
2) 착오 (Mistake)	상황에 대한 해석을 잘못하거나 목표에 대한 잘못된 이해로 착각하여 행하는 경우(주어진 정보가 불완전하거나 오해하는 경우에 발생하며 틀린줄 모르고 행하는 오류)
3) 건망증 (Lapse)	여러 과정이 연계적으로 계속하여 일어나는 행동 중에서 일부를 잊어버리고 하지 않거나 또는 기억의 실패에 의해 발생
4) 위반 (Violation)	정해져 있는 규칙을 알고 있으면서 고의로 따르지 않거나 무시하는 행위

48 아령을 사용하여 30분간 훈련한 후, 이두근의 근육 수축작용에 대한 전기적인 신호 데이터를 모았다. 이 데이터들을 이용하여 분석할 수 있는 것은 무엇인가?

① 근육의 질량과 밀도
② 근육의 활성도와 밀도
③ 근육의 피로도와 크기
④ 근육의 피로도와 활성도

해설 근육의 피로도와 활성도 : 이두근의 근육 수축작용에 대한 전기적 신호 데이터를 이용하여 분석한다.

49 n개의 요소를 가진 병렬 시스템에 있어 요소의 수명(MTTF)이 지수분포를 따를 경우 이 시스템의 수명을 구하는 식으로 맞는 것은?

① $MTTF \times n$

② $MTTF \times \dfrac{1}{n}$

③ $MTTF\left(1 + \dfrac{1}{2} + \cdots + \dfrac{1}{n}\right)$

④ $MTTF\left(1 \times \dfrac{1}{2} \times \cdots \times \dfrac{1}{n}\right)$

해설 계의 수명(MTTF : mean time to failure)
1) **병렬계** : 구성요소가 모두 고장난 시점. 즉, 가장 긴 수명이고 가장 늦게 고장난 요소가 계의 수명을 결정하는 최대수명계로 되어 있다. 요소가 지수분포에 따를 경우 계의 수명 MTTF는 $\left(1 + \dfrac{1}{2} + \cdots + \dfrac{1}{n}\right)$배로 늘어난다.

2) **직렬계** : 직렬계를 구성하는 요소 중에서 어느 하나가 맨 먼저 고장나는 것이 계의 수명을 결정한다. 특히 구성요소의 수명이 모두 같은 MTTF=1/λ을 갖는 지수분포에 따를 경우 계의 고장율은 요소의 고장율의 n배, 즉 고장의 찬스는 n배로 늘고 따라서 계의 수명 MTTF는 요소 MTTF의 $\dfrac{1}{n}$이 된다.

직렬계의 수명 $= \dfrac{MTTF}{n}$

■정답 ■　46.①　47.④　48.④　49.③

50 공정안전관리(process safety management : PSM)의 적용대상 사업장이 아닌 것은?

① 복합비료 제조업
② 농약 원제 제조업
③ 차량 등의 운송설비업
④ 합성수지 및 기타 플라스틱물질 제조업

해설 **공정안전보고서 제출대상 사업**
(시행령 제33조의 6)
1. 원유 정제처리업
2. 기타 석유정제물 재처리업
3. 석유화학제 기초화학물질 제조업 또는 합성 수지 및 기타 플라스틱물질 제조업.
4. 질소 화합물, 질소·인산 및 칼리질 화학비료 제조업 중 질소질 화학비료 제조업
5. 복합비료 및 기타 화학비료 제조업 중 복합비료 제조업(단순혼합 또는 배합에 의한 경우는 제외)
6. 화학 살균·살충제 및 농업용 약제 제조업(농약 원제 제조만 해당)
7. 화약 및 불꽃제품 제조업

51 다음과 같은 실내 표면에서 일반적으로 추천반사율의 크기를 맞게 나열한 것은?

> [다음]
> ㉠ 바닥   ㉡ 천정   ㉢ 가구   ㉣ 벽

① ㉠ < ㉣ < ㉢ < ㉡
② ㉣ < ㉠ < ㉡ < ㉢
③ ㉠ < ㉢ < ㉣ < ㉡
④ ㉣ < ㉡ < ㉠ < ㉢

해설 **반사율(reflectance)**
1) 반사율(%) = $\dfrac{\text{광속 발산도}(fL)}{\text{조명}(fc)} \times 100$
2) 옥내 최적 반사율
① 천정 : 80~90%
② 벽, 창문 발(blind) : 40~60%
③ 가구, 사무용기기, 책상 : 25~45%
④ 바닥 : 20~40%

52 어떤 결함수를 분석하여 minimal cut set을 구한 결과 다음과 같았다. 각 기본사상의 발생확률을 q_i, i=1, 2, 3라 할 때 정상사상의 발생확률함수로 맞는 것은?

> [다음]
> k_1=[1, 2], k_2=[1, 3], k_3=[2, 3]

① $q_1q_2 + q_1q_2 - q_2q_3$
② $q_1q_2 + q_1q_3 - q_2q_3$
③ $q_1q_2 + q_1q_3 + q_2q_3 - q_1q_2q_3$
④ $q_1q_2 + q_1q_3 + q_2q_3 - 2q_1q_2q_3$

53 산업안전보건법령에 따라 유해위험방지계획서의 제출대상 사업은 해당 사업으로서 전기 계약용량이 얼마 이상인 사업인가?

① 150kW   ② 200kW
③ 300kW   ④ 500kW

해설 법상 유해위험방지계획서 제출

54 결함수분석의 기대효과와 가장 관계가 먼 것은?

① 시스템의 결함 진단
② 시간에 따른 원인 분석
③ 사고원인 규명의 간편화
④ 사고원인 분석의 정량화

해설 **FTA(결함수 분석법)의 활용 및 기대효과**
1) 사고원인 규명의 간편화
2) 사고원인 분석의 일반화
3) 사고원인 분석의 정량화
4) 노력시간의 절감
5) 시스템의 결함진단
6) 안전점검표 작성

55 인간 전달 함수(Human Transfer Function)의 결점이 아닌 것은?

① 입력의 협소성
② 시점적 제약성
③ 정신운동의 묘사성
④ 불충분한 직무 묘사

해설 1) 인간전달함수의 결점
   ① 입력의 협소성
   ② 시점의 제약성
   ③ 불충분한 직무묘사
2) 인간전달함수의 개입변수
   ① 감각과정   ② 인식과정
   ③ 중재과정   ④ 정신운동 통제

56 인간공학에 대한 설명으로 틀린 것은?

① 인간이 사용하는 물건, 설비, 환경의 설계에 적용된다.
② 인간을 작업과 기계에 맞추는 설계 철학이 바탕이 된다.
③ 인간-기계 시스템의 안정성과 편리성, 효율성을 높인다.
④ 인간의 생리적, 심리적인 면에서의 특성이나 한계점을 고려한다.

해설 인간공학은 작업과 기계를 인간에게 맞추는 설계철학이 바탕이 된다.

57 착석식 작업대의 높이 설계를 할 경우 고려해야 할 사항과 가장 관계가 먼 것은?

① 의자의 높이   ② 대퇴 여유
③ 작업의 성격   ④ 작업대의 형태

해설 착석식 작업대 높이 설계시 고려사항
   1) 의자높이
   2) 대퇴여유
   3) 작업의 성격

58 정성적 표시장치의 설명으로 틀린 것은?

① 정성적 표시장치의 근본 자료 자체는 정량적인 것이다.
② 전력계에서 같이 기계적 혹은 전자적으로 숫자가 표시된다.
③ 색채 부호가 부적합한 경우에는 계기판 표시 구간을 형상 부호화하여 나타낸다.
④ 연속적으로 변하는 변수의 대략적인 값이나 변화추세, 변화율 등을 알고자 할 때 사용된다.

해설 ②항, 전력계에서와 같이 기계적·전자적으로 숫자가 표시되는 장치 : 정량적 동적표시장치

59 빨강, 노랑, 파랑의 3가지 색으로 구성된 교통 신호등이 있다. 신호등은 항상 3가지 색 중 하나가 켜지도록 되어 있다. 1시간 동안 조사한 결과, 파란등은 총 30분 동안, 빨간등과 노란등은 각각 총 15분 동안 켜진 것으로 나타났다. 이 신호등의 총 정보량은 몇 bit인가?

① 0.5   ② 0.75
③ 1.0   ④ 1.5

해설 총정보량$(H) = \sum_{i=1}^{n} Pi \log_2 \left(\frac{1}{Pi} \right)$

$$= \frac{1}{2} \log_2 \left(\frac{1}{1/2} \right) + \frac{1}{4} \log_2 \left(\frac{1}{1/4} \right)$$
$$+ \frac{1}{4} \log_2 \left(\frac{1}{1/4} \right)$$
$$= 1.5$$

여기서, $\begin{cases} P_1(파란등) = \frac{30}{60} = \frac{1}{2} \\ P_2(빨간등) = \frac{15}{60} = \frac{1}{4} \\ P_3(노란등) = \frac{15}{60} = \frac{1}{4} \end{cases}$

2025

■정답■ 55.③   56.②   57.④   58.②   59.④

60 음량수준을 평가하는 척도와 관계없는 것은?

① HSI   ② phon

③ dB   ④ sone

해설 **음량수준의 평가척도**
1) dB(decibel) : 음압수준을 표시하는 단위로 사용한다 (dB은 소리의 세기에 대한 물리적 측정단위)
2) phon : 1000Hz 순음의 음압수준(dB)은 나타낸다.
3) sone : 1000Hz, 40dB은 음압수준을 가진 순음의 크기(=40phon)를 1sone이라한다.
4) sone과 phon의 관계식

∴ sone 치$=2^{(Phon-40)/10}$

제4목 / 건설시공학

61 바닥판 거푸집의 구조계산 시 고려해야하는 연직하중에 해당하지 않는 것은?

① 굳지 않은 콘크리트의 중량
② 작업하중
③ 충격하중
④ 굳지 않은 콘크리트의 측압

해설 **거푸집의 연직방향 하중(W) 산정식**

W =고정하중+충격하중+작업하중
$= (r \cdot t) + (1/2 r \cdot t) + 150kg/m^2$

여기서, ┌ r : 철근콘크리트 비중(kg/m^3)
       └ t : 슬래브 두께(m)

1) 고정하중 : 콘크리트 자중
   (=철근콘크리트 비중×슬래브 두께)
2) 충격하중 : 고정하중×1/2
3) 작업하중 : 작업원 중량 + 장비 및 가설설비 등의 중량 = $150kg/m^2$

---

62 원가절감에 이용되는 기법 중 VE(Value Engineering)에서 가치를 정의하는 공식은?

① 품질/비용   ② 비용/기능
③ 기능/비용   ④ 비용/품질

해설 VE(Value engineering ; 가치공학)
1) 제품이나 서비스 기능의 향상과 원가 절감을 실현하려는 경영관리 수단이다
2) VE는 제품이 갖고 있는 기능을 중시하며 기능의 개선향상에 의해 제품의 가치를 높이는 것이 특징이다

$$VE의 가치 = \frac{기능}{비용}$$

---

63 실비에 제한을 붙이고 시공자에게 제한된 금액이내에 공사를 완성할 책임을 주는 공사방식은?

① 실비 비율 보수가산식
② 실비 정액 보수 가산식
③ 실비 한정비율 보수 가산식
④ 실비 준동률 보수가산식

해설 **실비정산식 시공계약제도**
1) **실비비율 보수가산식** : 공사의 진척에 따라 정해진 시기에 실비(A)와 이 실비에 미리 계약된 비율을 곱한 금액(Af)을 보수로서 시공자에게 지불해가는 공사방식
2) **실비 정액 보수가산식** : 실비의 여하를 막론하고 미리 계약된 일정액의 보수만을 지불하는 공사방식
3) **실비한정비율 보수가산식** : 실비에 제한을 두고 시공자에게 제한된 금액 내에서 공사를 완성시키는 책임을 주는 공사방식
4) **실비변동 보수가산식** : 실비를 몇 단계로 분할하여 공사비가 각단계의 금액보다 증가될 때는 반대로 비율보수 또는 정액보수를 체감하는 방식

64 그림과 같이 H-400×400×30×50인 형강재의 길이가 10m일 때 이 형강의 개산 중량으로 가장 가까운 값은?(단, 철의 비중은 7.85ton/m³임)

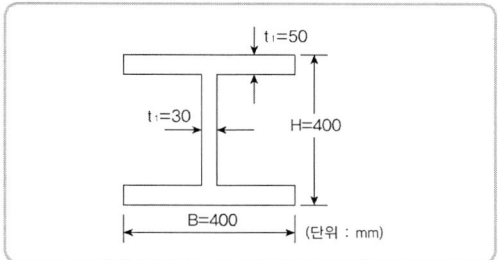

① 1ton   ② 4ton
③ 8ton   ④ 12ton

해설 1) 형강의 부피
= (0.4m×0.05m×10m)×2
+[(0.4-0.05×2)m×0.03m×10m]
= 0.49m³
2) 형강의 중량
=7.85ton/m³ × 0.49m³ = 3.85ton

65 네트워크 공정표의 주공정(Critical Path)에 관한 설명으로 옳지 않은 것은?

① TF가 0(Zero)인 작업을 주공정작업이라 한다.
② 총 공기는 공사착수에서부터 공사완공까지 소요시간의 합계이며, 최장시간이 소요되는 경로이다.
③ 주공정은 고정적이거나 절대적인 것이 아니고 가변적이다.
④ 주공정에 대한 공기단축은 불가능하다.

해설 1) 주공정(critical path) : 프로젝트를 완료하기까지 필요한 일련의 상호 연관된 작업단위들 중 최장경로(가장 오래걸리는 경로)
2) 크리티칼패스의 소요일수를 공기라 하며 크리티칼패스상의 작업이 1일 늦어지면 공기도 1일 늦어진다(주공정에 대한 공기단축은 가능)

66 건설기계 중 기계의 작업면보다 상부의 흙을 굴삭하는데 적합한 것은?

① 불도저(bull dozer)
② 모터 그레이더(motor grader)
③ 클램쉘(clam shell)
④ 파워쇼벨(power shovel)

해설 1) 파워셔벨(power shovel) : 중기가 위치한 지면보다 높은 장소의 땅을 굴착하는데 적합하며, 산지에서의 토공사, 암반으로부터 점토질까지 굴착할 수 있다.
2) 백호우(드래그 셔벨) : 중기가 위치한 지면보다 낮은 곳의 땅을 파는데 적합하며, 수중굴착도 가능하다.

67 깊이 7m 정도의 우물을 파고 이곳에 수중 모터펌프를 설치하여 지하수를 양수하는 배수공법으로 지하용수량이 많고 투수성이 큰 사질지반에 적합한 것은?

① 집수정(sump pit)공법
② 깊은 우물(deep well)공법
③ 웰 포인트(well point)공법
④ 샌드 드레인(sand drain)공법

해설 1) 집수정 공법 : 지반에 깊이 2~4m정도로 굴착하여 집수통을 설치하고 집수통에 모인 지하수를 수중펌프로 사용하여 외부로 배출시키는 배수공법
2) 깊은 우물공법 : 본문설명
3) 웰 포인트 공법
① 출 수가 많고 깊은 터 파기에서 진공펌프와 원심펌프를 병용하는 지하수 배수에 의해 지하수위를 낮추는 공법이다.
② 흙막이 토질 약화를 예방하고, 흙막이 토압을 낮추며 기초 파기 공사를 용이하게 하고 지내력을 증가시킨다.
4) 샌드드레인 공법 : 연약한 점토층의 수분을 배제하여 지반의 개량을 도모하는 공법으로 철관을 지반에 때려 박아 그 속에 모래를 다져 넣고 지표면에 하중을 실어서 모래 말뚝을 통하여 탈수 시켜서 지반을 다진다.

68 시간이 경과함에 따라 콘크리트에 발생되는 크리프(Creep)의 증가원인으로 옳지 않은 것은?

① 단위 시멘트량이 적을 경우
② 단면의 치수가 작을 경우
③ 재하시기가 빠를 경우
④ 재령이 짧을 경우

해설 크리프 현상
1) 일정한 하중이 장기간 가해질 때 하중의 증기가 없어도 변형이 증대되는 현상을 크리프라 한다.
2) **콘크리트에서 크리프(creep)가 커지는 경우**
① 재령이 짧을수록
② 부재의 단면치수가 작을수록
③ 외부습도가 낮을수록
④ 대기온도가 높을수록
⑤ 배합이 적절치 않고 물시멘트비가 클수록
⑥ 단위시멘트 양이 많을수록

69 용접불량의 일종으로 용접의 끝부분에서 용착금속이 채워지지 않고 홈처럼 우묵하고 남아 있는 부분을 무엇이라 하는가?

① 언더컷
② 오버랩
③ 크레이터
④ 크랙

해설
1) **언더 컷**(under cut) : 용접상부(모재표면과 용접표면이 교차되는 점)에 따라 모재가 녹아 용착금속이 채워지지 않고 홈으로 남게 되는 부분
2) **오버 랩**(over lap ; 겹치기) : 용접 금속과 모재가 융합되지 않고 겹쳐지는 결함
3) **크레이터**(crater) : 아크 또는 가스화염의 작용에 의해서 비드(bead)의 종단에 생기는 오목한 곳
4) **크래**(crack) : 공기구멍 또는 선상조직, 용접의 구속, 살붙임 불량 등으로 생기는 결함

70 강말뚝의 특징에 관한 설명으로 옳지 않은 것은?

① 휨강성이 크고 자중이 철큰콘크리트말뚝보다 가벼워 운반취급이 용이하다.
② 강재이기 때문에 균질한 재료로서 대량생산이 가능하고 재질에 대한 신뢰성이 크다.
③ 표준관입시험 N값 50정도의 경질지반에도 사용이 가능하다.
④ 지중에서 부식되지 않으며 타 말뚝에 비하여 재료비가 저렴한 편이다.

해설 강재말뚝은 지중에서 부식되어 내구성이 떨어지며 타말뚝에 비하여 재료비가 고가이다.

71 다음 보기에서 일반적인 철근의 조립순서로 옳은 것은?

> [보기]
> A. 계단철근   B. 기둥철근
> C. 벽철근   D. 보철근
> E. 바닥철근

① A-B-C-D-E
② B-C-D-E-A
③ A-B-C-E-D
④ B-C-A-D-E

해설 철근의 조립순서
1) 기둥철근 → 2) 벽철근 → 3) 보철근 → 4) 바닥철근 → 5) 계단철근

72 다음 중 콘크리트에 AE제를 넣어주는 가장 큰 목적은?

① 압축강도 증진
② 부착강도 증진
③ 워커빌리티 증진
④ 내화성 증진

해설 AE제(공기연행제)를 넣어주는 목적
1) 워커빌리티 증진
2) 내구성 증진

■ 정답 ■ 68.① 69.① 70.④ 71.② 72.③

73 벽돌, 블록 등 조적공사에서 일반적으로 가장 많이 이용되는 치장줄눈 형태는?

① 평줄눈　　② 볼록줄눈
③ 오목줄눈　　④ 민줄눈

해설 치장줄눈
　1) **치장줄눈** : 줄눈모르타르가 굳기전에 줄눈파기를 한 후 수밀하고 줄 바르게 마무리하는 줄눈이다.
　2) 깊이는 6mm를 표준으로 한다.
　3) 줄눈모양은 평줄눈, 둥근줄눈, 민줄눈, 빗줄눈 등이 있으나 보통 평줄눈이 가장 많이 사용된다.

74 철골작업용 장비 중 절단용 장비로 옳은 것은?

① 프릭션 프레스(friction press)
② 플레이트 스트레이닝 롤(plate straining roll)
③ 파워 프레스(power press)
④ 핵 소우(hack saw)

해설 핵 소우(hack saw ; 활톱) : 활모양으로 된 프레임에 톱날을 끼워 사용하는 쇠톱

75 어스앵커 공법에 관한 설명으로 옳지 않은 것은?

① 인근구조물이나 지중매설물에 관계없이 시공이 가능하다.
② 앵커체가 각각의 구조체이므로 적용성이 좋다.
③ 앵커에 프리스트레스를 주기 때문에 흙막이벽의 변형을 방지하고 주변 지반의 침하를 최소한으로 억제할 수 있다.
④ 본 구조물의 바닥과 기둥의 위치에 관계없이 앵커를 설치할 수도 있다.

해설 ①항, 인공구조물이나 지중매설물이 있을 경우에는 시공이 곤란하다.

76 건설현장에서 시멘트벽돌쌓기 시공 중에 붕괴사고가 가장 많이 일어날 것으로 예상할 수 있는 경우는?

① 0.5B쌓기를 1.0B쌓기로 변경하여 쌓을 경우
② 1일 벽돌쌓기 기준 높이를 초과하여 높게 쌓을 경우
③ 습기가 있는 시멘트벽돌을 사용할 경우
④ 신축줄눈을 설치하지 않고 시공할 경우

해설 1) 1일 벽돌쌓기 기준높이를 초과하여 높게 쌓을 경우에 시공 중 붕괴사고가 가장 많이 발생한다.
　2) 1일 벽돌쌓기 기준높이 : 1.5m(22켜)이하, 보통 1.2m(18켜)정도

77 다음 설명에 해당하는 공사낙찰자 선정방식은?

예정가격 대비 85%이상 입찰자 중 가장 낮은 금액으로 입찰한 자를 선정하는 방식으로, 최저가 낙찰자를 통한 덤핑의 우려를 방지할 목적을 지니고 있다.

① 부찰제
② 최저가 낙찰제
③ 제한적 최저가 낙찰제
④ 최적격 낙찰제

해설 제한적 최저가 낙찰제 : 본문 설명

78 기초공사 중 언더피닝(Under pinning) 공법에 해당하지 않는 것은?

① 2중 널말뚝 공법　② 전기침투 공법
③ 강재말뚝 공법　　④ 약액주입법

해설 언더피닝(under pinning)공법의 종류
　1) 2중 널말뚝 공법
　2) 강재말뚝 공법
　3) 모르타르 및 약액주입법
　4) 현장타설 콘크리트말뚝 설치

정답 73.① 74.④ 75.① 76.② 77.③ 78.①

79 철근콘크리트 구조의 철근 선조립 공법의 순서로 옳은 것은?

① 시공도작성→공장절단→가공→이음·조립→운반→현장부재양중→이음·설치
② 공장절단→시공도작성→가공→이음·조립→이음·설치→운반→현장부재양중
③ 시공도작성→가공→가공절단→운반→현장부재양중→이음·조립→이음·설치
④ 시공도작성→공장절단→운반→가공→이음·조립→현장부재양중→이음·설치

해설 철근 선조립 공법의 순서 : 1) 시공도 작성 → 2) 공장절단 → 3) 가공 → 4) 이음·조립 → 5) 운반 → 6) 현장부재양중 → 7) 이음·설치

80 콘크리트 타설과 관련하여 거푸집 붕괴사고 방지를 위하여 우선적으로 검토·확인하여야 할 사항 중 가장 거리가 먼 것은?

① 콘크리트 측압 확인
② 조임철물 배치간격 검토
③ 콘크리트의 단기 집중타설 여부 검토
④ 콘크리트의 강도 측정

해설 콘크리트 타설 시 거푸집 붕괴사고 방지를 위해 검토·확인할 사항
1) 콘크리트 측압확인
2) 조임철물 배치간격 검토
3) 콘크리트의 단기 집중타설여부 검토

제5과목 / 건설재료학

81 통풍이 좋지 않은 지하실에 사용하는데 가장 적합한 미장재료는?

① 시멘트 모르타르
② 회사벽
③ 회반죽
④ 돌로마이트 플라스터

해설 기경성 미장재료(회사벽, 회반죽, 돌로마이트 플라스터 등) : 통풍이 좋지 않은 지하실에서 사용하는 것으로 부적합한 미장재료이다.

길잡이 미장재료의 종류	
수경성 미장재료 (팽창성)	기경성 미장재료 (수축성)
1) 시멘트 모르타르 2) 석고 플라스터 3) 경석고 플라스터 4) 인조석 바름 5) 테라조(terrazzo) 현장바름	1) 진흙 2) 회반죽 3) 회사벽 4) 돌로마이트 플라스터

82 미장공사에서 사용되는 바름재료 중 여물에 관한 설명으로 옳지 않은 것은?

① 바름에 있어서 재료에 끈기를 주어 흘러내림을 방지한다.
② 흙손질을 용이하게 하는 효과가 있다.
③ 바름 중에는 보수성을 향상시키고, 바름 후에는 건조에 따라 생기는 균열을 방지한다.
④ 여물의 섬유는 질기고 굵으며, 색이 짙고 빳빳한 것일수록 양질의 제품이다.

해설 ④항, 여물의 섬유는 질기고 가늘며 부드럽고 색이 흰색일수록 양질의 제품이다.

---

83 석재를 성인에 의해 분류하면 크게 화성암, 수성암, 변성암으로 대별하는데 다음 중 수성암에 속하는 것은?

① 사문암
② 대리암
③ 현무암
④ 응회암

해설 석재의 성인에 의한 분류
1) **화성암** : 지구 내부의 암장이 냉각되어 형성된 것으로 화강암, 안산암, 황화석 등이 있다.
2) **수성암** : 지표의 암석이 풍화, 침식, 운반, 퇴적 등의 작용에 의해 생긴 암석으로 사암, 이판암 및 점판암, 응회석, 석회암 등이 있다.
3) **변성암** : 화성암, 수성암이 압력 또는 열에 의해 심히 변질된 암석으로 대리석, 사문암, 석면 등이 있다.

84 유리공사에 사용되는 자재에 관한 설명으로 옳지 않은 것은?

① 흡습제는 작은 기공을 수억 개 갖고 있는 입자로 기체분자를 흡착하는 성질에 의해 밀폐공간에 건조상태를 유지하는 재료이다.
② 세팅 블록은 새시 하단부의 유리끼움용 부재료로서 유리의 자중을 지지하는 고임재이다.
③ 단열간봉은 복층유리의 간격을 유지하는 재료로 알루미늄간봉을 말한다.
④ 백업재는 실링 시공인 경우에 부재의 측면과 유리면 사이에 연속적으로 충전하여 유리를 고정하는 재료이다.

해설 단열간봉의 기능종류
1) 복층유리의 간격유지 및 고정 역할
2) 유리내부 가스유출 및 수분침투 방지
3) 유리단부의 결로방지 성능향상 및 단열성능 향상
4) 종류 : 알루미늄간봉, 플라스틱 소재간봉 등

85 블리딩현상이 콘크리트에 미치는 가장 큰 영향은?

① 공기량이 증가하여 결과적으로 강도를 저하시킨다.
② 수화열을 발생시켜 콘크리트에 균열을 발생시킨다.
③ 콜드조인트의 발생을 방지한다.
④ 철근과 콘크리트의 부착력 저하, 수밀성 저하의 원인이 된다.

해설 1) **블리딩** : 콘크리트 타설 후 시멘트, 골재입자 등의 침하에 따라 물이 분리 상승되어 콘크리트 표면에 떠오르는 현상
2) **블리딩현상이 콘크리트에 미치는 영향**
① 철근과 콘크리트의 부착력 저하
② 수밀성 저하

86 플로트판유리를 연화점부근까지 가열 후 양 표면에 냉각공기를 흡착시켜 유리의 표면에 20 이상 60 이하(N/mm²)의 압축응력층을 갖도록 한 가공유리는?

① 강화유리
② 열선반사유리
③ 로이유리
④ 배강드 유리

해설 **배강도 유리**(heat-strenghened glass) : 판유리를 열처리하여 압축응력층을 만들어 파괴강도를 증대시키고 파손되었을 때 재료인 판유리와 유사하게 깨지도록 가공한 유리를 말한다.

87 다음 중 단백질계 접착제에 해당하는 것은?

① 카세인 접착제
② 푸란수지 접착제
③ 에폭시수지 접착제
④ 실리콘수지 접착제

해설 단백지리 및 전분질계 접착제
1) **단백질계 접착제** : 카세인, 아교, 콩풀
2) **전분질계 접착제** : 전분, 호정

■ 정답 ■ 83.④ 84.③ 85.④ 86.④ 87.①

88 고로슬래그 쇄석에 관한 설명으로 옳지 않은 것은?

① 철을 생산하는 과정에서 용광로에서 생기는 광재를 공기중에서 서서히 냉각시켜 경화된 것을 파쇄하여 입도를 고른 것이다.
② 다른 암석을 사용한 콘크리트보다 고로슬래그 쇄석을 사용한 콘크리트가 건조수축이 매우 큰 편이다.
③ 투수성은 보통골재를 사용한 콘크리트보다 크다.
④ 다공질이기 때문에 흡수율이 높다.

해설 **고로슬래그 쇄석을 사용한 콘크리트 성질**
1) 건조수축이 작다.
2) 조기강도가 작고 장기강도가 크며 내구성도 크다.
3) 블리딩이 작다.

89 고로시멘트의 특성에 관한 설명으로 옳지 않은 것은?

① 수화열이 낮고 수축률이 적어 댐이나 항만 공사 등에 적합하다.
② 보통포틀랜드시멘트에 비하여 비중이 크고 풍화에 대한 저항성이 뛰어나다.
③ 응결시간이 느리기 때문에 특히 겨울철 공사에 주의를 요한다.
④ 다량으로 사용하게 되면 콘크리트의 화학저항성 및 수밀성, 알칼리골재반응 억제 등에 효과적이다.

해설 **고로시멘트** : 고로에서 선철을 만들 때 나오는 광재를 공기 중에서 냉각시키고 잘게 부순 것에 포틀랜드시멘트 클링커를 혼합한 다음 석고를 적당히 섞어서 분쇄하여 분말로 한 것으로 그 특성은 다음과 같다.
1) 수화열이 적고 수축률이 적어서 댐공사 등에 적합하다.
2) 비중이 적다.
3) 단기강도가 적고 장기강도는 크다.
4) 콘크리트의 블리딩이 적어진다.
5) 해수에 대한 저항성이 크다.

90 목재 또는 기타 식물질을 절삭 또는 파쇄하고 소편으로 하여 충분히 건조시킨 후 합성수지 접착제와 같은 유기질의 접착제를 첨가하여 열압제판한 보드로써 상판, 칸막이벽, 가구 등에 사용되는 것은?

① 파키트리 보드
② 파티클 보드
③ 플로링 보드
④ 파키트리 블록

해설 **파티클보드** : 목재를 소편(小片, chip)으로 만들어 건조시킨 다음 수지를 합침하여 가압·경화시킨 판재품(폐재, 부산물 등 저가치재를 이용하여 만든 넓은 면적의 판상제품)으로 칩 보드(chip board)라고도 한다.

91 금속재료의 일반적인 부식 방지를 위한 대책으로 옳지 않은 것은?

① 가능한 다른 종류의 금속을 인접 또는 접촉시켜 사용한다.
② 가공 중에 생긴 변형은 뜨임질, 풀림 등에 의해서 제거한다.
③ 표면은 깨끗하게 하고, 물기나 습기가 없도록 한다.
④ 부분적으로 녹이 나면 즉시 제거한다.

해설 ①항, 가능한 다른 종류의 금속을 근접시키거나 접촉시키지 않도록 한다.

92 점토의 성분 및 성질에 관한 설명으로 옳지 않은 것은?

① Fe_2O_3 등의 부성분이 많으면 제품의 건조수축이 크다.
② 점토의 주성분은 실리카, 알루미나이다.
③ 소성 색상은 석회물질이 많을수록 짙은 적색이 된다.
④ 가소성은 점토입자가 미세할수록 좋다.

해설 석회물질이 많을수록 소성색상은 백색이 된다.

93 목재용 유성 방부제의 대표적인 것으로 방부성이 우수하나, 악취가 나고 흑갈색으로 외관이 불미하여 눈에 보이지 않는 토대, 기둥, 도리 등에 이용되는 것은?

① 유성페인트
② 크레오소트 오일
③ 염화아연 4% 용액
④ 불화소다 2% 용액

해설 크레오소트유(creosote oil)의 특성
1) 방부력이 우수하고 침투성이 양호하다.
2) 염가이어서 많이 쓰인다.
3) 도포부분은 갈색이고 페인트를 칠하면 침출되기 쉽다.
4) 냄새가 강해 실내에서는 사용할 수 없다.

94 다음 중 알루미늄과 같은 경금속 접착에 가장 적합한 합성수지는?

① 멜라민수지 ② 실리콘수지
③ 에폭시수지 ④ 푸란수지

해설 에폭시수지(epoxy resin) 성질
1) 접착성이 매우 우수하며 경화시 휘발성이 없다. (금속, 유리, 플라스틱, 도자기, 목재, 고무 등에 탁월한 접착성을 발휘하며 특히 알루미늄과 같은 경금속의 접착에 가장 좋다.)
2) 내약품성, 내용제성, 내수성(방수성), 전기절연성 등이 우수하다.
3) 농질산을 제외하고는 산, 알칼리에도 강하다.

95 리녹신에 수지, 고무물질, 코르크분말 등을 섞어 마포(hemp cloth) 등에 발라 두꺼운 종이모양으로 압면·성형한 제품은?

① 스펀지 시트 ② 리놀륨
③ 비닐 시트 ④ 아스팔트 타일

해설 리놀륨(linoleum)
1) 제법 : 리녹신(아마인유의 산화물)에 수지를

가하여 리놀륨시멘트를 만들고 여기에 코르크분말, 톱밥, 안료 등을 섞어 마포에 도포한 후 롤러로 열압하여 성형한 제품이다.
2) 성질 : 내구력이 비교적 크고 탄력성, 내수성 등이 있다.
3) 용도 : 바닥이나 벽의 수장재로 사용

96 비철금속에 관한 설명으로 옳지 않은 것은?

① 청동은 구리와 아연을 주체로 한 합금으로 건축용 장식철물에 사용된다.
② 알루미늄은 산 및 알칼리에 약하다.
③ 아연은 산 및 알칼리에 약하나 일반대기나 수중에서는 내식성이 크다.
④ 동은 전기 및 열전도율이 매우 크다.

해설 동합금
1) 청동 : 동(Cu) + 주석(Sn)의 합금
2) 황동(놋쇠) : 동(Cu) + 아연(Zn)의 합금

97 콘크리트의 압축강도에 영향을 주는 요인에 관한 설명으로 옳지 않은 것은?

① 양생온도가 높을수록 콘크리트의 초기강도는 낮아진다.
② 일반적으로 물-시멘트비가 같으면 시멘트의 강도가 큰 경우 압축강도가 크다.
③ 동일한 재료를 사용하였을 경우에 물-시멘트비가 작을수록 압축강도가 크다.
④ 습윤양생을 실시하게 되면 일괄적으로 압축강도는 증진된다.

해설 양생온도가 높을수록 콘크리트의 초기강도는 높아진다.

2025

■정답■ 93.② 94.③ 95.② 96.① 97.①

98 목재의 강도에 관한 설명으로 옳지 않은 것은?

① 목재의 건조는 중량을 경감시키지만 강도에는 영향을 끼치지 않는다.
② 벌목의 계절은 목재의 강도에 영향을 끼친다.
③ 일반적으로 응력의 방향이 섬유방향에 평행인 경우 압축강도가 인장강도보다 작다.
④ 섬화포화점 이하에서는 함수율 감소에 따라 강도가 증대한다.

해설 목재의 건조목적
1) 강도와 내구성 증진 및 가공성 용이
2) 수축, 균열, 변형방지
3) 열전도성 개선 및 전기절연성 증가
4) 변색 및 부패방지와 방부제주입 용이

99 목제 제품 중 합판에 관한 설명으로 옳지 않은 것은?

① 방향에 따른 강도차가 작다.
② 곡면가공을 하여도 균열이 생기지 않는다.
③ 여러 가지 아름다운 무늬를 얻을 수 있다.
④ 함수율 변화에 의한 신축변형이 크다.

해설 합판은 단판을 서로 직교시켜서 붙인 것이므로 잘 갈라지지 않으며 방향에 따른 강도의 차가 적고 함수율 변화에 의한 신축변형도 적다.

100 어떤 재료의 초기 탄성변형량이 2.0cm이고, 크리프(creep) 변형량이 4.0cm 라면 이 재료의 크리프 계수는 얼마인가?

① 0.5
② 1.0
③ 2.0
④ 4.0

해설 크리프 계수 $= \dfrac{\text{크리프 변형량}}{\text{탄성 변형량}}$
$= \dfrac{4.0}{2.0} = 2.0$

제6과목 / 건설안전기술

101 다음 중 해체작업용 기계 기구로 가장 거리가 먼 것은?

① 압쇄기
② 핸드 브레이커
③ 철체햄머
④ 진동롤러

해설 해체작업용 기계·기구 : 압쇄기, 대형브레이커 및 핸드브레이커, 철제햄머, 절단톱, 재키, 쐐기타입기, 화약류 등

102 사다리식 통로의 길이가 10m 이상일 때 얼마 이내마다 계단참을 설치하여야 하는가?

① 3m 이내마다
② 4m 이내마다
③ 5m 이내마다
④ 6m 이내마다

해설 사다리식 통로의 설치기준
1) 견고한 구조로 할 것
2) 심한 손상·부식 등이 없는 재료를 사용할 것
3) 발판의 간격은 일정하게 할 것
4) 발판과 벽과의 사이는 15cm 이상의 간격을 유지할 것
5) 폭은 30cm 이상으로 할 것
6) 사다리가 넘어지거나 미끄러지는 것을 방지하기 위한 조치를 할 것
7) 사다리의 상단은 걸쳐놓은 지점으로부터 60cm 이상 올라가도록 할 것
8) 사다리식 통로의 길이가 10m 이상인 경우에는 5m 이내마다 계단참을 설치할 것
9) 사다리식 통로의 기울기는 75°이하로 할 것, 다만, 고정식 사다리식 통로의 기울기는 90° 이하로 하고, 그 높이가 7m 이상인 경우에는 바닥으로부터 높이가 2.5m 되는 지점부터 등받이울을 설치할 것
10) 접이식 사다리 기둥은 사용 시 접혀지거나 펼쳐지지 않도록 철물 등을 사용하여 견고하게 조치할 것

■ 정답 ■ 98.① 99.④ 100.③ 101.④ 102.③

103 산업안전보건관리비계상기준에 따른 일반건설공사(갑), 대상액「5억원 이상 ~ 50억원 미만」의 안전관리비 비율 및 기초액으로 옳은 것은?

① 비율 : 1.86%, 기초액 : 5,349,000원
② 비율 : 1.99%, 기초액 : 5,449,000원
③ 비율 : 2.35%, 기초액 : 5,400,000원
④ 비율 : 1.57%, 기초액 : 4,411,000원

해설 공사종류별 규모 및 안전 관리비 계상 기준표(별표1)

대상액 공사종류	5억원 미만	5억원 이상 50억원 미만		50억원 이상
		비율 (X)	기초액 (C)	
건축공사	2.93%	1.86%	5,349,000원	1.97%
토목공사	3.09%	1.99%	5,499,000원	2.10%
중건설공사	3.43%	2.35%	5,400,000원	2.44%
특수 건설공사	1.85%	1.20%	3,250,000원	1.27%

104 터널작업 시 자동경보장치에 대하여 당일의 작업시작 전 점검하여야 할 사항으로 옳지 않은 것은?

① 검지부의 이상 유무
② 조명시설의 이상 유무
③ 경보장치의 작동 상태
④ 계기의 이상 유무

해설 자동경보장치의 설치 등(안전보건규칙 350조)
1) 인화성 가스가 존재하여 폭발 또는 화재가 발생할 위험이 있는 때에는 필요한 장소에 당해 가연성 가스 농도의 이상상승을 조기에 파악하기 위하여 필요한 자동경보장치를 설치하여야 한다.
2) 자동경보장치에 대하여 당일의 작업시작전에 다음 각 호의 사항을 점검하고, 이상을 발견한 때에는 즉시 보수하여야 한다.
   ① 계기의 이상 유무
   ② 검지부의 이상 유무
   ③ 경보장치의 작동 상태

105 다음은 말비계를 조립하여 사용하는 경우에 관한 준수사항이다. ( )안에 들어갈 내용으로 옳은 것은?

– 지주부재와 수평면의 기울기를 (A)°이하로 하고 지주부재와 지주부재 사이를 고정시키는 보조부재를 설치할 것
– 말비계의 높이가 2m를 초과하는 경우에는 작업발판의 폭을 (B)cm 이상으로 할 것

① A : 75, B : 30
② A : 75, B : 40
③ A : 85, B : 30
④ A : 85, B : 40

해설 말비계를 조립하여 사용 시 준수사항(안전보건규칙)
1) 지주부재의 하단에는 미끄럼 방지장치를 하고, 양측 끝부분에 올라서서 작업하지 아니하도록 할 것
2) 지주부재와 수평면과의 기울기르 75°이하로 하고, 지주부재 사이를 고정시키는 보조부재를 설치할 것
3) 말비계의 높이가 2m를 초과할 경우에는 작업발판의 폭을 40cm 이상으로 할 것

106 토질시험 중 연약한 점토 지반의 점착력을 판별하기 위하여 실시하는 현장시험은?

① 배인테스트(Vane Test)
② 표준관입시험(SPT)
③ 하중재하시험
④ 삼축압축시험

해설 베인테스트(Vane test) : 연약한 점토질(진흙)지반에서 보링 구멍에 십자(十) 날개형의 베인테스트(Vane test)를 때려 박고 호전시켜 그 저항력에 의하여 지반의 점착력을 판별하는 방법이다.

107 터널 등의 건설작업을 하는 경우에 낙반 등에 의하여 근로자가 위험해질 우려가 있는 경우에 필요한 직접적인 조치사항과 거리가 먼 것은?

① 터널지보공 설치 ② 부석의 제거
③ 울 설치 ④ 록볼트 설치

해설 터널건설작업시 낙반 등에 의한 위험방지 조치사항
  1) 터널지보공 설치
  2) 록 볼트의 설치
  3) 부석의 제거

108 다음 중 유해위험방지계획서 제출 대상 공사가 아닌 것은?

① 지상높이가 30m인 건축물 건설공사
② 최대지간길이가 50m인 교량건설공사
③ 터널 건설공사
④ 깊이가 11m인 굴착공사

해설 건설업 중 유해위험방지계획서 제출대상 사업장 (시행규칙 제 120조 제 4항)
  1) 지상높이가 31m 이상인 건축물 또는 인공구조물, 연면적 3만m² 이상인 건축물 또는 연면적 5천m² 이상의 문화 및 집회시설(전시장 및 동물원·식물원은 제외), 판매시설, 운수시설(고속철도의 역사 및 집배송시설은 제외), 종교시설, 의료시설 중 종합병원, 숙박시설 중 관광숙박시설, 지하도 상가 또는 냉동·냉장 창고시설의 건설·개조 또는 해체 (이하 "건설등"이라함)
  2) 연면적 5천m² 이상의 냉동·냉장 창고시설의 설비공사 및 단열공사
  3) 최대 지간길이가 50m 이상인 교량건설 등 공사
  4) 터널 건설 등의 공사
  5) 다목적댐, 발전용댐 및 저수용량 2천만 톤 이상의 용수 전용 댐, 지방상수도 전용댐건설 등의 공사
  6) 깊이 10m 이상인 굴착공사

109 비계의 부재 중 기둥과 기둥을 연결시키는 부재가 아닌 것은?

① 띠장 ② 장선
③ 가새 ④ 작업발판

해설 비계의 기둥과 기둥을 연결시키는 부재 : 띠장, 장선, 가새 등

110 타워크레인을 자립고(自立高) 이상의 높이로 설치할 때 지지벽체가 없어 와이어로프로 지지하는 경우의 준수사항으로 옳지 않은 것은?

① 와이어로프를 고정하기 위한 전용지지프레임을 사용할 것
② 와이어로프 설치각도를 수평면에서 60° 이내로 하되, 지지점은 4개소 이상으로 하고, 같은 각도로 설치할 것
③ 와이어로프와 그 고정부위는 충분한 강도와 장력을 갖도록 설치하되, 와이어로프를 클립·샤클(shackle) 등의 기구를 사용하여 고정하지 않도록 유의할 것
④ 와이어로프가 가공전선(架空電線)에 근접하지 않도록 할 것

해설 타워크레인을 와이어로프로 지지하는 경우 준수사항(안전보건규칙 제142조 제③항)
  1) 와이어로프를 고정하기 위한 전용 지지프레임을 사용할 것
  2) 와이어로프 설치각도는 수평면에서 60도 이내로 하되, 지지점은 4개소 이상으로 하고, 같은 각도로 설치할 것
  3) 와이어로프와 그 고정 부위는 충분한 강도와 장력을 갖도록 설치하고, 와이어로프를 클립·샤클(shackle) 등의 고정기구를 사용하여 견고하게 고정시켜 풀리지 아니하도록 하며, 사용 중에는 충분한 강도와 장력을 유지하도록 할 것
  4) 와이어로프가 가공전선(架空電線)에 근접하지 않도록 할 것

■정답■ 107.③ 108.① 109.④ 110.③

111 지반의 종류가 다음과 같을 때 굴착면의 기울기 기준으로 옳은 것은?

보통흙의 모래

① 1 : 0.5 ~ 1 : 1 ② 1 : 1.8
③ 1 : 0.8 ④ 1 : 0.5

해설

구분	지반의 종류	구배
보통 흙	모래	1 : 1.8
	그 밖에 흙	1 : 1.2
암반	풍화암	1 : 1.0
	연암	1 : 1.0
	경암	1 : 0.5

112 장비 자체보다 높은 장소의 땅을 굴착하는데 적합한 장비는?

① 파워쇼벨(Power Shovel)
② 불도저(Bulldozer)
③ 드래그라인(Drag line)
④ 클램쉘(Clam Shell)

해설 1) 파워셔블 : 장비자체보다 높은 장소 땅 굴착 시 적합
2) 백호우 : 장비자체보다 낮은 장소 땅 굴착시 적합

113 항만하역작업에서의 선박승강설비 설치 기준으로 옳지 않은 것은?

① 200톤급 이상의 선박에서 하역작업을 하는 경우에 근로자들의 안전하게 오르내릴 수 있는 현문(舷門) 사다리를 설치하여야 하며, 이 사다리 밑에 안전망을 설치하여야 한다.
② 현문 사다리는 견고한 재료로 제작된 것으로 너비는 55cm 이상이어야 한다.
③ 현문 사다리의 양측에는 82cm 이상의 높이로 울타리를 설치하여야 한다.

④ 현문 사다리는 근로자의 통행에만 사용하여야 하며, 화물용 발판 또는 화물용 보판으로 사용하도록 해서는 아니 된다.

해설 300톤급 이상의 선박에서 하역작업을 할 경우 조치할 사항
1) 근로자들이 안전하게 승강할 수 있는 현문사다리를 설치할 것
2) 현문사다리 밑에는 안전망을 설치할 것
3) 현문사다리의 너비는 55cm 0 상이어야 하고, 양측에 82cm 이상의 높이로 방책을 설치할 것

114 다음은 강관틀비계를 조립하여 사용하는 경우 준수해야할 기준이다. ( )안에 알맞은 숫자를 나열한 것은?

길이가 띠장방향으로 (A)미터 이하이고 높이가 (B)미터를 초과하는 경우에는 (C)미터 이내마다 띠장방향으로 버팀기둥을 설치할 것

① A : 4, B : 10, C : 5
② A : 4, B : 10, C : 10
③ A : 5, B : 10, C : 5
④ A : 5, B : 10, C : 10

해설 강관틀비계를 조립하여 사용할 대의 준수할 사항
1) 비계기둥의 밑둥에는 밑받침철물을 사용하여야 하며 밑받침에 고저차가 있는 경우에는 조절형 밑받침철물을 사용하여 각각의 강관틀비계가 항상 수평 및 ᄉ직을 유지하도록 할 것
2) 높이가 20m를 초과하거나 중량물의 적재를 수반하는 작업을 할 경우에는 주틀 간의 간격이 1.8m 이하로 할 것
3) 주틀 간의 교차가새를 설치하고 최상층 및 5층 이내마다 수평재를 설치할 것
4) 수직방향으로 6m, 수평방향으로 8m 이내마다 벽이음을 할 것
5) 길이가 띠장방향으로 4m 이하이고 높이가 10m를 초과하는 경우에는 10m 이내마다 띠장방향으로 버팀기둥을 설치할 것

2025

■ 정답 ■ 111.② 112.① 113.① 114.②

115 동력을 사용하는 항타기 또는 항발기에 대하여 무너짐을 방지하기 위하여 준수하여야 할 기준으로 옳지 않은 것은?

① 연약한 지반에 설치하는 경우에는 각부(脚部)나 가대(架臺)의 침하를 방지하기 위하여 깔판·깔목 등을 사용할 것
② 각부나 가대가 미끄러질 우려가 있는 경우에는 말뚝 또는 쐐기 등을 사용하여 각부나 가대를 고정시킬 것
③ 버팀대만으로 상단부분을 안정시키는 경우에는 버팀대는 3개 이상으로 하고 그 하단 부분은 견고한 버팀·말뚝 또는 철골 등으로 고정시킬 것
④ 버팀줄만으로 상단 부분을 안정시키는 경우에는 버팀줄을 2개 이상으로 하고 같은 간격으로 배치할 것

해설 **항타기·항발기의 도과를 방지하기 위하여 준수해야 할 사항**
1) 연약한 지반에 설치하는 때에는 각부 또는 가대의 침하를 방지하기 위하여 깔판, 깔목 등을 사용할 것
2) 시설 또는 가설물 등에 설치하는 때에는 그 내력을 확인하고 내력이 부족한 때에는 그 내력을 보강할 것
3) 각부 또는 가대가 미끄러질 우려가 있는 때에는 말뚝 또는 쐐기 등을 사용하여 각부 또는 기대를 고정시킬 것
4) 궤도 또는 차로 이동하는 항타기 또는 항발기에 대하여 불시에 이동하는 것을 방지하기 위하여 레일클램프 및 쐐기 등으로 고정시킬 것
5) 버팀대만으로 상단부분을 안정시키는 때에는 버팀대는 3개 이상으로 하고 그 하단 부분은 견고한 버팀말뚝 또는 철골 등으로 고정시킬 것
6) 버팀줄만으로 상단부분을 안정시키는 때에는 버팀줄을 3개 이상으로 하고 같은 간격으로 배치할 것
7) 평형추를 사용하여 안정시키는 때에는 평형추의 이동을 방지하기 위하여 가대에 견고하게 부착시킬 것

116 운반작업을 인력운반작업과 기계운반작업으로 분류할 때 기계운반작업으로 실시하기에 부적당한 대상은?

① 단순하고 반복적인 작업
② 표준화되어 있어 지속적이고 운반량이 많은 작업
③ 취급물의 형상, 성질, 크기 등이 다양한 작업
④ 취급물이 중량인 작업

해설 **기계운반작업으로 실시하여야 할 사항**
1) 단순하고 반복적인 작업
2) 취급물이 중량인 작업
3) 표준화되어 있어 지속적이고 운반량이 많은 작업
4) 위험한 장소에서의 운반 작업

117 추락방지용 설치 시 그물코의 크기가 10cm인 매듭 있는 방망의 신품에 대한 인장강도 기준으로 옳은 것은?

① 100 kgf 이상
② 200 kgf 이상
③ 300 kgf 이상
④ 400 kgf 이상

해설 **방망사의 강도**
(1) 방망사의 신품에 대한 인장강도

그물코의 크기 (단위 : cm)	방망의 종류(단위 : kg)	
	매듭 없는 방망	매듭 방망
10	240	200
5		110

(2) 방망사의 폐기시 인장강도

그물코의 크기 (단위 : cm)	방망의 종류(단위 : kg)	
	매듭 없는 방망	매듭 방망
10	150	135
5		60

118 본 터널(main tunnel)을 시공하기 전에 터널에서 약간 떨어진 곳에 지질조사, 환기, 배수, 운반 등의 상태를 알아보기 위하여 설치하는 터널은?

① 프리패브(prefab) 터널
② 사이드(side) 터널
③ 쉴드(shield) 터널
④ 파일럿(pilot) 터널

해설 1) **파일럿 터널**(pilot tunnel) : 본문설명
2) **쉴드 터널** (shield tunnel) : 철제로 된 원통형의 쉴드를 원하는 깊이를 지하로 들어갈 수 있게 하는 수직구 안에 투입해 커터헤드(cutter head)를 회전시켜 지반을 구축한 다음 공장에서 제작된 콘크리트 구조물인 세그먼트를 조립해 터널을 완성하는 공법이다.

119 거푸집동바리 등을 조립하는 경우에 준수하여야 할 안전조치기준으로 옳지 않은 것은?

① 동바리로 사용하는 강관은 높이 2m 이내마다 수평연결재를 2개 방향으로 만들고 수평연결재의 변위를 방지할 것
② 동바리로 사용하는 파이프 서포트는 3개 이상 이어서 사용하지 않도록 할 것
③ 동바리로 사용하는 파이프 서포트를 이어서 사용하는 경우에는 3개 이상의 볼트 또는 전용철물을 사용하여 이을 것
④ 동바리로 사용하는 강관틀과 강관틀 사이에 교차가새를 설치할 것

해설 거푸집의 동바리로 사용하는 파이프 서포트에 대한 설치 기준
1) 파이프 서포트를 3본 이상 이어서 사용하지 아니하도록 할 것
2) 파이프 서포트를 이어서 사용할 때에는 4개 이상의 볼트 또는 전용철물을 사용하여 이을 것

3) 높이가 3.5m를 초과할 때에는 높이가 2m 이내마다 수평 연결재를 2개 방향으로 만들고 수평연결재의 변위를 방지할 것

길잡이 거푸집동바리 조립시 준수사항(거푸집동바리 등의 안전조치)
1) 깔목의 사용, 콘크리트 타설(打設), 말뚝박기 등 동바리의 침하를 방지하기 위한 조치를 할 것
2) 개구부 상부에 동바리를 설치하는 때에는 상부하중을 견딜 수 있는 견고한 받침대를 설치할 것
3) 동바리의 상하고정 및 미끄러짐 방지조치를 하고, 하중의 지지상태를 유지할 것
4) 동바리의 이음은 맞댄이음 또는 장부이음으로 하고 같은 품질의 재료를 사용할 것
5) 강재와 강재와의 접속부 및 교차부는 볼트·클램프 등 전용철물을 사용하여 단단히 연결할 것
6) 거푸집이 곡면인 때에는 버팀대의 부착 등 그 거푸집의 부상(浮上)을 방지하기 위한 조치를 할 것

120 콘크리트 타설을 위한 거푸집동바리의 구조검토 시 가장 선행되어야 할 작업은?

① 각 부재에 생기는 응력에 대하여 안전한 단면을 산정한다.
② 가설물에 작용하는 하중 및 외력의 종류, 크기를 산정한다.
③ 하중 및 외력에 의하여 각 부재에 생기는 응력을 구한다.
④ 사용할 거푸집동바리의 설치간격을 결정한다.

해설 거푸집 동바리 구조검토시 가장 선행되어야 할 작업 : 가설물(거푸집)에 작용하는 하중 및 외력의 종류, 크기 등 산정

제1과목 / 산업안전관리론

01 산업안전보건법령상 재해발생 원인 중 설비적 요인이 아닌 것은?

① 기계·설비의 설계상 결함
② 방호장치의 불량
③ 작업표준화의 부족
④ 작업환경 조건의 불량

해설 **재해발생원인**(산업재해조사표 : 시행규칙 별지 제1호 서식)

재해발생 원인	세부내용
1) 인적요인	① 무의식 행동 ② 착오 ③ 피로 ④ 연령 ⑤ 커뮤니케이션 등
2) 설비적 요인	① 기계·설비의 설계상 결함 ② 방호장치의 불량 ③ 작업표준화의 부족 ④ 점검·정비의 부족 등
3) 작업· 환경적 요인	① 작업정보의 부적절 ② 작업자세·동작의 결함 ③ 작업방법의 부적절 ④ 작업환경 조건의 불량 등
4) 관리적 요인	① 관리조직의 결함 ② 규정·매뉴얼의 불비·불철저 ③ 안전교육의 부족 ④ 지도감독의 부족 등

02 산업안전보건기준에 관한 기준에 따른 크레인, 이동식 크레인, 리프트(간이리프트 포함)를 사용하여 작업을 할 때 작업시작 전에 공통적으로 점검해야 하는 사항은?

① 바퀴의 이상 유무
② 전선 및 접속부 상태
③ 브레이크 및 클러치의 기능
④ 작업면의 기울기 또는 요철 유무

해설 1) 크레인의 작업시작 전 점검사항
　① 권과방지장치, 브레이크, 클러치 및 운전장치 기능
　② 주행로의 상측 및 트롤리가 횡행하는 레일의 상태
　③ 와이어로프가 통하고 있는 곳의 상태
2) 이동식크레인의 작업시작 전 점검사항
　① 권과방지나 그 밖의 경보장치의 기능
　② 브레이크, 클러치 및 조정장치의 기능
　③ 와이어로프가 통하고 있는 곳 및 작업장소의 지반상태
3) 리프트의 작업시작 전 점검사항
　① 방호장치, 브레이크 및 클러치의 기능
　② 와이어로프가 통하고 있는 곳의 상태

> 길잡이 **크레인·이동식크레인·리프트의 작업시작 전 공통적 점검사항**
> 1) 브레이크·클러치의 기능
> 2) 와이어로프가 통하고 있는 곳의 상태

03 산업안전보건법령상 안전·보건진단을 받아 안전보건개선계획을 수립·제출하도록 명할 수 있는 사업장이 아닌 것은?

① 근로자가 안전수칙을 준수하지 않아 중대재해가 발생한 사업장
② 산업재해율이 같은 업종 평균 산업재해율의 2배 이상인 사업장
③ 작업환경 불량, 화재·폭발 또는 누출사고 등으로 사회적 물의를 일으킨 사업장
④ 직업병에 걸린 사람이 연간 2명 이상(상시 근로자 1천명 이상 사업장의 경우 3명 이상) 발생한 사업장

해설 안전·보건진단을 받아 안전보건개선계획을 수립해야 할 대상사업장
1) 사업주가 필요한 안전·보건조치를 이행하지 아니하여 중대재해가 발생한 사업장
2) 산업재해발생률이 같은 업종 평균 산업재해율의 2배 이상인 사업장
3) 직업성질병자가 연간 2명 이상(상시 근로자가 1000명 이상 사업장의 경우는 3명 이상)인 사업장
4) 작업환경불량, 화재·폭발 또는 누출사고 등으로 사업장 주변까지 피해가 확산된 사업장으로서 고용노동부령으로 정하는 사업장

04 위험예지훈련에 대한 설명으로 틀린 것은?

① 직장이나 작업의 상황 속 잠재 위험요인을 도출한다.
② 직장 내에서 최대 인원의 단위로 토의하고 생각하며 이해한다.
③ 행동하기에 앞서 해결하는 것을 습관화하는 훈련이다.
④ 위험의 포인트나 중점실시 사항을 지적 확인한다.

해설 ②항, 직장 내에서 최소인원(5~7명)의 단위로 토의하고 생각하며 이해한다.

05 재해발생의 간접원인 중 교육적 원인이 아닌 것은?

① 안전수칙의 오해 ② 경험훈련의 미숙
③ 안전지식의 부족 ④ 작업지시 부적당

해설 재해발생의 간접원인

항목	세부항목
1. 기술적 원인	① 건물, 기계장치 설계 불량 ② 구조, 재료의 부적합 ③ 생산 공정의 부적당 ④ 점검, 정비보존 불량
2. 교육적 원인	① 안전의식의 부족 ② 안전수칙의 오해 ③ 경험훈련의 미숙 ④ 작업방법의 교육 불충분 ⑤ 유해위험 작업의 교육 불충분
3. 작업관리상의 원인	① 안전관리 조직결함 ② 안전수칙 미제정 ③ 작업준비 불충분 ④ 인원배치 부적당 ⑤ 작업지시 부적당

06 산업안전보건법령상 산업안전보건관리비 사용명세서의 공사종료 후 보존기간은?

① 6개월간 ② 1년간
③ 2년간 ④ 3년간

해설 **사용명세서 작성 및 보존** : 산업안전보건관리비 사용명세서는 매월(공사가 1개월 이내에 종료되는 사업의 경우에는 해당공사 종료시)작성하고 공사종료 후 1년간 보존하여야 한다.

07 재해예방의 4원칙이 아닌 것은?

① 손실우연의 법칙 ② 예방교육의 원칙
③ 원인계기의 원칙 ④ 예방가능의 원칙

해설 재해예방의 4원칙
1) 손실우연의 원칙
2) 원인계기의 원칙
3) 예방가능의 원칙
4) 대책선정의 원칙

■ 정답 ■ 03.① 04.② 05.④ 06.② 07.②

08 산업안전보건법령상 안전·보건에 관한 노사협의체 구성의 근로자위원으로 구성기준 중 틀린 것은?

① 근로자대표가 지명하는 안전관리자 1명
② 근로자대표가 지명하는 명예감독관 1명
③ 도급 또는 하도급 사업을 포함한 전체 사업의 근로자대표
④ 공사금액이 20억원 이상인 도급 또는 하도급 사업의 근로자대표

해설 **노사협의체의 구성**

1) **근로자위원**
① 도급 또는 하도급 사업을 포함한 전체 사업의 근로자대표
② 근로자대표가 지명하는 명예감독관 1명. 다만, 명예감동관이 위촉되어 있지 아니한 경우에는 근로자대표가 지명하는 해당 사업장 근로자 1명
③ 공사금액이 20억원 이상인 도급 또는 하도급 사업의 근로자대표

2) **사용자위원**
① 해당 사업의 대표자
② 안전관리자 1명
③ 보건관리자 1명(보건관리자 선임대상 건설업으로 한정)
④ 공사금액이 20억원 이상인 도급 또는 하도급 사업의 사업주

09 산업안전보건법령상 안전검사 대상 유해·위험기계 등이 아닌 것은?

① 리프트   ② 전단기
③ 압력용기   ④ 밀폐형 구조 롤러기

해설 **안전검사대상 유해·위험기계·설비 등**

1) 프레스
2) 전단기
3) 크레인(이동식 크레인과 정격하중 2톤 미만인 호이스트는 제외)
4) 리프트
5) 압력용기
6) 곤돌라
7) 국소배기장치(이동식은 제외)
8) 원심기(산업용에 한정)
9) 롤러기(밀폐구조는 제외)
10) 사출성형기(형체결력 294kN 미만은 제외)
11) 고소작업대(화물자동차 또는 특수자동차에 탑재한 고소작업대로 한정)
12) 컨베이어
13) 산업용 로봇

10 강도율의 근로손실일수 산정기준에 대한 설명으로 옳은 것은?

① 사망, 영구 전노동 불능의 근로손실일수는 7500일이다.
② 사망, 영구 전노동 불능상태 신체장해등급은 1~2등급이다.
③ 영구 일부 노동불능 신체장해등급은 3~14등급이다.
④ 일시 전노동 불능은 휴업일수에 $\frac{280}{365}$ 을 곱한다.

해설 **근로손실일수의 산정기준(국제기준)**

1) 사망 및 영구전노동불능(신체장해등급 : 1~3급) : 7500일
2) 영구일부노동불능(신체장해등급 : 4~14급)

신체장애등급	근로손실일수
4급	5500일
5급	4000일
6급	3000일
7급	2200일
8급	1500일
9급	1000일
10급	600일
11급	400일
12급	200일
13급	100일
14급	50일

③ 일시전노동불능(휴업일수)

근로손실일수 = 휴업일수 $\times \frac{300}{365}$

11 맥그리거의 X, Y이론 중 X이론의 관리처방에 해당되는 것은?

① 자체평가제도의 활성화
② 분권화와 권한의 위임
③ 권위주의적 리더십의 확립
④ 조직구조의 평면화

해설 맥그리거의 X · Y이론

X이론의 관리처방	Y이론의 관리처방
1. 경제적 보상체제의 강화	1. 민주적 리더십의 확립
2. 권위주의적 리더십의 확보	2. 분권화의 권한과 위임
3. 면밀한 감독과 엄격한 통제	3. 목표에 의한 관리
4. 상부책임제도의 강화	4. 직무확장
5. 조직구성의 고층성	5. 비공식적 조직의 활용
	6. 자체평가제도의 활성화

12 안전 · 보건표지의 종류 중 응급구호 표지의 분류로 옳은 것은?

① 경고표지   ② 지시표지
③ 금지표지   ④ 안내표지

해설 안내표지의 종류
1) 녹십자표지   2) 응급구호표지
3) 들것   4) 세안장치
5) 비상용기구   6) 비상구
7) 좌측비상구   8) 우측비상구

13 안전보건관리조직에 있어 100명 미만의 조직에 적합하며, 안전에 관한 지시나 조치가 철저하고 빠르게 전달되나 전문적인 지식과 기술이 부족한 조직의 형태는?

① 라인 · 스탭형   ② 스탭형
③ 라인형   ④ 관리형

해설 안전관리조직의 형태 및 규모
1) line형 : 100명 이하의 소규모 사업장
2) staff형 : 100명 이상 500명(또는 1,000명)미만의 중규모 사업장
3) line-staff 혼합형 : 1,000명 이상의 대규모 사업장

14 재해손실비의 산정방식 중 버드(Frank Bird)방식의 구성비율로 옳은 것은? (단, 구성은 보험비 : 비보험 재산비용 : 기타 재산비용이다.)

① 1 : 5 ~ 50 : 1 ~ 3
② 1 : 1 ~ 3 : 7 ~ 15
③ 1 : 1 ~ 10 : 1 ~ 5
④ 1 : 2 ~ 10 : 5 ~ 50

해설 버드(Brids)의 재해손실비 산정방식 : 간접비를 빙산원리에 의해 두 개의 범주로 나누어 하나는 쉽게 측정할 수 있고 동시에 도훈에 가입되어 있지 않은 재산손실비용으로, 다른 하나는 양을 측정하기 어렵고 보험에 들지 않은 기타비용으로 하여 다음의 비율로 재해cost를 산정한다.

보험비 : 비보험재산비용 : 비보험 기타 재산비용 = 1 : 5~50 : 1~3
1) 보험비 : 의료 및 보상비
2) 비보험 재산비용 : 건물손실르 기구 및 비손실, 제품 및 재료손실, 조업중단 및 지연
3) 비보험 기타 재산비용 : 시간조사, 교육, 임대 등 기타 항목

15 산업안전보건법령상 안전보건총괄책임자의 직무가 아닌 것은?

① 위험성평가의 실시에 관한 사항
② 수급인의 산업안전보건관리비의 집행 감독
③ 자율안전확인대상 기계 · 기구 등의 사용 여부 확인
④ 해당 사업장 안전교육계획의 수립

해설 안전보건총괄책임자의 직무
1) 작업의 중지 및 재개
2) 도급사업 시의 안전 · 보건 조치
3) 수급인의 산업안전보건관리비의 집행 감독 및 그 사용에 관한 수급인 간의 협의 · 조정
4) 안전인증대상 기계 · 기구등과 자율안전확인대상 기계 · 기구 등의 사용 여부 확인
5) 위험성 평가의 실시에 관한 사항

16 산업안전보건법령상 안전인증대상 방호장치에 해당하는 것은?

① 교류 아크용접기용 자동전격방지기
② 동력식 수동대패용 칼날 접촉 방지장치
③ 절연용 방호구 및 활선작업용 기구
④ 아세틸렌 용접장치용 또는 가스집합 용접장치용 안전기

해설 **안전인증대상 및 자율안전확인대상방호장치**

안전인증대상 방호장치	자율안전확인대상 방호장치
① 프레스 및 전단기 방호장치 ② 양중기용 과부하 방지장치 ③ 보일러 압력방출용 안전밸브 ④ 압력용기 압력방출용 안전밸브 ⑤ 압력용기 압력방출용 파열판 ⑥ 절연용 방호구 및 활선작업용 기구 ⑦ 방폭구조 전기기계·기구 및 부품 ⑧ 추락·낙하 및 붕괴 등의 위험방호에 필요한 가설기자재로서 고용노동부장관이 정하여 고시하는 것	① 아세틸렌 용접장치용 또는 가스집합용접 장치용 : 안전기 ② 교류아크 용접기용 : 자동전격방지기 ③ 롤러기 : 급정지장치 ④ 연삭기 : 덮개 ⑤ 목재가공용 둥근 톱 : 반발예방장치 및 날접촉예방장치 ⑥ 동력식 수동 대패용 : 칼날접촉방지장치 ⑦ 산업용 로봇 : 안전매트

17 산소가 결핍되어 있는 장소에서 사용하는 마스크는?

① 방진 마스크
② 송기 마스크
③ 방독 마스크
④ 특급 방진 마스크

해설 **호흡용 보호구의 종류 및 사용 예**

종류	사용 예
1. 방진마스크	산소 비결핍 장소의 분진
2. 방독마스크	산고 비겹핍 장소의 유독가스
3. 송기마스크	산소 결핍 장소의 분진 및 유독가스
4. 전동식 호흡보호구	산소 결핍 장소의 분진 및 유독가스

18 재해조사 시 유의사항으로 틀린 것은?

① 조사는 현장이 변경되기 전에 실시한다.
② 목격자 증언 이외의 추측의 말은 참고로만 한다.
③ 사람과 설비 양면의 재해요인을 모두 도출한다.
④ 조사는 혼란을 방지하기 위하여 단독으로 실시한다.

해설 조사는 2인 이상이 하며 객관적인 입장에서 공정하게 조사한다.

19 건설기술 진흥법령상 건설사고조사위원회는 위원장 1명을 포함한 몇 명 이내의 위원으로 구성하는가?

① 12명
② 11명
③ 10명
④ 9명

해설 **건설사고조사위원회의 구성**
1) 건설사고조사위원회 : 위원장 1명을 포함한 12명 이내의 위원으로 구성한다.
2) 건설사고조사위원회의 위원 : 다음 각 호에 해당하는 사람 중에서 해당 건설사고조사위원회를 구성·운영하는 국토교통부장관, 발주청 또는 인·허가기관의 장이 임명하거나 위촉한다.
① 건설공사 업무와 관련된 공무원
② 건설공사 업무와 관련된 단체 및 연구기관 등의 임직원
③ 건설공사 업무에 관한 학식과 경험이 풍부한 사람

20 버드(Bird)의 신연쇄성 이론의 재해발생과정 중 직접원인의 징후로 불안전한 행동과 불안전한 상태는 몇 단계인가?

① 1단계
② 2단계
③ 3단계
④ 4단계

■정답■ 16.③ 17.② 18.④ 19.① 20.③

해설 버드의 사고연쇄성 이론 5단계
1) 1단계 : 통제의 부족-관리 소홀(경영)
2) 2단계 : 기본적인-기원(원인론)
3) 3단계 : 직접적인-징후
4) 4단계 : 사고-접촉
5) 5단계 : 상해-손해-손실

제2과목 / 산업심리 및 교육

21 하버드 학파의 학습지도법에 해당하지 않는 것은?

① 지시(Order)
② 준비(Preparation)
③ 교시(Presentation)
④ 총괄(Generalization)

해설 하버드 학파의 5단계 교수법
1) 1단계 : 준비시킨다(preparation)
2) 2단계 : 교시한다(presentation)
3) 3단계 : 연합한다(association)
4) 4단계 : 총괄시킨다(generalization)
5) 5단계 : 응용시킨다(application)

22 인간의 주의력은 다양한 특성을 가지고 있는 것으로 알려져 있다. 주의력의 특성과 그에 대한 설명으로 맞는 것은?

① 지속성 : 인간의 주의력은 2시간 이상 지속된다.
② 변동성 : 인간은 주의 집중은 내향과 외향의 변동이 반복된다.
③ 방향성 : 인간이 주의력을 집중하는 방향은 상하 좌우에 따라 영향을 받는다.
④ 선택성 : 인간의 주의력은 한계가 있어 여러 작업에 대해 선택적으로 배분된다.

해설 주의력의 특성
1) 주의력 중복집중의 곤란(선택성) : 주의는 동시에 2개 방향에 집중하지 못한다. (많은 것에 동시에 주의를 기울일 수 없다.)
2) 주의력의 단속성(변동성) : 고도의 주의는 장시간 지속할 수 없다. (주의 집중은 리듬을 가지고 변한다.)
3) 주의력의 방향성 : 한 지점에 주의를 집중하면 다른 곳의 주의는 약해진다. (주의는 중심에서 좌우로 벗어나면 급격히 저하된다.)

길잡이 주의의 특징
① 선택성 : 여러 종류의 자극을 지각할 때 소수의 특정한 것에 한하여 선택하는 기능
② 방향성 : 주시점만 인지하는 기능
③ 변동성 : 주위에는 주기적으로 부주의의 리듬이 존재

23 생체리듬(Biorhythm)에 대한 설명으로 맞는 것은?

① 각각의 리듬이 (-)에서의 최저점에 이르렀을 때를 위험일이라 한다.
② 감성적 리듬은 영문으로 S라 표시하며, 23일을 주기로 반복된다.
③ 육체적 리듬은 영문으로 P라 표시하며, 28일을 주기로 반복된다.
④ 지성적 리듬은 영문으로 I라 표시하며, 33일을 주기로 반복된다.

해설 바이오리듬의 종류
1) 육체적 리듬(physical cycle) : 주기23일(식욕, 소화력, 활동력, 지구력), 청색표시
2) 지성적 리듬(intellectual cycle) : 주기 33일(상상력, 사고력, 기억력, 인지, 판단), 녹색표시
3) 감성적 리듬(sensitivity cycle) :주기 28일(감정, 주의심, 창조력, 예감 및 통찰력)적색표시

■ 정답 ■ 21.① 22.④ 23.④

24 교육 및 훈련 방법 중 다음의 특징을 갖는 방법은?

> **[다음]**
> - 다른 방법에 비해 경제적이다.
> - 교육 대상 집단 내 수준차로 인해 교육의 효과가 감소할 가능성이 있다.
> - 상대적으로 피드백이 부족하다.

① 강의법　　　　② 사례연구법
③ 세미나법　　　④ 감수성 훈련

해설 강의법의 특징(장·단점)

1) 장점
   ① 사실, 사상을 시간, 장소에 제한 없이 제시할 수 있다(시간에 대한 계획과 통제가 용이하다)
   ② 여러 가지 수업매체를 동시에 활용할 수 있다
   ③ 강사가 임의로 시간을 조절할 수 있고, 강조할 점을 수시로 강조할 수 있다.
   ④ 학생의 다소에 제한을 받지 않는다.
   ⑤ 학습자의 태도, 정서 등의 감화를 위한 학습에 효과적이다.

2) 단점
   ① 개인의 학습속도에 맞추기 어렵다.
   ② 대부분이 일방통행적인 지식의 배합형식이다.
   ③ 학습자의 참여와 흥미를 지속시키기 위한 기회가 거의 없다.
   ④ 한정된 학습과제에만 가능하다.

25 심리검사의 구비 요건이 아닌 것은?

① 표준화　　　　② 신뢰성
③ 규격화　　　　④ 타당성

해설 관리검사의 구비조건

1) **표준화** : 검사관리를 위한 조건 및 검사절차의 일관성과 통일성을 표준화
2) **객관성** : 체험하는 과정에서 채점자의 편견이나 주관성 배제
3) **규준**(norms) : 검사결과를 해석하기 위한 비교할 수 있는 참조 또는 비교의 틀

4) **신뢰성** : 검사응답의 일관성(반복성)
5) **타당성** : 측정하고자 하는 것을 실제로 잘 측정하는가 여부를 판별하는 것

26 스트레스(stress)에 영향을 주는 요인 중 환경이나 외적 요인에 해당하는 것은?

① 자존심의 손상
② 현실에의 부적응
③ 도전의 좌절과 자만심의 상충
④ 직장에서의 대인관계 갈등과 대립

해설 스트레스의 주요요인

1) **외적 자극요인**
   ① 경제적인 어려움
   ② 대인관계상의 갈등과 대립
   ③ 가족관계상의 갈등
   ④ 가족의 죽음이나 질병
   ⑤ 자신의 건강문제
   ⑥ 상대적인 박탈감

2) **내적 자극요인**
   ① 자존심의 손상과 공격방어심리
   ② 출세욕의 좌절감과 자만심의 상충
   ③ 지나친 과거에의 집착과 허탈
   ④ 업무상의 죄책감
   ⑤ 지나친 경쟁심과 재물에 대한 욕심
   ⑥ 남에게 의지하고자 하는 심리
   ⑦ 가족 간의 대화단절 의견의 불일치

27 조직이 리더에게 부여하는 권한으로 볼 수 없는 것은?

① 합법적 권한　　② 강압적 권한
③ 보상적 권한　　④ 전문성의 권한

해설 리더십의 권한

1) 조직이 지도자에게 부여한 권한
   ① 보상적 권한
   ② 강압적 권한
   ③ 합법적 권한
2) 지도자 자신이 자신에게 부여한 권한
   ① 전문성의 권한
   ② 위임된 권한

■ **정답** ■　24.①　25.③　26.④　27.④

28 안전태도교육의 기본과정으로 볼 수 없는 것은?

① 강요한다.　　② 모범을 보인다.
③ 평가를 한다.　　④ 이해 . 납득시킨다.

해설 1) 안전태도교육의 원칙
　　① 청취한다.
　　② 이해하고 납득한다.
　　③ 항상 모범을 보여준다.
　　④ 권장한다.
　　⑤ 처벌한다.
　　⑥ 좋은 지도자를 얻도록 힘쓴다.
　　⑦ 적정배치를 한다.
　　⑧ 평가한다.
　　2) 안전태도교육의 기본과정
　　① 들어본다(청취) → ② 이해시킨다 → ③ 시범을 보인다 → ④ 평가한다.

29 엔드라고지 모델에 기초한 학습자로서의 성인의 특징과 가장 거리가 먼 것은?

① 성인들은 타인 주도적 학습을 선호한다.
② 성인들은 과제 중심적으로 학습하고자 한다.
③ 성인들은 다양한 경험을 가지고 학습에 참여한다.
④ 성인들은 왜 배워야 하는지에 대해 알고자 하는 욕구를 가지고 있다.

해설 엔드라고지 모델
　　1) 엔드라고지(Andragogy) : 성인과 이끄는 사람을 의미하며 성인학습자가 무엇을 어떻게 언제 배울 것인가 하는 의사결정을 스스로 할 수 있다고 보며 성인학습을 도와주는 기술로서의 과학을 의미하는 것이다.
　　2) 학습자로서의 성인의 특징
　　① 성인들은 자기 주도적 학습을 선호한다.
　　② 성인들은 과제 중심적으로 학습하고자 한다.
　　③ 성인들은 다양한 경험을 가지고 학습에 참여한다.
　　④ 성인들은 왜 배워야 하는지에 대해 알고자 하는 욕구를 가지고 있다.

30 어떤 과업을 성취할 수 있는 자신의 능력에 대한 스스로의 믿음을 무엇이라 하는가?

① 자기통제(self-control)
② 자아존중감(self-esteem)
③ 자기효능감(self-efficacy)
④ 통제소재(locus of control)

해설 ① 자기통제 : 목표를 달성하기 위해 스스로 자신의 행동을 조절하는 것
　　② 자아존중감 : 자기 자신을 가치 있고 긍정적인 존재로 평가하는 개념
　　③ 자기효능감 : 어떤 과업을 성취할 수 있는 자신의 능력에 대한 스스로의 믿음
　　④ 통제소재(통제위치) : 개인이 사건을 통제해서 영향을 미칠 수 있는 정도

31 강의식 교육에 있어 일반적으로 가장 많은 시간이 소요되는 단계는?

① 도입　　② 제시
③ 적용　　④ 확인

해설 단계별 교육시간 : 단계별 교육의 시간배분은 단위시간을 1시간(60분)으로 했을 때 대략 다음과 같이 된다.

교육법의 4단계	강의식	토의식
1단계 – 도입(준비)	5분	5분
2단계 – 제시(설명)	40분	10분
3단계 – 적용(응용)	10분	40분
4단계 – 확인(총괄)	5분	5분

32 리더십에 대한 연구 방법 중 통솔력이 리더 개인의 특별한 성격과 자질에 의존한다고 설명하는 이론은?

① 특질접근법　　② 상황접근법
③ 행동접근법　　④ 제한된 특질접근법

해설 특질접근법 : 통솔력이 리더개인의 특별한 성격과 자질에 의존한다는 학설

33 대상물에 대해 지름길을 사용하여 판단할 때 발생하는 지각의 오류가 아닌 것은?

① 후광효과   ② 최근효과
③ 결론효과   ④ 초두효과

해설 지각오류
    ① **후광효과** : 어떤 대상이나 사람에 대한 일반적인 견해가 그 대상이나 사람의 구체적인 특성을 평가하는데 영향을 미치는 현상
    ② **최근효과** : 정보가 차례대로 제시되는 경우 앞의 내용들 보다는 맨 나중에 제시된 내용을 보다 많이 기억하는 경향
    ③ **초두효과** : 비슷한 정보들이 계속해서 들어올 경우 가장 처음에 들어왔던 정보가 기억에 오래 남는 현상

34 인간본성을 파악하여 동기유발로 산업재해를 방지하기 위한 맥그리거의 XY이론에서 Y이론의 가정으로 틀린 것은?

① 목적에 투신하는 것은 성취와 관련된 보상과 함수관계에 있다.
② 근로에 육체적, 정신적 노력을 쏟는 것은 놀이나 휴식만큼 자연스럽다.
③ 대부분 사람들은 조건만 적당하면 책임뿐만 아니라 그것을 추구할 능력이 있다.
④ 현대 산업사회에서 인간은 게으르고 태만하며, 수동적이고 남의 지배를 받기를 즐긴다.

해설 맥그리거의 X · Y이론
    1) X이론 : 저차적 욕구이론(물질욕구)
    2) Y이론 : 고차적 욕구이론(정신욕구)

35 안전교육의 목적과 가장 거리가 먼 것은?

① 환경의 안전화
② 경험의 안전화
③ 인간정신의 안전화
④ 설비와 물자의 안전화

해설 안전교육의 목적
    1) 인간정신(의식)의 안전화

    2) 행동(동작)의 안전화
    3) 작업환경의 안전화
    4) 설비와 물자의 안전화

36 피로의 측정법이 아닌 것은?

① 생리적 방법   ② 심리학적 방법
③ 물리학적 방법   ④ 생화학적 방법

해설 피로의 측정법
    1) **생리학적 방법** : 근전도(EMG), 산소소비량 및 에너지대사율, 피부전기반사(GSR), 프릿가값(점멸융합주파수 : 대뇌활동측정) 등
    2) **화학적 방법** : 혈색소농도, 혈액수준, 혈단백, 응혈시간, 혈액, 요전해질, 요단백, 요교질, 배설량 등
    3) **심리학적 방법** : 피부(전위)저장, 동작분석, 연속반응시간, 행동기록, 정신작업, 전신자각증상, 집중유지기능 등

37 교육심리학에 있어 일반적으로 기억 과정의 순서를 나열한 것으로 맞는 것은?

① 파지 → 재생 → 재인 → 기명
② 파지 → 재생 → 기명 → 재인
③ 기명 → 파지 → 재생 → 재인
④ 기명 → 파지 → 재인 → 재생

해설 1) 기억의 과정 :
      기명 → 파지 → 재생 → 재인
    2) 용어의 의미
      ① **기억** : 과거의 경험이 어떠한 형태로 미래의 행동에 영향을 주는 작용이라고 할 수 있다.
      ② **기명** : 사물의 인상을 마음속에 간직하는 것을 말한다.
      ③ **파지** : 간직, 인상이 보존되는 것을 말한다.
      ④ **재생** : 보존된 인상이 다시 의식으로 떠오르는 것을 말한다.
      ⑤ **재인** : 과거에 경험했던 것과 같은 비슷한 상태에 부딪혔을 때 떠오르는 것을 말한다.

■ 정답 ■ 33.③ 34.④ 35.② 36.③ 37.③

38 안전교육 중 지식교육의 교육내용이 아닌 것은?

① 안전규정 숙지를 위한 교육
② 안전장치(방호장치) 관리기능에 관한 교육
③ 기능·태도교육에 필요한 기초지식 주입을 위한 교육
④ 안전의식의 향상 및 안전에 대한 책임감 주입을 위한 교육

해설 안전교육의 단계별 교육내용

안전교육 3단계	교육내용
1. 지식 교육	① 안전의식의 향상 및 안전에 대한 책임감 주입 ② 안전규정 숙지를 위한 교육 ③ 기능교육, 태도교육에 필요한 기초지식을 주입
2. 기능 교육	① 전문적 기술 및 안전기술기능 ② 안전장치(방호 장치)관리기능 ③ 정비, 검사, 점검에 관한 기능
3. 태도 교육	① 작업동작 및 표준작업방법의 습관화 ② 공구, 보호구 등의 관리 및 취급태도의 확립 ③ 점검 및 검사(작업 전후)요령의 정확화 및 습관화 ④ 지시, 전달, 확인 등 언어·태도의 정확화 및 습관화

39 NIOSH의 직무 스트레스 모형에서 각 요인의 세부 항목으로 연결이 틀린 것은?

① 작업요인 – 작업속도
② 조직요인 – 교대근무
③ 환경요인 – 조명, 소음
④ 완충작용요인 – 대응능력

해설 직무스트레스 요인
  1) 작업요인 : 작업속도, 교대근무
  2) 조직요인 : 관리유형
  3) 환경요인 : 조명 및 소음

40 스트레스에 대한 설명으로 틀린 것은?

① 사람이 스트레스를 받게 되면 각각기관과 신경이 예민해진다.
② 스트레스 수준이 증가할수록 수행성과는 일정하게 감소한다.
③ 스트레스는 환경의 요구가 지나쳐 개인의 능력한계를 벗어날 때 발생한다.
④ 스트레스 요인에는 소음, 진동, 열 등과 같은 환경영향뿐만 아니라 개인적인 심리적 요인들도 포함된다.

해설 스트레스(Stress) : 인체에 어떠한 자극이건 간에 체내의 호르몬계를 중심으로 한 특유의 반응이 일어나는 것을 적은 증상군이라 하며 이런 적응 증상군의 상태를 스트레스라 한다.

제3목 / 인간공학 및 시스템안전공학

41 고령자의 정보처리 과업을 설계할 경우 지켜야 할 지침으로 틀린 것은?

① 표시 신호를 더 크게 하거나 밝게 한다.
② 개념, 공간, 운동 양립성을 높은 수준으로 유지한다.
③ 정보처리 능력에 한계가 있으므로 시분할 요구량을 늘린다.
④ 제어표시장치를 설계할 때 불필요한 세부내용을 줄인다.

해설 ③항, 정보처리 능력에 한계가 있으므로 시분할 요구량을 줄인다.

42 다음 설명 중 (   )안에 알맞은 용어가 을바르게 짝지어진 것은?

(㉠) : FAT와 동일의 논리적 방법을 사용하여 관리, 설계, 생산, 보전 등에 대한 넓은 범위에 걸쳐 안전성을 확보하려는 시스템안전 프로그램
(㉡) : 사고 시나리오에서 연속된 사건들의 발생경로를 파악하고 평가하기 위한 귀납적이고 정량적인 시스템안전 프로그램

① ㉠ : PHA, ㉡ : ETA
② ㉠ : ETA, ㉡ : MORT
③ ㉠ : MORT, ㉡ : ETA
④ ㉠ : MORT, ㉡ : PHA

해설 1) MORT (경영소홀 및 위험수분석) : 광범위한 안전도모 및 고도의 안전발생
2) ETA (사상수분석법) : 귀납적, 정량적 분석법

43 의자 설계의 인간공학적 원리로 틀린 것은?

① 쉽게 조절할 수 있도록 한다.
② 추간판의 압력을 줄일 수 있도록 한다.
③ 둥근육의 정적 부하를 줄일 수 있도록 한다.
④ 고정된 자세로 장시간 유지할 수 있도록 한다.

해설 1) 일정한 자세를 계속 유지하도록 설계된 의자는 신체에 부담을 주기 때문에 의자설계원리에 위배된다.
2) 의자설계시 고려해야 할 사항
① 등받이의 굴곡은 전단곡(요추의 굴곡)과 일치하여야 한다.
② 정적인 부하와 고정된 작업자세를 피해야 한다.
③ 좌면의 높이는 신장에 따라 조절 가능해야 한다.
④ 의자의 높이는 오금높이와 같거나 오금높이보다 낮아야 한다.

44 신호검출이론에 대한 설명으로 틀린 것은?

① 신호와 소음을 쉽게 식별할 수 없는 상황에 적용된다.
② 일반적인 상황에서 신호 검출을 간섭하는 소음이 있다.
③ 통제된 실험실에서 얻은 결과를 현장에 그대로 적용 가능하다.
④ 긍정(hit), 허위(false alarm), 누락(miss), 부정(correct rejection)의 네 가지 결과로 나눌 수 있다.

해설 ③항, 통제된 실험실에서 얻은 결과는 현장에 그대로 적용되지 않는다.

길잡이 신호검출이론(SDT)
인간이 자극을 감지하여 신호를 판단할 경우 소음이나 잡음이 있는 상황에서 이루어질 때 잡음이 신호감출에 미치는 영향에 대한 이론을 말한다.

45 A 제지회사의 유아용 화장지 생산 공정에서 작업자의 불안전한 행동을 유발하는 상황이 자주 발생하고 있다. 이를 해결하기 위한 개선의 ECRS에 해당하지 않는 것은?

① Combine   ② Standard
③ Eliminate   ④ Rearrange

해설 1) 작업방법의 개선원칙(ECRS) : 작업분석방법, 새로운 작업방법의 개발원칙
① 제거(eliminate)
② 결합(combine)
③ 재조정(rearrange)
④ 단순화(simplify)
2) 작업개선단계
① 1단계 : 작업분해
② 2단계 : 세부내용 검토
③ 3단계 : 작업분석
④ 4단계 : 새로운 방법의 적용

■ 정답 ■   42.③   43.④   44.③   45.②

46 결함수분석법에서 path set 에 관한 설명으로 맞는 것은?

① 시스템의 약점을 표현한 것이다.
② Top사상을 발생시키는 조합이다.
③ 시스템이 고장 나지 않도록 하는 사상의 조합이다.
④ 시스템고장율 유발시키는 필요불가결한 기본사상들의 집합이다.

해설 1) 컷셋과 미니멀 컷
　　① **컷셋 (cut sets)** : 정상사상을 일으키는 기본사상(통상사상, 생략사상, 포함)의 집합을 컷이라 한다.
　　② **미니멀 컷(minimal cut sets)** : 정상사상을 일으키기 위해 필요한 최소한의 컷을 말한다(시스템의 위험성을 나타냄).
　　2) 패스셋과 미니멀 패스
　　① **패스셋(path sets)** : 정상사상이 일어나지 않는 기본사상의 집합을 말한다.
　　② **미니멀 패스(minimal path sets)** : 필요한 최소한의 패스를 말한다(시스템의 신뢰성을 나타냄).

47 산업안전보건법상 유해·위험방지계획서를 제출한 사업주는 건설공사 중 얼마 이내마다 관련법에 따라 유해·위험방지계획서의 내용과 실제공사 내용이 부합하는지의 여부 등을 확인받아야 하는가?

① 1개월　　　　② 3개월
③ 6개월　　　　④ 12개월

해설 **확인을 받아야 할 사항**(시행규칙 제124조) : 유해위험방지계획서를 제출한 사업주는 해당 건설물 기계 기구 및 설비의 시운전단계에서 건설공사 중 6개월 이내마다 다음 각 호의 사항에 관하여 공단의 확인을 받아야 한다.
　1) 유해위험방지계획서의 내용과 실제공사 내용이 부합하는지 여부
　2) 유해 위험방지계획서 변경 내용의 적정성
　3) 추가적인 유해위험요인의 존재여부

48 다음 설명에 해당하는 설비보전방식의 유형은?

> 설비보전 정보와 신기술을 기초로 신뢰성, 조작성, 보전성, 안전성, 경제성 등이 우수한 설비의 선정, 조달 또는 설계를 통하여 궁극적으로 설비의 설계, 제작 단계에서 도전활동이 불필요한 체제를 목표로 한 설비보전 방법을 말한다.

① 개량보전　　　　② 보전예방
③ 사후보전　　　　④ 일상보전

해설 **설비보전방식의 유형**
　1) **예방보전** : 설비를 항상 정상, 양호한 상태로 유지하기 위한 정기검사와 초기단계에서 성능의 저하나 고장을 제거하거나 조정 또는 수복(修復)하기 위한 설비의 보수활동을 의미한다.
　2) **일상보전** : 설비의 열화를 방지 하고 그 진행을 지연시켜 수명을 연장하기 위한 설비의 점검, 청소, 주유, 교체 등의 활동을 의미한다.
　3) **개량보전** : 고장을 미연에 방지하기 위해 설비를 개조하거나 설계에서부터 시정조치를 취하고 설비의 체질개선을 도모하는 설비보전 방법을 의미한다.
　4) **보전예방** : 본문설명
　5) **사후보전** : 수리를 행하는 설비보전방법을 의미한다.
　6) **예지보전** : 설비의 이상 상태를 검출, 측정 또는 감시하여 열화의 정도가 사용한도에 이른 시점에서 분해, 검사, 부품교환, 수리 하는 설비보전 방법을 의미한다.

49 부품에 고장이 있더라도 플레이너 공작기계를 가장 안전하게 운전할 수 있는 방법은?

① fail - soft　　　　② fail - active
③ fail - passive　　　④ fail - operational

해설 **페일 세이프 구조의 기능면에 서의 분류**
　1) fail passive : 성분의 고장시 기계 장치는 정지상태로 돌아간다.

2) **fail operaional** : 병렬 여분계의 성분을 구성한 경우이며, 성분의 고장이 있어도 다음 정기점검 시까지는 운전이 가능하다.
3) **fail active** : 성분의 고장시 기계 장치는 경보를 나타내며 단 시간에 역전이 된다.

50 그림과 같은 시스템의 전체 신뢰도는 약 얼마인가? (단, 네모 안의 수치는 각 구성요소의 신뢰도이다.)

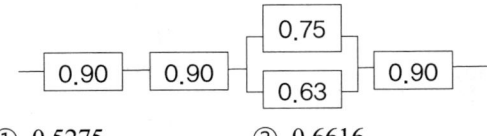

① 0.5275   ② 0.6616
③ 0.7575   ④ 0.8516

해설 $R = 0.9 \times 0.9 \times [1-(1-0.75)(1-0.63)]$
$\times 0.9 = 0.6616$

51 결함수분석법(FTA)에서의 미니멀 컷셋과 미니멀 패스셋에 관한 설명으로 맞는 것은?

① 미니멀 컷셋은 시스템의 신뢰성을 표시하는 것이다.
② 미니멀 패스셋은 시스템의 위험성을 표시하는 것이다.
③ 미니멀 패스셋은 시스템의 고장을 발생시키는 최소의 패스셋이다.
④ 미니멀 컷셋은 정상사상(top event)을 일으키기 위한 최소한의 컷셋이다.

해설 1) **컷셋과 미니멀 컷**
① **컷셋**(cut sets) : 정상사상을 일으키는 기본사상(통상사상, 생략사상 포함)의 집합을 컷이라 한다.
② **미니멀 컷**(minimal cut sets) : 정상사상을 일으키기 위해 필요한 최소한의 컷을 말한다. (시스템의 위험성을 나타냄)
2) **패스셋과 미니멀 패스**
① **패스셋**(path sets) : 정상사상이 일어나지 않는 기본사상의 집합을 말한다.

② **미니멀 패스**(minimal path sets) : 필요한 최소한의 패스를 말한다.(시스템의 신뢰성을 나타냄)

52 근섬유의 직경이 작아서 큰 힘을 발휘하지 못하지만 장시간 지속시키고 피로가 쉽게 발생하지 않는 골격근의 근섬유는 무엇인가?

① Type S 근섬유
② Type Ⅱ 근섬유
③ Type F 근섬유
④ Type Ⅲ 근섬유

해설 Type S 근섬유
1) 근섬유의 직경이 작아서 큰 힘을 발휘하지 못하지만 장시간 지속 시킨다
2) 피로가 쉽게 발생하지 않는다.

53 반사율이 85%, 글자의 밝기가 400cd/m² 인 VDT 화면에 350lx의 조명이 있다면 대비는 약 얼마인가?

① −2.8   ② −4.2
③ −5.0   ④ −6.0

해설 1) 반사율 (%) $= \dfrac{광속발산도}{소요조명} \times 100$

$= \dfrac{cd/m^2 \times \pi}{lux}$

① 배경의 광속발산도 (L_b)

$L_b(cd/m^2) = \dfrac{반사율 \times 소요조명}{\pi}$

$= \dfrac{0.85 \times 350}{3.14} = 94.75cd/m^2$

② 표적의 광속발산도 (L_t)

$L_t = 400 + 94.75 = 494.75cd/m^2$

2) 대비 $= \dfrac{L_b - L_t}{L_b} \times 100$

$= \dfrac{94.75 - 494.75}{94.75} \times 100 = -4.22\%$

■ 정답 ■   **50.**②   **51.**④   **52.**①   **53.**②

54 자극과 반응의 실험에서 자극 A 가 나타날 경우 1로 반응하고 자극 B가 나타날 경우 2로 반응하는 것으로 하고, 100회 반복하여 표와 같은 결과를 얻었다. 제대로 전달된 정보량을 계산하면 약 얼마인가?

반응 자극	1	2
A	50	–
B	10	40

① 0.610
② 0.871
③ 1.000
④ 1.361

해설 자극과 반응의 예

반응 자극	1	2	계
A	50		50
B	10	40	50
계	60	40	

1) 자극 보정량

$$H(x) = 0.5\log_2\left(\frac{1}{0.5}\right) + 0.5\log_2\left(\frac{1}{0.5}\right) = 1.0$$

2) 반응 정보량

$$H(y) = 0.6\log_2\left(\frac{1}{0.6}\right) + 0.4\log_2\left(\frac{1}{0.4}\right) = 0.9709$$

$$H(x,y) = 0.5\log_2\left(\frac{1}{0.5}\right) + 0.1\log_2\left(\frac{1}{0.1}\right) + 0.4\log_2\left(\frac{1}{0.4}\right)$$
$$= 1.3609$$

3) 전달된 정보량 [$T(x,y)$]

$$T(x,y) = H(x) + H(y) - H(x,y)$$
$$= 1.0 + 0.9709 - 1.3609 = 0.610$$

55 인간-기계시스템에 관한 내용으로 틀린 것은?

① 인간 성능의 고려는 개발의 첫 단계에서부터 시작되어야 한다.
② 기능 할당 시에 인간 기능에 대한 초기의 주의가 필요하다.
③ 평가 초점은 인간 성능의 수용가능한 수준이 되도록 시스템을 개선하는 것이다.
④ 인간 – 컴퓨터 인터페이스 설계는 인간보다 기계의 효율이 우선적으로 고려되어야 한다.

해설 ④항, 인간 – 컴퓨터 인터페이스 설계는 기계의 효용보다 인간이 우선적으로 고려되어야 한다.

56 자극 - 반응 조합의 관계에서 인간의 기대와 모순되지 않는 성질을 무엇이라 하는가?

① 양립성
② 적응성
③ 변별성
④ 신뢰성

해설 양립성 : 정보입력 및 처리와 관련된 양립성은 인간의 기대와 모순되지 않는 자극들 간의 반응들 간의 또는 자극 반응 조합의 관계를 말하는 것으로 다음의 3가지가 있다.
1) 공간적 양립성 : 표시장치나 조종장치에서 물리적 형태나 공간적인 배치의 양립성
2) 운동 양립성 : 표시 및 조종장치, 체계반응에 대한 운동방향의 양립성
3) 개념적 양립성 : 사람들이 가지고 있는 개념적 연상(어떤 암호체계에서 청색이 정상을 나타내듯이)의 양립성

57 FTA 에서 사용하는 다음 사상기호에 대한 설명으로 맞는 것은?

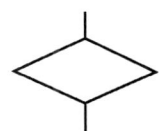

① 시스템 분석에서 좀 더 발전시켜야 하는 사상
② 시스템의 정상적인 가동상태에서 일어날 것이 기대되는 사상
③ 불충분한 자료로 결론을 내릴 수 없어 더 이상 전개 할 수 없는 사상
④ 주어진 시스템의 기본사상으로 고장원인이 분석되었기 때문에 더 이상 분석할 필요가 없는 사상

2025

해설 **생략사상(추적가능한 최후사상)** : 사상과 원인과의 관계를 충분히 알 수 없거나 또는 필요한 정보를 얻을 수 없기 때문이 이것이상 전개할 수 없는 최후적 사상을 나타낼 때 사용한다(말단사상)

58 병렬 시스템에 대한 특성이 아닌 것은?

① 요소의 수가 많을수록 고장의 기회는 줄어든다.
② 요소의 중복도가 늘어날수록 시스템의 수명은 길어진다.
③ 요소의 어느 하나라도 정상이면 시스템은 정상이다.
④ 시스템의 수명은 요소 중에서 수명이 가장 짧은 것으로 정해진다.

해설 ④항, 병렬계의 수명은 요소 중에서 수명이 가장 긴 것으로 정해진다.

> 길잡이 **직렬계의 특성**
> 1) 요소(要素)중 어느 하나가 고장이면 계(系)는 고장이다.
> 2) 요소의 수 적을수록 신뢰도는 높아진다.
> 3) 요소의 수가 많을수록 수명이 짧아진다.
> 4) 계의 수명은 요소 중에서 수명이 가장 짧은 것으로 정하여진다.

59 시각적 부호의 유형과 내용으로 틀린 것은?

① 임의적 부호 - 주의를 나타내는 삼각형
② 명시적 부호 - 위험표지판의 해골과 뼈
③ 묘사적 부호 - 보도 표지판의 걷는 사람
④ 추상적 부호 - 별자리를 나타내는 12궁도

해설 **시각적 암호 부호 및 기호의 유형**
1) **묘사적 부호** : 사물의 행동을 단순하고 정확하게 묘사하는 것
(예 : 위험표지판의 해골과 뼈, 도로표지 판의 걷는 사람)
2) **추상적 부호** : 전언(傳言)의 기본요소를 도식적으로 압축한 부호로서 원 개념과는 약

간의 유사성이 있을 뿐이다
3) **임의적 부호** : 부호가 이미 고안되어 있으므로 이를 배워야 하는 부호
(예 : 교통표지판의 삼각형 - 주의, 원형 - 규제, 사각형 - 안내표시)

60 적절한 온도의 작업환경에서 추운 환경으로 변할 때, 우리의 신체가 수행하는 조절작용이 아닌 것은?

① 발한(發汗)이 시작된다.
② 피부의 온도가 내려간다.
③ 직장온도가 약간 올라간다.
④ 혈액의 많은 양이 몸의 중심부를 순환한다.

해설 **온도변화에 대한 신체의 조정작용(인체적응)**

적온에서 고온환경으로 변할 때	적온에서 한냉환경으로 변할 때
① 많은 양의 혈액이 피부를 경유하여 피부온도가 올라간다. ② 직장온도가 내려간다. ③ 발한이 시작된다.	① 많은 양의 혈액이 몸의 중심부를 순환하며 피부온도는 내려간다. ② 직장온도가 약간 올라간다. ③ 소름이 돋고 몸이 떨린다.

제4목 / 건설시공학

61 토공사용 장비에 해당되지 않는 것은?

① 로더 (loader)
② 파워쇼벨(power shovel)
③ 가이데릭 (guy derrick)
④ 클램쉘(clamshell)

해설 1) **토공사용 장비** : 파워쇼벨, 백호우, 드라그라인, 크렘쉘, 로더, 불도저, 스크레이퍼 등
2) **철골세우기용 장비** : 데릭(가이데릭,스티프레그데릭, 진폴데릭), 크레인 등

62 갱폼(Gang Form)에 관한 설명으로 옳지 않은 것은?

① 타워크레인, 이동식 크레인 같은 양중장비가 필요하다.
② 벽과 바닥의 콘크리트 타설을 한번에 가능하게 하기 위하여 벽체 및 슬래브거푸집을 일체로 제작한다.
③ 공사초기 제작기간이 길고 투자비가 큰 편이다.
④ 경제적인 전용횟수는 30 ~ 40회 정도이다.

해설 **갱폼의 장점 · 단점**

장점	1) 조립,해체가 생략되고 설치와 탈형만 함으로 인력절감 2) 콘크리트 이음부위 감소로 마감단순화 및 비용절감 3) 기능공의 기능도에 좌우되지 않음 4) 1개 현장 사용후 합판 교체하여 재사용 가능
단점	1) 장비 필요, 초기투자비 과다 2) 거푸집 조립시간 필요〈취급 어려움〉 3) 기능공의 교육 및 숙달기간 필요

> 길잡이 **터널폼**(tunnel form)
> 백식 철근콘크리트 구조를 사용할 경우 벽과 바닥의 콘크리트 타설을 한 번에 가능하게 하기 위하여 벽체용 거푸집과 슬래브 거푸집을 일체로 제작하여 한 번에 설치하고 해체할 수 있도록 한 거푸집이다.

63 지정에 관한 설명으로 옳지 않은 것은?

① 잡석지정 – 기초 콘크리트 타설시 흙의 혼입을 방지하기 위해 사용한다.
② 모래지정 – 지반이 단단하며 건물이 경량일 때 사용한다.
③ 자갈지정 – 굳은 지반에 사용되는 지정이다.
④ 밑창 콘크리트 지정 – 잡석이나 자갈위 기초 부분의 먹매김을 위해 사용한다.

해설 **모래지정** : 지반이 연약하고 건물의 무게가 비교적 가벼울 경우 지반을 파내고 모래를 물다짐한 것이다

64 주문받은 건설업자가 대상 계획의 기업, 금융, 토지조달, 설계, 시공 등을 포괄하는 도급계약방식을 무엇이라 하는가?

① 실비청산 보수가산도급
② 정액도급
③ 공동도급
④ 턴키도급

해설 **턴키도급**
1) 건설업자가 대상계획의 기업, 금융, 토지조달, 설계, 시공, 기계, 기구설치, 시운전까지 주문자가 필요로 하는 모든 것을 조달하여 인도하는 도급계약 방식이다.
2) 새로운 프랜트 공사와 특정공사 등에만 적용하고 있으며 해외공사 발주시에 주로 채택된다.

65 시공의 품질관리를 위한 7가지 도구에 해당되지 않는 것은?

① 파레토그램
② LOB기법
③ 특성요인도
④ 체크시트

해설 **품질관리(QC, Quality Control) 활동의 7가지 도구(QC 7가지 수법)**
1) **히스토그램**(histogram) : 길이, 무게, 강도 등과 같이 계량치의 데이터가 어떠한 분포를 하고 있는지 알아보기 위하여 작성하는 주상(柱狀) 기둥그래프(막다그래프)이다.
2) **특성요인도** : 결과에 원인이 어떻게 관계하고 있는가를 생선뼈 모양으로 나타낸 그림이다.
3) **파레토도**(pareto diagram) : 시공불량의 내용이나 원인을 분류 항목으로 나누어 크기 순서대로 나열해 놓은 그림이다.
4) **관리도** : 공정의 상태를 나타내는 특성치에 관해서 그려진 꺾은선 그래프이다.
5) **산점도**(산포도, scatter diagram) : 서로 대응되는 두 종류의 데이터의 상호관계를 보는 것이다.
6) **체크시트** : 본문설명
7) **층별** : 데이터의 특성을 적당한 범주마다 얼마간의 그룹으로 나누어 도드로 나타낸 것

2025

66 건설공사의 입찰 및 계약의 순서로 옳은 것은?

① 입찰통지→입찰→개찰→낙찰→현장설명→계약

② 입찰통지→현장설명→입찰→개찰→낙찰→계약

③ 입찰통지→입찰→현장설명→개찰→낙찰→계약

④ 현장설명→입찰통지→입찰→개찰→낙찰→계약

[해설] 입찰순서

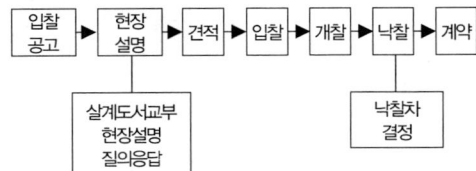

67 다음 [보기]의 블록쌓기 시공순서로 옳은 것은?

[보기]
A. 접착면 청소   B. 세로규준틀 설치
C. 규준쌓기   D. 중간부쌓기
E. 줄눈누르기 및 파기
F. 치장줄눈

① A – D – B – C – F – E

② A – B – D – C – F – E

③ A – C – B – D – E – F

④ A – B – C – D – E – F

[해설] 블록쌓기 시공순서
1) 접착면 청소
2) 세로규준토 설치
3) 규준쌓기
4) 중간부 쌓기
5) 줄눈누르기 및 파기
6) 치장줄눈

68 벽돌공사에 관한 설명으로 옳은 것은?

① 연속되는 벽면의 일부를 트이게 하여 나중 쌓기로 할 때에는 그 부분을 층단 들여쌓기로 한다.

② 모르타르는 벽돌강도 이하의 것을 사용한다.

③ 1일 쌓기 높이는 1.5 ~ 3.0m를 표준으로 한다.

④ 세로줄눈은 통줄눈이 구조적으로 우수하다.

[해설] 층단들여쌓기
1) 연속되는 벽면의 일부를 동시에 쌓지 못할 때 층단 들여 쌓기를 한다.
2) 긴 벽돌벽 쌓기의 경우 벽 일부를 한번에 쌓지 못하게 될 때 벽 중간에서 점점 쌓는 길이를 줄여 마무리하는 방법이다.

69 지반조사의 방법에 해당되지 않는 것은?

① 보링(Boring)

② 사운딩(Sounding)

③ 언더피닝(Under pinning)

④ 샘플링(Sampling)

[해설] 지반조사방법
1) 지하탐사법
   ① 탐사간 짚어보기 : 쇠꽂이 찔러보기 (sound rod)
   ② 터파보기(trial pit, 시험파기) : 가장 정확한 지하탐사법
   ③ 물리적 지하탐사(탄성파식, 전기저항식) : 광대한 대지의 심층구조파악
2) 보링(boring ; 관입시험) : 오우거보링, 회전식보링, 충격식보링, 수세식 보링
3) 사운딩(sounding)
   ① 표준관입시험
   ② 베인시험
   ③ 스웨덴식 사운딩시험
   ④ 화란식 관입시험
4) 샘플링 (sampling ; 시료채취) : 교란 시료채취, 불교란시료채취
5) 지배력시험(재하시험) : 평판재하시험, 말뚝재하시험 등

70 리버스 서큘레이션 드릴(RCD)공법의 특징으로 옳지 않은 것은?

① 드릴 로드 끝에서 물을 빨아올리면서 말뚝 구멍을 굴착하는 공법이다.
② 지름 0.8~3.0m, 심도 60m 이상의 말뚝을 형성한다.
③ 시공 시 소량의 물로 가능하며, 해상작업이 불가능하다.
④ 세사층 굴착이 가능하나 드릴파이프 직경보다 큰 호박돌이 존재할 경우 굴착이 곤란하다.

[해설] 리버스서큘레이션 공법
1) **리버스서큘레이션 말뚝**(revers circulation pile) : 굴착구멍 내에 지하수위보다 2m 이상 높게 물을 채워 굴착면에 2t/m² 이상의 정수압에 의해 벽면붕괴를 방지하며 굴착한 후 형성시킨 제자리콘크리트 말뚝
2) **리버스서큘레이션 공법의 특징**
   ① 벤토나이트 용액으로 구멍벽이 무너지는 것을 방지하면서 굴착하므로 케이싱이 필요 없다.
   ② 점토, 실트층 등에 적용된다.
   ③ 시공심도는 통상 30~70m 정도까지로 한다(최고 100~200m 가능)
   ④ 시공직경(0.9~3m)을 크게 할 수 있다.
   ⑤ 무진동, 무소음이다.
   ⑥ 단점 : 누수대책이 필요하고 조약돌 등의 토질은 굴착이 곤란하다.

71 토류구조물의 각 부재와 인근 구조물의 각 지점 등의 응력변화를 측정하여 이상변형을 파악하는 계측기는?

① 경사계(inclino meter)
② 변형률계(strain gauge)
③ 간극수압계 (piezometer)
④ 진동측정계(vibro meter)

[해설] **스트레인게이지**(strain gauge;변형률계)
기계나 구조물의 표면에 접착해 두면 그 표면에서 생기는 미세한 치수의 변화, 즉 스트레인(strain)을 측정하는 것이다. 금속저항소자의 저항치 변화에 따라 피측정물의 표면의 변형을 측정하는 것이다.

72 아래 부재를 대상으로 콘크리트 압축강도를 시험할 경우 거푸집널의 해체가 가능한 콘크리트 압축강도의 기준으로 옳은 것은?(단, 콘크리트표준시방서 기준)

> 슬래브 및 보의 밑면

① 설계기준압축강도의 3/4배 이상 또한, 최소 5MPa 이상
② 설계기준압축강도의 2/3배 이상 또한, 최소 5MPa 이상
③ 설계기준압축강도의 3/4배 이상 또한, 최소 14MPa 이상
④ 설계기준압축강도의 2/3배 이상 또한, 최소 14MPa 이상

[해설] 거푸집널의 해체가 가능한 콘크리트 압축강도

부위	압축강도	비고
수평재 거푸집 (비닥, 보밑)	설계기준강도의 2/3이상 또는 14MPa 이상	1) 3일,7일,28일 압축강도시험 2) 슈미트레터시험 3) 적당온도
수직재 거푸집 (벽, 보옆, 기둥)	5MPa 이상	

73 돌붙임 앵커 긴결공법 중 파스너 설치방식이 아닌 것은?

① 논 그라우팅 싱글 파스너 방식
② 논 그라우팅 더블 파스너 방식
③ 그라우팅 더블 파스너 방식
④ 그라우팅 트리플 파스너 방식

[해설] **앵커긴결공법** : 석재의 불입(돌끼입)에 모르타르를 사용하지 않고 엥커, 볼트, 연결철물 등을 사용하여 석재와 구조체를 연결시키는 방법이다.

■정답 ■ **70.**③ **71.**② **72.**④ **73.**④

74 ALC의 특징에 관한 설명으로 옳지 않은 것은?

① 흡수율이 낮은 편이며, 동해에 대해 방수방습처리가 불필요하다.
② 열전도율은 보통콘크리트의 약 1/10 정도로 단열성이 우수하다.
③ 건조수축률이 작으므로 균열 발생이 적다.
④ 경량으로 인력에 의한 취급이 가능하고, 필요에 따라 현장에서 절단 및 가공이 용이하다.

해설 **ALC (경량기포콘크리트)**
1) ALC : 발포제에 의하여 콘크리트 내부에 무수한 기포를 독립적으로 분산시켜 중량을 가볍게 한 기포콘크리트(고온, 고압으로 증기양생하여 제조)
2) 특징
① 기건 비중이 보통 콘크리트의 약 1/4정도이다.
② 공극을 다량 함유하여 열전도율이 보통 콘크리트보다 낮으며 단열성도 우수하다.
③ 불연재인 동시에 내화재료이다.
④ 경량에서 인력에 의한 취급이 용이하다.
⑤ 흡수율이 크다(시공직전의 블록이나 패널은 기건상태를 유지해야 한다).
⑥ 동결해에 대한 저항성이 크며 내약품성이 증대된다.
⑦ 용적변화가 적고 백화의 발생도 적다.

75 철골공사에서 용접 결함을 뜻하지 않는 용어는?

① 피트(Pit)
② 블로우 홀(Blow hole)
③ 오버 랩(Over lap)
④ 가우징 (Gouging)

해설 가스가우징(gas gouging) : 철골공사에서 홈을 파기위한 목적으로 한 화구(火口)로서 산소 아세틸렌 불꽃을 이용하여 녹여 깎은재의 뒷부분을 깨끗이 깍는 것을 말한다.

76 콘크리트 충전강관구조(CFT)에 관한 설명으로 옳지 않은 것은?

① 일반형강에 비하여 국부좌굴에 불리하다.
② 콘크리트 충전 시 내부의 콘크리트와 외부 강관의 역학적 거동에서 합성구조라 볼 수 있다.
③ 콘크리트 충전 시 별도의 거푸집이 필요하지 않다.
④ 접합부 용접기술이 발달한 일본 등에서 활성화되어 있다.

해설 **콘크리트 충전강관구조**(CFT; concreate filled steel tube)
1) 강관에 콘크리트를 채운 것으로 건축물의 뼈대 역할을 한다.
2) 다른 강관에 비해 좌굴에 강하다.

77 다음 중 철골구조의 내화피복공법이 아닌 것은?

① 락울(rockwool)뿜칠 공법
② 성형판붙임공법
③ 콘크리트 타설공법
④ 메탈라스(metal lath)공법

해설 **철골구조의 내화피복공법**
1) **락울(rockwool)뿜질공법**
① 습식 공법 : 락울에 시멘트와 접착재를 가해 물로 비벼 뿜는 공법
② 건식 공법 : 뿜칠건을 사용하여 혼합수를 노즐의 선단으로부터 분사해서 분무모양으로 락울과 함께 해서 뿜어 붙이는 공법
2) **성형판붙임 공법** : ALC판, 규산칼슘판, 펄라이트판 등을 철골에 부착해서 내화성능을 발휘시키는 공법
3) **프리패브 공법** : 철골바탕에 ALC판을 붙이는 공법
4) 기타, 콘크리트타설 공법, 합성내화피복 공법 등

■정답■ 74.① 75.④ 76.① 77.④

78 흙에 접하거나 옥외공기에 직접 노출되는 현장치기 콘크리트로서 D16이하 철근의 최소 피복두께는?

① 20 mm ② 40 mm
③ 60 mm ④ 80 mm

해설 철근의 최소피복두께 기준(현장치기 콘크리트)
1) 수중에 치는 콘크리트 : 100mm
2) 흙에 영구히 묻혀있는 콘크리트 : 80mm
3) 흙에 접하거나 옥외 공기에 직접 노출되는 콘크리트
　① D29 이상 철근 : 60mm
　② D25 이하의 철근 : 50mm
　③ D16 이하의 철근, 지름 16mm
　　 이하 철선 : 40mm
4) 옥외 공기나 흙에 직접 접하지 않는 콘크리트

① 슬래브, 벽체, 장선	D35 초과 철근	40mm
	D35 이하 철근	20mm
② 보, 기둥 (콘크리트의 설계기준 압축강도가 40 MPa 이상인 경우 규정된 값에서 10mm 이상 저감시킬 수 있음)		40mm
③ 쉘, 절판부재		20mm

79 거푸집의 강도 및 강성에 대한 구조계산 시 고려할 사항과 가장 거리가 먼 것은?

① 동바리 자중 ② 작업 하중
③ 콘크리트 측압 ④ 콘크리트 자중

해설 1) 바닥판, 보, 밑 등 수평부재(연직방향하중)
　① 작업하중
　② 충격하중
　③ 생 콘크리트의 자중
2) 벽, 기둥 보 옆 등 수직부재
　① 생 콘크리트의 자중
　② 생 콘크리트의 측압

80 철골용접 부위의 비파괴검사에 관한 설명으로 옳지 않은 것은?

① 방사선검사는 필름의 밀착성이 좋지 않은 건축물에서도 검출이 우수하다.
② 침투탐상검사는 액체의 모세관현상을 이용한다.
③ 초음파탐상검사는 인간의 귀로 들을 수 없는 주파수를 갖는 초음파를 사용하여 결함을 검출하는 방법이다.
④ 외관검사는 용접을 한 용접공이나 용접관리 기술자가 하는 것이 원칙이다.

해설 방사선 투과법 : X선, γ선을 용접부에 투과하고 그 상태를 필름형상을 담아 내부결함을 검출하는 방법이다.

제5과목 / 건설재료학

81 적외선을 반사하는 도막을 코팅하여 방사율을 낮춘 고단열 유리로 일반적으로 복층유리로 제조되는 것은?

① 로이(Low-E)유리
② 망입유리
③ 강화유리
④ 배강도유리

해설 1) 로이(Low-E)유리 : 본문설명
2) 망입유리 : 유리내부에 금속망을 삽입하고 압착 성형한 판유리로서 철강유리 또는 그물유리라고도 한다.
3) 강화유리 : 평면 및 곡면의 판유리를 열처리(약 600℃까지 가면) 하루 냉각공기를 양면을 급냉각화하여 강도를 높인 안전유리를 말한다.

---

82 콘크리트에 관한 설명으로 옳지 않은 것은?

① 콘크리트의 강도는 대체로 물시멘트비에 의해 결정된다.
② 콘크리트는 장기간 화재를 당해도 결정수를 방출할 뿐이므로 강도상 영향은 없다.
③ 콘크리트는 알칼리성이므로 철근콘크리트의 경우 철근을 방청하는 큰 장점이 있다.
④ 콘크리트는 온도가 내려가면 경화가 늦으므로 동절기에 타설할 경우에는 충분히 양생하여야 한다.

해설 **콘크리트의 장점 및 단점**
  1) 장점
   ① 압축강도가 크다.
   ② 내화성, 내구성, 내전성, 내수성, 차음성 등이 좋다
   ③ 강과의 접착이 잘 되고 강알칼리성이 있어 방청력이 크다.
   ④ 크기에 제한을 받지 않으므로 임의의 크기, 모형의 구조물을 만들 수 가 있다.
  2) 단점
   ① 자체중량이 비교적 크고, 압축강도에 비하여 인장강도와 휨강도가 적다.(철근을 사용하여 보강한다.)
   ② 경화시에 수축균열이 발생하기 쉽다.

83 초고층 인텔리전트 빌딩이나, 핵융합로 등과 같이 강력한 자기장이 발생할 가능성이 있는 철골 구조물의 강재나, 철근 콘크리트용 봉강으로 사용되는 것은?

① 초고장력강
② 비정질(Amorphous)금속
③ 구조용 비자성강
④ 고크롬강

해설 **구조용 비자성강** : 강력한 자기장이 발생할 가능성이 있는 건축물의 강재나 봉강으로 사용된다.

84 목재 섬유포화점의 함수율은 대략 얼마 정도인가?

① 10% ② 20%
③ 30% ④ 40%

해설 1) **기건재와 전건재의 함수율**
   ① 기건재(공기중에서 건조한 상태) : 12~18%(보통 15% 정도)
   ② 전건재 : 함수율 0%
  2) **섬유포화점의 함수율** : 25~30% 정도

85 콘크리트 슬럼프 시험에 관한 설명 중 옳지 않은 것은?

① 슬럼프 콘의 치수는 윗지름 10cm, 밑지름 30cm, 높이가 20cm 이다.
② 수밀한 철판을 수평으로 놓고 슬럼프 콘을 놓는다.
③ 혼합한 콘크리트를 1/3씩 3층으로 나누어 채운다.
④ 매 회마다 표준철봉으로 25회 다진다.

해설 1) **슬럼프 시험방법**(슬럼프콘의 치수 : 윗지름 10cm, 밑지름 20cm, 높이 30cm)
   ① 수밀성 평판을 수평으로 설치하고 슬럼프콘을 평판 중앙에 밀착시킨다.
   ② 비빈 콘크리트를 슬럼프콘 안에 용적으로 1/3씩 3층으로 나누어 부어넣는다.
   ③ 다짐대(길이 50cm, φ16정도의 철봉)로 그 층의 깊이 만큼(1층은 다짐대가 평판에 닿지 않도록 하고, 2·3층은 전층에 닿지 않을 정도) 각각 25회씩 균등하게 찔러 다진다.
   ④ ②,③의 방법으로 하여 콘크리트 윗면이 수평이 되도록 고른다.
   ⑤ 슬럼프콘을 수직으로 가만히 들어올려 벗기고 측정자로 콘크리트가 미끌어 내린 높이를 측정한다.
  2) **슬럼프값** : 슬럼프콘에 다져넣는 높이에서 슬럼프콘을 벗겨 콘크리트가 무너져 내린 높이를 cm로 표시한 것이다.

86 플라스틱 재료에 관한 설명으로 옳지 않은 것은?

① 아크릴수지의 성형품은 색조가 선명하고 광택이 있어 아름다우나 내용제성이 약하므로 상처나기 쉽다.
② 폴리에틸렌수지는 상온에서 유백색의 탄성이 있는 수지로서 얇은 시트로 이용된다.
③ 실리콘수지는 발포제로서 보드상으로 성형하여 단열재로 널리 사용된다.
④ 염화비닐수지는 P.V.C라고 칭하며 내산・내알칼리성 및 내후성이 우수하다.

해설 실리콘 수지
1) 내열성 및 내한성이 매우 뛰어나다
2) **용도**
　① 건축물의 방수제, 콘크리트의 발수성 방수도료 등에 사용
　② 실리콘고무 : 가스켓(gasket), 패킹 등에 사용
　③ 실리콘수지 : 성형품, 접착제, 전기절연재료 등에 사용

87 건축용 접착제에 관한 설명으로 옳지 않은 것은?

① 아교는 내수성이 부족한 편이다.
② 카세인은 우유를 주원료로 하여 만든 접착제이다.
③ 초산비닐수지 에멀젼은 목공용으로 사용된다.
④ 에폭시 수지는 금속접착제로 적합하지 않다.

해설 에폭시수지 접착제
1) 내산성, 내알칼리성, 내수성, 내약품성, 전기절연성 등이 우수하다.
2) 강도 등의 기계적 성질도 뛰어나다.
3) 용도 : 금속접착에 적당하고 플라스틱, 도자기, 유리, 석재, 콘크리트 등의 접착에 사용되는 만능형 접착제이다.

88 목재의 물리적인 성질에 관한 설명으로 옳지 않은 것은?

① 목재의 섬유 방향의 강도는 인장 > 압축 > 전단 순이다.
② 목재의 기건 상태에서의 함수율은 13~17% 정도이다.
③ 보통 사용상태에서는 목재의 흡습팽창은 열팽창에 비해 영향이 적다.
④ 목재의 화재 연화온도는 260℃ 정도이다.

해설 ③항, 보통 사용상태에서는 목저의 흡습팽창은 열팽창에 비해 영향이 크다.

89 미장재료로써 내수성 및 강도가 큰 수경성 재료는?

① 소석회
② 시멘트 모르타르
③ 진흙
④ 돌로마이트 플라스터

해설 응결・경화방식에 따른 미장재료의 분류
1) **수경성 미장재료(팽창성)** : 물(H_2O)과 수화반응에 의해 경화하는 미장재료이다.
　① **시멘트 모르타르** : 시멘트 + 모래 + 물
　② **석고 플라스터** : 석고 + 모래 + 여물 + 물
　③ **경석고 플라스터** : 무수석고+모래+여물+물
　④ **인조석 바름** : 시멘트모르타르+인조석
　⑤ **테라조(terrazzo)현장바름** : 백시멘트+안료+종석(대리석, 화강석 등)
2) **기경성 미장재료수축성)** : 공기중에서 경화하는 미장재료이며 종류는 다음과 같다.
　① **진흙** : 진흙+짚여물_물
　② **회반죽** : 소석회+모래+여물+해초풀
　③ **회사벽** : 석회죽(lime cream)+모래(필요시 시멘트 또는 여물 혼입)
　④ **돌로마이트 플라스터** : 들로마이트 석회(마그네시아 석회)+모래+여물+물

90 강재의 열처리 방법이 아닌 것은?

① 단조　　　　　② 불림
③ 담금질　　　　④ 뜨임질

해설 **강의 열처리 방법**
1) **풀림** : 강을 800~1,000℃로 가열 후 로속에서 서서히 냉각시키는 방법
2) **불림** : 강을 800~1,000℃로 가열 후 대기중에서 냉각시키는 방식
3) **담금질** : 강을 가열한 후 물 또는 기름속에서 급랭시키는 방식
4) **뜨임질** : 불림·담금질한 강을 200 ~ 600℃로 가열한 후 공기중에서 냉각시키는 방식

91 다음 중 시멘트 풍화의 척도로 사용되는 것은?

① 불용해 잔분　　② 강열감량
③ 수경률　　　　④ 규산율

해설 **강열감량**
1) 시멘트를 1,000℃의 강한 열을 가했을 때의 감량을 강열감량이라 하며, 주로 시멘트 속에 포함된 물(H_2O)과 탄산가스(CO_2)의 양이다
2) 시멘트가 풍화하면 감열감량이 증가하기 때문에 시멘트가 풍화한 정도를 판정하는데 이용된다.

92 보통 콘크리트와 비교한 AE콘크리트의 성질에 관한 설명으로 옳지 않은 것은?

① 콘크리트의 워커빌리티가 양호하다.
② 동일 물시멘트비인 경우 압축강도가 높다.
③ 동결 융해에 대한 저항성이 크다.
④ 블리딩 등의 재료분리가 적다.

해설 동일 물시멘트비인 경우 AE콘크리트는 보통콘크리트보다 압축강도가 낮다.

93 다음 미장재료 중 건조 시 무수축성의 성질을 가진 재료는?

① 시멘트 모르타르
② 돌로마이트 플라스터
③ 회반죽
④ 석고 플라스터

해설 **석고플라스터 특성**
1) 수화작용에 의해 경화하는 수경성 재료이다.
2) 경화속도가 빠르다.
3) 경화·건조시 수축균열이 적어 치수 안전성을 갖는다.(경화시 팽창하기 때문에 균열의 발생이 적다.)
4) 가열하면 결정수를 방출하여 온도상승을 억제하기 때문에 내화성이 있다.(화재시 화열과 열의 확산을 지연시킴)
5) 물에 용해되는 성질이 있어 물을 사용하는 장소에는 부적합하다.

94 페놀수지 접착제에 관한 설명으로 옳지 않은 것은?

① 유리나 금속의 접착에 적합하다.
② 내열·내수성이 우수한 편이다.
③ 기온 20℃이하에서는 충분한 접착력을 발휘하기 어렵다.
④ 완전히 경화하면 적동색을 띤다.

해설 **페놀수지 접착제**
1) 특성
  ① 내수성, 내열성, 내한성 등이 우수하다.
  ② 상온에서 경화하는 것도 있으나 20℃이하에서는 충분히 접착력을 발휘할 수 없고 60~110℃ 정도로 가열하여 사용한다.
2) **용도** : 합판, 목재제품 등에 사용되며 유리나 금속의 접착에는 적당하지 않다.

■ 정답 ■　90.①　91.②　92.②　93.④　94.①

95 미장재료 중 비교적 강도가 크고, 응결시간이 길며 부착은 양호하나, 강재를 녹슬게 하는 성분도 포함하는 것은?

① 돌로마이트 플라스터
② 스탁코
③ 회반죽
④ 경석고 플라스터

해설 1) **경석고** : 천연 석고를 400~500℃에서 가열하면 무수석고($CaSO_4$)가 되며, 무수석고에 명반, 붕사, 규사, 점토 등을 소량 가하거나 불순석고를 가하여 다시 고온(500~1,000℃)으로 소성하여 경화성이 있는 경석고를 만든다.
2) **킨스시멘트**(keene's cement) : 경석고 플라스터라고도 하며 경석고에 명반 등의 촉진제를 배합한 것으로 약간 붉은 빛을 띤 백색을 나타내는 플라스터이다.
① 석고계 플라스터 중 가장 경질이며, 경화한 것은 현저히 강도가 크고 표면 경도가 커서 광택성을 갖고 있으며 방습적인 매끈한 면을 갖는다.
② 산성을 나타내어 금속재료를 부식시킨다.
③ 점도가 있어서 바르기 쉬우며, 벽바름 재료나 바닥바름 재료로 쓰인다.

96 장부가 구멍에 들어 끼어 돌게 만든 철물로서 회천창에 사용되는 것은?

① 크레센트
② 스프링힌지
③ 지도리
④ 도어체크

해설 1) **크리센트**(crecent) : 오리내리창을 걸어 잠그는데 사용한다.
2) **스프링힌지**(spring hinge) : 용수철정첩(자유정첩)을 말한다.
3) **지도리** : 본문설명
4) **도어체크**(door check) : 문과 문틀(여닫이)에 장치하여 문을 열면 저절로 닫혀지는 장치가 되어 있는 창호철물로 도어 클러저(door closer)라고도 한다.

97 다음 중 외벽용 타일 붙임재료로 가장 적합한 것은?

① 시멘트 모르타르
② 아크릴 에멀젼
③ 합성고무 라텍스
④ 에폭시 합성고무 라텍스

해설 외벽용 타일 붙임 재료 : 시멘트 모르타르

98 콘크리트 혼화재 중 하나인 플라이애시가 콘크리트에 미치는 작용에 관한 설명으로 옳지 않은 것은?

① 콘크리트 내부의 알칼리성을 감소시키기 때문에 중성화를 촉진시킬 염려가 있다.
② 콘크리트 수화초기시의 발열량을 감소시키고 장기적으로 시멘트의 석회와 결합하여 장기강도를 증진시키는 효과가 있다.
③ 입자가 구형이므로 유동성이 증가되어 단위수량을 감소시키므로 콘크리트의 워커빌리티의 개선, 펌핑성을 향상시킨다.
④ 알칼리 골재반응에 의한 팽창을 증가시키고 콘크리트의 수밀성을 약화시킨다.

해설 플라이애시는 알칼리 골재반응에 의한 팽창을 억제하는 효과가 있다.

> **길잡이** 플라이애시가 콘크리트에 미치는 영향
> 1) 유동성의 개선
> 2) 장기강도의 개선
> 3) 수화열의 감소
> 4) 콘크리트의 수밀성의 향상
> 5) 알칼리 골재반응의 억제
> 6) 황산염에 대한 저항성 증대

■ 정답 ■ 95.④ 96.③ 97.① 98.④

99 목재의 절대건조비중이 0.45일 때 목재 내부의 공극율은 대략 얼마인가?

① 10% ② 30%
③ 50% ④ 70%

해설 목재내부의 곡극률(v)

$$V = \left(1 - \frac{r}{1.54}\right) \times 100$$
$$= \left(1 - \frac{0.45}{1.54}\right) \times 100 = 70.78\%$$

100 콘크리트의 수밀성에 미치는 요인에 대한 설명 중 옳은 것은?

① 물시멘트비 : 물시멘트비를 크게 할수록 수밀성이 커진다.
② 굵은골재 최대치수 : 굵은골재의 최대치수가 클수록 수밀성은 커진다.
③ 양생방법 : 초기재령에서 급격히 건조하면 수밀성은 작아진다.
④ 혼화재료 : AE제를 사용하면 수밀성이 작아진다.

해설 1) 물시멘트비 : 물시멘트비를 작게할수록 수밀성이 커진다.
2) 굵은골재의최대치수 : 굵은골재의 최대치수가 작을수록 수밀성은 커진다.
3) 혼해 재료 : AE제를 사용하면 수밀성이 커진다.

┌─────────────────────────┐
│ **제6과목 / 건설안전기술** │
└─────────────────────────┘

101 다음 기계 중 양중기에 포함되지 않는 것은?

① 리포트 ② 곤돌라
③ 크레인 ④ 트롤리컨베이어

해설 양중기의 종류
1) 크레인(hoist 포함)
2) 이동식 크레인
3) 리프트(이삿짐운반용 리프트는 적재하중이 0.1톤 이상인 것)
4) 곤돌라
5) 승강기

102 지표면에서 소정의 위치까지 파내려간 후 구조물을 축조하고 되메운 후 지표면을 원상태로 복구시키는 공법은?

① NATM 공법 ② 개착식 터널공법
③ TBM 공법 ④ 침매공법

해설 1) 개착식 터널공법 : 본문설명
2) NATM 공법(New Austrain Tunnel Method, 무지보공 터널굴착공법) : 암반을 천공하고 화약을 충진하여 발파한 후 스틸리브(Steel rib) 및 와이어메시(Wire mesh)를 설치하고 숏크리트(Shotcrete)를 타설하여 시공하는 터널공법
3) TBM 공법(Tunnel Boring Machine) : 터널굴착기계를 이용한 터널굴착공법

103 재해사고를 방지하기 위하여 크레인에 설치된 방호장치와 거리가 먼 것은?

① 공기정화장치 ② 비상정지장치
③ 제동장치 ④ 권과방지장치

해설 크레인의 방호장치
1) 과부하방지장치 2) 권과방지장치
3) 비상정지장치 4) 제동장치

■ 정답 ■ 99.④ 100.③ 101.④ 102.② 103.①

104 항타기 또는 항발기에 사용되는 권상용 와이어로프의 안전계수는 최소 얼마 이상이어야 하는가?

① 3   ② 4
③ 5   ④ 6

해설 항타기 또는 항발기의 권상용 와이어로프의 안전계수(안전보건규칙 제211조) : 5이상

105 시스템 동바리를 조립하는 경우 수직재와 받침 철물 연결부의 겹침 길이 기준으로 옳은 것은?

① 받침철물 전체길이의 1/2 이상
② 받침철물 전체길이의 1/3 이상
③ 받침철물 전체길이의 1/4 이상
④ 받침철물 전체길이의 1/5 이상

해설 1) 시스템 동바리 : 규격화·부품화된 수직재, 수평재 및 가새재 등의 부재를 현장에서 조립하여 거푸집으로 지지하는 동바리 형식을 말한다.
2) 시스템 동바리 설치방법
   ① 수평재는 수직재와 직각으로 설치하여야 하며, 흔들리지 않도록 견고하게 설치할 것
   ② 연결철물을 사용하여 수직재를 견고하게 연결하고, 연결 부위가 탈락 또는 꺾어지지 않도록 할 것
   ③ 수직 및 수평하중에 의한 동바리 본체의 변위가 발생하지 않도록 각각의 단위 수직재 및 수평재에는 가새재를 견고하게 설치하도록 할 것
   ④ 동바리 최상단과 최하단의 수직재와 받침철물은 서로 밀착되도록 설치하고 수직재와 받침철물의 연결부의 겹침길이는 받침철물 전체길이의 3분의 1이상 되도록 할 것

106 구조물 해체작업으로 사용되는 공법이 아닌 것은?

① 압쇄공법   ② 잭공법
③ 절단공법   ④ 진공공법

해설 구조물 해체공법
  1) 압쇄공법   2) 잭공법
  3) 절단공법   4) 대형브레이커 공법
  5) 핸드브레이커 공법   6) 전도공법
  7) 화약 발파공법   8) 철해머 공법
  9) 팽창압공법   10) 쐐기타입공법
  11) 화염공법   12) 통전공법

107 콘크리트 타설작업을 하는 경우에 준수해야할 사항으로 옳지 않은 것은?

① 당일의 작업을 시작하기 전에 해당 작업에 관한 거푸집동바리 등의 변형·변위 및 지반의 침하 유무 등을 점검하고 이상이 있으면 보수할 것
② 작업 중에는 거푸집동바리 등의 변형·변위 및 침하 유무 등을 감시할 수 있는 감시자를 배치하여 이상이 있으면 작업을 빠른 시간 내 우선 완료하고 근로자를 대피시킬 것
③ 콘크리트 타설작업 시 거푸집붕괴의 위험이 발생할 우려가 있으면 충분한 보강조치를 할 것
④ 콘크리트를 타설하는 경우에는 편심이 발생하지 않도록 골고루 분산하여 타설할 것

해설 콘크리트 타설작업시 준수해야할 사항
  1) ①, ③, ④항
  2) 작업 중에는 거푸집동바리 등의 변형·변위 및 침하유무 등을 감시할 수 있는 감시자를 배치하여 이상을 발견한 때에는 작업을 중지시키고 근로자를 대피시킬 것
  3) 설계 도서상의 콘크리트 양생기간을 준수하여 거푸집동바리 등을 해체할 것

108 산업안전보건관리비의 효율적인 집행을 위하여 고용노동부장관이 정할 수 있는 기준에 해당되지 않는 것은?

① 안전·보건에 관한 협의체 구성 및 운영
② 공사의 진척 정도에 따른 사용기준
③ 사업의 규모별 사용방법 및 구체적인 내용
④ 사업의 종류별 사용방법 및 구체적인 내용

해설 안전·보건에 관한 협의체 구성 및 운영 : 도급 사업의 안전·보건 조치 사항

109 기계가 위치한 지면보다 높은 장소의 땅을 굴착하는데 적합하며 산지에서의 토공사 및 암반으로부터의 점토질까지 굴착할 수 있는 건설장비의 명칭은?

① 파워쇼벨 ② 불도저
③ 파일드라이버 ④ 크레인

해설 파워쇼벨(power shovel)
1) 중기가 위치한 지면보다 높은 장소 굴착시 적합
2) 굳은 점토 굴착, 깨진 돌이나 자갈 등의 옮겨쌓기 등에 사용

110 단관비계를 조립하는 경우 벽이음 및 버팀을 설치할 때의 수평방향 조립간격 기준으로 옳은 것은?

① 3m ② 5m
③ 6m ④ 8m

해설 강관비계의 조립간격(안전보건규칙 별표5)

강관비계의 종류	조립간격(단위 : m)	
	수직방향	수평방향
단관비계	5	5
틀비계 (높이가 5m미만의 것은 제외)	6	8

111 토질시험 중 액체 상태의 흙이 건조되어 가면서 액성, 소성, 반고체, 고체 상태의 경계선과 관련된 시험의 명칭은?

① 아터버그 한계시험
② 압밀 시험
③ 삼축압축시험
④ 투수시험

해설 아터버그 한계(atterberg limits) : 함수량의 변화에 따라 축축한 상태로부터 건조되어가는 사이에 일어나는 4개의 과정(액성·소성·반고체·고체) 각각의 상태로 변화하는 한계

112 차량계 건설기계를 사용하여 작업하고자 할 때 작업계획서에 포함되어야 할 사항에 해당되지 않는 것은?

① 사용하는 차량계 건설기계의 종류 및 성능
② 차량계 건설기계의 운행경로
③ 차량계 건설기계에 의한 작업방법
④ 차량계 건설기계의 유지보수방법

해설 차량계 건설기계 작업시 작업계획서에 포함되어야 할 사항
1) 사용하는 차량계 건설기계의 종류 및 성능
2) 차량계 건설기계의 운행경로
3) 차량계 건설기계에 의한 작업방법

113 흙막이 가시설 공사시 사용되는 각 계측기 설치 목적으로 옳지 않은 것은?

① 지표침하계 – 지표면 침하량 측정
② 수위계 – 지반 내 지하수위의 변화 측정
③ 하중계 – 상부 적재하중 변화 측정
④ 지중경사계 – 지중의 수평 변위량 측정

해설 하중계(load cell) : 버팀보(지주) 또는 어스앵커(earth anchor)등의 실제 축하중 변화상태를 측정(부재의 안전상태를 파악하는 기기)

114 산업안전보건기준에 관한 규칙에 따른 암반 중 풍화암 굴착 시 굴착면의 기울기 기준으로 옳은 것은?

① 1 : 1.5　　　　② 1 : 1.1
③ 1 : 1.0　　　　④ 1 : 0.5

해설 굴착작업시 굴착면의 기울기 기준

구분	지반의 종류	구배
보통 흙	모래	1 : 1.8
	그 밖에 흙	1 : 1.2
암반	풍화암	1 : 1.0
	연암	1 : 1.0
	경암	1 : 0.5

115 철골작업 시 철골부재에서 근로자가 수직방향으로 이동하는 경우에 설치하여야 하는 고정된 승강로의 최소 답단 간격은 얼마 이내인가?

① 20cm　　　　② 25cm
③ 30cm　　　　④ 40cm

해설 철골작업시 승강로 및 작업발판의 설치
　　1) 근로자가 수직방향으로 이동하는 철골부재에는 답단(踏段)간격이 30cm 이내인 고정된 승강로를 설치할 것
　　2) 수평방향 철골과 수직방향 철골이 연결되는 부분에는 연결작업을 위하여 작업발판 등을 설치할 것

116 유해 · 위험방지계획서를 제출해야 할 대상 공사의 조건으로 옳지 않은 것은?

① 터널 건설등의 공사
② 최대지간 길이가 50m이상인 교량건설등 공사
③ 다목적댐 · 발전용댐 및 저수용량 2천만톤 이상의 용수전용댐, 지방상수도 전용 댐 건설등의 공사
④ 깊이가 5m 이상인 굴착공사

해설 건설업 중 유해위험방지계획서 제출대상 사업장(시행규칙 제120조 제2항)
　　1) 지상높이가 31미터 이상인 건축물 또는 인공구조물, 연면적 3만 제곱미터 이상인 건축물 또는 연면적 5천 제곱미터 이상의 문화 및 집회시설(전시장 및 동물원 · 식물원은 제외), 판매시설, 운수시설(고속철도의 역사 및 집 · 배송시설은 제외), 종교시설, 의료시설 중 종합병원, 숙박시설 중 관광숙박시설, 지하도상가 또는 냉동 · 냉장 창고시설의 건설 · 개조 또는 해체(이하 "건설등"이라 함)
　　2) 연면적 5천 제곱미터 이상의 냉동 · 냉장 창고시설의 설비공사 및 단열공사
　　3) 최대 지간길이가 50미터 이상인 교량건설 등 공사
　　4) 터널 건설 등의 공사
　　5) 다목적댐, 발전용댐 및 저수용량 2천만톤 이상의 용수 전용 댐, 지방상수도 전용댐 건설 등의 공사
　　6) 깊이 10미터 이상인 굴착공사

117 철골보 인양 시 준수해야 할 사항으로 옳지 않은 것은?

① 인양 와이어로프의 매달기 각도는 양변 60°를 기준으로 한다.
② 크램프로 부재를 체결할 때는 크램프의 정격용량 이상 매달지 않아야 한다.
③ 크램프는 부재를 수평으로 하는 한 곳의 위치에만 사용하여야 한다.
④ 인양 와이어로프는 후크의 중심에 걸어야 한다.

해설 ③항, 클램프는 부재를 수평으로 하는 두곳의 위치에 사용하여야 하며, 부재 양단방향은 등간격이어야 한다.

118 콘크리트 타설시 거푸집 측압에 대한 설명으로 옳지 않은 것은?

① 기온이 높을수록 측압은 크다.
② 타설속도가 클수록 측압은 크다.
③ 슬럼프가 클수록 측압은 크다.
④ 다짐이 과할수록 측압은 크다.

해설 ①항, 기온이 낮을수록 측압은 크다.

> 길잡이 **콘크리트 타설시 거푸집의 측압에 미치는 영향**
> 1) 슬럼프가 클수록 크다(물-시멘트 비가 클수록 크다)
> 2) 기온이 낮을수록 크다(대기 중에 습도가 높을수록 크다)
> 3) 콘크리트의 치어붓기 속도가 클수록 크다.
> 4) 거푸집의 수밀성이 높을수록 크다.
> 5) 콘크리트의 다지기가 강할수록 크다(진동기 사용시 측압은 30% 정도 증가)
> 6) 거푸집의 수평단면이 클수록 크다(벽두께가 클수록 크다.)
> 7) 거푸집의 강성이 클수록 크다.
> 8) 거푸집 표면이 매끄러울수록 크다.
> 9) 콘크리트의 비중이 클수록 크다(단위중량이 클수록 크다)
> 10) 묽은 콘크리트일수록 크다.
> 11) 철근량이 적을수록 크다.
> 측압은 생콘크리트의 높이가 높을수록 커지는 것이나, 일정한 높이에 이르면 측압의 증대는 없게 된다.

119 건립 중 강풍에 의한 풍압 등 외압에 대한 내력이 설계에 고려되었는지 확인하여야 하는 철골구조물의 기준으로 옳지 않은 것은?

① 높이 20m 이상의 구조물
② 구조물의 폭과 높이의 비가 1 : 4이상인 구조물
③ 이음부가 공장 제작인 구조물
④ 연면적당 철골량이 50kg/m²이하인 구조물

해설 철골공사시 철공의 자립도 검토사항 : 구조안전의 위험성이 큰 다음 항목의 철골구조물은 건립 중 강풍에 의한 풍압 등 외압에 대한 내력이 설계에 고려되었는지 확인할 것
1) 높이 20m 이상의 구조물
2) 구조물의 폭과 높이의 비가 1 : 4 이상인 구조물
3) 단면구조에 현저한 차이가 있는 구조물
4) 연면적당 철골량이 50kg/m² 이하인 구조물
5) 기둥이 타이 플레이트(tie plate)형인 구조물
6) 이음부가 현장용접인 구조물

120 신품의 추락방지망 중 그물코의 크기 10cm인 매듭방망의 인장강도 기준으로 옳은 것은?

① 110kg 이상 ② 200kg 이상
③ 360kg 이상 ④ 400kg 이상

해설 **방망사의 강도**
1) 방망사의 신품에 대한 인장강도

그물코의 크기 (단위 : cm)	방망의 종류(단위 : kg)	
	매듭 없는 방망	매듭 방망
10 5	240	200 110

2) 방망사의 폐기시 인장강도

그물코의 크기 (단위 : cm)	방망의 종류(단위 : kg)	
	매듭 없는 방망	매듭 방망
10 5	150	135 60

■ 정답 ■ 118.① 119.③ 120.②

제1과목 / 산업안전관리론

01 사고예방대책의 기본 원리 중 시정책의 선정에 관한 사항으로 적절하지 않은 것은?

① 기술적 개선
② 사고조사 및 점검
③ 안전관리 행정 업무의 개선
④ 기술 교육을 위한 훈련의 개선

해설 ①항, 사고조사 및 점검: 제2단계–사실의 발견

02 다음 중 산업안전보건법령상 산업안전보건위원회의 심의 또는 의결사항에 해당하지 않는 것은?

① 산업재해 예방계획의 수립에 관한 사항
② 근로자의 건강진단 등 건강관리에 관한 사항
③ 안전장치 및 보호구 구입시의 적격품 여부 확인에 관한 사항
④ 중대재해로 분류되는 산업재해의 원인 조사 및 재발 방지대책의 수립에 관한 사항

해설 산업안전보건위원회의 심의 · 의결사항
 1) ①, ②, ④항
 2) 안전보건관리규정의 작성 및 변경에 관한 사항
 3) 근로자의 안전 · 보건교육에 관한 사항
 4) 작업환경측정 등 작업환경의 점검 및 개선에 관한 사항
 5) 산업재해에 관한 통계의 기록 및 유지에 관한 사항

03 다음 중 재해조사시 유의사항과 가장 거리가 먼 것은?

① 사실만을 수집한다.
② 목격자의 증언 사실 이외의 추측의 말은 참고로만 한다.
③ 타인의 의견은 혼란을 초래함으로 사고조사는 1인으로 한다.
④ 조사는 신속하게 행하고, 긴급 조치하여 2차 재해의 방지를 도모한다.

해설 재해조사시 유의사항
 1) 사실을 수집한다(이유는 뒤에 확인)
 2) 목격자 등이 증언하는 사실 이외의 추측의 말은 참고로만 한다.
 3) 조사는 신속히 행하고 긴급 조치하여 2차 재해의 방지를 도모한다.
 4) 사람, 기계설비 양면의 재하요인을 모두 도출한다.
 5) 객관적인 입장에서 공정하게 조사하며, 조사는 2인 이상이 한다.
 6) 책임추궁보다 재발방지를 우선하는 기본태도를 갖는다.
 7) 피해자에 대한 구급조치를 우선한다.

04 산업안전보건법령상 안전 · 보건표지 중 금지표지의 종류에 해당하지 않는 것은?

① 접근금지   ② 차량통행금지
③ 사용금지   ④ 탑승금지

해설 금지표시의 종류
 1) ②, ③, ④항   2) 출입금지
 3) 보행금지   4) 금연
 5) 화기금지   6) 물체이동금지

■ 정답 ■   01.②   02.③   03.③   04.①

05 다음 중 일반적으로 산업재해의 통계적 원인, 분석시 활용되는 기법과 가장 거리가 먼 것은?

① 관리도(Control Chart)
② 파레토도(Pareto Diagram)
③ 특성요인도(Characteristic Diag- ram)
④ FMEA(Failure Mode & Effect Analysis)

해설 통계적 원인분석방법
　　1) ①, ②, ③항
　　2) 클로즈분석

　　길잡이 FMEA : 고장의 형태와 영향분석

06 다음 중 안전조직을 구성할 때의 고려할 사항으로 가장 적합한 것은?

① 회사의 특성과 규모에 부합된 조직으로 설계한다.
② 기업의 규모와 관계없이 생산조직과 분리된 조직이 되도록 한다.
③ 조직 구성원의 책임과 권한에 대하여 서로 중첩되도록 한다.
④ 안전에 관한 지시나 명령이 작업현장에 전달되기 전에는 스탭의 기능이 반드시 축소해야 한다.

해설 안전관리조직의 구비조건
　　1) 회사의 특성과 규모에 부합되게 조직되어야 한다.
　　2) 조직의 기능이 충분히 발휘될 수 있는 제도적 체계가 갖추어져야 한다.
　　3) 조직을 구성하는 관리자의 책임과 권한이 분명해야 한다.
　　4) 생산라인과 밀착된 조직이어야 한다.

07 다음 중 재해의 발생 원인을 관리적인 면에서 분류한 것과 가장 관계가 먼 것은?

① 기술적 원인　　② 인적 원인
③ 교육적 원인　　④ 작업관리상 원인

해설 인적원인 : 직접원인

08 다음 중 상해의 종류에 해당하지 않는 것은?

① 찰과상　　　　② 타박상
③ 중독·질식　　④ 이상온도노출

해설 (1) 상해의 종류
　　1) ①, ②, ③항
　　2) 골절, 동상, 부종, 찔림(자상), 절단, 베임(창상), 화상, 뇌진탕, 익사, 피부염, 청력장해, 시력 장해 등
　　(2) 재해의 형태(사고의 유형)
　　1) ④항
　　2) 추락, 전도, 충돌, 낙하·비래, 협착, 감전, 폭발, 붕괴·도괴, 파열, 화재, 무리한 동작, 유해물 접촉 등

09 산업안전보건법령상 사업주는 사업장의 안전·보건을 유지하기 위하여 안전·보건관리규정을 작성하여 게시 또는 비치하고 이를 근로자에게 알려야 하는데 이 규정 내에 반드시 포함 되어야 할 사항과 가장 거리가 먼 것은?

① 산업재해 사례 및 보상에 관한 사항
② 안전·보건 관리조직과 그 직무에 관한 사항
③ 사고 조사 및 대책 수립에 관한 사항
④ 작업장 보건관리에 관한 사항

해설 안전·보건관리규정에 포함시켜야 할 사항(법 제20조)
　　1) ②, ③, ④항
　　2) 안전보건교육에 관한 사항
　　3) 작업장 안전관리에 관한 사항

10 다음 중 방진마스크의 일반적인 구조로 적합하지 않은 것은?

① 배기밸브는 방진마스크의 내부와 외부의 압력이 같을 경우 항상 열려 있도록 할 것
② 흡기밸브는 미약한 호흡에 대하여 확실하고 예민하게 작동하도록 할 것
③ 안면부여과식 마스크는 여과재를 안면에 밀착시킬 수 있어야 할 것
④ 머리끈은 적당한 길이 및 탄력성을 갖고 길이를 쉽게 조절할 수 있을 것

11 다음 중 산업안전보건법령상의 양중기의 종류에 해당하지 않는 것은?

① 호이스트　　② 이동식 크레인
③ 곤돌라　　　④ 컨베이어

해설 양중기의 종류
　　1) 크레인(hoist 포함)
　　2) 이동식 크레인
　　3) 리프트(이삿짐운반용 리프트는 적재하중이 0.1톤 이상인 것)
　　4) 곤돌라
　　5) 승강기

12 다음 중 위험예지훈련의 기법으로 활용하는 브레인스토밍(Brain St-orming)에 관한 설명으로 틀린 것은?

① 발언은 누구나 자유분방하게 하도록 한다.
② 타인의 아이디어는 수정하여 발언할 수 없다.
③ 가능한 한 무엇이든 많이 발언하도록 한다.
④ 발표된 의견에 대하여는 서로 비판을 하지 않도록 한다.

해설 ②항, 타인의 의견은 수정하여 발언할 수 있다.
　　: 수정 발언

13 다음과 같은 재해가 발생하였을 경우 재해의 원인분석으로 옳은 것은?

> 건설현장에서 근로자가 비계에서 마감 작업을 하던 중 바닥으로 떨어져 사망하였다.

① 기인물 : 비계, 가해물 : 마감작업, 사고유형 : 낙하
② 기인물 : 바닥, 가해물 : 비계, 사고유형 : 추락
③ 기인물 : 비계, 가해물 : 바닥, 사교유형 : 낙하
④ 기인물 : 비계, 가해물 : 바닥, 사고유형 : 추락

해설 1) **기인물** : 불안전상태에 있는 물체·환경포함 −비계
　　2) **가해물** : 직접 사람에게 접촉되어 위해를 가한 물체 − 바닥
　　3) **재해형태** : 추락 − 글노자가 비계에서 바닥으로 떨어짐

14 다음 중 웨버(D.A.Weaver)의 사고발생 도미노 이론에서 "작전적 에러"를 찾아내기 위한 질문의 유형과 가장 거리가 먼 것은?

① what　　　② why
③ where　　　④ whether

해설 웨버(Weaver)의 사고발생 도미노 이론 : 웨버는 불완전한 행동이나 상태, 사고, 상해는 모두 운영과오의 징후일 뿐이라고 주장하여 다음의 여부를 중심으로 문제해결을 도모해야 한다고 하였다.
　　1) **What** : 무엇이 불안전한 상태이며 불안전한 행동인가? 즉, 사고의 원인은 무엇인가?
　　2) **Why** : 왜 불안전한 행동 또는 상태가 용납되는가?
　　3) **Whether** : 감독과 경영 중에서 어느 쪽이 사고방지에 대한 안전지식을 갖고 있는가?

2025

■정답■　**10.**① 　**11.**④ 　**12.**② 　**13.**④ 　**14.**③

15 전년도 A건설기업의 재해발생으로 인한 산업재해보상보험금의 보상비용이 5천만원이었다. 하인리히 방식을 적용하여 재해손실비용을 산정할 경우 총재해손실비용은 얼마이겠는가?

① 2억원 ② 2억 5천만원
③ 3억원 ④ 3억5천만원

해설 총재해 cost= 직접비+간접비
= 5천만+5천만×4
= 2억5천만원

16 다음 중 시설물의 안전관리에 관한 특별법상 안전점검의 종류에 해당하지 않는 것은?

① 정기점검 ② 정밀점검
③ 임시점검 ④ 긴급점검

해설 안전점검의 종류(시설물 안전관리에 관한 특별법 제6조)
1) 정기점검 2) 정밀점검 3) 긴급점검

17 정해진 기준에 따라 측정·검사를 행하고 정해진 조건하에서 운전시험을 실시하여 그 기계의 전체적인 기능을 판단하고자하는 점검을 무슨 점검이라 하는가?

① 외관점검 ② 작동점검
③ 기능점검 ④ 종합점검

해설 점검방법
1) **외관점검** : 기기의 적정한 배치, 설치상태, 변형, 균열, 손상, 부식, 볼트의 여유 등의 유무를 외관에서 시각 및 촉각 등에 의해 조사하고 점검기준에 의해 양부를 확인하는 것이다.
2) **기능점검** : 간단한 조작을 행하여 대상기기의 기능의 양부를 확인하는 것이다.
3) **작동점검** : 안전장치나 누설차단장치 등을 정해진 순서에 의해 작동시켜 작동상황의 양부를 확인하는 것이다.
4) **종합점검** : 본문 설명

18 다음 중 산업안전보건법령상 건설현장에서 사용하는 크레인의 안전검사의 주기로 옳은 것은?

① 최초로 설치한 날부터 1개월마다 실시
② 최초로 설치한 날부터 3개월마다 실시
③ 최초로 설치한 날부터 6개월마다 실시
④ 최초로 설치한 날부터 1년마다 실시

해설 안전검사의 주기
1) **크레인, 리프트 및 곤돌라** : 사업장에 설치가 끝난 날부터 3년 이내에 최초 안전검사를 실시하되, 그 이후부터 매 2년(건설현장에서 사용하는 것은 최초로 설치한 날부터 매 6개월)
2) **그 밖의 유해·위험기계 등** : 사업장에 설치가 끝난 날부터 3년 이내에 최초 안전검사를 실시하되, 그 이후부터 매 2년(공정안전보고서를 제출하여 확인을 받은 압력용기는 4년)

19 위험예지훈련 4라운드(Round) 중 목표설정 단계의 내용을 가장 적당한 것은?

① 위험 요인을 찾아내고, 가장 위험한 것을 합의하여 결정한다.
② 가장 우수한 대책에 대하여 합의하고, 행동계획을 결정한다.
③ 브레인스토밍을 실시하여 어떤 위험이 존재하는가를 파악한다.
④ 가장 위험한 요인에 대하여 브레인스토밍 등을 통하여 대책을 세운다.

해설 위험예지훈련의 문제해결 4라운드(4Round)
1) **1R-현상파악** : 잠재위험요인을 발견하는 단계(BS)
2) **2R-본질추구** : 가장 위험한 요인(위험 포인트)을 합의로 결정하는 단계(요약)
3) **3R-대책수립** : 대책을 수립하는 단계(BS 적용)
4) **4R-행동목표 설정** : 행동계획을 정하고 수립한 대책 가운데서 질이 높은 항목에 합의하는 단계(요약)

■ 정답 ■ 15.③ 16.④ 17.③ 18.③ 19.②

20 산업안전보건법령상 고용노동부장관은 산업재해를 예방하기 위하여 필요하다고 인정할 때에 대통령령이 정하는 사업장의 산업재해 발생건수, 재해율 등을 공표할 수 있도록 하였는데 이에 관한 공표 대상 사업장의 기준으로 틀린 것은?

① 연간 산업재해율이 규모별 같은 업종의 평균재해율 이상인 모든 사업장
② 관련 법상 중대산업사고가 발생한 사업장
③ 관련 법상 산업재해의 발생에 관한 보고를 최근 3년 이내 2회 이상 하지 아니한 사업장
④ 산업재해로 연간 사망재해자가 2명 이상 발생한 사업장으로서 사망만인율이 규모별 같은 업종의 평균 사망만인율 이상인 사업장

해설 공표대상사업장(시행령 제8조의 4)
1) ②, ③, ④항
2) 연간 산업재해율이 규모별 같은 업종의 평균재해율 이상인 사업장 중 상위 10%이내에 해당되는 사업장

제2과목 / 산업심리 및 교육

21 집단의 응집성이 높아지는 조건에 해당하는 것은?

① 가입하기 쉬울수록
② 집단의 구성원이 많을수록
③ 외부의 위협이 없을수록
④ 함께 보내는 시간이 많을수록

해설 집단의 응집성 : 집단은 함께 보내는 시간이 많을수록 동조효과에 의해 응집성이 높아진다.

---

22 휴먼에러를 행위적 관점에서 분류할 때 해당하지 않는 것은?

① 입력 오류(input error)
② 순서 오류(sequential error)
③ 시간지연 오류(time error)
④ 생략 오류(omission error)

해설 심리적인 분류(Swain) : Error의 원인을 불확정, 시간지연, 순서착오의 세 가지로 나누어 분류한다.
1) omission error(부작위 실수, 생략과오) : 필요한 task또는 절차를 수행하지 않는 데 기인한 error
2) time error(시간적 과오, 又연오류) : 필요한 task 또는 절차의 수항지연으로 인한 error
3) commission error(작위 실수, 수행적 과오) : 필요한 task 또는 절차의 불확실한 수행으로 인한 error
4) sequential error(순서적 과오) : 필요한 task 또는 절차의 순서착오로 인한 error
5) extraneous error(불필요한 과오) : 불필요한 task 또는 절차를 수행혐으로써 기인한 error

---

23 학습평가 도구의 기준 중 "측정의 결과에 비해 누가 보아도 일치되는 의견이 나올 수 있는 성질"은 어떤 특성에 관한 슬몇인가?

① 타당성　　　　② 신뢰성
③ 객관성　　　　④ 실용성

해설 학습평가도구의 기본적인 기준
1) 타당도 : 측정하고자 하는 본래의 목적과 일치하느냐의 정도를 나타내는 기준이다.
2) 신뢰도 : 신용도로서 측정의 오차가 얼마나 적으냐를 나타내는 것이다.
3) 개관도 : 측정의 결과에 대하 누가 보아도 일치된 의견이 나올 수 있는 성질이다.
4) 실용도 : 사용에 편리하고 쉽게 적용시킬 수 있는 기준이 실용도가 높은 것이다.

2025

---

24 다음 중 능률과 안전을 위한 기계의 통제 수단이 될 수 없는 것은?

① 반응에 의한 통제
② 개폐에 의한 통제
③ 양(量)의 조절에 의한 통제
④ 생산 원가에 의한 통제

해설 통제장치의 유형
  1) **양의 조절에 의한 통제** : 연속조절(knob, crank, handle, lever, pedal 등)
  2) **개폐에 의한 통제** : 불연속 조절(수독식 푸시버튼, 발 푸시버튼, 토글스위치, 로터리 스위치 등)
  3) **반응에 의한 통제** : 자동경보 시스템

25 매슬로우(Maslow)의 욕구위계를 바르게 나열한 것은?

① 생리적 욕구 – 사회적 욕구 – 안전의 욕구 – 인정받으려는 욕구 – 자아실현의 욕구
② 생리적 욕구 – 안전의 욕구 – 사회적 욕구 – 인정받으려는 욕구 – 자아실현의 욕구
③ 안전의 욕구 – 생리적 욕구 – 사회적 욕구 – 인정받으려는 욕구 – 자아실현의 욕구
④ 안전의 욕구 – 생리적 욕구 – 사회적 욕구 – 자아실현의 욕구 – 인정받으려는 욕구

해설 매슬로우(Maslow)의 욕구 5단계
  1) **1단계–생리적 욕구(신체적 욕구)** : 기아, 갈등, 호흡, 배설, 성욕 등 기본적 욕구
  2) **2단계–안전의 욕구** : 안전을 구하려는 욕구
  3) **3단계–사회적 욕구(친화욕구)** : 애정, 소속에 대한 욕구
  4) **4단계–인정받으려는 욕구(자기존경의 욕구, 승인욕구)** : 자존심, 명예, 성취, 지위 등에 대한 욕구
  5) **5단계–자아실현의 욕구(성취욕구)** : 잠재적인 능력을 실현하고자 하는 욕구

26 다음 설명에 해당하는 주의의 특성은?

> 공간적으로 보면 시선의 주시점만 인지하는 기능으로 한 지점에 주의를 집중하면 다른 곳의 주의는 약해진다.

① 선택성
② 방향성
③ 변동성
④ 일점집중

해설 주의의 특징
  1) **선택성** : 여러 종류의 자극을 자각할 때 소수의 특정한 것에 한하여 선택하는 기능
  2) **방향성** : 주시점만 인지하는 기능
  3) **변동성** : 주위에는 주기적으로 부주의의 리듬이 존재

27 직무수행평가를 위해 개발된 척도 중 척도상의 점수에 그 점수를 설명하는 구체적 직무행동 내용이 제시된 것은?

① 행동기준평정척도(BARS)
② 행동관찰척도(BOS)
③ 행동기술척도(BDS)
④ 행동내용척도(BCS)

28 다음 중 시청각적 교육방법의 특징과 가장 거리가 먼 것은?

① 교재의 구조화를 기할 수 있다.
② 대규모 수업체제의 구성이 어렵다.
③ 학습의 다양성과 능률화를 기할 수 있다.
④ 학습자에게 공통경험을 형성시켜 줄 수 있다.

해설 시청각 교육의 특징
  1) 교수의 효율성 증대
  2) 교재의 구조화
  3) 대량 수업체제 확정
  4) 교수의 평준화

29 안전지식교육의 내용이 아닌 것은?

① 재해발생의 원인을 이해시킨다.
② 안전의 5요소에 잠재된 위험을 이해시킨다.
③ 작업에 필요한 법규, 규정, 기준과 수칙을 습득시킨다.
④ 표준작업방법대로 작업을 행하도록 한다.

해설 ④항, **표준작업방법대로 작업실시** : 안전기능교육

30 다음은 리더가 가지고 있는 어떤 권력의 예시에 해당하는가?

> 종업원의 바람직하지 않은 행동들에 대해 해고, 임금삭감, 견책, 등을 사용하여 처벌한다.

① 보상권력　　　　② 강압권력
③ 합법권력　　　　④ 전문권력

해설 **강압적 권한** : 부하직원들을 처벌할 수 있는 권한

31 작업자 자신이 자기의 부주의 이외에 제반 오류의 원인을 생각함으로써 개선을 하도록 하는 과오원인 제거 기법은?

① TBM　　　　② STOP
③ BS　　　　④ ECR

해설 ECR(Error Cause Removal) : 과오원인 제거

32 학습경험 조직의 원리와 가장 거리가 먼 것은?

① 가능성의 원리　　② 계속성의 원리
③ 계열성의 원리　　④ 통합성의 원리

해설 **학습경험조직의 원리**
　　1) 계속성의 원리　2) 계열성의 원리
　　3) 통합성의 원리　4) 균형성의 원리
　　5) 다양성의 원리
　　6) 건전성의 원리(보편성의 원리)

33 허세이(Alfred Bay Hershey)의 피로회복법에서 단조로움이나 권태감에 의해 발생되는 피로에 대한 대책으로 가장 적합한 것은?

① 동작의 교대 방법 등을 가르친다.
② 불필요한 신체적 마찰을 배제한다.
③ 작업장의 온도, 습도, 통풍 등을 조절한다.
④ 용의주도한 작업 계획을 수립, 이행한다.

해설 **허세이(Alfred Bay Hershey)의 피로회복법**
　　1) **신체활동에 의한 피로** : 활동을 국한하는 목적 이외의 동작을 배제, 기계력의 사용, 작업의 교대, 작업중의 휴식
　　2) **신체적 긴장에 의한 피로** : 운동 또는 휴식에 의한 긴장을 푸는 일
　　3) **정신적 노력에 의한 피로** : 휴식, 양성훈련
　　4) **환경과의 관계에 의한 피로** : 작업장에서의 부적절한 제관계를 배제하는 일, 가정생활의 위생에 관한 교육 및 운동의 필요에 관한 계몽
　　5) **정신적 긴장에 의한 피로** : 주도면밀하고, 현명하고, 동정적인 작업계획을 세우고 불필요한 마찰을 배제하는 일
　　6) **단조감·권태감** : 일의 가치를 가르치는 일, 동작의 교대를 가르치는 일, 휴식
　　7) **영양 및 배설의 불충분** : 조식, 중식 및 종업 시 등의 관습의 감시, 건강식품의 준비, 신체의 위생에 관한 교육 및 운동의 필요에 관한 계몽
　　8) **질병에 의한 피로** : 속히 유효적절한 의료를 밝게 하는 일, 보건상 유해한 작업상의 조건을 개선하는 일, 적당한 예방법을 가르치는 일
　　9) **기후에 의한 피로** : 온도, 습도, 통풍의 조절

34 다음 중 적성배치에 따른 효과와 가장 거리가 먼 것은?

① 자아실현 기회부여
② 근로의욕의 고취
③ 재해사고의 예방
④ 표준작업 습관화

해설 ④항, **표준작업 습관화** : 태도교육

■정답 ■　29.④　30.②　31.④　32.①　33.①　34.④

35 작업을 배우고 싶은 의욕을 갖도록 하는 작업지도교육 단계는?

① 제1단계 : 학습할 준비를 시킨다.
② 제2단계 : 작업을 설명한다.
③ 제3단계 : 작업을 시켜본다.
④ 제4단계 : 가르친 뒤 살펴본다.

해설 **작업지도 기법의 4단계**
   (1) 1단계 : 학습할 준비를 시킨다(학습준비)
     1) 마음을 안정시킨다.
     2) 무슨 작업을 할 것인가를 말해준다.
     3) 작업에 대해 알고 있는 정도를 확인한다.
     4) 작업을 배우고 싶은 의욕을 갖게 한다.
     5) 정확한 위치에 자리 잡게 한다.
   (2) 제2단계 – 작업을 설명한다(작업설명)
     1) 주요단계를 하나씩 설명해주고 시범해 보이고 그려 보인다.
     2) 급소를 강조한다.
     3) 확실하게, 빠짐없이, 끈기있게 지도한다.
     4) 이해할 수 있는 능력 이상으로 강요하지 않는다.
   (3) 제3단계 – 작업을 시켜본다(실습)
   (4) 제4단계 – 가르친 뒤를 살펴본다(결과시찰).

36 다음 중 성실하며 성공적인 지도자 (leader)의 공통적인 소유 속성과 가장 거리가 먼 것은?

① 강력한 조직능력
② 실패에 대한 자신감
③ 뛰어난 업무수행능력
④ 자신 및 상사에 대한 긍정적인 태도

해설 **성실한 지도자가 공통적으로 갖는 속성**
   1) 업무수행능력 및 판단능력
   2) 강력한 조직능력 및 강한 출세욕구
   3) 자신에 대한 긍정적 태도
   4) 상사에 대한 긍정적 태도
   5) 조직의 목표에 대한 충성심
   6) 실패에 대한 두려움
   7) 원만한 사교성

   8) 매우 활동적이며 공격적인 도전
   9) 자신의 건강과 체력 단련
   10) 부모로부터의 정서적 독립

37 직무수행에 대한 예측변인 개발 시 작업 표본(work sample)의 제한점으로 볼 수 없는 것은?

① 주로 기계를 다루는 직무에 효과적이다.
② 훈련생보다 경력자 선발에 적합하다.
③ 실시하는데 시간과 비용이 많이 든다.
④ 집단검사로 감독의 통제가 요구된다.

해설 ④항, 집단검사로 감독의 통제요구 : 작업표준의 제한점과 관계 없음

38 다음 중 스트레스에 대하여 반응하는데 있어서 개인 차이의 이유로 적합하지 않은 것은?

① 자기 존중감의 차이
② 성(性)의 차이
③ 작업시간의 차이
④ 강인성의 차이

39 안전교육의 실시방법 중 토의법과 특징과 가장 거리가 먼 것은?

① 개방적인 의사소통과 협조적인 분위기 속에서 학습자의 적극적 참여가 가능하다.
② 집단 활동의 기술을 개발하고 민주적 태도를 배울 수 있다.
③ 정해진 시간에 다양한 지식을 많은 학습자를 대상으로 동시 전달이 가능하다.
④ 준비와 계획 단계뿐만 아니라 진행 과정에서도 많은 시간이 소요된다.

해설 ③항, 강의식 교육의 특징

■ **정답** ■   **35.**①   **36.**②   **37.**④   **38.**③   **39.**③

40 다음 중 Off JT(Off Job Training)의 특징으로 옳은 것은?

① 개개인에게 적절한 지도훈련이 가능하다.
② 직장의 설정에 맞게 실제적 훈련이 가능하다.
③ 훈련에 필요한 업무의 계속성이 끊어지지 않는다.
④ 전문가를 강사로 초빙하는 것이 가능하다.

해설 1) OJT : ①, ②, ③항(개별교육)
     2) off-JT : ④항(집단교육)

제3목 / 인간공학 및 시스템안전공학

41 기계설비가 설계 사양대로 성능을 발휘하기 위한 적정 윤활의 원칙이 아닌 것은?

① 적량의 규정
② 주유방법의 통일화
③ 올바른 윤활법의 채용
④ 윤활기간의 올바른 준수

해설 윤활의 원칙
     1) **적량**(適量) : 적량의 규정
     2) **적유**(適油) : 설비가 꼭 필요로 하는 윤활제의 선택
     3) **적법**(適法) : 올바른 윤활법의 채용
     4) **적시**(適時) : 윤활기간의 올바른 준수

42 다음 중 성격이 다른 정보의 제어 유형은?

① action
② selection
③ setting
④ data entry

43 FTA에서 특정 조합의 기본사상들이 동시에 결함을 발생하였을 때 정상사상을 일으키는 기본사상의 집합을 무엇이라 하는가?

① cut set
② error set
③ path set
④ success set

해설 1) cut set : 정상사상을 일으키는 기본사상의 집합
     2) path set : 정상사상을 일으키지 않는 기본사상의 집합

44 FT도에 사용하는 기호에서 3개의 입력현상 중 임의의 시간에 2개가 발생하면 출력이 생기는 기호의 명칭은?

① 억제 게이트
② 조합 AND 게이트
③ 배타적 OR 게이트
④ 우선적 AND 게이트

해설 수정기호(⟨초건⟩) : 다듬어 나타나는 조건을 기입한다.
     1) **우선적 AND Gate** : 입력사상 가운데 어느 사상이 다른 사상보다 먼저 일어났을 때에 출력사상이 생긴다. 예를 들면 「A는 B보다 먼저」와 같이 기입한다.
     2) **짜맞춤 AND Gate** : 3개 이상의 입력사상 가운데 어느 것이든 2개가 일어나면 출력사상이 생긴다. 예를 들면 「어느 것이든 2개」라고 기입한다.
     3) **위험지속기호** : 입력사상이 생겨서 어느 일정시간 지속하였을 때에 출력사상이 생긴다. 예를 들면 「위험지속시간」과 같이 기입한다.
     4) **배타적 OR Gate** : OR Gate로 2개 이상의 입력이 동시에 존재할 때에는 출력사상이 생기지 않는다. 예를 들면 「동시에 발생하지 않는다」라고 기입한다.

2025

■정답■ 40.④ 41.② 42.③ 43.① 44.②

45 정보의 촉각적 암호화 방법으로만 구성된 것은?

① 점자, 진동, 온도
② 초인종, 점멸등, 점자
③ 신호등, 경보음, 점멸등
④ 연기, 온도, 모스(Morse)부호

해설 1) 촉각적 표시장치 : 주로 손과 손가락을 기본 정보 수용기로 이용한다.
2) 촉각적 암호화 방법 : 점자, 진동, 온도

46 다음의 그림과 같이 FTA로 분석된 시스템에서 현재 모든 기본사상에 대한 부품이 고장난 상태이다. 부품 X_1부터 부품 X_5까지 순서대로 복구한다면 어느 부품을 수리 완료하는 순간부터 시스템은 정상가동이 되겠는가?

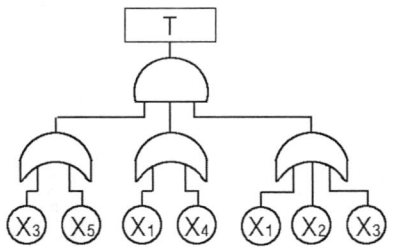

① X_1
② X_2
③ X_3
④ X_4

해설 부품 X_1, X_2, X_3 까지 복구되면 3개의 중간사상 중 마지막에 있는 1개의 사상이 발생되지 않으며 정상사상이 발생되지 않으므로 시스템이 정상가동된다.

47 시스템 안전분석 방법 중 예비위험분석(PHA) 단계에서 식별하는 4가지 범주에 속하지 않는 것은?

① 위기상태
② 무시가능상태
③ 파국적상태
④ 예비조처상태

해설 예비위험분석(PHA)에서 식별하는 4가지 범주 (Category)
1) 파국적(catastrophic)
2) 중대(critical)
3) 한계적(marginal)
4) 무시가능(negligible)

48 다음 그림과 같이 7개의 기기로 구성된 시스템의 신뢰도는 약 얼마인가?

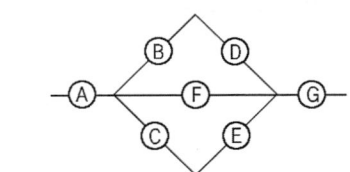

[신뢰도]
A = G : 0.75
B = C = D = E : 0.8
F : 0.9

① 0.5427
② 0.6234
③ 0.5552
④ 0.9740

해설
$R = A \times [1 - (B \cdot D)(1-F)(1-C \cdot E)] \times G$
$= 0.75 \times [1 - (1-0.8\times0.8)(1-0.9)$
$(1-0.8\times0.8)] \times 0.75$
$= 0.5521$

49 산업안전보건법에 따라 유해위험방지계획서의 제출대상 사업은 해당 사업으로서 전기계약용량이 얼마 이상인 사업을 말하는가?

① 150kW
② 200kW
③ 300kW
④ 500kW

해설 유해위험방지계획서 제출대상 사업 : 전기계약용량이 300kW이상인 제조업 등의 사업

50 인지 및 인식의 오류를 예방하기 위해 목표와 관련하여 작동을 계획해야 하는데 특수하고 친숙하지 않은 상황에서 발생하며, 부적절한 분석이나 의사결정을 잘못하여 발생하는 오류는?

① 기능에 기초한 행동(Skill - based Begavior)
② 규칙에 기초한 행동(Rule - based Begavior)
③ 사고에 기초한 행동(Accident - based Begavior)
④ 지식에 기초한 행동(Knowledge - based Begavior)

해설 지식에 기초한 행동 : 본문설명

51 여러 사람이 사용하는 의자의 좌면높이는 어떤 기준으로 설계하는 것이 가장 적절한가?

① 5% 오금높이   ② 50% 오금높이
③ 75% 오금높이   ④ 95% 오금높이

해설 조절식의 적용
1) 조절식은 자동차 좌석의 전후조절, 사무실 의자의 상하조절 등에 응용된다.
2) 조절식을 설계할 때에는 통상 5%치에서 95%까지 90%범위를 수용대상으로 설계하는 것이 관례이다.

길잡이 인간계측자료의 응용원칙
1) 최대치수와 최소치수 : 최대치수 또는 최소치수를 기준으로 하여 설계한다.
  (극단에 속하는 사람을 위한 설계)
2) 조절범위(조절식) : 체격이 다른 여러 사람에게 맞도록 만드는 것이다.(조절할 수 있도록 범위를 두는 설계)
3) 평균치를 기준으로 한 설계 : 최대치수나 최소치수, 조절식으로 하기가 곤란할 때 평균치를 기준으로 하여 설계한다.(평균적인 사람을 위한 설계)

---

52 실내에서 사용하는 습구흑구온도(WBGT : Wet Bulb Globe Temperature)지수는? (단, NWB는 자연습구, GT는 흑구온도, DB는 건구온도이다.)

① WBGT = 0.6NWB + 0.4GT
② WBGT = 0.7NWB + 0.3GT
③ WBGT = 0.6NWB + 0.3GT + 0.1DB
④ WBGT = 0.7NWB + 0.2GT + 0.1DB

해설 1) 실내 및 태양이 내리쬐지 않는 실외에서 습구흑구온도지수(WBGT)
$WBGT = (0.7 \times NWB) + (0.3 \times GT)$
2) 태양이 내리쬐는 실외의 습구흑구온도지수(WBGT)
$WBGT = (0.7 \times NWB) + (0.2 \times GT) + (0.1 \times DB)$

53 위험 및 운전성 검토(HAZOP)에서 사용되는 가이드 워드 중에서 성질상의 감소를 의미하는 것은?

① Part of   ② More less
③ No/Not   ④ Other than

해설 유인어(guide words) : 간단한 용어(말)로서 창조적 사고를 유도하고 자극하여 이상을 발견하고, 의도를 한정하기 위해 사용된다. 즉, 다음과 같은 의미를 나타낸다.
1) NO또는 NOT : 설계의도의 완전한 부정
2) More 또는 Less : 양(입력 반응, flow, rate, 온도 등)의 증가 또는 감소
3) As well As : 성질상의 증가(설계의도와 운전조건이 어떤 부가적인 활위와 함께 일어남)
4) Part of : 일부변경, 성질상의 감소(어떤 의도는 성취되나 어떤 의도는 성취되지 않음)
5) Reverse : 설계의도의 논리적인 역
6) Other than : 완전한 대체(통상 운전과 다르게 되는 상태)

2025

■정답 ■   50.④   51.①   52.②   53.①

54 화학설비에 대한 안전성 평가방법 중 공장의 입지조건이나 공장 내 배치에 관한 사항은 어느 단계에서 하는가?

① 제1단계 : 관계자료의 작성 준비
② 제2단계 : 정성적 평가
③ 제3단계 : 정량적 평가
④ 제4단계 : 안전대책

해설 정성적 평가(제2단계)의 주요진단항목

1. 설계관계	2. 운전관계
① 입지조건	① 원재료, 중간체제품
② 공장 내 배치	② 공정
③ 건조물	③ 수송, 저장 등
④ 소방설비	④ 공정기기

55 실험실 환경에서 수행하는 인간공학 연구의 장·단점에 대한 설명으로 맞는 것은?

① 변수의 통제가 용이하다.
② 주위 환경의 간섭에 영향 받기 쉽다.
③ 실험 참가자의 안전을 확보하기가 어렵다.
④ 피실험자의 자연스러운 반응을 기대할 수 있다.

해설 실험실 환경에서 수행하는 인간공학 연구의 장점
  1) 변수의 통제 용이
  2) 실험조건조절 용이
  3) 피실험자의 안전성 확보
  4) 비용절감

56 국내 규정상 1일 노출회수가 100일 때 최대 음압수준이 몇 dB(A)를 초과하는 충격소음에 노출되어서는 아니 되는가?

① 110
② 120
③ 130
④ 140

해설 충격소음작업(안전보건규칙 제512조)
  1) 120dB을 초과하는 소음이 1일 1만회 이상 발생하는 작업
  2) 130dB을 초과하는 소음이 1일 1천회 이상 발생하는 작업
  3) 140dB을 초과하는 소음이 1일 1백회 이상 발생하는 작업

57 특정한 목적을 위해 시각적 암호, 부호 및 기호를 의도적으로 사용할 때에 반드시 고려하여야 할 사항과 가장 거리가 먼 것은?

① 검출성
② 판별성
③ 양립성
④ 심각성

해설 암호체계 사용상의 일반적인 지침
  1) 암호의 검출성 : 검출이 가능해야 한다.
  2) 암호의 변별성 : 다른 암호표시와 구별되어야 한다.
  3) 부호의 양립성 : 양립성이란 자극들 간의, 반응들 간의, 또는 자극-반응 조합의 관계를 말하는 것으로 인간의 기대와 모순되지 않는다.
  4) 부호의 의미 : 사용자가 그 뜻을 분명히 알아야 한다.
  5) 암호의 표준화 : 암호를 표준화하여야 한다.
  6) 다차원 암호의 사용 : 2가지 이상의 암호차원을 조합해서 사용하면 정보전달이 촉진된다.

58 전신육체적 작업에 대한 개략적 휴식시간의 산출공식으로 맞는 것은? (단, R은 휴식시간(분), E는 작업의 에너지소비율(kcal/분)이다.)

① $R = E \times \dfrac{60-4}{E-2}$

② $R = 60 \times \dfrac{E-4}{E-1.5}$

③ $R = 60 \times (E-4) \times (E-2)$

④ $R = E \times (60-4) \times (E-1.5)$

해설 휴식시간$(R) = \dfrac{60 \times (E-4)}{E-1.5}$

59 첨단 경보시스템의 고장율은 0이다. 계의 효과로 조작자 오류율은 0.01t/hr이며, 인간의 실수율은 균질homogeneous)한 것으로 가정한다. 또한, 이 시스템의 스위치 조작자는 1시간마다 스위치를 작동해야 하는데 인간오류확률(HEP : Human Error Probability)이 0.001인 경우에 2시간에서 6시간 사이에 인간-기계 시스템의 신뢰도 약 얼마인가?

① 0.938 ② 0.948
③ 0.957 ④ 0.967

해설 1) 인간실수활률(HEP)
$$HEP = \frac{인간의\ 실수수}{전체실수\ 발생\ 기회수}$$
2) 신뢰도=1−HEP

60 인간공학의 궁극적인 목적과 가장 관계가 깊은 것은?

① 경제성 향상
② 인간 능력의 극대화
③ 설비의 가동율 향상
④ 안정성 및 효율성 향상

해설 인간공학의 주목적 : 안전의 최대화와 능률의 극대화

제4목 / 건설시공학

61 콘크리트의 시공성과 관계 없는 것은?

① 반발경도 ② 슬럼프
③ 슬럼프 플로 ④ 공기량

해설 1) **콘크리트의 시공성** : 슬럼프(slump), 슬럼프 플로(slump flow), 공기량 등
2) **반발경도법** : 콘크리트 표면을 타격하여 해머의 반발정도(반발경도)로 강도를 추정하는 시험법으로 반발경도는 콘크리트 시공성과 관계가 없다.

62 시공의 품질관리를 위하여 사용하는 통계적 도구가 아닌 것은?

① 작업표준 ② 파레토도
③ 관리도 ④ 산포도

해설 **품질관리(QC, Quality Control) 활동의 7가지 도구(QC 7가지 수법)**
1) **히스토그램(histogram)** : 길이, 무게, 강도 등과 같이 계량치의 데이터가 어떠한 분포를 하고 있는지 알아보기 위하여 작성하는 주상(柱狀) 기둥그래프(막대그래프)이다.
2) **특성요인도** : 결과에 원인이 어떻게 관계하고 있는가를 생선뼈 모양으로 나타낸 그림이다.
3) **파레토도(pareto diagram)** : 시공불량의 내용이나 원인을 분류 항목으로 나누어 크기 순서대로 나열해 놓은 그림이다.
4) **관리도** : 공정의 상태를 나타내는 특성치에 관해서 그려진 꺾은선 그래프다.
5) **산점도(산포도, scatter diagram)** : 서로 대응되는 두 종류의 데이터의 상호관계를 보는 것이다.
6) **체크시트** : 불량수, 결점수 등 셀 수 있는 데이터를 분류하여 항목별로 나누었을 때 어디에 집중되어 있는가를 알기 쉽도록 한 그림 또는 표이다.
7) **층별** : 데이터의 특성을 적당한 범주마다 얼마간의 그룹으로 나누어 도표로 나타낸 것

2025

---

63 석공사 앵커긴결공법에 관한 설명으로 옳지 않은 것은?

① 연결철물의 장착을 위한 세트 앵커용 구멍 45mm 정도 천공하고 캡이 구조체보다 5mm 정도 깊게 삽입하여 외부의 충격에 대처한다.
② 연결철물용 앵커와 석재는 접착용 에폭시를 사용하여 고정한다.
③ 연결철물은 석재의 상하 및 양단에 설치하여 하부의 것은 지지용으로, 상부의 것은 고정용으로 사용한다.
④ 판석재와 철재가 직접 접촉하는 부분에는 적절한 완충재를 사용한다.

해설 1) 앵커긴결공법 : 석재의 붙임에 모르타르를 사용하지 않고 앵커, 볼트, 연결철물을 사용하여 석재와 구조체를 연결시키는 방법이다.
　　2) 석재에 연결철물의 장착을 위한 앵커용 구멍을 뚫어 앵커를 석재에 고정한다.

64 네트워크 공정표의 주공정(Critical Path)에 관한 설명으로 옳지 않은 것은?

① TF가 0(Zero)인 작업을 주공정작업이라 하고, 이들을 연결한 공정을 주공정이라 한다.
② 총 공기는 공사착수에서부터 공사완공까지의 소요시간의 합계이며, 최장시간이 소요되는 경로이다.
③ 주공정은 고정적이거나 절대적인 것이 아니고 공사 진행상황에 따라 가변적이다.
④ 주공정에 대한 공기단축은 불가능하다.

해설 1) 주공정(cp ; critical path) : 개시결합점에서 종료 결합점에 이르는 가장 긴시간을 의미한다.
　　2) MCX(minium cost expediting)
　　　① 공기단축기법으로 주공정(cp)상의 요소작업 중 비용구배가 가장 작은 요소작업부터 단위시간 씩 단축해가며 이로 인해 변경되는 주공정(cp)이 발생되면 변경된

경로의 단축해야 할 요소작업을 결정한다.
　　　② 공기단축시 주의할 것은 변경된 주공정(cp)을 호가인하는 것이다.

65 철골기둥의 이음부분 면을 절삭가공기를 사용하여 마감하고 충분히 밀착시킨 이음에 해당하는 용어는?

① 밀 스케일(mill scale)
② 스캘럽(scallop)
③ 스패터(spatter)
④ 메탈터치(metal touch)

해설 1) 밀 스케일(mill scale) : 철강재를 가열, 압연, 가공 등을 할 때 표면에 붙은 산화철로 된 찌꺼기
　　2) 스캘럽(scallop) : 용접선이 교차를 이루는 것을 피하기 위해서 모재에 설치한 부채꼴 모양
　　3) 스패터(spatter) : 아크용접, 가스용접에서 용접 중 튀어나오는 슬랙 또는 금속입자
　　4) 메탈터치(metal touch) : 본문설명

66 보강콘크리트 블록조에 관한 설명으로 옳지 않은 것은?

① 블록은 살 두께가 두꺼운 쪽을 위로하여 쌓는다.
② 보강블록은 모르타르, 콘크리트 사춤이 용이하도록 원칙적으로 막힌줄눈 쌓기로 한다.
③ 블록 1일 쌓기 높이는 6~7켜 이하로 한다.
④ 2층 건축물이 경우 세로근은 원칙으로 기초, 테두리보에서 윗층의 테두리보까지 잇지 않고 배근한다.

해설 보강블록은 원칙적으로 통줄눈 쌓기로 한다.

67 거푸집 조립 시 긴결재로 사용하지 않는 것은?

① 폼타이(Form tie)
② 플랫타이(Flat tie)
③ 철재 동바리(Steel support)
④ 컬럼밴드(Column band)

해설 거푸집의 긴결재
1) 폼타이(form tie) : 거푸집판을 일정한 간격으로 유지시켜 주는 동시에 콘크리트의 측압을 최종적으로 지지하는 열할을 하는 부재이다.
2) 플랫타이(flat tie) : 철재 패널폼에 사용하는 폼타이로서 타이를 웨지핀(wedge pin)을 패널 폼에 고정한다.
3) 컬럼밴드(column band) : 기둥거푸집의 고정 및 측압버팀용으로 쓰인다(합판거푸집에 사용)

68 콘크리트 타설 시 이음부에 관한 설명으로 옳지 않은 것은?

① 보, 바닥슬래브 및 지붕슬래브의 수직 타설 이음부는 스팬의 중앙 부근에 주근과 수평 방향으로 설치한다.
② 기둥 및 벽의 수평 타설이음부는 바닥슬래브, 보의 하단에 설치하거나 바닥슬래브, 보, 기초보의 상단에 설치한다.
③ 콘크리트의 타설이음면은 레이턴스나 취약한 콘크리트 등을 제거하여 새로 타설하는 콘크리트와 일체가 되도록 처리한다.
④ 타설이음부의 콘크리트는 살수 등에 의해 습윤시킨다. 다만, 타설이음면의 물은 콘크리트 타설 전에 고압공기 등에 의해 제거한다.

해설 ①항, 보, 바닥슬래브(바닥판) 및 지붕슬래브의 이음은 간사이(span)의 중앙부근에서 수직으로 한다.

69 정지 및 배토기계에 해당하지 않는 것은?

① 불도저
② 파워셔블
③ 모터그레이더
④ 스크레이퍼

해설 파워셔블(power shovel) : 굴착용 기계로 중기가 위치한 지면보다 높은 곳의 땅을 굴착하는 데 적합하다.

70 철근콘크리트 구조의 철근 선조립 공법 순서로 옳은 것은?

① 시공도 → 공장절단 → 가공 → 이음·조립 → 운반 → 현장부재양중 → 이음·설치
② 공장절단 → 시공도 → 가공 → 이음조립 → 이음·설치 → 운반 → 현장부재양중
③ 시공도 → 가공 → 공장절단 → 운반 → 이음·조립 → 현장부재양중 → 이음·설치
④ 공장절단 → 시공도 → 운반 → 가공 → 이음·조립 → 현장부재양중 → 이음·설치

해설 철근 선조립 공법순서
1) 시공도 → 2)공장절단 → 3)가공 → 4)이음·조립 → 5)운반 → 6)현장부재양중 → 7)이음·설치

71 거푸집 측압에 영향을 주는 요인에 관한 설명으로 옳지 않은 것은?

① 콘크리트 타설 속도가 빠를수록 측압이 크다.
② 단면이 클수록 측압이 크다.
③ 슬럼프가 클수록 측압이 크다.
④ 철근량이 많을수록 측압이 크다.

해설 철근량이 적을수록 측압이 크다.

72 말뚝기초 재하시험의 종류가 아닌 것은?

① 표준관입재하시험
② 동재하시험
③ 수직재하시험
④ 수평재하시험

[해설] 말뚝기초 재하시험의 종류
    1) 동재하시험
    2) 수직재하시험
    3) 수평재하시험

73 기초공사 중 말뚝지정에 관한 설명으로 옳지 않은 것은?

① 나무말뚝은 소나무, 낙엽송 등 부패에 강한 생나무를 주로 사용한다.
② 기성 콘크리트 말뚝으로는 심플렉스 파일, 컴프레솔 파일, 페데스탈 파일 등이 있다.
③ 강재말뚝은 중량이 가볍고, 휨저항이 크며 길이조절이 가능하다.
④ 무리말뚝의 말뚝 한 개가 받는 지지력은 단일말뚝의 지지력보다 감소되는 것이 보통이다.

[해설] 심플렉스 파일, 컴프레솔 파일, 페데스탈 파일 등은 제자리콘크리트말뚝 에 해당된다.

74 수직응력 σ = 0.2MPa, 접착력 c = 0.05 MPa, 내부마찰각 $\varnothing$ =20°의 흙으로 구성된 사면의 전단강도는?

① 0.08MPa
② 0.12MPa
③ 0.16MPa
④ 0.2MPa

[해설] 사면의 전단강도(S)
$$S = C + \sigma \tan\phi$$
$$= 0.05 + 0.2\tan 20 = 0.12\text{MPa}$$
여기서, C : 점착력(MPa)
    σ : 전단면(파괴면)에 작용하는 수직응력(MPa)
    ϕ : 내부마찰각(°)

75 사질지반일 경우 지반 저부에서 상부를 향하여 흐르는 물의 압력이 모래의 자중 이상으로 되면 모래입자가 심하게 교란되는 현상은?

① 파이핑(piping)
② 보링(boring)
③ 보일링(boiling)
④ 히빙(heaving)

[해설] 보일링(boiling) 현상
    1) **보일링** : 투수성이 좋은 사질지반에서 흙막이벽 두시면의 수위가 높아서 지하수가 흙막이벽을 돌아서 굴착부 저면이 모래와 같이 액상화되어 솟아오르는 현상
    2) **지반조건** : 지하수위가 높은 사질토
    3) **대책**
      ① 굴착배면의 지하수위를 낮춘다.
      ② 흙막이벽(토류벽)의 근입깊이를 깊게 한다.
      ③ 흙막이벽 하단부에 버팀대를 보강한다.
      ④ 흙막이벽 선단에 코어 및 필터 층을 설치한다.

76 경량형강과 합판으로 구성되며 표준형태의 거푸집을 변형시키지 않고 조립함으로써 현장제작에 소요되는 인력을 줄여 생산성을 향상시키고 자재의 전용횟수를 증대시키는 목적으로 사용되는 거푸집은?

① 목재패널
② 합판패널
③ 위플폼
④ 유로폼

[해설] 유로폼(euro from)
    1) **유로폼** : 공장에서 경량형강과 합판을 사용하여 벽판이나 바닥판용 거푸집을 제작한 것으로 현장에서 못을 쓰지 않고 간단히 조립할 수 있는 거푸집이다.
    2) **특징**
      ① 현장제작에 소요되는 인력을 줄여 생산성을 향상시킨다.
      ② 조립·해체 작업이 간단하며 공기가 단축되고 경비가 절약된다.
      ③ 거푸집 사용횟수를 증대시킬 수 있다.

77 공사계약방식에서 공사실시 방식에 의한 계약제도가 아닌 것은?

① 일식도급
② 분할도급
③ 실비정산보수가산도급
④ 공동도급

해설 1) 공사실시방식에 의한 도급계약제도 : 익식도급, 분할도급, 공동도급
2) 공사비지불방식에 의한 도급계약제도 : 단가도급, 정액도급, 실비청산보수가산도급방식

78 한켜는 길이로 쌓고 다음켜는 마구리 쌓기로 하는 것으로 통줄눈이 생기지 않고 모서리 벽 끝에 이오토막을 사용하는 가장 튼튼한 쌓기 방식은?

① 영식 쌓기
② 화란식 쌓기
③ 불식 쌓기
④ 미식 쌓기

해설 벽돌쌓기의 종류
1) **영식쌓기** : 한켜는 길이쌓기, 다음켜는 마무리 쌓기로 하고, 마무리쌓기켜의 벽 끝에 이오토막(0.25)을 사용한다.(벽돌쌓기법 중 가장 튼튼한 쌓기법)
2) **화란(네덜란드)식 쌓기** : 한켜는 길이 쌓기, 다음켜는 마무리 쌓기로 하고, 길이쌓기켜의 벽 끝에 칠오토막(0.75)을 사용한다.
3) **불식(프랑스식)쌓기** : 매켜에 길이쌓기와 마구리 쌓기가 번갈아 나오는 쌓기방식이다.
4) **미식쌓기** : 5켜는 길이쌓기로 하고 한켜는 마구리쌓기로 하는 쌓기방식이다.

79 철골공사에서 용접작업 종료 후 용접부의 안전성을 확인하기 위해 실시하는 비파괴 검사의 종류에 해당되지 않는 것은?

① 방사선 검사
② 침투 탐상 검사
③ 반발 경도 검사
④ 초음파 탐상 검사

해설 용접검사
1) **용접착수전 검사** : 트임새 모양, 모아대기법, 구속법, 자세의 적부
2) **용접작업중 검사** : 용접봉, 운봉, 전류
3) **용접완료후 검사** : 외관검사, 비파괴검사(방사선투과검사, 초음파탐상시험, 자기분말탐상법)

80 철골부재 용접 시 주의사항 중 옳지 않은 것은?

① 용접할 모재의 표면에 있는 녹, 페인트, 유분 등은 제거하고 작업한다.
② 기온이 0℃이하로 될 때에는 접하지 않도록 한다.
③ 용접 시 발생하는 가스 등으로 질식 또는 중독되지 않도록 환기 또는 기타 필요한 조치를 해야 한다.
④ 용접할 소재는 정확한 시공과 정밀도를 위하여 치수에 여분을 두지 말아야 한다.

해설 용접할 소재는 용접열에 의한 수축변형이 생기고 또 마무리 자리도 고려해야 되므로 치수에 여분을 두어야 한다.

제5과목 / 건설재료학

81 목재의 함수율과 섬유포화점에 관한 설명으로 옳지 않은 것은?

① 섬유포화점은 세포 사이의 수분은 건조되고, 섬유에만 수분이 존재하는 상태를 말한다.
② 벌목 직후 함수율이 섬유포화점까지 감소하는 동안 강도 또한 서서히 감소한다.
③ 전건상태에 이르면 강도는 섬유포화점 상태에 비해 3배로 증가한다.
④ 섬유포화점 이하에서는 함수율의 감소에 따라 인성이 감소한다.

해설 벌목직후 함수율이 섬유포화점까지 감소하는 동안 강도는 일정하나 섬유포화점(함수율 25~30%) 이하에서는 함수율의 감소에 따라 강도는 증가하고 인성은 감소한다.

82 콘크리트용 골재 중 깬자갈에 관한 설명으로 옳지 않은 것은?

① 깬자갈의 원석은 안삼암·화강암 등이 많이 사용된다.
② 깬자갈을 사용한 콘크리트는 동일한 워커빌리티의 보통자갈을 사용한 콘크리트보다 단위수량이 일반적으로 약 10%정도 많이 요구된다.
③ 깬자갈을 사용한 콘크리트는 강자갈을 사용한 콘크리트 보다 시멘트 페이스트와의 부착성능이 매우 낮다.
④ 콘크리트용 굵은 골재로 깬자갈을 사용할 때는 한국산업표준(KS F 2527)에서 정한 품질에 적합한 것으로 한다.

해설 ③항, 깬자갈을 사용한 콘크리트는 강자갈을 사용한 콘크리트보다 시멘트 페이스트와의 부착성능이 매우 높다.

83 일종의 못박기총을 사용하여 콘크리트나 강재 등에 박는 특수못을 의미하는 것은?

① 드라이브핀 ② 인서트
③ 익스팬션볼트 ④ 듀벨

해설 드라이브 핀(drive pin) : 못박기총을 사용하여 콘크리트벽이나 벽돌벽, 강재 등에 박아대는 특수못을 말한다.

84 각종 금속에 관한 설명으로 옳지 않은 것은?

① 동은 건조한 공기중에서는 산화하지 않으나, 습기가 있거나 탄산가스가 있으면 녹이 발생한다.
② 납은 비중이 비교적 작고 융점이 높아 가공이 어렵다.
③ 알루미늄은 비중이 철의 1/3정도로 경량이며 열·전기전도성이 크다.
④ 청동은 구리와 주석을 주체로 한 합금으로 건축장식부품 또는 미술공예 재료로 사용된다.

해설 납(Pb)
1) 물리적 성질
① 비중(11.4)이 크고, 연질이 연성, 전성이 크다.
② 인장강도가 극히 작다(주물은 1.25 kg/mm², 상온 압연재는 1.7~2.3 kg/mm²)
③ X선의 차단효과가 크다(콘크리트의 100배 이상)
2) 화학적 성질
① 공기 중에서 습기(H_2O)와 CO_2에 의하여 표면이 산화하여 $PbCO_3 \cdot Pb(OH)_2$의 염기성 탄산납을 만들어 내부를 보호한다.
② 염산, 황산, 농질산에는 침해되지 않으나 묽은 질산에는 녹는다(부동태 현상).
③ 알칼리에 약하므로 콘크리트와 접촉되는 곳은 아스팔트 등으로 보호한다.

■ 정답 ■ 81.② 82.③ 83.① 84.②

946

85 재료의 단단한 정도를 나타내는 용어는?

① 연성   ② 인성
③ 취성   ④ 경도

해설 1) **연성** : 탄성한계보다 큰 당김 변형력을 줄 때 깨지지 않고 길이 방향으로 늘어나는 성질
2) **전성** : 압축변형력을 줄 때 판 모양으로 얇게 펴지는 성질
3) **취성** : 물체가 연성을 갖지 않고 파괴되는 성질
4) **경도** : 재료의 단단한 정도를 나타내는 성질

86 다음 중 건축용 단열재와 거리가 먼 것은?

① 유리면(glass wool) ② 암면(rock wool)
③ 테라코타   ④ 펄라이트판

해설 **테라고타**(terra cotta) : 속이 빈 대형의 점토소성품이다.

87 주로 석기질 점토나 상당히 철분이 많은 점토를 원료로 사용하며, 건축물의 패러핏, 주두 등의 장식에 사용되는 공동의 대형 점토제품은?

① 테라죠   ② 도관
③ 타일   ④ 테라코타

해설 **테리코타** : 고급점토에 도토, 자토 등을 혼합 반죽하여 단순한 것은 가압성형 또는 압출성형하고 조잡한 것은 석고틀형(mold)로 찍어내어 소성한 속이 빈 대형의 점토소성품이다.
테라코타의 특성은 다음과 같다.
1) 일반 석재보다 가볍고, 압축강도는 800~900 kg/㎠ 로서 화강암의 1/2 정도이다.
2) 화강암보다 내화력이 강하고 대리석보다 풍화에 강하고 대리석보다 풍화에 강하므로 외장에 적당하다.
3) 건축에 쓰이는 점토 제품으로는 가장 미술적이고 색도 석제보다 자유롭다.

88 경량 기포콘크리트(autoclaved light-weight concrete)에 관한 설명으로 옳지 않은 것은?

① 보통콘크리트에 비하여 탄산화의 우려가 낮다.
② 열전도율은 보통콘크리트의 약 1/10 정도로 단열성이 우수하다.
③ 현장에서 취급이 편리하고 절단 및 가공이 용이하다.
④ 다공질이므로 흡수성이 높은 편이다.

해설 ALC(autoclaved lightweigh: concrete) : **경량기포콘크리트**
1) **ALC** : 발포제에 의하여 콘크리트 내부에 무수한 기포를 독립적으로 분산시켜 중량을 가볍게 한 기포콘크리트(고온 · 고압으로 증기양생하여 제조)
2) **특징**
① 기건 비중이 보통 콘크리트의 약1/4정도이다.
② 공극을 다량 함유하여 열전도율이 보통 콘크리트보다 낮으며 단열성도 우수하다.
③ 불연재인 동시에 내화재료이다.
④ 경량에서 인력에 의한 취급이 용이하다.
⑤ 흡수율이 크다(시공직전의 블록이나 패널은 기건상태를 유지해야 한다)
⑥ 동결해에 대한 저항성이 크며 내약품성이 증대된다.
⑦ 용적변화가 적고 백화의 발생도 적다.

89 아스팔트 침입도 시험에 있어서 아스팔트의 온도는 몇 ℃를 기준으로 하는가?

① 15℃   ② 25℃
③ 35℃   ④ 45℃

해설 **아스팔트 침입도**
1) **침입도** : 아스팔트의 견고성 정도를 침의 관입저항으로 평가하는 방법이다.
2) **침입도 1도** = 관입량 0.1mm(표준조건 : 25℃, 표준침의 중량 : 100g, 5초동안 시험)

■정답 ■   85.④   86.③   87.④   88.①   89.②

90 KS L 4201에 따른 1종 점토벽돌의 압축강도는 최소 얼마 이상이어야 하는가?

① 9.80MPa 이상
② 14.70MPa 이상
③ 20.59MPa 이상
④ 24.50MPa 이상

해설 점토벽돌의 품질

등급	압축강도(N/mm²)	흡수율(%)
1종	24.500이상	10이하
2종	20.590이상	13이하
3종	10.780이상	15이하

㉿ 1Pa = 1N/mm² = 1×10^{-6}MP

91 안료가 들어가지 않는 도료로서 목재면의 투명도장에 쓰이며, 내후성이 좋지 않아 외부에 사용하기에는 적당하지 않고 내부용으로 주로 사용하는 것은?

① 수성페이트
② 클리어래커
③ 래커에나멜
④ 유성에나멜

해설 클리어 래커 : 본문 설명

92 아스팔트 방수시공을 할 때 바탕재와의 밀착용으로 사용하는 것은?

① 아스팔트 컴파운드
② 아스팔트 모르타르
③ 아스팔트 프라이머
④ 아스팔트 루핑

해설 아스팔트 프라이머(asphalt primer)
1) 블로운 아스팔트를 휘발성용제(휘발유 등)에 용해한 비교적 저점도의 흙갈색 액체이다.
2) 방수시공 시 첫째 공정에 쓰는 바탕처리제이다.

93 미장재료에 관한 설명으로 옳은 것은?

① 보강재는 결합재의 고체화에 직접 관계하는 것으로 여물, 풀, 수염 등이 이에 속한다.
② 수경성 미장재료에는 돌로마이트 플라스터, 소석회가 있다.
③ 소석회는 돌로마이트 플라스터에 비해 점성이 높고, 작업성이 좋다.
④ 회반죽에 석고를 약간 혼합하면 수축균열을 방지할 수 있는 효과가 있다.

해설 회반죽에 석고를 혼합하면 건조시에 팽창하는 경향이 있으며 이때 균열이 생기기 쉽다.

94 실적률이 큰 골재로 이루어진 콘크리트의 특성이 아닌 것은?

① 시멘트 페이스트의 양이 커져 콘크리트 제조 시 경제성이 낮다.
② 내구성이 증대된다.
③ 투수성, 흡습성의 감소를 기대할 수 있다.
④ 건조수축 및 수화열이 감소된다.

해설 실적률이 클수록 시멘트페이스트(시멘트풀)가 적게 든다.

95 석재의 화학적 성질에 관한 설명으로 옳지 않은 것은?

① 규산분을 많이 함유한 석재는 내산성이 약하므로 산을 접하는 바닥은 피한다.
② 대리석, 사문암 등은 내장재로 사용하는 것이 바람직하다.
③ 조암광물 중 장석, 방해석 등은 산류의 침식을 쉽게 받는다.
④ 산류를 취급하는 곳의 바닥재는 황철광, 갈철광 등을 포함하지 않아야 한다.

해설 ①항, 규산(SiO_2)분을 많이 함유한 석재는 내산성이 강하므로 산을 접하는 바닥재로 사용한다.

96 수화열의 감소와 황산염 저항성을 높이려면 시멘트에 다음 중 어느 화합물을 감소시켜야 하는가?

① 규산 3칼슘
② 알루민산 철4칼슘
③ 규산 2칼슘
④ 알루민산 3칼슘

해설 알루민산3칼슘($3CaO \cdot Al_2O_3$: 약호 C_3A)
　1) 수화작용이 빠르고 발열량이 많다.
　2) 수화열을 감소시키고 황산염 저항성을 높이려면 C_3A를 감소시켜야 한다.)

97 석고보드에 관한 설명으로 옳지 않은 것은?

① 부식이 잘되고 충해를 받기 쉽다.
② 단열성, 차음성이 우수하다.
③ 시공이 용이하여 천장, 칸막이 등에 주로 사용된다.
④ 내수성, 탄력성이 부족하다.

해설 석고보드(gypsum board) : 벽, 천장, 칸막이 등에 사용되고 있으며 부식이 되지 않고 충해를 받지도 않는다.

98 유리가 불화수소에 부식하는 성질을 이용하여 5mm이상 판유리면에 그림, 문자 등을 새긴 유리는?

① 스테인드유리　　② 망입유리
③ 에칭유리　　　　④ 내열유리

해설 에칭유리(etching glass)
　1) 에칭유리 : 유리가 불화수소(HF)에 부식되는 성질을 이용하여 5mm 이상의 후판 유리면에 그림이나 무늬모양, 문자 등을 새긴 유리로 조각유리라고도 한다.
　2) 용도 : 주로 장식용으로 쓰인다.

99 인조석 갈기 및 테라조 현장갈기 등에 사용되는 구획용 철물의 명칭은?

① 인서트(insert)
② 앵커볼트(anchor bolt)
③ 펀칭메탈(punching metal)
④ 줄눈대(metallic joiner)

해설 줄눈대 : 인조석 갈기 및 테라조 현장갈기 등의 신축균열방지 및 의장효과를 위해 구획하는 줄눈에 넣는 철물을 말한다.

100 중량 5kg인 목재를 건조시켜 전건중량이 4kg이 되었다. 건조 전 목재의 함수율은 몇 %인가?

① 20%　　　　　　② 25%
③ 30%　　　　　　④ 40%

해설 목재의 함수율
$$= \frac{건조전중량 - 전건중량}{전건중량} \times 100(\%)$$
$$= \frac{5-4}{4} \times 100 = 25\%$$

제6과목 / 건설안전기술

101 장비가 위치한 지면보다 낮은 장소를 굴착하는 데 적합한 장비는?

① 트럭크레인　　　② 파워셔블
③ 백호　　　　　　④ 진폴

해설 Back hoe(백호우)
　1) 중기가 위치한 지면보다 낮은 곳의 땅을 파는 데 적합하다.
　2) 경질지반 기초굴착, 지하층굴착, 도랑파기 굴착, 수중굴착 등에 쓰인다.

■ 정답 ■　96.④　97.①　98.③　99.④　100.②　101.③

2025

102 굴착공사에 있어서 비탈면붕괴를 방지하기 위하여 실시하는 대책으로 옳지 않은 것은?

① 지표수의 침투를 막기 위해 표면배수공을 한다.
② 지수위를 내리기 위해 수평배수공을 설치한다.
③ 비탈면 하단을 성토한다.
④ 비탈면 상부에 토사를 적재한다.

해설 **토사붕괴예방을 위한 조치사항**(고용노동부고시)
1) 적절한 경사면의 기울기를 계획하여야 한다.
2) 경사면의 기울기가 당초 계획과 차이가 발생되면 즉시 재검토하여 계획을 변경시켜야 한다.
3) 활동할 가능성이 있는 토석은 제거하여야한다.
4) 경사면의 하단부에 압성토 등 보강공법으로 활동에 대한 저항대책을 강구하여야 한다.
5) 말뚝(강관, H형강, 철근콘크리트)을 타입하여 지반을 강화시킨다.
6) 비탈면 또는 법면의 「하단」을 다져서 활동이 안되도록 저항을 만들어야 한다.
7) 지표수가 침투되지 않도록 배수를 시키고 지하수위를 낮추기 위하여 수평보링을 하여 배수시켜야 한다.

103 터널 지보공을 조립하는 경우에는 미리 그 구조를 검토한 후 조립도를 작성하고, 그 조립도에 따라 조립하도록 하여야 하는데 이 조립도에 명시하여야할 사항과 가장 거리가 먼 것은?

① 이음방법   ② 단면규격
③ 재료의 재질   ④ 재료의 구입처

해설 **터널지보공 조립 시 조립도에 명시하여야 할 사항**
1) 재료의 재질
2) 단면규격
3) 설치간격
4) 이음간격

104 다음은 산업안전보건법령에 따른 시스템 비계의 구조에 관한 사항이다. ( )안에 들어갈 내용으로 옳은 것은?

> 비계 밑단의 수직재와 받침철물은 밀착되도록 설치하고, 수직재와 받침철물의 연결부의 겹침길이는 받침철물 전체 길이의 ( )이상이 되도록 할 것

① 2분의 1   ② 3분의 1
③ 4분의 1   ④ 5분의 1

해설 **시스템비계의 구조**
1) 수직재·수평재·가사재를 견고하게 연결하는 구조가 되도록 할 것
2) 비계 밑단의 수직재와 받침철물은 밀착되도록 설치하고, 수직재와 받침철물의 연결부의 겹침길이는 받침철물 전체길이의 3분의 1이상이 되도록 할 것
3) 수평재는 수직재와 직각으로 설치하여야 하며, 체결 후 흔들림이 없도록 견고하게 설치할 것
4) 수직재와 수직재의 연결 철물은 이탈되지 않도록 견고한 구조로 할 것
5) 벽 연결재의 설치간격은 제조사가 정한 기준에 따라 설치할 것

105 강관틀비계(높이 5m 이상)의 넘어짐을 방지하기 위하여 사용하는 벽이음 및 버팀의 설치간격 기준으로 옳은 것은?

① 수직방향 5m, 수평방향 5m
② 수직방향 6m, 수평방향 7m
③ 수직방향 6m, 수평방향 8m
④ 수직방향 7m, 수평방향 8m

해설 **벽이음에 대한 조립간격**

구분	수직방향	수평방향
통나무비계	5.5m	7.5m
강관비계	5m	5m
강관틀비계	6m	8m

■ 정답 ■   102.④   103.④   104.②   105.③

106 콘크리트 타설 시 안전수칙으로 옳지 않은 것은?

① 타설순서는 계획에 의하여 실시하여야 한다.

② 진동기는 최대한 많이 사용하여야 한다.

③ 콘크리트를 치는 도중에는 거푸집, 지보공 등의 이상유무를 확인하여야 한다.

④ 손수레로 콘크리트를 운반할 때에는 손수레를 타설하는 위치까지 천천히 운반하여 거푸집에 충격을 주지 아니하도록 타설하여야 한다.

해설 콘크리트 타설 시 내부진동기를 사용하여 다지기를 할 때 유의사항

  1) 진동기는 슬럼프 값 15cm 이하에만 사용한다.

  2) 퍼붓기 1회의 깊이는 60cm 미만으로 하고 진동기 사용간격은 60cm 이내로 한다.

  3) 내부진동기는 수직으로 사용한다.

  4) 진동기를 넣고 나서 뺄 때까지의 시간은 보통 5~15초가 적당하다.

  5) 진동기를 가지고 거푸집 속의 콘크리트를 옆 방향으로 이동시켜서는 안 된다.

  6) 진동기는 거푸집, 철근 또는 철골에 접촉되지 않도록 하고 뽑을 때에는 천천히 뽑아내어 콘크리트에 구멍이 남지 않도록 한다.

107 산업안전보건법령에 따른 양중기의 종류에 해당하지 않는 것은?

① 고소작업차   ② 이동식 크레인

③ 승강기   ④ 리프트(Lift)

해설 양중기의 종류

  1) 크레인(호이스트 포함)

  2) 이동식 크레인

  3) 리프트 (이삿짐 운반용 리프트의 경우 적재하중이 0.1ton 이상인 것)

  4) 곤돌라

  5) 승강기 (최대하중 0.25ton 이상인 것)

108 가설통로 설치에 있어 경사가 최소 얼마를 초과하는 경우에는 미끄러지지 아니하는 구조로 하여야 하는가?

① 15도   ② 20도

③ 30도   ④ 40도

해설 가설통로 설치 시 준수사항

  1) 견고한 구조로 할 것

  2) 경사는 30°이하로 할 것 (계단을 설치하거나 높이 2m 미만의 가설통로로서 튼튼한 손잡이를 설치한 때에는 그러하지 아니하다)

  3) 경사가 15°를 초과하는 때에는 미끄러지지 않는 구조로 할 것

  4) 추락의 위험이 있는 장소에는 안전난간을 설치할 것 (작업상 부득이 한 때에는 필요한 부분에 한하여 임시로 이를 해체할 수 있다)

  5) 수직갱에 가설된 통로의 길이가 15m 이상인 때에는 10m 이내마다 계단참을 설치할 것

  6) 건설공사에서 사용하는 높이 8m 이상인 비계다리에는 7m 이내마다 계단을 설치할 것

109 부두 · 안벽 등 하역작업을 하는 장소에서 부두 또는 안벽의 선을 따라 통로를 설치하는 경우에는 폭을 최소 얼마 이상으로 하여야 하는가?

① 85cm   ② 90cm

③ 100cm   ④ 120cm

해설 부두 · 안벽 등 하역작업을 하는 장소에 대한 조치사항(하역작업장의 조치기준)

  1) 작업장 및 통로의 위험한 부분게는 안전하게 작업할 수 있는 조명을 유지할 것

  2) 부두 또는 안벽의 선을 따라 통로를 설치하는 때에는 폭을 90cm 이상으로 할 것

  3) 육상에서의 통로 및 작업장소로서 다리 또는 선거의 갑문을 넘는 보도 등의 위험한 부분에는 안전난간 또는 울 등을 설치 할 것

■ 정답 ■   106.②   107.①   108.①   109.②

110 흙막이 가시설 공사 중 발생할 수 있는 보일링(Boiling) 현상에 관한 설명으로 옳지 않은 것은?

① 이 현상이 발생하면 흙막이 벽의 지지력이 상실된다.
② 지하수위가 높은 지반을 굴착할 때 주로 발생한다.
③ 흙막이벽의 근입장 깊이가 부족할 경우 발생한다.
④ 연약한 점토지반에서 굴착면의 융기로 발생한다.

해설 보일링(boiling) 현상
1) 보일링(boiling) : 보일링이란 사질토 지반을 굴착시, 굴착부와 지하수위차가 있을 경우, 수두차(水頭差)에 의하여 삼투압이 생겨 흙막이 벽 근입부분을 침식하는 동시에 모래가 액상화(液狀化)되어 솟아오르는 현상으로 흙막이 벽의 근입부가 지지력을 상실하여 흙막이공의 붕괴를 초래한다.
2) 지반조건 : 지하수위가 높은 사질토
3) 대책
① 굴착배면의 지하수위를 낮춘다.
② 흙막이벽(토류벽)의 근입깊이를 깊게 한다.
③ 흙막이벽 하단부에 버팀대를 보강한다.
④ 흙막이벽 선단에 코어 및 필터 층을 설치한다.

111 강관틀 비계를 조립하여 사용하는 경우 준수하여야 할 사항으로 옳지 않은 것은?

① 비계기둥의 밑둥에는 밑받침 철물을 사용할 것
② 높이가 20m를 초과하거나 중량물의 적재를 수반하는 작업을 할 경우에는 주틀 간의 간격을 1.8m 이하로 할 것
③ 주틀 간에 교차 가새를 설치하고 최하층 및 3층 이내마다 수평재를 설치할 것
④ 길이가 띠장 방향으로 4m 이하이고 높이가

10m를 초과하는 경우에는 10m 이내마다 띠장 방향으로 버팀기둥을 설치할 것

해설 강관비틀계를 조립하여 사용할 때의 준수할 사항
1) 비계기둥의 밑둥에는 밑받침철물을 사용하여야 하며 밑받침에 고저차가 있는 경우에는 조절형 밑받침철물을 사용하여 각각의 강관틀비계가 항상 수평 및 수직을 유지하도록 할 것
2) 높이가 20m를 초과하거나 중량물의 적재를 수반하는 작업을 할 경우에는 주틀 간의 간격이 1.8m 이하로 할 것
3) 주틀 간의 교차가새를 설치하고 최상층 및 5층 이내마다 수평재를 설치할 것
4) 수직방향으로 6m, 수평방향으로 8m 이내마다 벽이음을 할 것
5) 길이가 띠장 방향으로 4m 이하이고 높이가 10m를 초과하는 경우에는 10m 이내마다 띠장방향으로 버팀기둥을 설치할 것

112 거푸집동바리 등을 조립하는 경우에 준수해야 할 기준으로 옳지 않은 것은?

① 동바리의 상하 고정 및 미끄러짐 방지조치를 하고, 하중의 지지상태를 유지한다.
② 강재와 강재의 접속부 및 교차부는 볼트·클램프 등 전용철물을 사용하여 단단히 연결한다.
③ 파이프서포트를 제외한 동바리로 사용하는 강관은 높이 2m마다 수평연결재를 2개 방향으로 만들고 수평연결재의 변위를 방지할 것
④ 동바리로 사용하는 파이프서포트는 4개이상이어서 사용하지 않도록 할 것

해설 거푸집동바리 조립 시 준수사항(거푸집동바리 등의 안전조치)
1) 깔목의 사용, 콘크리트 타설(打設), 말뚝 박기 등 동바리의 침하를 방지하기 위한 조치를 할 것
2) 개구부 상부에 동바리를 설치하는 때에는 상부 하중을 견딜 수 있는 견고한 받침대를 설치할 것

3) 동바리의 상하고정 및 미끄러짐 방지조치를 하고, 하중의 지지상태를 유지할 것

4) 동바리의 이음은 맞댄이음 또는 장부이음으로 하고 같은 품질의 재료를 사용할 것

5) 강재와 강재와의 접속부 및 교차부는 볼트·클램프 등 전용철물을 사용하여 단단히 연결할 것

6) 거푸집이 곡면인 때에는 버팀대의 부착 등 그 거푸집의 부상(浮上)을 방지하기 위한 조치를 할 것

7) 동바리로 사용하는 파이프서포트를 이어서 사용하는 경우에는 4개 이상의 볼트 또는 전용철물을 사용하여 이을 것

113 강관을 사용하여 비계를 구성하는 경우 준수해야할 사항으로 옳지 않은 것은?

① 비계기둥의 간격은 띠장 방향에서는 1.85m 이하, 장선(長線)방향에서는 1.5m 이하로 할 것

② 띠장 간격은 2.0m 이하로 할 것

③ 비계기둥의 제일 윗부분으로부터 31m되는 지점 밑부분의 비계기둥은 3개의 강관으로 묶어 세울 것

④ 비계기둥 간의 적재하중은 400kg을 초과하지 않도록 할 것

해설 강관비계의 구조 : 강관을 사용하여 비계를 구성할 때의 준수사항

1) 비계기둥의 간격은 띠장방향에서는 1.85m 이하, 장선방향에서는 1.5m 이하로 할 것

2) 띠장간격은 2.0m 이하로 할 것

3) 비계기둥의 최고부로부터 31m 되는 지점 밑부분의 비계기둥은 2본의 강관으로 묶어 세울 것 (브라켓 등으로 보강하여 그 이상의 강도가 유지되는 경우에는 그러하지 아니하다)

4) 비계기둥 간의 적재하중은 400kg을 초과하지 아니하도록 할 것

114 굴착과 싣기를 동시에 할 수 있는 토공 기계가 아닌 것은?

① 트랙터 셔블(tractor shovel)

② 백호(back hoe)

③ 파워 셔블(power shovel)

④ 모터 그레이더(motor grader)

해설 모터그레이더(motor grader) : 토공 기계의 대패·지면을 절삭하여 평활하게 다듬는 것이 목적인 토공 기계

115 산업안전보건법령에 따른 건설공사 중 다리 건설공사의 경우 유해위험방지계획서를 제출하여야 하는 기준으로 옳은 것은?

① 최대 지간길이가 40m 이상인 다리의 건설 등 공사

② 최대 지간길이가 50m 이상인 다리의 건설 등 공사

③ 최대 지간길이가 60m 이상인 다리의 건설 등 공사

④ 최대 지간길이가 70m 이상인 다리의 건설 등 공사

해설 건설업 중 유해위험방지계획서 제출대상 사업장 (시행규칙 제 120조 제 4항)

1) 지상높이가 31m 이상인 건축물 또는 인공 구조물, 연면적 3만 제곱미터 이상인 건축물 또는 연면적 5천 제곱미터 이상의 문화 및 집회시설(전시장 및 동물원·식물원은 제외), 판매시설, 운수시설(고속철도의 역사 및 집·배송시설은 제외), 종교시설, 의료시설 중 종합병원, 숙박시설 중 관광숙박시설, 지하도 상가 또는 냉동·냉장 창고시설의 건설·개즈 또는 해체(이하 "건설 등"이라 함)

2) 연면적 5천 제곱미터 이상의 냉동·냉장 창고시설의 설비공사 및 단열공사

3) 최대 지간길이가 50미터 이상인 교량건설 등 공사

4) 터널 건설 등의 공사

5) 다목적댐, 발전용 댐 및 저수용량 2천만 톤

이상의 용수 전용 댐, 지방상수도 전용댐건
설 등의 공사
6) 깊이 10미터 이상인 굴착공사

116 건설공사도급인은 건설공사 중에 가설
구조물의 붕괴 등 산업재해가 발생할 위험이 있
다고 판단되면 건축 · 토목 분야의 전문가의 의
견을 들어 건설공사 발주자에게 해당 건설공사
의 설계변경을 요청할 수 있는데, 이러한 가설
구조물의 기준으로 옳지 않은 것은?

① 높이 20m 이상인 비계
② 작업발판 일체형 거푸집 또는 높이 6m 이상
인 거푸집 동바리
③ 터널의 지보공 또는 높이 2m 이상인 흙막이
지보공
④ 동력을 이용하여 움직이는 가설구조물

해설 ①항, 높이 31m 이상인 비계

117 지반의 굴착 작업에 있어서 비가 올 경
우를 대비한 직접적인 대책으로 옳은 것은?

① 측구 설치
② 낙하물 방지망 설치
③ 추락 방호망 설치
④ 매설물 등의 유무 또는 상태 확인

해설 지반의 굴착작업 시 비가 올 경우를 대비한 빗물
등의 침투에 의한 붕괴재해를 예방하기 위한 조치
사항
1) 측구설치
2) 굴착경사면에 비닐을 덮음

> 길잡이 굴착작업 시 지반의 붕괴 또는 토석낙하
> 등에 의한 위험방지 조치사항
> 1) 흙막이 지보공의 설치
> 2) 방호망이 설치
> 3) 근로자의 출입금지

118 다음은 산업안전보건법령에 따른 산업
안전보건관리비의 사용에 관한 규정이다. ( )
안에 들어갈 내용을 순서대로 옳게 작성한 것
은?

> 건설공사도급인은 고용노동부장관이 정하는
> 바에 따라 해당 건설공사를 위하여 계상된 산업
> 안전보건관리비를 그가 사용하는 근로자와 그
> 의 관계수급인이 사용하는 근로자의 산업재해
> 및 건강장해 예방에 사용하고, 그 사용명세서를
> ( )작성하고 건설공사 종료 후 ( )간 보존해야
> 한다.

① 매월, 6개월
② 매월, 1년
③ 2개월 마다, 6개월
④ 2개월 마다, 1년

해설 **사용명세서 작성 및 보존** : 산업안전 보건관리비
사용명세서는 매월(공사가 1개월 이내에 종료
되는 사업의 경우에는 해당 공사종료 시) 작성
하고 공사종료 후 1년간 보존하여야 한다.

119 건설현장에서 작업으로 인하여 물체가
떨어지거나 날아올 위험이 있는 경우에 대한 안
전조치에 해당하지 않는 것은?

① 수직보호망 설치
② 방호선반 설치
③ 울타리설치
④ 낙하물 방지망 설치

해설 물체가 떨어지거나 날아올 위험이 있는 경우 위험
방지 조치사항(안전보건규칙 제14조)
1) 낙하물방지망 · 수직보호망 또는 방호선반
의 설치
2) 출입금지구역의 설정
3) 보호구의 착용

■정답■ 116.① 117.① 118.② 119.③

120 산업안전보건법령에 따른 작업발판 일체형 거푸집에 해당되지 않는 것은?

① 갱 폼(Gang Form)
② 슬립 폼(Slip Form)
③ 유로 폼(Euro Form)
④ 클라이밍 폼(Climbing Form)

해설 1) **작업발판 일체형 거푸집** : 거푸집의 설치 · 해체, 철근 조립, 콘크리트 타설, 콘크리트 면처리 작업 등을 위하여 거푸집을 작업발판과 일체로 제작하여 사용하는 거푸집을 말한다.

2) **작업발판 일체형 거푸집의 종류**
   ① 갱폼 (gang form)
   ② 슬립폼(slip form)
   ③ 클라이밍 폼(climbing form)
   ④ 터널 라이닝 폼(tunnel lining form)
   ⑤ 그밖에 거푸집과 작업발판이 일체로 제작된 거푸집 등

2025

■ 정답 ■ 120.③

건설안전기사 필기
11개년 과년도 [2026]

초판 1쇄 발행   2020년 01월 10일
초판 2쇄 발행   2021년 01월 20일
초판 3쇄 발행   2022년 01월 20일
초판 4쇄 발행   2023년 01월 20일
초판 5쇄 발행   2024년 01월 10일
초판 6쇄 발행   2025년 01월 20일
초판 7쇄 발행   2026년 01월 20일

지은이 | 경국현
펴낸이 | 이주연
펴낸곳 | **명인북스**
등 록 | 제 409-2021-000031호

주 소 | 인천시 서구 완정로65번안길 10, 114동 605호
전 화 | 032-565-7338
팩 스 | 032-565-7348
E-mail | phy4029@naver.com
정 가 | 43,000원

ISBN 979-11-94269-18-2(13530)